자동차전문교육기관 지정교재 **PASS**

# 자동차정비 산업기사 실기 답안지작성법

★ **불법복사는 지적재산을 훔치는 범죄행위입니다.**
　저작권법 제97조의 5(권리의 침해죄)에 따라 위반자는 5년 이하의 징역 또는 5천만원 이하의 벌금에 처하거나 이를 병과할 수 있습니다.

# Preface

올 겨울은 겨울 같지 않은 겨울로 눈 구경 한번 제대로 해보지도 못하고 보냈습니다. 겨울에 하는 지자체별 축제가 축소 및 취소되는 지경까지 되었으니 경기침체로 경제가 어려워진데다 더 힘들게 되었습니다. 오늘이 대한이니 바로 입춘이 오면 봄소식이 올 것 같습니다. 생동하는 봄에는 만물이 활발하게 움직이고 경제도 활발하게 회복되기를 기원합니다.

그동안 많은 자동차 정비 산업기사 수검자들이 기다려 오던 「**자동차 정비 산업기사 실기 답안지 작성법**」이 만들어졌습니다. '왜 정비산업기사는 수정 보완하지 않느냐? 책을 사서 보는 인원이 적어서 돈이 벌리지 않을 것 같아서 안 만드는 것이냐?'는 수검자들의 항의 아닌 항의를 받기도 하였지만 바쁘다는 핑계로 미뤄 온 것은 사실입니다.

그동안 답안지 작성법 시리즈가 많은 수험생들에게 사랑을 받았으며 자격증 취득에 길잡이가 되었던 여세를 몰아 이 책도 수험자들에게 많은 도움이 되었으면 하는 바람입니다. 이 책의 특징을 살펴보면 다음과 같습니다.

### 이 책의 구성과 특징

1. 실기시험을 단기간에 체계적으로 마스터 할 수 있도록 **안별로 정리**하여 신속하게 찾아볼 수 있도록 하였습니다.
2. 답안지 작성 **문제만**을 **일목요연**하게 정리하였습니다.
3. 답안지 작성방법을 여러 **고장별로 예시문**을 만들어 어떤 고장상태에서도 답안작성을 정확하게 작성할 수 있도록 하였습니다.
4. **고장 진단 분석법, 점검 분석법, 파형 분석법** 등을 여러 증상별로 예를 들어 어떠한 고장이더라도 답안지 작성에 어려움이 없도록 하였습니다.
5. 똑같은 문제라도 **차종별로, 제작사별로 규정값**을 나누어서 정리 하였으며 시험장에서 어느 차량이 나와도 해결할 수 있도록 하였습니다.
6. 수검자들의 요구에 따라 시험장의 광경을 서술적으로 표현하여 **시험장의 모습**을 알고 수검에 임하도록 하였습니다. 수검자들이 안정된 마음으로 시험을 볼 수 있으리라 생각됩니다.
7. 검사 항목에서는 환경부의 **운행차 정기검사기준**과 **안전기준 및 자동차 검사기준과 방법**에 따라 답안지 작성에 어려움이 없도록 하였습니다.
8. 단순히 자격증 취득만을 위한 수험서가 아니라 관련지식을 첨부하여 산업현장에서도 적용할 수 있도록 하였습니다.

끝으로 이 책으로 실기시험을 대비하는 수험생들에게 영광스런 합격이 있기를 바라며 곳곳에 미흡한 점이 많이 있으리라 생각됩니다. 차후에 계속 보완하여 나갈 것이며 이 책을 만들기까지 물심양면으로 도와주신 김길현 사장님과 직원 여러분에게 진심으로 감사드립니다.

2020년 01월
저자 일동

# 제1장 안별 답안지 작성요령

## 자동차정비산업기사 01 안

- 엔진1 크랭크축 메인저널 오일간극 측정 ······ 10
- 엔진3 가솔린 배기가스 점검 ················ 12
- 엔진4 맵 센서 파형 분석 ·················· 15
- 엔진5 디젤 엔진 연료 압력(고압) 점검 ········ 19
- 섀시2 종감속 장치 백래시 & 런아웃 점검 ···· 22
- 섀시4 제동력 점검 ······················· 25
- 섀시5 자동 변속기 자기진단 ··············· 29
- 전기1 시동모터 전압강하, 전류소모 점검 ····· 32
- 전기2 전조등 광도, 진폭 점검 ·············· 36
- 전기3 ETACS 감광식 룸램프 작동 전압 점검· 39

## 자동차정비산업기사 02 안

- 엔진1 캠축의 휨 점검 ···················· 43
- 엔진3 인젝터 파형 점검 ·················· 46
- 엔진4 맵 센서 파형 분석 ·················· 49
- 엔진5 디젤 매연 점검 ···················· 52
- 섀시2 최소 회전반경 점검 ················· 57
- 섀시4 제동력 측정 ······················· 59
- 섀시5 ABS 자기진단 ······················ 62
- 전기1 발전기 출력전압, 출력전류 점검 ······· 65
- 전기2 전조등 광도, 진폭 점검 ·············· 68
- 전기3 ETACS 도어 센트롤 록킹 스위치 작동신호 점검 ······················· 71

## 자동차정비산업기사 03 안

- 엔진1 크랭크축 축방향 유격 점검 ··········· 76
- 엔진3 가솔린 배기가스 점검 ················ 79
- 엔진4 산소 센서 파형 분석 ················ 82
- 엔진5 디젤 엔진 연료 압력(고압) 점검 ········ 86
- 섀시2 캠버 & 토의 점검 ·················· 89
- 섀시4 제동력 측정 ······················· 96
- 섀시5 자동 변속기 자기진단 ·············· 100
- 전기1 시동모터 전압 강하, 전류 소모 점검·· 103
- 전기2 전조등 광도, 진폭 점검 ············· 106
- 전기3 에어컨 외기온도 입력 신호값 점검 ···· 109

## 자동차정비산업기사 04 안

- 엔진1 피스톤 링 엔드 갭 점검 (이음 간극)·· 112
- 엔진3 인젝터 파형 점검 ·················· 115
- 엔진4 스텝 모터(ISA) 파형 분석 ··········· 118
- 엔진5 디젤 매연 점검 ···················· 121
- 섀시2 셋백 & 토(Toe)의 점검 ·············· 124
- 섀시4 제동력 측정 ······················· 130
- 섀시5 ABS 자기진단 ····················· 133
- 전기1 발전기 다이오드, 로터 코일 점검 ····· 136
- 전기2 전조등 광도, 진폭 점검 ············· 139
- 전기3 ETACS 열선 스위치 입력신호(전압) 점검 ································ 142

## 자동차정비산업기사 05 안

- 엔진1 오일펌프 사이드 간극 측정 ············ 146
- 엔진3 가솔린 배기가스 점검 ················· 149
- 엔진4 점화 1차 파형 분석 ·················· 152
- 엔진5 전자제어 디젤엔진 인젝터 리턴량 점검
  ········································· 156
- 섀시2 캐스터 & 토(Toe)의 점검 ············ 159
- 섀시4 제동력 점검 ······················· 165
- 섀시5 자동 변속기 자기진단 ··············· 169
- 전기1 에어컨의 압력 측정 ················· 172
- 전기2 전조등 광도, 진폭 점검 ············· 175
- 전기3 ETACS 와이퍼 간헐시간 스위치
  작동신호 점검 ······················· 178

## 자동차정비산업기사 06 안

- 엔진1 캠축 양정 점검 ···················· 181
- 엔진3 연료 압력 측정 ···················· 184
- 엔진4 점화 코일 1차 파형 분석 ············ 187
- 엔진5 디젤 매연 점검 ···················· 191
- 섀시2 브레이크 페달 자유간극 점검 ········ 197
- 섀시4 제동력 측정 ······················· 200
- 섀시5 ABS 자기진단 ····················· 203
- 전기1 전기자 코일과 솔레노이드 점검 ······ 206
- 전기2 전조등 광도, 진폭 점검 ············· 209
- 전기3 ETACS 키홀 조명 출력신호 점검 ····· 212

## 자동차정비산업기사 07 안

- 엔진1 실린더 헤드 변형도 점검 ············ 216
- 엔진3 가솔린 배기가스 점검 ··············· 218
- 엔진4 공기유량 센서 파형 분석 ············ 221
- 엔진5 전자제어 디젤 엔진 인젝터
  리턴량 점검 ························ 224
- 섀시2 최소 회전반경 점검 ················· 227
- 섀시4 제동력 점검 ······················· 229
- 섀시5 자동 변속기 자기진단 ··············· 232
- 전기1 발전기 다이오드, 브러시 점검 ······· 235
- 전기2 전조등 광도, 진폭 점검 ············· 238
- 전기3 이배퍼레이터 온도센서 출력값 점검 ·· 241

## 자동차정비산업기사 08 안

- 엔진1 실린더 마모량 점검 ················· 244
- 엔진3 퍼지 컨트롤 솔레노이드 밸브 점검 ··· 247
- 엔진4 점화 코일 1차 파형 분석 ············ 250
- 엔진5 디젤 매연 점검 ···················· 252
- 섀시2 종감속 기어장치 백래시 & 런 아웃 점검
  ········································· 256
- 섀시4 제동력 측정 ······················· 259
- 섀시5 ABS 자기진단 ····················· 262
- 전기1 와이퍼 모터 소모전류 점검 ·········· 265
- 전기2 전조등 광도, 진폭 점검 ············· 268
- 전기3 에어컨 외기 온도 입력 신호값 점검 ·· 271

## 자동차정비산업기사 09 안

- 엔진1 크랭크축 메인저널 마모량 점검 ······ 274
- 엔진3 가솔린 배기가스 점검 ··············· 277
- 엔진4 스텝 모터(ISA) 파형 분석 ··········· 280
- 엔진5 전자제어 디젤 엔진 공전속도 점검 ··· 284
- 섀시2 종감속 기어장치 백래시 & 런 아웃 점검
  ········································· 286
- 섀시4 제동력 점검 ······················· 289
- 섀시5 자동 변속기 자기진단 ··············· 293
- 전기1 경음기 음량 점검 ··················· 295
- 전기2 전조등 광도, 진폭 점검 ············· 298
- 전기3 ETACS 도어 센트롤 록킹 스위치 작동신호
  점검 ································ 301

## 자동차정비산업기사 10 안

- 엔진1 크랭크축 방향 유격 점검 ············ 306
- 엔진3 연료 압력 측정 ···················· 309
- 엔진4 TDC & 캠각 센서 파형 분석 ········· 312
- 엔진5 디젤 매연 점검 ···················· 315
- 섀시2 토의 점검 ························· 319
- 섀시4 제동력 측정 ······················· 322
- 섀시5 ABS 자기진단 ····················· 325
- 전기1 파워 윈도우 소모 전류 점검 ········· 328
- 전기2 전조등 광도, 진폭 점검 ············· 331
- 전기3 ETACS 컨트롤 유닛의 전원 전압 점검 334

## 자동차정비산업기사 ⑪ 안

| | | |
|---|---|---|
| 엔진1 | 크랭크축 핀 저널 오일간극 점검 | 338 |
| 엔진3 | 인젝터 파형 점검 | 341 |
| 엔진4 | 공기유량 센서 파형 분석 | 344 |
| 엔진5 | 디젤 매연 점검 | 346 |
| 섀시2 | 셋백 & 토(Toe)의 점검 | 349 |
| 섀시4 | 제동력 점검 | 353 |
| 섀시5 | 자동 변속기 자기진단 | 356 |
| 전기1 | 에어컨 라인 압력 점검 | 359 |
| 전기2 | 전조등 광도, 진폭 점검 | 362 |
| 전기3 | ETACS 와이퍼 간헐시간 스위치 작동신호 점검 | 365 |

## 자동차정비산업기사 ⑬ 안

| | | |
|---|---|---|
| 엔진1 | 크랭크축 방향 유격 점검 | 402 |
| 엔진3 | 인젝터 파형 점검 | 405 |
| 엔진4 | 맵 센서 파형 분석 | 408 |
| 엔진5 | 디젤 매연 점검 | 411 |
| 섀시2 | 브레이크 페달 자유간극 점검 | 415 |
| 섀시4 | 제동력 점검 | 418 |
| 섀시5 | 자동 변속기 자기진단 | 421 |
| 전기1 | 발전기 다이오드, 로터 코일 점검 | 424 |
| 전기2 | 전조등 광도, 진폭 점검 | 427 |
| 전기3 | ETACS 열선 스위치 입력신호(전압) 점검 | 430 |

## 자동차정비산업기사 ⑫ 안

| | | |
|---|---|---|
| 엔진1 | 크랭크축 메인저널 오일간극 측정 | 369 |
| 엔진3 | 가솔린 배기가스 점검 | 372 |
| 엔진4 | 점화코일 1차 파형 분석 | 375 |
| 엔진5 | 디젤 엔진 연료 압력(고압) 점검 | 378 |
| 섀시2 | 캐스터 & 토(Toe)의 점검 | 380 |
| 섀시4 | 제동력 측정 | 384 |
| 섀시5 | ABS 자기진단 | 388 |
| 전기1 | 시동모터 전압 강하, 전류 소모 점검 | 392 |
| 전기2 | 전조등 광도, 진폭 점검 | 396 |
| 전기3 | ETACS 열선 스위치 입력 신호(전압) 점검 | 399 |

## 자동차정비산업기사 ⑭ 안

| | | |
|---|---|---|
| 엔진1 | 캠축의 휨 점검 | 434 |
| 엔진3 | 가솔린 배기가스 점검 | 437 |
| 엔진4 | 산소 센서 파형 분석 | 440 |
| 엔진5 | 디젤 엔진 연료 압력(고압) 점검 | 443 |
| 섀시2 | 최소 회전반경 점검 | 446 |
| 섀시4 | 제동력 측정 | 448 |
| 섀시5 | ABS 자기진단 | 451 |
| 전기1 | 시동모터 전압 강하, 전류 소모 점검 | 454 |
| 전기2 | 전조등 광도, 진폭 점검 | 457 |
| 전기3 | ETACS 와이퍼 간헐시간 스위치 작동신호 점검 | 460 |

# 제2장
# 자동차정비산업기사 **실기공개문제**

▶ 자동차정비산업기사 공개문제 (1안~14안) ——— 466

# 자동차정비산업기사 실기시험문제 (1-7안)

| 과목 | | 1안 | 2안 | 3안 | 4안 | 5안 | 6안 | 7안 |
|---|---|---|---|---|---|---|---|---|
| 엔 | ① | 엔진 분해/크랭크축 메인저널 오일간극 측정/기록표 기록/조립 | 엔진 분해/캠축 휨 측정/기록표 기록/조립 | 엔진 분해/크랭크축 축방향 유격 측정/기록표 기록/조립 | 엔진 분해/피스톤 링 엔드 갭 측정/기록표 기록/조립 | 엔진 분해/오일펌프 사이드 간극 측정/기록표 기록/조립/시동 | 엔진 분해/캠속 양정 측정/기록표 기록/조립 | 엔진 분해/실린더 헤드 변형 점검/기록표 기록/조립 |
| | ② | 부품교환/시동확인, 점검회도, 연료장치 점검·수리/시동 | 부품교환/시동확인, 점검회도, 연료장치 점검·수리/시동 | 부품교환/시동확인, 점검회도, 연료장치 점검·수리/시동 | 부품교환/시동확인, 점검회도, 연료장치 점검·수리/시동 | 부품교환/시동확인, 점검회도, 연료장치 점검·수리/시동 | 부품교환/시동확인, 점검회도, 연료장치 점검·수리/시동 | 부품교환/시동확인, 점검회도, 연료장치 점검·수리/시동 |
| | ③ | 배기가스(CO, HC) 측정/기록표 기록 | 인젝터 파형분석 서지전압/분석시간/기록표 기록 | 배기가스(CO, HC) 측정/기록표 기록 | 인젝터 파형분석 서지전압/분석시간/기록표 기록 | 배기가스(CO, HC) 측정/기록표 기록 | 연료 압력 측정/기록표 기록 | 배기가스(CO, HC) 측정/기록표 기록 |
| | ④ | 맵 센서 파형(급가속시) 분석/기록표 기록 | 맵 센서의 파형(급가속) 분석/기록표 기록 | 산소 센서 파형 분석/기록표 기록 | 인젝터 파형분석 서지전압/분석시간/기록표 기록 | 점화 코일 1차 파형 분석/기록표 기록 | 점화 코일 1차 파형 분석/기록표 기록 | 흡입 공기량 센서 파형 분석/기록표 기록 |
| 진 | ⑤ | 전자제어 디젤기관 인젝터 탈·부착/시동/연료 압력(고압) 점검/기록표 기록 | 전자제어 디젤기관 연료 압력 조정밸브 탈·부착/시동/매연 측정/기록표 기록 | 전자제어 디젤기관 연료 압력 센서 탈·부착/시동/매연 측정/기록표 기록 | 스텝 모터(또는 ISA) 파형분석 센서 탈·부착/시동/인젝터 리턴량 측정/기록표 기록 | 전자제어 디젤기관 연료 압력 센서 탈·부착/시동/인젝터 리턴량 측정/기록표 기록 | 전자제어 디젤기관 연료압력 조정밸브 탈·부착/시동/매연 측정/기록표 기록 | 전자제어 디젤기관 연료 압력 조정 밸브 탈·부착/시동/인젝터 리턴량 측정/기록표 기록 |
| 새 | ① | 전륜 숏업소버 스프링 탈·착/작동상태 확인 | 훌륜 숏업쇼버 스프링 탈·착/작동상태 확인 | 전륜 허브 너트 스트럿 어셈블리 탈·착/작동상태 확인 | 드라이브 액슬축 탈·부착/작동상태 확인 | 유압 클러치 마스터 실린더 탈·부착/작동상태 확인 | 자동 변속기 SCSV, 오일펌프, 밸브 탈·부착/작동상태 확인 | 클러치 어셈블리 탈·부착/클러치 디스크 정착 상태 확인 |
| | ② | 중속속 장치 링 기어 백래시, 런아웃 측정/기록표 기록/백래시 조정 | 최소 회전반경 측정/기록표 기록/타이로드 엔드 탈·부착/토 규정값으로 조정 | 캠버와 토 측정/기록표 기록/타이로드 엔드 탈·부착/토 규정값으로 조정 | 셋백과 토 측정/기록표 기록/타이로드 엔드 탈·부착/토 규정값으로 조정 | 캐스터와 토 측정/기록표 기록/타이로드 엔드 탈·부착/토 규정값으로 조정 | 브레이크 페달 자유간극 측정/기록표 기록/타이로드 엔드 탈·부착/토 규정값으로 조정 | 최소 회전반경 측정/기록표 기록/타이로드 엔드 탈·부착/토 규정값으로 조정 |
| | ③ | ABS 브레이크 패드 탈·부착/작동상태 점검 | ABS 브레이크 패드 탈·부착/작동상태 점검 | 휠 실린더(또는 캘리퍼) 탈·부 착/브레이크 패드 점검 | 브레이크 라이닝 슈(또는 패드) 탈·부착/브레이크 작동상태 점검 | 휠 실린더 탈·부착/작동상태 점검 및 하브 베어링 작동상태 점검 | 브레이크 캘리퍼 탈·부착/브레이크 작동상태 점검 | 브레이크 마스터 실린더 탈·부착/브레이크 작동상태 점검 |
| 시 | ④ | 전(후) 제동력 측정/기록표 기록 | 전(후) 제동력 측정/기록표 기록 | 전(후) 제동력 측정/기록표 기록 | 전(후) 제동력 측정/기록표 기록 | 전(후) 제동력 측정/기록표 기록 | 전(후) 제동력 측정/기록표 기록 | 전(후) 제동력 측정/기록표 기록 |
| | ⑤ | 자동변속기 자기진단/이상 내용 기록표 작성 | ABS 자기진단/이상 내용 기록표 작성 | 자동변속기 자기진단/이상 내용 기록표 작성 | ABS 자기진단/이상 내용 기록표 작성 | 자동변속기 자기진단/이상 내용 기록표 작성 | ABS 자기진단/이상 내용 기록표 작성 | 자동변속기 자기진단/이상 내용 기록표 작성 |
| 전 | ① | 시동모터 탈·부착/작동상태 확인/크랭킹 전압강하, 전류 소모 시험/기록표 기록 | 발전기 탈·부착/출력 전압, 전류 측정/기록표 기록 | 시동모터 탈·부착/작동상태 확인/크랭킹 전압강하, 전류 소모 시험/기록표 기록 | 발전기 탈·부착/정류 다이오드, 로터 코일 점검/기록표 기록/작동상태 점검 | 에어컨 벨트와 블로워 모터 탈·부착/작동상태 확인/에어컨 압력측정/기록표 기록 | 기동 모터 분해/전기자 점검/솔레노이드 스위치 점검/기록표 기록/조립/작동상태 확인 | 발전기 분해/다이오드 및 브러시 점검/기록표 기록/조립/작동상태 확인 |
| | ② | 전조등 광도, 진폭 측정/기록표 기록 | 전조등 광도, 진폭 측정/기록표 기록 | 전조등 광도, 진폭 측정/기록표 기록 | 전조등 광도, 진폭 측정/기록표 기록 | 전조등 광도, 진폭 측정/기록표 기록 | 전조등 광도, 진폭 측정/기록표 기록 | 전조등 광도, 진폭 측정/기록표 기록 |
| | ③ | 에탁스 김열식 룸 램프 작동 변화 전압/기록표 기록 | 에탁스 도어 셔트돌 록킹 스위치, 웨인션 신호 전압 측정/기록표 기록 | 에어컨 외기 온도 입력 신호값 점검/기록표 기록 | 에탁스 열선 스위치 입력 신호(전압) 측정/기록표 기록 | 에탁스 와이퍼 간헐 시간 조정 스위치 위치별 작동신호 점검/기록표 기록 | 에어컨 실내 온도 조절 기 출력값 점검/기록표 기록 | 에어컨 히터 증발기 온도 센서 출력 신호 점검/기록표 기록 |
| 기 | ④ | 와이퍼 회로 점검/이상 개소(2곳) 수리 | 에어컨 회로 점검/이상 개소(2곳) 수리 | 전조등 회로 점검/이상 개소(2곳) 수리 | 파워 윈도우 회로 점검/이상 개소(2곳) 수리 | 미등 및 제동등 회로 점검/이상 개소(2곳) 수리 | 경음기 회로 점검/이상 개소(2곳) 수리 | 방향 지시등 회로 점검/이상 개소(2곳) 수리 |

## 자동차정비산업기사 실기시험문제 (7-14안)

| 과목 | 안 | 8안 | 9안 | 10안 | 11안 | 12안 | 13안 | 14안 |
|---|---|---|---|---|---|---|---|---|
| 엔 | ① | 엔진 분해/실린더 마모량 측정/기록표 기록/조립 | 엔진 분해/메인저널 마모량 측정/기록표 기록/조립 | 엔진 분해/크랭크축 축방향 유격 측정/기록표 기록/조립 | 엔진 분해/핀 저널 오일간극 측정/기록표 기록/조립 | 엔진 분해/크랭크축 메인저널 오일간극 점검/기록표 기록/조립 | 엔진 분해/크랭크축 축방향 유격 측정/기록표 기록/조립 | 엔진 분해/캠축 힘 측정/기록표 기록/조립 |
|  | ② | 부품교환/시동확인/연료장치 점검·수리/시동 | 부품교환, 점화회로, 연료장치 점검·수리/시동 | 부품교환/시동확인/연료장치 점검·수리/시동 | 부품교환/시동확인/연료장치 점검·수리/시동 | 부품교환/시동확인/연료장치 점검·수리/시동 | 부품교환/시동확인/연료장치 점검·수리/시동 | 부품교환/시동확인/연료장치 점검·수리/시동 |
|  | ③ | 파지 컨트롤 솔레노이드 밸브 점검/기록표 기록 | 배기가스(CO, HC) 측정/기록표 기록 | 연료 압력 측정/기록표 기록 | 인젝터 파형 분석/기록표 기록 | 배기가스(CO, HC) 측정/기록표 기록 | 인젝터 파형 분석/기록표 기록 | 배기가스(CO, HC) 측정/기록표 기록 |
|  | ④ | 점화 코일 1차 파형 분석/기록표 기록 | 스텝 모터(또는 ISA) 파형 분석/기록표 기록 | TDC(또는 캠각) 파형 분석/기록표 기록 | 흡입공기유량센서의 파형 출력값 분석/기록표 기록 | 점화 코일 1차 파형 분석/기록표 기록 | 맵 센서 파형(급가속시) 분석/기록표 기록 | 산소 센서 파형 분석/기록표 기록 |
|  | ⑤ | 전자제어 디젤기관 인젝터 탈·부착/시동/매연측정/기록표 기록 | 전자제어 디젤기관 연료 압력 센서 탈·부착/시동/공전속도 점검/기록표 기록 | 전자제어 디젤기관 인젝터 탈·부착/시동/매연측정/기록표 기록 | 전자제어 디젤기관 인젝터 탈·부착/시동/매연측정/기록표 기록 | 전자제어 디젤기관 연료 압력 조절 밸브 탈·부착/시동/연료 압력(고압) 점검/기록 | 전자제어 디젤기관 연료 압력 조절 밸브 탈·부착/시동/연료 압력 점검/기록표 기록 | 전자제어 디젤기관 연료 압력 조절 밸브 탈·부착/시동/연료 압력 점검/기록표 기록 |
| 섀 | ① | 파워 스티어링 오일펌프 및 벨트 탈·부착/에어 빼기 작업/작동상태 확인 | 파워 스티어링 오일펌프 및 벨트 탈·부착/에어빼기작업/작동상태 확인 | 전륜 허브 및 너클 탈·부착/작동상태 확인 | 종감속기어 장치 사이드 기어 시트, 스페이서 탈·부착/링 기어 백래시와 링기어 접촉상태 바르게 조정 | 휠 숙업쇼버 스프링 탈·부착/작동상태 확인 | 전륜 허브 및 스트럿 어셈블리 탈·부착/작동상태 확인 | 드라이브 액슬축 탈거/탈·부착/작동상태 확인 |
|  | ② | 종감속 장치 링 기어 백래시와 런 아웃 측정/기록표 기록/백래시 규정값으로 조정 | 종감속 장치 링 기어 백래시와 런 이웃 측정/기록표 기록/백래시 규정값으로 조정 | 토 측정/기록표 기록/타이로드 엔드로 규정값으로 조정 | 섀클과 토 측정/기록표 기록/타이로드 엔드로 규정값으로 조정 | 캐스터와 토(toe)측정/기록표 기록/타이로드 엔드 탈·부착/토 규정값으로 조정 | 브레이크 페달 자유간극 측정/기록표 기록/자유간극과 페달 높이 규정값으로 조정 | 최소 회전반경 측정/기록/타이로드 탈·부착/크랭킹 전압강하, 전류 소모 시험/기록표 기록 |
|  | ③ | 주차 브레이크 레버(또는 브레이크 슈) 탈·부착/작동상태 점검 | 전륜 브레이크 캘리퍼 탈·부착/작동상태 점검 | 후륜 브레이크 패드 탈·부착/브레이크 작동상태 점검 | 전륜 브레이크 캘리퍼 탈·부착/작동상태 점검 | 휠 실린더(또는 캘리퍼) 탈·부착/작동상태 점검 | 휠 실린더(또는 캘리퍼) 탈·부착/작동상태 점검 | 브레이크 라이닝 슈(또는 패드) 탈·부착/작동상태 점검 |
|  | ④ | 전(후) 제동력 측정/기록 | 전(후) 제동력 측정/기록 | 전(후) 제동력 측정/기록 | 전(후) 제동력 측정/기록 | 전(후)제동력 측정/기록 | 전(후)제동력 측정/기록 | 전(후) 제동력 측정/기록 |
|  | ⑤ | ABS 자기진단/이상 내용 기록표 작성 | 자동변속기 자기진단/이상 내용 기록표 작성 | ABS 자기진단/이상 내용 기록표 작성 | 자동변속기 자기진단/이상 내용 기록표 작성 | ABS 자기진단/이상 내용 기록표 작성 | 자동변속기 자기진단/이상 내용 기록표 작성 | ABS 자기진단/이상 내용 기록표 작성 |
| 전 | ① | 와이퍼 모터 탈·부착/와이퍼 자동 작동 상태 확인/소모 전류 점검/기록 | 다기통 스위치 탈·부착/작동 확인/경음기(혼) 음량 점검/기록표 기록 | 에어컨 벨트 탈·부착/인두우 모터 전류 소모 측정/기록표 기록 | 에어컨 벨트 탈·부착/부착/에어컨 인쇄 점검/기록표 기록 | 에어컨 벨트 탈·부착/작동상태 확인/크랭킹 전류 소모 및 전압강하, 전류 시험/기록표 기록 | 발전기 탈·부착/작동상태 확인/크랭킹 전압강하, 전류 소모 시험/기록표 기록 | 시동모터 탈·부착/작동상태 확인/크랭킹 전압강하, 전류 소모 시험/기록표 기록 |
|  | ② | 전조등 광도, 진폭 측정/기록 | 전조등 광도, 진폭 측정/기록 | 전조등 광도, 진폭 측정/기록 | 전조등 광도, 진폭 측정/기록 | 전조등 광도, 진폭 측정/기록 | 전조등 광도, 진폭 측정/기록 | 전조등 광도, 진폭 측정/기록 |
|  | ③ | 에어컨 외기 온도 입력 신호값 점검/기록표 기록 | 에어컨 센트롤 도어 스위치, 운전석 도어 모듈 작동 신호 점검/기록표 기록 | 에어컨 인두우 컨트롤 유닛의 전면 전압 점검/기록표 기록 | 에어컨 외기온 간헐 조정 스위치 입력 신호(전압) 측정/기록표 기록 | 에어텍스 열선 스위치 입력 신호(전압) 측정/기록표 기록 | 에어텍스 열선 스위치 입력 신호/기록표 기록 | 에어텍스 외기이 간헐 시간 신호(전압) 측정/기록표 기록 |
|  | ④ | 미등 및 변속등 회로 점검/이상 개소(2곳) 수리 | 와이퍼 회로 점검/이상 개소(2곳) 수리 | 실내등, 도어 오픈 경고등 회로 점검/이상 개소(2곳) 수리 | 파워 인도우 회로 점검/이상 개소(2곳) 수리 | 전조등 회로 점검/이상 개소(2곳) 수리 | 방향지시등 회로 점검/이상 개소(2곳) 수리 | 미등 및 제동등 회로 점검/이상 개소(2곳) 수리 |

※ 표시된 부분은 답안지 작성 항목임.

# 제1장

# 안별 답안지 작성요령
### 제1안 ~ 제14안

## 엔진 1 — 크랭크축 메인저널 오일간극 측정

주어진 엔진을 기록표의 측정 항목까지 분해하여 기록표의 요구사항을 측정 및 점검하고 본래 상태로 조립하시오.

### 시험장에서는

① **메인 베어링 교환** : 작업대 위나 엔진 스탠드에 분해 조립용 엔진이 준비되어 있고 때에 따라서는 크랭크축만 조립되어 있는 경우도 있다. 먼저 분해하기 전에 준비해간 걸레로 작업대를 깨끗이 닦는다. 그리고 걸레를 작업대 위에 넓게 펴서 깔고 그 위에 분해한 부품을 올려놓는다. 모든 분해 조립이 그렇지만 부품을 떨어트린다든지 공구를 들고 놓는데 소리가 심하게 난다든지 하면 안전관리에 소홀함이 있는 것처럼 보인다. 분해하여 감독관이 지정하는 베어링 한조(상·하각 1개)를 탈거하여 감독관에게 가지고 가면 새로운 베어링을 줄 것이다. 새 베어링을 설치하고 크랭크축을 조립한 후 토크 렌치를 이용하여 규정 토크로 조인다. 만약 토크 렌치가 준비되어 있지 않았으면 달라고 하여서 조인다. 모든 작업에서 장갑은 절대 착용이 안 됨을 명심하기 바란다.

② **크랭크축 오일간극 측정** : 작업대 위에 크랭크축이 놓여 있고, 베어링 캡은 조립된 상태로 있다. 내경의 최대값(4곳 중)에서 크랭크축 메인 저널 측정 최소값(4곳 중)을 빼면 그것이 오일 간극이다. 측정한 후 답안지를 작성하여 제출한다. 요즘은 플라스틱 게이지도 사용한다.

1. 저널 외경의 측정 준비 모습

2. 메인 저널 직경 측정 모습

3. 메인 저널 측정한 값 모습
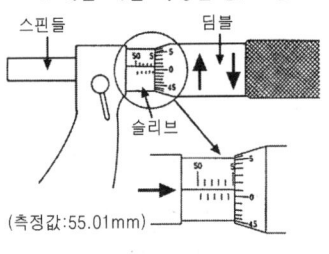
(측정값:55.01mm)

## 1  답안지 작성법

### (1) 오일 간극이 클 때

▶ 엔진 1. 크랭크축 오일 간극 측정
   엔진 번호 :

| 측정항목 | ① 측정(또는 점검) || ② 판정 및 정비(또는 조치)사항 || 득 점 |
|---|---|---|---|---|---|
| | 측정값 | 규정(정비한계)값 | 판정(□에 '✔'표) | 정비 및 조치할 사항 | |
| 크랭크 축 메인저널 오일 간극 | 0.15mm | 0.02~0.046mm (한계값 0.1mm) | □ 양 호<br>☑ 불 량 | 메인저널 베어링 마모 -<br>U/S 메인저널 베어링 교환 | |

비번호 : _____   감독위원 확인 : _____

※ 감독위원이 지정하는 부위를 측정한다.

1) **비번호** : 비번호는 공단직원이 주는 등번호를 수검자가 기록한다.
2) **감독위원 확인** : 감독위원 확인란은 감독위원이 채점한 후에 도장을 찍는 부분으로 수검자는 기록하지 않는다.
3) ① **측정(또는 점검)** : 측정값은 수검자가 크랭크축 오일간극을 측정한 값으로 기록하고, 규정(정비한계)값은 감독관이 주어진 값이나 또는 정비지침서를 보고 기록한다.(반드시 단위를 기입한다)
   • 측정값 : 0.15mm   • 규정(정비한계)값 : 0.02~0.046mm(한계 0.1mm)
4) ② **판정 및 정비(또는 조치)사항** : 판정은 수검자가 측정한 값과 규정(정비한계) 값을 비교하여 범위 내에 있으면 양호, 벗어나면 불량에 ✔ 표시를 하며, 정비 및 조치할 사항 란에는 고장원인과 정비할 사항을 기록한다.
   • 판정 : • 양호 : 규정(한계)값 이내에 있을 때   • 불량 : 규정(한계)값을 벗어났을 때,
   • 정비 및 조치할 사항 : 정비 및 조치할 사항 없음
5) **득점** : 득점은 감독위원이 채점을 하고 점수를 기록하는 부분으로 수검자는 기록하지 않는다.
6) **엔진 번호** : 측정하는 엔진 번호를 수검자가 기록한다.

■ 차종별 오일 간극 기준값 (mm)

| 차 종 | 규정값 | | 한계값 | 차 종 | 규정값 | | 한계값 |
|---|---|---|---|---|---|---|---|
| 베르나(1.5) | 3번 | 0.34~0.52 | – | 아반떼 XD(1.5D) | 3번 | 0.028~0.046 | – |
| | 그외 | 0.28~0.46 | – | 라비타(1.5) | 그외 | 0.022~0.040 | – |
| 테라칸(2.5)/ 스타렉스(2.5) | 0.02~0.05 | | 0.1 | EF 쏘나타(2.0) | 3번 | 0.024~0.042 | – |
| | | | | 트라제XG(2.0)/싼타페(2.0) | 그외 | 0.018~0.036 | – |
| 투스카니(2.0D) | 0.028~0.048 | | – | 에쿠스(3.0/3.5) | 0.018~0.036 | | – |
| 쏘나타Ⅱ·Ⅲ | 0.020~0.050 | | – | 세 피 아 | 0.018~0.036 | | 0.1 이하 |
| 레 간 자 | 0.015~0.040 | | – | 크레도스 | 0.025~0.043 | | 0.08 이하 |
| 아반떼1.5D | 0.028~0.046 | | – | 그랜저 XG | 0.004~0.022 | | – |

## (2) 오일 간극이 없을 때

▶ 엔진 1. 크랭크축 오일 간극 측정
  엔진 번호 :

| 측정항목 | ① 측정(또는 점검) | | ② 판정 및 정비(또는 조치)사항 | | 득 점 |
|---|---|---|---|---|---|
| | 측정값 | 규정(정비한계)값 | 판정(□에 '✔' 표) | 정비 및 조치할 사항 | |
| 크랭크 축 메인저널 오일 간극 | 0.0mm | 0.02~0.046mm (한계값 0.1mm) | □ 양 호 ☑ 불 량 | 메인저널 베어링 U/S 가공 불량 – 메인저널 베어링 U/S 재가공 | |

※ 감독위원이 지정하는 부위를 측정한다.

## (3) 오일 간극이 규정값 보다 크나 한계값 이내일 때

▶ 엔진 1. 크랭크축 오일 간극 측정
  엔진 번호 :

| 측정항목 | ① 측정(또는 점검) | | ② 판정 및 정비(또는 조치)사항 | | 득 점 |
|---|---|---|---|---|---|
| | 측정값 | 규정(정비한계)값 | 판정(□에 '✔' 표) | 정비 및 조치할 사항 | |
| 크랭크 축 메인저널 오일 간극 | 0.08mm | 0.02~0.046mm (한계값 0.1mm) | ☑ 양 호 □ 불 량 | 정비 및 조치할 사항 없음 | |

※ 감독위원이 지정하는 부위를 측정한다.

## (4) 오일 간극이 정상일 때

▶ 엔진 1. 크랭크축 오일 간극 측정
  엔진 번호 :

| 측정항목 | ① 측정(또는 점검) | | ② 판정 및 정비(또는 조치)사항 | | 득 점 |
|---|---|---|---|---|---|
| | 측정값 | 규정(정비한계)값 | 판정(□에 '✔' 표) | 정비 및 조치할 사항 | |
| 크랭크 축 메인저널 오일 간극 | 0.03mm | 0.02~0.046mm (한계값 0.1mm) | ☑ 양 호 □ 불 량 | 정비 및 조치할 사항 없음 | |

※ 감독위원이 지정하는 부위를 측정한다.

## 2  관계 지식

### (1) 오일 간극 측정법(텔레스코핑 게이지와 마이크로미터 사용법)

메인 저널 베어링 4개소의 내경을 측정하여 최대 내경을 선택한다. 오일 간극 = 베어링 최대 내경 – 저널 최소 외경이다.

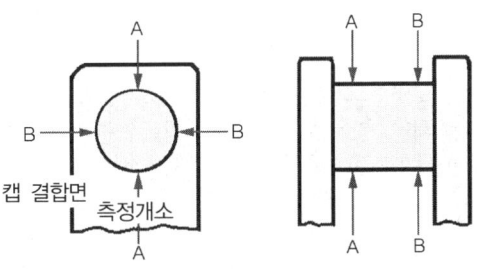

마이크로미터를 이용하여 메인 저널 베어링의 외경을 그림과 같이 4곳에서 측정한다. 이때 베어링의 오일 홈을 피하여 측정한다.

# 엔진 3 - 가솔린 배기가스 점검

**1안 산업기사**

2항의 시동된 엔진에서 공회전 속도를 확인하고 감독위원의 지시에 따라 배기가스를 측정하여 기록표에 기록하시오.(단, 시동이 정상적으로 되지 않은 경우 본 항의 작업은 할 수 없음)

## 시험장에서는

이 시험은 시동을 걸어서 측정하여야 하므로 추운 겨울에는 수검자나 감독관이나 고생하는 항목이다. 감독관이 답안지를 주면 수험번호와 자동차 번호를 적고 배기가스 테스터기를 연결한 후 시동을 걸어서 측정을 한 다음 기록표를 기록하는데 이 항목은 검사기준이기 때문에 규정값이 주어지지 않는다. 반드시 규정값을 암기하고 있어야 한다. 배기가스 측정은 엔진의 상태에 따라 측정값이 많이 변하기 때문에 감독관이 바로 옆에서 보면서 채점을 하거나 아니면 측정하는 방법만을 확인하고 테스터기 바늘을 고정시켜 놓고 측정값을 기록하도록 하는 경우도 있다. 일부 수검자는 감독관이 점수를 깎기 위해 잘못한 것만 찾고 있는 사람으로 생각하는 부정적인 생각을 갖고 있는 수검자가 많은데 좀 더 긍정적인 방향으로 생각한다면 내가 잘하는 것을 보고 점수를 주기 위해 있다고 생각을 할 수 있는 것이다. 감독관에게 내 실력을 보여주기 위해서는 능력을 길러야 하지 않을까?

**1. 배기가스 측정 준비된 모습**

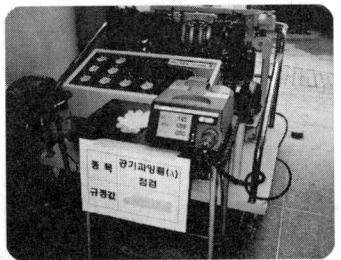

시험 준비를 수검자가 하여야 한다. 때에 따라서는 준비되어 있다. 웜업된 상태에서 측정 하여야 한다.

**2. 3개 항목 측정화면 모습**

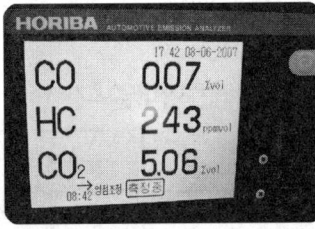

M 키를 누르면 측정이 되며 화면에 일산화 탄소, 탄화수소, 이산화탄소의 3개 항목 측정값이 뜬다.

**3. 6개 항목 측정화면 모습**

화면 변환키를 누르면 측정이 되면서 6개 항목의 측정값이 뜬다. 한 번 더 누르면 3개 항목씩 뜬다.

## 1 답안지 작성법

### (1) 배기가스가 불량일 때

▶ 엔진 3. 배기가스 점검
 자동차 번호 :

| 항목 | ① 측정(또는 점검) | | 판정(□에 '✔' 표) | 득 점 |
|---|---|---|---|---|
| | 측정값 | 기준값 | | |
| CO | 8.8% | 1.0% 이하 | □ 양 호<br>☑ 불 량 | |
| HC | 470ppm | 120ppm 이하 | | |

비번호: ___ 감독위원 확인: ___

※ 감독위원이 제시한 자동차등록증(또는 차대번호)를 활용하여 차종 및 연식을 적용합니다.
※ 자동차 검사기준 및 방법에 의하여 기록 판정합니다.
※ CO는 소수점 둘째자리 이하는 버리고 0.1% 단위로 기록 합니다.
※ HC는 소수점 둘째자리 이하는 버리고 1ppm 단위로 기록합니다.

1) **비번호** : 비번호는 공단직원이 주는 등번호를 수검자가 기록한다.
2) **감독위원 확인** : 감독위원 확인란은 감독위원이 채점한 후에 도장을 찍는 부분으로 수검자는 기록하지 않는다.
3) **① 측정(또는 점검)** : 측정값은 수검자가 배기가스의 CO, HC를 측정한 값을 기록하고, 기준값은 운행 차량의 배출 허용 기준값을 기록한다.
 • 측정값 : •CO-8.8%, •HC-470ppm
 • 규정(정비한계)값 : •CO-1.0% 이하 •HC-120ppm 이하(2013년 11월 05일 등록-엑센트 RB)
4) **② 판정** : 판정은 수검자가 측정값과 기준값을 비교하여 범위 내에 있으면 양호, 벗어나면 불량에 ✔표시를 한다. •양호-규정(정비한계)값의 범위에 있을 때 •불량-규정(정비한계)값을 벗어났을 때

5) **득점** : 득점은 감독위원이 채점을 하고 점수를 기록하는 부분으로 수검자는 기록하지 않는다.
7) **자동차 번호** : 측정하는 자동차의 번호를 수검자가 기록한다.

■ 배기가스 배출 허용기준(CO, HC)

| 차 종 | | 제작일자 | 일산화탄소 | 탄화수소 | 공기과잉율 |
|---|---|---|---|---|---|
| 경자동차 | | 1997년 12월 31일 이전 | 4.5% 이하 | 1,200ppm 이하 | 1±0.1 이내 다만, 기화기식 연료공급 장치 부착 자동차는 1±0.15이내 촉매 미부착 자동차는 1±0.20 이내 |
| | | 1998년 1월 1일부터 2000년 12월 31일까지 | 2.5% 이하 | 400ppm 이하 | |
| | | 2001년 1월 1일부터 2003년 12월 31일까지 | 1.2% 이하 | 220ppm 이하 | |
| | | 2004년 1월 1일 이후 | 1.0% 이하 | 150ppm 이하 | |
| 승용 자동차 | | 1987년 12월 31일 이전 | 4.5% 이하 | 1,200ppm 이하 | |
| | | 1988년 1월 1일부터 2000년 12월 31일까지 | 1.2% 이하 | 220ppm 이하(휘발유·알코올자동차) 400ppm 이하(가스자동차) | |
| | | 2001년 1월 1일부터 2005년 12월 31일까지 | 1.2% 이하 | 220ppm 이하 | |
| | | 2006년 1월 1일 이후 | 1.0% 이하 | 120ppm 이하 | |
| 승합·화물·특수 자동차 | 소형 | 1989년 12월 31일 이전 | 4.5% 이하 | 1,200ppm 이하 | |
| | | 1990년 1월 1일부터 2003년 12월 31일까지 | 2.5% 이하 | 400ppm 이하 | |
| | | 2004년 1월 1일 이후 | 1.2% 이하 | 220ppm 이하 | |
| | 중형·대형 | 2003년 12월 31일 이전 | 4.5% 이하 | 1200ppm 이하 | |
| | | 2004년 1월 1일 이후 | 2.5% 이하 | 400ppm 이하 | |

## 2 관계 지식

### (1) 현대 자동차 차대번호의 표기 부호 - 현대 엑센트RB(2010)

※ 차대번호 형식(VIN : Vehicle Identification Number)

```
K   M   H   C   T   4   1   E   B   D   U   0   0   0   0   0   1
①  ②  ③  ④  ⑤  ⑥  ⑦  ⑧  ⑨  ⑩  ⑪  ⑫  ⑬  ⑭  ⑮  ⑯  ⑰
   제작 회사군          자동차 특성군                제작 일련 번호군
```

① **K** : 국제배정 국적표시 - K : 한국, J : 일본, 1 : 미국,
② **M** : 제작사를 나타내는 표시 - M : 현대, L : 대우, N : 기아, P : 쌍용 자동차
③ **H** : 자동차 종별 표시 - H : 승용차, F : 화물트럭, J : 승합차량, C : 특장 - 승합 화물
④ **C** : 차종 - C : 엑센트, E : 쏘나타3, F : 마이티, D : 아반떼 XD
⑤ **T** : 세부차종 및 등급 S : LOW 급(L), T : MIDDLE - LOW 급(GL), U : MIDDLE 급(GLS, JSL, TAX)
⑥ **4** : 차체형상 - Cabin type
  · KMC : 1-박스, 2-본넷, 3-세미본넷, 5-일반캡, 9-더블캡, C-슈퍼캡
  · KMF : X-일반캡, Y-더블캡, Z-슈퍼캡
  · KMH : 1-리무진, 2-세단-2도어, 3-세단 3도어, 4-세단 4도어, 5-세단 5도어, 6-쿠페, 7-컨버터블, 8-왜곤, 9-화물(밴), 0-픽업
  · KMJ : 1-박스, 2-본넷, 3-세미본넷
⑦ **1** : 안전장치(Restraint system & Brake system)
  · KMC : 7-유압식 브레이크, 8-공기식 브레이크, 9-혼합식 브레이크
  · KMH : 0-운전석/ 동승석 미적용, 1-운전석/ 동승석 액티브 시트벨트
    2-운전석/ 동승석 패시브 시트벨트
⑧ **E** : 동력장치 B : 가솔린 엔진 1.4(카파 MPI)  C : 가솔린 엔진 1.4(감마 MPI)
    E : 가솔린 엔진 1.6(감마GDI),  U : 디젤엔진1.6(U-2)
⑨ **B** : 운전석 방향 및 변속기 - A : LHD & MT, B : LHD & AT오른쪽 운전석,
    C : LHD & MT+Transfer, D : C : LHD & AT+Transfer, E : C : LHD & CVT
⑩ **D** : 제작년도 - M : 1991, N : 1992, P : 1993, R : 1994, S : 1995, T : 1996, V : 1997, W : 1998,
    X : 1999, Y : 2000, 1 : 2001, 2 : 2002, 3 : 2003 ······9 : 2009, A : 2010, B : 2011, C :2012
    D : 2013, E : 2014, F : 2015, G : 2016, H : 2017, H : 2018
⑪ **U** : 공장 기호 - A : 아산공장, C : 전주공장, U : 울산공장, M : 인도공장, Z : 터키공장
⑫~⑰ **660620** : 차량 생산 일련 번호

## (2) 자동차 등록증(현대 엑센트RB- 2013)

# 자동차등록증

제 201311-000417호 　　　　　　　　　　　최초 등록일 : 2013년 11월 05일

| ① 자동차 등록 번호 | 02소 2885 | ② 차 종 | 소형 승용 | ③ 용도 | 자가용 |
|---|---|---|---|---|---|
| ④ 차 명 | 엑센트(ACCENT) | ⑤ 형식 및 연식 | RB4BEE-G | | 2013 |
| ⑥ 차 대 번 호 | KMHCT41EBDU567890 | ⑦ 원동기 형식 | G4LC | | |
| ⑧ 사 용 본 거 지 | 경기도 양주시 부흥로 1901 신도 8차 아파트***동 ***호 | | | | |
| 소유자 ⑨ 성명(명칭) | 김광수 | ⑩ 주민(사업자) 등록번호 | ***117-******* | | |
| ⑪ 주 소 | 경기도 양주시 부흥로 1901 신도 8차 아파트***동 ***호 | | | | |

자동차 관리법 제8조등의 규정에 의하여 위와 같이 등록하였음을 증명합니다.

-위반하기 쉬운사항-　　　　　　　　　　　2013 년 11 월 05 일

※ 위반시 과태료 처분(뒷면 기재 참조)
ㅇ 주소 및 사업장 소재지 변경 15일 이내
ㅇ 정기검사 만료일 전후 15일 이내
ㅇ 책임 보험료 가입 만료일 이전 이내 가입(100만원 이하 과태료)
ㅇ 말소 등록.폐차일로 부터 30일 이내(50만원 이하 과태료)

## 양 주 시 장

---

### 1. 제원

| ⑫형식승인번호 | A08-1-00086-0029-1211 | | |
|---|---|---|---|
| ⑬길 이 | 3437mm | ⑭너 비 | 1705mm |
| ⑮높 이 | 1455mm | ⑯총 중 량 | 1490kgf |
| ⑰배 기 량 | 1582cc | ⑱정격 출력 | 128/4000ps/rpm |
| ⑲승차 정원 | 5 명 | ⑳최대적재량 | 0kgf |
| ㉑기 통 수 | 4기통 | ㉒연료의종류 | 휘발유(andus) (연비 14.1km/L) |

### 2. 등록 번호판 교부 및 봉인

| ㉓구 분 | ㉔번호판교부일 | ㉕봉인일 | ㉖교부대행자확인 |
|---|---|---|---|
| 신규 | 2013-11-05 | 2013-11-01 | |

### 2. 저당권 등록

| ㉗구분(설정 또는 말소) | ㉘ 일 자 |
|---|---|
| | |

※ 기타 저당권 등록의 내용은 자동차 등록원부를 열람확인 하시기 바랍니다.
※ 비고

### 4. 검사 유효기간

| ㉙연 월 일 부 터 | ㉚연 월 일 까 지 | ㉛검 사 시행장소 | ㉜주행 거리 | ㉝검사 책임자확인 |
|---|---|---|---|---|
| 2013-11-01 | 2017-09-23 | 노원검사소 | | |
| 2017-09-24 | 2019-09-23 | 노원검사소 | | |

※ 주의사항 : ㉙항 첫째란에는 신규 등록일을 기재합니다.

## 1안 산업기사 엔진 4 | 맵 센서 파형 분석

주어진 자동차의 엔진에서 맵 센서의 파형을 분석하여 그 결과를 기록표에 기록하시오.(측정조건 : 급가감속 시)

### 시험장에서는

맵 센서 파형의 측정은 엔진이 정상작동 온도에서 시동이 걸려있는 상태에서 측정이 가능하다. 튜업용 엔진이나 실제 차량이 준비되어 있고 그 옆에는 테스터기가(하이스캔 프로 또는 Hi-DS 스캐너) 책상 위에 놓여 있을 것이다. 엔진의 시동을 걸고 테스터기를 연결하여 파형을 보고 감독 위원에게 고장 난 부분과 수리방법을 설명한다. 수검자는 반드시 파형을 프린트하여 그것을 답안지에 부착하여야 한다. 시험장에 따라서는 Hi-DS를 준비하여 놓은 곳도 있다. 수검자는 어떠한 측정기가 나오더라도 능수능란하게 측정기기를 다룰 수 있도록 많은 연습을 하여야겠다. 때에 따라서는 맵 센서 방식의 차량이 없는 경우는 AFS의 파형을 측정하는 경우도 있다.

**1. 엘란트라 MAP 센서**

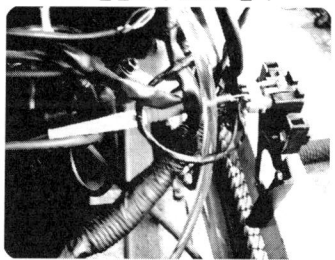

시뮬레이터일 경우 위치가 제작사마다 다르기 때문에 흡기계통을 확인하며 진공호스의 연결 상태를 보면서 점검한다.

**2. 아반떼 XD MAP 센서**

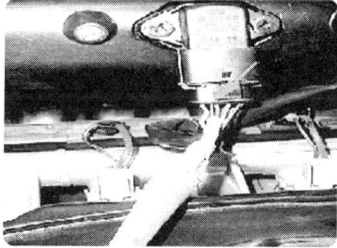

차종마다 위치가 다르겠지만 대부분은 서지 탱크 위, 카울 패널에 설치되어 있다.

**3. Hi-DS 시험준비 모습**

컴퓨터와 모니터가 켜져 있는 상태이고 테스터 리드를 빼내 준비하여 놓은 곳도 있다.

## 1 답안지 작성법

### (1) 불량 파형일 때

▶ 엔진 4. 맵 센서 파형 분석
자동차 번호 :

| 비번호 | | 감독위원 확인 | |
|---|---|---|---|

| 측정 항목 | 파형 상태 | 득 점 |
|---|---|---|
| 파형 측정 | 가능하면 맵 센서는 TPS와 함께 비교하는 것이 바람직하다. 맵 센서의 상태를 알아보기 위하여 TPS와 연동하여 측정한 결과 맵 센서의 불량으로 판정한다.<br>❶ 공전 상태에서 일정한 전압으로 유지되고 있다.<br>❷ 급가속 시작에서도 회전속도가 올라가지 않음은 맵 센서의 고장으로 볼 수 있다. | |

1) **비번호** : 비번호는 공단직원이 주는 등번호를 수검자가 기록한다.
2) **감독위원 확인** : 감독위원 확인란은 감독위원이 채점한 후에 도장을 찍는 부분으로 수검자는 기록하지 않는다.
3) **파형상태** : 파형 상태 란은 수검자가 감독위원의 지시에 따라 스캐너나 튜업 테스터기로 측정한 파형을 프린터로 출력하여 고장 부분 및 각 부분을 출력물에 직접 기록 설명하고 파형의 상태를 결론으로 정리한다.
4) **득점** : 득점은 감독위원이 채점을 하고 점수를 기록하는 부분으로 수검자는 기록하지 않는다.
5) **자동차 번호** : 측정하는 자동차의 번호를 수검자가 기록한다.

## (2) 정상 파형일 때

▶ 엔진 4. 맵 센서 파형 분석
자동차 번호 :

| 측정 항목 | 파형 상태 | 비번호 | 감독위원 확 인 | 득 점 |
|---|---|---|---|---|
| 파형 측정 | 가능하면 맵 센서는 TPS와 함께 비교하는 것이 바람직하다. 맵 센서의 상태를 알아보기 위하여 TPS와 연동하여 측정한 결과 극히 정상적인 파형이다. 약간의 노이즈가 있으나 작은 것은 무시할 수 있으며, 양호한 파형으로 판정한다.<br>❶ 공전 상태에서 일정한 전압으로 유지되고 있다.<br>❷ 급가속 시작에서 액셀러레이터 페달을 밟으면서 압력이 증가(진공은 감소)하면서 센서의 저항이 감소하여 전압이 급상승하고 있다.<br>❸ 스로틀 밸브가 완전 열림 상태에서 최고 전압이 약 5V가 출력되고 있다.<br>❹ 스로틀 밸브의 닫힘에 따라 센서의 저항이 증가하면서 흐르는 전압이 떨어지고 있다. | | | |

■ 맵 센서 규정값 (NF 쏘나타 2.0-2010)

| 조건 | 출력 전압 |
|---|---|
| IG ON | 3.9~4.1 |
| 공회전 | 0.8~1.6 |

## 2 관계 지식

### (1) 정상 파형의 분석

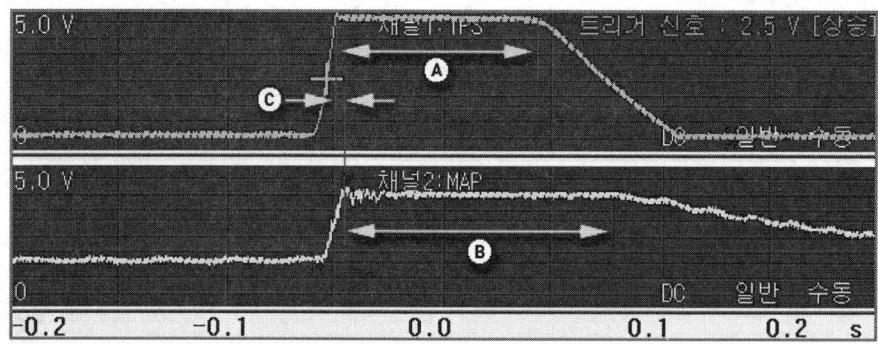

- ❹(스로틀 밸브 완전 열림-WOT) : TPS 값은 약 4.3V 정도가 나와야 한다.
- ❺(스로틀 밸브 완전 열림-WOT)에서 MAP 센서 값 : 3.9V 정도이어야 정상이다.
- ❻(TPS 보다 늦은 MAP 센서 응답성) : 약간에 늦음 현상은 공기의 관성으로 일어나는 문제이다. 기준값(14.4ms)이내이어야 정상이다.
  - MAP 센서는 아날로그 파형이므로 사소한 잡음은 정상.
  - MAP 센서의 반응이 느릴 경우 가속불량 원인.

### (2) 커넥터에서 측정위치

센서 쪽 커넥터를 바라보면서 1번에 오실로스코프 프로브(+)를 맵 센서 커넥터 연결하고 (-)를 접지한 후 시동을 걸어 아이들 상태에서 측정한다.

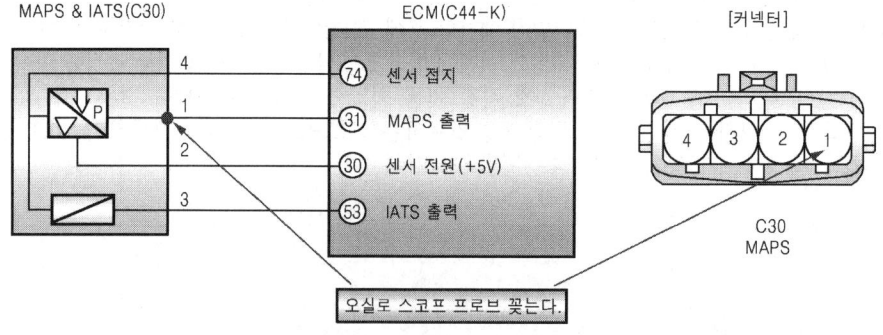

## (3) 회로도에서 측정위치-1 (NF 쏘나타 2.0-2010)

맵 센서 커넥터가 연결된 상태에서 오실로스코프 프로브 (+)를 1번에 연결하고 (−)를 접지한 후 시동을 걸어 아이들 상태에서 측정한다.

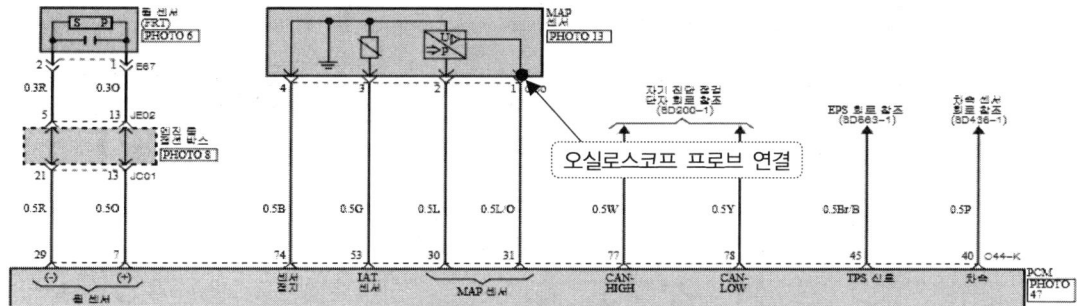

▲ 회로도에서 본 오실로스코프 프로브 연결 위치(NF 쏘나타 2.0-2010)

## (4) 회로도에서 측정위치-2 (아반떼 HD 1.6-2010)

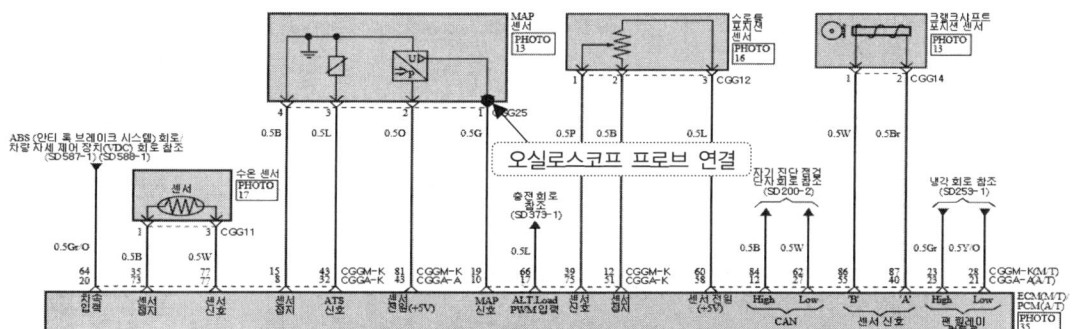

▲ 회로도에서 본 오실로스코프 프로브 연결 위치(아반떼 HD 1.6-2010)

## (5) 회로도에서 측정위치-3 (TG 그랜저 3.3-2010)

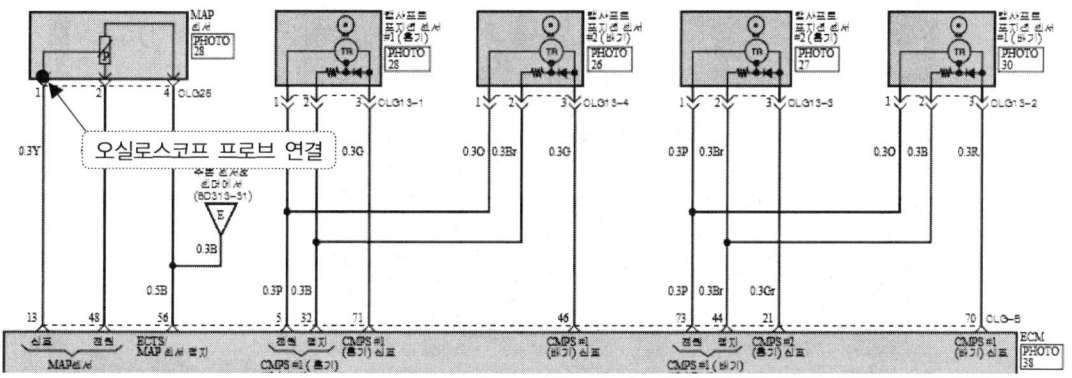

▲ 회로도에서 본 오실로스코프 프로브 연결 위치(TG 그랜저 3.3-2010)

## (6) 맵 센서 측정한 프린트물 첨부 자료(정상파형)

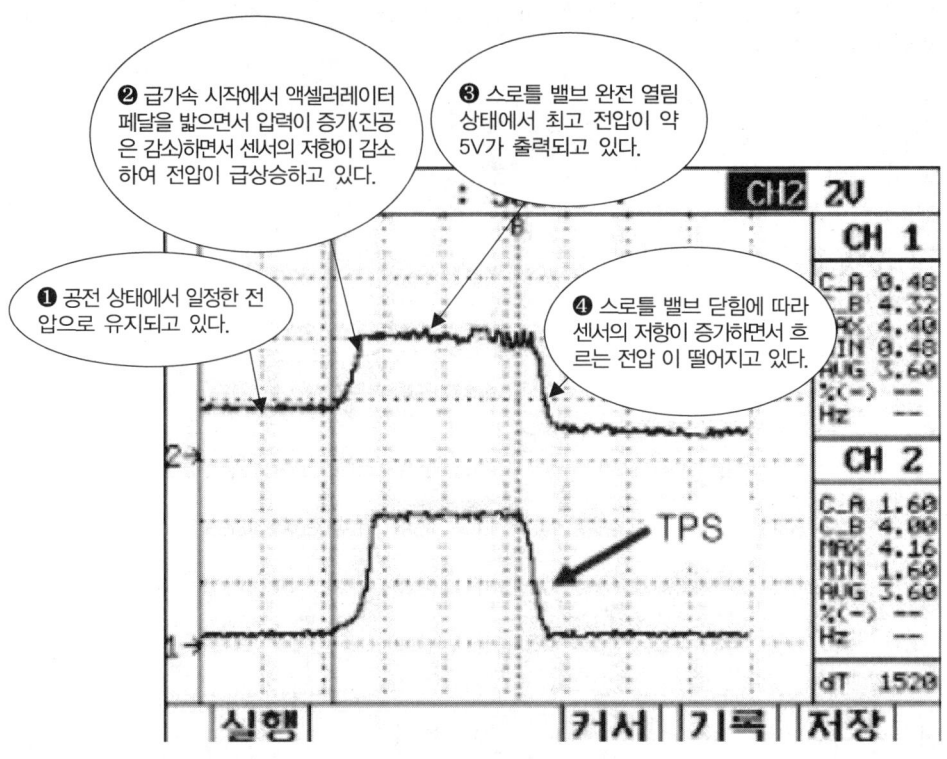

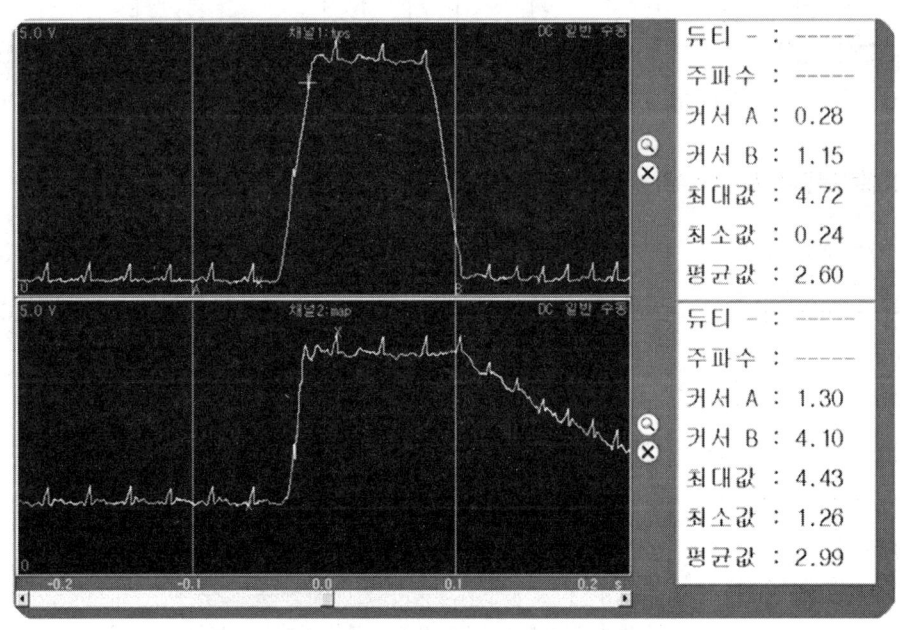

## 엔진 5 — 디젤 엔진 연료 압력(고압) 점검

주어진 전자제어 디젤 엔진에서 인젝터를 탈거한 후(감독위원에게 확인), 다시 부착하여 시동을 걸고 공회전시 연료압력을 점검하여 기록표에 기록하시오.

### 시험장에서는

연료 압력이 고압이기에 수검자가 게이지를 설치하기 위하여 사전 작업에 시간이 걸리므로 압력 게이지를 설치하여 놓고 있다. 또는 스캐너로 레일압력을 측정하는 경우도 있다. 반드시 시동이 걸려 있는 상태에서의 측정이다.

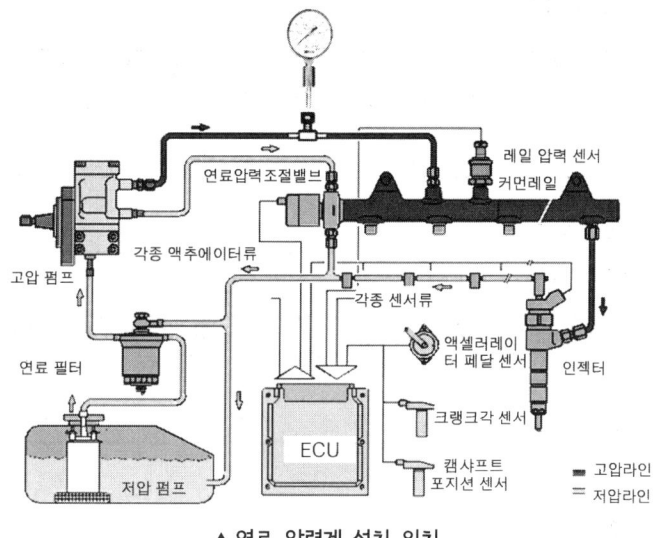

▲ 연료 압력계 설치 위치

## 1  답안지 작성법

### (1) 연료 압력이 낮을 때

▶ 엔진 5. 전자제어 디젤엔진 점검
  자동차 번호 :

| 측정항목 | ① 측정(또는 점검) | | ② 판정 및 정비(또는 조치)사항 | | 득 점 |
|---|---|---|---|---|---|
| | 측정값 | 규정(정비한계)값 | 판정(□에 '✔' 표) | 정비 및 조치할 사항 | |
| 연료 압력 (고압) | 212 bar/ 834rpm | 260~280 bar/ 830rpm | □ 양 호<br>☑ 불 량 | 연료 압력 조절 밸브가 열린 상태로 고장-교환 | |

| 비번호 | | 감독위원 확 인 | |
|---|---|---|---|

1) **비번호** : 비번호는 공단직원이 주는 등번호를 수검자가 기록한다.
2) **감독위원 확인** : 감독위원 확인란은 감독위원이 채점한 후에 도장을 찍는 부분으로 수검자는 기록하지 않는다.
3) ① **측정(또는 점검)** : 측정값은 수검자가 측정한 연료 압력을 기록하고, 규정(정비한계) 값은 감독관이 주어진 값이나 또는 정비지침서를 보고 기록한다.(반드시 단위를 기입한다)
 • 측정값 : 212 bar/834rpm   • 규정(정비한계)값 : 260~280 bar/830rpm
4) ② **판정 및 정비(또는 조치)사항** : 판정은 수검자가 측정한 값과 규정(정비한계) 값을 비교하여 범위 내에 있으면 양호, 벗어나면 불량에 ✔ 표시를 하며, 정비 및 조치할 사항 란에는 고장원인과 정비할 사항을 기록한다.
 • 판정 : • 양호 : 규정(한계) 값 이내에 있을 때   • 불량 : 규정(한계) 값을 벗어났을 때,
 • 정비 및 조치할 사항 : 정비 및 조치할 사항 없음
5) **득점** : 득점은 감독위원이 채점을 하고 점수를 기록하는 부분으로 수검자는 기록하지 않는다.
6) **자동차 번호** : 측정하는 자동차 번호를 수검자가 기록한다.

■ 차종별 규정값 (현대)

| 차 종 \ 항 목 | 엔진형식 | 배기량(cc) | 연료압력(bar) | | 공전속도 (rpm) |
|---|---|---|---|---|---|
| | | | 고압 | 레일 압력 | |
| 아반떼 XD (2006) | D4FA-디젤1.5 | 1,493 | 1,350 | 270 | 830 |
| 싼타페(2012) | D4EB-디젤2.2 | 2,188 | 1,800 | 220~320 | 790±100 |
| 트라제 XG, 카렌스(2007) | D-2.0 | 1,979 | 1,350 | 220~320 | 750±30 |
| 테라칸, 카니발2(2006) | KJ-2.9 | 2,903 | 1,600 | 1,350/1,700rpm | 800 |

## (2) 연료 압력이 높을 때

▶ 엔진 5. 전자제어 디젤엔진 점검
   자동차 번호 :

| 측정항목 | ① 측정(또는 점검) | | ② 판정 및 정비(또는 조치)사항 | | 득 점 |
|---|---|---|---|---|---|
| | 측정값 | 규정(정비한계)값 | 판정(□에 '✔' 표) | 정비 및 조치할 사항 | |
| 연료 압력 (고압) | 320 bar/ 834rpm | 260~280 bar/ 830rpm | □ 양 호 ☑ 불 량 | 연료 압력 조절 밸브 커넥터 탈거 | |

비번호 :       감독위원 확인 :

## (3) 연료 압력이 정상일 때

▶ 엔진 5. 전자제어 디젤엔진 점검
   자동차 번호 :

| 측정항목 | ① 측정(또는 점검) | | ② 판정 및 정비(또는 조치)사항 | | 득 점 |
|---|---|---|---|---|---|
| | 측정값 | 규정(정비한계)값 | 판정(□에 '✔' 표) | 정비 및 조치할 사항 | |
| 연료 압력 (고압) | 262.2 bar/ 834rpm | 260~280 bar/ 830rpm | ☑ 양 호 □ 불 량 | 정비 및 조치사항 없음. | |

비번호 :       감독위원 확인 :

# 2 관계 지식

## (1) 연료 압력 조절 밸브 위치

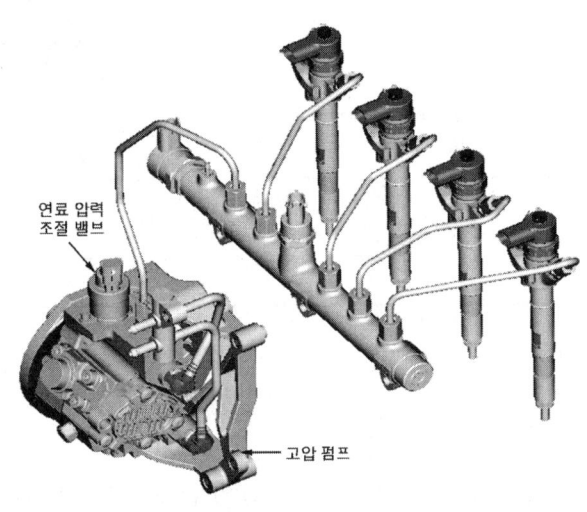

▲ 연료 압력 조절 밸브

(연료 압력 조절 밸브, 고압 펌프)

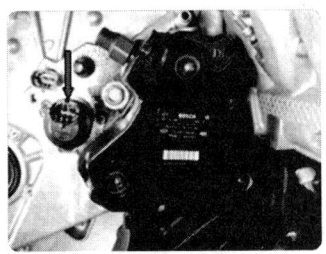

▲ 연료 압력 조절 밸브

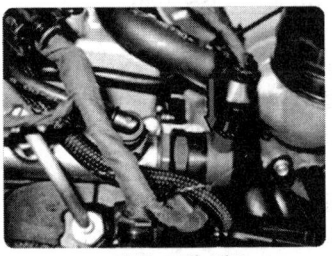

▲ 압력 조절 밸브

## (2) 연료 압력 고장진단

### 1) 연료 압력이 낮은 원인
① 연료 압력 조절 밸브가 열린 상태로 고장
② 레일 압력 센서 전원, 제어선 단선
③ 레일 압력 센서 낮은 전압으로 설정(ECU 고장)
④ 레일 압력 센서 커넥터 탈거

### 2) 연료압력이 높은 원인
① 연료 압력 조절 밸브가 닫힌 상태로 고장
② 연료 압력 조절 밸브 커넥터 탈거
③ 연료 압력 조절 밸브 전원, 제어선 단선
④ 레일 압력 센서 커넥터 탈거
⑤ 레일 압력 센서 전원, 제어선 단선
⑥ 연료 리턴 파이프의 굴곡, 막힘

## (3) 제원

■ 규정값 (쏘렌토 R D2.2-2012)

| 항 목 | 제 원 |
|---|---|
| 연료 분사 시스템 | 커먼레일 직접 분사 방식(CRDI : Common Rail Direct Injection) |
| 연료 리턴 시스템 | 리턴타입 |
| 고압 연료 최대 압력 | 1,800바(bar) |
| 연료 탱크 용량 | 70 L |
| 연료 필터 | 고압형식(엔진룸 내 장착) |
| 고압 연료 펌프 형식/ 구동방식 | 기계식 & 플런저 펌핑 방식/ 타이밍 체인 |
| 저압 연료 펌프 형식/ 구동방식 | 탱크 내장 전기식/ 전기 모터 |

# 섀시 2. 종감속 장치 백래시 & 런아웃 점검

주어진 종감속 장치에서 링 기어의 백래시와 런 아웃을 측정하여 기록표에 기록한 후 백래시가 규정값이 되도록 조정하시오.

## 시험장에서는

종감속 장치의 백래시 측정용과 링 기어 런아웃 측정용 종감속 장치가 따로 따로 설치되어 있는 경우가 대부분이다. 원칙은 주어진 종감속 장치에서 수검자가 다이얼 게이지를 설치한 후 백래시를 측정하고 런 아웃을 측정하여야 하지만 시험장에서 아주 설치하여 놓고 측정만 할 수 있도록 하였다. 본교에서도 시험을 볼 때마다 수검자가 설치하도록 하였더니 다이얼 게이지를 떨어트려 파손되는 경우가 허다하게 많았다. 감독위원도 난감해 했다. 비싼 교보재를 ……. 그래서 설치하여 놓고 측정방법이 틀리면 다시 설치하라고 하였지만 대부분 그대로 측정하여 시험이 순조롭게 진행되었다.

1. 백래시 측정하기 위한 준비 모습

종감속 장치를 움직이지 않도록 고정시켜 놓고 준비를 하였다. 뒤로 밀어서 0점으로 세팅하고 앞으로 밀어 움직인 거리가 백래시다.

2. 백래시 다이얼 게이지 설치 모습

다이얼 게이지의 스핀들은 반드시 기어면에 직각으로 설치하여 측정한다.

3. 런 아웃 다이얼 게이지 설치 모습

시작하는 곳을 알리기 위하여 기어에 백묵으로 표시하고 다이얼 게이지를 0점으로 조정한 후 한 바퀴를 돌려서 지침이 좌우로 움직인 값을 더한다.

## 1 답안지 작성법

### (1) 백래시는 작고 런아웃은 정상일 때

■ 섀시 2. 종감속 장치 링 기어 점검
  작업대 번호 :

| 측정항목 | ① 측정(또는 점검) | | ② 판정 및 정비(또는 조치)사항 | | 득 점 |
|---|---|---|---|---|---|
| | 측정값 | 규정(정비한계)값 | 판정(□에 '✔'표) | 정비 및 조치할 사항 | |
| 백래시 | 0.05mm | 0.11~0.16mm | □ 양 호<br>☑ 불 량 | 피니언 기어를 바깥쪽으로 당겨지도록 피언기어에 쉼을 넣어 조정 | |
| 런아웃 | 0.03mm | 0.05mm 이하 | | | |

| 비번호 | | 감독위원<br>확 인 | |
|---|---|---|---|

1) **비번호** : 비번호는 공단직원이 주는 등번호를 수검자가 기록한다.
2) **감독위원 확인** : 감독위원 확인란은 감독위원이 채점한 후에 도장을 찍는 부분으로 수검자는 기록하지 않는다.
3) **① 측정(또는 점검)** : 측정값은 수검자가 측정한 백래시와 런아웃 값을 기록하고, 규정(정비한계)값은 감독관이 주어진 값이나 또는 정비지침서를 보고 기록한다.(반드시 단위를 기록한다)
   • 측정값 : •백래시 – 0.05mm         •런아웃 – 0.03mm
   • 규정(정비한계)값 : •백래시 – 0.11~0.16mm     •런아웃 – 0.05mm 이하
4) **② 판정 및 정비(또는 조치)사항** : 판정은 수검자가 측정한 값과 규정(정비한계) 값을 비교하여 범위 내에 있으면 양호, 벗어나면 불량에 ✔ 표시를 하며, 정비 및 조치할 사항 란에는 고장원인과 정비할 사항을 기록한다.
   • 판정 : •양호 – 규정(정비한계)값 이내에 있을 때,    •불량 – 규정(정비한계)값을 벗어났을 때
   • 정비 및 조치할 사항 : 양호하면 정비 및 조치할 사항 없음으로, 불량일 경우 고장원인과 정비방법을 기록한다.

■ 차종별 백래시 규정값

| 차 종 | 링 기어 | | 조정법 |
| --- | --- | --- | --- |
| | 백래시 | 런아웃 | |
| 갤로퍼/ 테라칸/ 스타렉스 | 0.11~0.16mm | 0.05mm 이하 | |
| 싼타페 CM(2.0-2010) | 0.10~0.15mm | 0.05mm 이하 | |
| 록스타 | 0.09~0.11mm | — | |
| 마이티 | 0.20~0.28mm | 0.05mm 이하 | |
| 그레이스 | 0.11~0.16mm | 0.05mm 이하 | |
| 에어로 버스 | 0.25~0.33mm(한계 0.6mm) | 0.2mm 이하 | |

▲ 심 조정 형식

5) **득점** : 득점은 감독위원이 채점을 하고 점수를 기록하는 부분으로 수검자는 기록하지 않는다.
6) **자동차 번호** : 측정하는 작업대 번호를 수검자가 기록한다.

## (2) 백래시는 크고 런아웃은 정상일 때

▶ 섀시 2. 종감속 장치 링 기어 점검
작업대 번호 :

| 측정항목 | ① 측정(또는 점검) | | ② 판정 및 정비(또는 조치)사항 | | 득 점 |
| --- | --- | --- | --- | --- | --- |
| | 측정값 | 규정(정비한계)값 | 판정(□에 '✔' 표) | 정비 및 조치할 사항 | |
| 백래시 | 0.53mm | 0.11~0.16mm | □ 양 호<br>☑ 불 량 | 피니언 기어를 안쪽으로 밀어지도록 심을 빼서 규정값 범위에 들도록 조정 | |
| 런아웃 | 0.03mm | 0.05mm 이하 | | | |

## (3) 백래시는 정상이고 런아웃이 클 때

▶ 섀시 2. 종감속 장치 링 기어 점검
작업대 번호 :

| 측정항목 | ① 측정(또는 점검) | | ② 판정 및 정비(또는 조치)사항 | | 득 점 |
| --- | --- | --- | --- | --- | --- |
| | 측정값 | 규정(정비한계)값 | 판정(□에 '✔' 표) | 정비 및 조치할 사항 | |
| 백래시 | 0.14mm | 0.11~0.16mm | □ 양 호<br>☑ 불 량 | 차동기어 캐리어 또는 종감속 장치 어셈블리 교환 | |
| 런아웃 | 0.10mm | 0.05mm 이하 | | | |

## (4) 백래시와 런아웃이 정상일 때

▶ 섀시 2. 종감속 장치 링 기어 점검
작업대 번호 :

| 측정항목 | ① 측정(또는 점검) | | ② 판정 및 정비(또는 조치)사항 | | 득 점 |
| --- | --- | --- | --- | --- | --- |
| | 측정값 | 규정(정비한계)값 | 판정(□에 '✔' 표) | 정비 및 조치할 사항 | |
| 백래시 | 0.15mm | 0.11~0.16mm | ☑ 양 호<br>□ 불 량 | 정비 및 조치사항 없음 | |
| 런아웃 | 0.03mm | 0.05mm 이하 | | | |

## 2 관계 지식

### (1) 백래시 조정 방법

① **조정 나사식** : 나사를 조이거나 풀어서 링 기어를 좌우로 이동시킨다. 이때 풀어준 만큼 반대편에서 조여 준다.

② **심(seam) 조정 방식** : 심을 넣거나 빼서 링 기어를 좌우로 이동시킨다. 이때 뺀 쪽의 것을 반대쪽에 넣는다.

③ 링 기어를 구동 피니언 쪽으로 이동시키면 백래시가 작아지며, 반대로 멀리하면 백래시가 커진다.

1. 백래시 측정 모습

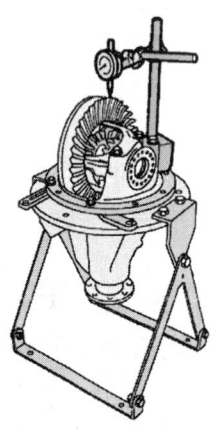

링 기어의 이빨에 다이얼 게이지 스핀들이 직각이 되도록 설치하고 피니언 기어를 고정하고 링 기어를 움직여서 백래시가 기준값인가를 점검한다.

2. 런아웃 측정 모습

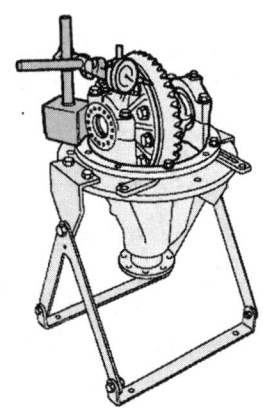

링 기어의 뒷면에 다이얼 게이지의 스핀들이 직각이 되도록 설치하고 링 기어를 한 바퀴 돌려서 좌우로 움직인 값을 더한 값이 런아웃이다.

## 섀시 4  제동력 점검

**1안 산업기사**

3항의 작업 자동차에서 감독위원의 지시에 따라 전(앞) 또는 후(뒤) 제동력을 측정하여 기록표에 기록하시오.

### 시험장에서는

제동력 테스터기는 구형인 지침식을 보유하고 있는 시험장과 신형인 ABS COMBI를 보유하고 있는 곳이 있으나 수검자는 어느 것이나 측정할 수 있는 능력을 보유하여야 한다. 보유하고 있는 테스터기로 측정법을 숙지하는 것은 물론 다른 테스터기의 사용법도 책 등을 이용하여 습득하여야 한다. 감독관으로부터 답안지를 받고 제동력 테스터기 앞에 서면 보조원이 기다리고 있다. 보조원은 대부분 그곳의 학생으로 자격증 취득자이거나 테스터기를 능수능란하게 다룰 수 있는 학생이다. 보조원은 운전석에 앉아서 수검자가 지시를 내려 주기만을 기다리고 있다. 수검자는 테스터기를 세팅하고 보조원에게 차량을 진입하도록 지시하고 리프트를 하강시키면 롤러가 회전한다. 보조원에게 "브레이크 밟으세요."하고 지침이 최대로 올랐을 때 푸시 버튼을 눌러 눈금을 읽는다. 주어진 축중과 좌우 측정값을 기록하고 리프트를 올린 후 계산하여 답안지를 작성하여 제출한다.

**1. 제동력 측정기가 설치된 모습**

**2. 답판이 내려간 모습**

**3. 모니터에 측정값이 표시된 모습**
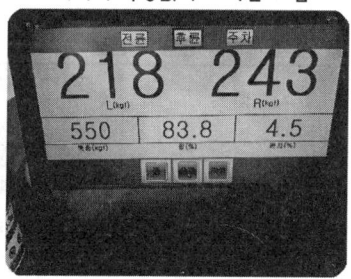

시험 준비가 완료된 모습이다. 깨끗하게 청소가 되어 있고 주변에 정돈된 모습이 청량한 마음을 준다.

측정 버튼을 누르면 답판이 아래로 내려가고 롤러가 회전한다. 이때 "밟으세요"라고 보조원에게 주문한다.

모니터 상에는 측정값과 제동력의 합, 제동력의 편차가 표시되어서 나온다. 계산식은 수검자가 기록한다.

## 1 답안지 작성법

### (1) 제동력의 합과 편차가 불량일 때

▶ 섀시 4. 제동력 점검
자동차 번호 :

| 비 번호 | | 감독위원 확인 | |
|---|---|---|---|

| ① 측정(또는 점검) | | | | ② 판정 및 정비(또는 조치)사항 | | | 득점 |
|---|---|---|---|---|---|---|---|
| 위 치 | 구분 | 측정값 | 기준값 (□에 '✔'표) | 산출근거 | | 판정 (□에 '✔'표) | |
| 제동력 위치 (□에 '✔'표) □ 앞 ☑ 뒤 | 좌 | 60kg | □ 앞 ☑ 뒤 축중의 | 편차 | 편차 $= \dfrac{60-20}{432} \times 100 = 9.3\%$ | □ 양 호 ☑ 불 량 | |
| | 우 | 20kg | 제동력 편차 8% 이하 | 합 | 합 $= \dfrac{60+20}{432} \times 100 = 18.5\%$ | | |
| | | | 제동력 합 20% 이상 | | | | |

※ 측정 위치는 감독위원이 지정하는 위치에 □에 '✔' 표시합니다.
※ 자동차 검사기준 및 방법에 의하여 기록 판정합니다.
※ 측정값의 단위는 시험장비 기준으로 작성합니다.
※ 산출근거에는 단위를 기록하지 않아도 됩니다.

1) **비번호** : 비번호는 공단직원이 주는 등번호를 수검자가 기록한다.
2) **감독위원 확인** : 감독위원 확인란은 감독위원이 채점한 후에 도장을 찍는 부분으로 수검자는 기록하지 않는다.

3) **위치** : 위치는 감독위원이 지정하는 곳에 ✔ 표시를 한다.
4) **측정값** : 측정값 란은 수검자가 측정한 제동력을 기록한다.
   - 좌 : 60kg    • 우 : 20kg
5) **기준값** : 기준값은 기준이 되는 축에 ✔ 표시를 하고 검사 기준값을 기록한다.
   - 뒤 : ☑    • 편차 : 8% 이하    • 제동력 합 : 20% 이상
6) **산출 근거** : 계산공식에 넣어서 산출하는 계산식을 기입한다.
   - 계산법 : • 좌,우제동력의 편차 = $\dfrac{\text{좌,우제동력의 편차}}{\text{해당 축중}} \times 100 = \dfrac{60-20}{432} \times 100 = 9.3\%$
   - 좌,우제동력의 합 = $\dfrac{\text{좌,우제동력의 합}}{\text{해당 축중}} \times 100 = \dfrac{60+20}{432} \times 100 = 18.5\%$
   - 축중은 NEW CLICK 1.4 DOHC A/T의 공차중량의 40%(432kg)으로 계산함.
7) **판정** : 판정은 측정한 값과 검사기준 값을 비교하여 범위 안에 들면 양호에, 범위를 벗어나면 불량에 ✔ 표시를 한다.
   - 판정 : • 양호 : 측정한 값이 검사기준 값(제동력 합 20% 이상, 편차 8% 이하)의 범위에 있을 때
   - 불량 : 측정한 값이 검사기준 값(제동력 합 20% 이상, 편차 8% 이하)의 범위를 벗어났을 때
8) **득점** : 득점은 감독위원이 채점을 하고 점수를 기록하는 부분으로 수검자는 기록하지 않는다.
9) **자동차 번호** : 측정하는 자동차 번호를 수검자가 기록한다.

■ 현대 차종별 중량 기준값

| 항목 \ 차종 | NEW CLICK |  |  |  |  | NEW EF SONATA |  |  |  |  |
|---|---|---|---|---|---|---|---|---|---|---|
|  | 1.4 DOHC | 1.5 VGT | 1.6DOHC |  |  | 1.8 DOHC | 2.0 GVS | 2.0 GOLD | 2.0 CVT | 2.5 V6 |
| 배기량(CC) | 1,399 | 1,399 | 1,493 | 1,599 | 1,599 | 1,795 | 1,795 | 1,997 | 1,997 | 1,997 | 2,493 |
| 공차중량(kg) | 1,046 | 1,080 | 1,493 | 1,046 | 1,080 | 1,427 | 1,445 | 1,445 | 1,458 | 1,470 | 1,487 |
| 변속방식 | M/T | A/T | M/T | M/T | A/T | M/T | A/T | M/T | A/T | CVT | A/T |
| 연비(km/L) | 15.6 | 13.5 | 20.1 | 15.3 | 13.0 | 11.8 | 10.0 | 11.1 | 9.4 | 10.1 | 8.5 |
| 에너지 등급 | 2 | 4 | 1 | 2 | 4 | 3 | 5 | 3 | 4 | 4 | 3 |

## (2) 제동력의 합은 정상이나 편차가 불량일 때

▶ 섀시 4. 제동력 점검
자동차 번호 :

| 비 번호 |  | 감독위원 확 인 |  |
|---|---|---|---|

| ① 측정(또는 점검) ||||| ② 판정 및 정비(또는 조치)사항 ||| 득점 |
|---|---|---|---|---|---|---|---|---|
| 위 치 | 구분 | 측정값 | 기준값 (□에 '✔'표) || 산출근거 || 판정 (□에 '✔'표) |  |
| 제동력 위치 (□에 '✔'표) □ 앞 ☑ 뒤 | 좌 | 170kg | □ 앞 ☑ 뒤 | 축중의 | 편차 | 편차 = $\dfrac{170-120}{432} \times 100 = 11.6\%$ | □ 양 호 ☑ 불 량 |  |
|  | 우 | 120kg | 제동력 편차 | 8% 이하 | 합 | 합 = $\dfrac{170+120}{432} \times 100 = 67.1\%$ |  |  |
|  |  |  | 제동력 합 | 20% 이상 |  |  |  |  |

※ 측정 위치는 감독위원이 지정하는 위치에 □에 '✔' 표시합니다.
※ 자동차 검사기준 및 방법에 의하여 기록 판정합니다.
※ 측정값의 단위는 시험장비 기준으로 작성합니다.
※ 산출근거에는 단위를 기록하지 않아도 됩니다.

## (3) 제동력의 합과 편차가 불량일 때

**▶ 섀시 4. 제동력 점검**
자동차 번호 :

| 비 번호 | | 감독위원 확인 | |
|---|---|---|---|

| ① 측정(또는 점검) | | | | ② 판정 및 정비(또는 조치)사항 | | | 득점 |
|---|---|---|---|---|---|---|---|
| 위 치 | 구분 | 측정값 | 기준값 (□에 '✔'표) | 산출근거 | | 판정 (□에 '✔'표) | |
| 제동력 위치 (□에 '✔'표) □ 앞 ☑ 뒤 | 좌 | 120kg | □ 앞 ☑ 뒤 축중의 | 편차 | 편차 = $\frac{120-80}{432} \times 100 = 9.3\%$ | □ 양 호 ☑ 불 량 | |
| | 우 | 80kg | 제동력 편차 8% 이하 | 합 | 합 = $\frac{120+80}{432} \times 100 = 46.3\%$ | | |
| | | | 제동력 합 20% 이상 | | | | |

※ 측정 위치는 감독위원이 지정하는 위치에 □에 '✔' 표시합니다.
※ 자동차 검사기준 및 방법에 의하여 기록 판정합니다.
※ 측정값의 단위는 시험장비 기준으로 작성합니다.
※ 산출근거에는 단위를 기록하지 않아도 됩니다.

## (4) 제동력의 합과 편차가 양호할 때

**▶ 섀시 4. 제동력 점검**
자동차 번호 :

| 비 번호 | | 감독위원 확인 | |
|---|---|---|---|

| ① 측정(또는 점검) | | | | ② 판정 및 정비(또는 조치)사항 | | | 득점 |
|---|---|---|---|---|---|---|---|
| 위 치 | 구분 | 측정값 | 기준값 (□에 '✔'표) | 산출근거 | | 판정 (□에 '✔'표) | |
| 제동력 위치 (□에 '✔'표) □ 앞 ☑ 뒤 | 좌 | 210kg | □ 앞 ☑ 뒤 축중의 | 편차 | 편차 = $\frac{220-210}{432} \times 100 = 2.3\%$ | ☑ 양 호 □ 불 량 | |
| | 우 | 220kg | 제동력 편차 8% 이하 | 합 | 합 = $\frac{220+210}{432} \times 100 = 99.5\%$ | | |
| | | | 제동력 합 20% 이상 | | | | |

※ 측정 위치는 감독위원이 지정하는 위치에 □에 '✔' 표시합니다.
※ 자동차 검사기준 및 방법에 의하여 기록 판정합니다.
※ 측정값의 단위는 시험장비 기준으로 작성합니다.
※ 산출근거에는 단위를 기록하지 않아도 됩니다.

## 2 관계 지식

### (1) 제동력 측정 자료 화면

**01 디지털 방식의 모니터 모습**

바탕 화면에 대본검사기라는 폴더를 더블 클릭한다.

**02 시스템 초기화면 모습**

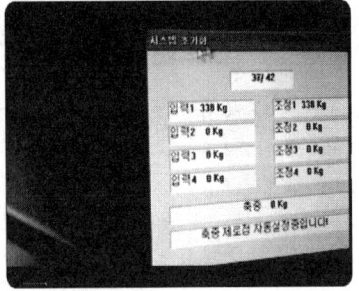

시스템 초기 화면에서 자동 초기화하고 측정 항목 화면으로 넘어간다.

**03 측정 항목 화면 모습**

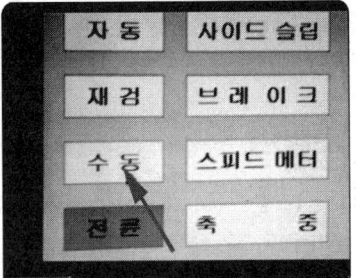

측정 항목 화면에서 수동을 클릭한다.

**04 브레이크 선택 화면 모습**

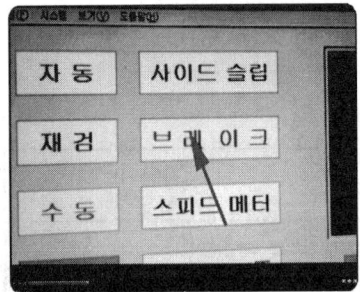

측정 항목 화면에서 브레이크를 클릭한다.

**05 검사 시작 선택 화면 모습**

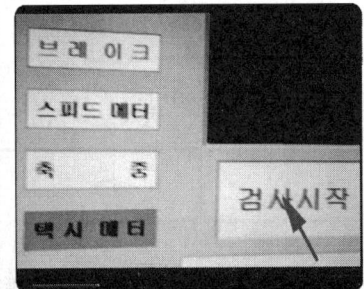

측정 항목 화면에서 브레이크 선택 후 검사 시작을 클릭한다.

**06 전 브레이크 측정 선택 화면 모습**

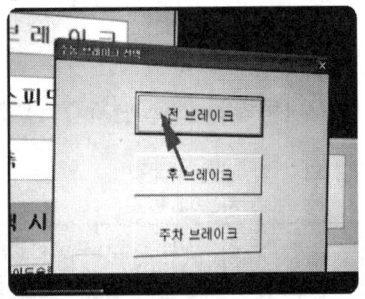

시험위원이 지정하는 위치를 클릭하여 선택한다.

**07 브레이크 선택 화면 모습**

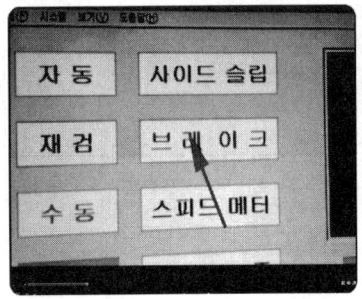

측정 항목 화면에서 브레이크를 클릭한다.

**08 상시 판정 선택 화면 모습**

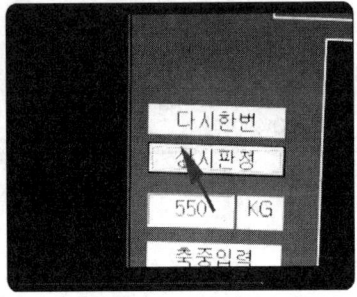

상시 판정을 한 번 더 클릭하면 최대 판정으로 변환 된다.

**09 최대 판정 선택 화면 모습**

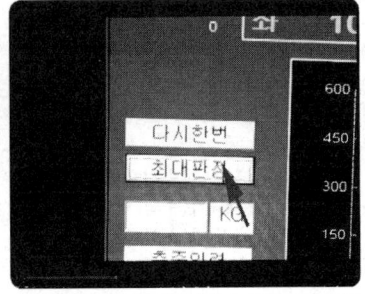

최대 판정으로 선택하여야만 최대값을 지시하여 편리하다.

**10 축중 입력 화면 모습**

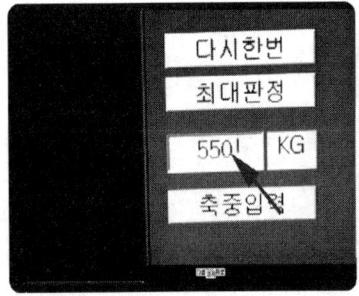

시험위원이 지정하는 축중을 키보드로 입력한다.

**11 축중이 입력된 화면 모습**

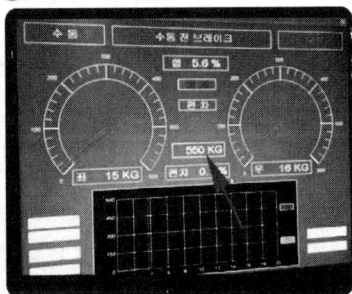

좌우 지시계 사이에 입력한 축중이 표시된다.

**12 측정 완료 화면 모습**

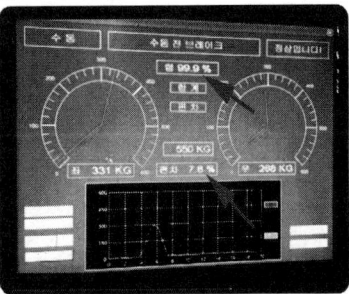

위에 제동력의 합과 아래에 편차가 표시된다.

## 섀시 5 — 자동 변속기 자기진단

**1안 산업기사**

주어진 자동 변속기에서 자기진단기(스캐너)를 이용하여 각종 센서 및 시스템 작동 상태를 점검하고 기록표에 기록하시오.

### 시험장에서는

감독위원으로부터 답안지를 받은 후 측정용 차량에 진단기(스캐너)를 설치하고 점검을 한다. 물론 테스터기는 여러 가지가 있으며 시험장이나 시험위원의 의지에 따라 선택될 수가 있다. 그러나 수검자는 어떤 것을 사용해도 측정할 수 있는 능력을 책을 봐서라도 알아야 한다. 만약 이 테스터기는 "처음 보는 것인데요?" 하는 수검자가 있는데 합격권하고는 멀어지는 것이 아닌가 싶다.

1. EF 소나타 시뮬레이터 모습   2. EF 소나타 시뮬레이터 모습   3. 아반떼 시뮬레이터 모습

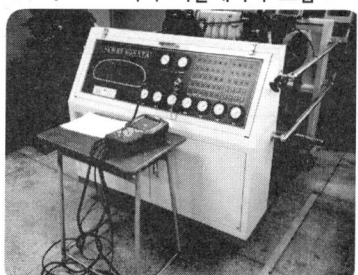
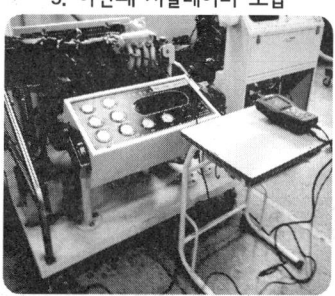

시뮬레이터가 제작사마다 조금씩 차이는 있겠지만 자기진단 터미널이 전면부 패널에 설치되어 있다. 실차에서 직접 하는 경우도 있지만 대부분의 시험장에서는 시뮬레이터를 이용한다. 이유는 고장을 내서 자기진단 시에 뛰우기 위해서는 시뮬레이터가 편리하다.

## 1  답안지 작성법

### (1) 압력 조절 솔레노이드 밸브(PCSV-A) 커넥터가 탈거일 때

▶ 섀시 5. 자동변속기 점검
　　　작업대 번호 :

| 점검 항목 | ① 측정(또는 점검) | | ② 판정 및 정비(또는 조치)사항 | 득점 |
|---|---|---|---|---|
| | 고장부분 | 내용 및 상태 | 정비 및 조치할 사항 | |
| 변속기 자기진단 | 압력조절솔레노이드 밸브(PCSV)-A | 커넥터 탈거 | 커넥터 연결,<br>과거기억 소거 후 재점검 | |

비번호 　　　　감독위원 확인

1) **비번호** : 비번호는 공단직원이 주는 등번호를 수검자가 기록한다.
2) **감독위원 확인** : 감독위원 확인란은 감독위원이 채점한 후에 도장을 찍는 부분으로 수검자는 기록하지 않는다.
3) **① 측정(또는 점검)** : 고장부분 란에는 수검자가 스캐너의 자기진단 화면 창에 나타난 이상 부위를 기록하고, 내용 및 상태 란에는 수검자가 점검한 이상 부위의 고장 내용 및 상태를 기록한다.
   • 고장 부분 : 압력 조절 솔레노이드 밸브(PCSV)
   • 내용 및 상태 : 커넥터 탈거
4) **② 판정 및 정비(또는 조치)사항** : 정비 및 조치할 사항 란에는 양호하면 정비 및 조치할 사항 없음으로, 불량일 경우 고장원인과 정비방법을 기록한다.
   • 정비 및 조치할 사항 : 커넥터 연결, 과거 기억소거 후 재점검.
5) **득점** : 득점은 시험위원이 채점을 하고 점수를 기록하는 부분으로 수검자는 기록하지 않는다.
6) **작업대 번호** : 측정하는 작업대 번호를 수검자가 기록한다.

## (2) 압력 조절 솔레노이드 밸브(PCSV-B)가 단선일 때

■ 섀시 5. 자동변속기 점검
　　　　작업대 번호 :

| 점검 항목 | ① 측정(또는 점검) | | ② 판정 및 정비(또는 조치)사항 | 득 점 |
|---|---|---|---|---|
| | 고장부분 | 내용 및 상태 | 정비 및 조치할 사항 | |
| 변속기 자기진단 | 압력조절솔레노이드 밸브(PCSV) | 단선 | 압력조절 솔레노이드 밸브(PCSV) 교환, 과거기억 소거 후 재점검. | |

비번호 ／ 감독위원 확인

## (3) 유온 센서가 불량일 때

■ 섀시 5. 자동변속기 점검
　　　　작업대 번호 :

| 점검 항목 | ① 측정(또는 점검) | | ② 판정 및 정비(또는 조치)사항 | 득 점 |
|---|---|---|---|---|
| | 고장부분 | 내용 및 상태 | 정비 및 조치할 사항 | |
| 변속기 자기진단 | 유온 센서 | 유온 센서 불량 | 유온 센서 교환, 과거기억 소거 후 재점검 | |

비번호 ／ 감독위원 확인

## 2  관계 지식

### (1) 스캐너를 이용한 자기진단

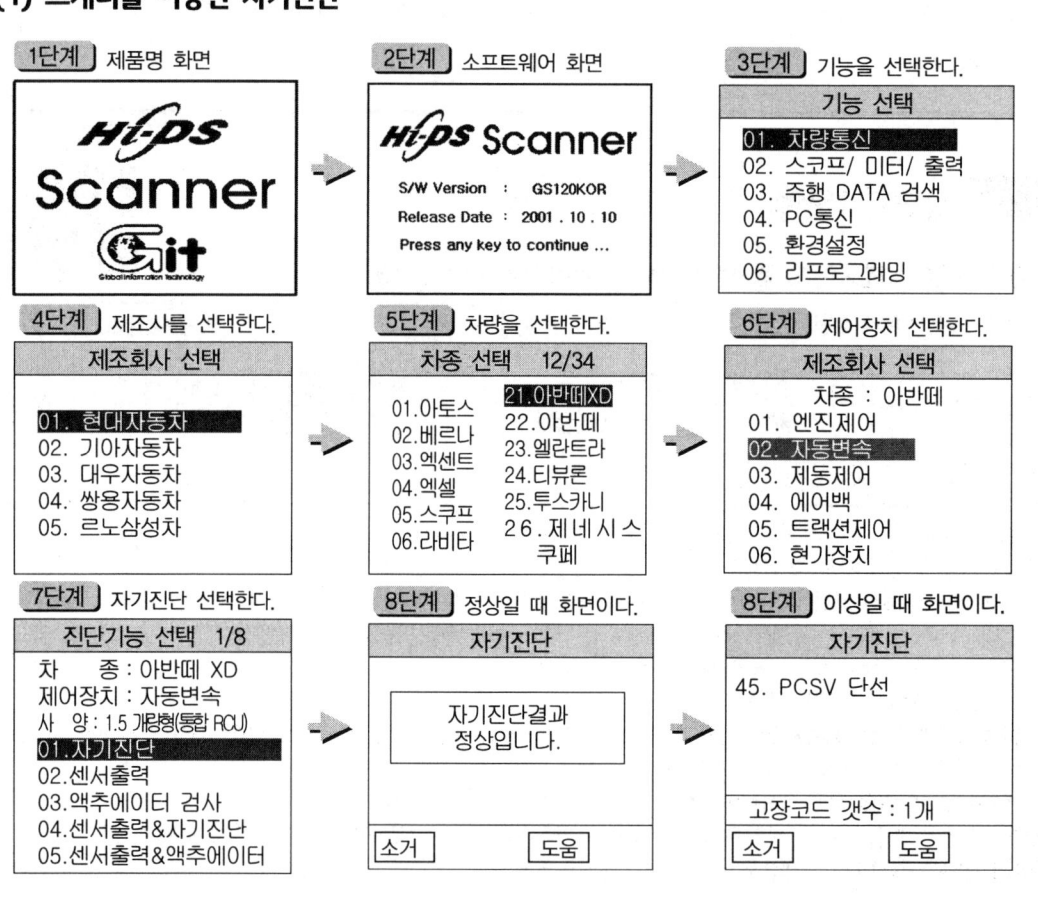

## (2) 자기진단 점검 시 고장 내기 쉬운 부품과 기능

| 명 칭 | 기 능 |
|---|---|
| 입력 속도 센서 | 입력축의 회전수(TURBINE RPM)를 OD/RVS 리테이너 부에서 검출 |
| 출력 속도 센서 | 출력축의 회전수(T/F DRIVE GEAR RPM)를 T/F 드라이브 기어부에서 검출 |
| 엔진 회전 속도 | 엔진 회전수를 ECM에서 CAN 통신을 통해서 받는다. |
| 유온 센서 | 자동변속기의 오일 온도를 서미스터로 검출한다. |
| 인히비터 스위치 | 선택 레버 위치를 접점식 스위치로 검출한다. |
| VFS 솔레노이드 밸브 | 전 Throttle 및 전 변속단에서 라인압을 4.5~10.5 bar까지 가변시킨다. |
| ON/ OFF 솔레노이드 밸브(SCSV-A) | 변속제어를 위해서 유로를 제어하는 밸브 |
| PCSV-A(SCSV-B) | 변속제어를 위해서 OD 또는 L/R유압을 제어하는 밸브 |
| PCSV-B(SCSV-C) | 변속제어를 위해서 2/B 또는 REV유압을 제어하는 밸브 |
| PCSV-C(SCSV-D) | 변속제어를 위해서 UD 유압을 제어하는 밸브 |
| PCSV-D(TCC) | 댐퍼 클러치 제어를 위한 댐퍼 클러치 제어 밸브로의 유압을 조절 |
| 클러스터 | 현재 변속레버의 위치와 차량 속도를 보냄 |

## 전기 1 — 시동모터 전압강하, 전류소모 점검

**산업기사**

주어진 자동차에서 시동모터를 탈거한 후(감독위원에게 확인), 다시 부착하여 작동상태를 확인하고 크랭킹 시 전류소모 및 전압강하 시험을 하여 기록표에 기록하시오.

### 시험장에서는

감독관이 수검자의 비번호를 부른 후 답안지를 주며 크랭킹 부하시험을 몇 번 차량에서 측정하라고 지시할 것이다. 측정용 차량에는 전압계와 전류계가 준비되어 있다. 요즘에는 훅 미터와 엔진 종합 테스터기인 Hi-DS를 많이 사용하고 있다. 테스터를 설치하고 크랭킹을 하면서 계기 값을 읽는다. 이때 크랭킹은 시험장의 보조원이 할 것이며, 수검자는 보조원에게 "크랭킹을 해 주세요" 하고 측정이 끝나면 "됐습니다." 하여 정지토록 한다. 그리고 답안지를 작성하여 감독관에게 제출한다.

**1. 측정 준비된 시험장 모습**

시험장은 다르지만 이곳도 훅 미터와 디지털 멀티가 준비되어 있다.

**2. 전압 강하를 멀티로 측정한 모습**

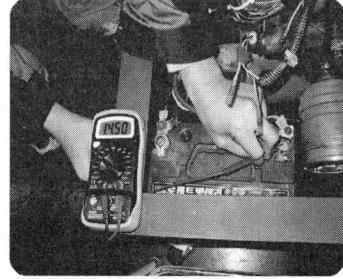

멀티미터의 (+)를 (+)터미널에, (−) 테스터 리드는 (−)터미널에 연결한다.

**3. 훅 미터를 모습**

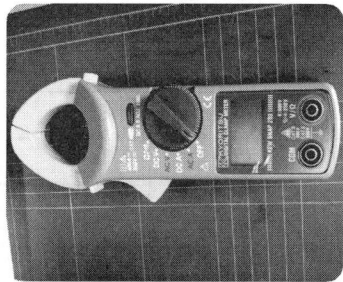

훅 미터의 선택 스위치를 DCV로 전압을, DCA로 전류를 측정한다.

## 1. 답안지 작성법

동영상

### (1) 크랭킹 전류소모가 규정값 보다 작고, 전압 강하가 클 때

▶ 전기 1. 시동 모터 점검
자동차 번호 :

| 측정 항목 | ① 측정(또는 점검) | | ② 판정 및 정비(또는 조치)사항 | | 득점 |
|---|---|---|---|---|---|
| | 측정값 | 규정(정비한계)값 | 판정 (□에 '✔' 표) | 정비 및 조치할 사항 | |
| 전압 강하 | 9.3V | 축전지 전압(12V)의 20% 이하(9.6V 이상) | □ 양 호<br>✔ 불 량 | 축전지 불량<br>− 축전지 교환 | |
| 전류 소모 | 90A | 전류소모 규정값 산출근거 기록<br>축전지 용량의 3배 (50A×3=150A) 이하 | | | |

비번호 / 감독위원 확인

1) **비번호** : 비번호는 공단직원이 주는 등번호를 수검자가 기록한다.
2) **감독위원 확인** : 감독위원 확인란은 감독위원이 채점한 후에 도장을 찍는 부분으로 수검자는 기록하지 않는다.
3) **① 측정(또는 점검)** : 측정값은 수검자가 측정한 전압 강하, 전류 소모 값을 기록하고, 규정(정비한계)값은 일반적인 규정값을 기록한다.
   - 측정값 : ·전압 강하 − 9.3V,   ·전류 소모 − 90A
   - 규정(정비한계)값 : ·전압 강하 − 축전지 전압(12V)의 20% 이하(9.6V 이상)
     ·전류 소모 − 축전지 용량의 3배(50A×3=150A) 이하
4) **② 판정** : 판정은 수검자가 측정한 값과 규정(정비한계)값을 비교하여 범위 내에 있으면 양호, 벗어나면 불량에 ✔표시를 하며, 정비 및 조치할 사항은 고장 원인과 정비할 사항을 기록한다.
   - 판정 : ·양호 − 규정(정비한계) 값의 범위에 있을 때   ·불량 − 규정(정비한계) 값을 벗어났을 때
   - 정비 및 조치할 사항 : 양호하면 정비 및 조치 사항 없음으로, 불량일 경우 고장원인 정비방법을 기록한다.

■ 일반적인 규정값

| 항 목 | 전압강하(V) | 소모전류(A) |
|---|---|---|
| 일반적인 규정값 | 축전지 전압(12V)의 20%까지 | 축전지 용량의 3배 이하 |
| 예(12V -45AH) | 9.6V 이상 | 135A |

5) **득점** : 득점은 감독위원이 채점을 하고 점수를 기록하는 부분으로 수검자는 기록하지 않는다.
6) **자동차 번호** : 측정하는 자동차의 번호를 수검자가 기록한다.

## (2) 크랭킹 전류 소모가 규정값 보다 크고, 전압 강하가 클 때

▶ 전기 1. 시동 모터 점검
자동차 번호 :

| 측정 항목 | ① 측정(또는 점검) | | ② 판정 및 정비(또는 조치)사항 | | 득점 |
|---|---|---|---|---|---|
| | 측정값 | 규정(정비한계)값 | 판정 (□에 '✔' 표) | 정비 및 조치할 사항 | |
| 전압 강하 | 9.3V | 축전지 전압(12V)의 20% 이하(9.6V 이상) | □ 양 호<br>☑ 불 량 | 엔진 본체 저항 많음<br>- 엔진 점검 정비 | |
| 전류 소모 | 180A | 전류소모 규정값 산출근거 기록<br>축전지 용량의 3배 (50A×3=150A) 이하 | | | |

비번호 : ___  감독위원 확인 : ___

## (3) 크랭킹 전류와 전압 강하가 양호할 때

▶ 전기 1. 시동 모터 점검
자동차 번호 :

| 측정 항목 | ① 측정(또는 점검) | | ② 판정 및 정비(또는 조치)사항 | | 득점 |
|---|---|---|---|---|---|
| | 측정값 | 규정(정비한계)값 | 판정 (□에 '✔' 표) | 정비 및 조치할 사항 | |
| 전압 강하 | 11.8V | 축전지 전압(12V)의 20% 이하(9.6V 이상) | ☑ 양 호<br>□ 불 량 | 정비 및 조치할 사항 없음 | |
| 전류 소모 | 90A | 전류소모 규정값 산출근거 기록<br>축전지 용량의 3배 (50A×3=150A) 이하 | | | |

비번호 : ___  감독위원 확인 : ___

## 2 관계 지식

### (1) 크랭킹 전류 소모가 규정값 보다 작고, 전압 강하가 큰 원인
① 축전지 불량 - 충전 후 재점검
② 축전지 터미널 연결 상태 불량 - 축전지 터미널 체결 볼트 꼭 조임.
③ 기동 전동기 불량(링 기어가 물리지 않는 회전, 브러시 마모량 과다, 오버런닝 클러치 불량, 브러시 스프링 장력 감소 등) - 기동 전동기 수리 및 교환

### (2) 크랭킹 전류 소모가 규정값 보다 크고, 전압 강하가 큰 원인
① 전기자 코일 단락 - 전기자 코일 교환
② 계자 코일의 단락 - 계자 코일 교환
③ 전기자 축 휨 - 전기자 코일 교환
④ 전기자 축 베어링 파손 - 베어링 교환
⑤ 엔진 본체의 고장(크랭크축 베어링의 윤활부족 및 소착, 피스톤과 실린더 간극의 마찰저항 증가, 밸브장치의 고장 등) - 정비

## (3) 차종별 배터리 규격(쏠라이트 배터리)

| 제품명 | 규격 (V-A) | 대표 적용 차종 ||||
|---|---|---|---|---|---|
| | | 현 대 | 기 아 | 한국GM | 쌍용/삼성 外 |
| CMF40R | 12-40 | | | 마티즈, 칼로스 | |
| CMF40L | 12-40 | 아토스 | 비스토, 모닝 | 다마스, 뉴마티즈 | |
| DIN44L | 12-44 | | | 마티즈(스파크) | |
| CMF50R | 12-50 | 엘란트라(1.5), 스쿠프 | | 로미오, 줄리엣 | |
| CMF50L | 12-50 | 아반떼(1.5), 라비타 | 스펙트라, 뉴프라이드(G) | 뉴라보, 뉴다마스 | SM3 |
| DIN54L | 12-54 | | | 라세티프리미어(G) | |
| CMF60R | 12-60 | 쏘나타(I, II, III), 싼타모 | 스포티지(G), 카스타 | 라세티, 토스카 | 코란도(G) |
| CMF60L | 12-60 | 뉴베르나, 아반떼XD | 쏘울, 포르테 | 에스페로 | SM3 |
| DIN62L | 12-62 | 아반떼MD | | | |
| DIN74R | 12-74 | 쏘나타 하이브리드 | K5하이브리드 | | |
| DIN74L | 12-74 | | | 알페온 | 신형 SM3 |
| DIN80L | 12-80 | | | 라세티프리미어(D) | 신형 SM5 |
| CMF80R | 12-80 | 쏘나타(I, II, III), 그랜져 | 아카디아, 카스타 | | 액티언, 뉴렉스턴 |
| CMF80L | 12-80 | 쏘나타(뉴EF, NF, YF), XG | 뉴프라이드, 로체 | 프린스 | SM5, SM7, QM5 |
| CMF90R | 12-90 | 스타렉스, 뉴포터 | 쏘렌토R, 스포티지 | 코란도, 액티언 | |
| CMF90L | 12-90 | 싼타페, 투싼(IX) | 카니발, 뉴스포티지R | | 이스타나, 무쏘 |
| DIN88L/ DIN100L | 12-88 12-100 | 제너시스, 에쿠스 | | | 체어맨 |
| DIN110L | 12-110 | 제네시스(신형) | K9 | 캡티바(D) | 체어맨 |
| CMF85L | 12-85 | 쏘나타(YF, LF) | K5, K7 | | SM5, SM7 |
| CMF95R | 12-95 | 투싼X | 스포티지R | | 코란도C |
| CMF95L | 12-95 | 베라크루즈 | 쏘렌토R | | |
| CMF100R | 12-100 | 그랜드스타렉스 | 쏘렌토R, 스포티지 | | |
| CMF100L | 12-100 | 테라칸, 베라크루즈 | 그랜드카니발, 뉴쏘렌토 | | |

## (4) 크랭킹 전류 소모 시험 결과와 고장 원인

1) 회전력이 부족하고 전류값이 규정보다 떨어진다. - 정류자와 브러시의 접촉 저항이 크다.
2) 전류는 규정대로 흐르는데 회전력이 부족하다. - 정류자의 단락 절연 불량
3) 전류가 흐르지 않는다.
   ① 전기자 코일 또는 계자 코일의 단선
   ② 브러시 연결선 단선
   ③ 정류자와 브러시 간의 접촉 불량
4) 고전류 저속회전
   ① 메인 접점 소손
   ② 정류자 소손 또는 오염
   ③ 브러시 소손
5) 고전류 회전하지 않음
   ① 마그네틱 스위치 회로 단락
   ② 필드 코일 또는 전기자 균열, 회로 단락
   ③ 베어링이 녹아 붙음
   ④ 엔진 자체의 저항이 많음

## (5) 모터 크랭킹 부하시험 자료 화면(Hi-DS)

### 01 측정 준비된 시험장 모습

시험장의 여건에 따라 다르지만 이곳은 Hi-DS로 준비한 상태이다.

### 02 대전류 프로브 모습

대전류 프로브는 100A와 1000A 측정 위치가 있다. 1000A 위치로 한다.

### 03 대전류 프로브 클램핑 모습

시동 모터로 들어가는 케이블에 화살표가 전류의 흐름 방향으로 건다.

### 04 바탕 화면에서 파일 모습

컴퓨터가 부팅 되어 있다. 파일을 클릭하여 측정 준비를 한다.

### 05 차종 선택 화면 모습
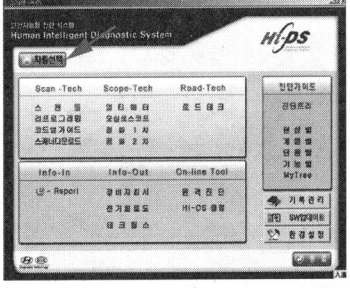
차종 선택 아이콘을 클릭, 측정하고자 하는 차량의 정보를 입력한다.

### 06 고객정보 입력 화면 모습
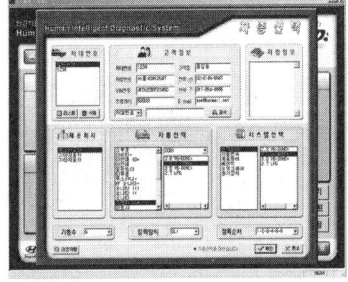
고객정보 입력을 기록하고 확인을 누른다.

### 07 멀티 미터 아이콘 클릭 모습
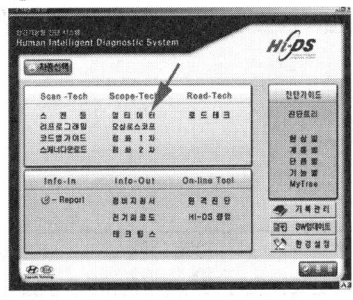
멀티 테스터를 클릭하여 디지털 화면으로 만든다.

### 08 주어진 규정값 모습
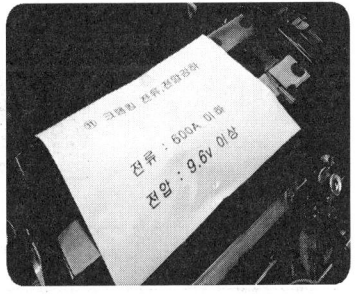
측정용 차량에 시험위원이 주어진 규정값이 붙어 있다.

### 09 전압 측정 화면 모습
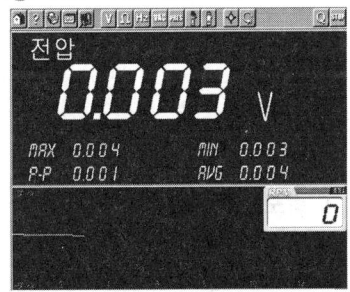
최대값이냐? 최소값이냐? 평균값이냐? 애매하지만 최소값을 기록한다.

### 10 측정 화면 모습
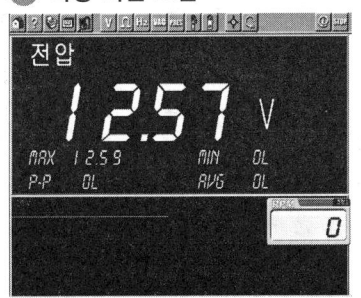
최대값이냐? 최소값이냐? 평균값이냐? 애매하지만 최소값을 기록한다.

### 11 전류 측정 화면 모습
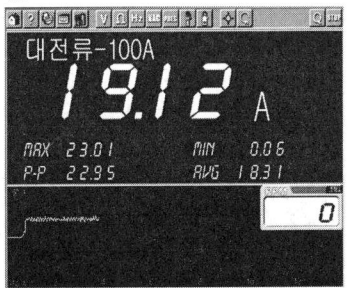
툴바에서 대전류 아이콘을 클릭하면 전류 측정 모드로 작동한다.

### 12 대전류 측정 모습
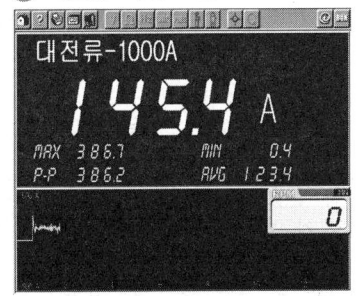
최대값이냐? 최소값이냐? 평균값이냐? 애매하지만 최소값을 기록한다.

# 전기 2 — 전조등 광도, 진폭 점검

**1안 산업기사**

주어진 자동차에서 전조등 시험기로 전조등을 점검하여 기록표에 기록하시오.

## 시험장에서는

헤드라이트의 광도와 진폭의 측정은 엔진의 시동을 걸고 측정하여야 옳으나 시험장에서는 안전을 위하여 엔진이 정지된 상태에서 측정하는 경우가 많다. 감독위원이 좌측이나 우측을 지정하여 주는 곳을 측정하는데 좌, 우는 운전석에 앉아서 좌측과 우측임을 잊지 말아야 한다. 측정하기 전에 조건(타이어의 공기압, 배터리 성능, 바닥의 수평 상태 등)이 맞았는지 확인하고 헤드라이트의 유리를 깨끗한 걸레로 닦아서 측정값이 정확하게 나오도록 하여야 한다. 측정은 변환빔(상향등) 상태에서 측정하여야 하며, 차량은 공회전(단, 광도 측정시 2,000rpm), 공차 상태, 운전자 1인이 승차하여 측정하여야 한다. 보조원이 운전석에 앉아서 라이트를 조작하여 주는 경우도 있으나 대부분은 운전자가 탑승하지 않은 상태에서 측정한다. 근래에 생산된 차량은 헤드라이트 조작이 키 스위치를 넣어야만 가능하도록 되어 있으므로 참고하기 바란다.

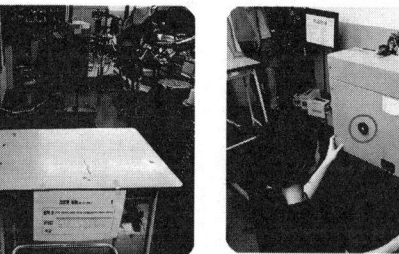

1. 시뮬레이터로 측정 준비된 모습
실제 차량으로 전조등 시험을 하는 경우도 있지만 시뮬레이터를 이용한 방법도 있다.

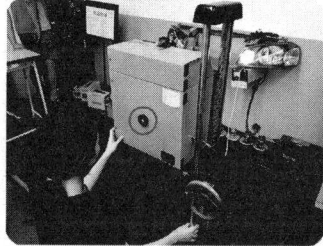

2. 전조등 빔을 중앙에 맞춘다.
시험기를 뒤편에서 전조등 빔의 중앙에 십자가가 맞도록 높이를 조정한다.

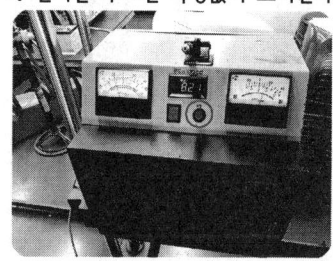

3. 단자를 누르면 측정값이 표시된다.
측정 단자를 누르면 광도와 진폭의 측정값이 화면과 계기판에 표시된다.

동영상

## 1  답안지 작성법

### (1) 광도 진폭이 불량일 때

▶ 전기 2. 전조등 점검
자동차 번호 :

| 항목 | ① 측정(또는 점검) | | ② 판정 | 득 점 |
|---|---|---|---|---|
| | 측정값 | 기준값 | 판정(□에 '✔') | |
| (□에 '✔')<br>위치 :<br>☑ 좌<br>□ 우<br>설치높이 :<br>□ ≤ 1.0m<br>□ > 1.0m | 광도<br>2,580cd | 3,000cd 이상 | □ 양 호<br>☑ 불 량 | |
| | 진폭<br>−2.6%(0.26cm) | −0.5~−2.5% 이내<br>(−0.05~−0.25cm 이내) | □ 양 호<br>☑ 불 량 | |

비 번호 : / 감독위원 확 인 :

※ 측정 위치는 감독위원이 지정하는 위치에 □에 '✔' 표시합니다.
※ 자동차 검사기준 및 방법에 의하여 기록 판정합니다.

1) **비번호** : 비번호는 공단직원이 주는 등번호를 수검자가 기록한다.
2) **감독위원 확인** : 감독위원 확인란은 감독위원이 채점한 후에 도장을 찍는 부분으로 수검자는 기록하지 않는다.
3) **① 측정(또는 점검)** : 위치 및 설치 높이는 감독위원이 지정하는 차량과 위치 및 설치 높이에 ✔표시를 하고, 측정값은 수검자가 측정한 광도와 진폭의 값을 기록하고 기준값은 검사기준 값을 암기하여 기록한다.

- 위치 및 설치 높이 : · 위치 - 감독위원이 지정하는 차량의 헤드라이트 위치에 ✔표시를 한다.
  운전석에 앉아서 좌, 우 위치이다.
  · 설치 높이 - 점검차량의 전조등 설치 높이에 ✔표시를 한다.
- 측정값 : · 광도 - 수검자가 측정한 광도 값을 기록한다.
  · 진폭 - 수검자가 측정한 변환빔의 진폭 값을 기록한다.
- 기준값 : · 광도 - 수검자가 검사기준의 광도 값을 암기하여 기록한다.
  · 진축 - 수검자가 검사기준의 진폭 값을 암기하여 기록한다.

4) ② 판정 : 판정란은 수검자가 측정한 값과 기준 값을 비교하여 범위 내에 있으면 양호, 벗어나면 불량에 ✔표시를 한다. 어느 하나라도 불량이면 판정은 불량이다.
- 판정 : · 양호-기준 값의 범위에 있을 때 · 불량-기준 값을 벗어났을 때

5) **득점** : 득점은 감독위원이 채점을 하고 점수를 기록하는 부분으로 수검자는 기록하지 않는다.
6) **자동차 번호** : 측정하는 자동차의 번호를 수검자가 기록한다.

## (2) 진폭은 양호하고 광도가 불량일 때

▶ 전기 2. 전조등 점검
자동차 번호 :

| 비 번호 | | 감독위원 확 인 | |

| 항목 | ① 측정(또는 점검) | | ② 판정 | 득 점 |
|---|---|---|---|---|
| | 측정값 | 기준값 | 판정(□에 '✔') | |
| (□에 '✔')<br>위치 :<br>☑ 좌<br>□ 우<br>설치높이 :<br>☑ ≤ 1.0m<br>□ > 1.0m | 광도 | 1,500cd | 3,000cd 이상 | □ 양 호<br>☑ 불 량 | |
| | 진폭 | -1.5%(-0.15cm) | -0.5~-2.5% 이내<br>(-0.05~-0.25cm 이내) | ☑ 양 호<br>□ 불 량 | |

※ 측정 위치는 감독위원이 지정하는 위치에 □에 '✔' 표시합니다.
※ 자동차 검사기준 및 방법에 의하여 기록 판정합니다.

## (3) 진폭이 불량이고 광도가 양호 할 때

▶ 전기 2. 전조등 점검
자동차 번호 :

| 비 번호 | | 감독위원 확 인 | |

| 항목 | ① 측정(또는 점검) | | ② 판정 | 득 점 |
|---|---|---|---|---|
| | 측정값 | 기준값 | 판정(□에 '✔') | |
| (□에 '✔')<br>위치 :<br>☑ 좌<br>□ 우<br>설치높이 :<br>☑ ≤ 1.0m<br>□ > 1.0m | 광도 | 38,000cd | 3,000cd 이상 | ☑ 양 호<br>□ 불 량 | |
| | 진폭 | -3.5%(-0.35cm) | -0.5~-2.5% 이내<br>(-0.05~-0.25cm 이내) | □ 양 호<br>☑ 불 량 | |

※ 측정 위치는 감독위원이 지정하는 위치에 □에 '✔' 표시합니다.
※ 자동차 검사기준 및 방법에 의하여 기록 판정합니다.

## (4) 광도와 진폭이 양호 할 때

▶ 전기 2. 전조등 점검
　　　　자동차 번호 :

| 항목 | ① 측정(또는 점검) | | ② 판정 | 득 점 |
|---|---|---|---|---|
| | 측정값 | 기준값 | 판정(□에 '✔') | |
| (□에 '✔')<br>위치 :<br>　☑ 좌<br>　□ 우<br>설치높이 :<br>　☑ ≤ 1.0m<br>　□ > 1.0m | 광도<br><br>23,000cd | 3,000cd 이상 | ☑ 양　호<br>□ 불　량 | |
| | 진폭<br><br>-2.3%(-0.23cm) | -0.5~-2.5% 이내<br>(-0.05~-0.25cm 이내) | ☑ 양　호<br>□ 불　량 | |

※ 측정 위치는 감독위원이 지정하는 위치에 □에 '✔' 표시합니다.
※ 자동차 검사기준 및 방법에 의하여 기록 판정합니다.

## 2　관계 지식

### (1) 전조등 광도, 진폭 검사 기준값

| 항목 | 검사 기준 | 검사 방법 |
|---|---|---|
| 등화<br>장치 | · 변환빔의 광도는 3000cd 이상일 것 | · 좌우측 전조등(변환빔)의 광도와 광도점을 전조등 시험기로 측정하여 광도점의 광도 확인 |
| | · 변환빔의 진폭은 10m 위치에서 다음 수치 이내일 것<br><br>　설치 높이 ≤ 1.0m　｜　설치 높이 > 1.0m<br>　　-0.5 ~ -2.5%　　｜　　-1.0 ~ -3.0% | · 좌우측 전조등(변환빔)의 컷오프선 및 꼭지점의 위치를 전조등 시험기로 측정하여 컷오프선의 적정여부 확인 |
| | · 컷오프선의 꺽임점(각)이 있는 경우 꺽임점의 연장선은 우측 상향일 것 | · 변환빔의 컷오프선, 꺽임점(각), 설치상태 및 손상여부 등 안전기준 적합여부를 확인 |

**예** 컷 오프선의 수직위치는 자동차의 변환빔 전조등 설치 높이(발광면의 최하단) 대비 아래 기준에 적합할 것(설치 높이 ≤ 1.0m)

- $-0.5\% = \dfrac{x \times 100}{10}$, $x = \dfrac{-0.5 \times 10}{100} = -0.05cm$ 이내, $\% = \dfrac{-0.05cm \times 100}{10} = -0.5\%$ 이내

- $-2.5\% = \dfrac{x \times 100}{10}$, $x = \dfrac{-2.5 \times 10}{100} = -0.25cm$ 이내, $\% = \dfrac{-0.25cm \times 100}{10} = -2.5\%$ 이내

- **설치 높이 > 1.0m : -0.1cm ~ -0.3cm 이내**

## 전기 3 — ETACS 감광식 룸램프 작동 전압 점검

주어진 자동차에서 감광식 룸램프 기능이 작동시 편의장치(ETACS 또는 ISU) 커넥터에서 작동 전압의 변화를 측정하고 이상여부를 확인하여 기록표에 기록하시오.

### 시험장에서는

에탁스(ETACS : Electronic Time Alam Control System)는 소형이나, 준중형 차량에는 미장착 차량이 많고 중형 이상의 차량에서 채용한 시스템이나 요즘은 경차에도 도입하는 추세이다. 실제의 차량을 이용하는 경우도 있지만 대부분이 시뮬레이터를 사용한다. 점검 및 측정하기가 편하게 만들어져 있다. 에탁스 하면 모두 어려워하고 있지만 실상 회로도만 볼 줄 알면 간단하게 해결할 수 있는 문제. 답안지를 받아 들고 차량으로 가면 측정 차량의 앞이나 측면 유리에 "**에탁스 실내등 출력 전압 점검**" 이라는 글씨가 보일 것이다. 운전석에 앉으면 정비 지침서나 에탁스 회로도를 복사한 것이 보일 것이다. 측정한 값을 답안지에 작성하여 제출한다. 현재 차량에서는 BCM(Body Control Module)으로 명칭을 바꿔 써서 사용하고 있음을 참고하기 바란다. BCM이 새로운 시스템이라고 볼 것이 아니라 기존의 ETACS 제어의 기능을 확장 장치로 생각하고 접근하면 결코 어렵지 않은 시스템이 될 것이다.

## 1 답안지 작성법

### (1) 룸 램프가 불량일 때

▶ 전기 3. 감광식 룸 램프 점검
자동차 번호 :

| 점검 항목 | ① 측정(또는 점검) | | ② 판정 및 정비(또는 조치)사항 | | 득 점 |
|---|---|---|---|---|---|
| | 감광 시간 | 전압(V) 변화 | 판정 (□에 '✔' 표) | 정비 및 조치할 사항 | |
| 작동 변화 | 0초 | 0V | □ 양 호<br>☑ 불 량 | 룸 램프 커넥터 탈거<br>-연결 후 재점검 | |

※ 파형상태를 가능한 프린트 출력하여 첨부하도록 합니다.

1) **비번호** : 비번호는 공단직원이 주는 등번호를 수검자가 기록한다.
2) **감독위원 확인** : 감독위원 확인란은 감독위원이 채점한 후에 도장을 찍는 부분으로 수검자는 기록하지 않는다.
3) **① 측정(또는 점검)** : 측정(또는 점검)은 수검자가 측정한 감광 시간의 값을 기록하고, 전압의 변화는 도어 닫힘 시 작동 전압을 측정하여 기록한다.
   • 감광시간 : 0초    • 전압 변화 : 0V
4) **② 판정** : 판정은 수검자가 측정값과 규정(정비한계)값을 비교하여 범위 내에 있으면 양호, 벗어나면 불량에 ✔표시를 하며, 정비 및 조치할 사항은 고장원인과 정비할 사항을 기록한다.
   • 판정 : •양호-규정(정비한계)값의 범위에 있을 때   •불량-규정(정비한계)값을 벗어났을 때
   • 정비 및 조치할 사항 : 양호하면 정비 및 조치할 사항 없음으로, 불량일 경우 고장원인 정비방법을 기록한다.

◆ 타임 챠트

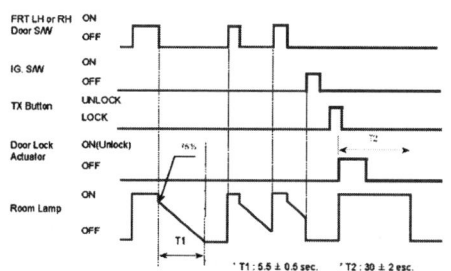

▲ 감광식 룸 램프 동작 특성

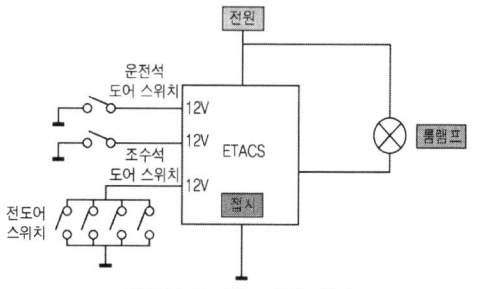

▲ 감광식 룸 램프 동작 회로도

① 도어 열림 시(도어 스위치 ON) 실내등을 점등한다.
② 도어 닫힘 시(도어 스위치 OFF) 즉시 75% 감광 후 서서히 감광하여 5~6초 후에 완전히 소등한다.
③ 도어 스위치 ON 시간이 0.1초 이하인 경우에는 감광 동작을 하지 않는다.
④ 감광 동작 중 점화키 ON시 즉시 감광 동작은 정지된다.

■ 일반적인 규정값

| 차종 | 제어시간 | 소모전류(A) |
|---|---|---|
| 에쿠스 / 옵티마 / 엔터프라이즈 / 오피러스 | 5.5±0.5초 | • 리모컨 언록 시 10~30초간 점등<br>• 룸램프 점등 40분 후 자동 소등 |

5) **득점** : 득점은 감독위원이 채점을 하고 점수를 기록하는 부분으로 수검자는 기록하지 않는다.
6) **자동차 번호** : 측정하는 자동차의 번호를 수검자가 기록한다.

■ 컨트롤 유닛 기본 입력 전압 규정값

| 입·출력 요소 | | 전압 수준 | |
|---|---|---|---|
| 입력 | 전도어 스위치 | 도어 열림 상태 | 0V |
| | | 도어 닫힘 상태 | 12V |
| 출력 | 룸램프 | 점등 상태 | 0V(접지시킴) |
| | | 소등 상태 | 12V(접지 해제) |

## 2 관계 지식

### (1) 감광식 룸 램프 작동 회로도

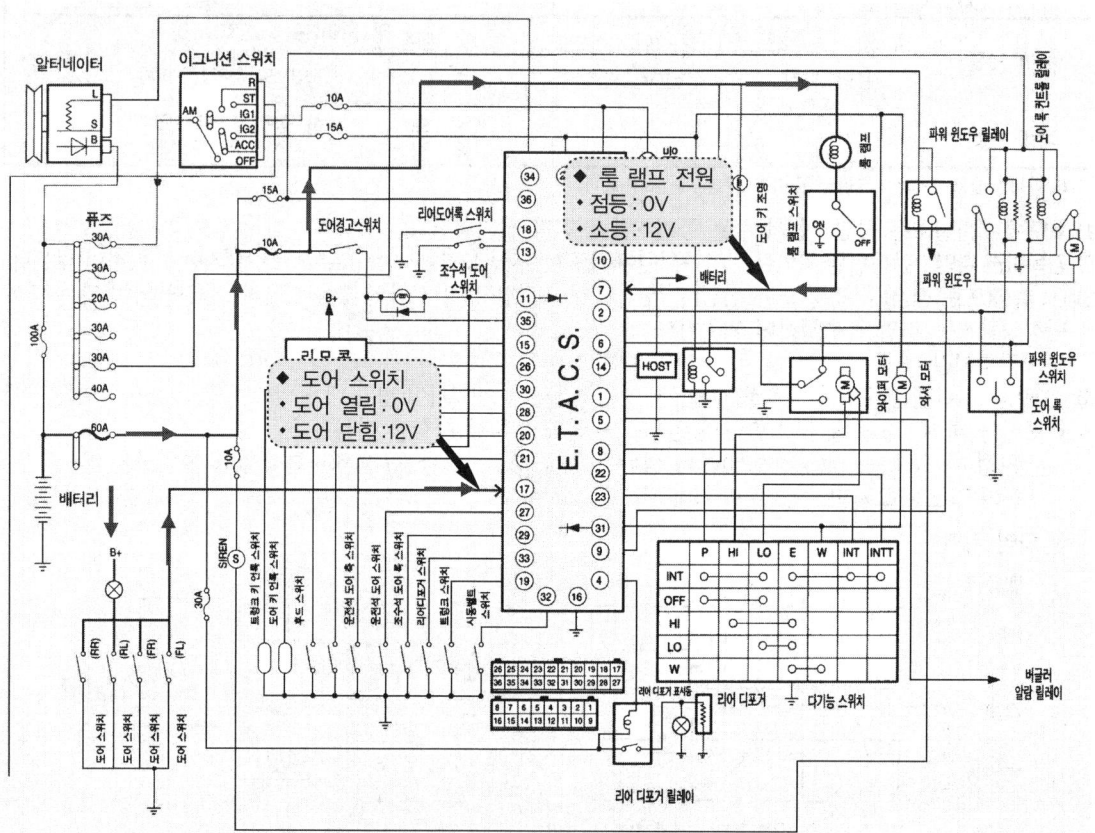

▲ 감광식 룸 램프 출력 회로 전압 측정 위치

## (2) 감광식 룸 램프 출력 파형

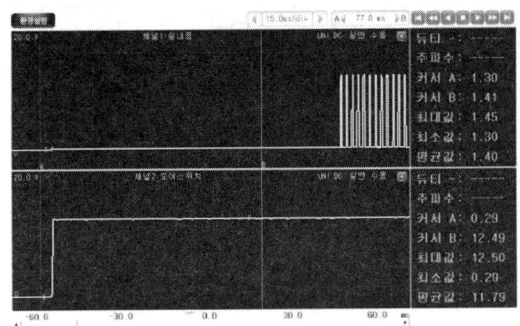
▲ 도어 열림 → 닫힘 시 파형

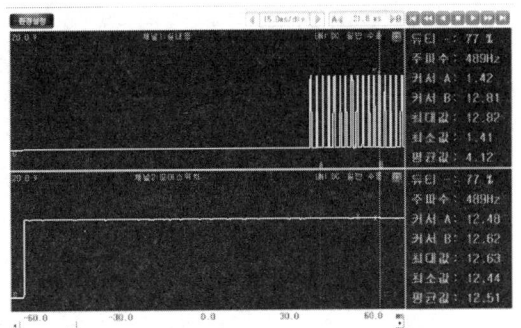
▲ 룸 램프 감광 시 전압 변화 파형

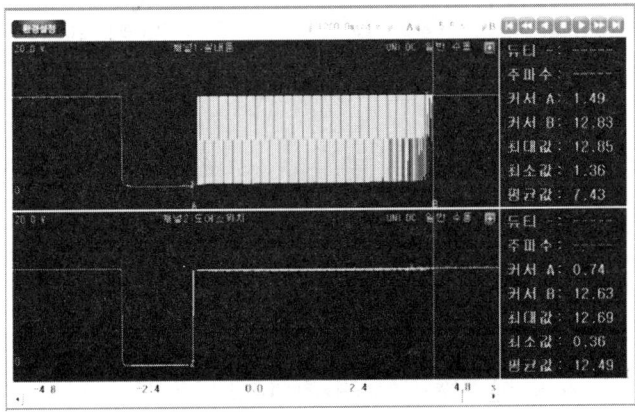
▲ 룸 램프 작동 시간 파형

## (3) 감광식 룸 램프 작동 회로도 점검위치

1) 룸 램프 작동 신호 점검위치-1 (그랜저 XG 3.0 -2005)

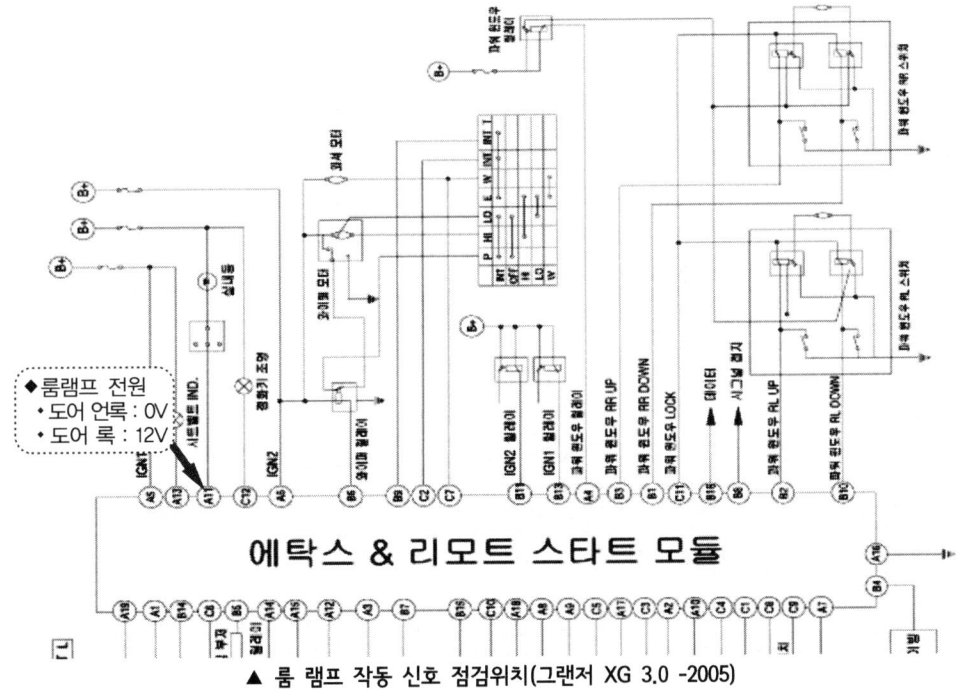
▲ 룸 램프 작동 신호 점검위치(그랜저 XG 3.0 -2005)

2) 룸 램프 작동 신호 점검위치-2 (그랜저 XG 3.0 -2005)

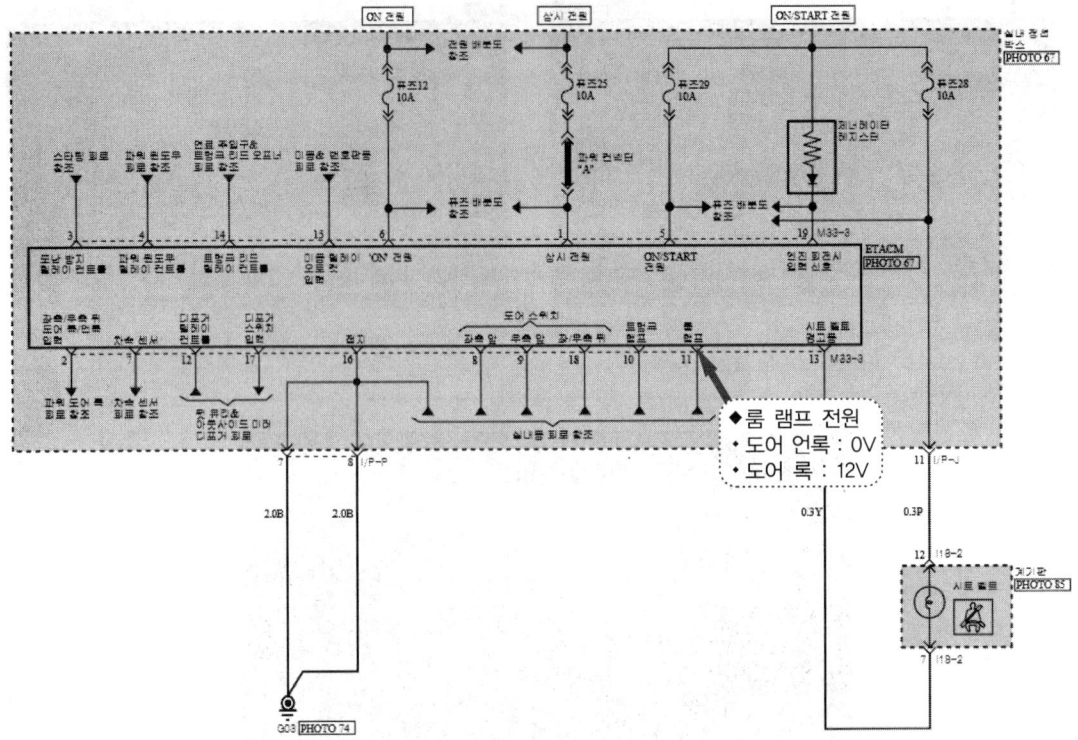

▲ 룸 램프 작동 신호 점검위치-2(그랜저 XG 3.0 -2005)

# 엔진 1. 캠축의 휨 점검

**2안 산업기사**

주어진 엔진을 기록표의 측정 항목까지 분해하여 기록표의 요구사항을 측정 및 점검하고 본래 상태로 조립하시오.

## 시험장에서는

① **실린더 헤드 탈거·조립** : 작업대 위나 엔진 스탠드에 분해 조립용 엔진이 준비되어 있고 때에 따라서는 실린더 헤드만 조립되어 있는 경우도 있다. 먼저 분해하기 전에 준비하여간 걸레로 작업대를 깨끗이 닦는다. 그리고 걸레를 작업대 위에 넓게 펴서 깔고 그 위에 분해한 부품을 올려놓는다. 모든 분해 조립이 그렇지만 부품을 떨어트린다든지 공구를 들고 놓는데 소리가 심하게 난다든지 하면 안전관리에 소홀함이 있는 것처럼 보인다. 캠축은 흡기와 배기가 표시되어 있어서 바뀌지 않도록 조립한다.

② **캠축의 휨 측정** : 대부분 캠축과 다이얼 게이지가 설치되어 있다. 가서 측정만 하면 된다. 아마 0점 조정하기가 쉽지 않을 것이다. 손만 대면 바늘이 움직이고 …. 그냥 그 상태에서 가리키는 눈금을 0점으로 잡고 측정하는 것이 옳을 것이다. 측정값이 많지는 않다. 좌우로 움직인 값을 더하여 둘로 나누면 휨 값이다. 정비 및 조치사항은 캠축 교환이다. 수정은 불가능하므로 ….

**1. 캠축을 V-블록에 설치한 모습**

캠축 베어링 저널 1, 3번을 V-블록에 설치한다.

**2. 다이얼 게이지 설치하는 모습**

캠축 베어링 저널 2번에 다이얼 게이지의 스핀들을 수직으로 설치한다.

**3. 캠축 저널에 다이얼 게이지 설치된 모습**

캠축을 한 바퀴 돌리면서 움직인 값을 더하여 둘로 나눠준 값이 측정값이다.

## 1 답안지 작성법

동영상

### (1) 캠축 휨이 클 때

▶ 엔진 1. 캠축 점검
엔진 번호 :

| 측정항목 | ① 측정(또는 점검) | | ② 판정 및 정비(또는 조치)사항 | | 득점 |
|---|---|---|---|---|---|
| | 측정값 | 규정(정비한계)값 | 판정(□에 '✔'표) | 정비 및 조치할 사항 | |
| 캠축 휨 | 0.15mm | 0.02mm 이하 | □ 양 호<br>☑ 불 량 | 캠 축 불량 – 교환 | |

| 비번호 | | 감독위원<br>확 인 | |
|---|---|---|---|

1) **비번호** : 비번호는 공단직원이 주는 등번호를 수검자가 기록한다.
2) **감독위원 확인** : 감독위원 확인란은 감독위원이 채점한 후에 도장을 찍는 부분으로 수검자는 기록하지 않는다.
3) ① **측정(또는 점검)** : 측정값은 수검자가 측정한 값을 기록하고, 규정(정비한계)값은 감독관이 주어진 값이나 또는 정비지침서를 보고 기록한다.(반드시 단위를 기입한다)
   - 측정값 : 0.15mm
   - 규정(정비한계)값 : 0.02mm 이하

■ 차종별 캠축의 휨 규정값(mm)

| 차 종 | 캠축 휨 규정값 | 차 종 | 캠축 휨 규정값 |
|---|---|---|---|
| 엑센트(2014) | 0.02 이하 | 프라이드 | 0.03 이하 |
| 쏘나타 | 0.02 이하 | 세 피 아 | 0.03 이하 |
| 르 망 | 0.03 이하 | 크레도스 | 0.03 이하 |

요즘 차량에서는 캠축의 휨에 대한 제원이 없음.(현대 & 기아 자동차)

4) ② 판정 및 정비(또는 조치)사항 : 판정은 수검자가 측정한 값과 정비 한계 값을 비교하여 한계 값 범위 내에 있으면 양호, 벗어나면 불량에 ✔표시를 하며, 정비 및 조치할 사항 란에는 고장원인과 정비할 사항을 기록한다.
   - 판정 : ・양호 : 규정(정비한계)값 이하일 때
          ・불량 : 규정(정비한계)값 이상일 때
   - 정비 및 조치할 사항 : 정비 및 조치할 사항 없음
5) 득점 : 득점은 감독위원이 채점을 하고 점수를 기록하는 부분으로 수검자는 기록하지 않는다.
6) 엔진 번호 : 측정하는 엔진 번호를 수검자가 기록한다.

## (2) 캠축 휨이 없을 때

▶ 엔진 1. 캠축 점검
   엔진 번호 :

| 측정항목 | ① 측정(또는 점검) | | ② 판정 및 정비(또는 조치)사항 | | 득점 |
|---|---|---|---|---|---|
| | 측정값 | 규정(정비한계)값 | 판정(□에 '✔'표) | 정비 및 조치할 사항 | |
| 캠축 휨 | 0.0mm | 0.02mm 이하 | ☑ 양 호<br>□ 불 량 | 정비 및 조치할 사항 없음 | |

비번호: / 감독위원 확인:

## (3) 캠축 휨이 규정값 이하일 때

▶ 엔진 1. 캠축 점검
   엔진 번호 :

| 측정항목 | ① 측정(또는 점검) | | ② 판정 및 정비(또는 조치)사항 | | 득점 |
|---|---|---|---|---|---|
| | 측정값 | 규정(정비한계)값 | 판정(□에 '✔'표) | 정비 및 조치할 사항 | |
| 캠축 휨 | 0.01mm | 0.02mm 이하 | ☑ 양 호<br>□ 불 량 | 정비 및 조치할 사항 없음 | |

비번호: / 감독위원 확인:

# 2 관계 지식

## (1) 캠축관련 제원 값(아반떼 XD-2006) - 휨 제원 값 없음

| 항 목 | | 규정값(mm) | 한계값(mm) |
|---|---|---|---|
| 캠 높이 | 흡기 | 43.85 | 43.35 |
| | 배기 | 44.25 | 43.75 |
| 저널 외경 | | 27.00 | − |
| 베어링 오일간극 | | 0.035~0.072 | − |
| 엔드 플레이 | | 0.1~0.2 | |

## (2) 캠축관련 제원 값(그랜저HG-2017 2.4)

| 항목 | | 규정값(mm) | 한계값(mm) |
|---|---|---|---|
| 캠높이 | 흡기 | 44.2 | – |
| | 배기 | 45.0 | – |
| 저널 외경 | 흡기 | NO. 1 : 31.964~31.978, NO. 2~5 23.954~23.970 | – |
| | 배기 | NO. 1 : 35.984~36.000, NO. 2~5 23.954~23.970 | |
| 베어링 오일간극 | 흡기 | NO. 1 : 0.029~0.057, NO. 2~5 0.037~0.067 | NO 1. 0.090 |
| | 배기 | NO. 1 : 0.004~0.036, NO. 2~5 0.037~0.067 | NO. 2~5 0.120 |
| 엔드 플레이 | | 0.04~0.16 | 0.20 |

## (3) 시험장 준비 모습

시험을 보기위한 준비를 하는 교육현장에서는 아주 세팅 시켜놓고 준비하는 경우도 있다.

캠축의 휨과 양정도 측정하게 하여 놓은 세트이다. 스핀들이 기울어져 있는 잘못된 측정 방법이다.

## 엔진 3  인젝터 파형 점검

2항의 시동된 엔진에서 공전속도를 확인하고 감독위원의 지시에 따라 인젝터 파형을 측정 및 분석하여 기록표에 기록하시오.(단, 시동이 정상적으로 되지 않은 경우 본 항의 작업은 할 수 없음)

### 시험장에서는

인젝터 파형의 측정은 엔진이 정상작동 온도로 시동이 걸려있는 상태에서 측정이 가능하다. 튠업용 엔진이나 실제 차량이 준비되어 있고 그 옆에는 테스터기가 책상위에 놓여 있을 것이다. 엔진이 시동을 걸고 테스터기를 연결하여 파형을 보고 감독 위원에게 고장 난 부분과 수리방법을 설명한다. 수검자는 반드시 파형을 프린트하여 그것을 답안지에 부착하여야 한다. 시동이 걸려 있는 엔진에서 측정하여야 하기 때문에 안전에 각별히 유의하여야 하며 작업복이나 긴 머리카락 등이 회전체에 닿지 않도록 안전관리에 각별히 주의한다.

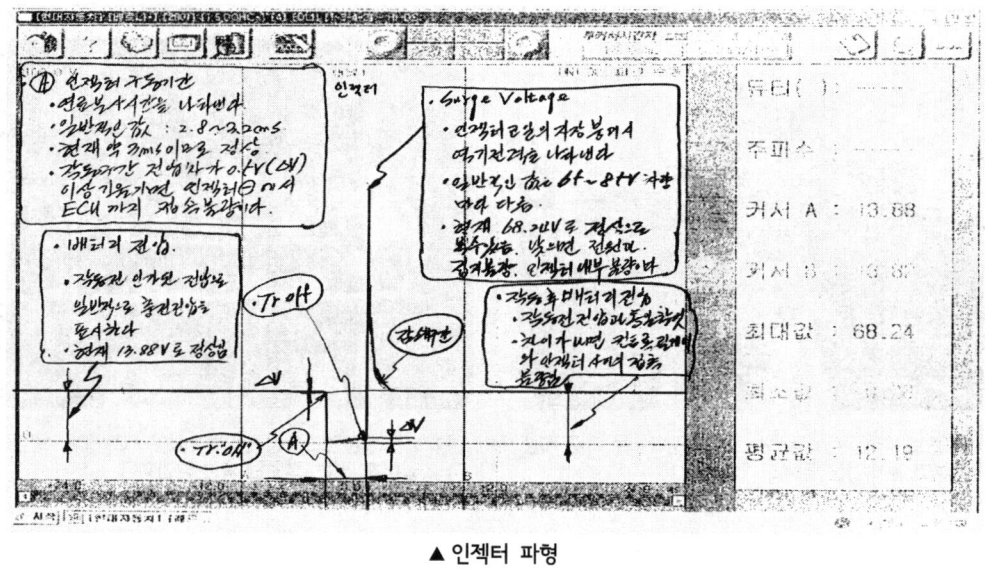

▲ 인젝터 파형

## 1  답안지 작성법

### (1) 분사시간, 서지 전압이 낮을 때

▶ 엔진 3. 인젝터 파형 점검
    자동차 번호 :

| 측정항목 | ① 측정(또는 점검) | ② 판정 및 정비(또는 조치)사항 | | 득 점 |
|---|---|---|---|---|
| | | 판정 (□에 '✔' 표) | 정비 및 조치사항 | |
| 분사 시간 | 2ms / 700±100rpm | □ 양 호 | 인젝터 불량-인젝터 교환 | |
| 서지 전압 | 55V | ✔ 불 량 | | |

비번호 □    감독위원 확인 □

※ 공회전 상태에서 측정하고 기준값은 지침서를 찾아 판정한다.

1) **비번호** : 비번호는 공단직원이 주는 등번호를 수검자가 기록한다.
2) **감독위원 확인** : 감독위원 확인란은 감독위원이 채점한 후에 도장을 찍는 부분으로 수검자는 기록하지 않는다.
3) **① 측정(또는 점검)** : 측정값은 수검자가 측정한 인젝터의 분사시간과 서지 전압의 값을 기록한다.
   • 분사시간 : 2ms / 700±100rpm
   • 서지전압 : 55V

4) ② **판정 및 정비(또는 조치) 사항** : 판정은 수검자가 측정값과 규정값을 비교하여 범위 내에 있으면 양호, 벗어나면 불량에 ✔표시하며, 정비 및 조치 사항은 고장 원인과 정비할 사항을 기록한다.
　　• 판정 : • 양호 – 규정(정비한계)값의 범위에 있을 때
　　　　　　• 불량 – 규정(정비한계)값을 벗어났을 때
　　• 정비 및 조치할 사항 : 정비 및 조치할 사항 없음
5) **득점** : 득점은 감독위원이 채점을 하고 점수를 기록하는 부분으로 수검자는 기록하지 않는다.
6) **자동차 번호** : 측정하는 자동차의 번호를 수검자가 기록한다.

■ **차종별 인젝터 저항, 서지 전압 및 분사시간 규정값**

| 차 종 | 저항(Ω)-20℃ | 서지전압 | 분사시간(mS) |
|---|---|---|---|
| 베르나 | 13~16 | 차종마다 약간의 차이는 있으며 보통 65~85V이다. | 3~5/700±100rpm |
| 아반떼 XD | 14.5±0.35 | | 3~5/700±100rpm |
| EF 쏘나타 | 13~16 | | 3.0~3.5/800±100rpm |
| 그랜저 XG | 13~16 | | 2.0~2.2/800±100rpm |
| 크레도스 | 15.55~16.25 | | – |
| 레간자 | 11.6~12.4 | | – |
| 쏘나타 Ⅰ,Ⅱ,Ⅲ | 13~16 | | 2.5~4.0/공회전 |

## (2) 분사시간, 서지 전압이 나타나지 않을 때

▶ 엔진 3. 인젝터 파형 점검
　　자동차 번호 :

| 비번호 | | 감독위원 확 인 | |
|---|---|---|---|

| 측정항목 | ① 측정(또는 점검) | ② 판정 및 정비(또는 조치)사항 | | 득 점 |
|---|---|---|---|---|
| | | 판정 (□에 '✔' 표) | 정비 및 조치사항 | |
| 분사 시간 | 없음 / 700±100rpm | □ 양 호<br>☑ 불 량 | 인젝터 불량-인젝터 교환 | |
| 서지 전압 | 0V | | | |

※ 공회전 상태에서 측정하고 기준값은 지침서를 찾아 판정한다.

## (3) 분사시간, 서지 전압이 정상일 때

▶ 엔진 3. 인젝터 파형 점검
　　자동차 번호 :

| 비번호 | | 감독위원 확 인 | |
|---|---|---|---|

| 측정항목 | ① 측정(또는 점검) | ② 판정 및 정비(또는 조치)사항 | | 득 점 |
|---|---|---|---|---|
| | | 판정 (□에 '✔' 표) | 정비 및 조치사항 | |
| 분사 시간 | 3ms / 700±100rpm | ☑ 양 호<br>□ 불 량 | 정비 및 조치사항 없음 | |
| 서지 전압 | 75V | | | |

※ 공회전 상태에서 측정하고 기준값은 지침서를 찾아 판정한다.

## 2 관계 지식

### (1) 분사시간과 서지 전압이 낮은 이유
- 인젝터 불량(나머지는 정상이나 해당 인젝터만 분사시간과 서지 전압이 낮을 때)
- 인젝터 커넥터 접촉 저항 증가
- 컨트롤 릴레이와 인젝터 간에 접촉 저항 증가
- 인젝터와 ECU 간 접촉 저항 증가

### (2) 분사시간과 서지 전압이 나타나지 않는 이유
- 인젝터 불량(나머지는 정상이나 해당 인젝터만 분사시간과 서지 전압이 낮을 때)
- 인젝터 커넥터 탈거
- 컨트롤 릴레이와 인젝터 간에 단선
- 인젝터와 ECU 간 단선

### (3) 스캐너 & 스캔 툴에서(GDS)에서 파형으로 분사시간과 서지 전압을 측정하는 경우

통상 배터리 전압이 걸리지만 엔진 컨트롤 모듈이 인젝터를 구동하면(접지시키면) 전압이 0V에 가까워지고 (이론상 0V) 인젝터를 통해서 연료가 분사되며, 엔진 컨트롤 모듈이 접지를 풀어주면 인젝터는 닫히고 순간적으로 피크 전압이 발생한다. 피크 전압과 연료 분사량(인젝터 열림 시간)은 가감속이 없는 등속 주행에서는 모든 실린더에서 똑 같다.

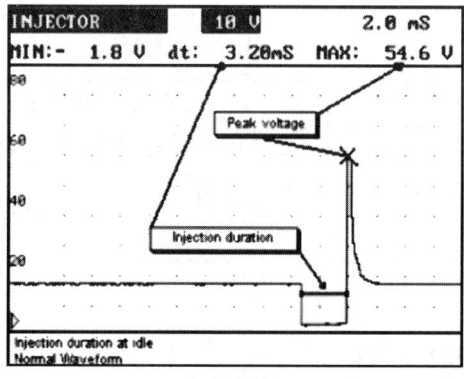

▲ 스캐너에서 측정 파형

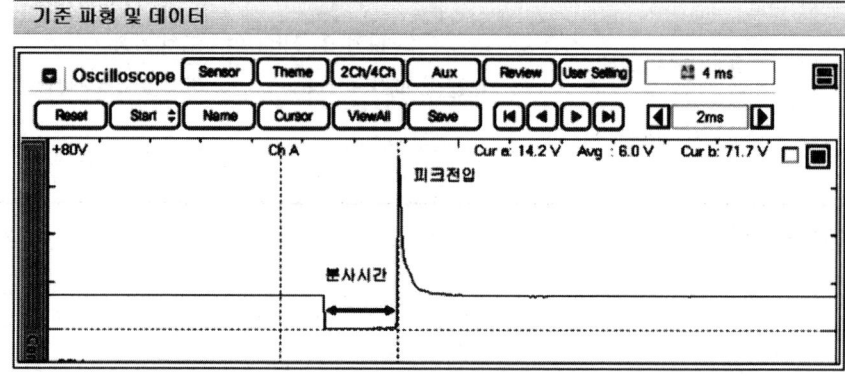

▲ 스캔 툴(GDS)에서 측정 파형

## 엔진 4 — 맵 센서 파형 분석

**2안 산업기사**

주어진 자동차의 엔진에서 맵 센서의 파형을 분석하여 그 결과를 기록표에 기록하시오.(측정조건 : 급가감속시)

### 시험장에서는

맵 센서 파형의 측정은 엔진이 정상 작동 온도에서 시동이 걸려있는 상태에서 측정이 가능하다. 튠업용 엔진이나 실제 차량이 준비되어 있고 그 옆에는 테스터기가(하이스캔 프로 또는 Hi-DS 스캐너) 책상 위에 놓여 있을 것이다. 엔진의 시동을 걸고 테스터기를 연결하여 파형을 보고 감독 위원에게 고장 난 부분과 수리 방법을 설명한다. 수검자는 반드시 파형을 프린트하여 그것을 답안지에 부착하여야 한다. 시험장에 따라서는 Hi-DS를 준비하여 놓은 곳도 있다. 수검자는 어떠한 측정기가 나오더라도 능수능란하게 측정기기를 다룰 수 있도록 많은 연습을 하여야겠다. 때에 따라서는 맵 센서 방식의 차량이 없는 경우는 AFS의 파형을 측정하는 경우도 있다.

**1. EF쏘나타 DOHC MAP 센서**

시뮬레이터일 경우 위치가 제작사마다 다르기 때문에 흡기계통을 확인하며 진공호스의 연결 상태를 보면서 점검한다.

**2. 아반떼 XD MAP 센서**

차종마다 위치가 다르겠지만 대부분은 서지 탱크 위, 카울 패널에 설치되어 있다.

**3. Hi-DS 시험준비 모습**

컴퓨터와 모니터가 켜져 있는 상태이고 테스터 리드를 빼어 준비하여 놓은 곳도 있다.

## 1  답안지 작성법

### (1) 정상일 때 맵센서 파형

▶ 엔진 4. 맵 센서 파형 분석
   자동차 번호 :

| 비번호 | | 감독위원 확 인 | |
|---|---|---|---|

| 측정 항목 | 파형 상태 | 득 점 |
|---|---|---|
| 파형 측정 | 급가속의 상태를 알아보기 위하여 TPS와 연동하여 측정한 결과 극히 정상적인 파형이다. 노이즈도 없고 맥동상태도 없으므로 양호한 파형으로 판정한다.<br>❶ 공전 상태에서 일정한 전압으로 유지되고 있다.<br>❷ 급가속의 시작에서 액셀러레이터 페달을 밟으면서 압력이 증가(진공은 감소)하면서 센서의 저항이 감소하여 전압이 급상승하고 있다.<br>❸ 스로틀 밸브 완전 열림 상태에서 최고 전압이 약 5V가 출력되고 있다.<br>❹ 스로틀 밸브 닫힘에 따라 센서의 저항이 증가하면서 흐르는 전압 이 떨어지고 있다. | |

1) **비번호** : 비번호는 공단직원이 주는 등번호를 수검자가 기록한다.
2) **감독위원 확인** : 감독위원 확인란은 감독위원이 채점한 후에 도장을 찍는 부분으로 수검자는 기록하지 않는다.
3) **파형상태** : 파형 상태 란은 수검자가 감독위원의 지시에 따라 스캐너나 튠업 테스터기로 측정한 파형을 프린터로 출력하여 고장 부분 및 각 부분을 출력물에 직접 기록 설명하고 파형의 상태를 결론으로 정리한다.
4) **득점** : 득점은 감독위원이 채점을 하고 점수를 기록하는 부분으로 수검자는 기록하지 않는다.
5) **자동차 번호** : 측정하는 자동차의 번호를 수검자가 기록한다.

## 2. 관계 지식

### (1) 급가감속 시 정상 파형의 분석

- **A (공전)** : 공전이 조용하게 이루어지고 있으며 일정한 맥동을 갖는다.
- **B (전압값 급상승)** : 액셀러레이터 페달을 갑자기 밟으면(TPS 값 급상승) 진공이 감소하고 맵 센서의 저항값이 낮아져 전압이 상승한다.
- **C (스로틀 밸브 닫힘)** : 급감속 상태에서 TPS 값은 급격히 떨어지지만 MAP 센서는 압력이 서서히 증가하면서 저항값이 증가하여 흐르는 전류 값은 적어진다.
- **D (다시 공전상태)** : 전압이 0.5V 이하로 떨어졌다가 다시 약 1V 정도로 상승한다.
- **E (최대값과 최소값)** : WOT 상태일 때 4.22V로 최대값 5V에 근접하고 있고, 최소값은 1.3V를 가리키고 있어 규정값 약 1.0V에 근접한다.

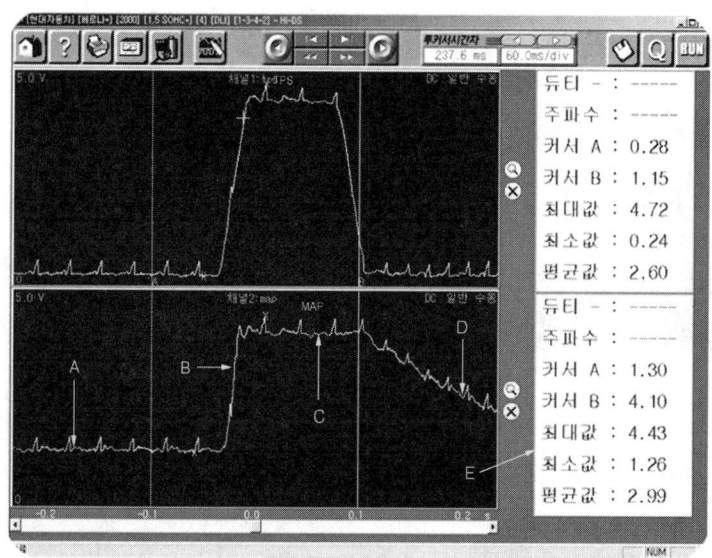

## 3. 맵 센서 파형의 점검

### (1) 맵 센서 파형의 점검(NF 쏘나타 2.0-2010)

1) **측정위치** : 맵 센서 커넥터가 연결된 상태에서 오실로스코프 프로브(+)를 1번에 연결하고 (-)를 접지한 후 시동을 걸어 아이들 상태에서 측정한다.

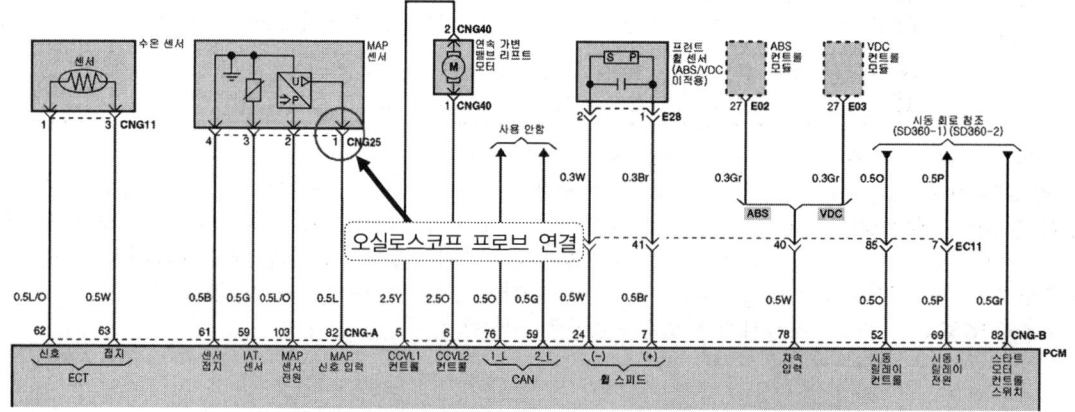

▲ 회로도에서 본 오실로스코프 프로브 연결 위치(YF 쏘나타 2.0-2010)

**2) 커넥터에서 측정위치** : 센서 쪽 커넥터를 바라보면서 맵 센서 커넥터가 연결된 상태에서 오실로스코프 프로브(+)를 1번에 연결하고 (-)를 접지한 후 시동을 걸어 아이들 상태에서 측정한다.

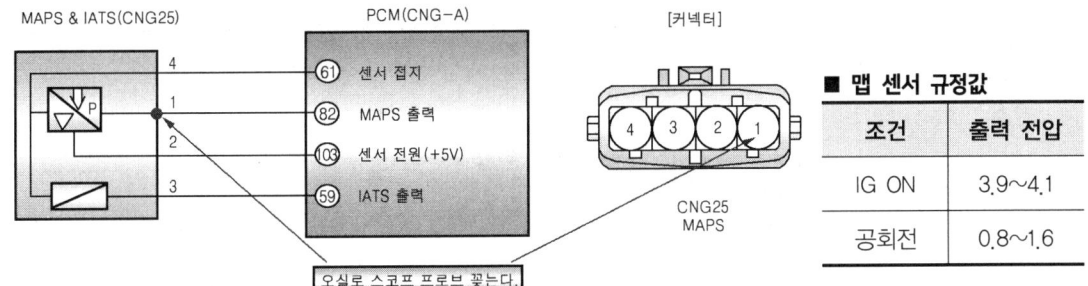

▲ 커넥터에서의 오실로 스코프 프로브 연결 위치(YF 쏘나타 2.0-2010)

## (2) 맵 센서 파형의 점검(K5 2.0-2011)

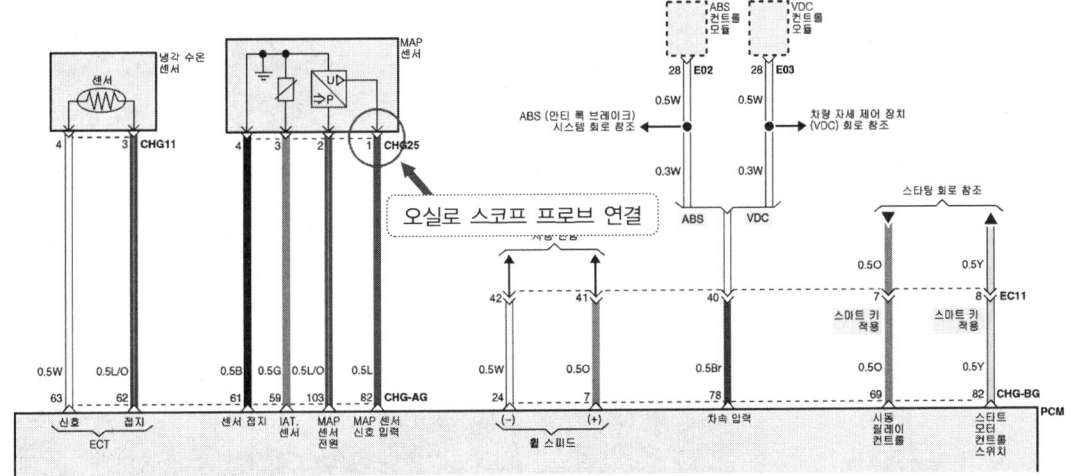

▲ 커넥터에서의 오실로 스코프 프로브 연결 위치(K5 2.0-2011)

## (3) 맵 센서 측정한 프린트 물

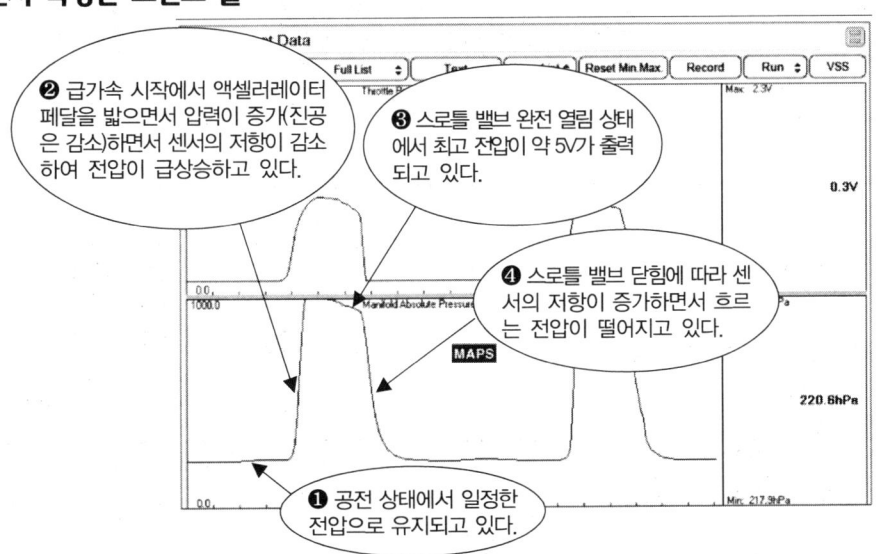

## 2안 산업기사 — 엔진 5: 디젤 매연 점검

주어진 전자제어 디젤 엔진에서 연료 압력 센서를 탈거한 후(감독위원에게 확인), 다시 부착하여 시동을 걸고 매연을 측정하여 기록표에 기록하시오.

### 시험장에서는

매연을 측정하는 곳에 오면 디젤 기관이 "웅웅" 거리면서 돌아가고 테스터기가 앞에 놓여 있을 것이다. 겨울에도 이 시험장에서는 출입문을 열어 놓아서 매연이 실습장 안에 고이지 않도록 하여야 하니 감독관이나 수검자는 고생이 많은 곳이다. 먼저 감독관과 상견례를 하여야 하니 "안녕하십니까? 크게 인사를 하고 답안지를 받아서 책상 위에 놓고 테스터기를 연결한다. 순서에 맞추어서 측정한 후 답안지를 작성하는데 아마 자동차의 연식이 주어져 있으며, 규정 값과 한계 값은 검사기준이라 본인이 꼭 외워야 한다. 일부 검사장에서는 측정한 검출지를 답안지에 첨부하여야 한다.

**1. 전면 모습**

본체는 포터블식이며, 전면에 작동 키와 측면에 케이블 연결부가 있음.

**2. 기본 액세서리 모습**

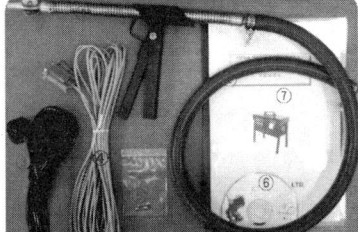

① 프로브, ② 프로브 호스, ③ 파워 케이블, ④ RS 232케이블, ⑤ 퓨즈, ⑥ 사용설명서, ⑦ 소프트 웨어

**3. 옵션 부품 모습**

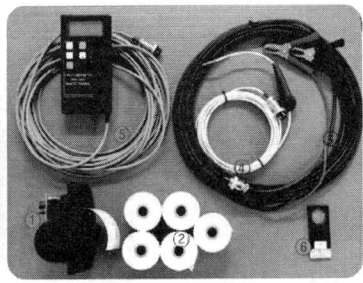

① 내장 프린터, ② 프린터 종이, ③ RPM 센서, ④ 오일 온도 센서, ⑤ 휴대용 단말기, ⑥ 기본 필터

**4. 측면부 연결단자 모습**

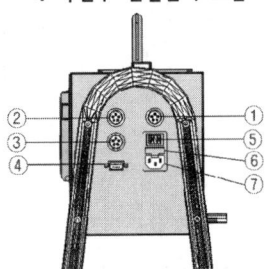

① 휴대용 단말기, ② RPM, ③ 오일 온도, ④ RS 232케이블, ⑤ 스위치, ⑥ 퓨즈, ⑦ 전원 케이블

**5. 연결단자 연결 모습**

모든 케이블을 본체 측면 연결 포트에 연결한다.

**6. 프로브 연결 모습**

뒤쪽에 있는 프로브 호스를 배기가스 배출구에 끼워 넣는다.

## 1 답안지 작성법

### (1) 매연 배출량이 많아 불량일 때

▶ 엔진 5. 매연 점검

자동차 번호 :

| 차종 | 연식 | 기준값 | 측정값 | 측정 | 산출근거(계산)기록 | 판정(□에 '✔' 표) | 득점 |
|---|---|---|---|---|---|---|---|
| 화물 자동차 | 2004년 | 40% 이하 | 50% | 1회 : 52%<br>2회 : 50%<br>3회 : 49% | $\dfrac{52+50+49}{3}=50.3$ | □ 양 호<br>☑ 불 량 | |

비 번호 / 시험위원 확인

① 측정(또는 점검) / ② 판정 및 정비(또는 조치)사항

※ 차종 및 연식은 자동차등록증을 활용하여 기재하고 기준값 적용
※ 자동차 검사기준 및 방법에 의하여 기록 판정합니다.

1) **비번호** : 비번호는 공단직원이 주는 등번호를 수검자가 기록한다.
2) **감독위원 확인** : 감독위원 확인란은 감독위원이 채점한 후에 도장을 찍는 부분으로 수검자는 기록하지 않는다.
3) **① 측정(또는 점검)** : 차종과 연식 란은 주어진 자동차 등록증을 보고 수검자가 기록하며, 기준 값은 수검자가 등록증의 차대번호의 연식을 보고 운행 차량의 배출 허용 기준값을 기록한다. 측정값은 수검자가 3회 측정한 값의 평균값을 기록하며, 측정란은 수검자가 3회 측정한 값을 기록한다.
   ㉮ 차종 : 화물 자동차   ㉯ 연식 : 2004년   ㉰ 기준값 : 40% 이하   ㉱ 측정값 : 50%
   ㉲ 측정 – 1회 : 52%, 2회 : 50%, 3회 : 49%
4) **② 판정 및 정비(또는 조치)사항** : 산출근거(계산)기록은 수검자가 3회 측정하여 평균값을 산출한 계산식을 기록하며, 판정은 수검자가 측정한 값과 기준값을 비교하여 범위 내에 있으면 양호, 벗어나면 불량에 ✔ 표시를 한다.
   ㉮ 산출근거(계산)기록 : $\frac{52+50+49}{3} = 50.3\%$
   ㉯ 판정 : ・양호 – 기준값의 범위에 있을 때   ・불량 – 기준값을 벗어났을 때

■ **차종별 / 연도별 매연 허용 기준값**

| 차 종 | | 제작일자 | | 매연(원격 측정기) |
|---|---|---|---|---|
| 경자동차 및 승용자동차 | | 1995년 12월 31일 이전 | | 60% 이하 |
| | | 1996년 1월 1일부터 2000년 12월 31일까지 | | 55% 이하 |
| | | 2001년 1월 1일부터 2003년 12월 31일까지 | | 45% 이하 |
| | | 2004년 1월 1일부터 2007년 12월 31일까지 | | 40% 이하 |
| | | 2008년 1월 1일 이후 | | 20% 이하 |
| 승합·화물·특수·자동차 | 소형 | 1995년 12월 31일 이전 | | 60% 이하 |
| | | 1996년 1월 1일부터 2000년 12월 31일까지 | | 55% 이하 |
| | | 2001년 1월 1일부터 2003년 12월 31일까지 | | 45% 이하 |
| | | 2004년 1월 1일부터 2007년 12월 31일까지 | | 40% 이하 |
| | | 2008년 1월 1일 이후 | | 20% 이하 |
| | 중·대형 | 1992년 12월 31일 이전 | | 60% 이하 |
| | | 1993년 1월 1일부터 1995년 12월 31일까지 | | 55% 이하 |
| | | 1996년 1월 1일부터 1997년 12월 31일까지 | | 45% 이하 |
| | | 1998년 1월 1일부터 2000년 12월 31일까지 | 시내버스 | 40% 이하 |
| | | | 시내버스 외 | 45% 이하 |
| | | 2001년 1월 1일부터 2004년 9월 30일까지 | | 45% 이하 |
| | | 2004년 10월 1일부터 2007년 12월 31일까지 | | 40% 이하 |
| | | 2008년 1월 1일 이후 | | 20% 이하 |

5) **득점** : 득점은 시험위원이 채점을 하고 점수를 기록하는 부분으로 수검자는 기록하지 않는다.
6) **자동차 번호** : 측정하는 자동차 번호를 수검자가 기록한다.

## (2) 매연 배출량이 작아 양호할 때

▶ 엔진 5. 매연 점검
자동차 번호 :

| 비 번호 | | 시험위원 확 인 | |
|---|---|---|---|

| ① 측정(또는 점검) | | | | | ② 판정 및 정비(또는 조치)사항 | | 득 점 |
|---|---|---|---|---|---|---|---|
| 차종 | 연식 | 기준값 | 측정값 | 측정 | 산출근거(계산)기록 | 판정(□에 '✔' 표) | |
| 화물 자동차 | 2004년 | 40% 이하 | 20% | 1회 : 21%<br>2회 : 20%<br>3회 : 19% | $\frac{21+20+19}{3}=20\%$ | ☑ 양 호<br>□ 불 량 | |

※ 차종 및 연식은 자동차등록증을 활용하여 기재하고 기준값 적용
※ 자동차 검사기준 및 방법에 의하여 기록 판정합니다.

## 2 관계 지식

**(1) 배출가스 농도가 높은 원인(흑색, 백색, 청색 발생)**
① 인젝터 연료량 보정 불량
② 전자식 EGR 컨트롤 밸브 열림 고착
③ 에어 필터 막힘
④ 연료 품질 불량 또는 연료 내 수분 유입
⑤ 오일량 과다 & 과소
⑥ 터보 차저 손상
⑦ 엔진 오일 유입
⑧ 촉매 막힘 또는 손상
⑨ 에어 히터 고장
⑩ 압축압력 낮음
⑪ 고압 연료회로 누유
⑫ 연료라인 연결부 간헐적 이상
⑬ 인젝터 플랜지 너트 조임 상태 불량
⑭ 인젝터 와셔 불량(불량 장착, 미장착 & 2개 이상 장착)
⑮ 인젝터 이상
⑯ 인젝터 내 카본 누적
⑰ 인젝터 니들 고착
⑱ 인젝터 열림 고착
⑲ 연료 내 가솔린 유입
⑳ ECM 프로그램 또는 하드웨어 이상

**(2) 현대 자동차 제작사별 차대번호(VIN : Vehicle Identification Number)의 표기 부호 (산타페 - 2004)**

| K | M | H | S | U | 8 | 1 | X | D | 4 | U | 1 | 2 | 3 | 4 | 5 | 6 |
|---|---|---|---|---|---|---|---|---|---|---|---|---|---|---|---|---|
| ① | ② | ③ | ④ | ⑤ | ⑥ | ⑦ | ⑧ | ⑨ | ⑩ | ⑪ | ⑫ | ⑬ | ⑭ | ⑮ | ⑯ | ⑰ |

제작 회사군 / 자동차 특성군 / 제작 일련 번호군

① K : 국제배정 국적표시 − K : 한국, J : 일본, 1 : 미국,
② M : 제작사를 나타내는 표시 − M : 현대, L : 대우, N : 기아, P : 쌍용 자동차
③ H : 자동차 종별 표시 − H : 승용차, F : 화물트럭, J : 승합차량, C : 특장 − 승합 화물
④ S : 차종 − S : 싼타페
⑤ T : 세부차종 및 등급  S : LOW 급(L), T : MIDDLE − LOW 급(GL), U : MIDDLE 급(GLS, JSL, TAX)
        V : MIDDLE −High급(HGS), W : High급(TOP)
⑥ 4 : 차체형상 − Cabin type
    · KMC : 1−박스, 2−본넷, 3−세미본넷, 5−일반캡, 9−더블캡, C−슈퍼캡
    · KMF : X−일반캡, Y−더블캡, Z−슈퍼캡
    · KMH : 1−리무진, 2−세단−2도어, 3−세단 3도어, 4−세단 4도어, 5−세단 5도어, 6−쿠페, 7−컨버터블,
        8−왜곤, 9−화물(밴), 0−픽업
    · KMJ : 1−박스, 2−본넷, 3−세미본넷
⑦ 1 : 안전장치(Restraint system & Brake system)
    · KMC : 7 − 유압식 브레이크, 8 − 공기식 브레이크, 9 − 혼합식 브레이크
    · KMH : 0 − 운전석/ 동승석 미적용, 1 − 운전석/ 동승석 액티브 시트벨트
        2 − 운전석/ 동승석 패시브 시트벨트
⑧ E : 동력장치 B : 가솔린 엔진 1.4(카파 MPI)  C : 가솔린 엔진 1.4(감마 MPI)
        E : 가솔린 엔진 1.6(감마GDI),  U : 디젤엔진1.6(U−2)
⑨ B : 운전석 방향 및 변속기 − A : LHD & MT, B : LHD & AT오른쪽 운전석,
        C : LHD & MT+Transfer, D : C : LHD & AT+Transfer, E : C : LHD & CVT
⑩ D : 제작년도 − M : 1991, N : 1992, P : 1993, R : 1994, S : 1995, T : 1996, V : 1997, W : 1998,
    X : 1999, Y : 2000, 1 : 2001, 2 : 2002, 3 : 2003 …… 9 : 2009, A : 2010, B : 2011, C : 2012
    D : 2013, E : 2014, F : 2015, G : 2016, H : 2017, H : 2018
⑪ U : 공장 기호 − A : 아산공장, C : 전주공장, U : 울산공장, M : 인도공장, Z : 터키공장
⑫~⑰ 660620 : 차량 생산 일련 번호

## (3) 기아 자동차 제작사별 차대번호(VIN)의 표기 부호(쏘렌토-2002)

| K | N | A | J | C | 5 | 2 | 1 | 8 | 2 | A | 0 | 5 | 4 | 1 | 5 | 8 |
|---|---|---|---|---|---|---|---|---|---|---|---|---|---|---|---|---|
| ① | ② | ③ | ④ | ⑤ | ⑥ | ⑦ | ⑧ | ⑨ | ⑩ | ⑪ | ⑫ | ⑬ | ⑭ | ⑮ | ⑯ | ⑰ |

제작 회사군　　　　자동차 특성군　　　　　제작 일련 번호군

① **K** : 국제배정 국적표시 – K : 한국, J : 일본, 1 : 미국,
② **N** : 제작사를 나타내는 표시 – M : 현대, L : 대우, N : 기아, P : 쌍용 자동차
③ **A** : 자동차 종별 표시 – A : 승용차, C : 화물차, E : 전차종(유럽수출)
④⑤ **JC** : 차종 – JC : (쏘렌토), FE : 세라토, MA : 카니발, GD : 옵티마, FC : 카렌스
⑥⑦ **52** : 차체형상 – 52 : 5도어 스테이션 웨곤, 22 : 4도어 세단, 24 : 5도어 해치백, 62 : 5도어 밴
⑧ **1** : 엔진 형식 – 1 : 쏘렌토 2500cc 커먼레일 엔진
⑨ **8** : 확인란 – 8 : A/T+4륜 구동, 1 : 4단 구동, 2 : 5단 수동, 3 : A/T, 4 : 4단 수동+4륜 구동,
　　　　　　　5 : 5단 수동+4륜 구동, 6 : 4단 수동+서브 T/M, 7 : 5단 수동+서브T/M, 9 : CVT
⑩ **2** : 제작년도 – M : 1991, N : 1992, P : 1993, R : 1994, S : 1995, T : 1996, V : 1997, W : 1998, X : 1999,
　　　　　Y : 2000, 1 : 2001, 2 : 2002, 3 : 2003, 4 : 2004, 5 : 2005 …… A : 2010, B : 2011 ……
⑪ **A** : 공장 기호 – 아산(내수), S : 소하리(내수), K : 광주(내수), 6 : 소하리(수출), 5 : 화성(수출),
　　　　　　　7 : 광주(수출)
⑫~⑰ **054158** : 차량 생산 일련 번호

## (4) 자동차 등록증(싼타페-2013)

# 자 동 차 등 록 증

제 2013-000135호  최초 등록일 : 2004년 05월 27일

| ① 자동차 등록 번호 | 02러 3859 | ② 차 종 | 중형 승용 | ③ 용도 | 자가용 |
|---|---|---|---|---|---|
| ④ 차 명 | 싼타페 DM | ⑤ 형식 및 연식 | DM5UBK-T | | 2004 |
| ⑥ 차 대 번 호 | KMHSU81XD4U123456 | ⑦ 원동기 형식 | D4HA | | |
| ⑧ 사 용 본 거 지 | 경기도 양주시 부흥로 1901 신도 8차 아파트***동 ***호 ||||||

| 소유자 | ⑨ 성명(명칭) | 김광수 | ⑩ 주민(사업자)등록번호 | ***117-******* |
|---|---|---|---|---|
| | ⑪ 주 소 | 경기도 양주시 부흥로 1901 신도 8차 아파트***동 ***호 |||

자동차 관리법 제8조등의 규정에 의하여 위와 같이 등록하였음을 증명합니다.

2004 년 05 월 27 일

# 양 주 시 장

---

### 1. 제원

| ⑫형식승인번호 | A08-1-00092-0267-1217 | | |
|---|---|---|---|
| ⑬길 이 | 4700mm | ⑭너 비 | 1890mm |
| ⑮높 이 | 1680mm | ⑯총 중 량 | 2335kgf |
| ⑰배 기 량 | 1995cc | ⑱정격 출력 | 151/3800ps/rpm |
| ⑲승차 정원 | 5 명 | ⑳최대적재량 | 1000kgf |
| ㉑기 통 수 | 4기통 | ㉒연료의종류 | 휘발유(andus)(연비 12.6km/L) |

### 2. 등록 번호판 교부 및 봉인

| ㉓구 분 | ㉔번호판교부일 | ㉕봉인일 | ㉖교부대행자확인 |
|---|---|---|---|
| 신규 | 2004-05-27 | 2004-05-27 | |
| | | | |
| | | | |

### 2. 저당권 등록

| ㉗구분(설정 또는 말소) | ㉘ 일 자 |
|---|---|
| | |
| | |

※ 기타 저당권 등록의 내용은 자동차 등록원부를 열람확인 하시기 바랍니다.
※ 비고

### 4. 검사 유효기간

| ㉙연 월 일 부 터 | ㉚연 월 일 까 지 | ㉛검 사 시행장소 | ㉜주행 거리 | ㉝검사 책임자확인 |
|---|---|---|---|---|
| 2004-05-27 | 2005-05-26 | 노원검사소 | | |
| 2008-05-27 | 2009-05-26 | 노원검사소 | | |
| 2010-05-27 | 2011-05-26 | 노원검사소 | | |
| 2012-05-27 | 2013-05-26 | 노원검사소 | | |
| 2014-05-27 | 2015-05-26 | 노원검사소 | | |
| 2016-05-27 | 2017-05-26 | 노원검사소 | | |

※ 주의사항 : ㉙항 첫째란에는 신규 등록일을 기재합니다.

## 섀시 2 ─ 최소 회전반경 점검

주어진 자동차에서 최소 회전반경을 측정하여 기록표에 기록하고 타이로드 엔드를 탈거한 후(감독위원에게 확인), 다시 부착하여 토(toe)가 규정값이 되도록 조정하시오.

### 시험장에서는

사실상 검사장에서는 시험 항목에 조향장치가 있지만 최소 회전 반경을 측정하지는 않는다. 시험문제가 만들어지면서 최소 회전 반경을 측정하는 방식이 정립이 되었다 하여도 과언은 아니다. 감독관으로부터 답안지를 받아들고 측정 차량에 가면 보조원이 기다리고 있을 것이다. 왜냐하면 혼자서 최소 회전 반경 공식에 대입하기 위한 축거나 조향각을 측정하기는 어렵기 때문이다. 먼저 줄자를 보조원에게 뒤차축의 중심에 대도록 하고 수검자는 앞차축의 중심에 대서 축거를 측정하고, 보조원을 운전석에서 핸들을 좌, 또는 우측으로 끝까지 돌리도록 하고 바깥쪽 바퀴의 조향각을 측정하여 기입하고 계산식에 넣어 산출한 후 답안을 작성한다. r값은 감독관이 주어진다.

1. 최소회전 반경

앞바퀴 바깥쪽 바퀴가 그리는 동심원의 반지름을 최소 회전 반경이라 한다.

2. 축거

축거를 주어지는 경우도 있지만 직접 줄자로 측정한다. 보조원이 대기하고 있으니 보조원 불러서 끝을 잡아달라고 해서 측정한다. 앞바퀴 허브 중심과 뒷바퀴 허브 중심간의 거리다.

## 1 답안지 작성법

### (1) 회전반경이 양호할 때

▶ 섀시 2. 최소 회전반경 점검
  작업대 번호 :

| 비 번호 | | 감독위원 확 인 | |
|---|---|---|---|

| 점검 항목 | ① 측정(또는 점검) 및 기준값 | | ② 판정 및 정비(또는 조치)사항 | | 득 점 |
|---|---|---|---|---|---|
| | 측정값 | 기준값 (최소회전반경) | 산출근거 | 판정 (□에 '✔'표) | |
| 회전방향 (□에 '✔'표) ☐ 좌 ☑ 우 | r  100mm<br>축거  2,500mm<br>조향각도  30°<br>최소회전반경  5,100mm | 12m 이하 | $R = \dfrac{2,500}{\sin 30°} + 100$ $= 5,100mm$ | ☑ 양 호<br>☐ 불 량 | |

※ 회전 방향 및 바퀴의 접지면 중심과 킹핀과의 거리(r)는 감독위원이 제시합니다.
※ 자동차검사기준 및 방법에 의하여 기록, 판정합니다.
※ 산출근거에는 단위를 기록하지 않아도 됩니다.

1) **비번호** : 비번호는 공단직원이 주는 등번호를 수검자가 기록한다.
2) **감독위원 확인** : 감독위원 확인란은 감독위원이 채점한 후에 도장을 찍는 부분으로 수검자는 기록하지 않는다.
3) **회전 방향** : 감독위원이 지정하는 좌 바퀴에 ✔표시를 한다.
   • ☑ : 좌    • ☐ : 우
4) **측정값** : 측정값은 수검자가 측정, 조향각도를 측정하고, 최소회전 반경을 산출하여 기록한다. r 값은 감독위원이 제시하여 준다.
   • r : 100 mm    • 축거 : 2,500mm    • 조향각도 : 30°    • 최소회전 반경 : 5,100mm

5) **기준값** : 법규에 제정된 규정값을 기입한다.  • 기준값(최소 회전반경) : 12m 이하

■ 차종별 회전반경 기준값

| 차종 | 축거 (mm) | 조향각 | | 회전반경 (mm) | 차종 | 축거 (mm) | 조향각 | | 회전반경 (mm) |
| --- | --- | --- | --- | --- | --- | --- | --- | --- | --- |
| | | 내측 | 외측 | | | | 내측 | 외측 | |
| 아토스 | 2,380 | 40°45′ | 34°06′ | 4,470 | 아반떼 | 2,550 | 39°17′ | 32°27′ | 5,100 |
| 엘란트라 | 2,500 | 37° | 30°30′ | 5,100 | 쏘나타Ⅲ | 2,700 | 39°67′ | 32°21′ | – |
| 엑셀 | 2,385 | – | – | 4,830 | 그랜저 | 2,745 | 37° | 30°30′ | 5,700 |

6) **산출근거** : 산출근거 기록은 회전반경 구하는 공식에 측정한 값을 대입하여 계산한 식을 기록한다.
   • $R = \dfrac{2,500}{\sin 30°} + 100 = 5,100 mm$

7) **판정** : 판정은 수검자가 측정한 값을 자동차 성능기준에 관한 규칙 제9조의 성능기준 값과 비교하여 범위 내에 있으면 양호, 벗어나면 불량에 ✔ 표시를 한다.
   • 보기 : • 양호 – 최소 회전 반경 값이 12m 이하일 때 • 불량 – 최소 회전 반경 값이 12m를 넘을 때

8) **득점** : 득점은 감독위원이 채점을 하고 점수를 기록하는 부분으로 수검자는 기록하지 않는다.

9) **작업대 번호** : 측정하는 작업대 번호를 수검자가 기록한다.

## 2 관계 지식

### (1) 축간거리 측정 방법

축거의 측정은 앞·뒤 차축 중심사이의 수평거리를 측정하며, 3축 이상의 자동차에 있어서는 앞쪽으로부터 제1·제2축 사이의 거리 등으로 분리하여 측정하여야 하며, 무한궤도형 자동차에 있어서는 무한궤도의 접지부 길이를, 피견인 자동차의 경우에는 연결부(제5륜)의 중심에서 뒤차축 중심까지의 수평거리를 측정한다.

### (2) 최대 조향각 측정 방법

① 자동차 앞바퀴를 잭으로 들고 회전반경 게이지(turn table)의 중심에 올려놓는다. 이때 자동차를 수평으로 하기 위하여 뒤 바퀴에도 회전반경 게이지 두께의 받침판을 고인다.
② 앞바퀴를 직진상태로 한다.
③ 자동차 앞쪽을 2~3회 눌러 제자리를 잡을 수 있도록 한다.
④ 앞바퀴 허브 중심에서 뒷바퀴 허브 중심사이의 거리(축거)를 측정한다.
⑤ 회전반경 게이지의 고정 핀을 빼낸다.
⑥ 좌측 또는 우측으로 조향 핸들을 최대로 회전시킨 후 조향각을 읽는다. 이때 조향각은 자동차에 따라서 다르나 일반적으로 안쪽이 크고, 바깥쪽은 안쪽보다 작다.

### (3) 측정 조건

① 측정 대상 자동차는 공차상태이어야 한다.
② 측정 대상 자동차는 측정 전에 충분한 길들이기 운전을 하여야 한다.
③ 측정 대상 자동차는 측정 전 조향륜 정렬을 점검하여야 한다.
④ 측정 장소는 평탄 수평하고 건조한 포장도로이어야 한다.

**1. 조향각 측정**

수검자가 턴 테이블에 타이어를 올려놓아야 하지만 미리 턴 테이블에 전륜이 올려져 있다. 조향 각을 측정하고 그 옆에는 Sin 값에 따른 수치가 적어져 있다.

**2. 축거 측정**

보조원이 옆에서 기다리고 있다. 수검자가 보조원과 함께 줄자로 축거를 측정한다. 줄자를 잴 때 늘어지지 않도록 한다. 일부이기는 하나 축거도 주어진 경우도 있다.

## 섀시 4    제동력 측정

3항의 작업 자동차에서 감독위원의 지시에 따라 전(앞) 또는 후(뒤) 제동력을 측정하여 기록표에 기록하시오.

### 시험장에서는

감독관으로부터 답안지를 받아들고 제동력 테스터기로 가면 A4 용지에 축중이 제시되어 있는 경우가 대부분이다. 또한 도와줄 보조원이 기다리고 있다. 보조원은 대부분 그곳의 학생으로 자격증 취득자이거나 테스터기를 능숙하게 다룰 수 있는 학생이다. 제동력 측정을 혼자는 할 수 없고 수검자가 운전이 불가능할 경우가 있기 때문에 보조원을 두고 있다. 보조원은 시동을 걸어 놓고 운전석에 앉아서 수검자가 지시를 내려 주기만을 기다리고 있다. 수검자는 테스터기를 세팅하고 보조원에게 차량을 진입하도록 "출발하세요"라고 지시하고 답판 위에 측정축의 바퀴가 오면 "정지"하고 측정 버튼을 누르면 리프트가 하강하면서 롤러가 회전한다. 보조원에게 "브레이크 밟으세요."하고 지침이 최대로 올랐을 때 푸시 버튼을 눌러 눈금을 읽는다. 주어진 축중과 좌우 측정값을 기록하고 리프트를 올린 후 계산하여 답안지를 작성하여 제출한다.

1. 제동력 측정기가 설치된 실습장 모습    2. 제동력 측정기 답판 위에 진입한 모습    3. 제동력 측정기 답판이 내려간 모습

시험 준비 중인 모습이다. 깨끗하게 청소가 되어 있고 주변에 정돈된 모습이 청량한 마음을 준다. | 후륜 측정을 하기 위해 제동력 테스터기 답판 위에 뒷바퀴가 올라간 상태이다. | 측정 버튼을 누르면 답판이 아래로 내려가고 롤러가 회전한다. 이때 "밟으세요"라고 보조원에게 주문한다.

### 1   답안지 작성법

동영상     동영상

### (1) 제동력의 합과 편차가 불량일 때

▶ 섀시 4. 제동력 점검
   자동차 번호 :

| 비 번호 | | | | 감독위원 확 인 | |
|---|---|---|---|---|---|

| ① 측정(또는 점검) | | | | ② 판정 및 정비(또는 조치)사항 | | | 득점 |
|---|---|---|---|---|---|---|---|
| 위 치 | 구분 | 측정값 | 기준값 (□에 '✔'표) | | 산출근거 | 판정 (□에 '✔'표) | |
| 제동력 위치 (□에 '✔'표) ☑ 앞 □ 뒤 | 좌 | 50kg | ☑ 앞 축중의 □ 뒤 | 편차 | 편차 $= \dfrac{120-50}{732} \times 100 = 9.6\%$ | □ 양 호 ☑ 불 량 | |
| | 우 | 120kg | 제동력 편차   8% 이하 | 합 | 합 $= \dfrac{120+50}{732} \times 100 = 23.2\%$ | | |
| | | | 제동력 합   50% 이상 | | | | |

※ 측정 위치는 감독위원이 지정하는 위치에 □에 '✔'표시합니다.
※ 자동차 검사기준 및 방법에 의하여 기록 판정합니다.
※ 측정값의 단위는 시험장비 기준으로 작성합니다.
※ 산출근거에는 단위를 기록하지 않아도 됩니다.

**1) 비번호** : 비번호는 공단직원이 주는 등번호를 수검자가 기록한다.
**2) 감독위원 확인** : 감독위원 확인란은 감독위원이 채점한 후에 도장을 찍는 부분으로 수검자는 기록하지 않는다.

3) **위치** : 위치는 감독위원이 지정하는 곳에 ✔ 표시를 한다.
4) **측정값** : 측정값 란은 수검자가 측정한 제동력의 값을 기록한다.
   - 좌 : 50kg
   - 우 : 120kg
5) **기준값** : 기준값은 기준이 되는 축에 ✔ 표시를 하고 검사 기준값을 기록한다.
   - 앞 : ☑
   - 편차 : 8% 이하
   - 제동력 합 : 50% 이상
6) **산출 근거** : 계산공식에 넣어서 산출하는 계산식을 기입한다.

   ※ 계산법 :
   - 좌, 우제동력의 합 = $\dfrac{\text{좌, 우제동력의 편차}}{\text{해당 축중}} \times 100 = \dfrac{120-50}{732} \times 100 = 9.6\%$
   - 좌, 우제동력의 편차 = $\dfrac{\text{좌, 우제동력의 합}}{\text{해당 축중}} \times 100 = \dfrac{120+50}{732} \times 100 = 23.2\%$
   - 축중은 AVANTE 1.6 GDI 공차중량(1,220)의 60%(732kg)으로 계산함.

7) **판정** : 판정은 측정한 값과 검사기준 값을 비교하여 범위 안에 들면 양호에, 범위를 벗어나면 불량에 ✔ 표시를 한다.
   - 판정 :
     - 양호 : 측정한 값이 검사기준 값(제동력 합 50% 이상, 편차 8% 이하)의 범위에 있을 때
     - 불량 : 측정한 값이 검사기준 값(제동력 합 50% 이상, 편차 8% 이하)의 범위를 벗어났을 때
8) **득점** : 득점은 감독위원이 채점을 하고 점수를 기록하는 부분으로 수검자는 기록하지 않는다.
9) **자동차 번호** : 측정하는 자동차 번호를 수검자가 기록한다.

■ 현대 차종별 중량 기준값

| 항목 \ 차종 | | AVANTA(2016) | | | ACCENT(2017) | |
|---|---|---|---|---|---|---|
| | | 1.6 GDI | 1.6eVGT | 2.0CVVT | 1.4 가솔린 | 1.6 디젤 |
| 엔진형식-연료 | | I4-가솔린 | I4-디젤 | I4-가솔린 | I4-가솔린 | I4-디젤 |
| 배기량(CC) | | 1,591 | 1,582 | 1,999 | 1,368 | 1,582 |
| 공차중량(kg) | | 1,220~1,290 | 1,325~1,380 | 1,305 | 1,070~1,105 | 1,180~1,215 |
| 최대 출력(HP) | | 132 | 136 | 149 | 100 | 136 |
| 최대 토크(kg.m) | | 16.4 | 26.5~30.6 | 18.3 | 13.6 | 30.6 |
| 연비(km/L) | M/T | 13.7 | 17.9 | – | 14.1 | 18.2 |
| | A/T | 13.1~13.7 | 17.7~18.4 | 12.4~12.8 | 13.4(CVT) | 17.6 |
| 축거(mm) | | 2,700 | 2,700 | 2,700 | 2,570 | 2,570 |
| 전륜 제동장치 | | V디스크 | V디스크 | V디스크 | V디스크 | V디스크 |
| 후륜 제동장치 | | 디스크 | 디스크 | 디스크 | 디스크 | 디스크 |

## (2) 제동력의 합은 정상이나 편차가 불량일 때

▣ 섀시 4. 제동력 점검
자동차 번호 :

| 비 번호 | | 감독위원 확인 | |
|---|---|---|---|

| ① 측정(또는 점검) | | | | ② 판정 및 정비(또는 조치)사항 | | 득점 |
|---|---|---|---|---|---|---|
| 위 치 | 구분 | 측정값 | 기준값 (□에 '✔'표) | 산출근거 | 판정 (□에 '✔'표) | |
| 제동력 위치 (□에 '✔'표) ☑ 앞 □ 뒤 | 좌 | 250kg | ☑ 앞  축중의 □ 뒤 | 편차 = $\dfrac{250-130}{732} \times 100 = 16.4\%$ | □ 양 호 ☑ 불 량 | |
| | 우 | 130kg | 제동력 편차 8% 이하 제동력 합 50% 이상 | 합 = $\dfrac{250+130}{732} \times 100 = 51.9\%$ | | |

※ 측정 위치는 감독위원이 지정하는 위치에 □에 '✔' 표시합니다.
※ 자동차 검사기준 및 방법에 의하여 기록 판정합니다.
※ 측정값의 단위는 시험장비 기준으로 작성합니다.
※ 산출근거에는 단위를 기록하지 않아도 됩니다.

## (3) 제동력의 합과 편차가 양호할 때

**▶ 섀시 4. 제동력 점검**
자동차 번호:

| 위 치 | 구분 | 측정값 | 기준값 (□에 '✔'표) | | 산출근거 | 판정 (□에 '✔'표) | 득점 |
|---|---|---|---|---|---|---|---|
| 제동력 위치 (□에 '✔'표) ☑ 앞 □ 뒤 | 좌 | 230kg | ☑ 앞 □ 뒤 | 축중의 | 편차 $편차 = \dfrac{230-220}{732} \times 100 = 1.4\%$ | ☑ 양 호 □ 불 량 | |
| | 우 | 220kg | 제동력 편차 | 8% 이하 | 합 $합 = \dfrac{230+220}{732} \times 100 = 61.5\%$ | | |
| | | | 제동력 합 | 50% 이상 | | | |

비 번호 / 감독위원 확인

① 측정(또는 점검) / ② 판정 및 정비(또는 조치)사항

※ 측정 위치는 감독위원이 지정하는 위치에 □에 '✔' 표시합니다.
※ 자동차 검사기준 및 방법에 의하여 기록 판정합니다.
※ 측정값의 단위는 시험장비 기준으로 작성합니다.
※ 산출근거에는 단위를 기록하지 않아도 됩니다.

## 2  제동력 판정 공식

① 앞바퀴 제동력의 총합 = $\dfrac{앞, 좌 \cdot 우 \ 제동력의 \ 합}{앞축중} \times 100 = 50\%$ 이상 되어야 합격

② 좌우 제동력의 편차 = $\dfrac{큰쪽 \ 제동력 \ - \ 작은쪽 \ 제동력}{당해 \ 축중} \times 100 = 8\%$ 이내면 합격

## 새시 5    ABS 자기진단

**2안 산업기사**

주어진 자동차의 ABS에서 자기진단기(스캐너)를 이용하여 각종 센서 및 시스템의 작동 상태를 점검하고 기록표에 기록하시오.

### 시험장에서는

아마 시험장에서 제일 좋은 차량이 아닐까 싶다. 차 옆에는 테스터기가 학생의 책상 위에 놓여 있고, 차량에는 키가 놓여져 있다. 테스터기를 먼저 설치하고 키를 넣어서 "ON" 위치로 한다. 그 상태에서 진단기(스캐너)로 측정하면 친절하게 고장난 부품들의 명칭을 화면에 나타내 줄 것이다. 그리고 고장의 이유는 직접 그 위치에서 확인하여야 한다. 만약 눈으로 확인이 안 되면 단품 점검으로 들어가서 단품에 문제가 있는지 아니면 선로에 문제가 있는지를 점검하여야 한다. 시험이 끝나고 나면 모든 것을 원위치로 한다. 이때 시험위원이 그대로 두고 가라고 하면 더 이상 만지지 말고 답안지를 작성하여 제출한다. 모든 답안지를 제출할 때도 마찬가지이지만 다시 한 번 기록사항을 확인한다. 비 번호는 기록하였는지, 빈공간은 없는지……

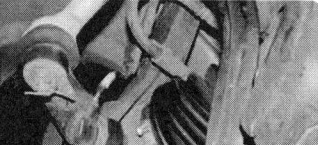

1. 휠 스피드 센서 위치    2. 휠 스피드 센서 설치 모습    3. 앞 좌측 휠 스피드 센서 커넥터 위치

그랜저 XG 3.0(2005) 차량으로 자기진단은 실차에서나 가능하며, 일부 시험장에서는 시뮬레이터로 보고 있는 곳도 있다. 시험장에 속해있는 교육기관의 학생들도 연습을 많이 하였으므로 그동안 만지작 거리던 부품들은 반질반질하다. 고장도 현장에서 쉽게 고장을 낼 수 있는 부품으로 고장 내는 경우가 대부분이다.

### 1 답안지 작성법

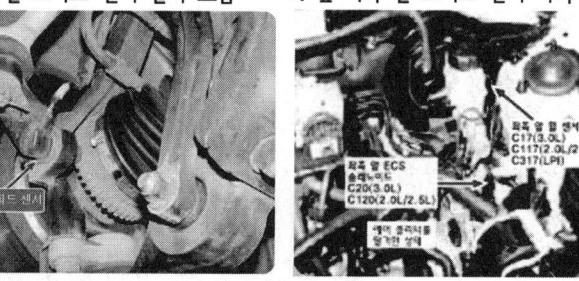

#### (1) 앞뒤 좌측 휠 센서 커넥터가 탈거일 때

▶ 새시 5. ABS 점검    작업대 번호 :

| 점검 항목 | ① 측정(또는 점검) | | ② 판정 및 정비(또는 조치)사항 | 득 점 |
|---|---|---|---|---|
| | 고장 부분 | 내용 및 상태 | 정비 및 조치할 사항 | |
| 자기 진단 | 앞 좌측 휠 센서 단선/단락 | 앞 좌측 휠 센서 – 커넥터 탈거 | 앞 좌측 휠센서 커넥터 연결, 과거 기억소거 후 재점검 | |
| | 뒤 좌측 휠 센서 단선/단락 | 뒤 좌측 휠 센서 – 커넥터 탈거 | 뒤 좌측 휠센서 커넥터 연결, 과거 기억소거 후 재점검 | |

비 번호 :    감독위원 확 인 :

1) **비번호** : 비번호는 공단직원이 주는 등번호를 수검자가 기록한다.
2) **감독위원 확인** : 감독위원 확인란은 감독위원이 채점한 후에 도장을 찍는 부분으로 수검자는 기록하지 않는다.
3) **① 측정(또는 점검)** : 고장부분 란에는 수검자가 스캐너의 자기진단 화면 창에 나타난 이상 부위를 기록하고, 내용 및 상태 란에는 수검자가 점검한 이상 부위의 고장 내용 및 상태를 기록한다.
    - 고장 부분 : 앞 좌측 휠 센서 단선/ 단락, 뒤 좌측 휠 센서 단선/ 단락
    - 내용 및 상태 : 앞 좌측 휠 센서 – 커넥터 탈거, 뒤 좌측 휠 센서 – 커넥터 탈거
4) **② 판정 및 정비(또는 조치)사항** : 정비 및 조치할 사항 란에는 양호하면 정비 및 조치할 사항 없음으로 불량일 경우 고장원인과 정비방법을 기록한다.

• 정비 및 조치할 사항 : 앞 좌측 휠 센서 커넥터 연결, 과거 기억소거 후 재점검, 뒤 좌측 휠 센서 커넥터 연결, 과거 기억소거 후 재점검
5) **득점** : 득점은 시험위원이 채점을 하고 점수를 기록하는 부분으로 수검자는 기록하지 않는다.
6) **작업대 번호** : 측정하는 작업대 번호를 수검자가 기록한다.

## (2) 모터 펌프(전기계통) 이상, 퓨즈 또는 공급 전원이 불량일 때

▶ 섀시 5. ABS 점검
　　　작업대 번호 :

| 점검 항목 | ① 측정(또는 점검) | | ② 판정 및 정비(또는 조치)사항 | 득 점 |
|---|---|---|---|---|
| | 고장 부분 | 내용 및 상태 | 정비 및 조치할 사항 | |
| 자기 진단 | 모터 펌프(전기계통) 이상 | HU 커넥터 - 탈거 | HU 커넥터 연결, 과거 기억소거 후 재점검 | |
| | 퓨즈 또는 공급 전원 | 퓨즈 탈거 | 공급전원 퓨즈 연결, 과거 기억소거 후 재점검 | |

비 번호 : 　　　　감독위원 확 인 :

## 2  관계 지식

### (1) 스캐너를 이용한 자기진단 방법

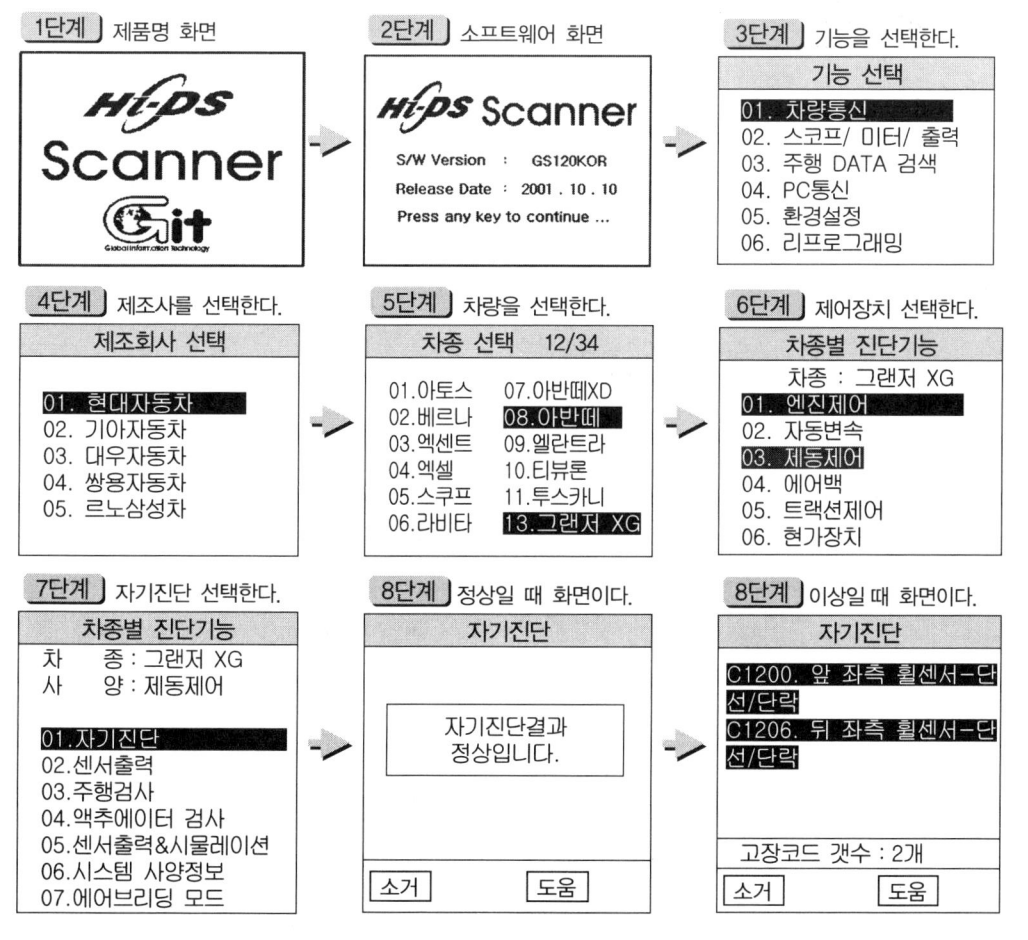

## (2) 휠 스피드 센서 단선·단락 점검 차트

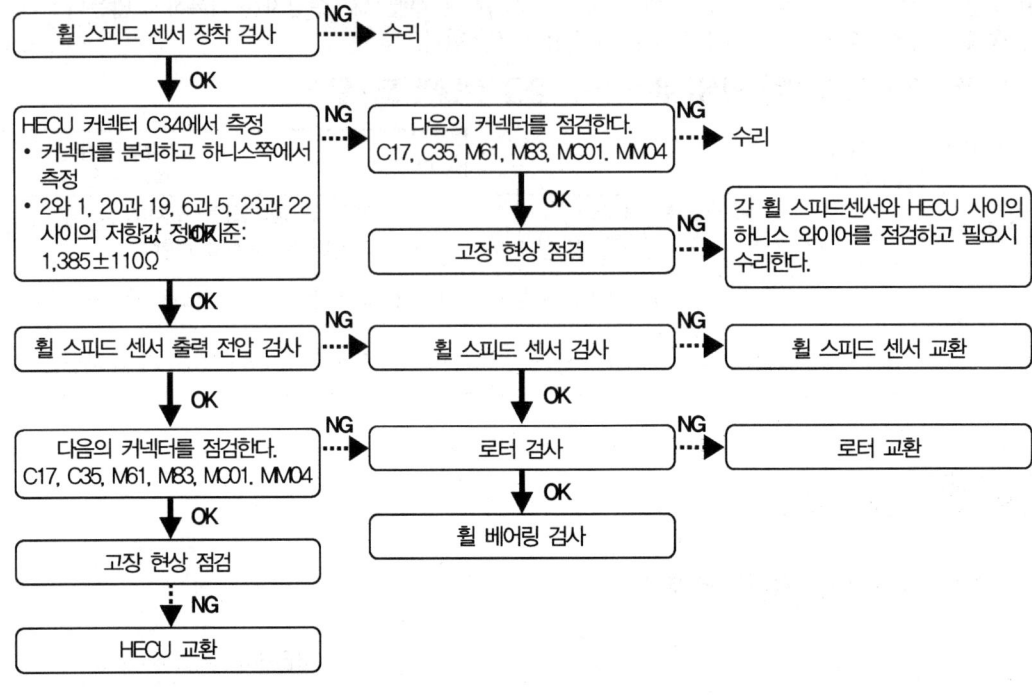

## 전기 1. 발전기 출력전압, 출력전류 점검

주어진 자동차에서 발전기를 탈거한 후(감독위원에게 확인), 다시 부착하여 작동상태를 확인하고 출력 전압 및 출력 전류를 점검하여 기록표에 기록하시오.

### 시험장에서는

그 동안에는 벤치 테스터를 이용한 시뮬레이터 측정이 주류를 이루고 있었으나 근래에는 클램프 미터를 이용하여 측정하는 것이 더욱 정확하고 안전하기 때문에 실차를 이용하고 있는 시험장이 증가하고 있다. 또한 산업기사 이상에서는 종합 테스터기인 Hi-DS로 측정하는 빈도가 많아지고 있다. 클램프 미터를 발전기 출력 단자("B"단자)에 연결된 배선에 훅을 걸어 측정을 한다. 답안지 작성 시에는 신품 발전기의 보디에 부착되어 있는 용량 값을 규정 값으로 기입한다. 일부 시험장에서는 그 옆에 발전기를 별도로 배치하여 놓은 곳도 있다. 설치되어 있는 발전기의 규격을 찾아보기 어렵기 때문이다. 충전 전류는 배터리가 완전히 방전된 상태에서 정격 충전 전류가 나오고 충전된 상태에서는 현재 사용하고 있는 전기량 만큼 전류가 흐르므로 아주 작은 값이다(약 20~30A 정도).

1. Hi-DS 준비된 모습

시험장의 여건에 따라 준비가 다르지만 이곳은 Hi-DS로 준비한 상태이다. 테스터 리드를 수검자가 연결한다.

2. 대전류 프로브를 B단자에 걸은 모습

대전류 프로브를 발전기 B 단자에 프로브의 화살표 방향이 전류의 흐름 방향으로 걸어서 측정한다.

3. 충전 전류 측정한 모니터 모습

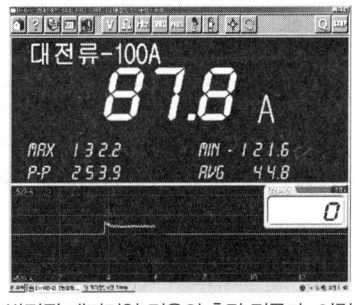

방전된 배터리일 경우의 충전 전류다. 이렇게 나오기는 극히 드문 경우이고 대부분 약 20~30A 정도이다.

## 1 답안지 작성법

동영상

### (1) 발전기 출력 전압과 출력 전류가 없을 때

▶ 전기 1. 발전기 점검
   자동차 번호 :

| 측정 항목 | ① 측정(또는 점검) | | ② 판정 및 정비(또는 조치)사항 | | 득 점 |
|---|---|---|---|---|---|
| | 측정값 | 규정(정비한계)값 | 판정(□에 '✔' 표) | 정비 및 조치할 사항 | |
| 출력 전압 | 0V /2,500rpm | 13.8~14.8V/ 2,500rpm | □ 양 호<br>☑ 불 량 | 발전기 스테이터 코일 단선 – 스테이터 코일 교환 | |
| 출력 전류 | 0A /2,500rpm | 90A / 2,500rpm | | | |

비번호 / 감독위원 확인

1) **비번호** : 비번호는 공단직원이 주는 등번호를 수검자가 기록한다.
2) **감독위원 확인** : 감독위원 확인란은 감독위원이 채점한 후에 도장을 찍는 부분으로 수검자는 기록하지 않는다.
3) ① **측정(또는 점검)** : 측정값은 수검자가 측정한 출력 전압과 출력 전류의 값을 기록하고, 규정(정비한계)값은 일반적인 규정값을 기록한다.
   • 측정값 : • 출력 전압 – 0V /2,500rpm,
              • 출력 전류 – 0A /2,500rpm
   • 규정(정비한계)값 : • 출력 전압 –13.8~14.8V/ 2,500rpm
                     • 출력 전류 – 90A / 2,500rpm

4) ② 판정 : 판정은 수검자가 측정한 값과 규정(정비한계) 값을 비교하여 범위 내에 있으면 양호, 벗어나면 불량에 ✔표시를 하며, 정비 및 조치할 사항은 고장원인과 정비할 사항을 기록한다.
   - 판정 : · 양호 – 규정(정비한계)값의 범위에 있을 때
     · 불량 – 규정(정비한계)값을 벗어났을 때
   - 정비 및 조치할 사항   · 정비 및 조치할 사항 없음.
5) **득점** : 득점은 감독위원이 채점을 하고 점수를 기록하는 부분으로 수검자는 기록하지 않는다.
6) **자동차 번호** : 측정하는 자동차의 번호를 수검자가 기록한다.

■ 차종별 정격 전류, 정격 출력 규정값 (정격 전류의 70% 이상이면 정상이다.)

| 차 종 | 정격전류 | 정격출력 | 회전수(rpm) | 차 종 | 정격전류 | 전격출력 | 회전수(rpm) |
|---|---|---|---|---|---|---|---|
| 마르샤 | 90A | 13.5V | 1,000~18,000 | 쏘나타 | 90A | 13.5V | 1,000~18,000 |
| 아반떼 | 90A | 13.5V | 1,000~18,000 | 프라이드 | 50A | 12V | 2,500~3,000 |
| 엘란트라 | 85A | 13.5V | 2,500rpm | 콩코드 | 65A | 12V | 2,500~3,000 |
| 쏘나타MPI | A/T 76A | 13.5V | 2,500rpm | 뉴세피아 | 70A | 12V | 2,500~3,000 |
| 뉴그랜저 | 90A | 12V | 1,000~18,000 | 스포티지 | 70A | 12V | 2,500~3,000 |
| 엑센트 | 75A | 13.5V | 1,000~18,000 | 아벨라 | 60A | 12V | 2,500~3,000 |
| 엑 셀 | 65A | 13.5V | 2,500rpm | 씨에로 | 60A | 12V | 2,500~3,000 |
| 에스페로 | 70A | 12V | 2,000rpm | 아카디아 | 40A | 12V | 2,000rpm |

## (2) 발전기 출력 전압과 출력 전류가 규정값 이하일 때

▶ 전기 1. 발전기 점검
자동차 번호 :

| 비번호 | | 감독위원 확 인 | |
|---|---|---|---|

| 측정 항목 | ① 측정(또는 점검) | | ② 판정 및 정비(또는 조치)사항 | | 득 점 |
|---|---|---|---|---|---|
| | 측정값 | 규정(정비한계)값 | 판정(□에 '✔' 표) | 정비 및 조치할 사항 | |
| 출력 전압 | 7.4V /2,500rpm | 13.8~14.8V/ 2,500rpm | □ 양 호<br>☑ 불 량 | 발전기 스테이터 코일 단락 – 스테이터 코일 교환 | |
| 출력 전류 | 8A /2,500rpm | 90A / 2,500rpm | | | |

## (3) 발전 전압과 발전 전류가 양호할 때

▶ 전기 1. 발전기 점검
자동차 번호 :

| 비번호 | | 감독위원 확 인 | |
|---|---|---|---|

| 측정 항목 | ① 측정(또는 점검) | | ② 판정 및 정비(또는 조치)사항 | | 득 점 |
|---|---|---|---|---|---|
| | 측정값 | 규정(정비한계)값 | 판정(□에 '✔' 표) | 정비 및 조치할 사항 | |
| 출력 전압 | 14.4V /2,500rpm | 13.8~14.8V/ 2,500rpm | ☑ 양 호<br>□ 불 량 | 정비 및 조치할 사항 없음 | |
| 출력 전류 | 87.8A /2,500rpm | 90A / 2,500rpm | | | |

## 2 관계 지식

### (1) 출력 전류와 출력 전압이 규정값 보다 작은 원인
- 와이어링 접속부의 느슨해짐 – 느슨해진 부분 재조임
- 다이오드 불량 – 다이오드 교환
- 팬벨트가 느슨하거나 헐거움 – 팬벨트의 장력 조정
- 슬립링과 브러시의 접촉 불량 – 브러시 교환
- 배터리 수명이 다됨 – 배터리 교환
- 스테이터 코일의 단락 – 발전기 교환
- 로터 코일의 단락 – 발전기 교환
- 전압 레귤레이터 불량 – 전압 레귤레이터 교환

### (2) 출력 전류와 출력 전압이 출력되지 않는 원인
- 발전기 B 단자 단락 – 절연체 교환
- 팬벨트의 단선 – 팬벨트 장착
- 퓨즈블 링크의 단선 – 퓨즈블 링크 교환
- 커넥터 연결부의 탈거(R, L) – 커넥터 연결
- 스테이터 코일의 단선 – 발전기 교환
- 로터 코일의 단선 – 발전기 교환
- 전압 레귤레이터 불량 – 발전기 교환
- 로터 코일의 단락 – 발전기 교환
- 퓨즈의 단선 – 퓨즈 교환
- 다이오드의 단락 – 다이오드 교환

### (3) 포터블 게이지를 이용한 출력 전압과 출력 전류 점검

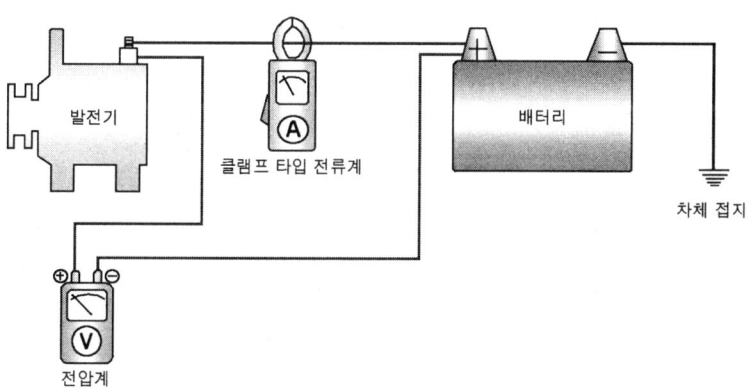

▲ 출력 전압 & 출력 전류 점검 게이지 연결법

## 전기 2 — 전조등 광도, 진폭 점검

**2안 산업기사**

주어진 자동차에서 전조등 시험기로 전조등을 점검하여 기록표에 기록하시오.

### 시험장에서는

헤드라이트의 광도와 진폭의 측정은 엔진의 시동을 걸고 측정하여야 옳으나 시험장에서는 안전을 위하여 엔진이 정지된 상태에서 측정하는 경우가 많다. 감독위원이 좌측이나 우측을 지정하여 주는 곳을 측정하는데 좌, 우는 운전석에 앉아서 좌측과 우측임을 잊지 말아야 한다. 측정하기 전에 조건(타이어의 공기압, 배터리 성능, 바닥의 수평 상태 등)이 맞았는지 확인하고 헤드라이트의 유리를 깨끗한 걸레로 닦아서 측정값이 정확하게 나오도록 하여야 한다. 측정은 변환빔(하향등) 상태에서 측정하여야 하며, 차량은 공회전(단, 광도 측정시 2,000rpm), 공차 상태, 운전자 1인이 승차하여 측정하여야 한다.

보조원이 운전석에 앉아서 라이트를 조작하여 주는 경우도 있으나 대부분은 운전자가 탑승하지 않은 상태에서 측정한다. 근래에 생산된 차량은 헤드라이트 조작이 키 스위치를 넣어야만 가능하도록 되어 있으므로 참고하기 바란다.

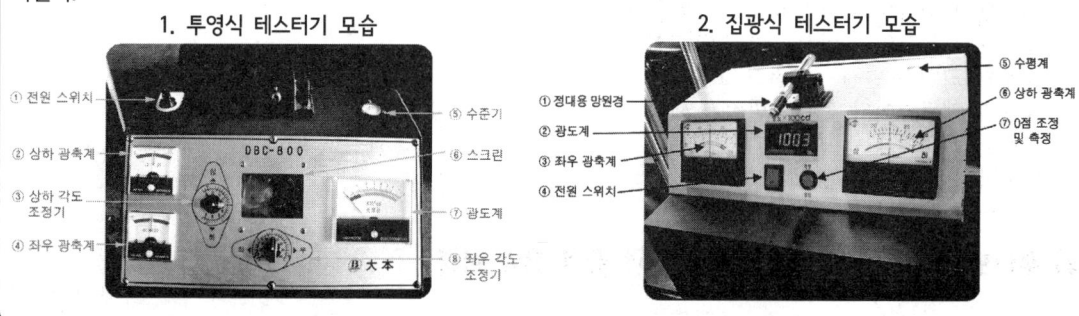

1. 투영식 테스터기 모습
2. 집광식 테스터기 모습

## 1. 답안지 작성법

### (1) 광도, 진폭이 불량일 때

▶ 전기 2. 전조등 점검
　　자동차 번호 :

| 비 번호 | | 감독위원 확인 | |
|---|---|---|---|

| 항목 | ① 측정(또는 점검) | | | ② 판정 | 득 점 |
|---|---|---|---|---|---|
| | | 측정값 | 기준값 | 판정(□에 '✔') | |
| (□에 '✔')<br>위치 :<br>☑ 좌<br>□ 우<br>설치높이 :<br>☑ ≤ 1.0m<br>□ > 1.0m | 광도 | 2,300cd | 3,000cd 이상 | □ 양 호<br>☑ 불 량 | |
| | 진폭 | -2.8%(-0.28cm) | -0.5~-2.5% 이내<br>(-0.05~-0.25cm 이내) | □ 양 호<br>☑ 불 량 | |

※ 측정 위치는 감독위원이 지정하는 위치에 □에 '✔' 표시합니다.
※ 자동차 검사기준 및 방법에 의하여 기록 판정합니다.

1) **비번호** : 비번호는 공단직원이 주는 등번호를 수검자가 기록한다.
2) **감독위원 확인** : 감독위원 확인란은 감독위원이 채점한 후에 도장을 찍는 부분으로 수검자는 기록하지 않는다.
3) **① 측정(또는 점검)** : 위치 및 설치 높이는 감독위원이 지정하는 차량과 위치 및 설치 높이에 ✔표시를 하고, 측정값은 수검자가 측정한 광도와 진폭의 값을 기록하고 기준값은 검사기준 값을 암기하여 기록한다.

- 위치 및 설치 높이 : · 위치 - 감독위원이 지정하는 차량의 헤드라이트 위치에 ✔표시를 한다.
  운전석에 앉아서 좌, 우 위치이다.
  · 설치 높이 - 점검차량의 전조등 설치 높이에 ✔표시를 한다.
- 측정값 : · 광도 - 수검자가 측정한 광도 값을 기록한다.
  · 진폭 - 수검자가 측정한 변환빔의 진폭 값을 기록한다.
- 기준값 : · 광도 - 수검자가 검사기준의 광도 값을 암기하여 기록한다.
  · 진폭 - 수검자가 검사기준의 진폭 값을 암기하여 기록한다.

4) ② 판정 : 판정란은 수검자가 측정한 값과 기준값을 비교하여 범위 내에 있으면 양호, 벗어나면 불량에 ✔표시를 한다. 어느 하나라도 불량이면 판정은 불량이다.
- 판정 : · 양호-기준값의 범위에 있을 때  · 불량-기준값을 벗어났을 때

5) **득점** : 득점은 감독위원이 채점을 하고 점수를 기록하는 부분으로 수검자는 기록하지 않는다.
6) **자동차 번호** : 측정하는 자동차의 번호를 수검자가 기록한다.

## (2) 광도가 불량일 때

▶ 전기 2. 전조등 점검
자동차 번호 :

| 항목 | | ① 측정(또는 점검) | | ② 판정 | 득 점 |
|---|---|---|---|---|---|
| | | 측정값 | 기준값 | 판정(□에 '✔') | |
| (□에 '✔')<br>위치 :<br>☑ 좌<br>□ 우<br>설치높이 :<br>☑ ≤ 1.0m<br>□ > 1.0m | 광도 | 2,100cd | 3,000cd 이상 | □ 양 호<br>☑ 불 량 | |
| | 진폭 | -2.1%(-0.21cm) | -0.5~-2.5% 이내<br>(-0.05~-0.25cm 이내) | ☑ 양 호<br>□ 불 량 | |

비 번호 : 
감독위원 확 인 : 

※ 측정 위치는 감독위원이 지정하는 위치에 □에 '✔' 표시합니다.
※ 자동차 검사기준 및 방법에 의하여 기록 판정합니다.

## (3) 진폭이 불량일 때

▶ 전기 2. 전조등 점검
자동차 번호 :

| 항목 | | ① 측정(또는 점검) | | ② 판정 | 득 점 |
|---|---|---|---|---|---|
| | | 측정값 | 기준값 | 판정(□에 '✔') | |
| (□에 '✔')<br>위치 :<br>☑ 좌<br>□ 우<br>설치높이 :<br>☑ ≤ 1.0m<br>□ > 1.0m | 광도 | 28,000cd | 3,000cd 이상 | ☑ 양 호<br>□ 불 량 | |
| | 진폭 | -3.2%(-0.32cm) | -0.5~-2.5% 이내<br>(-0.05~-0.25cm 이내) | □ 양 호<br>☑ 불 량 | |

비 번호 : 
감독위원 확 인 : 

※ 측정 위치는 감독위원이 지정하는 위치에 □에 '✔' 표시합니다.
※ 자동차 검사기준 및 방법에 의하여 기록 판정합니다.

## (4) 광도와 진폭이 정상일 때

**전기 2. 전조등 점검**
자동차 번호 :

| 항목 | ① 측정(또는 점검) | | ② 판정 | 득 점 |
|---|---|---|---|---|
| | 측정값 | 기준값 | 판정(□에 '✔') | |
| (□에 '✔')<br>위치 :<br>☑ 좌<br>□ 우<br>설치높이 :<br>☑ ≤ 1.0m<br>□ > 1.0m | | | 비 번호 / 감독위원 확 인 | |
| 광도 | 33,000cd | 3,000cd 이상 | ☑ 양 호<br>□ 불 량 | |
| 진폭 | -2.2%(-0.22cm) | -0.5~-2.5% 이내<br>(-0.05~-0.25cm 이내) | ☑ 양 호<br>□ 불 량 | |

※ 측정 위치는 감독위원이 지정하는 위치에 □에 '✔' 표시합니다.
※ 자동차 검사기준 및 방법에 의하여 기록 판정합니다.

## 2 관계 지식

### (1) 전조등 광도, 진폭 검사 기준값

| 항목 | 검사 기준 | | 검사 방법 |
|---|---|---|---|
| 등화<br>장치 | · 변환빔의 광도는 3000cd 이상일 것 | | · 좌우측 전조등(변환빔)의 광도와 광도점을 전조등 시험기로 측정하여 광도점의 광도 확인 |
| | · 변환빔의 진폭은 10m 위치에서 다음 수치 이내일 것 | | · 좌우측 전조등(변환빔)의 컷오프선 및 꼭지점의 위치를 전조등 시험기로 측정하여 컷오프선의 적정여부 확인 |
| | 설치 높이 ≤ 1.0m | 설치 높이 > 1.0m | |
| | -0.5 ~ -2.5% | -1.0 ~ -3.0% | |
| | · 컷오프선의 꺾임점(각)이 있는 경우 꺾임점의 연장선은 우측 상향일 것 | | · 변환빔의 컷오프선, 꺾임점(각), 설치상태 및 손상 여부 등 안전기준 적합여부를 확인 |

**예** 컷 오프선의 수직위치는 자동차의 변환빔 전조등 설치 높이(발광면의 최하단) 대비 아래 기준에 적합할 것(설치 높이 ≤ 1.0m)

- $-0.5\% = \dfrac{x \times 100}{10}$, $x = \dfrac{-0.5 \times 10}{100} = -0.05cm$ 이내, $\% = \dfrac{-0.05cm \times 100}{10} = -0.5\%$ 이내

- $-2.5\% = \dfrac{x \times 100}{10}$, $x = \dfrac{-2.5 \times 10}{100} = -0.25cm$ 이내, $\% = \dfrac{-0.25cm \times 100}{10} = -2.5\%$ 이내

- 설치 높이 > 1.0m : -0.1cm ~ -0.3cm 이내

## 전기 3. ETACS 도어 센트롤 록킹 스위치 작동신호 점검

주어진 자동차에서 도어 센트롤 록킹(도어 중앙 잠금장치) 스위치 조작시 편의장치 (ETACS 또는 ISU) 및 운전석 도어모듈(DDM) 커넥터에서 작동 신호를 측정하고 이상여부를 확인하여 기록표에 기록하시오.

### 시험장에서는

에탁스(ETACS : Electronic Time Alam Control System)는 소형이나, 준중형 차량에는 미장착 차량이 많고 중형 이상의 차량에서 채용한 시스템이었으나 요즘은 경차에도 도입하는 추세이다. 실제의 차량을 이용하는 경우도 있지만 대부분이 시뮬레이터를 사용한다. 점검 및 측정하기가 편하게 만들어져 있다. 에탁스 하면 모두 어려워 하고 있지만 실상 회로도만 볼 줄 알면 간단하게 해결할 수 있는 문제이다. 답안지를 받아 들고 차량으로 가면 측정 차량의 앞이나 측면 유리에 "**에탁스 도어 센트롤 록킹 스위치 작동신호 점검**" 이라는 글씨가 보일 것이다. 운전석에 앉으면 정비 지침서나 에탁스 회로도를 복사한 것이 보일 것이다. 측정한 값을 답안지에 작성하여 제출한다. 현재 차량에서는 BCM(Body Control Module)으로 이름 바꿔써서 사용하고 있음을 참고하기 바란다. BCM이 새로운 시스템이라고 볼 것이 아니라 기존의 ETACS제어의 기능을 확장 장치로 생각하고 접근하면 결코 어렵지 않은 시스템이 될 것이다.

▲ 탁스 작동 부품

## 1  답안지 작성법

### (1) 도어 센트롤 록킹 작동이 불량일 때

▶ 전기 3. 도어 센트롤 록킹 스위치 회로 점검
자동차 번호 :

| 점검 항목 | | ① 측정(또는 점검) | | ② 판정 및 정비(또는 조치)사항 | | 득 점 |
|---|---|---|---|---|---|---|
| | | 측정값 | 규정(정비한계)값 | 판정(□에 '✔'표) | 정비 및 조치할 사항 | |
| 도어 중앙 잠금 장치 신호(전압) | 잠김 | ON : 0V | ON : 5V | □ 양 호<br>☑ 불 량 | ETACS 퓨즈 단선-교환 | |
| | | OFF : 0V | OFF : 0V | | | |
| | 풀림 | ON : 0V | ON : 0V | | | |
| | | OFF : 0V | OFF : 5V | | | |

1) **비번호** : 비번호는 공단직원이 주는 등번호를 수검자가 기록한다.
2) **감독위원 확인** : 감독위원 확인란은 감독위원이 채점한 후에 도장을 찍는 부분으로 수검자는 기록하지 않는다.
3) **① 측정(또는 점검)** : 측정값은 수검자가 측정한 도어 센트롤 록킹 스위치 작동 신호(전압)의 값을 기록하고, 규정(정비한계)값은 일반적인 규정값을 기록한다.(반드시 단위를 기입한다)

- 측정값 · 잠김 : ON – 0V, OFF – 0V, · 풀림 : ON – 0V, OFF – 0V
- 규정(정비한계)값 · 잠김 : ON – 5V, OFF – 0V, · 풀림 : ON – 0V, OFF – 5V

4) ② 판정 : 판정은 수검자가 측정한 값과 규정(정비한계)값을 비교하여 범위 내에 있으면 양호, 벗어나면 불량에 ✔표시를 하며, 정비 및 조치할 사항은 고장원인과 정비할 사항을 기록한다.
- 판정 : · 양호-규정(정비한계)값의 범위에 있을 때 · 불량-규정(정비한계)값을 벗어났을 때
- 정비 및 조치할 사항 : 양호하면 정비 및 조치할 사항 없음으로, 불량일 경우 고장원인 정비방법을 기록한다.

5) 득점 : 득점은 감독위원이 채점을 하고 점수를 기록하는 부분으로 수검자는 기록하지 않는다.
6) 자동차 번호 : 측정하는 자동차의 번호를 수검자가 기록한다.

■ 컨트롤 유닛 기본 입력 전압 규정값

| 입·출력 요소 | | 전압 수준 | |
|---|---|---|---|
| 입력 | 운전석, 조수석 도어 록 스위치 | 도어 닫힘 상태 | 5V |
| | | 도어 열림 상태 | 0V |
| 출력 | 도어 록 릴레이 | 평상시 | 12V(접지 해제) |
| | | 도어 록 일 때 | 0V(접지시킴) |
| | 도어 언록 릴레이 | 평상시 | 12V(접지 해제) |
| | | 도어 언록 일 때 | 0V(접지시킴) |

### (2) 도어 센트롤 록킹 작동이 정상일 때

▶ 전기 3. 도어 센트롤 록킹 스위치 회로 점검
자동차 번호 :

| 비번호 | | 감독위원 확 인 | |
|---|---|---|---|

| 점검 항목 | | ① 측(또는 점검) | | ② 판정 및 정비(또는 조치)사항 | | 득 점 |
|---|---|---|---|---|---|---|
| | | 측정값 | 규정(정비한계)값 | 판정(□에 '✔'표) | 정비 및 조치할 사항 | |
| 도어 중앙 잠금 장치 신호(전압) | 잠김 | ON : 5V<br>OFF : 0V | ON : 5V<br>OFF : 0V | ☑ 양 호<br>□ 불 량 | 정비 및 조치할 사항 없음. | |
| | 풀림 | ON : 0V<br>OFF : 5V | ON : 0V<br>OFF : 5V | | | |

## 2 관계 지식

### (1) 센트롤 록킹 스위치 타임 챠트

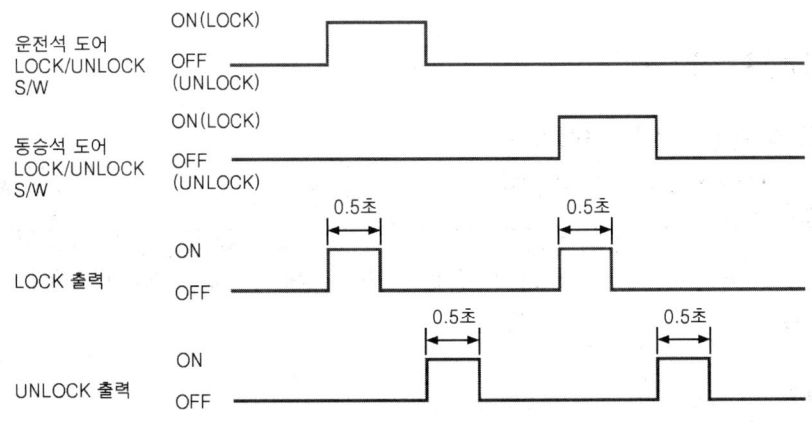

▲ 센트롤 록킹 스위치 동작 특성

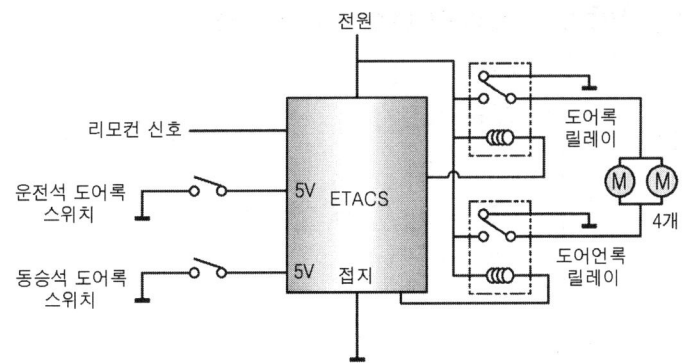

▲ 센트롤 록킹 스위치 동작 회로도

① 운전석 도어 모듈의 도어록 / 언록 스위치에 의해 도난방지 시스템 적용 차량 / 미 적용 차량 차종에 관계없이 모두 록 / 언록된다.
② 운전석 / 동승석 도어 노브에 의한 도어 록 / 언록시 모두 록은 가능 / 언록은 불가능 된다. (단 New EF 쏘나타, 옵티마, 싼타페, 아반떼 XD는 가능)
③ 운전석 / 동승석 도어 키에 의한 도어 록 / 언록시 모두 록 / 언록된다.

## (2) 센트롤 도어 록킹 작동 회로도

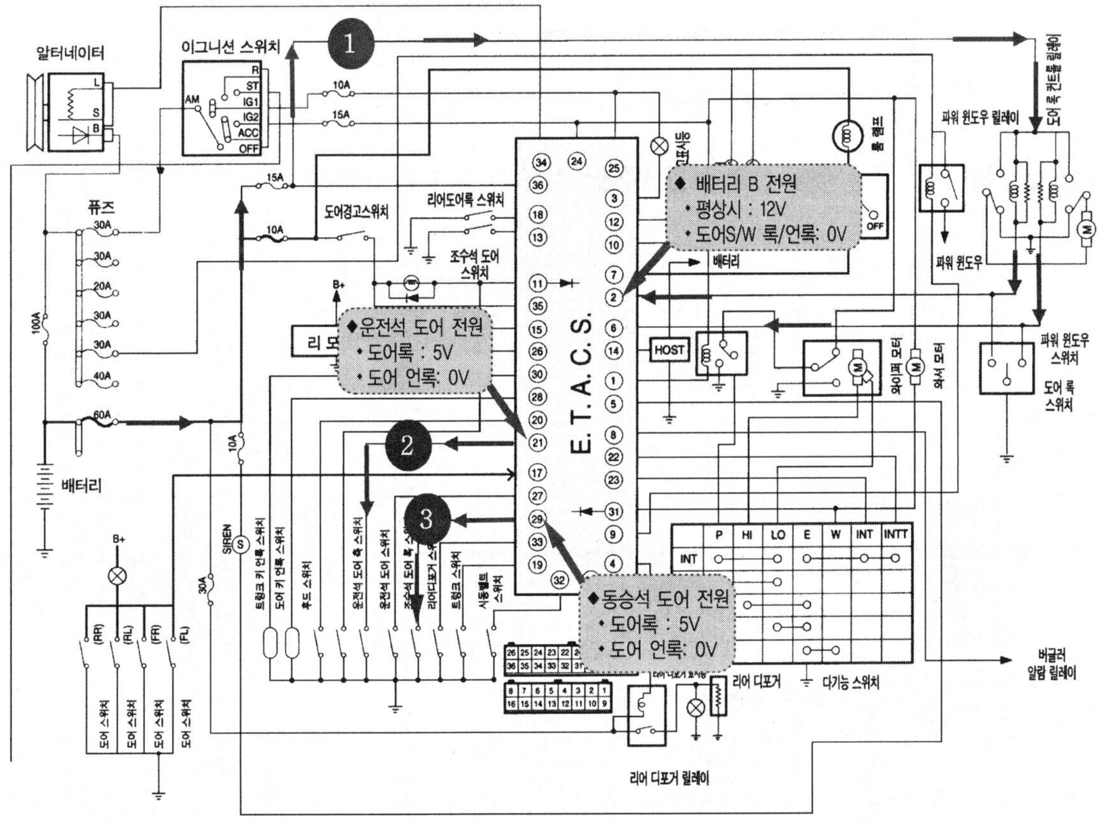

▲ 에탁스 센트롤 록킹 작동 전압 점검 위치

## (3) 센트롤 도어 록킹 작동 신호 점검위치(K5 2.0 -2011)

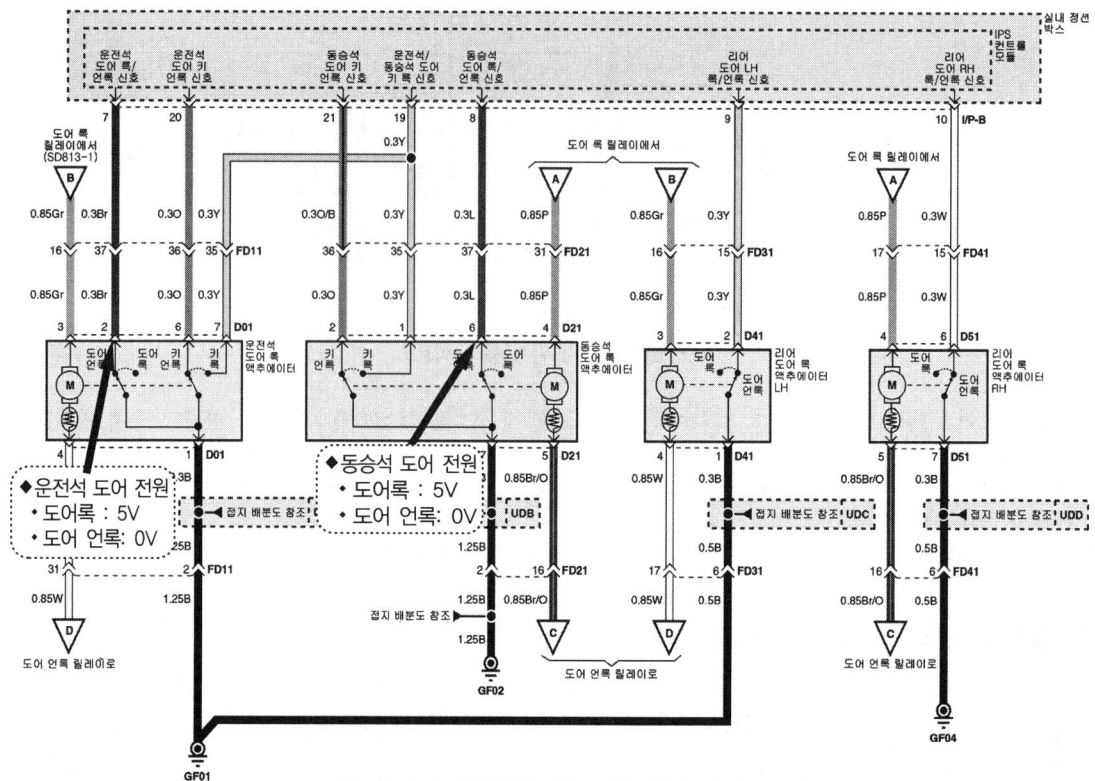

▲ 센트롤 도어 록킹 작동 신호 점검위치(K5 2.0 -2011)

## (4) 센트롤 도어 록킹 작동 신호 점검 위치(쏘렌토 R D 2.2 -2010)

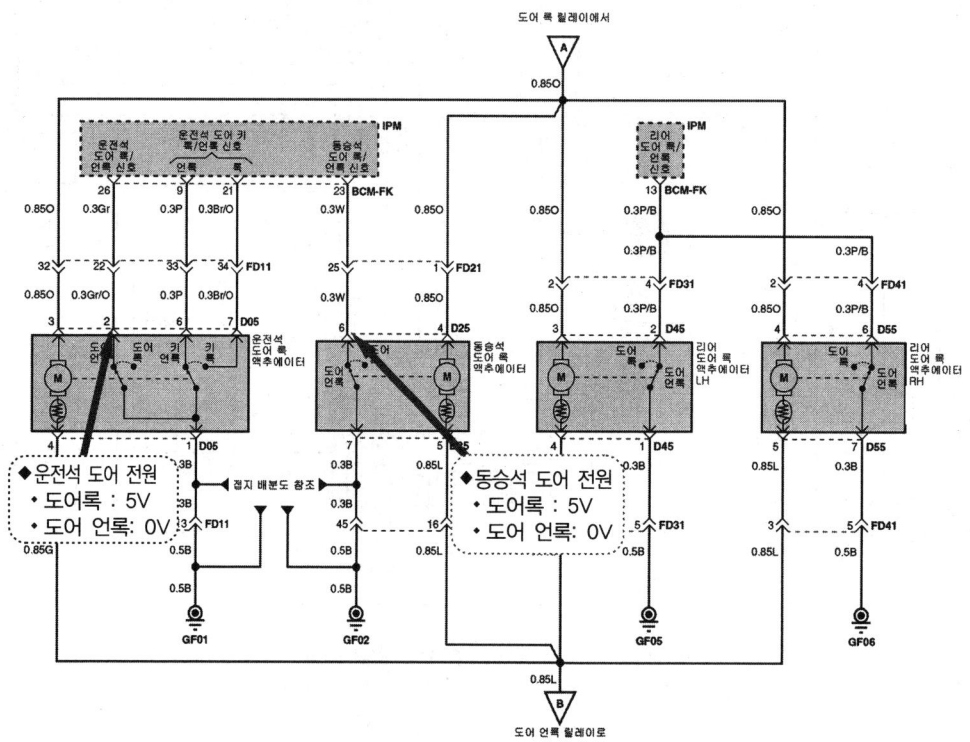

▲ 센트롤 도어 록킹 작동 신호 점검위치(쏘렌토 R D 2.2 -2010)

## (5) 센트롤 도어 록킹 작동 신호 점검위치(그랜저 XG 3.0 -2005)

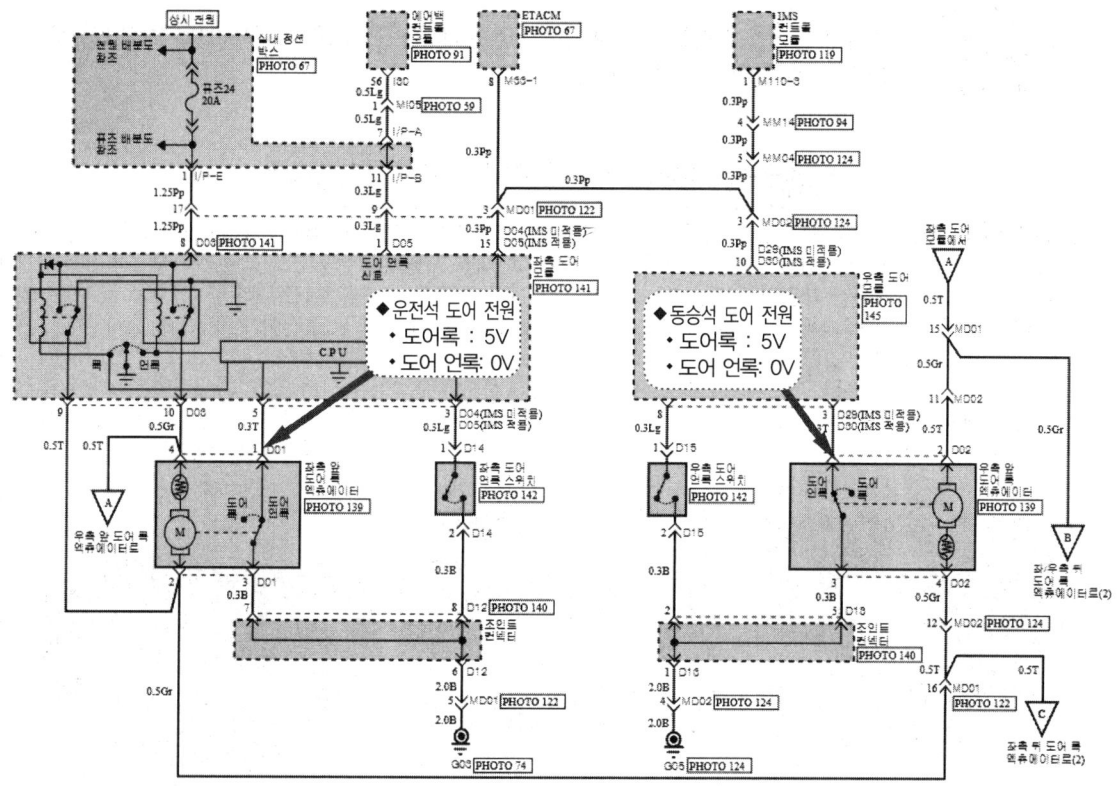

▲ 도어 센트롤 록킹 작동 신호 점검위치(그랜저 XG 3.0 -2005)

## 엔진 1 — 크랭크축 축방향 유격 점검

**3안 산업기사**

주어진 엔진을 기록표의 측정 항목까지 분해하여 기록표의 요구사항을 측정 및 점검하고 본래 상태로 조립하시오.

### 시험장에서는

① **크랭크축의 교환** : 작업대 위나 엔진 스탠드에 분해 조립용 엔진이 준비되어 있고 때에 따라서는 크랭크축만 조립되어 있는 경우도 있다. 먼저 분해하기 전에 준비하여간 걸레로 작업대를 깨끗이 닦는다. 그리고 걸레를 작업대 위에 넓게 펴서 깔고 그 위에 분해한 부품을 올려놓는다. 모든 분해 조립이 그렇지만 부품을 떨어트린다든지 공구를 들고 놓는데 소리가 심하게 난다든지 하면 안전관리에 소홀함이 있는 것처럼 보인다. 만약 토크 렌치가 준비되어 있지 않았으면 달라고 하여서 조인다. 모든 작업에서 장갑은 절대 착용이 안 됨을 명심하기 바란다.

② **크랭크축 방향 유격 점검** : 작업대 위에 크랭크축이 조립된 실린더 블록이 올려져 있다. 어느 시험장에서는 측정 부품에 게이지를 세팅시켜 놓고 진행하는 경우도 있다. 시크니스 측정은 시크니스 게이지가 놓여 있는 곳도 있다. 시크니스 게이지든 다이얼 게이지이든 모두 측정할 줄 알아야 한다. 측정한 후 답안지를 작성하여 제출한다.

**1. 바른 측정 모습 (다이얼 게이지)**

다이얼 게이지 설치대인 마그네틱 베이스는 실린더 블록에 설치되어야 한다.

**2. 바른 측정 모습(시크니스 게이지)**

A 부분 : 스러스트 베어링이 있는 부분에서 시크니스 게이지를 사용하여 측정한다.

**3. 세팅하여 놓은 모습**

일부 시험장에서는 측정 게이지를 세팅하여 놓은 곳도 있다.

## 1  답안지 작성법

동영상

### (1) 크랭크축 축방향 유격이 한계값 범위를 벗어나 불량일 때

▶ 엔진 1. 크랭크축 측정
   엔진 번호 :

| 측정 항목 | ① 측정(또는 점검) | | ② 판정 및 정비(또는 조치)사항 | | 득점 |
|---|---|---|---|---|---|
| | 측정값 | 규정(정비한계)값 | 판정(□에 '✔'표) | 정비 및 조치할 사항 | |
| 크랭크축 축 방향유격 | 0.3mm | 0.05~0.18mm (한계 0.25mm) | □ 양 호<br>☑ 불 량 | 스러스트 베어링 마모-교환 | |

| | 비번호 | | 감독위원 확인 |
|---|---|---|---|

1) **비번호** : 비번호는 공단직원이 주는 등번호를 수검자가 기록한다.
2) **감독위원 확인** : 감독위원 확인란은 감독위원이 채점한 후에 도장을 찍는 부분으로 수검자는 기록하지 않는다.
3) ① **측정(또는 점검)** : 측정값은 수검자가 측정한 크랭크축 축방향 유격의 값으로 기록하고, 규정(정비한계)값은 감독관이 주어진 값이나 또는 정비지침서를 보고 기록한다.(반드시 단위를 기입한다)
   • 측정값 : 0.3mm
   • 규정(정비한계)값 : 0.05~0.18mm(한계 0.25mm)
4) ② **판정 및 정비(또는 조치)사항** : 판정은 수검자가 측정한 값과 규정(정비한계)값을 비교하여 범위 내에 있으면 양호, 벗어나면 불량에 ✔표시를 하며, 정비 및 조치할 사항 란에는 고장원인과 정비할 사항을 기록한다.
   • 판정 : • 양호 – 한계값 이내에 있을 때     • 불량 – 한계값을 벗어났을 때
   • 정비 및 조치할 사항 : 정비 및 조치할 사항 없음

5) 득점 : 득점은 감독위원이 채점을 하고 점수를 기록하는 부분으로 수검자는 기록하지 않는다.
6) 엔진 번호 : 측정하는 엔진 번호를 수검자가 기록한다.

■ 차종별 축방향 유격 기준값(mm)

| 차 종 | | 규정값 | 한계값 | 차 종 | | 규정값 | 한계값 |
|---|---|---|---|---|---|---|---|
| 엑셀/ 쏘나타/ 엘란트라 | | 0.05~0.18 | 0.25 | 에스페로/레간자 | | 0.07~0.30 | – |
| 프라이드 | | 0.08~0.28 | 0.3 | 아카디아 | | 0.1~0.29 | 0.45 |
| 세피아 | | 0.08~0.28 | 0.3 | EF 쏘나타 | | 0.05~0.25 | |
| 르 망 | | 0.07~0.3 | – | 포텐샤 | | 0.08~0.18 | 0.30 |
| 베르나/아반떼XD/라비타/엑센트 | | 0.05~0.175 | – | 트라제XG / 싼타페(2.0) | | 0.05~0.25 | – |
| 그랜저XG/ 에쿠스 | | 0.07~0.25 | 0.35 | 테라칸 / 스타렉스(2.5) | | 0.05~0.18 | 0.25 |
| 누비라 | 1.5 S/DOHC | 0.1 | | 아반떼 | 1.5 DOHC | 0.05~0.175 | – |
| | 1.8 DOHC | 0.1 | | | 1.8 DOHC | 0.06~0.260 | – |
| 카렌스 | 2.0 LPG | 0.06~0.260 | – | 마르샤 | 2.0 DOHC | 0.05~0.18 | 0.25 |
| | 2.5 CRDI | 0.09~0.32 | – | | 2.5 DOHC | 0.05~0.25 | 0.3 |
| 그레이스 | 디젤(D4BB) | 0.05~0.18 | 0.25 | 옵티마 리갈 | 2.0 DOHC | 0.05~0.25 | |
| | LPG(L4CS) | 0.05~0.18 | 0.4 | | 2.5 DOHC | 0.07~0.25 | – |

## (2) 크랭크축 축방향 유격이 규정값 범위를 벗어나고 한계값 이하에서 양호할 때

▶ 엔진 1. 크랭크축 측정
　　　　엔진 번호 :

| 비번호 | | 감독위원 확인 | |
|---|---|---|---|

| 측정 항목 | ① 측정(또는 점검) | | ② 판정 및 정비(또는 조치)사항 | | 득점 |
|---|---|---|---|---|---|
| | 측정값 | 규정(정비한계)값 | 판정(□에 '✔' 표) | 정비 및 조치할 사항 | |
| 크랭크축 축 방향유격 | 0.20mm | 0.05~0.18mm (한계 0.25mm) | ☑ 양 호<br>□ 불 량 | 정비 및 조치할 사항 없음 | |

## (3) 크랭크축 축방향 유격이 규정값보다 작아 불량일 때

▶ 엔진 1. 크랭크축 측정
　　　　엔진 번호 :

| 비번호 | | 감독위원 확인 | |
|---|---|---|---|

| 측정 항목 | ① 측정(또는 점검) | | ② 판정 및 정비(또는 조치)사항 | | 득점 |
|---|---|---|---|---|---|
| | 측정값 | 규정(정비한계)값 | 판정(□에 '✔' 표) | 정비 및 조치할 사항 | |
| 크랭크축 축 방향유격 | 0.02mm | 0.05~0.18mm (한계 0.25mm) | □ 양 호<br>☑ 불 량 | 스러스트 베어링 규정값 범위가 되도록 얇게 가공 | |

## (4) 크랭크축 축방향 유격이 규정값 범위에서 양호할 때

▶ 엔진 1. 크랭크축 측정
　　　　엔진 번호 :

| 비번호 | | 감독위원 확인 | |
|---|---|---|---|

| 측정 항목 | ① 측정(또는 점검) | | ② 판정 및 정비(또는 조치)사항 | | 득점 |
|---|---|---|---|---|---|
| | 측정값 | 규정(정비한계)값 | 판정(□에 '✔' 표) | 정비 및 조치할 사항 | |
| 크랭크축 축 방향유격 | 0.11mm | 0.05~0.18mm (한계 0.25mm) | ☑ 양 호<br>□ 불 량 | 정비 및 조치할 사항 없음 | |

## 2 관계 지식

### (1) 축방향 유격 측정 방법

1. 다이얼 게이지 설치 모습

측정을 위한 차량과 다이얼 게이지를 설치한 모습이다.

2. 시크니스 게이지 사용 측정법

크랭크축을 조립하고 축을 한쪽으로 밀고 중앙에서 측정한다.

3. 시크니스 게이지 사용 측정법

시크니스 게이지를 스러스트 베어링이 있는 부분에서 측정한다.

### (2) 크랭크축 축방향 유격이 큰 원인

- 스러스트 베어링의 마모

### (3) 크랭크축 축방향 유격이 작은 원인

- 스러스트 베어링의 두꺼움 - 스러스트 베어링을 페이퍼 위에 놓고 갈아내어 규정이 되도록 가공.

## 엔진 3 — 가솔린 배기가스 점검

2항의 시동된 엔진에서 공전속도를 확인하고 감독위원의 지시에 따라 공회전시 배기가스를 측정하여 기록표에 기록하시오.(단, 시동이 정상적으로 되지 않은 경우 본 항의 작업은 할 수 없음)

### 시험장에서는

이 시험은 시동을 걸어서 측정하여야 함으로 추운 겨울에는 수검자나 감독관이나 고생하는 항목이다. 감독관이 답안지를 주면 수험번호와 자동차 번호를 적고 배기가스 테스터기를 연결한 후 시동을 걸어서 측정을 한 다음 기록표를 기록하는데 이 항목은 검사기준이기 때문에 규정값이 주어지지 않는다. 반드시 규정값을 암기하고 있어야 한다. 배기가스 측정은 엔진의 상태에 따라 측정값이 많이 변하기 때문에 감독관이 바로 옆에서 보면서 채점을 하거나 아니면 측정 방법만을 확인하고 테스터기 바늘을 고정시켜 놓고 측정값을 기록하도록 하는 경우도 있다. 일부 수검자는 감독관이 점수를 깎기 위해 잘못한 것만 찾고 있는 사람으로 생각하는 부정적인 생각을 갖고 있는 수검자가 많은데 좀 더 긍정적인 방향으로 생각한다면 내가 잘하는 것을 보고 점수를 주기 위해 있다고 생각을 할 수 있는 것이다. 감독관에게 내 실력을 보여주기 위해서는 능력을 길러야 하지 않을까?

1. 배기가스 측정 준비된 모습(큐로테크)

복사본 자동차 등록증을 놓은 것은 자동차 연식을 보고 규정값을 적어야 한다.

2. 배기가스 프로브 설치 모습

배기가스 프로브가 규정대로 끼워져 있는지 확인하고 측정한다.

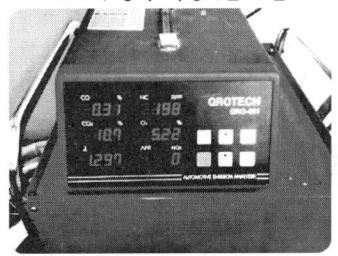

3. 6개 항목 측정화면 모습

측정 키를 누르면 측정이 되면서 6개 항목의 측정값이 뜬다.

## 1. 답안지 작성법

### (1) 배출가스 배출량이 불량일 때

▶ 엔진 3. 배기가스 점검
자동차 번호 :

| 비번호 | | 감독위원 확인 | |
|---|---|---|---|

| 항목 | ① 측정(또는 점검) | | 판정(□에 '✔'표) | 득 점 |
|---|---|---|---|---|
| | 측정값 | 기준값 | | |
| CO | 4.2% | 1.0% 이하 | □ 양 호 | |
| HC | 560ppm | 120ppm 이하 | ☑ 불 량 | |

※ 감독위원이 제시한 자동차등록증(또는 차대번호)을 활용하여 차종 및 연식을 적용합니다.
※ 자동차 검사기준 및 방법에 의하여 기록 판정합니다. ※ CO는 소수점 둘째자리 이하는 버리고 0.1% 단위로 기록 합니다.
※ HC는 소수점 둘째자리 이하는 버리고 1ppm 단위로 기록합니다.

1) **비번호** : 비번호는 공단직원이 주는 등번호를 수검자가 기록한다.
2) **감독위원 확인** : 감독위원 확인란은 감독위원이 채점한 후에 도장을 찍는 부분으로 수검자는 기록하지 않는다.
3) **① 측정(또는 점검)** : 측정값은 수검자가 측정한 배기가스의 CO, HC의 값을 기록하고 기준값은 운행 차량의 배출 허용 기준값을 기록한다.
   • 측정값 : ·CO – 4.2%, ·HC – 560ppm
   • 규정(정비한계)값 : ·CO – 1.0% 이하   ·HC – 120ppm 이하(2011년 04월 08일 – 그랜저 2.4 GDI)
4) **② 판정 및 정비(또는 조치)사항** : 판정은 수검자가 측정값과 기준값을 비교하여 범위 내에 있으면 양호, 벗어나면 불량에 ✔표시를 한다. 정비 및 조치사항은 CO, HC값이 높거나 낮은 원인과 정비 사항을 기록한다.
   • 판정 : ·양호 – 규정(정비한계)값의 범위에 있을 때   ·불량 – 규정(정비한계)값을 벗어났을 때

5) 득점 : 득점은 감독위원이 채점을 하고 점수를 기록하는 부분으로 수검자는 기록하지 않는다.
6) 자동차 번호 : 측정하는 자동차의 번호를 수검자가 기록한다.

■ 배기가스 배출 허용기준(CO, HC)

| 차 종 | | 제작일자 | 일산화탄소 | 탄화수소 | 공기과잉율 |
|---|---|---|---|---|---|
| 경자동차 | | 1997년 12월 31일 이전 | 4.5% 이하 | 1,200ppm 이하 | 1±0.1 이내 다만, 기화기식 연료공급 장치 부착 자동차는 1±0.15이내 촉매 미부착 자동차는 1±0.20 이내 |
| | | 1998년 1월 1일부터 2000년 12월 31일까지 | 2.5% 이하 | 400ppm 이하 | |
| | | 2001년 1월 1일부터 2003년 12월 31일까지 | 1.2% 이하 | 220ppm 이하 | |
| | | 2004년 1월 1일 이후 | 1.0% 이하 | 150ppm 이하 | |
| 승용 자동차 | | 1987년 12월 31일 이전 | 4.5% 이하 | 1,200ppm 이하 | |
| | | 1988년 1월 1일부터 2000년 12월 31일까지 | 1.2% 이하 | 220ppm 이하(휘발유·알코올자동차) 400ppm 이하(가스자동차) | |
| | | 2001년 1월 1일부터 2005년 12월 31일까지 | 1.2% 이하 | 220ppm 이하 | |
| | | 2006년 1월 1일 이후 | 1.0% 이하 | 120ppm 이하 | |
| 승합· 화물· 특수 자동차 | 소형 | 1989년 12월 31일 이전 | 4.5% 이하 | 1,200ppm 이하 | |
| | | 1990년 1월 1일부터 2003년 12월 31일까지 | 2.5% 이하 | 400ppm 이하 | |
| | | 2004년 1월 1일 이후 | 1.2% 이하 | 220ppm 이하 | |
| | 중형· 대형 | 2003년 12월 31일 이전 | 4.5% 이하 | 1200ppm 이하 | |
| | | 2004년 1월 1일 이후 | 2.5% 이하 | 400ppm 이하 | |

## 2 관계지식

**(1) 현대 자동차 차대번호(VIN : Vehicle Identification Number)의 표기 부호 – 그랜저 2011(2.4 GDI)**

```
K   M   H   F   H   4   1   E   B   B   A   0   5   8   3   0   6
①   ②   ③   ④   ⑤   ⑥   ⑦   ⑧   ⑨   ⑩   ⑪   ⑫   ⑬   ⑭   ⑮   ⑯   ⑰
   제작 회사군         자동차 특성군                제작 일련 번호군
```

① K : 국제배정 국적표시 – K : 한국, J : 일본, 1 : 미국,
② M : 제작사를 나타내는 표시 – M : 현대, L : 대우, N : 기아, P : 쌍용 자동차
③ H : 자동차 종별 표시 – H : 승용차, F : 화물트럭, J : 승합차량, C : 특장 – 승합 화물
④ F : 차종 – F : 그랜저, E : 쏘나타3, D : 아반떼 XD
⑤ T : 세부차종 및 등급  S : LOW 급(L), T : MIDDLE – LOW 급(GL), U : MIDDLE 급(GLS, JSL, TAX)
　　　　　　　　　　　　 H : MIDDLE급(GLS, JSL, TAX), J : MIDDLE급(HGS),
⑥ 4 : 차체형상 – Cabin type
　　・KMC : 1-박스, 2-본넷, 3-세미본넷, 5-일반캡, 9-더블캡, C-슈퍼캡
　　・KMF : X-일반캡, Y-더블캡, Z-슈퍼캡
　　・KMH : 1-리무진, 2-세단-2도어, 3-세단 3도어, 4-세단 4도어, 5-세단 5도어, 6-쿠페, 7-컨버터블,
　　　　　8-왜곤, 9-화물(밴), 0-픽업
　　・KMJ : 1-박스, 2-본넷, 3-세미본넷
⑦ 1 : 안전장치(Restraint system & Brake system)
　　・KMC : 7–유압식 브레이크, 8–공기식 브레이크, 9–혼합식 브레이크
　　・KMH : 0–운전석/ 동승석 미적용, 1–운전석/ 동승석 액티브 시트벨트
　　　　　2–운전석/ 동승석 패시브 시트벨트
⑧ E : 동력장치 B : 가솔린 엔진 1.4(카파 MPI)  C : 가솔린 엔진 1.4(감마 MPI)
　　　　　　　 E : 가솔린 엔진 1.6(감마GDI),  U : 디젤엔진1.6(U–2)
⑨ B : 운전석 방향 및 변속기 – A : LHD & MT, B : LHD & AT오른쪽 운전석,
　　　　　　　　　　　　　 C : LHD & MT+Transfer, D : C : LHD & AT+Transfer, E : C : LHD & CVT
⑩ D : 제작년도 – M : 1991, N : 1992, P : 1993, R : 1994, S : 1995, T : 1996, V : 1997, W : 1998,
　　　X : 1999, Y : 2000, 1 : 2001, 2 : 2002, 3 : 2003 ……9 : 2009, A : 2010, B : 2011, C :2012
　　　D : 2013, E : 2014, F : 2015, G : 2016, H : 2017, H : 2018
⑪ U : 공장 기호 – A : 아산공장, C : 전주공장, U : 울산공장, M : 인도공장, Z : 터키공장
⑫~⑰ 058306 : 차량 생산 일련 번호

## (2) 자동차 등록증 - 그랜저 2011

# 자 동 차 등 록 증

제 201606-001762호      최초 등록일 : 2011년 04월 08일

| ① 자동차 등록 번호 | 07라 3859 | ② 차 종 | 대형 승용 | ③ 용도 | 자가용 |
|---|---|---|---|---|---|
| ④ 차 명 | 그랜저(GRANDEUR) | ⑤ 형식 및 연식 | HGEBA-S | | 2011 |
| ⑥ 차 대 번 호 | KMFFA41EBBA058306 | ⑦ 원동기 형식 | G6DG | | |
| ⑧ 사 용 본 거 지 | 경기도 양주시 부흥로 1901 신도 8차 아파트***동 ***호 | | | | |
| 소유자 | ⑨ 성명(명칭) | 김광수 | ⑩ 주민(사업자) 등록번호 | ***117-******* | |
| | ⑪ 주 소 | 경기도 양주시 부흥로 1901 신도 8차 아파트***동 ***호 | | | |

자동차 관리법 제8조등의 규정에 의하여 위와 같이 등록하였음을 증명합니다.

-위반하기 쉬운사항-
※위반시 과태료 처분(뒷면 기재 참조)
 o 주소 및 사업장 소재지 변경 15일 이내
 o 정기검사 만료일 전후 15일 이내
 o 책임 보험료 가입 만료일 이전 이내 가입(100만원 이하 과태료)
 o 말소 등록.폐차일로 부터 30일 이내(50만원 이하 과태료)

2011 년 04 월 08 일

양 주 시 장

---

### 1. 제원

| ⑫형식승인번호 | A08-1-00087-0014-131 | | |
|---|---|---|---|
| ⑬길 이 | 4910mm | ⑭너 비 | 1880mm |
| ⑮높 이 | 1470mm | ⑯총 중 량 | 1945kgf |
| ⑰배 기 량 | 2999cc | ⑱정격 출력 | 235/6000ps/rpm |
| ⑲승차 정원 | 5 명 | ⑳최대적재량 | 0kgf |
| ㉑기 통 수 | 6기통 | ㉒연료의종류 | 엘피지 (연비 8.9km/L) |

### 2. 등록 번호판 교부 및 봉인

| ㉓구 분 | ㉔번호판교부일 | ㉕봉인일 | ㉖교부대행자확인 |
|---|---|---|---|
| 신규 | 2011-04-08 | 2011-04-09 | |

### 2. 저당권 등록

| ㉗구분(설정 또는 말소) | ㉘ 일 자 |
|---|---|

※ 기타 저당권 등록의 내용은 자동차 등록원부를 열람확인 하시기 바랍니다.
※ 비고

### 4. 검사 유효기간

| ㉙연 월 일 부 터 | ㉚연 월 일 까 지 | ㉛검 사 시행장소 | ㉜주행 거리 | ㉝검사 책임자확인 |
|---|---|---|---|---|
| 2011-04-08 | 2015-04-07 | 노원검사소 | | |
| 2015-04-08 | 2016-04-07 | 노원검사소 | | |
| 2017-04-08 | 2019-04-07 | 노원검사소 | | |

※ 주의사항 : ㉙항 첫째란에는 신규 등록일을 기재합니다.

## 3안 산업기사 엔진 4  산소 센서 파형 분석

주어진 자동차의 엔진에서 산소센서의 파형을 출력·분석하여 그 결과를 기록표에 기록하시오.(측정조건 : 공회전 상태)

### 시험장에서는

산소 센서 파형의 측정은 엔진이 정상작동 온도에서 시동이 걸려있는 상태에서 측정이 가능하다. 튜업용 엔진이나 실제 차량이 준비되어 있고 그 옆에는 테스터기가(하이스캔 프로 또는 Hi-DS 스캐너) 책상위에 놓여 있을 것이다. 엔진의 시동을 걸고 테스터기를 연결하여 파형을 보고 감독 위원에게 고장 난 부분과 수리방법을 설명한다. 수검자는 반드시 파형을 프린트하여 그것을 답안지에 부착하여야 한다. 시험장에 따라서는 Hi-DS를 준비하여 놓은 곳도 있다. 수검자는 어떠한 측정기가 나오더라도 능수능란하게 측정기기를 다룰 수 있도록 많은 연습을 하여야겠다.

1. 산소 센서 위치 - 아반떼 XD

차종마다 위치가 조금씩 다르지만 배기다기관에 설치되어 있다.

2. 산소센서 회로도 - 아반떼 XD

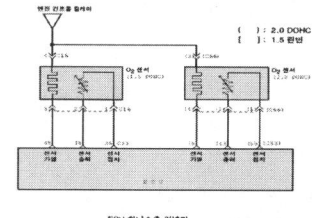

센서 출력 단자에 측정 프로브를 연결하여 측정한다.

3. Hi-DS 시험 준비 모습

컴퓨터와 모니터가 켜져 있는 상태이고 테스터 리드를 준비하여 놓은 곳도 있다.

## 1  답안지 작성법

### (1) 산소 센서의 불량일 때

▶ 엔진 4. 산소 센서 파형 분석
   자동차 번호 :

| 측정 항목 | 파형 상태 | 비번호 | 감독위원 확인 | 득 점 |
|---|---|---|---|---|
| 파형 측정 | 산소 히터는 정상으로 작동이 되고 있으나 출력 전압이 0.25V로 평행선을 그리고 있다. 센서의 불량으로 판단된다. | | | |

1) **비번호** : 비번호는 공단직원이 주는 등번호를 수검자가 기록한다.
2) **감독위원 확인** : 감독위원 확인란은 감독위원이 채점한 후에 도장을 찍는 부분으로 수검자는 기록하지 않는다.
3) **파형상태** : 파형 상태 란은 수검자가 감독위원의 지시에 따라 스캐너나 튜업 테스터기로 측정한 파형을 프린터로 출력하여 고장 부분 및 각 부분을 출력물에 직접 기록 설명하고 파형의 상태를 결론으로 정리한다.
4) **득점** : 득점은 감독위원이 채점을 하고 점수를 기록하는 부분으로 수검자는 기록하지 않는다.
5) **자동차 번호** : 측정하는 자동차의 번호를 수검자가 기록한다.

### (2) 혼합기가 농후할 때

▶ 엔진 4. 산소 센서 파형 분석
   자동차 번호 :

| 측정 항목 | 파형 상태 | 비번호 | 감독위원 확인 | 득 점 |
|---|---|---|---|---|
| 파형 측정 | 시그널 전압이 0.6~0.8V 사이를 0.5초 이상 반복적으로 나타나고 있으며 0.1~0.2V는 0.1초 내외로 짧게 나타나므로 농후한 혼합기 상태를 나타내고 있으며, 산소 센서의 불량으로 판정된다. | | | |

## 2 관계 지식

### (1) 산소 센서 파형의 분석

#### 1) 정상 파형의 분석

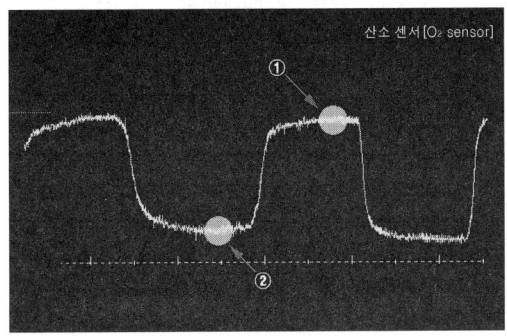

- ① **(혼합기 농후)** : 혼합기가 농후한 상태를 표시하며, 산소 센서는 계속 연료량의 감소를 ECU에 주문하고 있는 기간이다.

- ② **(혼합기 희박)** : 혼합기가 희박한 상태를 표시하며, 산소 센서는 계속 연료량 증가를 ECU에 주문하고 있는 기간이다.

#### 2) 혼합기가 희박한 파형

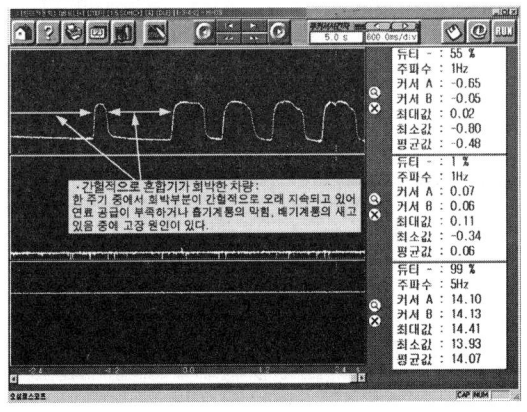

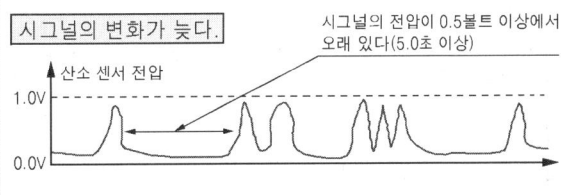

#### 3) 혼합기가 농후한 파형

인젝터 외에서 연료 또는 연료 증발가스의 과다 유입이 된다. 캐니스터 솔레노이드 밸브의 비정상 열림이나 PCV 밸브에서 오일의 가스가 과다 유입(엔진 오일을 너무 많이 주입한 경우)된 경우로 산소 센서의 시그널 전압이 피드백이 된 상태에서 0.5V 이상 나오는 시간이 길다(5초 이상)

#### 4) 시그널 선이 단선이거나 센서의 불량인 경우

시그널 전압이 0.35~0.45V로 계속 머무르며 평행선을 그린다.

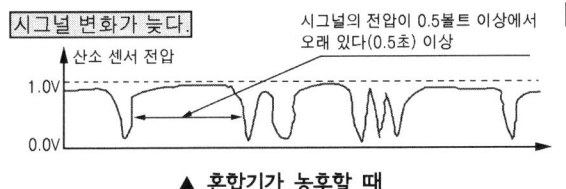

▲ 혼합기가 농후할 때

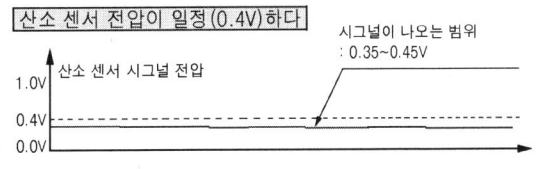

▲ 시그널 선 단선 또는 산소센서의 불량인 경우

## (2) 회로도에서 본 측정 위치

1) **측정위치** : 센서 커넥터 연결된 상태에서 오실로스코프 프로브(+)를 2번에 연결하고 (-)를 접지한 후 시동을 걸어 아이들 상태에서 측정한다.

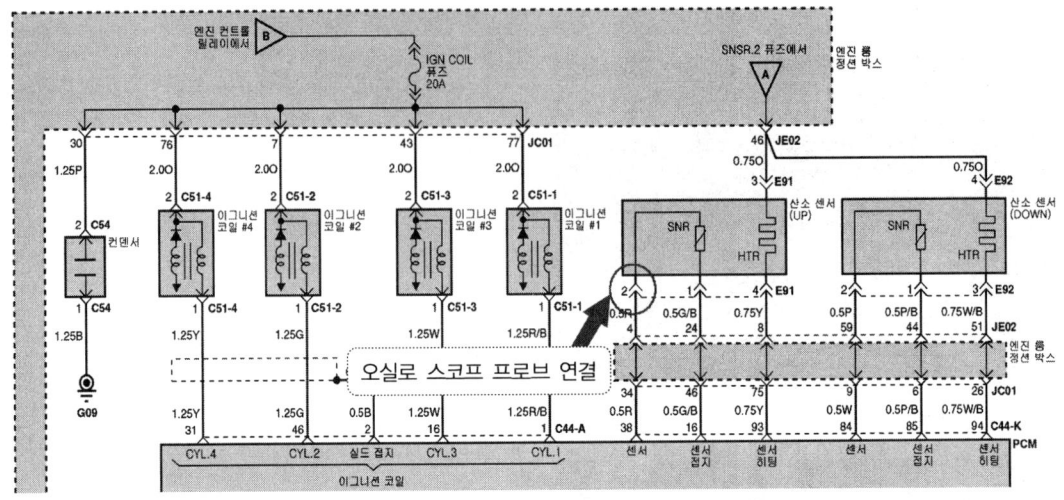

▲ 회로도에서 본 오실로스코프 프로브 연결 위치(NF 쏘나타 2.0-2010)

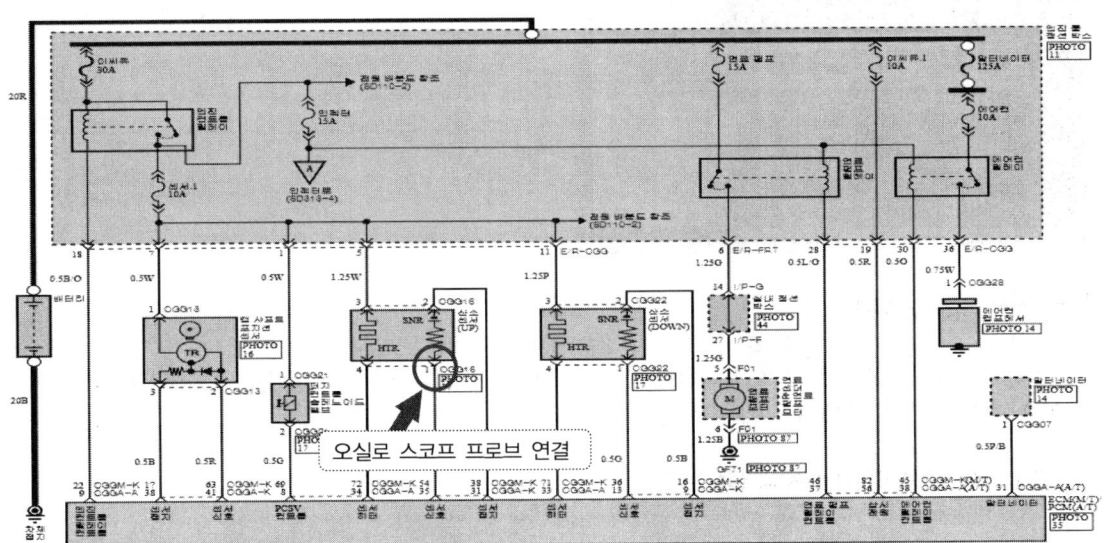

▲ 회로도에서 본 오실로스코프 프로브 연결 위치(아반떼 HD 1.6 - 2010)

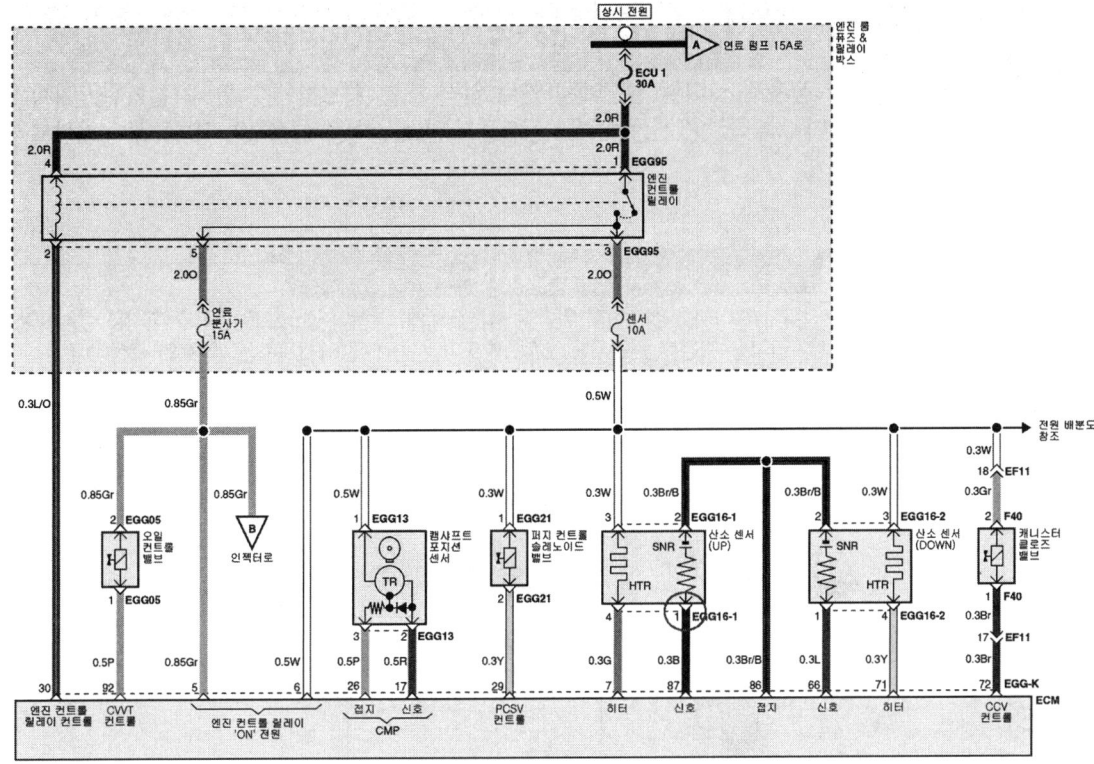

▲ 회로도에서 본 오실로스코프 프로브 연결 위치(엑센트 - 2010)

## (3) 산소 센서 측정한 프린트물 첨부물 농후할 때 농후할 때

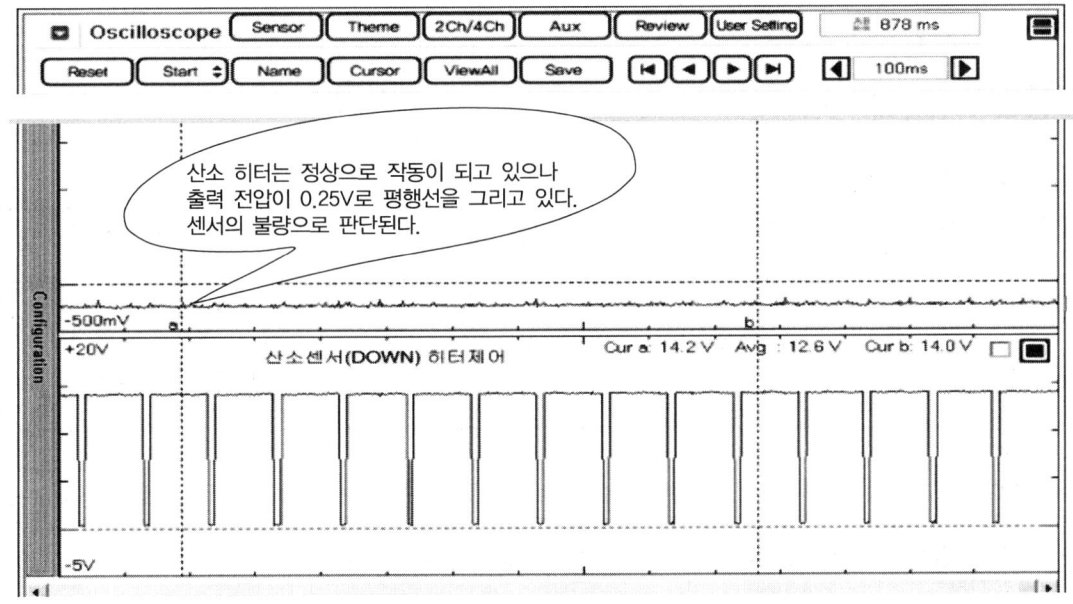

▲출력물에 수검자가 파형의 상태를 서술한 모습

## 엔진 5. 디젤 엔진 연료 압력(고압) 점검

**3안 산업기사**

주어진 전자제어 디젤 엔진에서 연료 압력 조절 밸브를 탈거한 후(감독위원에게 확인), 다시 부착하여 시동을 걸고 공회전시 연료 압력을 점검하여 기록표에 기록하시오.

### 시험장에서는

연료 압력이 고압이기에 수검자가 게이지를 설치하기 위하여 사전 작업이 시간이 걸리므로 압력 게이지를 설치하여 놓고 있다. 또는 스캐너로 레일 압력을 측정하는 경우도 있다. 반드시 시동이 걸려 있는 상태에서의 측정이다.

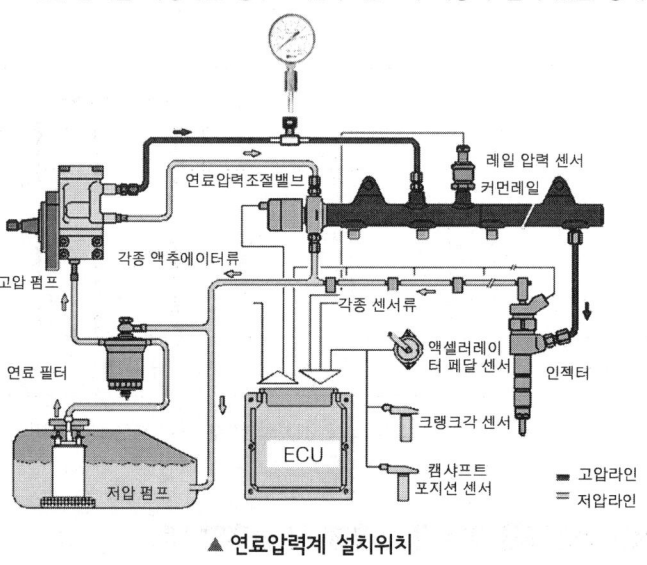

▲ 연료압력계 설치위치

## 1 답안지 작성법

### (1) 연료 압력이 낮을 때

▶ 엔진 5. 전자제어 디젤 엔진 점검
   자동차 번호 :

| 측정항목 | ① 측정(또는 점검) | | ② 판정 및 정비(또는 조치)사항 | | 득 점 |
|---|---|---|---|---|---|
| | 측정값 | 규정(정비한계)값 | 판정(□에 '✔' 표) | 정비 및 조치할 사항 | |
| 연료 압력 (고압) | 212 bar/ 834rpm | 260~280 bar/ 830rpm | □ 양 호<br>☑ 불 량 | 연료 압력 조절 밸브가 열린 상태로 고장-교환 | |

| 비번호 | | 감독위원 확 인 | |
|---|---|---|---|

1) **비번호** : 비번호는 공단직원이 주는 등번호를 수검자가 기록한다.
2) **감독위원 확인** : 감독위원 확인란은 감독위원이 채점한 후에 도장을 찍는 부분으로 수검자는 기록하지 않는다.
3) **① 측정(또는 점검)** : 측정값은 수검자가 측정한 연료 압력 값을 기록하고, 규정(정비한계)값은 감독관이 주어진 값이나 또는 정비지침서를 보고 기록한다.(반드시 단위를 기입한다)
   • **측정값** : 212 bar/834rpm
   • **규정(정비한계)값** : 260~280 bar/830rpm
4) **② 판정 및 정비(또는 조치)사항** : 판정은 수검자가 측정한 값과 규정(정비한계)값을 비교하여 범위 내에 있으면 양호, 벗어나면 불량에 ✔ 표시를 하며, 정비 및 조치할 사항 란에는 고장원인과 정비할 사항을 기록한다.
   • **판정** : • 양호 : 규정(한계)값 이내에 있을 때   • 불량 : 규정(한계)값을 벗어났을 때,
   • **정비 및 조치할 사항** : 정비 및 조치할 사항 없음

5) **득점** : 득점은 감독위원이 채점을 하고 점수를 기록하는 부분으로 수검자는 기록하지 않는다.
6) **자동차 번호** : 측정하는 자동차 번호를 수검자가 기록한다.

■ **차종별 규정값 (현대)**

| 항목<br>차종 | 엔진형식 | 배기량(cc) | 연료압력(bar) | | 공전속도(rpm) |
| --- | --- | --- | --- | --- | --- |
| | | | 고압 | 레일 압력(RPS) | |
| 아반떼 XD (2006) | D4FA-디젤1.5 | 1,493 | 1,350 | 270 | 830 |
| 싼타페(2012) | D4EB-디젤2.2 | 2,188 | 1,800 | 220~320 | 790±100 |
| 트라제 XG, 카렌스(2007) | D-2.0 | 1,979 | 1,350 | 220~320 | 750±30 |
| 포터 2(2.5 TCI-A)(2010) | D4BH-디젤2.5 | 2,497 | 1,600 | 220~320 | – |
| 테라칸, 카니발2(2006) | KJ-2.9 | 2,903 | 1,600 | 1,350/1,700rpm | 800 |

## (2) 연료 압력이 높을 때

▶ 엔진 5. 전자제어 디젤엔진 점검
    자동차 번호 :

| 측정항목 | ① 측정(또는 점검) | | ② 판정 및 정비(또는 조치)사항 | | 득점 |
| --- | --- | --- | --- | --- | --- |
| | 측정값 | 규정(정비한계)값 | 판정(□에 '✔' 표) | 정비 및 조치할 사항 | |
| 연료 압력<br>(고압) | 320 bar/<br>834rpm | 260~280 bar/<br>830rpm | □ 양 호<br>☑ 불 량 | 연료 압력 조절 밸브<br>커넥터 탈거-커넥터 장착 | |

비번호 :      감독위원 확인 :

## (3) 연료 압력이 양호할 때

▶ 엔진 5. 전자제어 디젤엔진 점검
    자동차 번호 :

| 측정항목 | ① 측정(또는 점검) | | ② 판정 및 정비(또는 조치)사항 | | 득점 |
| --- | --- | --- | --- | --- | --- |
| | 측정값 | 규정(정비한계)값 | 판정(□에 '✔' 표) | 정비 및 조치할 사항 | |
| 연료 압력<br>(고압) | 262.2 bar/<br>834rpm | 260~280 bar/<br>830rpm | ☑ 양 호<br>□ 불 량 | 정비 및 조치사항 없음. | |

비번호 :      감독위원 확인 :

## 2 관계 지식

### (1) 연료압력이 높은 원인
- 연료 압력 조절 밸브가 닫힌 상태로 고장
- 연료 압력 조절 밸브 커넥터 탈거
- 연료 압력 조절 밸브 전원, 제어선 단선
- 레일 압력 센서 커넥터 탈거
- 레일 압력 센서 전원, 제어선 단선
- 연료 리턴 파이프의 굴곡, 막힘

### (2) 연료 압력이 낮은 원인
- 연료 압력 조절 밸브가 열린 상태로 고장
- 레일 압력 센서 전원, 제어선 단선
- 레일 압력 센서 낮은 전압으로 설정(ECU 고장)
- 레일 압력 센서 커넥터 탈거

## (3) 연료 압력 조절 밸브 위치

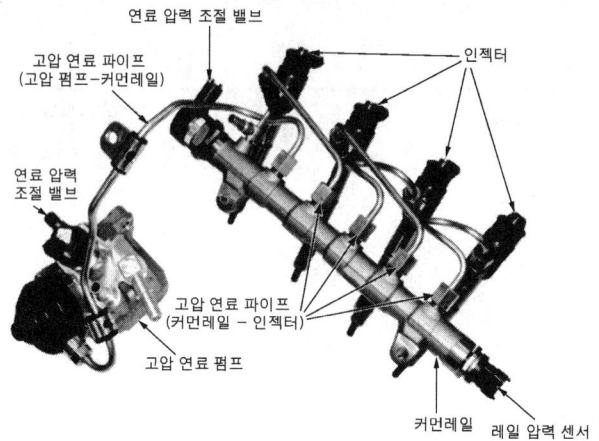

▲ 연료 압력 조절 밸브 위치(아반떼 AD -2016 1.6 TCI U2)

## (4) 연료장치 제원(아반떼 AD -2016 1.6 TCI U2)

| 항목 | | 제원 |
|---|---|---|
| 연료 분사 시스템 | 형식 | 커먼레일 직접 분사방식(CRDI ; Common Rail Direct Injection) |
| 연료 리턴 시스템 | 형식 | 리턴 타입 |
| 고압 연료 압력 | 최대압력 | 2,000bar |
| 연료 탱크 | 용량 | 50 L |
| 연료 필터 | 형식 | 고압 형식(엔진 룸 내 장착) |
| 고압 연료 펌프 | 형식 | 기계식, 플런저 펌핑 형식 |
| | 구동방식 | 타이밍 체인 |
| 저압 연료 펌프 | 형식 | 탱크 내장 전기식 |
| | 구동방식 | 전기 모터 |

## 섀시 2 — 캠버 & 토의 점검

**3안 산업기사**

주어진 자동차에서 휠 얼라인먼트 시험기로 캠버와 토(toe) 값을 측정하여 기록표에 기록한 후 타이로드 엔드를 탈거한 후(감독위원에게 확인), 다시 부착하여 토(toe)가 규정값이 되도록 조정하시오.

### 시험장에서는

휠 얼라인먼트를 측정하는 것은 매우 조심스럽다. 특히 센서를 바퀴에 부착할 경우이다. 그래서 시험장에서 아예 센서를 바퀴에 설치하여 놓고 있으며 수검자는 모니터에서 마우스로 측정할 수만 있게 하였다. 물론 조정을 하는 차량은 별도로 준비하여 놓고 있다. 테스터기를 많이 조작하여 보아야 하겠지만 일반 교육기관에서도 쉽게 접하지는 못하고 있는 실정이다. 사용 설명서를 보고 확실히 숙지하고 기회가 있을 때 실제로 만져보아야 하겠다. 아직도 일부 시험장에서는 포터블 게이지로 측정하는 곳도 있다.

1. 헤스본 휠 얼라인먼트 모습
2. 초기 화면 모습
3. 런 아웃 보정 전 모니터 모습

그 전에는 포터블 측정기를 이용한 측정을 많이 하였으나 요즘에는 휠 얼라인먼트를 이용하여 수검을 하고 있어서 가장 어려운 문제 중에 하나이다. 현장에서 전문점이 아니면 만져보기 힘든 테스터기이기 때문이다. 방법은 휠 얼라인먼트를 보유한 타 교육기관이나 전문점에서 공부하는 수밖에 없다.

동영상

## 1  답안지 작성법

### (1) 캠버가 크고 토가 바깥쪽으로 클 때

▶ 섀시 2. 휠 얼라인먼트 점검
자동차 번호 :

| 측정 항목 | ① 측정(또는 점검) | | ② 판정 및 정비(또는 조치)사항 | | 득점 |
|---|---|---|---|---|---|
| | 측정값 | 규정(정비한계)값 | 판정(□에 '✔'표) | 정비 및 조치할 사항 | |
| 캠버 | 1° | (−)0.25°±0.75° | □ 양 호<br>☑ 불 량 | 캠버 조정은 불가능하고 토우는 안쪽방향으로 조정<br>− 타이로드를 양쪽에서 3mm씩 조정 | |
| 토(toe) | 바깥쪽<br>6mm | 0 ± 3mm | | | |

1) **비번호** : 비번호는 공단직원이 주는 등번호를 수검자가 기록한다.
2) **감독위원 확인** : 감독위원 확인란은 감독위원이 채점한 후에 도장을 찍는 부분으로 수검자는 기록하지 않는다.
3) **① 측정(또는 점검)** : 측정값은 수검자가 측정한 캠버와 토(toe) 값을 기록하고, 규정(정비한계)값은 감독관이 주어진 값이나 또는 정비지침서를 보고 기록한다.(반드시 단위를 기록한다)
   - 측정값 : ・캠버 : 1°   ・토 : 바깥쪽 6mm
   - 규정(정비한계)값 : ・캠버 : (−)0.25°± 0.75°   ・토 : 0 ± 3mm
4) **② 판정 및 정비(또는 조치)사항** : 판정은 수검자가 측정한 값과 규정(정비한계) 값을 비교하여 범위 내에 있으면 양호, 벗어나면 불량에 ✔ 표시를 하며, 정비 및 조치할 사항 란에는 고장원인과 정비할 사항을 기록한다.
   - 판정 : ・양호 − 규정(정비한계)값 범위 내에 있을 때   ・불량 : 규정(정비한계)값을 벗어났을 때
   - 정비 및 조치할 사항 : 양호하면 정비 및 조치할 사항 없음으로, 불량일 경우 고장원인과 정비방법을 기록한다.
5) **득점** : 득점은 감독위원이 채점을 하고 점수를 기록하는 부분으로 수검자는 기록하지 않는다.
6) **자동차 번호** : 측정하는 자동차 번호를 수검자가 기록한다.

## (2) 캠버가 작고 토가 안쪽으로 클 때

▣ 섀시 2. 휠 얼라인먼트 점검
자동차 번호:

| 측정 항목 | ① 측정(또는 점검) | | ② 판정 및 정비(또는 조치)사항 | | 득점 |
|---|---|---|---|---|---|
| | 측정값 | 규정(정비한계)값 | 판정(□에 '✓' 표) | 정비 및 조치할 사항 | |
| 캠버 | -2° | (-)0.25°±0.75° | □ 양 호<br>☑ 불 량 | 캠버 조정은 불가능하고 토우는<br>안쪽방향으로 조정<br>- 타이로드를 양쪽에서 25mm씩 조정 | |
| 토(toe) | 안 5mm | 0 ± 3mm | | | |

■ 차종별 캠버, 토(toe) 규정값 - 현대

| 차종 | | 캠버 (도) | 토 (mm) | 차종 | | 캠버 (도) | 토 (mm) |
|---|---|---|---|---|---|---|---|
| 그랜저TG / XG | 전 | 0 ± 0.5 | 0 ± 2 | 아반떼 XD | 전 | 0 ± 0.5 | 0 ± 2 |
| | 후 | (-)0.5 ± 0.5 | 2 ± 2 | | 후 | 0.92 ± 0.5 | 1 ± 2 |
| 싼타페 | 전 | 0 ± 0.5 | (-)2 ± 2 | 아토즈 | 전 | 0.53 ± 0.5 | 2 ± 3 |
| | 후 | (-)0 ± 0.5 | 0 ± 2 | | 후 | 0 ± 0.5 | 0 ± 3 |
| 뉴그랜저 | 전 | 0 ± 0.5 | 0 ± 3 | 에쿠스 | 전 | 0 ± 0.5 | 0 ± 3 |
| | 후 | 0 ± 0.5 | 0-2+3 | | 후 | (-)0.5 ± 0.5 | 3 ± 2 |
| 다이너스티 | 전 | 0 ± 0.5 | 0 ± 3 | 엑센트 | 전 | 0 ± 0.5 | 0 ± 3 |
| | 후 | 0 ± 0.5 | 0 ± 2 | | 후 | (-)0.68 ± 0.5 | 5-1+3 |
| 라비타 | 전 | 0 ± 0.5 | 0 ± 2 | 클릭 | 전 | 0 ± 0.5 | 0 ± 2 |
| | 후 | (-)1 ± 0.5 | 1 ± 2 | | 후 | (-)1±0.5 | 2 ± 2 |
| 베르나 | 전 | 0.17 ± 0.5 | 0 ± 3 | 투스카니 | 전 | 0.22 ± 0.5 | 0 ± 2 |
| | 후 | (-) 0.68 ± 0.5 | 3 ± 2 | | 후 | (-)1.18 ± 0.5 | 1±2 |
| 스타렉스 | (2WD) | 0 ± 0.5 | (-)1 ± 2 | 트라제 XG | 전 | 0 ± 0.5 | 0 ± 3 |
| | (4WD) | (-)0.33 ± 0.5 | 0 ± 3 | | 후 | (-) 0.5 ± 0.5 | 3 ±3 |
| 싼타모(2WD) | 전 | 0.33 ± 0.5 | 0 ± 3 | 티뷰론 | 전 | 0 ± 0.5 | 0 ± 3 |
| | 후 | (-)0.5 ± 0.5 | 2-2+3 | | 후 | (-)0.7 ± 0.5 | 5 ± 2 |
| 싼타모(4WD) | 전 | 0.66 ± 0.5 | 0 ± 3 | EF 쏘나타/<br>NF 쏘나타 | 전 | 0 ± 0.5 | 0 ± 2 |
| | 후 | (-)0.5 ± 0.5 | 2-2+3 | | 후 | (-)0.5 ± 0.5 | 2 ± 2 |
| 아반떼 | 전 | (-)0.25 ± 0.75 | 0 ± 3 | NEW 싼타페 | 전 | (-)0.5 ± 0.5 | 0 ± 2 |
| | 후 | (-)0.83 ± 0.75 | 5-1+3 | | 후 | (-)1 ± 0.5 | 4 ± 2 |

■ 차종별 캠버, 토우 규정값 - 기아

| 차종 | 토우(mm) | 차종 | 토우(mm) | 차종 | 토우(mm) |
|---|---|---|---|---|---|
| 그랜드 카니발 | 0 ± 2 | 세라토 | 0 ± 2 | 옵티마 | (-)3 ± 3 |
| 뉴스포티지 | 0 ± 2 | 세레스 | 3 ± 3 | 옵티마리갈 | 0 ± 2 |
| 뉴프라이드 | (-)1 ± 1 | 세피아 | 3.6 ± 3.8 | 옵티마리갈(ECS) | 0 ± 3 |
| 레토나 | (-)0.2 ± 3 | 크레도스 | 3 ± 3 | 카니발 | (-)0.9 ± 2.5 |
| 록스타 | 3 ± 3 | 타우너 | 5.5 ± 1.5 | 카렌스 | (-)1 ± 3 |
| 록스타II(수) | 1 ± 1 | 토픽 | 5 ± 2 | 카렌스II | 0 ± 2 |
| 록스타II(파) | 1 ± 1 | 포텐샤 | 4 ± 3 | 카스타 | 0 ± 3 |
| 리오 | 3 ± 3 | 세피아II | (-)1 ± 3 | 캐피탈 | 3 ± 3 |
| 모닝 | 0 ± 2 | 세피아II&슈마 | (-)1 ± 3 | 콤비 | 3 ± 2 |
| 베스타,파워봉고 | 0 ± 3 | 스펙트라 | 0 ± 3 | 콩코드 | 3.4 ± 3.4 |
| 복서 | 3 ± 3 | 스포티지 | 2.5 ± 2.5 | 프레지오 | 2.5 ± 2.5 |
| 봉고 | 0 ± 3 | 쏘렌토 | 2.6 ± 2.5 | 프라이드 | 3.5 ± 3 |
| 봉고III | 0 ± 2.5 | 아벨라 | 3.5 ± 3 | 프론티어(2WD) | 0.6 ± 0.6 |
| 봉고III 1TON | 6 ± 2 | 엔터프라이즈 | 2.5 ± 2 | 프론티어(4WD) | 0 ± 3 |
| 봉고III1TON(4WD) | 0 ± 3 | 엘란 | 0 ± 3 | | |
| 비스토 | 2.5 ± 2 | 오피러스 | 0 ± 2 | | |

## 2 관계 지식

### (1) 토(toe)의 조정
① 타이 로드 길이를 늘일 때 : 토 인으로 된다.
② 타이 로드 길이를 줄일 때 : 토 아웃으로 된다.

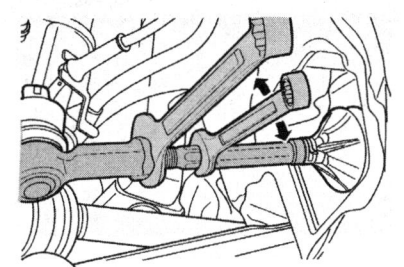
▲앞 토인 조정

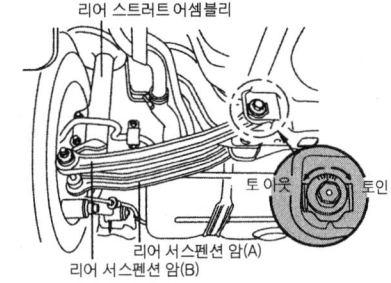
▲뒤 토인 조정

### (2) 휠 얼라인먼트를 이용한 측정법

**01 휠 클램프에 센서 헤드 설치 모습**

휠 클램프를 설치하고 센서 헤드를 설치한다. 시험장에서는 설치되어 있다.(헤드를 떨어트릴까봐 설치하여 놓았다.)

**02 초기 화면 모습**

① F1 : 작업을 시작한다.
② F2 : 작업을 종료하고 PC 전원을 OFF로 한다.

**03 작업 화면**

① F1 : 작업을 시작한다.
② F2 : 현재까지 작업한 데이터를 검색한다.
③ F3 : 환경 설정 화면으로 이동한다.
④ F4 : 초기 화면으로 이동한다.

**04 차량 선택 화면**

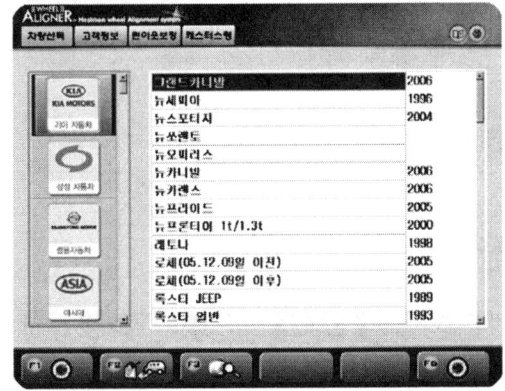

제조회사의 차량 모델을 선택한다. (수입차의 경우 영문 단축키로 이동 가능하다. BMW 경우 B를 누르면 이동함)
① F2 : 제원을 확인 한다.
② F2 : 고객 자료를 검색한다.

**05 고객 정보 화면**

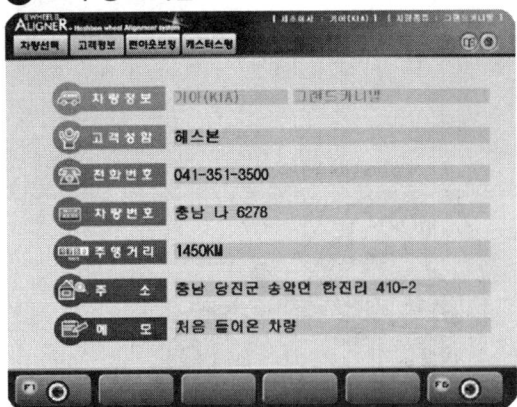

고객에 대한 정보를 입력하고 진행 한다. 제조사, 차량명, 고객명, 고객 전화번호, 차량번호, 주행거리, 주소 등을 입력한다.

**06 런아웃 보정 화면**

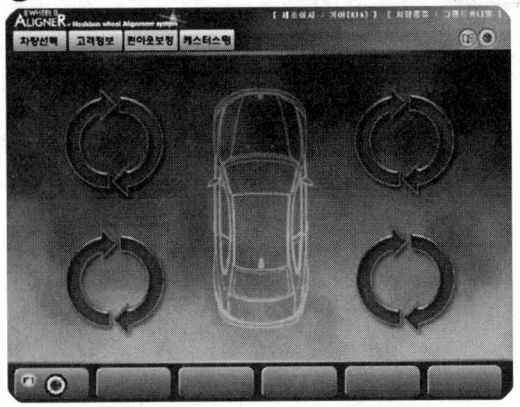

잭 리프트를 상승 시켜 휠을 180도 돌려서 센서의 "OK" 버튼을 누른다. 180도 런 아웃이 완료되면 적색 화살표가 녹색으로, 360도 런 아웃이 완료되면 해당 휠이 녹색으로 변한다.

**07 캐스터 스윙 준비작업**

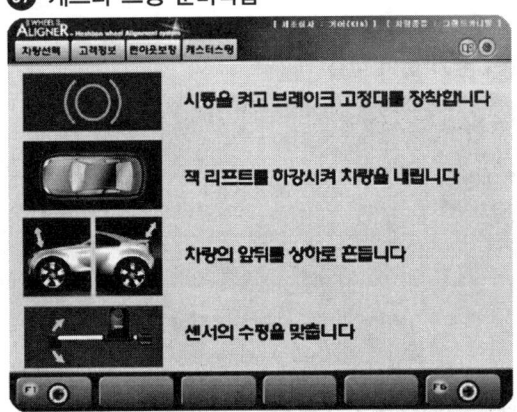

캐스터 스윙을 하기 위해서는 화면에 설명과 같이 작업을 진행한 후 다음(F6)을 누른다.

**08 캐스터 스윙-직진 조향 화면**

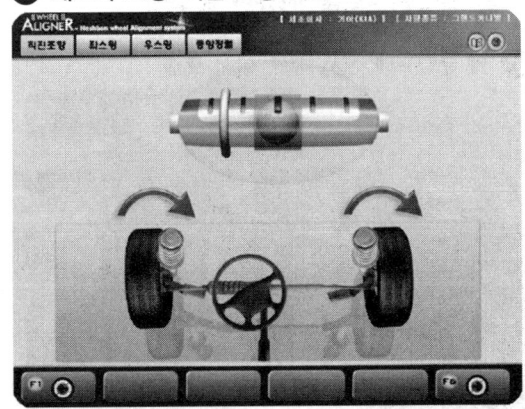

캐스터 스윙을 누르면 직진 조향, 좌 스윙, 우 스윙, 중앙정렬이 나오면 화면과 같이 직진 조향을 진행한다.

**09 측정 결과 화면**

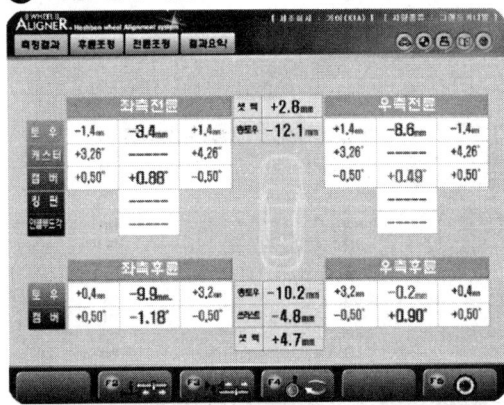

캐스터 스윙이 끝나면 측정결과 화면이 나타난다.
① F2 : 후륜 조정 할 때 누른다.
② F3 : 전륜 조정 할 때 누른다.
③ F4 : 캐스터를 재측정 할 때 누른다.

**10 후륜 조정 화면**

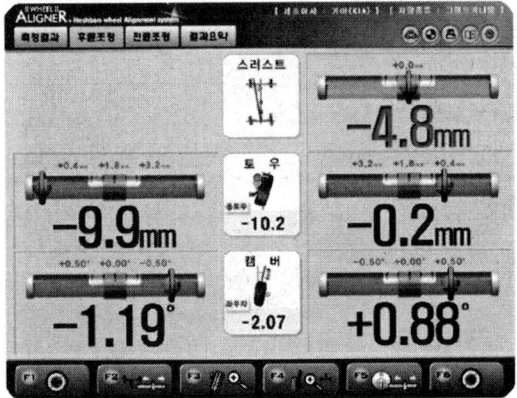

① F2 : 전륜 조정 할 때 누른다.
② F3 : 후륜 토우 조정 할 때 누른다.
③ F4 : 전륜 토우 확대 할 때 누른다.
④ F5 : 올림 조정 할 때 누른다.

## ⑪ 전륜 조정 준비 화면

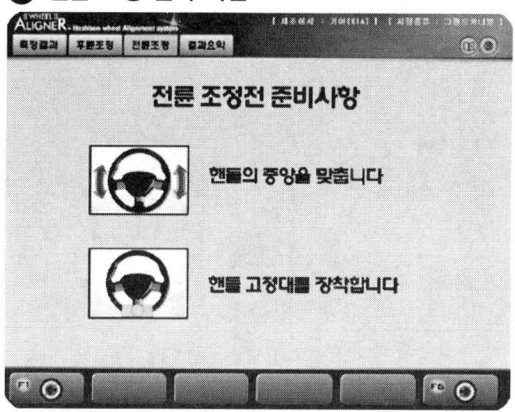

전륜 조정을 준비한다. 화면에 지시된 내용과 같이 " 핸들의 중앙을 맞춥니다", "핸들 고정대를 장착합니다"를 실시하고 전륜 조정 준비를 한다. 측정 중에 이동을 하면서 센서를 건드린다든가 리프트를 친다든가 하면 처음부터 다시 할 수 있다.

## ⑫ 전륜 조정 화면

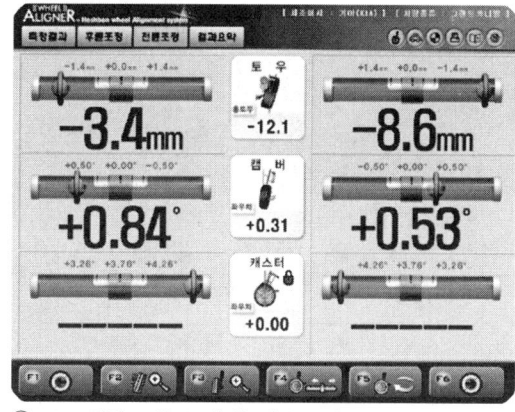

① F2 : 전륜 토우 조정 할 때 누른다.
② F3 : 전륜 캠버 조정 할 때 누른다.
③ F4 : 캐스터 조정 할 때 누른다.
④ F5 : 캐스터 재 측정 할 때 누른다.

## ⑬ 결과 요약 화면

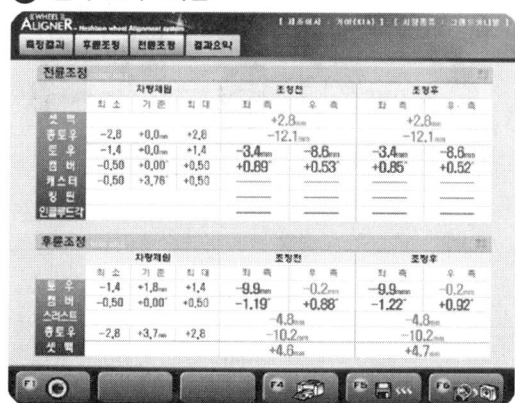

조정 결과를 보고 작업 데이터를 저장, 프린트 한다.
① F4 : 조정 결과를 인쇄한다.
② F5 : 작업 데이터를 저장하고 종료한다.
③ F6 : 작업 데이터를 저장하지 않고 종료 한다.

## ⑭ 스포일러 기능 화면

튜닝 차량이나 수입 차량의 범퍼에 의해서 토우의 빛이 가려졌을 때 이용할 수 있는 기능이다. 운전석을 기울인 후 "MENU"버튼을 누른다. (이때 보조석 전자수평이 바뀐다) 보조석의 기울기를 다시 맞추고 작업이 끝나면 다음을 누른다.

## ⑮ 에러 화면- 수평 에러 화면

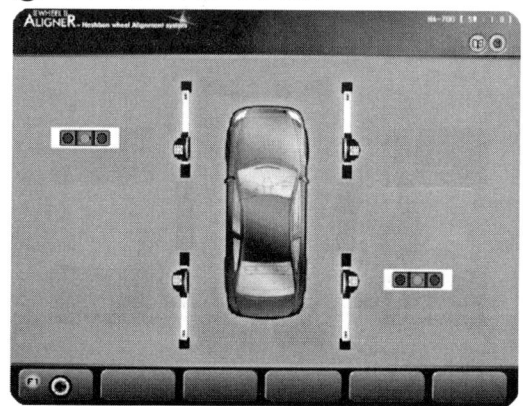

직진 조향에서 다음과 같은 화면이 나타나면, 이것은 수평이 맞지 않은 상태이므로 해당 센서의 수평을 맞춰준다.
그림에서 보는바와 같이 전륜 좌측과 후륜 우측 바퀴의 수평이 맞지 않았음을 나타낸다.

## ⑯ 에러 화면- 빛 가림 에러 화면

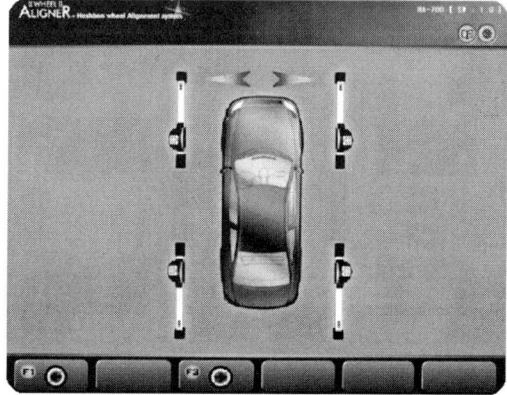

위와 같이 에러가 나오면 해당 센서의 빛이 가려진 상황, 만약 장애물이 없는데도 에러 메시지가 뜬다면 폭이 기준보다 긴 차량에서 센서를 장착할 경우이다. 이때 2~3초 기다리면 광량을 증가시켜 제거된다.

**⑰ 에러 화면- 통신 에러 화면**

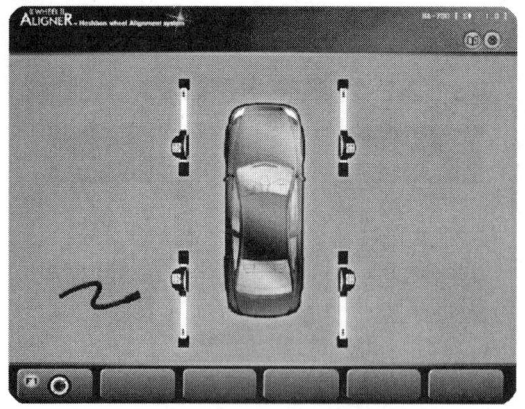

위와 같은 에러가 나오면 센서와 PC간의 통신에 문제가 있는 상황이다. 해당 센서의 전원 케이블 연결 상태를 확인한다.

**⑱ 에러 화면- 수평 에러 화면**

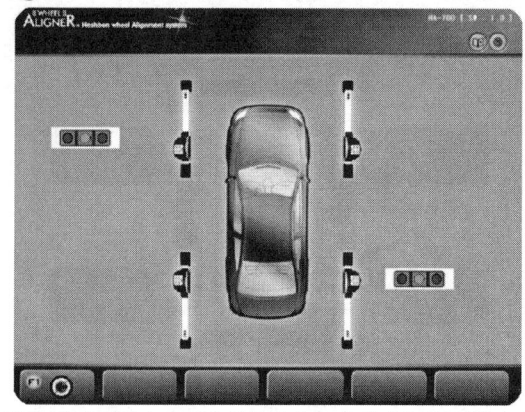

위와 같은 에러가 나오면 센서의 수평이 맞지 않은 상황이다. 해당 센서의 수평상태를 확인한다.

**⑲ 에러 화면- 배터리 부조 에러 화면**

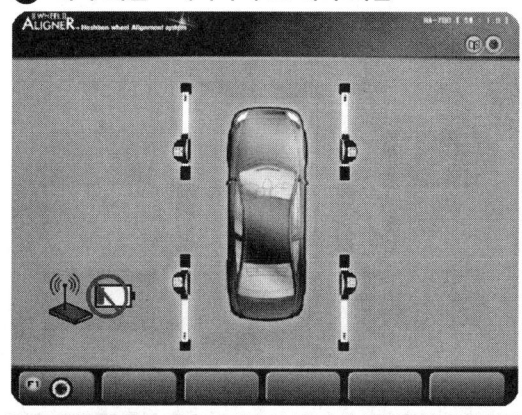

위와 같은 에러가 나오면 센서의 배터리가 부족한 상황이다. 배터리를 충전한 후에 사용한다.

**⑳ 휠 클램프**

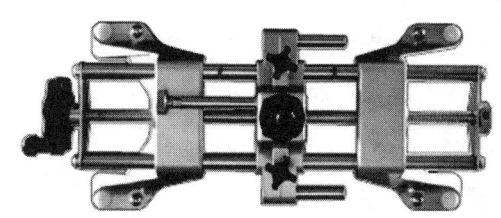

센서 헤드를 바퀴에 설치하기 위한 부품으로 10인치부터 21인치까지 휠에 부착할 수 있으며, 움직이는 후크가 달려 있다.

**㉑ 센서 헤드**

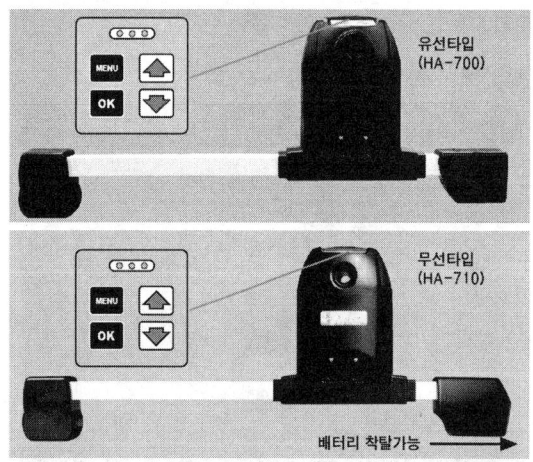

바퀴에 부착되어서 차륜정렬을 감지한다. 중앙에 있는 녹색 LED는 센서가 수평상태에 있는 것을 나타내며, 주위에 있는 적색의 LED는 센서가 기울어져 있음을 나타낸다.

**㉒ 턴 테이블**

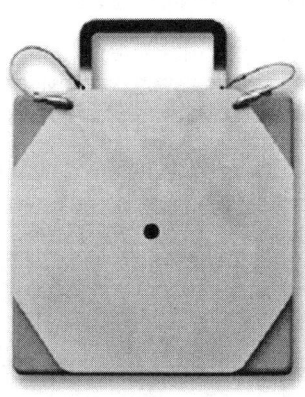

바퀴의 회전상태를 점검하고 리프트 위에서 자동차가 주행할 때와 같은 조건을 만들어 준다. 1,000kg의 하중까지 견딜 수 있다.

### ㉓ 브레이크 고정대

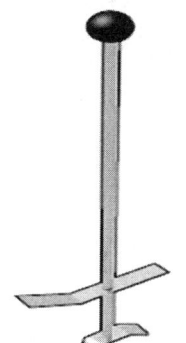

브레이크 페달을 고정하기 위한 장치이다. 런 아웃 완료 후 브레이크를 고정한다.

### ㉔ 핸들 고정대

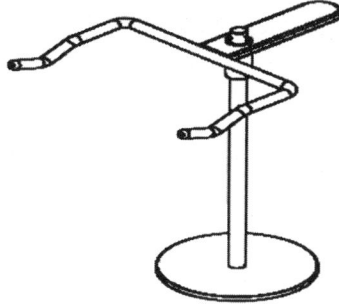

핸들을 원하는 위치에 고정하기 위하여 사용하는 장치로 측정 중에 핸들이 움직일 경우 에러가 날수 있다.

### ㉕ 배터리 충전기(무선형)

무선형에서 사용하는 것으로 헤드의 전원을 공급하여 주는 역할을 하며, 배터리를 분리하여 충전한다.

## 섀시 4    제동력 측정

3항 작업 자동차에서 감독위원의 지시에 따라 전(앞) 또는 후(뒤) 제동력을 측정하여 기록표에 기록하시오.

### 시험장에서는

제동력 테스터기는 구형인 지침식을 보유하고 있는 시험장과 신형인 ABS COMBI를 보유하고 있는 곳이 있으나 수검자는 어느 것이나 측정할 수 있는 능력을 보유하여야 한다. 보유하고 있는 테스터기로 측정법을 숙지하는 것은 물론 다른 테스터기의 사용법도 책 등을 이용하여 습득하여야 한다. 감독관으로부터 답안지를 받고 제동력 테스터기 앞에 서면 보조원이 기다리고 있다. 보조원은 대부분 그곳의 학생으로 자격증 취득자이거나 테스터기를 능수능란하게 다룰 수 있는 학생이다. 보조원은 운전석에 앉아서 수검자가 지시를 내려 주기만을 기다리고 있다. 수검자는 테스터기를 세팅하고 보조원에게 차량을 진입하도록 지시하고 리프트를 하강시키면 롤러가 회전한다. 보조원에게 "브레이크 밟으세요."하고 지침이 최대로 올랐을 때 푸시 버튼을 눌러 눈금을 읽는다. 주어진 축중과 좌우 측정값을 기록하고 리프트를 올린 후 계산하여 답안지를 작성하여 제출한다.

1. ABS COMBI 컨트롤 박스 모습

ABS COMBI 컨트롤 박스이며, 자동 모드가 아닌 수동 모드로 대부분 측정을 한다. 그래야 산술식을 기록하고 판정할 수 있다.

2. 측정기가 설치된 실습장 모습

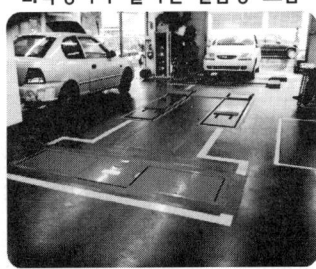

시험 준비가 완료된 모습이다. 깨끗하게 청소가 되어 있고 주변에 정돈된 모습이 청량한 마음을 준다.

3. 측정기 답판 위에 진입한 모습

측정 버튼을 누르면 답판이 아래로 내려가고 롤러가 회전한다. 이때 "밟으세요"라고 보조원에게 주문한다.

## 1 답안지 작성법

### (1) 제동력 합과 편차가 불량일 때

▶ 섀시 4. 제동력 점검
자동차 번호 :

| 비 번호 | | 감독위원 확인 | |
|---|---|---|---|

| 위치 | ① 측정(또는 점검) | | | ② 판정 및 정비(또는 조치)사항 | | 판정 (□에 '✔'표) | 득점 |
| | 구분 | 측정값 | 기준값 (□에 '✔'표) | | 산출근거 | | |
|---|---|---|---|---|---|---|---|
| 제동력 위치 (□에 '✔'표) □ 앞 ☑ 뒤 | 좌 | 60kg | □ 앞 ☑ 뒤 축중의 | 편차 | 편차 $= \dfrac{60-10}{368} \times 100 = 13.6\%$ | □ 양 호 ☑ 불 량 | |
| | 우 | 10kg | 제동력 편차   8% 이하<br>제동력 합   20% 이상 | 합 | 합 $= \dfrac{60+10}{368} \times 100 = 19.0\%$ | | |

※ 측정 위치는 감독위원이 지정하는 위치에 □에 '✔'표시합니다.
※ 자동차 검사기준 및 방법에 의하여 기록 판정합니다.
※ 측정값의 단위는 시험장비 기준으로 작성합니다.
※ 산출근거에는 단위를 기록하지 않아도 됩니다.

1) **비번호** : 비번호는 공단직원이 주는 등번호를 수검자가 기록한다.
2) **감독위원 확인** : 감독위원 확인란은 감독위원이 채점한 후에 도장을 찍는 부분으로 수검자는 기록하지 않는다.
3) **위치** : 위치는 감독위원이 지정하는 곳에 ✔ 표시를 한다.
4) **측정값** : 측정값 란은 수검자가 측정한 제동력을 값을 기록한다.
   - 좌 : 60kg
   - 우 : 10kg
5) **기준값** : 기준값은 기준이 되는 축에 ✔ 표시를 하고 검사 기준값을 기록한다.
   - 뒤 : ☑
   - 편차 : 8% 이하
   - 제동력 합 : 20% 이상
6) **산출 근거** : 계산공식에 넣어서 산출하는 계산식을 기입한다.

   ※ 계산법 : 
   - 좌,우제동력의 편차 $= \dfrac{\text{좌,우제동력의 합}}{\text{해당 축중}} \times 100 = \dfrac{60-10}{368} \times 100 = 13.6\%$
   - 좌,우제동력의 합 $= \dfrac{\text{좌,우제동력의 편차}}{\text{해당 축중}} \times 100 = \dfrac{60+10}{368} \times 100 = 19.0\%$
   - 축중은 MORNING 1.0 가솔린 공차중량(920)의 40%(368kg)으로 계산함.

7) **판정** : 판정은 측정한 값과 검사기준 값을 비교하여 범위 안에 들면 양호에, 범위를 벗어나면 불량에 ✔ 표시를 한다.
   - 양호 : 측정한 값이 검사기준 값(제동력 합 20% 이상, 편차 8% 이하)의 범위에 있을 때
   - 불량 : 측정한 값이 검사기준 값(제동력 합 20% 이상, 편차 8% 이하)의 범위를 벗어났을 때
8) **득점** : 득점은 감독위원이 채점을 하고 점수를 기록하는 부분으로 수검자는 기록하지 않는다.
9) **자동차 번호** : 측정하는 자동차 번호를 수검자가 기록한다.

■ 기아 차종별 중량 기준값

| 항목 \ 차종 | MORNING(2016) | | | SOUL(2016) | |
|---|---|---|---|---|---|
| | 1.0 가솔린 밴 | 1.0 가솔린 | 1.0 가솔린 터보 | 1.6 가솔린 | 1.6 디젤 에코 |
| 엔진형식-연료 | I3-가솔린 | I3-가솔린 | I3-가솔린 터보 | I4-가솔린 | I4-디젤 싱글터보 |
| 배기량(CC) | 998 | 998 | 998 | 1,591 | 1,582 |
| 공차중량(kg) | 920~940 | 925~945 | 975 | 1,264~1,298 | 1,395~1,425 |
| 최대 출력(HP) | 78 | 78 | 106 | 132 | 136 |
| 최대 토크(kg.m) | 9.6 | 9.6 | 14.0 | 16.4 | 30.6 |
| 연비(km/L) M/T | 16.2 | 16.2 | CVT 14.0 | 11.5 | 18.2 |
| 연비(km/L) A/T | 15.2 | 15.2 | – | 11.5~11.6 | 15.0~15.8 |
| 축거(mm) | 2,385 | 2,385 | 2,385 | 2,570 | 2,570 |
| 전륜 제동장치 | 디스크 | 디스크 | 디스크 | V디스크 | V디스크 |
| 후륜 제동장치 | 디스크 | 디스크 | 디스크 | 디스크 | 디스크 |

## (2) 제동력 합은 정상이나 편차가 불량일 때

■ 섀시 4. 제동력 점검
자동차 번호 :

| 비 번호 | | 감독위원 확인 | |
|---|---|---|---|

| ① 측정(또는 점검) | | | | ② 판정 및 정비(또는 조치)사항 | | 득점 |
|---|---|---|---|---|---|---|
| 위 치 | 구분 | 측정값 | 기준값 (□에 '✔'표) | 산출근거 | 판정 (□에 '✔'표) | |
| 제동력 위치 (□에 '✔'표) □ 앞 ☑ 뒤 | 좌 | 170kg | □ 앞  ☑ 뒤  축중의 / 제동력 편차 8% 이하 / 제동력 합 20% 이상 | 편차 $= \dfrac{170-120}{368} \times 100 = 13.6\%$  합 $= \dfrac{170+120}{368} \times 100 = 78.8\%$ | □ 양 호 ☑ 불 량 | |
| | 우 | 120kg | | | | |

※ 측정 위치는 감독위원이 지정하는 위치에 □에 '✔' 표시합니다.
※ 자동차 검사기준 및 방법에 의하여 기록 판정합니다.
※ 측정값의 단위는 시험장비 기준으로 작성합니다.
※ 산출근거에는 단위를 기록하지 않아도 됩니다.

## (3) 제동력 합과 편차가 양호할 때

▶ 섀시 4. 제동력 점검
자동차 번호 :

| 위치 | 구분 | 측정값 | 기준값 (□에 '✔'표) | | 산출근거 | | 판정 (□에 '✔'표) | 득점 |
|---|---|---|---|---|---|---|---|---|
| | | | | | ② 판정 및 정비(또는 조치)사항 | | | |
| | | | ① 측정(또는 점검) | | | 비 번호 | 감독위원 확 인 | |
| 제동력 위치 (□에 '✔'표) □ 앞 ☑ 뒤 | 좌 | 120kg | □ 앞 ☑ 뒤 | 축중의 | 편차 | 편차 $= \dfrac{120-100}{368} \times 100 = 5.4\%$ | ☑ 양 호 □ 불 량 | |
| | 우 | 100kg | 제동력 편차 | 8% 이하 | 합 | 합 $= \dfrac{120+100}{368} \times 100 = 59.8\%$ | | |
| | | | 제동력 합 | 20% 이상 | | | | |

※ 측정 위치는 감독위원이 지정하는 위치에 □에 '✔' 표시합니다.
※ 자동차 검사기준 및 방법에 의하여 기록 판정합니다.
※ 측정값의 단위는 시험장비 기준으로 작성합니다.
※ 산출근거에는 단위를 기록하지 않아도 됩니다.

## 2 관계 지식

### (1) 제동력 산출공식

① 뒷바퀴 제동력의 총합 $= \dfrac{\text{뒤, 좌·우 제동력의 합}}{\text{뒤축중}} \times 100 = 20\%$ 이상 되어야 합격

② 좌우 제동력의 편차 $= \dfrac{\text{큰쪽 제동력} - \text{작은쪽 제동력}}{\text{당해 축중}} \times 100 = 8\%$ 이내면 합격

### (2) 자동차 검사장에서의 측정 모습(서울 문래 자동차 검사소 제공)

1. 앞바퀴 답판 위에 진입 리프트 하강한다.

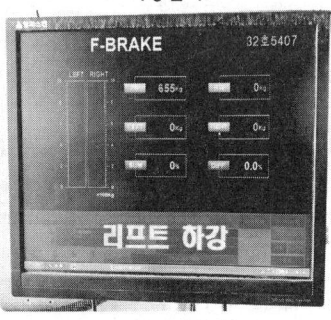

2. 자동 축중을 측정하고 브레이크 페달 놓는다.

3. 브레이크를 페달을 밟는다.

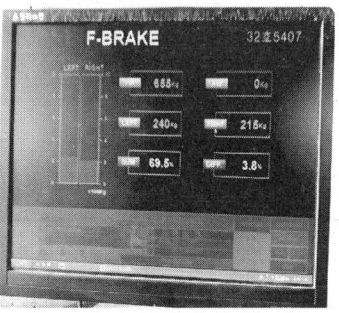

4. 제동력을 측정하고 리프트를 상승 시킨다.

5. 속도계 시험을 위하여 측정기 답판 위에 진입한다.

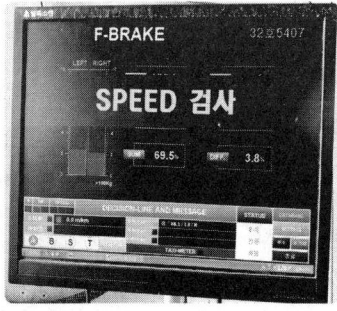

6. 속도계 측정 준비한다.

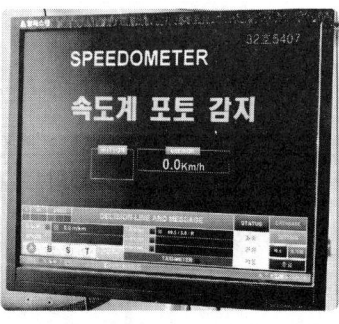

7. 리프트가 하강한다.

8. 측정이 완료 되었다.

9. 속도를 줄인다.

10. 뒷바퀴 제동력을 점검한다.

11. 뒤 차축을 감지한다.

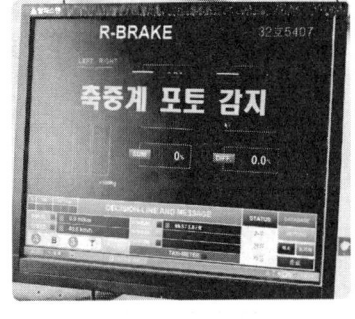

12. 뒤 차축 축중을 감지한다.

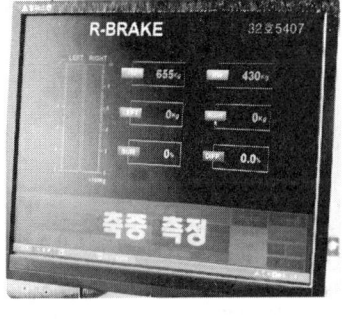

13. 브레이크 페달을 놓는다.

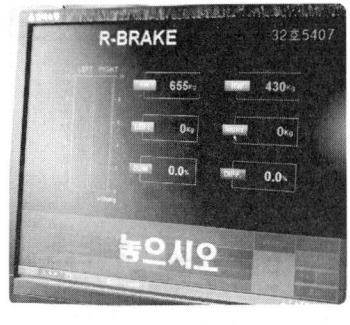

14. 브레이크 페달을 밟는다.

15. 뒷바퀴 제동력 측정 완료.

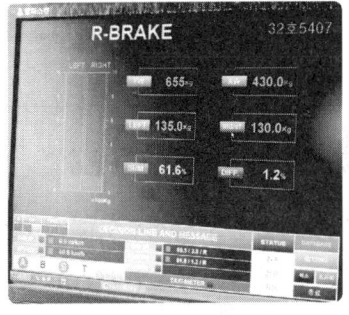

16. 주차 브레이크 측정

17. 주차 브레이크 측정 완료

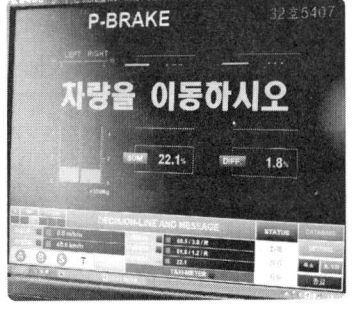

18. 제동력, 사이드슬립, 속도계를 측정한 데이터화면

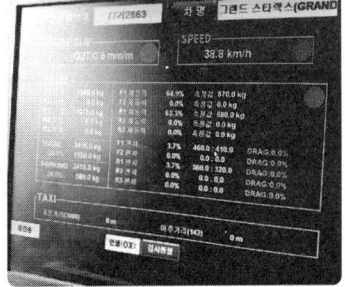

## 섀시 5 · 자동 변속기 자기진단

### 3안 산업기사

주어진 자동차의 자동 변속기에서 자기진단기(스캐너)를 이용하여 각종 센서 및 시스템 작동 상태를 점검하고 기록표에 기록하시오.

### 시험장에서는

감독위원으로부터 답안지를 받은 후 측정용 차량에 진단기(스캐너)를 설치하고 점검을 한다. 물론 테스터기는 여러 가지가 있으며 시험장이나 시험위원의 의지에 따라 선택될 수가 있다. 그러나 수검자는 어떤 것을 사용해도 측정할 수 있는 능력을 책을 봐서라도 알아야 한다. 만약 이 테스터기는 "처음 보는 것인데요?" 하는 수검자가 있는데 합격권하고는 멀어지는 것이 아닌가 싶다.

1. EF 소나타 시뮬레이터 모습
2. EF 소나타 시뮬레이터 모습
3. 아반떼 시뮬레이터 모습

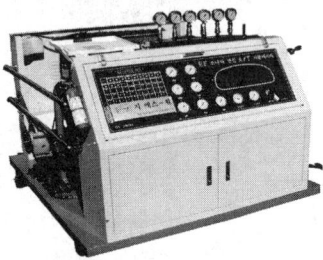
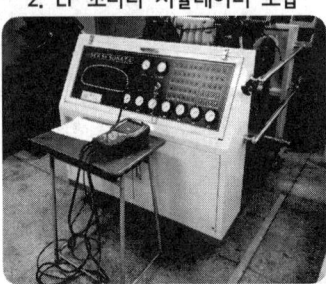
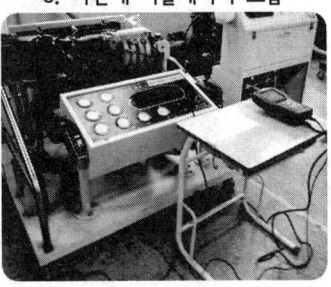

시뮬레이터가 제작사마다 조금씩 차이는 있겠지만 자기진단 터미널이 전면부 패널에 설치되어 있다. 실차에서 직접 하는 경우도 있지만 대부분의 시험장에서는 시뮬레이터를 이용한다. 이유는 고장을 내서 자기 진단시에 뛰우기 위해서는 시뮬레이터가 편리하다.

## 1. 답안지 작성법

동영상

### (1) 압력조절 솔레노이드 밸브(PCSV) 커넥터가 탈거일 때

▶ 섀시 5. 자동변속기 점검
작업대 번호 :

| 점검 항목 | ① 측정(또는 점검) | | ② 판정 및 정비(또는 조치)사항 | 득 점 |
|---|---|---|---|---|
| | 고장부분 | 내용 및 상태 | 정비 및 조치할 사항 | |
| 변속기 자기진단 | 압력 조절 솔레노이드 밸브(PCSV-A) | 커넥터 탈거 | 커넥터 연결, 과거 기억 소거 후 재점검 | |

비번호 : 　　　감독위원 확인 : 

1) **비번호** : 비번호는 공단직원이 주는 등번호를 수검자가 기록한다.
2) **감독위원 확인** : 감독위원 확인란은 감독위원이 채점한 후에 도장을 찍는 부분으로 수검자는 기록하지 않는다.
3) **① 측정(또는 점검)** : 고장부분 란에는 수검자가 스캐너의 자기진단 화면 창에 나타난 이상 부위를 기록하고, 내용 및 상태 란에는 수검자가 점검한 이상 부위의 고장 내용 및 상태를 기록한다.
  • 고장 부분 : 압력 조절 솔레노이드 밸브(PCSV)
  • 내용 및 상태 : 커넥터 탈거
4) **② 판정 및 정비(또는 조치)사항** : 양호한 경우 정비 및 조치할 사항 없음으로, 불량일 경우 고장원인과 정비방법을 기록한다.
  • 정비 및 조치할 사항 : 커넥터 연결, 과거 기억소거 후 재점검
5) **득점** : 득점은 시험위원이 채점을 하고 점수를 기록하는 부분으로 수검자는 기록하지 않는다.
6) **작업대 번호** : 측정하는 작업대 번호를 수검자가 기록한다.

## (2) 입력축 속도 센서가 불량일 때

▶ 섀시 5. 자동변속기 점검
작업대 번호 :

| 점검 항목 | ① 측정(또는 점검) | | ② 판정 및 정비(또는 조치)사항 | 득 점 |
|---|---|---|---|---|
| | 고장부분 | 내용 및 상태 | 정비 및 조치할 사항 | |
| 변속기 자기진단 | PG – A 단선/ 단락 | PG – A 단선 | PG – A 교환, 과거 기억 소거 후 재점검. | |

비번호 / 감독위원 확인

## (3) 시프트 컨트롤 솔레노이드 밸브가 불량일 때)

▶ 섀시 5. 자동변속기 점검
작업대 번호 :

| 점검 항목 | ① 측정(또는 점검) | | ② 판정 및 정비(또는 조치)사항 | 득 점 |
|---|---|---|---|---|
| | 고장부분 | 내용 및 상태 | 정비 및 조치할 사항 | |
| 변속기 자기진단 | SCSV – C | SCSV – C 단선 | SCSV – C 선 연결, 과거 기억 소거 후 재점검 | |

비번호 / 감독위원 확인

## 2 관계 지식

### (1) 스캐너로 자기진단 흐름도

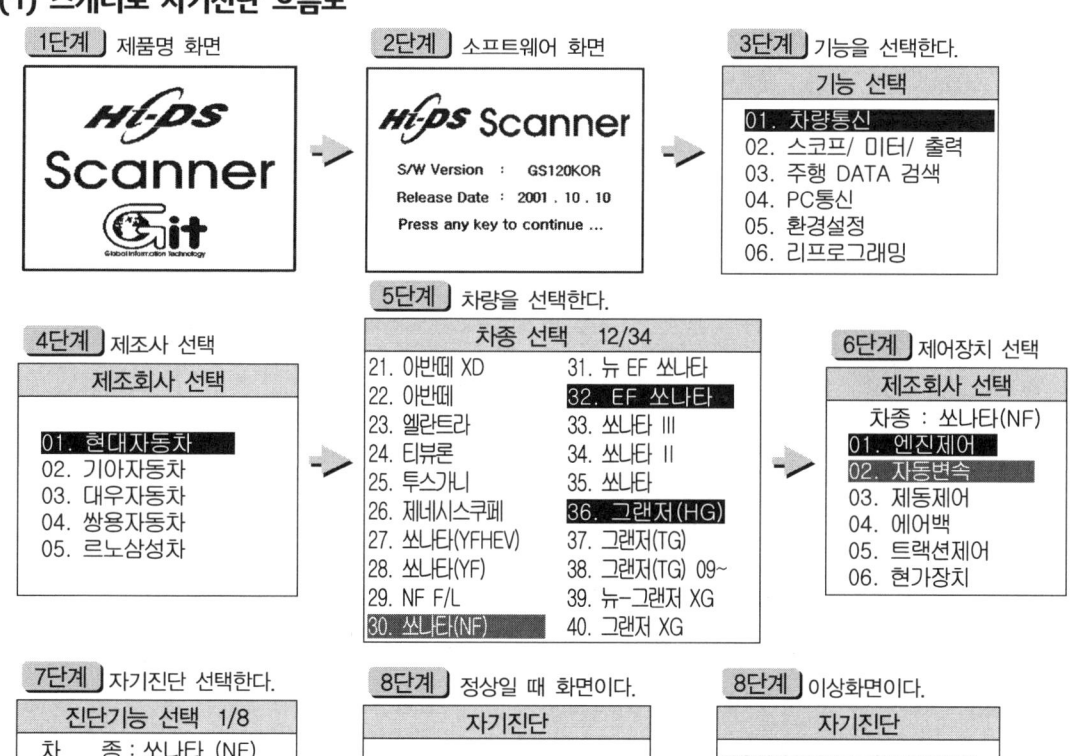

## (2) 자기진단 점검 시 고장을 내기 쉬운 부품과 기능

| 명칭 | 기능 |
| --- | --- |
| 입력 속도 센서 | 입력축 회전수(Turbine rpm)를 OD/RVS 리테이너 부에서 검출 |
| 출력 속도 센서 | 출력축 회전수(T/F Drive Gear rpm)를 T/F 드라이브 기어부에서 검출 |
| 엔진 회전속도 | 엔진 회전수를 ECM에서 CAN 통신을 통해 받는다. |
| 유온 센서 | 자동변속기 오일의 온도를 서미스터로 검출한다. |
| 인히비터 스위치 | 선택 레버의 위치를 접점식 스위치로 검출한다. |
| ON/OFF 솔레노이드 밸브(SCSV-A) | 변속 제어를 위해서 유로를 제어하는 밸브 |
| VFS 솔레노이드 밸브 | 전 스로틀 및 전 변속 단에서 라인 압력을 4.5~10.5bar까지 가변시킨다. |
| PCSV-A(SCSV-B) | 변속 제어를 위해서 OD 또는 L/R 유압을 제어하는 밸브 |
| PCSV-B(SCSV-C) | 변속 제어를 위해서 2/B 또는 REV 유압을 제어하는 밸브 |
| PCSV-B(SCSV-D) | 변속 제어를 위해서 UD 유압을 제어하는 밸브 |
| PCSV-D(DCC) | 댐퍼 클러치 제어를 위한 댐퍼 클러치 제어 밸브로의 유압을 조절 |
| 클러스터 | 현재의 변속 레버의 위치와 차량 속도를 보냄 |

## 전기 1. 시동모터 전압 강하, 전류 소모 점검

주어진 자동차에서 시동모터를 탈거한 후(감독위원에게 확인), 다시 부착하여 작동상태를 확인하고 크랭킹 시 전류 소모 및 전압 강하 시험을 하여 기록표에 기록하시오.

### 시험장에서는

감독관이 수검자의 비번호를 부른 후 답안지를 주며 크랭킹 부하시험을 몇 번 차량에서 측정하라고 지시할 것이다. 측정용 차량에는 전압계와 전류계가 준비되어 있다. 요즘에는 훅 미터와 엔진 종합 테스터기인 Hi-DS를 많이 사용하고 있다. 테스터를 설치하고 크랭킹을 하면서 계기 값을 읽는다. 이때 크랭킹은 시험장의 보조원이 할 것이며, 수검자는 보조원에게 "크랭킹을 해 주세요" 하고 측정이 끝나면 "됐습니다." 하여 정지토록 한다. 그리고 답안지를 작성하여 감독관에게 제출한다.

**1. 측정 준비된 시험장 모습**

시험장의 여건에 따라 준비가 다르지만 이곳은 Hi-DS로 준비한 상태이다. 처음 보면 테스트 리드를 연결해야 하는 경우도 있다.

**2. 프로브 B 단자에 클램핑 모습**

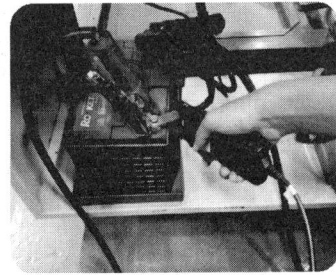

대전류 프로브를 시동 모터 B 단자로 들어가는 케이블에 프로브 화살표 방향이 전류의 흐름 방향으로 걸어서 측정한다.

**3. 측정값**

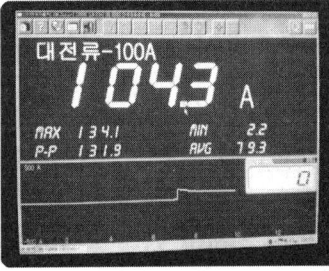

대전류 프로브를 시동모터 B 단자 케이블에 걸어서(화살표 방향이 전류의 흐름 방향) 측정하면 화면에 측정값이 나온다.

## 1  답안지 작성법

### (1) 크랭킹 전류 소모가 규정값 보다 작고, 전압 강하가 클 때

▶ 전기 1. 시동 모터 점검
자동차 번호 :

| 측정 항목 | ① 측정(또는 점검) | | ② 판정 및 정비(또는 조치)사항 | | 득점 |
| --- | --- | --- | --- | --- | --- |
| | 측정값 | 규정(정비한계)값 | 판정 (□에 '✔' 표) | 정비 및 조치할 사항 | |
| 전압 강하 | 6.4V | 축전지 전압(12V)의 20% 이하(9.6V 이상) | □ 양 호<br>☑ 불 량 | 축전지 불량<br>- 축전지 교환 | |
| 전류 소모 | 30A | 전류소모 규정값 산출근거 기록<br>축전지 용량의 3배<br>(50A×3=150A) 이하 | | | |

비번호 / 감독위원 확인

1) **비번호** : 비번호는 공단직원이 주는 등번호를 수검자가 기록한다.
2) **감독위원 확인** : 감독위원 확인란은 감독위원이 채점한 후에 도장을 찍는 부분으로 수검자는 기록하지 않는다.
3) **① 측정(또는 점검)** : 측정값은 수검자가 측정한 전압 강하, 전류 소모 값을 기록하고, 규정(정비한계)값은 일반적인 규정값을 기록한다.
   - 측정값 : ㆍ전압 강하 - 6.4V,  ㆍ전류 소모 - 30A
   - 규정(정비한계)값 : ㆍ전압 강하 - 축전지 전압(12V)의 20% 이하(9.6V 이상)
                         ㆍ전류 소모 - 축전지 용량의 3배(50A×3=150A) 이하
4) **② 판정** : 판정은 수검자가 측정한 값과 규정(정비한계)값을 비교하여 범위 내에 있으면 양호, 벗어나면 불량에 ✔표시를 하며, 정비 및 조치할 사항은 고장 원인과 정비할 사항을 기록한다.

- 판정 : · 양호 - 규정(정비한계)값의 범위에 있을 때  · 불량 - 규정(정비한계)값을 벗어났을 때
- 정비 및 조치할 사항 : 양호하면 정비 및 조치할 사항 없음으로, 불량일 경우 고장원인 정비방법을 기록한다.

■ 일반적인 규정값

| 항 목 | 전압강하(V) | 소모전류(A) |
|---|---|---|
| 일반적인 규정값 | 축전지 전압(12V)의 20%까지 | 축전지 용량의 3배 이하 |
| 예(12V -50AH) | 9.6V 이상 | 150A 이하 |

5) **득점** : 득점은 감독위원이 채점을 하고 점수를 기록하는 부분으로 수검자는 기록하지 않는다.
6) **자동차 번호** : 측정하는 자동차의 번호를 수검자가 기록한다.

## (2) 크랭킹 전류 소모가 규정값 보다 크고, 전압 강하가 클 때

▶ 전기 1. 시동 모터 점검
자동차 번호 :

| 측정 항목 | ① 측정(또는 점검) | | ② 판정 및 정비(또는 조치)사항 | | 득점 |
| | 측정값 | 규정(정비한계)값 | 판정 (□에 '✔' 표) | 정비 및 조치할 사항 | |
|---|---|---|---|---|---|
| 전압 강하 | 6.2V | 축전지 전압(12V)의 20% 이하(9.6V 이상) | □ 양 호<br>☑ 불 량 | 엔진 본체 저항 많음<br>- 엔진 점검 정비 | |
| 전류 소모 | 190A | 전류소모 규정값 산출근거 기록<br>축전지 용량의 3배<br>(50A×3=150A) 이하 | | | |

## (3) 전압 강하와 전류 소모가 정상일 때

▶ 전기 1. 시동 모터 점검
자동차 번호 :

| 측정 항목 | ① 측정(또는 점검) | | ② 판정 및 정비(또는 조치)사항 | | 득점 |
| | 측정값 | 규정(정비한계)값 | 판정 (□에 '✔' 표) | 정비 및 조치할 사항 | |
|---|---|---|---|---|---|
| 전압 강하 | 11.8V | 축전지 전압(12V)의 20% 이하(9.6V 이상) | ☑ 양 호<br>□ 불 량 | 정비 및 조치할 사항<br>없음 | |
| 전류 소모 | 104A | 전류소모 규정값 산출근거 기록<br>축전지 용량의 3배<br>(50A×3=150A) 이하 | | | |

## 2 관계지식

### (1) 크랭킹 전류 소모가 규정값 보다 크고, 전압 강하가 큰 원인

① 전기자 코일 단락 - 전기자 코일 교환
② 계자 코일의 단락 - 계자 코일 교환
③ 전기자 축 휨 - 전기자 코일 교환
④ 전기자 축 베어링 파손 - 베어링 교환
⑤ 엔진 본체의 고장(크랭크축 베어링의 윤활부족 및 소착, 피스톤과 실린더 간극의 마찰저항 증가, 밸브장치의 고장 등) - 정비

### (2) 크랭킹 전류 소모가 규정값 보다 작고, 전압 강하가 큰 원인

① 축전지 불량 - 충전 후 재점검
② 축전지 터미널 연결 상태 불량 - 축전지 터미널 체결 볼트 꼭 조임.
③ 시동 모터 불량(링 기어가 물리지 않는 회전, 브러시 마모량 과다, 오버런닝 클러치 불량, 브러시 스프링 장력 감소 등) - 기시동 모터 수리 및 교환

## (3) 차종별 배터리 규격(현대-델코)

| 차종 | 적용제품 | 차종 | 적용제품 |
|---|---|---|---|
| (NEW) EF SONATA | PLATINUM L , MP24L | LIBERO 1T (리베로) | DF90R |
| ACCENT(엑센트) | DF50L , DF60L | MARCIA(마르샤) | DF70R , DF80R , MP24R |
| AERO-BUS(에어로버스) | DF200 | MIGHTY 2.5T(마이티) | DF90R |
| AERO-TOWN | DF200 | MIGHTY II 2.5T | DF90R |
| ATOZ(아토스) | DF40AL | MIGHTY 3.5T(마이티) | DF100B |
| AVANTE XD | MP24L | MIGHTY 4.5T(마이티) | DF100B |
| AVANTE(아반떼) | DF50L , DF60L , DF70L , DF80L , MP24L | MIGHTY 5T(마이티) | DF120R |
| CARGO 5T이하(카고) | DF100B | NEW PORTER (99년7월 이후) | DF90R |
| CARGO 8T이상(카고) | DF150 | NF SONATA | DF70L , DF80L |
| CHORUS(코러스) | DF100B | NF SONATA DSL | DF90L |
| CLICK(클릭) | DF50L , DF60L | PORTER 1.25T(포터) | DF100B |
| COUNTY(카운티) | DF90R , DF100B , DF120R | PORTER 1T (포터) | DF100B |
| DUMP 8T이상(덤프) | DF150 | SANTAFE DSL | DF90L , YAHO , MP27L |
| DYNASTY(다이너스티) | DF70R , DF80R , PLATINUM R , MP24R | SANTAFE(싼타페) | DF80L , MP24L |
| EF SONATA | DF70L , DF80L | SANTAMO DSL | DF80R , MP24R |
| ELANTRA(엘란트라) | DF50R , DF60R , DF80R | SANTAMO(싼타모) | DF60R , MP24R , DF70R |
| EQUUS(04년 이전) | DF80L , PLATINUM L , MP24L | SCOUPE(스쿠프) | DF50R |
| EQUUS(04년 이후) | DF80R | SONATA(소나타) | DF60R , DF70R , DF80R , PLATINUM R , MP24R |
| EXCEL(엑셀) | DF50R , DF60R | STAREX DSL | DF90R , MP27R , YAHO , DF100R |
| GALLOPER DSL (갤로퍼) | DF90R , YAHO , MP27R | STAREX(스타렉스) | MP24R |
| GALLOPER(갤로퍼) | DF80R , MP24R | TERRACAN DSL | DF90L , YAHO , MP27L |
| GRACE DSL | DF90R , MP27R | TERRACAN(테라칸) | DF80L , MP24L |
| GRACE(그레이스) | MP24R | TIBURON(티뷰론) | DF70L , DF80L , MP24L |
| GRANDEUR TG | DF70L , DF80L | TRAJET XG DSL | DF90L , YAHO , MP27L |
| GRANDEUR XG | DF70L , DF80L , PLATINUM L , MP24L | TRAJET XG(트라제) | DF80L , MP24L |
| GRANDEUR(그랜저) | DF70R , DF80R , PLATINUM R , MP24R | TUCSON DSL | DF90L |
| HYUNDAI 5T(현대5T) | DF90R , DF100B | TUSCANI(투스카니) | DF70L , DF80L |
| LAVITA(라비타) | DF60L , DF50L , DF70L | VERNA(베르나) | DF50L , DF60L |

## 전기 2 — 전조등 광도, 진폭 점검

**3안 산업기사**

주어진 자동차에서 전조등 시험기로 전조등을 점검하여 기록표에 기록하시오.

### 시험장에서는

헤드라이트의 광도와 진폭의 측정은 엔진의 시동을 걸고 측정하여야 옳으나 시험장에서는 안전을 위하여 엔진이 정지된 상태에서 측정하는 경우가 많다. 감독위원이 좌측이나 우측을 지정하여 주는 곳을 측정하는데 좌, 우는 운전석에 앉아서 좌측과 우측임을 잊지 말아야 한다. 측정하기 전에 조건(타이어의 공기압, 배터리 성능, 바닥의 수평 상태 등)이 맞았는지 확인하고 헤드라이트의 유리를 깨끗한 걸레로 닦아서 측정값이 정확하게 나오도록 하여야 한다. 측정은 변환빔(하향등) 상태에서 측정하여야 하며, 차량은 공회전(단, 광도 측정시 2,000rpm), 공차 상태, 운전자 1인이 승차하여 측정하여야 한다.

보조원이 운전석에 앉아서 라이트를 조작하여 주는 경우도 있으나 대부분은 운전자가 탑승하지 않은 상태에서 측정한다. 근래에 생산된 차량은 헤드라이트 조작이 키 스위치를 넣어야지만 가능하도록 되어 있으므로 참고하기 바란다.

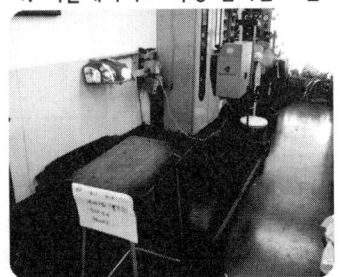

1. 시뮬레이터로 측정 준비된 모습

실제 차량으로 전조등 시험을 하는 경우도 있지만 시뮬레이터를 이용한 방법도 있다.

2. 투영식 측정 준비모습

시험기는 이동식 레일로 만들어서 실습, 시험일 때 적당한 위치로 이동한다.

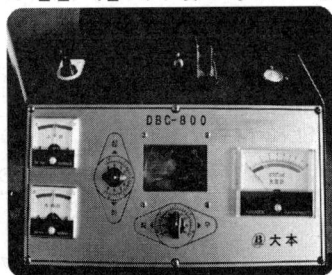

3. 전면 패널 계기 및 조정나사 모습

투영식의 전면 패널이며, 광도계는 오른쪽에 설치되어 있다.

## 1. 답안지 작성법

동영상

### (1) 광도, 진폭이 불량일 때

▶ 전기 2. 전조등 점검
자동차 번호 :

| 항목 | ① 측정(또는 점검) | | | ② 판정 | 득 점 |
|---|---|---|---|---|---|
| | | 측정값 | 기준값 | 판정(□에 '✔') | |
| (□에 '✔')<br>위치 :<br>☑ 좌<br>□ 우<br>설치높이 :<br>☑ ≤ 1.0m<br>□ > 1.0m | 광도 | 2,800cd | 3,000cd 이상 | □ 양 호<br>☑ 불 량 | |
| | 진폭 | -3.2%(-0.32cm) | -0.5~-2.5% 이내<br>(-0.05~-0.25cm 이내) | □ 양 호<br>☑ 불 량 | |

| 비 번호 | | 감독위원<br>확 인 | |
|---|---|---|---|

※ 측정 위치는 감독위원이 지정하는 위치에 □에 '✔' 표시합니다.
※ 자동차 검사기준 및 방법에 의하여 기록 판정합니다.

1) **비번호** : 비번호는 공단직원이 주는 등번호를 수검자가 기록한다.
2) **감독위원 확인** : 감독위원 확인란은 감독위원이 채점한 후에 도장을 찍는 부분으로 수검자는 기록하지 않는다.

3) ① **측정(또는 점검)** : 위치 및 설치 높이는 감독위원이 지정하는 차량과 위치 및 설치 높이에 ✔표시를 하고, 측정값은 수검자가 측정한 광도와 진폭의 값을 기록하고 기준값은 검사기준 값을 암기하여 기록한다.
   - 위치 및 설치 높이 : ・위치 – 감독위원이 지정하는 차량의 헤드라이트 위치에 ✔표시를 한다. 운전석에 앉아서 좌, 우 위치이다.
                      ・설치 높이 – 점검차량의 전조등 설치 높이에 ✔표시를 한다.
   - 측정값 : ・광도 – 수검자가 측정한 광도 값을 기록한다.
            ・진폭 – 수검자가 측정한 변환빔의 진폭 값을 기록한다.
   - 기준값 : ・광도 – 수검자가 검사기준의 광도 값을 암기하여 기록한다.
            ・진폭 – 수검자가 검사기준의 진폭 값을 암기하여 기록한다.
4) ② **판정** : 판정 란은 수검자가 측정한 값과 기준값을 비교하여 범위 내에 있으면 양호, 벗어나면 불량에 ✔표시를 한다. 어느 하나라도 불량이면 판정은 불량이다.
   - 판정 : ・양호–기준값의 범위에 있을 때   ・불량–기준값을 벗어났을 때
5) **득점** : 득점은 감독위원이 채점을 하고 점수를 기록하는 부분으로 수검자는 기록하지 않는다.
6) **자동차 번호** : 측정하는 자동차의 번호를 수검자가 기록한다.

## (2) 광도가 불량일 때

▶ 전기 2. 전조등 점검
자동차 번호 :

| 비 번호 | | 감독위원 확인 | |
|---|---|---|---|

| 항목 | ① 측정(또는 점검) | | | ② 판정 | 득 점 |
|---|---|---|---|---|---|
| | | 측정값 | 기준값 | 판정(□에 '✔') | |
| (□에 '✔')<br>위치 :<br>☑ 좌<br>□ 우<br>설치높이 :<br>☑ ≤ 1.0m<br>□ > 1.0m | 광도 | 2,700cd | 3,000cd 이상 | □ 양 호<br>☑ 불 량 | |
| | 진폭 | -2.2%(-0.22cm) | -0.5~-2.5% 이내<br>(-0.05~-0.25cm 이내) | ☑ 양 호<br>□ 불 량 | |

※ 측정 위치는 감독위원이 지정하는 위치에 □에 '✔' 표시합니다.
※ 자동차 검사기준 및 방법에 의하여 기록 판정합니다.

## (3) 진폭이 불량일 때

▶ 전기 2. 전조등 점검
자동차 번호 :

| 비 번호 | | 감독위원 확인 | |
|---|---|---|---|

| 항목 | ① 측정(또는 점검) | | | ② 판정 | 득 점 |
|---|---|---|---|---|---|
| | | 측정값 | 기준값 | 판정(□에 '✔') | |
| (□에 '✔')<br>위치 :<br>☑ 좌<br>□ 우<br>설치높이 :<br>☑ ≤ 1.0m<br>□ > 1.0m | 광도 | 35,000cd | 3,000cd 이상 | ☑ 양 호<br>□ 불 량 | |
| | 진폭 | -3.8%(-0.38cm) | -0.5~-2.5% 이내<br>(-0.05~-0.25cm 이내) | □ 양 호<br>☑ 불 량 | |

※ 측정 위치는 감독위원이 지정하는 위치에 □에 '✔' 표시합니다.
※ 자동차 검사기준 및 방법에 의하여 기록 판정합니다.

## (4) 광도와 진폭이 정상일 때

▶ 전기 2. 전조등 점검
  자동차 번호 :

| 항목 | ① 측정(또는 점검) | | ② 판정 | 득 점 |
|---|---|---|---|---|
| | 측정값 | 기준값 | 판정(□에 '✔') | |
| (□에 '✔')<br>위치 :<br>☑ 좌<br>□ 우<br>설치높이 :<br>☑ ≤ 1.0m<br>□ > 1.0m | | | | |

| | 비 번호 | | 감독위원<br>확 인 | |
|---|---|---|---|---|

| 항목 | 측정값 | 기준값 | 판정 | |
|---|---|---|---|---|
| 광도 | 42,000cd | 3,000cd 이상 | ☑ 양 호<br>□ 불 량 | |
| 진폭 | -2.0%(-0.20cm) | -0.5~-2.5% 이내<br>(-0.05~-0.25cm 이내) | ☑ 양 호<br>□ 불 량 | |

※ 측정 위치는 감독위원이 지정하는 위치에 □에 '✔' 표시합니다.
※ 자동차 검사기준 및 방법에 의하여 기록 판정합니다.

## 2 관계 지식

### (1) 전조등 광도, 진폭 검사 기준값

| 항목 | 검사 기준 | 검사 방법 |
|---|---|---|
| 등화<br>장치 | • 변환빔의 광도는 3000cd 이상일 것 | • 좌우측 전조등(변환빔)의 광도와 광도점을 전조등 시험기로 측정하여 광도점의 광도 확인 |
| | • 변환빔의 진폭은 10m 위치에서 다음 수치 이내일 것<br><br>| 설치 높이 ≤ 1.0m | 설치 높이 > 1.0m |<br>\|---\|---\|<br>| -0.5 ~ -2.5% | -1.0 ~ -3.0% | | • 좌우측 전조등(변환빔)의 컷오프선 및 꼭지점의 위치를 전조등 시험기로 측정하여 컷오프선의 적정여부 확인 |
| | • 컷오프선의 꺾임점(각)이 있는 경우 꺾임점의 연장선은 우측 상향일 것 | • 변환빔의 컷오프선, 꺾임점(각), 설치상태 및 손상 여부 등 안전기준 적합여부를 확인 |

**예)** 컷 오프선의 수직위치는 자동차의 변환빔 전조등 설치 높이(발광면의 최하단) 대비 아래 기준에 적합할 것(설치 높이 ≤ 1.0m)

- $-0.5\% = \dfrac{x \times 100}{10}$, $x = \dfrac{-0.5 \times 10}{100} = -0.05 cm$ 이내, $\% = \dfrac{-0.05cm \times 100}{10} = -0.5\%$ 이내

- $-2.5\% = \dfrac{x \times 100}{10}$, $x = \dfrac{-2.5 \times 10}{100} = -0.25 cm$ 이내, $\% = \dfrac{-0.25cm \times 100}{10} = -2.5\%$ 이내

- 설치 높이 > 1.0m : -0.1cm ~ -0.3cm 이내

## 전기 3 — 에어컨 외기온도 입력 신호값 점검

주어진 자동차의 에어컨 회로에서 외기온도 입력 신호값을 점검하여 이상 여부를 확인하여 기록표에 기록하시오.

### 시험장에서는

시험문제에서는 시동이 걸리고 에어컨이 작동되는 상태에서 측정하도록 되어 있어서 대부분이 이 규정에 따르지만 겨울철이나 측정 차량의 노후로 가스가 없는 경우에 센서의 저항을 측정하는 경우도 있다. 물론 저항을 측정할 때는 감독위원이 규정값을 알려주거나 정비 지침서를 볼 수 있도록 할 것이다.

**1. 외기온도 센서 설치위치**

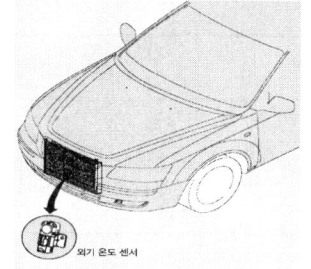

외기온도 센서는 콘덴서의 전방부에 설치되어 있다.

**2. 외기온도 센서 설치위치**

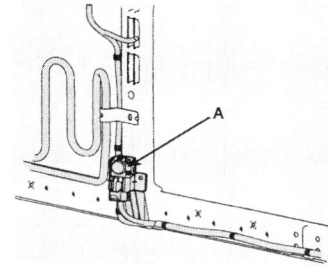

외기의 온도를 감지하여 ECU로 보내면 ECU는 토출 온도 제어, 믹스 모드 제어, 차내 습도 제어 등의 보정 신호로 이용된다.

**3. 외기온도 센서 커넥터**

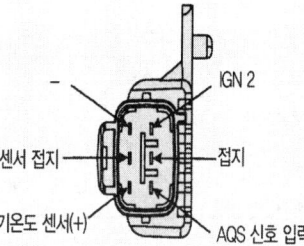

## 1. 답안지 작성법

### (1) 외기 온도 센서 저항값이 낮을 때

▶ 전기 3. 자동 에어컨 외기 온도 센서 점검
  자동차 번호 :

| 비번호 | | 감독위원 확 인 | |

| 측정항목 | ① 측정(또는 점검) | | ② 판정 및 정비(또는 조치)사항 | | 득 점 |
|---|---|---|---|---|---|
| | 측정값 | 규정(정비한계)값 | 판정(□에 '✔' 표) | 정비 및 조치할 사항 | |
| 외기 온도 입력 신호값 | 1.2kΩ / 10℃ | 53.8~58.8kΩ / 10℃ | □ 양 호<br>☑ 불 량 | 외기 온도 센서 고장<br>- 센서 교환 | |

1) **비번호** : 비번호는 공단직원이 주는 등번호를 수검자가 기록한다.
2) **감독위원 확인** : 감독위원 확인란은 감독위원이 채점한 후에 도장을 찍는 부분으로 수검자는 기록하지 않는다.
3) **① 측정(또는 점검)** : 측정값은 수검자가 측정한 외기온도 센서 값을 기록하고, 규정(정비한계)값은 일반적인 규정값을 기록한다.
   • 측정값 : 1.2kΩ / 10℃
   • 규정(정비한계)값 : 53.8~58.8kΩ / 10℃
4) **② 판정** : 판정은 수검자가 측정한 값과 규정(정비한계)값을 비교하여 범위 내에 있으면 양호, 벗어나면 불량에 ✔표시를 하며, 정비 및 조치할 사항은 고장 원인과 정비할 사항을 기록한다.
   • 판정 : • 양호 - 규정(정비한계)값의 범위에 있을 때
           • 불량 - 규정(정비한계)값을 벗어났을 때
   • 정비 및 조치할 사항 : 양호하면 정비 및 조치할 사항 없음으로, 불량일 경우 고장 원인과 정비방법을 기록한다.

■ 외기온도 센서 저항과 출력 전압

| 온도 | 저항 | 출력전압(V) | 온도 | 저항 | 출력전압(V) |
|---|---|---|---|---|---|
| -10℃ | 157.8kΩ | 4.20 | 10℃ | 58.8kΩ | 4.20 |
| -5℃ | 122.0kΩ | 4.01 | 20℃ | 37.3kΩ | 4.01 |
| 0℃ | 95.0kΩ | 3.80 | 30℃ | 24.3kΩ | 3.80 |
| 5℃ | 74.5kΩ | 3.56 | 40℃ | 16.1kΩ | 3.56 |

5) **득점** : 득점은 감독위원이 채점을 하고 점수를 기록하는 부분으로 수검자는 기록하지 않는다.
6) **자동차 번호** : 측정하는 자동차의 번호를 수검자가 기록한다.

### (2) 외기 온도 센서 전압값이 높을 때

▶ 전기 3. 자동 에어컨 외기 온도 센서 점검
자동차 번호 :

| 측정항목 | ① 측정(또는 점검) | | ② 판정 및 정비(또는 조치)사항 | | 득 점 |
|---|---|---|---|---|---|
| | 측정값 | 규정(정비한계)값 | 판정(□에 '✔' 표) | 정비 및 조치할 사항 | |
| 외기 온도 입력 신호값 | 6.2V / 10℃ | 4.0~4.4V / 10℃ | □ 양 호<br>☑ 불 량 | 외기 온도 센서 고장 - 교환 | |

### (3) 외기 온도 센서 전압값이 낮을 때

▶ 전기 3. 자동 에어컨 외기 온도 센서 점검
자동차 번호 :

| 측정항목 | ① 측정(또는 점검) | | ② 판정 및 정비(또는 조치)사항 | | 득 점 |
|---|---|---|---|---|---|
| | 측정값 | 규정(정비한계)값 | 판정(□에 '✔' 표) | 정비 및 조치할 사항 | |
| 외기 온도 입력 신호값 | 0.2V / 10℃ | 4.0~4.4V / 10℃ | □ 양 호<br>☑ 불 량 | 외기 온도 센서 고장 - 교환 | |

### (4) 외기 온도 센서 저항값이 정상일 때

▶ 전기 3. 자동 에어컨 외기 온도 센서 점검
자동차 번호 :

| 측정항목 | ① 측정(또는 점검) | | ② 판정 및 정비(또는 조치)사항 | | 득 점 |
|---|---|---|---|---|---|
| | 측정값 | 규정(정비한계)값 | 판정(□에 '✔' 표) | 정비 및 조치할 사항 | |
| 외기 온도 입력 신호값 | 54.2kΩ / 10℃ | 53.8~58.8kΩ / 10℃ | ☑ 양 호<br>□ 불 량 | 정비 및 조치할 사항 없음 | |

### (5) 외기 온도 센서 전압값이 정상일 때

▶ 전기 3. 자동 에어컨 외기 온도 센서 점검
자동차 번호 :

| 측정항목 | ① 측정(또는 점검) | | ② 판정 및 정비(또는 조치)사항 | | 득 점 |
|---|---|---|---|---|---|
| | 측정값 | 규정(정비한계)값 | 판정(□에 '✔' 표) | 정비 및 조치할 사항 | |
| 외기 온도 입력 신호값 | 4.2V / 10℃ | 4.0~4.4V / 10℃ | ☑ 양 호<br>□ 불 량 | 정비 및 조치할 사항 없음 | |

## 2 관계 지식

### (1) 외기 온도 센서 점검 방법 (그랜저 TG -2010)

1. 외기 온도 센서 설치위치-1

2. 외기온도 센서 설치위치-2

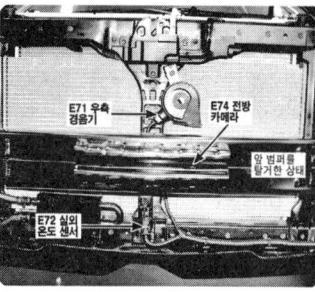

3. 외기온도 센서 단품

차종마다 위치가 조금씩 다르지만 대부분의 차량은 에어컨 콘덴서 앞쪽에 위치하고 있다. 콘덴서 아래 부분에 설치되어 있다.

외기 온도 저항값 측정은 (+) 신호선과 (-) 신호선 단자간 저항을 측정한다.

4. 센서 출력 화면

5. 자기진단

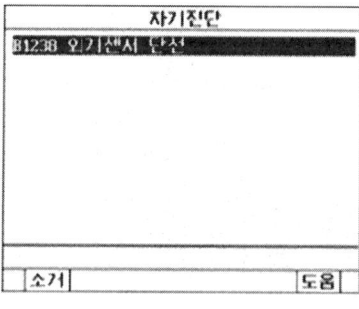

6. 외기온도 센서 저항 측정

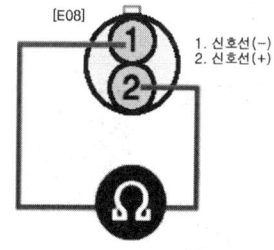

1. 신호선(-)
2. 신호선(+)

## 엔진 1 — 피스톤 링 엔드 갭 점검 (이음 간극)

주어진 엔진을 기록표의 측정 항목까지 분해하여 기록표의 요구사항을 측정 및 점검하고 본래 상태로 조립하시오.

### 시험장에서는

① **실린더 헤드와 피스톤 탈거·조립** : 작업대 위나 엔진 스탠드에 분해 조립용 엔진이 준비되어 있고 대부분 옆에 부속품은 탈거되어 있어 실린더 헤드만 조립되어 있다. 헤드를 분해한 후 내려놓을 때는 접촉면이 바닥에 닿지 않도록 옆으로(배기 매니폴드 설치부가 아래로) 놓는다. 때에 따라서는 헤드 가스켓을 교환하는 경우도 있다. 또한 모든 볼트는 토크 렌치로 조인다. 피스톤을 분해 조립할 때는 실린더 블록을 옆으로 뉘고 피스톤이 하사점 위치에서 분해하므로 1번, 4번과 2번, 3번을 함께 분해하고 조립한다.

② **피스톤링 이음 간극 점검** : 피스톤 링 이음 간극은 하사점 위치에서 측정 한다. 또한 피스톤 링이 수평상태에서 측정해야 하기 때문에 링을 실린더에 삽입하고 피스톤으로 밀어 넣으면 수평의 상태가 만들어진다.

**1. 피스톤 링 실린더 삽입 모습**

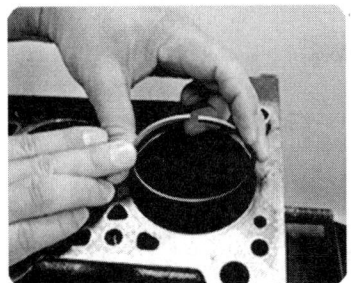

피스톤 링을 오므려서 실린더에 수직으로 밀어 넣는다.

**2. 피스톤으로 링을 밀어 넣는 모습**

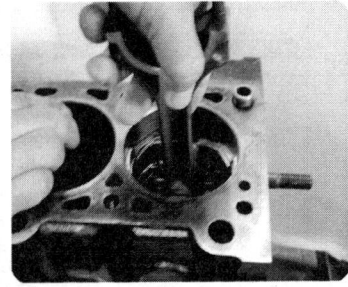

링을 수평으로 하고 피스톤을 이용하여 하사점 까지 밀어 넣는다.

**3. 하사점 위치에서 측정하는 모습**

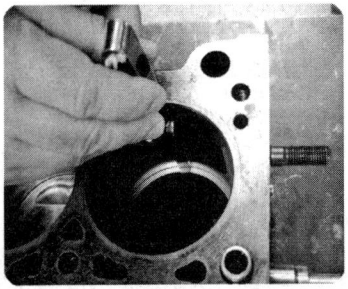

하사점 부분에서 링 엔드 갭을 시크니스 게이지로 측정한다.

## 1 답안지 작성법

동영상

### (1) 피스톤 링 이음 간극이 클 때

▶ 엔진 1. 피스톤 링 점검
엔진 번호 :

| 측정항목 | ① 측정(또는 점검) | | ② 판정 및 정비(또는 조치)사항 | | 득점 |
|---|---|---|---|---|---|
| | 측정값 | 규정(정비한계)값 | 판정(□에 '✔'표) | 정비 및 조치할 사항 | |
| 피스톤 링 엔드 갭 (이음간극) | 1.2mm | 0.25~0.40mm (한계 0.8mm) | □ 양 호<br>☑ 불 량 | 피스톤 링 불량<br>- 오버 사이즈 링 교환 | |

비번호 :     감독위원 확 인

※ 감독위원이 지정하는 부위를 측정한다.

1) **비번호** : 비번호는 공단직원이 주는 등번호를 수검자가 기록한다.
2) **감독위원 확인** : 감독위원 확인란은 감독위원이 채점한 후에 도장을 찍는 부분으로 수검자는 기록하지 않는다.
3) **① 측정(또는 점검)** : 측정값은 수검자가 측정한 피스톤 링 이음 간극 값으로 기록하고, 규정(정비한계)값은 감독관이 주어진 값이나 또는 정비지침서를 보고 기록한다.(반드시 단위를 기입한다)
   • 측정값 : 1.2mm
   • 규정(정비한계)값 : 0.25~0.40mm(한계 0.8mm)
4) **② 판정 및 정비(또는 조치)사항** : 판정은 수검자가 측정한 값과 규정(정비한계)값을 비교하여 범위 내에 있으면 양호, 벗어나면 불량에 ✔표시를 하며, 정비 및 조치할 사항 란에는 고장원인과 정비할 사항을 기록한다.
   • 판정 : • 양호 - 규정(정비한계)값 이내에 있을 때  • 불량 - 규정(정비한계)값을 벗어났을 때

- 정비 및 조치할 사항 : 양호하면 정비 및 조치할 사항 없음으로, 불량일 경우 고장원인과 정비방법을 기록한다.
5) 득점 : 득점은 감독위원이 채점을 하고 점수를 기록하는 부분으로 수검자는 기록하지 않는다.
6) 엔진 번호 : 측정하는 엔진 번호를 수검자가 기록한다.

■ 차종별 피스톤 간극(mm)

| 차 종 | 규정값 | 한계값 | 차 종 | 규정값 | 한계값 |
|---|---|---|---|---|---|
| 아반떼(1.5D) | • 1번 : 0.20~0.35<br>• 2번 : 0.37~0.52<br>• 오일링 : 0.2~0.7 | 1.00 | 프라이드(1.6) | • 1번 : 0.15~0.30<br>• 2번 : 0.35~0.50<br>• 오일링 : 0.2~0.7 | 1.00 |
| 쏘나타 Ⅰ, Ⅱ, Ⅲ | • 1번 : 0.25~0.40<br>• 2번 : 0.35~0.5<br>• 오일링 : 0.2~0.7 | 0.80 | 포텐샤 | • 1번 : 0.20~0.30<br>• 2번 : 0.15~0.30<br>• 오일링 : 0.2~0.7 | 1.00 |
| EF쏘나타(1.8, 2.0) | • 1번 : 0.25~0.35<br>• 2번 : 0.40~0.55<br>• 오일링 : 0.2~0.7 | 1.00 | 에스페로,<br>레간자 | • 1번 : 0.30~0.50<br>• 2번 : 0.30~0.50<br>• 오일링 : 0.3~0.5 | 1.00 |

## (2) 피스톤 링 이음 간극이 적을 때

▶ 엔진 1. 피스톤 링 점검
　　　엔진 번호 :

| 측정항목 | ① 측정(또는 점검) | | ② 판정 및 정비(또는 조치)사항 | | 득점 |
|---|---|---|---|---|---|
| | 측정값 | 규정(정비한계)값 | 판정(□에 '✓' 표) | 정비 및 조치할 사항 | |
| 피스톤 링 엔드 갭<br>(이음간극) | 0.1mm | 0.25~0.40mm<br>(한계 0.8mm) | □ 양 호<br>☑ 불 량 | 피스톤 링 불량<br>- 피스톤 링 엔드 가공 | |

비번호 : 　　　감독위원 확인 :

※ 감독위원이 지정하는 부위를 측정한다.

## (3) 피스톤 링 이음 간극이 정상일 때

▶ 엔진 1. 피스톤 링 점검
　　　엔진 번호 :

| 측정항목 | ① 측정(또는 점검) | | ② 판정 및 정비(또는 조치)사항 | | 득점 |
|---|---|---|---|---|---|
| | 측정값 | 규정(정비한계)값 | 판정(□에 '✓' 표) | 정비 및 조치할 사항 | |
| 피스톤 링 엔드 갭<br>(이음간극) | 0.35mm | 0.25~0.40mm<br>(한계 0.8mm) | ☑ 양 호<br>□ 불 량 | 정비 및 조치할 사항 없음 | |

비번호 : 　　　감독위원 확인 :

※ 감독위원이 지정하는 부위를 측정한다.

## (4) 피스톤 링 이음 간극이 규정값은 넘고 한계값 이내일 때

▶ 엔진 1. 피스톤 링 점검
　　　엔진 번호 :

| 측정항목 | ① 측정(또는 점검) | | ② 판정 및 정비(또는 조치)사항 | | 득점 |
|---|---|---|---|---|---|
| | 측정값 | 규정(정비한계)값 | 판정(□에 '✓' 표) | 정비 및 조치할 사항 | |
| 피스톤 링 엔드 갭<br>(이음간극) | 0.6mm | 0.25~0.40mm<br>(한계 0.8mm) | ☑ 양 호<br>□ 불 량 | 정비 및 조치할 사항 없음 | |

비번호 : 　　　감독위원 확인 :

※ 감독위원이 지정하는 부위를 측정한다.

## 2 관계 지식

### (1) 이음 간극 측정 시 주의사항
- 피스톤 링이 부러지지 않도록 주의한다.
- 측정은 실린더 마멸이 가장 적은 부분에서(하사점) 측정한다.
- 측정 작업에 사용하는 작업대 및 측정부분은 항상 깨끗하게 닦은 후 측정 하도록 한다.
- 피스톤 링이 하사점 부분에 내려갔을 때 수평이 유지된 상태에서 측정한다.

### (2) 이음 간극이 클 때 일어나는 현상
- 블로바이 가스 발생
- 압축압력 저하
- 폭발압력 저하
- 오일제어 불량
- 오일연소
- 출력저하 저하

### (3) 이음 간극이 작을 때 일어나는 현상
- 실린더 벽 마모 증가
- 열팽창에 의한 실린더 벽에 고착(스틱현상)

### (4) 이음 간극 수정법
- **피스톤링 이음 간극이 한계값 이상인 경우** : 오버 사이즈 링을(O/S) 사용한다.
- **피스톤링 이음 간극이 규정값 보다 작은 경우** : 이음부를 줄로 연삭하여 사용한다.

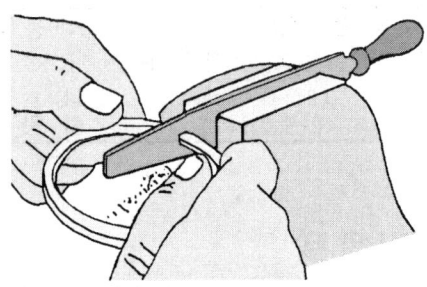

▲ 이음부 연삭 방법

## 엔진 3 — 인젝터 파형 점검

**4안 산업기사**

2항의 시동된 엔진에서 공전속도를 확인하고 감독위원의 지시에 따라 인젝터 파형을 분석하여 기록표에 기록하시오.(단, 시동이 정상적으로 되지 않은 경우 본 항의 작업은 할 수 없음)

### 시험장에서는

인젝터 파형의 측정은 엔진이 정상작동 온도로 시동이 걸려있는 상태에서 측정이 가능하다. 튜업용 엔진이나 실제 차량이 준비되어 있고 그 옆에는 테스터기가 책상위에 놓여 있을 것이다. 엔진의 시동을 걸고 테스터기를 연결하여 파형을 보고 감독 위원에게 고장 난 부분과 수리방법을 설명한다. 수검자는 반드시 파형을 프린트하여 그것을 답안지에 부착하여야 한다. 시동이 걸려 있는 엔진에서 측정하여야 하기 때문에 안전에 각별히 유의하여야하며 작업복이나 긴 머리카락 등이 회전체에 닿지 않도록 안전관리에 각별히 주의한다.

| 1. Hi-DS를 이용한 준비 모습 | 2. 프로브 연결 모습 | 3. 모니터 화면 모습 |
|---|---|---|
|  |  |  |

엔진 종합 진단기(Hi-DS)로 측정이 준비된 모습이다. 모두 그럴듯이 컴퓨터는 부팅이 되어 있고 튜업용 엔진은 옆에 준비되어 있다. 이 상태에서부터 점검, 기록표 기록에 들어간다.

## 1  답안지 작성법

### (1) 분사 시간, 서지 전압이 낮을 때

▶ 엔진 3. 인젝터 파형 점검
   자동차 번호 :

| 비번호 | | 감독위원 확 인 | |
|---|---|---|---|

| 측정항목 | ① 측정(또는 점검) | ② 판정 및 정비(또는 조치)사항 || 득 점 |
| | | 판정 (□에 '✔' 표) | 정비 및 조치사항 | |
|---|---|---|---|---|
| 분사 시간 | 2ms / 700±100rpm | □ 양 호<br>✔ 불 량 | 인젝터 불량-인젝터 교환 | |
| 서지 전압 | 55V | | | |

※ 공회전 상태에서 측정하고 기준값은 지침서를 찾아 판정한다.

1) **비번호** : 비번호는 공단직원이 주는 등번호를 수검자가 기록한다.
2) **감독위원 확인** : 감독위원 확인란은 감독위원이 채점한 후에 도장을 찍는 부분으로 수검자는 기록하지 않는다.
3) **① 측정(또는 점검)** : 측정값은 수검자가 측정한 인젝터의 분사 시간과 서지 전압의 값으로 기록한다.
   • 분사시간 : 2ms / 700±100rpm
   • 서지전압 : 55V
4) **② 판정 및 정비(또는 조치) 사항** : 판정은 수검자가 측정값과 규정값을 비교하여 범위 내에 있으면 양호, 벗어나면 불량에 ✔표시하며, 정비 및 조치 사항은 고장 원인과 정비할 사항을 기록한다.
   • 판정 : • 양호 – 규정(정비한계)값의 범위에 있을 때  • 불량 – 규정(정비한계)값을 벗어났을 때
   • 정비 및 조치할 사항 : 정비 및 조치할 사항 없음
5) **득점** : 득점은 감독위원이 채점을 하고 점수를 기록하는 부분으로 수검자는 기록하지 않는다.
6) **자동차 번호** : 측정하는 자동차의 번호를 수검자가 기록한다.

## (2) 분사 시간, 서지 전압이 나타나지 않을 때

▶ 엔진 3. 인젝터 파형 점검
자동차 번호 :

| 비번호 | | 감독위원 확 인 | |
|---|---|---|---|

| 측정항목 | ① 측정(또는 점검) | ② 판정 및 정비(또는 조치)사항 || 득 점 |
| | | 판정 (□에 '✔' 표) | 정비 및 조치사항 | |
|---|---|---|---|---|
| 분사 시간 | 없음 / 700±100rpm | □ 양 호<br>✔ 불 량 | 인젝터 불량-인젝터 교환 | |
| 서지 전압 | 0V | | | |

※ 공회전 상태에서 측정하고 기준값은 지침서를 찾아 판정한다.

### ■ 차종별 인젝터 저항, 서지 전압 및 분사 시간 규정값

| 차 종 | 저항(Ω)-20℃ | 서지 전압 | 분사 시간(mS) |
|---|---|---|---|
| 베르나 | 13~16 | 차종마다 약간의 차이는 있으며 보통 65~85V이다. | 3~5/700±100rpm |
| 아반떼 XD | 14.5±0.35 | | 3~5/700±100rpm |
| EF 쏘나타 | 13~16 | | 3.0~3.5/800±100rpm |
| 그랜저 XG | 13~16 | | 2.0~2.2/800±100rpm |
| 크레도스 | 15.55~16.25 | | - |
| 레간자 | 11.6~12.4 | | - |
| 쏘나타 Ⅰ,Ⅱ,Ⅲ | 13~16 | | 2.5~4.0/공회전 |

## (3) 분사 시간, 서지 전압이 정상일 때

▶ 엔진 3. 인젝터 파형 점검
자동차 번호 :

| 비번호 | | 감독위원 확 인 | |
|---|---|---|---|

| 측정항목 | ① 측정(또는 점검) | ② 판정 및 정비(또는 조치)사항 || 득 점 |
| | | 판정 (□에 '✔' 표) | 정비 및 조치사항 | |
|---|---|---|---|---|
| 분사 시간 | 3ms / 700±100rpm | ✔ 양 호<br>□ 불 량 | 정비 및 조치사항 없음 | |
| 서지 전압 | 75V | | | |

※ 공회전 상태에서 측정하고 기준값은 지침서를 찾아 판정한다.

## 2 관계 지식

### (1) 분사 시간과 서지 전압이 낮은 이유
- 인젝터 불량(나머지는 정상이나 해당 인젝터만 분사 시간과 서지 전압이 낮을 때)
- 인젝터 커넥터 접촉 저항 증가
- 컨트롤 릴레이와 인젝터 간에 접촉 저항 증가
- 인젝터와 ECU간 접촉 저항 증가

### (2) 분사 시간과 서지 전압이 나타나지 않는 이유
- 인젝터 불량(나머지는 정상이나 해당 인젝터만 분사 시간과 서지 전압이 낮을 때)
- 인젝터 커넥터 탈거
- 컨트롤 릴레이와 인젝터 간에 단선
- 인젝터와 ECU간 단선

### (3) 컨트롤 릴레이와 인젝터 사이의 접촉이 불량일 경우
인젝터가 작동하기 전 전압과 인젝터가 작동 후의 전압이 차이가 있을 경우 연료 분사 회로도에서 접지 쪽(ECU쪽)은 이상이 없고 컨트롤 릴레이와 인젝터 사이의 접촉이 불량한 것을 뜻한다. 인젝터 구동 전에 전압과 구동 후의 전압에 차이가 있다.

### (4) 인젝터 ⊖ 단자에서 ECU까지의 접촉 불량
인젝터가 작동하는 구간의 전압이 0.5V 이상 기울기를 갖는 경우에는 연료 분사 회로도에서 해당 인젝터 ⊖단자에서 ECU 단자 입구까지 접속이 불량하다.

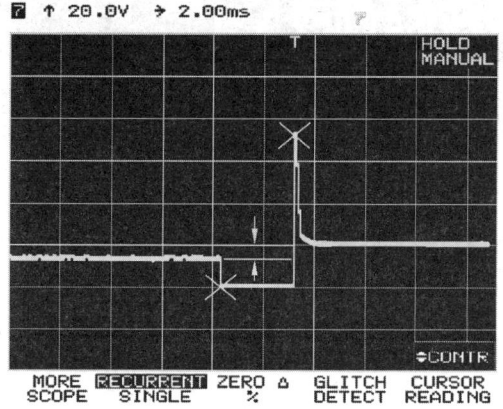

▲ 컨트롤 릴레이와 인젝터 사이의 접촉 불량일 경우　　▲ 인젝터 ⊖단자에서 ECU까지의 접촉 불량

## (5) Hi-DS 파형의 분석

### 1) 정상 파형

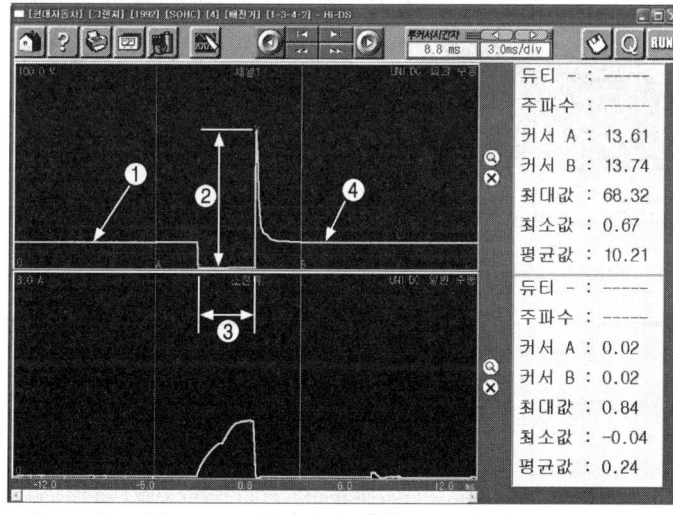

① 인젝터 구동 전원 전압을 나타낸다.
② 인젝터 코일의 자장 붕괴시 역기전력으로 서지 전압이라고도 한다. 보통 75V정도이다.
③ 인젝터 구동 시간(연료 분사 시간)으로 약 3.2ms를 나타내고 있다. (가속 시작 시 파형임) 공전일 때 일반적이 분사 시간은 약 2ms 정도이다.
④ 다음 분사전까지 발전기 전압 또는 배터리 단자 전압을 나타낸다.

### 2) 컨트롤 릴레이와 인젝터 사이, 인젝터 ⊖단자와 ECU 사이에 접촉 불량이 있다.

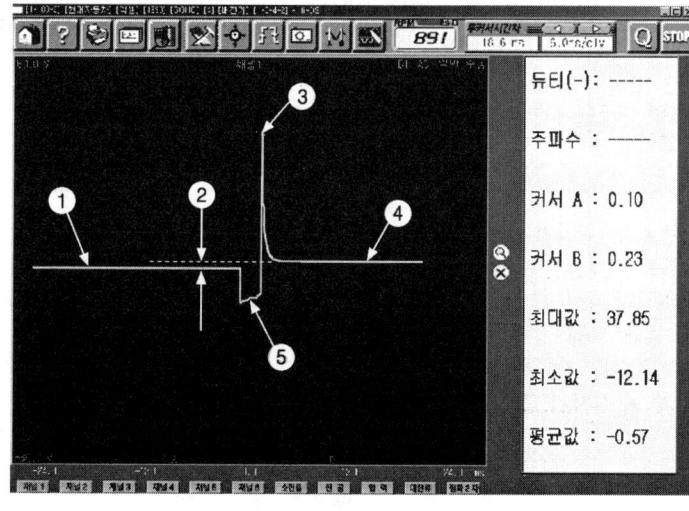

인젝터 구동 전 전압(①) 과 구동 후 전압과(④) 차이는 컨트롤 릴레이와 인젝터 사이의 접촉 불량과 인젝터가 작동하는 구간(⑤)의 경사는 인젝터 ⊖단자에서 ECU 까지 접촉 불량이 있다.

## 엔진 4 — 스텝 모터(ISA) 파형 분석 (산업기사)

주어진 자동차의 엔진에서 스텝 모터(또는 ISA)의 파형을 출력·분석하여 그 결과를 기록표에 기록하시오.(측정조건 : 공회전 상태)

### 시험장에서는

ISA의 파형 측정은 엔진 시동이 걸려있는 상태에서 측정이 가능하다. 튠업용 엔진이나 실제 차량이 준비되어 있고 그 옆에는 테스터기가 책상 위에 놓여 있을 것이다. 엔진의 시동을 걸고 테스터기를 연결하여 파형을 보고 감독 위원에게 고장 난 부분과 수리방법을 설명한다.

수검자는 반드시 파형을 프린트하여 그것을 답안지에 부착하여야 한다. 시동이 걸려 있는 엔진에서 측정하여야 하기 때문에 안전에 각별히 유의하여야 하며 작업복이나 긴 머리카락 등이 회전체에 닿지 않도록 신중을 기한다.

| 1. ISC 밸브 방식 모습 | 2. 스텝 모터 방식 모습 | 3. Hi-DS 시험 준비 모습 |
|---|---|---|
|  |  |  |
| ISC 밸브 방식 일 때는 펄스 파형으로 나타나며 단자의 위치를 암기하지 않아도 된다. 모든 차량의 배선도는 정비지침서나 프린트물로 준비하여 놓았다. | 스텝 모터 방식일 때는 역기전력이 발생하며 단자의 위치를 암기하지 않아도 된다. 모든 차량의 배선도는 정비지침서나 프린트물로 준비하여 놓았다. | 컴퓨터와 모니터가 켜져 있는 상태이고 파형을 본 후 반드시 프린트 하여 그곳에 직접 내용을 설명하고 답안지에 부착한다. |

## 1. 답안지 작성법

### (1) 정상파형일 때

▶ 엔진 4. 스텝 모터(ISA) 파형 분석
   자동차 번호 :

| 측정 항목 | 파형 상태 | 득 점 |
|---|---|---|
| | 비번호 | 감독위원 확인 | |
| 파형 측정 | ㉮는 스텝 모터의 공급 전원을 표시한다.<br>㉯는 스텝 모터를 구동하기 위해 TR이 ON되어 있는 구간을 표시하며 0V에 가까워야 한다.<br>㉰는 스텝 모터를 구동하는 TR이 OFF된 것을 나타낸다.<br>㉱는 구동 TR이 OFF될 때 발생하는 역기전력을 나타낸다.(약 30V 가 나온다)<br>㉲는 인접 코일의 영향으로 산모양의 감쇄파형이 발생한다. | |

1) **비번호** : 비번호는 공단직원이 주는 등번호를 수검자가 기록한다.
2) **감독위원 확인** : 감독위원 확인란은 감독위원이 채점한 후에 도장을 찍는 부분으로 수검자는 기록하지 않는다.
3) **파형상태** : 파형 상태 란은 수검자가 감독위원의 지시에 따라 스캐너나 튠업 테스터기로 측정한 파형을 프린터로 출력하여 고장 부분 및 각 부분을 출력물에 직접 기록 설명하고 파형의 상태를 결론으로 정리한다.
4) **득점** : 득점은 감독위원이 채점을 하고 점수를 기록하는 부분으로 수검자는 기록하지 않는다.
5) **자동차 번호** : 측정하는 자동차의 번호를 수검자가 기록한다.

## 2 관계 지식

### (1) ISC 밸브 방식 정상 파형

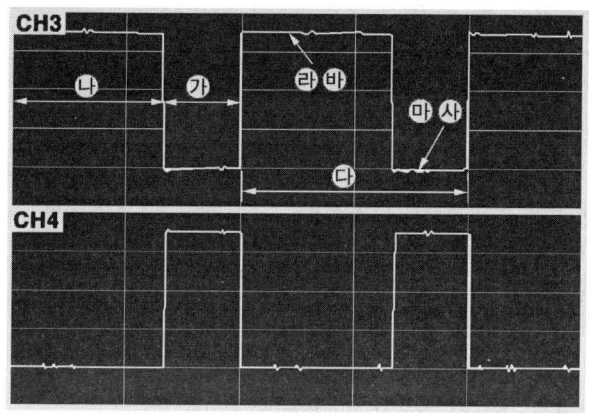

▲ ISC 밸브 방식

① ㉮는 ISC 밸브 열림 구간으로 1주기를 100%로 볼 때 약 34%가 열려 있음을 나타내고 있다. 이는 전체 열림 중에서 34%를 열었음을 표시한다.
② ㉯는 ISC 밸브 닫힘 구간을 나타내며 이 구간은 ECU에서 제어하지 않는 구간을 표시한다.
③ ㉰는 1주기의 시간이 10ms으로 주파수는 100Hz로 제어되고 있다. 100Hz의 빠른 주기로 반복 작용하기 때문에 정지 상태에서 미세하게 움직이는 동작처럼 작용을 한다.
④ ㉱는 공급 전원으로 알터네이터 전원을 표시한다.
⑤ ㉲는 동작 전원을 나타내며 ECU의 TR ON 전원으로 접지 전원(0V)에 가까워야 한다.
⑥ ㉳와 ㉴는 공급 전원 및 접지 전원을 나타내며, 일직선으로 깨끗해야 한다. 모양이 깨끗하지 못하면 배선 및 ECU 구동 회로를 확인한다.

### (2) 스텝 모터 방식의 정상 파형

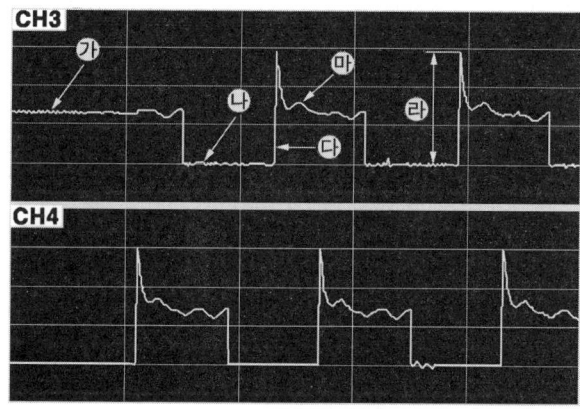

▲ ISC 스텝 모터 방식

① ㉮는 스텝 모터의 공급 전원을 표시한다.
② ㉯는 스텝 모터를 구동하기 위해 TR이 ON되어 있는 구간을 표시하며 0V에 가까워야 한다.
③ ㉰는 스텝 모터를 구동하는 TR이 OFF된 것을 나타낸다.
④ ㉱는 구동 TR이 OFF될 때 발생하는 역기전력을 나타낸다.(약 30V 가 나온다)
⑤ ㉲는 인접 코일의 영향으로 산모양의 감쇄파형이 발생한다.

## (3) 전자 스로틀 밸브(ETS : Electronic Throttle Control)를 사용하는 경우

요즘 차량에서는 전자 스로틀 밸브(ETS : Electronic Throttle Control) 시스템을 사용하고 있으므로 액셀러레이터 페달과 연결된 와이어 케이블로 스로틀 밸브를 제어하는 기존의 기계식 시스템과 달리, ETC 시스템의 액셀러레이터 페달 위치 센서(APS : Accelerator Position Sensor) 신호에 따라 ETC 모터로 스로틀 밸브의 개폐를 제어한다. 이중 코일(Open/ Close)이 내장되어 있어서 ECU에 의하여 제어된다. ETS모터 액추에이터 테스터를 실시하였을 때 TPS 1과 TPS 2 값이 반비례로 변화 되는가 확인한다.
① TPS 1 : · 공회전 시 - 약 0.6V · 급가속 시 - 약 4.5V
② TPS 1 : · 공회전 시 - 약 4.5V · 급가속 시 - 약 0.6V

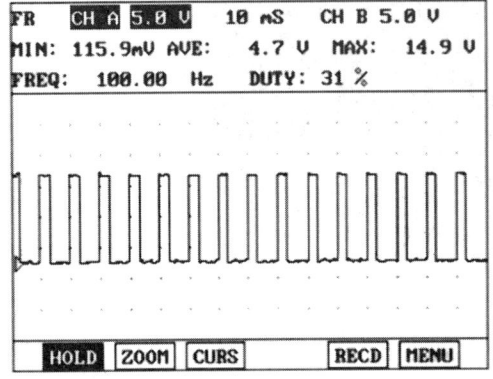 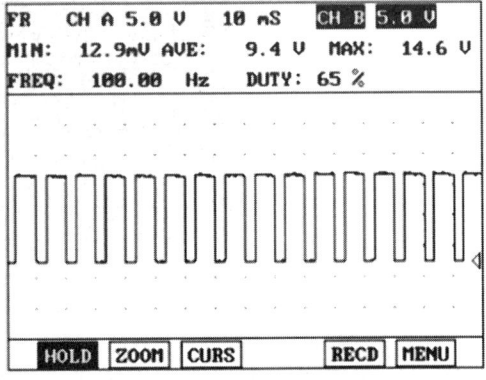

▲ 정상 파형에서 열림 코일(좌측)과 닫힘 코일(우측) 파형

## (4) 차종별 ISA 방식

| ISC 방식 | 현대 차종 | 대우차종 | 기아 차종 |
|---|---|---|---|
| ISC 모터 방식 | 엑셀 1.5S | 누비라Ⅱ, 체어맨 | - |
| ISC 스텝 모터 방식 | 쏘나타Ⅱ, 마르샤2.0D, 마르샤2.5D, 뉴 그랜저2.0D, 뉴 그랜저3.0D, 다이너스티2.5D, 뉴다이너스티3.5D, | 에스페로, 마티즈, 라노스1.5D, 레간자S, 레간자D, 누비라Ⅰ, 매그너스, 레조. | - |
| ISC 밸브 방식 | 엘란트라1.5S, 아반떼1.5D, 엑센트1.5S, 쏘나타Ⅲ2.0S, 쏘나타Ⅲ2.0D, 티뷰론, 뉴그랜저2.0S, 아토스, EF쏘나타D | SM52.0, SM52.5, 무쏘 | 카스타, 카렌스, 카니발, 비스토, 크레도스Ⅱ, 크레도스Ⅰ, 스포티지, 아벨라, 뉴포텐샤, 세피아1.5D, 세피아1.8D |

## 엔진 5 — 디젤 매연 점검

주어진 전자제어 디젤 엔진에서 연료 압력 센서를 탈거한 후(감독위원에게 확인), 다시 부착하여 시동을 걸고 매연을 점검하여 기록표에 기록하시오.

### 시험장에서는

매연을 측정하는 곳에 오면 디젤 엔진이 "웅웅" 거리면서 돌아가고 테스터기가 앞에 놓여 있을 것이다. 겨울에도 이 시험장에서는 출입문을 열어 놓아서 매연이 실습장 안에 고이지 않도록 하여야 하니 감독관이나 수검자는 고생이 많은 곳이다. 먼저 감독관과 상견례를 하여야 하니 "안녕하십니까? 크게 인사를 하고 답안지를 받아서 책상 위에 놓고 테스터기를 연결한다. 순서에 맞추어서 측정한 후 답안지를 작성하는데 아마 자동차의 연식이 주어져 있으며, 규정값과 한계값은 검사기준이라 본인이 꼭 외워야 한다. 일부 검사장에서는 측정한 검출지를 답안지에 첨부하여야 한다.

### 1. 디스플레이 및 기능 키 구조 모습

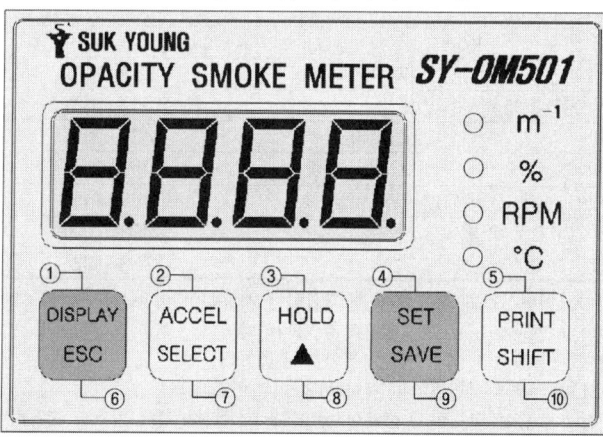

① DISPLAY : 표시 화면 선택
② ACCEL : 무부하 가속시험
③ HOLD : 디스플레이 화면 유지
- HOLD : HOLD 키를 누르면 표시된 화면이 유지. 한 번 더 누르면 보류가 해제된다.
- PEAK HOLD : HOLD 키를 누르면 측정 값의 가장 높은 값이 화면에 표시되고 유지된다. 한 번 더 설정 모드.

④ SET : 측정 모드에서 설정 모드로 이동.
⑤ PRINT : 인쇄
⑥ ESC : 측정 모드에서 자유 가속 시험을 측정 모드로 옮긴다.
⑦ SELECT : 셋업 모드에서 다른 셋업 모드로 이동.
⑧ ▲ : 설정 값 변경.
⑨ SAVE : 각 설정 값을 저장한다.
⑩ SHIFT : 설정 값 변경.

## 1. 답안지 작성법

### (1) 매연 배출량이 많아 불량일 때

▶ 엔진 5. 매연 점검
자동차 번호 :

| 차종 | 연식 | 기준값 | 측정값 | 측정 | 산출근거(계산)기록 | 판정(□에 '✔' 표) | 득점 |
|---|---|---|---|---|---|---|---|
| | | ① 측정(또는 점검) | | | ② 판정 및 정비(또는 조치)사항 | | |
| 화물 자동차 | 2008년 | 20% 이하 | 44.6% | 1회 : 46%<br>2회 : 45%<br>3회 : 43% | $\dfrac{46+45+43}{3}=44.6\%$ | □ 양 호<br>☑ 불 량 | |

비 번호 / 시험위원 확 인

※ 차종 및 연식은 자동차등록증을 활용하여 기재하고 기준값 적용
※ 자동차 검사기준 및 방법에 의하여 기록 판정합니다.

1) **비번호** : 비번호는 공단직원이 주는 등번호를 수검자가 기록한다.
2) **감독위원 확인** : 감독위원 확인란은 감독위원이 채점한 후에 도장을 찍는 부분으로 수검자는 기록하지 않는다.
3) **① 측정(또는 점검)** : 차종과 연식 란은 주어진 자동차 등록증을 보고 수검자가 기록하며, 기준값은 수검자가 등록증의 차대번호의 연식을 보고 운행 차량의 배출 허용 기준값을 기록한다. 측정값은 수검자가 3회 측정한 값의 평균값을 기록하며, 측정란은 수검자가 3회 측정한 값을 기록한다.

㉮ 차종 : 화물 자동차　　　㉯ 연식 : 2008년
㉰ 기준값 : 20% 이하　　　㉱ 측정값 : 44.6%
㉲ 측정 – 1회 : 46%, 2회 : 45%, 3회 : 43%

4) ② 판정 : 산출근거(계산)기록은 수검자가 3회 측정하여 평균값을 산출한 계산식을 기록하며, 판정은 수검자가 측정한 값과 기준값을 비교하여 범위 내에 있으면 양호, 벗어나면 불량에 ✔ 표시를 한다.

㉮ 산출근거(계산)기록 : $\dfrac{46+45+43}{3}=44.6\%$

㉯ 판정 : • 양호 – 기준값의 범위에 있을 때
　　　　 • 불량 – 기준값을 벗어났을 때

■ 차종별 / 연도별 매연 허용 기준값

| 차종 | | 제작일자 | | 매연 |
|---|---|---|---|---|
| 승합·화물·특수 자동차 | 소형 | 1995년 12월 31일 이전 | | 60% 이하 |
| | | 1996년 1월 1일부터 2000년 12월 31일까지 | | 55% 이하 |
| | | 2001년 1월 1일부터 2003년 12월 31일까지 | | 45% 이하 |
| | | 2004년 1월 1일부터 2007년 12월 31일까지 | | 40% 이하 |
| | | 2008년 1월 1일 이후 | | 20% 이하 |
| | 중·대형 | 1992년 12월 31일 이전 | | 60% 이하 |
| | | 1993년 1월 1일부터 1995년 12월 31일까지 | | 55% 이하 |
| | | 1996년 1월 1일부터 1997년 12월 31일까지 | | 45% 이하 |
| | | 1998년 1월 1일부터 2000년 12월 31일까지 | 시내버스 | 40% 이하 |
| | | | 시내버스 외 | 45% 이하 |
| | | 2001년 1월 1일부터 2004년 9월 30일까지 | | 45% 이하 |
| | | 2004년 10월 1일부터 2007년 12월 31일까지 | | 40% 이하 |
| | | 2008년 1월 1일 이후 | | 20% 이하 |

[비고] 1. 휘발유 사용 자동차는 휘발유·알코올 및 가스(천연가스를 포함한다)를 혼합하여 사용하는 자동차를 포함한다.
2. 알코올만을 사용하는 자동차는 위 표의 배기관 탄화수소 기준을 적용하지 아니한다.
3. 경유 사용 자동차는 경유와 가스를 혼합하여 사용하거나 병용하는 자동차를 포함한다.
4. 적용기간은 자동차의 제작일자(수입자동차의 경우에는 통관일자를 말한다)를 기준으로 한다.
5. 휘발유 또는 가스를 연료로 사용하는 다목적형 승용차 및 8인승 이하의 승합차는 소형화물차의 기준을 적용한다.
6. 매연란 중 (　)안의 기준은 제87조 제1항 단서의 규정에 의하여 비디오카메라를 사용하여 점검할 때 적용한다.
7. 위 표의 적용기간 중 1993년 이후에 제작되는 자동차 중 과급기(Turbocharger) 또는 중간 냉각기(Intercooler)를 부착한 경유 사용 자동차의 매연 항목에 대한 배출 허용기준은 5%를 가산한 농도를 적용한다.

5) **득점** : 득점은 시험위원이 채점을 하고 점수를 기록하는 부분으로 수검자는 기록하지 않는다.
6) **자동차 번호** : 측정하는 자동차 번호를 수검자가 기록한다.

## (2) 매연 배출량이 작아 양호할 때

▶ 엔진 5. 매연 점검
자동차 번호 :

| 비 번호 | | | | | 시험위원 확 인 | | |
|---|---|---|---|---|---|---|---|

| ① 측정(또는 점검) | | | | | ② 판정 및 정비(또는 조치)사항 | | 득점 |
|---|---|---|---|---|---|---|---|
| 차종 | 연식 | 기준값 | 측정값 | 측정 | 산출근거(계산)기록 | 판정(□에 '✔' 표) | |
| 화물 자동차 | 2008년 | 20% 이하 | 13% | 1회 : 13%<br>2회 : 15%<br>3회 : 11% | $\dfrac{13+15+11}{3}=13\%$ | ☑ 양 호<br>□ 불 량 | |

※ 차종 및 연식은 자동차등록증을 활용하여 기재하고 기준값 적용
※ 자동차 검사기준 및 방법에 의하여 기록 판정합니다.

## 2 관계 지식

**(1) 매시험장에 준비된 자동차 등록증의 일부**

# 자 동 차 등 록 증

제1996-000135호 　　　　　　　　　　　　　　　최초 등록일 : 2008년 11월 01일

| ① 자동차 등록 번호 | 92어 3859 | ② 차　　　종 | 소형화물자동차 | ③ 용도 | 자가용 |
|---|---|---|---|---|---|
| ④ 차　　　　명 | 봉고 Ⅲ 1톤 | ⑤ 형식 및 연식 | SEL 12F-HG7 | | 2008 |
| ⑥ 차 대 번 호 | KNCSE01428K123456 | ⑦ 원동기 형식 | J3 | | |
| ⑧ 사 용 본 거 지 | 경기도 양주시 광사동 313-4 신도 8차 아파트***동 ***호 | | | | |
| 소유자 ⑨ 성명(명칭) | 김광수 | ⑩ 주민(사업자) 등 록 번 호 | ***117-******* | | |
| ⑪ 주　　　　소 | 경기도 양주시 광사동 313-4 신도 8차 아파트***동 -***호 | | | | |

자동차 관리법 제8조등의 규정에 의하여 위와 같이 등록하였음을 증명합니다.

2008 년　11 월　01 일

# 양 주 시 장

## 섀시 2  셋백 & 토(Toe)의 점검

**4안 산업기사**

주어진 자동차에서 휠 얼라인먼트 시험기로 셋백(setback)과 토(toe) 값을 측정하여 기록표에 기록하고 타이로드 엔드를 탈거한 후(시험위원에게 확인), 다시 부착하여 토(toe)가 규정값이 되도록 조정하시오.

### 시험장에서는

토(toe)의 측정 방법은 사이드슬립 테스터나 토 게이지를 사용한다. 현장에서는 사이드슬립 테스터기를 이용하고 있으나 시험장에서는 토 게이지를 선호하고 있음은 수검자가 토(toe)의 정의를 확실하게 알고 있는가를 확인하기 위함이 아닌가 생각한다. 어느 것이던 측정할 수 있는 능력을 갖추어야 한다. 많은 수검자들이 측정을 하였기 때문에 타이어에는 백묵 자국 등이 많이 나올 것이다. 확인하기 어려우면 깨끗이 닦고 처음부터 다시 하는 것이 정확한 측정값을 얻는 지름길일 것이다.

**1. 셋백(Set Back)이란?**

한쪽 바퀴(운전석 기준)보다 다른 쪽 바퀴가 앞, 뒤로 처져있는 상태를 말한다.

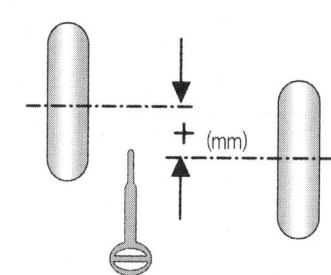

**2. + 셋백 모습**

+ 셋백 : 운전석 바퀴를 기준으로 동승석 바퀴가 뒤쪽으로 밀린 상태

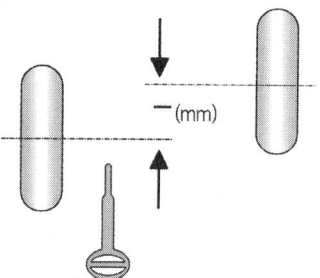

**3. − 셋백 모습**

− 셋백 : 운전석 바퀴를 기준으로 동승석 바퀴가 앞쪽으로 나간 상태

## 1  답안지 작성법

### (1) 셋백과 토가 불량일 때

▶ 섀시 2. 휠 얼라인먼트 점검
   작업대 번호 :

| 비번호 |  | 감독위원 확 인 |  |
|---|---|---|---|

| 측정 항목 | ① 측정(또는 점검) | | ② 판정 및 정비(또는 조치)사항 | | 득점 |
|---|---|---|---|---|---|
|  | 측정값 | 규정(정비한계)값 | 판정(□에 '✔'표) | 정비 및 조치할 사항 |  |
| 셋백 | +22mm | 18mm 미만 | □ 양 호<br>☑ 불 량 | 프레임 수정과 타이로드로 양쪽에서 안쪽으로 3mm 씩 조정 |  |
| 토(toe) | out 6mm | 0 ± 2mm |  |  |  |

1) **비번호** : 비번호는 공단직원이 주는 등번호를 수검자가 기록한다.
2) **감독위원 확인** : 감독위원 확인란은 감독위원이 채점한 후에 도장을 찍는 부분으로 수검자는 기록하지 않는다.
3) **① 측정(또는 점검)** : 측정값은 수검자가 측정한 셋백과 토 값을 기록하고, 규정(정비한계)값은 감독관이 주어진 값이나 또는 정비지침서를 보고 기록한다.(반드시 단위를 기록한다)
   • 측정값 : • 셋백 : +22mm    • 토 : out 6mm
   • 규정(정비한계)값 : • 셋백 : 18mm 미만    • 토 : 0 ± 2mm
4) **② 판정 및 정비(또는 조치)사항** : 판정은 수검자가 측정한 값과 규정(정비한계) 값을 비교하여 범위 내에 있으면 양호, 벗어나면 불량에 ✔ 표시를 하며, 정비 및 조치할 사항 란에는 고장원인과 정비할 사항을 기록한다.
   • 판정 : • 양호 − 규정(정비한계)값 범위에 있을 때    • 불량 : 규정(정비한계)값 범위를 벗어났을 때
   • 정비 및 조치할 사항 : 양호하면 정비 및 조치할 사항 없음으로, 불량일 경우 고장원인과 정비방법을 기록한다.

5) **득점** : 득점은 감독위원이 채점을 하고 점수를 기록하는 부분으로 수검자는 기록하지 않는다.
6) **자동차 번호** : 측정하는 작업대 번호를 수검자가 기록한다.

## (2) 셋백은 정상이고 토가 불량일 때

▶ 섀시 2. 휠 얼라인먼트 점검
　　작업대 번호 :

| 측정 항목 | ① 측정(또는 점검) | | ② 판정 및 정비(또는 조치)사항 | | 득점 |
|---|---|---|---|---|---|
| | 측정값 | 규정(정비한계)값 | 판정(□에 '✔'표) | 정비 및 조치할 사항 | |
| 셋백 | 0mm | 18mm 미만 | □ 양 호 | 타이로드로 양쪽에서 바깥쪽으로 4mm 씩 조정 | |
| 토(toe) | in 8mm | 0 ± 2mm | ☑ 불 량 | | |

■ 차종별 토 규정값(mm) - 위 칸 : 앞바퀴 임

| 차종 | 토 | 차종 | 토 | 차종 | 토 | 차종 | 토 | 차종 | 토 |
|---|---|---|---|---|---|---|---|---|---|
| 뉴프라이드 | (−)1 ± 1 / 1 ± 1.5 | 스펙트라 | 0±3 / 3.2±3 | 카스타 | 0±3 / 2±2.5 | 세피아 II | (−)1 ± 3 / 3.2 ± 3 |
| 리오 | 3 ± 3 / 5 ± 6 | 아벨라 | 3.5 ± 3 / 3 ± 3 | 캐피탈 | 3 ± 3 / 0−2±3 | 그랜드 카니발 | 0 ± 2 / 2.6 ± 2 |
| 모닝 | 0 ± 2 / 2 ± 2 | 엔터프라이즈 | 2.5±2 / 0.7±2 | 콩코드 | 3.4 ± 3.4 / 3.4 ± 3.4 | 뉴스포티지 | 0 ± 2 / 2 ± 2 |
| 비스토 | 2.5 ± 2 / 0 ± 3 | 엘란 | 0 ± 3 / 3 ± 2 | 크레도스 | 3 ± 3 / 3 ± 3 | 세피아I&슈마 | (−)1 ± 3 / 3.2 ± 3 |
| 세라토 | 0 ± 2 / 4.0 ± 2 | 오피러스 | 0 ± 2 / 2 ± 2 | 포텐샤 | 4 ± 3 / 0 ± 2 | 카렌스 II | 0 ± 2 / 1.9 ± 1.5 |
| 세피아 | 3.6 ± 3.8 / 0.3 ± 3.8 | 옵티마리갈(ECS) | 0 ± 3 / 2 ± 2 | 프라이드 | 3.5 ± 3 / 3 ± 3 | 카렌스 | (−)1 ± 3 / 3.2 ± 3 |
| 토픽 | 5 ± 2 | 봉고Ⅲ | 0 ± 2.5 | 쏘렌토 | 2.6±2.5 | 카니발 | (−)0.9 ± 2.5 |

※ 셋백이 0이어야 한다. 일반적으로 허용 값은 6mm이고, 18mm이상이면 반드시 수정하여야 한다.
※ 토인은 정비기준으로 적용한 것임.

## (3) 토가 정상이고 셋백이 불량일 때

▶ 섀시 2. 휠 얼라인먼트 점검
　　작업대 번호 :

| 측정 항목 | ① 측정(또는 점검) | | ② 판정 및 정비(또는 조치)사항 | | 득점 |
|---|---|---|---|---|---|
| | 측정값 | 규정(정비한계)값 | 판정(□에 '✔'표) | 정비 및 조치할 사항 | |
| 셋백 | +25mm | 18mm 미만 | □ 양 호 | 프레임을 수정하여 운전석을 뒤로 25mm를 민다. | |
| 토(toe) | in 1mm | 0 ± 2mm | ☑ 불 량 | | |

## (4) 셋백과 토가 정상일 때

▶ 섀시 2. 휠 얼라인먼트 점검
　　작업대 번호 :

| 측정 항목 | ① 측정(또는 점검) | | ② 판정 및 정비(또는 조치)사항 | | 득점 |
|---|---|---|---|---|---|
| | 측정값 | 규정(정비한계)값 | 판정(□에 '✔'표) | 정비 및 조치할 사항 | |
| 셋백 | +2mm | 18mm 미만 | ☑ 양 호 | 정비 및 조치사항 없음 | |
| 토(toe) | in 1mm | 0 ± 2mm | □ 불 량 | | |

## 2. 관계 지식

### (1) 휠 얼라인먼트를 이용한 측정법

**01** 휠 클램프에 센서 헤드 설치 모습

휠 클램프를 설치하고 센서 헤드를 설치한다. 시험장에서는 설치되어 있다.(헤드를 떨어트릴까봐 설치하여 놓았다.)

**02** 초기 화면 모습

① F1 : 작업을 시작한다.
② F2 : 작업을 종료하고 PC 전원을 OFF로 한다.

**03** 작업 화면

① F1 : 작업을 시작한다.
② F2 : 현재까지 작업한 데이터를 검색한다.
③ F3 : 환경 설정 화면으로 이동한다.
④ F4 : 초기 화면으로 이동한다.

**04** 차량 선택 화면

제조회사의 차량 모델을 선택한다. (수입차의 경우 영문 단축키로 이동 가능하다. BMW 경우 B를 누르면 이동함)
① F2 : 제원을 확인 한다.
② F2 : 고객 자료를 검색한다.

**05** 고객 정보 화면

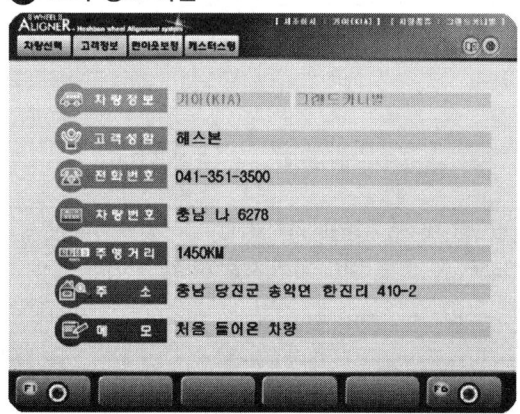

고객에 대한 정보를 입력하고 진행 한다. 제조사, 차량명, 고객명, 고객 전화번호, 차량번호, 주행거리, 주소 등을 입력한다.

**06** 런아웃 보정 화면

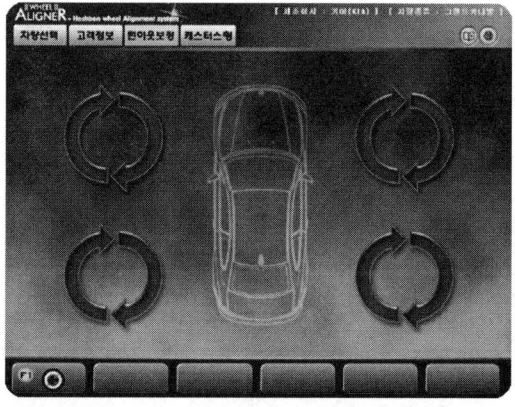

잭 리프트를 상승 시켜 휠을 180도 돌려서 센서의 "OK" 버튼을 누른다. 180도 런 아웃이 완료되면 적색 화살표가 녹색으로, 360도 런 아웃이 완료되면 해당 휠이 녹색으로 변한다.

### 07 캐스터 스윙 준비작업

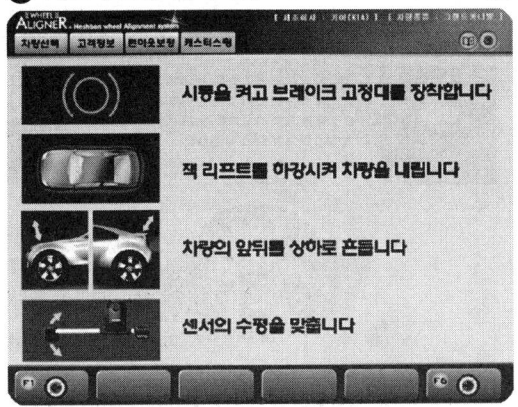

캐스터 스윙을 하기 위해서는 화면에 설명과 같이 작업을 진행한 후 다음(F6)을 누른다.

### 08 캐스터 스윙-직진 조향 화면

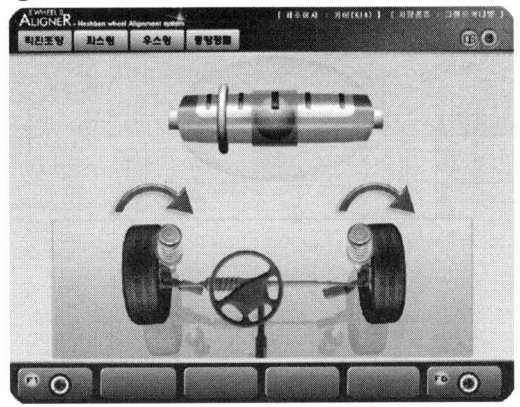

캐스터 스윙을 누르면 직진 조향, 좌 스윙, 우 스윙, 중앙정렬이 나오면 화면과 같이 직진 조향을 진행한다.

### 09 측정 결과 화면

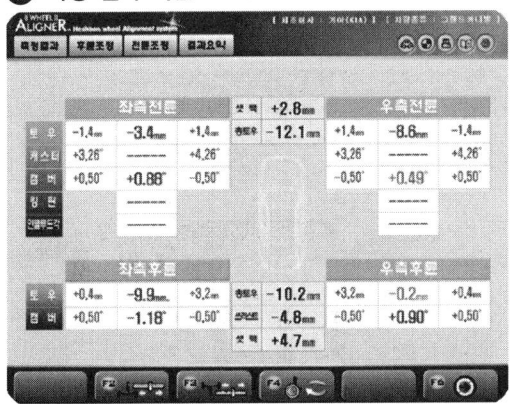

캐스터 스윙이 끝나면 측정결과 화면이 나타난다.
① F2 : 후륜 조정 할 때 누른다.
② F3 : 전륜 조정 할 때 누른다.
③ F4 : 캐스터를 재측정 할 때 누른다.

### 10 후륜 조정 화면

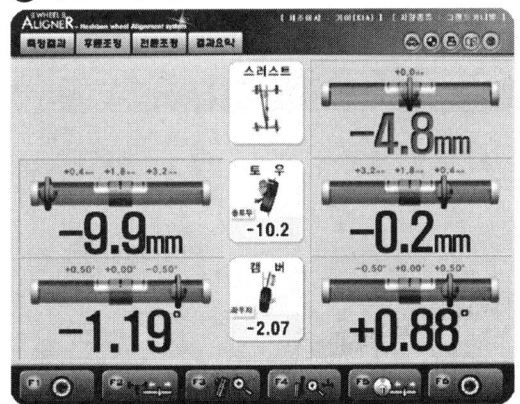

① F2 : 전륜 조정 할 때 누른다.
② F3 : 후륜 토우 조정 할 때 누른다.
③ F4 : 전륜 토우 확대 할 때 누른다.
④ F5 : 올림 조정 할 때 누른다.

### 11 전륜 조정 준비 화면

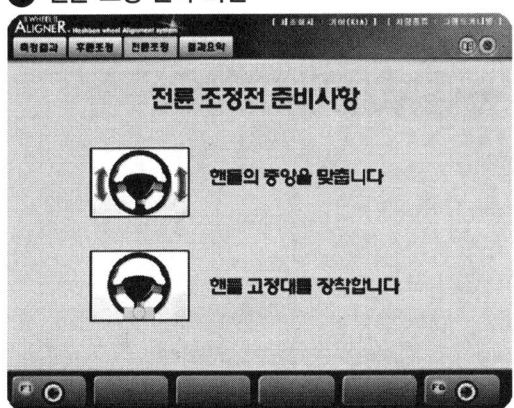

전륜 조정을 준비한다. 화면에 지시된 내용과 같이 " 핸들의 중앙을 맞춥니다", "핸들 고정대를 장착합니다"를 실시하고 전륜 조정 준비를 한다. 측정 중에 이동을 하면서 센서를 건드린다든가 리프트를 친다든가 하면 처음부터 다시 할 수 있다.

### 12 전륜 조정 화면

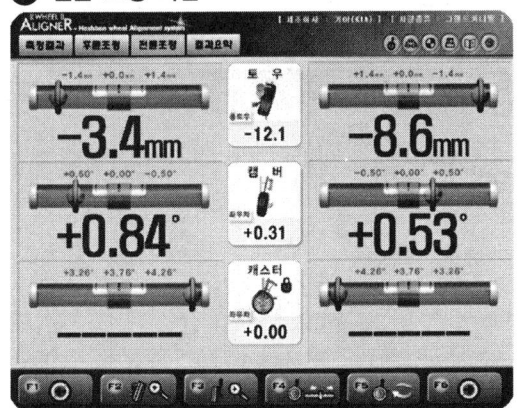

① F2 : 전륜 토우 조정 할 때 누른다.
② F3 : 전륜 캠버 조정 할 때 누른다.
③ F4 : 캐스터 조정 할 때 누른다.
④ F5 : 캐스터 재 측정 할 때 누른다.

### ⑬ 결과 요약 화면

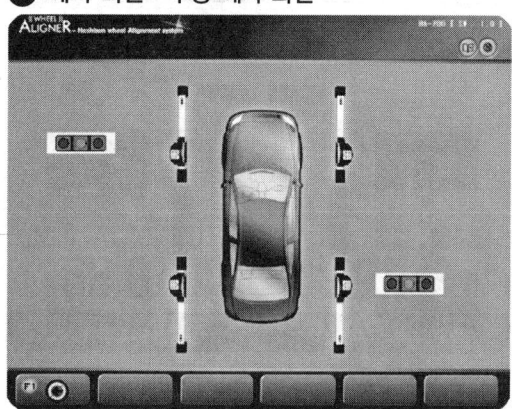

조정 결과를 보고 작업 데이터를 저장, 프린트 한다.
① F4 : 조정 결과를 인쇄한다.
② F5 : 작업 데이터를 저장하고 종료한다.
③ F6 : 작업 데이터를 저장하지 않고 종료 한다.

### ⑭ 스포일러 기능 화면

튜닝 차량이나 수입 차량의 범퍼에 의해서 토우의 빛이 가렸을 때 이용할 수 있는 기능이다. 운전석을 기울인 후 "MENU"버튼을 누른다. (이때 보조석 전자수평이 바뀐다) 보조석의 기울기를 다시 맞추고 작업이 끝나면 다음을 누른다.

### ⑮ 에러 화면- 수평 에러 화면

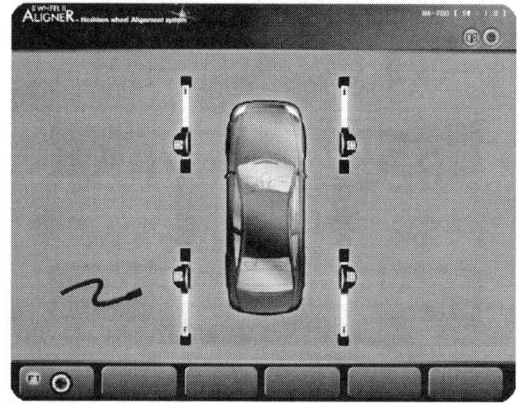

직진 조향에서 다음과 같은 화면이 나타나면, 이것은 수평이 맞지 않은 상태이므로 해당 센서의 수평을 맞춰준다.
그림에서 보는바와 같이 전륜 좌측과 후륜 우측 바퀴의 수평이 맞지 않았음을 나타낸다.

### ⑯ 에러 화면- 빛 가림 에러 화면

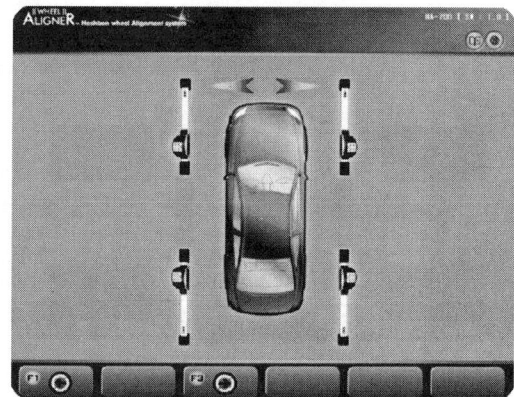

위와 같이 에러가 나오면 해당 센서의 빛이 가려진 상황, 만약 장애물이 없는데도 에러 메시지가 뜬다면 폭이 기준보다 긴 차량에서 센서를 장착할 경우이다. 이때 2~3초 기다리면 광량을 증가시켜 제거된다.

### ⑰ 에러 화면- 통신 에러 화면

위와 같은 에러가 나오면 센서와 PC간의 통신에 문제가 있는 상황이다. 해당 센서의 전원 케이블 연결 상태를 확인한다.

### ⑱ 에러 화면- 수평 에러 화면

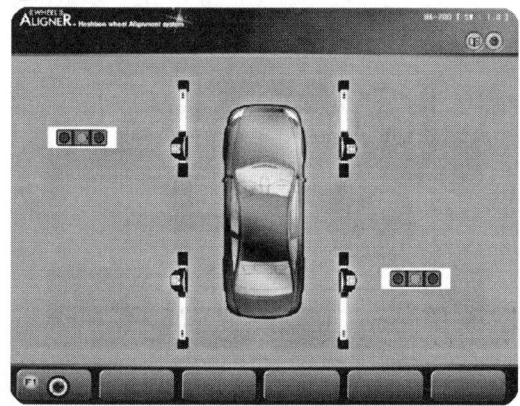

위와 같은 에러가 나오면 센서의 수평이 맞지 않은 상황이다. 해당 센서의 수평상태를 확인한다.

### ⑲ 에러 화면- 배터리 부조 에러 화면

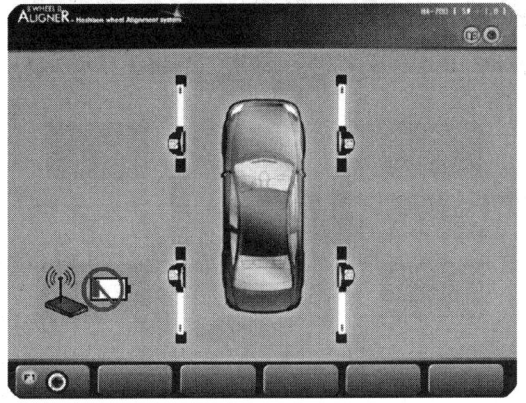

위와 같은 에러가 나오면 센서의 배터리가 부족한 상황이다. 배터리를 충전한 후에 사용한다.

### ⑳ 휠 클램프

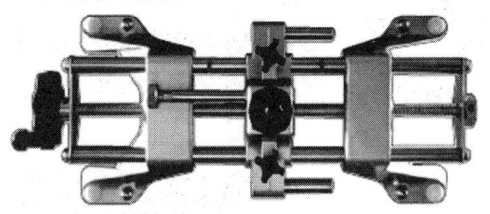

센서 헤드를 바퀴에 설치하기 위한 부품으로 10인치부터 21인치까지 휠에 부착할 수 있으며, 움직이는 후크가 달려 있다.

### ㉑ 센서 헤드

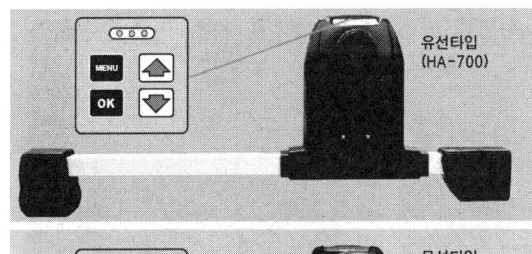
유선타입 (HA-700)

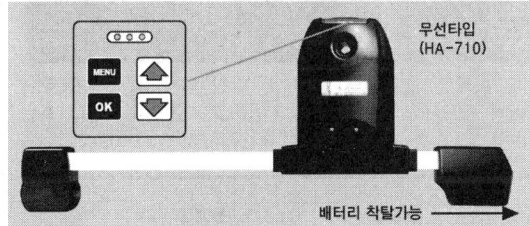
무선타입 (HA-710)
배터리 착탈가능

바퀴에 부착되어서 차륜정렬을 감지한다. 중앙에 있는 녹색 LED는 센서가 수평상태에 있는 것을 나타내며, 주위에 있는 적색의 LED는 센서가 기울어져 있음을 나타낸다.

### ㉒ 턴 테이블

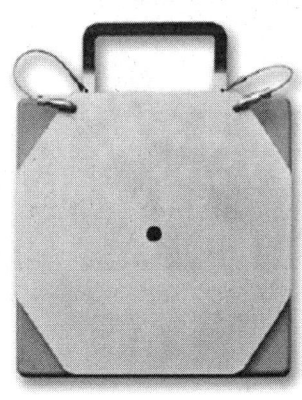

바퀴의 회전상태를 점검하고 리프트 위에서 자동차가 주행할 때와 같은 조건을 만들어 준다, 1,000kg의 하중까지 견딜 수 있다.

### ㉓ 브레이크 고정대

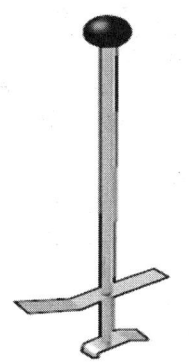

브레이크 페달을 고정하기 위한 장치이다. 런 아웃 완료 후 브레이크를 고정한다.

### ㉔ 핸들 고정대

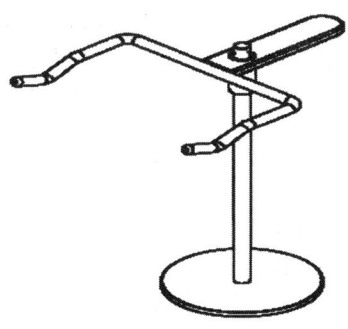

핸들을 원하는 위치에 고정하기 위하여 사용하는 장치로 측정 중에 핸들이 움직일 경우 에러가 날수 있다.

### ㉕ 배터리 충전기(무선형)

무선형에서 사용하는 것으로 헤드의 전원을 공급하여 주는 역할을 하며, 배터리를 분리하여 충전한다.

## 섀시 4. 제동력 측정

**4안 산업기사**

3항 작업 자동차에서 감독위원의 지시에 따라 전(앞) 또는 후(뒤) 제동력을 측정하여 기록표에 기록하시오.

### 시험장에서는

감독관으로부터 답안지를 받아들고 제동력 테스터기로 가면 A4 용지에 축중이 제시되어 있는 경우가 대부분이다. 또한 도와줄 보조원이 기다리고 있다. 보조원은 대부분 그곳의 학생으로 자격증 취득자이거나 테스터기를 능수능란하게 다룰 수 있는 학생이다. 제동력 측정을 혼자 할 수 없고 수검자가 운전이 불가능할 경우가 있기 때문에 보조원을 두고 있다. 보조원은 시동을 걸어 놓고 운전석에 앉아서 수검자가 지시를 내려 주기만을 기다리고 있다. 수검자는 테스터기를 세팅하고 보조원에게 차량을 진입하도록 "출발하세요"라고 지시하고 답판 위에 측정 축의 바퀴가 오면 "정지"하고 측정 버튼을 누르면 리프트가 하강하면서 롤러가 회전한다. 보조원에게 "브레이크 밟으세요." 하고 지침이 최대로 올랐을 때 푸시 버튼을 눌러 눈금을 읽는다. 주어진 축중과 좌우 측정값을 기록하고 리프트를 올린 후 계산하여 답안지를 작성하여 제출한다.

**1. 시험 준비가 완료된 상태 모습**    **2. 제동력 측정기 답판이 내려간 모습**    **3. 측정한 모니터 화면**

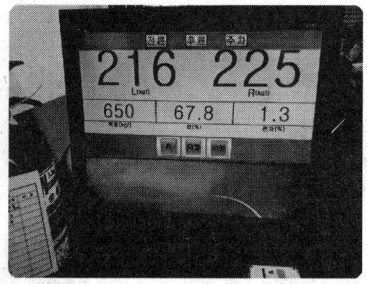

시험 준비 중인 모습이다. 깨끗하게 청소가 되어 있고 주변에 정돈된 모습이 청량한 마음을 준다. / 측정 버튼을 누르면 답판이 아래로 내려가고 롤러가 회전한다. 이때 "밟으세요"라고 보조원에게 주문한다. / 측정을 하고나면 좌, 우 측정값과 제동력의 합, 편차가 자동으로 계산되어 나온다. 계산식은 수검자가 계산하여 기록한다.

## 1 답안지 작성법

### (1) 제동력 합과 편차가 불량일 때

▶ 섀시 4. 제동력 점검
    자동차 번호 :

| 비 번호 | | 감독위원 확 인 | |
|---|---|---|---|

| ① 측정(또는 점검) | | | | ② 판정 및 정비(또는 조치)사항 | | 득점 |
|---|---|---|---|---|---|---|
| 위 치 | 구분 | 측정값 | 기준값 (□에 '✔' 표) | 산출근거 | 판정 (□에 '✔'표) | |
| 제동력 위치 (□에 '✔' 표) ☑ 앞 □ 뒤 | 좌 | 220kg | ☑ 앞   축중의 □ 뒤 | 편차 $= \dfrac{220-20}{918} \times 100 = 21.7\%$ | □ 양 호 ☑ 불 량 | |
| | 우 | 20kg | 제동력 편차   8% 이하 제동력 합   50% 이상 | 합 $= \dfrac{220+20}{918} \times 100 = 26.1\%$ | | |

※ 측정 위치는 감독위원이 지정하는 위치에 □에 '✔' 표시합니다.
※ 자동차 검사기준 및 방법에 의하여 기록 판정합니다.
※ 측정값의 단위는 시험장비 기준으로 작성합니다.
※ 산출근거에는 단위를 기록하지 않아도 됩니다.

**1) 비번호** : 비번호는 공단직원이 주는 등번호를 수검자가 기록한다.
**2) 감독위원 확인** : 감독위원 확인란은 감독위원이 채점한 후에 도장을 찍는 부분으로 수검자는 기록하지 않는다.

3) **위치** : 위치는 감독위원이 지정하는 곳에 ✔ 표시를 한다.
4) **측정값** : 측정값 란은 수검자가 제동력을 측정한 값을 기록한다.
   - 좌 : 220kg
   - 우 : 20kg
5) **기준값** : 기준값은 기준이 되는 축에 ✔ 표시를 하고 검사 기준값을 기록한다.
   - 앞 : ☑
   - 편차 : 8% 이하
   - 제동력 합 : 50% 이상
6) **산출 근거** : 계산공식에 넣어서 산출하는 계산식을 기입한다.

   ※ 계산법 : 
   - 좌,우제동력의 편차 = $\dfrac{좌,우제동력의 합}{해당 축중} \times 100 = \dfrac{220-20}{918} \times 100 = 21.7\%$
   - 좌,우제동력의 합 = $\dfrac{좌,우제동력의 편차}{해당 축중} \times 100 = \dfrac{220+20}{918} \times 100 = 26.1\%$
   - 축중은 MALIBU 2.0 가솔린 공차중량(1,530)의 60%(918kg)으로 계산함.

7) **판정** : 판정은 측정한 값과 검사기준 값을 비교하여 범위 안에 들면 양호에, 범위를 벗어나면 불량에 ✔ 표시를 한다.
   - **양호** : 측정한 값이 검사기준 값(제동력 합 50% 이상, 편차 8% 이하)의 범위에 있을 때
   - **불량** : 측정한 값이 검사기준 값(제동력 합 50% 이상, 편차 8% 이하)의 범위를 벗어났을 때
8) **득점** : 득점은 감독위원이 채점을 하고 점수를 기록하는 부분으로 수검자는 기록하지 않는다.
9) **자동차 번호** : 측정하는 자동차 번호를 수검자가 기록한다.

### ■ 대우 차종별 중량 기준값

| 항목 \ 차종 | 스파크(2016) 1.0 M/T | 1.0 C-TECH | 1.0 C-TECH ECO | MALIBU(2016) 2.0 가솔린 | 2.4 가솔린 |
|---|---|---|---|---|---|
| 엔진형식-연료 | I3-가솔린 | I3-가솔린 | I3-가솔린 | I4 | I4 |
| 배기량(CC) | 999 | 999 | 999 | 1,998 | 2,384 |
| 공차중량(kg) | 920~940 | 925~945 | 975 | 1,530 | 1,590 |
| 최대 출력(HP) | 75 | 75 | 75 | 141 | 170 |
| 최대 토크(kg.m) | 9.7 | 9.7 | 9.7 | 18.8 | 23.0 |
| 연비(km/L) M/T | 15.2 | – | – | – | – |
| 연비(km/L) A/T | – | CVT 14.3 | CVT 15.4 | 10.1 | 9.8 |
| 축거(mm) | 2,385 | 2,385 | 2,385 | 2,737 | 2,737 |
| 전륜 제동장치 | 디스크 | 디스크 | 디스크 | V디스크 | V디스크 |
| 후륜 제동장치 | 드럼 | 드럼 | 드럼 | 디스크 | 디스크 |

## (2) 제동력 합은 정상이나 편차가 불량일 때

▶ **섀시 4. 제동력 점검**

자동차 번호 :    비 번호 :    감독위원 확인 :

| 위치 | 구분 | 측정값 | 기준값 (□에 '✔'표) | | 산출근거 | 판정 (□에 '✔'표) | 득점 |
|---|---|---|---|---|---|---|---|
| 제동력 위치 (□에 '✔'표) ☑ 앞 □ 뒤 | 좌 | 160kg | ☑ 앞 □ 뒤 | 축중의 | 편차 $= \dfrac{320-160}{918} \times 100 = 17.4\%$ | □ 양 호 ☑ 불 량 | |
| | 우 | 320kg | 제동력 편차 | 8% 이하 | 합 $= \dfrac{160+320}{918} \times 100 = 52.2\%$ | | |
| | | | 제동력 합 | 50% 이상 | | | |

※ 측정 위치는 감독위원이 지정하는 위치에 □에 '✔'표시합니다.
※ 자동차 검사기준 및 방법에 의하여 기록 판정합니다.
※ 측정값의 단위는 시험장비 기준으로 작성합니다.
※ 산출근거에는 단위를 기록하지 않아도 됩니다.

## (3) 제동력 합과 편차가 정상일 때

▶ 섀시 4. 제동력 점검
자동차 번호 :

| 비 번호 | | 감독위원 확인 | |
|---|---|---|---|

| ① 측정(또는 점검) |||| ② 판정 및 정비(또는 조치)사항 ||| 득점 |
|---|---|---|---|---|---|---|---|
| 위 치 | 구분 | 측정값 | 기준값 (□에 '✔' 표) | 산출근거 || 판정 (□에 '✔' 표) | |
| 제동력 위치 (□에 '✔' 표) ☑ 앞 □ 뒤 | 좌 | 315kg | ☑ 앞 축중의 □ 뒤 | 편차 | 편차 = $\dfrac{325-315}{918} \times 100 = 1.0\%$ | ☑ 양 호 □ 불 량 | |
| | 우 | 325kg | 제동력 편차  8% 이하 | 합 | 합 = $\dfrac{325+315}{918} \times 100 = 69.7\%$ | | |
| | | | 제동력 합   50% 이상 | | | | |

※ 측정 위치는 감독위원이 지정하는 위치에 □에 '✔' 표시합니다.
※ 자동차 검사기준 및 방법에 의하여 기록 판정합니다.
※ 측정값의 단위는 시험장비 기준으로 작성합니다.
※ 산출근거에는 단위를 기록하지 않아도 됩니다.

## 2 제동력 판정 공식

① 앞바퀴 제동력의 총합 = $\dfrac{\text{앞, 좌·우 제동력의 합}}{\text{앞축중}} \times 100 = 50\%$ 이상 되어야 합격

② 좌우 제동력의 편차 = $\dfrac{\text{큰쪽 제동력} - \text{작은쪽 제동력}}{\text{당해 축중}} \times 100 = 8\%$ 이내면 합격

## 섀시 5 ABS 자기진단

주어진 자동차의 ABS에서 자기진단기(스캐너)를 이용하여 각종 센서 및 시스템의 작동 상태를 점검하고 기록표에 기록하시오.

### 시험장에서는

아마 시험장에서 제일 좋은 차량이 아닐까 싶다. 차 옆에는 테스터기가 학생의 책상 위에 놓여 있고, 차량에는 키가 놓여 있다. 테스터기를 먼저 설치하고 키를 넣어서 "ON" 위치로 한다. 그 상태에서 진단기(스캐너)로 측정하면 친절하게 고장난 부품들의 명칭을 화면에 나타내 줄 것이다. 그리고 고장의 이유는 직접 그 위치에서 확인하여야 한다. 만약 눈으로 확인이 안 되면 단품 점검으로 들어가서 단품에 문제가 있는지 아니면 선로에 문제가 있는지를 점검하여야 한다. 시험이 끝나고 나면 모든 것을 원위치로 한다. 이때 시험위원이 그대로 두고 가라고 하면 더 이상 만지지 말고 답안지를 작성하여 제출한다. 모든 답안지를 제출할 때도 마찬가지이지만 다시 한 번 기록사항을 확인한다. 비 번호는 기록하였는지, 빈공간은 없는지……

1. 전좌 휠 스피드 센서 위치
2. 전좌 휠 스피드 센서 설치 모습
3. 전좌 휠 스피드 센서 커넥터 위치

오피러스 3.3(2010) 차량으로 자기진단은 실차에서나 가능하며, 일부 시험장에서는 시뮬레이터로 보고 있는 곳도 있다. 시험장에 속해있는 교육기관의 학생들도 연습을 많이 하였으므로 그동안 만지작거리던 부품들은 반질반질하다. 고장도 현장에서 쉽게 고장 낼 수 있는 부품으로 고장 내는 경우가 대부분이다.

## 1 답안지 작성법

### (1) 앞뒤 좌측 휠 센서 커넥터가 탈거일 때

▶ 섀시 5. ABS 점검
작업대 번호 :

| 점검 항목 | ① 측정(또는 점검) | | ② 판정 및 정비(또는 조치)사항 | 득 점 |
|---|---|---|---|---|
| | 고장 부분 | 내용 및 상태 | 정비 및 조치할 사항 | |
| 자기 진단 | 전 좌측 휠 센서 단선/단락 | 전 좌측 휠 센서 - 커넥터 탈거 | 전 좌측 휠센서 커넥터 연결, 과거 기억소거 후 재점검 | |
| | 후 좌측 휠 센서 단선/단락 | 후 좌측 휠 센서 - 커넥터 탈거 | 후 좌측 휠센서 커넥터 연결, 과거 기억소거 후 재점검 | |

비 번호 / 감독위원 확 인

1) **비번호** : 비번호는 공단직원이 주는 등번호를 수검자가 기록한다.
2) **감독위원 확인** : 감독위원 확인란은 감독위원이 채점한 후에 도장을 찍는 부분으로 수검자는 기록하지 않는다.
3) **① 측정(또는 점검)** : 고장부분 란에는 수검자가 스캐너의 자기진단 화면 창에 나타난 이상 부위를 기록하고, 내용 및 상태 란에는 수검자가 점검한 이상 부위의 고장 내용 및 상태를 기록한다.
   • **고장 부분** : 전 좌측 휠 센서 단선/ 단락, 후 좌측 휠 센서 단선/ 단락
   • **내용 및 상태** : 전 좌측 휠 센서 - 커넥터 탈거, 후 좌측 휠 센서 - 커넥터 탈거
4) **② 판정 및 정비(또는 조치)사항** : 정비 및 조치할 사항 란에는 양호하면 정비 및 조치할 사항 없음으로, 불량일 경우 고장원인과 정비방법을 기록한다.

• 정비 및 조치할 사항 : 전 좌측 휠 센서 커넥터 연결, 과거 기억소거 후 재점검, 후 좌측 휠 센서 커넥터 연결, 과거 기억소거 후 재점검
5) **득점** : 득점은 시험위원이 채점을 하고 점수를 기록하는 부분으로 수검자는 기록하지 않는다.
6) **작업대 번호** : 측정하는 작업대 번호를 수검자가 기록한다.

## 2 관계 지식

### (1) 스캔 데이터 값으로 진단할 경우

엔진 시동을 걸고 스캔 툴을 연결하고 서비스 데이터 항목을 선택한다. 차량을 10km/h 속도로 직진주행을 한다. 이때 스캔 툴에 표시되는 휠 스피드 센서 항목을 점검하면, 4바퀴의 출력 값이 똑 같아야 한다.(아마 리프트 위에서는 구동 바퀴 2바퀴 값만 나올 것이다. 바퀴의 저항 값에 따른 회전수가 달라질 수 있다.) 출력 값이 나오지 않는다면 접촉 불량에 의한 일시적인 고장이거나 커넥터의 느슨함. 접촉 불량, 구부러짐, 부식, 오염, 변형, 손상일 수 있다.

▲ 정상일 때의 데이터 값    ▲ 앞 좌측 센서 불량일 때의 데이터 값

### (2) 자기진단으로 측정할 때

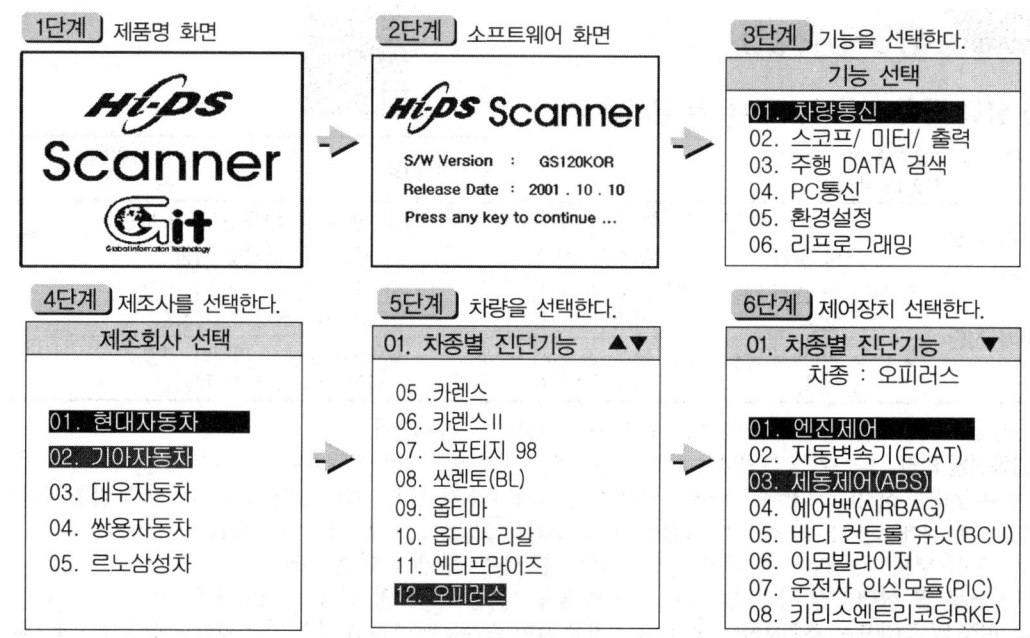

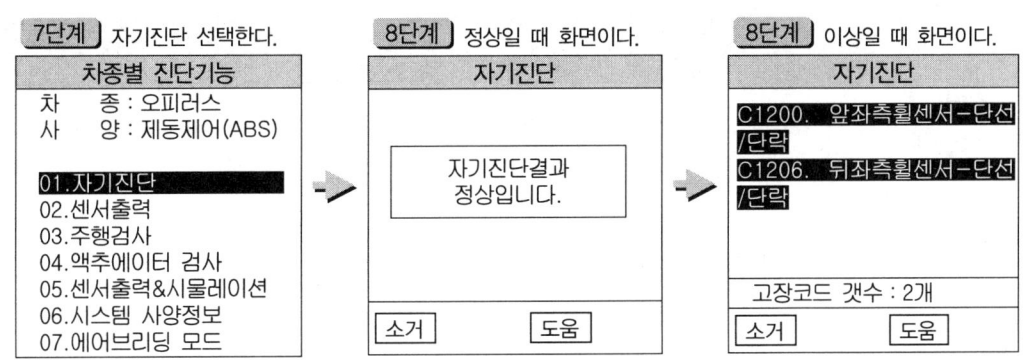

## (3) 자기진단 고장 리스트(오피러스 G 3.3 -2010)

| 번호 | 고장코드 | 고장 항목 | 번호 | 고장코드 | 고장 항목 |
|---|---|---|---|---|---|
| 1 | C1101 | 시스템 전원 높음 | 15 | C1235 | 입력센서 "A" 단선/ 단락 |
| 2 | C1102 | 시스템 전원 낮음 | 16 | C1236 | 입력센서 "B" 단선/ 단락 |
| 3 | C1200 | 앞좌측 휠센서 단선/ 단락 | 17 | C1259 | 조향각 센서 단선/ 단락 |
| 4 | C1201 | 앞좌측 휠센서 간헐적 작동범위/성능이상 | 18 | C1260 | 조향각 센서 신호 이상 |
| 5 | C1202 | 앞좌측 휠센서 에어갭 이상 | 19 | C1282 | 요-레이트 & 횡방향 G센서 단선/ 단락 |
| 6 | C1203 | 앞우측 휠센서 단선/ 단락 | 20 | C1283 | 요-레이트 & 횡방향 G센서 신호이상 |
| 7 | C1204 | 앞우측 휠센서 간헐적 작동범위/성능이상 | 21 | C1503 | TCS/ VDC 스위치 이상 |
| 8 | C1205 | 앞우측 휠센서 에어갭 이상 | 22 | C1513 | 브레이크 스위치 이상 |
| 9 | C1206 | 뒤좌측 휠센서 단선/ 단락 | 23 | C1604 | 자동제어 ECU 하드웨어 이상 |
| 10 | C1207 | 뒤좌측 휠센서 간헐적 작동범위/성능이상 | 24 | C1611 | ECM측 CAN 신호 수신 이상 |
| 11 | C1208 | 뒤좌측 휠센서 에어갭 이상 | 25 | C1612 | TCM측 CAN 신호 수신 이상 |
| 12 | C1209 | 뒤우측 휠센서 단선/ 단락 | 26 | C1616 | CAN 버스 OFF |
| 13 | C1210 | 뒤우측 휠센서 간헐적 작동범위/성능이상 | 27 | C1700 | 사양 설정 이상 |
| 14 | C1211 | 뒤우측 휠센서 에어캡 이상 | 28 | C2112 | 밸브 릴레이 이상 |
| 15 | C1235 | 입력센서 "A" 단선/ 단락 | 29 | C2227 | 브레이크 디스크 과열 |

## 전기 1 — 발전기 다이오드, 로터 코일 점검

주어진 발전기를 분해한 후 정류 다이오드 및 로터 코일의 상태를 점검하여 기록표에 기록하고 다시 본래대로 조립하여 작동상태를 확인하시오.

### 시험장에서는

감독관이 수검자의 비번호를 부른 후 답안지를 주며 작업대 위에 있는 다이오드와 로터 코일을 측정하라고 지시할 것이다. 규정에는 멀티 테스터기가 지참공구 목록에 있어서 준비하여야 하나, 수검자가 지참한 멀티 테스터기가 정확한 0점 조정이 안 되었을 경우 수검자마다 측정값이 달라질 수 있어서 시험장에서 준비하여 놓는 경우가 대부분이다. 측정할 때 부품을 떨어트린다거나 함부로 다루는 모습으로 보여서는 안된다. 측정을 하고 난후에는 측정기와 다이오드, 로터 코일을 가지런히 정리하는 것을 잊지 말아야 한다.

1. 로터코일 저항 측정

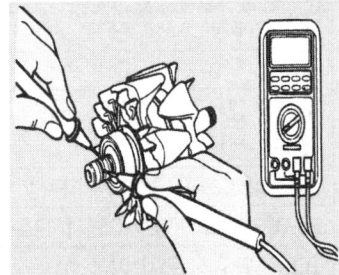

멀티 테스터를 저항으로 놓고 +슬립링과 -슬립링에 멀티 테스터기를 대고 측정함.

2. ⊕다이오드 점검

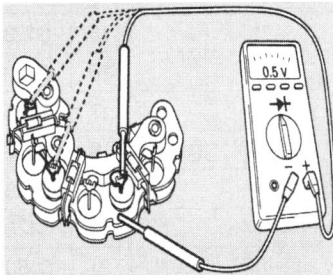

저항 또는 다이오드 위치에서 +리드를 터미널, -리드를 접지에 전류 통함.

3. ⊖다이오드 점검

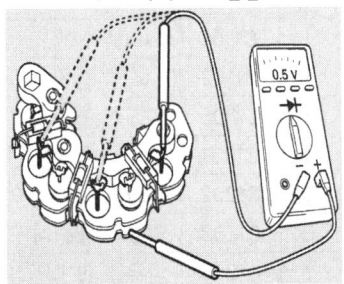

저항 또는 다이오드 위치에서 -리드를 터미널, +리드를 접지 터미널에 전류 통함.

## 1 답안지 작성법

동영상    동영상

### (1) 로터 코일과 다이오드가 불량일 때

▶ 전기 1. 발전기 점검
　　자동차 번호 :

| 측정 항목 | ① 측정(또는 점검) | | ② 판정 및 정비(또는 조치)사항 | | 득점 |
|---|---|---|---|---|---|
| | 측정값 | 규정(정비한계)값 | 판정(□에 '✔'표) | 정비 및 조치할 사항 | |
| (+)다이오드 | (양 : 1 개), (부 : 2 개) | | □ 양 호<br>✔ 불 량 | • + 다이오드 단락 2개 – 교환<br>• - 다이오드 단락 1개 – 교환<br>• 로터 코일 단선 – 발전기 교환 | |
| (-)다이오드 | (양 : 2 개), (부 : 1 개) | | | | |
| 로터코일 저항 | ∞Ω | 4.1~4.3Ω | | | |

비번호 : 　　　감독위원 확인 :

1) **비번호** : 비번호는 공단직원이 주는 등번호를 수검자가 기록한다.
2) **감독위원 확인** : 감독위원 확인란은 감독위원이 채점한 후에 도장을 찍는 부분으로 수검자는 기록하지 않는다.
3) **① 측정(또는 점검)** : 측정값은 수검자가 로터 코일과 다이오드의 측정한 값을 기록하고, 규정(정비한계)값은 감독관이 주어진 값이나 또는 정비지침서를 보고 기록한다(반드시 단위를 기록한다).
　　• 측정값 : ·(+)다이오드 – (양 : 1 개), (부 : 2 개)  ·(-)다이오드 – (양 : 2 개), (부 : 1 개)
　　　　　　　·로터 코일 저항 – ∞Ω
　　• 규정(정비한계)값 : ·로터 코일 저항 -4.1~4.3Ω
　　• 다이오드 불량 확인 방법 : 테스터 리드의 (+)를 터미널과 몸체에 댔을 때 양쪽으로 도통이면 불량이다.
　　• 로터 코일 저항 : •단선이면 – ∞Ω　　•단락이면 – 0Ω
4) **② 판정** : 판정은 수검자가 측정한 값과 규정(정비한계)값을 비교하여 범위 내에 있으면 양호, 벗어나면 불량에 ✔표시를 하며, 정비 및 조치할 사항은 고장원인과 정비할 사항을 기록한다.

- 판정 : ・양호-규정(정비한계)값의 범위에 있을 때  ・불량-규정(정비한계)값을 벗어났을 때
- 정비 및 조치할 사항 ・정비 및 조치할 사항 없음.

5) **득점** : 득점은 감독위원이 채점을 하고 점수를 기록하는 부분으로 수검자는 기록하지 않는다.
6) **자동차 번호** : 측정하는 자동차의 번호를 수검자가 기록한다.

■ 로터 코일의 차종별 규정값

| 차 종 | 저항($\Omega$) | 차 종 | 저항($\Omega$) |
|---|---|---|---|
| 쏘나타Ⅲ / 투스카니 / 베르나 / 트라제XG / 싼타페 | 3.1 | EF 쏘나타 / 그랜저 XG / 에쿠스 / 테라칸 / 스타렉스 | 2.75±0.2 |
| 쏘나타 | 4~5 | 세피아 | 3.5~4.5 |
| 그랜저(HG) G3.0 | 1.7 | 아반떼(HD) G1.6 | 통전 |
| NF 쏘나타 G2.0 | 통전 | 투싼(LM) D2.0 TCI | 통전 |
| i30(PD) G1.6T | 통전 | K5(TF) G2.0 DOHC | 통전 |
| 아반떼XD / 라비타 | 2.5~3.0 | 쏘렌토 R(XM) D 2.2 | 통전 |
| 포 텐 샤 | 2~4 | 스포티지(KM) D 2.0 | 통전 |
| 모잉(SA) 1.0 SOHC | 통전 | | |

## (2) 로터 코일은 정상이나 다이오드가 불량일 때

▶ 전기 1. 발전기 점검
자동차 번호 :

| 측정 항목 | ① 측정(또는 점검) | | ② 판정 및 정비(또는 조치)사항 | | 득점 |
|---|---|---|---|---|---|
| | 측정값 | 규정(정비한계)값 | 판정(□에 '✔'표) | 정비 및 조치할 사항 | |
| (+)다이오드 | (양 : 2 개), (부 : 1 개) | | □ 양 호<br>☑ 불 량 | ・+ 다이오드 단락 1개 - 교환<br>・- 다이오드 단락 1개 - 교환 | |
| (-)다이오드 | (양 : 2 개), (부 : 1 개) | | | | |
| 로터코일 저항 | 4.2$\Omega$ | 4.1~4.3$\Omega$ | | | |

## (3) 다이오드는 양호하고 로터 코일이 불량일 때

▶ 전기 1. 발전기 점검
자동차 번호 :

| 측정 항목 | ① 측정(또는 점검) | | ② 판정 및 정비(또는 조치)사항 | | 득점 |
|---|---|---|---|---|---|
| | 측정값 | 규정(정비한계)값 | 판정(□에 '✔'표) | 정비 및 조치할 사항 | |
| (+)다이오드 | (양 : 3 개), (부 : 0 개) | | □ 양 호<br>☑ 불 량 | 로터 코일 단선- 발전기 교환 | |
| (-)다이오드 | (양 : 3 개), (부 : 0 개) | | | | |
| 로터코일 저항 | $\infty\Omega$ | 4.1~4.3$\Omega$ | | | |

## (4) 로터 코일과 다이오드가 양호할 때

▶ 전기 1. 발전기 점검
자동차 번호 :

| 측정 항목 | ① 측정(또는 점검) | | ② 판정 및 정비(또는 조치)사항 | | 득점 |
|---|---|---|---|---|---|
| | 측정값 | 규정(정비한계)값 | 판정(□에 '✔'표) | 정비 및 조치할 사항 | |
| (+)다이오드 | (양 : 3 개), (부 : 0 개) | | ☑ 양 호<br>□ 불 량 | 정비 및 조치할 사항 없음 | |
| (-)다이오드 | (양 : 3 개), (부 : 0 개) | | | | |
| 로터코일 저항 | 4.2$\Omega$ | 4.1~4.3$\Omega$ | | | |

## 2 관계 지식

### (1) 발전기 분해도 & 로터코일 저항 측정법

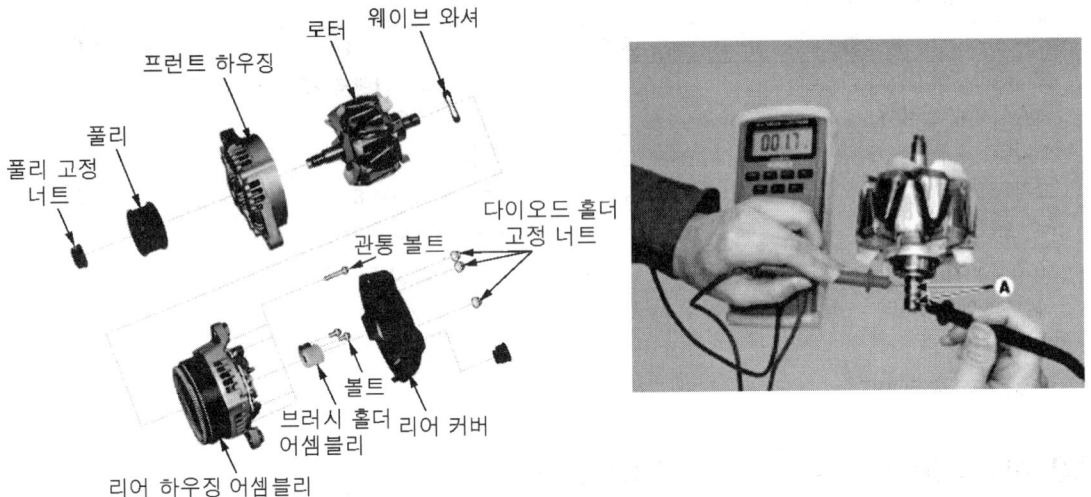

▲ 발전기 분해도 & 로터 코일 저항 측정법

## 전기 2 — 전조등 광도, 진폭 점검

주어진 자동차에서 전조등 시험기로 전조등을 점검하여 기록표에 기록하시오.

### 시험장에서는

헤드라이트의 광도와 진폭의 측정은 엔진의 시동을 걸고 측정하여야 옳으나 시험장에서는 안전을 위하여 엔진이 정지된 상태에서 측정하는 경우가 많다. 감독위원이 좌측이나 우측을 지정하여 주는 곳을 측정하는데 좌, 우는 운전석에 앉아서 좌측과 우측임을 잊지 말아야 한다. 측정하기 전에 조건(타이어의 공기압, 배터리 성능, 바닥의 수평 상태 등)이 맞는지 확인하고 헤드라이트의 유리를 깨끗한 걸레로 닦아서 측정값이 정확하게 나오도록 하여야 한다. 측정은 변환빔(하향등) 상태에서 측정하여야 하며, 차량은 공회전(단, 광도 측정 시 2,000rpm), 공차 상태, 운전자 1인이 승차하여 측정하여야 한다.

보조원이 운전석에 앉아서 라이트를 조작하여 주는 경우도 있으나 대부분이 운전자가 탑승하지 않은 상태에서 측정한다. 근래에 생산된 차량은 헤드라이트 조작이 키 스위치를 넣어야만 가능하도록 되어 있으므로 참고하기 바란다.

1. 시뮬레이터로 측정 준비된 모습
2. 전조등 빔을 중앙에 맞춤된 모습
3. 측정을 누르면 측정하고 표시한다.

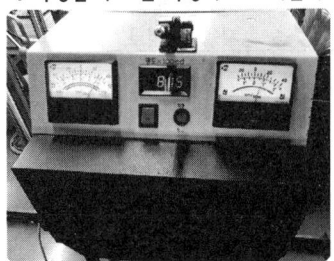

실제 차량으로 전조등 시험을 하는 경우도 있지만 시뮬레이터를 이용하는 방법도 있다.

시험기는 뒤편에서 전조등 빔의 중앙에 십자가가 맞도록 조정한다.

측정 단자를 누르면 광도와 진폭을 측정하고 측정값을 화면과 계기판에 표시한다.

## 1. 답안지 작성법

### (1) 광도, 진폭이 불량일 때

▶ 전기 2. 전조등 점검
자동차 번호 :

| 항목 | ① 측정(또는 점검) | | ② 판정 | 득 점 |
|---|---|---|---|---|
| | 측정값 | 기준값 | 판정(□에 '✔') | |
| (□에 '✔')<br>위치 :<br>☑ 좌<br>□ 우<br>설치높이 :<br>☑ ≤ 1.0m<br>□ > 1.0m | 광도<br>2,600cd | 3,000cd 이상 | □ 양 호<br>☑ 불 량 | |
| | 진폭<br>-3.0%(-0.30cm) | -0.5~-2.5% 이내<br>(-0.05~-0.25cm 이내) | □ 양 호<br>☑ 불 량 | |

비 번호 : 　　　　감독위원 확 인 :

※ 측정 위치는 감독위원이 지정하는 위치에 □에 '✔' 표시합니다.
※ 자동차 검사기준 및 방법에 의하여 기록 판정합니다.

**1) 비번호** : 비번호는 공단직원이 주는 등번호를 수검자가 기록한다.
**2) 감독위원 확인** : 감독위원 확인란은 감독위원이 채점한 후에 도장을 찍는 부분으로 수검자는 기록하지 않는다.

3) ① 측정(또는 점검) : 위치 및 설치 높이는 감독위원이 지정하는 차량과 위치 및 설치 높이에 ✔표시를 하고, 측정값은 수검자가 측정한 광도와 진폭의 값을 기록하고 기준값은 검사기준 값을 암기하여 기록한다.
 • 위치 및 설치 높이 : · 위치 – 감독위원이 지정하는 차량의 헤드라이트 위치에 ✔표시를 한다.
   운전석에 앉아서 좌, 우 위치이다.
  · 설치 높이 – 점검차량의 전조등 설치 높이에 ✔표시를 한다.
 • 측정값 : · 광도 – 수검자가 측정한 광도 값을 기록한다.
  · 진폭 – 수검자가 측정한 변환빔의 진폭 값을 기록한다.
 • 기준값 : · 광도 – 수검자가 검사기준의 광도 값을 암기하여 기록한다.
  · 진폭 – 수검자가 검사기준의 진폭 값을 암기하여 기록한다.
4) ② 판정 : 판정란은 수검자가 측정한 값과 기준값을 비교하여 범위 내에 있으면 양호, 벗어나면 불량에 ✔표시를 한다. 어느 하나라도 불량이면 판정은 불량이다.
 • 판정 : · 양호–기준값의 범위에 있을 때  · 불량–기준값을 벗어났을 때
5) 득점 : 득점은 감독위원이 채점을 하고 점수를 기록하는 부분으로 수검자는 기록하지 않는다.
6) 자동차 번호 : 측정하는 자동차의 번호를 수검자가 기록한다.

## (2) 광도가 불량일 때

▶ 전기 2. 전조등 점검
 자동차 번호 :

| 항목 | | ① 측정(또는 점검) | | ② 판정 | 득 점 |
|---|---|---|---|---|---|
| | | 측정값 | 기준값 | 판정(□에 '✔') | |
| (□에 '✔')<br>위치 :<br>☑ 좌<br>□ 우<br>설치높이 :<br>☑ ≤ 1.0m<br>□ > 1.0m | 광도 | 2,900cd | 3,000cd 이상 | □ 양 호<br>☑ 불 량 | |
| | 진폭 | -2.4%(-0.24cm) | -0.5~-2.5% 이내<br>(-0.05~-0.25cm 이내) | ☑ 양 호<br>□ 불 량 | |

비 번호 : 　　　감독위원 확 인 :

※ 측정 위치는 감독위원이 지정하는 위치에 □에 '✔' 표시합니다.
※ 자동차 검사기준 및 방법에 의하여 기록 판정합니다.

## (3) 진폭이 불량일 때

▶ 전기 2. 전조등 점검
 자동차 번호 :

| 항목 | | ① 측정(또는 점검) | | ② 판정 | 득 점 |
|---|---|---|---|---|---|
| | | 측정값 | 기준값 | 판정(□에 '✔') | |
| (□에 '✔')<br>위치 :<br>☑ 좌<br>□ 우<br>설치높이 :<br>☑ ≤ 1.0m<br>□ > 1.0m | 광도 | 35,000cd | 3,000cd 이상 | ☑ 양 호<br>□ 불 량 | |
| | 진폭 | -3.6%(-0.36cm) | -0.5~-2.5% 이내<br>(-0.05~-0.25cm 이내) | □ 양 호<br>☑ 불 량 | |

비 번호 : 　　　감독위원 확 인 :

※ 측정 위치는 감독위원이 지정하는 위치에 □에 '✔' 표시합니다.
※ 자동차 검사기준 및 방법에 의하여 기록 판정합니다.

## (4) 광도와 진폭이 정상일 때

▶ 전기 2. 전조등 점검
자동차 번호 :

| 비 번호 | | 감독위원 확 인 | |
|---|---|---|---|

| ① 측정(또는 점검) | | | ② 판정 | 득 점 |
|---|---|---|---|---|
| 항목 | 측정값 | 기준값 | 판정(□에 '✔') | |
| (□에 '✔')<br>위치 :<br>☑ 좌<br>□ 우<br>설치높이 :<br>☑ ≤ 1.0m<br>□ > 1.0m | 광도<br><br>62,000cd | 3,000cd 이상 | ☑ 양 호<br>□ 불 량 | |
| | 진폭<br><br>-1.8%(-0.18cm) | -0.5~-2.5% 이내<br>(-0.05~-0.25cm 이내) | ☑ 양 호<br>□ 불 량 | |

※ 측정 위치는 감독위원이 지정하는 위치에 □에 '✔' 표시합니다.
※ 자동차 검사기준 및 방법에 의하여 기록 판정합니다.

## 2 관계 지식

### (1) 자동차관리법 시행규칙 제73조 관련 검사기준 및 검사방법 의한 검사기준

| 항 목 | 검사 기준 | | 검사 방법 |
|---|---|---|---|
| 등화<br>장치 | · 변환빔의 광도는 3000cd 이상일 것 | | · 좌우측 전조등(변환빔)의 광도와 광도점을 전조등 시험기로 측정하여 광도점의 광도 확인 |
| | · 변환빔의 진폭은 10m 위치에서 다음 수치 이내일 것 | | · 좌우측 전조등(변환빔)의 컷오프선 및 꼭지점의 위치를 전조등 시험기로 측정하여 컷오프선의 적정여부 확인 |
| | 설치 높이 ≤ 1.0m | 설치 높이 > 1.0m | |
| | -0.5 ~ -2.5% | -1.0 ~ -3.0% | |
| | · 컷오프선의 꺾임점(각)이 있는 경우 꺾임점의 연장선은 우측 상향일 것 | | · 변환빔의 컷오프선, 꺾임점(각), 설치상태 및 손상여부 등 안전기준 적합여부를 확인 |

**예** 컷 오프선의 수직위치는 자동차의 변환빔 전조등 설치 높이(발광면의 최하단) 대비 아래 기준에 적합할 것(설치 높이 ≤ 1.0m)

- $-0.5\% = \dfrac{x \times 100}{10}$, $x = \dfrac{-0.5 \times 10}{100} = -0.05cm$ 이내, $\% = \dfrac{-0.05cm \times 100}{10} = -0.5\%$ 이내

- $-2.5\% = \dfrac{x \times 100}{10}$, $x = \dfrac{-2.5 \times 10}{100} = -0.25cm$ 이내, $\% = \dfrac{-0.25cm \times 100}{10} = -2.5\%$ 이내

- 설치 높이 > 1.0m : -0.1cm ~ -0.3cm 이내

## 전기 3  ETACS 열선 스위치 입력신호(전압) 점검

주어진 자동차에서 열선 스위치 조작시 편의장치(ETACS 또는 ISU) 커넥터에서 스위치 입력신호(전압)를 측정하고 이상여부를 확인하여 기록표에 기록하시오.

### 시험장에서는

에탁스(ETACS : Electronic Time Alam Control System)는 소형이나, 준중형 차량에는 미장착 차량이 많고 중형 이상의 차량에서 채용한 시스템이었으나 요즘은 경차에도 도입하는 추세이다. 실제의 차량을 이용하는 경우도 있지만 대부분이 시뮬레이터를 사용한다. 점검 및 측정하기가 편하게 만들어져 있다. 에탁스 하면 모두 어려워하고 있지만 실상 회로도만 볼 줄 알면 간단하게 해결할 수 있는 문제다. 답안지를 받아 들고 차량으로 가면 측정 차량의 앞이나 측면 유리에 **"에탁스 실내등 출력 전압 점검"** 이라는 글씨가 보일 것이다. 운전석에 앉으면 정비 지침서나 에탁스 회로도를 복사한 것이 보일 것이다. 측정한 값을 답안지에 작성하여 제출한다. 현재 차량에서는 BCM(Body Control Module)으로 이름 바꿔서 사용하고 있음을 참고하기 바란다. BCM이 새로운 시스템이라고 볼 것이 아니라 기존의 ETACS 제어의 기능을 확장 장치로 생각하고 접근하면 결코 어렵지 않은 시스템이 될 것이다.

## 1 답안지 작성법

### (1) 열선 스위치 입력회로 작동 전압이 불량일 때

▶ 전기 3. 열선 스위치 회로 점검
자동차 번호 :

| 점검 항목 | ① 측정(또는 점검) | | ② 판정 및 정비(또는 조치)사항 | | 득 점 |
|---|---|---|---|---|---|
| | 측정값 | 내용 및 상태 | 판정(□에 '✔'표) | 정비 및 조치할 사항 | |
| 열선 스위치 작동시 전압 | ON : 0V<br>OFF : 0V | 열선 스위치 불량 | □ 양 호<br>☑ 불 량 | 열선 스위치-교환. | |

비번호 : [    ]  감독위원 확인 : [    ]

1) **비번호** : 비번호는 공단직원이 주는 등번호를 수검자가 기록한다.
2) **감독위원 확인** : 감독위원 확인란은 감독위원이 채점한 후에 도장을 찍는 부분으로 수검자는 기록하지 않는다.
3) **① 측정(또는 점검)** : 측정값은 수검자가 열선 스위치 작동 전압을 측정한 값을 기록하고, 내용 및 상태는 고장 난 부품의 상태를 기록한다.
    • 측정값 : ON-0V, OFF-0V
    • 내용 및 상태 : 열선 스위치 불량
4) **② 판정** : 판정은 수검자가 측정한 측정값과 규정(정비한계)값을 비교하여 범위 내에 있으면 양호, 벗어나면 불량에 ✔표시를 하며, 정비 및 조치할 사항은 고장원인과 정비할 사항을 기록한다.
    • 판정 : ·양호-규정(정비한계)값의 범위에 있을 때   ·불량-규정(정비한계)값을 벗어났을 때
    • 정비 및 조치할 사항 : 양호하면 정비 및 조치할 사항 없음으로, 불량일 경우 고장원인 정비방법을 기록한다.
5) **득점** : 득점은 감독위원이 채점을 하고 점수를 기록하는 부분으로 수검자는 기록하지 않는다.
6) **자동차 번호** : 측정하는 자동차의 번호를 수검자가 기록한다.

■ 열선 스위치 입력회로 작동 전압 규정값

| 항 목 | | 조 건 | 전압값 | 비고 |
|---|---|---|---|---|
| 입력 요소 | 발전기 L 단자 | 시동할 때 발전기 L 단자 입력 전압 | 12V | |
| | 열선 스위치 | OFF | 5V | |
| | | ON | 0V | |
| 출력 요소 | 열선 릴레이 | 열선 작동 시작부터 열선 릴레이 OFF될 때까지의 시간 측정 | 20분 | |
| | | 열선 작동 중 열선 스위치 작동할 때 현상 | 뒷유리 성애 제거됨 | |

■ 일반적인 규정값

| 차종 | 제어시간 | 제어 특성 |
|---|---|---|
| 아반떼 XD / EF쏘나타 / 트라제XG / 싼타페 | 20분 ± 1분 | EF쏘나타는 열선 릴레이를 ETACS가 (+)를 제어한다. |
| 베르나 / 그랜저 XG / 에쿠스 | 15분 ± 1분 | |

## 2 관계 지식

### (1) 타임 차트

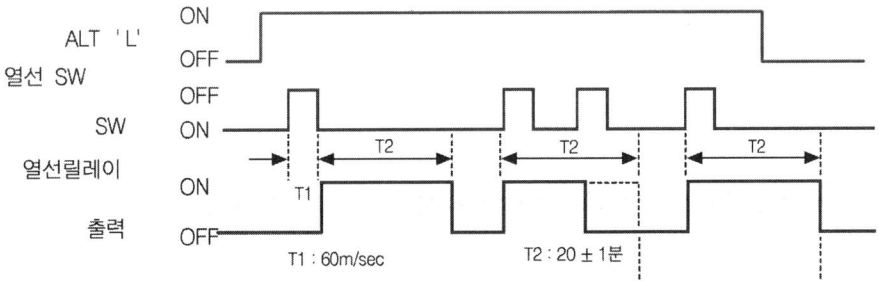

▲열선 스위치 동작 특성

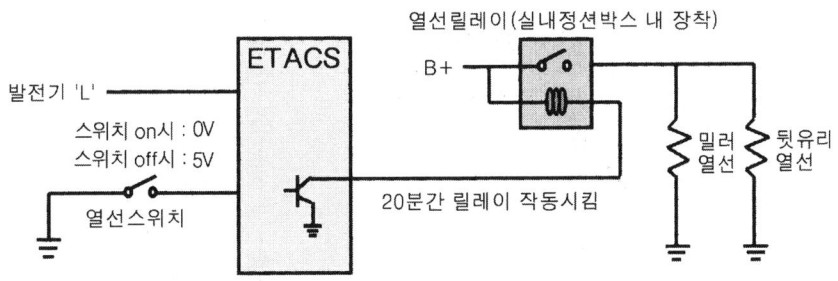

▲열선 스위치 동작 회로도

① 발전기 "L" 단자에서 12V 출력 시 열선 스위치를 누르면 열선 릴레이를 15분간 ON 한다.(열선은 많은 전류가 소모되므로 배터리 방전을 방지하기 위해 시동이 걸린 상태에서만 작동하도록 되어 있다. 따라서 발전기 "L" 단자는 시동여부를 판단하기 위한 신호로 사용한다)
② 열선 작동 중 다시 열선 스위치를 누르면 열선 릴레이는 "OFF" 된다.
③ 열선 작동 중 발전기 "L" 단자가 출력이 없을 경우에도 열선 릴레이는 OFF 된다.
④ 사이드 미러 열선은 뒷유리 열선과 병렬로 연결되어 동일한 조건으로 작동한다.

## (2) 열선 스위치 입력회로 작동 회로도

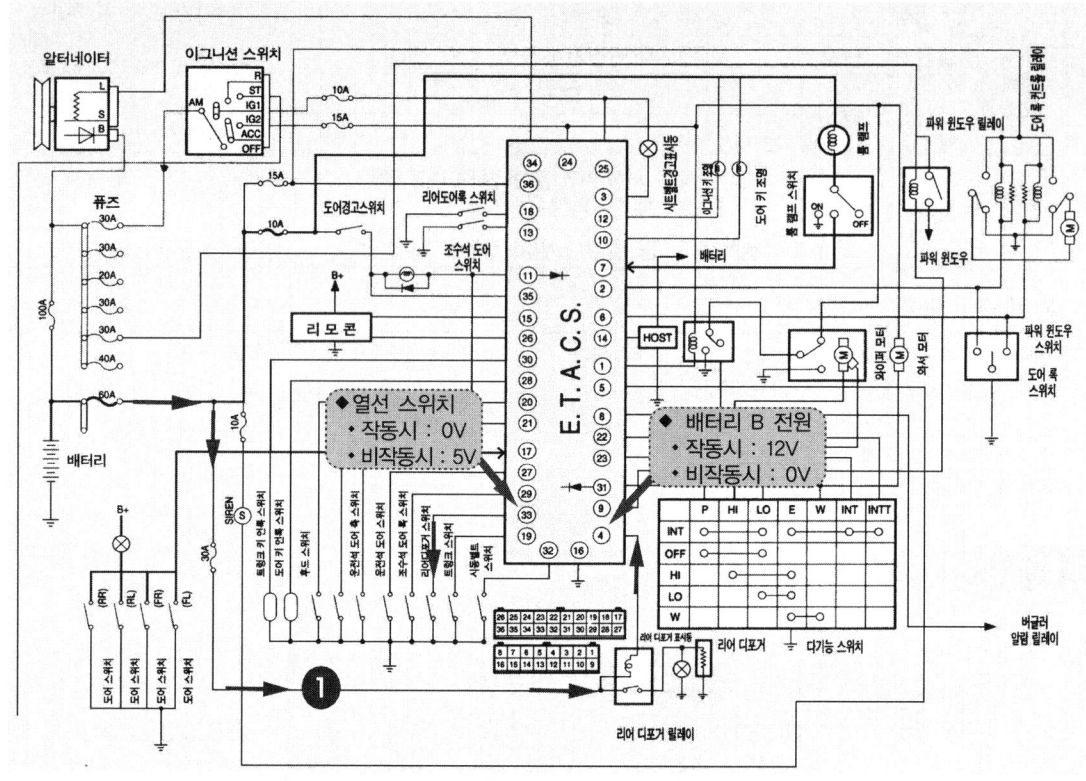

▲에탁스 열선 스위치 입력회로 작동전압 점검

## (3) 열선 스위치 작동 전압 측정 위치-1 (스포티지 R D2.2 - 2011)

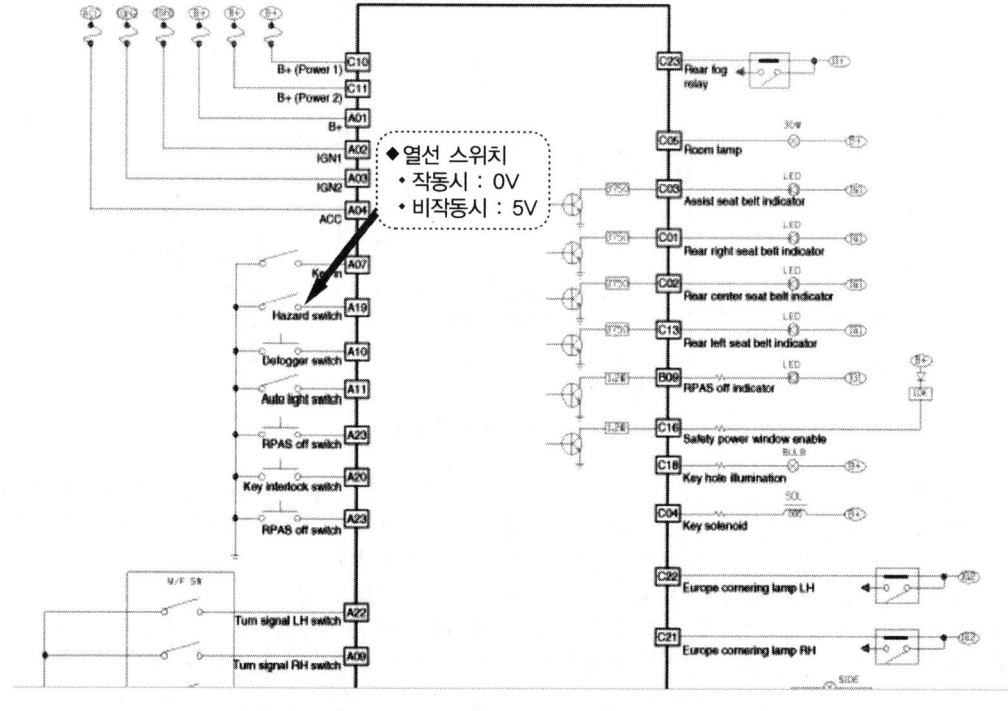

▲ 열선 스위치 작동 전압 측정 위치 (스포티지 R D2.0 - 2011)

## (4) 열선 스위치 작동 전압 측정 위치-2 (스포티지 R D2.0 - 2011)

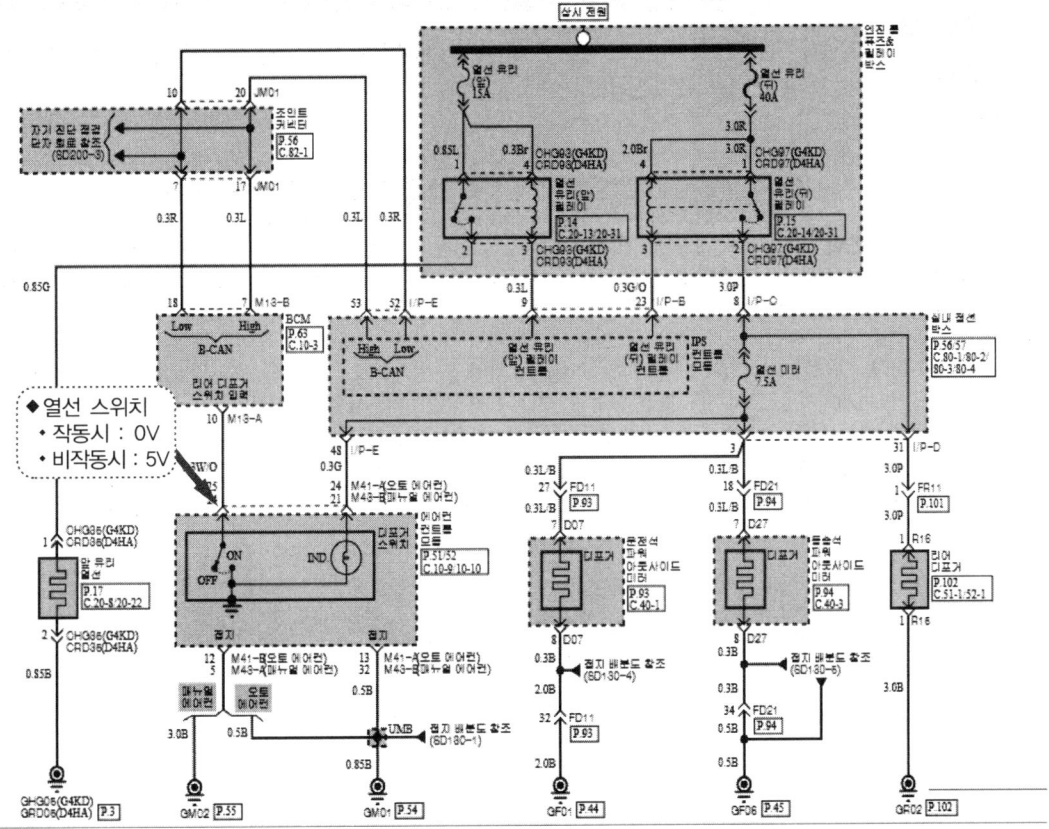

▲ 열선 스위치 작동 전압 측정 위치-2(스포티지 R D2.0 - 2011)

**엔진 1 — 오일 펌프 사이드 간극 점검**

5안 산업기사

주어진 엔진을 기록표의 측정 항목까지 분해하여 기록표의 요구사항을 측정 및 점검하고 본래 상태로 조립하시오.

## 시험장에서는

① **오일펌프 탈거·조립** : 작업대 위나 엔진 스탠드에 분해 조립용 엔진이 준비되어 있고 대부분 옆에 부속품은 탈거되어 있어 프런트 케이스만 탈거하고 오일펌프 커버를 분리한다. 일부이긴 하나 프런트 케이스가 탈거되어 있고 오일펌프 커버만 드라이버로 분리하면 되는 경우도 있는데 이는 시험 진행을 원활히 하기 위함이다.

② **오일펌프 사이드 간극 점검** : 직정규와 시크니스 게이지로 측정한다. 시크니스 게이지는 수검자의 기본적인 준비용 측정기이다. 대부분 내접기어가 많으며, 오일펌프 커버를 분해하고 직정규를 보디와 내·외측 기어위에 올려놓고 시크니스 게이지로 그사이를 측정한다. 최댓값이 측정값이다. 시험장에 작업대는 철판으로 만들어져 있다. 측정하면서 달그락거리는 소리가 크게 들리던지 측정기나 부품을 떨어트려 큰소리가 나면 안전관리를 안 지킨 것으로 수검자 모두에게 확인하는 것이므로 분명 감점이 될 것으로 생각 된다. 조심조심 다루도록 한다.

| 1. 사이드 간극 | 2. 팁 간극(외측) | 3. 보디 간극 |
|---|---|---|
| 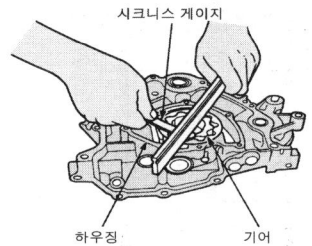 | 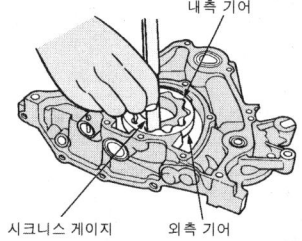 | 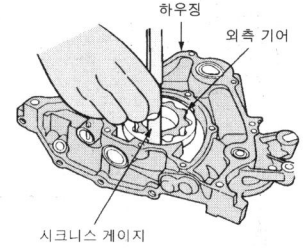 |
| 오일펌프 커버를 분리하고 직정규를 대고 시크니스 게이지로 측정한다. | 이너 기어와 아웃 기어의 이 끝 면에서의 간극을 측정한다. | 외측 기어와 펌프 보디와의 간극을 측정한다. |

## 1 답안지 작성법

### (1) 사이드 간극이 클 때

▶ 엔진 1. 오일펌프 점검
　엔진 번호 :

| 측정 항목 | ① 측정(또는 점검) | | ② 판정 및 정비(또는 조치)사항 | | 득 점 |
|---|---|---|---|---|---|
| | 측정값 | 규정(정비한계)값 | 판정(□에 ✔표) | 정비 및 조치할 사항 | |
| 오일 펌프 사이드 간극 | 0.40mm | 0.08~0.14mm (한계값 0.25mm) | □ 양 호<br>☑ 불 량 | 내/외접 기어의 측면 과도 마모 – 교환 | |

| 비번호 | | 감독위원 확 인 | |
|---|---|---|---|

1) **비번호** : 비번호는 공단직원이 주는 등번호를 수검자가 기록한다.
2) **감독위원 확인** : 감독위원 확인란은 감독위원이 채점한 후에 도장을 찍는 부분으로 수검자는 기록하지 않는다.
3) **① 측정(또는 점검)** : 측정값은 수검자가 오일펌프 사이드 간극을 측정한 값으로 기록하고, 규정(정비한계)값은 감독관이 주어진 값이나 또는 정비지침서를 보고 기록한다.(반드시 단위를 기입한다)
　● 측정값 : 0.40mm
　● 규정(정비한계)값 : 0.08~0.14mm(한계값 0.25mm)
4) **② 판정 및 정비(또는 조치)사항** : 판정은 수검자가 측정한 값과 규정(정비한계)값을 비교하여 범위 내에 있으면 양호, 벗어나면 불량에 ✔표시를 하며, 정비 및 조치할 사항 란에는 고장원인과 정비할 사항을 기록한다.
　●판정 : ·양호 – 규정(정비한계)값 이내에 있을 때 　·불량 – 규정(정비한계)값을 벗어났을 때
　●정비 및 조치할 사항 : 양호하면 정비 및 조치할 사항 없음으로, 불량일 경우 고장원인과 정비방법을 기록한다.

5) 득점 : 득점은 감독위원이 채점을 하고 점수를 기록하는 부분으로 수검자는 기록하지 않는다.
6) 엔진 번호 : 측정하는 엔진 번호를 수검자가 기록한다.

■ **차종별 오일펌프 사이드, 보디, 팁 간극 기준값(mm)**

| 차 종 | | 사이드 간극 | | 보디간극 | 팁 간극 | | | 종류 |
|---|---|---|---|---|---|---|---|---|
| | | 규정값 | 한계값 | | | 규정값 | 한계값 | |
| 엑 셀 | | 0.04~0.10 | – | 0.1~0.2 | 외측 | 0.22~0.34 | – | 내접기어식 |
| | | | | | 내측 | 0.21~0.32 | | |
| 쏘나타 | 구동 | 0.08~0.14 | 0.25 | – | – | | – | 내접기어식 |
| | 피동 | 0.06~0.12 | | – | – | | | |
| 아반떼XD/베르나 (DOHC/SOHC) | 외측 | 0.06~0.11 | 1.0 | 0.12~0.18 | | 0.025~0.069 | – | 내접기어식 |
| | 내측 | 0.04~0.085 | | | | | | |
| 투스가니(2.0) | 외측 | 0.04~0.09 | | 0.12~0.185 | | 0.025~0.069 | – | 내접기어식 |
| | 내측 | 0.04~0.085 | | | | | | |
| EF 쏘나타(1.8/ 2.0) | 구동 | 0.08~0.14 | 0.25 | – | 구동 | 0.16~0.21 | 0.25 | 기어식 |
| | 피동 | 0.06~0.12 | 0.25 | | 피동 | 0.13~0.18 | 0.25 | |
| 그랜저 XG(2.0/2.5/3.0) | | 0.040~0.095 | – | 0.100~0.181 | – | | – | 내접기어식 |
| 크레도스 | | 0.10 | – | – | – | | – | 내접기어식 |
| 세피아 | | 0.14 | – | – | – | | – | 내접기어식 |
| 그랜저 | 구동 | 0.08~0.14 | 0.25 | – | – | | – | 기어식 |
| | 피동 | 0.06~0.12 | | – | – | | | |
| 프라이드 | 아웃 | 0.03~0.11 | 0.14 | – | – | | – | 내접기어식 |
| | 이너 | 0.03~0.11 | | – | – | | | |

## (2) 사이드 간극이 규정값 보다 크고 한계값 보다는 작을 때

▶ 엔진 1. 오일펌프 점검
　　엔진 번호 :

| 측정 항목 | ① 측정(또는 점검) | | ② 판정 및 정비(또는 조치)사항 | | 득 점 |
|---|---|---|---|---|---|
| | 측정값 | 규정(정비한계)값 | 판정(□에 '✔'표) | 정비 및 조치할 사항 | |
| 오일 펌프 사이드 간극 | 0.20mm | 0.08~0.14mm (한계값 0.25mm) | ☑ 양 호<br>□ 불 량 | 정비 및 조치사항 없음 | |

## (3) 사이드 간극이 정상일 때

▶ 엔진 1. 오일펌프 점검
　　엔진 번호 :

| 측정 항목 | ① 측정(또는 점검) | | ② 판정 및 정비(또는 조치)사항 | | 득 점 |
|---|---|---|---|---|---|
| | 측정값 | 규정(정비한계)값 | 판정(□에 '✔'표) | 정비 및 조치할 사항 | |
| 오일 펌프 사이드 간극 | 0.11mm | 0.08~0.14mm (한계값 0.25mm) | ☑ 양 호<br>□ 불 량 | 정비 및 조치사항 없음 | |

## 2 관계 지식

### (1) 로터리 펌프에서 사이드 간극 측정법

**1. 로터리 펌프 사이드 간극**

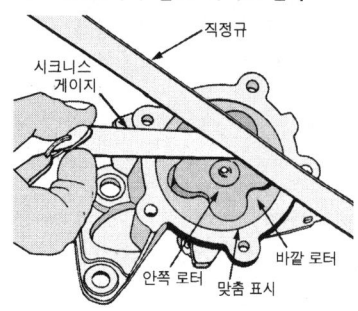

직정규를 안, 바깥 로터 위에 대고 시크니스 게이지를 넣어서 측정한다.

**2. 로터리 펌프 보디 간극**

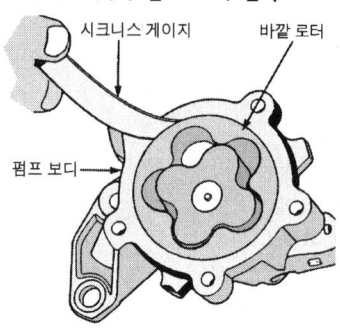

시크니스 게이지를 펌프 보디와 바깥로터 사이에 넣어서 측정한다.

**3. 로터리 팁 간극**

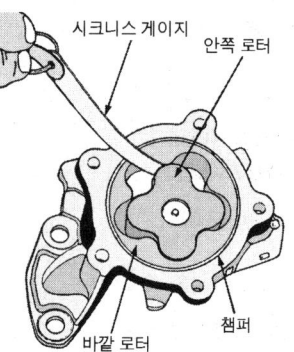

시크니스 게이지를 안, 바깥 로터의 최상접 측면에서 측정한다.

## 엔진 3 — 가솔린 배기가스 점검

2항의 시동된 엔진에서 공회전 상태를 확인하고 감독위원의 지시에 따라 배기가스를 측정하고 기록표에 기록하시오.(단, 시동이 정상적으로 되지 않은 경우 본 항의 작업은 할 수 없음)

### 시험장에서는

이 시험은 시동을 걸어서 측정하여야 하므로 추운 겨울에는 수검자나 감독관이나 고생하는 항목이다. 감독관이 답안지를 주면 수험번호와 자동차 번호를 적고 배기가스 테스터기를 연결한 후 시동을 걸어서 측정을 한 다음 기록표를 기록하는데 이 항목은 검사기준이기 때문에 규정값이 주어지지 않는다. 반드시 규정값을 암기하고 있어야 한다. 배기가스 측정은 엔진의 상태에 따라 측정값이 많이 변하기 때문에 감독관이 바로 옆에서 보면서 채점을 하거나 아니면 측정하는 방법만을 확인하고 테스터기 바늘을 고정시켜 놓고 측정값을 기록하도록 하는 경우도 있다. 일부 수검자는 감독관이 점수를 깎기 위해 잘못한 것만 찾고 있는 사람으로 생각하는 부정적인 생각을 갖고 있는 수검자가 많은데 좀 더 긍정적인 방향으로 생각한다면 내가 잘하는 것을 보고 점수를 주기 위해 있다고 생각을 할 수 있는 것이다. 감독관에게 내 실력을 보여주기 위해서는 능력을 길러야 하지 않을까?

**1. 배기가스 측정 준비된 모습**

**2. 3개 항목 측정화면 모습**

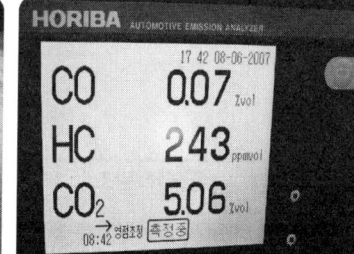

**3. 6개 항목 측정화면 모습**

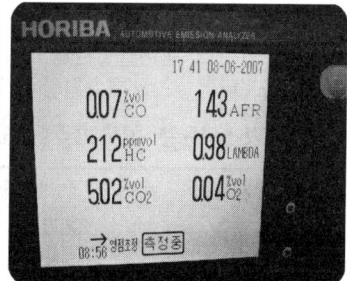

시험 준비를 수검자가 하여야 한다. 때에 따라서는 준비되어 있다. 웜업된 상태에서 측정 하여야 한다.

M 키를 누르면 측정이 되며 화면에 일산화탄소, 탄화수소, 이산화탄소 측정값이 뜬다.

화면 변환키를 누르면 측정이 되면서 6개 항목의 측정값이 뜬다. 한 번 더 누르면 3개 항목씩 뜬다.

## 1  답안지 작성법

### (1) 배기가스 배출량이 많아 불량일 때

▶ 엔진 3. 배기가스 점검
자동차 번호 :

| 항목 | ① 측정(또는 점검) | | 판정(□에 '✔'표) | 득 점 |
|---|---|---|---|---|
| | 측정값 | 기준값 | | |
| CO | 2.4% | 1.2% 이하 | □ 양 호 | |
| HC | 830ppm | 220ppm 이하 | ☑ 불 량 | |

비번호 :          감독위원 확 인 :

※ 감독위원이 제시한 자동차등록증(또는 차대번호)를 활용하여 차종 및 연식을 적용합니다.
※ 자동차 검사기준 및 방법에 의하여 기록 판정합니다.
※ CO는 소수점 둘째자리 이하는 버리고 0.1% 단위로 기록 합니다.
※ HC는 소수점 둘째자리 이하는 버리고 1ppm 단위로 기록합니다.

1) **비번호** : 비번호는 공단직원이 주는 등번호를 수검자가 기록한다.
2) **감독위원 확인** : 감독위원 확인란은 감독위원이 채점한 후에 도장을 찍는 부분으로 수검자는 기록하지 않는다.
3) **① 측정(또는 점검)** : 측정값은 수검자가 배기가스의 CO, HC를 측정한 값을 기록하고, 기준값은 운행 차량의 배출 허용 기준값을 기록한다.
  • 측정값 : · CO-2.4%,  · HC-830ppm

• 규정(정비한계)값 : ·CO-1.2% 이하   ·HC-220ppm 이하(2005년 11월 08일 등록-NF 쏘나타)
4) ② 판정 : 판정은 수검자가 측정한 값과 기준값을 비교하여 범위 내에 있으면 양호, 벗어나면 불량에 ✔표시를 한다.
  • 판정 : ·양호-규정(정비한계)값의 범위에 있을 때
         ·불량-규정(정비한계)값을 벗어났을 때
5) 득점 : 득점은 감독위원이 채점을 하고 점수를 기록하는 부분으로 수검자는 기록하지 않는다.
6) 정비 및 조치사항 : 정비 및 조치사항은 CO, HC값이 높은 원인과 정비할 사항을 기록한다.
7) 자동차 번호 : 측정하는 자동차의 번호를 수검자가 기록한다.

## 2  관계 지식

### (1) CO, HC값이 높은 원인
① 연료 분사량이 많음
② 공기 청정기의 막힘
③ 촉매 컨버터의 불량
④ 배출가스 재순환 장치(EGR 밸브, EGR 솔레노이드 밸브)의 불량
⑤ 점화장치(점화코일, 점화 플러그, 고압 케이블)의 불량
⑥ 증발가스 재순환장치의 불량
⑦ 블로바이 가스 재순환장치의 불량

### (2) 배기가스 배출 허용기준(CO, HC)

| 차 종 | | 제작일자 | 일산화탄소 | 탄화수소 | 공기과잉율 |
|---|---|---|---|---|---|
| 경자동차 | | 1997년 12월 31일 이전 | 4.5% 이하 | 1,200ppm 이하 | 1±0.1 이내 다만, 기화기식 연료공급 장치 부착 자동차는 1±0.15이내 촉매 미부착 자동차는 1±0.20 이내 |
| | | 1998년 1월 1일부터 2000년 12월 31일까지 | 2.5% 이하 | 400ppm 이하 | |
| | | 2001년 1월 1일부터 2003년 12월 31일까지 | 1.2% 이하 | 220ppm 이하 | |
| | | 2004년 1월 1일 이후 | 1.0% 이하 | 150ppm 이하 | |
| 승용 자동차 | | 1987년 12월 31일 이전 | 4.5% 이하 | 1,200ppm 이하 | |
| | | 1988년 1월 1일부터 2000년 12월 31일까지 | 1.2% 이하 | 220ppm 이하(휘발유알코올자동차) 400ppm 이하(가스자동차) | |
| | | 2001년 1월 1일부터 2005년 12월 31일까지 | 1.2% 이하 | 220ppm 이하 | |
| | | 2006년 1월 1일 이후 | 1.0% 이하 | 120ppm 이하 | |
| 승합·화물· 특수 자동차 | 소형 | 1989년 12월 31일 이전 | 4.5% 이하 | 1,200ppm 이하 | |
| | | 1990년 1월 1일부터 2003년 12월 31일까지 | 2.5% 이하 | 400ppm 이하 | |
| | | 2004년 1월 1일 이후 | 1.2% 이하 | 220ppm 이하 | |
| | 중형· 대형 | 2003년 12월 31일 이전 | 4.5% 이하 | 1200ppm 이하 | |
| | | 2004년 1월 1일 이후 | 2.5% 이하 | 400ppm 이하 | |

## (3) 대우 자동차 차대번호의 표기 부호(스파크-2013)

```
K   L   Y   M   A   4   8   1   D   5   C   5   9   1   2   0   1
①   ②   ③   ④   ⑤   ⑥   ⑦   ⑧   ⑨   ⑩   ⑪   ⑫   ⑬   ⑭   ⑮   ⑯   ⑰
   제작 회사군        자동차 특성군                 제작 일련 번호군
```

① K : 국제배정 국적표시 – K : 한국, J : 일본, 1 : 미국.
② L : 제작사를 나타내는 표시 – M : 현대, L : 대우, N : 기아, P : 쌍용 자동차
③ Y : 자동차 종별 표시 – A : 승용차 내수용, Y : 경승용차
④ M : 차종 – J : 누비라, V : 레간자, T : 라노스, M : 스파크
⑤ A : 변속기 형식 – F : 전륜구동·수동 변속기, A : 전륜 구동·자동 변속기
⑥ ⑦ 48 : 차체 형상 – 69 : 4도어 노치백, 35 : 웨건, 48 : 4도어 해치백
⑧ 1 : 원동기 형식 – Y : 1.5 SOHC· MPFI· FAN Ⅰ, V : 1.5 DOHC·MPFI·FAN Ⅰ, 3 : 1.8 DOHC·MPFI·FAN Ⅱ
⑨ D : 용도구분 – D : 내수용
⑩ 5 : 제작년도 – M : 1991, N : 1992, P : 1993, R : 1994, S : 1995, T : 1996, V : 1997, W : 1998,
       X : 1999, Y : 2000, 1 : 2001, 2 : 2002, 3 : 2003 ……9 : 2009, A : 2010, B : 2011, C : 2012
       D : 2013, E : 2014, F : 2015, G : 2016, H : 2017, H : 2018
⑪ C : 공장 기호 – A : 아산공장, C : 전주공장, U : 울산공장, M : 인도공장, Z : 터키공장
⑫~⑰ 591201 : 차량 생산 일련 번호

## (4) 자동차 등록증(스파크 -2005)

# 자동차등록증

제 201309-018359호 　　　　　　　　　　　　　　　최초 등록일 : 2005년 09월 24일

| ① 자동차 등록 번호 | 02소 2885 | ② 차  종 | 경승용차 | ③ 용도 | 자가용 |
|---|---|---|---|---|---|
| ④ 차  명 | 스파크 1.0DOHC | ⑤ 형식 및 연식 | MA481 | | 2005 |
| ⑥ 차 대 번 호 | KLYMA481D5C591201 | ⑦ 원동기 형식 | B10D1 | | |
| ⑧ 사용 본 거지 | 경기도 양주시 부흥로 1901 신도 8차 아파트***동 ***호 | | | | |
| 소유자 ⑨ 성명(명칭) | 김광수 | ⑩ 주민(사업자) 등록번호 | ***117-******* | | |
| ⑪ 주  소 | 경기도 양주시 부흥로 1901 신도 8차 아파트***동 ***호 | | | | |

자동차 관리법 제8조등의 규정에 의하여 위와 같이 등록하였음을 증명합니다.

-위반하기 쉬운사항-　　　　　　　　　　　　2005 년  09 월  24 일
※ 위반시 과태료 처분(뒷면 기재 참조)
　o 주소 및 사업장 소재지 변경 15일 이내
　o 정기검사 만료일 전후 15일 이내
　o 책임 보험료 가입 만료일 이전 이내 가입(100만원 이하 과태료)
　o 말소 등록.폐차일로 부터 30일 이내(50만원 이하 과태료)

　　　　　　　　　　　　　　　　　　　　　　　　　　　양 주 시 장

## 엔진 4 — 점화코일 1차 파형 분석

**5안 산업기사**

주어진 자동차의 엔진에서 점화코일의 1차 파형을 측정하고 그 결과를 분석하여 출력물에 기록·판정하시오. (측정조건 : 공회전 상태)

### 시험장에서는

파형의 측정 중에 가장 기본이 되고 많이 출제되었던 문제 중에 하나이다. 그전에는 오실로스코프를 이용한 측정이었으나 근래에는 국산 스캐너, 엔진 튠업 장비 등 자동차 테스터기가 많이 개발되어 시험장에서 사용이 늘어나고 있는 추세이다. 튠업용 차량이나 실제 차량이 놓여 있고 테스터기가 있으며 스캐너 같은 경우는 본인이 작동하도록 하고 있지만, 튠업용 장비일 경우에는 측정하는 방법을 알고 있는지 확인하고 측정하도록 하고 있다. 혹여나 장비를 만져 보지도 못한 수검자가 측정기기를 고장 내는 것을 방지하기 위함이다. 시험장으로 사용하고 나면 고장이 나는 장비 등이 많아서 고생을 하고 있다. 측정법을 확실히 숙지하기 바란다.

1. 점화 1차 파형-배전기 방식

배전기 방식에서는 점화 코일 1차 단자에 측정 프로브를 연결한다.

2. 점화 1차 파형 측정-DLI

DLI 방식에서도 1번과 2번, 또는 2와 3번 코일 1차 단자에 프로브를 연결한다.

3. Hi-DS 시험 준비 모습

컴퓨터와 모니터가 켜져 있는 상태이고 테스터 리드를 준비하여 놓은 곳도 있다.

## 1 답안지 작성법

### (1) 2번 플러그 간극이 작을 때

▶ 엔진 4. 점화 코일 1차 파형 분석
자동차 번호 :

| 측정 항목 | 파형 상태 | 비번호 | 감독위원 확인 | 득 점 |
|---|---|---|---|---|
| 파형 측정 | 병렬파형에서 점화시간이 1번과 3번은 1.08과 1.10ms로 정상이나 2번 실린더에서 1.48ms로 길고 점화 전압이 29.57V로 1번, 38.67V와 3번의 40.31V로 정상에 가깝다. 이결과로 보았을 때 2번 플러그에 플러그 간극이 작은 것으로 판단된다. 즉 간극이 작기 때문에 점화 전압이 낮고 점화 시간이 길게 나타났다. | | | |

1) **비번호** : 비번호는 공단직원이 주는 등번호를 수검자가 기록한다.
2) **감독위원 확인** : 감독위원 확인란은 감독위원이 채점한 후에 도장을 찍는 부분으로 수검자는 기록하지 않는다.
3) **파형상태** : 파형 상태란은 수검자가 감독위원의 지시에 따라 스캐너나 튠업 테스터기로 측정한 파형을 프린터로 출력하여 고장 부분 및 각 부분을 출력물에 직접 기록 설명하고 파형의 상태를 결론으로 정리한다.
4) **득점** : 득점은 감독위원이 채점을 하고 점수를 기록하는 부분으로 수검자는 기록하지 않는다.
5) **자동차 번호** : 측정하는 자동차의 번호를 수검자가 기록한다.

## 2 관계 지식

### (1) 점화 1차 파형의 분석

- **ⓐ (1차 전류 차단)** : 점화 1차 코일에서 전류의 흐름이 차단되는 위치로 점화 1차 코일에는 자기유도 작용이 일어난다.
- **ⓑ (피크 전압-서지전압)** : 점화 1차 코일에서 발생하는 자기유도 전압(역기전력) 약 300~400V 크기이다.
- **ⓒ (방전전압)** : 점화 플러그에서 불꽃이 지속되는 구간이다.
- **ⓓ (방전 후 전압)** : 파워 TR이 ON 되고 있으므로 ⊖단자는 배터리 전압이다.
- **ⓔ (파워 TR ON)** : 파워 TR 베이스(B) 단자에 전압이 증가되는 시점이다.
- **ⓕ (배터리 전압)** : 파워 TR 베이스 단자에 공급되는 배터리 전원이다.

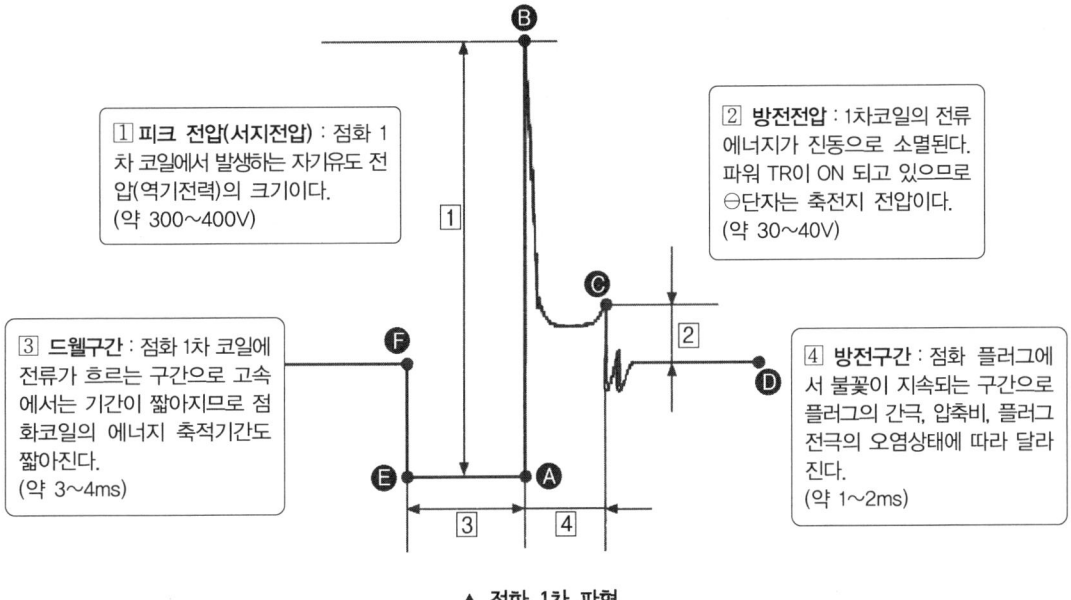

▲ 점화 1차 파형

### (2) 오실로스코프 프로브 연결 모습

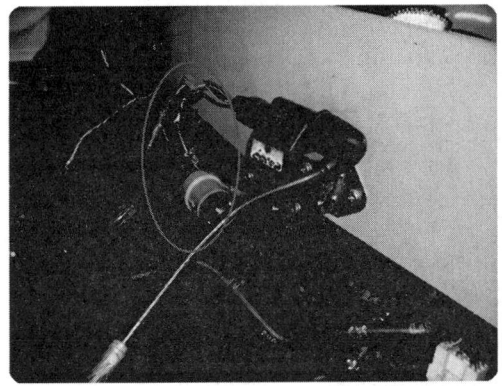

점화코일 1차 (+)단자에 오실로스코프 프로브를 연결한다. (일반적으로 시뮬레이터는 측정단자를 뽑아 놓았다.)

티코 엔진 시뮬레이터로 측정단자를 뽑아 놓았다. 여기에 오실로 스코프 프로브를 1차 (+)단자에 연결한다.

## (3) 회로도로 본 측정위치

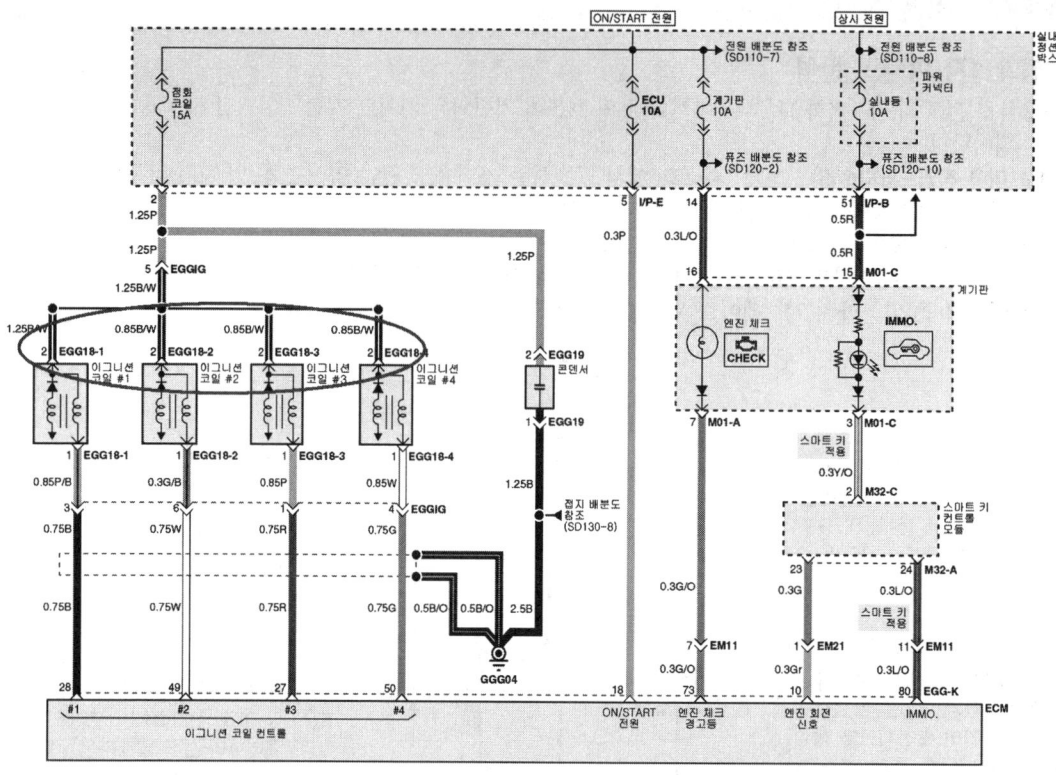

▲ 회로도에서 본 오실로스코프 프로브 연결위치(엑센트)

## (4) 개별 파형의 지시값

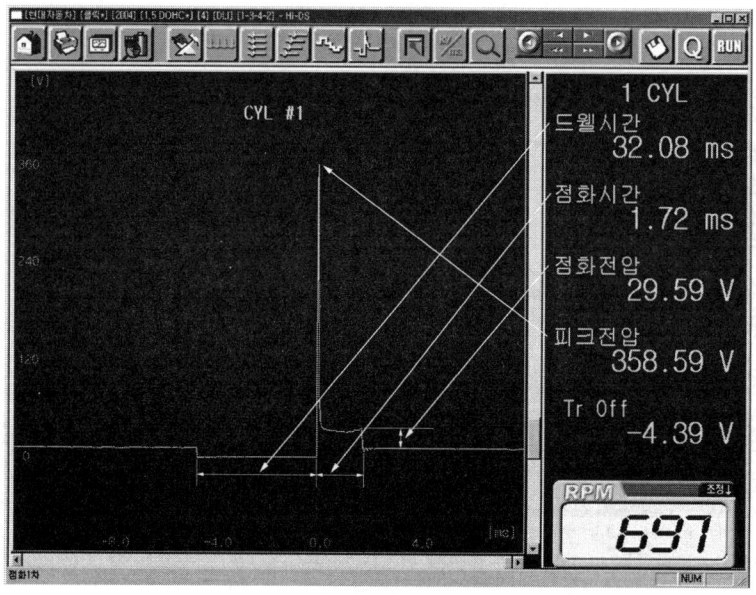

## (5) 점화 플러그 간극이 1번, 3번 정상이고, 2번 좁은 파형의 출력물

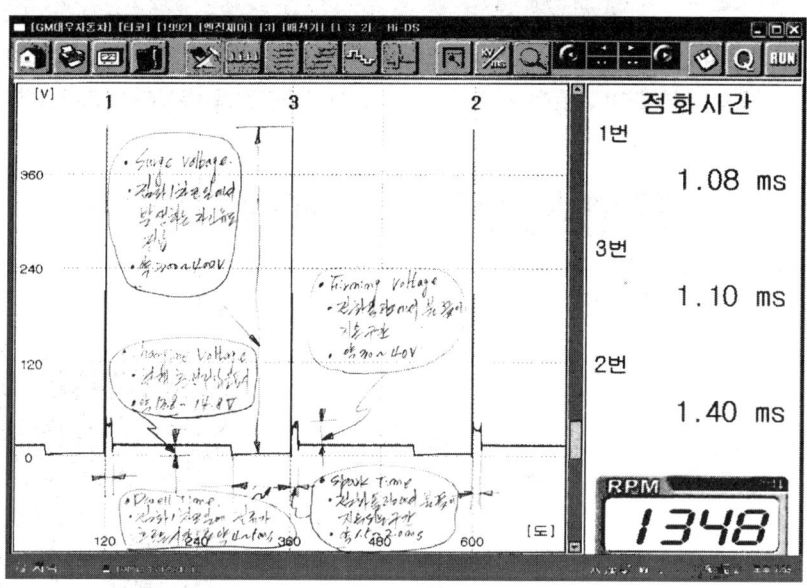

■ 점화 플러그 간극이 1번, 3번 정상이고, 2번 좁은 파형의 데이터 값

| 실린더 | 점화전압(V) | 피크 전압(V) | 드웰시간(ms) | 점화시간(ms) |
|---|---|---|---|---|
| 1(점화 플러그 간극 정상) | 38.67 | 416.89 | 6.68 | 1.08 |
| 3(점화 플러그 간극 정상) | 38.31 | 416.89 | 6.48 | 1.10 |
| 2(점화 플러그 간극 좁음) | 34.57 | 416.60 | 6.30 | 1.40 |

## (6) 점화 전압이 결정되는 요인

| 점화 전압이 결정되는 요인 | 점화전압 | |
|---|---|---|
| | 높다 | 낮다 |
| *전극 간극 | 크다 | 작다 |
| 압 축 | 높다 | 낮다 |
| 혼합비 | 희박 | 정상 |
| 전극의 온도 | 낮다 | 높다 |
| 전극의 형태 | 소손 | 신품 |
| 점화시기 | 늦다 | 빠르다 |

## 엔진 5 — 전자제어 디젤 엔진 인젝터 리턴량 점검

**5안 산업기사**

주어진 전자제어 디젤 엔진에서 연료 압력 센서를 탈거한 후(감독위원에게 확인), 다시 부착하여 시동을 걸고 인젝터 리턴(백리크)량을 측정하여 기록표에 기록하시오.

### 시험장에서는

새로 추가된 문제이다. 아직 시험장의 정보는 없지만 간단하게 인젝터에서 연료의 리턴량을 점검하여 연료계통의 고장을 알 수 있고 테스터기도 저렴한 가격이므로 현장에서 많이 이용하고 있다.

1. 리턴량 측정 용기 모습 - (1)

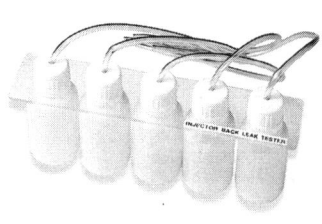

2. 리턴량 측정 용기 모습 - (2)

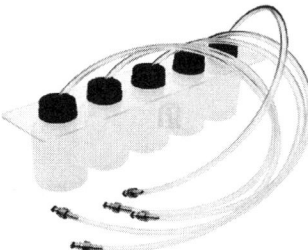

3. 리턴량 측정 모습

### (1) 백 리크 점검할 시기
① 시동 지연, 흑연, 백연, 매연 과다, 엔진 부조, 주행 중 시동 꺼짐, 출력 부족 시 1차 고장 코드에 의한 점검, 조치 후 동일 현상 발생 시 테스트 함.
② 2차 연료 장치, 연료 펌프, 압력 레귤레이터, 압력 센서, 연료 점검 후 정상인 경우 인젝터의 연료 리턴량을 점검 테스트 함.

### (2) 측정 조건
① 무부하 공회전 (전기부하 OFF, 공회전 속도 정상 rpm).
② 냉각수 온도 80℃ 이상.
③ 측정 시간 3분.

### (3) 측정 순서
① 엔진을 정상 작동 후 정지한다.(측정 온도 약 80℃)
② 인터쿨러 어셈블리를 탈거한다.(기타 전기장치 OFF)
③ 리턴호스 L 커넥터 키를 탈거한다.
④ 탈거한 리턴호스의 끝부분을 연료가 유출되지 않도록 바이스 플라이어 등으로 막는다.
⑤ 인젝터의 리턴호스를 탈착한 상단부에 측정용 플라스틱 통과 연결된 호스를 장착한다.
   (보쉬 타입은 L 커넥터를 이용, 델파이는 L 커넥터를 제거하여 장착)
⑥ 변속레버를 P위치에서 엔진의 시동을 건다.(테스터기가 움직일 수 있으므로 고정한다)
⑦ 약 3분 동안 가동 후 시동을 끄고 연료의 리턴량을 비교하여 판정한다.
   (평균치 - 카렌스(보쉬), 카니발(델파이) 약 21㎖, 쏘렌토(보쉬) 약 30㎖)

# 1 답안지 작성법

## (1) 인젝터 리턴량이 많을 때

▶ 엔진 5. 인젝터 리턴(백리크)량 측정
　　엔진 번호 :

| 측정항목 | ① 측정(또는 점검) | | | | | | | ② 판정 및 정비(또는 조치)사항 | | 득점 |
|---|---|---|---|---|---|---|---|---|---|---|
| | 측정값 | | | | | | 규정<br>(정비한계)값 | 판정<br>(□에 '✔' 표) | 정비 및 조치할 사항 | |
| 인젝터 | 1 | 2 | 3 | 4 | 5 | 6 | 각 실린더<br>20ml~25ml | □ 양 호<br>☑ 불 량 | 2번 인젝터 불량<br>- 2번 인젝터 교환 | |
| | 20ml | 30ml | 20ml | 20ml | - | - | | | | |

① **비번호** : 비번호는 공단직원이 주는 등번호를 수검자가 기록한다.
② **감독위원 확인** : 감독위원 확인란은 감독위원이 채점을 한 후에 감독위원이 도장을 찍는 부분으로 수검자는 기록하지 않는다.
③ **측정(또는 점검)** : 측정값은 수검자가 측정한 백리크량 값으로 기록하고, 규정값(정비 한계값)은 감독관이 주어진 값이나 또는 일반적인 규정값을 기록함.
　● 측정값 : 1번 : 20ml, 2번 : 30ml, 3번 : 20ml, 4번 : 20ml
　● 규정(정비한계)값 : 20~25ml

　■ **백리크량 비교 판정**

| 인젝터 백리크 | 판 정 | 점검 필요 항목 |
|---|---|---|
| 20mℓ | 정 상 | |
| 20mℓ 이상 | 인젝터 고장(백리크 과도) | 백리크 량이 20mℓ를 초과한 인젝터만 교환 |
| 20mℓ 미만 | 고압펌프 고장(불충분한 압력 생성) | 고압라인 시험 테스트 실시 |

④ **판정 및 정비(또는 조치)사항** : 판정은 수검자가 측정한 값과 규정값(정비한계)값을 비교하여 범위 내에 있으면 양호, 벗어나면 불량에 ✔ 표시를 하며, 정비 및 조치할 사항 란에는 고장원인과 정비할 사항을 기록한다.
　● 판정 : ・양호-규정(정비한계)값의 범위에 있을 때　・불량-규정(정비한계)값을 벗어났을 때
　● 정비 및 조치할 사항 : 양호하면 정비 및 조치할 사항 없음으로, 불량일 경우 고장원인과 정비방법을 기록한다.
⑤ **득점** : 득점은 감독위원이 채점을 하고 점수를 기록하는 부분으로 수검자는 기록하지 않는다.
⑥ **엔진 번호** : 측정하는 엔진 번호를 수검자가 기록한다.

## (2) 인젝터 리턴량이 적을 때

▶ 엔진 5. 인젝터 리턴(백리크)량 측정
　　엔진 번호 :

| 측정항목 | ① 측정(또는 점검) | | | | | | | ② 판정 및 정비(또는 조치)사항 | | 득점 |
|---|---|---|---|---|---|---|---|---|---|---|
| | 측정값 | | | | | | 규정<br>(정비한계)값 | 판정<br>(□에 '✔' 표) | 정비 및 조치할 사항 | |
| 인젝터 | 1 | 2 | 3 | 4 | 5 | 6 | 각 실린더<br>20ml~25ml | □ 양 호<br>☑ 불 량 | 인젝터 고장 - 인젝터<br>교환 후 재점검 | |
| | 20ml | 10ml | 20ml | 20ml | - | - | | | | |

## (3) 인젝터 리턴량이 정상일 때

▶ 엔진 5. 인젝터 리턴(백리크)량 측정
　　엔진 번호 :

| 측정항목 | ① 측정(또는 점검) | | | | | | | ② 판정 및 정비(또는 조치)사항 | | 득점 |
|---|---|---|---|---|---|---|---|---|---|---|
| | 측정값 | | | | | | 규정<br>(정비한계)값 | 판정<br>(□에 '✔' 표) | 정비 및 조치할 사항 | |
| 인젝터 | 1 | 2 | 3 | 4 | 5 | 6 | 각 실린더<br>20ml~25ml | ☑ 양 호<br>□ 불 량 | 정비 및 조치사항 없음 | |
| | 20ml | 20ml | 20ml | 20ml | - | - | | | | |

※ 실린더 수에 맞게 측정합니다.

## 2 관계 지식

### (1) 시동불량 및 불능일 경우 진단 방법

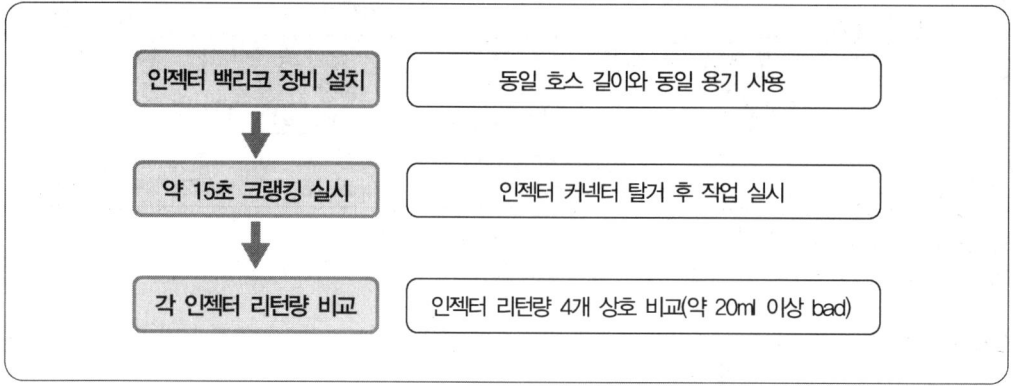

> **참고사항**
>
> ※ 인젝터로 인한 시동불량 및 시동불능은 커먼레일의 압력이 시동조건에 비해서 늦게 또는 낮게 발생되는 경우이다.
>
> ▶ 차량의 MAP에 따라 조금씩 틀리지만 대부분이 150bar 이상시 분사를 실시한다.

## 섀시 2. 캐스터 & 토(Toe)의 점검

**5안 산업기사**

주어진 자동차에서 휠 얼라인먼트 시험기로 캐스터와 토(toe) 값을 측정하여 기록표에 기록한 후 타이로드 엔드를 교환하여 토(toe)가 규정값이 되도록 조정하시오.

### 시험장에서는

휠 얼라인먼트를 측정하는 것은 매우 조심스럽다. 특히 센서를 바퀴에 부착할 경우이다. 그래서 시험장에서 아예 센서를 바퀴에 설치하여 놓고 있으며 수검자는 모니터에서 마우스로 측정할 수만 있게 하였다. 물론 조정을 하는 차량은 별도로 준비하여 놓고 있다. 테스터기를 많이 조작하여 보아야 하겠지만 일반 교육기관에서도 쉽게 접하지는 못하고 있는 실정이다. 사용 설명서를 보고 확실히 숙지하고 기회가 있을 때 실제로 만져보아야 하겠다.

아직도 일부 시험장에서는 포터블 게이지로 측정하는 곳도 있다.

1. 헤스본 휠 얼라인먼트 모습

2. 초기 화면 모습

3. 런 아웃 보정 전 모니터 모습

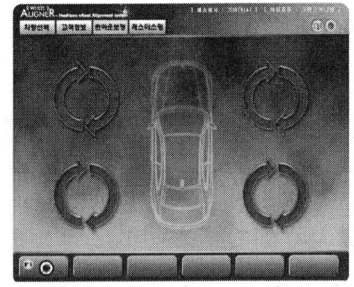

그 전에는 포터블 측정기를 이용한 측정을 많이 하였으나 요즘에는 휠 얼라인먼트를 이용하여 수검을 하고 있어서 가장 어려운 문제 중에 하나이다. 현장에서 전문점이 아니면 만져보기 힘든 테스터기이기 때문이다. 방법은 휠 얼라인먼트를 보유한 타 교육기관이나 전문점에서 공부하는 수밖에 없다.

## 1  답안지 작성법

동영상

### (1) 캐스터가 크고 토가 안쪽으로 클 때(맥퍼슨 타입의 경우)

▶ 섀시 2. 휠 얼라인먼트 점검
작업대 번호 :

| 측정 항목 | ① 측정(또는 점검) | | ② 판정 및 정비(또는 조치)사항 | | 득점 |
|---|---|---|---|---|---|
| | 측정값 | 규정(정비한계)값 | 판정(□에 '✔' 표) | 정비 및 조치할 사항 | |
| 캐스터 | 5° | 1.75° ± 0.5° | □ 양 호<br>☑ 불 량 | 캐스터 조정은 불가능하고 타이로드의 길이를 양쪽에서 짧게 하여 8mm씩 조정 | |
| 토(toe) | in 16mm | 0 ± 3mm | | | |

비번호 :      감독위원 확 인 :

1) **비번호** : 비번호는 공단직원이 주는 등번호를 수검자가 기록한다.
2) **감독위원 확인** : 감독위원 확인란은 감독위원이 채점한 후에 도장을 찍는 부분으로 수검자는 기록하지 않는다.
3) **① 측정(또는 점검)** : 측정값은 수검자가 측정한 캐스터와 토(toe) 값으로 기록하고, 규정(정비한계)값은 감독관이 주어진 값이나 또는 정비지침서 보고 기록한다.(반드시 단위를 기록한다)
   - 측정값 :  · 캐스터 : 5°   · 토 : in 16mm
   - 규정(정비한계)값 : · 캐스터 : 1.75° ± 0.5°   · 토 : 0 ± 3mm
4) **② 판정 및 정비(또는 조치)사항** : 판정은 수검자가 측정한 값과 규정(정비한계) 값을 비교하여 범위 내에 있으면 양호, 벗어나면 불량에 ✔ 표시를 하며, 정비 및 조치할 사항 란에는 고장원인과 정비할 사항을 기록한다.
   - 판정 : · 양호 – 규정(정비한계) 값 이내에 있을 때   · 불량 : 규정(정비한계) 값을 벗어났을 때
   - 정비 및 조치할 사항 : 양호하면 정비 및 조치할 사항 없음으로, 불량일 경우 고장원인과 정비방법을 기록한다.

5) 득점 : 득점은 감독위원이 채점을 하고 점수를 기록하는 부분으로 수검자는 기록하지 않는다.
6) 자동차 번호 : 측정하는 자동차 번호를 수검자가 기록한다.

■ 차종별 캐스터, 토우 규정값(상 : 전륜, 하 : 후륜)

| 차종 | 캐스터(도) | 토우(mm) | 차종 | 캐스터(도) | 토우(mm) | 차종 | 캐스터(도) | 토우(mm) |
|---|---|---|---|---|---|---|---|---|
| 그랜저 TG | 4.83 ± 0.75 | 0 ± 2 | 싼타모(2WD) | 2.17 ± 0.7 | 0 ± 3 | 클릭 | 1.90 ± 0.5 | 0 ± 2 |
| | | 2 ± 2 | | | 2-2+3 | | | 2 ± 2 |
| 그랜저 XG | 2.7 ± 1 | 0 ± 2 | 싼타모(4WD) | 2.08 ± 0.7 | 0 ± 3 | 클릭(파워) | 2.40 ± 0.5 | 0 ± 2 |
| | | 2 ± 2 | | | 2-2+3 | | | 2 ± 2 |
| 뉴그랜저 | 2.75 ± 0.5 | 0 ± 3 | 싼타페 | 2.5 ± 0.5 | (-)2 ± 2 | 투스카니 | 2.97 ± 0.5 | 0 ± 2 |
| | | 0-2+3 | | | 0 ± 2 | | | 1±2 |
| 다이너스티 | 2.75 ± 0.5 | 0 ± 3 | 아반떼 | 2.35 ± 0.5 | 0 ± 3 | 투싼 | 3.35 ± 0.5 | 0 ± 2 |
| | | 0 ± 2 | | | 5-1+3 | | | 5.6 ± 2 |
| 라비타 | 2.78 ± 0.5 | 0 ± 2 | 아반떼XD | 2.82 ± 0.5 | 0 ± 2 | 트라제XG | 2.95 ± 0.5 | 0 ± 3 |
| | | 1 ± 2 | | | 1 ± 2 | | | 3 ±3 |
| 마르샤 | 2.7 ± 0.5 | 0 ± 3 | 아토즈 | 2.73 ± 0.5 | 2 ± 3 | 티뷰론 | 2.35 ± 0.5 | 0 ± 3 |
| | | 1 ± 2/3 | | | 0 ± 3 | | | 5 ± 2 |
| 베르나 | 1.75 ± 0.5 | 0 ± 3 | 에쿠스 | 3.5 ± 0.5 | 0 ± 3 | EF쏘나타 | 2.7 ± 1 | 0 ± 2 |
| | | 3 ± 2 | | | 3 ± 2 | | | 2 ± 2 |
| 쏘나타II | 2.75 ± 0.5 | 0 ± 3 | 엑센트 | 2.16 ± 0.5 | 0 ± 3 | NF쏘나타 | 4.83 ± 1 | 0 ± 2 |
| | | 0-2+3 | | | 5-1+3 | | | 2 ± 2 |

### (2) 캐스터가 작고 토가 바깥쪽으로 클 때(위시 보운 타입의 경우)

▶ 섀시 2. 휠 얼라인먼트 점검
작업대 번호 :

| 비번호 | | 감독위원 확 인 | |
|---|---|---|---|

| 측정 항목 | ① 측정(또는 점검) | | ② 판정 및 정비(또는 조치)사항 | | 득점 |
|---|---|---|---|---|---|
| | 측정값 | 규정(정비한계)값 | 판정(□에 '✔' 표) | 정비 및 조치할 사항 | |
| 캐스터 | 0° | 1.75°± 0.5° | □ 양 호<br>☑ 불 량 | • 캐스터 조정 : 앞에 심을 빼서 뒤쪽으로 넣어서 규정값으로 조정<br>• 토 조정 : 타이로드의 길이를 양쪽에서 짧게 하여 5mm씩 조정 | |
| 토(toe) | in 10mm | 0 ± 3mm | | | |

### (3) 캐스터와 토가 정상일 때

▶ 섀시 2. 휠 얼라인먼트 점검
작업대 번호 :

| 비번호 | | 감독위원 확 인 | |
|---|---|---|---|

| 측정 항목 | ① 측정(또는 점검) | | ② 판정 및 정비(또는 조치)사항 | | 득점 |
|---|---|---|---|---|---|
| | 측정값 | 규정(정비한계)값 | 판정(□에 '✔' 표) | 정비 및 조치할 사항 | |
| 캐스터 | 1.7° | 1.75°± 0.5° | ☑ 양 호<br>□ 불 량 | 정비 및 조치사항 없음 | |
| 토(toe) | in 2mm | 0 ± 3mm | | | |

## 2 관계 지식

### (1) 위시본 타입의 조정 방법

① 이너 샤프트의 너트를 조금 풀고 그림에서 심을 A에서 빼내어 B에 넣거나 B에서 빼내어 A에 넣는다.
② B(앞)에서 빼내어 A(뒤)에 넣는다. : +(정)의 캐스터가 된다.
③ A(뒤)에서 빼내어 B(앞)에 넣는다. : -(부)의 캐스터가 된다.

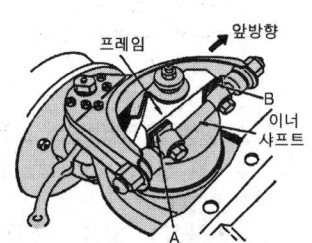

▲ Shim 조정 형식

## (2) 휠 얼라인먼트를 이용한 측정법

### 01 휠 클램프에 센서 헤드 설치 모습

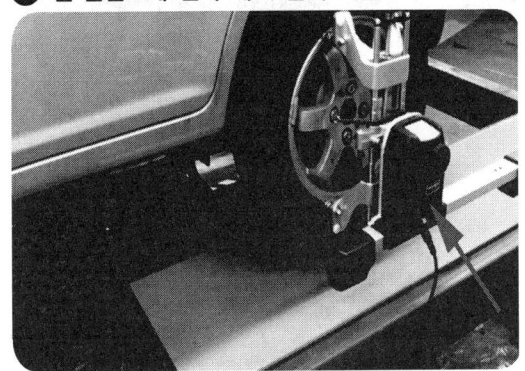

휠 클램프를 설치하고 센서 헤드를 설치한다. 시험장에서는 설치되어 있다.(헤드를 떨어트릴까봐 설치하여 놓았다.)

### 02 초기 화면 모습

① F1 : 작업을 시작한다.
② F2 : 작업을 종료하고 PC 전원을 OFF로 한다.

### 03 작업 화면

① F1 : 작업을 시작한다.
② F2 : 현재까지 작업한 데이터를 검색한다.
③ F3 : 환경 설정 화면으로 이동한다.
④ F4 : 초기 화면으로 이동한다.

### 04 차량 선택 화면

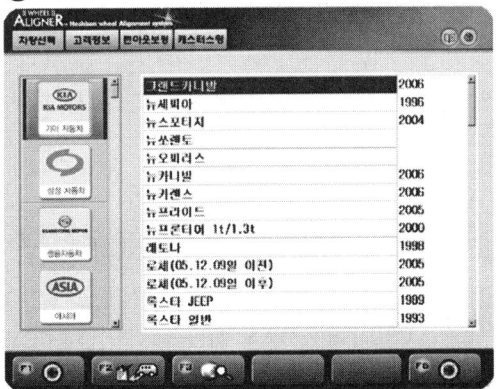

제조회사의 차량 모델을 선택한다. (수입차의 경우 영문 단축키로 이동 가능하다. BMW 경우 B를 누르면 이동함)
① F2 : 제원을 확인 한다.
② F2 : 고객 자료를 검색한다.

### 05 고객 정보 화면

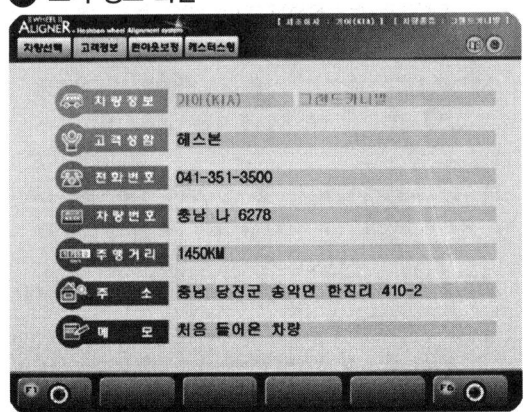

고객에 대한 정보를 입력하고 진행 한다. 제조사, 차량명, 고객명, 고객 전화번호, 차량번호, 주행거리, 주소 등을 입력한다.

### 06 런아웃 보정 화면

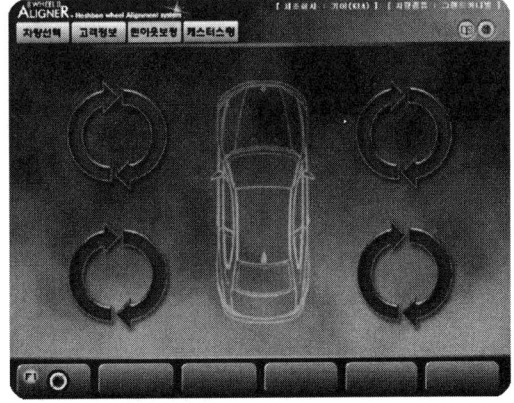

잭 리프트를 상승시켜 휠을 180도 돌려서 센서의 "OK" 버튼을 누른다. 180도 런 아웃이 완료되면 적색 화살표가 녹색으로, 360도 런 아웃이 완료되면 해당 휠이 녹색으로 변한다.

### 07 캐스터 스윙 준비작업

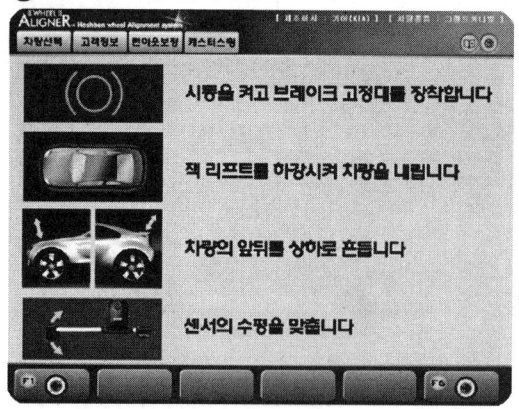

캐스터 스윙을 하기 위해서는 화면에 설명과 같이 작업을 진행한 후 다음(F6)을 누른다.

### 08 캐스터 스윙-직진 조향 화면

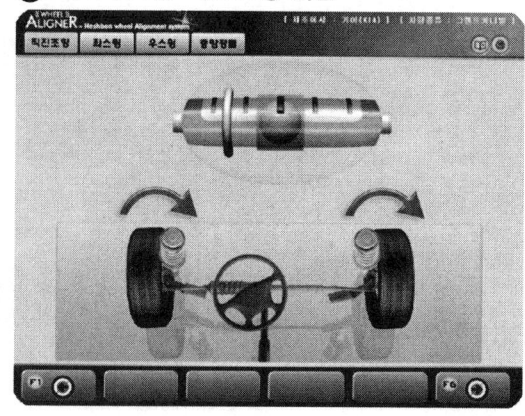

캐스터 스윙을 누르면 직진 조향, 좌 스윙, 우 스윙, 중앙정렬이 나오면 화면과 같이 직진 조향을 진행한다.

### 09 측정 결과 화면

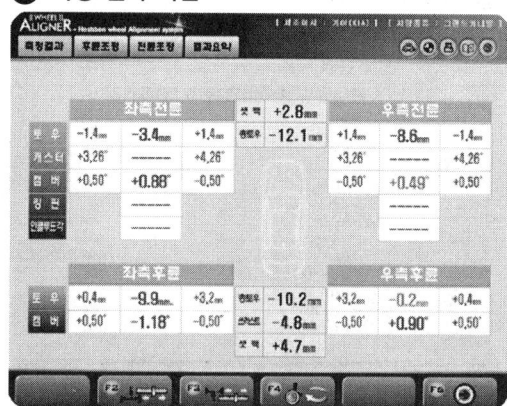

캐스터 스윙이 끝나면 측정결과 화면이 나타난다.
① F2 : 후륜 조정 할 때 누른다.
② F3 : 전륜 조정 할 때 누른다.
③ F4 : 캐스터를 재측정 할 때 누른다.

### 10 후륜 조정 화면

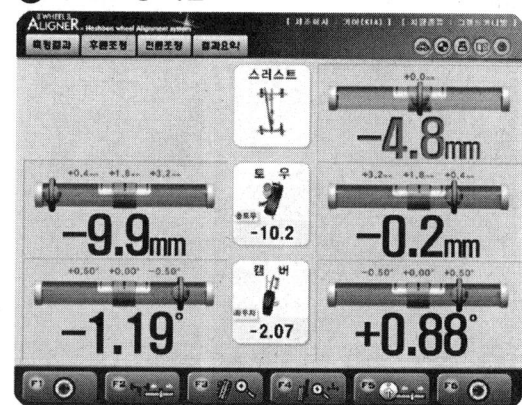

① F2 : 전륜 조정 할 때 누른다.
② F3 : 후륜 토우 조정 할 때 누른다.
③ F4 : 전륜 토우 확대 할 때 누른다.
④ F5 : 올림 조정 할 때 누른다.

### 11 전륜 조정 준비 화면

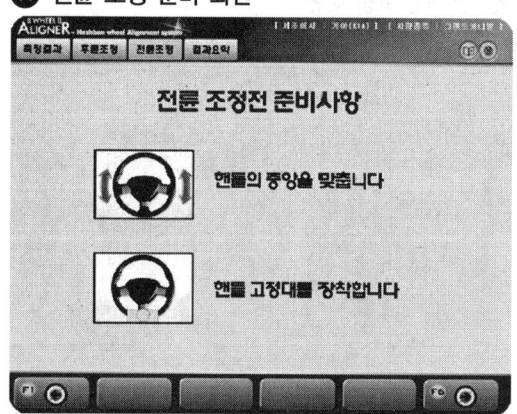

전륜 조정을 준비한다. 화면에 지시된 내용과 같이 " 핸들의 중앙을 맞춥니다", "핸들 고정대를 장착합니다"를 실시하고 전륜 조정 준비를 한다. 측정 중에 이동을 하면서 센서를 건드린다든가 리프트를 친다든가 하면 처음부터 다시 할 수 있다.

### 12 전륜 조정 화면

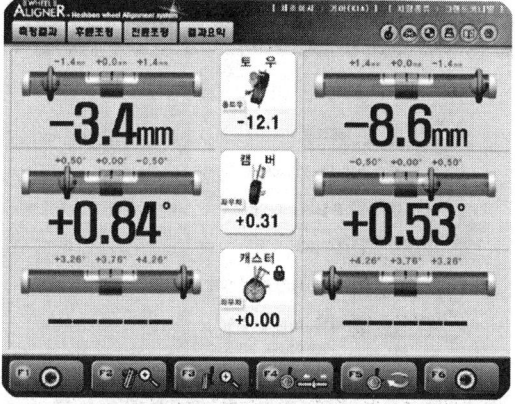

① F2 : 전륜 토우 조정 할 때 누른다.
② F3 : 전륜 캠버 조정 할 때 누른다.
③ F4 : 캐스터 조정 할 때 누른다.
④ F5 : 캐스터 재 측정 할 때 누른다.

### ⑬ 결과 요약 화면

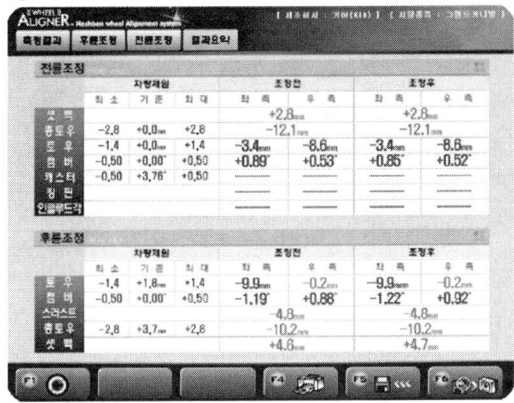

조정 결과를 보고 작업 데이터를 저장, 프린트 한다.
① F4 : 조정 결과를 인쇄한다.
② F5 : 작업 데이터를 저장하고 종료한다.
③ F6 : 작업 데이터를 저장하지 않고 종료 한다.

### ⑭ 스포일러 기능 화면

튜닝 차량이나 수입 차량의 범퍼에 의해서 토우의 빛이 가렸을 때 이용할 수 있는 기능이다. 운전석을 기울인 후 "MENU"버튼을 누른다. (이때 보조석 전자수평이 바뀐다) 보조석의 기울기를 다시 맞추고 작업이 끝나면 다음을 누른다.

### ⑮ 에러 화면- 수평 에러 화면

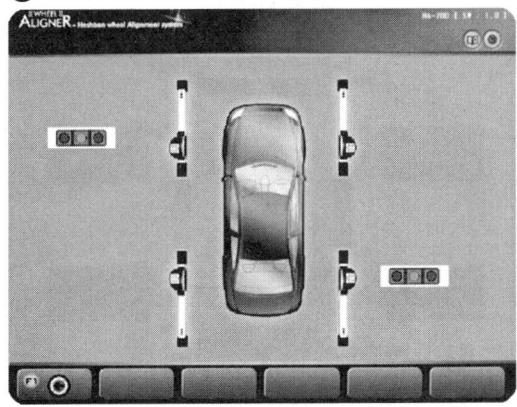

직진 조향에서 다음과 같은 화면이 나타나면, 이것은 수평이 맞지 않은 상태이므로 해당 센서의 수평을 맞춰준다.
그림에서 보는바와 같이 전륜 좌측과 후륜 우측 바퀴의 수평이 맞지 않았음을 나타낸다.

### ⑯ 에러 화면 - 빛 가림 에러 화면

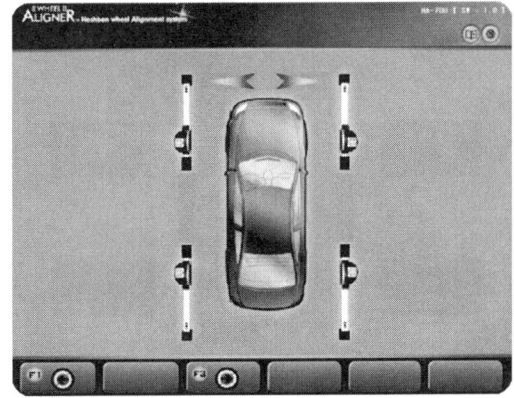

위와 같이 에러가 나오면 해당 센서의 빛이 가려진 상황, 만약 장애물이 없는데도 에러 메시지가 뜬다면 폭이 기준보다 긴 차량에서 센서를 장착할 경우이다. 이때 2~3초 기다리면 광량을 증가시켜 제거된다.

### ⑰ 에러 화면- 통신 에러 화면

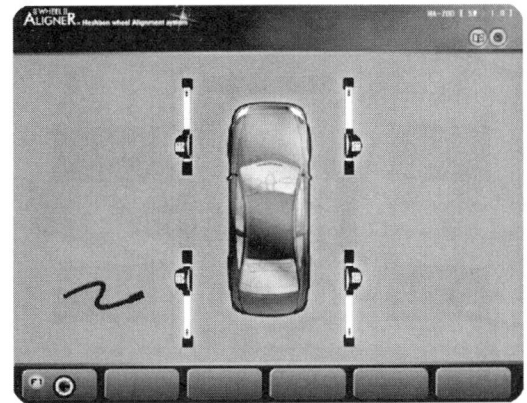

위와 같은 에러가 나오면 센서와 PC간의 통신에 문제가 있는 상황이다. 해당 센서의 전원 케이블 연결 상태를 확인한다.

### ⑱ 에러 화면- 수평 에러 화면

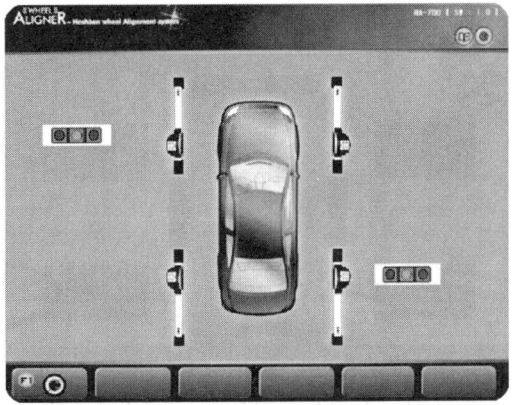

위와 같은 에러가 나오면 센서의 수평이 맞지 않은 상황이다. 해당 센서의 수평상태를 확인한다.

### ⑲ 에러 화면- 배터리 부족 에러 화면

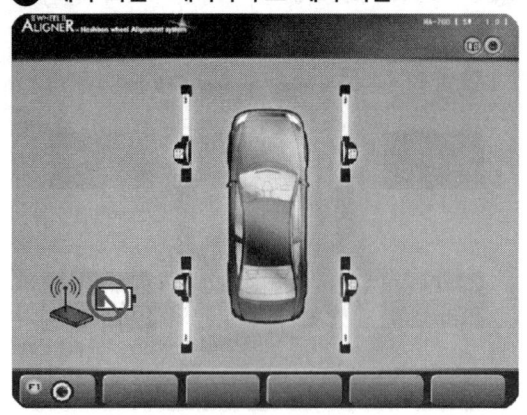

위와 같은 에러가 나오면 센서의 배터리가 부족한 상황이다. 배터리를 충전한 후에 사용한다.

### ⑳ 휠 클램프

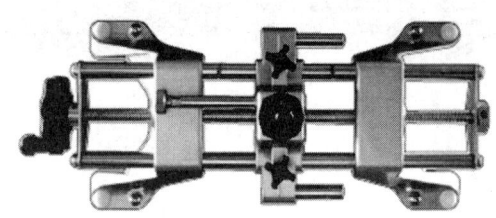

센서 헤드를 바퀴에 설치하기 위한 부품으로 10인치부터 21인치까지 휠에 부착할 수 있으며, 움직이는 후크가 달려 있다.

### ㉑ 센서 헤드

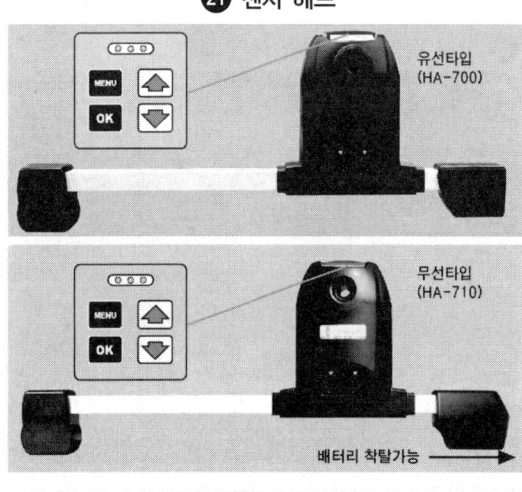

바퀴에 부착되어서 차륜정렬을 감지한다. 중앙에 있는 녹색 LED는 센서가 수평상태에 있는 것을 나타내며, 주위에 있는 적색의 LED는 센서가 기울어져 있음을 나타낸다.

### ㉒ 턴 테이블

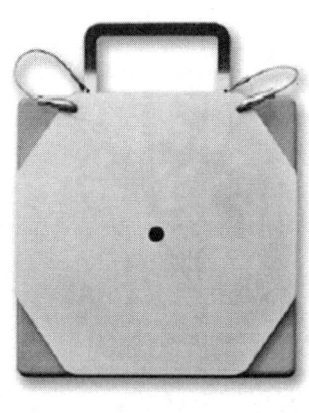

바퀴의 회전상태를 점검하고 리프트 위에서 자동차가 주행할 때와 같은 조건을 만들어 준다. 1,000kg의 하중까지 견딜 수 있다.

### ㉓ 브레이크 고정대   ㉔ 핸들 고정대   ㉕ 배터리 충전기(무선형)

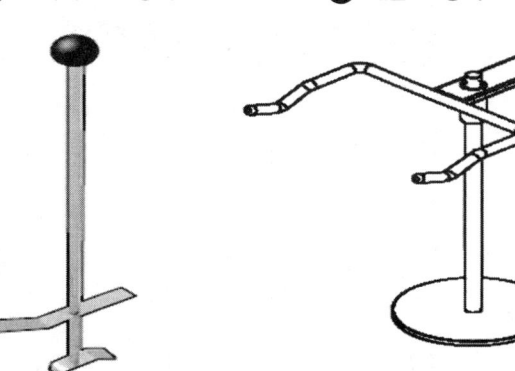

브레이크 페달을 고정하기 위한 장치이다. 런 아웃 완료 후 브레이크를 고정한다.

핸들을 원하는 위치에 고정하기 위하여 사용하는 장치로 측정 중에 핸들이 움직일 경우 에러가 날수 있다.

무선형에서 사용하는 것으로 헤드의 전원을 공급하여 주는 역할을 하며, 배터리를 분리하여 충전한다.

## 섀시 4    제동력 점검

3항의 작업 자동차에서 감독위원의 지시에 따라 전(앞) 또는 후(뒤) 제동력을 측정하여 기록표에 기록하시오.

### 시험장에서는

감독관으로부터 답안지를 받아들고 제동력 테스터기로 가면 A4 용지에 축중이 제시되어 있는 경우가 대부분이다. 또한 도와줄 보조원이 기다리고 있다. 보조원은 대부분 그곳의 학생으로 자격증 취득자이거나 테스터기를 능수능란하게 다룰 수 있는 학생이다. 제동력 측정을 혼자는 할 수 없고 수검자가 운전이 불가능할 경우가 있기 때문에 보조원을 두고 있다. 보조원은 시동을 걸어 놓고 운전석에 앉아서 수검자가 지시를 내려 주기만을 기다리고 있다. 수검자는 테스터기를 세팅하고 보조원에게 차량을 진입하도록 "출발하세요"라고 지시하고 답판 위에 측정 축의 바퀴가 오면 "정지"하고 측정 버튼을 누르면 리프트가 하강하면서 롤러가 회전한다. 보조원에게 "브레이크 밟으세요."하고 지침이 최대로 올랐을 때 푸시 버튼을 눌러 눈금을 읽는다. 주어진 축중과 좌우 측정값을 기록하고 리프트를 올린 후 계산하여 답안지를 작성하여 제출한다.

| 1. 검사장의 검차 모습 | 2. 제동력 측정기 답판 위에 진입한 모습 | 3. 제동력 측정기 답판이 내려간 모습 |
|---|---|---|
|  |  |  |
| 자동차 검사장에서 검사원이 헤드라이트를 점검하고 있다. 끝나면 진행하여 제동력 측정을 한다. | 후륜을 측정을 하기 위해 제동력 테스터기 답판 위에 뒷바퀴가 올라간 모습이다. 운전은 보조원이 한다. | 측정 버튼을 누르면 답판이 아래로 내려가고 롤러가 회전한다. 이때 "밟으세요"라고 보조원에게 주문한다. |

## 1 답안지 작성법

### (1) 제동력 합과 편차가 불량일 때

▶ 섀시 4. 제동력 점검
　　　자동차 번호 :

| 비 번호 | | 감독위원 확 인 | |
|---|---|---|---|

| ① 측정(또는 점검) |||| ② 판정 및 정비(또는 조치)사항 ||| 득점 |
|---|---|---|---|---|---|---|---|
| 위 치 | 구분 | 측정값 | 기준값 (□에 '✔' 표) | | 산출근거 | 판정 (□에 '✔' 표) | |
| 제동력 위치 (□에 '✔' 표) □ 앞 ☑ 뒤 | 좌 | 100kg | □ 앞 ☑ 뒤   축중의 | 편차 | 편차 $= \dfrac{100-30}{736} \times 100 = 9.5\%$ | □ 양 호 ☑ 불 량 | |
| | 우 | 30kg | 제동력 편차   8% 이하 | 합 | 합 $= \dfrac{100+30}{736} \times 100 = 17.7\%$ | | |
| | | | 제동력 합   20% 이상 | | | | |

※ 측정 위치는 감독위원이 지정하는 위치에 □에 '✔' 표시합니다.
※ 자동차 검사기준 및 방법에 의하여 기록 판정합니다.
※ 측정값의 단위는 시험장비 기준으로 작성합니다.
※ 산출근거에는 단위를 기록하지 않아도 됩니다.

1) **비번호** : 비번호는 공단직원이 주는 등번호를 수검자가 기록한다.
2) **감독위원 확인** : 감독위원 확인란은 감독위원이 채점한 후에 도장을 찍는 부분으로 수검자는 기록하지 않는다.
3) **위치** : 위치는 감독위원이 지정하는 곳에 ✔ 표시를 한다.
4) **측정값** : 측정값 란은 수검자가 제동력을 측정한 값을 기록한다.
   - 좌 : 100kg
   - 우 : 30kg
5) **기준값** : 기준값은 기준이 되는 축에 ✔ 표시를 하고 검사 기준값을 기록한다.
   - 뒤 : ☑
   - 편차 : 8% 이하
   - 제동력 합 : 20% 이상
6) **산출 근거** : 계산공식에 넣어서 산출하는 계산식을 기입한다.
   - ※ 계산법 :
     - 좌, 우제동력의 편차 $= \dfrac{\text{좌, 우제동력의 편차}}{\text{해당 축중}} \times 100 = \dfrac{100-30}{736} \times 100 = 9.5\%$
     - 좌, 우제동력의 합 $= \dfrac{\text{좌, 우제동력의 합}}{\text{해당 축중}} \times 100 = \dfrac{100+30}{736} \times 100 = 17.7\%$
     - 축중은 SORENTO1 2.0 2WD A/T의 공차중량(1,840kg)의 40%(736kg)으로 계산함.
7) **판정** : 판정은 측정한 값과 검사기준 값을 비교하여 범위 안에 들면 양호에, 범위를 벗어나면 불량에 ✔ 표시를 한다.
   - 판정 :
     - 양호 : 측정한 값이 검사기준 값(제동력 합 20% 이상, 편차 8% 이하)의 범위에 있을 때
     - 불량 : 측정한 값이 검사기준 값(제동력 합 20% 이상, 편차 8% 이하)의 범위를 벗어났을 때
8) **득점** : 득점은 감독위원이 채점을 하고 점수를 기록하는 부분으로 수검자는 기록하지 않는다.
9) **자동차 번호** : 측정하는 자동차 번호를 수검자가 기록한다.

■ 기아 차종별 중량 기준값

| 항목 \ 차종 | SORENTO(2016) R 2.0 2WD | SORENTO(2016) R 2.2 2WD | CARNIVAL(2015) 2.2 디젤 9인 | CARNIVAL(2015) 3.3 가솔린 9인 | SPORTAGE(2016) 2.0 디젤 | SPORTAGE(2016) 1.7 디젤 |
|---|---|---|---|---|---|---|
| 엔진형식-연료 | I4-디젤 직분사 | I4-디젤 직분사 | I4-디젤 직분사 | V6 직분사 | I4-싱글터보 | I4-싱글터보 |
| 배기량(CC) | 1,995 | 2,199 | 2,199 | 3,342 | 1,995 | 1,685 |
| 공차중량(kg) | 1,840~1,850 | 1,843~1,853 | 2,130 | 2,120 | 1,605~1,715 | 1,550 |
| 최대 출력(HP) | 186 | 202 | 202 | 280 | 186 | 141 |
| 최대 토크(kg.m) | 41.0 | 45.0 | 45.0 | 34.3 | 41.0 | 34.7 |
| 연비(km/L) M/T | - | - | - | - | 15.0 | - |
| 연비(km/L) A/T | 12.9~13.5 | 12.4~13.4 | 11.5 | 8.3 | 12.4~14.4 | 15.0 |
| 축거(mm) | 2,780 | 2,780 | 3,060 | 3,060 | 2,570 | 2,670 |
| 전륜 제동장치 | V디스크 | V디스크 | V디스크 | V디스크 | V디스크 | V디스크 |
| 후륜 제동장치 | 디스크 | 디스크 | 디스크 | 디스크 | 디스크 | 디스크 |

## (2) 제동력 합은 정상이나 편차가 불량일 때

▶ 섀시 4. 제동력 점검
자동차 번호 :

| 위치 | 구분 | 측정값 | 기준값 (□에 '✔'표) | | | 산출근거 | 판정 (□에 '✔'표) | 득점 |
|---|---|---|---|---|---|---|---|---|
| 제동력 위치 (□에 '✔'표) □ 앞 ☑ 뒤 | 좌 | 190kg | □ 앞 ☑ 뒤 | 축중의 | 편차 | 편차 $= \dfrac{190-110}{736} \times 100 = 10.9\%$ | □ 양 호 ☑ 불 량 | |
| | 우 | 110kg | 제동력 편차 | 8% 이하 | 합 | 합 $= \dfrac{190+110}{736} \times 100 = 40.8\%$ | | |
| | | | 제동력 합 | 20% 이상 | | | | |

※ 측정 위치는 감독위원이 지정하는 위치에 □에 '✔'표시합니다.
※ 자동차 검사기준 및 방법에 의하여 기록 판정합니다.
※ 측정값의 단위는 시험장비 기준으로 작성합니다.
※ 산출근거에는 단위를 기록하지 않아도 됩니다.

## (3) 제동력 합과 편차가 정상일 때

**▶ 섀시 4. 제동력 점검**
자동차 번호 :

| 위 치 | ① 측정(또는 점검) | | | | ② 판정 및 정비(또는 조치)사항 | | | 득점 |
|---|---|---|---|---|---|---|---|---|
| | 구분 | 측정값 | 기준값 (□에 '✔'표) | | 산출근거 | | 판정 (□에 '✔'표) | |
| 제동력 위치 (□에 '✔'표) □ 앞 ☑ 뒤 | 좌 | 230kg | □ 앞 ☑ 뒤 | 축중의 | 편차 | 편차 = $\dfrac{230-220}{736} \times 100 = 1.4\%$ | ☑ 양 호 □ 불 량 | |
| | 우 | 220kg | 제동력 편차 | 8% 이하 | 합 | 합 = $\dfrac{230+220}{736} \times 100 = 61.1\%$ | | |
| | | | 제동력 합 | 20% 이상 | | | | |

※ 측정 위치는 감독위원이 지정하는 위치에 □에 '✔' 표시합니다.
※ 자동차 검사기준 및 방법에 의하여 기록 판정합니다.
※ 측정값의 단위는 시험장비 기준으로 작성합니다.
※ 산출근거에는 단위를 기록하지 않아도 됩니다.

## 2 관계 지식

### (1) 제동력 측정 자료 화면

**01** 디지털 방식의 모니터 모습

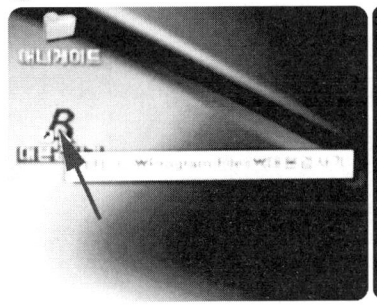

바탕 화면에 대본검사기라는 폴더를 더블 클릭한다.

**02** 시스템 초기화면 모습

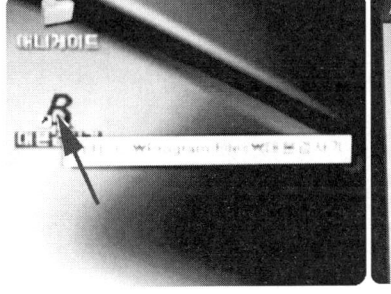

시스템 초기 화면에서 자동 초기화하고 측정 항목 화면으로 넘어간다.

**03** 측정 항목 화면 모습

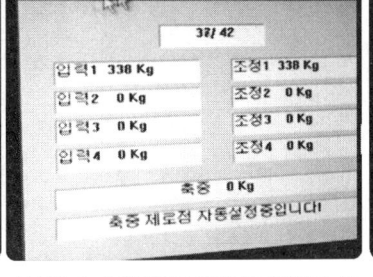

측정 항목 화면에서 수동을 클릭한다.

**04** 브레이크 선택 화면 모습

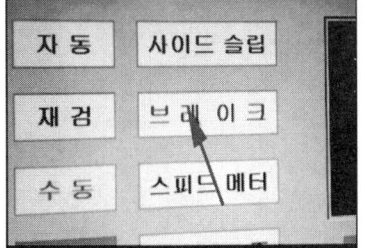

측정 항목 화면에서 브레이크를 클릭한다.

**05** 검사 시작 선택 화면 모습

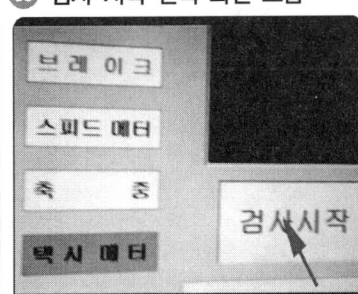

측정 항목 화면에서 브레이크 선택 후 검사 시작을 클릭한다.

**06** 전 브레이크 측정 선택 화면 모습

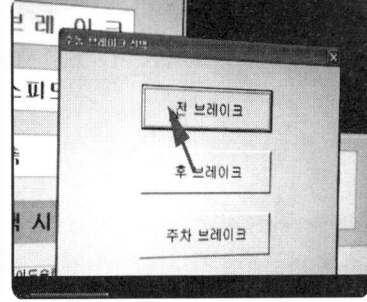

시험위원이 지정하는 위치를 클릭하여 선택한다.

### 07 브레이크 선택 화면 모습

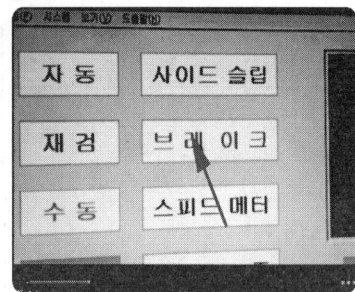

측정 항목 화면에서 브레이크를 클릭한다.

### 08 상시 판정 선택 화면 모습

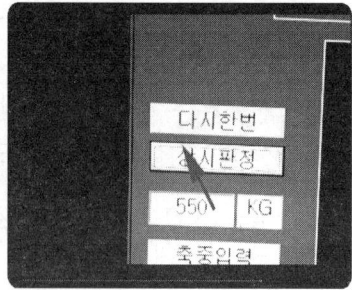

상시 판정을 한 번 더 클릭하면 최대 판정으로 변환된다.

### 09 최대 판정 선택 화면 모습

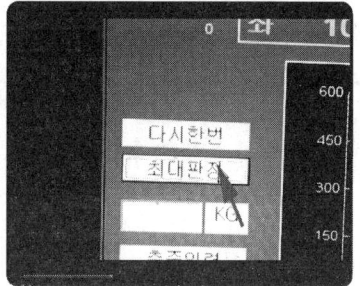

최대 판정으로 선택하여야만 최대값을 지시하여 편리하다.

### 10 축중 입력 화면 모습

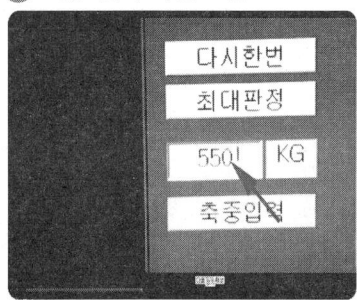

시험위원이 지정하는 축중을 키보드로 입력한다.

### 11 축중이 입력된 화면 모습

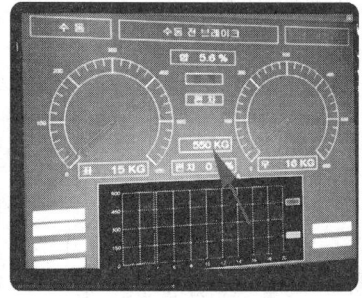

좌우 지시계 사이에 입력한 축중이 표시된다.

### 12 측정 완료 화면 모습

위에 제동력의 합과 아래에 편차가 표시된다.

# 섀시 5. 자동 변속기 자기진단

주어진 자동차의 자동변속기에서 자기진단기(스캐너)를 이용하여 각종 센서 및 시스템의 작동 상태를 점검하고 기록표에 기록하시오.

## 시험장에서는

감독위원으로부터 답안지를 받은 후 측정용 차량에 진단기(스캐너)를 설치하고 점검을 한다. 물론 테스터기는 여러 가지가 있으며 시험장이나 시험위원의 의지에 따라 선택될 수가 있다. 그러나 수검자는 어떤 것을 사용해도 측정할 수 있는 능력을 책을 봐서라도 알아야 한다. 만약 이 테스터기는 "처음 보는 것인데요?" 하는 수검자가 있는데 합격권하고는 멀어지는 것이 아닌가 싶다.

1. NF 쏘나타 시뮬레이터 모습

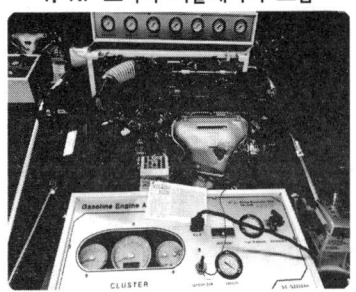

2. EF 쏘나타 시뮬레이터 모습

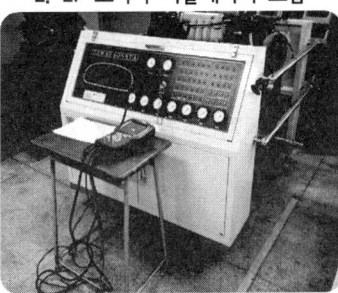

3. 아반떼 시뮬레이터 모습

시뮬레이터가 제작사마다 조금씩 차이는 있겠지만 자기진단 터미널이 전면부 패널에 설치되어 있다. 실차에서 직접하는 경우도 있지만 대부분의 시험장에서는 시뮬레이터를 이용한다. 이유는 고장을 내서 자기진단 시에 띄우기 위해서는 시뮬레이터가 편리하다.

## 1. 답안지 작성법

### (1) 댐퍼 클러치 솔레노이드 밸브(DCSV)단선일 때

▶ 섀시 5. 자동변속기 점검
  작업대 번호 :

| 점검 항목 | ① 측정(또는 점검) | | ② 판정 및 정비(또는 조치)사항 | 득 점 |
|---|---|---|---|---|
| | 고장부분 | 내용 및 상태 | 정비 및 조치할 사항 | |
| 변속기 자기진단 | 댐퍼 클러치 솔레노이드 밸브(DCSV) | DCSV - 단선 | DCSV 선 연결,<br>과거기억 소거 후 재점검 | |

비번호 / 감독위원 확인

1) **비번호** : 비번호는 공단직원이 주는 등번호를 수검자가 기록한다.
2) **감독위원 확인** : 감독위원 확인란은 감독위원이 채점한 후에 도장을 찍는 부분으로 수검자는 기록하지 않는다.
3) **① 측정(또는 점검)** : 고장부분 란에는 수검자가 스캐너의 자기진단 화면 창에 나타난 이상 부위를 기록하고 내용 및 상태 란에는 수검자가 점검한 이상 부위의 고장 내용 및 상태를 기록한다.
   - 고장 부분 : 댐퍼 클러치 솔레노이드 밸브(DCSV)
   - 내용 및 상태 : DCSV - 단선
4) **② 판정 및 정비(또는 조치)사항** : 양호하면 정비 및 조치할 사항 없음으로, 불량일 경우 고장원인과 정비방법을 기록한다.
   - 정비 및 조치할 사항 : DCSV 선 연결, 과거 기억 소거 후 재점검
5) **득점** : 득점은 시험위원이 채점을 하고 점수를 기록하는 부분으로 수검자는 기록하지 않는다.
6) **작업대 번호** : 측정하는 작업대 번호를 수검자가 기록한다.

## (2) 입력축 속도 센서(PG-A)가 불량일 때

| 점검 항목 | ① 측정(또는 점검) | | ② 판정 및 정비(또는 조치)사항 | 득 점 |
|---|---|---|---|---|
| | 고장부분 | 내용 및 상태 | 정비 및 조치할 사항 | |
| 변속기 자기진단 | PG - A | PG - A 단선 | PG - A 교환, 과거기억 소거 후 재점검. | |

▶ 섀시 5. 자동변속기 점검 / 작업대 번호: / 비번호 / 감독위원 확인

## (3) 시프트 컨트롤 솔레노이드 밸브-B가 불량일 때

| 점검 항목 | ① 측정(또는 점검) | | ② 판정 및 정비(또는 조치)사항 | 득 점 |
|---|---|---|---|---|
| | 고장부분 | 내용 및 상태 | 정비 및 조치할 사항 | |
| 변속기 자기진단 | SCSV - B | SCSV - B 단선 | SCSV - B 선 연결, 과거기억 소거 후 재점검 | |

▶ 섀시 5. 자동변속기 점검 / 작업대 번호: / 비번호 / 감독위원 확인

## (4) 압력 조절 컨트롤 솔레노이드 밸브-A가 불량일 때

| 점검 항목 | ① 측정(또는 점검) | | ② 판정 및 정비(또는 조치)사항 | 득 점 |
|---|---|---|---|---|
| | 고장부분 | 내용 및 상태 | 정비 및 조치할 사항 | |
| 변속기 자기진단 | PCSV - A | PCSV - A 단선 | PCSV - A 선 연결, 과거기억 소거 후 재점검 | |

▶ 섀시 5. 자동변속기 점검 / 작업대 번호: / 비번호 / 감독위원 확인

# 2 관계 지식

## (1) 스캐너를 이용한 자기진단 흐름도

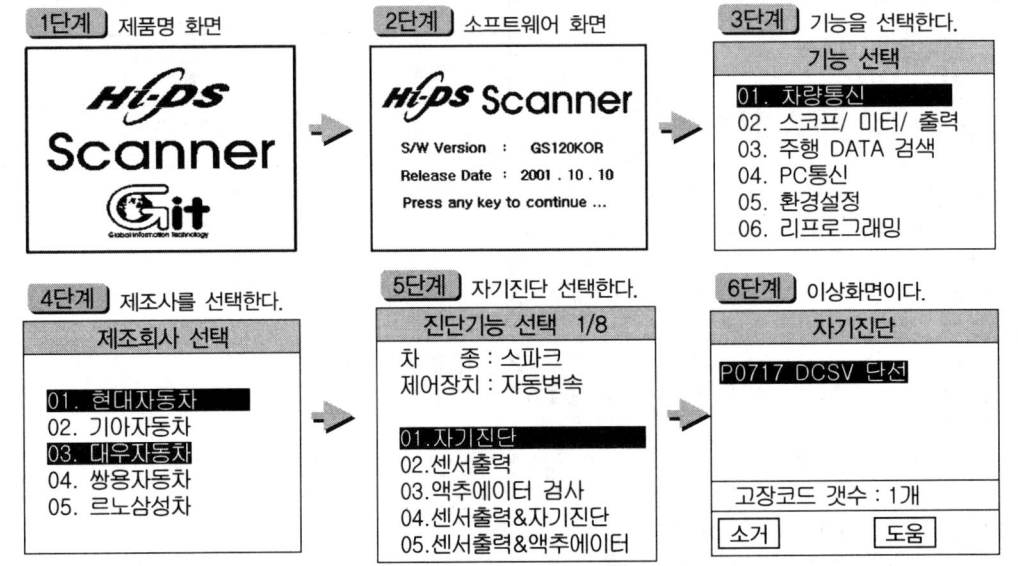

## (2) 자기진단 점검시 고장 내기 쉬운 부품과 기능

### ■ 기아 차종별 중량 기준값

| 명 칭 | 기 능 |
|---|---|
| 입력속도센서 | 입력축회전수(TURBINE RPM)를 OD/RVS 리테이너 부에서 검출 |
| 출력속도센서 | 출력축회전수(T/F DRIVE GEAR RPM)를 T/F 드라이브 기어부에서 검출 |
| 엔진회전속도 | 엔진회전수를 ECM에서 CAN통신을 통해 받는다. |
| 유온센서 | 자동변속기 오일의 온도를 서미스터로 검출한다. |
| 인히비터 스위치 | 선택 레버의 위치를 접점식 스위치로 검출한다. |
| ON/OFF 솔레노이드 밸브(SCSV-A) | 변속 제어를 위해서 유로를 제어하는 밸브 |
| VFS 솔레노이드 밸브 | 전 THROTTLE 및 전 변속 단에서 라인압을 4.5~10.5bar까지 가변시킨다. |
| PCSV-A(SCSV-B) | 변속 제어를 위해서 OD 또는 L/R유압을 제어하는 밸브 |
| PCSV-B(SCSV-C) | 변속 제어를 위해서 2/B 또는 REV유압을 제어하는 밸브 |
| PCSV-C(SCSV-D) | 변속 제어를 위해서 UD 유압을 제어하는 밸브 |
| PCSV-D(TCC) | 댐퍼 클러치 제어를 위한 댐퍼 클러치 제어밸브로의 유압을 조절 |
| 클러스터 | 현재의 변속레버의 위치와 차량 속도를 보냄 |

## 5안 산업기사 전기 1 — 에어컨의 압력 측정

주어진 자동차에서 에어컨 벨트와 블로워 모터를 탈거한 후(감독위원에게 확인), 다시 부착하여 작동상태를 확인하고 에어컨의 압력을 측정하여 기록표에 기록하시오.

### 시험장에서는

이 시험 항목은 엔진의 시동을 걸고 하여야 하기 때문에 안전에 각별히 유의하여야 한다. 시동을 걸기 전에 게이지를 설치한다. 저압에 파란색, 고압에 붉은색 호스이다. 시동을 걸기 전에는 "반드시 기어는 중립으로 되어 있는가?", "주차 브레이크는 당겨져 있는가?", "구동 바퀴는 지면에서 들려져 있는가?" 등을 확인하고 시동키를 돌려서 시동을 건다. 그리고 아이들 상태에서 게이지의 눈금을 읽으면 측정값이다. 규정값은 감독위원이 주어지거나 정비 지침서를 이용한다. 일부이긴 하나 숙련되지 않은 수검자로 인하여 안전사고를 방지하기 위하여 보조원이 시동을 걸어 주는 경우도 있다.

**1. 시스템 설치도**

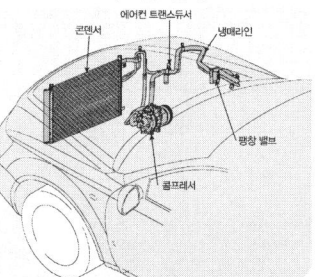

차종에 따라 부품의 설치위치가 약간씩 차이가 나지만 콘덴서와 팽창밸브는 변함없다.

**2. 매니폴드 게이지 모습**

수동적이지만 가격이 저렴하고 사용하기가 편리하기 때문에 현장에서 많이 사용하고 있다.

**3. 고압과 저압호스 모습**

고압 피팅 연결부는 콘덴서와 이배퍼레이터 사이, 저압 피팅 연결부는 이배퍼레이터와 컴프레서 사이에 있다.

## 1 답안지 작성법

### (1) 고압과 저압이 모두 낮을 때

▶ 전기 1. 에어컨 라인 압력 점검
  자동차 번호 :

| 비번호 | | | | 감독위원 확인 | |
|---|---|---|---|---|---|

| 항 목 | ① 측정(또는 점검) | | ② 판정 및 정비(또는 조치)사항 | | 득점 |
|---|---|---|---|---|---|
| | 측정값 | 규정(정비한계)값 | 판정(□에 '✔'표) | 정비 및 조치할 사항 | |
| 저압 | 0.8kgf/cm²/ 아이들 | 2~4kgf/cm²/ 아이들 | □ 양 호<br>☑ 불 량 | 에어컨 라인에<br>냉매부족 – 냉매 보충 | |
| 고압 | 6.0kgf/cm²/ 아이들 | 15~18kgf/cm²/ 아이들 | | | |

1) **비번호** : 비번호는 공단직원이 주는 등번호를 수검자가 기록한다.
2) **감독위원 확인** : 감독위원 확인란은 감독위원이 채점한 후에 도장을 찍는 부분으로 수검자는 기록하지 않는다.
3) **① 측정(또는 점검)** : 측정값은 수검자가 측정한 에어컨 라인 압력 값을 기록하고, 규정(정비한계)값은 감독위원이 주어진 값이나 또는 정비지침서를 보고 기록한다.(반드시 단위를 기입한다)
   - 측정값 : • 저압 – 0.8kgf/cm²/ 아이들   • 고압 – 6.0kgf/cm²/ 아이들
   - 규정(정비한계)값 : • 저압 – 2~4kgf/cm²/ 아이들   • 고압 – 15~18kgf/cm²/ 아이들
4) **② 판정 및 정비(또는 조치)사항** : 판정은 수검자가 측정한 값과 규정(정비한계)값을 비교하여 범위 내에 있으면 양호, 벗어나면 불량에 ✔표시를 하며, 정비 및 조치할 사항은 고장원인과 정비할 사항을 기록한다.
   - 판정 : • 양호 – 규정(정비한계)값의 범위에 있을 때   • 불량 – 규정(정비한계)값을 벗어났을 때
   - 정비 및 조치할 사항 : 양호하면 정비 및 조치할 사항 없음으로, 불량일 경우 고장 원인과 정비방법을 기록한다.

■ 라인 압력 규정값

| 차종 \ 압력스위치 | 고압(kgf/cm²) ON | 고압(kgf/cm²) OFF | 중압(kgf/cm²) ON | 중압(kgf/cm²) OFF | 저압(kgf/cm²) ON | 저압(kgf/cm²) OFF | 비고 |
|---|---|---|---|---|---|---|---|
| 엑셀 | 15~18 | | – | | 2~4 | | ON-컴프레서 작동 OFF-컴프레서 정지 |
| NF 쏘나타 | 14~18(200~228psi/ 1.37~1.57MPa) | | | | 1.5~2.5(21.8~36.3psi/ 0.15~0.25MPa) | | |
| 베르나 | 32.0 | 26.0 | 14.0 | 18.0 | 2.0 | 2.25 | ON-컴프레서 작동 OFF-컴프레서 정지 |
| 아반떼 XD | 32.0 | 26.0 | 14.0 | 18.0 | 2.0 | 2.25 | |
| EF 쏘나타 | 32.0±2.0 | | 15.5±0.8 | | 2.0±0.2 | | |
| 그랜저 XG | 32.0±2.0 | 26.0±2.0 | 15.5±0.8 | 11.5±1.2 | 2.0±0.2 | 2.3±0.25 | |

5) **득점** : 득점은 감독위원이 채점을 하고 점수를 기록하는 부분으로 수검자는 기록하지 않는다.
6) **자동차 번호** : 측정하는 자동차의 번호를 수검자가 기록한다.

## (2) 고압과 저압이 모두 높을 때

▶ 전기 1. 에어컨 라인 압력 점검
자동차 번호 :

| 항 목 | ① 측정(또는 점검) 측정값 | ① 측정(또는 점검) 규정(정비한계)값 | ② 판정 및 정비(또는 조치)사항 판정(□에 '✔'표) | ② 판정 및 정비(또는 조치)사항 정비 및 조치할 사항 | 득점 |
|---|---|---|---|---|---|
| 저압 | 6kgf/cm²/ 아이들 | 2~4kgf/cm²/ 아이들 | □ 양 호 ☑ 불 량 | 콘덴서 냉각 불량, 콘덴서 청소 | |
| 고압 | 22kgf/cm²/ 아이들 | 15~18kgf/cm²/아이들 | | | |

## (3) 고압이 정상이고 저압이 높을 때

▶ 전기 1. 에어컨 라인 압력 점검
자동차 번호 :

| 항 목 | ① 측정(또는 점검) 측정값 | ① 측정(또는 점검) 규정(정비한계)값 | ② 판정 및 정비(또는 조치)사항 판정(□에 '✔'표) | ② 판정 및 정비(또는 조치)사항 정비 및 조치할 사항 | 득점 |
|---|---|---|---|---|---|
| 저압 | 6kgf/cm²/ 아이들 | 2~4kgf/cm²/ 아이들 | □ 양 호 ☑ 불 량 | 냉매 과충전 -냉매 회수 및 재충전 | |
| 고압 | 16kgf/cm²/ 아이들 | 15~18kgf/cm²/ 아이들 | | | |

## (4) 에어컨 라인 압력이 정상일 때

▶ 전기 1. 에어컨 라인 압력 점검
자동차 번호 :

| 항 목 | ① 측정(또는 점검) 측정값 | ① 측정(또는 점검) 규정(정비한계)값 | ② 판정 및 정비(또는 조치)사항 판정(□에 '✔'표) | ② 판정 및 정비(또는 조치)사항 정비 및 조치할 사항 | 득점 |
|---|---|---|---|---|---|
| 저압 | 2.8kgf/cm²/ 아이들 | 2~4kgf/cm²/ 아이들 | ☑ 양 호 □ 불 량 | 정비 및 조치할 사항 없음 | |
| 고압 | 16kgf/cm²/ 아이들 | 15~18kgf/cm²/ 아이들 | | | |

## 2 관계 지식

### (1) 고압과 저압이 낮게 나오는 원인

① 콘덴서 막힘 – 콘덴서 교환
② 리시버 드라이어의 막힘 – 리시버 드라이어 교환
③ 냉각 시스템에 수분 함유(저압측 진공과 정상 반복함) – 냉매 재충전
④ 에어컨 라인에 냉매 부족 – 냉매 보충

## (2) 고압과 저압이 높게 나오는 원인
① 에어컨 라인에 냉매 과다 – 냉매 배출
② 에어컨 라인 압력 스위치 불량 – 압력 스위치 교환
③ 콘덴서 냉각 불량 – 콘덴서 청소
④ 팽창 밸브가 막힘 – 얼어서 막힘 잠시 후 재점검
⑤ 에어컨 벨트의 슬립 – 장력 조정
⑥ 공기 유입(저압 배관에 차가움이 없다) 및 오일 오염 – 재충전 및 오일 교환

## (3) 저압이 높고 고압이 낮게 나오는 원인 (컴프레서 정상)
① 팽창 밸브의 과다 열림 – 교환
② 냉매 과충전 – 냉매 회수 및 재충전

## (4) 라인 압력 측정 방법
① 매니폴드 게이지 피팅의 양쪽 핸드 밸브를 잠근다.
② 매니폴드 게이지 세트의 충전 호스를 에어컨 라인의 피팅에 설치한다. 이때 저압호스는 저압 정비구에, 고압호스는 고압 정비구에 연결하고 호스 너트를 손으로 조인 다음 시동을 걸고 에어컨 작동시킨 후 에어컨 라인의 압력을 점검한다.

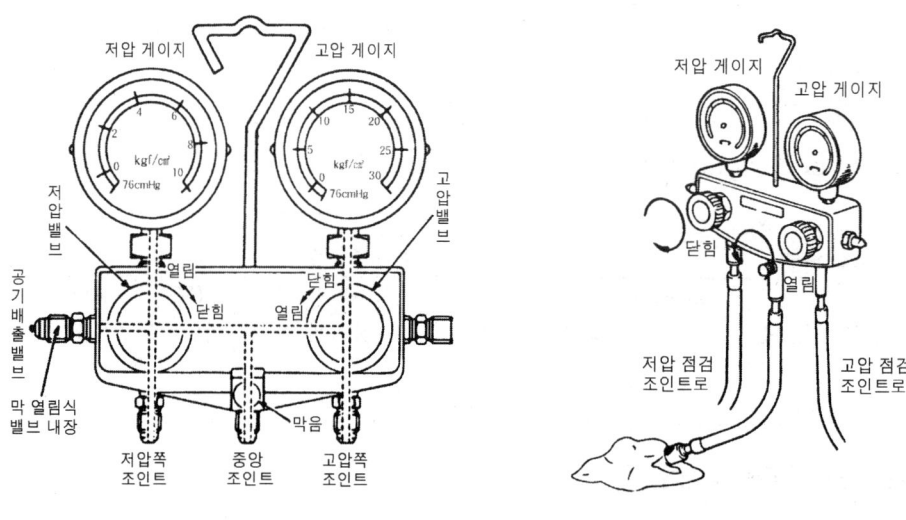

▲ 고압/저압 밸브의 위치    ▲ 저압 밸브의 잠금

# 전기 2 — 전조등 광도, 진폭 점검

주어진 자동차에서 전조등 시험기로 전조등을 점검하여 기록표에 기록하시오.

## 시험장에서는

　헤드라이트의 광도와 진폭의 측정은 엔진의 시동을 걸고 측정하여야 옳으나 시험장에서는 안전을 위하여 엔진이 정지된 상태에서 측정하는 경우가 많다. 감독위원이 좌측이나 우측을 지정하여 주는 곳을 측정하는데 좌, 우는 운전석에 앉아서 좌측과 우측임을 잊지 말아야 한다. 측정하기 전에 조건(타이어의 공기압, 배터리 성능, 바닥의 수평 상태 등)이 맞는지 확인하고 헤드라이트의 유리를 깨끗한 걸레로 닦아서 측정값이 정확하게 나오도록 하여야 한다. 측정은 변환빔(하향등) 상태에서 측정하여야 하며, 차량은 공회전(단, 광도 측정시 2,000rpm), 공차 상태, 운전자 1인이 승차하여 측정하여야 한다.

　보조원이 운전석에 앉아서 라이트를 조작하여 주는 경우도 있으나 대부분은 운전자가 탑승하지 않은 상태에서 측정한다. 근래에 생산된 차량은 헤드라이트 조작이 키 스위치를 넣어야만 가능하도록 되어 있으므로 참고하기 바란다.

1. 시뮬레이터로 측정 준비된 모습

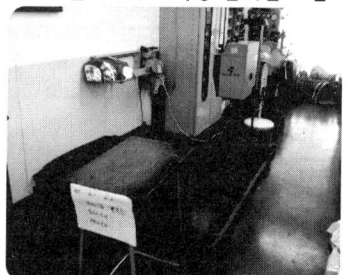

실제 차량으로 전조등 시험을 하는 경우도 있지만 시뮬레이터를 이용한 방법도 있다.

2. 검사장에서의 측정 모습

검사 현장에서도 헤드라이트 시험기는 이동식 레일로 만들어서 적당한 위치로 이동하며 측정한다.

3. 로우빔을 가리고 측정 모습

4등식에서 로우빔을 천 가리개로 가려서 하이빔의 광도와 진폭만을 점검한다. 가리개 안에 자석이 있어서 편리하다.

## 1  답안지 작성법

### (1) 광도, 진폭이 불량일 때

▶ 전기 2. 전조등 점검
　　자동차 번호 :

| 항목 | ① 측정(또는 점검) | | ② 판정 | 득점 |
|---|---|---|---|---|
| | 측정값 | 기준값 | 판정(□에 '✔') | |
| (□에 '✔')<br>위치 :<br>☑ 좌<br>□ 우<br>설치높이 :<br>☑ ≤ 1.0m<br>□ > 1.0m | 광도<br>2,300cd | 3,000cd 이상 | □ 양 호<br>☑ 불 량 | |
| | 진폭<br>-3.3%(-0.33cm) | -0.5~-2.5% 이내<br>(-0.05~-0.25cm 이내) | □ 양 호<br>☑ 불 량 | |

비 번호 : 　　　감독위원 확 인 :

※ 측정 위치는 감독위원이 지정하는 위치에 □에 '✔' 표시합니다.
※ 자동차 검사기준 및 방법에 의하여 기록 판정합니다.

1) **비번호** : 비번호는 공단직원이 주는 등번호를 수검자가 기록한다.
2) **감독위원 확인** : 감독위원 확인란은 감독위원이 채점한 후에 도장을 찍는 부분으로 수검자는 기록하지 않는다.

3) ① **측정(또는 점검)** : 위치 및 설치 높이는 감독위원이 지정하는 차량과 위치 및 설치 높이에 ✔표시를 하고, 측정값은 수검자가 측정한 광도와 진폭의 값을 기록하고 기준값은 검사기준 값을 암기하여 기록한다.
   - 위치 및 설치 높이 : · 위치 – 감독위원이 지정하는 차량의 헤드라이트 위치에 ✔표시를 한다.
                                       운전석에 앉아서 좌, 우 위치이다.
                          · 설치 높이 – 점검차량의 전조등 설치 높이에 ✔표시를 한다.
   - 측정값 : · 광도 – 수검자가 측정한 광도 값을 기록한다.
             · 진폭 – 수검자가 측정한 변환빔의 진폭 값을 기록한다.
   - 기준값 : · 광도 – 수검자가 검사기준의 광도 값을 암기하여 기록한다.
             · 진폭 – 수검자가 검사기준의 진폭 값을 암기하여 기록한다.
4) ② **판정** : 판정란은 수검자가 측정한 값과 기준값을 비교하여 범위 내에 있으면 양호, 벗어나면 불량에 ✔표시를 한다. 어느 하나라도 불량이면 판정은 불량이다.
   - 판정 : · 양호–기준값의 범위에 있을 때  · 불량–기준값을 벗어났을 때
5) **득점** : 득점은 감독위원이 채점을 하고 점수를 기록하는 부분으로 수검자는 기록하지 않는다.
6) **자동차 번호** : 측정하는 자동차의 번호를 수검자가 기록한다.

## (2) 광도가 불량일 때

▶ 전기 2. 전조등 점검
   자동차 번호 :

| 비 번호 |  | 감독위원 확인 |  |
|---|---|---|---|

| 항목 | ① 측정(또는 점검) | | | ② 판정 | 득 점 |
|---|---|---|---|---|---|
|  |  | 측정값 | 기준값 | 판정(□에 '✔') |  |
| (□에 '✔')<br>위치 :<br>☑ 좌<br>□ 우<br>설치높이 :<br>☑ ≤ 1.0m<br>□ > 1.0m | 광도 | 2,100cd | 3,000cd 이상 | □ 양 호<br>☑ 불 량 |  |
|  | 진폭 | −2.2%(−0.22cm) | −0.5~−2.5% 이내<br>(−0.05~−0.25cm 이내) | ☑ 양 호<br>□ 불 량 |  |

※ 측정 위치는 감독위원이 지정하는 위치에 □에 '✔' 표시합니다.
※ 자동차 검사기준 및 방법에 의하여 기록 판정합니다.

## (3) 진폭이 불량일 때

▶ 전기 2. 전조등 점검
   자동차 번호 :

| 비 번호 |  | 감독위원 확인 |  |
|---|---|---|---|

| 항목 | ① 측정(또는 점검) | | | ② 판정 | 득 점 |
|---|---|---|---|---|---|
|  |  | 측정값 | 기준값 | 판정(□에 '✔') |  |
| (□에 '✔')<br>위치 :<br>☑ 좌<br>□ 우<br>설치높이 :<br>☑ ≤ 1.0m<br>□ > 1.0m | 광도 | 33,000cd | 3,000cd 이상 | ☑ 양 호<br>□ 불 량 |  |
|  | 진폭 | −2.7%(−0.27cm) | −0.5~−2.5% 이내<br>(−0.05~−0.25cm 이내) | □ 양 호<br>☑ 불 량 |  |

※ 측정 위치는 감독위원이 지정하는 위치에 □에 '✔' 표시합니다.
※ 자동차 검사기준 및 방법에 의하여 기록 판정합니다.

## (4) 광도와 진폭이 정상일 때

**전기 2. 전조등 점검**
자동차 번호 :

| 항목 | ① 측정(또는 점검) | | ② 판정 | 득 점 |
|---|---|---|---|---|
| | 측정값 | 기준값 | 판정(□에 '✔') | |
| (□에 '✔')<br>위치 :<br>☑ 좌<br>□ 우<br>설치높이 :<br>☑ ≤ 1.0m<br>□ > 1.0m | 광도<br><br>68,000cd | 3,000cd 이상 | ☑ 양 호<br>□ 불 량 | |
| | 진폭<br><br>-2.4%(-0.24cm) | -0.5~-2.5% 이내<br>(-0.05~-0.25cm 이내) | ☑ 양 호<br>□ 불 량 | |

※ 측정 위치는 감독위원이 지정하는 위치에 □에 '✔' 표시합니다.
※ 자동차 검사기준 및 방법에 의하여 기록 판정합니다.

## 2 관계 지식

### (1) 전조등 광도, 진폭 검사 기준값

| 항목 | 검사 기준 | | 검사 방법 |
|---|---|---|---|
| 등화<br>장치 | • 변환빔의 광도는 3000cd 이상일 것 | | • 좌우측 전조등(변환빔)의 광도와 광도점을 전조등 시험기로 측정하여 광도점의 광도 확인 |
| | • 변환빔의 진폭은 10m 위치에서 다음 수치 이내일 것 | | • 좌우측 전조등(변환빔)의 컷오프선 및 꼭지점의 위치를 전조등 시험기로 측정하여 컷오프선의 적정여부 확인 |
| | 설치 높이 ≤ 1.0m | 설치 높이 > 1.0m | |
| | -0.5 ~ -2.5% | -1.0 ~ -3.0% | |
| | • 컷오프선의 꺾임점(각)이 있는 경우 꺾임점의 연장선은 우측 상향일 것 | | • 변환빔의 컷오프선, 꺾임점(각), 설치상태 및 손상 여부 등 안전기준 적합여부를 확인 |

**예** 컷 오프선의 수직위치는 자동차의 변환빔 전조등 설치 높이(발광면의 최하단) 대비 아래 기준에 적합할 것(설치 높이 ≤ 1.0m)

- $-0.5\% = \dfrac{x \times 100}{10}$, $x = \dfrac{-0.5 \times 10}{100} = -0.05cm$ 이내, $\% = \dfrac{-0.05cm \times 100}{10} = -0.5\%$ 이내

- $-2.5\% = \dfrac{x \times 100}{10}$, $x = \dfrac{-2.5 \times 10}{100} = -0.25cm$ 이내, $\% = \dfrac{-0.25cm \times 100}{10} = -2.5\%$ 이내

- 설치 높이 > 1.0m : -0.1cm ~ -0.3cm 이내

## 5안 산업기사 전기 3 — ETACS 와이퍼 간헐시간 스위치 작동신호 점검

주어진 자동차에서 와이퍼 간헐(INT) 시간조정 스위치 조작시 편의장치 (ETACS 또는 ISU) 커넥터에서 스위치 신호(전압)를 측정하고 이상여부를 확인하여 기록표에 기록하시오.

### 시험장에서는

에탁스(ETACS : Electronic Time Alam Control System)는 소형이나, 준중형 차량에는 미장착 차량이 많고 중형 이상의 차량에서 채용한 시스템이었으나 요즘은 경차에도 도입하는 추세이다. 실제의 차량을 이용하는 경우도 있지만 대부분이 시뮬레이터를 사용한다. 점검 및 측정하기가 편하게 만들어져 있다. 에탁스 하면 모두 어려워하고 있지만 실상 회로도만 볼 줄 알면 간단하게 해결할 수 있는 문제. 답안지를 받아 들고 차량으로 가면 측정차량의 앞이나 측면 유리에 "에탁스 실내등 출력 전압 점검" 이라는 글씨가 보일 것이다. 운전석에 앉으면 정비지침서나 에탁스 회로도를 복사한 것이 보일 것이다. 측정한 값을 답안지에 작성하여 제출한다. 현재 차량에서는 BCM(Body Control Module)으로 이름 바꿔써서 사용하고 있음을 참고하기 바란다. BCM이 새로운 시스템이라고 볼 것이 아니라 기존의 ETACS 제어의 기능을 확장 장치로 생각하고 접근하면 결코 어렵지 않은 시스템이 될 것이다.

▲ 와이퍼 스위치 위치

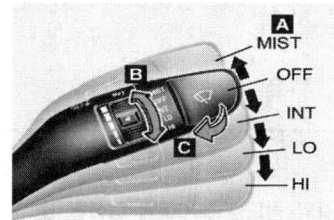
▲ 간헐위치(INT)

### 1  답안지 작성법

#### (1) 와이퍼 간헐시간 조정 작동 신호가 불량일 때

▶ 전기 3. 와이퍼 스위치 신호 점검
자동차 번호 :

| 점검항목 | ① 측정(또는 점검) 상태 | | ② 판정 및 정비(또는 조치)사항 | | 득점 |
|---|---|---|---|---|---|
| | | | 판정(□에 '✔'표) | 정비 및 조치할 사항 | |
| 와이퍼 간헐 시간조정 스위치 위치별 작동신호 | INT S/W ON시(전압) | ON 시 : 0V<br>OFF시 : 0V | □ 양 호<br>☑ 불 량 | 콤비네이션 스위치 커넥터 탈거- 커넥터 연결 후 재점검 | |
| | INT S/W 위치별 전압 | Fast(빠름)-Slow(느림) 전압기록전압 : 0V - 0V | | | |

※ 단, 전압으로 측정이 곤란한 경우 감독위원의 지시에 따라 주기 기록.

1) **비번호** : 비번호는 공단직원이 주는 등번호를 수검자가 기록한다.
2) **감독위원 확인** : 감독위원 확인란은 감독위원이 채점한 후에 도장을 찍는 부분으로 수검자는 기록하지 않는다.
3) **① 측정(또는 점검) 상태** : 측정(또는 점검) 상태는 수검자가 측정한 작동신호를 값을 기록한다.
 • INT S/W ON시(전압) : •ON시 - 0V  •OFF 시 - 0V  • INT S/W 위치별 전압 : 0V - 0V
4) **② 판정 및 정비(또는 조치)사항** : 판정은 수검자가 측정한 값과 규정(정비한계)값을 비교하여 범위 내에 있으면 양호, 벗어나면 불량에 ✔표시를 하며, 정비 및 조치할 사항은 고장원인과 정비할 사항을 기록한다.
 • 판정 : •양호 - 규정(정비한계)값의 범위에 있을 때  •불량 - 규정(정비한계)값을 벗어났을 때
 • 정비 및 조치할 사항 : 양호하면 정비 및 조치할 사항 없음으로, 불량일 경우 고장원인 정비방법을 기록한다.
5) **득점** : 득점은 감독위원이 채점을 하고 점수를 기록하는 부분으로 수검자는 기록하지 않는다.
6) **자동차 번호** : 측정하는 자동차의 번호를 수검자가 기록한다.

【 일반적인 규정값 】

| 차종 | 제어시간 | 특징 |
|---|---|---|
| 현대 전차종 | $T_0$ : 0.6초<br>$T_2$ : 1.5±0.7초~ 10.5±3초 | 인트 볼륨 저항<br>(저속 : 약 50kΩ / 고속 약 0kΩ) |

## 2 관계 지식

### (1) 타임 챠트

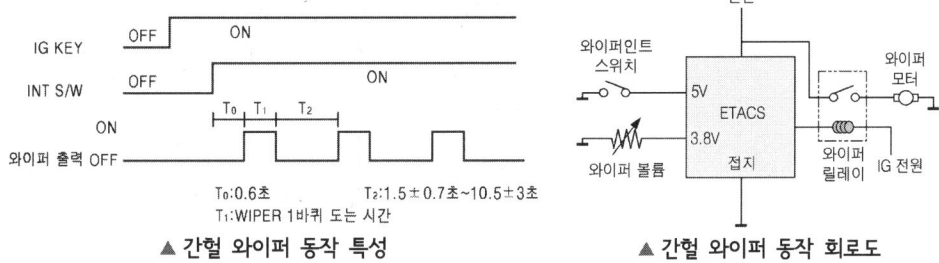

▲ 간헐 와이퍼 동작 특성      ▲ 간헐 와이퍼 동작 회로도

① 점화키 ON시 인트 스위치를 작동시키면 $T_1$후에 와이퍼 릴레이를 ON 한다.
② 간헐 와이퍼 작동 중 와이퍼가 재 작동하는 주기는 인트 볼륨 설정에 따라 $T_3$시간만큼 차이가 발생한다.

■ 와이퍼 간헐시간 조정 작동전압 규정값

| | 항 목 | 조 건 | 전압값 | 비고 |
|---|---|---|---|---|
| 입력<br>요소 | 점화 스위치 | ON | 12V | |
| | | OFF | 0V | |
| | 와셔 스위치 | OFF | 12V | |
| | | 와셔 작동시 | 0V | |
| | INT(간헐) 스위치 | OFF | 5V | |
| | | INT 선택 | 0V | |
| 출력<br>요소 | INT(간헐)가변 볼륨 | FAST(빠름) | 5V | |
| | | SLOW(느림) | 3.8V | |
| | INT(간헐) 릴레이 | 모터를 구동할 때 | 0V | |
| | | 모터 정지할 때 | 12V | |

### (2) 와이퍼 간헐시간 조정 작동 회로도

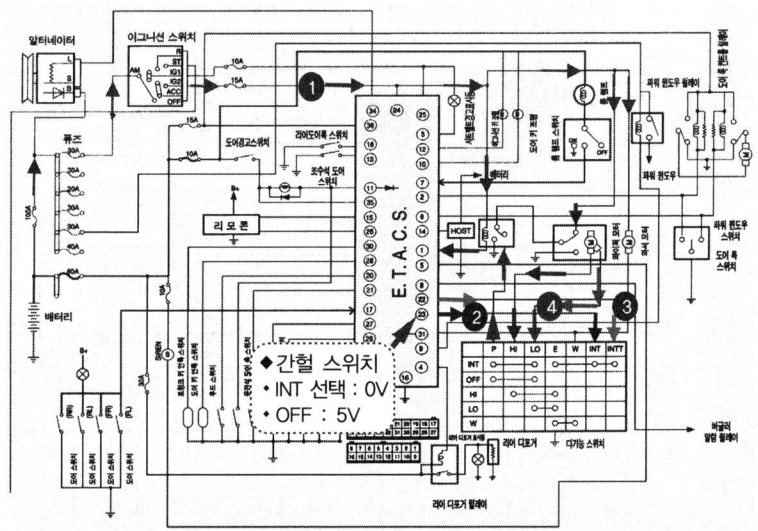

▲ 에탁스 와이퍼 간헐 스위치 작동전압 점검

## (3) 간헐 와이퍼 스위치 작동 전압 측정 위치-1(YF 쏘나타 2.0 - 2010)

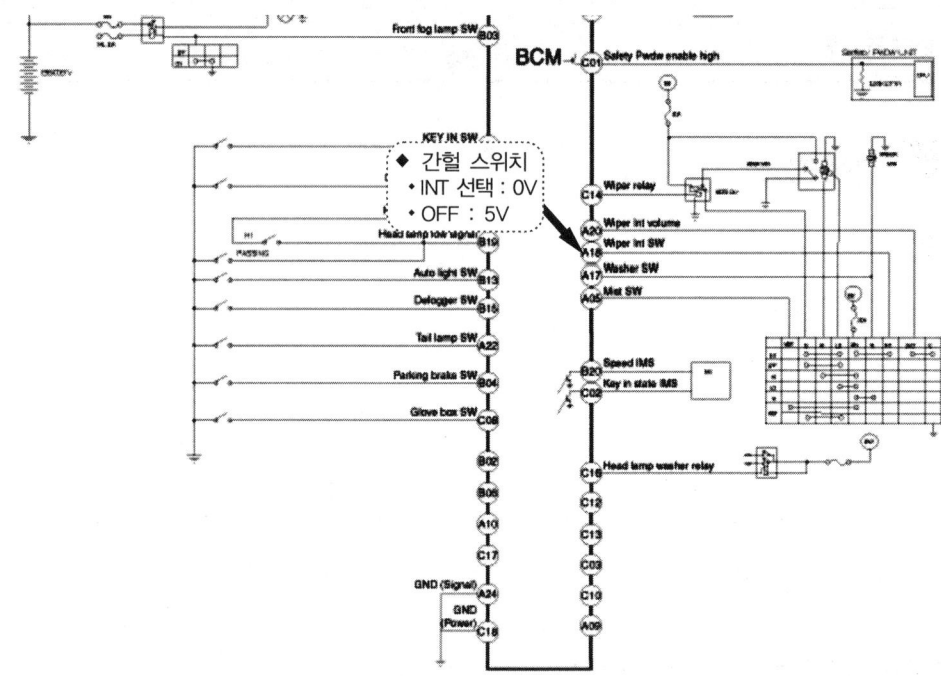

## (4) 간헐 와이퍼 스위치 작동 전압 측정 위치-2(YF 쏘나타 2.0 - 2010)

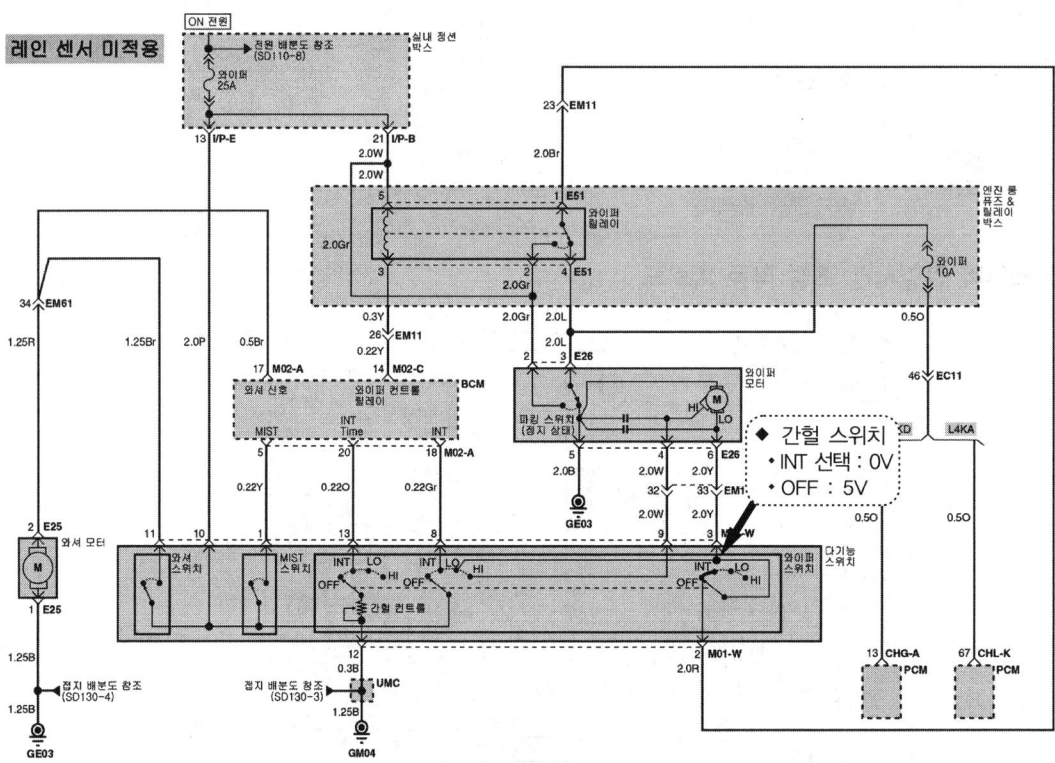

## 엔진 1 — 캠축 양정 점검

주어진 엔진을 기록표의 측정 항목까지 분해하여 기록표의 요구사항을 측정 및 점검하고 본래 상태로 조립하시오.

### 시험장에서는

① 분해용 엔진에서 캠축을 분해하거나 또는 분해된 단품과 마이크로미터가 준비되어 있을 것이다. 감독위원이 지정하여주는 실린더의 흡기 또는 배기 캠의 양정을 측정한다. 캠 양정의 측정은 외경 마이크로미터를 이용하여 가장 높은 부분을 측정하고 기초원을 측정하여 빼준다.

② **캠축 양정 점검**: 캠의 높이 점검은 외경 마이크로미터를 이용하여 가장 높은 부분을 측정한다. 이때 감독관이 지정하는 실린더의 캠을 측정하여야 하므로 차량의 흡기 배기 위치를 확실히 알고 있어야 한다.

1. 다이얼 게이지로 양정 측정모습
2. 마이크로미터로 노즈 부분 측정모습
3. 버니어캘리퍼스로 높이 측정모습

다이얼 게이지의 스핀들을 기초원에 놓고 0점을 조정한 후 돌리면서 노즈 부분까지 움직인 거리가 양정이다.

마이크로미터로 노즈 부분의 직경을 측정하면 캠 높이가 된다. 정확한 높이를 측정하기 위하여 스핀들을 직선으로 접촉해야 한다.

버니어캘리퍼스로 노즈 부분의 높이를 측정하고 기초원 부분의 직경을 측정하여 빼준 값이 양정이다.

## 1. 답안지 작성법

### (1) 캠 높이가 낮을 때 [캠 높이를 기준]

▶ 엔진 1. 캠축 점검
  엔진 번호:

| 측정항목 | ① 측정(또는 점검) | | ② 판정 및 정비(또는 조치)사항 | | 득점 |
|---|---|---|---|---|---|
| | 측정값 | 규정(정비한계)값 | 판정(□에 '✔'표) | 정비 및 조치할 사항 | |
| 캠축 양정 | 36.340mm | 38.909 (38.409)mm | □ 양 호<br>✔ 불 량 | 캠 축 - 교환 | |

| 비번호 | | 감독위원 확 인 | |
|---|---|---|---|

※ 감독위원이 지정하는 부위를 측정합니다.

1) **비번호**: 비번호는 공단직원이 주는 등번호를 수검자가 기록한다.
2) **감독위원 확인**: 감독위원 확인란은 감독위원이 채점한 후에 도장을 찍는 부분으로 수검자는 기록하지 않는다.
3) **① 측정(또는 점검)**: 측정값은 수검자가 측정한 캠의 높이의 값으로 기록하고, 규정(정비한계)값은 감독관이 주어진 값이나 또는 정비지침서를 보고 기록한다. (반드시 단위를 기입한다)
   - 측정값: 36.340mm
   - 규정(정비한계)값: 38.909(38.409)mm
4) **② 판정 및 정비(또는 조치)사항**: 판정은 수검자가 측정한 값과 규정(정비한계)값을 비교하여 범위 내에 있으면 양호, 벗어나면 불량에 ✔ 표시를 하며, 정비 및 조치할 사항 란에는 고장원인과 정비할 사항을 기록한다.
   - 판정: · 양호 – 규정(정비한계)값 이내에 있을 때
           · 불량 – 규정(정비한계)값을 벗어났을 때
   - 정비 및 조치할 사항: 양호하면 정비 및 조치할 사항 없음으로, 불량일 경우 고장원인과 정비방법을 기록한다.

5) 득점 : 득점은 감독위원이 채점을 하고 점수를 기록하는 부분으로 수검자는 기록하지 않는다.
6) 엔진 번호 : 측정하는 엔진 번호를 수검자가 기록한다.

## (2) 캠 높이가 낮을 때 [캠 양정을 기준]

▶ 엔진 1. 캠축 점검
　　　　엔진 번호 :

| 비번호 | | 감독위원 확 인 | |

| 측정항목 | ① 측정(또는 점검) | | ② 판정 및 정비(또는 조치)사항 | | 득점 |
|---|---|---|---|---|---|
| | 측정값 | 규정(정비한계)값 | 판정(□에 '✔'표) | 정비 및 조치할 사항 | |
| 캠축 양정 | 4.40mm | 5.60<br>(5.00)mm | □ 양 호<br>☑ 불 량 | 캠축-교환 | |

※ 감독위원이 지정하는 부위를 측정합니다.

### ■ 차종별 캠의 높이(양정) 규정값(mm)

| 차 종 | | 규정값 | 한계값 | 차 종 | | 규정값 | 한계값 |
|---|---|---|---|---|---|---|---|
| 엑셀 FBC | 흡기 | 38.909 | 38.409 | 세피아 | 흡기 | 36.4514 | 36.251 |
| | 배기 | 38.974 | 38.474 | | 배기 | 36.451 | 36.251 |
| 아반떼 1.5D | 흡기 | 43.2484 | 42.7484 | 크레도스 | 흡기 | 37.9593 | – |
| | 배기 | 43.8489 | 43.3489 | | 배기 | 37.9617 | – |
| EF 쏘나타 | 흡기 | 35.493±0.1 | – | 르 망 | 흡기 | 5.61 | – |
| | 배기 | 35.317±0.1 | – | | 배기 | 6.12 | – |
| 쏘나타 | 흡기 | 44.525 | 42.7484 | 토스카 2.0 D | 흡기 | 5.8106 | |
| | 배기 | 44.525 | 43.3489 | | 배기 | 5.3303 | |
| 마티즈 | 흡기 | 35.156 | 35.124 | 토스카 2.5 D | 흡기 | 5.931 | |
| | 배기 | 34.814 | 34.789 | | 배기 | 5.3303 | |
| 옵티마 2.0 D | 흡기 | 35.439 | 35.993 | 누비라 1.5 S | 흡기 | 40.445 | |
| | 배기 | 35.317 | 34.817 | | 배기 | 40.501 | |

## (3) 캠 높이가 정상일 때 [캠 높이를 기준]

▶ 엔진 1. 캠축 점검
　　　　엔진 번호 :

| 비번호 | | 감독위원 확 인 | |

| 측정항목 | ① 측정(또는 점검) | | ② 판정 및 정비(또는 조치)사항 | | 득점 |
|---|---|---|---|---|---|
| | 측정값 | 규정(정비한계)값 | 판정(□에 '✔'표) | 정비 및 조치할 사항 | |
| 캠축 양정 | 38.800mm | 38.909<br>(38.409)mm | ☑ 양 호<br>□ 불 량 | 정비 및 조치할 사항 없음 | |

※ 감독위원이 지정하는 부위를 측정합니다.

## (4) 캠 높이가 정상일 때 [캠 양정을 기준]

▶ 엔진 1. 캠축 점검
　　　　엔진 번호 :

| 비번호 | | 감독위원 확 인 | |

| 측정항목 | ① 측정(또는 점검) | | ② 판정 및 정비(또는 조치)사항 | | 득점 |
|---|---|---|---|---|---|
| | 측정값 | 규정(정비한계)값 | 판정(□에 '✔'표) | 정비 및 조치할 사항 | |
| 캠축 양정 | 5.40mm | 5.60<br>(5.00)mm | ☑ 양 호<br>□ 불 량 | 정비 및 조치할 사항 없음 | |

※ 감독위원이 지정하는 부위를 측정합니다.

## 2 관계 지식

### (1) 캠축의 양정을 측정하는 방법

① **다이얼 게이지를 이용해 양정을 측정하는 방법** : 측정하고자 하는 캠의 기초원에 다이얼 게이지의 스핀들을 직각으로 올려놓고 0으로 세팅한 다음 한 바퀴 돌렸을 때 움직임 값이 양정이다.

② **외측 마이크로미터를 이용하여 양정을 측정하는 방법** : 외측 마이크로미터로 캠의 높이와 기초원의 지름을 측정한 후 캠의 높이 - 기초원의 지름 = 양정(리프트)이다.

### (2) 캠축의 양정이 작을 때 일어나는 현상

캠 양정은 밸브 리프트의 양과 비례한다. 마모 되면서 양정이 작아졌다면 밸브의 열림량이 작아진다는 뜻으로 흡기 밸브에서는 흡입 공기의 충분한 흡입이 이루어지지 않으므로 (충진 효율 저하) 출력 감소, 연료 소비량의 증가 등이 일어나며, 또한 배기 밸브에서도 충분한 배기가 일어나지 않으므로(배기 효율 감소) 흡입 효율이 떨어지므로 출력 감소, 엔진 과열, 연료 소비량 증가 등이 일어난다.

일반적인 규정값은 양정으로 하지만 요즘에는 캠의 높이로 규정값을 주어지는 추세이므로 참고 하기 바란다. 물론 양정을 구하는 방법이나 캠의 높이를 측정하는 방법은 알고 있어야 한다.

## 6안 산업기사 | 엔진 3 | 연료 압력 측정

2항의 시동된 엔진에서 공회전 상태를 확인하고 감독위원의 지시에 따라 연료 공급 시스템의 연료 압력을 측정하여 기록표에 기록하시오.(단, 시동이 정상적으로 되지 않은 경우 본 항의 작업은 할 수 없음)

### 시험장에서는

감독관으로부터 답안지를 받은 후 측정용 차량에 연료 압력계를 설치하고 엔진의 시동을 걸어서 압력계의 지침을 읽어 답안지를 작성한다. 규정값은 감독관이 주거나 정비 지침서를 준비한 곳도 있다. 일부이긴 하나 연료 압력계가 설치되어 있는 것을 그대로 측정하기도 한다.

이것은 비숙련 수검자가 시험용 차량과 측정기를 고장 낼 수 있고 잘못하여 휘발유가 누출되면 화재의 위험이 있기 때문이며, 측정하는 방법을 모르면 설치하는 방법은 더욱더 숙련이 되지 않음을 감독관은 알 수 있다. 사실 연료 압력을 측정하기 위하여 연료 압력계를 설치하기 위해서는 사전에 하여야할 작업이 많다.

연료 펌프 커넥터를 분리시키고 시동을 걸어서 자연히 꺼질 때까지 회전시킨 후 배터리 ⊖ 단자를 분리하고(이때 연료가 분출되는데 걸레로 받쳐서 다른 곳으로 흐르지 않도록 하여야 한다) 연료 호스를 탈거하여 연료 압력계를 설치하고, 다시 연료 펌프 커넥터를 연결한 후 배터리 ⊖ 터미널을 연결하고 시동을 걸어야 하는데 위험성과 복잡하기에 설치되어 있는 압력계를 그대로 읽도록 하고 있다.

| 1. 연료 압력 점검 사진 모습 | 2. 연료 압력 게이지 모습 | 3. 진공 호스 이탈 모습 |
|---|---|---|
|  |  |  |
| 시험장에서 시뮬레이터를 이용하며, 연료 압력계의 설치는 극히 위험 하므로 계기판에 있는 압력계를 읽도록 하고 있는 경우가 대부분이다. | 시동이 걸린 상태에서 압력계를 읽는다. 안쪽이 MPa이고, 바깥쪽이 kgf/cm²이다. 감독관이 주어진 규정값을 비교하여 답을 작성한다. | 압력이 높거나 낮도록 고장을 내야 한다. 연료 펌프나 연료 필터의 고장 등은 시험자체가 불가능하므로 대부분 진공 호스를 탈거한다. |

### 1 답안지 작성법

**(1) 연료 공급 압력이 높을 때**

▶ 엔진 3. 연료 공급 시스템 점검
자동차 번호 :

| 측정 항목 | ① 측정(또는 점검) | | ② 판정 및 정비(또는 조치)사항 | | 득 점 |
|---|---|---|---|---|---|
| | 측정값 | 규정(정비한계)값 | 판정(□에 '✔'표) | 정비 및 조치할 사항 | |
| 연료 압력 | 3.5kgf/cm²/아이들 | 2.75kgf/cm²/아이들 | □ 양 호<br>✔ 불 량 | 진공호스의 탈거-연결 | |

비번호 | | 감독위원 확 인 |

※ 공회전 상태에서 측정합니다.

1) **비번호** : 비번호는 공단직원이 주는 등번호를 수검자가 기록한다.
2) **감독위원 확인** : 감독위원 확인란은 감독위원이 채점한 후에 도장을 찍는 부분으로 수검자는 기록하지 않는다.
3) **① 측정(또는 점검)** : 측정값은 수검자가 측정한 연료 공급압력 값을 기록하며, 규정(정비한계)값은 감독관이 주어진 값이나 또는 정비지침서를 보고 기록한다.
   - 측정값 : 3.5kgf/cm²/아이들
   - 규정(정비한계)값 : 2.75kgf/cm²/아이들

■ 연료 압력 차종별 기준값(공전시-kgf/cm²)

| 차 종 | 진공 호스 | | 차 종 | | 진공 호스 | |
|---|---|---|---|---|---|---|
| | 탈 거 | 연 결 | | | 탈 거 | 연 결 |
| 베르나 / 아반떼 XD / 투스카니 / 라비타 | 3.5 | – | 쏘나타Ⅲ EF 쏘나타 | SOHC | 3.26~3.47 | 2.75 |
| 그랜저 XG / 에쿠스 / 테라칸 | 3.3~3.5 | 2.70 | | DOHC | 3.26~3.47 | 2.75 |
| 트라제 XG / 싼타페 | 3.06 | 2.70 | | 2.0 | 3.26~3.47 | 2.75 |

4) ② 판정 및 정비(또는 조치)사항 : 판정은 수검자가 측정한 값과 규정(정비한계)값을 비교하여 범위 내에 있으면 양호, 벗어나면 불량에 ✔ 표시를 하며, 정비 및 조치할 사항 란에는 고장원인과 정비할 사항을 기록한다.
 • 판정 : • 양호 – 규정(정비한계)값의 범위에 있을 때
    • 불량 – 규정(정비한계)값을 벗어났을 때
 • 정비 및 조치할 사항 : 양호하면 정비 및 조치할 사항 없음으로, 불량일 경우 고장원인과 정비방법을 기록한다.
5) **득점** : 득점은 감독위원이 채점을 하고 점수를 기록하는 부분으로 수검자는 기록하지 않는다.
6) **자동차 번호** : 측정하는 자동차 번호를 수검자가 기록한다.

## (2) 연료 공급 압력이 낮을 때

▶ 엔진 3. 연료 공급 시스템 점검
  자동차 번호 :

| 측정 항목 | ① 측정(또는 점검) | | ② 판정 및 정비(또는 조치)사항 | | 득 점 |
|---|---|---|---|---|---|
| | 측정값 | 규정(정비한계)값 | 판정(□에 '✔' 표) | 정비 및 조치할 사항 | |
| 연료 압력 | 0.8kgf/cm²/아이들 | 2.75kgf/cm²/아이들 | □ 양 호<br>☑ 불 량 | 연료 필터가 막혔다<br>– 연료 필터 교환 | |

※ 공회전 상태에서 측정합니다.

## (3) 연료 펌프 공급 압력이 정상일 때

▶ 엔진 3. 연료 공급 시스템 점검
  자동차 번호 :

| 측정 항목 | ① 측정(또는 점검) | | ② 판정 및 정비(또는 조치)사항 | | 득 점 |
|---|---|---|---|---|---|
| | 측정값 | 규정(정비한계)값 | 판정(□에 '✔' 표) | 정비 및 조치할 사항 | |
| 연료 압력 | 2.75kgf/cm²/아이들 | 2.75kgf/cm²/아이들 | ☑ 양 호<br>□ 불 량 | 정비 및 조치할 사항<br>없음 | |

※ 공회전 상태에서 측정합니다.

## 2 관계 지식

### (1) 차종별 연료 압력 조절기 위치와 고장 모습

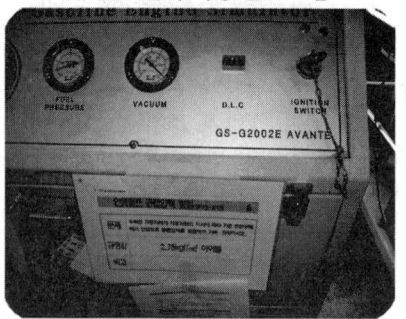

1. 연료 압력 측정 준비 모습

시험장에서 시뮬레이터를 이용하여 측정한다.

2. 진공 호스 분리시킨 고장

가장 많이 고장을 내기 쉬운 부분이 진공호스 탈거이다.

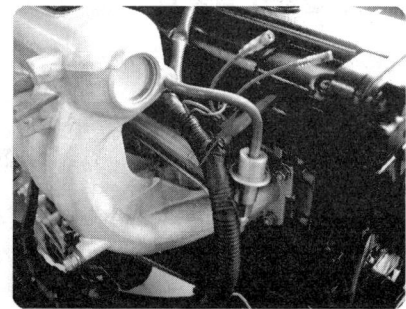

3. 진공 호스의 균열

진공 호스가 오래되면 갈라져서 진공이 샐 수 있다.

### (2) 연료 압력이 낮은 이유
① 인젝터에서의 누설 – 인젝터 교환
② 연료 필터의 막힘이 있다 – 연료 필터 교환
③ 연료 압력 조절기 불량(리턴 포트 열림) – 연료 압력 조절기 교환
④ 배터리 전압 낮음 – 배터리 충전
⑤ 연료 공급라인의 굽음 – 연료 공급라인 수리
⑥ 연료 펌프의 고장 – 연료 펌프 교환
⑦ 딜리버리 파이프에서 연료 누설 – 설치 볼트 재장착

### (3) 연료 압력이 높은 이유
① 연료 리턴 파이프가 막힘 – 연료 리턴 파이프 교환
② 연료 압력 조절기 불량(리턴포트 막힘) – 연료 압력 조절기 교환
③ 진공 호스의 막힘 – 진공 호스 교환
④ 진공 호스의 이탈 – 진공 호스 재 장착
⑤ 진공 호스의 노후로 누설 – 진공 호스 교환
⑥ 진공 니플의 막힘 – 진공 니플 뚫어줌
⑦ 연료 펌프의 고장 – 연료 펌프 교환

# 엔진 4. 점화 코일 1차 파형 분석

주어진 자동차의 엔진에서 점화 코일의 1차 파형을 측정하고 그 결과를 분석하여 출력물에 기록·판정하시오.(측정조건 : 공회전 상태)

## 시험장에서는

파형의 측정 중에 가장 기본이 되고 많이 출제되었던 문제 중에 하나이다. 그전에는 오실로스코프를 이용한 측정이었으나 근래에는 국산 스캐너, 엔진 튠업 장비 등 자동차 테스터기가 많이 개발되어 시험장에서 사용이 늘어나고 있는 추세이다. 튠업용 차량이나 실제 차량이 놓여 있고 테스터기가 있으며, 스캐너 같은 경우는 본인이 작동하도록 하고 있지만, 튠업용 장비일 경우에는 측정하는 방법을 알고 있는지 확인하고 측정하도록 하고 있다. 혹여나 장비를 만져 보지도 못한 수검자가 측정기기를 고장 내는 것을 방지하기 위함이다. 시험장으로 사용하고 나면 고장이 나는 장비 등이 많아서 고생을 하고 있다. 측정법을 확실히 숙지하기 바란다.

**1. 점화 1차 파형 측정 - DIS 방식**

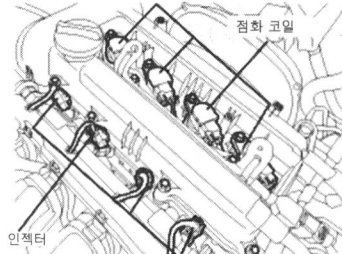

DIS 방식에서는 점화 코일 1차 단자에 측정 프로브를 연결한다.

**2. 점화 1차 파형 측정-DLI**

DLI 방식에서도 1과 2번, 또는 2번과 3번 코일 1차 단자에 프로브 연결한다.

**3. Hi-DS 시험 준비 모습**

컴퓨터와 모니터가 켜져 있는 상태이고 테스터 리드를 준비하여 놓았다.

## 1  답안지 작성법

### (1) 정상파형 일 때

▶ 엔진 4. 점화 코일 1차 파형 분석
자동차 번호 :

| 측정 항목 | 파형 상태 | 비번호 | | 감독위원 확인 | 득 점 |
|---|---|---|---|---|---|
| 파형 측정 | ① 점화 전압 : 1번 - 41.31V, 3번 - 41.02, 2번 - 36.16V로 1번이 약간 높고, 2번 점화 전압이 낮다.<br>② 드웰 시간 : 1번 - 4.5ms, 3번 - 4.8ms, 2번 - 4.2ms,으로 나타내고 있다.<br>③ 서지 전압 : 1번 - 418.36V, 3번 - 416.60V, 2번 - 418.36으로 나타나며, 큰 차이가 나지 않는다.<br>④ 점화 시간 : 1번 - 1.06ms, 3번 - 1.22ms, 2번 - 1.48ms로 나타난다.<br>⑤ 결론 : 점화 전압(점화 에너지)에서 볼 때 점화 플러그 간극이 크면 에너지 상승(1번), 간극이 작으면, 에너지 작음(2번)으로 보았을 때 1번은 간극이 넓고, 2번은 간극이 작고, 3번은 정상으로 볼 수 있다. | | | | |

1) **비번호** : 비번호는 공단직원이 주는 등번호를 수검자가 기록한다.
2) **감독위원 확인** : 감독위원 확인란은 감독위원이 채점한 후에 도장을 찍는 부분으로 수검자는 기록하지 않는다.
3) **파형상태** : 파형 상태란은 수검자가 감독위원의 지시에 따라 스캐너나 튠업 테스터기로 측정한 파형을 프린터로 출력하여 고장 부분 및 각 부분을 출력물에 직접 기록 설명하고 파형의 상태를 결론으로 정리한다.
4) **득점** : 득점은 감독위원이 채점을 하고 점수를 기록하는 부분으로 수검자는 기록하지 않는다.
5) **자동차 번호** : 측정하는 자동차의 번호를 수검자가 기록한다.

### (2) 첨부한 출력물에 수검자가 파형의 상태를 서술한 모습

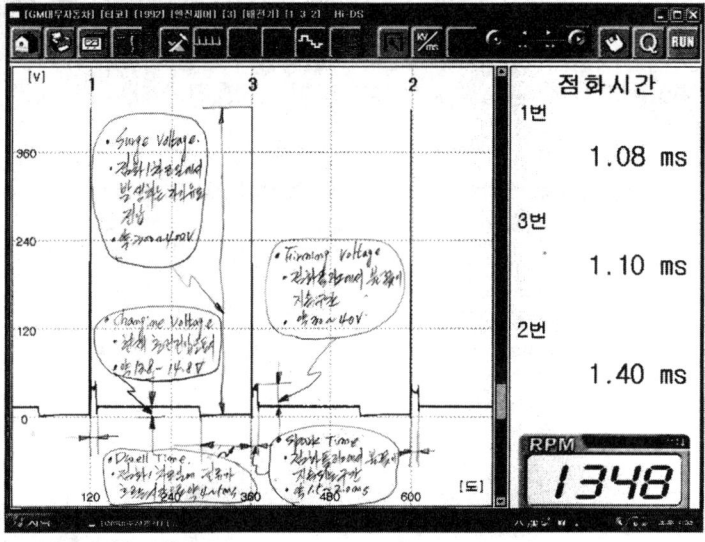

## 2 관계 지식

### (1) 점화 1차 파형의 분석

- **Ⓐ (파워 TR ON)** : 기계식 점화장치에서 단속기 접점이 열리는 순간 또는 전자제어식 점화장치에서 파워 트랜지스터가 ON되는 순간을 나타낸다.
- **Ⓑ (파워 TR OFF)** : 기계식 점화장치에서 단속기 접점이 열리는 순간 또는 전자제어식 점화장치에서 파워 트랜지스터가 OFF되는 순간을 나타낸다. 점화 1차 코일의 자기 유도 작용에 의해 300~400V 까지 역기전력이 발생된다.
- **Ⓒ (피크 전압)** : 점화 플러그의 방전이 발생하는 최대 점화 전압(피크 전압)으로 점화 라인이라 한다. 점화 라인의 높이는 불꽃을 발생하기에 필요한 점화 코일의 출력 전압을 나타낸다.
- **Ⓓ (방전 시간)** : 방전 시간으로 불꽃 지속 기간 또는 스파크 라인으로 불꽃이 지속되는 구간이다. 일반적으로 1.0~2.0ms의 시간이 소요된다. 점화 코일에는 소량의 에너지가 남아 있어서 끝나는 구간에서 감쇄 진동을 하면서 사라진다.
- **Ⓔ (방전 전압)** : 2차 전압의 방전 전압으로 약 1.2~2.0kV가 정상이다. 플러그의 간극, 압축비, 플러그 팁의 오염상태에 따라 달라진다.
- **Ⓕ (드웰시간)** : 1차회로 차단으로 1차 전압이 0V를 나타나며 회전하는 각(회전하는 시간)이다.

## (2) 점화 플러그 간극이 1번 정상이고, 3번 넓고, 2번 좁은 파형의 분석

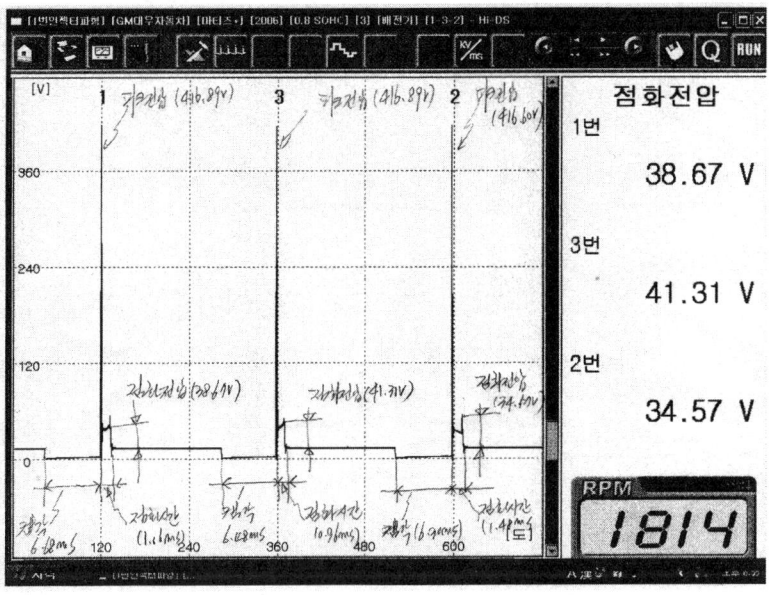

■ 점화 플러그 간극이 1번 정상이고, 3번 넓고, 2번 좁은 파형의 데이터 값

| 실린더 | 점화전압(V) | 피크 전압(V) | 드웰시간(ms) | 점화시간(ms) |
|---|---|---|---|---|
| 1(점화 플러그 간극 정상) | 38.67 | 416.89 | 6.68 | 1.06 |
| 3(점화 플러그 간극 넓음) | 41.31 | 416.89 | 6.48 | 0.96 |
| 2(점화 플러그 간극 좁음) | 34.57 | 416.60 | 6.30 | 1.48 |

## (3) 회로도로 본 측정위치(NF 쏘나타 2.0-2010)

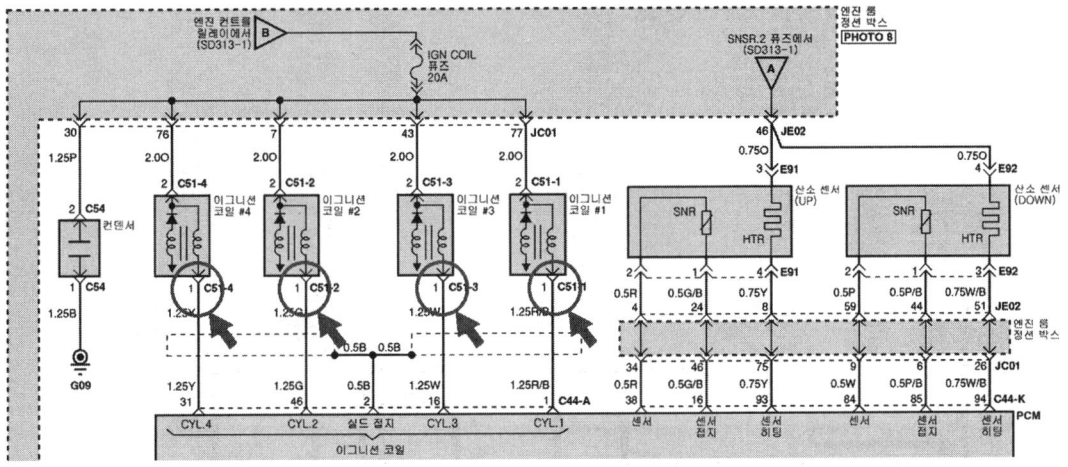

### (4) 회로도로 본 측정위치(아반떼 MD-2011)

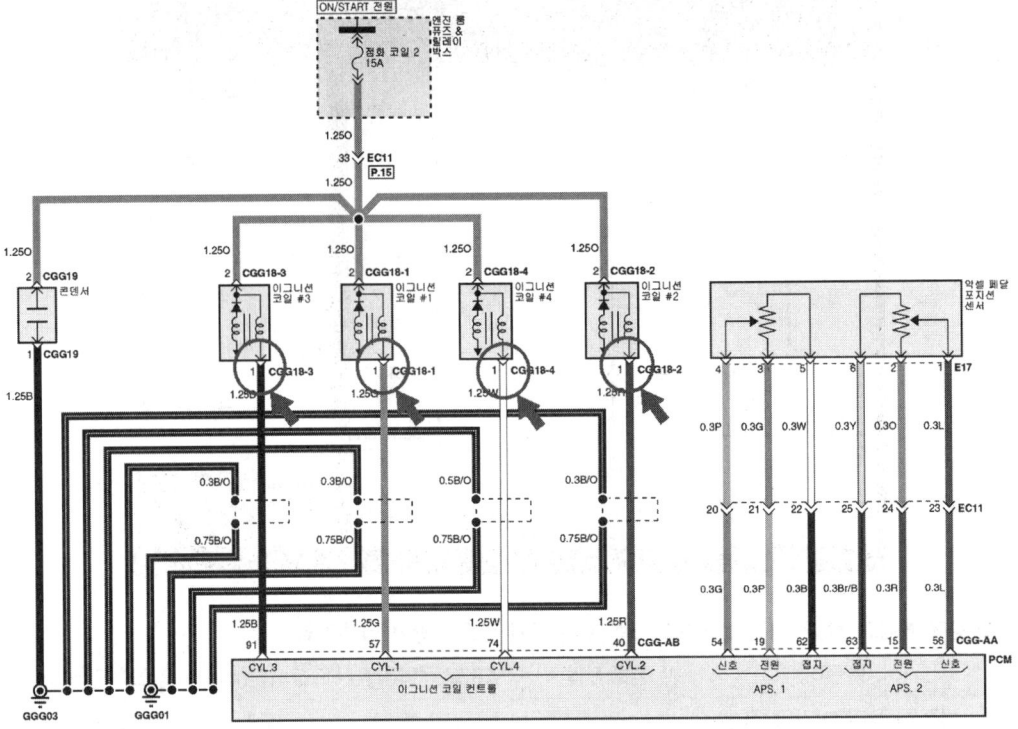

### (5) 회로도로 본 측정위치(K5 2.0 - 2010)

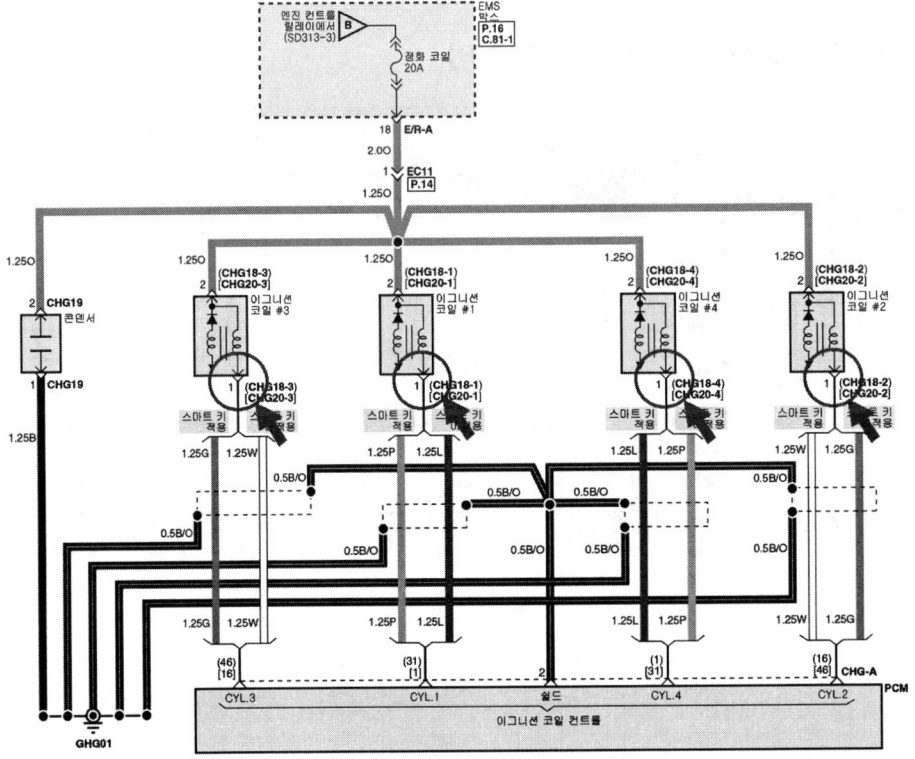

## 엔진 5 — 디젤 매연 점검

주어진 전자제어 디젤 엔진에서 연료 압력 조절 밸브를 탈거한 후(감독위원에게 확인), 다시 부착하여 시동을 걸고 매연을 측정하여 기록표에 기록하시오.

### 시험장에서는

매연을 측정하는 곳에 오면 디젤 엔진이 "웅웅" 거리면서 돌아가고 테스터기가 앞에 놓여 있을 것이다. 겨울에도 이 시험장에서는 출입문을 열어 놓아서 매연이 실습장 안에 고이지 않도록 하여야 하니 감독관이나 수검자는 고생이 많은 곳이다. 먼저 감독관과 상견례를 하여야 하니 "안녕하십니까? 크게 인사를 하고 답안지를 받아서 책상 위에 놓고 테스터기를 연결한다. 순서에 맞추어서 측정한 후 답안지를 작성하는데 아마 자동차의 연식이 주어져 있으며, 규정값과 한계값은 검사기준이라 본인이 꼭 외워야 한다. 일부 검사장에서는 측정한 검출지를 답안지에 첨부하여야 한다.

#### 1. 전면 모습

본체는 포터블식이며, 전면에 작동키와 측면에 케이블 연결부가 있음.

#### 2. 기본 액세서리 모습

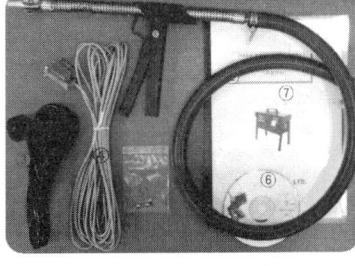

① 프로브, ② 프로브 호스, ③ 파워 케이블, ④ RS 232케이블, ⑤ 퓨즈, ⑥ 사용설명서, ⑦ 소프트 웨어

#### 3. 옵션 부품 모습

① 내장 프린터, ② 프린터 종이, ③ RPM 센서, ④ 오일 온도 센서, ⑤ 휴대용 단말기, ⑥ 기본 필터

#### 4. 측면부 연결 단자 모습

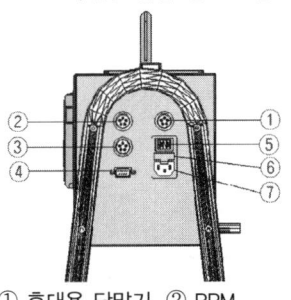

① 휴대용 단말기, ② RPM, ③ 오일 온도, ④ RS 232케이블, ⑤ 스위치, ⑥ 퓨즈, ⑦ 전원 케이블

#### 5. 연결 단자 연결 모습

모든 케이블을 본체 측면의 연결 포트에 연결한다.

#### 6. 프로브 연결 모습

뒤쪽에 있는 프로브 호스를 배기가스 배출구에 끼워 넣는다.

# 1 답안지 작성법

## (1) 매연의 배출량이 많아 불량일 때

▶ 엔진 5. 매연 점검
자동차 번호 :

| 차종 | 연식 | 기준값 | 측정값 | 측정 | 산출근거(계산)기록 | 판정(□에 '✔' 표) | 득점 |
|---|---|---|---|---|---|---|---|
| 화물<br>자동차 | 2004 | 45%이하 | 54.6% | 1회 : 57%<br>2회 : 55%<br>3회 : 52% | $\frac{57+55+52}{3}=54.6\%$ | □ 양 호<br>☑ 불 량 | |

※ 차종, 연식, 기준값은 자동차등록증을 활용하여 기재하고 기준값 적용
※ 자동차 검사기준 및 방법에 의하여 기록 판정합니다.

1) **비번호** : 비번호는 공단직원이 주는 등번호를 수검자가 기록한다.
2) **감독위원 확인** : 감독위원 확인란은 감독위원이 채점한 후에 도장을 찍는 부분으로 수검자는 기록하지 않는다.
3) **① 측정(또는 점검)** : 차종과 연식은 놓여져 있는 자동차 등록증을 보고 기입한다. 기준값은 수검자가 등록증에 차대번호의 연식을 보고 운행 차량의 배출 허용 기준값을 기록한다(반드시 단위를 기입한다). 측정값은 3회 측정한 값을 평균값으로 산출하여 기록한다.
   - 차종 : 소형화물
   - 연식 : 2004년
   - 기준값 : 45%이하(40%이지만 1993년 이후에 제작되는 자동차 중 과급기(Turbocharger) 또는 중간 냉각기(Intercooler)를 부착한 경유사용 자동차의 매연 항목에 대한 배출허용기준은 5%를 가산한다)
   - 측정값 : 54.6%
4) **② 판정** : 측정은 3회 측정하여 기록한다. 산출근거(계산)기록은 3회 측정 평균값 계산식을 기록한다. 판정은 수검자가 측정한 값과 기준값을 비교하여 범위 내에 있으면 양호, 벗어나면 불량에 ✔ 표시한다.
   - 산출근거(계산)기록 : $\frac{57+55+52}{3}=54.6\%$
   - 판정 : · 양호 – 기준값의 범위에 있을 때
     · 불량 – 기준값을 벗어났을 때
5) **득점** : 득점은 감독위원이 채점을 하고 점수를 기록하는 부분으로 수검자는 기록하지 않는다.
6) **자동차 번호** : 측정하는 자동차 번호를 수검자가 기록한다.

## (2) 매연의 배출량이 작아 정상일 때

▶ 엔진 5. 매연 점검
자동차 번호 :

| 차종 | 연식 | 기준값 | 측정값 | 측정 | 산출근거(계산)기록 | 판정(□에 '✔' 표) | 득점 |
|---|---|---|---|---|---|---|---|
| 화물<br>자동차 | 2004 | 45%이하 | 30% | 1회 : 31%<br>2회 : 30%<br>3회 : 29% | $\frac{31+30+29}{3}=30\%$ | ☑ 양 호<br>□ 불 량 | |

※ 차종, 연식, 기준값은 자동차등록증을 활용하여 기재하고 기준값 적용
※ 자동차 검사기준 및 방법에 의하여 기록 판정합니다.

## 2 관계 지식

### (1) 배기가스 배출허용 기준

| 차 종 | | 제작일자 | | 매연 |
|---|---|---|---|---|
| 경자동차 및 승용자동차 | | 1995년 12월 31일 이전 | | 60% 이하 |
| | | 1996년 1월 1일부터 2000년 12월 31일까지 | | 55% 이하 |
| | | 2001년 1월 1일부터 2003년 12월 31일까지 | | 45% 이하 |
| | | 2004년 1월 1일부터 2007년 12월 31일까지 | | 40% 이하 |
| | | 2008년 1월 1일 이후 | | 20% 이하 |
| 승합·화물·특수·자동차 | 소형 | 1995년 12월 31일 이전 | | 60% 이하 |
| | | 1996년 1월 1일부터 2000년 12월 31일까지 | | 55% 이하 |
| | | 2001년 1월 1일부터 2003년 12월 31일까지 | | 45% 이하 |
| | | 2004년 1월 1일부터 2007년 12월 31일까지 | | 40% 이하 |
| | | 2008년 1월 1일 이후 | | 20% 이하 |
| | 중·대형 | 1992년 12월 31일 이전 | | 60% 이하 |
| | | 1993년 1월 1일부터 1995년 12월 31일까지 | | 55% 이하 |
| | | 1996년 1월 1일부터 1997년 12월 31일까지 | | 45% 이하 |
| | | 1998년 1월 1일부터 2000년 12월 31일까지 | 시내버스 | 40% 이하 |
| | | | 시내버스 외 | 45% 이하 |
| | | 2001년 1월 1일부터 2004년 9월 30일까지 | | 45% 이하 |
| | | 2004년 10월 1일부터 2007년 12월 31일까지 | | 40% 이하 |
| | | 2008년 1월 1일 이후 | | 20% 이하 |

※ 1993년 이후에 제작된 자동차 중 과급기(turbo charger)나 중간 냉각기(intercooler)를 부착한 경유 사용 자동차의 배출허용기준은 무부하급가속 검사방법의 매연 항목에 대한 배출허용기준에 5%를 더한 농도를 적용한다.

### (2) 현대 자동차 제작사별 차대번호(VIN : Vehicle Identification Number)의 표기 부호(포터2-2004)

| K | M | J | F | 1 | D | 1 | B | P | 4 | U | 1 | 2 | 3 | 4 | 5 | 6 |
|---|---|---|---|---|---|---|---|---|---|---|---|---|---|---|---|---|
| ① | ② | ③ | ④ | ⑤ | ⑥ | ⑦ | ⑧ | ⑨ | ⑩ | ⑪ | ⑫ | ⑬ | ⑭ | ⑮ | ⑯ | ⑰ |
| 제작 회사군 | | | 자동차 특성군 | | | | | | 제작 일련 번호군 | | | | | | | |

① K : 국제배정 국적표시 – K : 한국, J : 일본, 1 : 미국.
② M : 제작사를 나타내는 표시 – M : 현대, L : 대우, N : 기아, P : 쌍용 자동차
③ J : 자동차 종별 표시 – H : 승용차, F : 화물트럭, J : 승합차량 C : 특장-승합, 화물.
④ F : 차종 – F, G, H, R : 그레이스 & 포터.
⑤ 1 : 차체형상 – 1 : Standard(승용, 미니 버스), 2 : Deluxe(승용, 미니버스),
　　　　　　　　　3 : Super Deluxe(승용, 미니 버스).
⑥ D : 세부차종 – •A : 카고, •D : 웨곤 & 밴, •E : 더블캡.
⑦ 1 : 안전벨트/안전장치 – • 1 : 운전석/ 동승석-액티브(Active) 시트벨트,
　　　•2 : 운전석/ 동승석-페시브(Passive) 시트벨트, •7 : 유압 브레이크,
　　　•8 : 공기 브레이크, •9 : 혼합 브레이크.
⑧ B : •B : 2.6 N/A 디젤차량, •F : 2.5 TC 디젤차량, •L : 2.4 LPG 차량.
⑨ P : 운전석 – P : 왼쪽 운전석, R : 오른쪽 운전석 (미국 및 캐나다 수출 차량 이외는 항상 P를 타각한다.)
⑩ 4 : 제작년도 – •Y : 2000, •1 : 2001, •2 : 2002, •3 : 2003, •4 : 2004, •A : 2010, •B : 2011, •C : 2012,…
⑪ U : 공장 기호 – C : 전주공장, U : 울산공장, M : 인도공장, Z : 터키공장
⑫~⑰ 123456 : 차량 생산 일련 번호

## (3) 포터2 자동차 등록증 -2004

# 자동차등록증

제2004-000135호 　　　　　　　　　　　　　　　　　최초 등록일 : 2004년 05월 27일

| ① 자동차 등록 번호 | 경기 5크 1429 | ② 차　　　종 | 소형 화물 | ③ 용도 | 자가용 |
|---|---|---|---|---|---|
| ④ 차　　　　명 | 포터 | ⑤ 형식 및 연식 | HR-J3SSG2GJKLM6-1 | | 2004 |
| ⑥ 차 대 번 호 | KMJF1D1BP4U123456 | ⑦ 원동기 형식 | D4BH | | |
| ⑧ 사 용 본 거 지 | 경기도 양주시 광사동 313-4 신도 8차 아파트***동 ***호 | | | | |
| 소유자 | ⑨ 성명(명칭) | 김광수 | ⑩ 주민(사업자) 등 록 번 호 | ***117-******* | |
| | ⑪ 주　　　소 | 경기도 양주시 광사동 313-4 신도 8차 아파트***동 -***호 | | | |

자동차 관리법 제8조등의 규정에 의하여 위와 같이 등록하였음을 증명합니다.

2004 년 05 월 27 일

-위반하기 쉬운사항-
※위반시 과태료 처분(뒷면 기재 참조)
　o 주소 및 사업장 소재지 변경 15일 이내
　o 정기검사 만료일 전후 15일 이내
　o 책임 보험료 가입 만료일 이전 이내 가입(100만원 이하 과태료)
　o 말소 등록.폐차일로 부터 30일 이내(50만원 이하 과태료)

양 주 시 장

## (4) 광학식 매연 측정기 사용법

**01 워밍업 표시 모습**

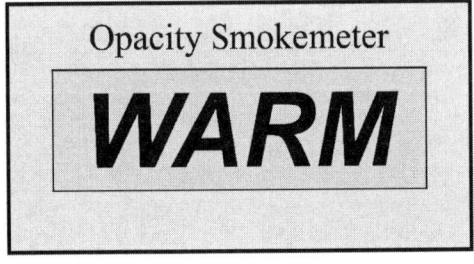

전원을 켜면 약 10 초 동안 초기화 프로세스를 수행한다. 3~6분 동안 예열이 수행된다.

**02 초기 보정 표시 모습**

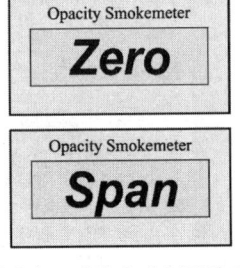
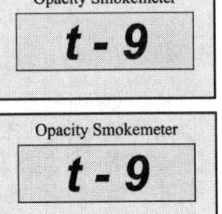

예열이 끝나면 초기 보정이 자동으로 수행된다.

**03 초기 보정 완료 표시 모습**

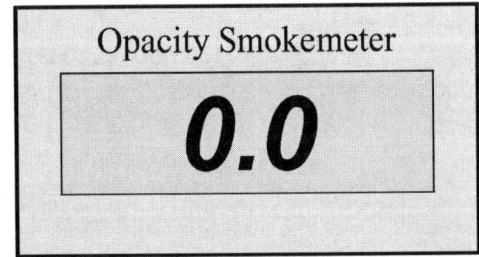

초기 보정이 완료되면 측정 준비 상태에 있음을 디스플레이에 위와 같이 표시한다.

**04 측정 준비 표시 모습**

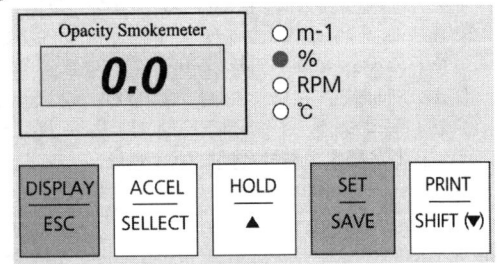

DISPLAY 키 누르면 Smoke (%) → K (m-1)→ RPM → ℃가 순차적 진행됨.

### 05 가스 샘플링 측정값 표시 모습

```
           Dust meter
---------------------------------
       2009-2-10 17:17:39
   k      Peak         : 2.85
   Opacity Peak        : 70.7 %
   RPM Peak            : 970
   Oil Temp Peak       : 21°C
---------------------------------
```

측정값 숫자를 읽은 다음 인쇄하려면 인쇄키를 눌러 프린트 한다.

### 06 무부하 가속 시험(검사 모드) 모습

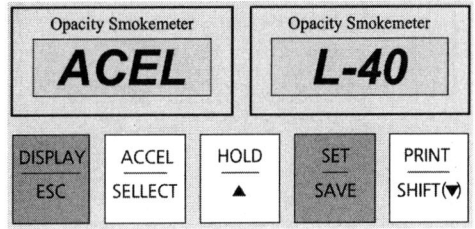

디스플레이에 "ACCEL"이 표시되면 ACCEL 키를 누른다.

### 07 첫 번째 시험 이동 표시 모습

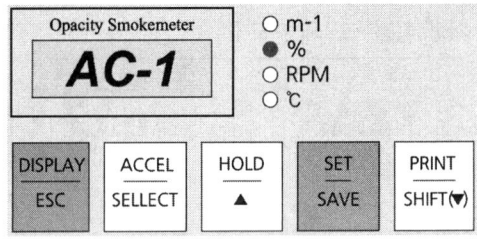

(▲▼) 키 (5 % 변경)를 사용하여 한계를 설정하고 (SET) 키를 누르면 디스플레이에 "AC-1"이 표시되고 4 개의 LED가 깜박거린다.

### 08 첫 번째 시험 준비 완료 표시 모습

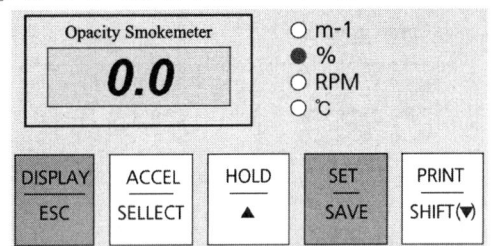

테스트 준비가 되었음을 보여주며, 한 번 더 (SET) 키를 누르면, 하나의 LED가 깜박이고, 버저 소리가 나고 첫 번째 시험을 시작한다.

### 09 두 번째 시험 이동 표시 모습

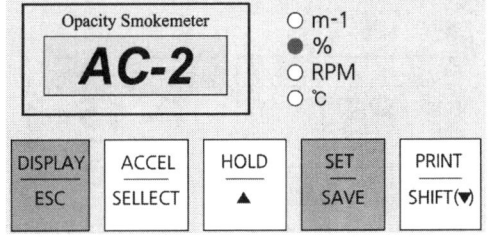

첫 번째 테스트가 끝나면 (SET) 키를 눌러 두 번째 테스트로 이동한다. 디스플레이에 "AC-2"가 표시되고 4 개의 LED가 깜박거린다.

### 10 두 번째 시험 준비 완료 표시 모습

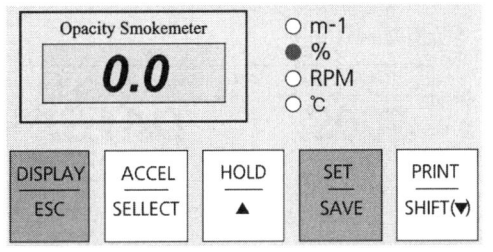

테스트 준비가 되었음을 보여주며, 한 번 더 (SET) 키를 누르면, 하나의 LED가 깜박이고, 버저 소리가 나고 두 번째 시험을 시작한다.

### 11 세 번째 시험 이동 표시 모습

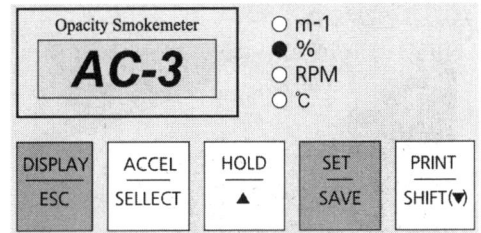

두 번째 테스트가 끝나면 (SET) 키를 눌러 세 번째 테스트로 이동한다. 디스플레이에 "AC-3"가 표시되고 4 개의 LED가 깜박거린다.

### 12 세 번째 시험 준비 완료 표시 모습

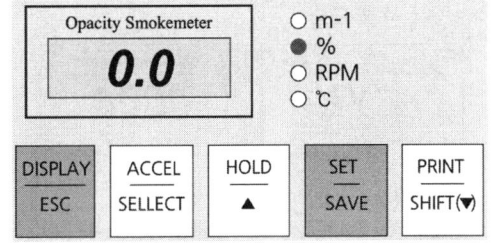

테스트 준비가 되었음을 보여주며, 한 번 더 (SET) 키를 누르면, 하나의 LED가 깜박이고, 버저 소리가 나고 세 번째 시험을 시작한다.

### ⑬ 결과지 모습

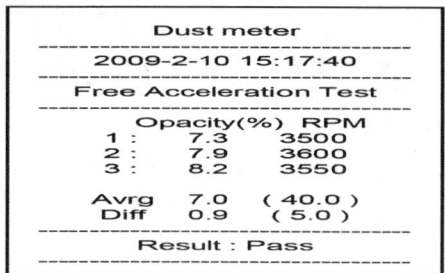

세 번의 테스트 후에 테스트가 자동으로 종료되며, SET 키를 누를 때마다 평균과 차이의 결과가 보이고, PRINT 키를 누르면 인쇄물이 나온다.

### ⑭ SET UP 방법 모습

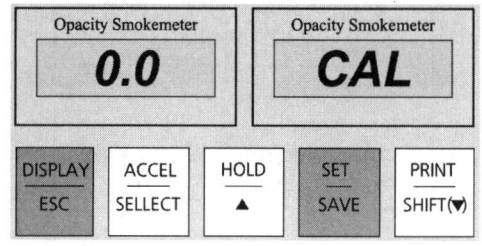

측정 모드에서 (SET) 키를 한 번 눌러 교정 모드를 선택한다.

### ⑮ 교정 완료 모습

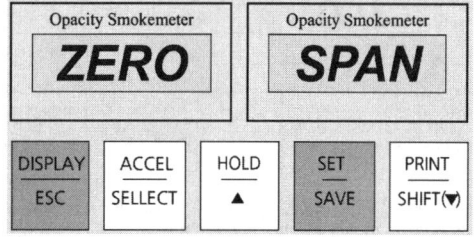

SET 키를 누르면 설정 모드로 이동하며, 순차적으로 CAL-YEAR-TIME-HOLD-PRT-CYL-VERSION-TEST-BT-R로 이동한다.

### ⑯ 차량 점검년도 세팅 모습

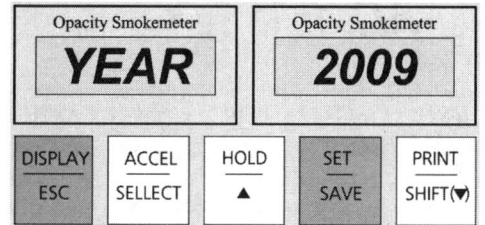

SET 키를 누르면 설정 모드로 이동하며, 순차적으로 CAL-YEAR-TIME-HOLD-PRT-CYL-VERSION-TEST-BT-R로 이동한다.

### ⑰ 점검일자 세팅모습

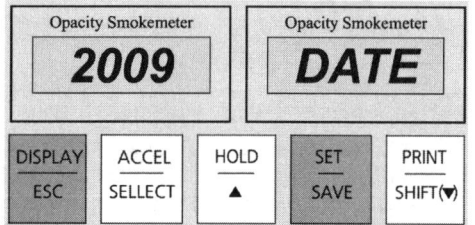

SET 키를 누르면 설정 모드로 이동하며, 순차적으로 CAL-YEAR-TIME-HOLD-PRT-CYL-VERSION-TEST-BT-R로 이동한다.

### ⑱ 프린터 세팅 모습

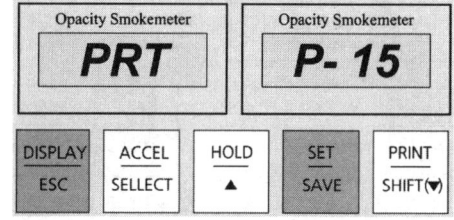

SET 키를 누르면 설정 모드로 이동하며, 순차적으로 CAL-YEAR-TIME-HOLD-PRT-CYL-VERSION-TEST-BT-R로 이동한다.

### ⑲ 실린더 세팅 모습

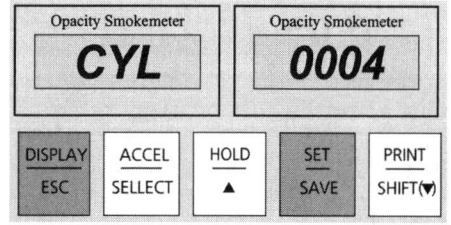

SET 키를 누르면 설정 모드로 이동하며, 순차적으로 CAL-YEAR-TIME-HOLD-PRT-CYL-VERSION-TEST-BT-R로 이동한다.

### ⑳ 프로브 연결 모습

뒤쪽에 있는 프로브 호스를 배기가스 배출구에 끼워 넣는다.

## 섀시 2. 브레이크 페달 자유간극 점검

주어진 자동차의 브레이크에서 페달 자유간극을 측정하여 기록표에 기록한 후 페달 자유간극과 페달 높이가 규정값이 되도록 조정하시오.

### 시험장에서는

실차에서 측정하여야 하며 역시 차안에는 강철 자와 백묵 또는 사인펜이 준비되어 있다. 무릎을 꿇고 작업을 하여야 하기 때문에 편안한 실습복과 신발을 신어야 한다. 페달을 누를 때 힘이 없이 들어가는 부분이 있고 그다음에 힘을 주어야지만 눌러진다. 따라서 긴장되고 팔에 힘이 들어가 있으면 그 경계를 파악하기가 어려움이 있다. 팔에 힘을 적당하게 주고 눌러서 자유간극을 찾아야 한다.

**1. 자유 간극, 작동간극 모습**

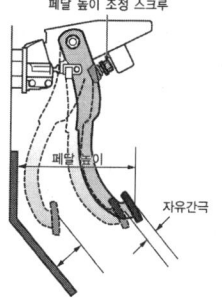

자유간극의 측정은 페달이 작동하는 방향에서 측정하여야 한다.

**2. 운전석에서 브레이크 페달 모습**

시험장에서 페달 유격을 측정하는 차량에 백묵과 강철 자가 준비되어 있다.

**3. 자유 간극 조정나사 모습**

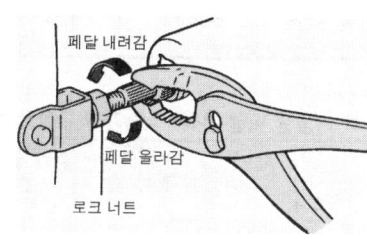

브레이크 페달과 마스터 실린더 사이에 푸시 로드 길이로 자유 간극을 조절한다.

## 1  답안지 작성법

### (1) 자유간극과 페달 높이가 클 때

▶ 섀시 2. 브레이크 페달 점검
  작업대 번호 :

| 비번호 | | 감독위원 확인 | |
|---|---|---|---|

| 측정 항목 | ① 측정(또는 점검) | | ② 판정 및 정비(또는 조치)사항 | | 득점 |
|---|---|---|---|---|---|
| | 측정값 | 규정(정비한계)값 | 판정(□에 '✔'표) | 정비 및 조치할 사항 | |
| 자유 간극 | 30mm | 3~8mm | □ 양 호<br>☑ 불 량 | • 자유 간극 조정 - 마스터 실린더 푸시로드 길이를 길게 하여 규정값으로 조정한다.<br>• 페달 높이 조정-페달 조정 너트를 길게 하여 규정값으로 조정한다. | |
| 페달 높이 | 191mm | 176±3mm | | | |

1) **비번호** : 비번호는 공단직원이 주는 등번호를 수검자가 기록한다.
2) **감독위원 확인** : 감독위원 확인란은 감독위원이 채점한 후에 도장을 찍는 부분으로 수검자는 기록하지 않는다.
3) **① 측정(또는 점검)** : 측정값은 수검자가 측정한 자유간극과 페달높이의 값을 기록하고, 규정(정비한계)값은 감독위원이 주어진 값이나 또는 정비지침서를 보고 기록한다.(반드시 단위를 기록한다)
   • 측정값 : • 자유 간극 - 30mm
             • 페달 높이 -191mm
   • 규정(정비한계)값 : • 자유 간극 - 3~8mm
                        • 페달 높이 - 176±3mm
4) **② 판정 및 정비(또는 조치)사항** : 판정은 수검자가 측정한 값과 규정(정비한계)값을 비교하여 범위 내에 있으면 양호, 벗어나면 불량에 ✔ 표시를 하며, 정비 및 조치 사항 란에는 고장원인과 정비할 사항을 기록한다.

- **판정** : · 양호 – 규정(정비한계)값 이내에 있을 때
  · 불량 : 규정(정비한계)값을 벗어났을 때
- **정비 및 조치할 사항** : 양호하면 정비 및 조치할 사항 없음으로, 불량일 경우 고장원인 정비방법을 기록한다.
5) **득점** : 득점은 감독위원이 채점을 하고 점수를 기록하는 부분으로 수검자는 기록하지 않는다.
6) **자동차 번호** : 측정하는 작업대 번호를 수검자가 기록한다.

## (2) 자유간극과 페달 높이가 작을 때

▶ 섀시 2. 브레이크 페달 점검
  작업대 번호 :   비번호 :   감독위원 확인 :

| 측정 항목 | ① 측정(또는 점검) | | ② 판정 및 정비(또는 조치)사항 | | 득점 |
|---|---|---|---|---|---|
| | 측정값 | 규정(정비한계)값 | 판정(□에 '✔' 표) | 정비 및 조치할 사항 | |
| 자유 간극 | 1mm | 3~8mm | □ 양 호<br>☑ 불 량 | · 자유 간극 조정 – 마스터 실린더 푸시로드 길이를 길게 하여 규정값으로 조정한다.<br>· 페달 높이 조정-페달 조정 너트를 짧게 하여 규정값으로 조정한다. | |
| 페달 높이 | 160mm | 176±3mm | | | |

■ 차종별 페달 유격, 작동간극 규정값 (mm)

| 차 종 | 페달 높이 | 자유간극 | 여유간극 | 작동거리 |
|---|---|---|---|---|
| 베르나 | 163.5 | 3~8 | 50이상 | 135 |
| EF 쏘나타 | 176 | 3~8 | 44이상 | 132 |
| 쏘나타 | 177 | 4~10 | 44이상 | – |
| 쏘나타Ⅲ | 177 | 4~10 | 44 이상 | 133 |
| 아반떼 XD | 170 | 3~8 | 61 이상 | 128 |
| 그랜저 XG | 176±0.3 | 3~8 | 44 이상 | 132±0.3 |
| 캐피탈 | $224^{+5}_{-6}$ | 4~7 | 115 이상 | |

## (3) 자유간극 정상이나 페달 높이가 작을 때

▶ 섀시 2. 브레이크 페달 점검
  작업대 번호 :   비번호 :   감독위원 확인 :

| 측정 항목 | ① 측정(또는 점검) | | ② 판정 및 정비(또는 조치)사항 | | 득점 |
|---|---|---|---|---|---|
| | 측정값 | 규정(정비한계)값 | 판정(□에 '✔' 표) | 정비 및 조치할 사항 | |
| 자유 간극 | 7mm | 3~8mm | □ 양 호<br>☑ 불 량 | · 페달 높이 조정-페달 조정 너트를 짧게 하여 규정 값으로 조정한다. | |
| 페달 높이 | 172mm | 176±3mm | | | |

## (4) 페달 높이는 정상이나 자유간극이 클 때

▶ 섀시 2. 브레이크 페달 점검
  작업대 번호 :   비번호 :   감독위원 확인 :

| 측정 항목 | ① 측정(또는 점검) | | ② 판정 및 정비(또는 조치)사항 | | 득점 |
|---|---|---|---|---|---|
| | 측정값 | 규정(정비한계)값 | 판정(□에 '✔' 표) | 정비 및 조치할 사항 | |
| 자유 간극 | 15mm | 3~8mm | □ 양 호<br>☑ 불 량 | · 자유 간극 조정 – 마스터 실린더 푸시로드 길이를 길게 하여 규정값으로 조정한다. | |
| 페달 높이 | 176mm | 176±3mm | | | |

## (5) 자유간극과 페달 높이가 정상일 때

▶ 섀시 2. 브레이크 페달 점검
   작업대 번호 :

| 측정 항목 | ① 측정(또는 점검) | | ② 판정 및 정비(또는 조치)사항 | | 득점 |
| --- | --- | --- | --- | --- | --- |
| | 측정값 | 규정(정비한계)값 | 판정(□에 '✔' 표) | 정비 및 조치할 사항 | |
| 자유 간극 | 5mm | 3~8mm | ☑ 양 호<br>□ 불 량 | 정비 및 조치할 사항 없음 | |
| 페달 높이 | 179mm | 176±3mm | | | |

비번호 : 　　　　감독위원 확인 :

## 2　관계 지식

### (1) 자유간극이란?
　　브레이크 페달을 손으로 눌러 마스터 실린더 1차 피스톤의 1차 컵이 리턴 포트를 막을 때까지 페달이 움직인 거리(양)를 말한다.

### (2) 자유간극 측정법
　① 엔진을 정지시킨 상태에서 브레이크 페달을 2~3번 밟아 하이드로백 내의 진공을 없앤 후 실시한다.
　② 페달 밑판 부위에 철자(30cm)와 분필을 이용하여 페달이 올라온 부분에 표시를 한 후 손바닥으로 페달을 눌러 저항(압력)이 느껴지는 점까지의 이동거리를 측정한다.
　③ 조정 방법 : 로크 너트를 풀고 푸시로드를 돌려 유격을 조정한다.

## 섀시 4  제동력 측정

3항 작업 자동차에서 감독위원의 지시에 따라 전(앞) 또는 후(뒤) 제동력을 측정하여 기록표에 기록하시오.

### 시험장에서는

감독관으로부터 답안지를 받아들고 제동력 테스터기로 가면 A4 용지에 축중이 제시되어 있는 경우가 대부분이다. 또한 도와줄 보조원이 기다리고 있다. 보조원은 대부분 그곳의 학생으로 자격증 취득자이거나 테스터기를 능수능란하게 다룰 수 있는 학생이다. 제동력 측정은 혼자는 할 수 없고 수검자가 운전이 불가능할 경우가 있기 때문에 보조원을 두고 있다. 보조원은 시동을 걸어 놓고 운전석에 앉아서 수검자가 지시를 내려 주기만을 기다리고 있다.

수검자는 테스터기를 세팅하고 보조원에게 차량을 진입하도록 "출발하세요"라고 지시하고 답판 위에 측정축의 바퀴가 오면 "정지"하고 측정 버튼을 누르면 리프트가 하강하면서 롤러가 회전한다. 보조원에게 "브레이크 밟으세요."하고 지침이 최대로 올랐을 때 푸시 버튼을 눌러 눈금을 읽는다. 주어진 축중과 좌우 측정값을 기록하고 리프트를 올린 후 계산하여 답안지를 작성하여 제출한다.

1. 측정기가 설치된 실습장 모습

시험 준비 중인 모습이다. 깨끗하게 청소가 되어 있고 주변에 정돈된 모습이 청량한 마음을 준다.

2. 제동력 테스터기 모니터 화면 모습

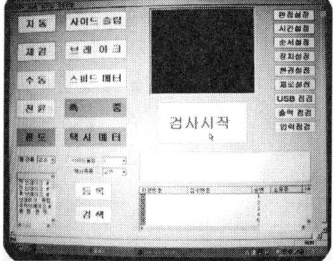

ABS COMBI 후속 모델로 일부 시험장에 설치되어 시험에 사용하고 있다. 좀 더 전자화 되었다고 보면 된다.

3. 제동력 측정 수동으로 설정 모습

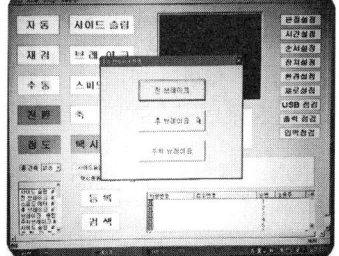

제동력 측정을 자동으로 하면 합과 편차가 계산되어 나오나 시험장에서는 주로 수동으로 측정하고 계산하여 산출한다.

## 1  답안지 작성법

### (1) 제동력 합과 편차가 불량일 때

▶ 섀시 4. 제동력 점검
자동차 번호 :

| 위 치 | 구분 | 측정값 | 기준값 (□에 '✔'표) | | 산출근거 | 판정 (□에 '✔'표) | 득점 |
|---|---|---|---|---|---|---|---|
| 제동력 위치 (□에 '✔'표) ☑ 앞 □ 뒤 | 좌 | 200kg | ☑ 앞 □ 뒤 | 축중의 | 편차 $= \dfrac{200-90}{958} \times 100 = 11.5\%$ | □ 양 호 ☑ 불 량 | |
| | 우 | 90kg | 제동력 편차 | 8% 이하 | 합 $= \dfrac{200+90}{958} \times 100 = 30.3\%$ | | |
| | | | 제동력 합 | 50% 이상 | | | |

※ 측정 위치는 감독위원이 지정하는 위치의 □에 '✔' 표시합니다.
※ 자동차 검사기준 및 방법에 의하여 기록 판정합니다.
※ 측정값의 단위는 시험장비 기준으로 작성합니다.
※ 산출근거에는 단위를 기록하지 않아도 됩니다.

1) **비번호** : 비번호는 공단직원이 주는 등번호를 수검자가 기록한다.
2) **감독위원 확인** : 감독위원 확인란은 감독위원이 채점한 후에 도장을 찍는 부분으로 수검자는 기록하지 않는다.
3) **위치** : 위치는 감독위원이 지정하는 곳에 ✔ 표시를 한다.
4) **측정값** : 측정값 란은 수검자가 제동력을 측정한 값을 기록한다.
   - 좌 : 200kg    • 우 : 90kg
5) **기준값** : 기준값은 기준이 되는 축에 ✔ 표시를 하고 검사 기준값을 기록한다.
   - 앞 : ☑    • 편차 : 8% 이하    • 제동력 합 : 50% 이상
6) **산출 근거** : 계산공식에 넣어서 산출하는 계산식을 기입한다.
   - ※ 계산법 : • 좌,우제동력의 편차 = $\dfrac{좌,우제동력의 합}{해당 축중} \times 100 = \dfrac{200-90}{958} \times 100 = 11.5\%$
   - • 좌,우제동력의 합 = $\dfrac{좌,우제동력의 편차}{해당 축중} \times 100 = \dfrac{200+90}{958} \times 100 = 30.3\%$
   - • 축중은 TIVOLI 1.6 가솔린 공차중량(1,597)의 60%(958kg)으로 계산함.
7) **판정** : 판정은 수검자가 측정한 값과 검사기준 값을 비교하여 범위 안에 들면 양호에, 범위를 벗어나면 불량에 ✔ 표시를 한다.
   - 양호 : 측정한 값이 검사기준 값(제동력 합 50% 이상, 편차 8% 이하)의 범위에 있을 때
   - 불량 : 측정한 값이 검사기준 값(제동력 합 50% 이상, 편차 8% 이하)의 범위를 벗어났을 때
8) **득점** : 득점은 감독위원이 채점을 하고 점수를 기록하는 부분으로 수검자는 기록하지 않는다.
9) **자동차 번호** : 측정하는 자동차 번호를 수검자가 기록한다.

■ 쌍용 차종별 중량 기준값

| 항목 \ 차종 | CORANDO C(2016) 2.2 디젤 2WD | CORANDO C(2016) 2.2 디젤 AWD | REXTON W RX7 | TIVOLI(2016) 1.6 가솔린 | TIVOLI(2016) 1.6 디젤 |
|---|---|---|---|---|---|
| 엔진형식-연료 | e-XDi220 | I4 | I4 2.2 | e-XGi-160 | e-XDi160 LTE |
| 배기량(CC) | 2,157 | 2,157 | 2,157 | 1,998 | 2,384 |
| 공차중량(kg) | 1,580~1,645 | 1,675~1,715 | 1935~2,025 | 1,597 | 1,597 |
| 최대 출력(HP) | 178 | 178 | 178 | 126 | 115 |
| 최대 토크(kg.m) | 40.8 | 40.8 | 40.8 | 16.0 | 30.6 |
| 연비(km/L) M/T | 15.2 | 12.5 | – | 12.3 | – |
| 연비(km/L) A/T | 13.3 | 14.4 | 11.6~12.0 | 12.0 | 14.7 |
| 축거(mm) | 2,650 | 2,650 | 2,835 | 2,600 | 2600 |
| 전륜 제동장치 | V디스크 | V디스크 | 디스크 | V디스크 | V디스크 |
| 후륜 제동장치 | 드럼 | 드럼 | 드럼 | 디스크 | 디스크 |

## (2) 제동력 합과 편차가 정상일 때

▶ 섀시 4. 제동력 점검
자동차 번호 :

| 비 번호 | | 감독위원 확 인 | |
|---|---|---|---|

| ① 측정(또는 점검) ||||  ② 판정 및 정비(또는 조치)사항 ||  득점 |
|---|---|---|---|---|---|---|
| 위 치 | 구분 | 측정값 | 기준값 (□에 '✔'표) | 산출근거 | 판정 (□에 '✔'표) | |
| 제동력 위치 (□에 '✔'표) ☑ 앞 □ 뒤 | 좌 | 280kg | ☑ 앞  축중의 □ 뒤 | 편차 $= \dfrac{300-280}{958} \times 100 = 2.1\%$ | ☑ 양 호 □ 불 량 | |
| | 우 | 300kg | 제동력 편차 8% 이하 / 제동력 합 50% 이상 | 합 $= \dfrac{300+280}{958} \times 100 = 60.5\%$ | | |

※ 측정 위치는 감독위원이 지정하는 위치의 □에 '✔'표시합니다.
※ 자동차 검사기준 및 방법에 의하여 기록 판정합니다.
※ 측정값의 단위는 시험장비 기준으로 작성합니다.
※ 산출근거에는 단위를 기록하지 않아도 됩니다.

## 2 관계 지식

### (1) 제동력 판정 공식

① 제동력의 총합 = $\dfrac{\text{앞·뒤, 좌·우 제동력의 합}}{\text{차량 중량}} \times 100 = 50\%$ 이상 되어야 합격

② 앞바퀴 제동력의 총합 = $\dfrac{\text{앞, 좌·우 제동력의 합}}{\text{앞축중}} \times 100 = 50\%$ 이상 되어야 합격

③ 뒷바퀴 제동력의 총합 = $\dfrac{\text{뒤, 좌·우 제동력의 합}}{\text{뒤축중}} \times 100 = 20\%$ 이상 되어야 합격

④ 좌우 제동력의 편차 = $\dfrac{\text{큰쪽 제동력} - \text{작은쪽 제동력}}{\text{당해 축중}} \times 100 = 8\%$ 이내면 합격

⑤ 주차 브레이크 제동력 = $\dfrac{\text{뒤, 좌·우 제동력의 합}}{\text{차량 중량}} \times 100 = 20\%$ 이상 되어야 합격

## 섀시 5. ABS 자기진단

주어진 자동차의 ABS에서 자기진단기(스캐너)를 이용하여 각종 센서 및 시스템의 작동 상태를 점검하고 기록표에 기록하시오.

### 시험장에서는

아마 시험장에서 제일 좋은 차량이 아닐까 싶다. 차 옆에는 테스터기가 학생의 책상 위에 놓여 있고, 차량에는 키가 놓여져 있다. 테스터기를 먼저 설치하고 키를 넣어서 "ON" 위치로 한다. 그 상태에서 진단기(스캐너)로 측정하면 친절하게 고장난 부품들의 명칭을 화면에 나타내 줄 것이다. 그리고 고장의 이유는 직접 그 위치에서 확인하여야 한다. 만약 눈으로 확인이 안 되면 단품 점검으로 들어가서 단품에 문제가 있는지 아니면 선로에 문제가 있는지를 점검하여야 한다. 시험이 끝나고 나면 모든 것을 원위치로 한다. 이때 시험위원이 그대로 두고 가라고 하면 더 이상 만지지 말고 답안지를 작성하여 제출한다. 모든 답안지를 제출할 때도 마찬가지이지만 다시 한 번 기록사항을 확인한다. 비 번호는 기록하였는지, 빈공간은 없는지……

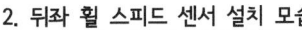

1. 뒤좌 휠 스피드 센서 위치     2. 뒤좌 휠 스피드 센서 설치 모습     3. 뒤좌 휠 스피드 센서 커넥터 위치

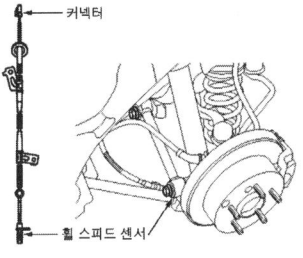

NF 쏘나타 G 2.0(2010) 차량으로 자기진단은 실차에서나 가능하며, 일부 시험장에서는 시뮬레이터로 보고 있는 곳도 있다. 시험장에 속해있는 교육기관의 학생들도 연습을 많이 하였으므로 그동안 만지작거리던 부품들은 반질반질하다. 고장도 현장에서 쉽게 고장 낼 수 있는 부품으로 고장 내는 경우가 대부분이다.

## 1 답안지 작성법

### (1) 뒤 좌측 휠 센서 커넥터가 탈거일 때

▶ 섀시 5. ABS 점검
작업대 번호 :

| 점검 항목 | ① 측정(또는 점검) | | ② 판정 및 정비(또는 조치)사항 | 득 점 |
|---|---|---|---|---|
| | 고장 부분 | 내용 및 상태 | 정비 및 조치할 사항 | |
| 자기 진단 | 뒤 좌측 휠 센서 단선/단락 | 뒤 좌측 휠 센서 – 커넥터 탈거 | 뒤 좌측 휠 센서 커넥터 연결, 과거 기억소거 후 재점검 | |
| | 뒤 우측 휠 센서 단선/단락 | 뒤 좌측 휠 센서 – 커넥터 탈거 | 뒤 좌측 휠 센서 커넥터 연결, 과거 기억소거 후 재점검 | |

| 비 번호 | | 감독위원 확 인 | |
|---|---|---|---|

1) **비번호** : 비번호는 공단직원이 주는 등번호를 수검자가 기록한다.
2) **감독위원 확인** : 감독위원 확인란은 감독위원이 채점한 후에 도장을 찍는 부분으로 수검자는 기록하지 않는다.
3) **① 측정(또는 점검)** : 고장부분 란에는 수검자가 스캐너의 자기진단 화면 창에 나타난 이상 부위를 기록하고, 내용 및 상태 란에는 수검자가 점검한 이상 부위의 고장 내용 및 상태를 기록한다.
   • **고장 부분** : 뒤 좌측 휠 센서 단선/단락, 뒤 우측 휠 센서 단선/단락
   • **내용 및 상태** : 뒤 좌측 휠 센서 – 커넥터 탈거, 뒤 우측 휠 센서 – 커넥터 탈거
4) **② 판정 및 정비(또는 조치)사항** : 정비 및 조치할 사항 란에는 양호하면 정비 및 조치할 사항 없음으로, 불량일 경우 고장원인과 정비방법을 기록한다.
   • **정비 및 조치할 사항** : 뒤 좌측 휠 센서 커넥터 연결, 과거 기억소거 후 재점검, 뒤 우측 휠 센서 커넥터

연결, 과거 기억소거 후 재점검
5) **득점** : 득점은 시험위원이 채점을 하고 점수를 기록하는 부분으로 수검자는 기록하지 않는다.
6) **작업대 번호** : 측정하는 작업대 번호를 수검자가 기록한다.

## 2 관계 지식

### (1) 스캐너를 이용한 자기진단 방법

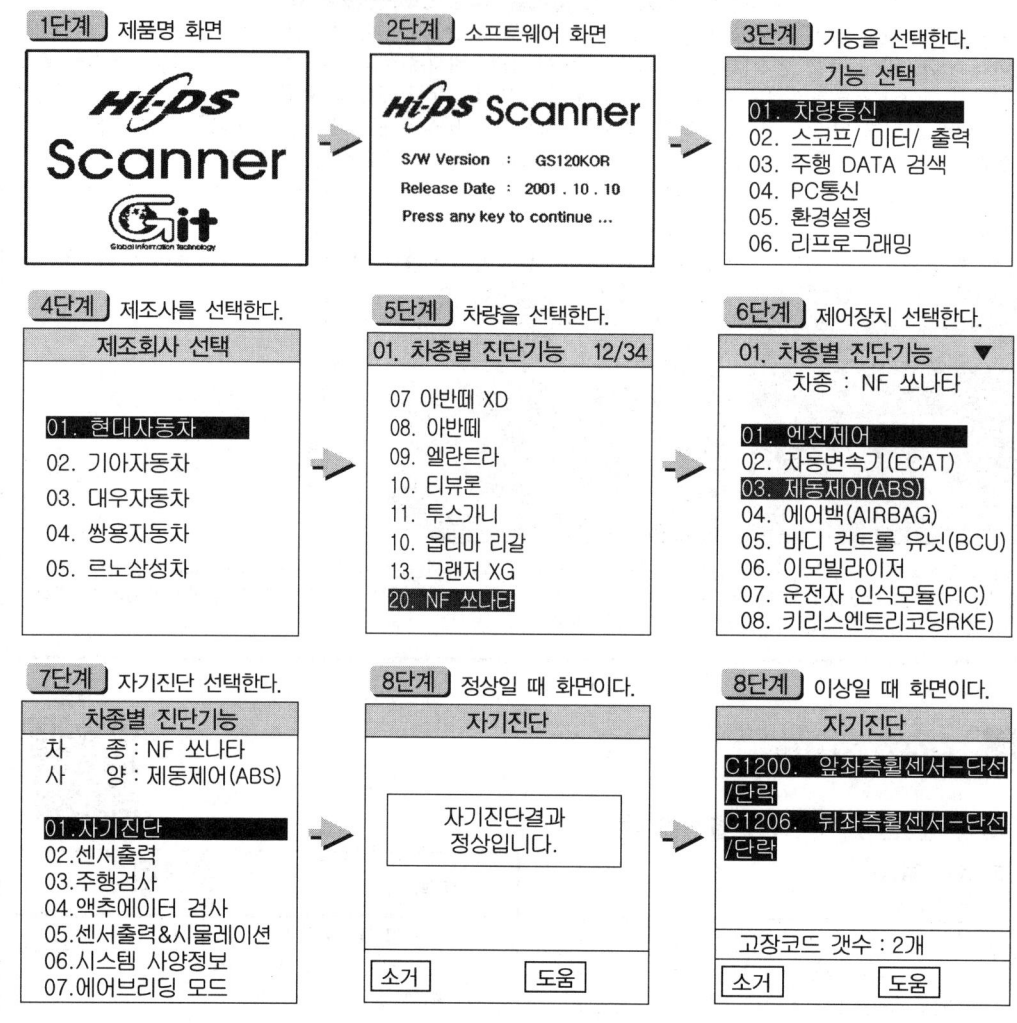

## (2) 자기진단 고장 리스트(오피러스 G 3.3 -2010)

| 번호 | 고장코드 | 고장 항목 | 번호 | 고장코드 | 고장 항목 |
|---|---|---|---|---|---|
| 1 | C1101 | 배터리 전원 높음 | 23 | C1605 | CAN 하드웨어 이상 |
| 2 | C1102 | 배터리 전원 낮음 | 24 | C1611 | ECU측 CAN신호 안나옴. |
| 3 | C1200 | 앞좌측 휠 센서 단선/ 단락 | 25 | C1612 | TCU측 CAN 신호 안나옴 |
| 4 | C1201 | 앞좌측 휠 센서 출력이상 | 26 | C1616 | CAN 통신선 이상 |
| 5 | C1202 | 앞좌측 휠 센서 신호값 없음 | 27 | C1623 | 조향각 센서 CAN신호 안나옴 |
| 6 | C1203 | 앞우측 휠 센서 단선/ 단락 | 28 | C1625 | VDC(ESP)측 CAN신호 안나옴 |
| 7 | C1204 | 앞우측 휠 센서 출력이상 | 29 | C1626 | VDC(ESP) 과다작동(10초 이상) |
| 8 | C1205 | 앞우측 휠 센서 신호값 없음 | 30 | C1702 | VDC(ESP) 차량 사양설정 이상 |
| 9 | C1206 | 뒤좌측 휠 센서 단선/ 단락 | 31 | C2112 | 밸브 릴레이 이상 |
| 10 | C1207 | 뒤좌측 휠 센서 출력이상 | 32 | C2308 | 앞 좌측 인넷 밸브 이상 |
| 11 | C1208 | 뒤좌측 휠 센서 신호값 없음 | 33 | C2312 | 앞 좌측 아웃넷 밸브 이상 |
| 12 | C1209 | 뒤우측 휠 센서 단선/ 단락 | 34 | C2316 | 앞 우측 인넷 밸브 이상 |
| 13 | C1210 | 뒤우측 휠 센서 출력이상 | 35 | C2320 | 앞 우측 아웃넷 밸브 이상 |
| 14 | C1211 | 뒤우측 휠 센서 신호값 없음 | 36 | C2324 | 뒤 좌측 인넷 밸브 이상 |
| 15 | C1213 | 휠 센서 주파수 이상 | 37 | C2328 | 뒤 좌측 아웃렛 밸브 이상 |
| 16 | C1235 | 입력센서 단선/ 단락 | 38 | C2332 | 뒤 우측 인넷 밸브 이상 |
| 17 | C1237 | 입력 센서 신호이상 | 39 | C2336 | 두 우측 아웃렛 밸브 이상 |
| 18 | C1260 | 조향각 센서 – 신호이상 | 40 | C2366 | 트랙션 제어 밸브 1(USV 1) 이상 |
| 19 | C1261 | 조향각 센서 – 영점 설정 안됨 | 41 | C2370 | 트랙션 제어 밸브 2(USV 2) 이상 |
| 20 | C1508 | TCS/VDC(ESP) 스위치 이상 | 42 | C2372 | VDC(ESP) 밸브 1(HSV 1)이상 |
| 21 | C1513 | 브레이크 라이트 스위치 이상 | 43 | C2374 | VDC(ESP) 밸브 2(HSV 2)이상 |
| 22 | C1604 | ECU 내부회로 이상 | 44 | C2402 | 모터펌프(전기계통) 이상 |

## 6안 산업기사 — 전기 1: 전기자 코일과 솔레노이드 점검

주어진 기동모터를 분해한 후 전기자 코일과 솔레노이드(풀인, 홀드인) 상태를 점검하여 기록표에 기록하고 본래 상태로 조립하여 작동상태를 확인하시오.

### 시험장에서는

기동 전동기를 분해하고 그것으로 전기자 코일과 솔레노이드 스위치를 점검하여야 하지만 시험장 여건에 따라서는 분해 조립용과 측정용을 따로 두고 측정하기도 한다. 솔레노이드 코일의 경우는 일정한 저항 값이 있다. 감독관이 규정값을 주면 측정값과 비교하여 판정한다. 역시 측정이 모두 끝나면 전기자 코일과 솔레노이드 스위치, 멀티테스터기를 가지런히 정리하고 감독위원에게 답안지를 제출한다.

**1. 전기자/솔레노이드 코일시험 준비 모습**

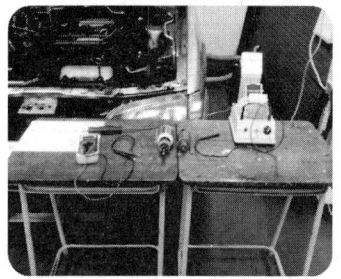

시험장마다 준비 상태가 다르겠지만 이와 같이 단품과 테스터기를 준비하여 놓고 있다.

**2. 멀티를 이용한 절연 시험 모습**

멀티 테스터 리드를 정류자 편과 전기자 철심에 댔을 때 불통이어야 한다. 정류자 편 모두 측정하여야 한다.

**3. 멀티를 이용한 단선 시험 모습**

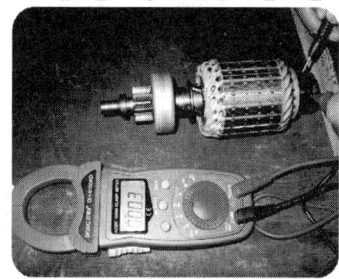

멀티 테스터 리드를 정류자 편과 정류자 편에 댔을 때 도통되어야 한다. 정류자 편과 다음 정류자 편을 모두 측정한다.

**4. 전기자 층간 단락 시험 모습**

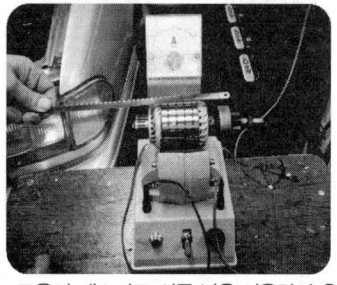

그로울러 테스터로 쇠톱 날을 이용하여 층간 단락을 검사하고 있다. 쇠톱 날이 떨리거나 달라붙으면 불량이다.

**5. 풀인 코일 시험 모습**

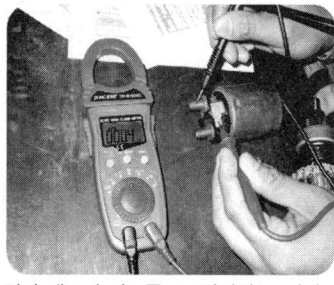

멀티 테스터 리드를 ST 단자와 M 단자간 저항을 측정할 때 도통 또는 저항값이 나와야 한다.

**6. 홀드인 코일 시험 모습**

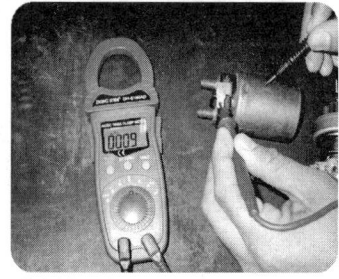

멀티 테스터 리드를 ST 단자와 몸체간 저항을 측정할 때 도통 또는 저항값이 나와야 한다.

## 1. 답안지 작성법

### (1) 전기자 코일은 양호하나 솔레노이드 코일이 불량일 때

▶ 전기 1. 기동 모터 점검
자동차 번호 :

| 점검항목 | | ① 측정(또는 점검) 상태 | ② 판정 및 정비(또는 조치)사항 | | 득점 |
|---|---|---|---|---|---|
| | | | 판정(□에 '✔'표) | 정비 및 조치할 사항 | |
| 전기자 코일 (단선, 단락, 접지) | | 단선－0Ω, 단락－∞Ω, 접지－∞Ω | □ 양 호<br>✔ 불 량 | 솔레노이드 풀인 코일 단선 － 교환 | |
| 솔레노이드 스위치 | 풀인 | 불통(∞Ω) | | | |
| | 홀드인 | 도통 | | | |

1) **비호** : 비번호는 공단직원이 주는 등번호를 수검자가 기록한다.
2) **감독위원 확인** : 감독위원 확인란은 감독위원이 채점한 후에 도장을 찍는 부분으로 수검자는 기록하지 않는다.
3) ① **측정(또는 점검)상태** : 측정(또는 점검)상태는 수검자가 전기자 코일과 솔레노이드 코일을 측정한 값을 기록한다.
   • 전기자 코일(단선, 단락, 접지) : 단선 – 0Ω, 단락 – ∞Ω, 접지 – ∞Ω
   • 솔레노이드 코일 : • 풀인 코일 – 불통    • 홀드인 코일 – 도통
4) ② **판정 및 정비(또는 조치)사항** : 판정은 수검자가 측정한 값과 일반적인 규정값을 비교하여 범위 내에 있으면 양호, 벗어나면 불량에 ✔표시를 하며, 정비 및 조치할 사항은 고장 원인과 정비할 사항을 기록한다.
   • 판정 : • 양호 – 규정(정비한계)값의 범위에 있을 때    • 불량 – 규정(정비한계)값을 벗어났을 때
   • 정비 및 조치할 사항 : • 정비 및 조치할 사항 없음.

■ **전기자 코일, 솔레노이드 스위치 규정값**

| 시험 부품 | | 규 정 값 |
|---|---|---|
| 전기자 코일 | 단선(개회로) 시험 | 도통 |
| | 단락 시험 | 철편에 아무런 변화 없음 |
| | 접지(절연 시험) | 불통 |
| 솔레노이드 스위치 | 풀인 시험 | 피니언 기어가 전진한다. |
| | 홀드인 시험 | 피니언 기어가 전진상태로 유지된다. |

5) **득점** : 득점은 감독위원이 채점을 하고 점수를 기록하는 부분으로 수검자는 기록하지 않는다.
6) **자동차 번호** : 측정하는 자동차의 번호를 수검자가 기록한다.

## (2) 솔레노이드 코일은 양호하나 전기자 코일이 불량일 때

▶ 전기 1. 기동 모터 점검
자동차 번호 :

| 비번호 | | 감독위원 확 인 | |
|---|---|---|---|

| 점검항목 | | ① 측정(또는 점검) 상태 | ② 판정 및 정비(또는 조치)사항 | | 득점 |
|---|---|---|---|---|---|
| | | | 판정(□에 '✔'표) | 정비 및 조치할 사항 | |
| 전기자 코일 (단선, 단락, 접지) | | 단선 – ∞Ω, 단락 – 0Ω, 접지 – 0Ω | □ 양 호 ✔ 불 량 | 전기자 코일 불량 – 전기자 코일 어셈블리 교환 | |
| 솔레노이드 스위치 | 풀인 | 도통 | | | |
| | 홀드인 | 도통 | | | |

## (3) 전기자 코일과 솔레노이드 코일이 양호할 때

▶ 전기 1. 기동 모터 점검
자동차 번호 :

| 비번호 | | 감독위원 확 인 | |
|---|---|---|---|

| 점검항목 | | ① 측정(또는 점검) 상태 | ② 판정 및 정비(또는 조치)사항 | | 득점 |
|---|---|---|---|---|---|
| | | | 판정(□에 '✔'표) | 정비 및 조치할 사항 | |
| 전기자 코일 (단선, 단락, 접지) | | 단선 – 0Ω, 단락 – ∞Ω, 접지 – ∞Ω | ✔ 양 호 □ 불 량 | 정비 및 조치할 사항 없음 | |
| 솔레노이드 스위치 | 풀인 | 도통 | | | |
| | 홀드인 | 도통 | | | |

## 2 관계 지식

### (1) 전기자 코일 점검 방법

1) **단선(개회로)시험**
   ① 전원 스위치 OFF상태에서 AC 리드선을 콘센트에 접속한다.
   ② V형 철심 위에 전기자를 올려놓는다.
   ③ 전원 스위치를 ON으로 하고, 테스터 리드선의 프로드를 접속하여 램프가 점등되는지를 점검한다.
   ④ 테스터 리드선의 프로드를 정류자편에 접속하여 점등되는지를 확인한다.
   ⑤ 점등이 되면 정상이고, 점등되지 않으면 단선된 경우이다.

2) **단락 시험**
   ① 전원 스위치를 ON으로 한 상태에서 필러 게이지나 쇠톱 날을 전기자 철심 위에 평행하게 한다.
   ② 전기자를 천천히 회전시켜 쇠톱 날 등이 흡인 또는 진동하는지를 점검한다.
   ③ 쇠톱 날 등이 달라붙거나 떨리면 불량이다.

3) **접지 시험**
   ① 전원 스위치를 ON으로 한 상태에서 테스터 리드의 프로드를 서로 접속하였을 때 램프에 점등되는지를 확인한다.
   ② 테스터 리드의 한쪽 프로드는 정류자편에, 다른 한쪽 프로드는 전기자 철심이나 전기자 축에 접속하였을 때 점등이 되는지를 확인한다.
   ③ 점등되지 않아야 정상이며, 점등되면 전기자 코일이 접지된 상태이다.

## 전기 2 — 전조등 광도, 진폭 점검

주어진 자동차에서 전조등 시험기로 전조등을 점검하여 기록표에 기록하시오.

### 시험장에서는

헤드라이트의 광도와 진폭의 측정은 엔진의 시동을 걸고 측정하여야 옳으나 시험장에서는 안전을 위하여 엔진이 정지된 상태에서 측정하는 경우가 많다. 감독위원이 좌측이나 우측을 지정하여 주는 곳을 측정하는데 좌, 우는 운전석에 앉아서 좌측과 우측임을 잊지 말아야 한다. 측정하기 전에 조건(타이어의 공기압, 배터리 성능, 바닥의 수평 상태 등)이 맞았는지 확인하고 헤드라이트의 유리를 깨끗한 걸레로 닦아서 측정값이 정확하게 나오도록 하여야 한다. 측정은 변환빔(하향등) 상태에서 측정하여야 하며, 차량은 공회전(단, 광도 측정시 2,000rpm), 공차 상태, 운전자 1인이 승차하여 측정하여야 한다.

보조원이 운전석에 앉아서 라이트를 조작하여 주는 경우도 있으나 대부분은 운전자가 탑승하지 않은 상태에서 측정한다. 근래에 생산된 차량은 헤드라이트 조작이 키 스위치를 넣어야만 가능하도록 되어 있으므로 참고하기 바란다.

1. 스팅어(4등식)

2. 모닝(2등식)

2등식과 4등식의 기준은 하이빔(상향등)과 로빔(하향등)이 어떻게 설치되었느냐? 에 따라 나뉜다. 즉 하이빔 램프(상향등)와 로빔 램프(하향등)가 따로따로 있으면 4등식이고, 전구하나에 같이 있으면 2등식이다.

## 1. 답안지 작성법

### (1) 광도, 진폭이 불량일 때

▶ 전기 2. 전조등 점검
   자동차 번호 :

| 항목 | ① 측정(또는 점검) | | 비 번호 | | 감독위원 확 인 | |
|---|---|---|---|---|---|---|
| | 측정값 | 기준값 | ② 판정 판정(□에 '✔') | | | 득 점 |
| (□에 '✔') 위치 : ☑ 좌 □ 우 설치높이 : ☑ ≤ 1.0m □ > 1.0m | 광도 | 2,100cd | 3,000cd 이상 | □ 양 호 ☑ 불 량 | | |
| | 진폭 | -3.7%(-0.37cm) | -0.5~-2.5% 이내 (-0.05~-0.25cm 이내) | □ 양 호 ☑ 불 량 | | |

※ 측정 위치는 감독위원이 지정하는 위치의 □에 '✔' 표시합니다.
※ 자동차 검사기준 및 방법에 의하여 기록 판정합니다.

1) **비번호** : 비번호는 공단직원이 주는 등번호를 수검자가 기록한다.
2) **감독위원 확인** : 감독위원 확인란은 감독위원이 채점한 후에 도장을 찍는 부분으로 수검자는 기록하지 않는다.

3) ① 측정(또는 점검) : 위치 및 설치 높이는 감독위원이 지정하는 차량과 위치 및 설치 높이에 ✔표시를 하고, 측정값은 수검자가 측정한 광도와 진폭의 값을 기록하고 기준값은 검사기준 값을 암기하여 기록한다.
   - 위치 및 설치 높이 : · 위치 – 감독위원이 지정하는 차량의 헤드라이트 위치에 ✔표시를 한다. 운전석에 앉아서 좌, 우 위치이다.
     · 설치 높이 – 점검차량의 전조등 설치 높이에 ✔표시를 한다.
   - 측정값 : · 광도 – 수검자가 측정한 광도 값을 기록한다.
     · 진폭 – 수검자가 측정한 변환빔의 진폭 값을 기록한다.
   - 기준값 : · 광도 – 수검자가 검사기준의 광도 값을 암기하여 기록한다.
     · 진폭 – 수검자가 검사기준의 진폭 값을 암기하여 기록한다.
4) ② 판정 : 판정란은 수검자가 측정한 값과 기준값을 비교하여 범위 내에 있으면 양호, 벗어나면 불량에 ✔표시를 한다. 어느 하나라도 불량이면 판정은 불량이다.
   - 판정 : · 양호-기준값의 범위에 있을 때   · 불량-기준값을 벗어났을 때
5) 득점 : 득점은 감독위원이 채점을 하고 점수를 기록하는 부분으로 수검자는 기록하지 않는다.
6) 자동차 번호 : 측정하는 자동차 번호를 수검자가 기록한다.

## (2) 광도가 불량일 때

▶ 전기 2. 전조등 점검
자동차 번호 :

| 비 번호 | | 감독위원 확 인 | |

| 항목 | ① 측정(또는 점검) | | | ② 판정 | 득 점 |
|---|---|---|---|---|---|
| | | 측정값 | 기준값 | 판정(□에 '✔') | |
| (□에 '✔') 위치 : ☑ 좌  □ 우 설치높이 : ☑ ≤ 1.0m  □ > 1.0m | 광도 | 2,700cd | 3,000cd 이상 | □ 양 호 ☑ 불 량 | |
| | 진폭 | -2.3%(-0.23cm) | -0.5~-2.5% 이내 (-0.05~-0.25cm 이내) | ☑ 양 호 □ 불 량 | |

※ 측정 위치는 감독위원이 지정하는 위치의 □에 '✔' 표시합니다.
※ 자동차 검사기준 및 방법에 의하여 기록 판정합니다.

## (3) 진폭이 불량일 때

▶ 전기 2. 전조등 점검
자동차 번호 :

| 비 번호 | | 감독위원 확 인 | |

| 항목 | ① 측정(또는 점검) | | | ② 판정 | 득 점 |
|---|---|---|---|---|---|
| | | 측정값 | 기준값 | 판정(□에 '✔') | |
| (□에 '✔') 위치 : ☑ 좌  □ 우 설치높이 : ☑ ≤ 1.0m  □ > 1.0m | 광도 | 39,000cd | 3,000cd 이상 | ☑ 양 호 □ 불 량 | |
| | 진폭 | -2.6%(-0.26cm) | -0.5~-2.5% 이내 (-0.05~-0.25cm 이내) | □ 양 호 ☑ 불 량 | |

※ 측정 위치는 감독위원이 지정하는 위치의 □에 '✔' 표시합니다.
※ 자동차 검사기준 및 방법에 의하여 기록 판정합니다.

## (4) 광도와 진폭이 정상일 때

➡ 전기 2. 전조등 점검
  자동차 번호 :

| 비 번호 | | 감독위원 확인 | |
|---|---|---|---|

| ① 측정(또는 점검) | | | ② 판정 | 득 점 |
|---|---|---|---|---|
| 항목 | 측정값 | 기준값 | 판정(□에 '✔') | |
| (□에 '✔')<br>위치 :<br>☑ 좌<br>□ 우<br>설치높이 :<br>☑ ≤ 1.0m<br>□ > 1.0m | 광도<br><br>78,000cd | 3,000cd 이상 | ☑ 양 호<br>□ 불 량 | |
| | 진폭<br>-2.3%(-0.23cm) | -0.5~-2.5% 이내<br>(-0.05~-0.25cm 이내) | ☑ 양 호<br>□ 불 량 | |

※ 측정 위치는 감독위원이 지정하는 위치의 □에 '✔' 표시합니다.
※ 자동차 검사기준 및 방법에 의하여 기록 판정합니다.

## 2  관계 지식

### (1) 자동차관리법 시행규칙 제73조 관련 검사기준 및 검사방법 의한 검사기준

| 항 목 | 검사 기준 | | 검사 방법 |
|---|---|---|---|
| 등화<br>장치 | · 변환빔의 광도는 3000cd 이상일 것 | | · 좌우측 전조등(변환빔)의 광도와 광도점을 전조등 시험기로 측정하여 광도점의 광도 확인 |
| | · 변환빔의 진폭은 10m 위치에서 다음 수치 이내일 것 | | · 좌우측 전조등(변환빔)의 컷오프선 및 꼭지점의 위치를 전조등 시험기로 측정하여 컷오프선의 적정여부 확인 |
| | 설치 높이 ≤ 1.0m | 설치 높이 > 1.0m | |
| | -0.5 ~ -2.5% | -1.0 ~ -3.0% | |
| | · 컷오프선의 꺽임점(각)이 있는 경우 꺽임점의 연장선은 우측 상향일 것 | | · 변환빔의 컷오프선, 꺽임점(각), 설치상태 및 손상 여부 등 안전기준 적합여부를 확인 |

**예** 컷 오프선의 수직위치는 자동차의 변환빔 전조등 설치 높이(발광면의 최하단) 대비 아래 기준에 적합할 것(설치 높이 ≤ 1.0m)

- $-0.5\% = \dfrac{x \times 100}{10}$, $x = \dfrac{-0.5 \times 10}{100} = -0.05 cm$ 이내, $\% = \dfrac{-0.05 cm \times 100}{10} = -0.5\%$ 이내

- $-2.5\% = \dfrac{x \times 100}{10}$, $x = \dfrac{-2.5 \times 10}{100} = -0.25 cm$ 이내, $\% = \dfrac{-0.25 cm \times 100}{10} = -2.5\%$ 이내

- 설치 높이 > 1.0m : -0.1cm ~ -0.3cm 이내

## 전기 3. ETACS 키홀 조명 출력신호 점검

주어진 자동차에서 점화 키 홀 조명 기능이 작동시 편의장치(ETACS 또는 ISU) 커넥터에서 출력 신호(전압)를 측정하고 이상여부를 확인하여 기록표에 기록하시오.

### 시험장에서는

에탁스(ETACS : Electronic Time Alarm Control System)는 소형이나, 준중형 차량에는 미장착 차량이 많고 중형 이상의 차량에서 채용한 시스템이었으나 요즘은 경차에도 도입하는 추세이다. 실제의 차량을 이용하는 경우도 있지만 대부분이 시뮬레이터를 사용한다. 점검 및 측정하기가 편하게 만들어져 있다. 에탁스 하면 모두 어려워하고 있지만 실상 회로도만 볼 줄 알면 간단하게 해결할 수 있는 문제다. 답안지를 받아 들고 차량으로 가면 측정 차량의 앞이나 측면 유리에 "에탁스 실내등 출력 전압 점검" 이라는 글씨가 보일 것이다. 운전석에 앉으면 정비 지침서나 에탁스 회로도를 복사한 것이 보일 것이다. 측정한 값을 답안지에 작성하여 제출한다. 현재 차량에서는 BCM(Body Control Module)으로 이름 바꿔써서 사용하고 있음을 참고하기 바란다. BCM이 새로운 시스템이라고 볼 것이 아니라 기존의 ETACS제어의 기능을 확장 장치로 생각하고 접근하면 결코 어렵지 않은 시스템이 될 것이다.

1. 키식 키홀 조명
2. 버튼식 키홀 조명

편의 장치 중에 하나이다. 컴컴한 밤에 시동을 걸기 위해 키를 꽂을 때 쉽게 꽂을 수 있도록 시인성을 주기 위하여 차문을 열면 약 10초간 불이 들어오게 하는 장치이다. 요즘은 버튼식으로 만들어지고 있다.

## 1 답안지 작성법

### (1) 퓨즈 단선일 때

▶ 전기 3. 점화 키홀 조명 회로 점검
　자동차 번호 :

| 측정항목 | ① 점검 내용 및 상태 | ② 판정 및 정비(또는 조치)사항 | | 득 점 |
|---|---|---|---|---|
| | | 판정(□에 '✔'표) | 정비 및 조치할 사항 | |
| 점화키 홀 조명 출력신호(전압) | 작동시 : 0V<br>비작동시 : 0V | □ 양 호<br>☑ 불 량 | 퓨즈 단선 - 교환 | |

| 비번호 | | 감독위원 확 인 | |
|---|---|---|---|

1) **비번호** : 비번호는 공단직원이 주는 등번호를 수검자가 기록한다.
2) **감독위원 확인** : 감독위원 확인란은 감독위원이 채점한 후에 도장을 찍는 부분으로 수검자는 기록하지 않는다.
3) ① **점검 내용 및 상태** : 수검자가 측정한 작동 시 출력 값과 비 작동 시 출력 값을 기록한다.
　　• 작동시 : 0V
　　• 비작동시 : 0V
4) ② **판정 및 정비(또는 조치)사항** : 판정은 수검자가 측정한 값과 규정(정비한계)값을 비교하여 범위 내에 있으면 양호, 벗어나면 불량에 ✔표시를 하며, 정비 및 조치할 사항은 고장 원인과 정비할 사항을 기록한다.
　　• 판정 : · 양호 - 규정(정비한계)값의 범위에 있을 때
　　　　　　· 불량 - 규정(정비한계)값을 벗어났을 때
　　• 정비 및 조치할 사항 : 양호하면 정비 및 조치할 사항 없음으로, 불량일 경우 고장원인 정비방법을 기록한다.

■ 점화키 홀 조명 작동전압 규정값

| 항 목 | | 조 건 | 전압값 | 비고 |
|---|---|---|---|---|
| 입력 요소 | 키삽입 스위치 | 키 삽입시(꽂음) | 12V | |
| | | 키 탈거시(빠짐) | 0V | |
| | 점화 스위치 | 점화키 ON시 | 12V | |
| | | 점화키 OFF시 | 0V | |
| | 동승석 / 운전석 스위치 | 도어 열림시 | 0V | |
| | | 도어 닫힘시 | 12V(5V) | |
| 출력 요소 | 룸 램프 | 점등시 | 0V(접지시킴) | |
| | | 소등시 | 12V(접지 해제) | |

5) **득점** : 득점은 감독위원이 채점을 하고 점수를 기록하는 부분으로 수검자는 기록하지 않는다.
6) **자동차 번호** : 측정하는 자동차의 번호를 수검자가 기록한다.

## 2 관계 지식

### (1) 타임 챠트

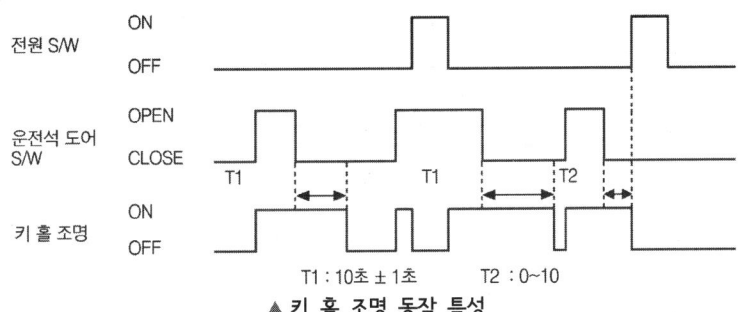

▲ 키 홀 조명 동작 특성

▲ 키 홀 조명 동작 회로도

① 점화키 OFF 상태에서 운전석 도어를 열었을 때 키 홀 조명은 점등된다.
② 키 홀 조명이 점등된 상태로 운전석 도어를 닫을 경우 키 홀 조명은 10초간 ON 상태로 유지한 후 소등된다.
③ 키 홀 조명 제어 중 점화키가 ON 되면 키 홀 조명을 즉시 OFF 된다.

■ 일반적인 규정값

| 차종 | 제어시간 | 제어특성 |
|---|---|---|
| 현대 전차종 | $T_1$ : 10초 ± 1초 / $T_2$ : 0~10초 | |

## (2) 점화키 홀 조명 작동 회로도

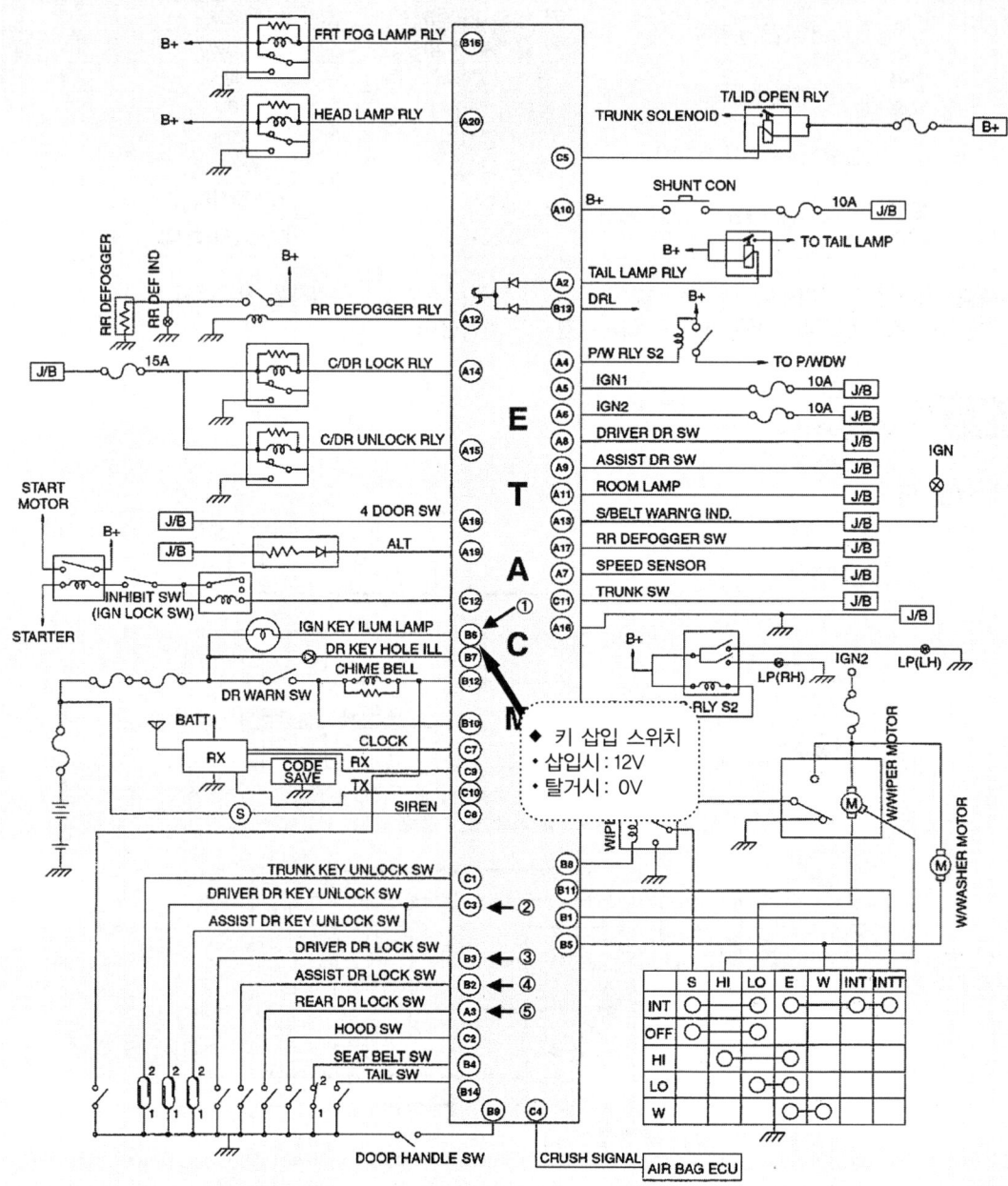

## (3) 점화 키 홀 조명 출력신호 전압 측정 위치-1(K3 1.6 - 2014)

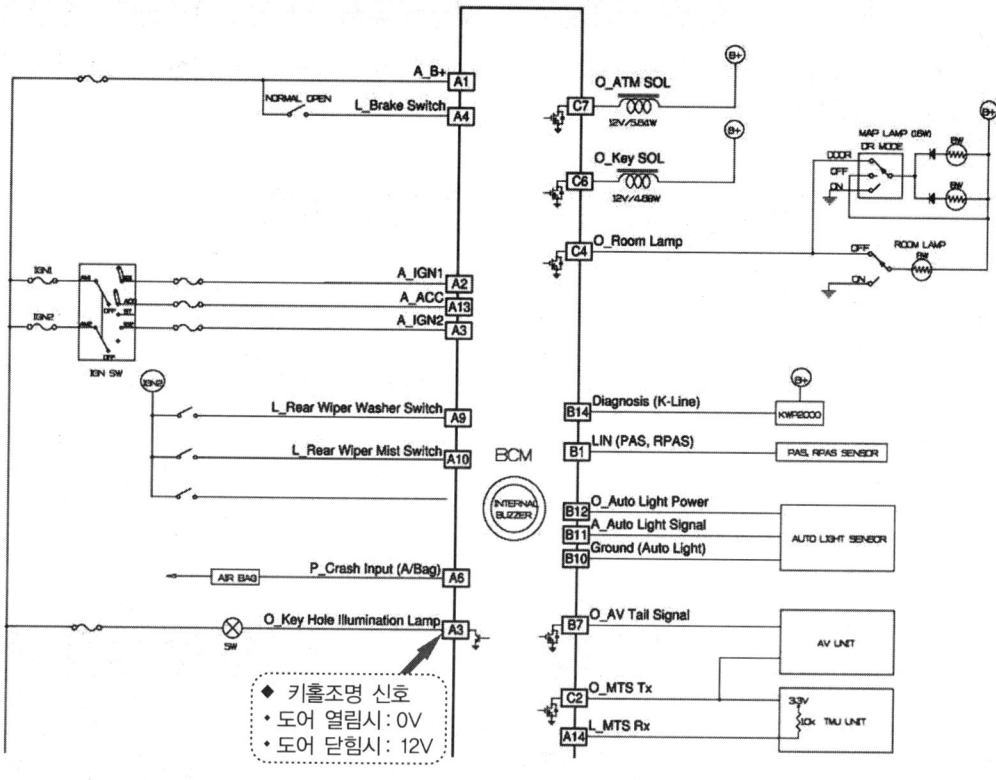

◆ 키홀조명 신호
* 도어 열림시 : 0V
* 도어 닫힘시 : 12V

## (4) 점화 키 홀 조명 출력신호 전압 측정 위치-2(K3 1.6 - 2014)

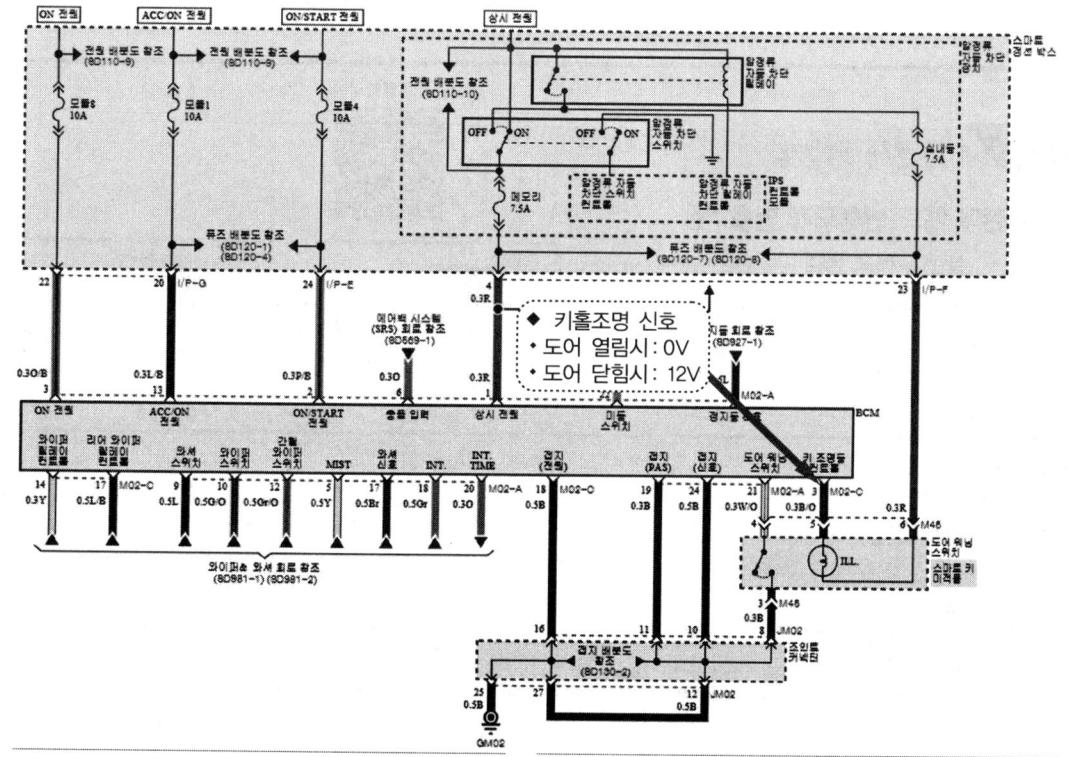

◆ 키홀조명 신호
* 도어 열림시 : 0V
* 도어 닫힘시 : 12V

# 엔진 1 — 실린더 헤드 변형도 점검

**7안 산업기사**

주어진 엔진을 기록표의 측정 항목까지 분해하여 기록표의 요구사항을 측정 및 점검하고 본래 상태로 조립하시오.

## 시험장에서는

① **실린더 헤드 탈거** : DOHC 엔진 헤드나 SOHC 엔진 헤드나 별반 차이는 없다. 먼저 분해하기 전에 준비하여간 걸레로 작업대와 부속을 놓을 부품대를 깨끗이 닦는다. 그리고 걸레를 작업대 위에 넓게 펴서 깔고 그 위에 분해 조립에 필요한 공구만을 꺼내 놓고, 공구통은 닫아서 한쪽 옆으로 놓는다. 분해순서에 따라 분해한 부품은 부품대 아래 칸부터 가지런히 정리하여 위로 올라온다. 모든 분해 조립이 그렇지만 부품을 떨어트린다든지 공구를 들고 놓는데 소리가 심하게 난다든지 하면 안전관리에 소홀함이 있는 것처럼 보인다. 조일 때는 토크 렌치를 사용하여 규정토크로 조인다.

② **헤드의 변형 검사** : 또 다른 작업대 위에 헤드의 변형도 검사용 헤드와 직정규가 준비되어 있으며, 시크니스 게이지를 함께 준비하여 놓은 곳도 있다. 측정값은 가장 큰 값이 되겠으며 규정값은 감독관이 주어지거나 정비지침서에서 찾아 기입한다. 대부분 수검자들이 측정할 때나 분해조립을 할 때 감독관을 등지고 하는 경우가 많은데 이는 자신이 없는 수검자라는 것을 감독관들은 다 알고 있다. 자신이 있는 항목이라면 감독관이 보이도록 하여 숙련된 모습을 보여 주는 것이 좋은 점수를 받는 것이 아닌가 싶다.

**1. 실린더 헤드 변형 점검 개소**

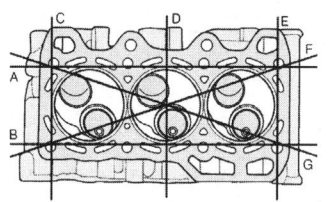

측정개소는 그동안 6개소였으나 요즘은 7곳을 측정한다.

**2. 측정 모습-1**

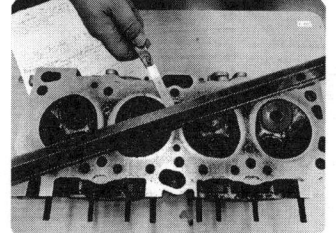

게이지를 직정규와 실린더 헤드면 사이에서 측정한다.

**3. 측정 모습-2**

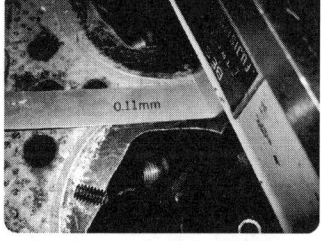

측정값 중 가장 큰 값이 측정값이다.

## 1  답안지 작성법

동영상

### (1) 실린더 헤드 변형도가 많을 때

▶ 엔진 1. 실린더 헤드 점검

엔진 번호 :      비번호 :        감독위원 확인 :

| 측정 항목 | ① 측정(또는 점검) | | ② 판정 및 정비(또는 조치)사항 | | 득점 |
|---|---|---|---|---|---|
| | 측정값 | 규정(정비한계)값 | 판정(□에 '✔'표) | 정비 및 조치할 사항 | |
| 실린더 헤드 변형도 | 0.3mm | 0.05mm 이하 | □ 양호<br>☑ 불량 | 실린더 헤드-교환 | |

1) **비번호** : 비번호는 공단직원이 주는 등번호를 수검자가 기록한다.
2) **감독위원 확인** : 감독위원 확인란은 감독위원이 채점한 후에 도장을 찍는 부분으로 수검자는 기록하지 않는다.
3) **① 측정(또는 점검)** : 측정값은 수검자가 측정한 실린더 헤드 변형도 값으로 기록하고, 규정(정비한계)값은 감독관이 주어진 값이나 또는 정비지침서를 보고 기록한다.(반드시 단위를 기입한다)
   • 측정값 : 0.3mm    • 규정(정비한계)값 : 0.05mm 이하
4) **② 판정 및 정비(또는 조치)사항** : 판정은 수검자가 측정한 값과 규정(정비한계)값을 비교하여 범위 내에 있으면 양호, 벗어나면 불량에 ✔ 표시를 하며, 정비 및 조치할 사항 란에는 고장원인과 정비할 사항을 기록한다.
   • 판정 : • 양호 – 규정(정비한계)값 이내에 있을 때   • 불량 – 규정(정비한계)값을 벗어났을 때
   • 정비 및 조치할 사항 : 양호하면 정비 및 조치할 사항 없음으로, 불량일 경우 고장원인과 정비방법을 기록한다.

5) **득점** : 득점은 감독위원이 채점을 하고 점수를 기록하는 부분으로 수검자는 기록하지 않는다.
6) **엔진 번호** : 측정하는 엔진 번호를 수검자가 기록한다.

■ 차종별 실린더 헤드 변형도(mm)

| 차종 | | 규정값 | 한계값 | 차종 | | 규정값 | 한계값 |
|---|---|---|---|---|---|---|---|
| 아반떼 XD | 1.5 DOHC | 0.03 이하 | 0.1 | 토스카 | 2.0 DOHC | 0.05 이하 | |
| | 2.0 DOHC | 0.03 이하 | 0.1 | | 2.5 DOHC | 0.05 이하 | |
| 라비타 | 1.5 DOHC | 0.03 이하 | 0.1 | 카렌스 | 2.0 LPG | 0.03 이하 | |
| | 1.8 DOHC | 0.03 이하 | 0.06 | | 2.0 CRDi | 0.03 이하 | |
| 쏘나타Ⅱ, Ⅲ | 1.8 SOHC | 0.05 이하 | 0.2 | 아반떼 | 1.5 DOHC | 0.05 이하 | 0.1 |
| | 2.0 DOHC | 0.05 이하 | 0.2 | | 1.8 DOHC | 0.05 이하 | 0.1 |
| 투스가니 | 2.0 DOHC | 0.03 이하 | 0.06 | 마르샤 | 2.0 DOHC | 0.05 이하 | 0.2 |
| | 2.7 DOHC | 0.03 이하 | 0.05 | | 2.5 DOHC | 0.05 이하 | 0.2 |
| 옵티마 리갈 | 2.0 DOHC | 0.03 이하 | | NEW 프라이드 | 1.4 DOHC | 0.03 이하 | 0.1 |
| | 2.5 DOHC | 0.03 이하 | | | 1.6 DOHC | 0.03 이하 | 0.1 |
| 싼타페 | 2.0 DOHC | 0.03 이하 | 0.2 | 그랜저 XG | 2.0/ 2.5 DOHC | 0.03 이하 | 0.2 |
| | 2.7 DOHC | 0.03 이하 | 0.05 | | 3.0 DOHC | 0.05 이하 | 0.2 |

## (2) 실린더 헤드 변형도가 없을 때

▶ 엔진 1. 실린더 헤드 점검
　　엔진 번호 :

| 측정 항목 | ① 측정(또는 점검) | | ② 판정 및 정비(또는 조치)사항 | | 득점 |
|---|---|---|---|---|---|
| | 측정값 | 규정(정비한계)값 | 판정(□에 '✔'표) | 정비 및 조치할 사항 | |
| 실린더 헤드 변형도 | 0mm | 0.05mm 이하 | ☑ 양 호<br>□ 불 량 | 정비 및 조치할 사항 없음 | |

비번호 : 　　　감독위원 확인 :

## (3) 실린더 헤드 변형도가 많을 때

▶ 엔진 1. 실린더 헤드 점검
　　엔진 번호 :

| 측정 항목 | ① 측정(또는 점검) | | ② 판정 및 정비(또는 조치)사항 | | 득점 |
|---|---|---|---|---|---|
| | 측정값 | 규정(정비한계)값 | 판정(□에 '✔'표) | 정비 및 조치할 사항 | |
| 실린더 헤드 변형도 | 0.06mm | 0.05mm 이하 | □ 양 호<br>☑ 불 량 | 실린더 헤드-연마가공 | |

비번호 : 　　　감독위원 확인 :

## (4) 실린더 헤드 변형도가 작을 때

▶ 엔진 1. 실린더 헤드 점검
　　엔진 번호 :

| 측정 항목 | ① 측정(또는 점검) | | ② 판정 및 정비(또는 조치)사항 | | 득점 |
|---|---|---|---|---|---|
| | 측정값 | 규정(정비한계)값 | 판정(□에 '✔'표) | 정비 및 조치할 사항 | |
| 실린더 헤드 변형도 | 0.02mm | 0.05mm 이하 | ☑ 양 호<br>□ 불 량 | 정비 및 조치할 사항 없음 | |

비번호 : 　　　감독위원 확인 :

## 2 관계 지식

### (1) 실린더 헤드의 변형원인
① 겨울철에 냉각수가 동결된 경우
② 엔진이 과열된 경우
③ 헤드 개스킷이 불량한 경우
④ 실린더 헤드 볼트의 조임 토크가 일정하지 않은 경우

### (2) 실린더 헤드의 변형 수정 방법

편평도가 어떤 방향에서든지 정비한계를 벗어나면 실린더 헤드를 교환하거나 실린더 헤드 개스킷 면을 약간 가공한다. 변형이 경미한 경우에는 정반에 광명단을 바르고 실린더 헤드 면을 문지른 후 광면단이 묻은 부분을 스크레이퍼로 절삭한다. 또 한계값 이상으로 변형된 경우에는 평면 연삭기로 절삭한다.

## 7안 산업기사 엔진 3 — 가솔린 배기가스 점검

2항의 시동된 엔진에서 공회전 속도를 확인하고 감독위원의 지시에 따라 공회전시 배기가스를 측정하여 기록표에 기록하시오.(단, 시동이 정상적으로 되지 않은 경우 본 항의 작업은 할 수 없음)

### 시험장에서는

이 시험은 시동을 걸어서 측정하여야 함으로 추운 겨울에는 수검자나 감독관이나 고생하는 항목이다. 감독관이 답안지를 주면 수험번호와 자동차 번호를 적고 배기가스 테스터기를 연결한 후 시동을 걸어서 측정을 한 다음 기록표를 기록하는데 이 항목은 검사기준이기 때문에 규정값이 주어지지 않는다. 반드시 규정값을 암기하고 있어야 한다. 배기가스 측정은 엔진의 상태에 따라 측정값이 많이 변하기 때문에 감독관이 바로 옆에서 보면서 채점을 하거나 아니면 측정 방법만을 확인하고 테스터기 바늘을 고정시켜 놓고 측정값을 기록하도록 하는 경우도 있다. 일부 수검자는 감독관이 점수를 깎기 위해 잘못한 것만 찾고 있는 사람으로 생각하는 부정적인 생각을 갖고 있는 수검자가 많은데 좀 더 긍정적인 방향으로 생각한다면 내가 잘하는 것을 보고 점수를 주기 위해 있다고 생각을 할 수 있는 것이다. 감독관에게 내 실력을 보여주기 위해서는 능력을 길러야 하지 않을까?

1. 배기가스 측정 준비된 모습(큐로테크)

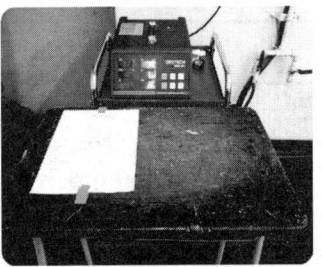

복사본 자동차 등록증을 놓은 것은 자동차 연식을 보고 규정값을 적어야 한다.

2. 배기가스 프로브 설치 모습

배기가스 프로브가 규정대로 끼워져 있는지 확인하고 측정한다.

3. 6개 항목 측정화면 모습

측정키를 누르면 측정이 되면서 6개 항목의 측정값이 뜬다.

## 1. 답안지 작성법

### (1) 배기가스 배출량이 많아 불량일 때

▶ 엔진 3. 배기가스 점검
자동차 번호 :

| 항목 | ① 측정(또는 점검) | | 판정(□에 '✔' 표) | 득 점 |
|---|---|---|---|---|
| | 측정값 | 기준값 | | |
| CO | 10.5% | 1.0% 이하 | □ 양 호 | |
| HC | 800ppm | 120ppm 이하 | ☑ 불 량 | |

※ 감독위원이 제시한 자동차등록증(또는 차대번호)를 활용하여 차종 및 연식을 적용합니다.
※ 자동차 검사기준 및 방법에 의하여 기록 판정합니다.
※ CO는 소수점 둘째자리 이하는 버리고 0.1% 단위로 기록 합니다.
※ HC는 소수점 둘째자리 이하는 버리고 1ppm 단위로 기록합니다.

1) **비번호** : 비번호는 공단직원이 주는 등번호를 수검자가 기록한다.
2) **감독위원 확인** : 감독위원 확인란은 감독위원이 채점한 후에 도장을 찍는 부분으로 수검자는 기록하지 않는다.
3) **① 측정(또는 점검)** : 측정값은 수검자가 측정한 배기가스의 CO, HC의 값을 기록하고 기준값은 운행 차량의 배출 허용 기준값을 기록한다.
   • 측정값 : ・CO – 10.5%,   ・HC – 800ppm
   • 규정(정비한계)값 : ・CO – 1.0% 이하   ・HC – 120ppm 이하(2016년 03월 11일 – K5)
4) **② 판정 및 정비(또는 조치)사항** : 판정은 수검자가 측정값과 기준값을 비교하여 범위 내에 있으면 양호, 벗어나면 불량에 ✔표시를 한다. 정비 및 조치사항은 CO, HC값이 높거나 낮은 원인과 정비할 사항을 기록한다.
   • 판정 : ・양호 – 규정(정비한계)값의 범위에 있을 때   ・불량 – 규정(정비한계)값을 벗어났을 때

5) **득점** : 득점은 감독위원이 채점을 하고 점수를 기록하는 부분으로 수검자는 기록하지 않는다.
6) **자동차 번호** : 측정하는 자동차의 번호를 수검자가 기록한다.

## 2 관계 지식

### (1) 가솔린 배기가스 배출 허용기준(CO, HC)

| 차 종 | | 제작일자 | 일산화탄소 | 탄화수소 | 공기과잉율 |
|---|---|---|---|---|---|
| 경자동차 | | 1997년 12월 31일 이전 | 4.5% 이하 | 1,200ppm 이하 | 1±0.1 이내 다만, 기화기식 연료공급 장치 부착 자동차는 1±0.15이내 촉매 미부착 자동차는 1±0.20 이내 |
| | | 1998년 1월 1일부터 2000년 12월 31일까지 | 2.5% 이하 | 400ppm 이하 | |
| | | 2001년 1월 1일부터 2003년 12월 31일까지 | 1.2% 이하 | 220ppm 이하 | |
| | | 2004년 1월 1일 이후 | 1.0% 이하 | 150ppm 이하 | |
| 승용 자동차 | | 1987년 12월 31일 이전 | 4.5% 이하 | 1,200ppm 이하 | |
| | | 1988년 1월 1일부터 2000년 12월 31일까지 | 1.2% 이하 | 220ppm 이하(휘발유·알코올자동차) 400ppm 이하(가스자동차) | |
| | | 2001년 1월 1일부터 2005년 12월 31일까지 | 1.2% 이하 | 220ppm 이하 | |
| | | 2006년 1월 1일 이후 | 1.0% 이하 | 120ppm 이하 | |
| 승합· 화물· 특수 자동차 | 소형 | 1989년 12월 31일 이전 | 4.5% 이하 | 1,200ppm 이하 | |
| | | 1990년 1월 1일부터 2003년 12월 31일까지 | 2.5% 이하 | 400ppm 이하 | |
| | | 2004년 1월 1일 이후 | 1.2% 이하 | 220ppm 이하 | |
| | 중형· 대형 | 2003년 12월 31일 이전 | 4.5% 이하 | 1200ppm 이하 | |
| | | 2004년 1월 1일 이후 | 2.5% 이하 | 400ppm 이하 | |

### (2) 기아 자동차 차대번호의 표기 부호(K5-2016)

```
K  N  A   G  S  4  1  1  B   F   A  1  2  3  4  5  6
①  ②  ③   ④  ⑤  ⑥  ⑦  ⑧  ⑨   ⑩   ⑪  ⑫  ⑬  ⑭  ⑮  ⑯  ⑰
  제작 회사군    자동차 특성군         제작 일련 번호군
```

① **K** : 국제배정 국적표시 − K : 한국, J : 일본, 1 : 미국,
② **N** : 제작사를 나타내는 표시 − M ; 현대, L : 대우, N : 기아, P : 쌍용 자동차
③ **A** : 자동차 종별 표시 − A : 승용차, C : 화물차,(밴) H : 승합
④ **G** : 차종 − K5
⑤ **S** : 세부 차종 및 등급 − S : LOW 급(L), T : MIDDLE − LOW 급(GL), W : HIGH급(TOP),
　　　　　　　　　　　　　U : MIDDLE급(GLS, JSL, TAX), V : MIDDLE−High급 (HGS), X : Premium GL급(PGL)
⑥ **4** : 차체형상 − ·KNC : X−일반캡/ 세미본넷, Y−더블캡/ 본넷 , Z−슈퍼캡/ 박스
　　　　　　　　 · KMH : 1−박스, 2−본넷, 3−세미본넷
　　　　　　　　 · KNA : 1 − 리무진, 2−세단 2도어, 3−세단 3도어, 4−세단 4도어, 5−세단 5도어,
　　　　　　　　　　　　　6 − 쿠페,　7−컨버터블, 8−왜곤, 9−화물(밴), 0−픽업
⑦ **1** : 안전장치 − · KMC, KNH : 7−유압식 브레이크, 8−공기식 브레이크, 9−혼합식 브레이크
　　　　　　　　 · KMA : 0 − 운전석/ 동승석 미적용, 1 − 운전석/ 동승석 액티브 시트벨트
　　　　　　　　　　　　2 − 운전석/ 동승석 패시브 시트벨트
⑧ **1** : 동력장치 − 1 : 가솔린 엔진 2.0(누우MPI), 2. 가솔린 엔진 2.0(세타 T−GDI), 5 : 디젤엔진 1.7(U2 TCI),
　　　　　　　　6 : LPG 엔진 2.0(누우 LPI), 7 : 가솔린 엔진 1.6(감마 T− GDI)
⑨ **B** : 운전석 방향 및 변속기 − A : LHD & MT, B : LHD & AT, C : LHD & MT+Transfer,
　　　　　　　　　　　　　　　D : C : LHD & AT+Transfer, E : C : LHD & CVT
⑩ **F** : 제작년도 − M:1991, N:1992, P:1993, R:1994, S:1995, T:1996, V:1997, W:1998, X:1999, Y:2000, 1:2001,
　　　　　　　　2:2002, 3:2003…… 9 : 2009, A : 2010, B : 2011, C :2012, D : 2013, E : 2014, F : 2015,
　　　　　　　　G : 2016, H : 2017, H : 2018
⑪ **A** : 공장 기호 − A : 화성(한국), S : 소하리(내수), K : 광주(한국), T : 선산(한국)
⑫~⑰ **123456** : 차량 생산 일련 번호

## (3) 자동차 등록증 - K5 2016

# 자 동 차 등 록 증

제 201001-001762호      최초 등록일 : 2015년 1월 20일

| ① 자동차 등록 번호 | 07라 3859 | ② 차 종 | 중형 승용 | ③ 용도 | 자가용 |
|---|---|---|---|---|---|
| ④ 차 명 | K5 | ⑤ 형식 및 연식 | TF-6B1 | | 2015 |
| ⑥ 차 대 번 호 | KNAGS411BFA123456 | ⑦ 원동기 형식 | G4KH | | |
| ⑧ 사 용 본 거 지 | 경기도 양주시 부흥로 1901 신도 8차 아파트***동 ***호 | | | | |

| 소유자 | ⑨ 성명(명칭) | 김광수 | ⑩ 주민(사업자) 등록번호 | ***117-******* |
|---|---|---|---|---|
| | ⑪ 주 소 | 경기도 양주시 부흥로 1901 신도 8차 아파트***동 ***호 | | |

자동차 관리법 제8조등의 규정에 의하여 위와 같이 등록하였음을 증명합니다.

-위반하기 쉬운사항-
※ 위반시 과태료 처분(뒷면 기재 참조)
ㅇ 주소 및 사업장 소재지 변경 15일 이내
ㅇ 정기검사 만료일 전후 15일 이내
ㅇ 책임 보험료 가입 만료일 이전 이내 가입(100만원 이하 과태료)
ㅇ 말소 등록.폐차일로 부터 30일 이내(50만원 이하 과태료)

2013 년 11 월 05 일

# 양 주 시 장

---

### 1. 제원

| ⑫형식승인번호 | A08-1-00047-0015-1211 | | |
|---|---|---|---|
| ⑬길 이 | 4845mm | ⑭너 비 | 1835mm |
| ⑮높 이 | 1455mm | ⑯총 중 량 | 1850kgf |
| ⑰배 기 량 | 1998cc | ⑱정격 출력 | 271/6000ps/rpm |
| ⑲승차 정원 | 5 명 | ⑳최대적재량 | 0kgf |
| ㉑기 통 수 | 4기통 | ㉒연료의종류 | 휘발유(무연) (연비 12.8km/L) |

### 2. 등록 번호판 교부 및 봉인

| ㉓구 분 | ㉔번호판교부일 | ㉕봉인일 | ㉖교부대행자확인 |
|---|---|---|---|
| 신규 | 2015-01-20 | 2015-01-20 | |

### 2. 저당권 등록

| ㉗구분(설정 또는 말소) | ㉘ 일 자 |
|---|---|

※ 기타 저당권 등록의 내용은 자동차 등록원부를 열람확인 하시기 바랍니다.
※ 비고

### 4. 검사 유효기간

| ㉙연 월 일 부 터 | ㉚연 월 일 까 지 | ㉛검 사 시행장소 | ㉜주행 거리 | ㉝검사 책임자확인 |
|---|---|---|---|---|
| 2015-01-20 | 2019-01-19 | 노원검사소 | | |
| 2019-01-20 | 2021-01-19 | 노원검사소 | | |

※ 주의사항 : ㉙항 첫째란에는 신규 등록일을 기재합니다.

## 엔진 4. 공기유량 센서 파형 분석

주어진 자동차의 엔진에서 흡입공기 유량센서의 파형을 출력·분석하여 그 결과를 기록표에 기록하시오.(측정조건 : 공회전 상태)

### 시험장에서는

공기유량센서 출력 파형 측정은 엔진이 아이들 상태에서 측정한다. 감독관 입장에서 보면 시험 진행의 안전에 문제가 있기 때문에 ON 상태에서 측정이 가능한 경우를 선호하고 있다. 튠업용 엔진이나 실제 차량이 준비되어 있고 그 옆에는 테스터기가 놓여 있을 것이다. 측정을 하고 답안지를 작성할 때 반드시 측정 차량에 붙어있는 주의사항을 읽어보고 답을 기록하도록 한다. 일부 감독위원은 기록 방법을 서술하여 놓는 경우도 있다. 만약 측정을 파형으로 하고 답안지를 작성하는 경우도 있으며, 이때는 파형을 반드시 프린트 하여 그것을 답안지에 부착하여야 한다.

1. 엘란트라/ 엑셀(칼만 와류식)

2. 아반떼 1.5DOHC-열막식

3. Hi-DS 시험 준비 모습

칼만 와류식일 때는 펄스파형으로 나타나며 단자에 위치를 암기하지 않아도 된다. 모든 차량의 배선도는 정비지침서나 프린트물로 준비하여 놓았다.

핫 필름 방식일 때는 아날로그 파형으로 나타나며 단자에 위치를 암기하지 않아도 된다. 모든 차량의 배선도는 정비지침서나 프린트물로 준비하여 놓았다.

컴퓨터와 모니터가 켜져 있는 상태이고 파형을 본 후 반드시 프린트 하여 그곳에 직접 내용을 설명하여 답안지에 부착한다.

## 1. 답안지 작성법

동영상

### (1) 정상 파형일 때

▶ 엔진 4. 흡입 공기 유량 센서 파형 분석
　　　자동차 번호 :

| 측정 항목 | 파형 상태 | 득 점 |
|---|---|---|
| 파형 측정 | ① 공회전 상태에서 출력 최대값은 5.04V, 최소값 0.27V를 기준으로 하고 있으나 여기서는 최대 4.8V, 최소 0.21V를 나타내고 있어서 약간의 노후한 상황이나 정상으로 판단 할 수 있다.<br>② 주파수와 듀티값에서는 아이들일 때 기준이 50~54%, 2,617Hz가 기준이나 약간 미흡하지만 정상값으로 볼 수 있다.<br>③ 주파수의 최대값과 최소값이 일정하고 노이즈나 파형 찌그러짐, 빠짐 등이 없이 일정하므로 정상으로 판단할 수 있다. | |

1) **비번호** : 비번호는 공단직원이 주는 등번호를 수검자가 기록한다.
2) **감독위원 확인** : 감독위원 확인란은 감독위원이 채점한 후에 도장을 찍는 부분으로 수검자는 기록하지 않는다.
3) **파형상태** : 파형 상태란은 수검자가 감독위원의 지시에 따라 스캐너나 튠업 테스터기로 측정한 파형을 프린터로 출력하여 고장 부분 및 각 부분을 출력물에 직접 기록 설명하고 파형의 상태를 결론으로 정리한다.
4) **득점** : 득점은 감독위원이 채점을 하고 점수를 기록하는 부분으로 수검자는 기록하지 않는다.
5) **자동차 번호** : 측정하는 자동차의 번호를 수검자가 기록한다.

■ 공기 유량 센서 기준값 (그랜저 TG 3.3-2008)

| 공기량 측정 센서 (MAFS) 신호 입력 | 공회전 | PULSE | 하이 : Vref | 5.04V |
|---|---|---|---|---|
| | | | 로우 : 최대 0.5V | 0.27V |
| | | | 공회전 30kHz | |
| | 3000rpm | | 하이 : Vref | 5.04V |
| | | | 로우 : 최대 0.5V | 0.27V |
| | | | 3000rpm 45kHz | |

■ 공기 유량 센서 주파수 기준값 (그랜저 TG 3.3-2008)

| 공기량(kg/h) | 출력 주파수(Hz) |
|---|---|
| 12.6 | 2,617 |
| 18.0 | 2,958 |
| : | |
| 666.0 | 9,644 |
| 900.0 | 10,590 |

### (2) 공기 유량 센서 파형 출력물

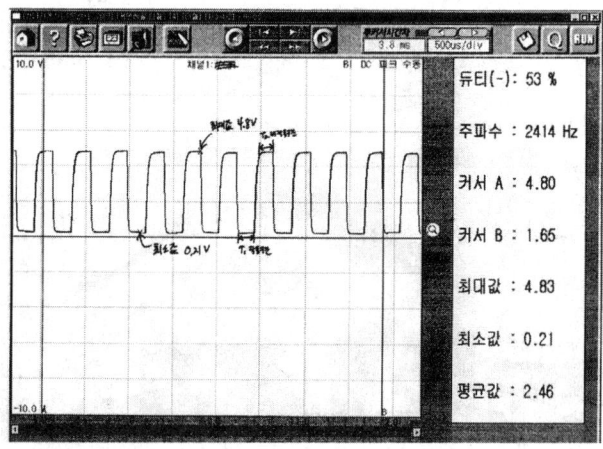

## 2 관계 지식

### (1) 핫 필름 방식(Hot film type)의 공기유량 센서의 파형 분석

액셀러레이터 페달을 밟을 때 공기유량의 센서 값이 증가하여야 한다. 가능한 TPS 시그널과 같이 비교하여 보면 액셀러레이터 페달을 밟을 때 흡입 공기량 시그널과 TPS가 같이 증가하여야 정상이다.
① A부분 : 스로틀 밸브가 완전히 열린 상태로 최대 가속을 나타낸다.
② B부분 : 흡입 공기량이 증가되고 있음을 나타낸다.
③ C부분 : 공회전 시 공전 보상 흡입 공기의 흐름을 나타낸다.

### (2) 칼만 와류식(Karman Vortex type)의 공기유량 센서의 파형 분석

① 1부분 : 최고 전압은 기준 전압에 가까워야 하며, 연속적으로 볼 때 수평이어야 한다.
② 2부분 : 최저 전압은 접지 전압(0V)에 가까워야 하며 연속적으로 볼 때 수평을 이루어야 한다.
③ 3, 4부분 : 파형의 모양 및 주기는 엔진 회전수가 일정할 때 규칙적이어야 한다.
④ 3, 4부분 : 흡입 공기량에 따라 주기(주파수)가 달라진다.

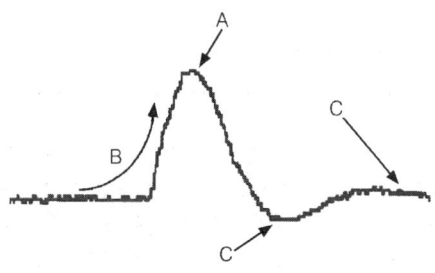

▲ 핫 필름방식의 파형의 분석

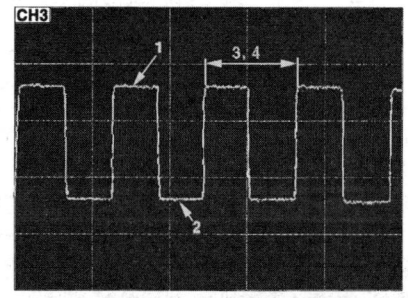

▲ 칼만 와류식의 파형의 분석

## (3) 공기유량 센서의 파형의 점검 포인트

① **파형의 빠짐 현상 점검** : 아이들 및 중·고속 부하 때 어떤 영역에서도 빠짐의 현상이 많으면 센서의 불량이다.
② **공회전 상태의 주파수가 기준 주파수 내에 있는가를 확인** : 만일 주파수가 너무 낮거나 높은 경우는 흡입 공기량이 적었다 많았다 하는 것이다. 점화시기 불량이거나 공기흐름의 불량이다.
③ **엔진이 간헐적으로 시동이 되는 경우** : 에어플로 센서 하니스의 접촉 불량으로 볼 수 있다.
④ **점화 스위치가 ON 위치에서 출력 전압이 0인 경우** : 에어플로 센서의 고장 여부와 ECU의 고장 여부를 점검한다.

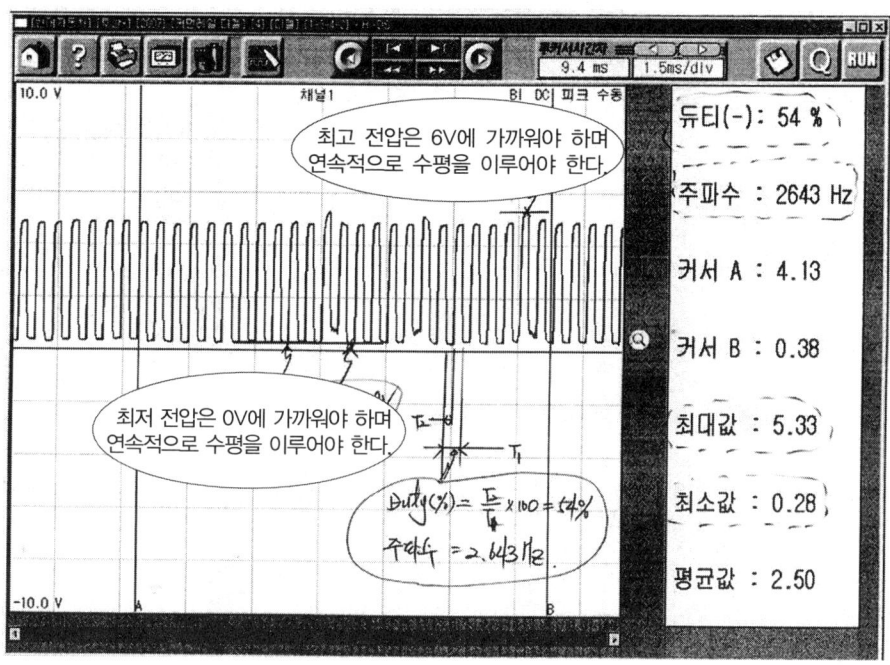

## (4) 핫 필름 방식의 정상 파형

공기 유량 센서는 가능하면 스로틀 포지션 센서와 함께 비교하는 것이 바람직하므로 가속 시 공기 유량 센서와 스로틀 포지션 센서의 출력이 동시에 증가하는지 확인한다.
아래와 같이 AFS와 TPS가 동일선상에서 함께 변화하는 것을 알 수 있다.

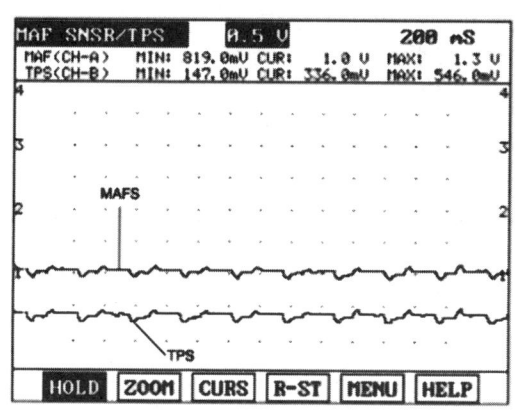
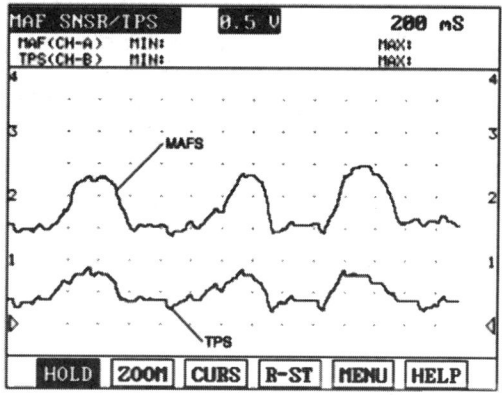

## 엔진 5 ▶ 전자제어 디젤 엔진 인젝터 리턴량 점검

**7안 산업기사**

주어진 전자제어 디젤 엔진에서 연료 압력 조절 밸브를 탈거한 후(감독위원에게 확인), 다시 부착하여 시동을 걸고 인젝터 리턴(백리크)량을 점검하여 기록표에 기록하시오.

### 시험장에서는

새로 추가된 문제다. 아직 시험장의 정보는 없지만 간단하게 인젝터에서 연료의 리턴량을 점검하여 연료계통의 고장을 알 수 있고 테스터기도 저렴한 가격이므로 현장에서 많이 이용하고 있다.

1. 리턴량 측정 용기 모습 - (1)   2. 리턴량 측정 용기 모습 - (2)   3. 리턴량 측정 모습

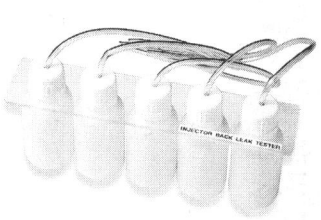 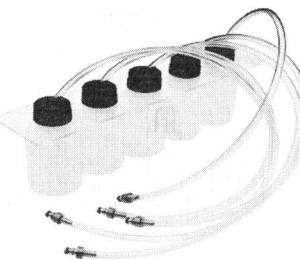 

**(1) 백 리크 점검할 시기**
 ① 시동 지연, 흑연, 백연, 매연 과다, 엔진 부조, 주행 중 시동 꺼짐, 출력 부족 시 1차 고장 코드에 의한 점검, 조치 후 동일 현상 발생 시 테스트 함.
 ② 2차 연료 장치, 연료 펌프, 압력 레귤레이터, 압력 센서, 연료 점검 후 정상인 경우 인젝터의 연료 리턴량을 점검 테스트 함.

**(2) 측정 조건**
 ① 무부하 공회전 (전기부하 OFF, 공회전 속도 정상 rpm).
 ② 냉각수 온도 80℃ 이상.
 ③ 측정 시간 3분.

**(3) 측정 순서**
 ① 엔진을 정상 작동 후 정지한다.(측정 온도 약 80℃)
 ② 인터쿨러 어셈블리를 탈거한다.(기타 전기장치 OFF)
 ③ 리턴호스 L 커넥터 키를 탈거한다.
 ④ 탈거한 리턴 호스의 끝부분을 연료가 유출되지 않도록 바이스 플라이어 등으로 막는다.
 ⑤ 인젝터의 리턴 호스를 탈착한 상단부에 측정용 플라스틱 통과 연결된 호스를 장착한다.
   (보쉬 타입은 L 커넥터를 이용, 델파이는 L 커넥터를 제거하여 장착)
 ⑥ 변속레버를 P위치에서 엔진 시동을 건다.(테스터기가 움직일 수 있으므로 고정한다)
 ⑦ 약 3분 동안 가동 후 시동을 끄고 연료의 리턴량을 비교하여 판정한다.
   (평균치 - 카렌스(보쉬), 카니발(델파이) 약 21㎖, 쏘렌토(보쉬) 약 30㎖)

# 1 답안지 작성법

## (1) 인젝터 리턴량이 많을 때

▶ 엔진 5. 인젝터 리턴(백리크)량 측정
  엔진 번호 :

| 측정 항목 | ① 측정(또는 점검) | | | | | ② 판정 및 정비(또는 조치)사항 | | 득점 |
|---|---|---|---|---|---|---|---|---|
| | 측정값 | | | | 규정<br>(정비한계)값 | 판정<br>(□에 '✔' 표) | 정비 및 조치할 사항 | |
| 인젝터 | 1<br>20ml | 2<br>20ml | 3<br>50ml | 4<br>20ml | 각 실린더<br>20ml~25ml | □ 양 호<br>☑ 불 량 | 3번 인젝터 불량<br>- 3번 인젝터 교환 후 재 점검 | |

※ 실린더 수에 맞게 측정합니다.

① **비번호** : 비번호는 공단직원이 주는 등번호를 수검자가 기록한다.
② **감독위원 확인** : 감독위원 확인란은 감독위원이 채점을 한 후에 감독위원이 도장을 찍는 부분으로 수검자는 기록하지 않는다.
③ **측정(또는 점검)** : 측정값은 수검자가 백리크량을 측정한 값으로 기록하고, 규정값(정비한계값)은 감독관이 주어진 값이나 또는 일반적인 규정값을 기록함.
  • 측정값 : 1번 - 20ml, 2번 - 20ml, 3번 - 50ml, 4번 - 20ml
  • 규정(정비한계)값 : 20~25ml

■ 백리크량 비교 판정

| 인젝터 백리크 | 판 정 | 점검 필요 항목 |
|---|---|---|
| 20mℓ | 정 상 | |
| 20mℓ 이상 | 인젝터 고장(백리크 과도) | 백리크 양이 20mℓ를 초과한 인젝터만 교환 |
| 20mℓ 미만 | 고압펌프 고장(불충분한 압력 생성) | 고압라인 시험 테스트 실시 |

④ **판정 및 정비(또는 조치)사항** : 판정은 수검자가 측정한 값과 규정값(정비한계값)을 비교하여 범위 내에 있으면 양호, 벗어나면 불량에 ✔ 표시를 하며, 정비 및 조치할 사항 란에는 고장원인과 정비할 사항을 기록한다.
  • 판정 : ·양호-규정(정비한계)값의 범위에 있을 때  ·불량-규정(정비한계)값을 벗어났을 때
  • 정비 및 조치할 사항 : 양호하면 정비 및 조치할 사항 없음으로, 불량일 경우 고장원인과 정비방법을 기록한다.
    ·3번 인젝터 불량 - 3번 인젝터 교환 후 재점검
⑤ **득점** : 득점은 감독위원이 채점을 하고 점수를 기록하는 부분으로 수검자는 기록하지 않는다.
⑥ **엔진 번호** : 측정하는 엔진 번호를 수검자가 기록한다.

## (2) 인젝터 리턴량이 적을 때

▶ 엔진 5. 인젝터 리턴(백리크)량 측정
  엔진 번호 :

| 측정 항목 | ① 측정(또는 점검) | | | | | ② 판정 및 정비(또는 조치)사항 | | 득점 |
|---|---|---|---|---|---|---|---|---|
| | 측정값 | | | | 규정<br>(정비한계)값 | 판정<br>(□에 '✔' 표) | 정비 및 조치할 사항 | |
| 인젝터 | 1<br>10ml | 2<br>10ml | 3<br>10ml | 4<br>10ml | 각 실린더<br>20ml~25ml | □ 양 호<br>☑ 불 량 | 고압라인 점검(고압펌프, 연료압력<br>조절 밸브, 레일 압력 센서, 레일압<br>력 조절밸브) - 수리 후 재점검 | |

## (3) 인젝터 리턴량이 정상일 때

▶ 엔진 5. 인젝터 리턴(백리크)량 측정
  엔진 번호 :

| 측정 항목 | ① 측정(또는 점검) ||||| ② 판정 및 정비(또는 조치)사항 || 득점 |
|---|---|---|---|---|---|---|---|---|
| | 측정값 |||| 규정 (정비한계)값 | 판정 (□에 '✔' 표) | 정비 및 조치할 사항 | |
| 인젝터 | 1 | 2 | 3 | 4 | 각 실린더 20ml~25ml | ☑ 양 호<br>□ 불 량 | 정비 및 조치사항 없음 | |
| | 20ml | 20ml | 20ml | 20ml | | | | |

| 비번호 | | 감독위원 확 인 | |
|---|---|---|---|

## 2  관계 지식

### (1) 고장진단

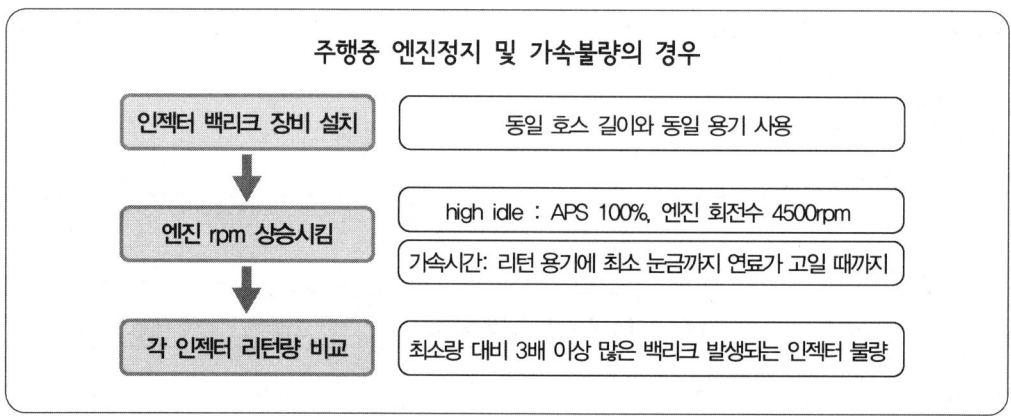

> ※ 백리크량은 시동불량 및 시동꺼짐과는 관련이 있으나 엔진부조 및 매연 등은 인젝터의 분사상태와 관련이 깊다.
>
> ▶ 보쉬 인젝터의 경우 백리크량과 인젝터 분사량과는 항상 비례하지 않는다.

## 섀시 2. 최소 회전반경 점검

주어진 자동차에서 최소 회전반경을 측정하여 기록표에 기록하고 타이로드 엔드를 탈거한 후(감독위원에게 확인), 다시 부착하여 토(toe)가 규정값이 되도록 조정하시오.

### 시험장에서는

사실상 검사장에서는 시험 항목에 조향장치가 있지만 최소 회전 반경을 측정하지는 않는다. 시험문제가 만들어지면서 최소 회전 반경을 측정하는 방식이 정립 되었다 하여도 과언은 아니다. 감독관으로부터 답안지를 받아들고 측정 차량에 가면 보조원이 기다리고 있을 것이다. 왜냐하면 혼자서 최소 회전 반경 공식에 대입하기 위한 축거나 조향 각을 측정하기는 어렵기 때문이다. 먼저 줄자를 보조원에게 뒤차축의 중심에 대도록 하고 수검자는 앞차축의 중심에 대서서 축거를 측정하고, 보조원을 운전석에서 핸들을 좌, 또는 우측으로 끝까지 돌리도록 하고 바깥쪽 바퀴의 조향 각을 측정하여 기입하고 계산식에 넣어 산출한 후 답안을 작성한다. r값은 감독관이 주어진다.

#### 1. 최소 회전반경

앞바퀴의 바깥쪽 바퀴가 그리는 동심원의 반지름을 최소 회전반경이라 한다.

#### 2. 축거

축거를 주어지는 경우도 있지만 직접 줄자로 측정한다. 보조원이 대기하고 있으니 보조원을 불러 끝을 잡아달라고 해서 측정한다. 앞바퀴 허브 중심과 뒷바퀴 허브 중심 간의 거리.

## 1  답안지 작성법

### (1) 회전반경이 양호할 때

▶ 섀시 2. 최소 회전반경 점검
작업대 번호 :

| 점검 항목 | ① 측정(또는 점검) 및 기준값 | | 기준값 (최소회전반경) | ② 판정 및 정비(또는 조치)사항 | | 득 점 |
|---|---|---|---|---|---|---|
| | 측정값 | | | 산출근거 | 판정 (□에 '✔' 표) | |
| 회전방향 (□에 '✔' 표) □ 좌 ☑ 우 | r | 10mm | 12m 이하 | $R = \dfrac{2{,}550}{\sin 30°} + 10 = 5{,}110mm$ | ☑ 양 호 □ 불 량 | |
| | 축거 | 2,550mm | | | | |
| | 조향각도 | 30° | | | | |
| | 최소회전반경 | 5,110mm | | | | |

※ 회전 방향 및 바퀴의 접지면 중심과 킹핀과의 거리(r)는 감독위원이 제시합니다.
※ 자동차검사기준 및 방법에 의하여 기록, 판정합니다.
※ 산출근거에는 단위를 기록하지 않아도 됩니다.

1) **비번호** : 비번호는 공단직원이 주는 등번호를 수검자가 기록한다.
2) **감독위원 확인** : 감독위원 확인란은 감독위원이 채점한 후에 도장을 찍는 부분으로 수검자는 기록하지 않는다.
3) **회전 방향** : 감독위원이 지정하는 좌 바퀴에 ✔표시를 한다.
   - ☑ : 좌
   - □ : 우
4) **측정값** : 측정값은 수검자가 축거, 조향 각도를 측정하고, 최소회전 반경을 산출하여 기록한다. r 값은 감독위원이 제시하여 준다.
   - r : 10 mm
   - 축거 : 2,550mm

・ 조향 각도 : 30°　　・ 최소 회전반경 : 5,110mm
5) **기준값** : 법규에 제정된 규정값을 기입한다.
　　・ 기준값(최소 회전반경) : 12m 이하
6) **산출근거** : 산출근거 기록은 회전반경을 구하는 공식에 측정한 값을 대입하여 계산한 식을 기록한다.
　　・ $R = \dfrac{2,550}{\sin 30°} + 10 = 5,110 mm$

■ 차종별 회전반경 기준값

| 차종 | 축거 (mm) | 조향각 내측 | 조향각 외측 | 회전반경 (mm) | 차종 | 축거 (mm) | 조향각 내측 | 조향각 외측 | 회전반경 ((mm) |
|---|---|---|---|---|---|---|---|---|---|
| 아토스 | 2,380 | 40°45′ | 34°06′ | 4,470 | 아반떼 | 2,550 | 39°17′ | 32°27′ | 5,100 |
| 엘란트라 | 2,500 | 37° | 30°30′ | 5,100 | 쏘나타Ⅲ | 2,700 | 39°67′ | 32°21′ | – |
| 엑셀 | 2,385 | – | – | 4,830 | 그랜저 | 2,745 | 37° | 30°30′ | 5,700 |

7) **판정** : 판정은 수검자가 측정한 값을 자동차 성능기준에 관한 규칙 제9조의 성능기준 값과 비교하여 범위 내에 있으면 양호, 벗어나면 불량에 ✔ 표시를 한다.
　　・ 양호 – 최소 회전반경 값이 12m 이하일 때　　・ 불량 – 최소 회전반경 값이 12m를 넘을 때
8) **득점** : 득점은 감독위원이 채점을 하고 점수를 기록하는 부분으로 수검자는 기록하지 않는다.
9) **작업대 번호** : 측정하는 작업대 번호를 수검자가 기록한다.

## 2 관계 지식

### (1) 축간거리 측정 방법
　　축거의 측정은 앞·뒤 차축 중심사이의 수평거리를 측정하며, 3축 이상의 자동차에 있어서는 앞쪽으로부터 제1·제2축 사이의 거리 등으로 분리하여 측정하여야 하며, 무한궤도형 자동차에 있어서는 무한궤도의 접지부 길이를, 피견인 자동차의 경우에는 연결부(제5륜)의 중심에서 뒤차축 중심까지의 수평거리를 측정한다.

### (2) 최대 조향각 측정 방법
① 자동차 앞바퀴를 잭으로 들고 회전반경 게이지(turn table)의 중심에 올려놓는다. 이때 자동차를 수평으로 하기 위하여 뒤 바퀴에도 회전반경 게이지 두께의 받침판을 고인다.
② 앞바퀴를 직진상태로 한다.
③ 자동차 앞쪽을 2~3회 눌러 제자리를 잡을 수 있도록 한다.
④ 앞바퀴 허브 중심에서 뒷바퀴 허브 중심사이의 거리(축거)를 측정한다.
⑤ 회전반경 게이지의 고정 핀을 빼낸다.
⑥ 좌측 또는 우측으로 조향 핸들을 최대로 회전시킨 후 조향 각을 읽는다. 이때 조향 각은 자동차에 따라서 다르나 일반적으로 안쪽이 크고, 바깥쪽은 안쪽보다 작다.

### (3) 측정 조건
① 측정 대상 자동차는 공차상태이어야 한다.
② 측정 대상 자동차는 측정 전에 충분한 길들이기 운전을 하여야 한다.
③ 측정 대상 자동차는 측정 전 조향륜 정렬을 점검하여야 한다.
④ 측정 장소는 평탄 수평하고 건조한 포장도로이어야 한다.

### (4) 최소 회전반경 공식에 대입하여 산출하는 방법
최소 회전반경을 구하는 공식에 측정한 축거와 바깥쪽 바퀴의 최대 조향 각의 값을 대입하고 계산하여 구한다.

$$R = \dfrac{L}{\sin α} + r$$

R : 최소회전반경(m)　　sinα : 바깥쪽 앞바퀴의 조향각
r : 바퀴 접지면 중심과 킹핀 중심과의 거리

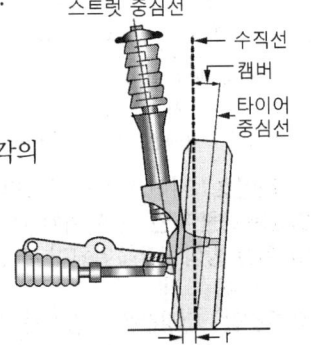

## 섀시 4    제동력 점검

3항의 작업 자동차에서 감독위원의 지시에 따라 전(앞) 또는 후(뒤) 제동력을 측정하여 기록표에 기록하시오.

### 시험장에서는

감독관으로부터 답안지를 받아들고 제동력 테스트기로 가면 A4 용지에 축중이 제시되어 있는 경우가 대부분이다. 또한 도와줄 보조원이 기다리고 있다. 보조원은 대부분 그곳의 학생으로 자격증 취득자이거나 테스터기를 능수능란하게 다룰 수 있는 학생이다. 제동력 측정을 혼자는 할 수 없고 수검자가 운전이 불가능할 경우가 있기 때문에 보조원을 두고 있다. 보조원은 시동을 걸어 놓고 운전석에 앉아서 수검자가 지시를 내려 주기만을 기다리고 있다. 수검자는 테스터기를 세팅하고 보조원에게 차량을 진입하도록 "출발하세요"라고 지시하고 답판 위에 측정 축의 바퀴가 오면 "정지"하고 측정 버튼을 누르면 리프트가 하강하면서 롤러가 회전한다. 보조원에게 "브레이크 밟으세요."하고 지침이 최대로 올랐을 때 푸시 버튼을 눌러 눈금을 읽는다. 주어진 축중과 좌우 측정값을 기록하고 리프트를 올린 후 계산하여 답안지를 작성하여 제출한다.

1. 검사장 모습

자동차 검사장에서 검사원이 헤드라이트를 점검하고 있다. 끝나면 진행하여 제동력을 측정한다.

2. 제동력 측정기 답판 위에 진입한 모습

후륜 측정을 하기 위해 제동력 테스터기 답판 위에 뒷바퀴가 올라간 상태이다. 반드시 직진상태로 진입해야 한다.

3. 제동력 측정기 답판이 내려간 모습

측정 버튼을 누르면 답판이 아래로 내려가고 롤러가 회전한다. 이때 "밟으세요"라고 보조원에게 주문한다.

## 1    답안지 작성법

동영상    동영상

### (1) 제동력 합과 편차가 불량일 때

▶ 섀시 4. 제동력 점검
    자동차 번호 :

| 비 번호 | | 감독위원<br>확 인 | |
|---|---|---|---|

| ① 측정(또는 점검) ||||  ② 판정 및 정비(또는 조치)사항 ||| 득점 |
|---|---|---|---|---|---|---|---|
| 위 치 | 구분 | 측정값 | 기준값 (□에 '✔'표) || 산출근거 | 판정<br>(□에 '✔'표) | |
| 제동력 위치<br>(□에 '✔'표)<br>□ 앞<br>☑ 뒤 | 좌 | 90kg | □ 앞<br>☑ 뒤 | 축중의 | 편<br>차 | 편차 $= \dfrac{90-20}{658} \times 100 = 10.6\%$ | □ 양 호<br>☑ 불 량 | |
| | 우 | 20kg | 제동력 편차 | 8% 이하 | 합 | 합 $= \dfrac{90+20}{658} \times 100 = 16.7\%$ | | |
| | | | 제동력 합 | 20% 이상 | | | | |

※ 측정 위치는 감독위원이 지정하는 위치에 □에 '✔'표시합니다.
※ 자동차 검사기준 및 방법에 의하여 기록 판정합니다.
※ 측정값의 단위는 시험장비 기준으로 작성합니다.
※ 산출근거에는 단위를 기록하지 않아도 됩니다.

**1) 비번호** : 비번호는 공단직원이 주는 등번호를 수검자가 기록한다.

2) **감독위원 확인** : 감독위원 확인란은 감독위원이 채점한 후에 도장을 찍는 부분으로 수검자는 기록하지 않는다.
3) **위치** : 위치는 감독위원이 지정하는 곳에 ✔ 표시를 한다.
4) **측정값** : 측정값 란은 수검자가 제동력을 측정한 값을 기록한다.
   - 좌 : 90kg
   - 우 : 20kg
5) **기준값** : 기준값은 기준이 되는 축에 ✔ 표시를 하고 검사 기준값을 기록한다.
   - 뒤 : ☑
   - 편차 : 8% 이하
   - 제동력 합 : 20% 이상
6) **산출 근거** : 계산공식에 넣어서 산출하는 계산식을 기입한다.

   ※ 계산법 : · 좌, 우제동력의 편차 $= \dfrac{\text{좌, 우제동력의 편차}}{\text{해당 축중}} \times 100 = \dfrac{90-20}{658} \times 100 = 10.6\%$

   · 좌, 우제동력의 합 $= \dfrac{\text{좌, 우제동력의 합}}{\text{해당 축중}} \times 100 = \dfrac{90+20}{658} \times 100 = 16.7\%$

   · 축중은 OLANDO 1.6 디젤 A/T의 공차중량(1,645kg)의 40%(658kg)으로 계산함.

7) **판정** : 판정은 측정한 값과 검사기준 값을 비교하여 범위 안에 들면 양호에, 범위를 벗어나면 불량에 ✔ 표시를 한다.
   - 판정 : · 양호 : 측정한 값이 검사기준 값(제동력 합 20% 이상, 편차 8% 이하)의 범위에 있을 때
   - 불량 : 측정한 값이 검사기준 값(제동력 합 20% 이상, 편차 8% 이하)의 범위를 벗어났을 때
8) **득점** : 득점은 감독위원이 채점을 하고 점수를 기록하는 부분으로 수검자는 기록하지 않는다.
9) **자동차 번호** : 측정하는 자동차 번호를 수검자가 기록한다.

■ **GM대우 차종별 중량 기준값**

| 항목 \ 차종 | OLRANDO(2016) 2.0 LPG | OLRANDO(2016) 1.6 디젤 | CRUZE(2016) 1.8 가솔린 | CRUZE(2016) 1.4 가솔린터보 | CRUZE(2016) 1.6 디젤 | CAPTIVA(2016) 2.0 디젤 2WD |
|---|---|---|---|---|---|---|
| 엔진형식-연료 | I4 | I4 | I4 | I4 터보 | I4 | I4-직분사 |
| 배기량(CC) | 1,998 | 1,598 | 1,796 | 1,362 | 1,598 | 1,956 |
| 공차중량(kg) | 1,645 | 1,645 | 1,355 | 1,360 | 1,450 | 1,920 |
| 최대 출력(HP) | 140 | 134 | 142 | 140 | 134 | 170 |
| 최대 토크(kg.m) | 18.8 | 32.6 | 18.0 | 20.4 | 32.6 | 40.8 |
| 연비(km/L) M/T | – | – | – | – | – | – |
| 연비(km/L) A/T | 8.0 | 13.5 | 11.3 | 12.6 | 15.0 | 11.8 |
| 축거(mm) | 2,760 | 2,760 | 2,685 | 2,685 | 2,685 | 2,705 |
| 전륜 제동장치 | 디스크 | 디스크 | V디스크 | V디스크 | V디스크 | V디스크 |
| 후륜 제동장치 | 디스크 | 디스크 | 디스크 | 디스크 | 디스크 | V디스크 |

## (2) 제동력 합은 정상이나 편차가 불량일 때

▶ 섀시 4. 제동력 점검
자동차 번호 :

| 비 번호 | | 감독위원 확 인 | |
|---|---|---|---|

| ① 측정(또는 점검) |||| ② 판정 및 정비(또는 조치)사항 ||| 득점 |
|---|---|---|---|---|---|---|---|
| 위 치 | 구분 | 측정값 | 기준값 (□에 '✔'표) || 산출근거 | 판정 (□에 '✔'표) | |
| 제동력 위치 (□에 '✔'표) □ 앞 ☑ 뒤 | 좌 | 200kg | □ 앞 ☑ 뒤 | 축중의 편차 | 편차 $= \dfrac{200-120}{658} \times 100 = 12.2\%$ | □ 양 호 ☑ 불 량 | |
| | 우 | 120kg | 제동력 편차 | 8% 이하 합 | 합 $= \dfrac{200+120}{658} \times 100 = 48.6\%$ | | |
| | | | 제동력 합 | 20% 이상 | | | |

※ 측정 위치는 감독위원이 지정하는 위치에 □에 '✔'표시합니다.
※ 자동차 검사기준 및 방법에 의하여 기록 판정합니다.
※ 측정값의 단위는 시험장비 기준으로 작성합니다.
※ 산출근거에는 단위를 기록하지 않아도 됩니다.

## 2 관계 지식

### (1) 제동력 판정 방법

① 제동력의 총합 = $\dfrac{\text{앞·뒤, 좌·우 제동력의 합}}{\text{차량 중량}} \times 100 = 50\%$ 이상 되어야 합격

② 앞바퀴 제동력의 총합 = $\dfrac{\text{앞, 좌·우 제동력의 합}}{\text{앞축중}} \times 100 = 50\%$ 이상 되어야 합격

③ 뒷바퀴 제동력의 총합 = $\dfrac{\text{뒤, 좌·우 제동력의 합}}{\text{뒤축중}} \times 100 = 20\%$ 이상 되어야 합격

④ 좌우 제동력의 편차 = $\dfrac{\text{큰쪽 제동력} - \text{작은쪽 제동력}}{\text{당해 축중}} \times 100 = 8\%$ 이내면 합격

⑤ 주차 브레이크 제동력 = $\dfrac{\text{뒤, 좌·우 제동력의 합}}{\text{차량 중량}} \times 100 = 20\%$ 이상 되어야 합격

## 섀시 5 — 자동 변속기 자기진단

**7안 산업기사**

주어진 자동차의 자동 변속기에서 자기진단기(스캐너)를 이용하여 각종 센서 및 시스템의 작동 상태를 점검하고 기록표에 기록하시오.

### 시험장에서는

감독위원으로부터 답안지를 받은 후 측정용 차량에 진단기(스캐너)를 설치하고 점검을 한다. 물론 테스터기는 여러 가지가 있으며 시험장이나 시험위원의 의지에 따라 선택될 수가 있다. 그러나 수검자는 어떤 것을 사용해도 측정할 수 있는 능력을 책을 봐서라도 알아야 한다. 만약 이 테스터기는 "처음 보는 것인데요?" 하는 수검자가 있는데 합격권하고는 멀어지는 것이 아닌가 싶다.

1. EF 쏘나타 시뮬레이터 모습  2. NF 쏘나타 시뮬레이터 모습  3. 아반떼 시뮬레이터 모습

시뮬레이터가 제작사마다 조금씩 차이는 있겠지만 자기진단 터미널이 전면부 패널에 설치되어 있다. 실차에서 직접 하는 경우도 있지만 대부분의 시험장에서는 시뮬레이터를 이용한다. 이유는 고장을 내서 자기 진단 시에 뛰우기 위해서는 시뮬레이터가 편리하다.

## 1. 답안지 작성법

동영상

### (1) 출력 출력축 속도 센서(PG - B) 단선일 때

▶ 섀시 5. 자동변속기 점검
작업대 번호 :

| 점검 항목 | ① 측정(또는 점검) | | ② 판정 및 정비(또는 조치)사항 | 득 점 |
|---|---|---|---|---|
| | 고장부분 | 내용 및 상태 | 정비 및 조치할 사항 | |
| 변속기 자기진단 | PG - B | PG - B 단선 | PG - B 선 연결, 과거 기억 소거 후 재점검 | |

비번호 | 감독위원 확 인

1) **비번호** : 비번호는 공단직원이 주는 등번호를 수검자가 기록한다.
2) **감독위원 확인** : 감독위원 확인란은 감독위원이 채점한 후에 도장을 찍는 부분으로 수검자는 기록하지 않는다.
3) **① 측정(또는 점검)** : 고장부분 란에는 수검자가 스캐너의 자기진단 화면 창에 나타난 이상 부위를 기록하고, 내용 및 상태 란에는 수검자가 점검한 이상 부위의 고장 내용 및 상태를 기록한다.
   • 고장 부분 : 출력축 속도 센서(PG - B)
   • 내용 및 상태 : PG - B 단선
4) **② 판정 및 정비(또는 조치)사항** : 양호하면 정비 및 조치할 사항 없음으로, 불량일 경우 고장원인과 정비방법을 기록한다.
   • 정비 및 조치할 사항 : 커넥터 연결, 과거 기억 소거 후 재점검
5) **득점** : 득점은 시험위원이 채점을 하고 점수를 기록하는 부분으로 수검자는 기록하지 않는다.
6) **작업대 번호** : 측정하는 작업대 번호를 수검자가 기록한다.

## (2) 유온 센서가 불량일 때

▶ 섀시 5. 자동변속기 점검
　　　작업대 번호 :

| 점검 항목 | ① 측정(또는 점검) | | ② 판정 및 정비(또는 조치)사항 | 득 점 |
|---|---|---|---|---|
| | 고장부분 | 내용 및 상태 | 정비 및 조치할 사항 | |
| 변속기 자기진단 | 유온 센서 | 유온 센서 단선 | 유온 센서 선 연결,<br>과거 기억 소거 후 재점검. | |

## (3) 시프트 컨트롤 솔레노이드 밸브가 불량일 때

▶ 섀시 5. 자동변속기 점검
　　　작업대 번호 :

| 점검 항목 | ① 측정(또는 점검) | | ② 판정 및 정비(또는 조치)사항 | 득 점 |
|---|---|---|---|---|
| | 고장부분 | 내용 및 상태 | 정비 및 조치할 사항 | |
| 변속기 자기진단 | SCSV − A | SCSV − A 단선 | SCSV − A 선 연결,<br>과거 기억 소거 후 재점검 | |

## 2　관계 지식

### (1) 스캐너를 이용한 자기진단 방법

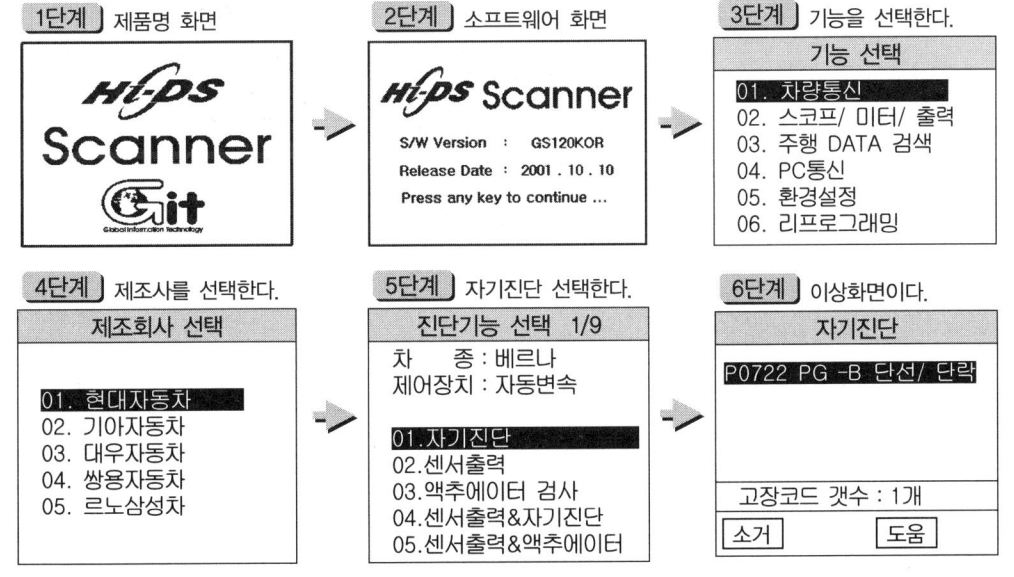

## (2) 자기진단 점검 시 고장을 내기 쉬운 입출력 부품(베르나 G 1.4-2010)

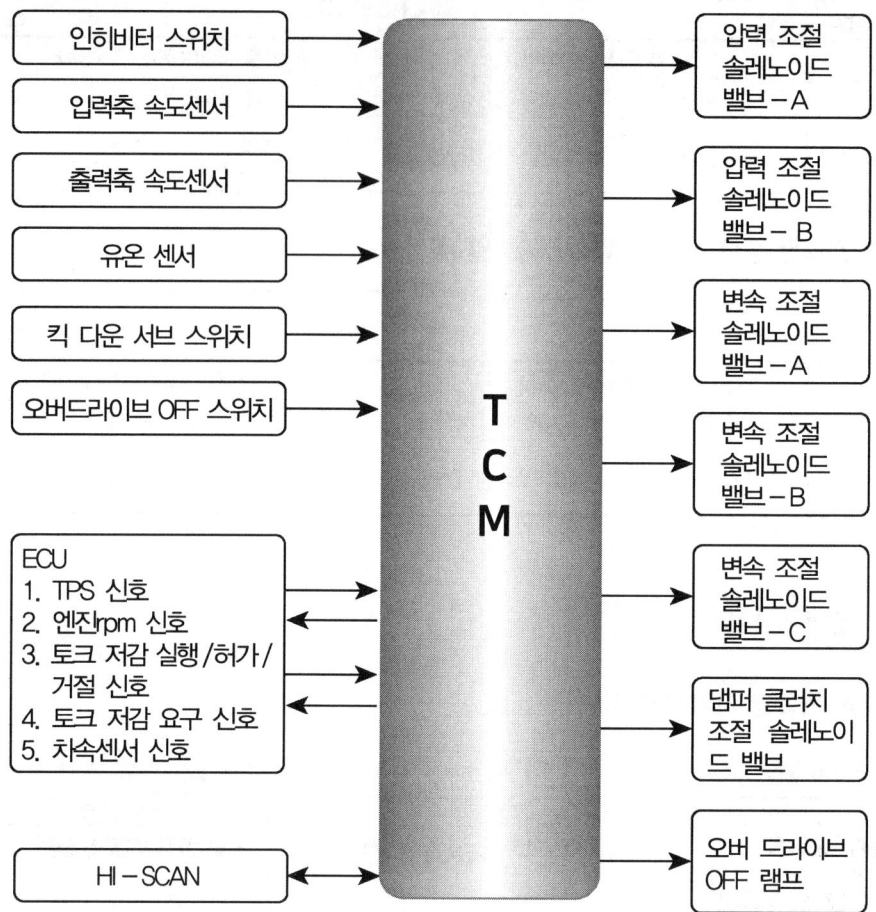

## 전기 1 — 발전기 다이오드, 브러시 점검

주어진 발전기를 분해한 후 다이오드 및 브러시 상태를 점검하여 기록표에 기록하고 다시 본래대로 조립하여 작동상태를 확인하시오.

### 시험장에서는

감독관이 수검자의 비번호를 부른 후 답안지를 주며 작업대 위에 있는 다이오드와 브러시, 버니어 캘리퍼스가 준비되어 있을 것이다. 버니어 캘리퍼스로 브러시의 길이가 가장 짧은 부분의 길이를 측정한다. 측정할 때 부품을 떨어뜨린다거나 함부로 다루는 모습으로 보여서는 안된다. 측정을 하고 난후에는 측정기와 다이오드, 브러시를 가지런히 정리하는 것을 잊지 말아야 한다.

**1. 브러시의 마모한계(A)**

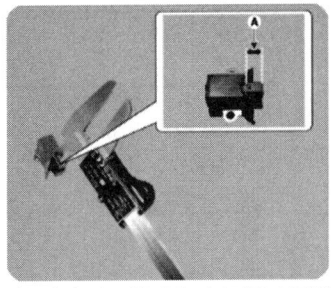

차종마다 마모 한계가 다르지만 브러시에 마모 한계선이 그어져 있는 경우도 있다.

**2. ⊕다이오드 점검**

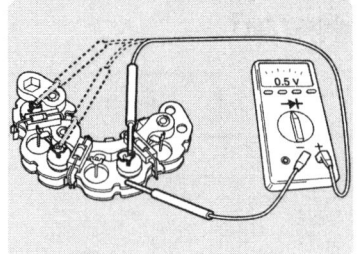

멀티 테스터를 저항 또는 다이오드 위치에서 + 리드를 터미널에, − 리드를 접지에 전류가 통함.

**3. ⊖다이오드 점검**

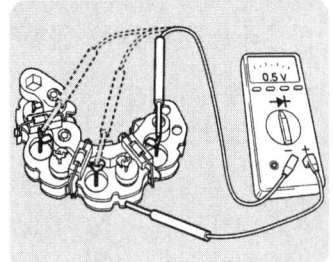

멀티 테스터를 저항 또는 다이오드 위치에서 + 리드를 접지, − 리드를 터미널에 전류가 통함.

## 1  답안지 작성법

동영상    동영상

### (1) 브러시 길이와 다이오드가 양호할 때

▶ 전기 1. 발전기 점검
자동차 번호 :

| 측정 항목 | ① 측정(또는 점검) 상태 | ② 판정 및 정비(또는 조치)사항 판정(□에 '✔'표) | 정비 및 조치할 사항 | 득점 |
|---|---|---|---|---|
| 다이오드(+) | (양 : 3개), (부 : 0개) | ☑ 양 호<br>□ 불 량 | 정비 및 조치할 사항 없음 | |
| 다이오드(−) | (양 : 3개), (부 : 0개) | | | |
| 다이오드(여자) | (양 : 3개), (부 : 0개) | | | |
| 브러시 마모 | ☑ 양호  □ 불량 | | | |

비번호 :          감독위원 확인 :

1) **비번호** : 비번호는 공단직원이 주는 등번호를 수검자가 기록한다.
2) **감독위원 확인** : 감독위원 확인란은 감독위원이 채점한 후에 도장을 찍는 부분으로 수검자는 기록하지 않는다.
3) **① 측정(또는 점검) 상태** : 측정(또는 점검) 상태는 수검자가 다이오드, 브러시 마모를 측정한 값을 기록한다.
   • 측정값 : • (+)다이오드 − (양 : 3개), (부 : 0개)   • (−)다이오드 − (양 : 3개), (부 : 0개)
   • (여자)다이오드 − (양 : 3개), (부 : 0개)   • 브러시 마모 − 양호
4) **② 판정 및 정비(또는 조치)사항** : 판정은 수검자가 측정한 값과 규정(정비한계)값을 비교하여 범위 내에 있으면 양호, 벗어나면 불량에 ✔표시를 하며, 정비 및 조치할 사항은 고장원인과 정비할 사항을 기록한다.
   • 판정 : • 양호 − 규정(정비한계)값의 범위에 있을 때   • 불량 − 규정(정비한계)값을 벗어났을 때
   • 정비 및 조치할 사항 : 양호하면 정비 및 조치할 사항 없음으로, 불량일 경우 고장 원인과 정비방법을 기록 한다.

■브러시의 길이 차종별 규정값(mm)

| 차 종 | | 브러시 길이(mm) | | 차종 | | 브러시 길이(mm) | |
|---|---|---|---|---|---|---|---|
| | | 기준값 | 한계값 | | | 기준값 | 한계값 |
| 프라이드 | | 16.5 | 8.0 | 세피아 | | 21.5 | 8.0 |
| 그랜저 HG (2017) | G 2.4 GDI | 10.5 | 8.4 | 쏘렌토 R (2010) | D 2.0 TCI-R | 언급없음 | 언급없음 |
| | G 3.0 GDI | 언급없음 | 언급없음 | | D 2.2 TCI-R | 언급없음 | 언급없음 |
| | L 3.0 LPI | 언급없음 | 언급없음 | | G 2.4 DOHC | 언급없음 | 언급없음 |
| | D 2.2 TCI-R | 언급없음 | 언급없음 | | L 2.7 DOHC | 언급없음 | 언급없음 |
| 일반적인 값 | 길이는 치수로 나와 있지 않고 브러시에 마모 한계선이 있어 교환하여 줄 시기를 알 수 있다. | | | | | | |

5) **득점** : 득점은 감독위원이 채점을 하고 점수를 기록하는 부분으로 수검자는 기록하지 않는다.
6) **자동차 번호** : 측정하는 자동차의 번호를 수검자가 기록한다.

## (2) (+)와 (-) 다이오드 일부가 불량일 때

▶ 전기 1. 발전기 점검
　　자동차 번호 :

| 측정 항목 | ① 측정(또는 점검) 상태 | ② 판정 및 정비(또는 조치)사항 | | 득점 |
|---|---|---|---|---|
| | | 판정(□에 '✔'표) | 정비 및 조치할 사항 | |
| 다이오드(+) | (양 : 1개), (부 : 2개) | □ 양 호<br>☑ 불 량 | • 다이오드(+) 단락 2개 - 교환<br>• 다이오드(-) 단락 2개 - 교환 | |
| 다이오드(-) | (양 : 1개), (부 : 2개) | | | |
| 다이오드(여자) | (양 : 3개), (부 : 0개) | | | |
| 브러시 마모 | ☑ 양 호　□ 불 량 | | | |

## (3) 여자 다이오드 일부가 불량일 때

▶ 전기 1. 발전기 점검
　　자동차 번호 :

| 측정 항목 | ① 측정(또는 점검) 상태 | ② 판정 및 정비(또는 조치)사항 | | 득점 |
|---|---|---|---|---|
| | | 판정(□에 '✔'표) | 정비 및 조치할 사항 | |
| 다이오드(+) | (양 : 3개), (부 : 0개) | □ 양 호<br>☑ 불 량 | 여자 다이오드(여자)단락<br>2개-교환 | |
| 다이오드(-) | (양 : 3개), (부 : 0개) | | | |
| 다이오드(여자) | (양 : 1개), (부 : 2개) | | | |
| 브러시 마모 | ☑ 양 호　□ 불 량 | | | |

## (4) 브러시 마모 한계 이상 마모되어 불량일 때

▶ 전기 1. 발전기 점검
　　자동차 번호 :

| 측정 항목 | ① 측정(또는 점검) 상태 | ② 판정 및 정비(또는 조치)사항 | | 득점 |
|---|---|---|---|---|
| | | 판정(□에 '✔'표) | 정비 및 조치할 사항 | |
| 다이오드(+) | (양 : 3개), (부 : 0개) | □ 양 호<br>☑ 불 량 | 브러시 마모-교환 | |
| 다이오드(-) | (양 : 3개), (부 : 0개) | | | |
| 다이오드(여자) | (양 : 3개), (부 : 0개) | | | |
| 브러시 마모 | □ 양 호　☑ 불 량 | | | |

## 2  관계 지식

### (1) ⊕다이오드 점검
① 멀티 테스터의 메인 셀렉터를 다이오드 기호에 위치시킨다.
② 다이오드 리드선과 홀더간의 통전 여부를 점검한다.
③ 판정 : 한쪽 방향으로만 통전되면 정상이며, 양쪽 방향으로 통전되면 단락이므로 다이오드를 교환하여야 한다.

### (2) ⊖다이오드 점검
① 멀티 테스터의 메인 셀렉터를 다이오드 기호에 위치시킨다.
② 다이오드 리드선과 홀더간의 통전 여부를 점검한다.
③ 판정 : 한쪽 방향으로만 통전되면 정상이며, 양쪽 방향으로 통전되면 단락이므로 다이오드를 교환하여야 한다.

### (3) 여자(트리오) 다이오드 점검
① 멀티 테스터의 메인 셀렉터를 다이오드 기호에 위치시킨다.
② 다이오드 리드선간의 통전 여부를 점검한다.
③ 판정 : 한쪽 방향으로만 통전되면 정상이며, 양쪽 방향으로 통전되면 단락이므로 다이오드를 교환하여야 한다.

# 7안 산업기사 전기 2 — 전조등 광도, 진폭 점검

주어진 자동차에서 전조등 시험기로 전조등을 점검하여 기록표에 기록하시오.

## 시험장에서는

헤드라이트의 광도와 진폭의 측정은 엔진의 시동을 걸고 측정하여야 옳으나 시험장에서는 안전을 위하여 엔진이 정지된 상태에서 측정하는 경우가 많다. 감독위원이 좌측이나 우측을 지정하여 주는 곳을 측정하는데 좌, 우는 운전석에 앉아서 좌측과 우측임을 잊지 말아야 한다. 측정하기 전에 조건(타이어의 공기압, 배터리 성능, 바닥의 수평 상태 등)이 맞았는지 확인하고 헤드라이트의 유리를 깨끗한 걸레로 닦아서 측정값이 정확하게 나오도록 하여야 한다. 측정은 변환빔(하향등) 상태에서 측정하여야 하며, 차량은 공회전(단, 광도 측정 시 2,000rpm), 공차 상태, 운전자 1인이 승차하여 측정하여야 한다. 보조원이 운전석에 앉아서 라이트를 조작하여 주는 경우도 있으나 대부분은 운전자가 탑승하지 않은 상태에서 측정한다. 근래에 생산된 차량은 헤드라이트 조작이 키 스위치를 넣어야지만 가능하도록 되어 있으므로 참고하기 바란다.

**1. 시뮬레이터로 측정 준비된 모습**

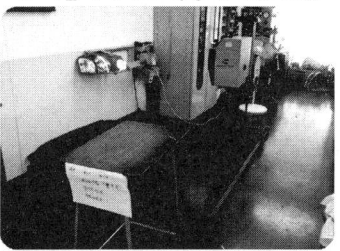

실제 차량으로 전조등 시험을 하지만 시뮬레이터를 이용한 방법도 있다.

**2. 집광식 테스터기 설치 모습**

집광식 헤드라이트 테스터기가 설치된 모습이다.

**3. 헤드라이트 높이 측정 눈금 모습**

기둥의 옆면에 높이를 표시하는 눈금이 있어서 헤드라이트의 높이를 측정한다.

동영상

## 1 답안지 작성법

### (1) 광도와 진폭이 정상일 때

▶ 전기 2. 전조등 점검
  자동차 번호 :

| 비 번 호 | | 감독위원 확 인 | |
|---|---|---|---|

| 항목 | ① 측정(또는 점검) | | ② 판정 | 득 점 |
|---|---|---|---|---|
| | 측정값 | 기준값 | 판정(□에 '✔') | |
| (□에 '✔')<br>위치 :<br>☑ 좌<br>□ 우<br>설치높이 :<br>☑ ≤ 1.0m<br>□ > 1.0m | 광도<br>2,500cd | 3,000cd 이상 | □ 양 호<br>☑ 불 량 | |
| | 진폭<br>-3.9%(-0.39cm) | -0.5~-2.5% 이내<br>(-0.05~-0.25cm 이내) | □ 양 호<br>☑ 불 량 | |

※ 측정 위치는 감독위원이 지정하는 위치에 □에 '✔' 표시합니다.
※ 자동차 검사기준 및 방법에 의하여 기록 판정합니다.

1) **비번호** : 비번호는 공단직원이 주는 등번호를 수검자가 기록한다.
2) **감독위원 확인** : 감독위원 확인란은 감독위원이 채점한 후에 도장을 찍는 부분으로 수검자는 기록하지 않는다.

3) ① **측정(또는 점검)**: 위치 및 설치 높이는 감독위원이 지정하는 차량과 위치 및 설치 높이에 ✔표시를 하고, 측정값은 수검자가 측정한 광도와 진폭의 값을 기록하고 기준값은 검사기준 값을 암기하여 기록한다.
   - 위치 및 설치 높이 : ・위치 – 감독위원이 지정하는 차량의 헤드라이트 위치에 ✔표시를 한다.
                                    운전석에 앉아서 좌, 우 위치이다.
                        ・설치 높이 – 점검차량의 전조등 설치 높이에 ✔표시를 한다.
   - 측정값 : ・광도 – 수검자가 측정한 광도 값을 기록한다.
             ・진폭 – 수검자가 측정한 변환빔의 진폭 값을 기록한다.
   - 기준값 : ・광도 – 수검자가 검사기준의 광도 값을 암기하여 기록한다.
             ・진폭 – 수검자가 검사기준의 진폭 값을 암기하여 기록한다.
4) ② **판정**: 판정란은 수검자가 측정한 값과 기준값을 비교하여 범위 내에 있으면 양호, 벗어나면 불량에 ✔표시를 한다. 어느 하나라도 불량이면 판정은 불량이다.
   - 판정 : ・양호-기준값의 범위에 있을 때   ・불량-기준값을 벗어났을 때
5) **득점** : 득점은 감독위원이 채점을 하고 점수를 기록하는 부분으로 수검자는 기록하지 않는다.
6) **자동차 번호** : 측정하는 자동차의 번호를 수검자가 기록한다.

## (2) 광도가 불량일 때

▶ 전기 2. 전조등 점검
자동차 번호 :

| 항목 | ① 측정(또는 점검) | | | ② 판정 | 득 점 |
|---|---|---|---|---|---|
| | | 측정값 | 기준값 | 판정(□에 '✔') | |
| (□에 '✔')<br>위치 :<br>☑ 좌<br>□ 우<br>설치높이 :<br>☑ ≤ 1.0m<br>□ > 1.0m | 광도 | 2,800cd | 3,000cd 이상 | □ 양 호<br>☑ 불 량 | |
| | 진폭 | -2.3%(-0.23cm) | -0.5~-2.5% 이내<br>(-0.05~-0.25cm 이내) | ☑ 양 호<br>□ 불 량 | |

※ 측정 위치는 감독위원이 지정하는 위치에 □에 '✔'표시합니다.
※ 자동차 검사기준 및 방법에 의하여 기록 판정합니다.

## (3) 진폭이 불량일 때

▶ 전기 2. 전조등 점검
자동차 번호 :

| 항목 | ① 측정(또는 점검) | | | ② 판정 | 득 점 |
|---|---|---|---|---|---|
| | | 측정값 | 기준값 | 판정(□에 '✔') | |
| (□에 '✔')<br>위치 :<br>☑ 좌<br>□ 우<br>설치높이 :<br>☑ ≤ 1.0m<br>□ > 1.0m | 광도 | 45,000cd | 3,000cd 이상 | ☑ 양 호<br>□ 불 량 | |
| | 진폭 | -2.8%(-0.28cm) | -0.5~-2.5% 이내<br>(-0.05~-0.25cm 이내) | □ 양 호<br>☑ 불 량 | |

※ 측정 위치는 감독위원이 지정하는 위치에 □에 '✔'표시합니다.
※ 자동차 검사기준 및 방법에 의하여 기록 판정합니다.

## (4) 광도, 진폭이 불량일 때

▶ 전기 2. 전조등 점검
  자동차 번호 :

| 항목 | ① 측정(또는 점검) | | | ② 판정 | 득 점 |
|---|---|---|---|---|---|
| | | 측정값 | 기준값 | 판정(□에 '✔') | |
| (□에 '✔')<br>위치 :<br>☑ 좌<br>□ 우<br>설치높이 :<br>☑ ≤ 1.0m<br>□ > 1.0m | 광도 | 73,000cd | 3,000cd 이상 | ☑ 양 호<br>□ 불 량 | |
| | 진폭 | -2.1%(-0.21cm) | -0.5~-2.5% 이내<br>(-0.05~0-.25cm 이내) | ☑ 양 호<br>□ 불 량 | |

※ 측정 위치는 감독위원이 지정하는 위치에 □에 '✔' 표시합니다.
※ 자동차 검사기준 및 방법에 의하여 기록 판정합니다.

## 2 관계 지식

### (1) 전조등 광도, 진폭 검사 기준값

| 항목 | 검사 기준 | | 검사 방법 |
|---|---|---|---|
| 등화<br>장치 | • 변환빔의 광도는 3000cd 이상일 것 | | • 좌우측 전조등(변환빔)의 광도와 광도점을 전조등 시험기로 측정하여 광도점의 광도 확인 |
| | • 변환빔의 진폭은 10m 위치에서 다음 수치 이내일 것 | | • 좌우측 전조등(변환빔)의 컷오프선 및 꼭지점의 위치를 전조등 시험기로 측정하여 컷오프선의 적정여부 확인 |
| | 설치 높이 ≤ 1.0m | 설치 높이 > 1.0m | |
| | -0.5 ~ -2.5% | -1.0 ~ -3.0% | |
| | • 컷오프선의 꺾임점(각)이 있는 경우 꺾임점의 연장선은 우측 상향일 것 | | • 변환빔의 컷오프선, 꺾임점(각), 설치상태 및 손상 여부 등 안전기준 적합여부를 확인 |

**예** 컷 오프선의 수직위치는 자동차의 변환빔 전조등 설치 높이(발광면의 최하단) 대비 아래 기준에 적합할 것(설치 높이 ≤ 1.0m)

- $-0.5\% = \dfrac{x \times 100}{10}$, $x = \dfrac{-0.5 \times 10}{100} = -0.05cm$ 이내, $\% = \dfrac{-0.05cm \times 100}{10} = -0.5\%$ 이내

- $-2.5\% = \dfrac{x \times 100}{10}$, $x = \dfrac{-2.5 \times 10}{100} = -0.25cm$ 이내, $\% = \dfrac{-0.25cm \times 100}{10} = -2.5\%$ 이내

- 설치 높이 > 1.0m : -0.1cm ~ -0.3cm 이내

## 전기 3 — 이배퍼레이터 온도센서 출력값 점검

주어진 자동차의 에어컨 컴프레서가 작동중일 때 이배퍼레이터(증발기) 온도 센서 출력 값을 점검하여 이상여부를 확인하여 기록표에 기록하시오.

### 시험장에서는

이배퍼레이터(증발기) 온도센서는 이배퍼레이터 코어의 온도를 감지하여 이배퍼레이터의 결빙을 방지할 목적으로 이배퍼레이터에 장착된다. 센서 내부는 부특성 서미스터가 장착되어 있어서 온도가 낮아지면 저항값은 높아진다. 이배퍼레이터(증발기) 온도센서(Evaporator Temperature sensor)를 Pin Thermo Sensor(그랜저 XG), Duct Sensor(세피아)라고도 한다.

시험문제에서는 시동이 걸리고 에어컨이 작동 되는(에어컨 컴프레서 작동) 상태에서 측정하도록 되어 있어서 대부분이 이 규정을 따르지만 겨울철이나 측정 차량의 노후로 가스가 없는 경우 센서의 저항을 측정하는 경우도 있다. 물론 저항을 측정할 때는 감독위원이 규정값을 알려주거나 정비 지침서를 볼 수 있도록 할 것이다.

**1. 이배퍼레이터 설치위치**

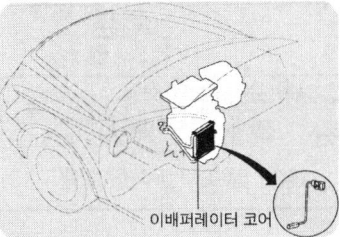

이배퍼레이터(증발기) 코어에 장착되어 있어 온도를 감지한다.

**2. 이배퍼레이터 온도 센서-1**

이배퍼레이터의 결빙을 방지할 목적으로 온도를 감지, 컴프레서 전원을 차단.

**3. 이배퍼레이터 온도 센서-2**

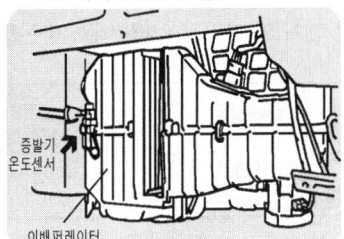

이배퍼레이터의 온도가 낮아질수록 센서의 출력 전압은 상승한다.

## 1. 답안지 작성법

### (1) 이배퍼레이터 온도 센서의 전압값이 정상일 때

▶ 전기 3. 에어컨 이배퍼레이터 온도 센서 점검
자동차 번호 :

| 점검항목 | ① 측정(또는 점검) | | ② 판정 및 정비(또는 조치)사항 | | 득 점 |
|---|---|---|---|---|---|
| | 측정값 | 규정(정비한계)값 | 판정(□에 '✔'표) | 정비 및 조치 사항 | |
| 이배퍼레이터 온도 센서 출력값 | 2.4V/10℃ | 2.4V/10℃ | ☑ 양 호<br>□ 불 량 | 정비 및 조치할 사항 없음 | |

비번호 / 감독위원 확인

1) **비번호** : 비번호는 공단직원이 주는 등번호를 수검자가 기록한다.
2) **감독위원 확인** : 감독위원 확인란은 감독위원이 채점한 후에 도장을 찍는 부분으로 수검자는 기록하지 않는다.
3) **① 측정(또는 점검)** : 측정값은 수검자가 측정한 이배퍼레이터 온도 센서의 출력 값을 기록하고, 규정(정비한계) 값은 일반적인 규정값을 기록한다.
   • 측정값 : 2.4V / 10℃
   • 규정(정비한계)값 : 2.4V / 10℃
4) **② 판정** : 판정은 수검자가 측정한 값과 규정(정비한계)값을 비교하여 범위 내에 있으면 양호, 벗어나면 불량에 ✔표시를 하며, 정비 및 조치 사항은 고장원인과 정비할 사항을 기록한다.
   • 판정 : ·양호 – 규정(정비한계)값의 범위에 있을 때  ·불량 – 규정(정비한계)값을 벗어났을 때
   • 정비 및 조치할 사항 : 양호하면 정비 및 조치할 사항 없음으로, 불량일 경우 고장원인 정비방법을 기록한다.

■ 이배퍼레이터 온도센서 저항과 출력 전압

| 온도(℃) | 저항(kΩ) | 출력전압(V) | 온도(℃) | 저항(kΩ) | 출력전압(V) | 측정법 |
|---|---|---|---|---|---|---|
| -5 | 14.23 | 3.2 | 15 | 6 | 2.14 | |
| -2 | 12.42 | 3.04 | 20 | 4.91 | 1.9 | |
| 0 | 11.36 | 2.93 | 25 | 4.03 | 1.67 | |
| 2 | 10.4 | 2.83 | 30 | 3.34 | 1.47 | |
| 5 | 9.12 | 2.66 | 35 | 2.78 | 1.29 | |
| 10 | 7.38 | 2.4 | 40 | 2.28 | 1.11 | |

5) **득점** : 득점은 감독위원이 채점을 하고 점수를 기록하는 부분으로 수검자는 기록하지 않는다.
6) **자동차 번호** : 측정하는 자동차의 번호를 수검자가 기록한다.

## (2) 이배퍼레이터 온도 센서의 저항값이 정상일 때

▶ 전기 3. 에어컨 이배퍼레이터 온도 센서 점검
자동차 번호 :

| 점검항목 | ① 측정(또는 점검) | | ② 판정 및 정비(또는 조치)사항 | | 득 점 |
|---|---|---|---|---|---|
| | 측정값 | 규정(정비한계)값 | 판정(□에 '✔'표) | 정비 및 조치할 사항 | |
| 이배퍼레이터 온도 센서 출력값 | 7.38kΩ / 10℃ | 7.38kΩ / 10℃ | ☑ 양 호<br>□ 불 량 | 정비 및 조치할 사항 없음 | |

비번호 / 감독위원 확인

## (3) 이배퍼레이터 온도 센서의 전압값이 불량일 때

▶ 전기 3. 에어컨 이배퍼레이터 온도 센서 점검
자동차 번호 :

| 점검항목 | ① 측정(또는 점검) | | ② 판정 및 정비(또는 조치)사항 | | 득 점 |
|---|---|---|---|---|---|
| | 측정값 | 규정(정비한계)값 | 판정(□에 '✔'표) | 정비 및 조치할 사항 | |
| 이배퍼레이터 온도 센서 출력값 | 3.2V/10℃ | 2.4V/10℃ | □ 양 호<br>☑ 불 량 | 이배퍼레이터 온도 센서 불량 - 교환 | |

비번호 / 감독위원 확인

## (4) 이배퍼레이터 온도 센서의 저항값이 불량일 때

▶ 전기 3. 에어컨 이배퍼레이터 온도 센서 점검
자동차 번호 :

| 점검항목 | ① 측정(또는 점검) | | ② 판정 및 정비(또는 조치)사항 | | 득 점 |
|---|---|---|---|---|---|
| | 측정값 | 규정(정비한계)값 | 판정(□에 '✔'표) | 정비 및 조치할 사항 | |
| 이배퍼레이터 온도 센서 출력값 | 14.23kΩ/10℃ | 7.38kΩ/10℃ | □ 양 호<br>☑ 불 량 | 이배퍼레이터 온도 센서 불량 - 교환 | |

비번호 / 감독위원 확인

## 2 관계 지식

**01 이배퍼레이터 온도 센서 설치위치**

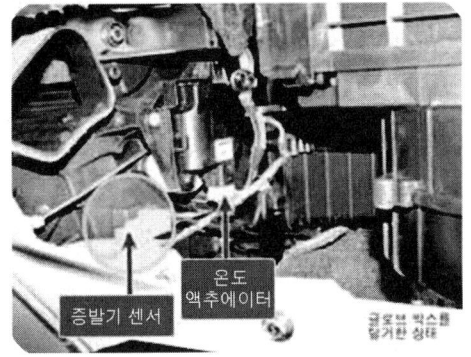

동수석 글로브 박스를 떼어내서 본 이배퍼레이터 코어에 장착된 온도 센서

**02 이배퍼레이터 온도 센서 커넥터**

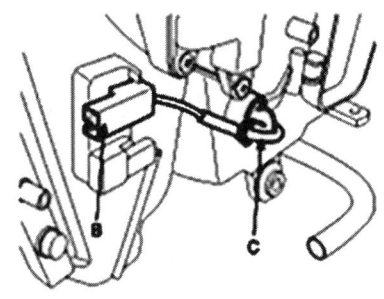

커넥터에서 이배퍼레이터 온도 센서의 단품을 점검한다.

**03 이배퍼레이터 온도 센서**

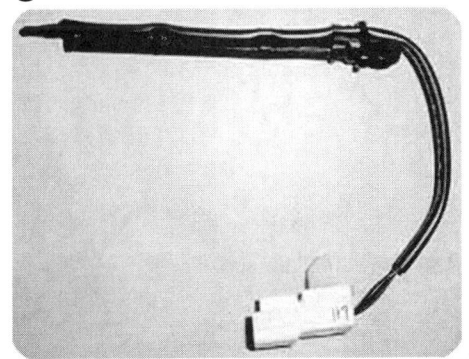

이배퍼레이터의 온도가 낮아질수록 온도 센서의 출력 전압은 상승한다.

**04 증발기 온도 센서 단품 점검**

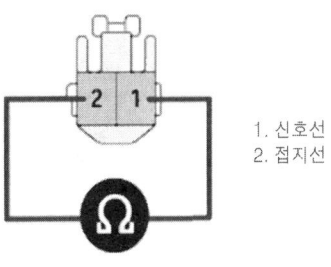

1. 신호선
2. 접지선

단자간 통전 시험으로 저항값을 측정한다.
저항값은 차종마다 다르다.

**05 센서 출력으로 본 증발기 온도 센서**

| 센서출력 | | |
|---|---|---|
| 히터수온센서 | 17.0 | ℃ |
| 실내온도센서 | 27.0 | ℃ |
| 외기온도센서 | 26.0 | ℃ |
| 증발기센서 | -2.0 | ℃ |
| 일사량센서-운전석 | 0.0 | U |
| 에어믹스위치센서-운전석 | 6.7 | × |
| 토출구위치센서-운전석 | 6.7 | × |
| 습도센서 | 40.0 | × |
| 내외기위치센서 | 6.3 | × |
| 유해가스차단센서 | 4.3 | U |

스캐너로 센서 출력을 하면 증발기 온도 센서를 진단할 수 있다.
(센서 불량임)

**06 자기진단으로 본 증발기 온도 센서**

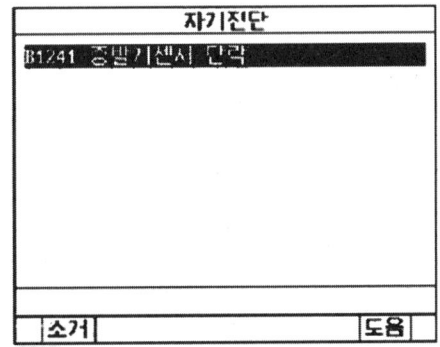

에어컨 자기진단을 하여도 증발기 센서의 불량(단락)을 알 수 있다.

## 엔진 1 — 실린더 마모량 점검

**8안 산업기사**

주어진 엔진을 기록표의 측정 항목까지 분해하여 기록표의 요구사항을 측정 및 점검하고 본래 상태로 조립하시오.

### 시험장에서는

① **실린더 헤드 탈거** : DOHC 엔진 헤드나 SOHC 엔진 헤드나 별반 차이는 없다. 먼저 분해하기 전에 준비해간 걸레로 작업대와 부속을 놓을 부품대를 깨끗이 닦는다. 그리고 걸레를 작업대 위에 넓게 펴서 깔고 그 위에 분해 조립에 필요한 공구만을 꺼내 놓고, 공구통은 닫아서 한쪽 옆으로 놓는다. 분해순서에 따라 분해한 부품은 부품대 아래 칸부터 가지런히 정리하여 위로 올라온다. 모든 분해 조립이 그렇지만 부품을 떨어트린다든지 공구를 들고 놓는데 소리가 심하게 난다든지 하면 안전관리에 소홀함이 있는 것처럼 보인다. 조일 때는 토크 렌치를 사용하여 규정토크로 조인다.

② **실린더 마모량 측정** : 공단 직원이 시험에 대한 주의사항과 본인 여부 등을 확인하면 다음에는 감독관 4명이 각자 자기시험에서 주의할 사항을 전달한다. 수검자는 주의 깊게 들어서 시험에 착오가 없도록 하여야 한다. 그리고 바로 4개조로 나뉘어서 각 시험위치로 가게 되는데 엔진 쪽에 오면 감독관이 자리를 정렬하고 수검자를 각 시험위치로 배치하게 된다. 실린더 마모량 측정 위치에 가면 실린더 보어 게이지와 실린더 블록이 스탠드 위에 설치되어 기다리고 있다. 그곳에는 규정값과 엔진 번호가 A4용지에 주어져 있을 것이고 올바르게 측정하고 답안지를 작성하여 제출한다.

**1. 측정 중 좌우로 회전 모습**

게이지를 좌우로 움직이면서 바늘이 되돌아오는 부분이 측정값이다.

**2. 게이지와 눈높이의 일치 모습**

게이지를 보려면 눈높이와 게이지의 높이가 같아야 정확한 값을 측정할 수 있다.

**3. 측정한 게이지 값**

눈높이에 맞추어서 게이지를 측정한 값으로 되돌아오는 눈금이 0.12mm이다.

동영상

## 1. 답안지 작성법

### (1) 실린더 마모량이 많을 때(보링가능 범위 안에 있을 때)

▶ 엔진 1. 실린더 마모량 점검
  엔진 번호 :

| 측정항목 | ① 측정(또는 점검) | | ② 판정 및 정비(또는 조치)사항 | | 득점 |
|---|---|---|---|---|---|
| | 측정값 | 규정(정비한계)값 | 판정(□에 '✔'표) | 정비 및 조치할 사항 | |
| | | | 비번호 | 감독위원 확인 | |
| 실린더 마모량 | •실린더 내경 : 75.80mm (마모량 : 0.3mm) | •실린더 내경 : 75.50mm (마모량 : 0.2mm 이하) | □ 양 호<br>☑ 불 량 | 실린더 마모–실린더 보링 | |

※ 감독위원이 지정하는 부위를 측정한다.

1) **비번호** : 비번호는 공단직원이 주는 등번호를 수검자가 기록한다.
2) **감독위원 확인** : 감독위원 확인란은 감독위원이 채점한 후에 도장을 찍는 부분으로 수검자는 기록하지 않는다.
3) ① **측정(또는 점검)** : 측정값은 수검자가 실린더 마모량을 측정한 값으로 기록하고, 규정(정비한계)값은 감독관이 주어진 값이나 또는 정비지침서를 보고 기록한다.(반드시 단위를 기입한다)
   • **측정값** : •실린더 내경 : 75.80mm(마모량 : 0.3mm)

• 규정(정비한계)값 : •실린더 내경 : 75.50mm(마모량 : 0.2mm이하)
4) ② 판정 및 정비(또는 조치)사항 : 판정은 수검자가 측정한 값과 규정(정비한계)값을 비교하여 범위 내에 있으면 양호, 벗어나면 불량에 ✔ 표시를 하며, 정비 및 조치할 사항 란에는 고장원인과 정비할 사항을 기록한다.
• 판정 : •양호 – 규정(정비한계)값 이내에 있을 때  •불량 – 규정(정비한계)값을 벗어났을 때
• 정비 및 조치할 사항 : 양호하면 정비 및 조치할 사항 없음으로, 불량일 경우 고장원인과 정비방법을 기록한다.
5) 득점 : 득점은 감독위원이 채점을 하고 점수를 기록하는 부분으로 수검자는 기록하지 않는다.
6) 엔진 번호 : 측정하는 엔진 번호를 수검자가 기록한다.

■ 차종별 실린더 안지름 규정값 마모량 한계값(mm)

| 차 종 | | 규정값 (내경×행정) | 마모량 한계값 | 차 종 | | 규정값 (내경×행정) | 마모량 한계값 |
|---|---|---|---|---|---|---|---|
| 엑셀, 스쿠프, 아반떼 | | 75.5×82.0 | 0.2 | 베르나 | 1.5 SOHC | 75.5×83.5 | 0.2 |
| 엘란트라 | 1.5 SOHC | 75.5×82.0 | 0.2 | 아반떼XD | 1.5 DOHC | 75.5×83.5 | 0.2 |
| | 1.6 DOHC | 82.2×75.0 | 0.2 | | 2.0 DOHC | 82.0×93.5 | 0.2 |
| 쏘나타 | 1.8 SOHC | 80.6×88.0 | 0.2 | 투스가니 | 2.0 DOHC | 82.0×93.5 | 0.2 |
| | 1.8 DOHC | 85.0×88.0 | 0.2 | | 2.7 DOHC | 86.7×75.0 | 0.2 |
| EF 쏘나타 | 2.0 DOHC | 85.0×88.0 | 0.2 | 그랜저 XG | 2.5 DOHC | 84.0×75.0 | 0.2 |
| | 2.5 DOHC | 84.0×75.0 | 0.2 | | 3.0 DOHC | 91.1×76.0 | 0.2 |
| 토스카(6기통) | 2.0 DOHC | 75.0×75.2 | 0.2 | 에쿠스 | 3.0 DOHC | 91.1×76.0 | 0.2 |
| | 2.5 DOHC | 77.0×89.2 | 0.2 | | 4.5 DOHC | 86.0×96.8 | 0.2 |
| 라비타 | 1.5 DOHC | 75.5×83.5 | 0.2 | 라노스 | 1.3 SOHC | 76.5×73.4 | 0.2 |
| | 1.8 DOHC | 82.0×85.0 | 0.2 | | 1.5 S/DOHC | 76.5×81.5 | 0.2 |
| 카렌스 | 2.0 LPG | 82.0×93.5 | 0.2 | 아반떼 | 1.5 DOHC | 75.5×83.5 | 0.2 |
| | 2.5 CRDi | 83.0×92.0 | 0.2 | | 1.8 DOHC | 82.0×85.0 | 0.2 |

## (2) 실린더 마모량이 많을 때 (보링의 범위를 벗어났을 때)

▶ 엔진 1. 실린더 마모량 점검
  엔진 번호 :

| 측정항목 | ① 측정(또는 점검) | | ② 판정 및 정비(또는 조치)사항 | | 득 점 |
|---|---|---|---|---|---|
| | 측정값 | 규정(정비한계)값 | 판정(□에 '✔'표) | 정비 및 조치할 사항 | |
| 실린더 마모량 | •실린더내경 : 77.02mm (마모량 : 1.52mm) | •실린더내경 : 75.50mm (마모량 : 0.2mm 이하) | □ 양 호<br>☑ 불 량 | 실린더 과도 마모<br>–실린더 블록 교환 | |

| 비번호 | | 감독위원 확인 | |
|---|---|---|---|

※ 감독위원이 지정하는 부위를 측정한다.

## (3) 실린더 마모량이 정비한계 값 이내일 때

▶ 엔진 1. 실린더 마모량 점검
  엔진 번호 :

| 측정항목 | ① 측정(또는 점검) | | ② 판정 및 정비(또는 조치)사항 | | 득 점 |
|---|---|---|---|---|---|
| | 측정값 | 규정(정비한계)값 | 판정(□에 '✔'표) | 정비 및 조치할 사항 | |
| 실린더 마모량 | •실린더내경 : 75.60mm (마모량 : 0.1mm) | •실린더 내경 : 75.50mm (마모량 : 0.2mm이하) | ☑ 양 호<br>□ 불 량 | 정비 및 조치할 사항 없음 | |

| 비번호 | | 감독위원 확인 | |
|---|---|---|---|

※ 감독위원이 지정하는 부위를 측정한다.

## 2 관계 지식

### (1) 수정 한계값과 오버사이즈 한계값

**수정 한계값(마모량)**

| 실린더 안지름 | 수정 한계값 |
|---|---|
| 70mm이상 | 0.20mm |
| 70mm이하 | 0.15mm |

**오버 사이즈(O/S)한계**

| 실린더 안지름 | 수정 한계값 |
|---|---|
| 70mm이상 | 1.50mm |
| 70mm이하 | 1.25mm |

### (2) 실린더 측정 부위 및 방법

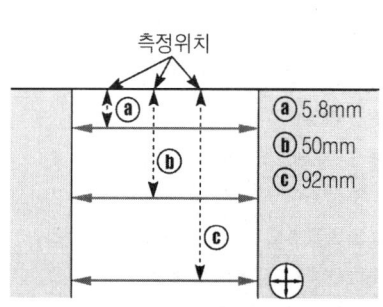

▲ 실린더 마모량 측정 부위

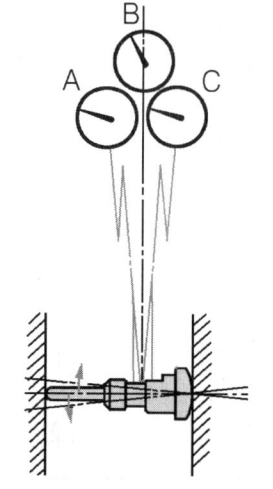

▲ 실린더 보어 게이지의 사용 방법

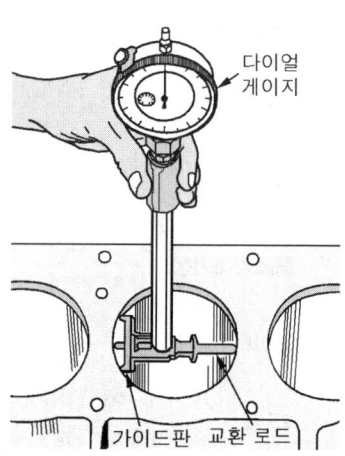

▲ 실린더 마모량 측정 방법

## 엔진 3. 퍼지 컨트롤 솔레노이드 밸브 점검

**8안 산업기사**

2항의 시동된 엔진에서 증발가스 제어장치의 퍼지 컨트롤 솔레노이드 밸브를 점검하여 기록표에 기록하시오.(단, 시동이 정상적으로 되지 않은 경우 본 항의 작업은 할 수 없음)

### 시험장에서는

이 시험은 작업대 위에 퍼지 컨트롤 솔레노이드 밸브가 놓여 있고 멀티 테스터와 배터리, 클립이 연결된 전선이 놓여 있을 것이다. 저항값을 점검하여 답안지에 기록하고 배터리 전원을 인가하였을 때 마이티 백의 진공상태 해지 여부를 확인하여 답안지에 기록한다. 정비 및 조치할 내용을 기록하여 감독관에게 제출한다. 항상 그렇듯이 "감사합니다.", "수고 하십시오." 인사는 기본적인 예의가 아닐까? 또한 감독관으로부터 "다른 데에서도 잘 보세요."라는 덕담도 들을 수 있는 것은 수검자가 어떻게 하느냐에 달려있다.

1. PCSV 측정 준비 모습

퍼지 컨트롤 솔레노이드 밸브와 배터리, 진공 펌프 등이 준비되어 있다.

2. PCSV에 배터리 전압인가 모습

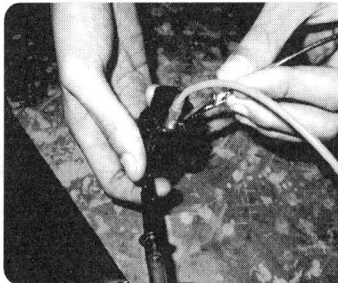

배터리 전압을 인가하였을 때 진공이 해제 되어야 정상이다.

3. PCSV 저항 측정 모습

멀티 테스터기를 이용하여 단자간 저항을 측정한다.

## 1. 답안지 작성법

동영상    동영상

### (1) 퍼지 컨트롤 솔레노이드 코일 고장일 때

▶ 엔진 3. 증발가스 제어장치 점검
자동차 번호 :

| 측정 항목 | ① 측정(또는 점검) | | ② 판정 및 정비(또는 조치)사항 | | 득점 |
|---|---|---|---|---|---|
| | 공급 전압 | 진공유지 또는 진공해제 기록 | 판정(□에 '✔'표) | 정비 및 조치할 사항 | |
| 퍼지 컨트롤 솔레노이드 밸브 | 작동시 : 12V | 진공 유지됨 | □ 양 호 ✔ 불 량 | 퍼지 컨트롤 솔레노이드 밸브 교환 | |
| | 비작동시 : 0V | 진공 유지됨 | | | |

| 비번호 | | 감독위원 확 인 | |
|---|---|---|---|

1) **비번호** : 비번호는 공단직원이 주는 등번호를 수검자가 기록한다.
2) **감독위원 확인** : 감독위원 확인란은 감독위원이 채점한 후에 도장을 찍는 부분으로 수검자는 기록하지 않는다.
3) ① **측정(또는 점검)** : 공급 전압은 수검자가 배터리 전원 ON, OFF를 기록하며, 진공 유지 또는 진공 해제는 수검자가 측정한 상태를 기록한다.
   • 공급 전압 : • 작동시 – 12V    • 비작동시 – 0V
   • 진공 유지 또는 진공 해제 : • 작동시 – 진공 유지됨    • 비작동시 –진공 유지됨
4) ② **판정 및 정비(또는 조치)사항** : 판정은 작동 시 진공이 해제되고 비작동 시 진공이 유지되는 경우에는 양호에 ✔ 표시를 하며, 정비 및 조치할 사항 란에는 고장원인과 정비할 사항을 기록한다.
   • 판정 : • 양호 – 작동 시 진공이 해제되고 비작동 시 진공이 유지되는 경우
      • 불량 – 작동 시 및 비작동 시 진공이 모두 해제되거나 유지되는 경우
   • 정비 및 조치할 사항 : 양호하면 정비 및 조치할 사항 없음으로, 불량일 경우 고장원인과 정비방법을 기록한다.

5) **득점** : 득점은 감독위원이 채점을 하고 점수를 기록하는 부분으로 수검자는 기록하지 않는다.
6) **자동차 번호** : 측정하는 자동차 번호를 수검자가 기록한다.

■ 퍼지 컨트롤 솔레노이드 밸브 차종별 규정값

| 차종 | 조건 | 엔진상태 | 진 공 | 결과 |
|---|---|---|---|---|
| 베르나<br>아반떼 XD<br>EF 쏘나타<br>그랜저XG | 엔진 냉간 시 냉각<br>수 온도 60℃이하 | 공회전 | 0.5kg/cm² | 진공이 유지됨 |
| | | 3,000rpm | | |
| | 엔진 열간 시 냉각<br>수온도 70℃이상<br>(전원 ON) | 공회전 | 0.5kg/cm²<br>(367.75mmHg−EF 쏘나타,<br>그랜저XG) | 진공이 유지됨 |
| | | 엔진이 3,000rpm이 된<br>3분 이내 | 진공을 가함 | 진공이 해제됨 |
| | | 엔진이 3,000rpm이 된<br>3분 이후 | 0.5kg/cm²<br>(367.75mmHg−EF 쏘나타,<br>그랜저XG) | 진공이 순간적으로<br>유지되다 곧 해제됨 |
| | 코일저항 | · 26Ω(20℃)−베르나, 아반떼 XD.　· 36~44Ω(20℃)−EF 쏘나타<br>· 24.5~27.5Ω(20℃) −그랜저XG | | |

### (2) 퍼지 컨트롤 솔레노이드 코일 내에 밸브 고장일 때

▶ 엔진 3. 증발가스 제어장치 점검
　　자동차 번호 :

| 측정 항목 | ① 측정(또는 점검) | | ② 판정 및 정비(또는 조치)사항 | | 득점 |
|---|---|---|---|---|---|
| | 공급 전압 | 진공유지 또는<br>진공해제 기록 | 판정(□에 '✔'표) | 정비 및 조치할 사항 | |
| 퍼지 컨트롤<br>솔레노이드 밸브 | 작동시 : 12V | 진공 해제됨 | □ 양　호<br>☑ 불　량 | 퍼지 컨트롤 솔레노이드<br>밸브 교환 | |
| | 비작동시 : 0V | 진공 해제됨 | | | |

### (3) 퍼지 컨트롤 밸브에서 캐니스터까지 진공라인 고장일 때

▶ 엔진 3. 증발가스 제어장치 점검
　　자동차 번호 :

| 측정 항목 | ① 측정(또는 점검) | | ② 판정 및 정비(또는 조치)사항 | | 득점 |
|---|---|---|---|---|---|
| | 공급 전압 | 진공유지 또는<br>진공해제 기록 | 판정(□에 '✔'표) | 정비 및 조치할 사항 | |
| 퍼지 컨트롤<br>솔레노이드 밸브 | 작동시 : 12V | 진공 해제됨 | □ 양　호<br>☑ 불　량 | 퍼지 컨트롤 솔레노이드<br>밸브와 캐니스터 간<br>진공호스 교환 | |
| | 비작동시 : 0V | 진공 해제됨 | | | |

### (4) 퍼지 컨트롤 솔레노이드 밸브가 양호 할 때

▶ 엔진 3. 증발가스 제어장치 점검
　　자동차 번호 :

| 측정 항목 | ① 측정(또는 점검) | | ② 판정 및 정비(또는 조치)사항 | | 득점 |
|---|---|---|---|---|---|
| | 공급 전압 | 진공유지 또는<br>진공해제 기록 | 판정(□에 '✔'표) | 정비 및 조치할 사항 | |
| 퍼지 컨트롤<br>솔레노이드 밸브 | 작동시 : 12V | 진공 해제됨 | ☑ 양　호<br>□ 불　량 | 정비 및 조치사항 없음 | |
| | 비작동시 : 0V | 진공 유지됨 | | | |

## 2 관계 지식

### (1) PCSV 설치위치와 점검 모습

**01** PCSV 설치위치 - 1

설치 위치는 차종마다 다르기는 하지만 고무호스가 연료 탱크와 흡기다기관의 연결을 보면 알 수 있다.

**02** PCSV 설치위치 - 2

PCSV는 설치 위치를 자유롭게 할 수 있는 장점이 있다. 시험을 보기 전에 시뮬레이터에서 숙지하도록 한다.

**03** PCSV에 진공을 가한 모습

진공 펌프로 진공을 가하고 PCSV에 전압을 인가하면서 진공이 해지 되는지를 확인한다.

## 엔진 4. 점화 코일 1차 파형 분석

**8안 산업기사**

주어진 자동차의 엔진에서 점화 코일의 1차 파형을 측정하고 그 결과를 분석하여 출력물에 기록·판정하시오.(측정조건 : 공회전 상태)

### 시험장에서는

파형의 측정 중에 가장 기본이 되고 많이 출제되었던 문제 중에 하나이다. 그전에는 오실로스코프를 이용한 측정이었으나 근래에는 국산 스캐너, 엔진 튠업 장비 등 자동차 테스터기가 많이 개발되어 시험장에서 사용이 늘어나고 있는 추세이다. 튠업용 차량이나 실제 차량이 놓여 있고 테스터기가 있으며 스캐너 같은 경우는 본인이 작동하도록 하고 있지만, 튠업용 장비일 경우에는 측정하는 방법을 알고 있는지 확인하고 측정하도록 하고 있다. 혹여나 장비를 만져 보지도 못한 수검자가 측정기기를 고장 내는 것을 방지하기 위함이다. 시험장으로 사용하고 나면 고장이 나는 장비 등이 많아서 고생을 하고 있다. 측정법을 확실히 숙지하기 바란다.

**1. 점화 1차 파형 측정 - DIS 방식**

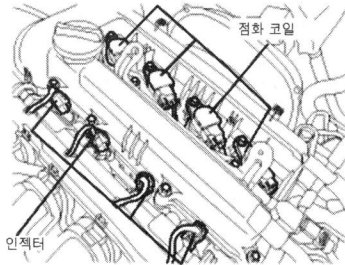

DIS 방식에서는 점화 코일 1차 단자에 측정 프로브를 연결한다.

**2. 점화 1차 파형 측정-DLI**

DLI 방식에서도 1과 2번, 또는 2와 3번 코일 1차 단자에 프로브 연결한다.

**3. Hi-DS 시험 준비 모습**

컴퓨터와 모니터가 켜져 있는 상태이고 테스터 리드를 준비하여 놓았다.

## 1 답안지 작성법

### (1) 정상파형일 때

▶ 엔진 4. 점화 코일 1차 파형 분석
  자동차 번호 :

| 측정 항목 | 파형 상태 | 득 점 |
|---|---|---|
| 파형 측정 | 점화 시간의 기준은 1.0 ~ 2.0ms를 가지므로 정상이다. 그러나 1번, 4번은 점화 시간이 길고 2번, 3번은 점화시간이 짧다. 2번, 3번 코일의 성능이 약간 저하된 것이다. | |

| 비번호 | | 감독위원 확 인 | |
|---|---|---|---|

1) **비번호** : 비번호는 공단직원이 주는 등번호를 수검자가 기록한다.
2) **감독위원 확인** : 감독위원 확인란은 감독위원이 채점한 후에 도장을 찍는 부분으로 수검자는 기록하지 않는다.
3) **파형상태** : 파형 상태란은 수검자가 감독위원의 지시에 따라 스캐너나 튠업 테스터기로 측정한 파형을 프린터로 출력하여 고장 부분 및 각 부분을 출력물에 직접 기록 설명하고 파형의 상태를 결론으로 정리한다.
4) **득점** : 득점은 감독위원이 채점을 하고 점수를 기록하는 부분으로 수검자는 기록하지 않는다.
5) **자동차 번호** : 측정하는 자동차의 번호를 수검자가 기록한다.

## 2 관계 지식

### (1) 점화 1차 파형의 분석

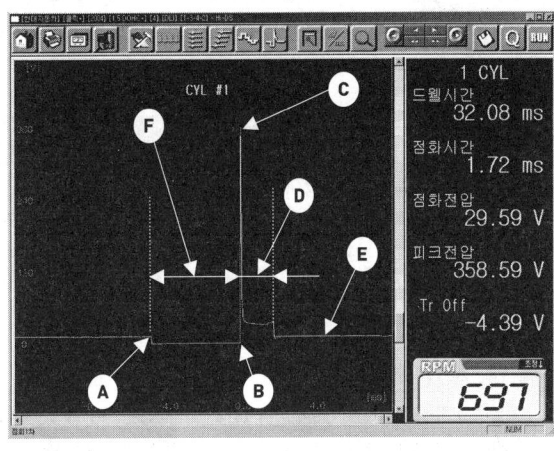

- ⓐ **(파워 TR ON)** : 기계식 점화장치에서 단속기 접점이 열리는 순간 또는 전자제어식 점화장치에서 파워 트랜지스터가 ON되는 순간을 나타낸다.
- ⓑ **(파워 TR OFF)** : 기계식 점화장치에서 단속기 접점이 열리는 순간 또는 전자제어식 점화장치에서 파워 트랜지스터가 OFF되는 순간을 나타낸다. 점화 1차 코일의 자기 유도 작용에 의해 300~400V 까지 역기전력이 발생된다.
- ⓒ **(피크 전압)** : 점화 플러그의 방전이 발생하는 최대 점화 전압(피크 전압)으로 점화 라인이라 한다. 점화 라인의 높이는 불꽃을 발생하기에 필요한 점화 코일의 출력 전압을 나타낸다.
- ⓓ **(점화 시간)** : 방전 시간으로 불꽃 지속 기간 또는 스파크 라인으로 불꽃이 지속되는 구간이다. 일반적으로 1.0~2.0ms의 시간이 소요된다. 점화 코일에는 소량의 에너지가 남아 있어서 끝나는 구간에서 감쇄 진동을 하면서 사라진다.
- ⓔ **(점화 전압)** : 2차 전압의 방전 전압으로 약 1.2~2.0kV가 정상이다. 플러그의 간극, 압축비, 플러그 팁의 오염상태에 따라 달라진다.
- ⓕ **(드웰시간)** : 1차회로 차단으로 1차 전압이 0V를 나타나며 차단되는(콘덴서에 전류 저장시간) 시간이다.

### (2) 출력하여 파형을 분석한 후 첨부한 출력물

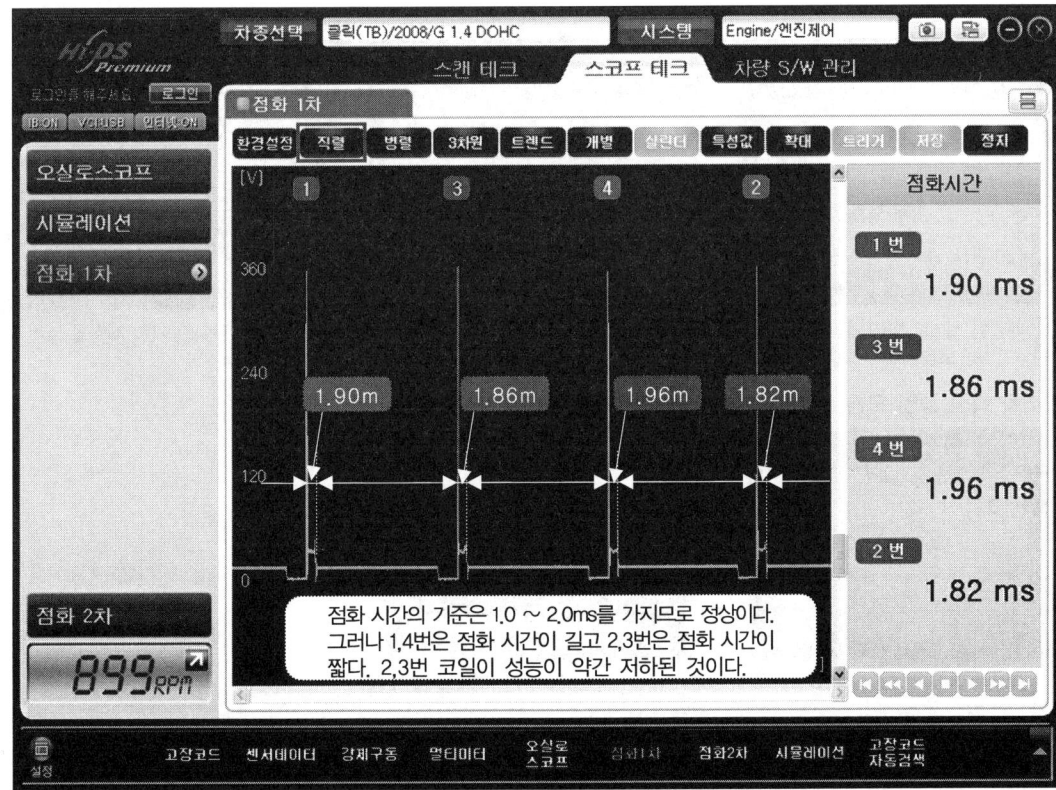

## 엔진 5 — 디젤 매연 점검

**8안 산업기사**

주어진 전자제어 디젤 엔진에서 인젝터를 탈거한 후(감독위원에게 확인), 다시 부착하여 시동을 걸고 매연을 측정하여 기록표에 기록하시오.

### 시험장에서는

매연을 측정하는 곳에 오면 디젤 기관이 "웅웅" 거리면서 돌아가고 테스터기가 앞에 놓여 있을 것이다. 겨울에도 이 시험장에서는 출입문을 열어 놓아서 매연이 실습장 안에 고이지 않도록 하여야 하니 감독관이나 수검자는 고생이 많은 곳이다. 먼저 감독관과 상견례를 하여야 하니 "안녕하십니까? 크게 인사를 하고 답안지를 받아서 책상 위에 놓고 테스터기를 연결한다. 순서에 맞추어서 측정한 후 답안지를 작성하는데 아마 자동차의 연식이 주어져 있으며, 규정값과 한계값은 검사기준이라 본인이 꼭 외워야 한다. 일부 검사장에서는 측정한 검출지를 답안지에 첨부하여야 한다.

**01 1차 측정 모습**

예비 무부하 급가속 시험 모드에서 가속 페달을 최대로 밟는다.

**02 1차 측정 중인 모습**

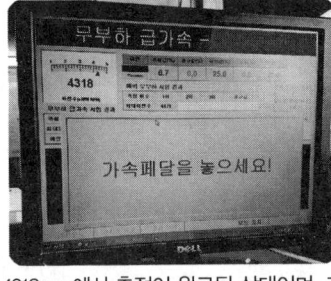

4318rpm에서 측정이 완료된 상태이며, 가속페달을 놓으라고 화면에 나타난다.

**03 3차 측정 모습**

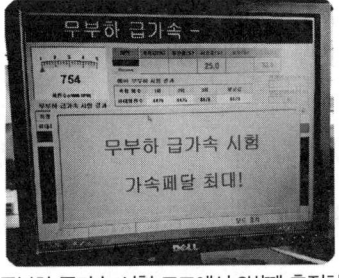

무부하 급가속 시험 모드에서 3번째 측정하기 위해 가속페달을 최대로 밟는다.

**04 3차 측정 중인 모습**

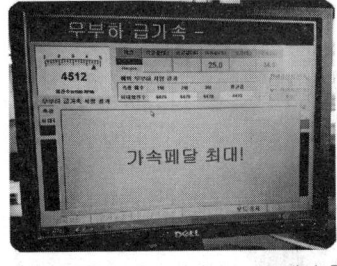

가속 페달을 최대로 밟아 4512rpm에서 측정하고 있는 모습이다.

**05 3차 측정 중인 모습**

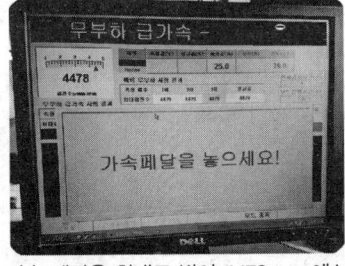

가속 페달을 최대로 밟아 4478 rpm에서 측정하고 있는 모습이다.

**06 3차 측정이 완료된 모습**

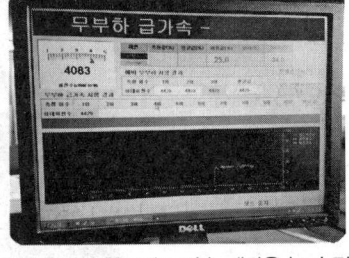

3차 측정이 완료되고 가속 페달을 놓기 직전의 모습이다.

**05 3차 측정 중인 모습**

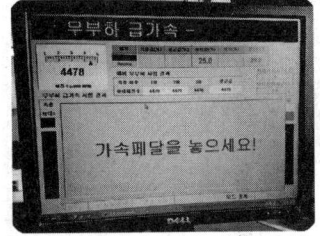

가속 페달을 최대로 밟아 4478 rpm에서 측정하고 있는 모습이다.

**06 3차 측정이 완료된 모습**

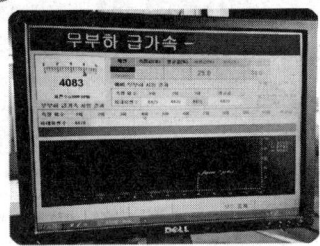

3차 측정이 완료되고 가속 페달을 놓기 직전의 모습이다.

## 1. 답안지 작성법

동영상   동영상

### (1) 매연의 배출량이 작아 양호할 때

▶ 엔진 5. 매연 점검
자동차 번호 :

| 비 번호 | | 시험위원 확 인 | |
|---|---|---|---|

| ① 측정(또는 점검) | | | | | ② 판정 및 정비(또는 조치)사항 | | 득 점 |
|---|---|---|---|---|---|---|---|
| 차종 | 연식 | 기준값 | 측정값 | 측정 | 산출근거(계산)기록 | 판정(□에 '✔' 표) | |
| 화물 자동차 | 2004 | 45%이하 | 30% | 1회 : 31%<br>2회 : 30%<br>3회 : 29% | $\dfrac{31+30+29}{3}=30\%$ | ☑ 양 호<br>□ 불 량 | |

※ 차종, 연식, 기준값은 자동차등록증을 활용하여 기재하고 기준값 적용
※ 자동차 검사기준 및 방법에 의하여 기록 판정합니다.

1) **비번호** : 비번호는 공단직원이 주는 등번호를 수검자가 기록한다.
2) **감독위원 확인** : 감독위원 확인란은 감독위원이 채점한 후에 도장을 찍는 부분으로 수검자는 기록하지 않는다.
3) **① 측정(또는 점검)** : 차종과 연식은 놓여져 있는 자동차 등록증을 보고 기입한다.
   기준값은 수검자가 등록증에 차대번호의 연식을 보고 운행 차량의 배출 허용 기준값을 기록한다(반드시 단위를 기입한다).
   측정값은 3회 측정한 값을 평균값으로 산출하여 기록한다.
   - 차종 : 소형화물  • 연식 : 2004년
   - 기준값 : 45%이하 (40%이지만 1993년 이후에 제작되는 자동차 중 과급기(Turbocharger) 또는 중간냉각기 (Intercooler)를 부착한 경유사용자동차의 매연 항목에 대한 배출허용기준은 5%를 가산한다)
   - 측정값 : 30%
4) **② 판정** : 측정은 3회 측정하여 기록한다. 산출근거(계산)기록은 3회 측정 평균값 계산식을 기록한다.
   판정은 수검자가 측정한 값과 기준값을 비교하여 범위 내에 있으면 양호, 벗어나면 불량에 ✔ 표시한다.
   - 산출근거(계산)기록 : $\dfrac{31+30+29}{3}=30\%$
   - 판정 : •양호 - 기준값의 범위에 있을 때    •불량 - 기준값을 벗어났을 때
5) **득점** : 득점은 감독위원이 채점을 하고 점수를 기록하는 부분으로 수검자는 기록하지 않는다.
6) **자동차관 번호** : 측정하는 자동차 번호를 수검자가 기록한다.

### (2) 매연의 배출량이 많아 불량일 때

▶ 엔진 5. 매연 점검
자동차 번호 :

| 비 번호 | | 시험위원 확 인 | |
|---|---|---|---|

| ① 측정(또는 점검) | | | | | ② 판정 및 정비(또는 조치)사항 | | 득 점 |
|---|---|---|---|---|---|---|---|
| 차종 | 연식 | 기준값 | 측정값 | 측정 | 산출근거(계산)기록 | 판정(□에 '✔' 표) | |
| 화물 자동차 | 2004 | 45%이하 | 54.6% | 1회 : 57%<br>2회 : 55%<br>3회 : 52% | $\dfrac{57+55+52}{3}=54.6\%$ | □ 양 호<br>☑ 불 량 | |

※ 차종 연식은 자동차 등록증을 활용하여 기재하고 기준값을 적용
※ 자동차 검사기준 및 방법에 의해서 기록 판정한다.

## 2 관계 지식

### (1) 배기가스 배출허용 기준

| 차 종 | | 제작일자 | | 매연 |
|---|---|---|---|---|
| 경자동차 및 승용자동차 | | 1995년 12월 31일 이전 | | 60% 이하 |
| | | 1996년 1월 1일부터 2000년 12월 31일까지 | | 55% 이하 |
| | | 2001년 1월 1일부터 2003년 12월 31일까지 | | 45% 이하 |
| | | 2004년 1월 1일부터 2007년 12월 31일까지 | | 40% 이하 |
| | | 2008년 1월 1일 이후 | | 20% 이하 |
| 승합·화물·특수 자동차 | 소형 | 1995년 12월 31일 이전 | | 60% 이하 |
| | | 1996년 1월 1일부터 2000년 12월 31일까지 | | 55% 이하 |
| | | 2001년 1월 1일부터 2003년 12월 31일까지 | | 45% 이하 |
| | | 2004년 1월 1일부터 2007년 12월 31일까지 | | 40% 이하 |
| | | 2008년 1월 1일 이후 | | 20% 이하 |
| | 중·대형 | 1992년 12월 31일 이전 | | 60% 이하 |
| | | 1993년 1월 1일부터 1995년 12월 31일까지 | | 55% 이하 |
| | | 1996년 1월 1일부터 1997년 12월 31일까지 | | 45% 이하 |
| | | 1998년 1월 1일부터 2000년 12월 31일까지 | 시내버스 | 40% 이하 |
| | | | 시내버스 외 | 45% 이하 |
| | | 2001년 1월 1일부터 2004년 9월 30일까지 | | 45% 이하 |
| | | 2004년 10월 1일부터 2007년 12월 31일까지 | | 40% 이하 |
| | | 2008년 1월 1일 이후 | | 20% 이하 |

※ 1993년 이후에 제작된 자동차 중 과급기(turbo charger)나 중간 냉각기(intercooler)를 부착한 경유 사용 자동차의 배출 허용기준은 무부하급가속 검사방법의 매연 항목에 대한 배출허용기준에 5%를 더한 농도를 적용한다.

### (2) 현대 자동차 제작사별 차대번호(VIN : Vehicle Identification Number)의 표기 부호(포터2-2004)

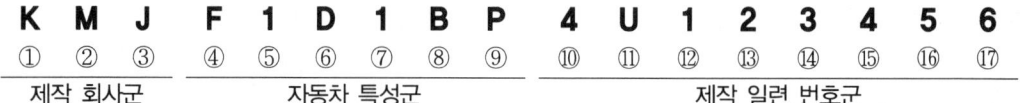

① K : 국제배정 국적표시 − K : 한국, J : 일본, 1 : 미국.
② M : 제작사를 나타내는 표시 − M : 현대, L : 대우, N : 기아, P : 쌍용 자동차
③ J : 자동차 종별 표시 − H : 승용차, F : 화물트럭, J : 승합차량 C : 특장−승합, 화물.
④ F : 차종 − F, G, H, R : 그레이스 & 포터.
⑤ 1 : 차체형상 − 1 : Standard(승용, 미니 버스), 2 : Deluxe(승용, 미니버스),
     3 : Super Deluxe(승용, 미니 버스).
⑥ D : 세부차종 − •A : 카고, •D : 웨곤 & 밴, •E : 더블캡.
⑦ 1 : 안전벨트/안전장치 − •1 : 운전석/ 동승석−액티브(Active) 시트벨트,
     •2 : 운전석/ 동승석−페시브(Passive) 시트벨트, •7 : 유압 브레이크, •8 : 공기 브레이크,
     •9 : 혼합 브레이크.
⑧ B : •B : 2.6 N/A 디젤차량, •F : 2.5 TC 디젤차량, •L : 2.4 LPG 차량.
⑨ P : 운전석 − P : 왼쪽 운전석, R : 오른쪽 운전석 (미국 및 캐나다 수출 차량 이외는 항상 P를 타각한다.)
⑩ 4 : 제작년도 − •Y : 2000, •1 : 2001, •2 : 2002, •3 : 2003, •4 : 2004, •A : 2010, •B : 2011, •C :2012,…
⑪ U : 공장 기호 − C : 전주공장, U : 울산공장, M : 인도공장, Z : 터키공장
⑫~⑰ 123456 : 차량 생산 일련 번호

(3) 포터 자동차 등록증(포터2-2004)

# 자 동 차 등 록 증

2004-000135호             최초 등록일 : 2004년 05월 27일

| ① 자동차 등록 번호 | 경기 5크 1429 | ② 차 종 | 소형 화물 | ③ 도 | 자가용 |
|---|---|---|---|---|---|
| ④ 차 명 | 포터 | ⑤ 형식 및 연식 | HR-J3SSG2GJKLM6-1 | | 2004 |
| ⑥ 차 대 번 호 | KMJF1D1BP4U123456 | ⑦ 원동기 형식 | D4BH | | |
| ⑧ 사 용 본 거 지 | 경기도 양주시 광사동 313-4 신도 8차 아파트***동 ***호 | | | | |

| 소유자 | ⑨ 성명(명칭) | 김광수 | ⑩ 주민(사업자) 등 록 번 호 | ***117-******* |
|---|---|---|---|---|
| | ⑪ 주 소 | 경기도 양주시 광사동 313-4 신도 8차 아파트***동 -***호 | | |

자동차 관리법 제8조등의 규정에 의하여 위와 같이 등록하였음을 증명합니다.

-위반하기 쉬운사항-          2004 년 05 월 27 일

※위반시 과태료 처분(뒷면 기재 참조)
- ㅇ 주소 및 사업장 소재지 변경 15일 이내
- ㅇ 정기검사 만료일 전후 15일 이내
- ㅇ 책임 보험료 가입 만료일 이전 이내 가입(100만원 이하 과태료)
- ㅇ 말소 등록·폐차일로 부터 30일 이내(50만원 이하 과태료)

**양 주 시 장**

## 샤시 2. 종감속 기어장치 백래시 & 런 아웃 점검

주어진 종감속 장치에서 링 기어의 백래시와 런 아웃을 측정하여 기록표에 기록한 후 백래시가 규정값이 되도록 조정하시오.

### 시험장에서는

종감속 기어장치의 백래시 측정용과 링 기어 런 아웃 측정용 종감속 기어장치가 따로 따로 설치되어 있는 경우가 대부분이다. 원칙은 주어진 종감속 기어장치에서 수검자가 다이얼 게이지를 설치한 후 백래시를 측정하고 런 아웃을 측정하여야 하지만 시험장에서 아주 설치하여 놓고 측정만 할 수 있도록 하였다. 본교에서도 시험을 볼 때마다 수검자가 설치하도록 하였더니 다이얼 게이지를 떨어뜨려 파손되는 경우가 허다하게 많았다. 감독위원도 난감해 했다. 비싼 교보재를 ……. 그래서 설치하여 놓고 측정방법이 틀리면 다시 설치하라고 하였지만 대부분 그대로 측정하여 시험이 순조롭게 진행되었다.

**1. 백래시 측정 준비 모습**

종감속 기어장치를 움직이지 않도록 고정시켜 놓았다. 뒤로 밀어서 세팅하고 앞으로 밀어 움직인 값이 백래시다.

**2. 백래시 다이얼 게이지 설치 모습**

다이얼 게이지의 스핀들은 반드시 링 기어이에 직각으로 설치하고 피니언기어를 고정하고 움직인 값이 측정값이다.

**3. 런 아웃 다이얼 게이지 설치 모습**

시작하는 곳을 알리기 위하여 기어에 백묵으로 표시하고 한 바퀴를 돌려서 지침이 좌우로 움직인 값을 더한다.

## 1  답안지 작성법

### (1) 백 래시와 런 아웃이 클 때

▶ 샤시 2. 종감속 장치 링 기어 점검
   작업대 번호 :

| 측정항목 | ① 측정(또는 점검) | | ② 판정 및 정비(또는 조치)사항 | | 득 점 |
| --- | --- | --- | --- | --- | --- |
| | 측정값 | 규정(정비한계)값 | 판정(□에 '✔' 표) | 정비 및 조치할 사항 | |
| 백래시 | 1.14mm | 0.11~0.16mm | □ 양 호<br>☑ 불 량 | 차동기어 캐리어 또는<br>종감속 기어장치 어셈블리<br>교환 | |
| 런아웃 | 0.10mm | 0.05mm 이하 | | | |

비번호 / 감독위원 확 인

1) **비번호** : 비번호는 공단직원이 주는 등번호를 수검자가 기록한다.
2) **감독위원 확인** : 감독위원 확인란은 감독위원이 채점한 후에 도장을 찍는 부분으로 수검자는 기록하지 않는다.
3) **① 측정(또는 점검)** : 측정값은 수검자가 측정한 백래시와 런 아웃의 값을 기록하고, 규정(정비한계)값은 감독관이 주어진 값이나 또는 정비지침서를 보고 기록한다.(반드시 단위를 기록한다)
   • 측정값 : • 백래시 - 1.14mm    • 런아웃 - 0.10mm
   • 규정(정비한계)값 : • 백래시 - 0.11~0.16mm    • 런아웃 - 0.05mm 이하
4) **② 판정 및 정비(또는 조치)사항** : 판정은 수검자가 측정한 값과 규정(정비한계)값을 비교하여 범위 내에 있으면 양호, 벗어나면 불량에 ✔ 표시를 하며, 정비 및 조치할 사항 란에는 고장원인과 정비할 사항을 기록한다.
   • 판정 : • 양호 - 규정(정비한계)값 이내에 있을 때,    • 불량 - 규정(정비한계)값을 벗어났을 때
   • 정비 및 조치할 사항 : 양호하면 정비 및 조치할 사항 없음으로, 불량일 경우 고장원인과 정비방법을 기록한다.

■ 차종별 백래시 규정값

| 차 종 | 링 기어 | | 조정법 |
| --- | --- | --- | --- |
| | 백래시 | 런아웃 | |
| 갤로퍼/ 테라칸/ 스타렉스 | 0.11~0.16mm | 0.05mm 이하 | |
| 싼타페 CM(2.0-2010) | 0.10~0.15 | 0.05mm 이하 | |
| 록스타 | 0.09~0.11 | - | |
| 마이티 | 0.20~0.28mm | 0.05mm 이하 | |
| 그레이스 | 0.11~0.16 | 0.05mm 이하 | |
| 에어로 버스 | 0.25~0.33mm(한계 0.6mm) | 0.2mm 이하 | ▲ 심 조정 형식 |

5) **득점** : 득점은 감독위원이 채점을 하고 점수를 기록하는 부분으로 수검자는 기록하지 않는다.
6) **작업대 번호** : 측정하는 작업대 번호를 수검자가 기록한다.

## (2) 백 래시는 작고 런 아웃이 정상일 때

▶ 섀시 2. 종감속 장치 링 기어 점검
　　작업대 번호 :

| 측정항목 | ① 측정(또는 점검) | | ② 판정 및 정비(또는 조치)사항 | | 득 점 |
| --- | --- | --- | --- | --- | --- |
| | 측정값 | 규정(정비한계)값 | 판정(□에 '✔' 표) | 정비 및 조치할 사항 | |
| 백래시 | 0.05mm | 0.11~0.16mm | □ 양 호<br>☑ 불 량 | 피니언 기어를 바깥쪽으로 당겨지도록 피언기어에 심을 넣어 조정 | |
| 런아웃 | 0.03mm | 0.05mm 이하 | | | |

## (3) 백 래시는 크고 런 아웃이 정상일 때

▶ 섀시 2. 종감속 장치 링 기어 점검
　　작업대 번호 :

| 측정항목 | ① 측정(또는 점검) | | ② 판정 및 정비(또는 조치)사항 | | 득 점 |
| --- | --- | --- | --- | --- | --- |
| | 측정값 | 규정(정비한계)값 | 판정(□에 '✔' 표) | 정비 및 조치할 사항 | |
| 백래시 | 0.53mm | 0.11~0.16mm | □ 양 호<br>☑ 불 량 | 피니언 기어를 안쪽으로 밀어지도록 심을 빼서 규정값 범위에 들도록 조정 | |
| 런아웃 | 0.03mm | 0.05mm 이하 | | | |

## (4) 백 래시와 런 아웃이 양호할 때

▶ 섀시 2. 종감속 장치 링 기어 점검
　　작업대 번호 :

| 측정항목 | ① 측정(또는 점검) | | ② 판정 및 정비(또는 조치)사항 | | 득 점 |
| --- | --- | --- | --- | --- | --- |
| | 측정값 | 규정(정비한계)값 | 판정(□에 '✔' 표) | 정비 및 조치할 사항 | |
| 백래시 | 0.15mm | 0.11~0.16mm | ☑ 양 호<br>□ 불 량 | 정비 및 조치사항 없음 | |
| 런아웃 | 0.03mm | 0.05mm 이하 | | | |

## 2 관계 지식

### (1) 백래시 조정 방법

① **조정 나사식** : 나사를 조이거나 풀어서 링 기어를 좌우로 이동시킨다. 이때 풀어준 만큼 반대편에서 조여 준다.
② **심(seam) 조정 방식** : 심을 넣거나 빼서 링 기어를 좌우로 이동시킨다. 이때 뺀 쪽의 것을 반대쪽에 넣는다.
③ 링 기어를 구동 피니언 쪽으로 이동시키면 백래시가 작아지며, 반대로 멀리하면 백래시가 커진다.

### (2) 백래시와 런아웃 측정 방법

1. 백래시를 측정 모습

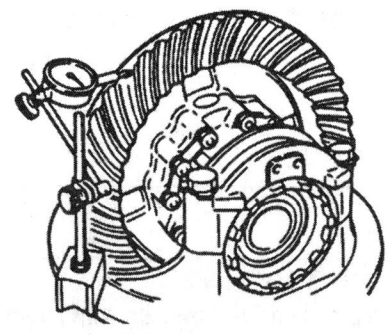

링 기어의 이빨에 다이얼 게이지 스핀들이 직각이 되게 설치하고 피니언 기어를 고정하고 링 기어를 움직여서 백래시가 기준 값인가를 점검한다.

2. 런 아웃 측정 모습

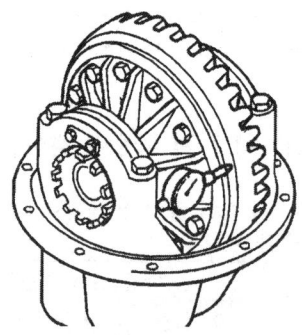

링 기어의 뒷면에 다이얼 게이지의 스핀들이 직각이 되도록 설치하고 링 기어를 한 바퀴 돌려서 좌우로 움직인 값을 더한 값이 런 아웃이다

## 섀시 4  제동력 측정

3항 작업 자동차에서 감독위원의 지시에 따라 전(앞) 또는 후(뒤) 제동력을 측정하여 기록표에 기록하시오.

### 시험장에서는

감독관으로부터 답안지를 받아들고 제동력 테스터기로 가면 A4 용지에 축중이 제시되어 있는 경우가 대부분이다. 또한 도와줄 보조원이 기다리고 있다. 보조원은 대부분 그곳의 학생으로 자격증 취득자이거나 테스터기를 능수능란하게 다룰 수 있는 학생이다. 제동력 측정을 혼자는 할 수 없고 수검자가 운전이 불가능할 경우가 있기 때문에 보조원을 두고 있다. 보조원은 시동을 걸어 놓고 운전석에 앉아서 수검자가 지시를 내려 주기만을 기다리고 있다. 수검자는 테스터기를 세팅하고 보조원에게 차량을 진입하도록 "출발하세요"라고 지시하고 답판 위에 측정 축의 바퀴가 오면 "정지"하고 측정 버튼을 누르면 리프트가 하강하면서 롤러가 회전한다. 보조원에게 "브레이크 밟으세요." 하고 지침이 최대로 올랐을 때 푸시 버튼을 눌러 눈금을 읽는다. 주어진 축중과 좌우 측정값을 기록하고 리프트를 올린 후 계산하여 답안지를 작성하여 제출한다.

1. 전륜 측정하기 위해 진입한 모습

전륜 측정을 하기 위해 제동력 테스터기 답판 위에 앞바퀴가 올라간 상태이다. 보조원이 운전석에서 수검자의 요구를 기다리고 있다.

2. 제동력 측정한 화면 모습

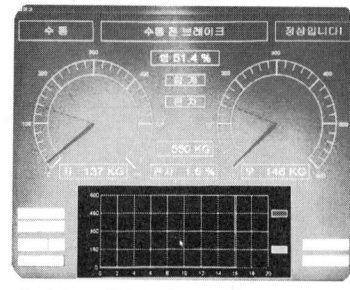

측정하고 지침이 내려간 상태지만 측정한 좌137kg, 우 146kg을 기록하고 있다. 자동으로 하여 합 51.4%, 편차 1.6%로 나타난다.

3. 제동력 측정기 답판이 내려간 모습

측정 버튼을 누르면 답판이 아래로 내려가고 롤러가 회전한다. 이때 "밟으세요"라고 보조원에게 주문한다.

## 1 답안지 작성법

동영상    동영상

### (1) 제동력 합과 편차가 불량일 때

▶ 섀시 4. 제동력 점검
자동차 번호 :

| 비 번호 | | 감독위원 확 인 | |
|---|---|---|---|

| ① 측정(또는 점검) | | | | ② 판정 및 정비(또는 조치)사항 | | 득점 |
|---|---|---|---|---|---|---|
| 위 치 | 구분 | 측정값 | 기준값 (□에 '✔' 표) | 산출근거 | 판정 (□에 '✔' 표) | |
| 제동력 위치 (□에 '✔' 표) ☑ 앞 □ 뒤 | 좌 | 50kg | ☑ 앞 축중의 □ 뒤 | 편차 $편차 = \dfrac{180-50}{849} \times 100 = 15.3\%$ | □ 양 호 ☑ 불 량 | |
| | 우 | 180kg | 제동력 편차 8% 이하 <br> 제동력 합 50% 이상 | 합 $합 = \dfrac{180+50}{849} \times 100 = 27.1\%$ | | |

※ 측정 위치는 감독위원이 지정하는 위치에 □에 '✔' 표시합니다.
※ 자동차 검사기준 및 방법에 의하여 기록 판정합니다.
※ 측정값의 단위는 시험장비 기준으로 작성합니다.
※ 산출근거에는 단위를 기록하지 않아도 됩니다.

1) **비번호** : 비번호는 공단직원이 주는 등번호를 수검자가 기록한다.
2) **감독위원 확인** : 감독위원 확인란은 감독위원이 채점한 후에 도장을 찍는 부분으로 수검자는 기록하지 않는다.
3) **위치** : 위치는 감독위원이 지정하는 곳에 ✔ 표시를 한다.
4) **측정값** : 측정값 란은 수검자가 측정한 제동력을 값을 기록한다.
   - 좌 : 50kg
   - 우 : 180kg
5) **기준값** : 기준값은 기준이 되는 축에 ✔ 표시를 하고 검사 기준값을 기록한다.
   - 앞 : ☑
   - 편차 : 8% 이하
   - 제동력 합 : 50% 이상
6) **산출 근거** : 계산공식에 넣어서 산출하는 계산식을 기입한다.

   ※ 계산법 :
   - 좌,우제동력의 편차 = $\dfrac{\text{좌,우제동력의 합}}{\text{해당 축중}} \times 100 = \dfrac{180-50}{849} \times 100 = 15.3\%$
   - 좌,우제동력의 합 = $\dfrac{\text{좌,우제동력의 편차}}{\text{해당 축중}} \times 100 = \dfrac{180+50}{849} \times 100 = 27.1\%$
   - 축중은 SM 5 2.0 가솔린 공차중량(1,415)의 60%(849kg)으로 계산함.

7) **판정** : 판정은 측정한 값과 검사기준 값을 비교하여 범위 안에 들면 양호에, 범위를 벗어나면 불량에 ✔ 표시를 한다.
   - 판정 :
     - 양호 : 측정한 값이 검사기준 값(제동력 합 50% 이상, 편차 8% 이하)의 범위에 있을 때
     - 불량 : 측정한 값이 검사기준 값(제동력 합 50% 이상, 편차 8% 이하)의 범위를 벗어났을 때
8) **득점** : 득점은 감독위원이 채점을 하고 점수를 기록하는 부분으로 수검자는 기록하지 않는다.
9) **자동차 번호** : 측정하는 자동차 번호를 수검자가 기록한다.

■ 르노삼성 차종별 중량 기준값

| 차 종 항 목 | SM 5(2016) 2.0 LPLi | SM 5(2016) 2.0 G | QM 3 1.5 dCi | SM 3(2017) 1.6 가솔린 | SM 3(2017) 1.5 디젤 |
|---|---|---|---|---|---|
| 엔진형식-연료 | I4 | I4 | I4 직분사 디젤 | I4 | I4 |
| 배기량(CC) | 1,998 | 1,998 | 1,461 | 1,598 | 1,461 |
| 공차중량(kg) | 1,470 | 1,415 | 1,305 | 1,597 | 1,597 |
| 최대 출력(HP) | 140 | 141 | 90 | 117 | 110 |
| 최대 토크(kg.m) | 19.7 | 19.8 | 22.4 | 16.1 | 25.5 |
| 연비(km/L) M/T | – | – | – | – | – |
| 연비(km/L) A/T | CVT 9.6 | CVT 12.6 | 11.6~12.0 | CVT 15.0 | DCT 17.7 |
| 축거(mm) | 2,760 | 2,760 | 2,605 | 2,700 | 2700 |
| 전륜 제동장치 | V디스크 | V디스크 | V디스크 | V디스크 | V디스크 |
| 후륜 제동장치 | 디스크 | 디스크 | 디스크 | 디스크 | 디스크 |

## (2) 제동력 편차는 정상이나 합이 불량일 때

▶ 섀시 4. 제동력 점검
자동차 번호 :

| 비 번호 | | 감독위원 확인 | |

| 위 치 | 구분 | 측정값 | 기준값 (□에 '✔'표) | | 산출근거 | 판정 (□에 '✔'표) | 득점 |
|---|---|---|---|---|---|---|---|
| 제동력 위치 (□에 '✔'표) ☑ 앞 □ 뒤 | 좌 | 140kg | ☑ 앞 □ 뒤 | 축중의 | 편차 = $\dfrac{140-130}{849} \times 100 = 1.2\%$ | □ 양 호 ☑ 불 량 | |
| | 우 | 130kg | 제동력 편차 8% 이하 제동력 합 50% 이상 | 편차 합 | 합 = $\dfrac{140+130}{849} \times 100 = 31.8\%$ | | |

※ 측정 위치는 감독위원이 지정하는 위치에 □에 '✔' 표시합니다.
※ 자동차 검사기준 및 방법에 의하여 기록 판정합니다.
※ 측정값의 단위는 시험장비 기준으로 작성합니다.
※ 산출근거에는 단위를 기록하지 않아도 됩니다.

## (3) 제동력 합과 편차가 정상일 때

▶ 섀시 4. 제동력 점검
자동차 번호 :

| 비 번호 | | 감독위원<br>확 인 | |
|---|---|---|---|

| ① 측정(또는 점검) | | | | ② 판정 및 정비(또는 조치)사항 | | | 득점 |
|---|---|---|---|---|---|---|---|
| 위 치 | 구분 | 측정값 | 기준값 (□에 '✔' 표) | 산출근거 | | 판정<br>(□에 '✔'표) | |
| 제동력 위치<br>(□에 '✔' 표)<br>☑ 앞<br>□ 뒤 | 좌 | 240kg | ☑ 앞 축중의<br>□ 뒤 | 편<br>차 | 편차 = $\frac{250-240}{849} \times 100 = 1.2\%$ | ☑ 양 호<br>□ 불 량 | |
| | 우 | 250kg | 제동력 편차 8% 이하 | 합 | 합 = $\frac{250+240}{849} \times 100 = 57.7\%$ | | |
| | | | 제동력 합 50% 이상 | | | | |

※ 측정 위치는 감독위원이 지정하는 위치에 □에 '✔' 표시합니다.
※ 자동차 검사기준 및 방법에 의하여 기록 판정합니다.
※ 측정값의 단위는 시험장비 기준으로 작성합니다.
※ 산출근거에는 단위를 기록하지 않아도 됩니다.

## 2 관계 지식

### (1) 제동력 판정공식

① 앞바퀴 제동력의 총합 = $\frac{앞, 좌·우 제동력의 합}{앞축중} \times 100 = 50\%$ 이상 되어야 합격

② 좌우 제동력의 편차 = $\frac{큰쪽 제동력 - 작은쪽 제동력}{당해 축중} \times 100 = 8\%$ 이내면 합격

## 8안 산업기사 섀시 5 — ABS 자기진단

주어진 자동차의 ABS에서 자기진단기(스캐너)를 이용하여 각종 센서 및 시스템의 작동 상태를 점검하고 기록표에 기록하시오.

### 시험장에서는

아마 시험장에서 제일 좋은 차량이 아닐까 싶다. 차 옆에는 테스터기가 학생의 책상 위에 놓여 있고, 차량에는 키가 놓여져 있다. 테스터기를 먼저 설치하고 키를 넣어서 "ON" 위치로 한다. 그 상태에서 진단기(스캐너)로 측정하면 친절하게 고장 난 부품들의 명칭을 화면에 나타내 줄 것이다. 그리고 고장의 이유는 직접 그 위치에서 확인하여야 한다. 만약 눈으로 확인이 안 되면 단품 점검으로 들어가서 단품에 문제가 있는지 아니면 선로에 문제가 있는지를 점검하여야 한다. 시험이 끝나고 나면 모든 것을 원위치로 한다. 이때 시험위원이 그대로 두고 가라고 하면 더 이상 만지지 말고 답안지를 작성하여 제출한다. 모든 답안지를 제출할 때도 마찬가지이지만 다시 한 번 기록사항을 확인한다. 비 번호는 기록하였는지, 빈공간은 없는지……

1. 전좌 휠 스피드 센서 위치    2. 전좌 휠 스피드 센서 설치 모습    3. 전좌 휠 스피드 센서 커넥터 위치

  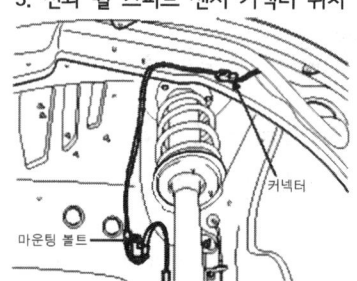

쏘렌토 R D 2.2(2010) 차량으로 자기진단은 실차에서나 가능하며, 일부 시험장에서는 시뮬레이터로 보고 있는 곳도 있다. 시험장에 속해있는 교육기관의 학생들도 연습을 많이 하였으므로 그동안 만지작 거리던 부품들은 반질반질하다. 고장도 현장에서 쉽게 고장 낼 수 있는 부품으로 고장 내는 경우가 대부분이다.

## 1. 답안지 작성법

### (1) 앞뒤 좌측 휠 센서 커넥터가 탈거일 때

▶ 섀시 5. ABS 점검
작업대 번호 :

| 점검 항목 | ① 측정(또는 점검) | | ② 판정 및 정비(또는 조치)사항 | 득 점 |
|---|---|---|---|---|
| | 고장 부분 | 내용 및 상태 | 정비 및 조치할 사항 | |
| 자기 진단 | 전 좌측 휠 센서 단선/단락 | 전 좌측 휠 센서 – 커넥터 탈거 | 전 좌측 휠 센서 커넥터 연결, 과거 기억소거 후 재점검 | |
| | 후 좌측 휠 센서 단선/단락 | 후 좌측 휠 센서 – 커넥터 탈거 | 후 좌측 휠 센서 커넥터 연결, 과거 기억소거 후 재점검 | |

| 비 번호 | | 감독위원 확인 | |
|---|---|---|---|

1) **비번호** : 비번호는 공단직원이 주는 등번호를 수검자가 기록한다.
2) **감독위원 확인** : 감독위원 확인란은 감독위원이 채점한 후에 도장을 찍는 부분으로 수검자는 기록하지 않는다.
3) **① 측정(또는 점검)** : 고장부분 란에는 수검자가 스캐너의 자기진단 화면 창에 나타난 이상 부위를 기록하고, 내용 및 상태 란에는 수검자가 점검한 이상 부위의 고장 내용 및 상태를 기록한다.
   - **고장 부분** : 전 좌측 휠 센서 단선/단락, 후 좌측 휠 센서 단선/단락
   - **내용 및 상태** : 전 좌측 휠 센서 – 커넥터 탈거, 후 좌측 휠 센서 – 커넥터 탈거
4) **② 판정 및 정비(또는 조치)사항** : 정비 및 조치할 사항 란에는 양호하면 정비 및 조치할 사항 없음으로, 불량일 경우 고장원인과 정비방법을 기록한다.
   - **정비 및 조치할 사항** : 전 좌측 휠 센서 커넥터 연결, 과거 기억소거 후 재점검, 후 좌측 휠 센서 커넥터 연결, 과거 기억소거 후 재점검

5) **득점** : 득점은 시험위원이 채점을 하고 점수를 기록하는 부분으로 수검자는 기록하지 않는다.
6) **작업대 번호** : 측정하는 작업대 번호를 수검자가 기록한다.

## 2  관계 지식

### (1) 스캐너로 자기진단 순서도

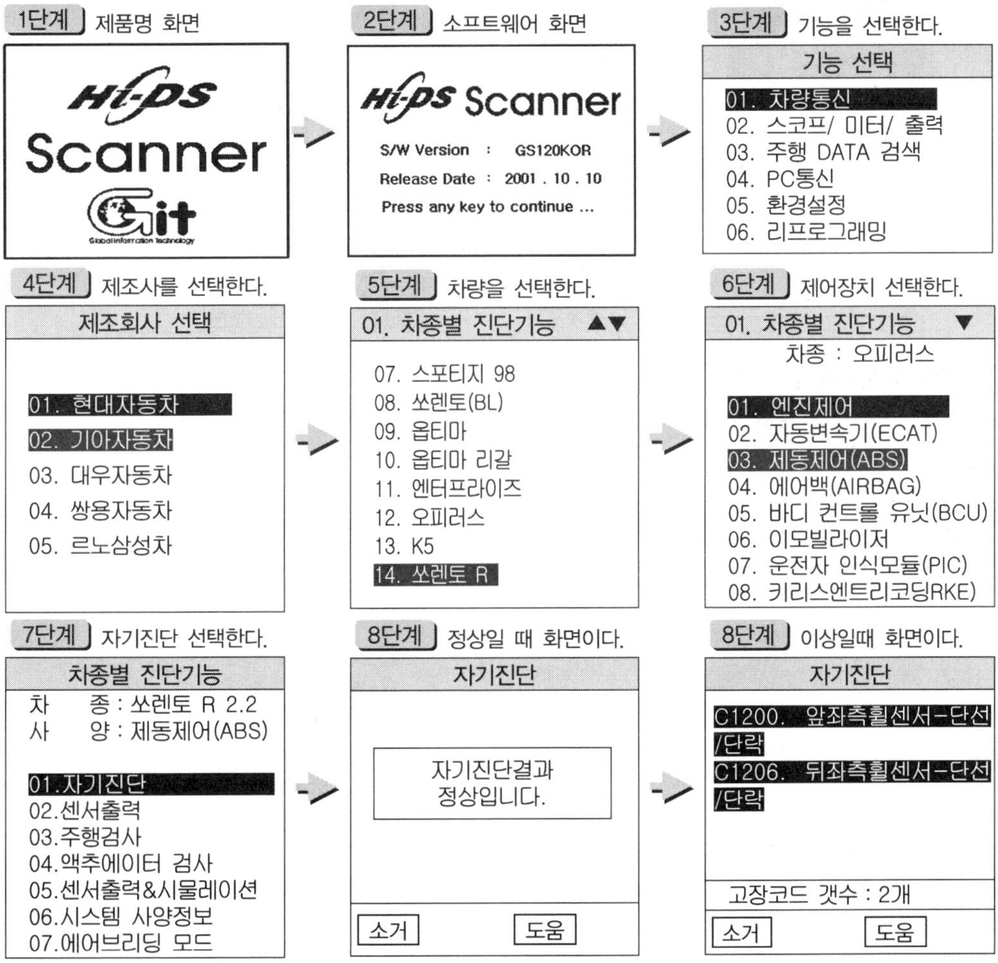

| 1단계 제품명 화면 | 2단계 소프트웨어 화면 | 3단계 기능을 선택한다. |
|---|---|---|
| Hi-DS Scanner Git | Hi-DS Scanner<br>S/W Version : GS120KOR<br>Release Date : 2001.10.10<br>Press any key to continue ... | 기능 선택<br>**01. 차량통신**<br>02. 스코프/ 미터/ 출력<br>03. 주행 DATA 검색<br>04. PC통신<br>05. 환경설정<br>06. 리프로그래밍 |

| 4단계 제조사를 선택한다. | 5단계 차량을 선택한다. | 6단계 제어장치 선택한다. |
|---|---|---|
| 제조회사 선택<br>**01. 현대자동차**<br>**02. 기아자동차**<br>03. 대우자동차<br>04. 쌍용자동차<br>05. 르노삼성차 | 01. 차종별 진단기능 ▲▼<br>07. 스포티지 98<br>08. 쏘렌토(BL)<br>09. 옵티마<br>10. 옵티마 리갈<br>11. 엔터프라이즈<br>12. 오피러스<br>13. K5<br>**14. 쏘렌토 R** | 01. 차종별 진단기능 ▼<br>차종 : 오피러스<br>**01. 엔진제어**<br>02. 자동변속기(ECAT)<br>**03. 제동제어(ABS)**<br>04. 에어백(AIRBAG)<br>05. 바디 컨트롤 유닛(BCU)<br>06. 이모빌라이저<br>07. 운전자 인식모듈(PIC)<br>08. 키리스엔트리코딩RKE) |

| 7단계 자기진단 선택한다. | 8단계 정상일 때 화면이다. | 8단계 이상일때 화면이다. |
|---|---|---|
| 차종별 진단기능<br>차  종 : 쏘렌토 R 2.2<br>사  양 : 제동제어(ABS)<br>**01.자기진단**<br>02.센서출력<br>03.주행검사<br>04.액추에이터 검사<br>05.센서출력&시뮬레이션<br>06.시스템 사양정보<br>07.에어브리딩 모드 | 자기진단<br><br>자기진단결과<br>정상입니다.<br><br>소거    도움 | 자기진단<br>**C1200. 앞좌측휠센서-단선/단락**<br>**C1206. 뒤좌측휠센서-단선/단락**<br><br>고장코드 갯수 : 2개<br>소거    도움 |

### (2) 고장진단 순서(쏘렌토 R D 2.2 -2010)

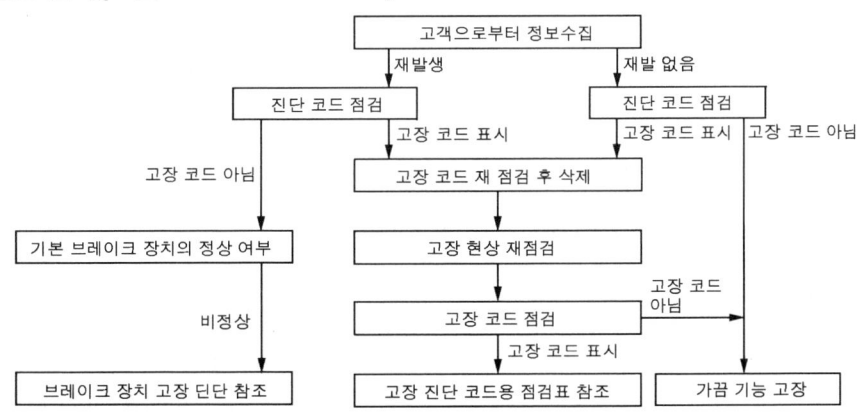

○ 고객 문제 분석 체크 시트를 참고용으로 사용하기 위해 고객에게 가능한 자세히 문제에 대하여 질문한다.

## (3) 스캐너로 자기진단한 후 관능검사로 점검하여야 할 곳

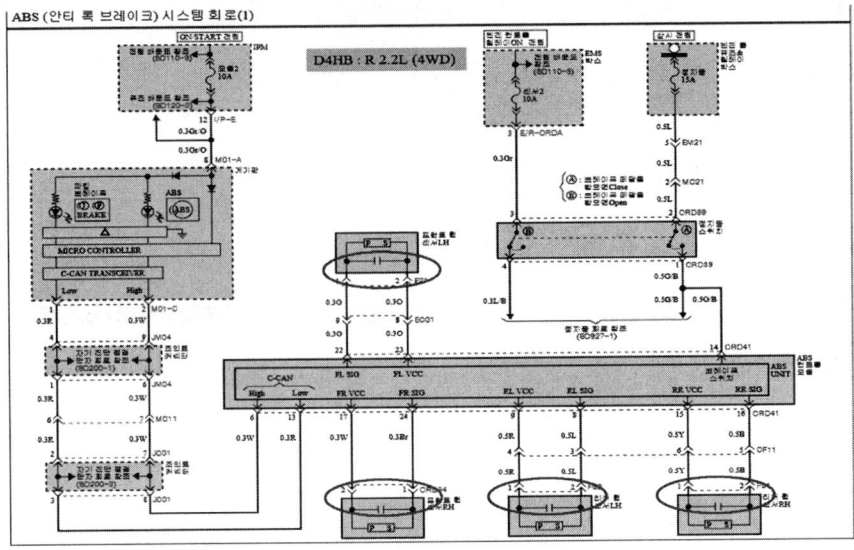

## (4) ABS 시스템 자기진단 고장 진단과 원인

| 고장 진단 | 예상 원인 |
|---|---|
| • 휠 스피드 센서 단선 또는 단락<br>(HECU는 휠 스피드 센서들의 1개의 선 이상에서 단선 또는 단락이 발생한다는 것을 결정 한다.) | ① 휠 스피드 센서 고장<br>② 와이어링 하니스 또는 커넥터 고장<br>③ HECU의 고장 |
| • 휠 스피드 센서 고장<br>(휠 스피드 센서가 비정상 신호 또는 아무 신호가 없음을 출력한다.) | ① 휠 스피드 센서의 부적절한 장착<br>② 휠 스피드 센서의 고장<br>③ 로터의 고장<br>④ 와이어링 하니스 또는 커넥터의 고장<br>⑤ HECU의 고장 |
| • 에어 갭 과다<br>(휠 스피드 센서에서 출력 신호가 없다.) | ① 휠 스피드 센서 고장<br>② 로터 고장<br>③ 와이어링 하니스 커넥터의 부적절한 장착<br>④ HECU의 고장 |
| • HECU 전원 공급 전압 규정범위 초과<br>(HECU 전원 공급 전압이 규정치 보다 아래이거나 초과된다. 만약 전압이 규정 치로 되돌아가면 이 코드는 더 이상 출력되지 않는다. | ① 와이어링 하니스 또는 커넥터의 고장<br>② ABSCM의 고장 |
| • HECU 에러 : (HECU는 항상 솔레노이드 밸브 구동 회로를 감시하여 HECU가 솔레노이드를 켜도 전류가 솔레노이드에 흐르지 않거나 그 와 반대의 경우일 때 솔레노이드 코일이나 하니스에 단락 또는 단선 이라고 결정한다.) | ① HECU의 고장 → HECU를 교환한다. |
| • 밸브 릴레이 고장<br>(점화 스위치를 ON으로 돌릴 때 HECU는 밸브 릴레이를 OFF로, 초기 점검시에는 ON으로 전환한다. 그와 같은 방법으로 ABSCM은 밸브 전원 모니터 선에 전압과 함께 밸브 릴레이에 보내진 신호들을 비교한다. 그것이 밸브 릴레이 가 정상으로 작동하는지 점검하는 방법이다. HECU는 밸브 전원 모니터 선에 전류가 흐르는지도 항상 점검한다. 그것은 전류가 흐르지 않을 때 단선이라고 결정한다. 밸브 전원 모니터 선에 전류가 흐르지 않으면 이 진단 코드가 출력된다.) | ① 밸브 릴레이 고장<br>② 와이어링 하니스 또는 커넥터의 고장<br>③ HECU의 고장 |
| • 모터 펌프 고장<br>(모터 전원이 정상이지만 모터 모니터에 신호가 입력되지 않을 때, 모터 전원이 잘못됐을 때) | ① 와이어링 하니스 또는 커넥터의 고장<br>② HECU의 고장<br>③ 하이드로닉 유니트의 고장 |

## 전기 1 — 와이퍼 모터 소모전류 점검

주어진 자동차에서 와이퍼 모터를 탈거한 후(감독위원에게 확인), 다시 부착하여 와이퍼 브러시의 작동상태를 확인하고 와이퍼 작동시 소모 전류를 점검하여 기록표에 기록하시오.

### 시험장에서는

시험용 자동차가 보닛을 올리고 수검자를 기다리고 있을 것이다. 훅 미터를 파워 윈도우 모터 전원 공급선에 설치하고 보조원에게 와이퍼를 LOW(1단), HIGH(3단)로 작동토록 하고 전류 값을 측정한다. 윈도우에 물기가 있어야 정상값이 나오지만 시험장에서는 주로 블레이드를 올리고 측정을 하기 때문에 전류 값이 적게 나온다.

#### 1. 와이퍼 모터 설치위치 모습
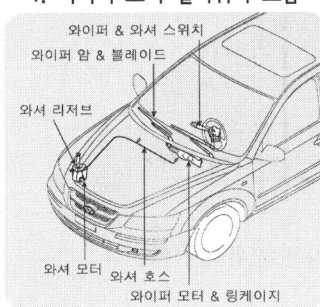
대부분의 차량이 와이퍼 모터는 카울 패널에 설치되어 있다.

#### 2. 와이퍼 모터 설치된 모습
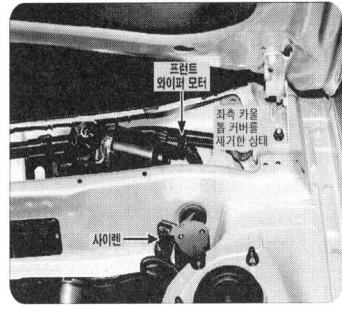
카울 패널에 설치되어 있으며 와이퍼 링키지로 연결되어 블레이드를 작동시킨다.

#### 3. 와이퍼 모터 커넥터 분리 모습
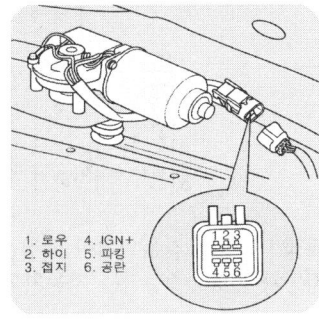
카울 패널에 설치되어 있으며 와이퍼 링키지로 연결되어 블레이드를 작동시킨다.

## 1 답안지 작성법

### (1) 와이퍼 작동 전류가 낮을 때

▶ 전기 1. 와이퍼 모터 소모 전류 점검
  자동차 번호 :

| 측정항목 | | ① 측정(또는 점검) | | ② 판정 및 정비(또는 조치)사항 | | 득점 |
|---|---|---|---|---|---|---|
| | | 측정값 | 규정(정비한계)값 | 판정(□에 '✔'표) | 정비 및 조치할 사항 | |
| 소모 전류 | Low 모드 | 1.2A | 3.0~3.5A 이하 | □ 양 호<br>☑ 불 량 | 와이퍼 모터 링키지<br>탈거-링키지 연결 | |
| | High 모드 | 1.4A | 4.0~4.5A 이하 | | | |

비번호 :     감독위원 확인 :

1) **비번호** : 비번호는 공단직원이 주는 등번호를 수검자가 기록한다.
2) **감독위원 확인** : 감독위원 확인란은 감독위원이 채점한 후에 도장을 찍는 부분으로 수검자는 기록하지 않는다.
3) **① 측정(또는 점검)** : 측정값은 수검자가 측정한 와이퍼 모터 소모 전류 값을 기록하고, 규정(정비한계)값은 일반적인 규정값을 기록한다.
   - 측정값 : ㆍLow 모드 - 1.2A     ㆍHigh 모드 - 1.4A
   - 규정(정비한계)값 : ㆍLow 모드 - 3.0~3.5A    ㆍHigh 모드 - 4.0~4.5A
4) **② 판정 및 정비(또는 조치)사항** : 판정은 수검자가 측정한 값과 규정(정비한계)값을 비교하여 범위 내에 있으면 양호, 벗어나면 불량에 ✔표시를 하며, 정비 및 조치할 사항은 고장원인과 정비할 사항을 기록한다.
   - 판정 : ㆍ양호 - 규정(정비한계)값의 범위에 있을 때    ㆍ불량 - 규정(정비한계)값을 벗어났을 때
   - 정비 및 조치할 사항 : 양호하면 정비 및 조치할 사항 없으므로, 불량일 경우 고장원인 정비방법을 기록한다.

■ 차종별 소모전류 규정값

| 차 종 | 기준 전류(A) | 최대 전류(A) |
|---|---|---|
| NF 쏘나타/ 아반떼 XD | 4.5 | 28 |
| 쏘나타 Ⅲ | 3.5 | - |
| 싼타페 | 4 | 23 |

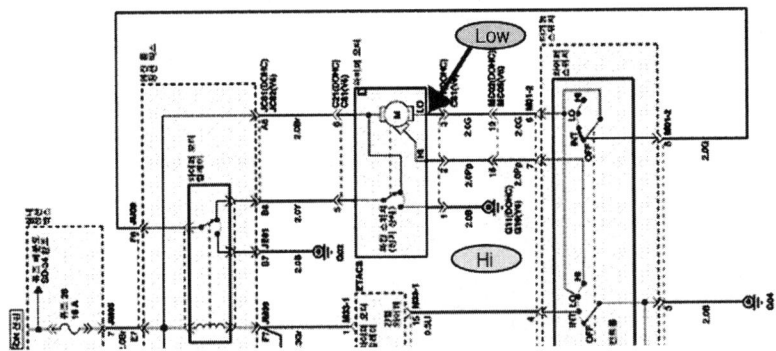

5) **득점** : 득점은 감독위원이 채점을 하고 점수를 기록하는 부분으로 수검자는 기록하지 않는다.
6) **자동차 번호** : 측정하는 자동차의 번호를 수검자가 기록한다.

## (2) 와이퍼 작동 전류가 높을 때

▶ 전기 1. 와이퍼 모터 소모 전류 점검
   자동차 번호 :

| 비번호 | | 감독위원 확 인 | |
|---|---|---|---|

| 측정항목 | | ① 측정(또는 점검) | | ② 판정 및 정비(또는 조치)사항 | | 득점 |
|---|---|---|---|---|---|---|
| | | 측정값 | 규정(정비한계)값 | 판정(□에 '✔' 표) | 정비 및 조치할 사항 | |
| 소모 전류 | Low 모드 | 12A | 3.0~3.5A 이하 | □ 양 호<br>☑ 불 량 | 와이퍼 모터 링키지 설치 불량-링키지 재장착 | |
| | High 모드 | 25A | 4.0~4.5A 이하 | | | |

## (3) Low 모드 정상/ High 모드 전류가 높을 때

▶ 전기 1. 와이퍼 모터 소모 전류 점검
   자동차 번호 :

| 비번호 | | 감독위원 확 인 | |
|---|---|---|---|

| 측정항목 | | ① 측정(또는 점검) | | ② 판정 및 정비(또는 조치)사항 | | 득점 |
|---|---|---|---|---|---|---|
| | | 측정값 | 규정(정비한계)값 | 판정(□에 '✔' 표) | 정비 및 조치할 사항 | |
| 소모 전류 | Low 모드 | 3.0A | 3.0~3.5A 이하 | □ 양 호<br>☑ 불 량 | 블레이드 암 마찰 증가<br>-수막 끊기면 정지 | |
| | High 모드 | 24A | 4.0~4.5A 이하 | | | |

## (4) 와이퍼 작동 전류가 정상일 때

▶ 전기 1. 와이퍼 모터 소모 전류 점검
   자동차 번호 :

| 비번호 | | 감독위원 확 인 | |
|---|---|---|---|

| 측정항목 | | ① 측정(또는 점검) | | ② 판정 및 정비(또는 조치)사항 | | 득점 |
|---|---|---|---|---|---|---|
| | | 측정값 | 규정(정비한계)값 | 판정(□에 '✔' 표) | 정비 및 조치할 사항 | |
| 소모 전류 | Low 모드 | 3.2A | 3.0~3.5A | ☑ 양 호<br>□ 불 량 | 정비 및 조치사항 없음 | |
| | High 모드 | 4.4A | 4.0~4.5A | | | |

## 2 관계 지식

### (1) 와이퍼 회로 전류값이 적게 나오는 원인
① 배터리 불량 – 배터리 교환
② 배터리 터미널 연결 상태 불량 – 배터리 터미널 재장착
③ 와이퍼 모터 링키지 탈거 – 링키지 장착
④ 와이퍼 암 설치 부분의 세레이션 마모 – 링키지 어셈블리 교환

### (2) 와이퍼 회로 전류값이 높게 나오는 원인
① 와이퍼 모터 링키지 설치 불량 – 링키지 재장착
② 와이퍼 암 면압 증가 – 블레이드 암을 밖으로 휨
③ 와이퍼 모터 설치 불량 – 와이퍼 모터 재장착

### (3) 와이퍼 조작 방법
① **로우(LOW)** : 연속적 저속으로 작동되는 기능.
② **하이(HI)** : 연속적 고속으로 작동되는 기능.
③ **간헐 와이퍼(INT)** : 운전자의 의지에 따라 작동주기를 조절할 수 있는 기능. 빠르게(Fast) 느리게(Slow) 돌려서 조정한다.
④ **미스트(MIST)** : 원터치 조작에 의해 와이퍼를 신속하게 작동시킴으로써 안개 지역이나 이슬비가 내릴 때 유용하게 사용하는 기능.
⑤ **워셔 연동** : 워셔 작동 때 와이퍼가 연동하여 작동되는 기능.
⑥ **INT(AUTO)** : 비의 양을 감지하는 센서에 의해서 와이퍼의 작동 속도가 자동으로 조정된다. 속도의 기준을 변경하고자 할 때는 속도조절 노브(①)를 돌려서 조정한다.

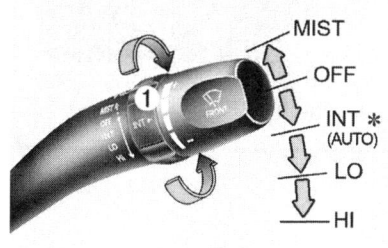

▲ 로우/하이/MIST/INT 위치

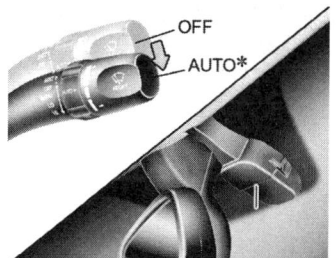

▲ NT(AUTO)의 위치

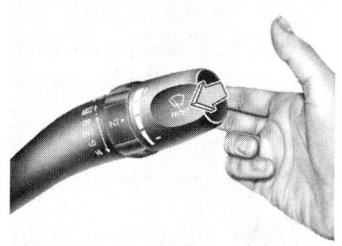

▲ 와셔액 분출 위치

# 전기 2   전조등 광도, 진폭 점검

**8안 산업기사**

주어진 자동차에서 전조등 시험기로 전조등을 점검하여 기록표에 기록하시오.

## 시험장에서는

헤드라이트의 광도와 진폭의 측정은 엔진의 시동을 걸고 측정하여야 옳으나 시험장에서는 안전을 위하여 엔진이 정지된 상태에서 측정하는 경우가 많다. 감독위원이 좌측이나 우측을 지정하여 주는 곳을 측정하는데 좌, 우는 운전석에 앉아서 좌측과 우측임을 잊지 말아야 한다. 측정하기 전에 조건(타이어의 공기압, 배터리 성능, 바닥의 수평 상태 등)이 맞았는지 확인하고 헤드라이트의 유리를 깨끗한 걸레로 닦아서 측정값이 정확하게 나오도록 하여야 한다. 측정은 변환빔(하향등) 상태에서 측정하여야 하며, 차량은 공회전(단, 광도 측정 시 2,000rpm), 공차 상태, 운전자 1인이 승차하여 측정하여야 한다.

보조원이 운전석에 앉아서 라이트를 조작하여 주는 경우도 있으나 대부분은 운전자가 탑승하지 않은 상태에서 측정한다. 근래에 생산된 차량은 헤드라이트 조작이 키 스위치를 넣어야지만 가능하도록 되어 있으므로 참고하기 바란다.

**1. 시뮬레이터로 측정 준비된 모습**    **2. 전조등 빔을 중앙에 맞춤된 모습**    **3. 측정을 누르면 측정하고 표시한다.**

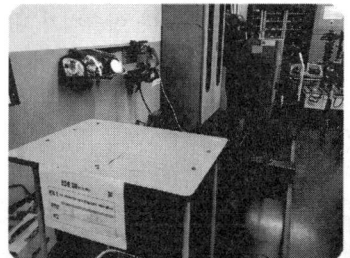  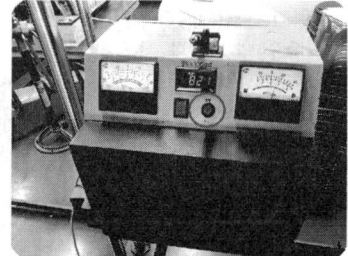

실제 차량으로 전조등 시험을 하는 경우도 있지만 시뮬레이터를 이용한 방법도 있다. / 시험기는 뒤편에서 전조등 빔의 중앙에 십자가가 맞도록 조정한다. / 측정 버튼을 누르면 광도와 진폭을 측정하고 측정값을 화면과 계기판에 표시한다.

## 1 답안지 작성법

### (1) 광도, 진폭이 불량일 때

▶ 전기 2. 전조등 점검    자동차 번호 :

| 항목 | ① 측정(또는 점검) | | 기준값 | ② 판정 판정(□에 '✔') | 득 점 |
|---|---|---|---|---|---|
| | | 측정값 | | | |
| (□에 '✔')<br>위치 :<br>☑ 좌<br>□ 우<br>설치높이 :<br>☑ ≤ 1.0m<br>□ > 1.0m | 광도 | 2,400cd | 3,000cd 이상 | □ 양 호<br>☑ 불 량 | |
| | 진폭 | -3.7%(-0.37cm) | -0.5~-2.5% 이내<br>(-0.05~-0.25cm 이내) | □ 양 호<br>☑ 불 량 | |

비 번호 :    감독위원 확 인 :

※ 측정 위치는 감독위원이 지정하는 위치에 □에 '✔' 표시합니다.
※ 자동차 검사기준 및 방법에 의하여 기록 판정합니다.

1) **비번호** : 비번호는 공단직원이 주는 등번호를 수검자가 기록한다.
2) **감독위원 확인** : 감독위원 확인란은 감독위원이 채점한 후에 도장을 찍는 부분으로 수검자는 기록하지 않는다.

3) ① 측정(또는 점검) : 위치 및 설치 높이는 감독위원이 지정하는 차량과 위치 및 설치 높이에 ✔표시를 하고, 측정값은 수검자가 측정한 광도와 진폭의 값을 기록하고 기준값은 검사기준 값을 암기하여 기록한다.
   - 위치 및 설치 높이 : ·위치 – 감독위원이 지정하는 차량의 헤드라이트 위치에 ✔표시를 한다.
                                운전석에 앉아서 좌, 우 위치이다.
                    ·설치 높이 – 점검차량의 전조등 설치 높이에 ✔표시를 한다.
   - 측정값 : ·광도 – 수검자가 측정한 광도 값을 기록한다.
            ·진폭 – 수검자가 측정한 변환빔의 진폭 값을 기록한다.
   - 기준값 : ·광도 – 수검자가 검사기준의 광도 값을 암기하여 기록한다.
            ·진폭 – 수검자가 검사기준의 진폭 값을 암기하여 기록한다.
4) ② 판정 : 판정란은 수검자가 측정한 값과 기준값을 비교하여 범위 내에 있으면 양호, 벗어나면 불량에 ✔표시를 한다. 어느 하나라도 불량이면 판정은 불량이다.
   - 판정 : ·양호 – 기준값의 범위에 있을 때
          ·불량 – 기준값을 벗어났을 때
5) 득점 : 득점은 감독위원이 채점을 하고 점수를 기록하는 부분으로 수검자는 기록하지 않는다.
6) 자동차 번호 : 측정하는 자동차의 번호를 수검자가 기록한다.

## (2) 광도가 불량일 때

▶ 전기 2. 전조등 점검
   자동차 번호 :

| 항목 | ① 측정(또는 점검) | | | ② 판정 | 득 점 |
| --- | --- | --- | --- | --- | --- |
| | | 측정값 | 기준값 | 판정(□에 '✔') | |
| (□에 '✔')<br>위치 :<br>☑ 좌<br>□ 우<br>설치높이 :<br>☑ ≤ 1.0m<br>□ > 1.0m | 광도 | 2,400cd | 3,000cd 이상 | □ 양 호<br>☑ 불 량 | |
| | 진폭 | −1.8%(−0.18cm) | −0.5~−2.5% 이내<br>(−0.05~−0.25cm 이내) | ☑ 양 호<br>□ 불 량 | |

※ 측정 위치는 감독위원이 지정하는 위치에 □에 '✔'표시합니다.
※ 자동차 검사기준 및 방법에 의하여 기록 판정합니다.

## (3) 진폭이 불량일 때

▶ 전기 2. 전조등 점검
   자동차 번호 :

| 항목 | ① 측정(또는 점검) | | | ② 판정 | 득 점 |
| --- | --- | --- | --- | --- | --- |
| | | 측정값 | 기준값 | 판정(□에 '✔') | |
| (□에 '✔')<br>위치 :<br>☑ 좌<br>□ 우<br>설치높이 :<br>☑ ≤ 1.0m<br>□ > 1.0m | 광도 | 77,600cd | 3,000cd 이상 | ☑ 양 호<br>□ 불 량 | |
| | 진폭 | −2.6%(−0.26cm) | −0.5~−2.5% 이내<br>(−0.05~−0.25cm 이내) | □ 양 호<br>☑ 불 량 | |

※ 측정 위치는 감독위원이 지정하는 위치에 □에 '✔'표시합니다.
※ 자동차 검사기준 및 방법에 의하여 기록 판정합니다.

## (4) 광도와 진폭이 양호할 때

**▣ 전기 2. 전조등 점검**
자동차 번호 :

| 항목 | ① 측정(또는 점검) | | | ② 판정 | 득 점 |
|---|---|---|---|---|---|
| | | 측정값 | 기준값 | 판정(□에 '✔') | |
| (□에 '✔')<br>위치 :<br>☑ 좌<br>□ 우<br>설치높이 :<br>☑ ≤ 1.0m<br>□ > 1.0m | 광도 | 33,800cd | 3,000cd 이상 | ☑ 양 호<br>□ 불 량 | |
| | 진폭 | −2.2%(−0.22cm) | −0.5~−2.5% 이내<br>(−0.05~−0.25cm 이내) | ☑ 양 호<br>□ 불 량 | |

비 번호 : 　　　　감독위원 확 인 :

※ 측정 위치는 감독위원이 지정하는 위치에 □에 '✔' 표시합니다.
※ 자동차 검사기준 및 방법에 의하여 기록 판정합니다.

## 2 관계 지식

### (1) 검사기준 및 검사방법 의한 검사기준(자동차관리법 시행규칙 제73조)

| 항 목 | 검사 기준 | 검사 방법 |
|---|---|---|
| 등화<br>장치 | · 변환빔의 광도는 3000cd 이상일 것 | · 좌우측 전조등(변환빔)의 광도와 광도점을 전조등 시험기로 측정하여 광도점의 광도 확인 |
| | · 변환빔의 진폭은 10m 위치에서 다음 수치 이내일 것<br><br>\| 설치 높이 ≤ 1.0m \| 설치 높이 > 1.0m \|<br>\| −0.5 ~ −2.5% \| −1.0 ~ −3.0% \| | · 좌우측 전조등(변환빔)의 컷오프선 및 꼭지점의 위치를 전조등 시험기로 측정하여 컷오프선의 적정여부 확인 |
| | · 컷오프선의 꺾임점(각)이 있는 경우 꺾임점의 연장선은 우측 상향일 것 | · 변환빔의 컷오프선, 꺾임점(각), 설치상태 및 손상 여부 등 안전기준 적합여부를 확인 |

**예** 컷 오프선의 수직위치는 자동차의 변환빔 전조등 설치 높이(발광면의 최하단) 대비 아래 기준에 적합할 것(설치 높이 ≤ 1.0m)

- $-0.5\% = \dfrac{x \times 100}{10}$, $x = \dfrac{-0.5 \times 10}{100} = -0.05cm$ 이내, $\% = \dfrac{-0.05cm \times 100}{10} = -0.5\%$ 이내

- $-2.5\% = \dfrac{x \times 100}{10}$, $x = \dfrac{-2.5 \times 10}{100} = -0.25cm$ 이내, $\% = \dfrac{-0.25cm \times 100}{10} = -2.5\%$ 이내

- 설치 높이 > 1.0m : −0.1cm ~ −0.3cm 이내

## 전기 3 — 에어컨 외기 온도 입력 신호값 점검

주어진 자동차의 에어컨 회로에서 외기 온도 입력 신호값을 점검하여 이상 여부를 확인하여 기록표에 기록하시오.

### 시험장에서는

외기 온도 센서는 콘덴서 전방부에 장착되어 있으며 외기 온도를 측정한다. 온도의 증가에 따라 저항이 감소하는 부특성 서미스터를 내장하고 있으며, 외기 온도 센서의 출력값은 에어컨 컨트롤 유닛에 송신되어 온도 조절 액추에이터 조절과 블로워 모터 레벨 제어 및 모드 컨트롤 제어에 이용된다.

시험문제에서는 시동이 걸리고 에어컨이 작동되는 상태에서 측정하도록 되어 있어서 대부분이 이 규정에 따르지만 겨울철이나 측정 차량의 노후로 가스가 없는 경우에 센서의 저항을 측정하는 경우도 있다. 물론 저항을 측정할 때는 감독위원이 규정값을 알려주거나 정비 지침서를 볼 수 있도록 할 것이다.

**1. 외기 온도 센서 설치 위치**

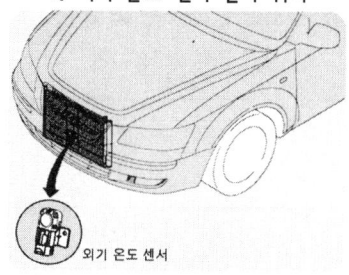

외기 온도 센서는 콘덴서의 전방부에 설치되어 있다.

**2. 외기 온도 센서 설치 위치**

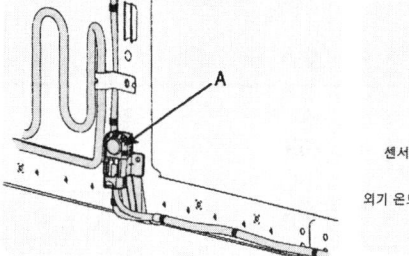

외기의 온도를 감지하여 ECU로 보내면 ECU는 토출 온도 제어, 믹스 모드 제어, 차내 습도 제어 등의 보정 신호로 이용된다.

**3. 외기 온도 센서 커넥터**

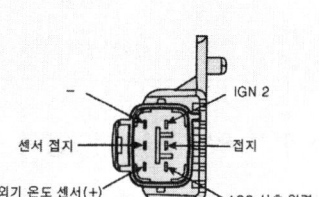

## 1. 답안지 작성법

### (1) 외기온도 센서 저항값이 낮을 때

▶ 전기 3. 자동 에어컨 외기 온도 센서 점검
자동차 번호 :

| 점검항목 | ① 측정(또는 점검) | | ② 판정 및 정비(또는 조치)사항 | | 득점 |
| --- | --- | --- | --- | --- | --- |
| | 측정값 | 규정(정비한계)값 | 판정(□에 '✔'표) | 정비 및 조치할 사항 | |
| 외기 온도 입력 신호값 | 1.2kΩ / 10℃ | 53.8~58.8kΩ / 10℃ | □ 양 호<br>☑ 불 량 | 외기 온도 센서 고장<br>- 센서 교환 | |

비번호 / 감독위원 확인

1) **비번호** : 비번호는 공단직원이 주는 등번호를 수검자가 기록한다.
2) **감독위원 확인** : 감독위원 확인란은 감독위원이 채점한 후에 도장을 찍는 부분으로 수검자는 기록하지 않는다.
3) **① 측정(또는 점검)** : 측정값은 수검자가 측정한 외기 온도 센서의 값을 기록하고, 규정(정비한계)값은 일반적인 규정값을 기록한다.
    - 측정값 : 1.2kΩ / 10℃
    - 규정(정비한계)값 : 53.8~58.8kΩ / 10℃
4) **② 판정** : 판정은 수검자가 측정한 값과 규정(정비한계)값을 비교하여 범위 내에 있으면 양호, 벗어나면 불량에 ✔표시를 하며, 정비 및 조치할 사항은 고장 원인과 정비할 사항을 기록한다.
    - 판정 : · 양호 - 규정(정비한계)값의 범위에 있을 때   · 불량 - 규정(정비한계)값을 벗어났을 때
    - 정비 및 조치할 사항 : 양호하면 정비 및 조치할 사항 없음으로, 불량일 경우 고장 원인과 정비방법을 기록한다.

■ 외기온도 센서 저항과 출력 전압

| 온도 | 저항 | 출력전압(V) | 온도 | 저항 | 출력전압(V) |
|---|---|---|---|---|---|
| -10℃ | 157.8kΩ | 4.20 | 10℃ | 58.8kΩ | 4.20 |
| -5℃ | 122.0kΩ | 4.01 | 20℃ | 37.3kΩ | 4.01 |
| 0℃ | 95.0kΩ | 3.80 | 30℃ | 24.3kΩ | 3.80 |
| 5℃ | 74.5kΩ | 3.56 | 40℃ | 16.1kΩ | 3.56 |

5) **득점** : 득점은 감독위원이 채점을 하고 점수를 기록하는 부분으로 수검자는 기록하지 않는다.
6) **자동차 번호** : 측정하는 자동차의 번호를 수검자가 기록한다.

## (2) 외기 온도 센서 전압값이 높을 때

▶ 전기 3. 자동 에어컨 외기 온도 센서 점검
자동차 번호 :

| 점검항목 | ① 측정(또는 점검) | | ② 판정 및 정비(또는 조치)사항 | | 득점 |
|---|---|---|---|---|---|
| | 측정값 | 규정(정비한계)값 | 판정(□에 '✔'표) | 정비 및 조치할 사항 | |
| 외기 온도 입력 신호값 | 6.2V / 10℃ | 4.0~4.4V / 10℃ | □ 양 호<br>☑ 불 량 | 외기 온도 센서 고장<br>- 교환 | |

## (3) 외기 온도 센서 전압값이 낮을 때

▶ 전기 3. 자동 에어컨 외기 온도 센서 점검
자동차 번호 :

| 점검항목 | ① 측정(또는 점검) | | ② 판정 및 정비(또는 조치)사항 | | 득점 |
|---|---|---|---|---|---|
| | 측정값 | 규정(정비한계)값 | 판정(□에 '✔'표) | 정비 및 조치할 사항 | |
| 외기 온도 입력 신호값 | 0.2V / 10℃ | 4.0~4.4V / 10℃ | □ 양 호<br>☑ 불 량 | 외기 온도 센서 고장<br>- 교환 | |

## (4) 외기 온도 센서 저항값이 정상일 때

▶ 전기 3. 자동 에어컨 외기 온도 센서 점검
자동차 번호 :

| 점검항목 | ① 측정(또는 점검) | | ② 판정 및 정비(또는 조치)사항 | | 득점 |
|---|---|---|---|---|---|
| | 측정값 | 규정(정비한계)값 | 판정(□에 '✔'표) | 정비 및 조치할 사항 | |
| 외기 온도 입력 신호값 | 54.2kΩ / 10℃ | 53.8~58.8kΩ / 10℃ | ☑ 양 호<br>□ 불 량 | 정비 및 조치할 사항<br>없음 | |

## (5) 외기 온도 센서 전압값이 정상일 때

▶ 전기 3. 자동 에어컨 외기 온도 센서 점검
자동차 번호 :

| 점검항목 | ① 측정(또는 점검) | | ② 판정 및 정비(또는 조치)사항 | | 득점 |
|---|---|---|---|---|---|
| | 측정값 | 규정(정비한계)값 | 판정(□에 '✔'표) | 정비 및 조치할 사항 | |
| 외기 온도 입력 신호값 | 4.2V / 10℃ | 4.0~4.4V / 10℃ | ☑ 양 호<br>□ 불 량 | 센서 고장 - 교환 | |

## 2 관계 지식

### (1) 외기 온도 센서 점검 방법 (K5 2.0 -2011)

**01** 외기 온도 센서 설치 위치

**02** 외기 온도 센서 커넥터

차종마다 위치가 조금씩 다르지만 대부분의 차량은 에어컨 콘덴서 앞쪽에 위치하고 있다.
콘덴서 아래 부분에 있다.

**03** 외기 온도 센서 저항값 점검

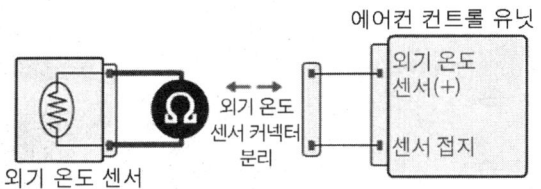

외기의 온도 저항값 측정은
(+) 신호선과 (-) 신호선 단자 간 저항을 측정한다.

**04** 스캔데이터 진단

자기진단 커넥터에 스캔 툴을 연결하고, 엔진 시동을 걸어 정상작동 온도까지 워밍업한다. 서비스 데이터에서 외기 온도 센서를 선택하여 출력값을 확인한다. 외기 온도 센서 고장 발생 시 센서 출력값은 20℃로 고정된다.

## 엔진 1 — 크랭크축 메인저널 마모량 점검

주어진 엔진을 기록표의 측정 항목까지 분해하여 기록표의 요구사항을 측정 및 점검하고 본래 상태로 조립하시오.

### 시험장에서는

① **크랭크축 탈거 · 조립** : 메인 베어링 캡에 번호와 화살표가 있다. 앞쪽부터 1번이고 화살표는 앞 방향으로 가도록 조립한다. 설치 볼트를 조립할 때는 스피드 핸들로 3~4번 나누어서 조립한다. 윤활부에 오일 건을 이용하여 오일을 발라 주는 것도 잊지 말아야 한다. 또한 토크 렌치를 이용하여 규정 토크로 조인다.

② **크랭크축의 마모량 측정** : 크랭크축 분해 조립용이 별도로 있고 크랭크축 마모량의 측정 스탠드가 옆에 있다. 감독관이 답안지를 주고 "몇 번 메인 저널 마모량을 측정하시오" 지시할 것이다. "네 감사합니다." 하고 측정 준비를 한다. 일부 수검자이기는 하나 답안지를 주며 지시를 내렸는데 엉거주춤하고 행동이 자신이 없어 보이는 수검자가 있는데 숙련이 안 된 수검자는 금방 알 수 있다. 받아든 답안지를 수검번호와 엔진 번호를 기입하고 걸레로 측정기와 측정할 곳의 메인 저널 및 작업대를 깨끗이 닦고 측정에 임한다. 측정값이 맞아야 점수가 나온다는 것이다. 측정값이 틀리면 다른 것이 맞아도 "0점"이다. 만약 정정을 할 때는 먼저 답을 옆으로 두 줄을 긋고 아래 부분에 다시 적으면 된다. 정정 부분에는 감독관이 도장을 찍어야 하는데 이것은 걱정 안 해도 된다. 감독관이 채점할 때 모두 빠지지 않고 도장을 찍어 줄 것이다. 몇 번을 정정하여도 상관은 없다.

**1. 메인 저널 직경의 측정 모습-1**

**2. 메인 저널 직경의 측정 모습-2**

**3. 메인 저널 측정한 값 모습**

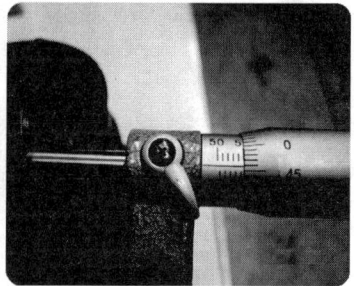

게이지의 세팅을 하여야 하지만 시험장에서 주어진 마이크로미터를 사용한다.

감독위원이 측정하라는 메인 저널의 직경을 측정한다.

4곳의 측정값 중 가장 작은 값을 규정값에서 빼주면 마멸량이다.

동영상

### 1 답안지 작성법

**(1) 크랭크축의 마모량이 많을 때 (U/S 가공 범위 내에 있을 때)**

▶ 엔진 1. 크랭크축 저널 측정
　　　자동차 번호 :

| 측정 항목 | ① 측정(또는 점검) | | ② 판정 및 정비(또는 조치)사항 | | 득 점 |
|---|---|---|---|---|---|
| | 측정값 | 규정(정비한계)값 | 판정(□에 '✔' 표) | 정비 및 조치할 사항 | |
| 메인저널 마모량 | 47.40mm (0.6mm) | 48.00mm (0.05mm) | □ 양 호<br>☑ 불 량 | 언더 사이즈 가공 | |

비번호 : 　　　감독위원 확인 :

※ 감독위원이 지정하는 부위를 측정합니다.

1) **비번호** : 비번호는 공단직원이 주는 등번호를 수검자가 기록한다.
2) **감독위원 확인** : 감독위원 확인란은 감독위원이 채점한 후에 도장을 찍는 부분으로 수검자는 기록하지 않는다.
3) ① **측정(또는 점검)** : 측정값은 수검자가 크랭크축의 직경을 측정한 최소값으로 기록하고, 규정(정비한계)값은 감독관이 주어진 값이나 또는 정비지침서를 보고 기록한다. (반드시 단위를 기입한다)
　　• 측정값 : 47.40mm(0.6mm)　　• 규정(정비한계)값 : 48.00mm(0.05mm)

■ 차종별 메인저널 및 마모량 규정값(mm)

| 차 종 | 메인 저널 규정값 | 한계값 | 차 종 | | 메인 저널 규정값 | 한계값 |
|---|---|---|---|---|---|---|
| 엑셀 | 48.00 | 0.05 | 세피아 | | 49.938~49.956 | 0.05 |
| 쏘나타Ⅲ | 56.980~57.000 | 0.05 | 옵티마 리갈 | 2.0 DOHC | 56.982~57.0 | – |
| 그레이스 | 56.980~56.995 | – | | 2.5 DOHC | 61.982~62.0 | – |
| 엑센트/ 아반떼 | 50 | – | 그레이스 | 디젤(D4BB) | 66.0 | – |
| 그랜저(2.4) | 56.980~56.995 | – | | LPG(L4CS) | 56.980~56.995 | – |
| 마이티 3.5 | – | 0.03 | 아반떼 | 1.5 DOHC | 50.0 | – |
| 크레도스(FE DOHC) | 59.937~59.955 | 0.05 | | 1.8 DOHC | 57.0 | – |

4) ② 판정 및 정비(또는 조치)사항 : 판정은 수검자가 측정한 값과 규정(정비한계)값을 비교하여 범위 내에 있으면 양호, 벗어나면 불량에 ✔표시를 하며, 정비 및 조치할 사항 란에는 고장원인과 정비할 사항을 기록한다.
  • 판정 : • 양호 – 규정(정비한계)값 이내에 있을 때
          • 불량 – 규정(정비한계)값을 벗어났을 때
  • 정비 및 조치할 사항 : 양호하면 정비 및 조치할 사항 없음으로, 불량일 경우 고장원인과 정비방법을 기록한다.
5) **득점** : 득점은 감독위원이 채점을 하고 점수를 기록하는 부분으로 수검자는 기록하지 않는다.
6) **자동차 번호** : 측정하는 자동차 번호를 수검자가 기록한다.

## (2) 크랭크축의 마모량이 많을 때(U/S 가공 범위를 벗어났을 때)

▶ 엔진 1. 크랭크축 저널 측정
　　　자동차 번호 :

| 측정 항목 | ① 측정(또는 점검) | | ② 판정 및 정비(또는 조치)사항 | | 득 점 |
|---|---|---|---|---|---|
| | 측정값 | 규정(정비한계)값 | 판정(□에 '✔' 표) | 정비 및 조치할 사항 | |
| 메인저널 마모량 | 46.40mm (1.60mm) | 48.00mm (0.05mm) | □ 양 호<br>☑ 불 량 | 크랭크축 교환 | |

비번호 : 　　　감독위원 확 인 :

※ 감독위원이 지정하는 부위를 측정합니다.

## (3) 크랭크축의 마모량이 양호할 때

▶ 엔진 1. 크랭크축 저널 측정
　　　자동차 번호 :

| 측정 항목 | ① 측정(또는 점검) | | ② 판정 및 정비(또는 조치)사항 | | 득 점 |
|---|---|---|---|---|---|
| | 측정값 | 규정(정비한계)값 | 판정(□에 '✔' 표) | 정비 및 조치할 사항 | |
| 메인저널 마모량 | 47.97mm (0.03mm) | 48.00mm (0.05mm) | ☑ 양 호<br>□ 불 량 | 정비 및 조치할 사항 없음 | |

비번호 : 　　　감독위원 확 인 :

※ 감독위원이 지정하는 부위를 측정합니다.

## 2 관계 지식

### (1) 수정 한계값과 언더 사이즈 한계값

마모량 한계값

| 항 목 | 저널 지름 | 수정 한계값 |
|---|---|---|
| 진원 마멸값 | 50mm 이상 | 0.20mm |
| | 50mm 이하 | 0.15mm |

언더 사이즈 한계값

| 저널 지름 | 언더 사이즈 한계값 |
|---|---|
| 50mm 이상 | 1.50mm |
| 50mm 이하 | 1.00mm |

### (2) 크랭크축의 메인저널 직경 측정 방법

또 크랭크 축 저널 수정방법은 다음과 같이 한다. 수정값은 최소 측정값에서 진원 절삭값 0.2mm를 뺀 값으로부터 언더 사이즈치수에 알맞은 값을 찾아서 그 값으로 한다. 언더 사이즈 값은 다음과 같다.

| KS 규격 | SAE 규격 |
|---|---|
| 0.25mm | |
| 0.50mm | 0.020" |
| 0.75mm | |
| 1.00mm | 0.040" |
| 1.25mm | |
| 1.50mm | 0.060" |

### (3) 크랭크축의 메인저널 직경 측정 방법

① 크랭크축 메인 저널을 깨끗한 헝겊으로 닦는다.
② 외측 마이크로미터의 0점을 확인하고 오차가 있는 경우 0점 조정을 한다. 마이크로미터의 크기는 크랭크축 직경이 50.0mm 이하일 경우 25~50mm를 50.0mm 이상은 50~75mm용을 선택한다.
③ 각 저널의 상·하부와 좌·우측 부분의 2개소씩 모두 4개소를 측정하여 최소 측정값을 찾아낸다. 이때 각 저널의 최소 측정값을 기준으로 하여 수정한다.

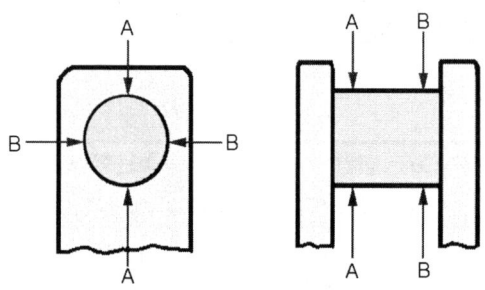

▲ 축의 직경을 측정 하는 위치

# 엔진 3. 가솔린 배기가스 점검

2항의 시동된 엔진에서 공회전 상태를 확인하고 공회전시 배기가스를 측정하여 기록표에 기록하시오.(단, 시동이 정상적으로 되지 않은 경우 본 항의 작업은 할 수 없음)

## 시험장에서는

이 시험은 시동을 걸어서 측정하여야 하므로 추운 겨울에는 수검자나 감독관이나 고생하는 항목이다. 감독관이 답안지를 주면 수험번호와 자동차 번호를 적고 배기가스 테스터기를 연결한 후 시동을 걸어서 측정을 한 다음 기록표를 기록하는데 이 항목은 검사기준이기 때문에 규정값이 주어지지 않는다. 반드시 규정값을 암기하고 있어야 한다. 배기가스 측정은 엔진의 상태에 따라 측정값이 많이 변하기 때문에 감독관이 바로 옆에서 보면서 채점을 하거나 아니면 측정하는 방법만을 확인하고 테스터기 바늘을 고정시켜 놓고 측정값을 기록하도록 하는 경우도 있다. 일부 수검자는 감독관이 점수를 깎기 위해 잘못한 것만 찾고 있는 사람으로 생각하는 부정적인 생각을 갖고 있는 수검자가 많은데 좀 더 긍정적인 방향으로 생각한다면 내가 잘하는 것을 보고 점수를 주기 위해 있다고 생각을 할 수 있는 것이다. 감독관에게 내 실력을 보여주기 위해서는 능력을 길러야 하지 않을까?

### 1. 배기가스 측정 준비된 모습

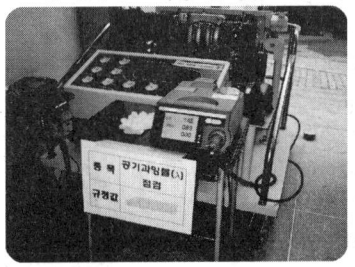

시험 준비를 수검자가 하여야 한다. 때에 따라서는 준비되어 있다. 웜업된 상태에서 측정 하여야 한다.

### 2. 3개 항목 측정화면 모습

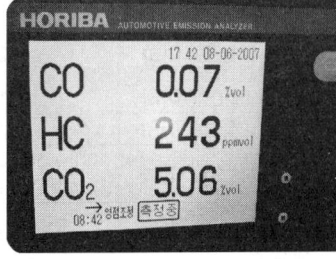

M 키를 누르면 측정이 되며 화면에 일산화탄소, 탄화수소, 이산화탄소 측정값이 뜬다.

### 3. 6개 항목 측정화면 모습

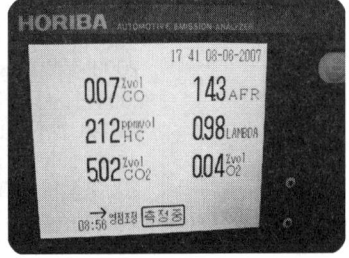

화면 변환키를 누르면 측정이 되면서 6개 항목의 측정값이 뜬다. 한 번 더 누르면 3개 항목씩 뜬다.

## 1  답안지 작성법

### (1) 배기가스 배출량이 많아 불량일 때

▶ 엔진 3. 배기가스 점검
자동차 번호 :

| 항목 | ① 측정(또는 점검) | | 판정(□에 '✔' 표) | 득 점 |
|---|---|---|---|---|
| | 측정값 | 기준값 | | |
| CO | 2.8% | 1.2% 이하 | □ 양 호 | |
| HC | 540ppm | 220ppm 이하 | ☑ 불 량 | |

비번호 / 감독위원 확 인

※ 감독위원이 제시한 자동차등록증(또는 차대번호)를 활용하여 차종 및 연식을 적용합니다.
※ 자동차 검사기준 및 방법에 의하여 기록 판정합니다.
※ CO는 소수점 둘째자리 이하는 버리고 0.1% 단위로 기록 합니다.
※ HC는 소수점 둘째자리 이하는 버리고 1ppm 단위로 기록합니다.

1) **비번호** : 비번호는 공단직원이 주는 등번호를 수검자가 기록한다.
2) **감독위원 확인** : 감독위원 확인란은 감독위원이 채점한 후에 도장을 찍는 부분으로 수검자는 기록하지 않는다.
3) **① 측정(또는 점검)** : 측정값은 수검자가 측정한 배기가스의 CO, HC 값을 기록하고, 기준값은 운행 차량의 배출 허용 기준값을 기록한다.
   - 측정값 : ・CO-2.8%,   ・HC-540ppm
   - 규정(정비한계)값 : ・CO-1.2% 이하   ・HC-220ppm 이하(2005년 03월 13일 등록-체어맨)
4) **② 판정** : 판정은 수검자가 측정값과 기준값을 비교하여 범위 내에 있으면 양호, 벗어나면 불량에 ✔표시를 한다. ●판정 : ・양호-규정(정비한계)값의 범위에 있을 때  ・불량-규정(정비한계)값을 벗어났을 때

5) **득점** : 득점은 감독위원이 채점을 하고 점수를 기록하는 부분으로 수검자는 기록하지 않는다.
6) **정비 및 조치사항** : 정비 및 조치사항은 CO, HC값이 높은 원인과 정비할 사항을 기록한다.
7) **자동차 번호** : 측정하는 자동차의 번호를 수검자가 기록한다.

## 2 관계 지식

### (1) 배출가스(CO, HC)가 많은 원인
① 연료 분사량의 많음  ② 공기 청정기의 막힘
③ 촉매 컨버터의 불량  ④ 배출가스 재순환 장치(EGR 밸브, EGR 솔레노이드 밸브) 불량
⑤ 점화장치(점화코일, 점화 플러그, 고압 케이블)의 불량
⑥ 증발가스 재순환장치 불량  ⑦ 블로바이 가스 재순환장치 불량

### (2) 배기가스 배출 허용기준(CO, HC)

| 차 종 | | 제작일자 | 일산화탄소 | 탄화수소 | 공기과잉율 |
|---|---|---|---|---|---|
| 경자동차 | | 1997년 12월 31일 이전 | 4.5% 이하 | 1,200ppm 이하 | 1±0.1 이내 다만, 기화기식 연료공급장치 부착 자동차는 1±0.15이내 촉매 미부착 자동차는 1±0.20 이내 |
| | | 1998년 1월 1일부터 2000년 12월 31일까지 | 2.5% 이하 | 400ppm 이하 | |
| | | 2001년 1월 1일부터 2003년 12월 31일까지 | 1.2% 이하 | 220ppm 이하 | |
| | | 2004년 1월 1일 이후 | 1.0% 이하 | 150ppm 이하 | |
| 승용 자동차 | | 1987년 12월 31일 이전 | 4.5% 이하 | 1,200ppm 이하 | |
| | | 1988년 1월 1일부터 2000년 12월 31일까지 | 1.2% 이하 | 220ppm 이하(휘발유알코올자동차) 400ppm 이하(가스자동차) | |
| | | 2001년 1월 1일부터 2005년 12월 31일까지 | 1.2% 이하 | 220ppm 이하 | |
| | | 2006년 1월 1일 이후 | 1.0% 이하 | 120ppm 이하 | |
| 승합·화물·특수 자동차 | 소형 | 1989년 12월 31일 이전 | 4.5% 이하 | 1,200ppm 이하 | |
| | | 1990년 1월 1일부터 2003년 12월 31일까지 | 2.5% 이하 | 400ppm 이하 | |
| | | 2004년 1월 1일 이후 | 1.2% 이하 | 220ppm 이하 | |
| | 중형·대형 | 2003년 12월 31일 이전 | 4.5% 이하 | 1200ppm 이하 | |
| | | 2004년 1월 1일 이후 | 2.5% 이하 | 400ppm 이하 | |

### (3) 쌍용 자동차 차대번호의 표기 부호(체어맨-2005)

```
K  P  B  N  E  2  A  9  1  5  P  0  3  1  2  9  9
①  ②  ③  ④  ⑤  ⑥  ⑦  ⑧  ⑨  ⑩  ⑪  ⑫  ⑬  ⑭  ⑮  ⑯  ⑰
   제작 회사군        자동차 특성군              제작 일련 번호군
```

① **K** : 국제배정 국적표시 – K : 한국, J : 일본, 1 : 미국,
② **P** : 제작사를 나타내는 표시 – M : 현대, L : 대우, N : 기아, P : 쌍용 자동차
③ **B** : 자동차 종별 표시 – A : 소형 승용, B : 대형 승용, F : 중형승용, K : 소형승합,
  J : 중형 승합, H : 소형 화물, G : 중형 화물, C : 대형 화물
④ **N** : 차량 기본 형식
⑤ **E** : 차체형상 – C : 캡 오버, B : 본닛, S : 세미 트레일러, E : 기타형상, M : 단체구조, F : 프레임 구조
⑥ **2** : 세부 차종 – 2 : 승용
⑦ **A** : 기타 특성 – A : 일반, B : 승용겸 화물, C : 지프, E : 기타, G : 밴, F : 덤프, K : 견인, J : 구난
⑧ **9** : 원동기 구분 – 엔진 배기량으로 영문 및 아라비아 숫자로 표기
⑨ **1** : 대조 번호 – 1 : 미정정,
⑩ **5** : 제작년도 – M : 1991, N : 1992, P : 1993, R : 1994, S : 1995, T : 1996, V : 1997, W : 1998,
  X : 1999, Y : 2000, 1 : 2001, 2 : 2002, 3 : 2003 …… 9 : 2009,
  A : 2010, B : 2011, C :2012, D : 2013, E : 2014, F : 2015, G : 2016, H : 2017, H : 2018,
⑪ **P** : 공장 기호 – P : 평택
⑫~⑰ **031299** : 차량 생산 일련 번호

## (4) 자동차 등록증(체어맨 -2005)

# 자 동 차 등 록 증

제 201512-007483호　　　　　　　　　　　　　　　최초 등록일 : 2005년 03월 13일

| ① 자동차 등록 번호 | 02소 2885 | ② 차　　　종 | 소형 승용 | ③ 용도 | 자가용 |
|---|---|---|---|---|---|
| ④ 차　　　　명 | 체어맨 | ⑤ 형식 및 연식 | C5DA2 | | 2005 |
| ⑥ 차 대 번 호 | KMHCT41EBDU567890 | ⑦ 원동기 형식 | 162 | | |
| ⑧ 사 용 본 거 지 | 경기도 양주시 부흥로 1901 신도 8차 아파트***동 ***호 | | | | |
| 소유자 | ⑨ 성명(명칭) | 김광수 | ⑩ 주민(사업자) 등록 번호 | ***117-******* | |
| | ⑪ 주　　　소 | 경기도 양주시 부흥로 1901 신도 8차 아파트***동 ***호 | | | |

자동차 관리법 제8조등의 규정에 의하여 위와 같이 등록하였음을 증명합니다.

2005 년　03 월　13 일

-위반하기 쉬운사항-
※ 위반시 과태료 처분(뒷면 기재 참조)
　o 주소 및 사업장 소재지 변경 15일 이내
　o 정기검사 만료일 전후 15일 이내
　o 책임 보험료 가입 만료일 이전 이내 가입(100만원 이하 과태료)
　o 말소 등록.폐차일로 부터 30일 이내(50만원 이하 과태료)

# 양 주 시 장

---

### 1. 제원

| ⑫형식승인번호 | A05-1-00009-0025-1301 | | |
|---|---|---|---|
| ⑬길　　이 | 35135mm | ⑭너　　비 | 1825mm |
| ⑮높　　이 | 1465mm | ⑯총 중 량 | 2120kgf |
| ⑰배 기 량 | 3199cc | ⑱정격 출력 | 220/6000ps/rpm |
| ⑲승차 정원 | 5 명 | ⑳최대적재량 | 0kgf |
| ㉑기 통 수 | 6기통 | ㉒연료의종류 | 휘발유 (연비 7.7km/L) |

### 2. 등록 번호판 교부 및 봉인

| ㉓구 분 | ㉔번호판교부일 | ㉕봉인일 | ㉖교부대행자확인 |
|---|---|---|---|
| | | | |
| | | | |

### 2. 저당권 등록

| ㉗구분(설정 또는 말소) | ㉘ 일　　　자 |
|---|---|
| | |

※ 기타 저당권 등록의 내용은 자동차 등록원부를 열람확인 하시기 바랍니다.
※ 비고

### 4. 검사 유효기간

| ㉙연 월 일 부 터 | ㉚연 월 일 까 지 | ㉛검 사 시행장소 | ㉜주행 거리 | ㉝검사 책임자확인 |
|---|---|---|---|---|
| 2009-03-13 | 2011-03-12 | 노원검사소 | | |
| 2011-03-13 | 2013-03-12 | 노원검사소 | | |
| 2013-03-13 | 2015-03-12 | 노원검사소 | | |
| 2015-03-13 | 2017-03-12 | 노원검사소 | | |
| 2017-03-13 | 2019-03-12 | 노원검사소 | | |
| 2019-03-13 | 2021-03-12 | | | |

※ 주의사항 : ㉙항 첫째란에는 신규 등록일을 기재합니다.

## 9안 산업기사 엔진 4 — 스텝 모터(ISA) 파형 분석

주어진 자동차의 엔진에서 스텝 모터(또는 ISA)의 파형을 출력·분석하여 그 결과를 기록표에 기록하시오.(측정조건 : 공회전 상태)

### 시험장에서는

ISA의 파형 측정은 엔진 시동이 걸려있는 상태에서 측정이 가능하다. 튠업용 엔진이나 실제 차량이 준비되어 있고 그 옆에는 테스터기가 책상 위에 놓여 있을 것이다. 엔진의 시동을 걸고 테스터기를 연결하여 파형을 보고 감독 위원에게 고장 난 부분과 수리방법을 설명한다.

수검자는 반드시 파형을 프린트하여 그것을 답안지에 부착하여야 한다. 시동이 걸려 있는 엔진에서 측정하여야 하기 때문에 안전에 각별히 유의하여야 하며 작업복이나 긴 머리카락 등이 회전체에 닿지 않도록 신중을 기한다.

1. ISCA 설치 위치(1)

ISC 밸브 방식 일 때는 펄스 파형으로 나타나며 단자에 위치를 암기하지 않아도 된다. 모든 차량의 배선도나 정비지침서는 프린트물로 준비하여 놓았다.

2. ISCA 설치 위치(2)

스텝 모터 방식일 때는 역기전력이 발생하며 단자에 위치를 암기하지 않아도 된다. 모든 차량의 배선도나 정비지침서는 프린트물로 준비하여 놓았다.

3. Hi-DS 시험 준비 모습

컴퓨터와 모니터가 켜져 있는 상태이고 파형을 본 후 반드시 프린트 하여 그곳에 직접 내용을 설명하고 답안지에 부착한다.

## 1. 답안지 작성법

### (1) 열림측 공전속도 조절 밸브 단선일 때

▶ 엔진 4. 점화 코일 1차 파형 분석
  자동차 번호 :

| | 비번호 | | 감독위원 확 인 | |
|---|---|---|---|---|
| 측정 항목 | 파형 상태 | | | 득 점 |
| 파형 측정 | 공회전 속도 조절 밸브(ISCA : Idle Speed Control Actuator)는 열림측 및 닫힘측 2개의 코일로 구성되어 있으며, NO. 1은 열림측 공회전 속도 조절 밸브 파형이고, NO. 2는 닫힘측 공회전 속도 조절 밸브 파형이다.<br>① **열림측 파형** : 코일 손상이나 배선의 단선/단락이 발생하면 ISA 밸브가 열리지 않게 된다. 따라서 추가적인 공기가 유입되지 못하여 시동이 꺼지거나 아이들이 불안정하게 된다. 파형은 최대값과 최소값이 일정하게 파형이 나와야한다. 그런데 열림측 공회전 속도 조절 밸브 파형은 위에 부분에서 드롭 현상이 일어나고 있어서 단선/단락인 상태의 파형이다.<br>② **닫힘측 파형** : 닫힘 코일 측 코일 손상이나 배선의 단선/단락이 발생할 경우 ISA가 열린 채 고정되어 엔진 회전수가 과도하게 높아지게 된다. 최대값과 최소값의 파형이 노이즈, 드롭이 없이 일정하므로 정상적인 파형이다. | | | |

1) **비번호** : 비번호는 공단직원이 주는 등번호를 수검자가 기록한다.
2) **감독위원 확인** : 감독위원 확인란은 감독위원이 채점한 후에 도장을 찍는 부분으로 수검자는 기록하지 않는다.
3) **파형상태** : 파형 상태 란은 수검자가 감독위원의 지시에 따라 스캐너나 튠업 테스터기로 측정한 파형을 프린터로 출력하여 고장 부분 및 각 부분을 출력물에 직접 기록 설명하고 파형의 상태를 결론으로 정리한다.

4) **득점** : 득점은 감독위원이 채점을 하고 점수를 기록하는 부분으로 수검자는 기록하지 않는다.
5) **자동차 번호** : 측정하는 자동차의 번호를 수검자가 기록한다.

## (2) 첨부한 출력물

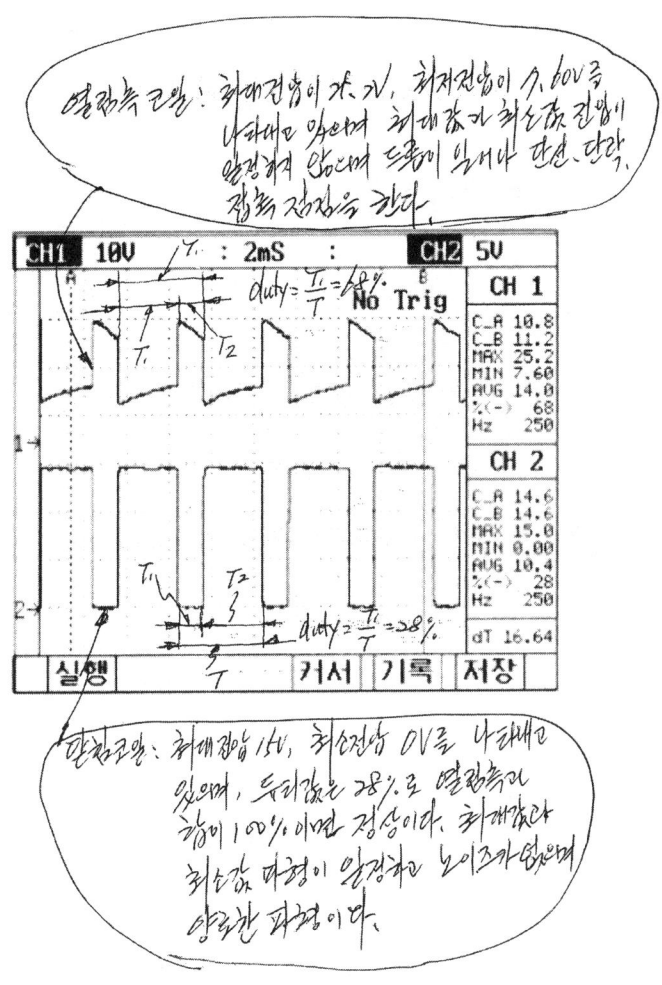

## 2  관계 지식

### (1) 공회전 속도 조절 밸브(ISCA : Idle Speed Control Actuator)의 기능

ISA는 메인릴레이로부터 전원을 공급받고 ECU는 열림 코일과 닫힘 코일을 (-) 제어하는 방식으로 이루어져 있다. 그리고 듀티 신호는 열림 코일과 닫힘 코일에서 정반대의 위상으로 나타난다. 아래 그림의 예를 보면 무부하 엔진 공회전 시에 열림 코일의 듀티가 34%이고, 닫힘 코일의 듀티는 66%이다. 즉 펄스가 두 단자에서 완전히 상반되어 나타난다. 공회전 속도에 영향을 미치는 요소에는 다음과 같다.
① 냉각수 온도(엔진의 작동 온도)
② 에어컨 작동 여부
③ 전기장치에 걸리는 부하. 예) 열선, 전조등
④ 자동변속기의 정지 중 D레인지 절환.
⑤ 파워스티어링에 작동여부

### (2) 공기량을 보정 기능

① **시동 후 보정** - 시동 시에는 액셀러레이터 페달을 거의 밟지 않기 때문에 흡입되는 공기량이 적어 목표하는 회전수에 도달하지 못하거나 시동이 꺼질 수 있다. 따라서 시동 후 엔진의 회전속도를 2000~3000rpm 정도 올렸다가 떨어트리게 되는데 이 역할을 ISA가 담당한다.

② 대시 포트(Dashpot) 보정 - 주행 중 급 감속할 경우 스로틀 밸브가 급격히 닫힌다. 이때 흡입 공기량이 급격하게 감소하면 연소 불능으로 출력 감소, 매연 발생, 엔진이 정지하게 되므로 ISA를 열었다 서서히 닫아서 흡입 공기량을 단계적으로 감소시키는 기능을 한다.
③ 피드백(Feedback) 보정 - 엔진 상황에 따라 목표 회전수가 정해지면 이를 맞추기 위해 현재의 엔진 회전수를 기준으로 목표 회전수와의 편차를 구하고 이 편차가 '0'이 되는 방향으로 ISA의 듀티를 제어하는 기능을 한다.

### (3) 스텝 모터 파형의 분석

1) ISC 밸브방식 정상 파형

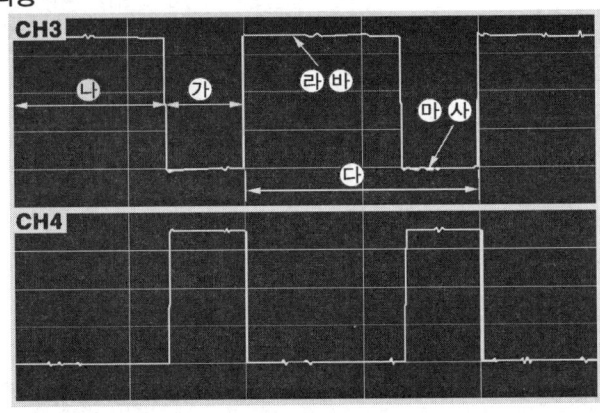

▲ ISC 밸브 방식

① ㉮는 ISC 밸브 열림 구간으로 1주기를 100%로 볼 때 약 34%가 열려 있음을 나타내고 있다. 이는 전체 열림 중에서 34%를 열었음을 표시한다.
② ㉯는 ISC 밸브 닫힘 구간을 나타내며 이 구간은 ECU에서 제어하지 않는 구간을 표시한다.
③ ㉰는 1주기의 시간이 10ms으로 주파수는 100Hz로 제어되고 있다. 100Hz의 빠른 주기로 반복 작용하기 때문에 정지 상태에서 미세하게 움직이는 동작처럼 작용을 한다.
④ ㉱는 공급 전원으로 알터네이터 전원을 표시한다.
⑤ ㉲는 동작 전원을 나타내며 ECU의 TR ON 전원으로 접지 전원(0V)에 가까워야 한다.
⑥ ㉳와 ㉴는 공급 전원 및 접지 전원을 나타내며, 일직선으로 깨끗해야 한다. 모양이 깨끗하지 못하면 배선 및 ECU 구동 회로를 확인한다.

2) 스텝 모터 방식의 정상파형

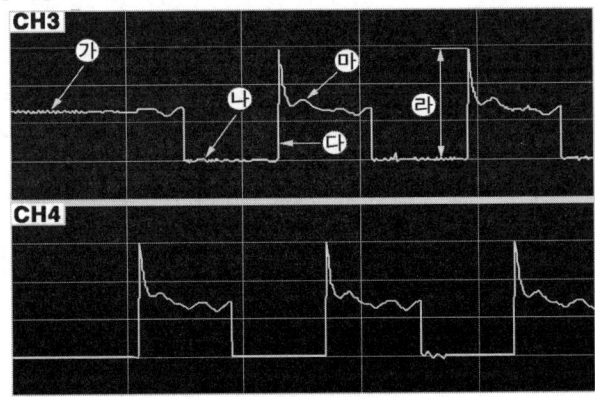

▲ ISC 스텝 모터 방식

① ㉮는 스텝 모터의 공급 전원을 표시한다.
② ㉯는 스텝 모터를 구동하기 위해 TR이 ON되어 있는 구간을 표시하며 0V에 가까워야 한다.
③ ㉰는 스텝 모터를 구동하는 TR이 OFF된 것을 나타낸다.
④ ㉱는 구동 TR이 OFF될 때 발생하는 역기전력을 나타낸다.(약 30V 가 나온다)
⑤ ㉲는 인접 코일의 영향으로 산모양의 감쇄파형이 발생한다.

### (4) 스캐너에서 정상 파형과 열림측 공회전 속도 조절 밸브 단선의 모습

NO. 1은 열림측 공회전 속도 조절 밸브 파형이고, NO. 2는 닫힘측 공회전 속도 조절 밸브 파형이다. 그림. 1에서 공회전 속도 조절 밸브(ISCA : Idle Speed Control Actuator)는 열림측 및 닫힘측 2개의 코일로 구성되어 있으며, 가속시와 같이 스로틀 밸브가 많이 열리는 상태에서는 열림측 작동 듀티가 닫힘측 보다 높다. 두 코일의 작동 듀티는 산술적으로 합할 때 100%가 되어야 하며, 고장시 작동 듀티는 각 코일의 고장형태에 따라 ECM측에서 가변적으로 조정한다.

열림 코일 측 코일 손상이나 배선의 단선/단락이 발생하면 ISA 밸브가 열리지 않게 된다. 따라서 추가적인 공기가 유입되지 못하여 시동이 꺼지거나 아이들이 불안정하게 된다. 반대로 닫힘 코일 측 코일 손상이나 배선의 단선/단락이 발생할 경우 ISA가 열린 채 고정되어 엔진 회전수가 과도하게 높아지게 된다. 그림 2에서는 열림측 공회전 속도 밸브 단선인 상태의 파형이다.

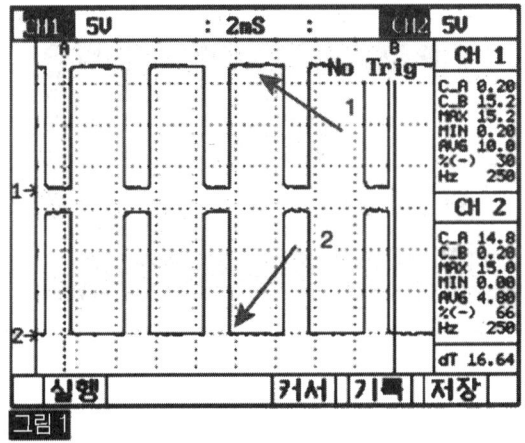
그림 1

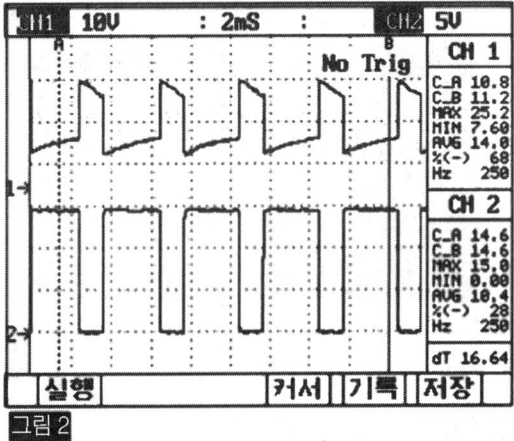
그림 2

### (5) 측정 위치

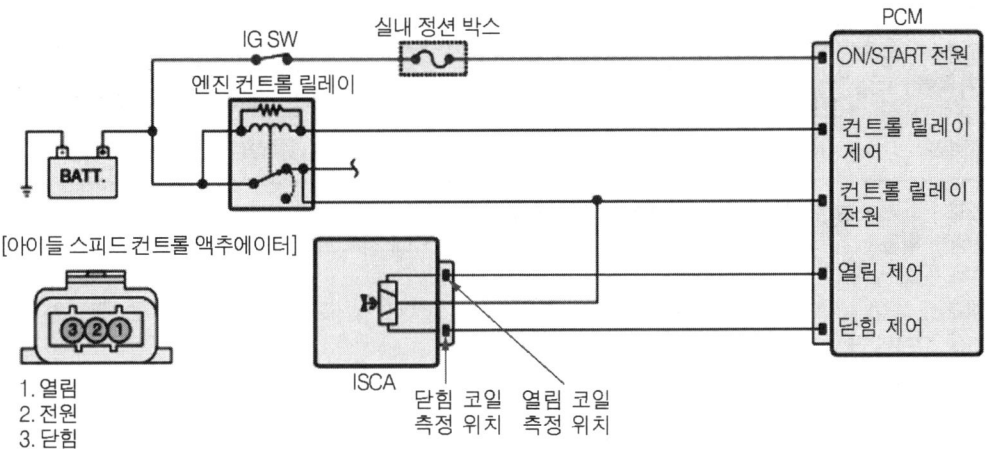

## 엔진 5 : 전자제어 디젤 엔진 공전속도 점검

### 9안 산업기사

주어진 전자제어 디젤 엔진에서 연료 압력 센서를 탈거한 후(감독위원에게 확인), 다시 부착하여 시동을 걸고 공전속도를 점검하여 기록표에 기록하시오.

### 시험장에서는

새로 추가된 문제다. 그동안 디젤 엔진에서는 타이밍 라이트를 이용하였으나 전자제어 디젤 엔진에서는 스캐너나 HI-DS 진단기를 이용하여 측정한다.

1. 공전속도 점검 준비된 엔진 시뮬레이터

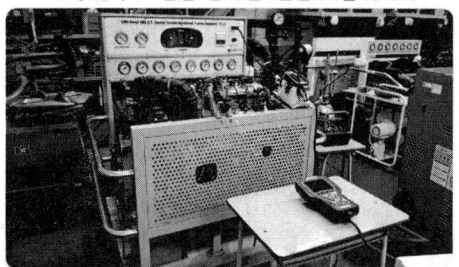

2. 자기진단 커넥터 위치

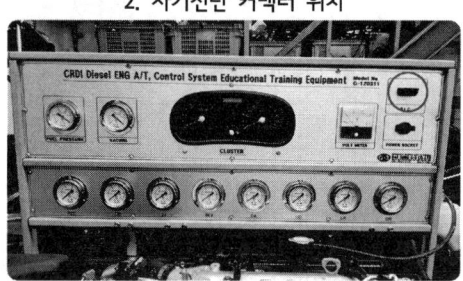

## 1 답안지 작성법

### (1) 공전속도가 정상일 때

▶ 엔진 5. 디젤 엔진 공전속도 점검
자동차 번호 :

| 측정 항목 | ① 측정(또는 점검) | | ② 판정 및 정비(또는 조치)사항 | | 득 점 |
|---|---|---|---|---|---|
| | 측 정 값 | 규정(정비한계)값 | 판정(□에 '✓'표) | 정비 및 조치할 사항 | |
| 공전속도 | 790RPM | 790±100RPM | ☑ 양 호<br>□ 불 량 | 정비 및 조치사항 없음 | |

| | 비 번 호 | | 감독위원 확 인 | |
|---|---|---|---|---|

① **비번호** : 비번호는 공단직원이 주는 등번호를 수검자가 기록한다.
② **감독위원 확인** : 감독위원 확인란은 감독위원이 채점을 한 후에 감독위원이 도장을 찍는 부분으로 수검자는 기록하지 않는다.
③ **측정(또는 점검)** : 측정값은 수검자가 공전속도를 측정한 값으로 기록하고, 규정값(정비한계값)은 감독관이 주어진 값이나 또는 일반적인 규정값을 기록한다.
  - 측정값 : 790RPM
  - 규정(정비한계)값 : 790±100RPM

■ 차종별 공전속도 기준값(웜업상 태 - N & P 위치)

| 차종 | 엔진형식 | 생산년도 | 공전속도(A/C - OFF) | 공전속도(A/C - ON) |
|---|---|---|---|---|
| 아반떼(HD) | D 1.6 TCI-U | 2006~2010 | 830±100RPM | 830±100RPM |
| 트라제XG(FO) | D 2.0 TCI-D | 2000~2007 | 780±40RPM | 780±40RPM |
| 싼타페 CM | R 2.2 TCI-D | 2006~2009 | 790±100RPM | 790±100RPM |
| | R 2.0 TCI-D | 2008~2009 | | |
| | R 2.0 TCI-R | 2010~2012 | | |
| | R 2.0 TCI-R | 2010~2012 | | |
| 쏘렌토 BL | D 2.5 TCI-A(WGT) | 2002~2006 | 750±100RPM | 750±100RPM |
| | D 2.5 TCI-A(VGT) | 2007~2009 | 750±100RPM | 800±100RPM |
| 스포티지 KM | D 2.0 TCI-D(WGT) | 2004~2009 | 720±40RPM | 720±40RPM |
| | D 2.5 TCI-D(VGT) | 2006~2010 | 700±100RPM | 700±100RPM |

④ **판정 및 정비(또는 조치)사항** : 판정은 수검자가 측정한 값과 규정값(정비한계값)을 비교하여 범위 내에 있으면 양호, 벗어나면 불량에 ✔ 표시를 하며, 정비 및 조치할 사항 란에는 고장원인과 정비할 사항을 기록한다.
- 판정 : ·양호 – 규정(정비한계)값의 범위에 있을 때  ·불량 – 규정(정비한계)값을 벗어났을 때
- 정비 및 조치할 사항 : 양호하면 정비 및 조치할 사항 없음으로, 불량일 경우 고장원인과 정비방법을 기록한다.
  - 정비 및 조치사항 없음

⑤ **득점** : 득점은 감독위원이 채점을 하고 점수를 기록하는 부분으로 수검자는 기록하지 않는다.

⑥ **자동차 번호** : 측정하는 자동차 번호를 수검자가 기록한다.

## (2) 공전속도가 낮을 때

▶ 엔진 5. 디젤 엔진 공전속도 점검
자동차 번호 :

| 측정 항목 | ① 측정(또는 점검) || ② 판정 및 정비(또는 조치)사항 || 득 점 |
|---|---|---|---|---|---|
| | 측 정 값 | 규정(정비한계)값 | 판정(□에 '✔' 표) | 정비 및 조치할 사항 | |
| 공전속도 | 700RPM | 790±100RPM | □ 양 호<br>☑ 불 량 | 에어 필터의 막힘<br>–에어 필터의 교환 | |

## (3) 공전속도가 불안정할 때

▶ 엔진 5. 디젤 엔진 공전속도 점검
자동차 번호 :

| 측정 항목 | ① 측정(또는 점검) || ② 판정 및 정비(또는 조치)사항 || 득 점 |
|---|---|---|---|---|---|
| | 측 정 값 | 규정(정비한계)값 | 판정(□에 '✔' 표) | 정비 및 조치할 사항 | |
| 공전속도 | 700~900RPM에서<br>불안정함 | 790±100RPM | □ 양 호<br>☑ 불 량 | 연료계통 & 공기 흡입<br>및 압축압력 등을 점검<br>수정 후 재점검 | |

## 2 관계 지식

### (1) 고장 진단

1) 공회전 불안정
   ① 인젝터측 연료 리턴라인 단선
   ② 인젝터 연료량 보정 안됨
   ③ 레일 압력 센서 출력 미감지
   ④ 하니스 저항 증가(단선 또는 접촉 불량)
   ⑤ 저압 연료회로 공기 유입
   ⑥ 연료 품질 불량 또는 연료 내 수분 유입
   ⑦ 연료 필터 막힘
   ⑧ 에어필터 막힘
   ⑨ 인젝터측 연료 리턴호스 막힘
   ⑩ 고압 연료 회로 누유
   ⑪ 글로우 시스템 결함
   ⑫ 압축압력 낮음
   ⑬ 인젝터 플랜지 너트 조임 상태 불량
   ⑭ 고압 연료펌프 고장
   ⑮ 인젝터 이상
   ⑯ 인젝터 내 카본 누적(분사 홀 막힘)
   ⑰ 인젝터 니들 고착(고압에서만 작동 됨)
   ⑱ 인젝터 열림 고착
   ⑲ 전자식 EGR 컨트롤 밸브 고착

2) 공회전 높거나 낮음
   ① 냉각수온 센서 신호 미감지
   ② 차량 전기장치 이상
   ③ 제너레이터 또는 전압 레귤레이터 결함
   ④ ECM 프로그램 또는 하드웨어 이상
   ⑤ 전자식 EGR 컨트롤 밸브 열림 고착
   ⑥ 엑셀페달 관련 고장(엔진 회전수 : 1,250rpm 고정)

## 9안 산업기사 섀시 2 — 종감속 기어장치 백래시 & 런 아웃 점검

주어진 종감속 장치에서 링 기어의 백래시와 런 아웃을 측정하여 기록표에 기록한 후 백래시가 규정값이 되도록 조정하시오.

### 시험장에서는

종감속 기어장치의 백래시 측정용과 링기어 런 아웃 측정용 종감속 기어장치가 따로 따로 설치되어 있는 경우가 대부분이다. 원칙은 주어진 종감속 기어장치에서 수검자가 다이얼 게이지를 설치한 후 백래시를 측정하고 런 아웃을 측정하여야 하지만 시험장에서 아주 설치하여 놓고 측정만 할 수 있도록 하였다. 본교에서도 시험을 볼 때마다 수검자가 설치하도록 하였더니 다이얼 게이지를 떨어트려 파손되는 경우가 허다하게 많았다. 감독위원도 난감해 했다. 비싼 교보재를 ……. 그래서 설치하여 놓고 측정방법이 틀리면 다시 설치하라고 하였지만 대부분 그대로 측정하여 시험이 순조롭게 진행되었다.

1. 백래시를 측정하기 위한 준비 모습

종감속 기어장치를 움직이지 않도록 고정시켜 놓고 준비를 하였다. 뒤로 밀어서 0점으로 세팅하고 앞으로 밀어 움직인 거리가 백래시다.

2. 백래시 다이얼 게이지 설치 모습

다이얼 게이지의 스핀들은 반드시 기어면에 직각으로 설치하여 측정한다. 시험장에서는 고정시켜서 건드리지 말고 측정하는 경우도 있다.

3. 런 아웃 다이얼 게이지 설치 모습

시작하는 곳을 알리기 위하여 기어에 백묵으로 표시하고 다이얼 게이지를 0점으로 조정한 후 한 바퀴를 돌려서 지침이 좌우로 움직인 값을 더한다.

## 1 답안지 작성법

### (1) 백 래시는 크고 런 아웃이 양호할 때

▶ 섀시 2. 종감속 장치 링 기어 점검
   작업대 번호 :

| 측정항목 | ① 측정(또는 점검) | | ② 판정 및 정비(또는 조치)사항 | | 득 점 |
|---|---|---|---|---|---|
| | 측정값 | 규정(정비한계)값 | 판정(□에 '✔' 표) | 정비 및 조치할 사항 | |
| 백래시 | 0.53mm | 0.11~0.16mm | □ 양 호<br>☑ 불 량 | 피니언 기어를 안쪽으로 밀어지도록 심을 빼서 규정값 범위에 들도록 조정 | |
| 런아웃 | 0.03mm | 0.05mm 이하 | | | |

비번호 : _____   감독위원 확인 : _____

1) **비번호** : 비번호는 공단직원이 주는 등번호를 수검자가 기록한다.
2) **감독위원 확인** : 감독위원 확인란은 감독위원이 채점한 후에 도장을 찍는 부분으로 수검자는 기록하지 않는다.
3) **① 측정(또는 점검)** : 측정값은 수검자가 백래시와 런 아웃을 측정한 값을 기록하고, 규정(정비한계)값은 감독관이 주어진 값이나 또는 정비지침서를 보고 기록한다.(반드시 단위를 기록한다)
   - 측정값 : · 백래시 − 0.53mm          · 런 아웃 − 0.03mm
   - 규정(정비한계)값 : · 백래시 − 0.11~0.16mm     · 런 아웃 − 0.05mm 이하

■ 차종별 백래시 규정값

| 차 종 | 링 기어 | | 조정법 |
|---|---|---|---|
| | 백래시 | 런아웃 | |
| 갤로퍼/ 테라칸/ 스타렉스 | 0.11~0.16mm | 0.05mm 이하 | |
| 싼타페 CM(2.0-2010) | 0.10~0.15 | 0.05mm 이하 | |
| 록스타 | 0.09~0.11 | – | |
| 마이티 | 0.20~0.28mm | 0.05mm 이하 | |
| 그레이스 | 0.11~0.16 | 0.05mm 이하 | |
| 에어로 버스 | 0.25~0.33mm(한계 0.6mm) | 0.2mm 이하 | ▲ 심 조정 형식 |

4) ② 판정 및 정비(또는 조치)사항 : 판정은 수검자가 측정한 값과 규정(정비한계)값을 비교하여 범위 내에 있으면 양호, 벗어나면 불량에 ✔ 표시를 하며, 정비 및 조치할 사항 란에는 고장원인과 정비할 사항을 기록한다.
　• 판정 : ·양호 – 규정(정비한계)값 이내에 있을 때, 　·불량 – 규정(정비한계)값을 벗어났을 때
　• 정비 및 조치할 사항 : 양호하면 정비 및 조치할 사항 없음으로, 불량일 경우 고장원인과 정비방법을 기록한다.
5) **득점** : 득점은 감독위원이 채점을 하고 점수를 기록하는 부분으로 수검자는 기록하지 않는다.
6) **작업대 번호** : 측정하는 작업대 번호를 수검자가 기록한다.

## (2) 백 래시는 작고 런 아웃이 양호할 때

▶ 섀시 2. 종감속 장치 링 기어 점검
　　작업대 번호 :

| 측정항목 | ① 측정(또는 점검) | | ② 판정 및 정비(또는 조치)사항 | | 득 점 |
|---|---|---|---|---|---|
| | 측정값 | 규정(정비한계)값 | 판정(□에 '✔' 표) | 정비 및 조치할 사항 | |
| 백래시 | 0.05mm | 0.11~0.16mm | □ 양 호<br>☑ 불 량 | 피니언 기어를 바깥쪽으로 당겨지도록 피언기어에 쉼을 넣어 조정 | |
| 런아웃 | 0.03mm | 0.05mm 이하 | | | |

비번호 : 　　감독위원 확인 :

## (3) 백 래시는 정상이고 런 아웃이 클 때

▶ 섀시 2. 종감속 장치 링 기어 점검
　　작업대 번호 :

| 측정항목 | ① 측정(또는 점검) | | ② 판정 및 정비(또는 조치)사항 | | 득 점 |
|---|---|---|---|---|---|
| | 측정값 | 규정(정비한계)값 | 판정(□에 '✔' 표) | 정비 및 조치할 사항 | |
| 백래시 | 0.14mm | 0.11~0.16mm | □ 양 호<br>☑ 불 량 | 차동기어 캐리어 또는 종감속 기어장치 어셈블리 교환 | |
| 런아웃 | 0.10mm | 0.05mm 이하 | | | |

## (4) 백 래시와 런 아웃이 양호할 때

▶ 섀시 2. 종감속 장치 링 기어 점검
　　작업대 번호 :

| 측정항목 | ① 측정(또는 점검) | | ② 판정 및 정비(또는 조치)사항 | | 득 점 |
|---|---|---|---|---|---|
| | 측정값 | 규정(정비한계)값 | 판정(□에 '✔' 표) | 정비 및 조치할 사항 | |
| 백래시 | 0.15mm | 0.11~0.16mm | ☑ 양 호<br>□ 불 량 | 정비 및 조치사항 없음 | |
| 런아웃 | 0.03mm | 0.05mm 이하 | | | |

## 2 관계 지식

### (1) 백래시 조정 방법

① **조정 나사식** : 나사를 조이거나 풀어서 링 기어를 좌우로 이동시킨다. 이때 풀어준 만큼 반대편에서 조여 준다.
② **심(seam) 조정 방식** : 심을 넣거나 빼서 링 기어를 좌우로 이동시킨다. 이때 뺀 쪽의 것을 반대쪽에 넣는다.
③ 링 기어를 구동 피니언 쪽으로 이동시키면 백래시가 작아지며, 반대로 멀리하면 백래시가 커진다.

### (2) 백래시와 런아웃 측정 방법

1. 백래시 측정 모습

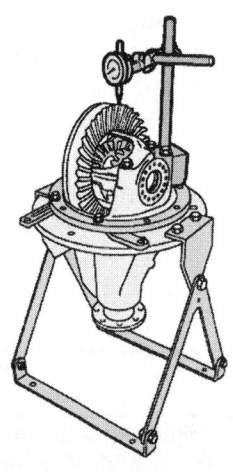

링 기어의 이빨에 다이얼 게이지 스핀들이 직각이 되도록 설치하고 피니언 기어를 고정하고 링 기어를 움직여서 백래시가 기준치인가를 점검한다.

2. 런 아웃 측정 모습

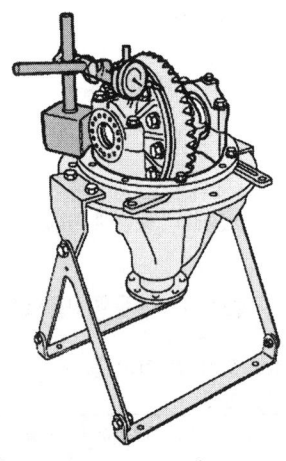

링 기어의 뒷면에 다이얼 게이지의 스핀들이 직각이 되도록 설치하고 링 기어를 한 바퀴 돌려서 좌우로 움직인 값을 더한 값이 런 아웃이다

## 섀시 4  제동력 점검

3항의 작업 자동차에서 감독위원의 지시에 따라 전(앞) 또는 후(뒤) 제동력을 측정하여 기록표에 기록하시오.

### 시험장에서는

제동력 테스터기는 구형인 지침식을 보유하고 있는 시험장과 신형인 ABS COMBI를 보유하고 있는 곳이 있으나 수검자는 어느 것이나 측정할 수 있는 능력을 보유하여야 한다. 보유하고 있는 테스터기로 측정법을 숙지하는 것은 물론 다른 테스터기의 사용법도 책 등을 이용하여 습득하여야 한다. 감독관으로부터 답안지를 받고 제동력 테스터기 앞에 서면 보조원이 기다리고 있다. 보조원은 대부분 그곳의 학생으로 자격증 취득자이거나 테스터기를 능수능란하게 다룰 수 있는 학생이다. 보조원은 운전석에 앉아서 수검자가 지시를 내려 주기만을 기다리고 있다. 수검자는 테스터기를 세팅하고 보조원에게 차량을 진입하도록 지시하고 리프트를 하강시키면 롤러가 회전한다. 보조원에게 "브레이크 밟으세요." 하고 지침이 최대로 올랐을 때 푸시 버튼을 눌러 눈금을 읽는다. 주어진 축중과 좌우 측정값을 기록하고 리프트를 올린 후 계산하여 답안지를 작성하여 제출한다.

1. 제동력 측정기 답판 위에 진입한 모습

후륜 측정을 하기 위해 제동력 테스터기 답판 위에 뒷바퀴가 올라간 상태, 잠시 후에 답판이 내려가면서 롤러가 회전한다.

2. 제동력 측정기 답판이 내려간 모습

측정 버튼을 누르면 답판이 아래로 내려가고 롤러가 회전한다. 이때 "밟으세요"라고 보조원에게 주문한다.

3. 제동력 측정한 화면 모습

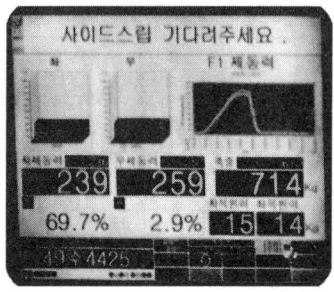

자동 모드로 측정한 상태로 좌 239kg, 우 259kg을 기록하고 있으며, 합 69.7%, 편차 2.9%로 시험장은 수동 모드로 측정

## 1  답안지 작성법

### (1) 제동력 합은 정상이나 편차가 불량일 때

▶ 섀시 4. 제동력 점검
　　자동차 번호 :

| 비 번호 | | | | 감독위원 확인 | |
|---|---|---|---|---|---|

| ① 측정(또는 점검) | | | | ② 판정 및 정비(또는 조치)사항 | | | 득점 |
|---|---|---|---|---|---|---|---|
| 위 치 | 구분 | 측정값 | 기준값 (□에 '✔' 표) | 산출근거 | | 판정 (□에 '✔' 표) | |
| 제동력 위치 (□에 '✔' 표) □ 앞 ☑ 뒤 | 좌 | 200kg | □ 앞 　　　　축중의 ☑ 뒤 | 편차 | 편차 $= \dfrac{200-120}{742} \times 100 = 10.8\%$ | □ 양 호 ☑ 불 량 | |
| | 우 | 120kg | 제동력 편차　8% 이하 | 합 | 합 $= \dfrac{200+120}{742} \times 100 = 43.1\%$ | | |
| | | | 제동력 합　20% 이상 | | | | |

※ 측정 위치는 감독위원이 지정하는 위치에 □에 '✔' 표시합니다.
※ 자동차 검사기준 및 방법에 의하여 기록 판정합니다.
※ 측정값의 단위는 시험장비 기준으로 작성합니다.
※ 산출근거에는 단위를 기록하지 않아도 됩니다.

**1) 비번호** : 비번호는 공단직원이 주는 등번호를 수검자가 기록한다.
**2) 감독위원 확인** : 감독위원 확인란은 감독위원이 채점한 후에 도장을 찍는 부분으로 수검자는 기록하지 않는다.

3) **위치** : 위치는 감독위원이 지정하는 곳에 ✔ 표시를 한다.
4) **측정값** : 측정값 란은 수검자가 제동력을 측정한 값을 기록한다.
   • 좌 : 200kg        • 우 : 120kg
5) **기준값** : 기준값은 기준이 되는 축에 ✔ 표시를 하고 검사 기준값을 기록한다.
   • 뒤 : ☑         • 편차 : 8% 이하        • 제동력 합 : 20% 이상
6) **산출 근거** : 계산공식에 넣어서 산출하는 계산식을 기입한다.

   ※ 계산법 : • 좌,우제동력의 편차 $= \dfrac{\text{좌,우제동력의 편차}}{\text{해당 축중}} \times 100 = \dfrac{200-120}{742} \times 100 = 10.8\%$

   • 좌,우제동력의 합 $= \dfrac{\text{좌,우제동력의 합}}{\text{해당 축중}} \times 100 = \dfrac{200+120}{742} \times 100 = 43.1\%$

   • 축중은 SANTAFA 2.2 4WD (1,856kg)의 40%(742kg)으로 계산함.

7) **판정** : 판정은 측정한 값과 검사기준 값을 비교하여 범위 안에 들면 양호에, 범위를 벗어나면 불량에 ✔ 표시를 한다.
   • 판정 : • 양호 : 측정한 값이 검사기준 값(제동력 합 20% 이상, 편차 8% 이하)의 범위에 있을 때
           • 불량 : 측정한 값이 검사기준 값(제동력 합 20% 이상, 편차 8% 이하)의 범위를 벗어났을 때
8) **득점** : 득점은 감독위원이 채점을 하고 점수를 기록하는 부분으로 수검자는 기록하지 않는다.
9) **자동차 번호** : 측정하는 자동차 번호를 수검자가 기록한다.

■ 현대 차종별 중량 기준값

| 항목 \ 차종 | EQUUS(2013) VS 380 | EQUUS(2013) VS 500 | VELASTER(2015) 1.6 GDI | VELASTER(2015) 1.6 TURBO | SANTAFE(2015) e-VGT 2.2 4WD | SANTAFE(2015) e-VGT 2.0 4WD |
|---|---|---|---|---|---|---|
| 엔진형식-연료 | V6 3.8 | V8 5.0 | I4 | I4 터보 | I4 | I4-직분사 |
| 배기량(CC) | 3,778 | 5,038 | 1,591 | 1,591 | 2,199 | 1,995 |
| 공차중량(kg) | 1,915 | 2,040 | 1,225~1,250 | 1,300~1,330 | 1,856 | 1,829 |
| 최대 출력(HP) | 334 | 416 | 140 | 204 | 200 | 184 |
| 최대 토크(kg.m) | 40.3 | 52.0 | 17.0 | 27.0 | 43.0 | 41.0 |
| 연비(km/L) M/T | — | — | 13.3 | 12.4 | 14.0 | — |
| 연비(km/L) A/T | 8.9 | 8.1 | 12.4 | 12.3 | — | 13.0 |
| 축거(mm) | 3,045 | 3,045 | 2,650 | 2,650 | 2,700 | 2,700 |
| 전륜 제동장치 | V디스크 | V디스크 | V디스크 | V디스크 | 디스크 | 디스크 |
| 후륜 제동장치 | V디스크 | V디스크 | 디스크 | 디스크 | 디스크 | 디스크 |

## (2) 제동력 합과 편차가 불량일 때

▶ 섀시 4. 제동력 점검    자동차 번호 :     비 번호         감독위원 확 인

| 위 치 | 구분 | 측정값 | 기준값 (□에 '✔'표) | | 산출근거 | 판정 (□에 '✔'표) | 득점 |
|---|---|---|---|---|---|---|---|
| 제동력 위치 (□에 '✔'표) ☐ 앞 ☑ 뒤 | 좌 | 130kg | ☐ 앞 ☑ 뒤 | 축중의 | 편차 $= \dfrac{130-70}{742} \times 100 = 8.1\%$ | ☐ 양 호 ☑ 불 량 | |
| | 우 | 70kg | 제동력 편차  8% 이하 | 합 | 합 $= \dfrac{130+70}{742} \times 100 = 27\%$ | | |
| | | | 제동력 합   20% 이상 | | | | |

## (3) 제동력 합과 편차가 양호할 때

**▶ 섀시 4. 제동력 점검**
자동차 번호 :

| 비 번호 | | 감독위원 확 인 | |
|---|---|---|---|

| ① 측정(또는 점검) ||||② 판정 및 정비(또는 조치)사항 |||  득점 |
|---|---|---|---|---|---|---|---|
| 위 치 | 구분 | 측정값 | 기준값 (□에 '✓' 표) | 산출근거 || 판정 (□에 '✓' 표) | |
| 제동력 위치 (□에 '✓' 표) □ 앞 ☑ 뒤 | 좌 | 280kg | □ 앞  축중의 ☑ 뒤 | 편차 | 편차 $=\dfrac{280-240}{742}\times 100 = 5.3\%$ | ☑ 양 호 □ 불 량 | |
| | 우 | 240kg | 제동력 편차  8% 이하 | 합 | 합 $=\dfrac{280+240}{742}\times 100 = 70.1\%$ | | |
| | | | 제동력 합  20% 이상 | | | | |

## 2  관계 지식

### (1) 제동력 산출공식

① 제동력의 총합 $=\dfrac{앞\cdot뒤,\ 좌\cdot우\ 제동력의\ 합}{차량\ 중량}\times 100 = 50\%$ 이상 되어야 합격

② 앞바퀴 제동력의 총합 $=\dfrac{앞,\ 좌\cdot우\ 제동력의\ 합}{앞축중}\times 100 = 50\%$ 이상 되어야 합격

③ 뒷바퀴 제동력의 총합 $=\dfrac{뒤,\ 좌\cdot우\ 제동력의\ 합}{뒤축중}\times 100 = 20\%$ 이상 되어야 합격

④ 좌우 제동력의 편차 $=\dfrac{큰쪽\ 제동력\ -\ 작은쪽\ 제동력}{당해\ 축중}\times 100 = 8\%$ 이내면 합격

⑤ 주차 브레이크 제동력 $=\dfrac{뒤,\ 좌\cdot우\ 제동력의\ 합}{차량\ 중량}\times 100 = 20\%$ 이상 되어야 합격

### (2) 자동차 검사장에서의 측정 모습(서울 문래 자동차 검사소 제공)

**01** 앞바퀴 답판 위에 진입 리프트 하강 한다.

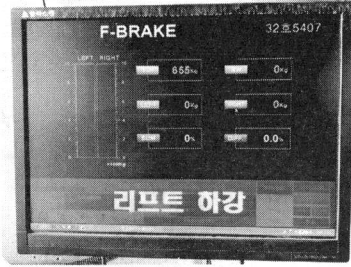

**02** 자동 축중을 측정하고 브레이크 페달 놓는다.

**03** 브레이크 페달을 밟는다.

**04** 제동력을 측정하고 리프트를 상승 시킨다.

**05** 속도계 시험을 위하여 측정기 답판 위에 진입 한다.

**06** 속도계 측정을 준비한다.

**07** 리프트가 하강한다.

**08** 측정이 완료 되었다.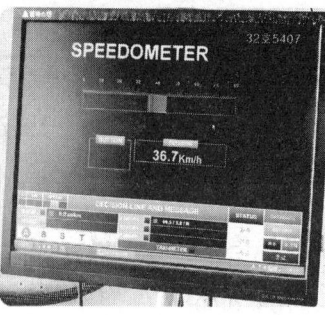

**09** 속도를 줄인다.

**10** 뒷바퀴 제동력을 점검한다.

**11** 뒷차축을 축중 측정을 준비한다.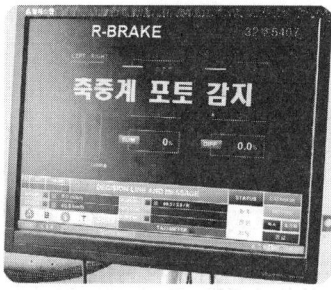

**12** 뒷차축 축중을 측정한다.

**13** 브레이크 페달을 놓는다.

**14** 브레이크 페달을 밟는다.

**15** 뒷바퀴 제동력 측정 완료.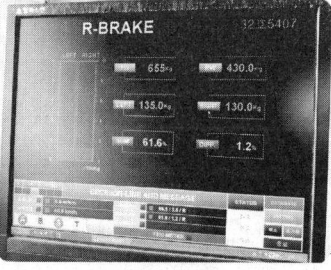

**16** 주차 브레이크 측정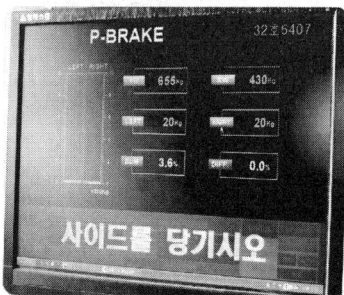

**17** 주차 브레이크 측정 완료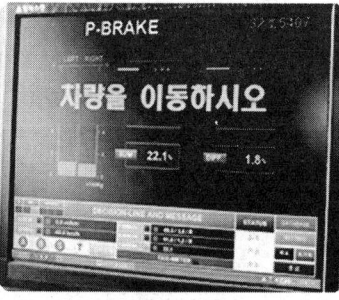

**18** 제동력, 사이드슬립, 속도계를 측정한 데이터 화면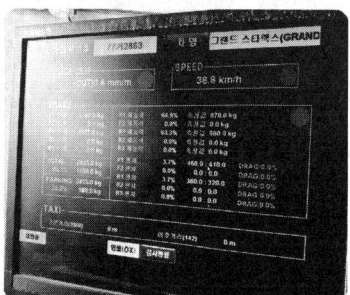

## 섀시 5. 자동 변속기 자기진단

주어진 자동차의 자동 변속기에서 자기진단기(스캐너)를 이용하여 각종 센서 및 시스템 작동 상태를 점검하고 기록표에 기록하시오.

### 시험장에서는

감독위원으로부터 답안지를 받은 후 측정용 차량에 진단기(스캐너)를 설치하고 점검을 한다. 물론 테스터기는 여러 가지가 있으며 시험장이나 시험위원의 의지에 따라 선택될 수가 있다. 그러나 수검자는 어떤 것을 사용해도 측정할 수 있는 능력을 책을 봐서라도 알아야 한다. 만약 이 테스터기는 "처음 보는 것인데요?" 하는 수검자가 있는데 합격권하고는 멀어지는 것이 아닌가 싶다.

1. EF 소나타 시뮬레이터 모습

2. NF 소나타 시뮬레이터 모습
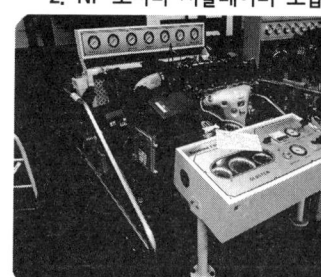

3. 아반떼 시뮬레이터 모습

시뮬레이터가 제작사마다 조금씩 차이는 있겠지만 자기진단 터미널이 전면부 패널에 설치되어 있다. 실차에서 직접하는 경우도 있지만 대부분의 시험장에서는 시뮬레이터를 이용한다. 이유는 고장을 내서 자기 진단 시에 뛰기 위해서는 시뮬레이터가 편리하다.

## 1 답안지 작성법

### (1) 출력축 속도 센서(PG - B) 단선일 때

▶ 섀시 5. 자동변속기 점검
작업대 번호 :

| 점검 항목 | ① 측정(또는 점검) | | ② 판정 및 정비(또는 조치)사항 | 득 점 |
|---|---|---|---|---|
| | 고장부분 | 내용 및 상태 | 정비 및 조치할 사항 | |
| 변속기 자기진단 | 솔레노이드 #4 | 솔레노이드 #4 단선 | 솔레노이드 #4 선 연결, 과거 기억 소거 후 재점검 | |

비번호 / 감독위원 확인

1) **비번호** : 비번호는 공단직원이 주는 등번호를 수검자가 기록한다.
2) **감독위원 확인** : 감독위원 확인란은 감독위원이 채점한 후에 도장을 찍는 부분으로 수검자는 기록하지 않는다.
3) **① 측정(또는 점검)** : 고장부분 란에는 수검자가 스캐너의 자기진단 화면 창에 나타난 이상 부위를 기록하고, 내용 및 상태 란에는 수검자가 점검한 이상 부위의 고장 내용 및 상태를 기록한다.
    - 고장 부분 : 솔레노이드 #4
    - 내용 및 상태 : 솔레노이드 #4 단선
4) **② 판정 및 정비(또는 조치)사항** : 양호하면 정비 및 조치할 사항 없음으로, 불량일 경우 고장원인과 정비방법을 기록한다.
    - 정비 및 조치할 사항 : 솔레노이드 #4 선 연결, 과거 기억 소거 후 재점검
5) **득점** : 득점은 시험위원이 채점을 하고 점수를 기록하는 부분으로 수검자는 기록하지 않는다.
6) **작업대 번호** : 측정하는 작업대 번호를 수검자가 기록한다.

## (2) 킥다운 스위치가 불량일 때

▶ 섀시 5. 자동변속기 점검
작업대 번호:

| 점검 항목 | ① 측정(또는 점검) | | ② 판정 및 정비(또는 조치)사항 | 득 점 |
|---|---|---|---|---|
| | 고장부분 | 내용 및 상태 | 정비 및 조치할 사항 | |
| 변속기 자기진단 | 킥다운 스위치 단선/단락 | 커넥터 탈거 | 커넥터 연결, 과거 기억 소거 후 재점검. | |

비번호 / 감독위원 확인

## (3) 스로틀 포지션 센서가 불량일 때

▶ 섀시 5. 자동변속기 점검
작업대 번호:

| 점검 항목 | ① 측정(또는 점검) | | ② 판정 및 정비(또는 조치)사항 | 득 점 |
|---|---|---|---|---|
| | 고장부분 | 내용 및 상태 | 정비 및 조치할 사항 | |
| 변속기 자기진단 | TPS 단선/ 단락 | TPS 커넥터 탈거 | TPS 커넥터 연결, 과거기억 소거 후 재점검 | |

비번호 / 감독위원 확인

# 2 관계 지식

## (1) 스캐너를 이용한 자기진단 방법

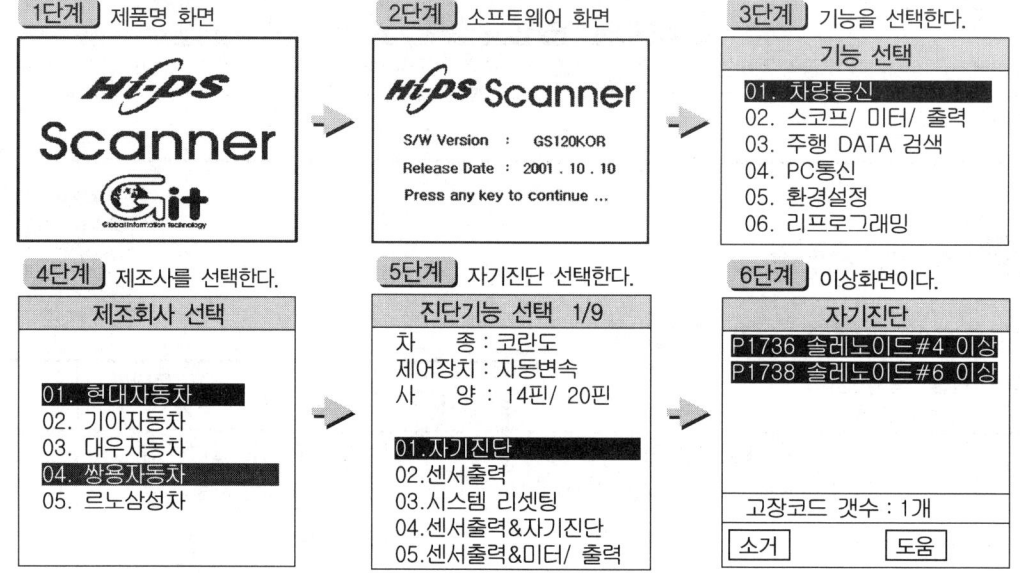

## (2) 자기진단 점검 시 고장 내기 쉬운 입출력 부품(코란도 TX5 - 2005)

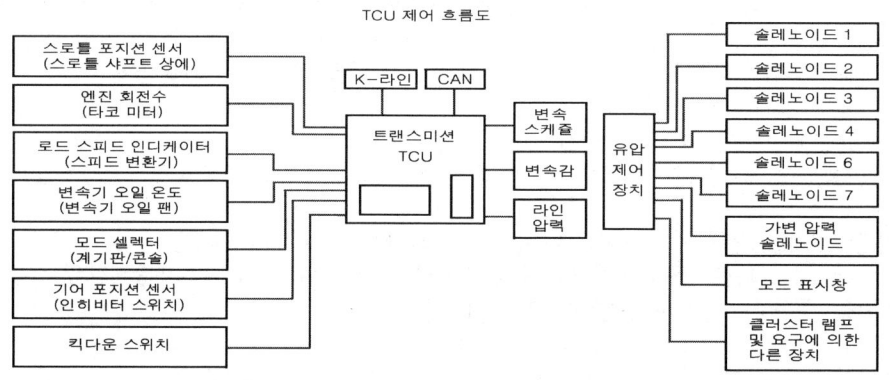

## 전기 1 — 경음기 음량 점검

주어진 자동차에서 다기능(콤비네이션) 스위치를 교환(탈·부착)하여 스위치 작동상태를 확인하고 경음기 음량 상태를 점검하여 기록표에 기록하시오.

### 시험장에서는

답안지를 받고 경음기 음량을 측정하는 차량에 가면 음량계가 함께 놓여 있을 것이다. 또한 보조원이 경음기를 울려 주기 위해 운전석에서 앉아 기다리고 있을 것이다. 줄자로 차량의 맨 앞부분에서 2m 전방위치에 1.2±0.05m인 위치를 재서 음량계를 놓고 기능 선택 스위치를 C로, 동특성 스위치는 FAST로, 측정 최고 소음 정비 스위치는 Inst 위치로 하고 보조원에게 경음기 스위치를 눌러 줄 것을 주문하고 최고값을 답안지에 기입한다. 암소음을 측정하여 보정을 하여야 하나 암소음은 무시하라는 조건이 있으므로 측정한 값만 기록한다. 책상위에 놓여 있는 음량계를 움직이지 말고 그 상태에서 측정하라고 한다. 그 이유는 측정기 위치가 달라짐에 따라 측정값이 변하기 때문이다. 음량의 기준값을 확인하기 위하여 옆에는 자동차 등록증이 복사되어 있을 것이다. 10번째 자리로 연식을 나타내므로 이것 또한 숙지하고 있어야 한다.

1. 측정 준비된 모습

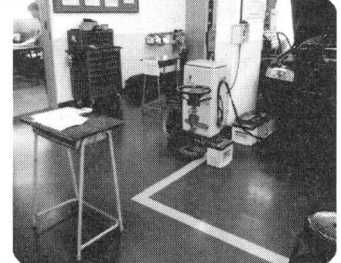

실차에서 측정도 하지만 때에 따라서는 시뮬레이터를 이용하여 측정도 한다.

2. 측정 준비된 모습

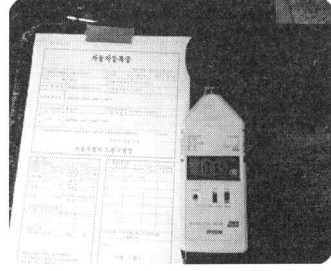

음량계 옆에는 자동차 등록증을 두어서 이 차량의 연식을 보고 규정값을 기록한다.

3. 암소음을 측정 준비된 시험장 모습

암소음을 측정하기 위한 위치도 고정되어 있다. 반드시 지정된 곳에서 측정한다.

## 1  답안지 작성법

### (1) 경음기 음량이 낮을 때

▶ 전기 1. 경음기 음량 점검
자동차 번호 :

| 측정 항목 | ① 측정(또는 점검) | | ② 판정 및 정비(또는 조치)사항 | | 득 점 |
|---|---|---|---|---|---|
| | 측정값 | 기준값 | 판정(□에 '✔'표) | 정비 및 조치할 사항 | |
| 경음기 음량 | 20dB | 90dB 이상<br>110dB 이하 | □ 양 호<br>☑ 불 량 | 경음기 고장<br>- 경음기 교환 | |

비번호 / 감독위원 확인

1) **비번호** : 비번호는 공단직원이 주는 등번호를 수검자가 기록한다.
2) **감독위원 확인** : 감독위원 확인란은 감독위원이 채점한 후에 도장을 찍는 부분으로 수검자는 기록하지 않는다.
3) **① 측정(또는 점검)** : 측정값은 수검자가 측정한 음량을 기록하고, 기준값은 운행자동차 검사기준을 수검자가 암기하여 기록한다.(소형 및 중형 승용자동차 기준, 반드시 단위를 기입한다)
   • 측정값 : 20dB    • 기준값 : 90~110dB 이하
4) **② 판정 및 정비(또는 조치)사항** : 판정은 수검자가 측정한 값과 기준값을 비교하여 기준값 범위 내에 있으면 양호, 벗어나면 불량에 ✔표시를 하며, 정비 및 조치할 사항 란에는 고장원인과 정비할 사항을 기록한다.
   • 판정 : · 양호 – 기준값의 범위에 있을 때   · 불량 – 기준값의 범위를 벗어났을 때
   • 정비 및 조치할 사항 : 양호하면 정비 및 조치할 사항 없음으로, 불량일 경우 고장원인과 정비방법을 기록한다.

5) 득점 : 득점은 감독위원이 채점을 하고 점수를 기록하는 부분으로 수검자는 기록하지 않는다.
6) 자동차 번호 : 측정하는 자동차 번호를 수검자가 기록한다.

■ 경음기 음량 기준값(2006년 1월 1일 이후)

| 자동차 종류 | 소음항목 | 경적소음(dB(C)) |
|---|---|---|
| 경자동차 | | 110 이하 |
| 승용 자동차 | 소형, 중형 | 110 이하 |
| | 중대형, 대형 | 112 이하 |
| 화물 자동차 | 소형, 중형 | 110 이하 |
| | 대형 | 112 이하 |

■ 경음기 음량 기준값(2000년 1월 1일 이후)

| 차량 종류 | 소음 항목 | 경적 소음(dB(C)) | 비고 |
|---|---|---|---|
| 경 자동차 | | 110 이하 | 이륜 자동차 110 이하 |
| 승용 자동차 | 승용 1, 2 | 110 이하 | |
| | 승용 3, 4 | 112 이하 | |
| 화물 자동차 | 화물 1, 2 | 110 이하 | |
| | 화물 3 | 112 이하 | |

## (2) 경음기 음량이 높을 때

▶ 전기 1. 경음기 음량 점검
자동차 번호 :

| 측정 항목 | ① 측정(또는 점검) | | ② 판정 및 정비(또는 조치)사항 | | 득 점 |
|---|---|---|---|---|---|
| | 측정값 | 기준값 | 판정(□에 '✔'표) | 정비 및 조치할 사항 | |
| 경음기 음량 | 135dB | 90dB 이상 110dB 이하 | □ 양 호<br>☑ 불 량 | 경음기 음량 조정 불량<br>-경음기 음량을 "DOWN"쪽으로<br>돌려서 기준 범위로 조정 | |

비번호 : / 감독위원 확인 :

※ 감독위원이 제시한 자동차등록증(또는 차대번호)을 활용하여 차종 및 연식을 적용합니다.
※ 자동차검사기준 및 방법에 의하여 기록, 판정합니다.
※ 암소음은 무시합니다.

## (3) 경음기 음량이 양호할 때

▶ 전기 1. 경음기 음량 점검
자동차 번호 :

| 측정 항목 | ① 측정(또는 점검) | | ② 판정 및 정비(또는 조치)사항 | | 득 점 |
|---|---|---|---|---|---|
| | 측정값 | 기준값 | 판정(□에 '✔'표) | 정비 및 조치할 사항 | |
| 경음기 음량 | 105dB | 90dB 이상 110dB 이하 | ☑ 양 호<br>□ 불 량 | 정비 및 조치사항 없음 | |

비번호 : / 감독위원 확인 :

## 2 관계 지식

### (1) 경음기 음량이 낮게 나오는 원인
① 경음기 음량 조정 불량 - 음량 조정 나사로 조정
② 배터리 불량 - 배터리 교환
③ 배터리 터미널 연결 상태 불량 - 배터리 터미널 재장착
④ 경음기 연결 커넥터 접촉 불량 - 연결부 확실히 장착
⑤ 경음기 접지 불량 - 접지부 확실히 장착
⑥ 경음기 고장 - 경음기 교환

### (2) 경음기 음량이 높게 나오는 원인
① 경음기 규격품 외 사용 - 규격품으로 교환
② 경음기 추가 설치 - 추가된 경음기 탈거
③ 경음기 음량 조정 불량 - 음량 조정 나사로 조정

## (3) 경음기 음량 검사 기준값(운행 자동차의 종류 - 2000년 1월 1일 이후)

■ 자동차의 종류(2000년 1월 1일 이후)

| 자동차의 종류 | 정 의 | 규 모 | |
|---|---|---|---|
| 경 자동차 | 주로 적은 수의 사람 또는 화물을 운송하기 적합하게 제작된 것 | 엔진배기량 800cc미만 | |
| 승용 자동차 | 주로 사람을 운송하기 적합하게 제작된 것 | 승용1 | 엔진배기량 800cc 이상 및 9인승 이하 |
| | | 승용2 | 엔진배기량 800cc 이상, 10인승 이상 및 차량 총중량 2톤 이하 |
| | | 승용3 | 엔진배기량 800cc 이상, 10인승 이상 및 차량 총중량 2톤 초과 3.5톤 이하 |
| | | 승용4 | 엔진배기량 800cc 이상, 10인승 이상 및 차량 총중량 3.5톤 초과 |
| 화물 자동차 | 주로 화물을 운송하기 적합하게 제작된 것 | 화물1 | 엔진배기량 800cc 이상 및 차량 총 중량 2톤 이하 |
| | | 화물2 | 엔진배기량 800cc 이상 및 차량 총 중량 2톤 초과 3.5톤 이하 |
| | | 화물3 | 엔진배기량 800cc 이상 및 차량 총 중량 3.5톤 초과 |
| 이륜자동차 | 주로 1인 또는 2인 정도의 사람을 운송하기적합하게 제작된 것 | 엔진배기량 50cc 이상 및 빈차중량 0.5톤 미만 | |

■ 자동차의 종류(2018년 6월 12일 이후)

| 자동차의 종류 | | | 규 모 |
|---|---|---|---|
| 승용자동차 | 경형 | 초소형 | 배기량 250cc(전기 자동차의 경우 최고 정격 출력이 15킬로와트) 이하이고 길이 3.6m 너비 1.5m, 높이 2.0m 이하인 것 |
| | | 일반형 | 배기량 1,000cc 미만이고 길이 3.6m 너비 1.6m, 높이 2.0m 이하인 것 |
| | 소형 | | 배기량 1,600cc 미만이고, 길이 4.7m, 너비 1.7m, 높이 2.0m 이하일 것 |
| | 중형 | | 배기량 1,600cc 이상 2,000CC미만이거나, 길이, 너비, 높이중 어느 하나라도 소형을 초과 하는 것 |
| | 대형 | | 배기량 2,000cc 이상이거나 길이, 너비, 높이 모두 소형을 초과하는 것 |
| 승합자동차 | 경형 | | 배기량 1,000cc 미만이고 길이 3.6m 너비 1.6m, 높이 2.0m 이하인 것 |
| | 소형 | | 승차정원 15인 이하이고, 길이 4.7m, 너비 1.7m, 높이 2.0m 이하인 것 |
| | 중형 | | 승차정원 16인 이상 35인 이하이거나 길이, 너비, 높이중 어느 하나라도 소형을 초과하고 길이가 9m 미만인 것 |
| | 대형 | | 승차정원 36인 이상이거나 길이, 너비, 높이 모두 소형을 초과하고 길이가 9m 이상인 것 |
| 화물자동차 | 경형 | 초소형 | 배기량 250cc(전기 자동차의 경우 최고 정격 출력이 15킬로와트)이하이고 길이 3.6m 너비 1.5m, 높이 2.0m 이하인 것 |
| | | 일반형 | 배기량 1,000cc 미만이고 길이 3.6m 너비 1.6m, 높이 2.0m 이하인 것 |
| | 소형 | | 최대 적재량이 1톤 이하이고, 총 중량이 3.5톤 이하인 것 |
| | 중형 | | 최대 적재량이 1톤 초과 5톤 미만이거나, 총 중량이 3.5톤 초과 10톤 미만인 것 |
| | 대형 | | 최대 적재량이 5톤 이상이거나, 총 중량이 10톤 이상인 것 |

## 전기 2 — 전조등 광도, 진폭 점검

**9안 산업기사**

주어진 자동차에서 전조등 시험기로 전조등을 점검하여 기록표에 기록하시오.

### 시험장에서는

헤드라이트의 광도와 진폭의 측정은 엔진의 시동을 걸고 측정하여야 옳으나 시험장에서는 안전을 위하여 엔진이 정지된 상태에서 측정하는 경우가 많다. 감독위원이 좌측이나 우측을 지정하여 주는 곳을 측정하는데 좌, 우는 운전석에 앉아서 좌측과 우측임을 잊지 말아야 한다. 측정하기 전에 조건(타이어의 공기압, 배터리 성능, 바닥의 수평 상태 등)이 맞았는지 확인하고 헤드라이트의 유리를 깨끗한 걸레로 닦아서 측정값이 정확하게 나오도록 하여야 한다. 측정은 변환빔(하향등) 상태에서 측정하여야 하며, 차량은 공회전(단, 광도 측정시 2,000rpm), 공차 상태, 운전자 1인이 승차하여 측정하여야 한다.

보조원이 운전석에 앉아서 라이트를 조작하여 주는 경우도 있으나 대부분은 운전자가 탑승하지 않은 상태에서 측정한다. 근래에 생산된 차량은 헤드라이트 조작이 키 스위치를 넣어야만 가능하도록 되어 있으므로 참고하기 바란다.

**1. 시뮬레이터로 측정 준비된 모습**    **2. 헤드라이트 탈거**    **3. 광축 조정 나사 모습**

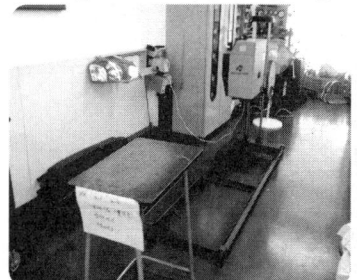 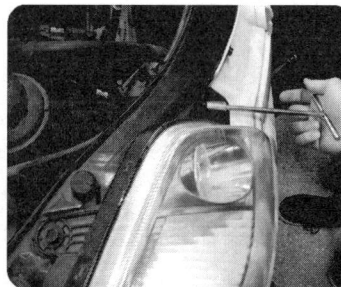 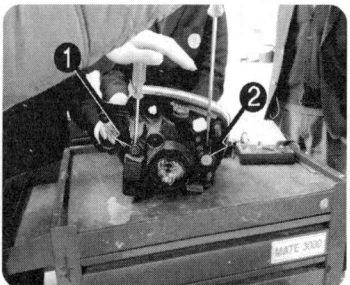

실제 차량으로 전조등 시험을 하는 경우도 있지만 시뮬레이터를 이용한 방법도 있다. / 헤드라이트 탈거 모습이다. 모닝 차량이며 T렌치를 사용하고 있다. / 탈착된 헤드라이트에서 ①번은 상하 조정 나사 ②번은 좌우 조정나사이다.

## 1. 답안지 작성법

### (1) 광도, 진폭이 불량일 때

▶ 전기 2. 전조등 점검
자동차 번호 :

| 항목 | ① 측정(또는 점검) | | ② 판정 | 득점 |
|---|---|---|---|---|
| | 측정값 | 기준값 | 판정(□에 '✔') | |
| (□에 '✔')<br>위치 :<br>☑ 좌<br>□ 우<br>설치높이 :<br>☑ ≤ 1.0m<br>□ > 1.0m | | | | |
| 광도 | 2,100cd | 3,000cd 이상 | □ 양 호<br>☑ 불 량 | |
| 진폭 | −3.2%(−0.32cm) | −0.5~−2.5% 이내<br>(−0.05~−0.25cm 이내) | □ 양 호<br>☑ 불 량 | |

비 번호 :     감독위원 확인 :

※ 측정 위치는 감독위원이 지정하는 위치에 □에 '✔' 표시합니다.
※ 자동차 검사기준 및 방법에 의하여 기록 판정합니다.

1) **비번호** : 비번호는 공단직원이 주는 등번호를 수검자가 기록한다.
2) **감독위원 확인** : 감독위원 확인란은 감독위원이 채점한 후에 도장을 찍는 부분으로 수검자는 기록하지 않는다.
3) **① 측정(또는 점검)** : 위치 및 설치 높이는 감독위원이 지정하는 차량과 위치 및 설치 높이에 ✔표시를 하고, 측정값은 수검자가 측정한 광도와 진폭의 값을 기록하고 기준값은 검사기준 값을 암기하여 기록한다.
   - 위치 및 설치 높이 : ・위치 – 감독위원이 지정하는 차량의 헤드라이트 위치에 ✔표시를 한다.
     운전석에 앉아서 좌, 우 위치이다.
     ・설치 높이 – 점검차량의 전조등 설치 높이에 ✔표시를 한다.
   - 측정값 : ・광도 – 수검자가 측정한 광도 값을 기록한다.
     ・진폭 – 수검자가 측정한 변환빔의 진폭 값을 기록한다.
   - 기준값 : ・광도 – 수검자가 검사기준의 광도 값을 암기하여 기록한다.
     ・진폭 – 수검자가 검사기준의 진폭 값을 암기하여 기록한다.
4) **② 판정** : 판정란은 수검자가 측정한 값과 기준값을 비교하여 범위 내에 있으면 양호, 벗어나면 불량에 ✔표시를 한다. 어느 하나라도 불량이면 판정은 불량이다.
   - 판정 : ・양호-기준값의 범위에 있을 때  ・불량-기준값을 벗어났을 때
5) **득점** : 득점은 감독위원이 채점을 하고 점수를 기록하는 부분으로 수검자는 기록하지 않는다.
6) **자동차 번호** : 측정하는 자동차의 번호를 수검자가 기록한다.

## (2) 광도가 불량일 때

▶ 전기 2. 전조등 점검
　　자동차 번호 :

| 항목 | ① 측정(또는 점검) | | ② 판정 | 득 점 |
|---|---|---|---|---|
| | 측정값 | 기준값 | 판정(□에 '✔') | |
| (□에 '✔')<br>위치 :<br>☑ 좌<br>□ 우<br>설치높이 :<br>☑ ≤ 1.0m<br>□ > 1.0m | 광도<br><br>2,550cd | 3,000cd 이상 | □ 양 호<br>☑ 불 량 | |
| | 진폭<br><br>-1.2%(-0.12cm) | -0.5~-2.5% 이내<br>(-0.05~-0.25cm 이내) | ☑ 양 호<br>□ 불 량 | |

※ 측정 위치는 감독위원이 지정하는 위치에 □에 '✔' 표시합니다.
※ 자동차 검사기준 및 방법에 의하여 기록 판정합니다.

## (3) 진폭이 불량일 때

▶ 전기 2. 전조등 점검
　　자동차 번호 :

| 항목 | ① 측정(또는 점검) | | ② 판정 | 득 점 |
|---|---|---|---|---|
| | 측정값 | 기준값 | 판정(□에 '✔') | |
| (□에 '✔')<br>위치 :<br>☑ 좌<br>□ 우<br>설치높이 :<br>☑ ≤ 1.0m<br>□ > 1.0m | 광도<br><br>67,600cd | 3,000cd 이상 | ☑ 양 호<br>□ 불 량 | |
| | 진폭<br><br>-3.6%(-0.36cm) | -0.5~-2.5% 이내<br>(-0.05~-0.25cm 이내) | □ 양 호<br>☑ 불 량 | |

※ 측정 위치는 감독위원이 지정하는 위치에 □에 '✔' 표시합니다.
※ 자동차 검사기준 및 방법에 의하여 기록 판정합니다.

## (4) 광도와 진폭이 정상일 때

▶ 전기 2. 전조등 점검
자동차 번호 :

| 비 번호 | | 감독위원 확 인 | |
|---|---|---|---|

| 항목 | | ① 측정(또는 점검) | | ② 판정 | 득 점 |
|---|---|---|---|---|---|
| | | 측정값 | 기준값 | 판정(□에 '✔') | |
| (□에 '✔')<br>위치 :<br>☑ 좌<br>□ 우<br>설치높이 :<br>☑ ≤ 1.0m<br>□ > 1.0m | 광도 | 86,800cd | 3,000cd 이상 | ☑ 양 호<br>□ 불 량 | |
| | 진폭 | -1.2%(-0.12cm) | -0.5~-2.5% 이내<br>(-0.05~-0.25cm 이내) | ☑ 양 호<br>□ 불 량 | |

※ 측정 위치는 감독위원이 지정하는 위치에 □에 '✔' 표시합니다.
※ 자동차 검사기준 및 방법에 의하여 기록 판정합니다.

## 2  관계 지식

### (1) 전조등 광도, 진폭 검사 기준값

| 항 목 | 검사 기준 | | 검사 방법 |
|---|---|---|---|
| 등화<br>장치 | • 변환빔의 광도는 3000cd 이상일 것 | | • 좌우측 전조등(변환빔)의 광도와 광도점을 전조등 시험기로 측정하여 광도점의 광도 확인 |
| | • 변환빔의 진폭은 10m 위치에서 다음 수치 이내일 것 | | • 좌우측 전조등(변환빔)의 컷오프선 및 꼭지점의 위치를 전조등 시험기로 측정하여 컷오프선의 적정여부 확인 |
| | 설치 높이 ≤ 1.0m | 설치 높이 > 1.0m | |
| | -0.5 ~ -2.5% | -1.0 ~ -3.0% | |
| | • 컷오프선의 꺾임점(각)이 있는 경우 꺾임점의 연장선은 우측 상향일 것 | | • 변환빔의 컷오프선, 꺾임점(각), 설치상태 및 손상 여부 등 안전기준 적합여부를 확인 |

**예** 컷 오프선의 수직위치는 자동차의 변환빔 전조등 설치 높이(발광면의 최하단) 대비 아래 기준에 적합할 것(설치 높이 ≤ 1.0m)

- $-0.5\% = \dfrac{x \times 100}{10}$, $x = \dfrac{-0.5 \times 10}{100} = -0.05cm$ 이내, $\% = \dfrac{-0.05cm \times 100}{10} = -0.5\%$ 이내

- $-2.5\% = \dfrac{x \times 100}{10}$, $x = \dfrac{-2.5 \times 10}{100} = -0.25cm$ 이내, $\% = \dfrac{-0.25cm \times 100}{10} = -2.5\%$ 이내

- 설치 높이 > 1.0m : -0.1cm ~ -0.3cm 이내

## 전기 3 — ETACS 도어 센트롤 록킹 스위치 작동신호 점검

주어진 자동차에서 도어 센트롤 록킹(도어 중앙 잠금장치) 스위치 조작시 편의장치(ETACS 또는 ISU) 및 운전석 도어 모듈(DDM) 커넥터에서 작동 신호를 측정하고 이상여부를 확인하여 기록표에 기록하시오.

### 시험장에서는

에탁스(ETACS : Electronic Time Alam Control System)는 소형이나, 준중형 차량에는 미장착 차량이 많고 중형 이상의 차량에서 채용한 시스템이었으나 요즘은 경차에도 도입하는 추세이다. 실제의 차량을 이용하는 경우도 있지만 대부분이 시뮬레이터를 사용한다. 점검 및 측정하기가 편하게 만들어져 있다. 에탁스 하면 모두 어려워하고 있지만 실상 회로도만 볼 줄 알면 간단하게 해결할 수 있는 문제. 답안지를 받아 들고 차량으로 가면 측정 차량의 앞이나 측면 유리에 **"에탁스 도어 센트롤 록킹 스위치 작동 신호 점검"** 이라는 글씨가 보일 것이다. 운전석에 앉으면 정비 지침서나 에탁스 회로도를 복사한 것이 보일 것이다. 측정한 값을 답안지에 작성하여 제출한다. 현재 차량에서는 BCM(Body Control Module)으로 이름 바꿔서 사용하고 있음을 참고하기 바란다. BCM이 새로운 시스템이라고 볼 것이 아니라 기존의 ETACS제어의 기능을 확장 장치로 생각하고 접근하면 결코 어렵지 않은 시스템이 될 것이다.

▲에탁스 작동 부품

## 1 답안지 작성법

### (1) 도어 센트롤 록킹 작동이 불량일 때

▶ 전기 3. 도어 센트롤 록킹 스위치 회로 점검
  자동차 번호 :

| 점검 항목 | | ① 측정(또는 점검) | | ② 판정 및 정비(또는 조치)사항 | | 득 점 |
|---|---|---|---|---|---|---|
| | | 측정값 | 규정(정비한계)값 | 판정(□에 '✔'표) | 정비 및 조치할 사항 | |
| 도어 중앙 잠금 장치 신호(전압) | 잠김 | ON : 0V | ON : 5V | ☑ 양 호<br>□ 불 량 | ETACS 퓨즈 단선-교환 | |
| | | OFF : 0V | OFF : 0V | | | |
| | 풀림 | ON : 0V | ON : 0V | | | |
| | | OFF : 0V | OFF : 5V | | | |

| 비번호 | | 감독위원 확 인 | |
|---|---|---|---|

1) **비번호** : 비번호는 공단직원이 주는 등번호를 수검자가 기록한다.
2) **감독위원 확인** : 감독위원 확인란은 감독위원이 채점한 후에 도장을 찍는 부분으로 수검자는 기록하지 않는다.
3) **① 측정(또는 점검)** : 측정값은 수검자가 도어 센트롤 록킹 스위치 작동 신호(전압)를 측정한 값을 기록하고, 규정(정비한계)값은 일반적인 규정값을 기록한다.(반드시 단위를 기입한다)

- 측정값 　　　　　　• 잠김 : ON - 0V, OFF - 0V,　　• 풀림 : ON - 0V, OFF - 0V
- 규정(정비한계)값　　• 잠김 : ON - 5V, OFF - 0V,　　• 풀림 : ON - 0V, OFF - 5V

4) ② 판정 : 판정은 수검자가 측정한 값과 규정(정비한계)값을 비교하여 범위 내에 있으면 양호, 벗어나면 불량에 ✔표시를 하며, 정비 및 조치할 사항은 고장원인과 정비할 사항을 기록한다.
   - 판정 : ·양호 - 규정(정비한계)값의 범위에 있을 때　·불량 - 규정(정비한계)값을 벗어났을 때
   - 정비 및 조치할 사항 : 양호하면 정비 및 조치할 사항 없음으로, 불량일 경우 고장원인 정비방법을 기록한다.
5) 득점 : 득점은 감독위원이 채점을 하고 점수를 기록하는 부분으로 수검자는 기록하지 않는다.
6) 자동차 번호 : 측정하는 자동차의 번호를 수검자가 기록한다.

■ 컨트롤 유닛 기본 입력 전압 규정값

| 입·출력 요소 | | 전압 수준 | |
|---|---|---|---|
| 입력 | 운전석, 조수석 도어 록 스위치 | 도어 닫힘 상태 | 5V |
| | | 도어 열림 상태 | 0V |
| 출력 | 도어 록 릴레이 | 평상시 | 12V(접지 해제) |
| | | 도어 록 일 때 | 0V(접지시킴) |
| | 도어 언록 릴레이 | 평상시 | 12V(접지 해제) |
| | | 도어 언록 일 때 | 0V(접지시킴) |

### (2) 도어 센트롤 록킹 작동이 정상일 때

▶ 전기 3. 도어 센트롤 록킹 스위치 회로 점검
　자동차 번호 :

| 비번호 | | 감독위원 확 인 | |
|---|---|---|---|

| 점검 항목 | | ① 측(또는 점검) | | ② 판정 및 정비(또는 조치)사항 | | 득 점 |
|---|---|---|---|---|---|---|
| | | 측정값 | 규정(정비한계)값 | 판정(□에 '✔'표) | 정비 및 조치할 사항 | |
| 도어 중앙 잠금 장치 신호(전압) | 잠김 | ON : 5V<br>OFF : 0V | ON : 5V<br>OFF : 0V | ☑ 양　호<br>□ 불　량 | 정비 및 조치할 사항 없음. | |
| | 풀림 | ON : 0V<br>OFF : 5V | ON : 0V<br>OFF : 5V | | | |

## 2　관계 지식

### (1) 센트롤 록킹 스위치 타임 챠트

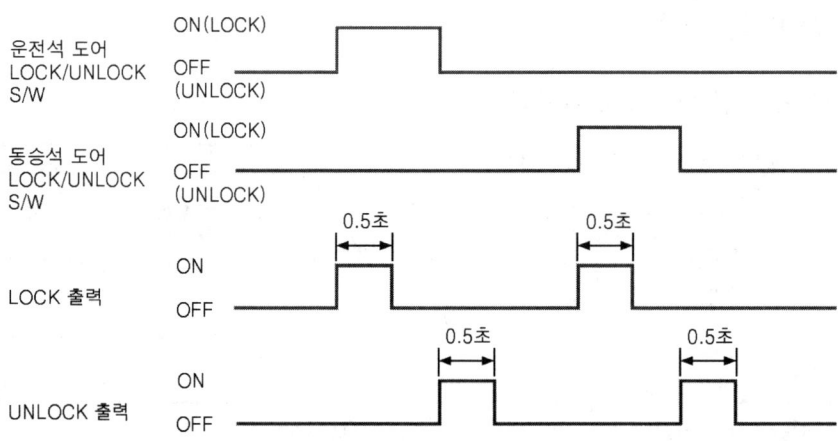

▲ 센트롤 록킹 스위치 동작 특성

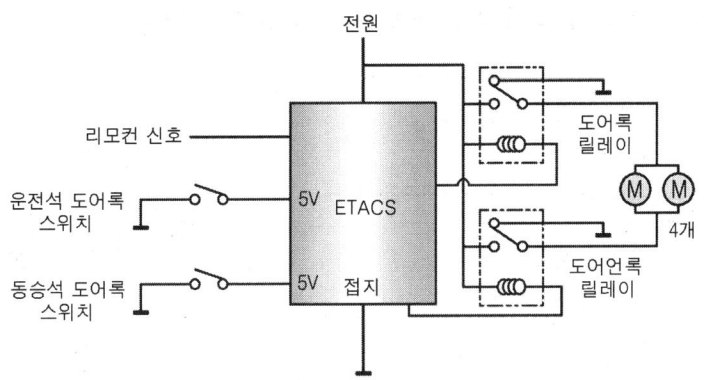

▲ 센트롤 록킹 스위치 동작 회로도

① 운전석 도어 모듈의 도어록/언록 스위치에 의해 도난방지 시스템 적용 차량/미 적용 차량 차종에 관계없이 모두 록/언록된다.
② 운전석/동승석 도어 노브에 의한 도어 록/언록시 모두 록은 가능/언록은 불가능 된다. (단 New EF 쏘나타, 옵티마, 싼타페, 아반떼 XD는 가능)
③ 운전석/동수석 도어 키에 의한 도어 록/언록시 모두 록/언록된다.

## (2) 도어 센트롤 록킹 작동 회로도

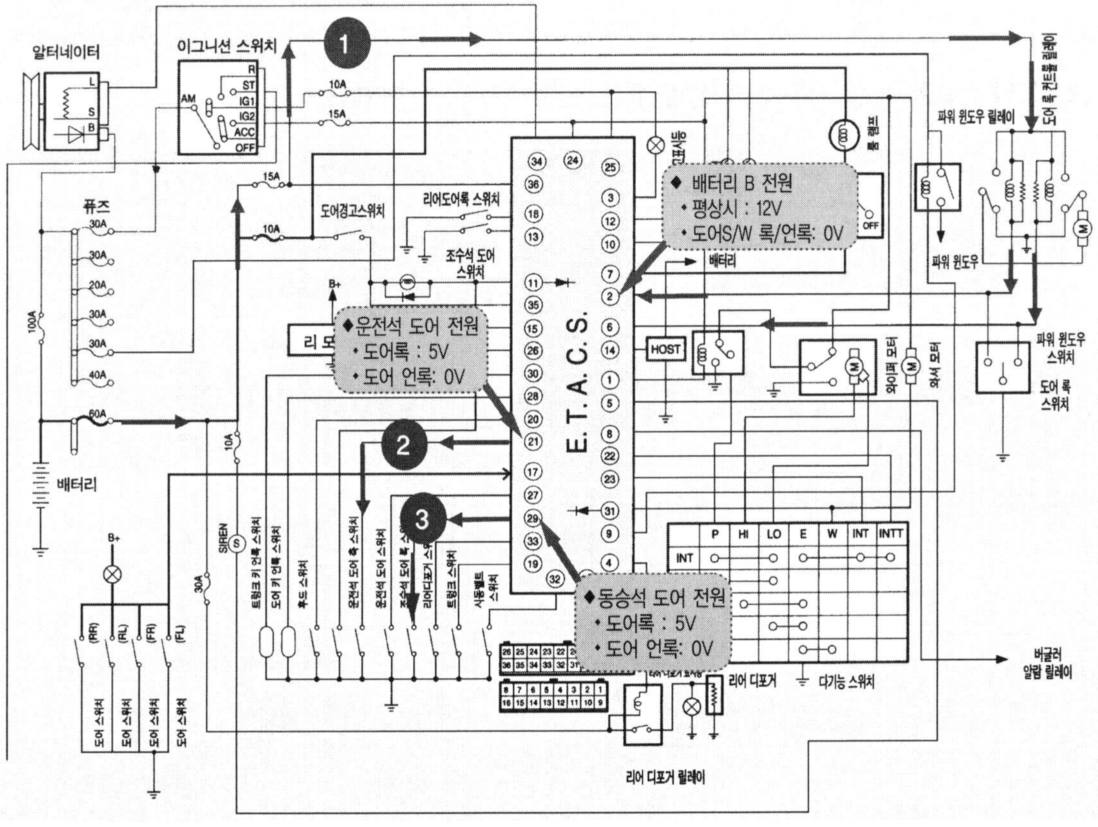

▲ 에탁스 센트롤 록킹 작동 전압 점검 위치

## (3) 도어 센트롤 록킹 작동 신호 점검위치(NF 쏘나타 2.0 -2010)

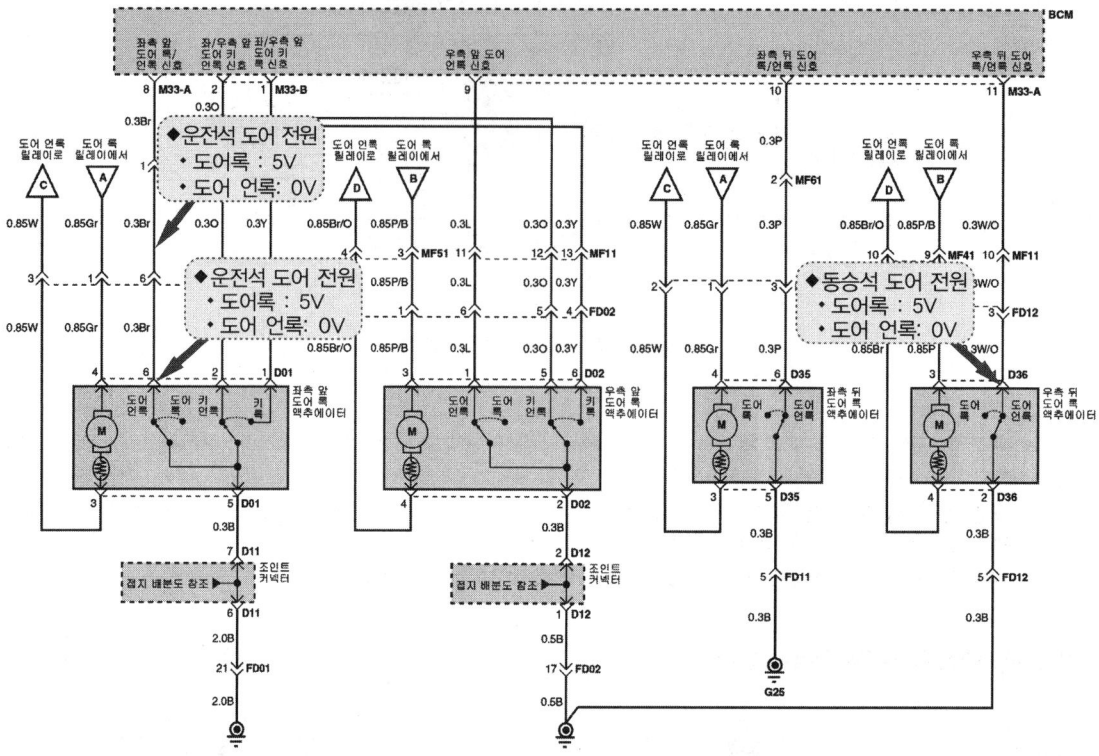

## (4) 도어 센트롤 록킹 작동 신호 점검위치(그랜저 XG 3.0 -2005)

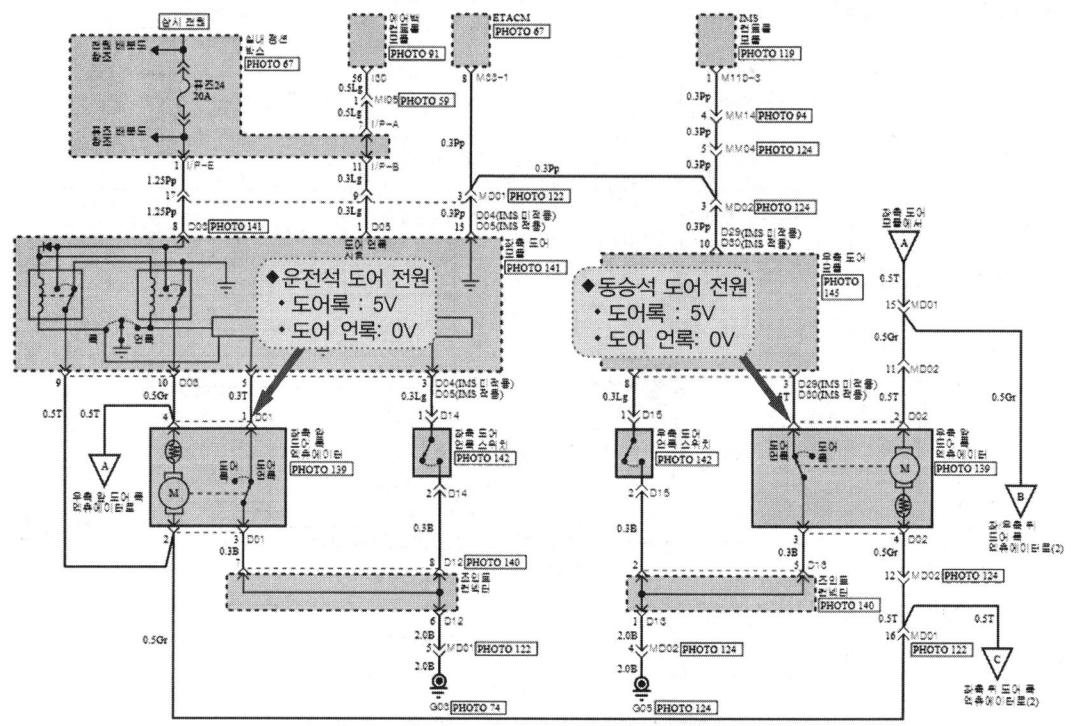

## (5) 도어 센트롤 록킹 작동 신호 점검위치(쏘렌토 R D 2.2 -2010)

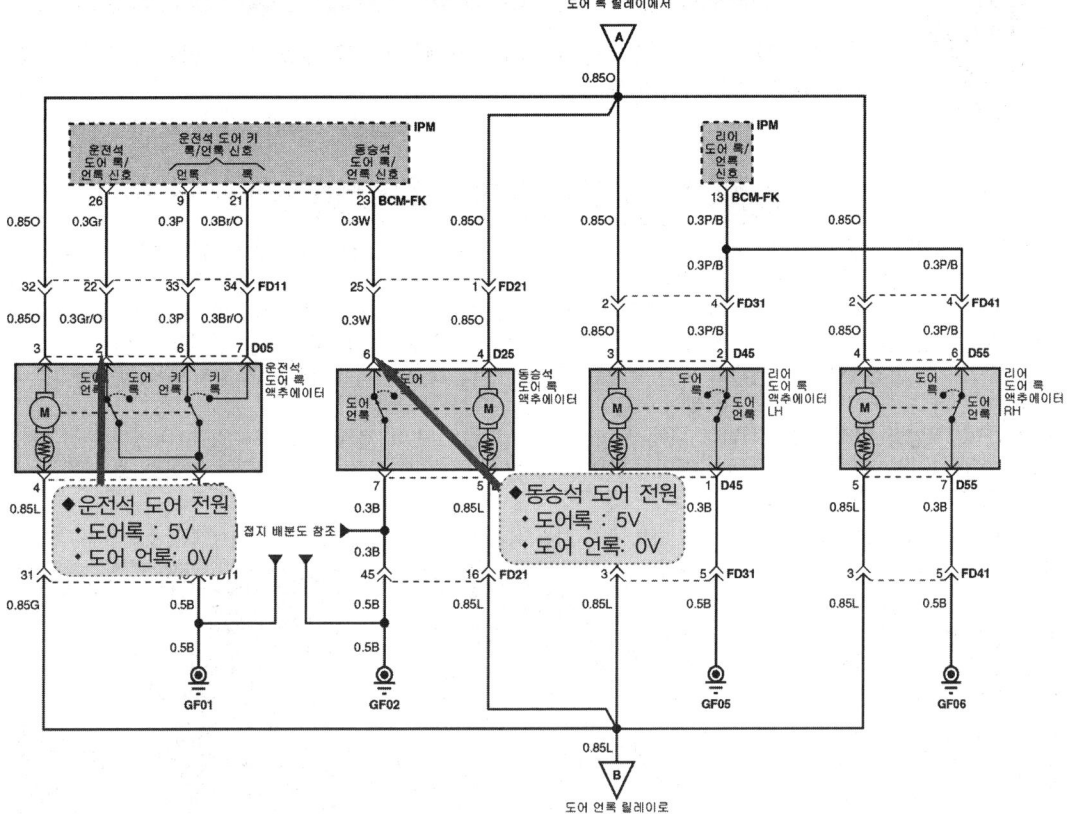

## 엔진 1 — 크랭크축 방향 유격 점검

**10안 산업기사**

주어진 엔진을 기록표의 측정 항목까지 분해하여 기록표의 요구사항을 측정 및 점검하고 본래 상태로 조립하시오.

### 시험장에서는

① **크랭크축 탈거·조립** : 작업대 위나 엔진 스탠드에 분해 조립용 엔진이 준비되어 있고 때에 따라서는 크랭크축만 조립되어 있는 경우도 있다. 먼저 분해하기 전에 준비하여간 걸레로 작업대를 깨끗이 닦는다. 그리고 걸레를 작업대 위에 넓게 펴서 깔고 그 위에 분해한 부품을 올려놓는다. 모든 분해 조립이 그렇지만 부품을 떨어트린다든지 공구를 들고 놓는데 소리가 심하게 난다든지 하면 안전관리에 소홀함이 있는 것처럼 보인다. 크랭크축을 조립한 후 토크 렌치를 이용하여 규정 토크로 조인다. 만약 토크 렌치가 준비되어 있지 않았으면 달라고 하여서 조인다. 모든 작업에서 장갑은 절대 착용이 안 됨을 명심하기 바란다.

② **크랭크축 축방향 유격 측정** : 작업대 위에 크랭크축이 조립된 실린더 블록이 올려져 있다. 어느 시험장에서는 친절하게 다이얼 게이지나 시크니스 게이지가 놓여 있는 곳도 있다. 시크니스 게이지든 다이얼 게이지이든 모두 측정할 줄 알아야 한다. 측정한 후 답안지를 작성하여 제출한다.

**1. 바른 측정 모습(다이얼 게이지)**  **2. 바른 측정 모습(시크니스 게이지)**  **3. 드라이버로 한쪽으로 미는 모습**

  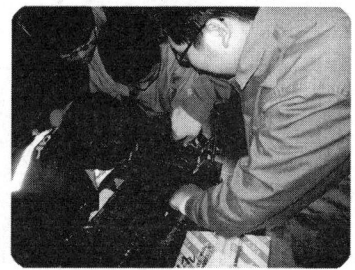

다이얼 게이지 설치대인 마그네틱 베이스가 작업대에 설치되어(실린더 블록에 설치되어야함) 있어 정확한 측정이 가능하다.

크랭크축 메인저널 베어링을 규정 토크로 조인 후 스러스트 베어링이 있는 부분에서 시크니스 게이지를 사용하여 측정한다.

다이얼 게이지를 플라이휠에 설치하고 드라이버로 반대편으로 밀어 넣고 있는 모습이다. 밀면서 측정하는 것이 아니다.

### 1. 답안지 작성법

동영상

### (1) 축방향 유격이 한계값 이상일 때

▶ 엔진 1. 크랭크축 축방향 유격 점검

엔진 번호 :

| 측정 항목 | ① 측정(또는 점검) | | ② 판정 및 정비(또는 조치)사항 | | 득점 |
|---|---|---|---|---|---|
| | 측정값 | 규정(정비한계)값 | 판정(□에 '✔'표) | 정비 및 조치할 사항 | |
| 크랭크축 축 방향유격 | 0.3mm | 0.05~0.18mm (한계 0.25mm) | □ 양 호<br>☑ 불 량 | 스러스트 베어링<br>마모-교환 | |

| 비번호 | | 감독위원 확인 | |
|---|---|---|---|

1) **비번호** : 비번호는 공단직원이 주는 등번호를 수검자가 기록한다.
2) **감독위원 확인** : 감독위원 확인란은 감독위원이 채점한 후에 도장을 찍는 부분으로 수검자는 기록하지 않는다.
3) **① 측정(또는 점검)** : 측정값은 수검자가 측정한 크랭크축 축방향 유격의 값으로 기록하고, 규정(정비한계)값은 감독관이 주어진 값이나 또는 정비지침서를 보고 기록한다.(반드시 단위를 기입한다)
   • 측정값 : 0.3mm
   • 규정(정비한계)값 : 0.05~0.18mm(한계 0.25mm)
4) **② 판정 및 정비(또는 조치)사항** : 판정은 수검자가 측정한 값과 규정(정비한계)값을 비교하여 범위 내에 있으면 양호, 벗어나면 불량에 ✔표시를 하며, 정비 및 조치할 사항 란에는 고장원인과 정비할 사항을 기록한다.
   • 판정 : • 양호 – 한계값 이내에 있을 때     • 불량 – 한계값을 벗어났을 때

• 정비 및 조치할 사항 : 스러스트 베어링 마모 – 교환
5) **득점** : 득점은 감독위원이 채점을 하고 점수를 기록하는 부분으로 수검자는 기록하지 않는다.
6) **엔진 번호** : 측정하는 엔진 번호를 수검자가 기록한다.

### ■ 차종별 축방향 유격 기준값(mm)

| 차 종 | | 규정값 | 한계값 | 차 종 | | 규정값 | 한계값 |
|---|---|---|---|---|---|---|---|
| 엑 셀/ 쏘나타/ 엘란트라 | | 0.05~0.18 | 0.25 | 에스페로/레간자 | | 0.07~0.30 | – |
| 프라이드 | | 0.08~0.28 | 0.3 | 아카디아 | | 0.1~0.29 | 0.45 |
| 세피아 | | 0.08~0.28 | 0.3 | EF 쏘나타 | | 0.05~0.25 | |
| 르 망 | | 0.07~0.3 | – | 포텐샤 | | 0.08~0.18 | 0.30 |
| 베르나/아반떼XD/라비타/엑센트 | | 0.05~0.175 | – | 트라제XG / 싼타페(2.0) | | 0.05~0.25 | – |
| 그랜저XG/ 에쿠스 | | 0.07~0.25 | 0.35 | 테라칸 / 스타렉스(2.5) | | 0.05~0.18 | 0.25 |
| 누비라 | 1.5 S/DOHC | 0.1 | | 아반떼 | 1.5 DOHC | 0.05~0.175 | – |
| | 1.8 DOHC | 0.1 | | | 1.8 DOHC | 0.06~0.260 | – |
| 카렌스 | 2.0 LPG | 0.06~0.260 | – | 마르샤 | 2.0 DOHC | 0.05~0.18 | 0.25 |
| | 2.5 CRDI | 0.09~0.32 | – | | 2.5 DOHC | 0.05~0.25 | 0.3 |
| 그레이스 | 디젤(D4BB) | 0.05~0.18 | 0.25 | 옵티마 리갈 | 2.0 DOHC | 0.05~0.25 | – |
| | LPG(L4CS) | 0.05~0.18 | 0.4 | | 2.5 DOHC | 0.07~0.25 | – |

## (2) 축방향 유격이 규정값 보다 작을 때

▶ 엔진 1. 크랭크축 축방향 유격 점검
  엔진 번호 :

| 비번호 | | 감독위원 확 인 | |
|---|---|---|---|

| 측정 항목 | ① 측정(또는 점검) | | ② 판정 및 정비(또는 조치)사항 | | 득 점 |
|---|---|---|---|---|---|
| | 측정값 | 규정(정비한계)값 | 판정(□에 '✔'표) | 정비 및 조치할 사항 | |
| 크랭크축 축 방향유격 | 0.02mm | 0.05~0.18mm (한계 0.25mm) | □ 양 호<br>☑ 불 량 | 스러스트 베어링 규정값 범위가 되도록 얇게 가공 | |

## (3) 축방향 유격이 규정값보다 크고 한계값 이내일 때

▶ 엔진 1. 크랭크축 축방향 유격 점검
  엔진 번호 :

| 비번호 | | 감독위원 확 인 | |
|---|---|---|---|

| 측정 항목 | ① 측정(또는 점검) | | ② 판정 및 정비(또는 조치)사항 | | 득 점 |
|---|---|---|---|---|---|
| | 측정값 | 규정(정비한계)값 | 판정(□에 '✔'표) | 정비 및 조치할 사항 | |
| 크랭크축 축 방향유격 | 0.20mm | 0.05~0.18mm (한계 0.25mm) | ☑ 양 호<br>□ 불 량 | 정비 및 조치할 사항 없음 | |

## (4) 축방향 유격이 양호할 때

▶ 엔진 1. 크랭크축 축방향 유격 점검
  엔진 번호 :

| 비번호 | | 감독위원 확 인 | |
|---|---|---|---|

| 측정 항목 | ① 측정(또는 점검) | | ② 판정 및 정비(또는 조치)사항 | | 득 점 |
|---|---|---|---|---|---|
| | 측정값 | 규정(정비한계)값 | 판정(□에 '✔'표) | 정비 및 조치할 사항 | |
| 크랭크축 축 방향유격 | 0.11mm | 0.05~0.18mm (한계 0.25mm) | ☑ 양 호<br>□ 불 량 | 정비 및 조치할 사항 없음 | |

## 2 관계 지식

### (1) 축방향 유격 측정 방법

**01 다이얼 게이지 설치 모습**

측정을 위한 차량과 다이얼 게이지를 설치한 모습이다.

**02 시크니스 게이지 사용 측정법**

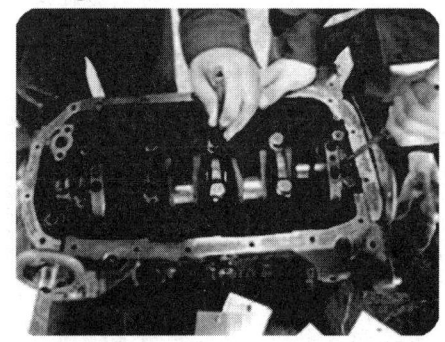

크랭크축을 조립하고 축을 한쪽으로 밀고 중앙에서 측정한다.

**03 시크니스 게이지 사용 측정법**

시크니스 게이지를 스러스트 베어링이 있는 부분에서 측정한다.

# 엔진 3 연료 압력 측정

2항의 시동된 엔진에서 공회전 상태를 확인하고 감독위원의 지시에 따라 연료 공급 시스템의 연료 압력을 측정하여 기록표에 기록하시오.(단, 시동이 정상적으로 되지 않은 경우 본 항의 작업은 할 수 없음)

## 시험장에서는

감독관으로부터 답안지를 받은 후 측정용 차량에 연료 압력계를 설치하고 엔진의 시동을 걸어서 압력계의 지침을 읽어 답안지를 작성한다. 규정값은 감독관이 주거나 정비 지침서를 준비한 곳도 있다. 일부이긴 하나 연료 압력계가 설치되어 있는 것을 그대로 측정하기도 한다.

이것은 비숙련 수검자가 시험용 차량과 측정기를 고장 낼 수 있고 잘못하여 휘발유가 누출되면 화재의 위험이 있기 때문이며, 측정하는 방법을 모르면 설치하는 방법은 더욱더 숙련이 되지 않음을 감독관은 알 수 있다. 사실 연료 압력을 측정하기 위하여 연료 압력계를 설치하기 위해서는 사전에 하여야할 작업이 많다.

연료 펌프 커넥터를 분리시키고 시동을 걸어서 자연히 꺼질 때까지 회전시킨 후 배터리 ⊖ 단자를 분리하고(이때 연료가 분출되는데 걸레로 받쳐서 다른 곳으로 흐르지 않도록 하여야 한다) 연료 호스를 탈거하여 연료 압력계를 설치한다. 다시 연료펌프 커넥터를 연결하고 배터리 ⊖ 터미널을 연결하여 시동을 걸어야 하는데 위험성과 복잡하기에 설치되어 있는 압력계를 그대로 읽도록 하고 있다.

| 1. 연료 압력 측정 준비 모습 | 2. 연료 압력 게이지 모습 | 3. 진공호스의 균열 점검 |
|---|---|---|
|  |  |  |
| 시험장에서 시뮬레이터를 이용하며, 연료 압력계의 설치는 극히 위험 하므로 계기판에 있는 압력계를 읽도록 하고 있다. | 시동이 걸린 상태에서 압력계를 읽는다. 안쪽이 MPa이고, 바깥쪽이 kgf / cm²이다. 감독관이 주어진 규정값을 비교하여 답을 작성한다. | 진공호스가 오래되면 갈라지면서 균열이 생겨서 그곳으로 공기를 빨아드림으로 인하여 낮은 진공 압력으로 리턴양이 적어 압력이 높아진다. |

## 1 답안지 작성법

### (1) 연료 공급 압력이 낮을 때

▶ 엔진 3. 연료 공급 시스템 점검
  자동차 번호 :

| 측정 항목 | ① 측정(또는 점검) | | ② 판정 및 정비(또는 조치)사항 | | 득 점 |
|---|---|---|---|---|---|
| | 측정값 | 규정(정비한계)값 | 판정(□에 '✔'표) | 정비 및 조치할 사항 | |
| 연료 압력 | 0.8kgf/cm²/ 아이들 | 2.75kgf/cm²/아이들 | □ 양 호<br>☑ 불 량 | 연료 필터가 막혔다<br>– 연료 필터 교환 | |

| 비번호 | | 감독위원<br>확 인 | |
|---|---|---|---|

※ 공회전 상태에서 측정합니다.

1) **비번호** : 비번호는 공단직원이 주는 등번호를 수검자가 기록한다.
2) **감독위원 확인** : 감독위원 확인란은 감독위원이 채점한 후에 도장을 찍는 부분으로 수검자는 기록하지 않는다.
3) **① 측정(또는 점검)** : 측정값은 수검자가 측정한 연료 공급 압력의 값을 기록하며, 규정(정비한계)값은 감독관이 주어진 값이나 또는 정비지침서를 보고 기록한다.
   • **측정값** : 0.8kgf/cm²/아이들

- 규정(정비한계)값 : 2.75kgf/cm²/아이들

**■ 연료 압력 차종별 기준값(공전시-kgf/cm²)**

| 차 종 | 진공 호스 | | 차 종 | | 진공 호스 | |
|---|---|---|---|---|---|---|
| | 탈 거 | 연 결 | | | 탈 거 | 연 결 |
| 베르나 / 아반떼 XD / 투스카니 / 라비타 | 3.5 | – | 쏘나타Ⅲ EF 쏘나타 | SOHC | 3.26~3.47 | 2.75 |
| 그랜저 XG / 에쿠스 / 테라칸 | 3.3~3.5 | 2.70 | | DOHC | 3.26~3.47 | 2.75 |
| 트라제 XG / 싼타페 | 3.06 | 2.70 | | 2.0 | 3.26~3.47 | 2.75 |

4) ② 판정 및 정비(또는 조치)사항 : 판정은 측정값이 규정(정비한계)값과 같으므로 양호에 ✔ 표시를 하며, 정비 및 조치할 사항 란에는 고장원인과 정비할 사항을 기록한다.
- 판정 : ・양호 – 규정(정비한계)값의 범위에 있을 때    ・불량 – 규정(정비한계)값을 벗어났을 때
- 정비 및 조치할 사항 : 양호하면 정비 및 조치할 사항 없음으로, 불량일 경우 고장원인과 정비방법을 기록한다.

5) **득점** : 득점은 감독위원이 채점을 하고 점수를 기록하는 부분으로 수검자는 기록하지 않는다.
6) **자동차 번호** : 측정하는 자동차 번호를 수검자가 기록한다.

## (2) 연료 공급 압력이 높을 때

▶ 엔진 3. 연료 공급 시스템 점검
  자동차 번호 :

| 측정 항목 | ① 측정(또는 점검) | | ② 판정 및 정비(또는 조치)사항 | | 득 점 |
|---|---|---|---|---|---|
| | 측정값 | 규정(정비한계)값 | 판정(□에 '✔'표) | 정비 및 조치할 사항 | |
| 연료 압력 | 3.5kgf/cm²/아이들 | 2.75kgf/cm²/아이들 | □ 양 호<br>☑ 불 량 | 진공호스의 탈거–연결 | |

비번호 [    ]   감독위원 확 인 [    ]

※ 공회전 상태에서 측정합니다.

## (3) 연료 공급 압력이 양호할 때

▶ 엔진 3. 연료 공급 시스템 점검
  자동차 번호 :

| 측정 항목 | ① 측정(또는 점검) | | ② 판정 및 정비(또는 조치)사항 | | 득 점 |
|---|---|---|---|---|---|
| | 측정값 | 규정(정비한계)값 | 판정(□에 '✔'표) | 정비 및 조치할 사항 | |
| 연료 압력 | 2.75kgf/cm²/아이들 | 2.75kgf/cm²/아이들 | ☑ 양 호<br>□ 불 량 | 정비 및 조치할 사항 없음 | |

비번호 [    ]   감독위원 확 인 [    ]

※ 공회전 상태에서 측정합니다.

## 2 관계 지식

### (1) 연료 압력이 낮은 이유
- 인젝터에서의 누설 – 인젝터 교환
- 연료 필터의 막힘이 있다 – 연료 필터 교환
- 연료 압력 조절기 불량(리턴포트 열림) – 연료 압력 조절기 교환
- 배터리 전압 낮음 – 배터리 충전
- 연료 공급라인의 굽음 – 연료 공급라인 수리
- 연료 펌프의 고장 – 연료 펌프 교환
- 딜리버리 파이프에서 연료 누설 – 설치 볼트 재장착

## (2) 연료 압력이 높은 이유
- 연료 리턴 파이프가 막힘 – 연료리턴 파이프 펴줌
- 연료 압력 조절기 불량(리턴포트 막힘) – 연료 압력 조절기 교환
- 진공호스의 막힘 – 진공호스 교환
- 진공호스의 이탈 – 진공호스 재장착
- 진공호스의 노후로 누설 – 진공호스 교환
- 진공 니플의 막힘 – 진공 니플 뚫어줌
- 연료 펌프의 고장 – 연료 펌프 교환

## (3) 차종별 연료 압력 조절기 위치와 고장 모습

**01 차상에서의 연료 압력 조절기**

연료 압력 조절기는 딜리버리 파이프 한쪽 끝 부분에 설치되어 있다.

**02 진공호스 분리시킨 고장**

가장 많이 고장을 내기 쉬운 부분이 진공호스 탈거이다.

**03 진공호스의 균열**

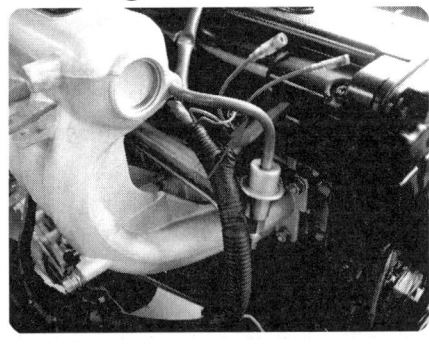

진공호스가 오래되면 갈라져서 진공이 샐 수 있다.

## 엔진 4 — TDC & 캠각 센서 파형 분석

**10안 산업기사**

주어진 자동차의 엔진에서 TDC 센서(또는 캠각 센서)의 파형을 출력하고 출력물에 상태를 분석하여 그 결과를 기록표에 기록하시오.(측정조건 : 공회전 상태)

### 시험장에서는

#1번 TDC 센서 파형의 측정은 엔진이 크랭킹이나 아이들 상태에서 측정이 가능하다. 튜업용 엔진이나 실제 차량이 준비되어 있고 그 옆에는 테스터기가 책상위에 놓여 있을 것이다. 크랭킹을 시키면서 또는 엔진 시동을 걸고 테스터기를 연결하여 파형을 측정한다.

수검자는 반드시 파형을 프린트하여 그것을 답안지에 부착하여야 한다. 시동이 걸려 있는 엔진에서 측정하여야 하기 때문에 안전에 각별히 유의하여야 하며 작업복이나 긴 머리카락 등이 회전체에 닿지 않도록 안전관리에 각별히 주의한다.

| 1. CMPS 설치 위치 | 2. 흡기측 CMPS | 3. Hi-DS 시험 준비 모습 |
|---|---|---|
|  |  |  |
| 엔진 헤드 커버에 2개가 장착되어 있고, 흡기, 배기 캠 샤프트 위치를 감지한다. | 흡기 캠축의 위치를 감지하고 있으며, 홀센서 타입이다. | 컴퓨터와 모니터가 켜져 있는 상태로 준비되어 있다. |

## 1 답안지 작성법

### (1) 정상 파형일 때

▶ 엔진 4. TDC(또는 캠각) 센서 파형 분석
　　자동차 번호 :

| 측정 항목 | 파형 상태 | 득 점 |
|---|---|---|
| 파형 측정 | 채널 A : (+) – 흡기측 캠 샤프트 위치 센서 파형이며, 채널 B : (+) – 크랭크각 센서 파형이다. 캠 센서 신호 하강(상승) 신호와 미싱 투스 사이에는 4개의 크랭크각 센서 출력 파형이 표출 되고 있고, 신호의 잡음이나 빠진 파형과 위치 상이 등이 없으므로 정상 파형이다. | |

（비번호 / 감독위원 확인）

1) **비번호** : 비번호는 공단직원이 주는 등번호를 수검자가 기록한다.
2) **감독위원 확인** : 감독위원 확인란은 감독위원이 채점한 후에 도장을 찍는 부분으로 수검자는 기록하지 않는다.
3) **파형상태** : 파형 상태란은 수검자가 감독위원의 지시에 따라 스캐너나 튜업 테스터기로 측정한 파형을 프린터로 출력하여 고장 부분 및 각 부분을 출력물에 직접 기록 설명하고 파형의 상태를 결론으로 정리한다.
4) **득점** : 득점은 감독위원이 채점을 하고 점수를 기록하는 부분으로 수검자는 기록하지 않는다.
5) **자동차 번호** : 측정하는 자동차의 번호를 수검자가 기록한다.

## (2) 첨부한 출력물

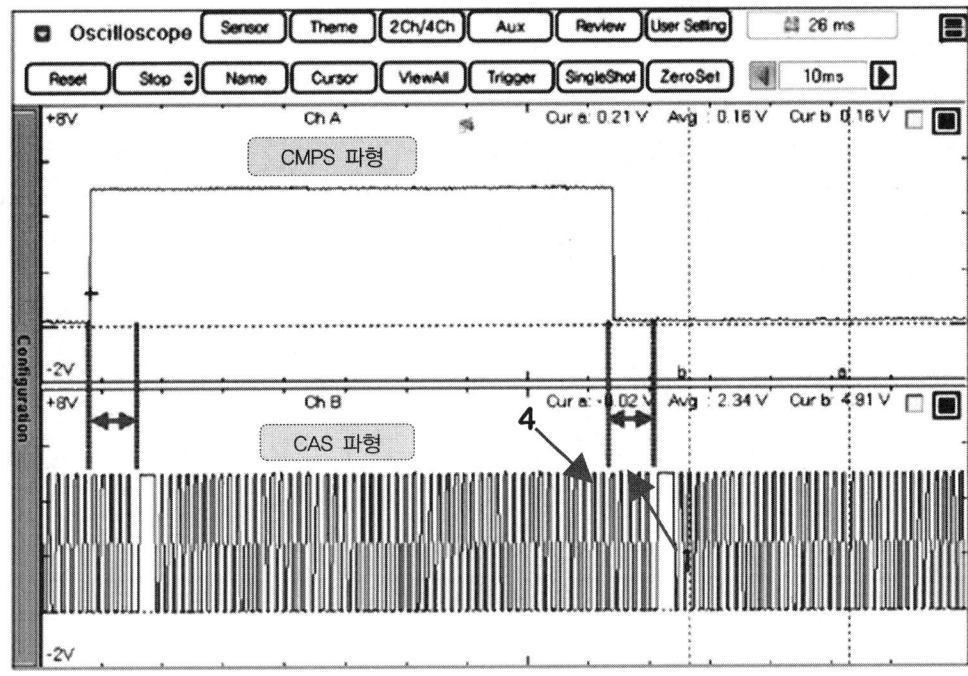

## 2 관계 지식

### (1) TDC & CMPS 파형의 분석

1) 홀 센서 방식
   ① **센서부위 이물질 부착, 배선의 접촉 불량** : '1'의 영역인 ❶지점에서 2.5V이하의 잡음 또는 '0'의 영역인 ❷지점에서 0.8V이상의 잡음이 있다. 또는 간헐적으로 위치가 이동된다.
   ② **플라이휠의 톤 휠(Tone-Wheel)의 불량** : CKP에서 잡음이 고정적으로 나온다.
   ③ CKP 신호인 ❸지점을 1번째 돌기라고 했을 때, ❸지점으로부터 19번째 상승 돌기인 ❹지점과 CMP 신호의 상승부분인 ❺지점이 일치하여야 한다.
   • CKP와 CMP 신호의 동기가 맞지 않으면, 타이밍 벨트의 오조립 여부를 확인.
   • CKP 신호만 나오고 CMP 신호가 안 나올 경우 타이밍 벨트 끊어짐을 확인.

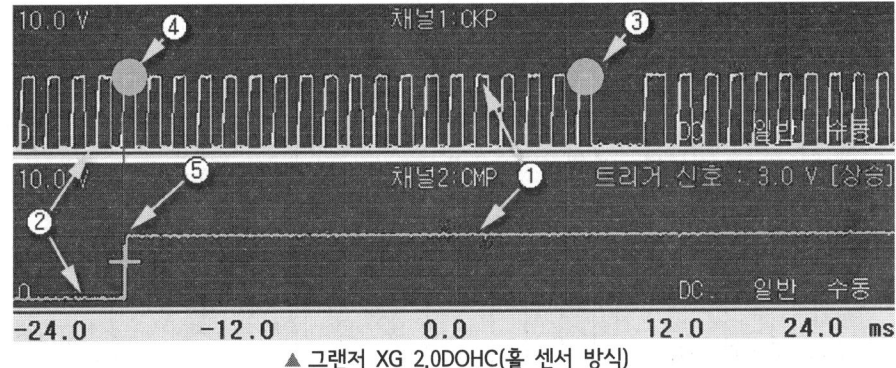

▲ 그랜저 XG 2.0DOHC(홀 센서 방식)

2) 광학식
   ① 가·감속시 펄스의 빠짐이 있는지 또는 잡음이 있는지 확인한다.
   ② 센서의 신호가 규칙적인지 확인한다.
   ③ ❸구간은 엔진의 1사이클(크랭크축 2회전)을 의미하며, 기통 판별과 크랭크축의 위치를 판별한다.

## 3) 마그네틱식

① 1, 4번 실린더 상사점 기준 : 돌기가 2개 없는 파형을 표시한다(1).
② 센서 부위 이물질 부착, 배선의 접촉 불량 : 최고 전압과 최저 전압의 차이가 불규칙, 파형이 잡음이 많음.
③ 휠의 돌기가 휘었거나 깎였을 때 : 최고 전압과 최저 전압의 규칙적 차이가 나거나 모양이 다름.

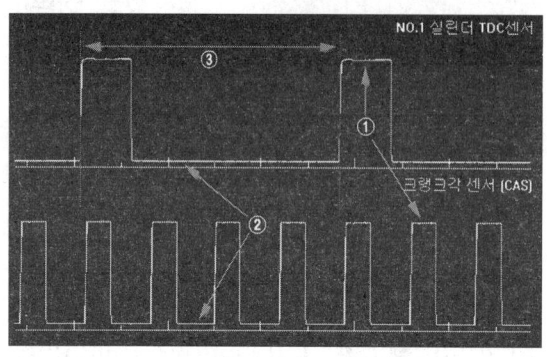

▲ 쏘나타 3(2.0SOHC) 광학식

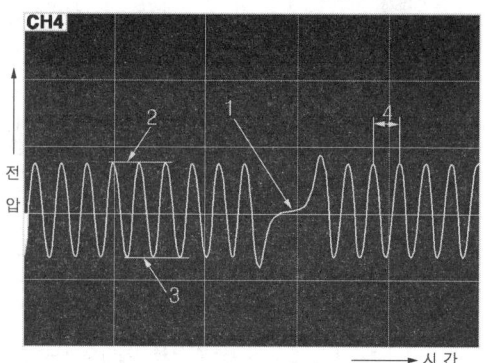

▲ 마그네틱식(누비라 I)

■ 차종별 #1번 TDC 센서 & CMPS방식

| #1TDC 센서 방식 | 사용 차종 | 비고 |
|---|---|---|
| 광학식 | 쏘나타Ⅱ(DOHC), 마르샤 2.0/ 2.5(DOHC), 쏘나타Ⅲ 2.0(SOHC), 뉴그랜저3.0(DOHC),아토스, 비스토, 크레도스, 아벨라, 마티즈, SM 5(SR2.0) | |
| 홀센서식 | 아반떼 XD 1.5/ 1.6(DOHC), 엑센트 1.5(SOHC), EF 쏘나타 1.8/ 2.0(DOHC), 그랜저 XG 2.0/ 2.5(DOHC), 세피아 1.5(SOHC/ DOHC), 누비라Ⅱ, NF 쏘나타 2.0/ 2.4, 그랜저 HG 2.4/ 3.0/ 3.3, 제네시스BH 3.3 | |
| 마그네틱식 | 레간자(SOHC/ DOHC), 누비라 I, 매그너스, 체어맨 | |

## (2) 측정 리드(프로브 연결 위치)

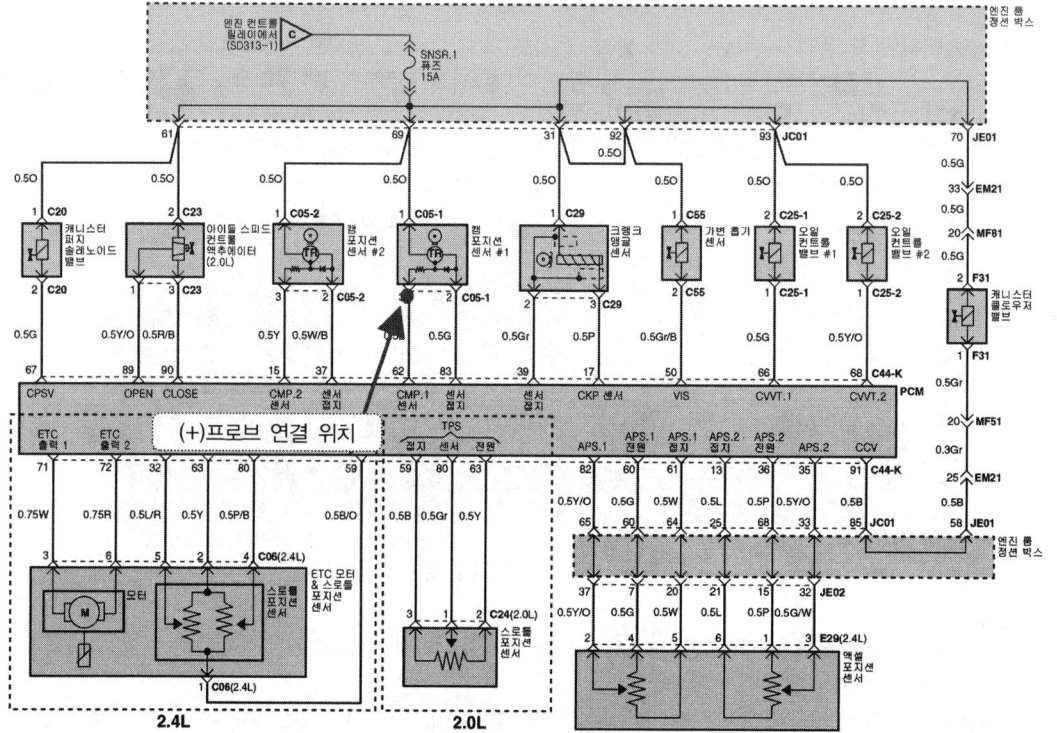

## 엔진 5 — 디젤 매연 점검

주어진 전자제어 디젤 엔진에서 인젝터를 탈거한 후(감독위원에게 확인), 다시 부착하여 시동을 걸고 매연을 측정하여 기록표에 기록하시오.

### 시험장에서는

매연을 측정하는 곳에 오면 디젤 기관이 "웅웅" 거리면서 돌아가고 테스터기가 앞에 놓여 있을 것이다. 겨울에도 이 시험장에서는 출입문을 열어 놓아서 매연이 실습장 안에 고이지 않도록 하여야 하니 감독관이나 수검자는 고생이 많은 곳이다. 먼저 감독관과 상견례를 하여야 하니 "안녕하십니까? 크게 인사를 하고 답안지를 받아서 책상 위에 놓고 테스터기를 연결한다. 순서에 맞추어서 측정한 후 답안지를 작성하는데 아마 자동차의 연식이 주어져 있으며, 규정값과 한계값은 검사기준이라 본인이 꼭 외워야 한다. 일부 검사장에서는 측정한 검출지를 답안지에 첨부하여야 한다.

#### 1. 전면 모습

본체는 포터블식이며, 전면에 작동키와 측면에 케이블 연결부가 있음.

#### 2. 기본 액세서리 모습
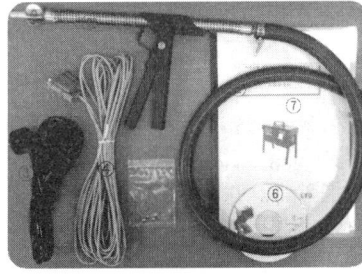
① 프로브, ② 프로브 호스, ③ 파워 케이블, ④ RS 232케이블, ⑤ 퓨즈, ⑥ 사용설명서, ⑦ 소프트 웨어

#### 3. 옵션 부품 모습

① 내장 프린터, ② 프린터 종이, ③ RPM 센서, ④ 오일 온도 센서, ⑤ 휴대용 단말기, ⑥ 기본 필터

#### 4. 측면부 연결 단자 모습
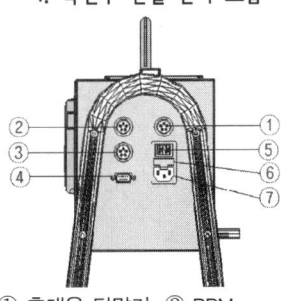
① 휴대용 단말기, ② RPM, ③ 오일 온도, ④ RS 232케이블, ⑤ 스위치, ⑥ 퓨즈, ⑦ 전원 케이블

#### 5. 연결 단자 연결 모습

모든 케이블을 본체 측면의 연결 포트에 연결한다.

#### 6. 프로브 연결 모습

뒤쪽에 있는 프로브 호스를 배기가스 배출구에 끼워 넣는다.

## 1 답안지 작성법

동영상  동영상

### (1) 매연의 배출량이 많아 불량일 때

▶ 엔진 5. 매연 점검
  자동차 번호 :

| 비 번호 | | 시험위원 확 인 | |
|---|---|---|---|

| ① 측정(또는 점검) |||| ② 판정 및 정비(또는 조치)사항 || 득 점 |
|---|---|---|---|---|---|---|---|
| 차종 | 연식 | 기준값 | 측정값 | 측정 | 산출근거(계산)기록 | 판정(□에 '✔' 표) | |
| 소형 화물 | 2008 | 25%이하 | 44.6% | 1회 : 46%<br>2회 : 45%<br>3회 : 43% | $\dfrac{46+45+43}{3}=44.6\%$ | □ 양 호<br>☑ 불 량 | |

※ 차종, 연식, 기준값은 자동차등록증을 활용하여 기재하고, 기준값 적용.
※ 자동차 검사기준 및 방법에 의하여 기록 판정함

1) **비번호** : 비번호는 공단직원이 주는 등번호를 수검자가 기록한다.
2) **감독위원 확인** : 감독위원 확인란은 감독위원이 채점한 후에 도장을 찍는 부분으로 수검자는 기록하지 않는다.
3) **① 측정(또는 점검)** : 차종과 연식은 놓여져 있는 자동차 등록증을 보고 기입한다. 기준값은 수검자가 등록증에 차대번호의 연식을 보고 운행 차량의 배출 허용 기준값을 기록한다(반드시 단위를 기입한다). 측정값은 3회 측정한 값을 평균값으로 산출하여 기록한다.
   - 차종 : 소형화물
   - 연식 : 2008년
   - 기준값 : 25%이하 (20%이지만 1993년 이후에 제작되는 자동차 중 과급기(Turbocharger) 또는 중간냉각기 (Intercooler)를 부착한 경유 사용 자동차의 매연 항목에 대한 배출허용기준은 5%를 가산한다)
   - 측정값 : 44.6%
4) **② 판정** : 측정은 3회 측정하여 기록한다. 산출근거(계산)기록은 3회 측정 평균값 계산식을 기록한다. 판정은 수검자가 측정한 값과 기준값을 비교하여 범위 내에 있으면 양호, 벗어나면 불량에 ✔ 표시한다.
   - 산출근거(계산)기록 : $\dfrac{46+45+43}{3}=44.6\%$
   - 판정 : ・양호 - 기준값의 범위에 있을 때
     ・불량 - 기준값을 벗어났을 때
5) **득점** : 득점은 감독위원이 채점을 하고 점수를 기록하는 부분으로 수검자는 기록하지 않는다.
6) **자동차 번호** : 측정하는 자동차 번호를 수검자가 기록한다.

### (2) 매연의 배출량이 작아 양호할 때

▶ 엔진 5. 매연 점검
  자동차 번호 :

| 비 번호 | | 시험위원 확 인 | |
|---|---|---|---|

| ① 측정(또는 점검) |||| ② 판정 및 정비(또는 조치)사항 || 득 점 |
|---|---|---|---|---|---|---|---|
| 차종 | 연식 | 기준값 | 측정값 | 측정 | 산출근거(계산)기록 | 판정(□에 '✔' 표) | |
| 소형 화물 | 2008 | 25%이하 | 13% | 1회 : 13%<br>2회 : 15%<br>3회 : 11% | $\dfrac{13+15+11}{3}=13\%$ | ☑ 양 호<br>□ 불 량 | |

※ 차종, 연식, 기준값은 자동차등록증을 활용하여 기재하고 기준값 적용
※ 자동차 검사기준 및 방법에 의하여 기록 판정합니다.

## 2 관계 지식

### (1) 배기가스 배출허용 기준

| 차 종 | | 제작일자 | | 매연 |
|---|---|---|---|---|
| 경자동차 및 승용자동차 | | 1995년 12월 31일 이전 | | 60% 이하 |
| | | 1996년 1월 1일부터 2000년 12월 31일까지 | | 55% 이하 |
| | | 2001년 1월 1일부터 2003년 12월 31일까지 | | 45% 이하 |
| | | 2004년 1월 1일부터 2007년 12월 31일까지 | | 40% 이하 |
| | | 2008년 1월 1일 이후 | | 20% 이하 |
| 승합·화물·특수 자동차 | 소형 | 1995년 12월 31일 이전 | | 60% 이하 |
| | | 1996년 1월 1일부터 2000년 12월 31일까지 | | 55% 이하 |
| | | 2001년 1월 1일부터 2003년 12월 31일까지 | | 45% 이하 |
| | | 2004년 1월 1일부터 2007년 12월 31일까지 | | 40% 이하 |
| | | 2008년 1월 1일 이후 | | 20% 이하 |
| | 중·대형 | 1992년 12월 31일 이전 | | 60% 이하 |
| | | 1993년 1월 1일부터 1995년 12월 31일까지 | | 55% 이하 |
| | | 1996년 1월 1일부터 1997년 12월 31일까지 | | 45% 이하 |
| | | 1998년 1월 1일부터 2000년 12월 31일까지 | 시내버스 | 40% 이하 |
| | | | 시내버스 외 | 45% 이하 |
| | | 2001년 1월 1일부터 2004년 9월 30일까지 | | 45% 이하 |
| | | 2004년 10월 1일부터 2007년 12월 31일까지 | | 40% 이하 |
| | | 2008년 1월 1일 이후 | | 20% 이하 |

※ 1993년 이후에 제작된 자동차 중 과급기(turbo charger)나 중간 냉각기(intercooler)를 부착한 경유 사용 자동차의 배출허용기준은 무부하급가속 검사방법의 매연 항목에 대한 배출허용기준에 5%를 더한 농도를 적용한다.

### (2) 기아 자동차 차대번호((VIN : Vehicle Identification Number)의 표기 부호(봉고 Ⅲ 1톤)

※ 차대번호 형식

```
K   N   C     S   E   0   1   4   2     8   K   1   2   3   4   5   6
①   ②   ③    ④   ⑤   ⑥   ⑦   ⑧   ⑨    ⑩   ⑪   ⑫   ⑬   ⑭   ⑮   ⑯   ⑰
  제작 회사군          자동차 특성군                  제작 일련 번호군
```

① **K** : 국제배정 국적표시 – K : 한국, J : 일본, 1 : 미국,
② **N** : 제작사를 나타내는 표시 – M : 현대, L : 대우, N : 기아, P : 쌍용 자동차
③ **C** : 자동차 종별 표시 – A : 승용차, C : 화물차, E : 전차종(유럽수출)
④ **S** : 자동차 등급 – S : 소형급, W : 중량급
⑤ **E** : 차종 – E : PU(1톤), F : PU(1.2톤)
⑥⑦ **01** : 바디타입 – 91 : 장축·저상·복륜·싱글 캡, 93 : 장축·저상·복륜·킹 캡, 96 : 장축·저상·복륜·더블 캡, 01 : 초장축·저상·복륜·싱글 캡, 03 : 초장축·저상·복륜·킹 캡, 06 : 초장축·저상·복륜·더블 캡, 21 : (초)장축·고상·단륜·싱글 캡, 23 : (초)장축·고상·단륜·킹 캡, 26 : (초)장축·고상·단륜·더블 캡, 24 : (초)장축·고상·단륜·3밴(판넬 밴), 25 : (초)장축·고상·단륜·3밴(글라스 밴), 28 : (초)장축·고상·단륜·6밴(판넬 밴), 29 : (초)장축·고상·단륜·6밴(글라스 밴),
⑧ **4** : 엔진 형식 – 4 : 디젤 J3(2.9)
⑨ **2** : 변속기 구분 – 2 : 수동변속기, 3 : 자동변속기, 5 : 수동(4륜구동)
⑩ **8** : 제작년도 – Y : 2000, 1 : 2001, 2 : 2002, 3 : 2003, …… A : 2010, B : 2011, C : 2012, D : 2013 ……
⑪ **K** : 공장 기호 – A : 화성(내수), S : 소하리(내수), K : 광주(내수), 6 : 소하리(수출)
⑫~⑰ **123456** : 차량 생산 일련 번호

# 자 동 차 등 록 증

제2008-000135호　　　　　　　　　　　　　　최초 등록일 : 2008년 11월 01일

| ① 자동차 등록 번호 | 92 어 3859 | ② 차 종 | 소형 화물 | ③ 용도 | 자가용 |
|---|---|---|---|---|---|
| ④ 차 명 | 봉고 Ⅲ 1톤 | ⑤ 형식 및 연식 | SEL 12F-HG7 | | 2008 |
| ⑥ 차 대 번 호 | KNCSE01428K123456 | ⑦ 원동기 형식 | J3 | | |
| ⑧ 사 용 본 거 지 | 경기도 양주시 광사동 313-4 신도 8차 아파트***동 ***호 | | | | |

| 소유자 | ⑨ 성명(명칭) | 김광수 | ⑩ 주민(사업자) 등록번호 | ***117-******* |
|---|---|---|---|---|
| | ⑪ 주 소 | 경기도 양주시 광사동 313-4 신도 8차 아파트***동 -***호 | | |

자동차 관리법 제8조등의 규정에 의하여 위와 같이 등록하였음을 증명합니다.

-위반하기 쉬운사항-　　　　　　　2008 년　11 월　01 일
※위반시 과태료 처분(뒷면 기재 참조)
　ㅇ 주소 및 사업장 소재지 변경 15일 이내
　ㅇ 정기검사 만료일 전후 15일 이내
　ㅇ 책임 보험료 가입 만료일 이전 이내 가입(100만원 이하 과태료)
　ㅇ 말소 등록.폐차일로 부터 30일 이내(50만원 이하 과태료)

# 양 주 시 장

## 섀시 2. 캠버 & 토의 점검

**10안 산업기사**

주어진 자동차에서 휠 얼라인먼트 시험기로 캠버와 토(toe) 값을 측정하여 기록표에 기록한 후 타이로드 엔드를 탈거한 후(감독위원에게 확인), 다시 부착하여 토(toe)가 규정값이 되도록 조정하시오.

### 시험장에서는

① **토(toe)의 측정** : 사이드 슬립 테스터나 토인(toe-in) 게이지를 사용한다. 현장에서는 사이드 슬립 테스터기를 이용하고 있으나 시험장에서는 토인 게이지를 선호하고 있음은 수검자가 토(toe)의 정의를 확실하게 알고 있는 가를 확인하기 위함이 아닌가 생각한다. 어느 것이던 측정할 수 있는 능력을 갖추어야 한다. 많은 수검자들이 측정을 하였기 때문에 타이어에는 백묵 자국 등이 많이 나올 것이다. 확인하기 어려우면 깨끗이 닦고 처음부터 다시 하는 것이 정확한 측정값을 얻는 지름길일 것이다.

② **캠버(Camber)의 측정** : 캠버 캐스터 게이지를 설치할 때 설치 면을 깨끗이 걸레로 닦는 것을 잊어서는 안 된다. 만약 설치 면에 이물질이 묻어 있으면 측정값이 정확하지 않다. 측정값이 틀리면 나머지가 맞아도 모두 틀린 것이다.

1\. 토인 게이지

현장에서는 별로 사용하고 있지 않지만 시험장에서는 많이 하고 있다.

2\. 토인 게이지 측정 모습

타이어의 중심선 간의 거리를 뒤에서 먼저 측정하고 있다.

3\. 캠버 게이지 측정 모습

턴테이블에 올려져 있는 타이어에 캠버 캐스터 게이지가 설치되어 있다.

## 1 답안지 작성법

동영상 동영상

### (1) 캠버가 크고 토가 바깥쪽으로 클 때

▶ 섀시 2. 휠 얼라인먼트 점검
자동차 번호 :

| 비번호 | | 감독위원 확 인 | |
|---|---|---|---|

| 측정 항목 | ① 측정(또는 점검) | | ② 판정 및 정비(또는 조치)사항 | | 득점 |
|---|---|---|---|---|---|
| | 측정값 | 규정(정비한계)값 | 판정(□에 '✔'표) | 정비 및 조치할 사항 | |
| 캠버 | 1° | (−)0.25° ± 0.75° | □ 양 호<br>☑ 불 량 | 캠버 조정은 불가능하고<br>토우는 안쪽방향으로 조정<br>– 타이로드를 양쪽에서 3mm씩 조정 | |
| 토(toe) | 바깥쪽<br>6mm | 0 ± 3mm | | | |

1) **비번호** : 비번호는 공단직원이 주는 등번호를 수검자가 기록한다.
2) **감독위원 확인** : 감독위원 확인란은 감독위원이 채점한 후에 도장을 찍는 부분으로 수검자는 기록하지 않는다.
3) ① **측정(또는 점검)** : 측정값은 수검자가 측정한 캠버와 토(toe) 값으로 기록하고, 규정(정비한계)값은 감독관이 주어진 값이나 또는 정비지침서를 보고 기록한다.(반드시 단위를 기록한다)
   - 측정값 : ·캠버 : 1° ·토 : 바깥쪽 6mm
   - 규정(정비한계)값 : ·캠버 : (−)0.25°± 0.75° ·토 : 0 ± 3mm
4) ② **판정 및 정비(또는 조치)사항** : 판정은 수검자가 측정한 값과 규정(정비한계) 값을 비교하여 범위 내에 있으면 양호, 벗어나면 불량에 ✔ 표시를 하며, 정비 및 조치할 사항 란에는 고장원인과 정비할 사항을 기록한다.
   - 판정 : · 양호 – 규정(정비한계)값 범위 내에 있을 때  · 불량 : 규정(정비한계)값을 벗어났을 때

- 정비 및 조치할 사항 : 양호하면 정비 및 조치할 사항 없음으로, 불량일 경우 고장원인과 정비방법을 기록한다.
5) **득점** : 득점은 감독위원이 채점을 하고 점수를 기록하는 부분으로 수검자는 기록하지 않는다.
6) **자동차 번호** : 측정하는 자동차 번호를 수검자가 기록한다.

## (2) 캠버가 작고 토가 안쪽으로 클 때

▶ 섀시 2. 휠 얼라인먼트 점검
자동차 번호 :

| 측정 항목 | ① 측정(또는 점검) | | ② 판정 및 정비(또는 조치)사항 | | 득점 |
|---|---|---|---|---|---|
| | 측정값 | 규정(정비한계)값 | 판정(□에 '✔'표) | 정비 및 조치할 사항 | |
| 캠버 | -2° | (-)0.25°±0.75° | □ 양 호<br>☑ 불 량 | 캠버 조정은 불가능하고 토우는<br>바깥쪽방향으로 조정<br>- 타이로드를 양쪽에서 25mm씩 조정 | |
| 토(toe) | 안 5mm | 0 ± 3mm | | | |

비번호 □ 감독위원 확인 □

# 2 관계 지식

## (1) 토(toe)의 조정

① 타이 로드 길이를 늘일 때 : 토 인으로 된다.
② 타이 로드 길이를 줄일 때 : 토 아웃으로 된다.

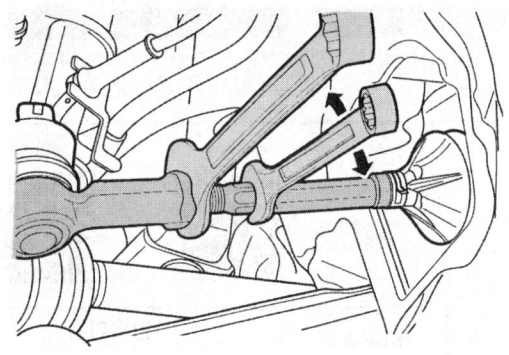

▲ 앞 토인 조정

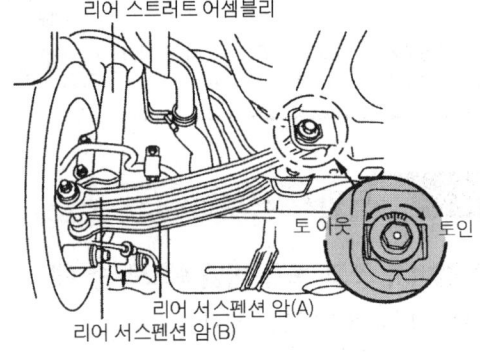

▲ 뒤 토인 조정

## (2) 차종별 규정값

■ 차종별 캠버, 토우 규정값-쌍용, 삼성

| 차종 | 토우(mm) | 차종 | 토우(mm) | 차종 | 토우(mm) |
|---|---|---|---|---|---|
| 뉴코란도 | 2 ± 2 | 삼성1TON(야무진) | 1 ± 1 | 코란도, 무쏘/SUT | 2 ± 2 |
| 뉴훼미리 | 0 ± 2 | 액티언SPORT | 2 ± 2 | 액티언, 카이런 | 2 ± 2 |
| 렉스턴, 뉴렉스턴 | 2 ± 2 | New 체어맨(EAS) | 4.4 ± 1.9 | 코란도 훼미리 | 0 ± 2 |
| 렉스턴Ⅱ | 2 ± 2 | 야무진 | 1 ± 1 | SM3 | 2 ± 1 |
| 로디우스 | 2 ± 2 | 이스타나 | 3 ± 1 | SM5 | 0 ± 3 |
| 무쏘 | 2 ± 2 | 체어맨 | 4.4 ± 1.9 | SM7 | 0.7 ± 1 |

■ 차종별 캠버, 토우 규정값-대우

| 차종 | 토우(mm) | 차종 | 토우(mm) | 차종 | 토우(mm) |
|---|---|---|---|---|---|
| 누비라, 누비라Ⅱ | 0 ± 2.2 | 로얄프린스 | 4 ± 0.5 | 슈퍼살롱 | 4 ± 0.5 |
| NEW 마티즈 | 0.17˚ ± 0.17˚ | 로얄DUKE | 4 ± 0.5 | 씨에로 | 0 ± 1 |
| 뉴프린스, 브로엄 | 2 ± 1 | 로얄XQ | 4 ± 0.5 | 아카디아 | 1 ± 2 |
| 라노스(M/S) | 0 ± 1 | 티코(94.10) | 1 ± 2 | 아카디아 | (−)1 ± 2 |
| 라노스(P/S) | 0 ± 1 | 프린스('91) | 1 − 0 + 2 | 에스페로 | (−)0.08 ± 0.2 |
| 라보, 다마스 | 3.5 ± 1 | 르망 | 2.5 ± 1.0 | 임페리얼 | 4 ± 0.5 |
| 라세티 | 0 ± 2.2 | 르망, 씨에로 | 0 ± 1 | 젠트라 | (0.9mm ± 2.2mm) |
| 레간자 | 1.3 ± 1 | 마티즈 | 1.5 ± 1.5 | 칼로스 | 1.2 ± 0.5 |
| 레조 | 0 ± 2 | 매그너스 | 3.2 ± 0.5 | 토스카 | 0.1 ± 0.16˚ |
| 로얄살롱 | 4 ± 0.5 | 맵시 | 3.0 ± 1.0 | 티코 | 1 ± 2 |

## (3) 포터블 게이지를 이용한 캠버 측정법

**01 게이지를 설치한 모습**

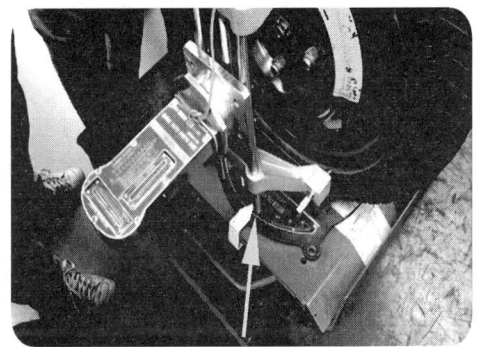

턴 테이블 위에 타이어를 올려놓고 0도로 맞추고 게이지를 설치한다.

**02 수평을 맞추는 모습**

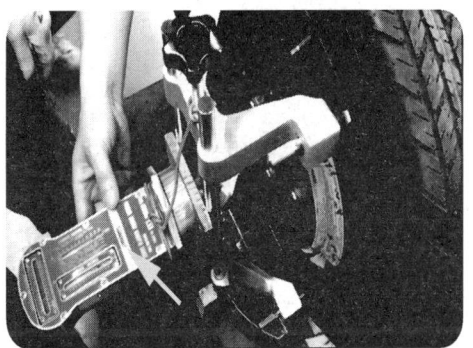

캠버 캐스터 게이지를 좌우로 움직여서 수평 기포를 맞춘다.

**03 캠버 값을 읽는 모습**

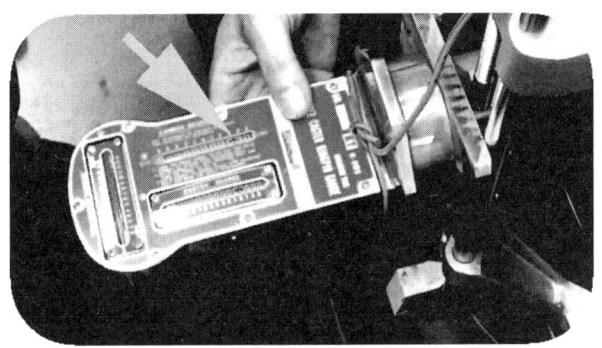

캠버 캐스터 게이지에서 캠버 값을 읽어주면 된다.

## 섀시 4. 제동력 측정

**10안 산업기사**

3항 작업 자동차에서 감독위원의 지시에 따라 전(앞) 또는 후(뒤) 제동력을 측정하여 기록표에 기록하시오.

### 시험장에서는

감독관으로부터 답안지를 받아들고 제동력 테스터기로 가면 A4 용지에 축중이 제시되어 있는 경우가 대부분이다. 또한 도와줄 보조원이 기다리고 있다. 보조원은 대부분 그곳의 학생으로 자격증 취득자이거나 테스터기를 능수능란하게 다룰 수 있는 학생이다. 제동력 측정을 혼자는 할 수 없고 수검자가 운전이 불가능할 경우가 있기 때문에 보조원을 두고 있다. 보조원은 시동을 걸어 놓고 운전석에 앉아서 수검자가 지시를 내려 주기만을 기다리고 있다. 수검자는 테스터기를 세팅하고 보조원에게 차량을 진입하도록 "출발하세요"라고 지시하고 답판 위에 측정축의 바퀴가 오면 "정지"하고 측정 버튼을 누르면 리프트가 하강하면서 롤러가 회전한다. 보조원에게 "브레이크 밟으세요." 하고 지침이 최대로 올랐을 때 푸시 버튼을 눌러 눈금을 읽는다. 주어진 축중과 좌우 측정값을 기록하고 리프트를 올린 후 계산하여 답안지를 작성하여 제출한다.

1. 측정기가 설치된 실습장 모습

2. 제동력 측정기 답판 위에 진입한 모습

3. 제동력 측정중인 화면

실습장이 깨끗하게 청소가 되어 있고 주변에 정돈된 모습이 청량한 마음을 준다.

후륜 측정을 하기 위해 제동력 테스터기 답판 위에 뒷바퀴가 올라간 상태이다.

보조원이 브레이크를 밟으면서 제동력 지침이 올라가고 있는 상태이다.

## 1  답안지 작성법

### (1) 제동력 합과 편차가 정상일 때

▶ 섀시 4. 제동력 점검
　　자동차 번호 :

| 비 번호 | | 감독위원 확인 | |
|---|---|---|---|

| ① 측정(또는 점검) | | | | ② 판정 및 정비(또는 조치)사항 | | | 득점 |
|---|---|---|---|---|---|---|---|
| 위 치 | 구분 | 측정값 | 기준값 (□에 '✔'표) | 산출근거 | | 판정 (□에 '✔'표) | |
| 제동력 위치 (□에 '✔'표) ☑ 앞 □ 뒤 | 좌 | 300kg | ☑ 앞 □ 뒤 축중의 | 편차 | 편차 = $\dfrac{300-290}{876} \times 100 = 1.1\%$ | ☑ 양 호 □ 불 량 | |
| | 우 | 290kg | 제동력 편차 8% 이하 제동력 합 50% 이상 | 합 | 합 = $\dfrac{300+290}{876} \times 100 = 67.4\%$ | | |

※ 측정 위치는 감독위원이 지정하는 위치에 □에 '✔' 표시합니다.
※ 자동차 검사기준 및 방법에 의하여 기록 판정합니다.
※ 측정값의 단위는 시험장비 기준으로 작성합니다.
※ 산출근거에는 단위를 기록하지 않아도 됩니다.

1) **비번호** : 비번호는 공단직원이 주는 등번호를 수검자가 기록한다.
2) **감독위원 확인** : 감독위원 확인란은 감독위원이 채점한 후에 도장을 찍는 부분으로 수검자는 기록하지 않는다.
3) **위치** : 위치는 감독위원이 지정하는 곳에 ✔ 표시를 한다.

4) **측정값** : 측정값 란은 수검자가 제동력을 측정한 값을 기록한다.
   - 좌 : 300kg
   - 우 : 290kg
5) **기준값** : 기준값은 기준이 되는 축에 ✔ 표시를 하고 검사 기준값을 기록한다.
   - 앞 : ☑
   - 편차 : 8% 이하
   - 제동력 합 : 50% 이상
6) **산출 근거** : 계산공식에 넣어서 산출하는 계산식을 기입한다.

   ※ 계산법 :
   - 좌,우제동력의 편차 = $\dfrac{\text{좌,우제동력의 합}}{\text{해당 축중}} \times 100 = \dfrac{300-290}{876} \times 100 = 1.1\%$
   - 좌,우제동력의 합 = $\dfrac{\text{좌,우제동력의 편차}}{\text{해당 축중}} \times 100 = \dfrac{300+290}{876} \times 100 = 67.4\%$
   - 축중은 SONATA 2.0 CVVL 가솔린 공차중량(1,460)의 60%(876kg)으로 계산함.

7) **판정** : 판정은 측정한 값과 검사기준 값을 비교하여 범위 안에 들면 양호에, 범위를 벗어나면 불량에 ✔ 표시를 한다.
   - 판정 :
     - 양호 : 측정한 값이 검사기준 값(제동력 합 50% 이상, 편차 8% 이하)의 범위에 있을 때
     - 불량 : 측정한 값이 검사기준 값(제동력 합 50% 이상, 편차 8% 이하)의 범위를 벗어났을 때
8) **득점** : 득점은 감독위원이 채점을 하고 점수를 기록하는 부분으로 수검자는 기록하지 않는다.
9) **자동차 번호** : 측정하는 자동차 번호를 수검자가 기록한다.

■ **현대 차종별 중량 기준값**

| 항목 \ 차종 | SONATA(2016) | | | | |
|---|---|---|---|---|---|
| | 2.0 CVVL | 2.0 LPI 장애인용 | 1.6 T-GDI | 1.7 e-VGT | 2.0 T-GDI |
| 엔진형식-연료 | I4 | 누우 2.0 LPI | I4 | I4 | I4 |
| 배기량(CC) | 1,999 | 1,999 | 1,591 | 1,685 | 1,998 |
| 공차중량(kg) | 1,460~1,470 | 1,465 | 1,455~1,465 | 1,510~1,520 | 1,597 |
| 최대 출력(HP) | 168 | 151 | 180 | 141 | 245 |
| 최대 토크(kg.m) | 20.5 | 19.8 | 27.0 | 34.7 | 36.0 |
| 연비(km/L) M/T | – | – | – | – | – |
| 연비(km/L) A/T | 12.0~12.6 | 9.6 | 12.7~13.4 | 16.0~16.8 | 10.8 |
| 축거(mm) | 2,805 | 2,805 | 2,805 | 2,805 | 2,805 |
| 전륜 제동장치 | V디스크 | V디스크 | V디스크 | V디스크 | V디스크 |
| 후륜 제동장치 | 디스크 | 디스크 | 디스크 | 디스크 | 디스크 |

## (2) 제동력 합과 편차가 불량일 때

▶ **섀시 4. 제동력 점검**
자동차 번호 :
비 번호 :
감독위원 확인 :

| 위치 | ① 측정(또는 점검) | | | ② 판정 및 정비(또는 조치)사항 | | 득점 |
|---|---|---|---|---|---|---|
| | 구분 | 측정값 | 기준값 (□에 '✔'표) | 산출근거 | 판정 (□에 '✔'표) | |
| 제동력 위치 (□에 '✔'표) ☑ 앞 □ 뒤 | 좌 | 280kg | ☑ 앞 □ 뒤 축중의 | 편차 = $\dfrac{280-30}{876} \times 100 = 28.5\%$ | □ 양 호 ☑ 불 량 | |
| | 우 | 30kg | 제동력 편차 8% 이하 | 합 = $\dfrac{280+30}{876} \times 100 = 35.4\%$ | | |
| | | | 제동력 합 50% 이상 | | | |

※ 측정 위치는 감독위원이 지정하는 위치에 □에 '✔'표시합니다.
※ 자동차 검사기준 및 방법에 의하여 기록 판정합니다.
※ 측정값의 단위는 시험장비 기준으로 작성합니다.
※ 산출근거에는 단위를 기록하지 않아도 됩니다.

## (3) 제동력 편차는 정상이나 합이 불량일 때

**▶ 섀시 4. 제동력 점검**

자동차 번호 :　　　　비 번호　　　　감독위원 확인

| 위치 | ① 측정(또는 점검) | | | ② 판정 및 정비(또는 조치)사항 | | 판정 (□에 '✔'표) | 득점 |
|---|---|---|---|---|---|---|---|
| | 구분 | 측정값 | 기준값 (□에 '✔'표) | 산출근거 | | | |
| 제동력 위치 (□에 '✔'표) ✔ 앞 □ 뒤 | 좌 | 150kg | ✔ 앞　축중의 □ 뒤 | 편차 | 편차 = $\dfrac{150-140}{876} \times 100 = 1.1\%$ | □ 양 호 ✔ 불 량 | |
| | 우 | 140kg | 제동력 편차　8% 이하 | 합 | 합 = $\dfrac{150+140}{876} \times 100 = 33.1\%$ | | |
| | | | 제동력 합　50% 이상 | | | | |

※ 측정 위치는 감독위원이 지정하는 위치에 □에 '✔' 표시합니다.
※ 자동차 검사기준 및 방법에 의하여 기록 판정합니다.
※ 측정값의 단위는 시험장비 기준으로 작성합니다.
※ 산출근거에는 단위를 기록하지 않아도 됩니다.

## 2 관계 지식

### (1) 제동력 판정 공식

① 앞바퀴 제동력의 총합 = $\dfrac{\text{앞, 좌·우 제동력의 합}}{\text{앞축중}} \times 100 = 50\%$ 이상 되어야 합격

② 좌우 제동력의 편차 = $\dfrac{\text{큰쪽 제동력} - \text{작은쪽 제동력}}{\text{당해 축중}} \times 100 = 8\%$ 이내면 합격

## 섀시 5   ABS 자기진단

주어진 자동차의 ABS에서 자기진단기(스캐너)를 이용하여 각종 센서 및 시스템의 작동 상태를 점검하고 기록표에 기록하시오.

### 시험장에서는

아마 시험장에서 제일 좋은 차량이 아닐까 싶다. 요즘은 경차에도 도입이 되므로 꼭 그렇지는 않다. 차 옆에는 테스터기가 학생의 책상 위에 놓여 있고, 차량에는 키가 놓여져 있다. 테스터기를 먼저 설치하고 키를 넣어서 "ON" 위치로 한다. 그 상태에서 진단기(스캐너)로 측정하면 친절하게 고장 난 부품들의 명칭을 화면에 나타내 줄 것이다. 그리고 고장의 이유는 직접 그 위치에서 확인하여야 한다. 만약 눈으로 확인이 안 되면 단품 점검으로 들어가서 단품에 문제가 있는지 아니면 선로에 문제가 있는지를 점검하여야 한다. 시험이 끝나고 나면 모든 것을 원위치로 한다. 이때 시험위원이 그대로 두고 가라고 하면 더 이상 만지지 말고 답안지를 작성하여 제출한다. 모든 답안지를 제출할 때도 마찬가지이지만 다시 한 번 기록사항을 확인한다. 비 번호는 기록하였는지, 빈공간은 없는지……

**1. 앞 휠 스피드 센서 위치**

**2. 앞 휠 스피드 센서 위치-2**

**3. 앞 휠 스피드 센서 커넥터 위치**

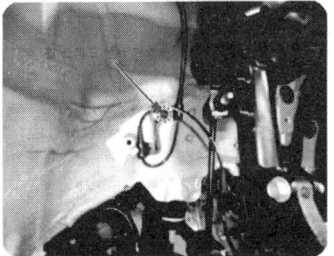

아반떼(AD) 차량으로 자기진단은 실차에서나 가능하며, 일부 시험장에서는 시뮬레이터로 보고 있는 곳도 있다. 시험장에 속해있는 교육기관의 학생들도 연습을 많이 하였으므로 그동안 만지작거리던 부품들은 반질반질하다. 고장도 현장에서 쉽게 고장 낼 수 있는 부품으로 고장 내는 경우가 대부분이다.

## 1   답안지 작성법

### (1) 앞 좌우측 휠 센서 커넥터가 탈거일 때

▶ 섀시 5. ABS 점검
　　　작업대 번호 :

| 점검 항목 | ① 측정(또는 점검) | | ② 판정 및 정비(또는 조치)사항 | 득점 |
|---|---|---|---|---|
| | 고장 부분 | 내용 및 상태 | 정비 및 조치할 사항 | |
| 자기 진단 | 앞 좌측 휠 센서 단선/단락 | 앞 좌측 휠 센서 - 커넥터 탈거 | 앞 좌측 휠 센서 커넥터 연결, 과거 기억소거 후, 재점검 | |
| | 앞 우측 휠 센서 단선/단락 | 앞 우측 휠 센서 - 커넥터 탈거 | 앞 우측 휠 센서 커넥터 연결, 과거 기억소거 후, 재점검 | |

비 번호 :     감독위원 확 인

1) **비번호** : 비번호는 공단직원이 주는 등번호를 수검자가 기록한다.
2) **감독위원 확인** : 감독위원 확인란은 감독위원이 채점한 후에 도장을 찍는 부분으로 수검자는 기록하지 않는다.
3) **① 측정(또는 점검)** : 고장부분 란에는 수검자가 스캐너의 자기진단 화면 창에 나타난 이상 부위를 기록하고, 내용 및 상태 란에는 수검자가 점검한 이상 부위의 고장 내용 및 상태를 기록한다.
　　• **고장 부분** : 앞 좌측 휠 센서 단선 / 단락, 앞 우측 휠 센서 단선 / 단락
　　• **내용 및 상태** : 앞 좌측 휠 센서 – 커넥터 탈거, 앞 우측 휠 센서 – 커넥터 탈거

4) ② **판정 및 정비(또는 조치)사항** : 정비 및 조치할 사항 란에는 양호하면 정비 및 조치할 사항 없음으로, 불량일 경우 고장원인과 정비방법을 기록한다.
  • 정비 및 조치할 사항 : 앞 좌측 휠 센서 커넥터 연결, 과거 기억소거 후 재점검, 앞 우측 휠 센서 커넥터 연결, 과거 기억소거 후 재점검
5) **득점** : 득점은 시험위원이 채점을 하고 점수를 기록하는 부분으로 수검자는 기록하지 않는다.
6) **작업대 번호** : 측정하는 작업대 번호를 수검자가 기록한다.

## 2  관계 지식

### (1) 스캐너를 이용한 자기진단 방법

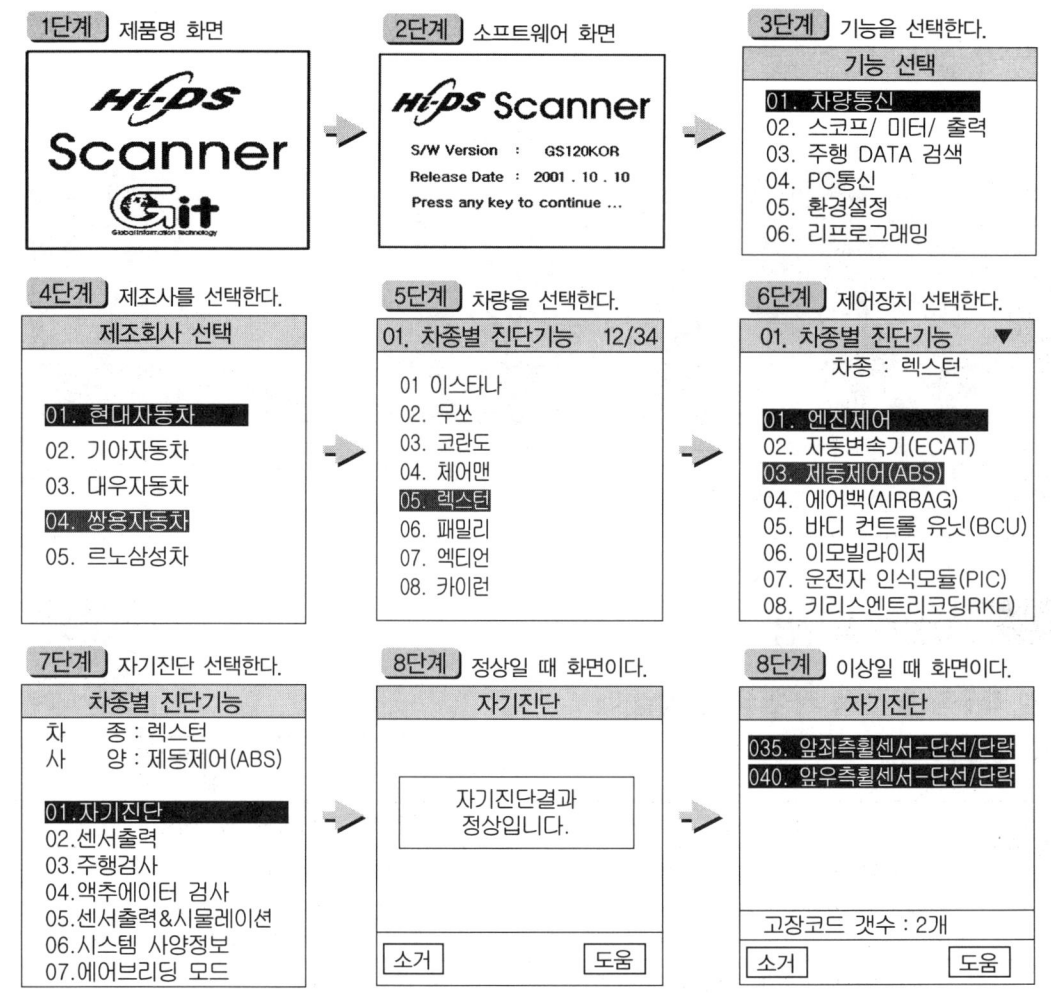

## (2) 자기진단 앞 우측 휠 스피드 센서 결함 고장진단(렉스턴-구형)

| 단계 | 조치 | 값 | 예 | 아니오 |
|---|---|---|---|---|
| 1 | 휠 스피드 센서를 검사한다.<br>스피드 센서가 손상되었는가? | – | 3단계로 간다 | 2단계로 간다 |
| 2 | 1. 시동 스위치를 LOCK으로 돌린다.<br>2. 앞좌측 휠 스피드 센서 커넥터를 분리한다.<br>3. 디지털 전압계(DVM)를 사용하여 센서 단자 사이의 저항을 측정한다. 저항이 약 25도(77F)에서 규정값 근처인가? | 1280 ~ 1920Ω | 4단계로 간다 | 3단계로 간다 |
| 3 | 휠 스피드 센서를 교환한다. 교환을 완료했는가? | – | 시스템 정상 | – |
| 4 | 1. DVM을 AC mV 단위로 전환한다.<br>2. 휠을 초당 1회전(rps)의 속도로 회전시키면서 휠 스피드 센서 단자 사이의 출력 전압을 측정한다. 출력 전압이 규정값 이내인가? | ≈70mV | 6단계로 간다 | 5단계로 간다 |
| 5 | 필요한 경우 스피드 센서 또는 투스 휠을 교환한다.<br>수리 작업을 완료했는가? | – | 시스템 정상 | – |
| 6 | 1. EBCM에서 하니스를 분리한다.<br>2. 접지 및 휠 스피드 센서 커넥터의 단자 사이에 DVM을 연결한다.<br>3. 시동 스위치를 ON으로 돌린다.<br>4. 휠 스피드 센서 커넥터의 다른 단자에서 상기 테스트를 반복한다. 모든 단자에서 전압이 규정값 이내인가? | 〉1V | 7단계로 간다 | 8단계로 간다 |
| 7 | 해당 회로의 전압 단락을 수리한다.<br>수리 작업을 완료했는가? | – | 시스템 정상 | – |
| 8 | 1. 시동 스위치를 LOCK로 돌린다.<br>2. 접지 및 EBCM 커넥터 하니스의 단자 6 사이의 저항을 측정한다.<br>3. 접지 및 EBCM 커넥터 하니스의 단자 7 사이의 저항을 측정한다.<br>회로의 저항이 규정값 이하인가? | ∞ | 9단계로 간다 | 10단계로 간다 |
| 9 | 해당 회로의 접지 단락을 수리한다.<br>수리 작업을 완료 했는가? | – | 시스템 정상 | – |
| 10 | 1. 하니스 EBCM 커넥터의 단자 7과 하니스 휠 스피드 센서 커넥터 사이의 저항을 측정한다.<br>2. 하니스 EBCM 커넥터의 단자 6과 하니스 휠 스피드 센서 커넥터 사이의 저항을 측정한다. 모든 회로의 저항이 규정값 이내인가? | 〉5Ω | 11단계로 간다 | 12단계로 간다 |
| 11 | 필요한 경우 해당 회로의 단선 또는 고저항을 수리한다.<br>수리 작업을 완료 했는가? | – | 시스템 정상 | – |
| 12 | ABS 장치를 교환한다.<br>수리 작업을 완료 했는가? | – | 시스템 정상 | – |

## 전기 1 — 파워 윈도우 소모 전류 점검

**10안 산업기사**

주어진 자동차에서 파워 윈도우 레귤레이터를 탈거한 후(감독위원에게 확인), 다시 부착하여 작동 상태를 확인 후 윈도우 모터의 작동 전류 소모시험을 하여 기록표에 기록하시오.

### 시험장에서는

감독위원이 지시하는 도어의 파워 윈도우 모터 전원의 공급선에 훅 미터를 설치하고 윈도우를 올리고 내리면서 전류 값을 측정한다. 이때 키 스위치는 ON 상태에 있어야 하므로 반드시 확인한다.

1. 파워 윈도우 모터 설치위치 모습
2. 파워 윈도우 모터 커넥터 위치
3. 파워 윈도우 모터 설치위치 모습

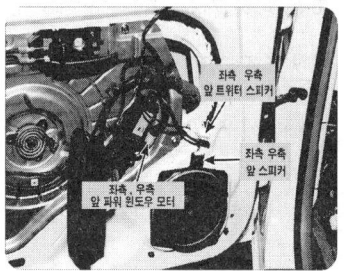
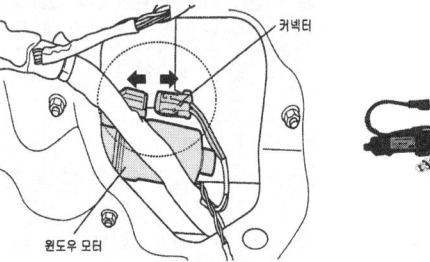
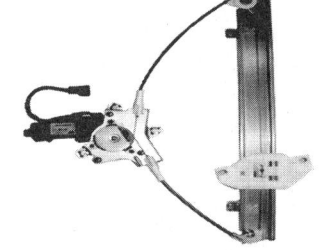

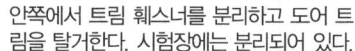

안쪽에서 트림 훼스너를 분리하고 도어 트림을 탈거한다. 시험장에는 분리되어 있다. | 도어 패널에 설치되어 있으며 연결 커넥터에 훅 미터를 걸어서 측정한다. | 레귤레이터와 모터의 조립상태의 모습이다. 제작사마다 조금씩 다르기는 하다.

## 1 답안지 작성법

동영상

### (1) 파워 윈도우 모터의 전류 소모가 적을 때

▶ 전기 1. 윈도우 모터 점검
　　　자동차 번호 :

| 측정항목 | ① 측정(또는 점검) | | ② 판정 및 정비(또는 조치)사항 | | 득점 |
|---|---|---|---|---|---|
| | 측정값 | 규정(정비한계)값 | 판정(□에 '✔'표) | 정비 및 조치할 사항 | |
| 전류 소모 시험 | 올림 : 2A | 6A이하 | □ 양 호<br>☑ 불 량 | 유리창 가이드 실 마모<br>– 교환 | |
| | 내림 : 1A | 5A 이하 | | | |

비번호 ｜ 　 ｜ 감독위원 확 인 ｜

1) **비번호** : 비번호는 공단직원이 주는 등번호를 수검자가 기록한다.
2) **감독위원 확인** : 감독위원 확인란은 감독위원이 채점한 후에 도장을 찍는 부분으로 수검자는 기록하지 않는다.
3) **① 측정(또는 점검)** : 측정값은 수검자가 측정한 파워 윈도우 모터의 소모 전류 값을 기록하고, 규정(정비한계)값은 일반적인 규정값을 기록한다.
   - **측정값** : ・올림 – 2A 　　　　・내림 – 1A
   - **규정(정비한계)값** : ・올림 – 6A 이하 　・내림 – 5A 이하
4) **② 판정 및 정비(또는 조치)사항** : 판정은 수검자가 측정한 값과 규정(정비한계)값을 비교하여 범위 내에 있으면 양호, 벗어나면 불량에 ✔표시를 하며, 정비 및 조치할 사항은 고장원인과 정비할 사항을 기록한다.
   - **판정** : ・양호 – 규정(정비한계)값의 범위에 있을 때 　・불량 – 규정(정비한계)값을 벗어났을 때
   - **정비 및 조치할 사항** : 양호하면 정비 및 조치할 사항 없음으로, 불량일 경우 고장 원인과 정비방법을 기록한다.

■ 파워 윈도우 소모전류 규정값

| SPECIFICATION (25±5℃, 12V에서) | | | |
|---|---|---|---|
| 무부하 | 회전수(RPM) | 70↑ | |
| | 전류(A) | 4A↓ | |
| 30kgf.cm 부하시 | 회전수(RPM) | 65±12 | |
| | 전류(A) | 10A↓ | |
| 구속시 | 토오크(kgf.cm) | 85±20 | |
| | 전류(A) | 25A↓ | |
| 차 종 | 정격 전류(V) | | 작동 온도(℃) |
| 아반떼 XD | 올림 | 6A 이하 | −40~+80 |
| | 내림 | 5A 이하 | |

5) **득점** : 득점은 감독위원이 채점을 하고 점수를 기록하는 부분으로 수검자는 기록하지 않는다.
6) **자동차 번호** : 측정하는 자동차의 번호를 수검자가 기록한다.

## (2) 파워 윈도우 모터의 전류 소모가 많을 때

▶ 전기 1. 윈도우 모터 점검
  자동차 번호 :

| 측정항목 | ① 측정(또는 점검) | | ② 판정 및 정비(또는 조치)사항 | | 득점 |
|---|---|---|---|---|---|
| | 측정값 | 규정(정비한계)값 | 판정(□에 '✔' 표) | 정비 및 조치할 사항 | |
| 전류 소모 시험 | 올림 : 12A | 6A이하 | □ 양 호 ☑ 불 량 | 파워 윈도우 레일의 마모 – 파워 윈도우 레일 교환 | |
| | 내림 : 10A | 5A 이하 | | | |

비번호 :     감독위원 확 인 :

## (3) 파워 윈도우 모터의 전류 소모가 양호할 때

▶ 전기 1. 윈도우 모터 점검
  자동차 번호 :

| 측정항목 | ① 측정(또는 점검) | | ② 판정 및 정비(또는 조치)사항 | | 득점 |
|---|---|---|---|---|---|
| | 측정값 | 규정(정비한계)값 | 판정(□에 '✔' 표) | 정비 및 조치할 사항 | |
| 전류 소모 시험 | 올림 : 5A | 6A이하 | ☑ 양 호 □ 불 량 | 정비 및 조치할 사항 없음 | |
| | 내림 : 4A | 5A 이하 | | | |

## 2 관계 지식

### (1) 파워 윈도우 소모 전류값이 적게 나오는 원인

① 배터리 불량 –배터리 교환
② 배터리 터미널 연결 상태 불량 – 배터리 터미널 재장착
③ 유리창 가이드 실 마모 – 유리창 가이드 실 교환
④ 파워 윈도우 모터와 레귤레이터 이탈 – 파워 윈도우 모터와 레귤레이터 장착
⑤ 파워 윈도우 레귤레이터 와이어 단선 – 파워 윈도우 레귤레이터 교환

### (2) 파워 윈도우 소모 전류값이 많이 나오는 원인

① 파워 윈도우 모터와 레귤레이터 장착 불량 – 파워 윈도우 모터와 레귤레이터 재장착
② 파워 윈도우와 윈도우 레일에 마모로 마찰저항 증가 – 파워 윈도우 레일 교환
③ 파워 윈도우 레귤레이터 와이어 이탈 – 파워 윈도우 레귤레이터 교환
④ 파워 윈도우 모터 불량 – 파워 윈도우 모터 교환

## (3) 회로도로 본 모터의 전류 소모 측정위치(운전석)

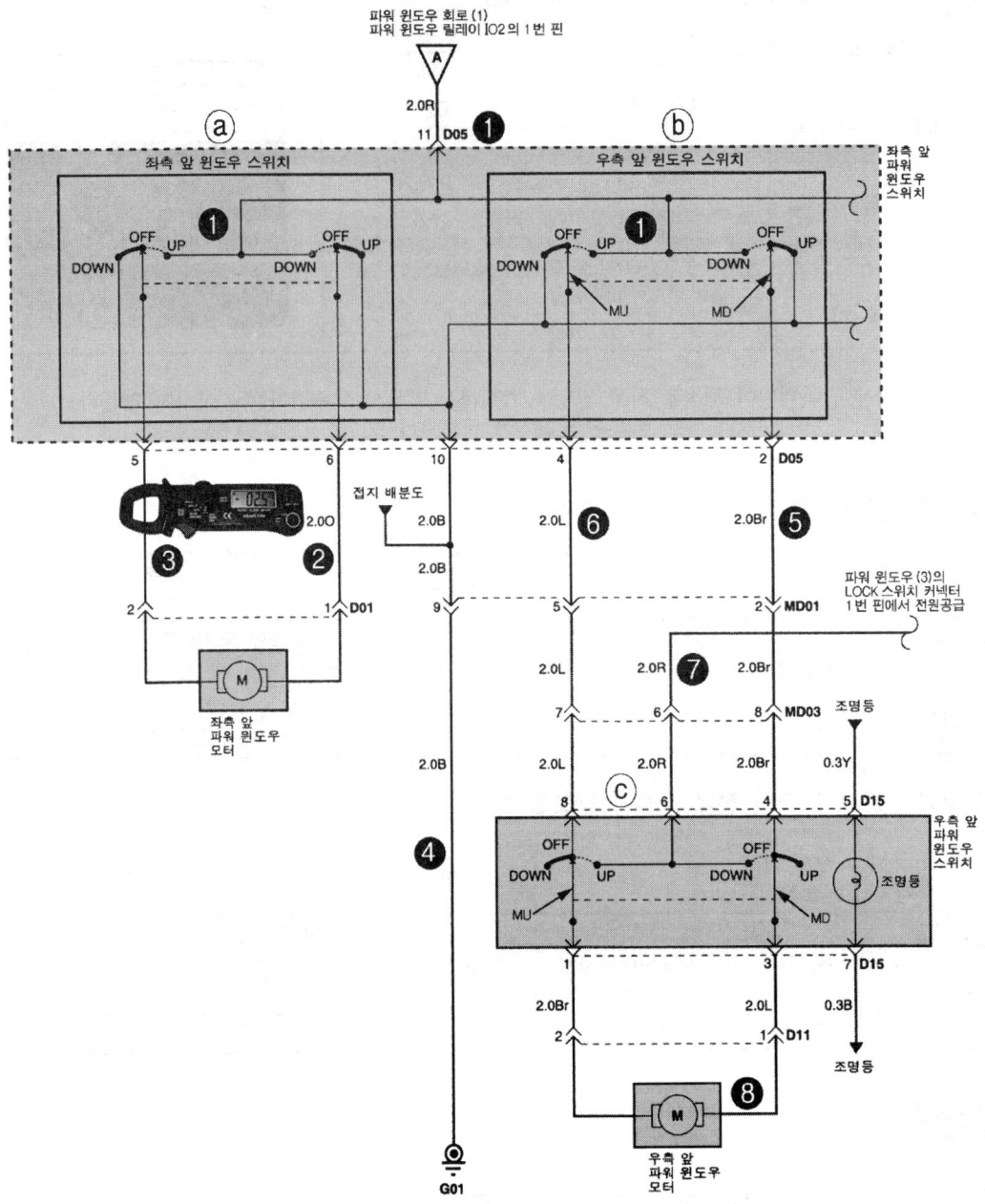

▲ 운전석 윈도 우모터 전류 측정 위치(아반떼 XD)

# 전기 2 — 전조등 광도, 진폭 점검

**주어진 자동차에서 전조등 시험기로 전조등을 점검하여 기록표에 기록하시오.**

## 시험장에서는

　헤드라이트의 광도와 진폭의 측정은 엔진의 시동을 걸고 측정하여야 옳으나 시험장에서는 안전을 위하여 엔진이 정지된 상태에서 측정하는 경우가 많다. 감독위원이 좌측이나 우측을 지정하여 주는 곳을 측정하는데 좌, 우는 운전석에 앉아서 좌측과 우측임을 잊지 말아야 한다. 측정하기 전에 조건(타이어의 공기압, 배터리 성능, 바닥의 수평 상태 등)이 맞았는지 확인하고 헤드라이트의 유리를 깨끗한 걸레로 닦아서 측정값이 정확하게 나오도록 하여야 한다. 측정은 변환빔(하향등) 상태에서 측정하여야 하며, 차량은 공회전(단, 광도 측정 시 2,000rpm), 공차 상태, 운전자 1인이 승차하여 측정하여야 한다.

　보조원이 운전석에 앉아서 라이트를 조작하여 주는 경우도 있으나 대부분은 운전자가 탑승하지 않은 상태에서 측정한다. 근래에 생산된 차량은 헤드라이트 조작이 키 스위치를 넣어야만 가능하도록 되어 있으므로 참고하기 바란다.

**1. 집광식 테스터기 모습-1**

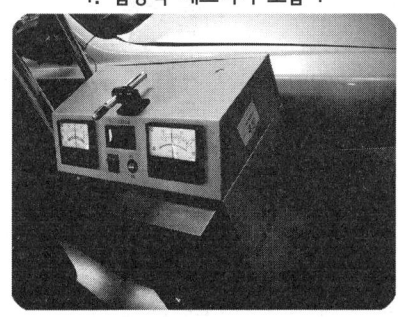

**2. 집광식 테스터기 모습-2**

① 정대용 망원경
② 광도계
③ 좌우 광축계
④ 전원 스위치
⑤ 수평계
⑥ 상하 광축계
⑦ 0점 조정 및 측정

## 1 답안지 작성법

### (1) 광도, 진폭이 불량일 때

▶ 전기 2. 전조등 점검
　자동차 번호 :

| 항목 | ① 측정(또는 점검) | | ② 판정 | 득 점 |
|---|---|---|---|---|
| | 측정값 | 기준값 | 판정(□에 '✔') | |
| (□에 '✔')<br>위치 :<br>☑ 좌<br>□ 우<br>설치높이 :<br>☑ ≤ 1.0m<br>□ > 1.0m | 광도<br>1,800cd | 3,000cd 이상 | □ 양 호<br>☑ 불 량 | |
| | 진폭<br>-3.9%(-0.39cm) | -0.5~-2.5% 이내<br>(-0.05~-0.25cm 이내) | □ 양 호<br>☑ 불 량 | |

※ 측정 위치는 감독위원이 지정하는 위치에 □에 '✔' 표시합니다.
※ 자동차 검사기준 및 방법에 의하여 기록 판정합니다.

1) **비번호** : 비번호는 공단직원이 주는 등번호를 수검자가 기록한다.
2) **감독위원 확인** : 감독위원 확인란은 감독위원이 채점한 후에 도장을 찍는 부분으로 수검자는 기록하지 않는다.

3) ① 측정(또는 점검) : 위치 및 설치 높이는 감독위원이 지정하는 차량과 위치 및 설치 높이에 ✔표시를 하고, 측정값은 수검자가 측정한 광도와 진폭의 값을 기록하고 기준값은 검사기준 값을 암기하여 기록한다.
- 위치 및 설치 높이 : · 위치 – 감독위원이 지정하는 차량의 헤드라이트 위치에 ✔표시를 한다. 운전석에 앉아서 좌, 우 위치이다.
  · 설치 높이 – 점검차량의 전조등 설치 높이에 ✔표시를 한다.
- 측정값 : · 광도 – 수검자가 측정한 광도 값을 기록한다.
  · 진폭 – 수검자가 측정한 변환빔의 진폭 값을 기록한다.
- 기준값 : · 광도 – 수검자가 검사기준의 광도 값을 암기하여 기록한다.
  · 진폭 – 수검자가 검사기준의 진폭 값을 암기하여 기록한다.

4) ② 판정 : 판정란은 수검자가 측정한 값과 기준값을 비교하여 범위 내에 있으면 양호, 벗어나면 불량에 ✔표시를 한다. 어느 하나라도 불량이면 판정은 불량이다.
- 판정 : · 양호-기준값의 범위에 있을 때  · 불량-기준값을 벗어났을 때

5) 득점 : 득점은 감독위원이 채점을 하고 점수를 기록하는 부분으로 수검자는 기록하지 않는다.
6) 자동차 번호 : 측정하는 자동차의 번호를 수검자가 기록한다.

## (2) 광도가 불량일 때

▶ 전기 2. 전조등 점검
자동차 번호 :

| 항목 | | ① 측정(또는 점검) | | ② 판정 | 득 점 |
|---|---|---|---|---|---|
| | | 측정값 | 기준값 | 판정(□에 '✔') | |
| (□에 '✔')<br>위치 :<br>☑ 좌<br>□ 우<br>설치높이 :<br>☑ ≤ 1.0m<br>□ > 1.0m | 광도 | 2,350cd | 3,000cd 이상 | □ 양 호<br>☑ 불 량 | |
| | 진폭 | -1.8%(-0.18cm) | -0.5~-2.5% 이내<br>(-0.05~-0.25cm 이내) | ☑ 양 호<br>□ 불 량 | |

비 번호 : 　　　감독위원 확 인 :

※ 측정 위치는 감독위원이 지정하는 위치에 □에 '✔' 표시합니다.
※ 자동차 검사기준 및 방법에 의하여 기록 판정합니다.

## (3) 진폭이 불량일 때

▶ 전기 2. 전조등 점검
자동차 번호 :

| 항목 | | ① 측정(또는 점검) | | ② 판정 | 득 점 |
|---|---|---|---|---|---|
| | | 측정값 | 기준값 | 판정(□에 '✔') | |
| (□에 '✔')<br>위치 :<br>☑ 좌<br>□ 우<br>설치높이 :<br>☑ ≤ 1.0m<br>□ > 1.0m | 광도 | 26,300cd | 3,000cd 이상 | ☑ 양 호<br>□ 불 량 | |
| | 진폭 | -2.8%(-0.28cm) | -0.5~-2.5% 이내<br>(-0.05~-0.25cm 이내) | □ 양 호<br>☑ 불 량 | |

비 번호 : 　　　감독위원 확 인 :

※ 측정 위치는 감독위원이 지정하는 위치에 □에 '✔' 표시합니다.
※ 자동차 검사기준 및 방법에 의하여 기록 판정합니다.

## (4) 광도와 진폭이 양호할 때

▶ 전기 2. 전조등 점검
　　자동차 번호 :

| 비 번호 | | 감독위원 확인 | |
|---|---|---|---|

| 항목 | ① 측정(또는 점검) | | | ② 판정 | 득 점 |
|---|---|---|---|---|---|
| | | 측정값 | 기준값 | 판정(□에 '✔') | |
| (□에 '✔')<br>위치 :<br>☑ 좌<br>□ 우<br>설치높이 :<br>☑ ≤ 1.0m<br>□ > 1.0m | 광도 | 65,900cd | 3,000cd 이상 | ☑ 양 호<br>□ 불 량 | |
| | 진폭 | -1.6%(-0.16cm) | -0.5~-2.5% 이내<br>(-0.05~-0.25cm 이내) | ☑ 양 호<br>□ 불 량 | |

※ 측정 위치는 감독위원이 지정하는 위치에 □에 '✔' 표시합니다.
※ 자동차 검사기준 및 방법에 의하여 기록 판정합니다.

## 2　관계 지식

### (1) 검사기준 및 검사방법 의한 검사기준 - 자동차관리법 시행규칙 제73조 관련

| 항 목 | 검사 기준 | | 검사 방법 |
|---|---|---|---|
| 등화<br>장치 | · 변환빔의 광도는 3000cd 이상일 것 | | · 좌우측 전조등(변환빔)의 광도와 광도점을 전조등 시험기로 측정하여 광도점의 광도 확인 |
| | · 변환빔의 진폭은 10m 위치에서 다음 수치 이내일 것 | | · 좌우측 전조등(변환빔)의 컷오프선 및 꼭지점의 위치를 전조등 시험기로 측정하여 컷오프선의 적정여부 확인 |
| | 설치 높이 ≤ 1.0m | 설치 높이 > 1.0m | |
| | -0.5 ~ -2.5% | -1.0 ~ -3.0% | |
| | · 컷오프선의 꺾임점(각)이 있는 경우 꺾임점의 연장선은 우측 상향일 것 | | · 변환빔의 컷오프선, 꺾임점(각), 설치상태 및 손상여부 등 안전기준 적합여부를 확인 |

**예** 컷 오프선의 수직위치는 자동차의 변환빔 전조등 설치 높이(발광면의 최하단) 대비 아래 기준에 적합할 것(설치 높이 ≤ 1.0m)

- $-0.5\% = \dfrac{x \times 100}{10}$, $x = \dfrac{-0.5 \times 10}{100} = -0.05cm$ 이내, $\% = \dfrac{-0.05cm \times 100}{10} = -0.5\%$ 이내

- $-2.5\% = \dfrac{x \times 100}{10}$, $x = \dfrac{-2.5 \times 10}{100} = -0.25cm$ 이내, $\% = \dfrac{-0.25cm \times 100}{10} = -2.5\%$ 이내

- 설치 높이 > 1.0m : -0.1cm ~ -0.3cm 이내

## 전기 3 — ETACS 컨트롤 유닛의 전원 전압 점검

주어진 자동차의 편의장치(ETACS 또는 ISU) 커넥터에서 전원 전압을 점검하여 기록표에 기록하시오.

### 시험장에서는

에탁스(ETACS : Electronic Time Alam Control System)는 소형이나, 준중형 차량에는 미장착 차량이 많고 중형 이상의 차량에서 채용한 시스템이었으나 요즘은 경차에도 도입하는 추세이다. 실제의 차량을 이용하는 경우도 있지만 대부분이 시뮬레이터를 사용한다. 점검 및 측정하기가 편하게 만들어져 있다. 에탁스 하면 모두 어려워 하고 있지만 실상 회로도만 볼 줄 알면 간단하게 해결할 수 있는 문제다. 답안지를 받아 들고 차량으로 가면 측정 차량의 앞이나 측면 유리에 **"에탁스 실내등 출력 전압 점검"** 이라는 글씨가 보일 것이다. 운전석에 앉으면 정비 지침서나 에탁스 회로도를 복사한 것이 보일 것이다. 측정한 값을 답안지에 작성하여 제출한다. 현재 차량에서는 BCM(Body Control Module)으로 이름 바꿔 써서 사용하고 있음을 참고하기 바란다. BCM이 새로운 시스템이라고 볼 것이 아니라 기존의 ETACS제어의 기능을 확장 장치로 생각하고 접근하면 결코 어렵지 않은 시스템이 될 것이다.

**1. 실 차량에서의 측정 모습(1)**

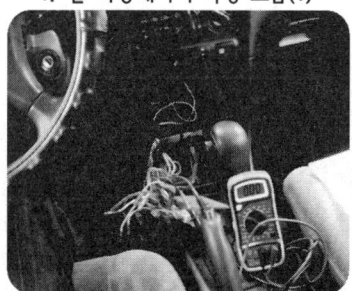

에탁스 ECU에 각 전선에 측정용 단자를 만들어 놓고 있고, 그 옆에는 멀티 테스터기가 준비되어 있다.

**2. 실 차량에서의 측정 모습(2)**

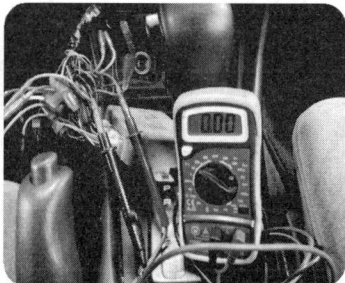

에탁스 ECU에 각 전선에 측정용 단자를 만들어 놓고 있고, 그 옆에는 멀티 테스터기가 준비되어 있다.

**3. 커넥터 단자 제시된 모습**

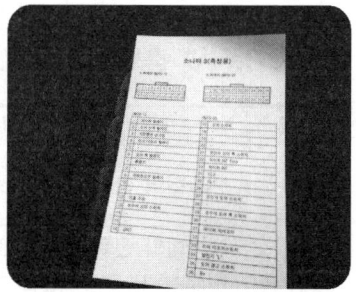

에탁스에서 측정 하고자 하는 차량에 정비 지침서의 단자 명칭을 복사하여 놓여 있다. 이것을 보고 위치를 찾는다.

## 1. 답안지 작성법

### (1) 전압이 없을 때

▶ 전기 3. 컨트롤 유닛 회로 점검
자동차 번호 :

| 비번호 | | 감독위원 확인 | |
|---|---|---|---|

| 측정항목 | ① 측정(또는 점검) | | ② 판정 및 정비(또는 조치)사항 | | 득점 |
|---|---|---|---|---|---|
| | 측정값 | 규정(정비한계)값 | 판정(□에 '✔'표) | 정비 및 조치할 사항 | |
| 컨트롤 유닛의 기본 입력전압 | +   0V | 12V | □ 양 호<br>☑ 불 량 | 배터리 전원 퓨즈 단선-<br>배터리 전원 퓨즈 교환 후<br>재점검 | |
| | −   0V | 0V | | | |
| | IG   0V | 12V | | | |

1) **비번호** : 비번호는 공단직원이 주는 등번호를 수검자가 기록한다.
2) **감독위원 확인** : 감독위원 확인란은 감독위원이 채점한 후에 도장을 찍는 부분으로 수검자는 기록하지 않는다.
3) **① 측정(또는 점검)** : 측정값은 수검자가 배터리 (+)와 (−) 전압과 IG 전압을 측정한 값을 기록하고, 규정(정비한계)값은 일반적인 규정값을 기록한다.
   • 측정값 : ・(+) − 0V     ・(−) − 0V     ・(IG) − 0V
   • 규정(정비한계)값 : ・(+) − 12V     ・(−) − 0V     ・(IG) − 12V

4) ② 판정 : 판정은 수검자가 측정한 값과 규정(정비한계)값을 비교하여 범위 내에 있으면 양호, 벗어나면 불량에 ✔표시를 하며, 정비 및 조치할 사항은 고장원인과 정비할 사항을 기록한다.
   - 판정 : ・양호 – 규정(정비한계)값의 범위에 있을 때
           ・불량 – 규정(정비한계)값을 벗어났을 때
   - 정비 및 조치할 사항 : 양호하면 정비 및 조치할 사항 없음으로, 불량일 경우 고장원인 정비방법을 기록한다.
5) 득점 : 득점은 감독위원이 채점을 하고 점수를 기록하는 부분으로 수검자는 기록하지 않는다.
6) 자동차 번호 : 측정하는 자동차의 번호를 수검자가 기록한다.

■ 컨트롤 유닛 기본 입력 전압 규정값

| 입력 및 출력 요소 | | 전압 규정값 | |
|---|---|---|---|
| 기본 전압 입력 | 배터리 B 단자 | 키 스위치 ON | 12V |
| | | 키 스위치 OFF | 12V |
| | IG 단자 | 키 스위치 ON | 12V |
| | | 키 스위치 OFF | 0V |

## (2) IG 1 전압이 없을 때

▶ 전기 3. 컨트롤 유닛 회로 점검
   자동차 번호 :

| 비번호 | | 감독위원 확 인 | |

| 측정항목 | ① 측정(또는 점검) | | ② 판정 및 정비(또는 조치)사항 | | 득점 |
|---|---|---|---|---|---|
| | 측정값 | 규정(정비한계)값 | 판정(□에 '✔' 표) | 정비 및 조치할 사항 | |
| 컨트롤 유닛의 기본 입력전압 | + 0V | 12V | □ 양 호<br>☑ 불 량 | IG 1 배선 단선<br>– 배선 연결 후 재점검 | |
| | – 0V | 0V | | | |
| | IG 0V | 12V | | | |

## (3) IG 2 전압이 없을 때

▶ 전기 3. 컨트롤 유닛 회로 점검
   자동차 번호 :

| 비번호 | | 감독위원 확 인 | |

| 측정항목 | ① 측정(또는 점검) | | ② 판정 및 정비(또는 조치)사항 | | 득점 |
|---|---|---|---|---|---|
| | 측정값 | 규정(정비한계)값 | 판정(□에 '✔' 표) | 정비 및 조치할 사항 | |
| 컨트롤 유닛의 기본 입력전압 | + 0V | 12V | □ 양 호<br>☑ 불 량 | IG 2 배선 커넥터 연결핀 불량 – 커넥터 핀 수리 후 재점검 | |
| | – 0V | 0V | | | |
| | IG 0V | 12V | | | |

## 2 관계 지식

### (1) 에탁스 컨트롤 기본 전원 작동 회로도

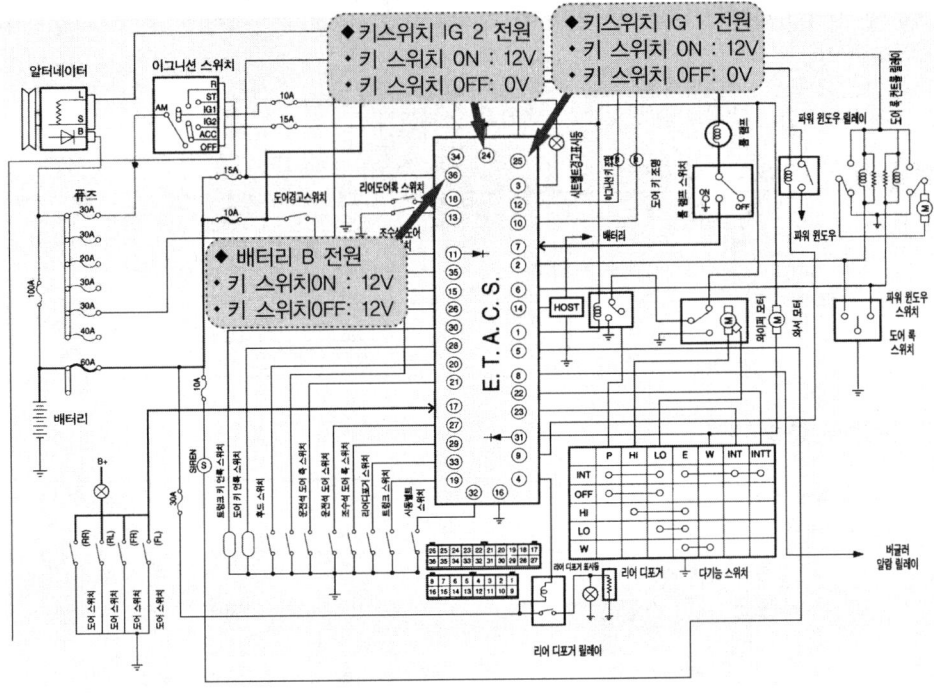

▲ 에탁스 컨트롤 유닛 기본 전원 전압 점검

### (2) ETACS 컨트롤 유닛 전원 전압 측정 위치-1 (그랜저 XG 3.0 - 2005)

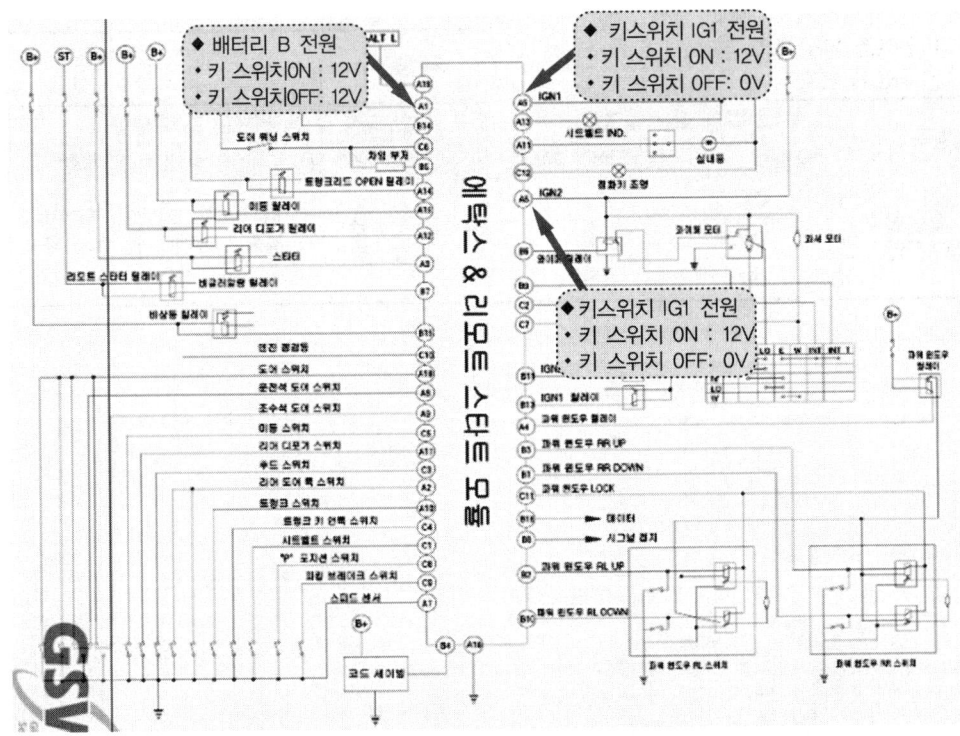

## (3) ETACS 컨트롤 유닛 전원 전압 측정 위치-2 (그랜저 XG 3.0 - 2005)

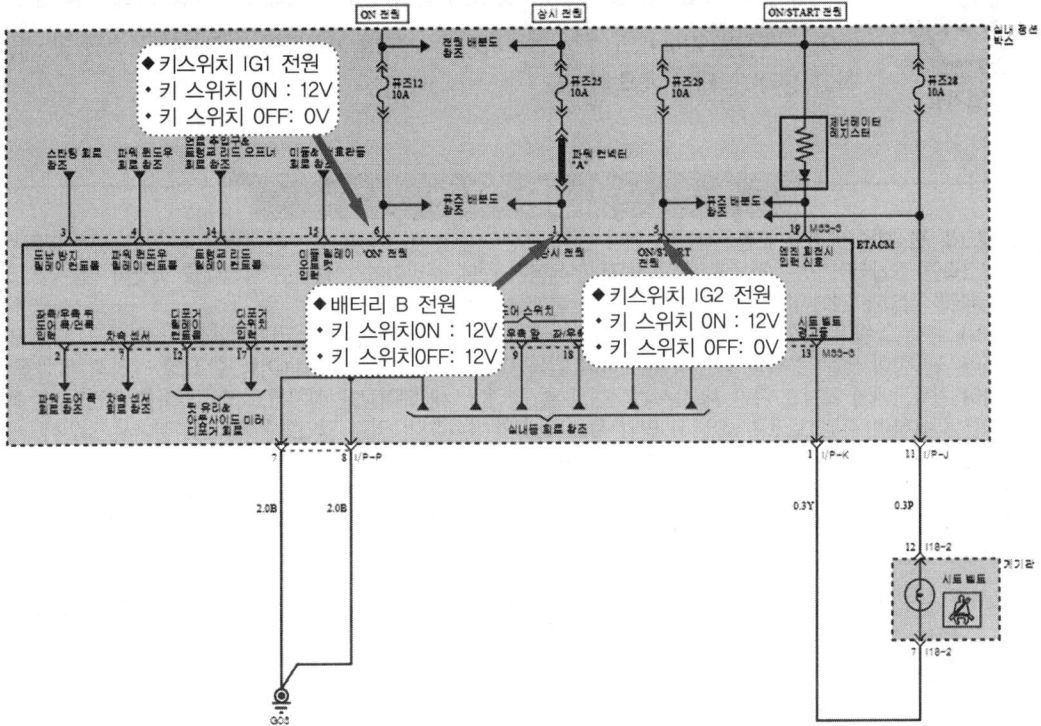

## 엔진 1 — 크랭크축 핀 저널 오일간극 점검

주어진 엔진을 기록표의 측정 항목까지 분해하여 기록표의 요구사항을 측정 및 점검하고 본래 상태로 조립하시오.

### 시험장에서는

① **크랭크축 핀 저널 베어링 교환** : 작업대 위나 엔진 스탠드에 분해 조립용 엔진이 준비되어 있고 때에 따라서는 크랭크축만 조립되어 있는 경우도 있다. 먼저 분해하기 전에 준비하여간 걸레로 작업대를 깨끗이 닦는다. 그리고 걸레를 작업대 위에 넓게 펴서 깔고 그 위에 분해한 부품을 올려놓는다.

    모든 분해 조립이 그렇지만 부품을 떨어뜨린다든지 공구를 들고 놓는데 소리가 심하게 난다든지 하면 안전관리에 소홀함이 있는 것처럼 보인다. 분해하여 감독관이 지정하는 핀 저널 베어링 한조(상·하 각 1개)를 탈거하여 감독위원에게 가지고 가면 새로운 베어링을 줄 것이다. 새 베어링을 설치하고 크랭크축을 조립한 후 토크 렌치를 이용하여 규정 토크로 조인다. 만약 토크 렌치가 준비되어 있지 않았으면 달라고 하여서 조인다. 모든 작업에서 장갑은 절대 착용이 안 됨을 명심하기 바란다.

② **크랭크 축 오일간극 측정** : 작업대 위에 크랭크축이 놓여 있고, 베어링 캡은 조립된 상태로 있다. 내경의 최대값(4곳 중)에서 크랭크 축 메인 저널 측정 최소값(4곳 중)을 빼면 그것이 오일 간극이다. 측정한 후 답안지를 작성하여 제출한다.

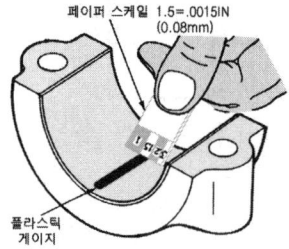

1. 플라스틱 게이지 측정 모습

플라스틱 게이지가 눌러서 넓어진 폭으로 간극을 측정한다.

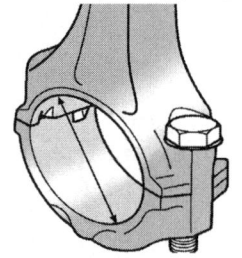

2. 대단부 내경 측정 모습

커넥팅로드 캡을 조립하고 내경을 측정한다.

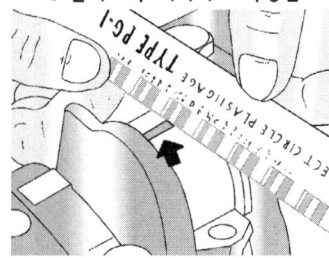

3. 플라스틱 게이지로 측정법

눌려진 플라스틱 게이지에 포장지의 측정 부위로 측정한다.

동영상

## 1 답안지 작성법

### (1) 크랭크축 오일 간극이 한계값 보다 클 때

▶ 엔진 1. 크랭크축 축 점검
   엔진 번호 :

| 측정항목 | ① 측정(또는 점검) | | ② 판정 및 정비(또는 조치)사항 | | 득 점 |
|---|---|---|---|---|---|
| | 측정값 | 규정(정비한계)값 | 판정(□에 '✔'표) | 정비 및 조치할 사항 | |
| 핀 저널<br>메인저널 오일 간극 | 0.15mm | 0.024~0.042mm<br>(한계값 0.1mm) | □ 양 호<br>✔ 불 량 | 핀 저널 베어링 마모 –<br>U/S 핀 저널 베어링으로<br>교환 | |

비번호 :      감독위원 확인 :

※ 감독위원이 지정하는 부위를 측정한다.

1) **비번호** : 비번호는 공단직원이 주는 등번호를 수검자가 기록한다.
2) **감독위원 확인** : 감독위원 확인란은 감독위원이 채점한 후에 도장을 찍는 부분으로 수검자는 기록하지 않는다.
3) ① **측정(또는 점검)** : 측정값은 수검자가 측정한 크랭크축 핀 저널 오일 간극의 값으로 기록하고, 규정(정비한계)값은 감독관이 주어진 값이나 또는 정비지침서를 보고 기록한다.(반드시 단위를 기입한다)
    • 측정값 : 0.15mm
    • 규정(정비한계)값 : 0.024~0.042mm(한계 0.1mm)

■ 차종별 핀 저널 오일 간극 기준값(mm)

| 차 종 | 규정값 | 핀저널 직경 | 차 종 | 규정값 | 핀저널 직경 | |
|---|---|---|---|---|---|---|
| 엑셀 | 0.014~0.044 | 44.000 | NF 쏘나타 | 0.028~0.046 | 1 | 47.966~47.972 |
| 쏘나타 I | 0.020~0.050 | 44.980~44.995 | | | 2 | 47.960~47.966 |
| 레간자 | 0.019~0.063 | 48.981~48.987 | | | 3 | 47.954~47.960 |
| 모닝 | 0.012~0.041 | 37.980~38.000 | 세피아 | 0.028~0.068 | – | |
| 쏘나타 II·III | 0.022~0.05 | 44.980~45.000 | 옵티마 리갈 | 0.015~0.048 | 44.980~45.000 | |
| 토스카 | 0.031~0.065 | 43.985~44.000 | 엑센트 | 0.024~0.042 | 45.000 | |

4) ② **판정 및 정비(또는 조치)사항** : 판정은 수검자가 측정한 값과 규정(정비한계)값을 비교하여 범위 내에 있으면 양호, 벗어나면 불량에 ✔ 표시를 하며, 정비 및 조치할 사항 란에는 고장원인과 정비할 사항을 기록한다.
  • 판정 : • 양호 : 규정(한계)값 이내에 있을 때
           • 불량 : 규정(한계)값을 벗어났을 때,
  • 정비 및 조치할 사항 : 정비 및 조치할 사항 없음
5) **득점** : 득점은 감독위원이 채점을 하고 점수를 기록하는 부분으로 수검자는 기록하지 않는다.
6) **엔진 번호** : 측정하는 엔진 번호를 수검자가 기록한다.

## (2) 크랭크축 오일 간극이 없을 때

▶ 엔진 1. 크랭크축 축 점검
  엔진 번호 :

| 측정항목 | ① 측정(또는 점검) | | ② 판정 및 정비(또는 조치)사항 | | 득 점 |
|---|---|---|---|---|---|
| | 측정값 | 규정(정비한계)값 | 판정(□에 '✔' 표) | 정비 및 조치할 사항 | |
| 핀 저널 오일 간극 | 0.0mm | 0.024~0.042mm (한계값 0.1mm) | □ 양 호<br>☑ 불 량 | 핀 저널 베어링 U/S 가공<br>불량 – 핀 저널 베어링 U/S로 가공 | |

※ 감독위원이 지정하는 부위를 측정한다.

## (3) 크랭크축 오일 간극이 규정값 보다 크나 한계값 보다 낮을 때

▶ 엔진 1. 크랭크축 축 점검
  엔진 번호 :

| 측정항목 | ① 측정(또는 점검) | | ② 판정 및 정비(또는 조치)사항 | | 득 점 |
|---|---|---|---|---|---|
| | 측정값 | 규정(정비한계)값 | 판정(□에 '✔' 표) | 정비 및 조치할 사항 | |
| 핀 저널 오일 간극 | 0.08mm | 0.024~0.042mm (한계값 0.1mm) | ☑ 양 호<br>□ 불 량 | 정비 및 조치할 사항 없음 | |

※ 감독위원이 지정하는 부위를 측정한다.

## (4) 크랭크축 핀 저널 간극이 정상일 때

▶ 엔진 1. 크랭크축 축 점검
  엔진 번호 :

| 측정항목 | ① 측정(또는 점검) | | ② 판정 및 정비(또는 조치)사항 | | 득 점 |
|---|---|---|---|---|---|
| | 측정값 | 규정(정비한계)값 | 판정(□에 '✔' 표) | 정비 및 조치할 사항 | |
| 핀 저널 오일 간극 | 0.03mm | 0.024~0.042mm (한계값 0.1mm) | ☑ 양 호<br>□ 불 량 | 정비 및 조치할 사항 없음 | |

※ 감독위원이 지정하는 부위를 측정한다.

## 2 관계 지식

### (1) 마이크로미터와 텔레스코핑 게이지(실린더 보어 게이지)를 이용한 측정방법
① 외측 마이크로미터로 크랭크축 지정해준 핀 저널의 지름을 측정한다.
② 지정해준 피스톤 베어링 캡을 커넥팅 로드에 조립한 후 실린더 게이지(텔레스코핑 게이지)나 내측 마이크로미터로 커넥팅 로드 대단부 안지름을 측정한다.
③ 오일간극 = 커넥팅 로드 대단부 내경(최대 측정값) − 핀 저널 지름(최소 측정값)

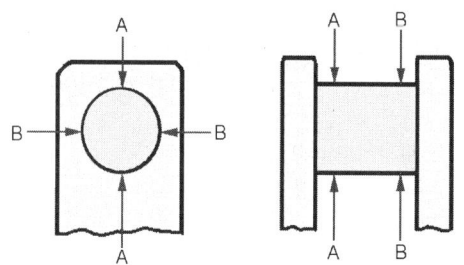

### (2) 실습현장에서 측정 모습

❶ 플라스틱 게이지 측정 모습-1

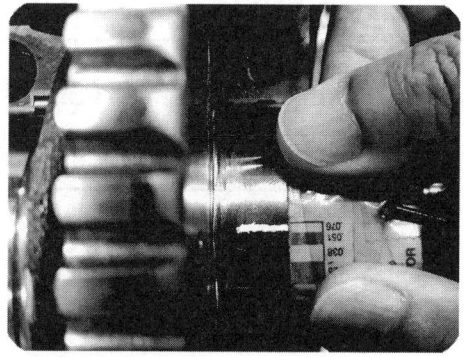

❷ 플라스틱 게이지 측정 모습-2

❸ 스러스트 베어링

# 엔진 3 — 인젝터 파형 점검

2항의 시동된 엔진에서 공전속도를 확인하고 감독위원의 지시에 따라 인젝터 파형을 분석하여 기록표에 기록하시오.(단, 시동이 정상적으로 되지 않은 경우 본 항의 작업은 할 수 없음)

## 시험장에서는

인젝터 파형의 측정은 엔진이 정상작동 온도로 시동이 걸려있는 상태에서 측정이 가능하다. 튜업용 엔진이나 실제 차량이 준비되어 있고 그 옆에는 테스터기가 책상위에 놓여 있을 것이다. 엔진의 시동을 걸고 테스터기를 연결하여 파형을 보고 감독 위원에게 고장 난 부분과 수리방법을 설명한다. 수검자는 반드시 파형을 프린트하여 그것을 답안지에 부착하여야 한다. 시동이 걸려 있는 엔진에서 측정하여야 하기 때문에 안전에 각별히 유의하여야 하며 작업복이나 긴 머리카락 등이 회전체에 닿지 않도록 안전관리에 각별히 주의한다. 인젝터와 ECU, 컨트롤 릴레이와 접촉 불량일 때 모습

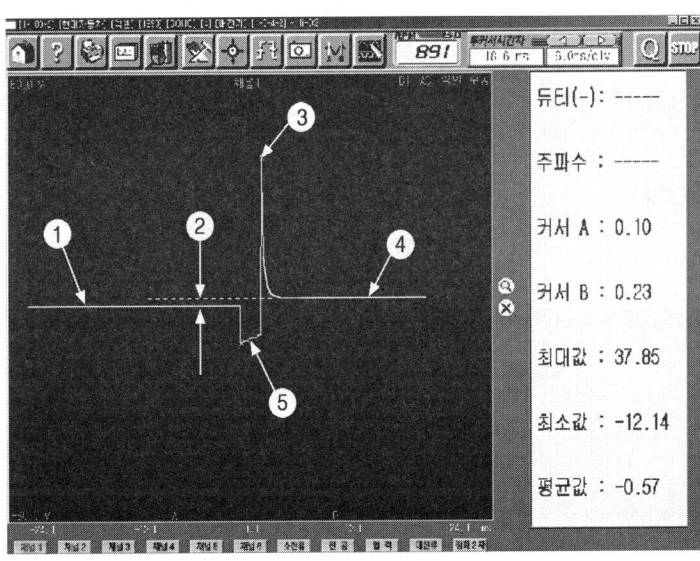

❶ 인젝터 구동 전원 전압을 나타낸다.

❷ 인젝터 구동전 전압(①)과 구동 후 전압과(④) 차이는 컨트롤 릴레이와 인젝터 사이의 접촉 불량을 나타낸다.

❸ 인젝터 코일의 자장 붕괴시 역기전력으로 서지 전압이라고도 한다. 보통 75V정도이다.

❺ 인젝터가 작동하는 구간(⑤)의 경사는 인젝터 ⊖단자에서 ECU 까지 접촉 불량이 있다.

## 1 답안지 작성법

### (1) 분사 시간, 서지 전압이 낮을 때

▶ 엔진 3. 인젝터 파형 점검
자동차 번호 :

| 측정항목 | ① 측정(또는 점검) | ② 판정 및 정비(또는 조치)사항 | | 득 점 |
|---|---|---|---|---|
| | | 판정 (□에 '✔'표) | 정비 및 조치사항 | |
| 분사 시간 | 2ms / 700±100rpm | □ 양 호<br>☑ 불 량 | 인젝터 불량-인젝터 교환 | |
| 서지 전압 | 0V | | | |

※ 공회전 상태에서 측정하고 기준값은 지침서를 찾아 판정한다.

1) **비번호** : 비번호는 공단직원이 주는 등번호를 수검자가 기록한다.
2) **감독위원 확인** : 감독위원 확인란은 감독위원이 채점한 후에 도장을 찍는 부분으로 수검자는 기록하지 않는다.
3) **① 측정(또는 점검)** : 측정값은 수검자가 측정한 인젝터의 분사시간과 서지 전압의 값을 기록한다.
   • 분사시간 : 0ms / 700±100rpm
   • 서지전압 : 0V

4) ② 판정 및 정비(또는 조치) 사항 : 판정은 수검자가 측정값과 규정값을 비교하여 범위 내에 있으면 양호, 벗어나면 불량에 ✔표시하며, 정비 및 조치 사항은 고장 원인과 정비할 사항을 기록한다.
  • 판정 : • 양호 – 규정(정비한계)값의 범위에 있을 때
           • 불량 – 규정(정비한계)값을 벗어났을 때
  • 정비 및 조치할 사항 : 정비 및 조치할 사항 없음
5) **득점** : 득점은 감독위원이 채점을 하고 점수를 기록하는 부분으로 수검자는 기록하지 않는다.
6) **자동차 번호** : 측정하는 자동차의 번호를 수검자가 기록한다.

■ 차종별 인젝터 저항, 서지 전압 및 분사시간 규정값

| 차 종 | 저항(Ω)-20℃ | 서지전압 | 분사시간(mS) |
|---|---|---|---|
| 베르나 | 13~16 | 차종마다 약간의 차이는 있으며 보통 65~85V이다. | 3~5/700±100rpm |
| 아반떼 XD | 14.5±0.35 | | 3~5/700±100rpm |
| EF 쏘나타 | 13~16 | | 3.0~3.5/800±100rpm |
| 그랜저 XG | 13~16 | | 2.0~2.2/800±100rpm |
| 크레도스 | 15.55~16.25 | | – |
| 레간자 | 11.6~12.4 | | – |
| 쏘나타Ⅰ,Ⅱ,Ⅲ | 13~16 | | 2.5~4.0/공회전 |

## (2) 분사시간, 서지 전압이 낮을 때

▶ 엔진 3. 인젝터 파형 점검
  자동차 번호 :

| 측정항목 | ① 측정(또는 점검) | ② 판정 및 정비(또는 조치)사항 | | 득 점 |
|---|---|---|---|---|
| | | 판정 (□에 '✔' 표) | 정비 및 조치사항 | |
| 분사 시간 | 2ms / 700±100rpm | □ 양 호<br>☑ 불 량 | 인젝터 불량–인젝터 교환 | |
| 서지 전압 | 55V | | | |

※ 공회전 상태에서 측정하고 기준값은 지침서를 찾아 판정한다.

## (3) 분사시간, 서지 전압이 양호일 때

▶ 엔진 3. 인젝터 파형 점검
  자동차 번호 :

| 측정항목 | ① 측정(또는 점검) | ② 판정 및 정비(또는 조치)사항 | | 득 점 |
|---|---|---|---|---|
| | | 판정 (□에 '✔' 표) | 정비 및 조치사항 | |
| 분사 시간 | 3ms / 700±100rpm | ☑ 양 호<br>□ 불 량 | 정비 및 조치사항 없음 | |
| 서지 전압 | 75V | | | |

※ 공회전 상태에서 측정하고 기준값은 지침서를 찾아 판정한다.

## 2 관계 지식

### (1) 분사시간과 서지 전압이 나타나지 않는 이유
- 인젝터 불량(나머지는 정상이나 해당 인젝터만 분사시간과 서지 전압이 낮을 때)
- 인젝터 커넥터 탈거
- 컨트롤 릴레이와 인젝터 간에 단선
- 인젝터와 ECU 간 단선

### (2) 분사시간과 서지 전압이 낮은 이유
- 인젝터 불량(나머지는 정상이나 해당 인젝터만 분사시간과 서지 전압이 낮을 때)
- 인젝터 커넥터 접촉 저항 증가
- 컨트롤 릴레이와 인젝터 간에 접촉 저항 증가
- 인젝터와 ECU 간 접촉 저항 증가

### (3) 스캐너 & 스캔 툴에서(GDS)에서 파형으로 분사시간과 서지 전압을 측정하는 경우

통상 배터리 전압이 걸리지만 엔진 컨트롤 모듈이 인젝터를 구동하면(접지시키면) 전압이 0V에 가까워지고 (이론상 0V) 인젝터를 통해서 연료가 분사되며, 엔진 컨트롤 모듈이 접지를 풀어주면 인젝터는 닫히고 순간적으로 피크 전압이 발생한다. 피크 전압과 연료 분사량(인젝터 열림 시간)은 가감속이 없는 등속 주행에서는 모든 실린더에서 똑 같다.

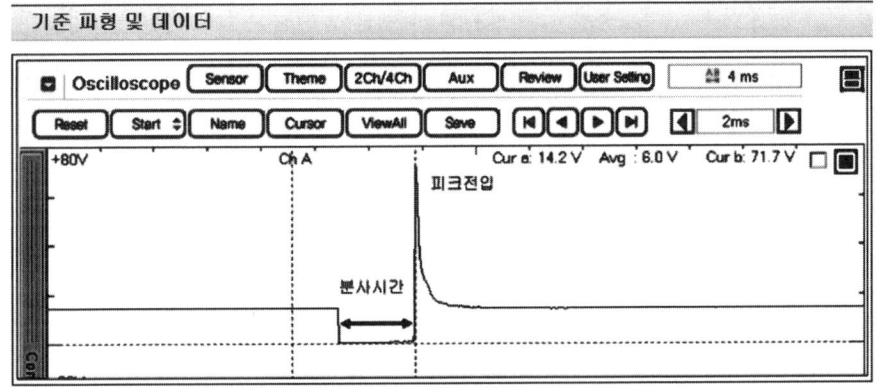

▲ 스캔 툴(GDS)에서 측정 파형

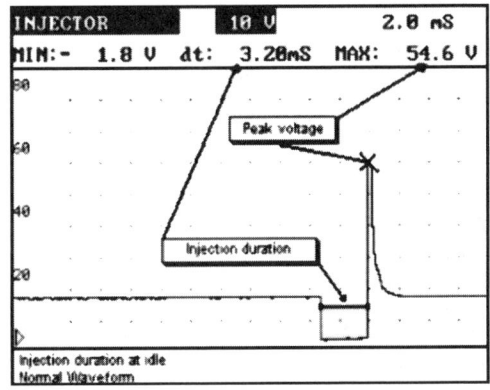

▲ 스캐너에서 측정 파형

## 엔진 4 — 공기유량 센서 파형 분석

**11안 산업기사**

주어진 자동차의 엔진에서 흡입공기 유량센서의 파형을 출력·분석하여 그 결과를 기록표에 기록하시오.(측정조건 : 공회전 상태)

### 시험장에서는

공기유량센서 출력 파형 측정은 엔진이 아이들 상태에서 측정한다. 감독관 입장에서 보면 시험 진행의 안전에 문제가 있기 때문에 ON 상태에서 측정이 가능한 경우를 선호하고 있다. 튠업용 엔진이나 실제 차량이 준비되어 있고 그 옆에는 테스터기가 놓여 있을 것이다. 측정을 하고 답안지를 작성할 때 반드시 측정 차량에 붙어있는 주의사항을 읽어보고 답을 기록하도록 한다. 일부 감독위원은 기록 방법을 서술하여 놓는 경우도 있다. 만약 측정을 파형으로 하고 답안지를 작성하는 경우도 있으며, 이때는 파형을 반드시 프린트 하여 그것을 답안지에 부착하여야 한다.

**1. 엘란트라/ 엑셀(칼만 와류식)**

칼만 와류식일 때는 펄스파형으로 나타나며 단자에 위치를 암기하지 않아도 된다. 모든 차량의 배선도는 정비지침서나 프린트물로 준비하여 놓았다.

**2. 아반떼 1.5DOHC-열막식**

핫 필름 방식일 때는 아날로그 파형으로 나타나며 단자에 위치를 암기하지 않아도 된다. 모든 차량의 배선도는 정비지침서나 프린트물로 준비하여 놓았다.

**3. Hi-DS 시험 준비 모습**

컴퓨터와 모니터가 켜져 있는 상태이고 파형을 본 후 반드시 프린트 하여 그곳에 직접 내용을 설명하여 답안지에 부착한다.

## 1 답안지 작성법

### (1) 정상 파형일 때

▶ 엔진 4. 흡입 공기 유량 센서 파형 분석
자동차 번호 :

| 비번호 | | 감독위원 확 인 | |
|---|---|---|---|

| 측정 항목 | 파형 상태 | 득 점 |
|---|---|---|
| 파형 측정 | ① 공회전 상태에서 출력 최대값은 5.04V, 최소값 0.27V를 기준으로 하고 있으나 여기서는 최대 4.8V, 최소 0.21V를 나타내고 있어서 약간의 노후한 상황이나 정상으로 판단 할 수 있다.<br>② 주파수와 듀티값에서는 아이들일 때 기준이 50~54%, 2,617Hz가 기준이나 약간 미흡하지만 정상값으로 볼 수 있다.<br>③ 주파수의 최대값과 최소값이 일정하고 노이즈나 파형 찌그러짐, 빠짐 등이 없이 일정하므로 정상으로 판단할 수 있다. | |

1) **비번호** : 비번호는 공단직원이 주는 등번호를 수검자가 기록한다.
2) **감독위원 확인** : 감독위원 확인란은 감독위원이 채점한 후에 도장을 찍는 부분으로 수검자는 기록하지 않는다.
3) **파형상태** : 파형 상태란은 수검자가 감독위원의 지시에 따라 스캐너나 튠업 테스터기로 측정한 파형을 프린터로 출력하여 고장 부분 및 각 부분을 출력물에 직접 기록 설명하고 파형의 상태를 결론으로 정리한다.
4) **득점** : 득점은 감독위원이 채점을 하고 점수를 기록하는 부분으로 수검자는 기록하지 않는다.
5) **자동차 번호** : 측정하는 자동차의 번호를 수검자가 기록한다.

## ■ 공기 유량 센서 기준값 (그랜저 TG 3.3-2008)

| 공기량 측정 센서 (MAFS) 신호 입력 | 공회전 | PULSE | 하이 : Vref | 5.04V |
|---|---|---|---|---|
| | | | 로우 : 최대 0.5V | 0.27V |
| | | | 공회전 30kHz | |
| | 3000rpm | | 하이 : Vref | 5.04V |
| | | | 로우 : 최대 0.5V | 0.27V |
| | | | 3000rpm 45kHz | |

## ■ 공기 유량 센서 주파수 기준값 (그랜저 TG 3.3-2008)

| 공기량(kg/h) | 출력 주파수(Hz) |
|---|---|
| 12.6 | 2,617 |
| 18.0 | 2,958 |
| ⋮ | |
| 666.0 | 9,644 |
| 900.0 | 10,590 |

### (2) 공기 유량 센서 파형 출력물

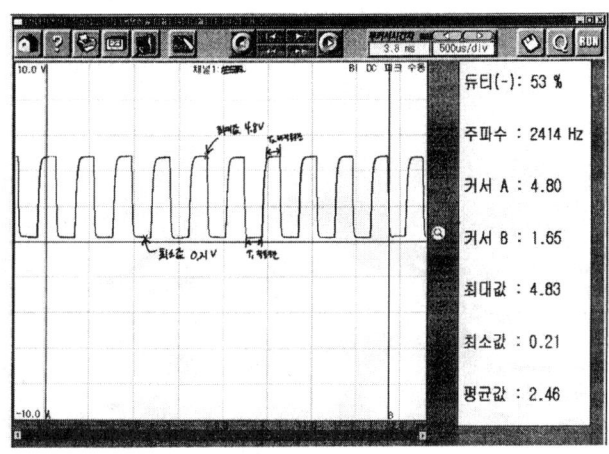

## 2 관계 지식

### (1) 핫 필름 방식(Hot film type)의 공기유량 센서의 파형 분석

액셀러레이터 페달을 밟을 때 공기유량의 센서 값이 증가하여야 한다. 가능한 TPS 시그널과 같이 비교하여 보면 액셀러레이터 페달을 밟을 때 흡입 공기량 시그널과 TPS가 같이 증가하여야 정상이다.
① A부분 : 스로틀 밸브가 완전히 열린 상태로 최대 가속을 나타낸다.
② B부분 : 흡입 공기량이 증가되고 있음을 나타낸다.
③ C부분 : 공회전 시 공전 보상 흡입 공기의 흐름을 나타낸다.

### (2) 칼만 와류식(Karman Vortex type)의 공기유량 센서의 파형 분석

① 1부분 : 최고 전압은 기준 전압에 가까워야 하며, 연속적으로 볼 때 수평이어야 한다.
② 2부분 : 최저 전압은 접지 전압(0V)에 가까워야 하며 연속적으로 볼 때 수평을 이루어야 한다.
③ 3, 4부분 : 파형의 모양 및 주기는 엔진 회전수가 일정할 때 규칙적이어야 한다.
④ 3, 4부분 : 흡입 공기량에 따라 주기(주파수)가 달라진다.

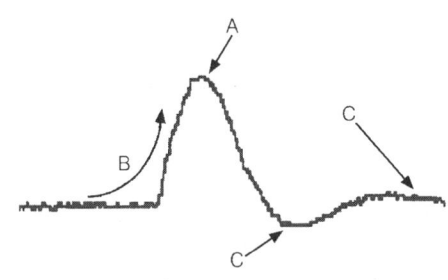

▲ 핫 필름방식의 파형의 분석

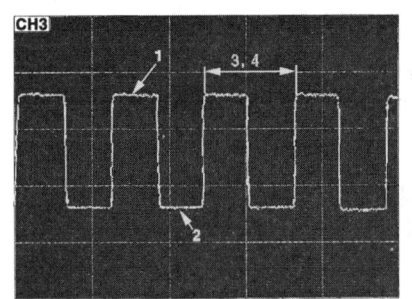

▲ 칼만 와류식의 파형의 분석

## 엔진 5  디젤 매연 점검

**11안 산업기사**

주어진 전자제어 디젤 엔진에서 인젝터를 탈거한 후(감독위원에게 확인), 다시 조립하여 시동을 걸고 매연을 측정하여 기록표에 기록하시오.

### 시험장에서는

매연을 측정하는 곳에 오면 디젤 엔진이 "웅웅" 거리면서 돌아가고 테스터기가 앞에 놓여 있을 것이다. 겨울에도 이 시험장에서는 출입문을 열어 놓아서 매연이 실습장 안에 고이지 않도록 하여야 하니 감독관이나 수검자는 고생이 많은 곳이다. 먼저 감독관과 상견례를 하여야 하니 "안녕하십니까? 크게 인사를 하고 답안지를 받아서 책상 위에 놓고 테스터기를 연결한다. 순서에 맞추어서 측정한 후 답안지를 작성하는데 아마 자동차의 연식이 주어져 있으며, 규정값과 한계값은 검사기준이라 본인이 꼭 외워야 한다. 일부 검사장에서는 측정한 검출지를 답안지에 첨부하여야 한다.

### 1. 디스플레이 및 기능 키 구조 모습

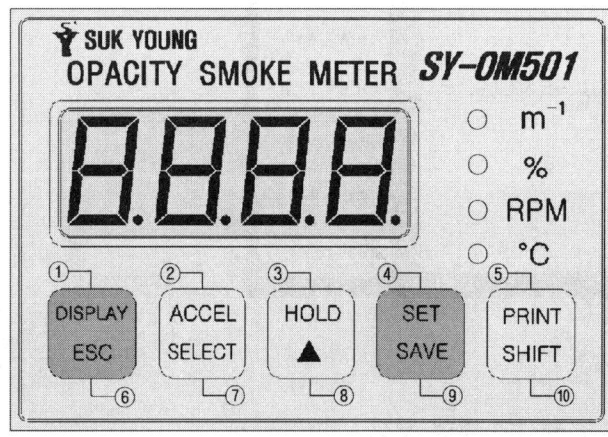

① DISPLAY : 표시 화면 선택
② ACCEL : 무부하 가속시험
③ HOLD : 디스플레이 화면 유지
• HOLD : HOLD 키를 누르면 표시된 화면이 유지. 한 번 더 누르면 보류가 해제된다.
• PEAK HOLD : HOLD 키를 누르면 측정 값의 가장 높은 값이 화면에 표시되고 유지된다. 한 번 더 설정 모드.
④ SET : 측정 모드에서 설정 모드로 이동.
⑤ PRINT : 인쇄
⑥ ESC : 측정 모드에서 자유 가속 시험을 측정 모드로 옮긴다.
⑦ SELECT : 셋업 모드에서 다른 셋업 모드로 이동.
⑧ ▲ : 설정 값 변경.
⑨ SAVE : 각 설정 값을 저장한다.
⑩ SHIFT : 설정 값 변경.

## 1  답안지 작성법

### (1) 매연 배출량이 작아 양호할 때

▶ 엔진 5. 매연 점검
  엔진 번호 :

| 비번호 |  | 감독위원 확 인 |  |
|---|---|---|---|

| ① 측정(또는 점검) |||| ② 판정 ||| 득 점 |
|---|---|---|---|---|---|---|---|
| 차종 | 연식 | 기준값 | 측정값 | 측정 | 산출근거(계산) 기록 | 판정 (□에 '✓' 표) | |
| 소형 화물 | 2007 | 45%이하 | 20% | 1회 : 21%<br>2회 : 20%<br>3회 : 19% | $\dfrac{21+20+19}{3}=20\%$ | ☑ 양 호<br>□ 불 량 | |

※ 차종, 연식, 기준값은 자동차등록증을 활용하여 기재하고, 기준값 적용.
※ 자동차 검사기준 및 방법에 의하여 기록 판정함

1) **비번호** : 비번호는 공단직원이 주는 등번호를 수검자가 기록한다.
2) **감독위원 확인** : 감독위원 확인란은 감독위원이 채점한 후에 도장을 찍는 부분으로 수검자는 기록하지 않는다.
3) **① 측정(또는 점검)** : 차종과 연식은 놓여져 있는 자동차 등록증을 보고 기입한다. 기준값은 수검자가 등록증에 차대번호의 연식을 보고 운행 차량의 배출 허용 기준값을 기록한다(반드시 단위를 기입한다). 측정값은 3회 측정한 값을 평균값을 기록한다.
  • **차종** : 소형 화물  • **연식** : 2007년

- **기준값** : 45%이하(40%이지만 1993년 이후에 제작되는 자동차 중 과급기(Turbocharger) 또는 중간냉각기(Intercooler)를 부착한 경유 사용 자동차의 매연 항목에 대한 배출허용기준은 5%를 가산한다)
- **측정값** : 20%

4) ② **판정** : 측정은 3회 측정하여 기록한다. 산출근거(계산)기록은 3회 측정 평균값 계산식을 기록한다. 판정은 수검자가 측정한 값과 기준값을 비교하여 범위 내에 있으면 양호, 벗어나면 불량에 ✔ 표시한다.
- **산출근거(계산)기록** : $\frac{21+20+19}{3} = 20\%$
- **판정** : ・양호 – 기준값의 범위에 있을 때    ・불량 – 기준값을 벗어났을 때

5) **득점** : 득점은 감독위원이 채점을 하고 점수를 기록하는 부분으로 수검자는 기록하지 않는다.
6) **자동차 번호** : 측정하는 자동차 번호를 수검자가 기록한다.

### (2) 매연의 배출량이 많아 불량일 때

▶ 엔진 5. 매연 점검
자동차 번호 :

| | | | | | | | |
|---|---|---|---|---|---|---|---|
| | | | | | 비 번호 | 감독위원 확 인 | |
| ① 측정(또는 점검) | | | | | ② 판정 및 정비(또는 조치)사항 | | 득 점 |
| 차종 | 연식 | 기준값 | 측정값 | 측정 | 산출근거(계산)기록 | 판정(□에 '✔' 표) | |
| 소형화물 | 2007 | 45%이하 | 50.3% | 1회: 52%<br>2회: 50%<br>3회: 49% | $\frac{52+50+49}{3}=50.3\%$ | □ 양 호<br>☑ 불 량 | |

※ 차종, 연식, 기준값은 자동차등록증을 활용하여 기재하고, 기준값 적용.
※ 자동차 검사기준 및 방법에 의하여 기록 판정함

## 2 관계 지식

### (1) 배기가스 배출허용 기준

| 차 종 | | | 제작일자 | | 매연 |
|---|---|---|---|---|---|
| 경자동차 및 승용자동차 | | | 1995년 12월 31일 이전 | | 60% 이하 |
| | | | 1996년 1월 1일부터 2000년 12월 31일까지 | | 55% 이하 |
| | | | 2001년 1월 1일부터 2003년 12월 31일까지 | | 45% 이하 |
| | | | 2004년 1월 1일부터 2007년 12월 31일까지 | | 40% 이하 |
| | | | 2008년 1월 1일 이후 | | 20% 이하 |
| 승합·화물·특수 자동차 | 소형 | | 1995년 12월 31일 이전 | | 60% 이하 |
| | | | 1996년 1월 1일부터 2000년 12월 31일까지 | | 55% 이하 |
| | | | 2001년 1월 1일부터 2003년 12월 31일까지 | | 45% 이하 |
| | | | 2004년 1월 1일부터 2007년 12월 31일까지 | | 40% 이하 |
| | | | 2008년 1월 1일 이후 | | 20% 이하 |
| | 중·대형 | | 1992년 12월 31일 이전 | | 60% 이하 |
| | | | 1993년 1월 1일부터 1995년 12월 31일까지 | | 55% 이하 |
| | | | 1996년 1월 1일부터 1997년 12월 31일까지 | | 45% 이하 |
| | | | 1998년 1월 1일부터 2000년 12월 31일까지 | 시내버스 | 40% 이하 |
| | | | | 시내버스 외 | 45% 이하 |
| | | | 2001년 1월 1일부터 2004년 9월 30일까지 | | 45% 이하 |
| | | | 2004년 10월 1일부터 2007년 12월 31일까지 | | 40% 이하 |
| | | | 2008년 1월 1일 이후 | | 20% 이하 |

※ 1993년 이후에 제작된 자동차 중 과급기(turbo charger)나 중간 냉각기(intercooler)를 부착한 경유 사용 자동차의 배출허용기준은 무부하급가속 검사방법의 매연 항목에 대한 배출허용기준에 5%를 더한 농도를 적용한다.

## (2) 매연 측정

① 에어 버튼을 눌러 청소시킨다.
② 흡입 펌프를 아래로 눌러 내린다.
③ 여과지 레버를 아래로 누르고 여과지 장착구에 깨끗한 여과지 1매를 넣는다.
④ 측정 자동차에 중립위치에서 급가속(2초 동안)하고 공회전을 5~6초 동안 한다. 이와 같은 과정을 3회 정도 반복하여 배기관과 머플러에 고여 있는 그을음을 제거한다.
⑤ 에어 버튼을 3~4초간 누르고 난 후 가속페달에 액셀러레이터 스위치(페달 스위치)를 부착한다.
⑥ 액셀러레이터 스위치로 가속페달을 급속히 밟아 4초 동안 지속한다.
⑦ 여과지를 새것으로 교환하고 에어 퍼지를 3~4초간 시행하며, 흡인 펌프를 세팅한다.
⑧ ⑥~⑦ 조작을 3회 반복한다.

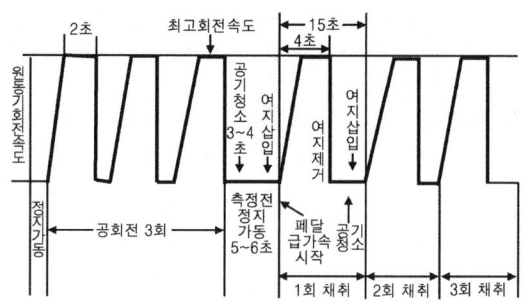

## (3) 현대 자동차 차대번호(VIN : Vehicle Identification Number)의 표기 부호- 현대 스타렉스

| K | M | F | W | N | H | 1 | H | P | 7 | U | 1 | 2 | 3 | 4 | 5 | 6 |
|---|---|---|---|---|---|---|---|---|---|---|---|---|---|---|---|---|
| ① | ② | ③ | ④ | ⑤ | ⑥ | ⑦ | ⑧ | ⑨ | ⑩ | ⑪ | ⑫ | ⑬ | ⑭ | ⑮ | ⑯ | ⑰ |
| 제작 회사군 ||| 자동차 특성군 |||||| 제작 일련 번호군 |||||||

① K : 국제배정 국적표시 – •K : 한국, •J : 일본, •1 : 미국.
② M : 제작사를 나타내는 표시 – •M : 현대, •L : 대우, •N : 기아, •P : 쌍용 자동차.
③ F : 자동차 종별 표시 – •H : 승용, 다목적용, •F : 화물(9밴), •J : 승합, •C : 특장–승합, 화물.
④ W : 차종 – •W : 스타렉스.
⑤ N : 세부차종 – •L : 스탠다드(Standard, L), •M : 디럭스(Deluxe, GL),
　　　　　　　　　•N : 슈퍼 디럭스(Super Deluxe, GLS).
⑥ H : 차체형상 – •8 : 웨곤, •H : 세미보닛 타입.
⑦ 1 : 안전장치 – •1 : 운전석/ 동승석–액티브(Active) 시트벨트,
　　　　　　　　•2 : 운전석/ 동승석–패시브(Passive) 시트벨트, •7 : 유압브레이크.
⑧ H : 엔진형식 – •H : 2.5 TCI, •V : 3000cc LPG 차량.
⑨ P : 운전석 방향 및 변속기 – •P : 왼쪽 운전석, •R : 오른쪽 운전석(미국 및 캐나다 수출 차량).
⑩ 7 : 제작년도 – •Y : 2000, •1 : 2001, •2 : 2002, •3 : 2003, … •9 : 2009, •A : 2010, •B : 2011,
　　　　　　　　•C : 2012, …
⑪ U : 공장 기호 – C : 전주공장, U : 울산공장, M : 인도공장, Z : 터키공장.
⑫~⑰ 123456 : 차량 생산 일련 번호.

## (4) 자동차 등록증(스타렉스 9인승)

### 자 동 차 등 록 증

제 2007-007562호　　　　　　　　　　　　　　　　최초 등록일 : 2007년 08월 14일

| ① 자동차 등록 번호 | 03저 7107 | ② 차　　　종 | 소형 화물 | ③ 용도 | 자가용 |
|---|---|---|---|---|---|
| ④ 차　　　　명 | 스타렉스 9인 | ⑤ 형식 및 연식 | HA12P - 1 || 2007 |
| ⑥ 차 대 번 호 | KMFWNH1HP7U123456 | ⑦ 원동기 형식 | D4BB ||||
| ⑧ 사 용 본 거 지 | 경기도 양주시 부흥로 1901 신도 8차 아파트***동 ***호 |||||
| 소유자 | ⑨ 성명(명칭) | 김광수 | ⑩ 주민(사업자) 등록번호 | ***117-****** ||
| | ⑪ 주　　소 | 경기도 양주시 부흥로 1901 신도 8차 아파트***동 ***호 ||||

자동차 관리법 제8조등의 규정에 의하여 위와 같이 등록하였음을 증명합니다.

-위반하기 쉬운사항-
※ 위반시 과태료 처분(뒷면 참조)
　o 주소 및 사업장 소재지 변경 15일 이내
　o 정기검사 만료일 전후 15일 이내
　o 책임 보험료 가입 만료일 이전 이내 가입(100만원 이하 과태료)
　o 말소 등록.폐차일 부터 30일 이내(50만원 이하 과태료)

2007 년　08 월　14 일

양 주 시 장

# 섀시 2. 셋백 & 토(Toe)의 점검

주어진 자동차에서 휠 얼라인먼트 시험기로 셋백(setback)과 토(toe) 값을 측정하여 기록표에 기록하고 타이로드 엔드를 탈거한 후(시험위원에게 확인), 다시 부착하여 토(toe)가 규정값이 되도록 조정하시오.

## 시험장에서는

매토(toe)의 측정 방법은 사이드슬립 테스터나 토 게이지를 사용한다. 현장에서는 사이드슬립 테스터기를 이용하고 있으나 시험장에서는 토 게이지를 선호하고 있음은 수검자가 토(toe)의 정의를 확실하게 알고 있는가를 확인하기 위함이 아닌가 생각한다. 어느 것이던 측정할 수 있는 능력을 갖추어야 한다. 많은 수검자들이 측정을 하였기 때문에 타이어에는 백묵 자국 등이 많이 나올 것이다. 확인하기 어려우면 깨끗이 닦고 처음부터 다시 하는 것이 정확한 측정값을 얻는 지름길일 것이다.

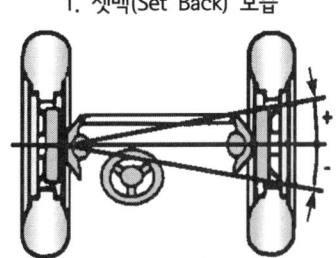

1. 셋백(Set Back) 모습

한쪽 바퀴(운전석 기준)보다 다른 쪽 바퀴가 앞(+셋백) 또는 뒤(−셋백)로 쳐져있는 상태를 말한다.

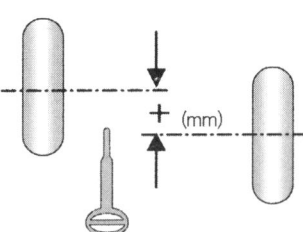

2. + 셋백 모습

+ 셋백 : 운전석 바퀴를 기준으로 동승석 바퀴가 뒤쪽으로 밀린 상태로 기준은 운전석 바퀴의 중심이다.

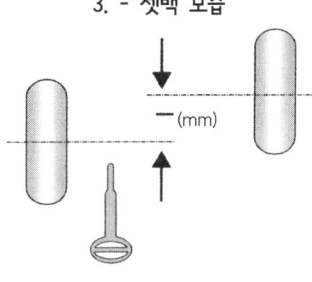

3. − 셋백 모습

− 셋백 : 운전석 바퀴를 기준으로 동승석 바퀴가 앞쪽으로 나간 상태로 기준은 운전석 바퀴의 중심이다.

## 1  답안지 작성법

### (1) 셋백과 토가 불량일 때

▶ 섀시 2. 휠 얼라인먼트 점검
  작업대 번호 :

| 측정<br>항목 | ① 측정(또는 점검) | | ② 판정 및 정비(또는 조치)사항 | | 득점 |
|---|---|---|---|---|---|
| | 측정값 | 규정(정비한계)값 | 판정(□에 '✔'표) | 정비 및 조치할 사항 | |
| 셋백 | 22mm | 18mm 이하 | □ 양 호<br>☑ 불 량 | 프레임 수정과 타이로드로 양쪽에서 안쪽으로 3mm 씩 조정 | |
| 토(toe) | out 6mm | 0 ± 2mm | | | |

| 비번호 | | 감독위원<br>확 인 | |
|---|---|---|---|

1) **비번호** : 비번호는 공단직원이 주는 등번호를 수검자가 기록한다.
2) **감독위원 확인** : 감독위원 확인란은 감독위원이 채점한 후에 도장을 찍는 부분으로 수검자는 기록하지 않는다.
3) **① 측정(또는 점검)** : 측정값은 수검자가 셋백과 토의 측정한 값을 기록하고, 규정(정비한계)값은 감독관이 주어진 값이나 또는 정비지침서를 보고 기록한다.(반드시 단위를 기록한다)
   - 측정값 : · 셋백 : +22mm  · 토 : out 6mm
   - 규정(정비한계)값 : · 셋백 : 18mm 이하  · 토 : 0 ± 2mm
4) **② 판정 및 정비(또는 조치)사항** : 판정은 수검자가 측정한 값과 규정(정비한계) 값을 비교하여 범위 내에 있으면 양호, 벗어나면 불량에 ✔ 표시를 하며, 정비 및 조치할 사항 란에는 고장원인과 정비할 사항을 기록한다.
   - 판정 : · 양호 – 규정(정비한계)값 범위에 있을 때  · 불량 : 규정(정비한계)값 범위를 벗어났을 때
   - 정비 및 조치할 사항 : 양호하면 정비 및 조치할 사항 없음으로, 불량일 경우 고장원인과 정비방법을 기록한다.
5) **득점** : 득점은 감독위원이 채점을 하고 점수를 기록하는 부분으로 수검자는 기록하지 않는다.

6) 작업대 번호 : 측정하는 작업대 번호를 수검자가 기록한다.

## (2) 셋백은 정상이고 토가 불량일 때

▶ 섀시 2. 휠 얼라인먼트 점검
   작업대 번호 :

| 비번호 | | 감독위원 확인 | |
|---|---|---|---|

| 측정 항목 | ① 측정(또는 점검) | | ② 판정 및 정비(또는 조치)사항 | | 득점 |
|---|---|---|---|---|---|
| | 측정값 | 규정(정비한계)값 | 판정(□에 '✔'표) | 정비 및 조치할 사항 | |
| 셋백 | 0mm | 18mm 이하 | □ 양 호<br>✔ 불 량 | 타이로드로 양쪽에서<br>바깥쪽으로 4mm 씩 조정 | |
| 토(toe) | in 8mm | 0 ± 2mm | | | |

■ 차종별 토 규정값(mm) - 위 칸 : 앞바퀴 임

| 차종 | 토 | 차종 | 토 | 차종 | 토 | 차종 | 토 |
|---|---|---|---|---|---|---|---|
| 뉴프라이드 | (−)1 ± 1<br>1 ± 1.5 | 스펙트라 | 0±3<br>3.2±3 | 카스타 | 0±3<br>2±2.5 | 세피아 Ⅱ | (−)1 ± 3<br>3.2 ± 3 |
| 리오 | 3 ± 3<br>5 ± 6 | 아벨라 | 3.5 ± 3<br>3 ± 3 | 캐피탈 | 3 ± 3<br>0−2+3 | 그랜드 카니발 | 0 ± 2<br>2.6 ± 2 |
| 모닝 | 0 ± 2<br>2 ± 2 | 엔터프라이즈 | 2.5±2<br>0.7±2 | 콩코드 | 3.4 ± 3.4<br>3.4 ± 3.4 | 뉴스포티지 | 0 ± 2<br>2 ± 2 |
| 비스토 | 2.5±2<br>0±3 | 엘란 | 0 ± 3<br>3 ± 2 | 크레도스 | 3 ± 3<br>3 ± 3 | 세피아Ⅱ&슈마 | (−)1 ± 3<br>3.2 ± 3 |
| 세라토 | 0 ± 2<br>4.0 ± 2 | 오피러스 | 0 ± 2<br>2 ± 2 | 포텐샤 | 4 ± 3<br>0 ± 2 | 카렌스 Ⅱ | 0 ± 2<br>1.9 ± 1.5 |
| 세피아 | 3.6 ± 3.8<br>0.3 ± 3.8 | 옵티마리갈(ECS) | 0 ± 3<br>2 ± 2 | 프라이드 | 3.5 ± 3<br>3 ± 3 | 카렌스 | (−)1 ± 3<br>3.2 ± 3 |
| 토픽 | 5 ± 2 | 봉고Ⅲ | 0 ± 2.5 | 쏘렌토 | 2.6±2.5 | 카니발 | (−)0.9 ± 2.5 |

※ 셋백이 0이어야 한다. 일반적으로 허용값은 6mm이고, 18mm이상이면 반드시 수정하여야 한다.
※ 토인은 정비기준으로 적용한 것임.

## (3) 토가 정상이고 셋백이 불량일 때

▶ 섀시 2. 휠 얼라인먼트 점검
   작업대 번호 :

| 비번호 | | 감독위원 확인 | |
|---|---|---|---|

| 측정 항목 | ① 측정(또는 점검) | | ② 판정 및 정비(또는 조치)사항 | | 득점 |
|---|---|---|---|---|---|
| | 측정값 | 규정(정비한계)값 | 판정(□에 '✔'표) | 정비 및 조치할 사항 | |
| 셋백 | +25mm | 18mm 이하 | □ 양 호<br>✔ 불 량 | 프레임을 수정하여 운전석을<br>뒤로 25mm를 민다. | |
| 토(toe) | in 1mm | 0 ± 2mm | | | |

## (4) 셋백과 토가 정상일 때

▶ 섀시 2. 휠 얼라인먼트 점검
   작업대 번호 :

| 비번호 | | 감독위원 확인 | |
|---|---|---|---|

| 측정 항목 | ① 측정(또는 점검) | | ② 판정 및 정비(또는 조치)사항 | | 득점 |
|---|---|---|---|---|---|
| | 측정값 | 규정(정비한계)값 | 판정(□에 '✔'표) | 정비 및 조치할 사항 | |
| 셋백 | +2mm | 18mm 이하 | ✔ 양 호<br>□ 불 량 | 정비 및 조치사항 없음 | |
| 토(toe) | in 1mm | 0 ± 2mm | | | |

## 2 관계 지식

### (1) 휠 얼라인먼트를 이용한 측정법

**01 리프트 업하는 모습**

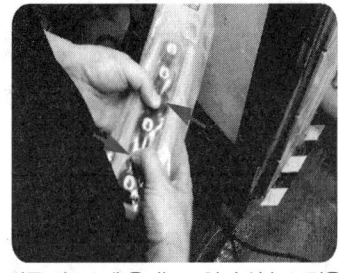

차를 리프트에 올려놓고 앞뒤 상승 보턴을 동시에 눌러서 올린다.

**02 휠 클램프에 센서 헤드 설치모습**

4바퀴에 휠 클램프를 설치하고 센서 헤드를 설치한다.

**03 바탕화면에서 홀더 클릭 모습**

바탕화면에서 HA-710(헥스본 무선타입) 더블 클릭한다.

**04 제작사와 차종선택 모습**

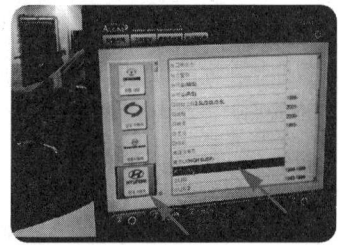

측정 차량(현대 자동차 뉴 베르나(LC))를 선택한 후 다음(F6)을 누른다.

**05 고객 정보 화면모습**

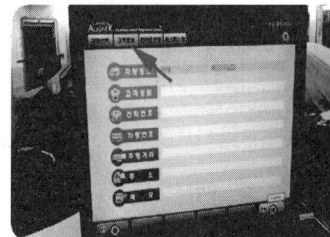

고객 정보창에서 무시하고 다음(F6)을 누른다.

**06 런 아웃 보정 화면 모습**

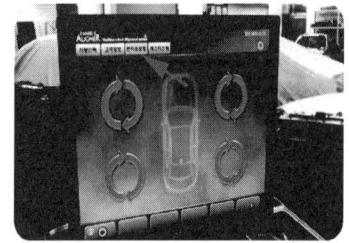

런 아웃을 클릭하면 네 바퀴에 세팅이 되지 않았다고 붉게 표시된다.

**07 수평을 세팅하는 모습**

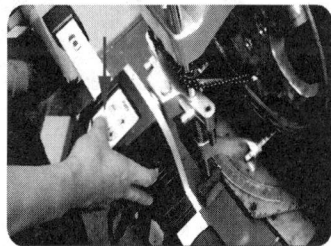

센서가 수평이 되도록(녹색 램프 점등)하고 "OK"버튼을 누른다.

**08 운전석 반쪽만 보정된 모습**

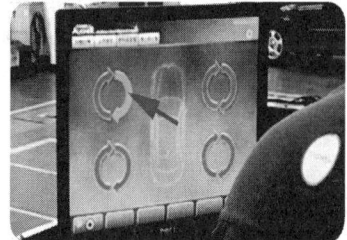

나머지 반쪽은 바퀴를 180도 돌려서 수평 맞추고 "OK"버튼을 누른다.

**09 런 아웃 진행 중 모습**

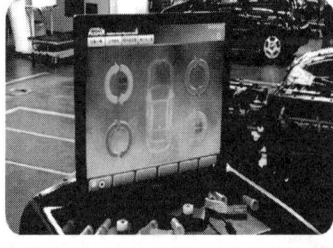

앞 운전석과 뒤 동승석 바퀴에 런 아웃이 세팅된 모습이다.

**10 모든 바퀴 보정된 모습**

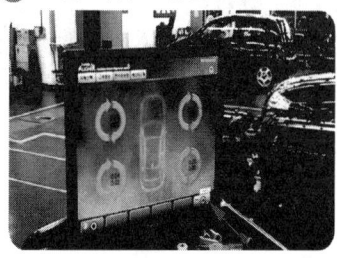

4바퀴 모두가 런 아웃이 보정되면 녹색으로 변한다. 다음을 누른다.

**11 캐스터 스윙 세팅 모드 모습**

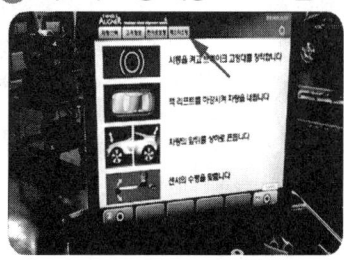

캐스터 스윙에서 4가지를 순서대로 진행한다.

**12 고정대로 브레이크 페달 누른 모습**

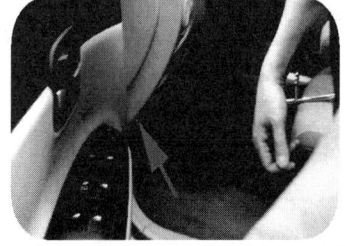

브레이크 고정대로 브레이크 페달을 눌러서 바퀴를 고정한다.

**⑬ 리프트 하강 시키는 모습**

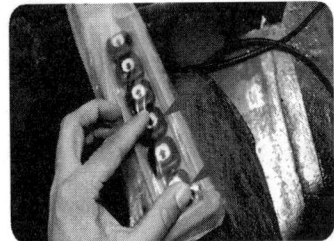

보정을 마치면 리프트를 앞뒤 동시에 하강시킨다.

**⑭ 턴테이블 고정 핀 분리한 모습**

턴테이블 고정 핀을 뽑아서 턴테이블을 자유롭게 한다.

**⑮ 전후를 상하로 흔드는 모습**

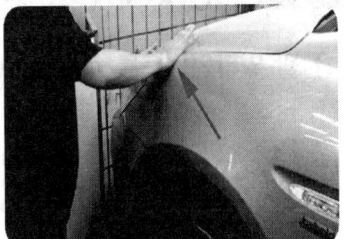

차량의 전, 후면을 상하로 여러 번 눌러서 조향링키지 상태를 세팅한다.

**⑯ 수평을 다시 맞추는 모습**

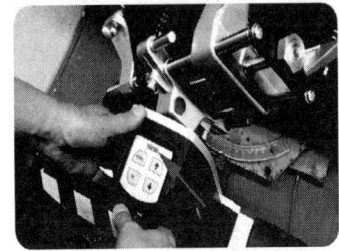

4바퀴 수평을 다시 맞춘다. 이때는 "OK"를 누르지 않고 노브 고정한다.

**⑰ 직진 조향에서 세팅하는 모습**

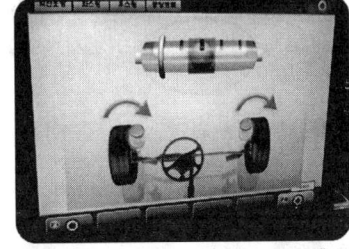

직진 조향에서 핸들을 좌우로 돌려서 "OK"가 되도록 맞춘다.

**⑱ 직진 조향에서 세팅된 모습**

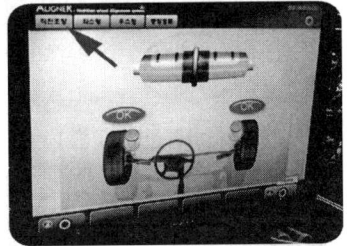

직진 조향에서 핸들을 좌우로 돌려서 "OK"가 되도록 맞춘다.

**⑲ 좌 스윙 세팅하는 모습**

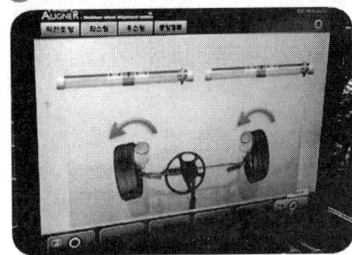

좌 스윙 세팅 위치에서 핸들을 좌우로 돌려서 "OK"가 되도록 맞춘다.

**⑳ 좌 스윙 세팅된 모습**

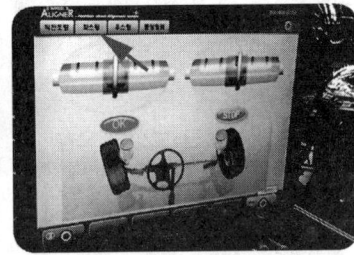

좌 스윙 세팅 위치에서 핸들을 좌우로 돌려서 "OK"가 되도록 맞춘다.

**㉑ 우 스윙 세팅된 모습**

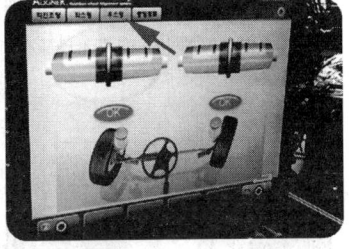

우 스윙 세팅 위치에서 핸들을 좌우로 돌려서 "OK"가 되도록 맞춘다.

**㉒ 중앙 정렬 세팅된 모습**

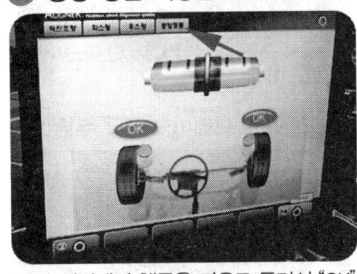

중앙 정렬에서 핸들을 좌우로 돌려서 "OK"가 되도록 맞춘다.

**㉓ 측정 결과 표시된 모습**

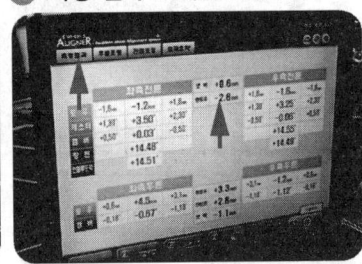

화면에 전륜과 후륜의 휠 얼라인먼트 측정값이 표시된다.

**㉔ 결과 요약 표시된 모습**

화면에 전륜과 후륜의 휠 얼라인먼트 결과가 요약된 측정값이 표시된다.

## 섀시 4. 제동력 점검

3항의 작업 자동차에서 감독위원의 지시에 따라 전(앞) 또는 후(뒤) 제동력을 측정하여 기록표에 기록하시오.

### 시험장에서는

제동력 테스터기는 구형인 지침식을 보유하고 있는 시험장과 신형인 ABS COMBI를 보유하고 있는 곳이 있으나 수검자는 어느 것이나 측정할 수 있는 능력을 보유하여야 한다. 보유하고 있는 테스터기로 측정법을 숙지하는 것은 물론 다른 테스터기의 사용법도 책 등을 이용하여 습득하여야 한다. 감독관으로부터 답안지를 받고 제동력 테스터기 앞에 서면 보조원이 기다리고 있다. 보조원은 대부분 그곳의 학생으로 자격증 취득자이거나 테스터기를 능수능란하게 다룰 수 있는 학생이다. 보조원은 운전석에 앉아서 수검자가 지시를 내려 주기만을 기다리고 있다. 수검자는 테스터기를 세팅하고 보조원에게 차량을 진입하도록 지시하고 리프트를 하강시키면 롤러가 회전한다. 보조원에게 "브레이크 밟으세요." 하고 지침이 최대로 올랐을 때 푸시 버튼을 눌러 눈금을 읽는다. 주어진 축중과 좌우 측정값을 기록하고 리프트를 올린 후 계산하여 답안지를 작성하여 제출한다.

1. 제동력 측정기 설치된 실습장 모습

시험 준비가 완료된 모습이다. 깨끗하게 청소가 되어 있고 주변에 정돈된 모습이 청량한 마음을 준다.

2. 제동력 측정기 답판이 내려간 모습

후륜 측정을 하기 위해 제동력 테스터기 답판 위에 뒷바퀴가 올라간 상태에서 측정 버튼을 눌러 답판이 내려진 상태이다.

3. 제동력 측정기 답판이 내려간 모습

측정 버튼을 누르면 답판이 아래로 내려가고 롤러가 회전한다. 이때 "밟으세요"라고 보조원에게 주문한다.

## 1  답안지 작성법

### (1) 제동력 합과 편차가 불량일 때

▶ 섀시 4. 제동력 점검
자동차 번호 :

| 비 번호 | | 감독위원 확 인 | |
|---|---|---|---|

| 위 치 | 구분 | 측정값 | 기준값 (□에 '✔'표) | | ② 판정 및 정비(또는 조치)사항 | | 판정 (□에 '✔'표) | 득점 |
|---|---|---|---|---|---|---|---|---|
| ① 측정(또는 점검) | | | | | 산출근거 | | | |
| 제동력 위치 (□에 '✔'표) □ 앞 ☑ 뒤 | 좌 | 70kg | □ 앞 ☑ 뒤 | 축중의 | 편차 | 편차 $= \dfrac{70-20}{544} \times 100 = 9.2\%$ | □ 양 호 ☑ 불 량 | |
| | 우 | 20kg | 제동력 편차 | 8% 이하 | 합 | 합 $= \dfrac{70+20}{544} \times 100 = 16.5\%$ | | |
| | | | 제동력 합 | 20% 이상 | | | | |

※ 측정 위치는 감독위원이 지정하는 위치에 □에 '✔'표시합니다.
※ 자동차 검사기준 및 방법에 의하여 기록 판정합니다.
※ 측정값의 단위는 시험장비 기준으로 작성합니다.
※ 산출근거에는 단위를 기록하지 않아도 됩니다.

1) **비번호** : 비번호는 공단직원이 주는 등번호를 수검자가 기록한다.
2) **감독위원 확인** : 감독위원 확인란은 감독위원이 채점한 후에 도장을 찍는 부분으로 수검자는 기록하지 않는다.

3) 위치 : 위치는 감독위원이 지정하는 곳에 ✔ 표시를 한다.
4) 측정값 : 측정값 란은 수검자가 제동력을 측정한 값을 기록한다.
   • 좌 : 70kg         • 우 : 20kg
5) 기준값 : 기준값은 기준이 되는 축에 ✔ 표시를 하고 검사 기준값을 기록한다.
   • 뒤 : ☑         • 편차 : 8% 이하         • 제동력 합 : 20% 이상
6) 산출 근거 : 계산공식에 넣어서 산출하는 계산식을 기입한다.

   ※ 계산법 : • 좌,우제동력의 편차 $= \dfrac{좌,우제동력의 편차}{해당 축중} \times 100 = \dfrac{70-20}{544} \times 100 = 9.2\%$

   • 좌,우제동력의 합 $= \dfrac{좌,우제동력의 합}{해당 축중} \times 100 = \dfrac{70+20}{544} \times 100 = 16.5\%$

   • 축중은 CRUZE 1.4 가솔린 터보(1,360kg)의 40%(544kg)으로 계산함.

7) 판정 : 판정은 측정한 값과 검사기준 값을 비교하여 범위 안에 들면 양호에, 범위를 벗어나면 불량에 ✔ 표시를 한다.
   • 판정 : • 양호 : 측정한 값이 검사기준 값(제동력 합 20% 이상, 편차 8% 이하)의 범위에 있을 때
           • 불량 : 측정한 값이 검사기준 값(제동력 합 20% 이상, 편차 8% 이하)의 범위를 벗어났을 때
8) 득점 : 득점은 감독위원이 채점을 하고 점수를 기록하는 부분으로 수검자는 기록하지 않는다.
9) 자동차 번호 : 측정하는 자동차 번호를 수검자가 기록한다.

### ■ GM대우 차종별 중량 기준값

| 항목 \ 차종 | CRUZE(2015) 1.8 가솔린 | CRUZE(2015) 1.4 가솔린 터보 | CRUZE(2015) 2.0 디젤 | AVEO(2016) 1.4 TURBO | AVEO(2016) 1.6 가솔린 | TRAX(2014) 1.4 가솔린 |
|---|---|---|---|---|---|---|
| 엔진형식-연료 | I4 | I4 | I4 직분사 | I4 터보 | I4 | I4 |
| 배기량(CC) | 1,796 | 1,362 | 1,998 | 1,362 | 1,598 | 1,362 |
| 공차중량(kg) | 1,355 | 1,360 | 1,500 | 1,195~1,215 | 1,165~1,180 | 1,370 |
| 최대 출력(HP) | 142 | 140 | 163 | 140 | 114 | 140 |
| 최대 토크(kg.m) | 18.0 | 20.4 | 36.7 | 20.4 | 15.1 | 20.4 |
| 연비 (km/L) M/T | − | − | 13.3 | 13.9 | 14.7 | − |
| 연비 (km/L) A/T | 11.3 | 12.6 | 13.1 | 14.1 | 14.2 | 12.2 |
| 축거(mm) | 2,685 | 2,685 | 2,685 | 2,525 | 2,525 | 2,555 |
| 전륜 제동장치 | V디스크 | V디스크 | V디스크 | V디스크 | V디스크 | 디스크 |
| 후륜 제동장치 | 디스크 | 디스크 | 디스크 | 드럼 | 드럼 | 디스크 |

## (2) 제동력 편차는 정상이나 합이 불량일 때

▶ 섀시 4. 제동력 점검
자동차 번호 :

| 비 번호 | | 감독위원 확 인 | |
|---|---|---|---|

| ① 측정(또는 점검) | | | | | ② 판정 및 정비(또는 조치)사항 | | 득점 |
|---|---|---|---|---|---|---|---|
| 위 치 | 구분 | 측정값 | 기준값 (□에 '✔'표) | | 산출근거 | 판정 (□에 '✔'표) | |
| 제동력 위치 (□에 '✔'표) □ 앞 ☑ 뒤 | 좌 | 40kg | □ 앞 ☑ 뒤 | 축중의 | 편차 $= \dfrac{40-40}{544} \times 100 = 0.00\%$ 〔편차〕 | □ 양 호 ☑ 불 량 | |
| | 우 | 40kg | 제동력 편차 | 8% 이하 | 합 $= \dfrac{40+40}{544} \times 100 = 14.7\%$ 〔합〕 | | |
| | | | 제동력 합 | 20% 이상 | | | |

※ 측정 위치는 감독위원이 지정하는 위치에 □에 '✔' 표시합니다.
※ 자동차 검사기준 및 방법에 의하여 기록 판정합니다.
※ 측정값의 단위는 시험장비 기준으로 작성합니다.
※ 산출근거에는 단위를 기록하지 않아도 됩니다.

## (3) 제동력 합과 편차가 정상일 때

**➡ 섀시 4. 제동력 점검**
자동차 번호 :

| 비 번호 | | 감독위원 확 인 | |
|---|---|---|---|

| ① 측정(또는 점검) | | | | ② 판정 및 정비(또는 조치)사항 | | | 득점 |
|---|---|---|---|---|---|---|---|
| 위 치 | 구분 | 측정값 | 기준값 (□에 '✔' 표) | 산출근거 | | 판정 (□에 '✔' 표) | |
| 제동력 위치 (□에 '✔' 표) □ 앞 ☑ 뒤 | 좌 | 180kg | □ 앞 축중의 ☑ 뒤 | 편차 | 편차 = $\dfrac{180-160}{544} \times 100 = 3.7\%$ | ☑ 양 호 □ 불 량 | |
| | 우 | 160kg | 제동력 편차  8% 이하 제동력 합  20% 이상 | 합 | 합 = $\dfrac{180+160}{544} \times 100 = 62.5\%$ | | |

※ 측정 위치는 감독위원이 지정하는 위치에 □에 '✔' 표시합니다.
※ 자동차 검사기준 및 방법에 의하여 기록 판정합니다.
※ 측정값의 단위는 시험장비 기준으로 작성합니다.
※ 산출근거에는 단위를 기록하지 않아도 됩니다.

## 2  관계 지식

### (1) 제동력 판정공식

① 뒷바퀴 제동력의 총합 = $\dfrac{\text{뒤, 좌·우 제동력의 합}}{\text{뒤축중}} \times 100 = 20\%$ 이상 되어야 합격

② 좌우 제동력의 편차 = $\dfrac{\text{큰쪽 제동력} - \text{작은쪽 제동력}}{\text{당해 축중}} \times 100 = 8\%$ 이내면 합격

## 섀시 5 자동 변속기 자기진단

**11안 산업기사**

주어진 자동차의 자동변속기에서 자기진단기(스캐너)를 이용하여 각종 센서 및 시스템 작동 상태를 점검하고 기록표에 기록하시오.

### 시험장에서는

감독위원으로부터 답안지를 받은 후 측정용 차량에 진단기(스캐너)를 설치하고 점검을 한다. 물론 테스터기는 여러 가지가 있으며 시험장이나 시험위원의 의지에 따라 선택될 수가 있다. 그러나 수검자는 어떤 것을 사용해도 측정할 수 있는 능력을 책을 봐서라도 알아야 한다. 만약 이 테스터기는 "처음 보는 것인데요?" 하는 수검자가 있는데 합격권하고는 멀어지는 것이 아닌가 싶다.

1. EF 쏘나타 시뮬레이터 모습　　2. NF 쏘나타 시뮬레이터 모습　　3. 아반떼 시뮬레이터 모습

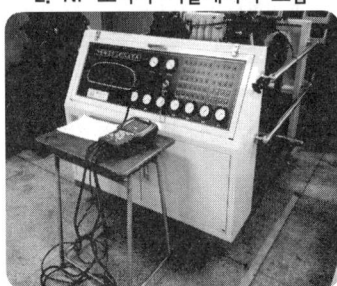
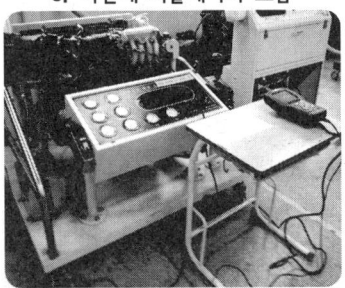

시뮬레이터가 제작사마다 조금씩 차이는 있겠지만 자기진단 터미널이 전면부 패널에 설치되어 있다. 실차에서 직접하는 경우도 있지만 대부분의 시험장에서는 시뮬레이터를 이용한다. 이유는 고장을 내서 자기 진단 시에 띄우기 위해서는 시뮬레이터가 편리하다.

## 1 답안지 작성법

### (1) 토크 컨버터 솔레노이드 단선 및 접지 단락 일 때

▶ 섀시 5. 자동변속기 점검
　　　　작업대 번호 :

| 점검 항목 | ① 측정(또는 점검) | | ② 판정 및 정비(또는 조치)사항 | 득 점 |
|---|---|---|---|---|
| | 고장부분 | 내용 및 상태 | 정비 및 조치할 사항 | |
| 변속기 자기진단 | 토크 컨버터 솔레노이드-단선 및 접지 단락 | 토크 컨버터 솔레노이드 커넥터 탈거 | 토크 컨버터 솔레노이드 커넥터 연결, 과거 기억 소거 후 재점검 | |

| 비번호 | | 감독위원 확 인 | |
|---|---|---|---|

1) **비번호** : 비번호는 공단직원이 주는 등번호를 수검자가 기록한다.
2) **감독위원 확인** : 감독위원 확인란은 감독위원이 채점한 후에 도장을 찍는 부분으로 수검자는 기록하지 않는다.
3) **① 측정(또는 점검)** : 고장부분 란에는 수검자가 스캐너의 자기진단 화면 창에 나타난 이상 부위를 기록하고, 내용 및 상태 란에는 수검자가 점검한 이상 부위의 고장 내용 및 상태를 기록한다.
　　• **고장 부분** : 토크 컨버터 솔레노이드-단선 및 접지 단락
　　• **내용 및 상태** : 토크 컨버터 솔레노이드 커넥터 탈거
4) **② 판정 및 정비(또는 조치)사항** : 양호하면 정비 및 조치할 사항 없음으로, 불량일 경우 고장원인과 정비방법을 기록한다.
　　• **정비 및 조치할 사항** : 토크 컨버터 솔레노이드 커넥터 연결, 과거 기억 소거 후 재점검
5) **득점** : 득점은 시험위원이 채점을 하고 점수를 기록하는 부분으로 수검자는 기록하지 않는다.
6) **작업대 번호** : 측정하는 작업대 번호를 수검자가 기록한다.

## (2) 입력 속도 센서 "A"가 불량일 때

▶ 섀시 5. 자동변속기 점검
작업대 번호 :

| 점검 항목 | ① 측정(또는 점검) | | ② 판정 및 정비(또는 조치)사항 | 득 점 |
|---|---|---|---|---|
| | 고장부분 | 내용 및 상태 | 정비 및 조치할 사항 | |
| 변속기 자기진단 | 입력축 속도 센서 A 단선 및 단락 | 입력축 속도 센서 A - 커넥터 탈거 | 입력축 속도 센서 A 커넥터 연결, 과거기억 소거 후 재점검. | |

비번호 / 감독위원 확인

## (3) 시프트 컨트롤 솔레노이드 밸브-A(UD/B) 불량일 때

▶ 섀시 5. 자동변속기 점검
작업대 번호 :

| 점검 항목 | ① 측정(또는 점검) | | ② 판정 및 정비(또는 조치)사항 | 득 점 |
|---|---|---|---|---|
| | 고장부분 | 내용 및 상태 | 정비 및 조치할 사항 | |
| 변속기 자기진단 | 시프트 컨트롤 솔레노이드 밸브"A"(UD/B) 회로 이상 | 시프트 컨트롤 솔레노이드 밸브"A" 커넥터 탈거 | 시프트 컨트롤 솔레노이드 밸브"A"(UD/B) 회로 이상 커넥터 연결, 과거 기억 소거 후 재점검 | |

## 2 관계 지식

### (1) 스캐너를 이용한 자기진단

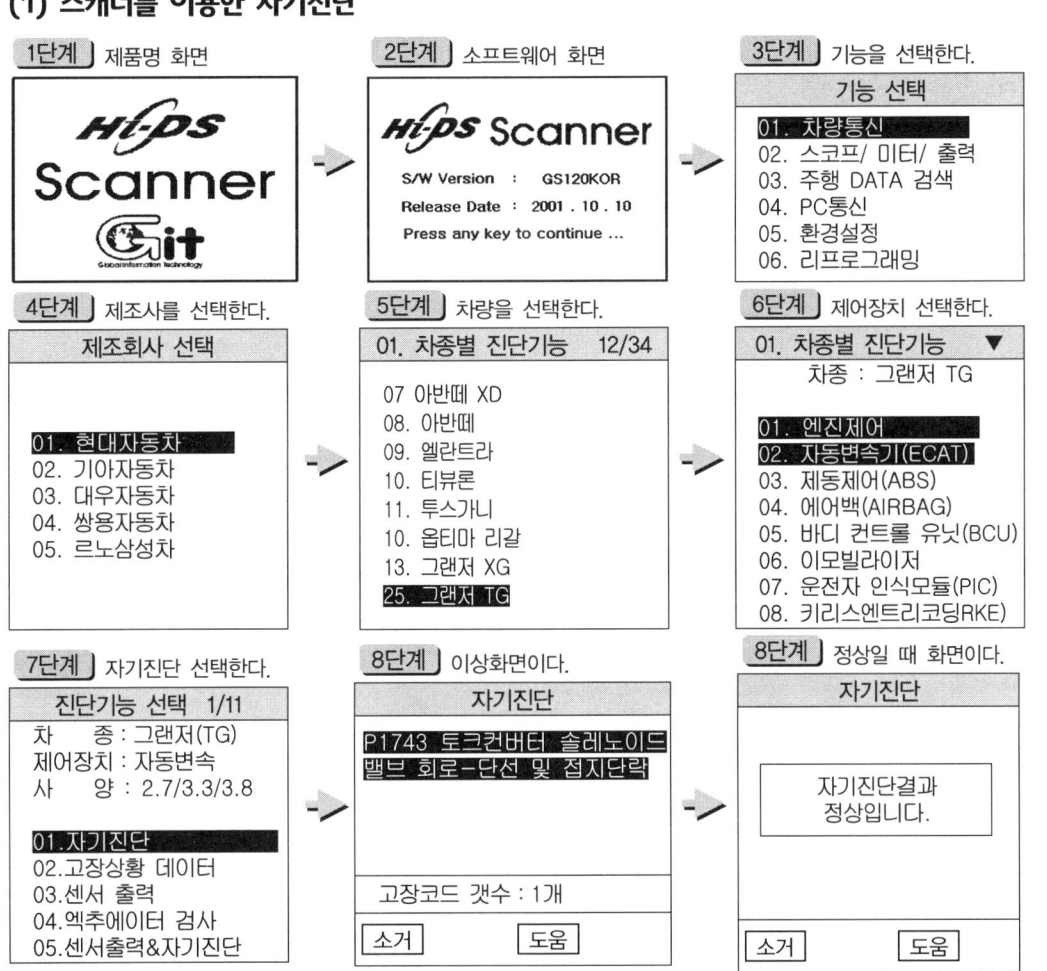

## (2) 자기진단 고장 리스트(그랜저 TG 3.3 -2010)

| 번호 | 고장코드 | 고장 항목 | 번호 | 고장코드 | 고장 항목 |
|---|---|---|---|---|---|
| 1 | P0601 | EEPROM-체크 점 이상 | 14 | P0741 | 토크 컨버터 클러치 시스템 이상 – OFF고착 |
| 2 | P0705 | 인히비터 스위치 이상 | 15 | P0743 | 토크 컨버터 솔레노이드 밸브 회로 – 단선 및 접지 단락 |
| 3 | P0706 | 인히비터 스위치-작동 범위 성능 이상 | 16 | P0748 | 프레셔 컨트롤 솔레노이드 밸브(VFS) 회로 이상 |
| 4 | P0712 | 자동변속기 오일 온도 센서 "A" 이상-신호값 낮음 | 17 | P0753 | 시프트 컨트롤 솔레노이드 밸브 "A"(UD/B) 회로 이상 |
| 5 | P0713 | 자동변속기 오일 온도 센서 "A" 이상-신호값 높음 | 18 | P0758 | 시프트 컨트롤 솔레노이드 밸브 "B"(2-6/B)회로 이상 |
| 6 | P0717 | 입력축 속도 센서 "A" 회로 이상 – 신호 없음 | 19 | P0763 | 시프트 컨트롤 솔레노이드 밸브 "C"(35R/C)회로 이상 |
| 7 | P0722 | 입력축 속도 센서 회로 이상 – 신호 없음 | 20 | P0768 | 시프트 컨트롤 솔레노이드 밸브 "D"(OD/C) |
| 8 | P0731 | 1속 동기불량 | 21 | P0773 | 시프트 컨트롤 솔레노이드 밸브 "E"(SS-A) |
| 9 | P0732 | 2속 동기불량 | 22 | P0955 | 스포츠 모드 스위치 |
| 10 | P0733 | 3속 동기불량 | 23 | P2709 | 시프트 컨트롤 솔레노이드 밸브 "F"(SS-B) |
| 11 | P0734 | 4속 동기불량 | 24 | U0001 | CAN 통신 이상(CANBUS OFF) |
| 12 | P0735 | 5속 동기불량 | 25 | U0100 | CAN 통신 이상(CANTIME OUT) |
| 13 | P0729 | 6속 동기불량 | | | |

## 전기 1 — 에어컨 라인 압력 점검

자동차에서 에어컨 벨트와 블로워 모터를 탈거한 후(감독위원에게 확인), 다시 부착하여 작동상태를 확인하고 에어컨의 압력을 측정하여 기록표에 기록하시오.

### 시험장에서는

이 시험 항목은 엔진의 시동을 걸고 하여야 하기 때문에 안전에 각별히 유의하여야 한다. 시동을 걸기 전에 게이지를 설치한다. 저압에 파란색, 고압에 붉은색 호스이다. 시동을 걸기 전에는 "반드시 기어는 중립으로 되어 있는가?", "주차 브레이크는 당겨져 있는가?", "구동 바퀴는 지면에서 들려져 있는가?" 등을 확인하고 시동키를 돌려서 시동을 건다. 그리고 아이들 상태에서 게이지의 눈금을 읽으면 측정값이다. 규정값은 감독위원이 주어지거나 정비 지침서를 이용한다. 일부이긴 하나 숙련되지 않은 수검자로 인하여 안전사고를 방지하기 위하여 보조원이 시동을 걸어 주는 경우도 있다.

#### 1. 냉매 충전기 설치
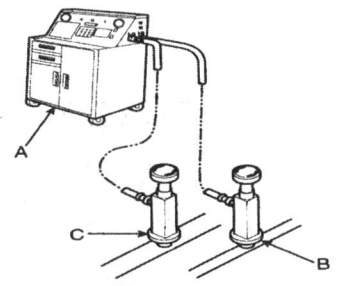
에어컨 가스 주입기가 제작사마다 약간의 차이는 있으나 한 기종을 다룰 줄 알면 사용법을 알 수 있다.

#### 2. 고압 밸브
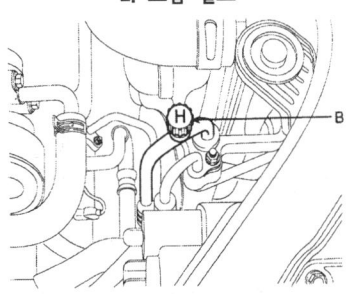
고압 호스는 호스 장착 밸브 캡에 "H"가 기록되어 있으며 신냉매(R-134a)는 퀵 커플러로 되어있다.

#### 3. 저압 밸브
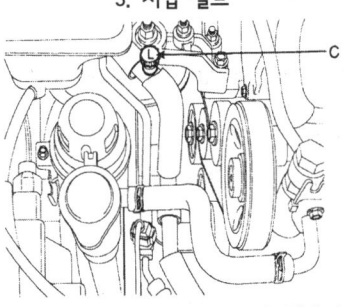
고압 호스는 호스 장착 밸브 캡에 "L"이 기록되어 있으며 신냉매(R-134a)는 퀵 커플러로 되어있다.

## 1 답안지 작성법

### (1) 고압과 저압이 모두 낮을 때

▶ 전기 1. 에어컨 라인 압력 점검
자동차 번호 :

| 항 목 | ① 측정(또는 점검) | | ② 판정 및 정비(또는 조치)사항 | | 득점 |
|---|---|---|---|---|---|
| | 측정값 | 규정(정비한계)값 | 판정(□에 '✔'표) | 정비 및 조치할 사항 | |
| 저압 | 0.8kgf/cm² / 아이들 | 2~4kgf/cm² / 아이들 | □ 양 호<br>☑ 불 량 | 에어컨 라인에 냉매<br>부족-냉매 보충 | |
| 고압 | 6.0kgf/cm² / 아이들 | 15~18kgf/cm² / 아이들 | | | |

| 비번호 | | 감독위원<br>확 인 | |
|---|---|---|---|

1) **비번호** : 비번호는 공단직원이 주는 등번호를 수검자가 기록한다.
2) **감독위원 확인** : 감독위원 확인란은 감독위원이 채점한 후에 도장을 찍는 부분으로 수검자는 기록하지 않는다.
3) ① **측정(또는 점검)** : 측정값은 수검자가 측정한 에어컨 라인 압력의 값을 기록하고, 규정(정비한계)값은 일반적인 규정값을 기록한다.
   - 측정값 : · 저압 - 0.8kgf/cm² / 아이들    · 고압 - 6.0kgf/cm² / 아이들
   - 규정(정비한계)값 : · 저압 - 2~4kgf/cm² / 아이들    · 고압 -15~18kgf/cm² / 아이들
4) ② **판정 및 정비(또는 조치)사항** : 판정은 수검자가 측정한 값과 규정(정비한계)값을 비교하여 범위 내에 있으면 양호, 벗어나면 불량에 ✔표시를 하며, 정비 및 조치할 사항은 고장원인과 정비할 사항을 기록한다.
   - 판정 : · 양호 - 규정(정비한계)값의 범위에 있을 때    · 불량 - 규정(정비한계)값을 벗어났을 때
   - 정비 및 조치할 사항 : 양호하면 정비 및 조치할 사항 없음으로, 불량일 경우 고장 원인과 정비방법을 기록한다.

■ 라인 압력 규정값

| 차종 \ 압력스위치 | 고압(kgf/cm²) ON | 고압(kgf/cm²) OFF | 중압(kgf/cm²) ON | 중압(kgf/cm²) OFF | 저압(kgf/cm²) ON | 저압(kgf/cm²) OFF | 비고 |
|---|---|---|---|---|---|---|---|
| 엑셀 | 15~18 | | – | | 2~4 | | ON-컴프레서 작동 OFF-컴프레서 정지 |
| NF 쏘나타 | 14~18(200~228psi/ 1.37~1.57MPa) | | | | 1.5~2.5(21.8~36.3psi/ 0.15~0.25MPa) | | |
| 베르나 | 32.0 | 26.0 | 14.0 | 18.0 | 2.0 | 2.25 | ON-컴프레서 작동 OFF-컴프레서 정지 |
| 아반떼 XD | 32.0 | 26.0 | 14.0 | 18.0 | 2.0 | 2.25 | |
| EF 쏘나타 | 32.0±2.0 | | 15.5±0.8 | | 2.0±0.2 | | |
| 그랜저 XG | 32.0±2.0 | 26.0±2.0 | 15.5±0.8 | 11.5±1.2 | 2.0±0.2 | 2.3±0.25 | |

5) **득점** : 득점은 감독위원이 채점을 하고 점수를 기록하는 부분으로 수검자는 기록하지 않는다.
6) **자동차 번호** : 측정하는 자동차의 번호를 수검자가 기록한다.

## (2) 고압과 저압이 모두 높을 때

▶ 전기 1. 에어컨 라인 압력 점검
자동차 번호 :

| 항목 | ① 측정(또는 점검) 측정값 | ① 측정(또는 점검) 규정(정비한계)값 | ② 판정 및 정비(또는 조치)사항 판정(□에 '✔'표) | ② 판정 및 정비(또는 조치)사항 정비 및 조치할 사항 | 득점 |
|---|---|---|---|---|---|
| 저압 | 6kgf/cm²/ 아이들 | 2~4kgf/cm²/ 아이들 | □ 양 호 ☑ 불 량 | 콘덴서 냉각 불량, 콘덴서 청소 | |
| 고압 | 22kgf/cm²/ 아이들 | 15~18kgf/cm²/아이들 | | | |

## (3) 고압이 정상이고 저압이 높을 때

▶ 전기 1. 에어컨 라인 압력 점검
자동차 번호 :

| 항목 | ① 측정(또는 점검) 측정값 | ① 측정(또는 점검) 규정(정비한계)값 | ② 판정 및 정비(또는 조치)사항 판정(□에 '✔'표) | ② 판정 및 정비(또는 조치)사항 정비 및 조치할 사항 | 득점 |
|---|---|---|---|---|---|
| 저압 | 3kgf/cm²/ 아이들 | 2~4kgf/cm²/ 아이들 | □ 양 호 ☑ 불 량 | 냉매 과충전 -냉매 회수 및 재충전 | |
| 고압 | 19kgf/cm²/ 아이들 | 15~18kgf/cm²/ 아이들 | | | |

## (4) 에어컨 라인 압력이 정상일 때

▶ 전기 1. 에어컨 라인 압력 점검
자동차 번호 :

| 항목 | ① 측정(또는 점검) 측정값 | ① 측정(또는 점검) 규정(정비한계)값 | ② 판정 및 정비(또는 조치)사항 판정(□에 '✔'표) | ② 판정 및 정비(또는 조치)사항 정비 및 조치할 사항 | 득점 |
|---|---|---|---|---|---|
| 저압 | 2.8kgf/cm²/ 아이들 | 2~4kgf/cm²/ 아이들 | ☑ 양 호 □ 불 량 | 정비 및 조치할 사항 없음 | |
| 고압 | 16kgf/cm²/ 아이들 | 15~18kgf/cm²/ 아이들 | | | |

## 2 관계 지식

### (1) 고압과 저압이 낮게 나오는 원인
① 콘덴서 막힘 – 콘덴서 교환
② 리시버 드라이어의 막힘 – 리시버 드라이어 교환
③ 냉각 시스템에 수분 함유(저압측 진공과 정상 반복함) – 냉매 재충전
④ 에어컨 라인에 냉매 부족 – 냉매 보충

### (2) 고압과 저압이 높게 나오는 원인
① 에어컨 라인에 과다 냉매 – 냉매 배출
② 에어컨 라인 압력 스위치 불량 – 압력 스위치 교환
③ 콘덴서 냉각 불량 – 콘덴서 청소
④ 팽창 밸브가 막힘 – 얼어서 막힘 잠시 후 재점검
⑤ 에어컨 벨트의 슬립 – 장력 조정
⑥ 공기 유입(저압 배관에 차가움이 없다) 및 오일 오염 – 재충전 및 오일 교환

### (3) 저압이 높고 고압이 낮게 나오는 원인 (컴프레서 정상)
① 팽창 밸브의 과다 열림 – 교환
② 냉매 과충전 – 냉매 회수 및 재충전

### (4) 라인압력 측정 결과

| 게이지 지침 | 현상 | 예상원인/진단 | 조 치 |
|---|---|---|---|
| 정상 | • 정상 압력을 유지한다.<br>고압 14~16kg/cm²<br>저압 1.5~2.5kg/cm² | • 정상 | |
| 냉매누출/부족한 냉각 | • 고압, 저압 측 둘 다 낮은 압력<br>• 부족한 냉각 성능 | • 냉각 시스템에서 가스누출 | 1. 가스 누출 탐지기로 가스 누출을 점검하고 필요하면 수리<br>2. 냉매를 적당량 충전<br>3. 게이지를 연결할 때 압력이 ")"에 가깝다면 누출되는 부분을 점검하고 고친 후에 진공으로 만든다. |
| 압축기 불량/부족한 냉각 | • 저압측과 고압측의 너무 높은 압력<br>• 고압측의 너무 낮은 압력 | • 컴프레서 내부 누출<br>• 불량한 압축<br>• 밸브 유동 부위의 손상이나 구부러짐 | 1. 컴프레서 수리 또는 교환 |

# 전기 2 — 전조등 광도, 진폭 점검

**11안 산업기사**

주어진 자동차에서 전조등 시험기로 전조등을 점검하여 기록표에 기록하시오.

## 시험장에서는

헤드라이트의 광도와 진폭의 측정은 엔진의 시동을 걸고 측정하여야 옳으나 시험장에서는 안전을 위하여 엔진이 정지된 상태에서 측정하는 경우가 많다. 감독위원이 좌측이나 우측을 지정하여 주는 곳을 측정하는데 좌, 우는 운전석에 앉아서 좌측과 우측임을 잊지 말아야 한다. 측정하기 전에 조건(타이어의 공기압, 배터리 성능, 바닥의 수평 상태 등)이 맞는지 확인하고 헤드라이트의 유리를 깨끗한 걸레로 닦아서 측정값이 정확하게 나오도록 하여야 한다. 측정은 변환빔(하향등) 상태에서 측정하여야 하며, 차량은 공회전(단, 광도 측정시 2,000rpm), 공차 상태, 운전자 1인이 승차하여 측정하여야 한다.

보조원이 운전석에 앉아서 라이트를 조작하여 주는 경우도 있으나 대부분은 운전자가 탑승하지 않은 상태에서 측정한다. 근래에 생산된 차량은 헤드라이트 조작이 키 스위치를 넣어야지만 가능하도록 되어 있으므로 참고하기 바란다.

1. 시뮬레이터로 측정 준비된 모습
2. 전조등 스위치 위치
3. 측정을 누르면 측정되어 표시한다.

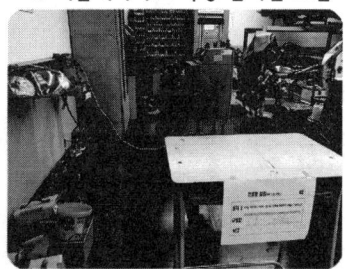

실제 차량으로 전조등 시험을 하는 경우도 있지만 시뮬레이터를 이용한 방법도 있다.

감독위원의 지시에 따라 해당 전조등을 켠다. 켜 놓고 있는 경우가 대부분일 것이다.

측정 버튼을 누르면 광도와 진폭이 측정되고 측정값이 화면과 계기판에 표시된다.

## 1. 답안지 작성법

### (1) 광도, 진폭이 불량일 때

▶ 전기 2. 전조등 점검
자동차 번호 :

| 비 번호 | | 감독위원 확인 | |
|---|---|---|---|

| 항목 | ① 측정(또는 점검) | | | ② 판정 | 득 점 |
|---|---|---|---|---|---|
| | | 측정값 | 기준값 | 판정(□에 '✔') | |
| (□에 '✔')<br>위치 :<br>☑ 좌<br>□ 우<br>설치높이 :<br>☑ ≤ 1.0m<br>□ > 1.0m | 광도 | 2,460cd | 3,000cd 이상 | □ 양 호<br>☑ 불 량 | |
| | 진폭 | -3.3%(-0.33cm) | -0.5~-2.5% 이내<br>(-0.05~-0.25cm 이내) | □ 양 호<br>☑ 불 량 | |

※ 측정 위치는 감독위원이 지정하는 위치에 □에 '✔' 표시합니다.
※ 자동차 검사기준 및 방법에 의하여 기록 판정합니다.

1) **비번호** : 비번호는 공단직원이 주는 등번호를 수검자가 기록한다.
2) **감독위원 확인** : 감독위원 확인란은 감독위원이 채점한 후에 도장을 찍는 부분으로 수검자는 기록하지 않는다.

3) ① 측정(또는 점검) : 위치 및 설치 높이는 감독위원이 지정하는 차량과 위치 및 설치 높이에 ✔표시를 하고, 측정값은 수검자가 측정한 광도와 진폭의 값을 기록하고 기준값은 검사기준 값을 암기하여 기록한다.
- 위치 및 설치 높이 : ·위치 – 감독위원이 지정하는 차량의 헤드라이트 위치에 ✔표시를 한다. 운전석에 앉아서 좌, 우 위치이다.
  - ·설치 높이 – 점검차량의 전조등 설치 높이에 ✔표시를 한다.
- 측정값 : ·광도 – 수검자가 측정한 광도 값을 기록한다.
  - ·진폭 – 수검자가 측정한 변환빔의 진폭 값을 기록한다.
- 기준값 : ·광도 – 수검자가 검사기준의 광도 값을 암기하여 기록한다.
  - ·진폭 – 수검자가 검사기준의 진폭 값을 암기하여 기록한다.

4) ② 판정 : 판정란은 수검자가 측정한 값과 기준값을 비교하여 범위 내에 있으면 양호, 벗어나면 불량에 ✔표시를 한다. 어느 하나라도 불량이면 판정은 불량이다.
- 판정 : ·양호-기준값의 범위에 있을 때  ·불량-기준값을 벗어났을 때

5) 득점 : 득점은 감독위원이 채점을 하고 점수를 기록하는 부분으로 수검자는 기록하지 않는다.

6) 자동차 번호 : 측정하는 자동차의 번호를 수검자가 기록한다.

## (2) 광도가 불량일 때

▶ 전기 2. 전조등 점검
자동차 번호 :

| 항목 | ① 측정(또는 점검) | | | ② 판정 | 득 점 |
|---|---|---|---|---|---|
| | | 측정값 | 기준값 | 판정(□에 '✔') | |
| (□에 '✔')<br>위치 :<br>☑ 좌<br>□ 우<br>설치높이 :<br>☑ ≤ 1.0m<br>□ > 1.0m | 광도 | 2,280cd | 3,000cd 이상 | □ 양 호<br>☑ 불 량 | |
| | 진폭 | −1.5%(−0.15cm) | −0.5~−2.5% 이내<br>(−0.05~−0.25cm 이내) | ☑ 양 호<br>□ 불 량 | |

※ 측정 위치는 감독위원이 지정하는 위치에 □에 '✔' 표시합니다.
※ 자동차 검사기준 및 방법에 의하여 기록 판정합니다.

## (3) 진폭이 불량일 때

▶ 전기 2. 전조등 점검
자동차 번호 :

| 항목 | ① 측정(또는 점검) | | | ② 판정 | 득 점 |
|---|---|---|---|---|---|
| | | 측정값 | 기준값 | 판정(□에 '✔') | |
| (□에 '✔')<br>위치 :<br>☑ 좌<br>□ 우<br>설치높이 :<br>☑ ≤ 1.0m<br>□ > 1.0m | 광도 | 24,300cd | 3,000cd 이상 | ☑ 양 호<br>□ 불 량 | |
| | 진폭 | −2.7%(−0.27cm) | −0.5~−2.5% 이내<br>(−0.05~−0.25cm 이내) | □ 양 호<br>☑ 불 량 | |

※ 측정 위치는 감독위원이 지정하는 위치에 □에 '✔' 표시합니다.
※ 자동차 검사기준 및 방법에 의하여 기록 판정합니다.

## (4) 광도와 진폭이 정상일 때

▶ 전기 2. 전조등 점검

| 자동차 번호 : | | | 비 번호 | | 감독위원 확 인 | |
|---|---|---|---|---|---|---|
| 항목 | ① 측정(또는 점검) | | | ② 판정 | | 득 점 |
| | | 측정값 | 기준값 | 판정(□에 '✔') | | |
| (□에 '✔')<br>위치 :<br>☑ 좌<br>□ 우<br>설치높이 :<br>☑ ≤ 1.0m<br>□ > 1.0m | 광도 | 78,900cd | 3,000cd 이상 | ☑ 양 호<br>□ 불 량 | | |
| | 진폭 | −1.1%(−0.11cm) | −0.5~−2.5% 이내<br>(−0.05~−0.25cm 이내) | ☑ 양 호<br>□ 불 량 | | |

※ 측정 위치는 감독위원이 지정하는 위치에 □에 '✔' 표시합니다.
※ 자동차 검사기준 및 방법에 의하여 기록 판정합니다.

## 2 관계 지식

### (1) 전조등 광도, 진폭 검사 기준값

| 항 목 | 검사 기준 | | 검사 방법 |
|---|---|---|---|
| 등화<br>장치 | • 변환빔의 광도는 3000cd 이상일 것 | | • 좌우측 전조등(변환빔)의 광도와 광도점을 전조등 시험기로 측정하여 광도점의 광도 확인 |
| | • 변환빔의 진폭은 10m 위치에서 다음 수치 이내일 것 | | • 좌우측 전조등(변환빔)의 컷오프선 및 꼭지점의 위치를 전조등 시험기로 측정하여 컷오프선의 적정여부 확인 |
| | 설치 높이 ≤ 1.0m | 설치 높이 > 1.0m | |
| | −0.5 ~ −2.5% | −1.0 ~ −3.0% | |
| | • 컷오프선의 꺾임점(각)이 있는 경우 꺾임점의 연장선은 우측 상향일 것 | | • 변환빔의 컷오프선, 꺾임점(각), 설치상태 및 손상 여부 등 안전기준 적합여부를 확인 |

**예** 컷 오프선의 수직위치는 자동차의 변환빔 전조등 설치 높이(발광면의 최하단) 대비 아래 기준에 적합할 것(설치 높이 ≤ 1.0m)

- $-0.5\% = \dfrac{x \times 100}{10}$, $x = \dfrac{-0.5 \times 10}{100} = -0.05cm$ 이내, $\% = \dfrac{-0.05cm \times 100}{10} = -0.5\%$ 이내

- $-2.5\% = \dfrac{x \times 100}{10}$, $x = \dfrac{-2.5 \times 10}{100} = -0.25cm$ 이내, $\% = \dfrac{-0.25cm \times 100}{10} = -2.5\%$ 이내

- 설치 높이 > 1.0m : −0.1cm ~−0.3cm 이내

## 전기 3. ETACS 와이퍼 간헐시간 스위치 작동신호 점검

주어진 자동차에서 와이퍼 간헐(INT) 시간조정 스위치 조작시 편의장치(ETACS 또는 ISU) 커넥터에서 스위치 신호(전압)를 측정하고 이상여부를 확인하여 기록표에 기록하시오.

### 시험장에서는

에탁스(ETACS : Electronic Time Alam Control System)는 소형이나, 준중형 차량에는 미장착 차량이 많고 중형 이상의 차량에서 채용한 시스템이었으나 요즘은 경차에도 도입하는 추세이다. 실제의 차량을 이용하는 경우도 있지만 대부분이 시뮬레이터를 사용한다. 점검 및 측정하기가 편하게 만들어져 있다. 에탁스 하면 모두 어려워하고 있지만 실상 회로도만 볼 줄 알면 간단하게 해결할 수 있는 문제. 답안지를 받아 들고 차량으로 가면 측정 차량의 앞이나 측면 유리에 "에탁스 실내등 출력 전압 점검"이라는 글씨가 보일 것이다. 운전석에 앉으면 정비 지침서나 에탁스 회로도를 복사한 것이 보일 것이다. 측정한 값을 답안지에 작성하여 제출한다. 현재 차량에서는 BCM(Body Control Module)으로 이름 바꿔서 사용하고 있음을 참고하기 바란다. BCM이 새로운 시스템이라고 볼 것이 아니라 기존의 ETACS제어의 기능을 확장 장치로 생각하고 접근하면 결코 어렵지 않은 시스템이 될 것이다.

▲ 와이퍼 스위치 위치       ▲ 간헐 위치(INT)

### 1. 답안지 작성법

#### (1) 와이퍼 모터 커넥터가 탈거일 때

▶ 전기 3. 와이퍼 스위치 신호 점검
자동차 번호 :

| 비번호 | | 감독위원 확인 | |
|---|---|---|---|

| 점검항목 | | ① 측정(또는 점검) 상태 | ② 판정 및 정비(또는 조치)사항 | | 득점 |
|---|---|---|---|---|---|
| | | | 판정(□에 '✔'표) | 정비 및 조치할 사항 | |
| 와이퍼 간헐 시간조정 스위치 위치별 작동신호 | INT S/W ON시(전압) | ON 시 : 0V<br>OFF시 : 0V | □ 양 호<br>☑ 불 량 | 와이퍼 모터 커넥터 탈거- 커넥터 연결 후 재점검 | |
| | INT S/W 위치별 전압 | Fast(빠름)-Slow(느림)<br>전압기록전압 : 0V - 0V | | | |

※ 단, 전압으로 측정이 곤란한 경우 감독위원의 지시에 따라 주기 기록.

1) **비번호** : 비번호는 공단직원이 주는 등번호를 수검자가 기록한다.
2) **감독위원 확인** : 감독위원 확인란은 감독위원이 채점한 후에 도장을 찍는 부분으로 수검자는 기록하지 않는다.
3) ① **측정(또는 점검) 상태** : 측정(또는 점검) 상태는 수검자가 작동신호를 측정한 값을 기록한다.
   • INT S/W ON시(전압) : • ON시 - 0V   • OFF 시 - 0V
   • INT S/W 위치별 전압 : 0V - 0V

■ 와이퍼 간헐시간 조정 작동전압 규정값

| 항 목 | | 조 건 | 전압값 | 비고 |
|---|---|---|---|---|
| 입력 요소 | 점화 스위치 | ON | 12V | |
| | | OFF | 0V | |
| | 와셔 스위치 | OFF | 12V | |
| | | 와셔 작동시 | 0V | |
| | INT(간헐) 스위치 | OFF | 5V | |
| | | INT 선택 | 0V | |
| 출력 요소 | INT(간헐)가변 볼륨 | FAST(빠름) | 5V | |
| | | SLOW(느림) | 3.8V | |
| | INT(간헐) 릴레이 | 모터를 구동할 때 | 0V | |
| | | 모터 정지할 때 | 12V | |

4) ② 판정 및 정비(또는 조치)사항 : 판정은 수검자가 측정한 값과 규정(정비한계)값을 비교하여 범위 내에 있으면 양호, 벗어나면 불량에 ✔표시를 하며, 정비 및 조치할 사항은 고장원인과 정비할 사항을 기록한다.
　•판정 : •양호 - 규정(정비한계)값의 범위에 있을 때　•불량 - 규정(정비한계)값을 벗어났을 때
　•정비 및 조치할 사항 : 양호하면 정비 및 조치할 사항 없음으로, 불량일 경우 고장원인 정비방법을 기록한다.
5) **득점** : 득점은 감독위원이 채점을 하고 점수를 기록하는 부분으로 수검자는 기록하지 않는다.
6) **자동차 번호** : 측정하는 자동차의 번호를 수검자가 기록한다.

## 2 관계 지식

### (1) 타임 챠트

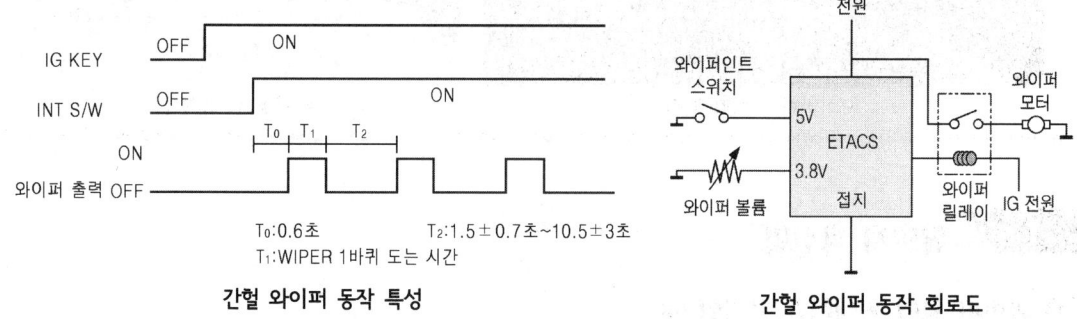

간헐 와이퍼 동작 특성　　　　　간헐 와이퍼 동작 회로도

① 점화키 ON시 인트 스위치를 작동시키면 $T_1$후에 와이퍼 릴레이를 ON 한다.
② 간헐 와이퍼 작동 중 와이퍼가 재 작동하는 주기는 인트 볼륨 설정에 따라 $T_3$시간만큼 차이가 발생한다.

【 일반적인 규정값 】

| 차종 | 제어시간 | 특 징 |
|---|---|---|
| 현대 전차종 | $T_0$ : 0.6초 / $T_2$ : 1.5 ± 0.7초 ~ 10.5 ± 3초 | 인트 볼륨 저항 (저속 : 약 50kΩ / 고속 약 0kΩ) |

## (2) 와이퍼 간헐시간 조정 작동 회로도

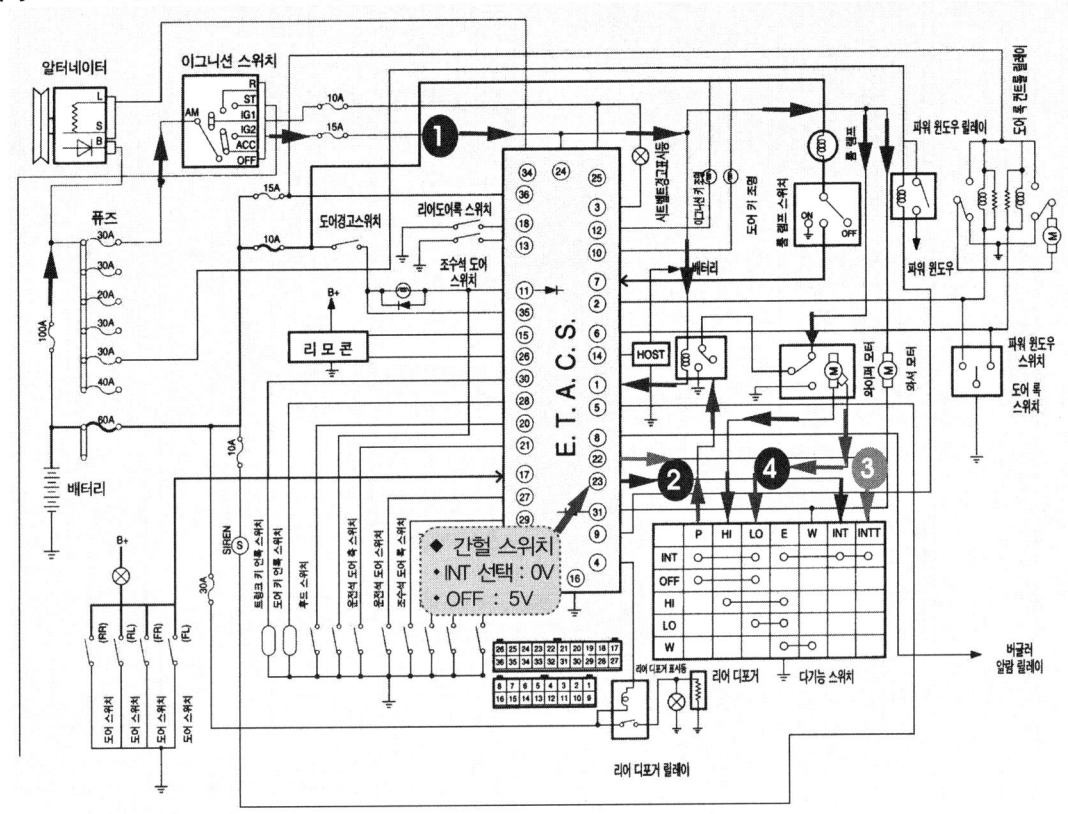

▲ 에탁스 와이퍼 간헐 스위치 작동전압 점검

## (3) 간헐 와이퍼 스위치 작동 전압 측정 위치-1 (아반떼 MD 1.6- 2011)

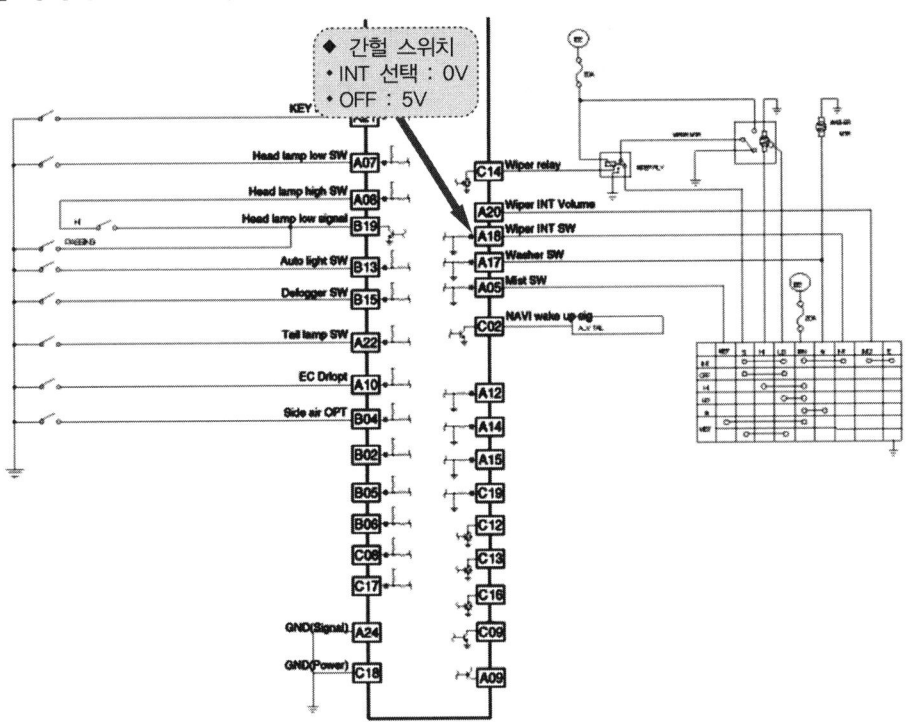

## (4) 간헐 와이퍼 스위치 작동 전압 측정 위치-2 (아반떼 MD 1.6 - 2011)

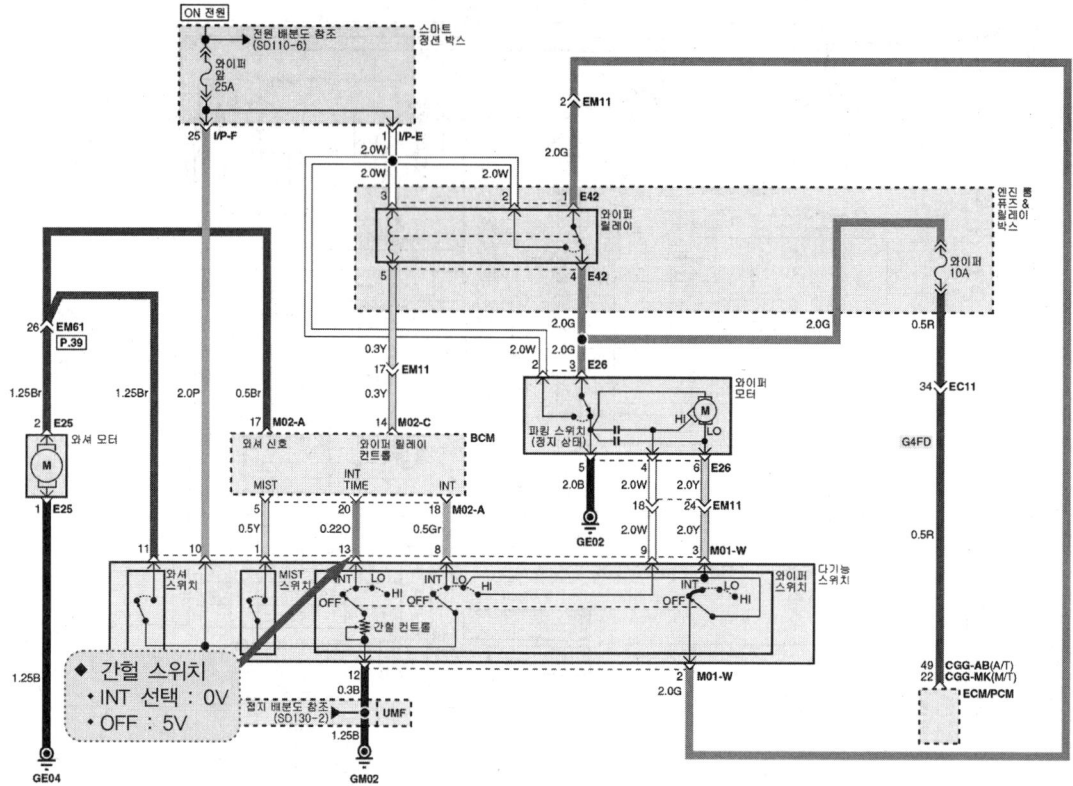

# 엔진 1 — 크랭크축 메인저널 오일간극 측정

주어진 엔진을 기록표의 측정 항목까지 분해하여 기록표의 요구사항을 측정 및 점검하고 본래 상태로 조립하시오.

## 시험장에서는

① **메인 베어링 교환** : 작업대 위나 엔진 스탠드에 분해 조립용 엔진이 준비되어 있고 때에 따라서는 크랭크축만 조립되어 있는 경우도 있다. 먼저 분해하기 전에 준비하여간 걸레로 작업대를 깨끗이 닦는다. 그리고 걸레를 작업대 위에 넓게 펴서 깔고 그 위에 분해한 부품을 올려놓는다. 모든 분해 조립이 그렇지만 부품을 떨어트린다든지 공구를 들고 놓는데 소리가 심하게 난다든지 하면 안전관리에 소홀함이 있는 것처럼 보인다. 분해하여 감독관이 지정하는 베어링 한 조(상·하 각 1개)를 탈거하여 감독관에게 가지고 가면 새로운 베어링을 줄 것이다. 새 베어링을 설치하고 크랭크축을 조립한 후 토크 렌치를 이용하여 규정 토크로 조인다. 만약 토크 렌치가 준비되어 있지 않았으면 달라고 하여서 조인다. 모든 작업에서 장갑은 절대 착용이 안 됨을 명심하기 바란다.

② **크랭크축 오일간극 측정** : 작업대 위에 크랭크축이 놓여 있고, 베어링 캡은 조립된 상태로 있다. 내경의 최대값(4곳 중)에서 크랭크축 메인 저널 측정 최소값(4곳 중)을 빼면 그것이 오일 간극이다. 측정한 후 답안지를 작성하여 제출한다. 요즘은 플라스틱 게이지도 사용한다.

1. 플라스틱 게이지가 눌려진 모습

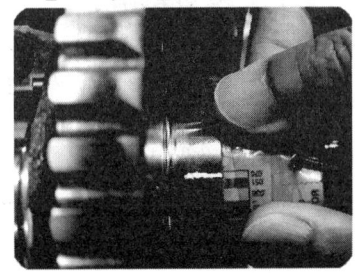

2. 플라스틱 게이지로 측정

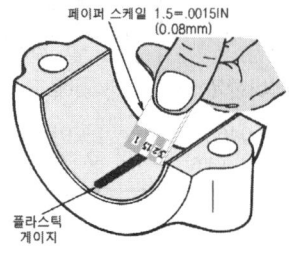

3. 메인 저널 측정하는 모습

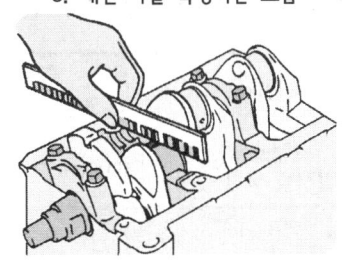

## 1  답안지 작성법

### (1) 크랭크축 오일 간극이 한계값 보다 클 때

▶ 엔진 1. 크랭크축 오일 간극 측정
　　엔진 번호 :

| 측정항목 | ① 측정(또는 점검) | | ② 판정 및 정비(또는 조치)사항 | | 득 점 |
|---|---|---|---|---|---|
| | 측정값 | 규정(정비한계)값 | 판정(□에 '✔' 표) | 정비 및 조치할 사항 | |
| 크랭크 축 메인저널 오일 간극 | 0.15mm | 0.02~0.046mm (한계값 0.1mm) | □ 양　호<br>☑ 불　량 | 메인저널 베어링 마모 -<br>U/S 메인저널 베어링 교환 | |

비번호 　　　　감독위원 확인

※ 시험위원이 지정하는 부위를 측정한다.

1) **비번호** : 비번호는 공단직원이 주는 등번호를 수검자가 기록한다.
2) **감독위원 확인** : 감독위원 확인란은 감독위원이 채점한 후에 도장을 찍는 부분으로 수검자는 기록하지 않는다.
3) ① **측정(또는 점검)** : 측정값은 수검자가 크랭크축 오일간극을 측정한 값으로 기록하고, 규정(정비한계)값은 감독관이 주어진 값이나 또는 정비지침서를 보고 기록한다.(반드시 단위를 기입한다)
　　• 측정값 : 0.15mm
　　• 규정(정비한계)값 : 0.02~0.046mm(한계 0.1mm)
4) ② **판정 및 정비(또는 조치)사항** : 판정은 수검자가 측정한 값과 규정(정비한계)값을 비교하여 범위 내에 있으면 양호, 벗어나면 불량에 ✔ 표시를 하며, 정비 및 조치 사항란에는 고장원인과 정비할 사항을 기록한다.
　　• 판정 : • 양호 : 규정(한계)값 이내에 있을 때　　• 불량 : 규정(한계)값을 벗어났을 때,

• 정비 및 조치할 사항 : 정비 및 조치할 사항 없음
5) **득점** : 득점은 감독위원이 채점을 하고 점수를 기록하는 부분으로 수검자는 기록하지 않는다.
6) **엔진 번호** : 측정하는 엔진 번호를 수검자가 기록한다.

■ 차종별 오일 간극 기준값 (mm)

| 차 종 | 규정값 | | 한계값 | 차 종 | 규정값 | | 한계값 |
|---|---|---|---|---|---|---|---|
| 베르나(1.5) | 3번 | 0.34~0.52 | – | 아반떼 XD(1.5D) / 라비타(1.5) | 3번 | 0.028~0.046 | – |
| | 그외 | 0.28~0.46 | – | | 그외 | 0.022~0.040 | – |
| 테라칸(2.5)/ 스타렉스(2.5) | 0.02~0.05 | | 0.1 | EF 쏘나타(2.0) 트라제XG(2.0)/싼타페(2.0) | 3번 | 0.024~0.042 | – |
| | | | | | 그외 | 0.018~0.036 | – |
| 투스카니(2.0D) | 0.028~0.048 | | – | 에쿠스(3.0/3.5) | 0.018~0.036 | | – |
| 쏘나타Ⅱ·Ⅲ | 0.020~0.050 | | – | 세 피 아 | 0.018~0.036 | | 0.1 이하 |
| 레 간 자 | 0.015~0.040 | | – | 크레도스 | 0.025~0.043 | | 0.08 이하 |
| 아반떼1.5D | 0.028~0.046 | | – | 그랜저 XG | 0.004~0.022 | | – |

## (2) 크랭크축 오일 간극이 없을 때

▶ 엔진 1. 크랭크축 오일 간극 측정
　　엔진 번호 :

| 측정항목 | ① 측정(또는 점검) | | ② 판정 및 정비(또는 조치)사항 | | 득 점 |
|---|---|---|---|---|---|
| | 측정값 | 규정(정비한계)값 | 판정(□에 '✔'표) | 정비 및 조치할 사항 | |
| 크랭크 축 메인저널 오일 간극 | 0.0mm | 0.02~0.046mm (한계값 0.1mm) | □ 양 호 ☑ 불 량 | 메인저널 베어링 U/S 가공 불량 – 메인저널 베어링 U/S 재가공 | |

※ 시험위원이 지정하는 부위를 측정한다.

## (3) 크랭크축 오일 간극이 규정값 보다 크나 한계값 보다 적을 때

▶ 엔진 1. 크랭크축 오일 간극 측정
　　엔진 번호 :

| 측정항목 | ① 측정(또는 점검) | | ② 판정 및 정비(또는 조치)사항 | | 득 점 |
|---|---|---|---|---|---|
| | 측정값 | 규정(정비한계)값 | 판정(□에 '✔'표) | 정비 및 조치할 사항 | |
| 크랭크 축 메인저널 오일 간극 | 0.08mm | 0.02~0.046mm (한계값 0.1mm) | ☑ 양 호 □ 불 량 | 정비 및 조치할 사항 없음 | |

※ 시험위원이 지정하는 부위를 측정한다.

## (4) 크랭크축 오일 간극이 정상일 때

▶ 엔진 1. 크랭크축 오일 간극 측정
　　엔진 번호 :

| 측정항목 | ① 측정(또는 점검) | | ② 판정 및 정비(또는 조치)사항 | | 득 점 |
|---|---|---|---|---|---|
| | 측정값 | 규정(정비한계)값 | 판정(□에 '✔'표) | 정비 및 조치할 사항 | |
| 크랭크 축 메인저널 오일 간극 | 0.03mm | 0.02~0.046mm (한계값 0.1mm) | ☑ 양 호 □ 불 량 | 정비 및 조치할 사항 없음 | |

※ 시험위원이 지정하는 부위를 측정한다.

## 2 관계 지식

### (1) 크랭크축 오일간극 측정법(실린더 보어 게이지)
① 외측 마이크로미터로 크랭크축 메인 저널의 지름을 측정한다.
② 메인 베어링을 캡에 조립한 후 실린더 블록에 설치한 후 실린더 게이지나 내측 마이크로미터로 안지름을 측정한다.
③ 오일간극 = 베어링 안지름(최대 측정값) - 메인 저널 지름(최소 측정값)

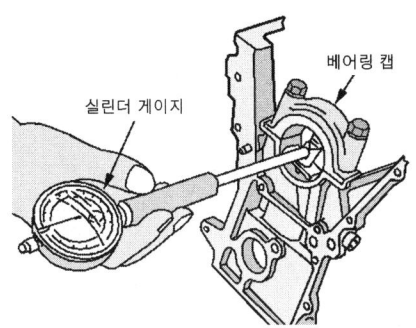
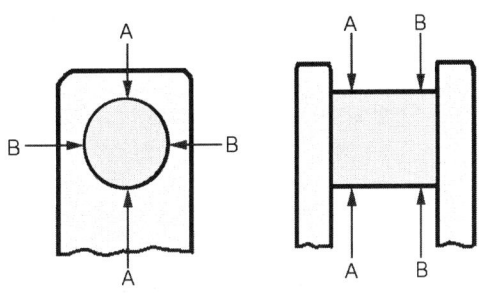

실린더 게이지를 이용하여 메인 저널 베어링의 외경을 그림과 같이 4곳에서 측정한다. 이때 최대값이 측정값이 된다.

마이크로메타를 이용하여 메인 저널 베어링의 외경을 그림과 같이 4곳에서 측정한다. 이때 베어링의 오일 홈을 피하여 측정한다.

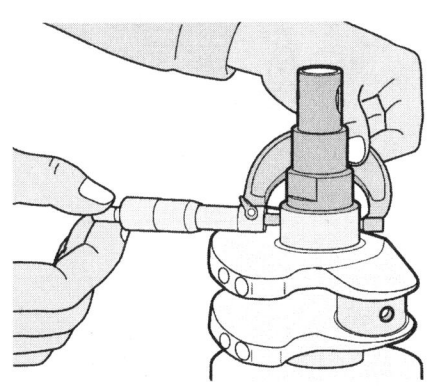
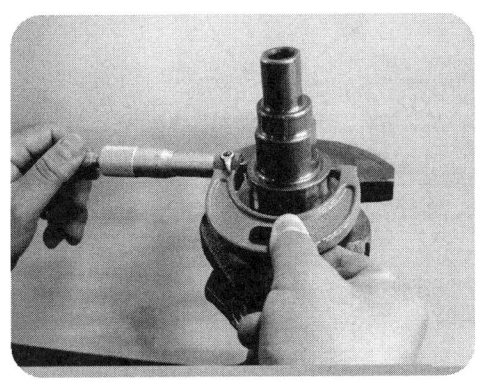

▲ 마이크로미터를 이용한 외경 측정 모습

## 엔진 3. 가솔린 배기가스 점검

**12안 산업기사**

2항의 시동된 엔진에서 공전속도를 확인하고 감독위원의 지시에 따라 공회전 시 배기가스를 측정하여 기록표에 기록하시오.(단, 시동이 정상적으로 되지 않은 경우 본 항의 작업은 할 수 없음)

### 시험장에서는

이 시험은 시동을 걸어서 측정하여야 함으로 추운 겨울에는 수검자나 감독관이나 고생하는 항목이다. 감독관이 답안지를 주면 수험번호와 자동차 번호를 적고 배기가스 테스터기를 연결한 후 시동을 걸어서 측정을 한 다음 기록표를 기록하는데 이 항목은 검사기준이기 때문에 규정값이 주어지지 않는다. 반드시 규정값을 암기하고 있어야 한다. 배기가스 측정은 엔진의 상태에 따라 측정값이 많이 변하기 때문에 감독관이 바로 옆에서 보면서 채점을 하거나 아니면 측정 방법만을 확인하고 테스터기 바늘을 고정시켜 놓고 측정값을 기록하도록 하는 경우도 있다. 일부 수검자는 감독관이 점수를 깎기 위해 잘못한 것만 찾고 있는 사람으로 생각하는 부정적인 생각을 갖고 있는 수검자가 많은데 좀 더 긍정적인 방향으로 생각한다면 내가 잘하는 것을 보고 점수를 주기 위해 있다고 생각을 할 수 있는 것이다. 감독관에게 내 실력을 보여주기 위해서는 능력을 길러야 하지 않을까?

1. 배기가스 측정 준비된 모습(큐로테크)
복사본 자동차 등록증을 놓은 것은 자동차 연식을 보고 규정값을 적어야 한다.

2. 배기가스 프로브 설치 모습
배기가스 프로브가 규정대로 끼워져 있는지 확인하고 측정한다.

3. 6개 항목 측정화면 모습
측정키를 누르면 측정이 되면서 6개 항목의 측정값이 뜬다.

## 1. 답안지 작성법

동영상    동영상

### (1) 배기가스 배출량이 많아 불량일 때

▶ 엔진 3. 배기가스 점검
자동차 번호 :

| 항목 | ① 측정(또는 점검) | | 판정(□에 '✓' 표) | 득 점 |
|---|---|---|---|---|
| | 측정값 | 기준값 | | |
| CO | 4.2% | 1.0% 이하 | □ 양 호 | |
| HC | 420ppm | 120ppm 이하 | ☑ 불 량 | |

| 비번호 | | 감독위원 확 인 | |
|---|---|---|---|

※ 감독위원이 제시한 자동차등록증(또는 차대번호)를 활용하여 차종 및 연식을 적용합니다.
※ 자동차 검사기준 및 방법에 의하여 기록 판정합니다.
※ CO는 소수점 둘째자리 이하는 버리고 0.1% 단위로 기록합니다.
※ HC는 소수점 둘째자리 이하는 버리고 1ppm 단위로 기록합니다.

1) **비번호** : 비번호는 공단직원이 주는 등번호를 수검자가 기록한다.
2) **감독위원 확인** : 감독위원 확인란은 감독위원이 채점한 후에 도장을 찍는 부분으로 수검자는 기록하지 않는다.
3) **① 측정(또는 점검)** : 측정값은 수검자가 측정한 배기가스의 CO, HC 값을 기록하고 기준값은 운행 차량의 배출 허용 기준값을 기록한다.
 • 측정값 : ·CO – 4.2%,   ·HC – 420ppm
 • 규정(정비한계)값 : ·CO – 1.0% 이하   ·HC – 120ppm 이하(2016년 01월 04일– SM 5)

4) ② 판정 및 정비(또는 조치)사항 : 판정은 수검자가 측정값과 기준값을 비교하여 범위 내에 있으면 양호, 벗어나면 불량에 ✔표시를 한다. 정비 및 조치사항은 CO, HC값이 높거나 낮은 원인과 정비할 사항을 기록한다.
   • 판정 : · 양호 – 규정(정비한계)값의 범위에 있을 때   · 불량 – 규정(정비한계)값을 벗어났을 때
5) 득점 : 득점은 감독위원이 채점을 하고 점수를 기록하는 부분으로 수검자는 기록하지 않는다.
6) 자동차 번호 : 측정하는 자동차의 번호를 수검자가 기록한다.

## 2  관계 지식

### (1) 배기가스 배출 허용기준(CO, HC)

| 차 종 | | 제작일자 | 일산화탄소 | 탄화수소 | 공기과잉율 |
|---|---|---|---|---|---|
| 경자동차 | | 1997년 12월 31일 이전 | 4.5% 이하 | 1,200ppm 이하 | 1±0.1 이내 다만, 기화기식 연료공급 장치 부착 자동차는 1±0.15이내 촉매 미부착 자동차는 1±0.20 이내 |
| | | 1998년 1월 1일부터 2000년 12월 31일까지 | 2.5% 이하 | 400ppm 이하 | |
| | | 2001년 1월 1일부터 2003년 12월 31일까지 | 1.2% 이하 | 220ppm 이하 | |
| | | 2004년 1월 1일 이후 | 1.0% 이하 | 150ppm 이하 | |
| 승용자동차 | | 1987년 12월 31일 이전 | 4.5% 이하 | 1,200ppm 이하 | |
| | | 1988년 1월 1일부터 2000년 12월 31일까지 | 1.2% 이하 | 220ppm 이하(휘발유·알코올자동차) 400ppm 이하(가스자동차) | |
| | | 2001년 1월 1일부터 2005년 12월 31일까지 | 1.2% 이하 | 220ppm 이하 | |
| | | 2006년 1월 1일 이후 | 1.0% 이하 | 120ppm 이하 | |
| 승합·화물·특수자동차 | 소형 | 1989년 12월 31일 이전 | 4.5% 이하 | 1,200ppm 이하 | |
| | | 1990년 1월 1일부터 2003년 12월 31일까지 | 2.5% 이하 | 400ppm 이하 | |
| | | 2004년 1월 1일 이후 | 1.2% 이하 | 220ppm 이하 | |
| | 중형·대형 | 2003년 12월 31일 이전 | 4.5% 이하 | 1200ppm 이하 | |
| | | 2004년 1월 1일 이후 | 2.5% 이하 | 400ppm 이하 | |

### (2) 삼성 자동차 차대번호의 표기 부호(SM5-2016)

```
K  N  M    A  4  C  2  B  M    G   P   1   2   3   4   5   6
①  ②  ③   ④  ⑤  ⑥  ⑦  ⑧  ⑨    ⑩   ⑪   ⑫   ⑬   ⑭   ⑮   ⑯   ⑰
```
　　제작 회사군　　　　자동차 특성군　　　　　　제작 일련 번호군

① K : 국제배정 국적표시 – K : 한국, J : 일본, 1 : 미국,
② N : 제작사를 나타내는 표시 – M ; 현대, L : 대우, N : 기아, P : 쌍용 자동차
③ M : 자동차 종별 표시 – M : 승용차
④ A : 차종 – A : LHD, B : RHD, C : KGN. LHD, G : SM7 LHD
⑤ 4 : 차체형상 – 2 : 2 DOOR, 3 : 3 DOOR, 4 : 4 DOOR, 5 : 5 DOOR
⑥ C : 세부차종 – ·A : 경형, B : 소형, C : 중형, D : 대형
⑦ 2 : 안전벨트와 에어백 유무 – 1 : 3점식 안전벨트, 2 : 3점식 안전벨트 + 에어백
⑧ B : 엔진형식 – A : 1800CC 직렬 6기통 엔진(가솔린), B : 2000CC 직렬 6기통 엔진(가솔린), C : 2000CC 직렬 6기통 엔진(LPG), D : 2000CC V형 6기통 엔진(가솔린), E : 2500CC V형 6기통 엔진(가솔린), J : 2300CC V형 6기통 엔진(가솔린), K : 3500CC V형 6기통 엔진(가솔린).
⑨ M : 확인란 – P : 시작차량, M : 양산 차량
⑩ G : 제작년도 – M:1991, N:1992, P:1993, R:1994, S:1995, T:1996, V:1997, W:1998, X:1999, Y:2000, 1:2001, 2:2002, 3:2003…… 9 : 2009, A : 2010, B : 2011, C :2012 D : 2013, E : 2014, F : 2015, G : 2016, H : 2017, H : 2018
⑪ P : 생산 공장  – P : 분산
⑫~⑰ 123456 : 차량 생산 일련 번호

## (3) 자동차 등록증 - SM5

# 자동차등록증

제 201709-000417호 　　　　　　　　　　　최초 등록일 : 2013년 11월 05일

| ① 자동차 등록 번호 | 07라 3859 | ② 차 종 | 중형 승용 | ③ 용도 | 자가용 |
|---|---|---|---|---|---|
| ④ 차 명 | SM5 | ⑤ 형식 및 연식 | S3M20-48 | | 2016 |
| ⑥ 차 대 번 호 | KNMA4C2BMGP142355 | ⑦ 원동기 형식 | M4RK | | |
| ⑧ 사 용 본 거 지 | 경기도 양주시 부흥로 1901 신도 8차 아파트***동 ***호 | | | | |

| 소유자 | ⑨ 성명(명칭) | 김광수 | ⑩ 주민(사업자)등록번호 | ***117-******* |
|---|---|---|---|---|
| | ⑪ 주 소 | 경기도 양주시 부흥로 1901 신도 8차 아파트***동 ***호 | | |

자동차 관리법 제8조등의 규정에 의하여 위와 같이 등록하였음을 증명합니다.

-위반하기 쉬운사항-
※ 위반시 과태료 처분(뒷면 기재 참조)
　ㅇ 주소 및 사업장 소재지 변경 15일 이내
　ㅇ 정기검사 만료일 전후 15일 이내
　ㅇ 책임 보험료 가입 만료일 이전 이내 가입(100만원 이하 과태료)
　ㅇ 말소 등록.폐차일로 부터 30일 이내(50만원 이하 과태료)

2016 년 01 월 04 일

## 양 주 시 장

---

### 1. 제원

| ⑫형식승인번호 | A04-1-00007-0035-1315 | | |
|---|---|---|---|
| ⑬길 이 | 4885mm | ⑭너 비 | 1860mm |
| ⑮높 이 | 1485mm | ⑯총 중 량 | 1740kgf |
| ⑰배 기 량 | 1998cc | ⑱정격 출력 | 141/6000ps/rpm |
| ⑲승차 정원 | 5 명 | ⑳최대적재량 | 0kgf |
| ㉑기 통 수 | 4기통 | ㉒연료의종류 | 휘발유(무연)<br>(연비 12.6km/L) |

### 2. 등록 번호판 교부 및 봉인

| ㉓구 분 | ㉔번호판교부일 | ㉕봉인일 | ㉖교부대행자확인 |
|---|---|---|---|
| | | | |
| | | | |

### 2. 저당권 등록

| ㉗구분(설정 또는 말소) | ㉘ 일 자 |
|---|---|
| | |

※ 기타 저당권 등록의 내용은 자동차 등록원부를 열람확인 하시기 바랍니다.
※ 비고

### 4. 검사 유효기간

| ㉙연 월 일<br>부 터 | ㉚연 월 일<br>까 지 | ㉛검 사<br>시행장소 | ㉜주행<br>거리 | ㉝검사<br>책임자확인 |
|---|---|---|---|---|
| 2016-01-04 | 2020-01-13 | | | |
| | | | | |
| | | | | |
| | | | | |
| | | | | |
| | | | | |

※ 주의사항 : ㉙항 첫째란에는 신규 등록일을 기재합니다.

## 엔진 4. 점화코일 1차 파형 분석

주어진 자동차의 엔진에서 점화코일의 1차 파형을 측정하고 그 결과를 분석하여 출력물에 기록·판정하시오.(측정조건 : 공회전 상태)

### 시험장에서는

파형의 측정 중에 가장 기본이 되고 많이 출제되었던 문제 중에 하나이다. 그전에는 오실로스코프를 이용한 측정이었으나 근래에는 국산 스캐너, 엔진 튠업 장비 등 자동차 테스터기가 많이 개발되어 시험장에서 사용이 늘어나고 있는 추세이다. 튠업용 차량이나 실제 차량이 놓여 있고 테스터기가 있으며, 스캐너 같은 경우는 본인이 작동하도록 하고 있지만 튠업용 장비일 경우에는 측정하는 방법을 알고 있는지 확인하고 측정하도록 하고 있다. 혹여나 장비를 만져 보지도 못한 수검자가 측정기기를 고장 내는 것을 방지하기 위함이다. 시험장으로 사용하고 나면 고장이 나는 장비 등이 많아서 고생을 하고 있다. 측정법을 확실히 숙지하기 바란다.

1. 점화코일 + 단자에서 측정

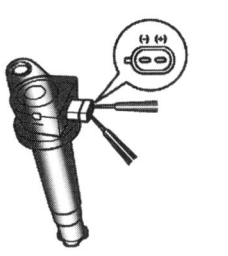

테스트 리드를 점화코일 +단자에 찍어서 1차 파형을 점검한다.

2. 점화 1차 파형 측정-DLS

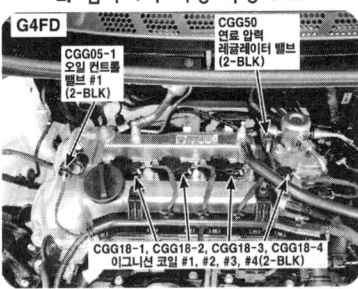

DLS 방식에서는 각 실린더마다 점화 코일이 있으므로 4채널로 측정한다.

3. Hi-DS 시험 준비 모습

컴퓨터와 모니터가 켜져 있는 상태이고 테스터 리드를 준비하여 놓았다.

## 1  답안지 작성법

### (1) 오일 간극이 클 때

▶ 엔진 4. 점화 코일 1차 파형 분석
  자동차 번호 :

| 측정 항목 | 파형 상태 | 비번호 | | 감독위원 확 인 | | 득 점 |
|---|---|---|---|---|---|---|

| 측정 항목 | 파형 상태 | 득 점 |
|---|---|---|
| 파형 측정 | ① **점화 시간** : 점화 플러그에서 불꽃이 지속되는 구간으로 플러그의 간극, 압축비, 플러그 전극의 오염 상태에 따라 달라진다. 약 1.5ms가 정상이나, 4번 실린더만 지속시간이 적으므로 플러그 간극이 크기 때문에 에너지가 금방 소멸된다.<br>② **점화 전압** : 1차 코일 에너지로 전압으로 약 30~40V 이며, 4번 실린더의 점화 전압만 유독 높으므로 플러그 간극이 큰 것으로 예상된다.<br>③ **피크 전압** : 점화 1차 코일에서 발생하는 자기유도 전압(역 기전력)의 크기이며 약 300~400V가 정상이며, 4번 실린더만 334.57V로 플러그 간극이 크기에 역기전력이 크게 나타난다.<br>④ **결론** : 4번 플러그 간극이 넓은 것으로 확인요망. | |

1) **비번호** : 비번호는 공단직원이 주는 등번호를 수검자가 기록한다.
2) **감독위원 확인** : 감독위원 확인란은 감독위원이 채점한 후에 도장을 찍는 부분으로 수검자는 기록하지 않는다.
3) **파형 상태** : 파형 상태란은 수검자가 감독위원의 지시에 따라 스캐너나 튠업 테스터기로 측정한 파형을 프린터로 출력하여 고장 부분 및 각 부분을 출력물에 직접 기록 설명하고 파형의 상태를 결론으로 정리한다.
4) **득점** : 득점은 감독위원이 채점을 하고 점수를 기록하는 부분으로 수검자는 기록하지 않는다.
5) **자동차 번호** : 측정하는 자동차의 번호를 수검자가 기록한다.

## (2) 첨부된 출력물

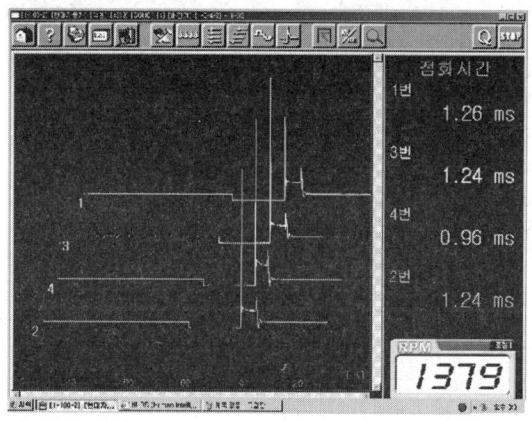

① 점화 시간
점화 플러그에서 불꽃이 지속되는 구간으로 플러그의 간극, 압축비, 플러그의 전극의 오염 상태에 따라 달라진다. 약 1.5ms가 정상이나. 4번 실린더만 지속시간이 적으므로 플러그 간극이 크기 때문에 에너지가 금방 소멸된다.

② 점화 전압
1차 코일 에너지가 전압으로 약 30~40V 이며, 4번 실린더의 점화 전압만 유독 높으므로 플러그 간극이 큰 것으로 예상된다.

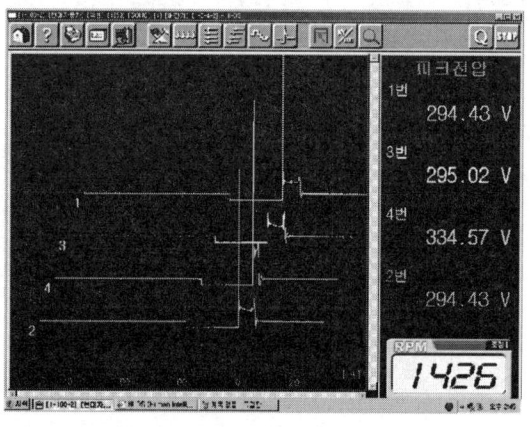

③ 피크 전압 점화 1차 코일에서 발생하는 자기유도 전압(역기전력)의 크기이며 약 300~400V가 정상이며, 4번 실린더만 334.57V로 플러그 간극이 크기에 역기전력이 크게 나타난다.

## 2 관계 지식

### (1) 점화 1차 파형의 분석

ⓐ **(파워 TR ON)** : 기계식 점화장치에서 단속기 접점이 열리는 순간 또는 전자제어식 점화장치에서 파워 트랜지스터가 ON되는 순간을 나타낸다.

ⓑ **(파워 TR OFF)** : 기계식 점화장치에서 단속기 접점이 열리는 순간 또는 전자제어식 점화장치에서 파워 트랜지스터가 OFF되는 순간을 나타낸다. 점화 1차 코일의 자기 유도 작용에 의해 300~400V 까지 역기전력이 발생된다.

ⓒ **(피크 전압)** : 점화 플러그의 방전이 발생하는 최대 점화 전압(피크 전압)으로 점화 라인이라 한다. 점화 라인의 높이는 불꽃을 발생하기에 필요한 점화 코일의 출력 전압을 나타낸다.

ⓓ **(점화 시간)** : 방전 시간으로 불꽃 지속 기간 또는 스파크 라인으로 불꽃이 지속되는 구간이다. 일반적으로 1.0~2.0ms의 시간이 소요된다. 점화 코일에는 소량의 에너지가 남아 있어서 끝나는 구간에서 감쇄 진동을 하면서 사라진다.

ⓔ **(점화 전압)** : 2차 전압의 방전 전압으로 약 1.2~2.0kV가 정상이다. 플러그의 간극, 압축비, 플러그 팁의 오염상태에 따라 달라진다.

ⓕ **(드웰 시간)** : 1차회로 차단으로 1차 전압이 0V를 나타내며 회전하는 각(회전하는 시간)이다.

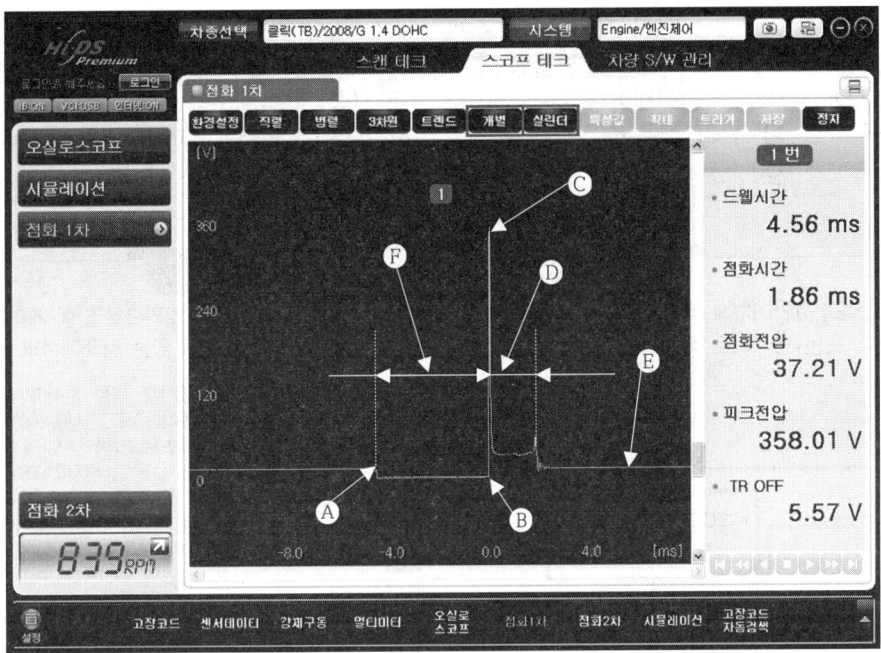

## (2) 1차 파형 측정 위치

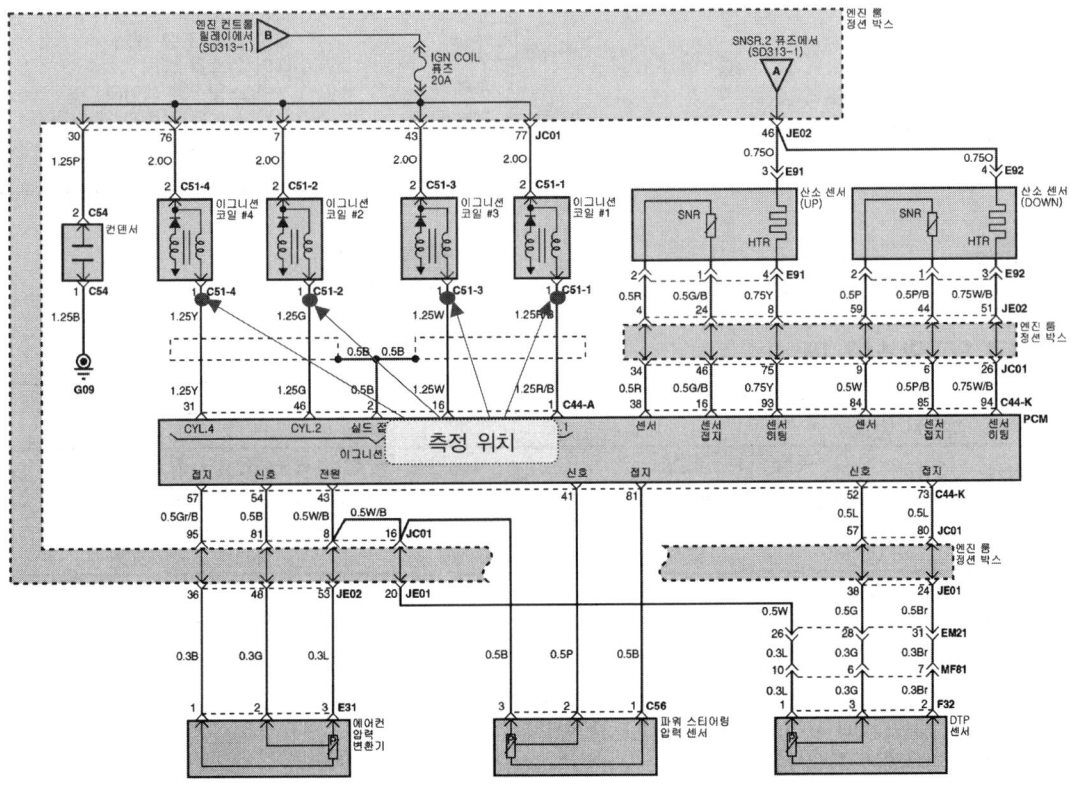

▲ 점화 1차 파형 측정 위치 - 104(NF 쏘나타 2.0-2010)

## 엔진 5 — 디젤 엔진 연료 압력(고압) 점검

**12안 산업기사**

주어진 전자제어 디젤 엔진에서 연료 압력 조절 밸브를 탈거한 후(감독위원에게 확인), 다시 부착하여 시동을 걸고 공회전시 연료 압력을 점검하여 기록표에 기록하시오.

### 시험장에서는

연료 압력이 고압이기에 수검자가 게이지를 설치하기 위하여 사전 작업에 시간이 걸리므로 압력 게이지를 설치하여 놓고 있다. 또는 스캐너로 레일 압력을 측정하는 경우도 있다. 반드시 시동이 걸려 있는 상태에서의 측정이다.

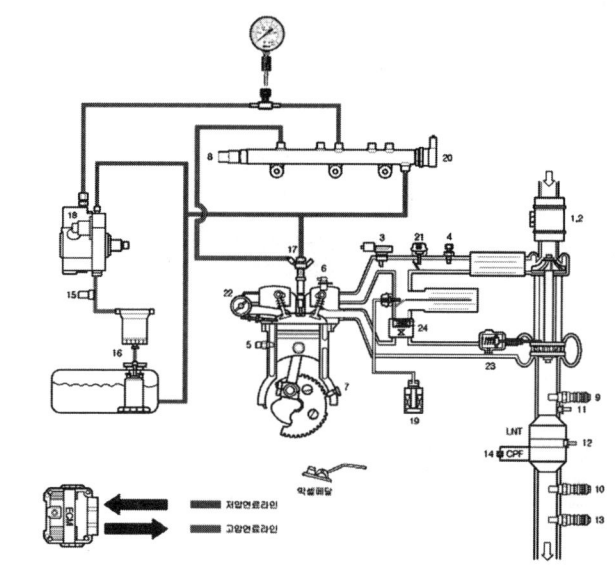

A. 공기량 측정 센서(MAFS)
B. 흡기 온도 센서(IATS) #1
C. 부스트 압력 센서(BPS)
D. 흡기 온도 센서(IATS) #2
E. 냉각 수온 센서(ECTS)
F. 캠 샤프트 포지션 센서(CMPS)
G. 크랭크샤프트 포지션 센서(CKPS)
H. 레일 압력 센서(RPS)
I. 람다 센서
J. 배기가스 온도 센서

K. 연료 온도 센서(FTS)
L. 연료 수분 감지 센서
M. 인젝터
N. 연료 압력 조절 밸브
O. EGR 쿨러 바이패스 솔레노이드 밸브
P. 레일 압력 조절 밸브
Q. 에어 컨트롤 밸브
R. 가변 스월 액추에이터
S. 전자식 VGT 컨트롤 액추에이터
T. 전자식 EGR 컨트롤 밸브

동영상

## 1 답안지 작성법

### (1) 연료 압력이 낮을 때

▶ 엔진 5. 전자제어 디젤엔진 점검
  자동차 번호 :

| 비번호 | | 감독위원 확 인 | |
|---|---|---|---|

| 측정항목 | ① 측정(또는 점검) || ② 판정 및 정비(또는 조치)사항 || 득 점 |
|---|---|---|---|---|---|
| | 측정값 | 규정(정비한계)값 | 판정(□에 '✔'표) | 정비 및 조치할 사항 | |
| 연료 압력 (고압) | 212bar/ 834rpm | 260~280 bar/ 830rpm | □ 양 호<br>☑ 불 량 | 연료 압력 조절 밸브가 열린 상태로 고장-교환 | |

1) **비번호** : 비번호는 공단직원이 주는 등번호를 수검자가 기록한다.
2) **감독위원 확인** : 감독위원 확인란은 감독위원이 채점한 후에 도장을 찍는 부분으로 수검자는 기록하지 않는다.
3) **① 측정(또는 점검)** : 측정값은 수검자가 측정한 연료 압력의 값을 기록하고, 규정(정비한계)값은 감독관이 주어진 값이나 또는 정비지침서를 보고 기록한다.(반드시 단위를 기입한다)
   • 측정값 : 212 bar/834rpm   • 규정(정비한계)값 : 260~280 bar/830rpm
4) **② 판정 및 정비(또는 조치)사항** : 판정은 수검자가 측정한 값과 규정(정비한계)값을 비교하여 범위 내에 있으면 양호, 벗어나면 불량에 ✔ 표시를 하며, 정비 및 조치할 사항 란에는 고장원인과 정비할 사항을 기록한다.
   • 판정 : • 양호 : 규정(한계)값 이내에 있을 때   • 불량 : 규정(한계)값을 벗어났을 때,
   • 정비 및 조치할 사항 : 연료 압력 조절 밸브가 열린 상태로 고장 – 교환
5) **득점** : 득점은 감독위원이 채점을 하고 점수를 기록하는 부분으로 수검자는 기록하지 않는다.
6) **자동차 번호** : 측정하는 자동차 번호를 수검자가 기록한다.

■ 차종별 규정값 (현대)

| 항목<br>차종 | 엔진형식 | 배기량(cc) | 연료압력(bar) | | 공전속도(rpm) |
|---|---|---|---|---|---|
| | | | 고압 | 레일 압력(RPS) | |
| 아반떼 XD (2006) | D4FA-디젤1.5 | 1,493 | 1,350 | 270 | 830 |
| 싼타페(2012) | D4EB-디젤2.2 | 2,188 | 1,800 | 220~320 | 790±100 |
| 트라제 XG, 카렌스(2007) | D-2.0 | 1,979 | 1,350 | 220~320 | 750±30 |
| 포터 2(2.5 TCI-A)(2010) | D4BH-디젤2.5 | 2,497 | 1,600 | 220~320 | - |
| 테라칸, 카니발2(2006) | KJ-2.9 | 2,903 | 1,600 | 1,350/1,700rpm | 800 |

## (2) 연료 압력이 높을 때

➡ 엔진 5. 전자제어 디젤엔진 점검
    자동차 번호 :

| 측정항목 | ① 측정(또는 점검) | | ② 판정 및 정비(또는 조치)사항 | | 득점 |
|---|---|---|---|---|---|
| | 측정값 | 규정(정비한계)값 | 판정(□에 '✔' 표) | 정비 및 조치할 사항 | |
| 연료 압력<br>(고압) | 320bar/<br>834rpm | 260~280 bar/<br>830rpm | □ 양 호<br>☑ 불 량 | 연료 압력 조절 밸브<br>커넥터 탈거 | |

비번호 :           감독위원 확인 :

## (3) 연료 압력이 정상일 때

➡ 엔진 5. 전자제어 디젤엔진 점검
    자동차 번호 :

| 측정항목 | ① 측정(또는 점검) | | ② 판정 및 정비(또는 조치)사항 | | 득점 |
|---|---|---|---|---|---|
| | 측정값 | 규정(정비한계)값 | 판정(□에 '✔' 표) | 정비 및 조치할 사항 | |
| 연료 압력<br>(고압) | 262.2 bar/<br>834rpm | 260~280 bar/<br>830rpm | ☑ 양 호<br>□ 불 량 | 정비 및 조치사항 없음. | |

비번호 :           감독위원 확인 :

## 2  관계 지식

### (1) 연료 압력이 낮을 때
① 연료 압력 조절 밸브가 열린 상태로 고장
② 레일 압력 센서 전원, 제어선 단선
③ 레일 압력 센서 낮은 전압으로 설정(ECU 고장)
④ 레일 압력 센서 커넥터 탈거

### (2) 연료압력이 높을 때
① 연료 압력 조절 밸브가 닫힌 상태로 고장
② 연료 압력 조절 밸브 커넥터 탈거
③ 연료 압력 조절 밸브 전원, 제어선 단선
④ 레일 압력 센서 커넥터 탈거
⑤ 레일 압력 센서 전원, 제어선 단선
⑥ 연료 리턴 파이프의 굴곡, 막힘

### (3) 연료 압력 조절 밸브 위치

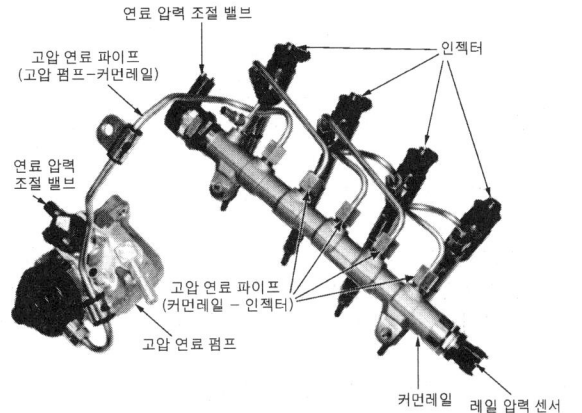

▲ 연료 압력 조절 밸브(아반떼 AD -2016 1.6 TCI U2)

## 섀시 2. 캐스터 & 토(Toe)의 점검

**12안 산업기사**

주어진 자동차에서 휠 얼라인먼트 시험기로 캐스터와 토(toe) 값을 측정하여 기록표에 기록한 후 타이로드 엔드를 교환하여 토(toe)가 규정값이 되도록 조정하시오.

### 시험장에서는

휠 얼라인먼트를 측정하는 것은 매우 조심스럽다. 특히 센서를 바퀴에 부착할 경우이다. 그래서 시험장에서 아예 센서를 바퀴에 설치하여 놓고 있으며 수검자는 모니터에서 마우스로 측정할 수만 있게 하였다. 물론 조정을 하는 차량은 별도로 준비하여 놓고 있다. 테스터기를 많이 조작하여 보아야 하겠지만 일반 교육기관에서도 쉽게 접하지는 못하고 있는 실정이다. 사용 설명서를 보고 확실히 숙지하고 기회가 있을 때 실제로 만져보아야 하겠다.

아직도 일부 시험장에서는 포터블 게이지로 측정하는 곳도 있다.

1. 헤스본 휠 얼라인먼트 모습　　2. 초기 화면 모습　　3. 런 아웃 보정 전 모니터 모습

  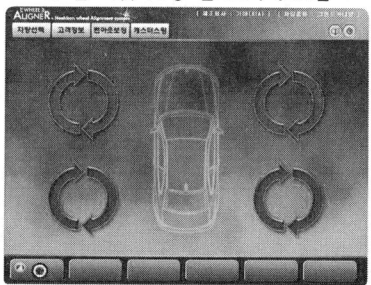

그 전에는 포터블 측정기를 이용한 측정을 많이 하였으나 요즘에는 휠 얼라인먼트를 이용하여 수검을 하고 있어서 가장 어려운 문제 중에 하나이다. 현장에서 전문점이 아니면 만져보기 힘든 테스터기이기 때문이다. 방법은 휠 얼라인먼트를 보유한 타 교육기관이나 전문점에서 공부하는 수밖에 없다.

## 1  답안지 작성법

### (1) 캐스터가 크고 토가 안쪽으로 클 때(맥퍼슨 타입일 때)

▶ 섀시 2. 휠 얼라인먼트 점검

자동차 번호 :

| 측정 항목 | ① 측정(또는 점검) | | ② 판정 및 정비(또는 조치)사항 | | 득점 |
|---|---|---|---|---|---|
| | 측정값 | 규정(정비한계)값 | 판정(□에 '✔'표) | 정비 및 조치할 사항 | |
| 캐스터 | 5° | 1.75° ± 0.5° | □ 양　호<br>☑ 불　량 | 캐스터 조정은 불가능하고 타이로드의 길이를 양쪽에서 짧게 하여 8mm씩 조정 | |
| 토(toe) | in 16mm | 0 ± 3mm | | | |

비번호 :　　감독위원 확인 :

1) **비번호** : 비번호는 공단직원이 주는 등번호를 수검자가 기록한다.
2) **감독위원 확인** : 감독위원 확인란은 감독위원이 채점한 후에 도장을 찍는 부분으로 수검자는 기록하지 않는다.
3) **① 측정(또는 점검)** : 측정값은 수검자가 측정한 사이드슬립의 값으로 기록하고, 규정(정비한계)값은 검사기준 값을 기록한다.(반드시 단위를 기록한다)
　　• 측정값 :·캐스터 : 5°　　　　·토 : in 16mm
　　• 규정(정비한계)값 :·캐스터 : 1.75 ± 0.5°　　·토 : 0 ± 3mm
4) **② 판정 및 정비(또는 조치)사항** : 판정은 수검자가 측정한 값과 규정(정비한계) 값을 비교하여 범위 내에 있으면 양호, 벗어나면 불량에 ✔ 표시를 하며, 정비 및 조치 사항 란에는 고장원인과 정비할 사항을 기록한다.
　　• 판정 :·양호 - 규정(정비한계) 값 이내에 있을 때　　·불량 : 규정(정비한계) 값을 벗어났을 때
　　• 정비 및 조치할 사항 : 양호하면 정비 및 조치할 사항 없음으로, 불량일 경우 고장원인과 정비방법을 기록한다.

5) **득점** : 득점은 감독위원이 채점을 하고 점수를 기록하는 부분으로 수검자는 기록하지 않는다.
6) **자동차 번호** : 측정하는 자동차 번호를 수검자가 기록한다.

## (2) 캐스터와 토가 정상일 때

▣ 섀시 2. 휠 얼라인먼트 점검
자동차 번호 :

| 측정 항목 | ① 측정(또는 점검) | | ② 판정 및 정비(또는 조치)사항 | | 득점 |
|---|---|---|---|---|---|
| | 측정값 | 규정(정비한계)값 | 판정(□에 '✔'표) | 정비 및 조치할 사항 | |
| 캐스터 | 1° | 1.75°± 0.5° | ☑ 양 호<br>□ 불 량 | 정비 및 조치사항 없음 | |
| 토(toe) | in 2mm | 0 ± 3mm | | | |

비번호 : 　　　　감독위원 확인 :

■ 차종별 캐스터, 토우 규정값(상 : 전륜, 하 : 후륜)

| 차종 | 캐스터(도) | 토우(mm) | 차종 | 캐스터(도) | 토우(mm) | 차종 | 캐스터(도) | 토우(mm) |
|---|---|---|---|---|---|---|---|---|
| 그랜저 TG | 4.83±0.75 | 0±2 | 싼타모(2WD) | 2.17±0.7 | 0±3 | 클릭 | 1.90±0.5 | 0±2 |
| | | 2±2 | | | 2-2+3 | | | 2±2 |
| 그랜저 XG | 2.7±1 | 0±2 | 싼타모(4WD) | 2.08±0.7 | 0±3 | 클릭(파워) | 2.40±0.5 | 0±2 |
| | | 2±2 | | | 2-2+3 | | | 2±2 |
| 뉴그랜저 | 2.75±0.5 | 0±3 | 싼타페 | 2.5±0.5 | (-)2±2 | 투스카니 | 2.97±0.5 | 0±2 |
| | | 0-2+3 | | | 0±2 | | | 1±2 |
| 다이너스티 | 2.75±0.5 | 0±3 | 아반떼 | 2.35±0.5 | 0±3 | 투싼 | 3.35±0.5 | 0±2 |
| | | 0±2 | | | 5-1+3 | | | 5,6±2 |
| 라비타 | 2.78±0.5 | 0±2 | 아반떼XD | 2.82±0.5 | 0±2 | 트라제XG | 2.95±0.5 | 0±3 |
| | | 1±2 | | | 1±2 | | | 3±3 |
| 마르샤 | 2.7±0.5 | 0±3 | 아토즈 | 2.73±0.5 | 2±3 | 티뷰론 | 2.35±0.5 | 0±3 |
| | | 1±2/3 | | | 0±3 | | | 5±2 |
| 베르나 | 1.75±0.5 | 0±3 | 에쿠스 | 3.5±0.5 | 0±3 | EF쏘나타 | 2.7±1 | 0±2 |
| | | 3±2 | | | 3±2 | | | 2±2 |
| 쏘나타Ⅱ | 2.75±0.5 | 0±3 | 엑센트 | 2.16±0.5 | 0±3 | NF쏘나타 | 4.83±1 | 0±2 |
| | | 0-2+3 | | | 5-1+3 | | | 2±2 |

## (3) 캐스터가 작고 토가 바깥쪽으로 클 때(위시본 타입일 때)

▣ 섀시 2. 휠 얼라인먼트 점검
자동차 번호 :

| 측정 항목 | ① 측정(또는 점검) | | ② 판정 및 정비(또는 조치)사항 | | 득점 |
|---|---|---|---|---|---|
| | 측정값 | 규정(정비한계)값 | 판정(□에 '✔'표) | 정비 및 조치할 사항 | |
| 캐스터 | 0° | 1.75° ± 0.5° | □ 양 호<br>☑ 불 량 | • 캐스터 조정 : 앞에 심을 빼서 뒤쪽으로 넣어서 규정값으로 조정<br>• 토 조정 : 타이로드의 길이를 양쪽에서 짧게 하여 5mm씩 조정 | |
| 토(toe) | in 10mm | 0 ± 3mm | | | |

비번호 : 　　　　감독위원 확인 :

## 2 관계 지식

### (1) 위시본 타입의 조정방법

① 이너 샤프트의 너트를 조금 풀고 그림에서 심을 A에서 빼내어 B에 넣거나 B에서 빼내어 A에 넣는다.
② B(앞)에서 빼내어 A(뒤)에 넣는다. : +(정)의 캐스터가 된다.
③ A(뒤)에서 빼내어 B(앞)에 넣는다. : -(부)의 캐스터가 된다.

## (2) 휠 얼라인먼트를 이용한 측정법

**01 리프트 업하는 모습**

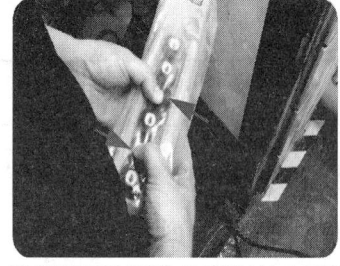

차를 리프트에 올려놓고 앞뒤 상승 보턴을 동시에 눌러서 올린다.

**02 휠 클램프에 센서 헤드 설치모습**

4바퀴에 휠 클램프를 설치하고 센서 헤드를 설치한다.

**03 바탕화면에서 홀더 클릭 모습**

바탕화면에서 HA-710(헤스본 무선타입) 더블 클릭한다.

**04 제작사와 차종선택 모습**

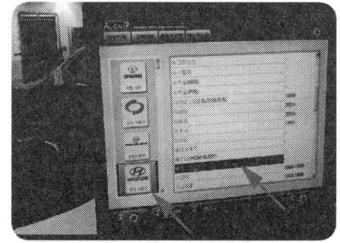

측정 차량(현대 자동차 뉴 베르나(LC)를 선택한 후 다음(F6)을 누른다.

**05 고객 정보 화면모습**

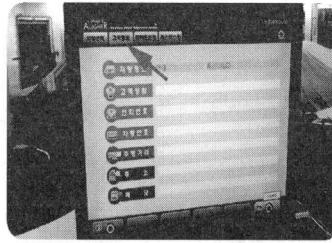

고객 정보창에서 무시하고 다음(F6)을 누른다.

**06 런 아웃 보정 화면 모습**

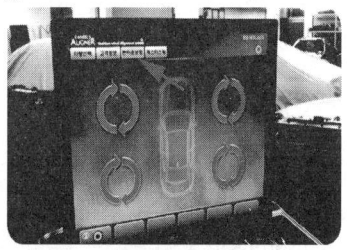

런 아웃을 클릭하면 네 바퀴에 세팅이 되지 않았다고 붉게 표시된다.

**07 수평을 세팅하는 모습**

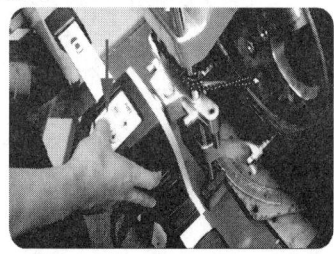

센서가 수평이 되도록(녹색 램프 점등)하고 "OK"버튼을 누른다.

**08 운전석 반쪽만 보정된 모습**

나머지 반쪽은 바퀴를 180도 돌려서 수평 맞추고 "OK"버튼을 누른다.

**09 런 아웃 진행 중 모습**

앞 운전석과 뒤 동승석 바퀴에 런 아웃이 세팅된 모습이다.

**10 모든 바퀴 보정된 모습**

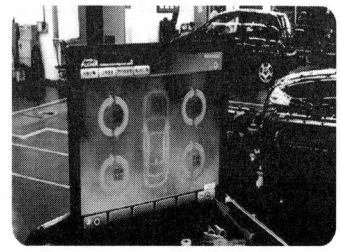

4바퀴 모두가 런 아웃이 보정되면 녹색으로 변한다. 다음을 누른다.

**11 캐스터 스윙 세팅 모드 모습**

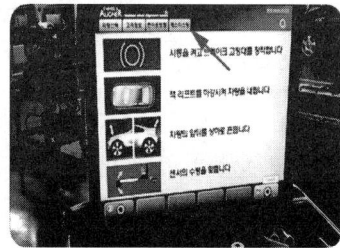

캐스터 스윙에서 4가지를 순서대로 진행한다.

**12 고정대로 브레이크 페달 누른 모습**

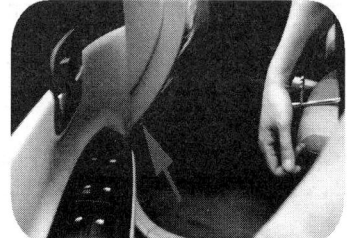

브레이크 고정대로 브레이크 페달을 눌러서 바퀴를 고정한다.

**⑬ 리프트 하강 시키는 모습**

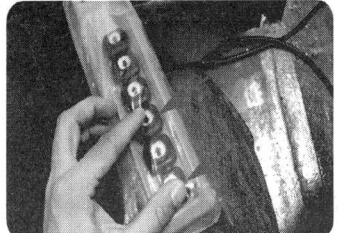

보정을 마치면 리프트를 앞뒤 동시에 하강시킨다.

**⑭ 턴테이블 고정 핀 분리한 모습**

턴테이블 고정 핀을 뽑아서 턴테이블을 자유롭게 한다.

**⑮ 전후를 상하로 흔드는 모습**

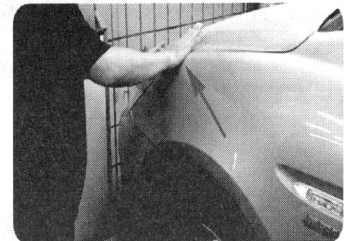

차량의 전, 후면을 상하로 여러 번 눌러서 조향링키지 상태를 세팅한다.

**⑯ 수평을 다시 맞추는 모습**

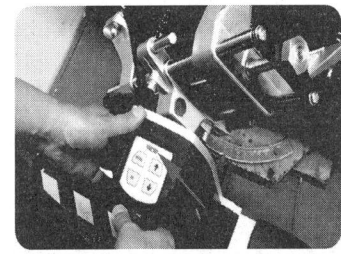

4바퀴 수평을 다시 맞춘다. 이때는 "OK"를 누르지 않고 노브 고정한다.

**⑰ 직진 조향에서 세팅하는 모습**

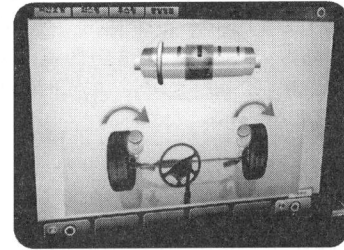

직진 조향에서 핸들을 좌우로 돌려서 "OK"가 되도록 맞춘다.

**⑱ 직진 조향에서 세팅된 모습**

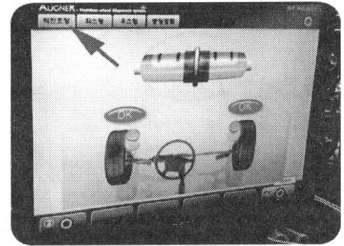

직진 조향에서 핸들을 좌우로 돌려서 "OK"가 되도록 맞춘다.

**⑲ 좌 스윙 세팅하는 모습**

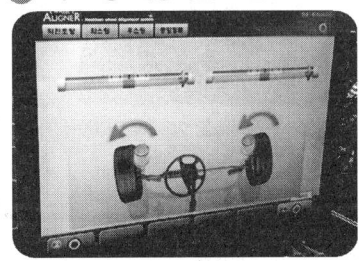

좌 스윙 세팅 위치에서 핸들을 좌우로 돌려서 "OK"가 되도록 맞춘다.

**⑳ 좌 스윙 세팅된 모습**

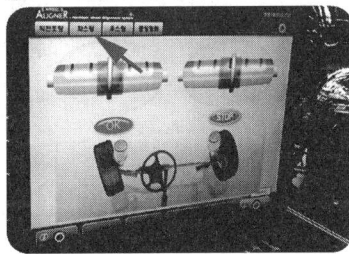

좌 스윙 세팅 위치에서 핸들을 좌우로 돌려서 "OK"가 되도록 맞춘다.

**㉑ 우 스윙 세팅된 모습**

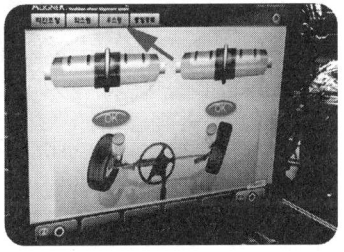

우 스윙 세팅 위치에서 핸들을 좌우로 돌려서 "OK"가 되도록 맞춘다.

**㉒ 중앙 정렬 세팅된 모습**

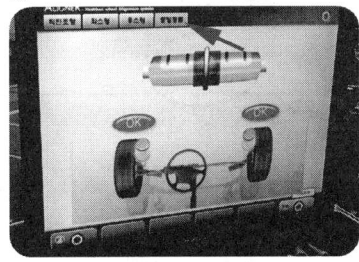

중앙 정렬에서 핸들을 좌우로 돌려서 "OK"가 되도록 맞춘다.

**㉓ 측정 결과 표시된 모습**

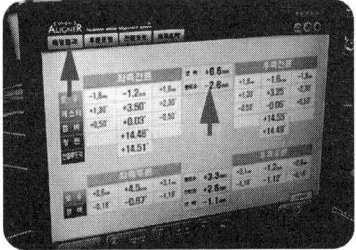

화면에 전륜과 후륜의 휠 얼라인먼트 측정값이 표시된다.

**㉔ 결과 요약 표시된 모습**

화면에 전륜과 후륜의 휠 얼라인먼트 결과가 요약된 측정값이 표시된다.

## 12안 산업기사 — 섀시 4 — 제동력 측정

3항 작업 자동차에서 감독위원의 지시에 따라 전(앞) 또는 후(뒤) 제동력을 측정하여 기록표에 기록하시오.

### 시험장에서는

감독관으로부터 답안지를 받아들고 제동력 테스터기로 가면 A4 용지에 축중이 제시되어 있는 경우가 대부분이다. 또한 도와줄 보조원이 기다리고 있다. 보조원은 대부분 그곳의 학생으로 자격증 취득자이거나 테스터기를 능수능란하게 다룰 수 있는 학생이다. 제동력 측정을 혼자는 할 수 없고 수검자가 운전이 불가능할 경우가 있기 때문에 보조원을 두고 있다. 보조원은 시동을 걸어 놓고 운전석에 앉아서 수검자가 지시를 내려 주기만을 기다리고 있다. 수검자는 테스터기를 세팅하고 보조원에게 차량을 진입하도록 "출발하세요"라고 지시하고 답판 위에 측정축의 바퀴가 오면 "정지"하고 측정 버튼을 누르면 리프트가 하강하면서 롤러가 회전한다. 보조원에게 "브레이크 밟으세요." 하고 지침이 최대로 올랐을 때 푸시 버튼을 눌러 눈금을 읽는다. 주어진 축중과 좌우 측정값을 기록하고 리프트를 올린 후 계산하여 답안지를 작성하여 제출한다.

1. 제동력 측정기 설치된 실습장 모습

시험 준비 중인 모습이다. 깨끗하게 청소가 되어 있고 주변에 정돈된 모습이 청량한 마음을 준다.

2. 제동력 측정기 답판 위에 진입한 모습

후륜 측정을 하기 위해 제동력 테스터기 답판 위에 뒷바퀴가 올라간 상태이다.

3. 제동력 측정 중인 화면

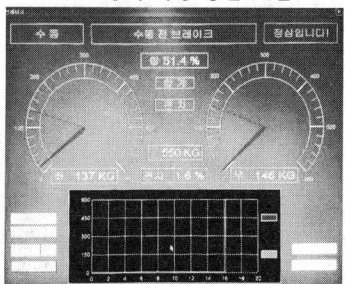

보조원이 브레이크를 밟으면서 제동력 지침이 올라가고 있는 상태다.

## 1  답안지 작성법

동영상     동영상

### (1) 제동력 합과 편차가 불량일 때

▶ 섀시 4. 제동력 점검
자동차 번호 :

| 비 번호 | | | | 감독위원 확 인 | |

| 위 치 | ① 측정(또는 점검) | | | ② 판정 및 정비(또는 조치)사항 | | | 득점 |
|---|---|---|---|---|---|---|---|
| | 구분 | 측정값 | 기준값 (□에 '✔'표) | 산출근거 | | 판정 (□에 '✔'표) | |
| 제동력 위치 (□에 '✔'표) ☑ 앞 □ 뒤 | 좌 | 80kg | ☑ 앞 □ 뒤  축중의 | 편차 | 편차 $= \dfrac{230-80}{882} \times 100 = 17.0\%$ | □ 양 호 ☑ 불 량 | |
| | 우 | 230kg | 제동력 편차  8% 이하 <br> 제동력 합  50% 이상 | 합 | 합 $= \dfrac{230+80}{882} \times 100 = 35.1\%$ | | |

※ 측정 위치는 감독위원이 지정하는 위치에 □에 '✔' 표시합니다.
※ 자동차 검사기준 및 방법에 의하여 기록 판정합니다.
※ 측정값의 단위는 시험장비 기준으로 작성합니다.
※ 산출근거에는 단위를 기록하지 않아도 됩니다.

1) **비번호** : 비번호는 공단직원이 주는 등번호를 수검자가 기록한다.
2) **감독위원 확인** : 감독위원 확인란은 감독위원이 채점한 후에 도장을 찍는 부분으로 수검자는 기록하지 않는다.
3) **위치** : 위치는 감독위원이 지정하는 곳에 ✔ 표시를 한다.
4) **측정값** : 측정값 란은 수검자가 제동력을 측정한 값을 기록한다.
   • 좌 : 80kg        • 우 : 230kg
5) **기준값** : 기준값은 기준이 되는 축에 ✔ 표시를 하고 검사 기준값을 기록한다.
   • 앞 : ☑        • 편차 : 8% 이하        • 제동력 합 : 50% 이상
6) **산출 근거** : 계산공식에 넣어서 산출하는 계산식을 기입한다.
   ※ 계산법 : • 좌,우제동력의 편차 = $\dfrac{좌,우제동력의\ 합}{해당\ 축중} \times 100 = \dfrac{230-80}{882} \times 100 = 17.0\%$

   • 좌,우제동력의 합 = $\dfrac{좌,우제동력의\ 편차}{해당\ 축중} \times 100 = \dfrac{230+80}{882} \times 100 = 35.1\%$

   • 축중은 K5 2.0(MX) 가솔린 공차중량(1,470)의 60%(882kg)으로 계산함.
7) **판정** : 판정은 측정한 값과 검사기준 값을 비교하여 범위 안에 들면 양호에, 범위를 벗어나면 불량에 ✔ 표시를 한다.
   • 판정 : • 양호 : 측정한 값이 검사기준 값(제동력 합 50% 이상, 편차 8% 이하)의 범위에 있을 때
            • 불량 : 측정한 값이 검사기준 값(제동력 합 50% 이상, 편차 8% 이하)의 범위를 벗어났을 때
8) **득점** : 득점은 감독위원이 채점을 하고 점수를 기록하는 부분으로 수검자는 기록하지 않는다.
9) **자동차 번호** : 측정하는 자동차 번호를 수검자가 기록한다.

■ **기아 차종별 중량 기준값**

| 항목 \ 차종 | | 2.0LPI | 2.0(MX) | 2.0(SX) | 1.7(MX) | 1.7(SX) | 1.6 T-GDI | 2.0 T-GDI |
|---|---|---|---|---|---|---|---|---|
| 엔진형식-연료 | | 누우 2.0 LPI | I4-가솔린 | I4-가솔린 | U21.7E-VGT | U21.7E-VGT | I4-가솔린 | I-4가솔린 |
| 배기량(CC) | | 1,999 | 1,999 | 1,999 | 1,685 | 1,685 | 1,591 | 1,998 |
| 공차중량(kg) | | 1,440~1,445 | 1,470 | 1,470 | 1,510~1,520 | 1,510~1,520 | 1,465~1,475 | 1,565 |
| 최대 출력(HP) | | 151~153 | 168 | 168 | 141 | 141 | 180 | 245 |
| 최대 토크(kg.m) | | 19.8~20.0 | 20.5 | 20.5 | 34.7 | 34.7 | 27.0 | 36.0 |
| 연비 (km/L) | M/T | 10.1 | — | — | — | — | — | — |
| | A/T | 9.6 | 12.0~12.6 | 12.0~12.6 | 16.5~16.8 | 16.5~16.8 | 13.1~13.4 | 10.8 |
| 축거(mm) | | 2,805 | 2,805 | 2,805 | 2,805 | 2,805 | 2,805 | 2,805 |
| 전륜 제동장치 | | 디스크 | 디스크 | 디스크 | 디스크 | 디스크 | 디스크 | 디스크 |
| 후륜 제동장치 | | 디스크 | 디스크 | 디스크 | 디스크 | 디스크 | 디스크 | 디스크 |

위 표 머리: K 5(2016)

## (2) 제동력 편차는 정상이나 합이 불량일 때

▶ **섀시 4. 제동력 점검**
자동차 번호 :

| 위치 | 구분 | 측정값 | 기준값 (□에 '✔'표) | | 산출근거 | | 판정 (□에 '✔'표) | 득점 |
|---|---|---|---|---|---|---|---|---|
| 제동력 위치 (□에 '✔'표) ☑ 앞 □ 뒤 | 좌 | 100kg | ☑ 앞 축중의 □ 뒤 | 편차 | 편차 = $\dfrac{140-100}{882} \times 100 = 4.5\%$ | | □ 양 호 ☑ 불 량 | |
| | 우 | 140kg | 제동력 편차 8% 이하 | 합 | 합 = $\dfrac{140+100}{882} \times 100 = 27.2\%$ | | | |
| | | | 제동력 합 50% 이상 | | | | | |

상단 구분: ① 측정(또는 점검) / ② 판정 및 정비(또는 조치)사항

※ 측정 위치는 감독위원이 지정하는 위치에 □에 '✔' 표시합니다.
※ 자동차 검사기준 및 방법에 의하여 기록 판정합니다.
※ 측정값의 단위는 시험장비 기준으로 작성합니다.
※ 산출근거에는 단위를 기록하지 않아도 됩니다.

## (3) 제동력 합과 편차가 정상일 때

▶ 섀시 4. 제동력 점검
　　　　　자동차 번호 :

| 비 번호 | | 감독위원 확 인 | |
|---|---|---|---|

| ① 측정(또는 점검) | | | | ② 판정 및 정비(또는 조치)사항 | | | 득점 |
|---|---|---|---|---|---|---|---|
| 위 치 | 구분 | 측정값 | 기준값 (□에 '✔' 표) | | 산출근거 | 판정 (□에 '✔' 표) | |
| 제동력 위치 (□에 '✔' 표) ☑ 앞 □ 뒤 | 좌 | 320kg | ☑ 앞　　축중의 □ 뒤 | 편차 | 편차 $= \dfrac{320-290}{882} \times 100 = 3.4\%$ | ☑ 양 호 □ 불 량 | |
| | 우 | 290kg | 제동력 편차 8% 이하 | 합 | 합 $= \dfrac{320+290}{882} \times 100 = 69.2\%$ | | |
| | | | 제동력 합 50% 이상 | | | | |

※ 측정 위치는 감독위원이 지정하는 위치에 □에 '✔'표시합니다.
※ 자동차 검사기준 및 방법에 의하여 기록 판정합니다.
※ 측정값의 단위는 시험장비 기준으로 작성합니다.
※ 산출근거에는 단위를 기록하지 않아도 됩니다.

## 2  관계 지식

### (1) 제동력 측정 자료 화면

**01 디지털 방식의 모니터 모습**

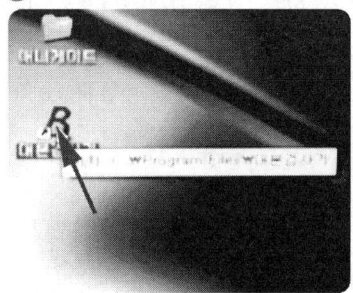

바탕 화면에 대본 검사기라는 폴더를 더블 클릭한다.

**02 시스템 초기화면 모습**

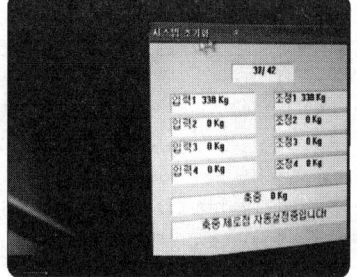

시스템 초기 화면에서 자동 초기화하고 측정항 목 화면으로 넘어간다.

**03 측정 항목 화면 모습**

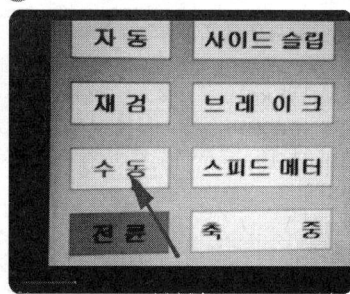

측정 항목 화면에서 수동을 클릭한다.

**04 브레이크 선택 화면 모습**

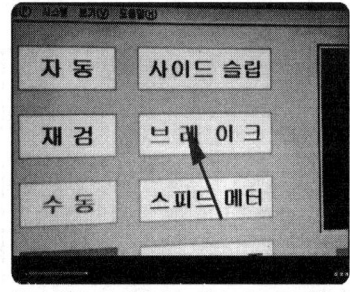

측정 항목 화면에서 브레이크를 클릭한다.

**05 검사 시작 선택 화면 모습**

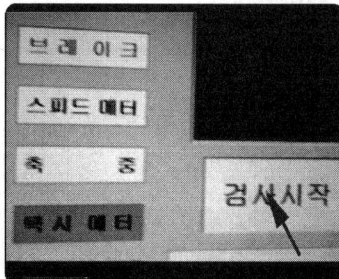

측정 항목 화면에서 브레이크 선택 후 검사 시작을 클릭한다.

**06 전 브레이크 측정 선택 화면 모습**

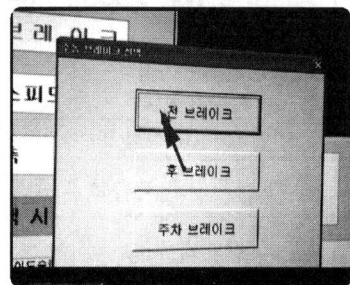

시험위원이 지정하는 위치를 클릭하여 선택한 다.

⑦ 브레이크 선택 화면 모습

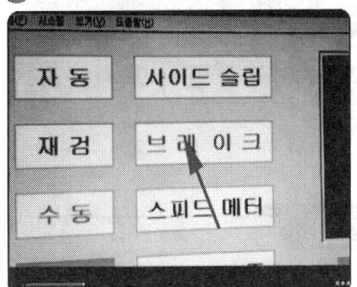

측정 항목 화면에서 브레이크를 클릭한다.

⑧ 상시 판정 선택 화면 모습

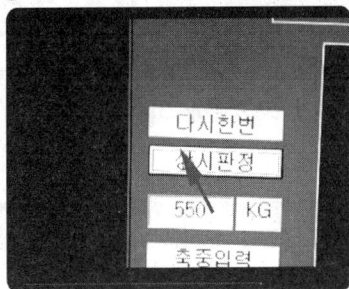

상시 판정을 한번 더 클릭하면 최대 판정으로 변환 된다.

⑨ 최대 판정 선택 화면 모습

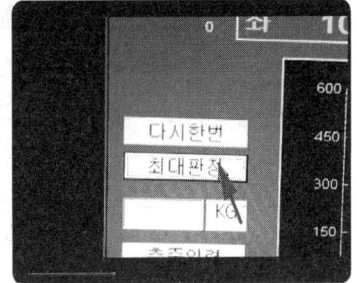

최대 판정으로 선택하여야만 최대값을 지시하여 편리하다.

⑩ 축중 입력 화면 모습

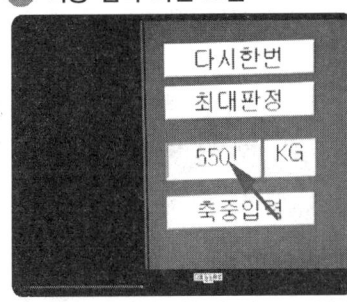

시험위원이 지정하는 축중을 키보드로 입력한다.

⑪ 축중이 입력된 화면 모습

좌우 지시계 사이에 입력한 축중이 표시된다.

⑫ 측정 완료 화면 모습

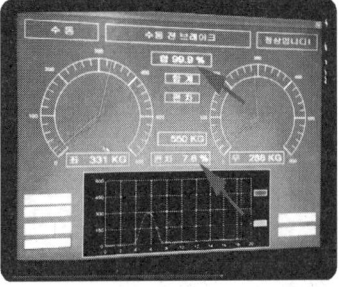

위에 제동력의 합과 아래에 편차가 표시된다.

## 섀시 5 · ABS 자기진단

**12안 산업기사**

주어진 자동차의 ABS에서 자기진단기(스캐너)를 이용하여 각종 센서 및 시스템의 작동 상태를 점검하고 기록표에 기록하시오.

### 시험장에서는

아마 시험장에서 제일 좋은 차량이 아닐까 싶다. 차 옆에는 테스터기가 학생의 책상 위에 놓여 있고, 차량에는 키가 놓여져 있다. 테스터기를 먼저 설치하고 키를 넣어서 "ON" 위치로 한다. 그 상태에서 진단기(스캐너)로 측정하면 친절하게 고장 난 부품들의 명칭을 화면에 나타내 줄 것이다. 그리고 고장의 이유는 직접 그 위치에서 확인하여야 한다. 만약 눈으로 확인이 안 되면 단품 점검으로 들어가서 단품에 문제가 있는지 아니면 선로에 문제가 있는지를 점검하여야 한다. 시험이 끝나고 나면 모든 것을 원위치로 한다. 이때 시험위원이 그대로 두고 가라고 하면 더 이상 만지지 말고 답안지를 작성하여 제출한다. 모든 답안지를 제출할 때도 마찬가지이지만 다시 한 번 기록사항을 확인한다. 비 번호는 기록하였는지, 빈공간은 없는지……

**1. 전좌 휠 스피드 센서 위치**　**2. 전좌 휠 스피드 센서 설치 모습**　**3. 전좌 휠 스피드 센서 커넥터 위치**

  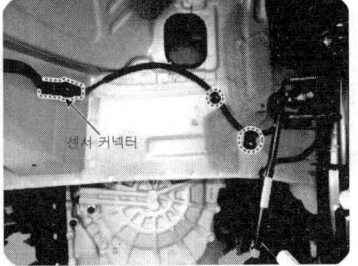

K5 G 2.0(2011) 차량으로 자기진단은 실차에서나 가능하며, 일부 시험장에서는 시뮬레이터로 보고 있는 곳도 있다. 시험장에 속해있는 교육기관의 학생들도 연습을 많이 하였으므로 그동안 만지작거리던 부품들은 반질반질하다. 고장도 현장에서 쉽게 고장 낼 수 있는 부품으로 고장 내는 경우가 대부분이다.

## 1 답안지 작성법

### (1) 앞뒤 좌측 휠 센서 커넥터가 탈거일 때

▶ 섀시 5. ABS 점검
　　작업대 번호 :

| 비 번호 | | 감독위원 확인 | |
|---|---|---|---|

| 점검 항목 | ① 측정(또는 점검) | | ② 판정 및 정비(또는 조치)사항 | 득 점 |
|---|---|---|---|---|
| | 고장 부분 | 내용 및 상태 | 정비 및 조치할 사항 | |
| 자기 진단 | 전 좌측 휠 센서 단선/단락 | 전 좌측 휠 센서 - 커넥터 탈거 | 전 좌측 휠 센서 커넥터 연결, 과거 기억소거 후 재점검 | |
| | 후 좌측 휠 센서 단선/단락 | 후 좌측 휠 센서 - 커넥터 탈거 | 후 좌측 휠 센서 커넥터 연결, 과거 기억소거 후 재점검 | |

1) **비번호** : 비번호는 공단직원이 주는 등번호를 수검자가 기록한다.
2) **감독위원 확인** : 감독위원 확인란은 감독위원이 채점한 후에 도장을 찍는 부분으로 수검자는 기록하지 않는다.
3) **① 측정(또는 점검)** : 고장부분 란에는 수검자가 스캐너의 자기진단 화면 창에 나타난 이상 부위를 기록하고, 내용 및 상태 란에는 수검자가 점검한 이상 부위의 고장 내용 및 상태를 기록한다.
　　• **고장 부분** : 전 좌측 휠 센서 단선/ 단락,
　　　　　　　　　후 좌측 휠 센서 단선/ 단락
　　• **내용 및 상태** : 전 좌측 휠 센서 - 커넥터 탈거,
　　　　　　　　　　후 좌측 휠 센서 - 커넥터 탈거

4) ② **판정 및 정비(또는 조치)사항** : 정비 및 조치할 사항 란에는 양호하면 정비 및 조치할 사항 없음으로, 불량일 경우 고장원인과 정비방법을 기록한다.
  • 정비 및 조치할 사항 : 전 좌측 휠 센서 커넥터 연결, 과거 기억소거 후 재점검, 후 좌측 휠 센서 커넥터 연결, 과거 기억소거 후 재점검
5) **득점** : 득점란은 시험위원이 채점을 하고 점수를 기록하는 부분으로 수검자는 기록하지 않는다.
6) **작업대 번호** : 측정하는 작업대 번호를 수검자가 기록한다.

## 2  관계 지식

### (1) 스캐너를 이용한 자기진단 방법

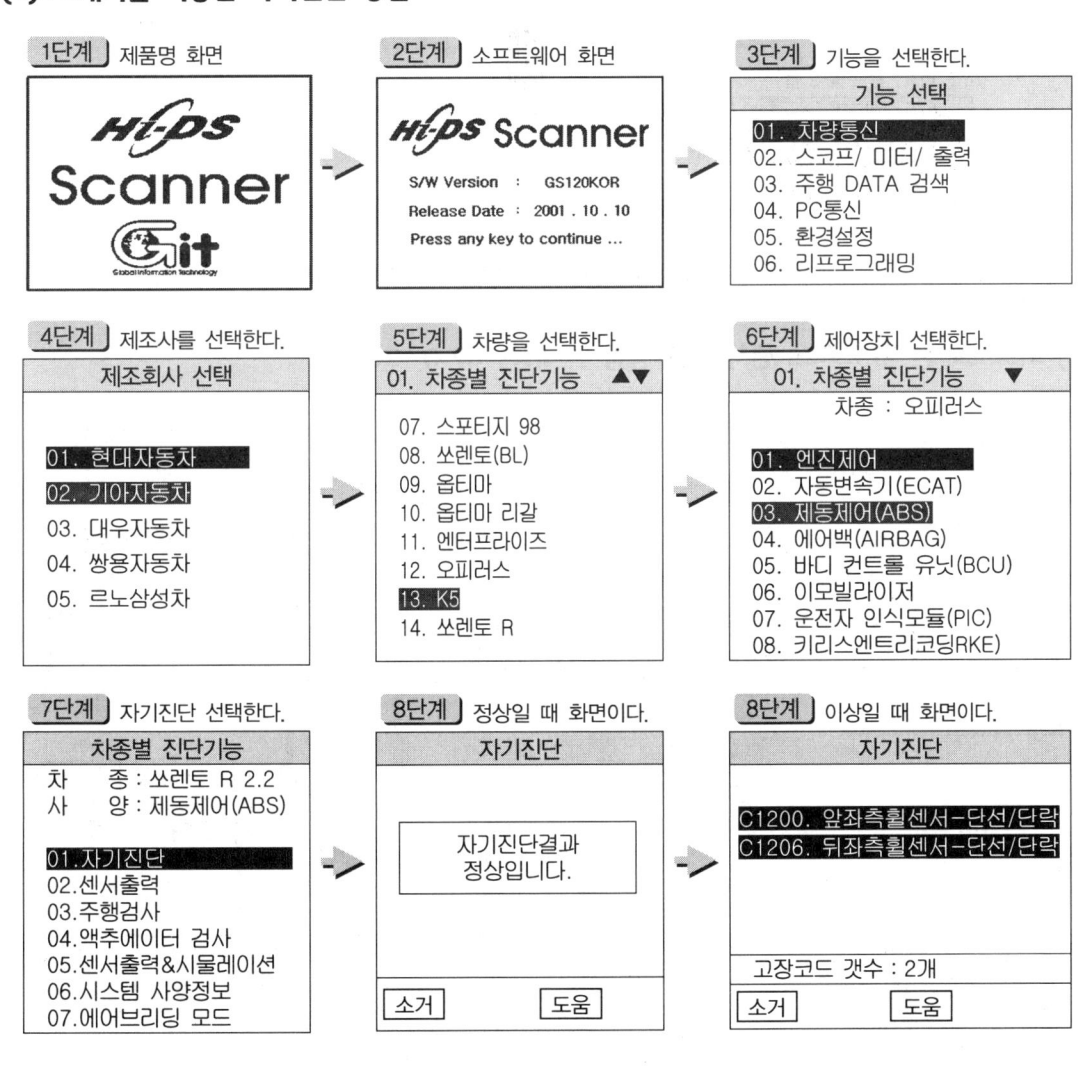

## (2) 휠 스피드 센서 단품 점검 방법(K5 G2.0 -2011)

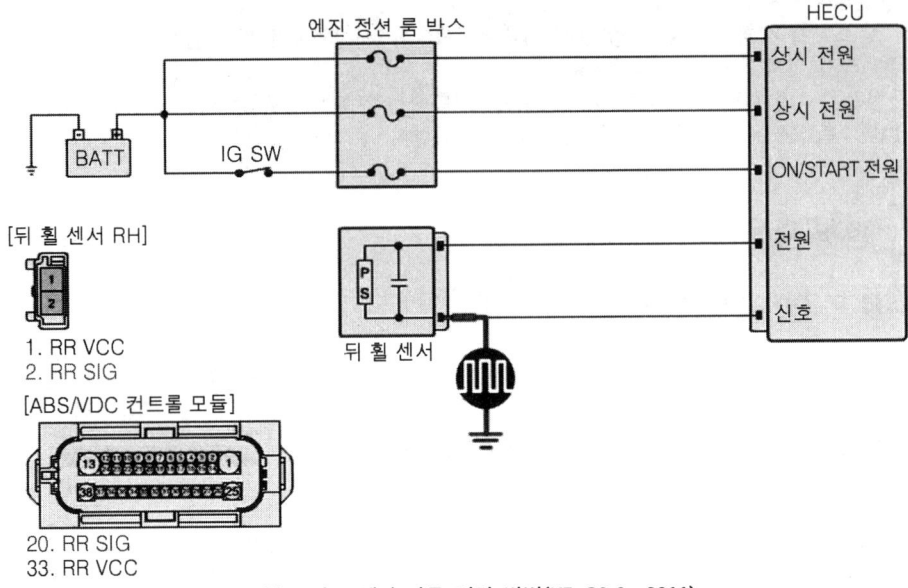

▲ 휠 스피드 센서 단품 점검 방법(K5 G2.0 -2011)

## (3) 회로도로 본 휠 스피드 센서 단품 점검 위치(K5 G2.0 -2011)

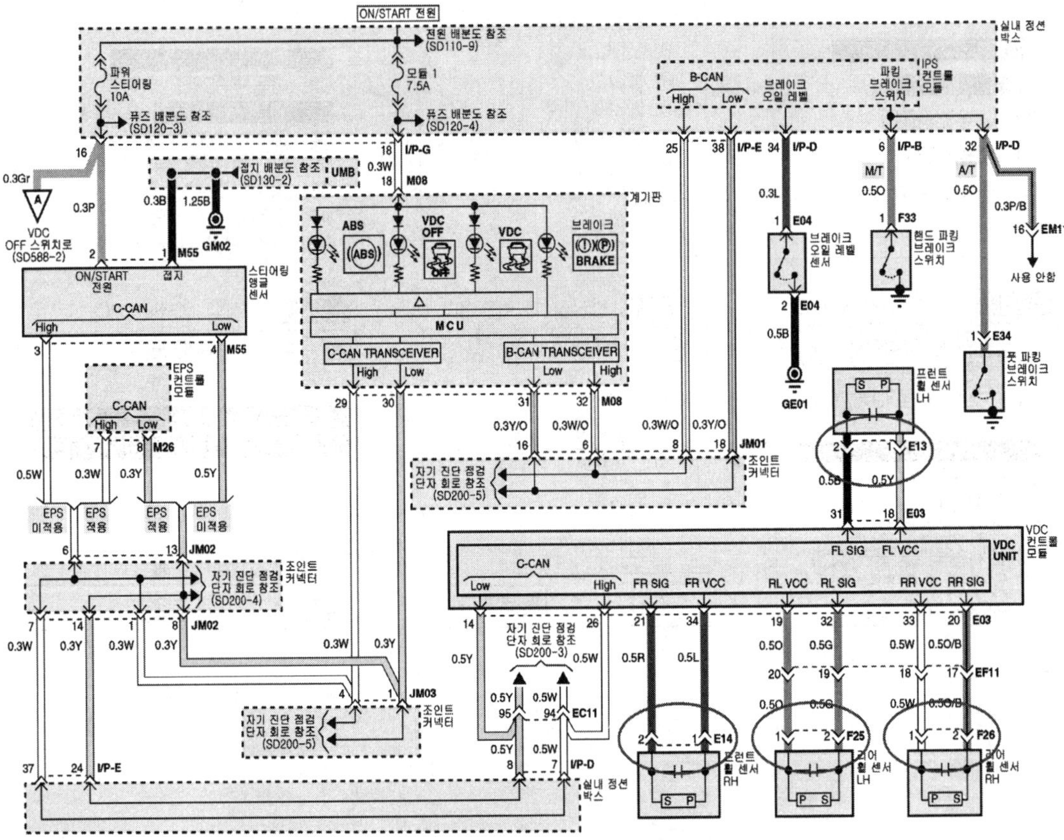

▲ ABS 회로도(K5 G2.0 -2011)

## (4) ABS 시스템 자기진단 고장 진단과 원인

| 고장 진단 | 예상원인 |
|---|---|
| • 휠 스피드 센서 단선 또는 단락<br>(HECU는 휠 스피드 센서들의 1개 선 이상에서 단선 또는 단락이 발생한다는 것을 결정 한다.) | ① 휠 스피드 센서 고장<br>② 와이어링 하니스 또는 커넥터 고장<br>③ HECU의 고장 |
| • 휠 스피드 센서 고장<br>(휠 스피드 센서가 비정상 신호 또는 아무 신호가 없음을 출력한다.) | ① 휠 스피드 센서의 부적절한 장착<br>② 휠 스피드 센서의 고장<br>③ 로터의 고장<br>④ 와이어링 하니스 또는 커넥터의 고장<br>⑤ HECU의 고장 |
| • 에어 갭 과다<br>(휠 스피드 센서에서 출력 신호가 없다.) | ① 휠 스피드 센서 고장<br>② 로터 고장<br>③ 와이어링 하니스 커넥터의 부적절한 장착<br>④ HECU의 고장 |
| • HECU 전원 공급 전압 규정범위 초과<br>(HECU 전원 공급 전압이 규정치 보다 아래이거나 초과된다. 만약 전압이 규정 치로 되돌아가면 이 코드는 더 이상 출력되지 않는다. | ① 와이어링 하니스 또는 커넥터의 고장<br>② ABSCM의 고장 |
| • HECU 에러<br>(HECU는 항상 솔레노이드 밸브 구동 회로를 감시하여 HECU가 솔레노이드를 켜도 전류가 솔레노이드에 흐르지 않거나 그와 반대의 경우일 때 솔레노이드 코일이나 하니스에 단락 또는 단선이라고 결정한다.) | ① HECU의 고장 → HECU를 교환한다. |
| • 밸브 릴레이 고장<br>(점화 스위치를 ON으로 돌릴 때 HECU는 밸브 릴레이를 OFF로, 초기 점검시에는 ON으로 전환한다. 그와 같은 방법으로 ABSCM은 밸브 전원 모니터 선에 전압과 함께 밸브 릴레이에 보내진 신호들을 비교한다. 그것이 밸브 릴레이 가 정상으로 작동하는지 점검하는 방법이다. HECU는 밸브 전원 모니터 선에 전류가 흐르는지도 항상 점검한다. 그 것은 전류가 흐르지 않을 때 단선이라고 결정한다. 밸브 전원 모니터 선에 전류가 흐르지 않으면 이 진단 코드가 출력된다.) | ① 밸브 릴레이 고장<br>② 와이어링 하니스 또는 커넥터의 고장<br>③ HECU의 고장 |
| • 모터 펌프 고장<br>(모터 전원이 정상이지만 모터 모니터에 신호가 입력되지 않을 때, 모터 전원이 잘못됐을 때) | ① 와이어링 하니스 또는 커넥터의 고장<br>② HECU의 고장<br>③ 하이드로닉 유니트의 고장 |

## 전기 1 — 시동모터 전압 강하, 전류 소모 점검

**12안 산업기사**

주어진 자동차에서 시동모터를 탈거한 후(감독위원에게 확인), 다시 부착하여 작동상태를 확인하고 크랭킹 시 소모 전류 및 전압 강하 시험을 하여 기록표에 기록하시오.

### 시험장에서는

감독관이 수검자의 비번호를 부른 후 답안지를 주며 크랭킹 부하시험을 몇 번 차량에서 측정하라고 지시할 것이다. 측정용 차량에는 전압계와 전류계가 준비되어 있다. 요즘에는 훅 미터와 엔진 종합 테스터기인 Hi-DS를 많이 사용하고 있다. 테스터를 설치하고 크랭킹을 하면서 계기 값을 읽는다. 이때 크랭킹은 시험장의 보조원이 할 것이며, 수검자는 보조원에게 "크랭킹을 해 주세요" 하고 측정이 끝나면 "됐습니다." 하여 정지토록 한다. 그리고 답안지를 작성하여 감독관에게 제출한다.

**1. 측정 준비된 시험장 모습**

시동 모터 전압 강하 시험을 하기 위해 시동용 엔진과 배터리 및 멀티 미터가 준비되어 있다.

**2. 훅 미터가 준비된 모습**

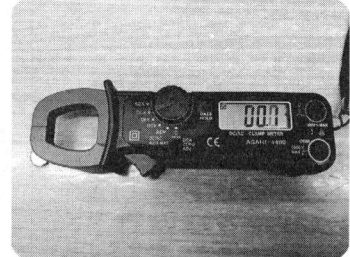

훅 미터를 시동 모터 B 단자로 들어가는 케이블에 프로브 화살표 방향이 전류의 흐름 방향으로 걸어서 측정한다.

**3. 측정값**

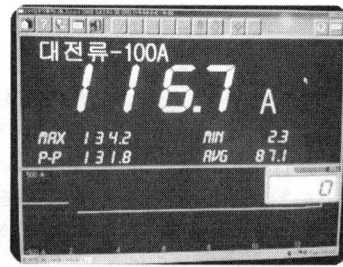

대전류 프로브를 시동모터 B 단자 케이블에 걸어서(화살표 방향이 전류의 흐름 방향) 측정하면 화면에 측정값이 나온다.

### 1  답안지 작성법

동영상

### (1) 크랭킹 전류 소모가 규정값 보다 작고, 전압 강하가 클 때

▣ 전기 1. 시동 모터 점검
  자동차 번호 :

| 측정 항목 | ① 측정(또는 점검) | | ② 판정 및 정비(또는 조치)사항 | | 득점 |
|---|---|---|---|---|---|
| | 측정값 | 규정(정비한계)값 | 판정 (□에 '✔' 표) | 정비 및 조치할 사항 | |
| 전압 강하 | 7.4V | 축전지 전압(12V)의 20% 이하(9.6V 이상) | □ 양 호<br>☑ 불 량 | 축전지 불량<br>- 축전지 교환 | |
| 전류 소모 | 30A | 전류소모 규정값 산출근거 기록<br>축전지 용량의 3배<br>(60A×3=180A) 이하 | | | |

1) **비번호** : 비번호는 공단직원이 주는 등번호를 수검자가 기록한다.
2) **감독위원 확인** : 감독위원 확인란은 감독위원이 채점한 후에 도장을 찍는 부분으로 수검자는 기록하지 않는다.
3) ① **측정(또는 점검)** : 측정값은 수검자가 측정한 전압 강하, 전류 소모 값을 기록하고, 규정(정비한계)값은 일반적인 규정값을 기록한다.
     • 측정값 : · 전압 강하 - 7.4V,  · 전류 소모 - 30A
     • 규정(정비한계)값 : · 전압 강하 - 축전지 전압(12V)의 20% 이하(9.6V 이상)
                    · 전류 소모 - 축전지 용량의 3배(60A×3=180A) 이하
4) ② **판정** : 판정은 수검자가 측정한 값과 규정(정비한계)값을 비교하여 범위 내에 있으면 양호, 벗어나면 불량에 ✔표시를 하며, 정비 및 조치할 사항은 고장 원인과 정비할 사항을 기록한다.
     • 판정 : · 양호 - 규정(정비한계)값의 범위에 있을 때  · 불량 - 규정(정비한계)값을 벗어났을 때

• 정비 및 조치할 사항 : 양호하면 정비 및 조치할 사항 없음으로, 불량일 경우 고장원인 정비방법을 기록한다.

■ 일반적인 규정값

| 항 목 | 전압강하(V) | 소모전류(A) |
|---|---|---|
| 일반적인 규정값 | 축전지 전압(12V)의 20%까지 | 축전지 용량의 3배 이하 |
| 예(12V −60AH) | 9.6V 이상 | 180A 이하 |

5) **득점** : 득점은 감독위원이 채점을 하고 점수를 기록하는 부분으로 수검자는 기록하지 않는다.
6) **자동차 번호** : 측정하는 자동차의 번호를 수검자가 기록한다.

## (2) 크랭킹 전류 소모가 규정값 보다 크고, 전압 강하가 클 때

▶ 전기 1. 시동 모터 점검
　　　자동차 번호 :

| 측정 항목 | ① 측정(또는 점검) | | ② 판정 및 정비(또는 조치)사항 | | 득점 |
|---|---|---|---|---|---|
| | 측정값 | 규정(정비한계)값 | 판정 (□에 '✔' 표) | 정비 및 조치할 사항 | |
| 전압 강하 | 6.2V | 축전지 전압(12V)의 20% 이하(9.6V 이상) | □ 양 호<br>☑ 불 량 | 시동 모터 전기자 축 베어링 파손 − 시동 모터 전기자 축 베어링 교환 | |
| 전류 소모 | 200A | 전류소모 규정값 산출근거 기록<br>축전지 용량의 3배<br>(60A×3=180A) 이하 | | | |

## (3) 전압 강하와 전류 소모가 양호할 때

▶ 전기 1. 시동 모터 점검
　　　자동차 번호 :

| 측정 항목 | ① 측정(또는 점검) | | ② 판정 및 정비(또는 조치)사항 | | 득점 |
|---|---|---|---|---|---|
| | 측정값 | 규정(정비한계)값 | 판정 (□에 '✔' 표) | 정비 및 조치할 사항 | |
| 전압 강하 | 10.8V | 축전지 전압(12V)의 20% 이하(9.6V 이상) | ☑ 양 호<br>□ 불 량 | 정비 및 조치할 사항 없음 | |
| 전류 소모 | 116.7A | 전류소모 규정값 산출근거 기록<br>축전지 용량의 3배<br>(60A×3=180A) 이하 | | | |

## 2 관계 지식

### (1) 크랭킹 전류 소모가 규정값 보다 작고, 전압 강하가 큰 원인

① 축전지 불량 − 충전 후 재점검
② 축전지 터미널 연결 상태 불량 − 축전지 터미널 체결 볼트 꼭 조임.
③ 기동 전동기 불량(링 기어가 물리지 않는 회전, 브러시 마모량 과다, 오버런닝 클러치 불량, 브러시 스프링 장력 감소 등) − 기동 전동기 수리 및 교환

### (2) 크랭킹 전류 소모가 규정값 보다 크고, 전압 강하가 큰 원인

① 전기자 코일 단락 − 전기자 코일 교환
② 계자 코일의 단락 − 계자 코일 교환
③ 전기자 축 휨 − 전기자 코일 교환
④ 전기자 축 베어링 파손 − 베어링 교환
⑤ 엔진 본체의 고장(크랭크축 베어링의 윤활부족 및 소착, 피스톤과 실린더 간극의 마찰저항 증가, 밸브장치의 고장 등) − 정비

## (3) 차종별 배터리 규격(대우-델코)

| 차종 | 적용 제품 | 차종 | 적용 제품 |
|---|---|---|---|
| ALL NEW MATIZ(올뉴마티즈) | DF40L | LEMANS(르망) | |
| ARCADIA(아카디아) | DF80R, PLATINUM R, MP24R | MAGNUS(매그너스) | DF60R, DF70R, DF80R, PLATINUM R, MP24R |
| ARM ROLL | DF150 | MATIZ ⅠⅡ(마티즈) | DF40R |
| BROUGHAM(브로엄) | DF70L, DF80L, MP24L | MIXER(믹서) | DF150 |
| BUS(일반버스) | DF150 | NEXIA(넥시아) | |
| CARGO 8T이상(카고) | DF150 | NUBIRA(누비라) | DF60R |
| CIELO(씨에로) | DF50L, DF60L | PRINCE(프린스) | DF60L, DF70L, DF80L, PLATINUM L, MP24L |
| DAMAS(다마스) | DF40L | REZZO(레조) | DF60R |
| DUMP 8T이상(덤프) | DF150 | SEMI TICO(세미티코) | DF30 |
| ESPERO(에스페로) | DF50L, DF60L | STATESMAN(스테이츠맨) | DF80L |
| GENTRA(젠트라) | DF50R, DF60R | TANK LORRY(탱크로리) | DF150 |
| KALOS(칼로스) | DF50R, DF60R | TICO(티코) | DF40L |
| LABO(라보) | DF40L | TOSCA(토스카) | DF60R, DF70R, DF80R |
| LACETTI(라세티) | DF60R | TRACTOR(트랙터) | DF150 |
| LANOS(라노스) | DF50R, DF60R | WING BODY | DF150 |
| LEGANZA(레간자) | DF100R | WINSTORM(윈스톰) | DIN59095 |

## (4) 시동 모터 크랭킹 부하시험 자료 화면(Hi-DS)

**01 측정 준비된 시험장 모습**

시험장의 여건에 따라 다르지만 이곳은 Hi-DS로 준비한 상태이다.

**02 대전류 프로브 모습**

대전류 프로브는 100A와 1000A 측정 위치가 있다. 1000A 위치로 한다.

**03 대전류 프로브 클램핑 모습**

시동모터로 들어가는 케이블에 화살표가 전류의 흐름 방향으로 건다.

**04 바탕 화면에서 파일 모습**

컴퓨터가 부팅 되어 있다.
파일을 클릭하여 측정 준비를 한다.

**05 차종 선택 화면 모습**

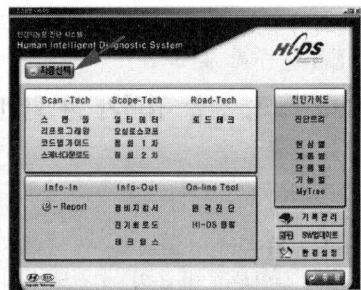

차종 선택 아이콘을 클릭, 측정하고자 하는 차량의 정보를 입력한다.

**06 고객정보 입력 화면 모습**

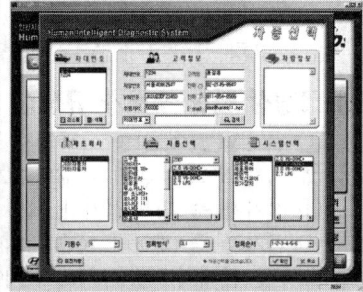

고객정보 입력을 기록하고 확인을 누른다.

### 07 멀티 미터 아이콘 클릭 모습

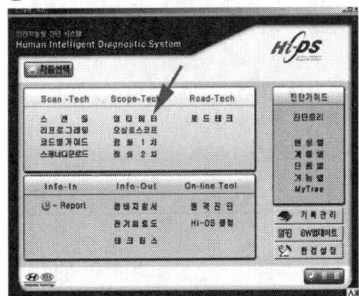

멀티 테스터를 클릭하여 디지털 화면으로 만든다.

### 08 주어진 규정값 모습

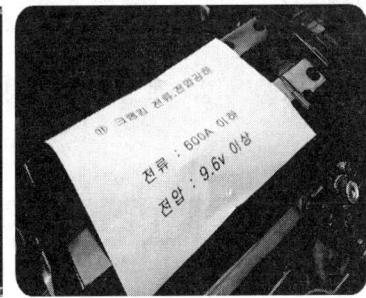

측정용 차량에 시험위원이 주어진 규정값이 붙어 있다.

### 09 전압 측정 화면 모습

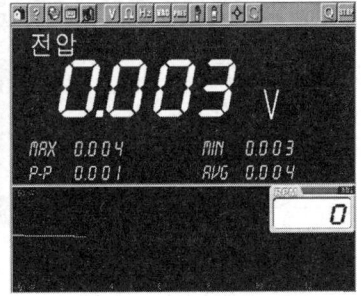

최대값이냐? 최소값이냐? 평균값이냐? 애매하지만 최소값을 기록한다.

### 10 전압 측정 화면 모습

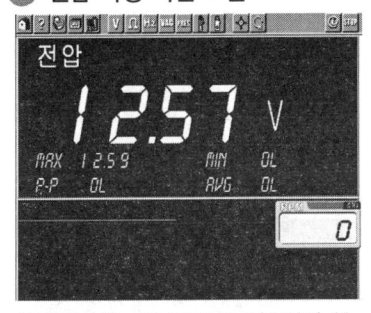

최대값이냐? 최소값이냐? 평균값이냐? 애매하지만 최소값을 기록한다.

### 11 전류 측정 화면 모습

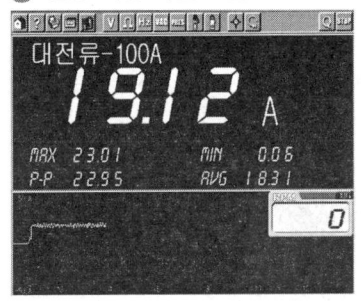

툴바에서 대전류 아이콘을 클릭하면 전류 측정 모드로 작동한다.

### 12 대전류 측정 모습

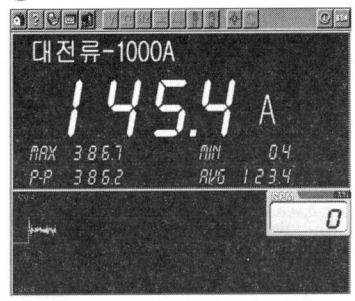

최대값이냐? 최소값이냐? 평균값이냐? 애매하지만 최소값을 기록한다.

# 전기 2 — 전조등 광도, 진폭 점검

**12안 산업기사**

주어진 자동차에서 전조등 시험기로 전조등을 점검하여 기록표에 기록하시오.

## 시험장에서는

헤드라이트의 광도와 진폭의 측정은 엔진의 시동을 걸고 측정하여야 옳으나 시험장에서는 안전을 위하여 엔진이 정지된 상태에서 측정하는 경우가 많다. 감독위원이 좌측이나 우측을 지정하여 주는 곳을 측정하는데 좌, 우는 운전석에 앉아서 좌측과 우측임을 잊지 말아야 한다. 측정하기 전에 조건(타이어의 공기압, 배터리 성능, 바닥의 수평 상태 등)이 맞았는지 확인하고 헤드라이트의 유리를 깨끗한 걸레로 닦아서 측정값이 정확하게 나오도록 하여야 한다. 측정은 변환빔(하향등) 상태에서 측정하여야 하며, 차량은 공회전(단, 광도 측정시 2,000rpm), 공차 상태, 운전자 1인이 승차하여 측정하여야 한다.

보조원이 운전석에 앉아서 라이트를 조작하여 주는 경우도 있으나 대부분은 운전자가 탑승하지 않은 상태에서 측정한다. 근래에 생산된 차량은 헤드라이트 조작이 키 스위치를 넣어야지만 가능하도록 되어 있으므로 참고하기 바란다.

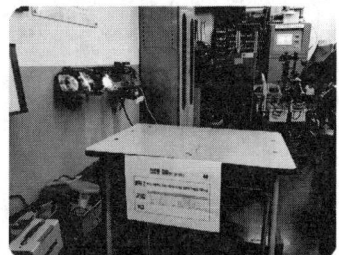

1. 시뮬레이터로 측정 준비된 모습

실제 차량으로 전조등 시험을 하는 경우도 있지만 시뮬레이터를 이용한 방법도 있다.

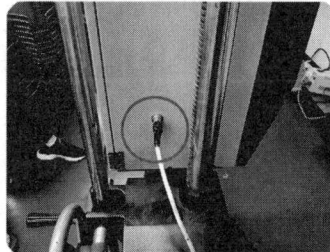

2. 테스터기 전원선 연결

테스터기 측면에 전원 잭을 연결하는 포트가 있다. 전원 잭 위치를 맞춰서 연결한다.

3. 측정을 누르면 측정하고 표시한다.

측정 버튼을 누르면 광도와 진폭을 측정하고 값을 화면과 계기판에 표시한다.

## 1. 답안지 작성법

### (1) 광도, 진폭이 불량일 때

▶ 전기 2. 전조등 점검
자동차 번호 :

| 비 번호 | | 감독위원 확 인 | |
|---|---|---|---|

| 항목 | ① 측정(또는 점검) | | ② 판정 | 득 점 |
|---|---|---|---|---|
| | 측정값 | 기준값 | 판정(□에 '✔') | |
| (□에 '✔')<br>위치 :<br>☑ 좌<br>□ 우<br>설치높이 :<br>☑ ≤ 1.0m<br>□ > 1.0m | 광도<br><br>2,170cd | 3,000cd 이상 | □ 양 호<br>☑ 불 량 | |
| | 진폭<br><br>-2.7%(-0.27cm) | -0.5~-2.5% 이내<br>(-0.05~-0.25cm 이내) | □ 양 호<br>☑ 불 량 | |

※ 측정 위치는 감독위원이 지정하는 위치에 □에 '✔' 표시합니다.
※ 자동차 검사기준 및 방법에 의하여 기록 판정합니다.

1) **비번호** : 비번호는 공단직원이 주는 등번호를 수검자가 기록한다.
2) **감독위원 확인** : 감독위원 확인란은 감독위원이 채점한 후에 도장을 찍는 부분으로 수검자는 기록하지 않는다.

3) ① **측정(또는 점검)** : 위치 및 설치 높이는 감독위원이 지정하는 차량과 위치 및 설치 높이에 ✔표시를 하고, 측정값은 수검자가 측정한 광도와 진폭의 값을 기록하고 기준값은 검사기준 값을 암기하여 기록한다.
   - 위치 및 설치 높이 : ·위치 – 감독위원이 지정하는 차량의 헤드라이트 위치에 ✔표시를 한다. 운전석에 앉아서 좌, 우 위치이다.
     · 설치 높이 – 점검차량의 전조등 설치 높이에 ✔표시를 한다.
   - 측정값 : ·광도 – 수검자가 측정한 광도 값을 기록한다.
     · 진폭 – 수검자가 측정한 변환빔의 진폭 값을 기록한다.
   - 기준값 : ·광도 – 수검자가 검사기준의 광도 값을 암기하여 기록한다.
     · 진폭 – 수검자가 검사기준의 진폭 값을 암기하여 기록한다.
4) ② **판정** : 판정란은 수검자가 측정한 값과 기준값을 비교하여 범위 내에 있으면 양호, 벗어나면 불량에 ✔표시를 한다. 어느 하나라도 불량이면 판정은 불량이다.
   - 판정 : ·양호 – 기준값의 범위에 있을 때
     · 불량 – 기준값을 벗어났을 때
5) **득점** : 득점은 감독위원이 채점을 하고 점수를 기록하는 부분으로 수검자는 기록하지 않는다.
6) **자동차 번호** : 측정하는 자동차의 번호를 수검자가 기록한다.

## (2) 광도가 불량일 때

▶ 전기 2. 전조등 점검
자동차 번호 :

| 비 번호 | | 감독위원 확인 | |
|---|---|---|---|

| 항목 | ① 측정(또는 점검) | | | ② 판정 | 득 점 |
|---|---|---|---|---|---|
| | | 측정값 | 기준값 | 판정(□에 '✔') | |
| (□에 '✔')<br>위치 :<br>☑ 좌<br>□ 우<br>설치높이 :<br>☑ ≤ 1.0m<br>□ > 1.0m | 광도 | 2,980cd | 3,000cd 이상 | □ 양 호<br>☑ 불 량 | |
| | 진폭 | −0.8%(−0.08cm) | −0.5~−2.5% 이내<br>(−0.05~−0.25cm 이내) | ☑ 양 호<br>□ 불 량 | |

※ 측정 위치는 감독위원이 지정하는 위치에 □에 '✔' 표시합니다.
※ 자동차 검사기준 및 방법에 의하여 기록 판정합니다.

## (3) 진폭이 불량일 때

▶ 전기 2. 전조등 점검
자동차 번호 :

| 비 번호 | | 감독위원 확인 | |
|---|---|---|---|

| 항목 | ① 측정(또는 점검) | | | ② 판정 | 득 점 |
|---|---|---|---|---|---|
| | | 측정값 | 기준값 | 판정(□에 '✔') | |
| (□에 '✔')<br>위치 :<br>☑ 좌<br>□ 우<br>설치높이 :<br>☑ ≤ 1.0m<br>□ > 1.0m | 광도 | 60,900cd | 3,000cd 이상 | ☑ 양 호<br>□ 불 량 | |
| | 진폭 | −2.8%(−0.28cm) | −0.5~−2.5% 이내<br>(−0.05~−0.25cm 이내) | □ 양 호<br>☑ 불 량 | |

※ 측정 위치는 감독위원이 지정하는 위치에 □에 '✔' 표시합니다.
※ 자동차 검사기준 및 방법에 의하여 기록 판정합니다.

## (4) 광도와 진폭이 정상일 때

▶ 전기 2. 전조등 점검
　　자동차 번호 :

| 항목 | ① 측정(또는 점검) | | | ② 판정 | 득 점 |
|---|---|---|---|---|---|
| | | 측정값 | 기준값 | 판정(□에 'v') | |
| (□에 'v')<br>위치 :<br>☑ 좌<br>□ 우<br>설치높이 :<br>☑ ≤ 1.0m<br>□ > 1.0m | 광도 | 28,900cd | 3,000cd 이상 | ☑ 양 호<br>□ 불 량 | |
| | 진폭 | −1.2%(−0.12cm) | −0.5~−2.5% 이내<br>(−0.05~−0.25cm 이내) | ☑ 양 호<br>□ 불 량 | |

※ 측정 위치는 감독위원이 지정하는 위치에 □에 'v' 표시합니다.
※ 자동차 검사기준 및 방법에 의하여 기록 판정합니다.

## 2　관계 지식

### (1) 검사기준 및 검사방법 의한 검사기준 - 자동차관리법 시행규칙 제73조 관련

| 항목 | 검사 기준 | | 검사 방법 |
|---|---|---|---|
| 등화<br>장치 | • 변환빔의 광도는 3000cd 이상일 것 | | • 좌우측 전조등(변환빔)의 광도와 광도점을 전조등 시험기로 측정하여 광도점의 광도 확인 |
| | • 변환빔의 진폭은 10m 위치에서 다음 수치 이내일 것 | | • 좌우측 전조등(변환빔)의 컷오프선 및 꼭지점의 위치를 전조등 시험기로 측정하여 컷오프선의 적정여부 확인 |
| | 설치 높이 ≤ 1.0m | 설치 높이 > 1.0m | |
| | −0.5 ~ −2.5% | −1.0 ~ −3.0% | |
| | • 컷오프선의 꺾임점(각)이 있는 경우 꺾임점의 연장선은 우측 상항일 것 | | • 변환빔의 컷오프선, 꺾임점(각), 설치상태 및 손상 여부 등 안전기준 적합여부를 확인 |

**예** 컷 오프선의 수직위치는 자동차의 변환빔 전조등 설치 높이(발광면의 최하단) 대비 아래 기준에 적합할 것(설치 높이 ≤ 1.0m)

- $-0.5\% = \dfrac{x \times 100}{10}$, $x = \dfrac{-0.5 \times 10}{100} = -0.05cm$ **이내**, $\% = \dfrac{-0.05cm \times 100}{10} = -0.5\%$ **이내**

- $-2.5\% = \dfrac{x \times 100}{10}$, $x = \dfrac{-2.5 \times 10}{100} = -0.25cm$ **이내**, $\% = \dfrac{-0.25cm \times 100}{10} = -2.5\%$ **이내**

- 설치 높이 > 1.0m : −0.1cm ~ −0.3cm 이내

## 전기 3 — ETACS 열선 스위치 입력 신호(전압) 점검

주어진 자동차에서 열선 스위치 조작시 편의장치(ETACS 또는 ISU) 커넥터에서 스위치 입력신호(전압)를 측정하고 이상여부를 확인하여 기록표에 기록하시오.

### 시험장에서는

에탁스(ETACS : Electronic Time Alarm Control System)는 소형이나, 준중형 차량에는 미장착 차량이 많고 중형 이상의 차량에서 채용한 시스템이었으나 요즘은 경차에도 도입하는 추세이다. 실제의 차량을 이용하는 경우도 있지만 대부분이 시뮬레이터를 사용한다. 점검 및 측정하기가 편하게 만들어져 있다. 에탁스 하면 모두 어려워하고 있지만 실상 회로도만 볼 줄 알면 간단하게 해결할 수 있는 문제. 답안지를 받아 들고 차량으로 가면 측정 차량의 앞이나 측면 유리에 "에탁스 실내등 출력 전압 점검" 이라는 글씨가 보일 것이다. 운전석에 앉으면 정비 지침서나 에탁스 회로도를 복사한 것이 보일 것이다. 측정한 값을 답안지에 작성하여 제출한다. 현재 차량에서는 BCM(Body Control Module)으로 이름 바꿔써서 사용하고 있음을 참고하기 바란다. BCM이 새로운 시스템이라고 볼 것이 아니라 기존의 ETACS제어의 기능을 확장 장치로 생각하고 접근하면 결코 어렵지 않은 시스템이 될 것이다.

▲ 열선 스위치 위치-1    ▲ 열선 스위치 위치-2

## 1. 답안지 작성법

### (1) 열선 스위치 입력회로 작동 전압이 불량일 때

▶ 전기 3. 열선 스위치 회로 점검
자동차 번호 :

| 점검 항목 | ① 측정(또는 점검) | | ② 판정 및 정비(또는 조치)사항 | | 득 점 |
|---|---|---|---|---|---|
| | 측정값 | 내용 및 상태 | 판정(□에 '✔' 표) | 정비 및 조치할 사항 | |
| 열선 스위치 작동시 전압 | ON : 0V<br>OFF : 0V | 열선 스위치 불량 | □ 양 호<br>☑ 불 량 | 열선 스위치-교환. | |

비번호 :       감독위원 확인 :

1) **비번호** : 비번호는 공단직원이 주는 등번호를 수검자가 기록한다.
2) **감독위원 확인** : 감독위원 확인란은 감독위원이 채점한 후에 도장을 찍는 부분으로 수검자는 기록하지 않는다.
3) ① **측정(또는 점검)** : 측정값은 수검자가 측정한 열선 스위치 작동 전압의 값을 기록하고, 내용 및 상태는 고장 난 부품의 상태를 기록한다.
    • 측정값 : ON-0V, OFF-0V    • 내용 및 상태 : 열선 스위치 불량
4) ② **판정** : 판정은 수검자가 측정값과 규정(정비한계)값을 비교하여 범위 내에 있으면 양호, 벗어나면 불량에 ✔표시를 하며, 정비 및 조치할 사항은 고장원인과 정비할 사항을 기록한다.
    • 판정 : •양호-규정(정비한계)값의 범위에 있을 때    •불량-규정(정비한계)값을 벗어났을 때
    • 정비 및 조치할 사항 : 양호하면 정비 및 조치할 사항 없음으로, 불량일 경우 고장원인 정비방법을 기록한다.

■ 열선 스위치 입력회로 작동 전압 규정값

| 항 목 | | 조 건 | 전압값 | 비고 |
|---|---|---|---|---|
| 입력 요소 | 발전기 L 단자 | 시동할 때 발전기 L 단자 입력 전압 | 12V | |
| | 열선 스위치 | OFF | 5V | |
| | | ON | 0V | |
| 출력 요소 | 열선 릴레이 | 열선 작동 시작부터 열선 릴레이 OFF될 때까지의 시간 측정 | 20분 | |
| | | 열선 작동 중 열선 스위치 작동할 때 현상 | 뒷유리 성애 제거됨 | |

5) **득점** : 득점은 감독위원이 채점을 하고 점수를 기록하는 부분으로 수검자는 기록하지 않는다.
6) **자동차 번호** : 측정하는 자동차의 번호를 수검자가 기록한다.

■ 일반적인 규정값

| 차 종 | 제어시간 | 제어 특성 |
|---|---|---|
| 아반떼 XD / EF쏘나타 / 트라제XG / 싼타페 | 20분 ± 1분 | EF쏘나타는 열선 릴레이를 ETACS가 (+)를 제어한다. |
| 베르나 / 그랜저 XG / 에쿠스 | 15분 ± 1분 | |

## 2 관계 지식

### (1) 타임 챠트

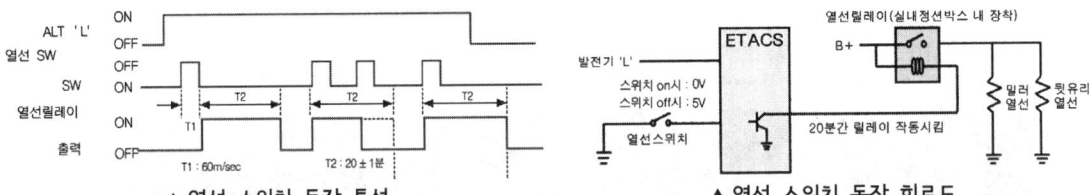

▲ 열선 스위치 동작 특성    ▲ 열선 스위치 동작 회로도

① 발전기 "L" 단자에서 12V 출력 시 열선 스위치를 누르면 열선 릴레이를 15분간 ON 한다. (열선은 많은 전류가 소모되므로 배터리 방전을 방지하기 위해 시동이 걸린 상태에서만 작동하도록 되어 있다. 따라서 발전기 "L" 단자는 시동여부를 판단하기 위한 신호로 사용한다)
② 열선 작동 중 다시 열선 스위치를 누르면 열선 릴레이는 "OFF" 된다.
③ 열선 작동 중 발전기 "L" 단자가 출력이 없을 경우에도 열선 릴레이는 OFF 된다.
④ 사이드 미러 열선은 뒷유리 열선과 병렬로 연결되어 동일한 조건으로 작동한다.

### (2) 열선 스위치 입력 회로 작동 회로도

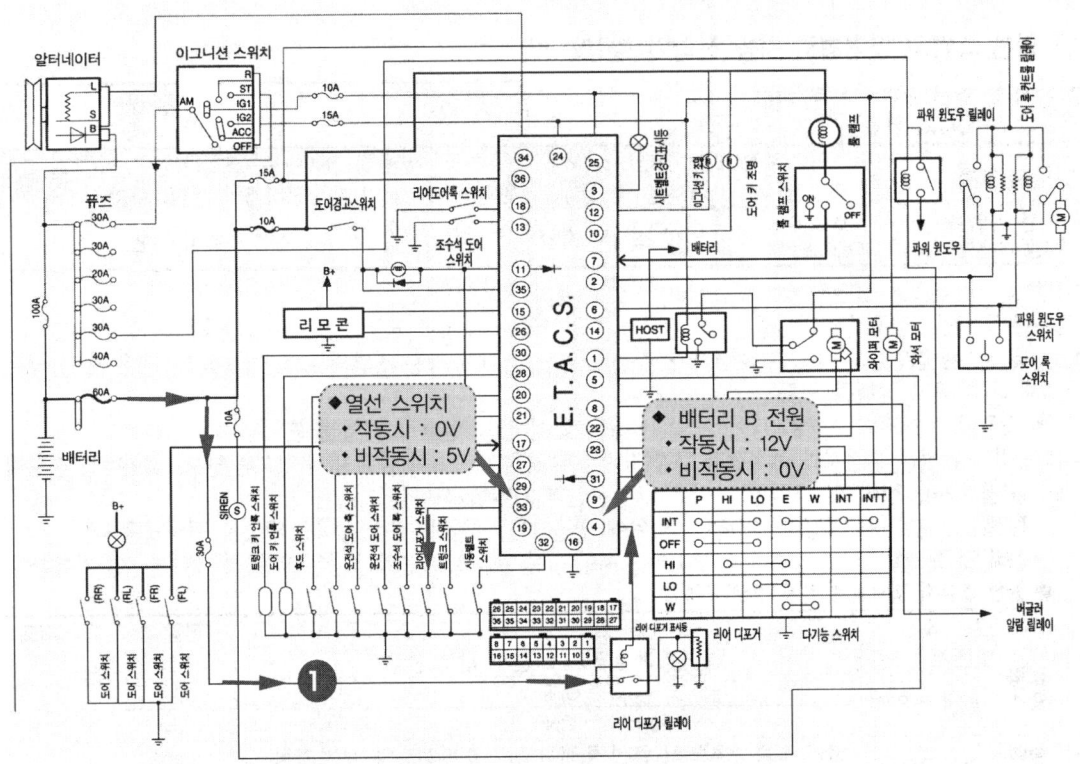

▲ 에탁스 열선 스위치 입력회로 작동전압 점검

## (3) 열선 스위치 작동 전압 측정 위치-1(아반떼 XD 1.6 - 2006)

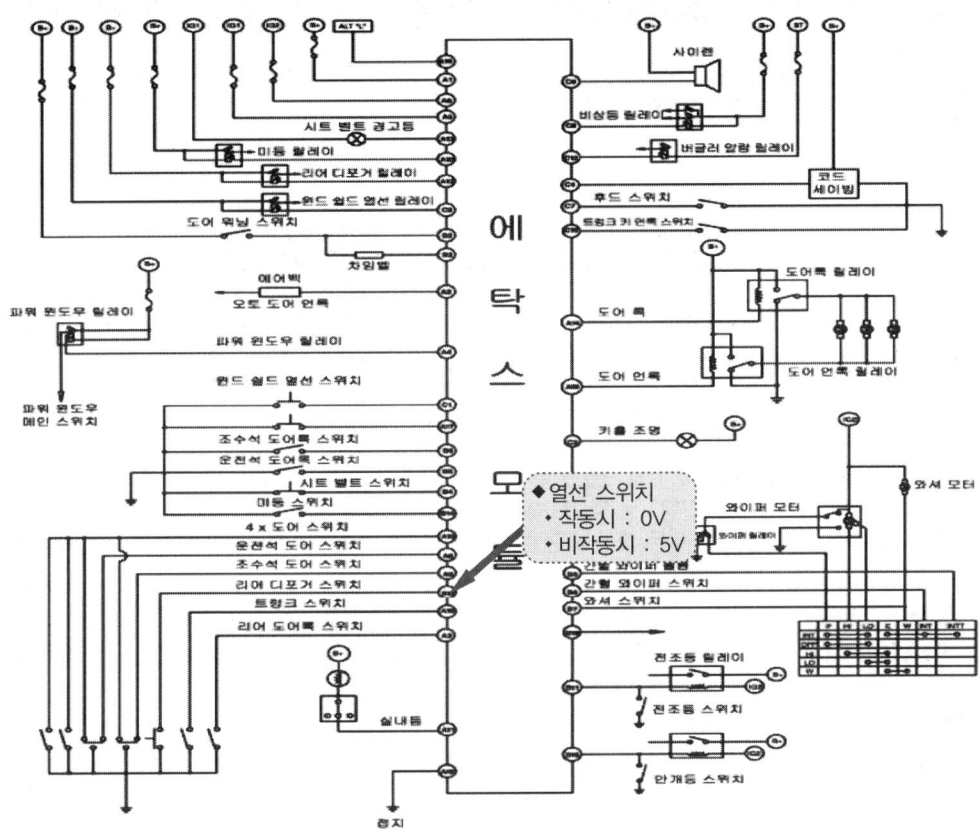

## (4) 열선 스위치 작동 전압 측정 위치-2(아반떼 XD 1.6 - 2006)

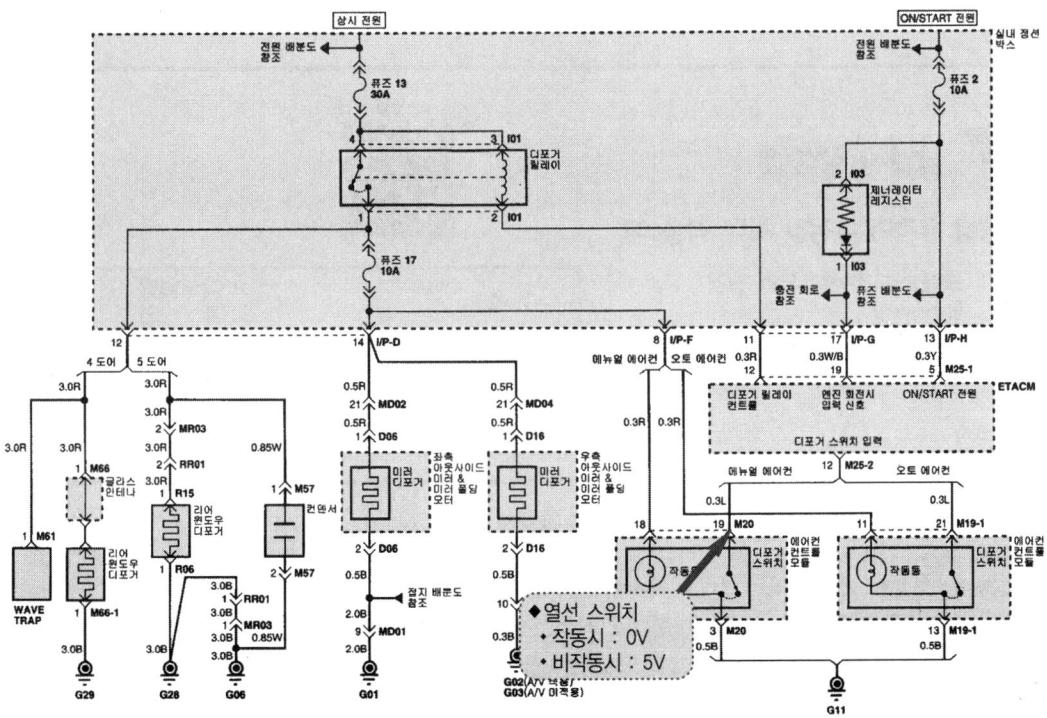

## 엔진 1 — 크랭크축 방향 유격 점검

**13안 산업기사**

주어진 엔진을 기록표의 측정 항목까지 분해하여 기록표의 요구사항을 측정 및 점검하고 본래 상태로 조립하시오.

### 시험장에서는

① **크랭크축의 교환** : 작업대 위나 엔진 스탠드에 분해 조립용 엔진이 준비되어 있고 때에 따라서는 크랭크축만 조립되어 있는 경우도 있다. 먼저 분해하기 전에 준비하여간 걸레로 작업대를 깨끗이 닦는다. 그리고 걸레를 작업대 위에 넓게 펴서 깔고 그 위에 분해한 부품을 올려놓는다. 모든 분해 조립이 그렇지만 부품을 떨어트린다든지 공구를 들고 놓는데 소리가 심하게 난다든지 하면 안전관리에 소홀함이 있는 것처럼 보인다. 만약 토크 렌치가 준비되어 있지 않았으면 달라고 하여서 조인다. 모든 작업에서 장갑은 절대 착용이 안 됨을 명심하기 바란다.

② **크랭크축 방향 유격 점검** : 작업대 위에 크랭크축이 조립된 실린더 블록이 올려져 있다. 어느 시험장에서는 측정부품에 게이지를 세팅시켜 놓고 진행하는 경우도 있다. 시크니스 측정은 시크니스 게이지가 놓여 있는 곳도 있다. 시크니스 게이지든 다이얼 게이지이든 모두 측정할 줄 알아야 한다. 측정한 후 답안지를 작성하여 제출한다.

**1. 바른 측정 모습**

**2. 시크니스 게이지**

**3. 바르지 못한 측정 모습**

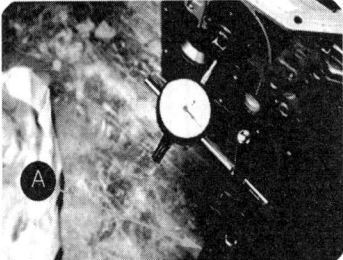

ⓑ **부분** : 다이얼 게이지 설치대인 마그네틱 베이스는 실린더 블록에 설치되어야함

ⓐ **부분** : 스러스트 베어링이 있는 부분에서 시크니스 게이지를 사용하여 측정한다.

Ⓐ **부분** : 다이얼 게이지 설치대인 마그네틱 베이스가 작업대에 설치되어 있어 정확한 측정이 어렵다.

## 1 답안지 작성법

동영상

### (1) 축방향 유격이 규정값 보다 작을 때

▶ 엔진 1. 크랭크축 축방향 유격 점검
엔진 번호 :

| 비번호 | | 감독위원 확인 | |
|---|---|---|---|

| 측정 항목 | ① 측정(또는 점검) | | ② 판정 및 정비(또는 조치)사항 | | 득 점 |
|---|---|---|---|---|---|
| | 측정값 | 규정(정비한계)값 | 판정(□에 '✔'표) | 정비 및 조치할 사항 | |
| 크랭크축 축 방향유격 | 0.02mm | 0.05~0.18mm (한계 0.25mm) | □ 양 호<br>☑ 불 량 | 스러스트 베어링 규정값 범위가 되도록 얇게 가공 | |

1) **비번호** : 비번호는 공단직원이 주는 등번호를 수검자가 기록한다.
2) **감독위원 확인** : 감독위원 확인란은 감독위원이 채점한 후에 도장을 찍는 부분으로 수검자는 기록하지 않는다.
3) ① **측정(또는 점검)** : 측정값은 수검자가 측정한 크랭크축 축방향 유격의 값으로 기록하고, 규정(정비한계)값은 감독관이 주어진 값이나 또는 정비지침서를 보고 기록한다.(반드시 단위를 기입한다)
   • 측정값 : 0.02mm
   • 규정(정비한계)값 : 0.05~0.18mm(한계 0.25mm)

■ 차종별 축방향 유격 기준값(mm)

| 차 종 | | 규정값 | 한계값 | 차 종 | | 규정값 | 한계값 |
|---|---|---|---|---|---|---|---|
| 엑셀/ 쏘나타/ 엘란트라 | | 0.05~0.18 | 0.25 | 에스페로/레간자 | | 0.07~0.30 | – |
| 프라이드 | | 0.08~0.28 | 0.3 | 아카디아 | | 0.1~0.29 | 0.45 |
| 세피아 | | 0.08~0.28 | 0.3 | EF 쏘나타 | | 0.05~0.25 | |
| 르 망 | | 0.07~0.3 | – | 포텐샤 | | 0.08~0.18 | 0.30 |
| 베르나/아반떼XD/라비타/엑센트 | | 0.05~0.175 | – | 트라제XG / 싼타페(2.0) | | 0.05~0.25 | – |
| 그랜저XG/ 에쿠스 | | 0.07~0.25 | 0.35 | 테라칸 / 스타렉스(2.5) | | 0.05~0.18 | 0.25 |
| 누비라 | 1.5 S/DOHC | 0.1 | | 아반떼 | 1.5 DOHC | 0.05~0.175 | – |
| | 1.8 DOHC | 0.1 | | | 1.8 DOHC | 0.06~0.260 | – |
| 카렌스 | 2.0 LPG | 0.06~0.260 | | 마르샤 | 2.0 DOHC | 0.05~0.18 | 0.25 |
| | 2.5 CRDI | 0.09~0.32 | – | | 2.5 DOHC | 0.05~0.25 | 0.3 |
| 그레이스 | 디젤(D4BB) | 0.05~0.18 | 0.25 | 옵티마 리갈 | 2.0 DOHC | 0.05~0.25 | – |
| | LPG(L4CS) | 0.05~0.18 | 0.4 | | 2.5 DOHC | 0.07~0.25 | – |

4) ② 판정 및 정비(또는 조치)사항 : 판정은 수검자가 측정한 값과 규정(정비한계)값을 비교하여 범위 내에 있으면 양호, 벗어나면 불량에 ✔표시를 하며, 정비 및 조치할 사항 란에는 고장원인과 정비할 사항을 기록한다.
  • 판정 : • 양호 – 한계값 이내에 있을 때    • 불량 – 한계값을 벗어났을 때
  • 정비 및 조치할 사항 : 정비 및 조치할 사항 없음
5) 득점 : 득점은 감독위원이 채점을 하고 점수를 기록하는 부분으로 수검자는 기록하지 않는다.
6) 엔진 번호 : 측정하는 엔진 번호를 수검자가 기록한다.

## (2) 축방향 유격이 한계값 이상일 때

▶ 엔진 1. 크랭크축 축방향 유격 점검
  엔진 번호 :

| 측정항목 | ① 측정(또는 점검) | | ② 판정 및 정비(또는 조치)사항 | | 득 점 |
|---|---|---|---|---|---|
| | 측정값 | 규정(정비한계)값 | 판정(□에 '✔' 표) | 정비 및 조치할 사항 | |
| 크랭크 축 축 방향 유격 | 0.3mm | 0.05~0.18mm (한계 0.25mm) | □ 양 호<br>☑ 불 량 | 스러스트 베어링 마모-교환 | |

## (3) 축방향 유격이 규정값보다 크고 한계값 이내일 때

▶ 엔진 1. 크랭크축 축방향 유격 점검
  엔진 번호 :

| 측정항목 | ① 측정(또는 점검) | | ② 판정 및 정비(또는 조치)사항 | | 득 점 |
|---|---|---|---|---|---|
| | 측정값 | 규정(정비한계)값 | 판정(□에 '✔' 표) | 정비 및 조치할 사항 | |
| 크랭크 축 축 방향 유격 | 0.20mm | 0.05~0.18mm (한계 0.25mm) | ☑ 양 호<br>□ 불 량 | 정비 및 조치할 사항 없음 | |

## (4) 축방향 유격이 정상일 때

▶ 엔진 1. 크랭크축 축방향 유격 점검
  엔진 번호 :

| 측정항목 | ① 측정(또는 점검) | | ② 판정 및 정비(또는 조치)사항 | | 득 점 |
|---|---|---|---|---|---|
| | 측정값 | 규정(정비한계)값 | 판정(□에 '✔' 표) | 정비 및 조치할 사항 | |
| 크랭크 축 축 방향 유격 | 0.11mm | 0.05~0.18mm (한계 0.25mm) | ☑ 양 호<br>□ 불 량 | 정비 및 조치할 사항 없음 | |

## 2 관계 지식

### (1) 축방향 유격 측정 방법

**01 다이얼게이지 사용 측정법 – 1**

측정을 위한 측정용 차량과 다이얼 게이지를 설치한 모습

**02 시크니스 게이지 사용 측정법 – 1**

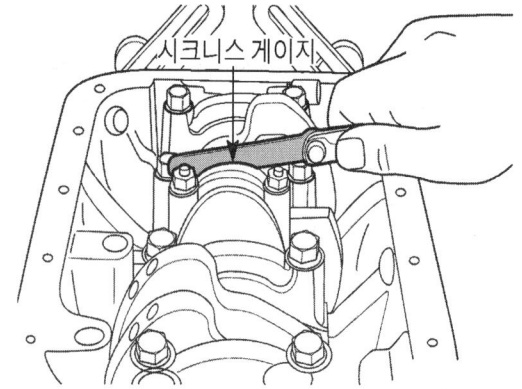

크랭크축을 조립하고 축을 한쪽으로 밀고 중앙에서 측정한다.

**03 다이얼게이지 사용 측정법 – 2**

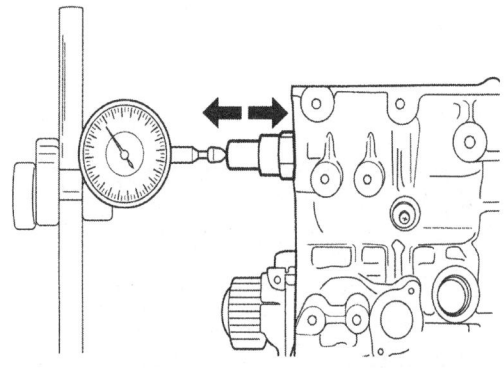

다이얼 게이지를 크랭크축의 직각방향으로 설치하고 측정한다.

**04 시크니스 게이지 사용 측정법 – 2**

크랭크축을 조립하고 축을 한쪽으로 밀고 중앙에서 측정한다.

**05 다이얼게이지 사용 측정법 – 3**

다이얼 게이지를 크랭크축의 직각방향으로 설치하고 측정한다.

**06 다이얼게이지 사용 측정법 – 4**

다이얼 게이지를 플랜지 부분에서 축의 직각으로 설치하고 측정한다.

## 엔진 3 — 인젝터 파형 점검

**13안 산업기사**

2항의 시동된 엔진에서 공전속도를 확인하고 감독위원의 지시에 따라 인젝터 파형을 측정 및 분석하여 기록표에 기록하시오.(단, 시동이 정상적으로 되지 않은 경우 본 항의 작업은 할 수 없음)

### 시험장에서는

인젝터 파형의 측정은 엔진이 정상작동 온도로 시동이 걸려있는 상태에서 측정이 가능하다. 튠업용 엔진이나 실제 차량이 준비되어 있고 그 옆에는 테스터기가 책상위에 놓여 있을 것이다. 엔진의 시동을 걸고 테스터기를 연결하여 파형을 보고 감독 위원에게 고장 난 부분과 수리방법을 설명한다. 수검자는 반드시 파형을 프린트하여 그것을 답안지에 부착하여야 한다. 시동이 걸려 있는 엔진에서 측정하여야 하기 때문에 안전에 각별히 유의하여야하며 작업복이나 긴 머리카락 등이 회전체에 닿지 않도록 안전관리에 각별히 주의한다.

1. Carman-i를 이용한 준비모습
2. 인젝터 파형 측정모습-1
3. 인젝터 파형 측정모습-2

엔진 종합 진단기(Carman-i)로 측정이 준비된 모습이다. 모두 그렇듯이 컴퓨터는 부팅이 되어 있고 튠업용 엔진은 옆에 준비되어 있다. 이 상태에서부터 점검, 기록표에 기록한다.

## 1. 답안지 작성법

### (1) 분사 시간, 서지 전압이 낮을 때

▶ 엔진 3. 인젝터 파형 점검
   자동차 번호 :

| 측정항목 | ① 측정(또는 점검) | ② 판정 및 정비(또는 조치)사항 | | 득 점 |
| --- | --- | --- | --- | --- |
| | | 판정 (□에 '✔' 표) | 정비 및 조치사항 | |
| 분사 시간 | 2ms / 700±100rpm | □ 양 호<br>✔ 불 량 | 인젝터 불량-인젝터 교환 | |
| 서지 전압 | 55V | | | |

| 비번호 | | 감독위원 확 인 | |
| --- | --- | --- | --- |

※ 공회전 상태에서 측정하고 기준값은 지침서를 찾아 판정한다.

1) **비번호** : 비번호는 공단직원이 주는 등번호를 수검자가 기록한다.
2) **감독위원 확인** : 감독위원 확인란은 감독위원이 채점한 후에 도장을 찍는 부분으로 수검자는 기록하지 않는다.
3) **① 측정(또는 점검)** : 측정값은 수검자가 측정한 인젝터의 분사 시간과 서지 전압의 값으로 기록한다.
   • 분사시간 : 2ms / 700±100rpm    • 서지전압 : 55V
4) **② 판정 및 정비(또는 조치) 사항** : 판정은 수검자가 측정값과 규정값을 비교하여 범위 내에 있으면 양호, 벗어나면 불량에 ✔표시하며, 정비 및 조치 사항은 고장 원인과 정비할 사항을 기록한다.
   • 판정 : • 양호 – 규정(정비한계)값의 범위에 있을 때    • 불량 – 규정(정비한계)값을 벗어났을 때
   • 정비 및 조치할 사항 : 정비 및 조치할 사항 없음
5) **득점** : 득점은 감독위원이 채점을 하고 점수를 기록하는 부분으로 수검자는 기록하지 않는다.
6) **자동차 번호** : 측정하는 자동차의 번호를 수검자가 기록한다.

■ 차종별 인젝터 저항, 서지 전압 및 분사 시간 규정값

| 차 종 | 저항(Ω)-20℃ | 서지 전압 | 분사 시간(mS) |
|---|---|---|---|
| 베르나 | 13~16 | 차종마다 약간의 차이는 있으며 보통 65~85V 이다. | 3~5/700±100rpm |
| 아반떼 XD | 14.5±0.35 | | 3~5/700±100rpm |
| EF 쏘나타 | 13~16 | | 3.0~3.5/800±100rpm |
| 그랜저 XG | 13~16 | | 2.0~2.2/800±100rpm |
| 크레도스 | 15.55~16.25 | | − |
| 레간자 | 11.6~12.4 | | − |
| 쏘나타 I,II,III | 13~16 | | 2.5~4.0/공회전 |

## (2) 분사 시간, 서지 전압이 나타나지 않을 때

▶ 엔진 3. 인젝터 파형 점검
　　자동차 번호 :

| 비번호 | | 감독위원 확 인 | |
|---|---|---|---|

| 측정항목 | ① 측정(또는 점검) | ② 판정 및 정비(또는 조치)사항 | | 득 점 |
|---|---|---|---|---|
| | | 판정 (□에 '✔' 표) | 정비 및 조치사항 | |
| 분사 시간 | 없음 / 700±100rpm | □ 양 호 ☑ 불 량 | 인젝터 불량-인젝터 교환 | |
| 서지 전압 | 0V | | | |

※ 공회전 상태에서 측정하고 기준값은 지침서를 찾아 판정한다.

## (3) 분사 시간, 서지 전압이 정상일 때

▶ 엔진 3. 인젝터 파형 점검
　　자동차 번호 :

| 비번호 | | 감독위원 확 인 | |
|---|---|---|---|

| 측정항목 | ① 측정(또는 점검) | ② 판정 및 정비(또는 조치)사항 | | 득 점 |
|---|---|---|---|---|
| | | 판정 (□에 '✔' 표) | 정비 및 조치사항 | |
| 분사 시간 | 3ms / 700±100rpm | ☑ 양 호 □ 불 량 | 정비 및 조치사항 없음 | |
| 서지 전압 | 75V | | | |

※ 공회전 상태에서 측정하고 기준값은 지침서를 찾아 판정한다.

## (4) 프린트하여 분석하여 첨부한 출력물

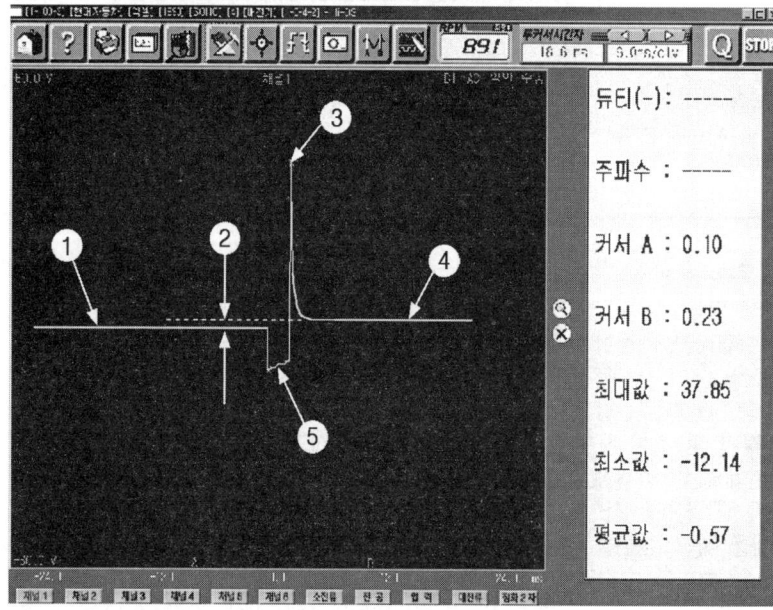

❶ 구동 전압
인젝터 구동전압으로 배터리 전압을 나타낸다.

❷ 작동전, 후 전압
차이가 없는 것이 정상이나 현재 약 1.0V차이가 있으므로 컨트롤 릴레이와 인젝터 사이의 접촉 저항 증가 상태임.

❸ 서지 전압
인젝터 코일의 자장 붕괴시 역기전력으로 약 80V나타낸다.

❹ 구동후 전압
인젝터 구동후 전압으로 배터리 전압을 나타낸다.

❺ 인젝터 구동시간
인젝터가 분사되는 전압(0V)와 시간을(약3.2ms) 나타낸다. 전압기울기가 0.5V 이하여야 하나 1.0V를 나타내므로 인젝터⊖단자에서 ECU까지 접촉저항 증가상태임

## 2  관계 지식

### (1) 스캐너 서비스 데이터에서 분사 시간과 서지 전압을 측정

스캐너의 센서 출력에서 데이터 값으로 분사 시간 서지 전압을 측정하여 기록하기도 한다.

| 정상시 | 센서출력 | | | 고장시 | 센서출력 | |
|---|---|---|---|---|---|---|
| ✔ 연료분사시간-CYL1 | 4.1 | mS | | ✔ 연료분사시간-CYL1 | 4.1 | mS |
| ✔ 연료분사시간-CYL2 | 4.1 | mS | | ✔ 연료분사시간-CYL2 | 4.9 | mS |
| ✔ 연료분사시간-CYL3 | 4.1 | mS | | ✔ 연료분사시간-CYL3 | 4.9 | mS |
| ✔ 연료분사시간-CYL4 | 4.1 | mS | | ✔ 연료분사시간-CYL4 | 4.9 | mS |
| 공연비보정상태 | ON | | | 배터리전압 | 13.3 | V |
| 공연비순시보정-B1 | 100.61 | % | | 공기량센서(전압) | 1.4 | V |
| 공연비학습-공회전 | -0.1 | % | | 공기량센서 | 10.6 | Kg/h |
| 공연비학습-중부하 | 101.6 | % | | 냉각수온센서 | 93.8 | ℃ |
| 증발가스밸브듀티 | 0.0 | % | | 흡기온센서 | 33.8 | ℃ |
| 토크실측값 | 10.4 | % | | 스로틀포지션센서 | 0.0 | % |
| 고정 | 분할 | 전체 | 파형 | 기록 | 도움 | |

## 엔진 4 — 맵 센서 파형 분석

**13안 산업기사**

주어진 자동차의 엔진에서 맵 센서의 파형을 분석하여 그 결과를 기록표에 기록하시오.(측정조건 : 급가감속 시)

### 시험장에서는

맵 센서 파형의 측정은 엔진이 정상 작동 온도의 시동이 걸려있는 상태에서 측정이 가능하다. 튠업용 엔진이나 실제 차량이 준비되어 있고 그 옆에는 테스터기(하이스캔 프로 또는 Hi-DS 스캐너)가 책상 위에 놓여 있을 것이다. 엔진의 시동을 걸고 테스터기를 연결하여 파형을 보고 감독 위원에게 고장 난 부분과 수리방법을 설명한다. 수검자는 반드시 파형을 프린트하여 그것을 답안지에 부착하여야 한다. 시험장에 따라서는 Hi-DS를 준비하여 놓은 곳도 있다. 수검자는 어떠한 측정기가 나오더라도 능수능란하게 측정기기를 다룰 수 있도록 많은 연습을 하여야겠다. 때에 따라서는 맵 센서 방식의 차량이 없는 경우는 AFS의 파형을 측정하는 경우도 있다.

1. NF 쏘나타 시뮬레이터

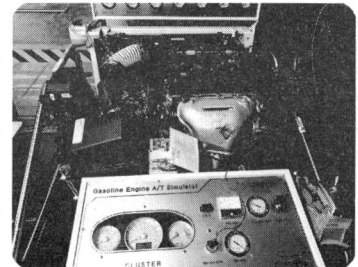

시뮬레이터일 경우 위치가 제작사마다 다르기 때문에 흡기계통을 확인하며 진공호스의 연결 상태를 보면서 점검한다.

2. NF 쏘나타 MAP 센서 위치

차종마다 위치가 다르겠지만 대부분은 서지 탱크 위, 스로틀 보디 주변에 설치되어 있다.

3. NF 쏘나타 MAP 센서

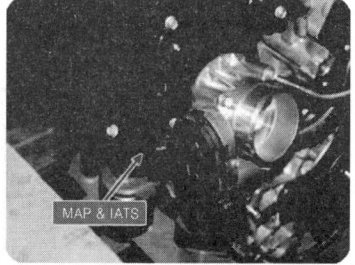

차종마다 위치가 다르겠지만 대부분은 서지 탱크 위, 스로틀 보디 주변에 설치되어 있다.

## 1  답안지 작성법

### (1) 정상 파형일 때

▶ 엔진 4. 맵 센서 파형 분석
자동차 번호 :

| 비번호 | | 감독위원 확 인 | |
|---|---|---|---|

| 측정 항목 | 파형 상태 | 득 점 |
|---|---|---|
| 파형 측정 | ⓐ **(공전)** : 공전이 조용하게 이루어지고 있으며 일정한 맥동을 갖는다.<br>ⓑ **(전압값 급상승)** : 액셀러레이터 페달을 갑자기 밟으면(TPS 값 급상승) 진공이 감소하고 맵 센서의 저항값이 낮아져 전압이 상승한다.<br>ⓒ **(스로틀 밸브 닫힘)** : 급감속 상태에서 TPS 값은 급격히 떨어지지만 MAP 센서는 압력이 서서히 증가하면서 저항값이 증가하여 흐르는 전류 값은 적어진다.<br>ⓓ **(다시 공전상태)** : 전압이 0.5V 이하로 떨어졌다가 다시 약 1V 정도로 상승한다.<br>ⓔ **(최대값과 최소값)** : WOT 상태일 때 4.22V로 최대값 5V에 근접하고 있고, 최소값은 1.3V를 가리키고 있어 규정값 약 1.0V에 근접한다. | |

1) **비번호** : 비번호는 공단직원이 주는 등번호를 수검자가 기록한다.
2) **감독위원 확인** : 감독위원 확인란은 감독위원이 채점한 후에 도장을 찍는 부분으로 수검자는 기록하지 않는다.
3) **파형 상태** : 파형 상태 란은 수검자가 감독위원의 지시에 따라 스캐너나 튠업 테스터기로 측정한 파형을 프린터로 출력하여 고장 부분 및 각 부분을 출력물에 직접 기록 설명하고 파형의 상태를 결론으로 정리한다.
4) **득점** : 득점은 감독위원이 채점을 하고 점수를 기록하는 부분으로 수검자는 기록하지 않는다.
5) **자동차 번호** : 측정하는 자동차의 번호를 수검자가 기록한다.

## (2) 프린트 하여 분석한 출력물

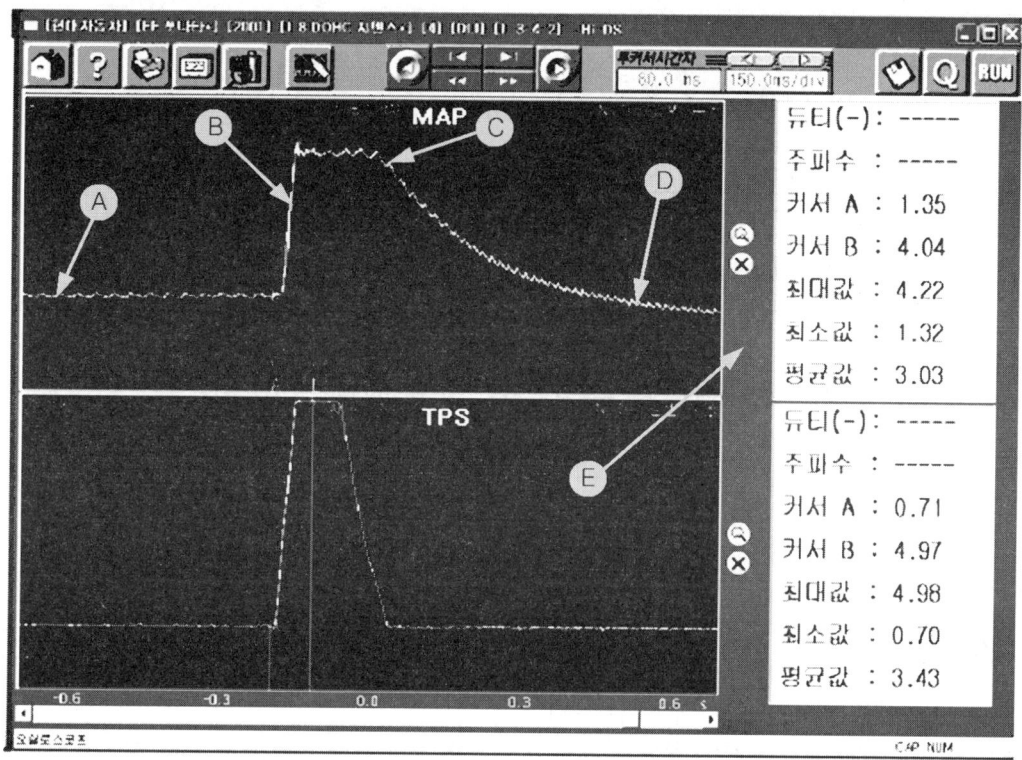

## 2  관계 지식

### (1) 센서 파형의 점검

1) **측정위치** : 오실로스코프 프로브(+)를 맵 센서 커넥터가 연결된 상태에서 1번에 연결하고 (−)를 접지한 후 시동을 걸어 아이들 상태에서 측정한다.

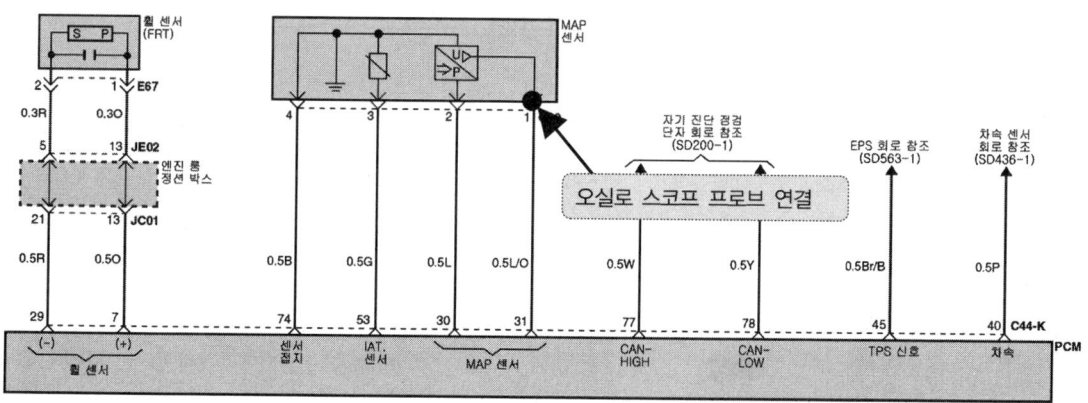

▲ 회로도에서 본 오실로스코프 프로브 연결 위치(NF 쏘나타 2.0-2010)

2) 커넥터에서 측정 위치 : 센서 쪽 커넥터를 바라보면서 1번에 오실로스코프 프로브(+)를 맵 센서 커넥터에 연결하고 (-)를 접지한 후 시동을 걸어 아이들 상태에서 측정한다.

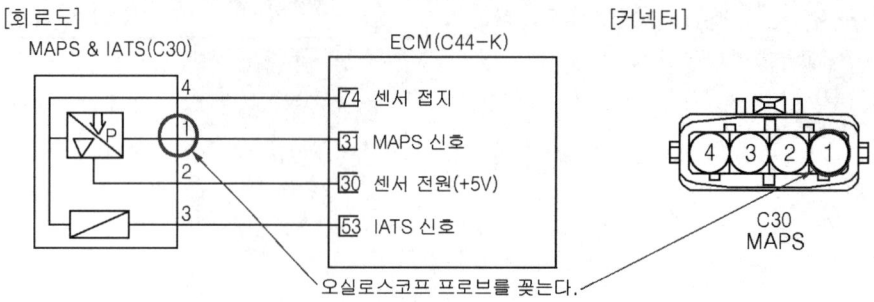

▲ 커넥터에서의 오실로 스코프 프로브 연결 위치(NF 쏘나타 2.0-2010)

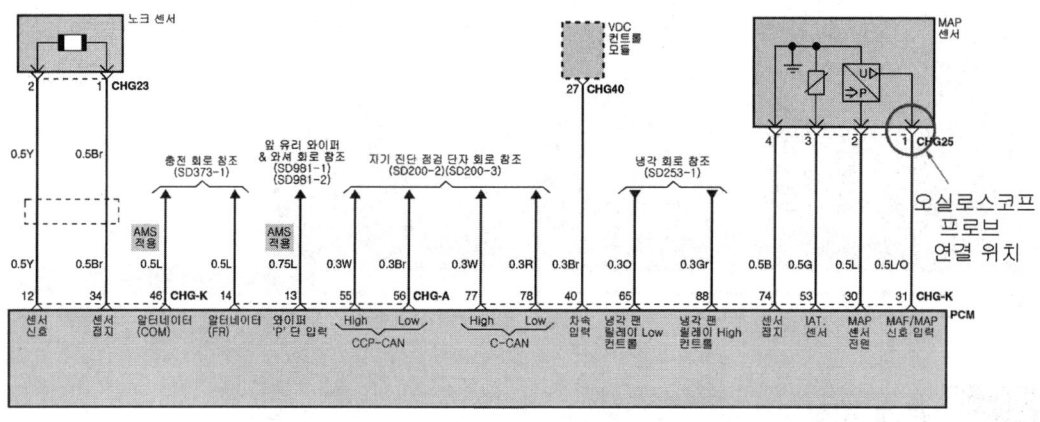

▲ 회로도에서 본 오실로스코프 프로브 연결 위치(쏘렌토 2.4-2009)

## (2) 정상파형

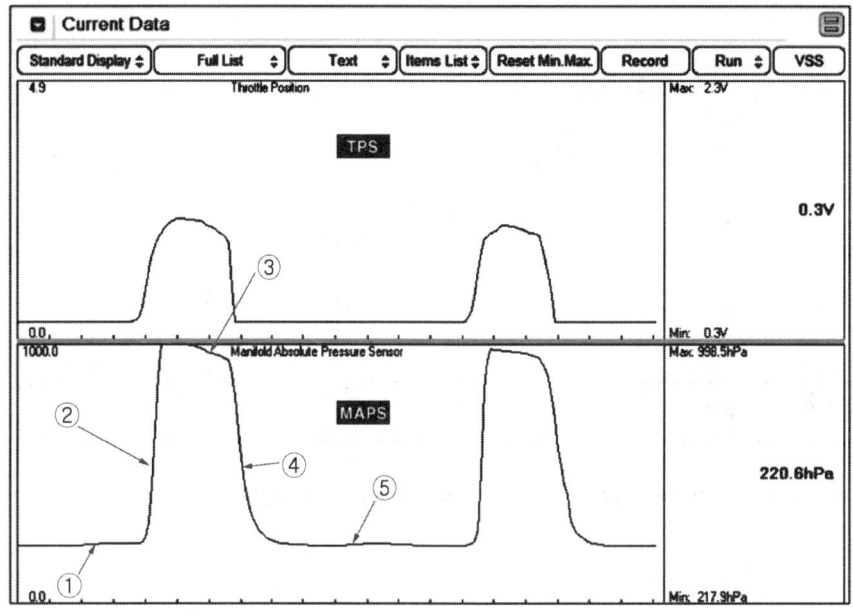

① 공전 상태에서 일정한 전압으로 유지되고 있다.
② 급가속 시작에서 액셀러레이터 페달을 밟으면 압력이 증가(진공은 감소)하면서 센서의 저항이 감소하여 전압이 급상승하고 있다.
③ 스로틀 밸브 완전 열림 상태에서 최고 전압이 약 5V가 출력되고 있다.
④ 스로틀 밸브 닫힘에 따라 센서의 저항이 증가하면서 흐르는 전압이 떨어지고 있다
⑤ (다시 공전상태) : 전압이 0.5V이하로 떨어졌다가 다시 약 1V 정도로 상승한다.

## 엔진 5 — 디젤 매연 점검

주어진 전자제어 디젤 엔진에서 연료 압력 센서를 탈거한 후(감독위원에게 확인), 다시 부착하여 시동을 걸고 매연을 측정하여 기록표에 기록하시오.

### 시험장에서는

 매연을 측정하는 곳에 오면 디젤 엔진이 "웅웅" 거리면서 돌아가고 테스터기가 앞에 놓여 있을 것이다. 겨울에도 이 시험장에서는 출입문을 열어 놓아서 매연이 실습장 안에 고이지 않도록 하여야 하니 감독관이나 수검자는 고생이 많은 곳이다. 먼저 감독관과 상견례를 하여야 하니 "안녕하십니까? 크게 인사를 하고 답안지를 받아서 책상 위에 놓고 테스터기를 연결한다. 순서에 맞추어서 측정한 후 답안지를 작성하는데 아마 자동차의 연식이 주어져 있으며, 규정값과 한계값은 검사기준이라 본인이 꼭 외워야 한다. 일부 검사장에서는 측정한 검출지를 답안지에 첨부하여야 한다.

### 1. 디스플레이 및 기능 키 구조 모습

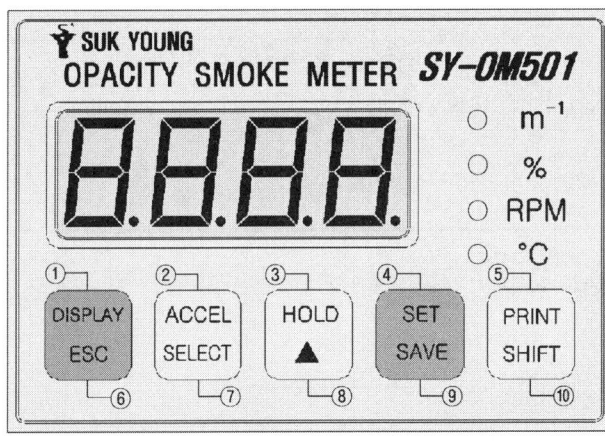

① DISPLAY : 표시 화면 선택
② ACCEL : 무부하 가속시험
③ HOLD : 디스플레이 화면 유지
- HOLD : HOLD 키를 누르면 표시된 화면이 유지, 한 번 더 누르면 보류가 해제된다.
- PEAK HOLD : HOLD 키를 누르면 측정 값의 가장 높은 값이 화면에 표시되고 유지된다. 한 번 더 설정 모드.
④ SET : 측정 모드에서 설정 모드로 이동.
⑤ PRINT : 인쇄
⑥ ESC : 측정 모드에서 자유 가속 시험을 측정 모드로 옮긴다.
⑦ SELECT : 셋업 모드에서 다른 셋업 모드로 이동.
⑧ ▲ : 설정 값 변경.
⑨ SAVE : 각 설정 값을 저장한다.
⑩ SHIFT : 설정 값 변경.

## 1  답안지 작성법

### (1) 매연 배출량이 많아 불량일 때

▶ 엔진 5. 매연 점검
　　자동차 번호 :

| 차종 | 연식 | 기준값 | 측정값 | 측정 | 산출근거(계산)기록 | 판정(□에 '✔' 표) | 득점 |
|---|---|---|---|---|---|---|---|
| | | | | | ① 측정(또는 점검) / ② 판정 및 정비(또는 조치)사항 | 비 번호 / 시험위원 확인 | |
| 화물 자동차 | 2013년 | 25% 이하 | 50% | 1회 : 52%<br>2회 : 50%<br>3회 : 49% | $\dfrac{52+50+49}{3}=50.3\%$ | □ 양 호<br>☑ 불 량 | |

※ 차종 및 연식은 자동차등록증을 활용하여 기재하고 기준값 적용
※ 자동차 검사기준 및 방법에 의하여 기록 판정합니다.

1) **비번호** : 비번호는 공단직원이 주는 등번호를 수검자가 기록한다.
2) **시험위원 확인** : 시험위원 확인란은 시험위원이 채점한 후에 도장을 찍는 부분으로 수검자는 기록하지 않는다.
3) **① 측정(또는 점검)** : 차종과 연식란은 주어진 자동차 등록증을 보고 수검자가 기록하며, 기준값은 수검자가 등록증의 차대번호의 연식을 보고 운행 차량의 배출 허용 기준값을 기록한다. 측정값은 수검자가 3회 측정한 값의 평균값을 기록하며, 측정란은 수검자가 3회 측정한 값을 기록한다.

- 차종 : 화물 자동차  • 연식 : 2013년
- 기준값 : 25% 이하  • 측정값 : 50%
- 측정 - 1회 : 52%, 2회 : 50%, 3회 : 49%

4) ② 판정 및 정비(또는 조치)사항 : 산출근거(계산)기록은 수검자가 3회 측정하여 평균값을 산출한 계산식을 기록하며, 판정은 수검자가 측정한 값과 기준값을 비교하여 범위 내에 있으면 양호, 벗어나면 불량에 ✔ 표시를 한다.
- 산출근거(계산)기록 : $\frac{52+50+49}{3} = 50.3\%$
- 판정 : ·양호 - 기준값의 범위에 있을 때   ·불량 - 기준값을 벗어났을 때

5) **득점** : 득점은 시험위원이 채점을 하고 점수를 기록하는 부분으로 수검자는 기록하지 않는다.
6) **자동차 번호** : 측정하는 자동차 번호를 수검자가 기록한다.

### (2) 매연 배출량이 작아 양호할 때

▶ 엔진 5. 매연 점검
  자동차 번호 :

| | | | | | | 비 번호 | | 시험위원 확 인 | |
|---|---|---|---|---|---|---|---|---|---|
| | | ① 측정(또는 점검) | | | | ② 판정 및 정비(또는 조치)사항 | | | 득 점 |
| 차종 | 연식 | 기준값 | 측정값 | 측정 | | 산출근거(계산)기록 | 판정(□에 '✔' 표) | | |
| 화물 자동차 | 2013년 | 25% 이하 | 20% | 1회 : 21%<br>2회 : 20%<br>3회 : 19% | | $\frac{21+20+19}{3}=20\%$ | ☑ 양 호<br>□ 불 량 | | |

※ 차종 및 연식은 자동차등록증을 활용하여 기재하고 기준값 적용
※ 자동차 검사기준 및 방법에 의하여 기록 판정합니다.

## 2 관계 지식

### (1) 배출가스 농도가 높은 원인(흑색, 백색, 청색 발생)

① 인젝터 연료량 보정 불량
② 전자식 EGR 컨트롤 밸브 열림 고착
③ 에어필터 막힘
④ 연료 품질 불량 또는 연료 내 수분 유입
⑤ 오일량 과다 & 과소
⑥ 터보 차저 손상
⑦ 엔진 오일 유입
⑧ 촉매 막힘 또는 손상
⑨ 에어히터 고장
⑩ 압축압력 낮음
⑪ 고압 연료 회로 누유
⑫ 연료라인 연결부 간헐적 이상
⑬ 인젝터 플랜지 너트 조임상태 불량
⑭ 인젝터 와셔 불량(불량 장착, 미장착 & 2개 이상 장착)
⑮ 인젝터 이상
⑯ 인젝터내 카본 누적
⑰ 인젝터 니들 고착
⑱ 인젝터 열림 고착
⑲ 연료내 가솔린 유입
⑳ ECM 프로그램 또는 하드웨어 이상

## (2) 차종별 / 연도별 매연 허용 기준값

| 차 종 | | 제작일자 | | 매연(원격 측정기) |
|---|---|---|---|---|
| 경자동차 및 승용자동차 | | 1995년 12월 31일 이전 | | 60% 이하 |
| | | 1996년 1월 1일부터 2000년 12월 31일까지 | | 55% 이하 |
| | | 2001년 1월 1일부터 2003년 12월 31일까지 | | 45% 이하 |
| | | 2004년 1월 1일부터 2007년 12월 31일까지 | | 40% 이하 |
| | | 2008년 1월 1일 이후 | | 20% 이하 |
| 승합·화물·특수 자동차 | 소형 | 1995년 12월 31일 이전 | | 60% 이하 |
| | | 1996년 1월 1일부터 2000년 12월 31일까지 | | 55% 이하 |
| | | 2001년 1월 1일부터 2003년 12월 31일까지 | | 45% 이하 |
| | | 2004년 1월 1일부터 2007년 12월 31일까지 | | 40% 이하 |
| | | 2008년 1월 1일 이후 | | 20% 이하 |
| | 중·대형 | 1992년 12월 31일 이전 | | 60% 이하 |
| | | 1993년 1월 1일부터 1995년 12월 31일까지 | | 55% 이하 |
| | | 1996년 1월 1일부터 1997년 12월 31일까지 | | 45% 이하 |
| | | 1998년 1월 1일부터 2000년 12월 31일까지 | 시내버스 | 40% 이하 |
| | | | 시내버스 외 | 45% 이하 |
| | | 2001년 1월 1일부터 2004년 9월 30일까지 | | 45% 이하 |
| | | 2004년 10월 1일부터 2007년 12월 31일까지 | | 40% 이하 |
| | | 2008년 1월 1일 이후 | | 20% 이하 |

※ 1993년 이후에 제작된 자동차 중 과급기(turbo charger)나 중간 냉각기(intercooler)를 부착한 경유 사용 자동차의 배출허용기준은 무부하급가속 검사방법의 매연 항목에 대한 배출허용기준에 5%를 더한 농도를 적용한다.

## (3) 현대 자동차 제작사별 차대번호(VIN : Vehicle Identification Number)의 표기 부호(산타페 - 2013)

```
K  M  H    S  U  8  1  X  D    D   U   1   2   3   4   5   6
①  ②  ③    ④  ⑤  ⑥  ⑦  ⑧  ⑨    ⑩   ⑪   ⑫   ⑬   ⑭   ⑮   ⑯   ⑰
  제작 회사군        자동차 특성군              제작 일련 번호군
```

① K : 국제배정 국적표시 – K : 한국, J : 일본, 1 : 미국,
② M : 제작사를 나타내는 표시 – M : 현대, L : 대우, N : 기아, P : 쌍용 자동차
③ H : 자동차 종별 표시 – H : 승용차, F : 화물트럭, J : 승합차량, C : 특장 - 승합 화물
④ S : 차종 – S : 싼타페
⑤ U : 세부차종 및 등급  S : LOW 급(L), T : MIDDLE - LOW 급(GL), U : MIDDLE 급(GLS, JSL, TAX)
　　　　　　　　　　　　V : MIDDLE - High급(HGS), W : High급(TOP)
⑥ 8 : 차체형상 – Cabin type
　 · KMC : 1-박스, 2-본넷, 3-세미본넷, 5-일반캡, 9-더블캡, C-슈퍼캡
　 · KMF : X-일반캡, Y-더블캡, Z-슈퍼캡
　 · KMH : 1-리무진, 2-세단-2도어, 3-세단 3도어, 4-세단 4도어, 5-세단 5도어,
　　　　　　6-쿠페, 7-컨버터블, 8-왜곤, 9-화물(밴), 0-픽업
　 · KMJ : 1-박스, 2-본넷, 3-세미본넷
⑦ 1 : 안전장치(Restraint system & Brake system)
　 · KMC : 7-유압식 브레이크, 8-공기식 브레이크, 9-혼합식 브레이크
　 · KMH : 0 – 운전석/ 동승석 미적용, 1 – 운전석/ 동승석 액티브 시트벨트
　　　　　 2 – 운전석/ 동승석 패시브 시트벨트
⑧ X : 동력장치 U -디젤 엔진 2.0R, X : 디젤 엔진 2.2(R)
⑨ D : 운전석 방향 및 변속기 – A : LHD & MT, B : LHD & AT오른쪽 운전석,
　　　　　　　　　　C : LHD & MT+Transfer, D : C : LHD & AT+Transfer, E : C : LHD & CVT
⑩ D : 제작년도 – M : 1991, N : 1992, P : 1993, R : 1994, S : 1995, T : 1996, V : 1997, W : 1998,
　　　　X : 1999, Y : 2000, 1 : 2001, 2 : 2002, 3 : 2003 ……9 : 2009, A : 2010, B : 2011, C :2012
　　　　D : 2013, E : 2014, F : 2015, G : 2016, H : 2017, H : 2018
⑪ U : 공장 기호 – A : 아산공장, C : 전주공장, U : 울산공장, M : 인도공장, Z : 터키공장
⑫~⑰ 660620 : 차량 생산 일련 번호

(4) 자동차 등록증(싼타페-2013)

# 자동차등록증

제2013-000135호    최초 등록일 : 2013년 05월 27일

| ① 자동차 등록 번호 | 07러 3859 | ② 차 종 | 중형승용 | ③ 용도 | 자가용 |
|---|---|---|---|---|---|
| ④ 차 명 | 싼타페 DM | ⑤ 형식 및 연식 | DM5UBK-T | | 2013 |
| ⑥ 차 대 번 호 | KMHSU81XDDU123456 | ⑦ 원동기 형식 | D4HA | | |
| ⑧ 사 용 본 거 지 | 경기도 양주시 부흥로 1901 신도 8차 아파트***동 ***호 | | | | |
| 소유자 ⑨ 성명(명칭) | 김광수 | ⑩ 주민(사업자) 등록번호 | ***117-******* | | |
| ⑪ 주 소 | 경기도 양주시 부흥로 1901 신도 8차 아파트***동 ***호 | | | | |

자동차 관리법 제8조등의 규정에 의하여 위와 같이 등록하였음을 증명합니다.

2013 년 05 월 27 일

# 양 주 시 장

## 섀시 2 — 브레이크 페달 자유간극 점검

주어진 자동차의 브레이크에서 페달 자유간극을 측정하여 기록표에 기록한 후 페달 자유간극과 페달 높이가 규정값이 되도록 조정하시오.

### 시험장에서는

실차에서 측정하여야 하며 역시 차안에는 강철 자와 백묵 또는 사인펜이 준비되어 있다. 무릎을 꿇고 작업을 하여야 하기 때문에 편안한 실습복과 신발을 신어야 한다. 페달을 누를 때 힘이 없이 들어가는 부분이 있고 그다음에 힘을 주어야지만 눌러진다. 따라서 긴장되고 팔에 힘이 들어가 있으면 그 경계를 파악하기가 어려움이 있다. 팔에 힘을 적당하게 주고 눌러서 자유간극을 찾아야 한다.

**1. 자유 간극, 작동 간극 모습**

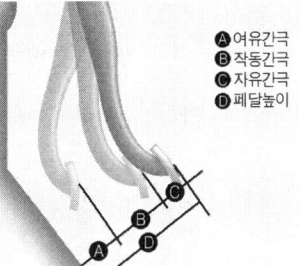

Ⓐ 여유간극
Ⓑ 작동간극
Ⓒ 자유간극
Ⓓ 페달높이

시험장에서 페달 유격을 측정하는 차량에 백묵과 강철 자가 준비되어 있다.

**2. 푸시로드 위치**

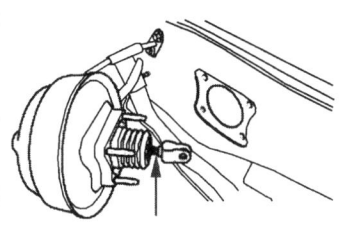

마스터 백을 밀어주는 푸시로드를 길이를 조정하여 조정한다.

**3. 자유 간극 조정나사 모습**

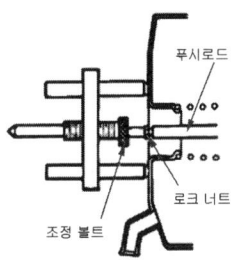

브레이크 페달과 마스터 백 사이에 푸시로드 길이로 자유 간극을 조절한다.

## 1  답안지 작성법

### (1) 자유 간극과 페달 높이가 클 때

▶ 섀시 2. 브레이크 페달 점검
   작업대 번호 :

| 측정 항목 | ① 측정(또는 점검) | | ② 판정 및 정비(또는 조치)사항 | | 득점 |
|---|---|---|---|---|---|
| | 측정값 | 규정(정비한계)값 | 판정(□에 '✔' 표) | 정비 및 조치할 사항 | |
| 자유 간극 | 25mm | 3~8mm | □ 양 호<br>✔ 불 량 | • 자유 간극 조정 – 마스터 실린더 푸시로드 길이를 길게 하여 규정값으로 조정한다.<br>• 페달 높이 조정–페달 조정 너트를 길게 하여 규정값으로 조정한다. | |
| 페달 높이 | 195mm | 184±3mm | | | |

| 비번호 | | 감독위원 확 인 | |
|---|---|---|---|

1) **비번호** : 비번호는 공단직원이 주는 등번호를 수검자가 기록한다.
2) **감독위원 확인** : 감독위원 확인란은 감독위원이 채점한 후에 도장을 찍는 부분으로 수검자는 기록하지 않는다.
3) **① 측정(또는 점검)** : 측정값은 수검자가 측정한 자유간극과 페달높이의 값을 기록하고, 규정(정비한계)값은 감독위원이 주어진 값이나 또는 정비지침서를 보고 기록한다.(반드시 단위를 기록한다)
   • 측정값 : • 자유 간극 – 25mm   • 페달 높이 –195mm
   • 규정(정비한계)값 : • 자유 간극 – 3~8mm   • 페달 높이 – 184±3mm
4) **② 판정 및 정비(또는 조치)사항** : 판정은 수검자가 측정한 값과 규정(정비한계)값을 비교하여 범위 내에 있으면 양호, 벗어나면 불량에 ✔ 표시를 하며, 정비 및 조치할 사항 란에는 고장원인과 정비할 사항을 기록한다.
   • 판정 : • 양호 – 규정(정비한계)값 이내에 있을 때
           • 불량 : 규정(정비한계)값을 벗어났을 때

• 정비 및 조치할 사항 : 양호하면 정비 및 조치할 사항 없음으로, 불량일 경우 고장원인 정비방법을 기록한다.
5) **득점** : 득점은 감독위원이 채점을 하고 점수를 기록하는 부분으로 수검자는 기록하지 않는다.
6) **작업대 번호** : 측정하는 작업대 번호를 수검자가 기록한다.

## (2) 자유 간극 정상이나 페달 높이가 작을 때

▶ 섀시 2. 브레이크 페달 점검
　　작업대 번호 :

| 측정 항목 | ① 측정(또는 점검) | | ② 판정 및 정비(또는 조치)사항 | | 득점 |
|---|---|---|---|---|---|
| | 측정값 | 규정(정비한계)값 | 판정(□에 '✓'표) | 정비 및 조치할 사항 | |
| 자유 간극 | 7mm | 3~8mm | □ 양 호<br>☑ 불 량 | • 페달 높이 조정-푸시로드 길이를 짧게 하여 규정값으로 조정한다. | |
| 페달 높이 | 172mm | 184±3mm | | | |

■ 차종별 페달 유격, 작동간극 규정값 (mm)

| 차 종 | | 작동거리 | 자유간극 | 페달 높이 | 차 종 | | 작동거리 | 자유간극 | 페달 높이 |
|---|---|---|---|---|---|---|---|---|---|
| K3<br>(2014) | G 1.6 GDI | 135 | 3~8 | 183 | 로체<br>(2010) | G 2.0 DOHC | 128 | 3~8 | 171 |
| | G 1.6 TGDI | | | | | G 2.4 DOHC | | | |
| | D 1.6 TCI-U2 | | | | | L 2.0 LPI | | | |
| K5<br>(2010) | G 2.0 DOHC | 135 | 3~8 | — | K7<br>(2010) | G 2.4 DOHC | 135 | 3~8 | — |
| | G 2.4 GDI | | | | | G 2.7 DOHC | | | |
| | L 2.0 LPI | | | | | G 3.5 DOHC | | | |
| 그랜드<br>카니발<br>(2010) | D 2.2 TCI-R | 122 | 3~8 | 192.4 | 쏘렌토 R<br>(2010) | L 2.7 DOHC | 131.1 | 3~8 | 208 |
| | D 2.9 VGT | | | | | D 2.0 TCI-R | | | |
| | L 2.7 LPI | | | | | D 2.2 TCI-R | | | |
| 모닝 SA<br>(2010) | G 1.0 SOHC | 122~127 | 3~8 | 184 | | G 2.4 DOHC | | | |
| | L 1.0 SOHC | | | | | L 2.7 DOHC | | | |

## (3) 자유 간극과 페달 높이가 작을 때

▶ 섀시 2. 브레이크 페달 점검
　　작업대 번호 :

| 측정 항목 | ① 측정(또는 점검) | | ② 판정 및 정비(또는 조치)사항 | | 득점 |
|---|---|---|---|---|---|
| | 측정값 | 규정(정비한계)값 | 판정(□에 '✓'표) | 정비 및 조치할 사항 | |
| 자유 간극 | 1mm | 3~8mm | □ 양 호<br>☑ 불 량 | • 자유 간극 조정 - 마스터 실린더 푸시로드 길이를 짧게 하여 규정값으로 조정한다.<br>• 페달 높이 조정-페달 조정 너트를 짧게 하여 규정값으로 조정한다. | |
| 페달 높이 | 160mm | 184±3mm | | | |

## (4) 페달 높이는 정상이나 자유간극이 클 때

▶ 섀시 2. 브레이크 페달 점검
　　작업대 번호 :

| 측정 항목 | ① 측정(또는 점검) | | ② 판정 및 정비(또는 조치)사항 | | 득점 |
|---|---|---|---|---|---|
| | 측정값 | 규정(정비한계)값 | 판정(□에 '✓'표) | 정비 및 조치할 사항 | |
| 자유 간극 | 18mm | 3~8mm | □ 양 호<br>☑ 불 량 | • 자유 간극 조정 - 마스터 실린더 푸시로드 길이를 길게 하여 규정값으로 조정한다. | |
| 페달 높이 | 186mm | 184±3mm | | | |

## (5) 자유간극과 페달 높이가 정상일 때

**▶ 섀시 2. 브레이크 페달 점검**
  작업대 번호 :

| 측정 항목 | ① 측정(또는 점검) | | ② 판정 및 정비(또는 조치)사항 | | 득점 |
|---|---|---|---|---|---|
| | 측정값 | 규정(정비한계)값 | 판정(□에 '✔' 표) | 정비 및 조치할 사항 | |
| 자유 간극 | 5mm | 3~8mm | ☑ 양 호<br>□ 불 량 | 정비 및 조치할 사항 없음 | |
| 페달 높이 | 182mm | 184±3mm | | | |

비번호: / 감독위원 확인:

## 2 관계 지식

### (1) 자유간극 측정법

① 엔진을 정지시킨 상태에서 브레이크 페달을 2~3번 밟아 하이드로백 내의 진공을 없앤 후 실시한다.
② 페달 밑판 부위에 철자(30cm)와 분필을 이용하여 페달이 올라온 부분에 표시를 한 후 손바닥으로 페달을 눌러 저항(압력)이 느껴지는 점까지의 이동거리를 측정한다.
③ **조정 방법** : 로크 너트를 풀고 푸시로드를 돌려 유격을 조정한다.

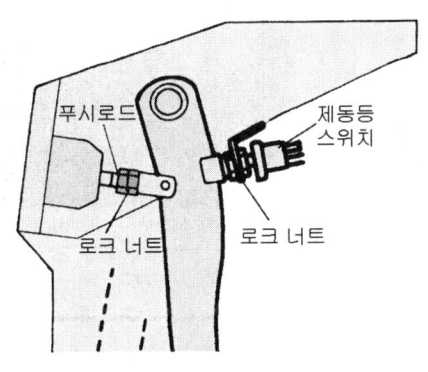

▲ 브레이크 페달 자유 간극 조정

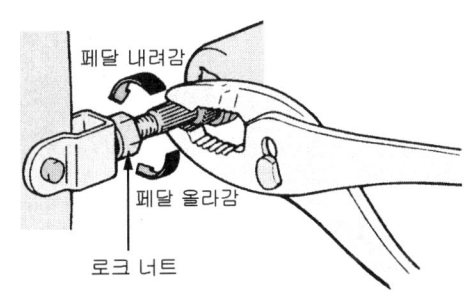

▲ 푸시로드 조정

## 섀시 4    제동력 점검

**13안 산업기사**

3항의 작업 자동차에서 감독위원의 지시에 따라 전(앞) 또는 후(뒤) 제동력을 측정하여 기록표에 기록하시오.

### 시험장에서는

제동력 테스터기는 구형인 지침식을 보유하고 있는 시험장과 신형인 ABS COMBI를 보유하고 있는 곳이 있으나 수검자는 어느 것이나 측정할 수 있는 능력을 보유하여야 한다. 보유하고 있는 테스터기로 측정법을 숙지하는 것은 물론 다른 테스터기의 사용법도 책 등을 이용하여 습득하여야 한다. 감독관으로부터 답안지를 받고 제동력 테스터기 앞에 서면 보조원이 기다리고 있다. 보조원은 대부분 그곳의 학생으로 자격증 취득자이거나 테스터기를 능수능란하게 다룰 수 있는 학생이다. 보조원은 운전석에 앉아서 수검자가 지시를 내려 주기만을 기다리고 있다. 수검자는 테스터기를 세팅하고 보조원에게 차량을 진입하도록 지시하고 리프트를 하강시키면 롤러가 회전한다. 보조원에게 "브레이크 밟으세요." 하고 지침이 최대로 올랐을 때 푸시 버튼을 눌러 눈금을 읽는다. 주어진 축중과 좌우 측정값을 기록하고 리프트를 올린 후 계산하여 답안지를 작성하여 제출한다.

1. 측정기가 설치된 실습장 모습    2. 제동력 측정기 답판이 내려간 모습    3. 제동력 측정기 답판이 내려간 모습

시험 준비가 완료된 모습이다. 깨끗하게 청소가 되어 있고 주변에 정돈된 모습이 청량한 마음을 준다.

후륜 측정을 하기 위해 제동력 테스터기 답판 위에 뒷바퀴가 올라간 상태에서 측정 버튼을 눌러 답판이 내려진 상태이다.

측정 버튼을 누르면 답판이 아래로 내려가고 롤러가 회전한다. 이때 "밟으세요"라고 보조원에게 주문한다.

## 1   답안지 작성법

### (1) 제동력 합과 편차가 불량일 때

▶ 섀시 4. 제동력 점검
    자동차 번호 :

| 비 번호 | | 감독위원 확인 | |
|---|---|---|---|

| ① 측정(또는 점검) ||||  ② 판정 및 정비(또는 조치)사항 |||  득점 |
|---|---|---|---|---|---|---|---|
| 위 치 | 구분 | 측정값 | 기준값 (□에 '✔'표) | 산출근거 || 판정 (□에 '✔'표) | |
| 제동력 위치 (□에 '✔'표) □ 앞 ✔ 뒤 | 좌 | 20kg | □ 앞  축중의 ✔ 뒤 | 편차 | 편차 = $\frac{80-20}{602} \times 100 = 10.0\%$ | □ 양 호 ✔ 불 량 | |
| | 우 | 80kg | 제동력 편차   8% 이하 | 합 | 합 = $\frac{80+20}{602} \times 100 = 16.6\%$ | | |
| | | | 제동력 합   20% 이상 | | | | |

※ 측정 위치는 감독위원이 지정하는 위치에 □에 '✔' 표시합니다.
※ 자동차 검사기준 및 방법에 의하여 기록 판정합니다.
※ 측정값의 단위는 시험장비 기준으로 작성합니다.
※ 산출근거에는 단위를 기록하지 않아도 됩니다.

1) **비번호** : 비번호는 공단직원이 주는 등번호를 수검자가 기록한다.
2) **감독위원 확인** : 감독위원 확인란은 감독위원이 채점한 후에 도장을 찍는 부분으로 수검자는 기록하지 않는다.
3) **위치** : 위치는 감독위원이 지정하는 곳에 ✔ 표시를 한다.
4) **측정값** : 측정값 란은 수검자가 측정한 제동력의 값을 기록한다.
   - 좌 : 20kg
   - 우 : 80kg
5) **기준값** : 기준값은 기준이 되는 축에 ✔ 표시를 하고 검사 기준값을 기록한다.
   - 뒤 : ☑
   - 편차 : 8% 이하
   - 제동력 합 : 20% 이상
6) **산출 근거** : 계산공식에 넣어서 산출하는 계산식을 기입한다.

   ※ 계산법 : ・ 좌,우제동력의 편차 = $\dfrac{\text{좌,우제동력의 편차}}{\text{해당 축중}} \times 100 = \dfrac{80-20}{602} \times 100 = 10.0\%$

   ・ 좌,우제동력의 합 = $\dfrac{\text{좌,우제동력의 합}}{\text{해당 축중}} \times 100 = \dfrac{80+20}{602} \times 100 = 16.6\%$

   ・ 축중은 BENZ C-200 가솔린 직분사(1,505kg)의 40%(602kg)으로 계산함.

7) **판정** : 판정은 측정한 값과 검사기준 값을 비교하여 범위 안에 들면 양호에, 범위를 벗어나면 불량에 ✔ 표시를 한다.
   - 판정 : ・ 양호 : 측정한 값이 검사기준 값(제동력 합 20% 이상, 편차 8% 이하)의 범위에 있을 때
   - ・ 불량 : 측정한 값이 검사기준 값(제동력 합 20% 이상, 편차 8% 이하)의 범위를 벗어났을 때
8) **득점** : 득점은 감독위원이 채점을 하고 점수를 기록하는 부분으로 수검자는 기록하지 않는다.
9) **자동차 번호** : 측정하는 자동차 번호를 수검자가 기록한다.

■ **GM대우 차종별 중량 기준값**

| 항목 \ 차종 | BENZ(2016) | | BMW(2016) | | AUID A6(2016) | |
|---|---|---|---|---|---|---|
| | C 200-가솔린 | C220d-디젤 | 528i-가솔린 | 118d | 35TDI | 40TFSI |
| 엔진형식-연료 | I4-직분사 | I4-직분사 | I4 2.0 | I4 터보 | I4 디젤 직분사 | I4 가솔린 직분사 |
| 배기량(CC) | 1,991 | 2,143 | 1,997 | 1,995 | 1,968 | 1,984 |
| 공차중량(kg) | 1,505 | 1,625~1,775 | 1,625 | 1,475 | 1,754 | 1,799 |
| 최대 출력(HP) | 184 | 170 | 245 | 150 | 190 | 252 |
| 최대 토크(kg.m) | 30.6 | 40.8 | 35.7 | 32.7 | 40.8 | 37.8 |
| 연비(km/L) M/T | – | – | – | – | – | – |
| 연비(km/L) A/T | 12.1 | 14.6~17.4 | 11.7 | 13.1 | 13.5~14.9 | 10.3 |
| 축거(mm) | 2,840 | 2,840 | 2,968 | 2,690 | 2,912 | 2,912 |
| 전륜 제동장치 | V디스크 | V디스크 | V디스크 | V디스크 | V디스크 | V디스크 |
| 후륜 제동장치 | 디스크 | 디스크 | V디스크 | V디스크 | 디스크 | 디스크 |

### (2) 제동력 편차는 정상이나 합이 불량일 때

▶ **섀시 4. 제동력 점검**
자동차 번호 :

| 비 번호 | | 감독위원 확인 | |
|---|---|---|---|

| ① 측정(또는 점검) | | | | ② 판정 및 정비(또는 조치)사항 | | | 득점 |
|---|---|---|---|---|---|---|---|
| 위 치 | 구분 | 측정값 | 기준값 (□에 '✔'표) | | 산출근거 | 판정 (□에 '✔'표) | |
| 제동력 위치 (□에 '✔'표) □ 앞 ☑ 뒤 | 좌 | 40kg | □ 앞 ☑ 뒤 | 축중의 | 편차 | 편차 = $\dfrac{50-40}{602} \times 100 = 1.7\%$ | □ 양 호 ☑ 불 량 | |
| | 우 | 50kg | 제동력 편차 | 8% 이하 | 합 | 합 = $\dfrac{50+40}{602} \times 100 = 15.0\%$ | | |
| | | | 제동력 합 | 20% 이상 | | | | |

※ 측정 위치는 감독위원이 지정하는 위치에 □에 '✔'표시합니다.
※ 자동차 검사기준 및 방법에 의하여 기록 판정합니다.
※ 측정값의 단위는 시험장비 기준으로 작성합니다.
※ 산출근거에는 단위를 기록하지 않아도 됩니다.

## (3) 제동력 합과 편차가 정상일 때

▶ 섀시 4. 제동력 점검
   자동차 번호 :

| 비 번호 | | 감독위원 확인 | |

| ① 측정(또는 점검) ||||  ② 판정 및 정비(또는 조치)사항 ||| 득점 |
|---|---|---|---|---|---|---|---|
| 위 치 | 구분 | 측정값 | 기준값 (□에 '✔' 표) | | 산출근거 | 판정 (□에 '✔' 표) | |
| 제동력 위치 (□에 '✔' 표) □ 앞 ☑ 뒤 | 좌 | 190kg | □ 앞  축중의 ☑ 뒤 | 편차 | 편차 $= \dfrac{190-180}{602} \times 100 = 1.7\%$ | ☑ 양 호 □ 불 량 | |
| | 우 | 180kg | 제동력 편차 8% 이하 | 합 | 합 $= \dfrac{190+180}{602} \times 100 = 61.5\%$ | | |
| | | | 제동력 합 20% 이상 | | | | |

※ 측정 위치는 감독위원이 지정하는 위치에 □에 '✔' 표시합니다.
※ 자동차 검사기준 및 방법에 의하여 기록 판정합니다.
※ 측정값의 단위는 시험장비 기준으로 작성합니다.
※ 산출근거에는 단위를 기록하지 않아도 됩니다.

## 2 관계 지식

### (1) 제동력 판정공식

① 뒷바퀴 제동력의 총합 $= \dfrac{\text{뒤, 좌우 제동력의 합}}{\text{뒤축중}} \times 100 = 20\%$ 이상 되어야 합격

② 좌우 제동력의 편차 $= \dfrac{\text{큰쪽 제동력} - \text{작은쪽 제동력}}{\text{당해 축중}} \times 100 = 8\%$ 이내면 합격

③ 제동력의 총합 $= \dfrac{\text{앞뒤, 좌우 제동력의 합}}{\text{차량 중량}} \times 100 = 50\%$ 이상 되어야 합격

# 섀시 5  자동 변속기 자기진단

주어진 자동차의 자동변속기에서 자기진단기(스캐너)를 이용하여 각종 센서 및 시스템 작동 상태를 점검하고 기록표에 기록하시오.

## 시험장에서는

감독위원으로부터 답안지를 받은 후 측정용 차량에 진단기(스캐너)를 설치하고 점검을 한다. 물론 테스터기는 여러 가지가 있으며 시험장이나 시험위원의 의지에 따라 선택될 수가 있다. 그러나 수검자는 어떤 것을 사용해도 측정할 수 있는 능력을 책을 봐서라도 알아야 한다. 만약 이 테스터기는 "처음 보는 것인데요?" 하는 수검자가 있는데 합격권하고는 멀어지는 것이 아닌가 싶다.

1. EF 쏘나타 시뮬레이터 모습   2. EF 쏘나타 시뮬레이터 모습   3. 아반떼 시뮬레이터 모습

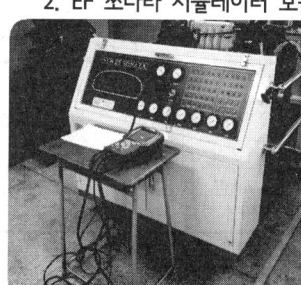 

시뮬레이터가 제작사마다 조금씩 차이는 있겠지만 자기진단 터미널이 전면부 패널에 설치되어 있다. 실차에서 직접하는 경우도 있지만 대부분의 시험장에서는 시뮬레이터를 이용한다. 이유는 고장을 내서 자기 진단 시에 고장 항목을 띄우기 위해서는 시뮬레이터가 편리하다.

## 1  답안지 작성법

### (1) 브레이크 스위치 단선 및 접지단락 일때

▶ 섀시 5. 자동변속기 점검
  작업대 번호 :

| 점검 항목 | ① 측정(또는 점검) | | ② 판정 및 정비(또는 조치)사항 | 득 점 |
|---|---|---|---|---|
|  | 고장부분 | 내용 및 상태 | 정비 및 조치할 사항 |  |
| 변속기 자기진단 | 인히비터 스위치 – 회로이상 | 인히비터 스위치-커넥터 탈거 | 인히비터 스위치 커넥터 연결, 과거기억 소거 후 재점검 |  |

| 비번호 |  | 감독위원 확인 |  |
|---|---|---|---|

1) **비번호** : 비번호는 공단직원이 주는 등번호를 수검자가 기록한다.
2) **감독위원 확인** : 감독위원 확인란은 감독위원이 채점한 후에 도장을 찍는 부분으로 수검자는 기록하지 않는다.
3) **① 측정(또는 점검)** : 고장부분 란에는 수검자가 스캐너의 자기진단 화면 창에 나타난 이상 부위를 기록하고, 내용 및 상태 란에는 수검자가 점검한 이상 부위의 고장 내용 및 상태를 기록한다.
   • 고장 부분 : 인히비터 스위치 – 회로 이상
   • 내용 및 상태 : 인히비터 스위치– 커넥터 탈거
4) **② 판정 및 정비(또는 조치)사항** : 양호하면 정비 및 조치할 사항 없음으로, 불량일 경우 고장원인과 정비방법을 기록한다.
   • 정비 및 조치할 사항 : 인히비터 스위치 커넥터 연결, 과거기억 소거 후 재점검
5) **득점** : 득점은 시험위원이 채점을 하고 점수를 기록하는 부분으로 수검자는 기록하지 않는다.
6) **작업대 번호** : 측정하는 작업대 번호를 수검자가 기록한다.

## (2) 토크컨버터 솔레노이드 밸브 회로가 불량일 때

▶ 섀시 5. 자동변속기 점검
작업대 번호 :

| 점검 항목 | ① 측정(또는 점검) | | ② 판정 및 정비(또는 조치)사항 | 득 점 |
|---|---|---|---|---|
| | 고장부분 | 내용 및 상태 | 정비 및 조치할 사항 | |
| 변속기 자기진단 | 토크컨버터 솔레노이드 밸브 회로-단선 및 접지단락 | 토크컨버터 솔레노이드 밸브 회로- 커넥터 탈거 | 토크컨버터 솔레노이드 밸브 커넥터 연결, 과거기억 소거 후 재점검. | |

비번호 / 감독위원 확인

## (3) 2ND 브레이크 솔레노이드 밸브가 불량일 때

▶ 섀시 5. 자동변속기 점검
작업대 번호 :

| 점검 항목 | ① 측정(또는 점검) | | ② 판정 및 정비(또는 조치)사항 | 득 점 |
|---|---|---|---|---|
| | 고장부분 | 내용 및 상태 | 정비 및 조치할 사항 | |
| 변속기 자기진단 | 2ND 브레이크 솔레노이드 밸브 이상-단선 및 단락 | 2ND 브레이크 솔레노이드 밸브 -커넥터 탈거 | 2ND 브레이크 솔레노이드 밸브 커넥터 연결, 과거기억 소거 후 재점검 | |

비번호 / 감독위원 확인

# 2 관계 지식

## (1) 스캐너를 이용한 자기진단

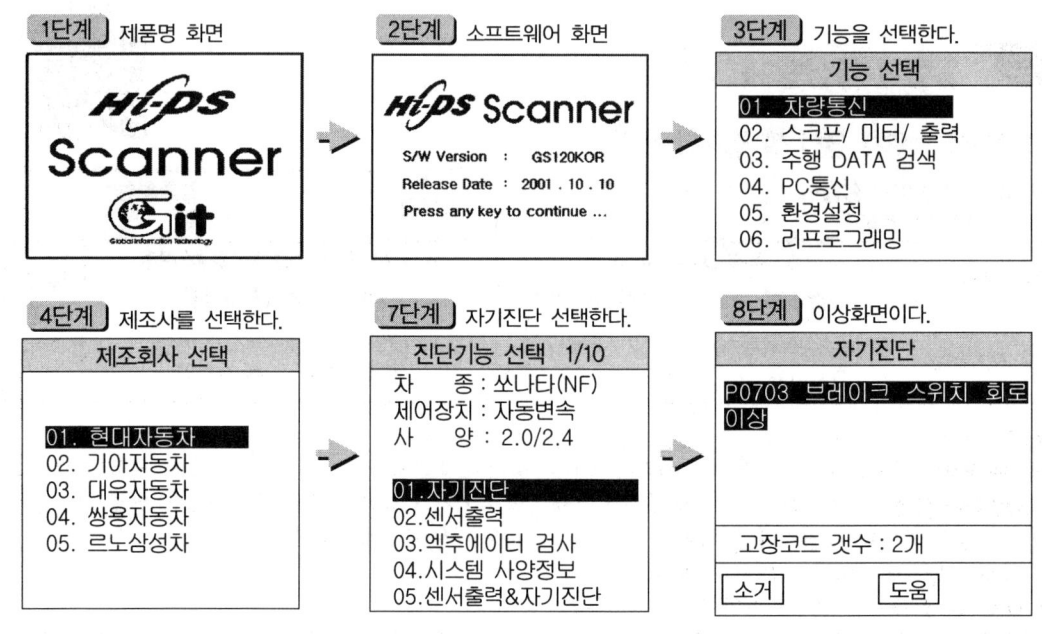

## (2) 고장 내기 쉬운 입·출력 부품(NF 쏘나타 2.0 -2010)

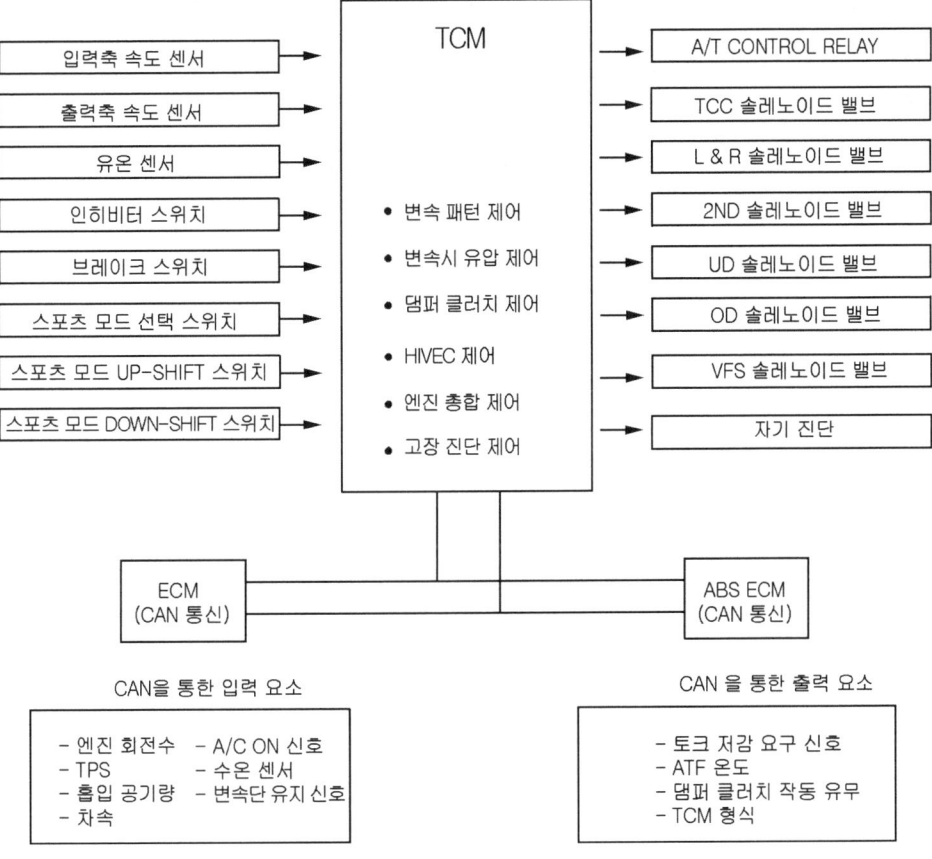

▲ 고장 내기 쉬운 입·출력 부품(NF 쏘나타 2.0 -2010)

## 전기 1 — 발전기 다이오드, 로터 코일 점검

**13안 산업기사**

주어진 발전기를 분해한 후 정류 다이오드 및 로터 코일의 상태를 점검하여 기록표에 기록하고 다시 본래대로 조립하여 작동상태를 확인하시오.

### 시험장에서는

감독관이 수검자의 비번호를 부른 후 답안지를 주며 작업대 위에 있는 다이오드와 로터 코일을 측정하라고 지시할 것이다. 규정에는 멀티 테스터기가 지참공구 목록에 있어서 준비하여야 하나, 수검자가 지참한 멀티 테스터기가 정확한 0점 조정이 안 되었을 경우 수검자마다 측정값이 달라질 수 있어서 시험장에서 준비하여 놓는 경우가 대부분이다. 측정할 때 부품을 떨어트린다거나 함부로 다루는 모습으로 보여서는 안된다. 측정을 하고 난후에는 측정기와 다이오드, 로터 코일을 가지런히 정리하는 것을 잊지 말아야 한다.

| 1. 로터 코일 저항 측정 | 2. ⊕다이오드 점검 | 3. ⊖다이오드 점검 |
|---|---|---|
| | 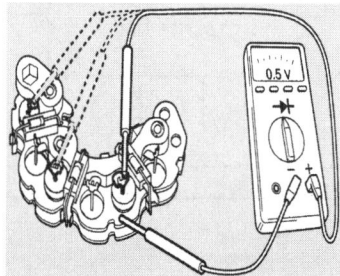 | 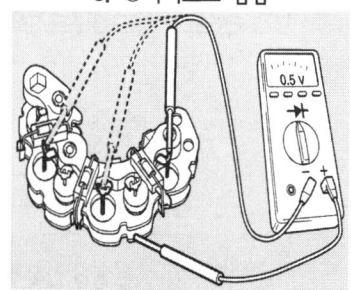 |
| 멀티 테스터를 저항으로 놓고 +슬립링과 −슬립링에 멀티 테스터기를 대고 측정함. | 저항 또는 다이오드 위치에서 +리드를 터미널, −리드를 접지에 전류 통함. | 저항 또는 다이오드 위치에서 −리드를 터미널, +리드를 접지에 전류 통함. |

## 1. 답안지 작성법

 동영상     동영상

### (1) 로터 코일과 다이오드가 불량일 때

▶ 전기 1. 발전기 점검
자동차 번호 :

| 측정 항목 | ① 측정(또는 점검) | | ② 판정 및 정비(또는 조치)사항 | | 득점 |
|---|---|---|---|---|---|
| | 측정값 | 규정(정비한계)값 | 판정(□에 '✔'표) | 정비 및 조치할 사항 | |
| (+)다이오드 | (양: 1 개), (부: 2 개) | | □ 양 호<br>☑ 불 량 | • + 다이오드 단락 2개 – 교환<br>• − 다이오드 단락 1개 – 교환<br>• 로터 코일 단선 – 발전기 교환 | |
| (−)다이오드 | (양: 2 개), (부: 1 개) | | | | |
| 로터코일 저항 | ∞Ω | 4.1~4.3Ω | | | |

비번호 / 감독위원 확인

1) **비번호** : 비번호는 공단직원이 주는 등번호를 수검자가 기록한다.
2) **감독위원 확인** : 감독위원 확인란은 감독위원이 채점한 후에 도장을 찍는 부분으로 수검자는 기록하지 않는다.
3) **① 측정(또는 점검)** : 측정값은 수검자가 측정한 (+), (−) 다이오드 및 로터 코일 저항의 값을 기록하고, 규정(정비한계)값은 일반적인 규정값을 기록한다.
   • 측정값 : •(+)다이오드 − (양 : 1 개), (부 : 2 개)  •(−)다이오드 − (양 : 2 개), (부 : 1 개)
      •로터코일 저항 − ∞Ω
   • 규정(정비한계)값 : •로터코일 저항 −4.1~4.3Ω
4) **② 판정** : 판정은 수검자가 측정한 값과 규정(정비한계)값을 비교하여 범위 내에 있으면 양호, 벗어나면 불량에 ✔표시를 하며, 정비 및 조치할 사항은 고장원인과 정비할 사항을 기록한다.
   • 판정 : •양호−규정(정비한계)값의 범위에 있을 때  •불량−규정(정비한계)값을 벗어났을 때
   • 정비 및 조치할 사항  • + 다이오드 단락 2개 − 교환  • − 다이오드 단락 1개 − 교환
      •로터 코일 단선 − 발전기 교환

■ 로터 코일의 차종별 규정값

| 차 종 | 로터코일 저항(Ω) | 차 종 | 로터코일 저항(Ω) |
|---|---|---|---|
| 쏘나타Ⅲ / 투스카니 / 엘란트라 / 베르나 / 트라제XG / 싼타페 | 3.1 | EF 쏘나타 / 그랜저 XG / 에쿠스 / 테라칸 / 스타렉스 | 2.75±0.2 |
| 쏘나타 | 4~5 | 세피아 | 3.5~4.5 |
| 그랜저(HG) G3.0 | 1.7 | 아반떼(HD) G1.6 | 통전 |
| NF 쏘나타 G2.0 | 통전 | 투싼(LM) D2.0 TCI | 통전 |
| i30(PD) G1.6T | 통전 | K5(TF) G2.0 DOHC | 통전 |
| 아반떼XD / 라비타 | 2.5~3.0 | 쏘렌토 R(XM) D 2.2 | 통전 |
| 포 텐 샤 | 2~4 | 스포티지(KM) D 2.0 | 통전 |
| 모닝(SA) 1.0 SOHC | 통전 | | |

5) **득점** : 득점은 감독위원이 채점을 하고 점수를 기록하는 부분으로 수검자는 기록하지 않는다.
6) **자동차 번호** : 측정하는 자동차의 번호를 수검자가 기록한다.

## (2) 로터 코일은 정상이나 다이오드가 불량일 때

▶ 전기 1. 발전기 점검
자동차 번호 :

| 비번호 | | 감독위원 확 인 | |
|---|---|---|---|

| 측정 항목 | ① 측정(또는 점검) | | ② 판정 및 정비(또는 조치)사항 | | 득점 |
|---|---|---|---|---|---|
| | 측정값 | 규정(정비한계)값 | 판정(□에 '✔'표) | 정비 및 조치할 사항 | |
| (+)다이오드 | (양 : 2 개), (부 : 1 개) | | □ 양 호<br>☑ 불 량 | • + 다이오드 단락 1개 – 교환<br>• – 다이오드 단락 1개 – 교환 | |
| (–)다이오드 | (양 : 2 개), (부 : 1 개) | | | | |
| 로터코일 저항 | 4.2Ω | 4.1~4.3Ω | | | |

## (3) 다이오드는 양호하고 로터 코일이 불량일 때

▶ 전기 1. 발전기 점검
자동차 번호 :

| 비번호 | | 감독위원 확 인 | |
|---|---|---|---|

| 측정 항목 | ① 측정(또는 점검) | | ② 판정 및 정비(또는 조치)사항 | | 득점 |
|---|---|---|---|---|---|
| | 측정값 | 규정(정비한계)값 | 판정(□에 '✔'표) | 정비 및 조치할 사항 | |
| (+)다이오드 | (양 : 3 개), (부 : 0 개) | | □ 양 호<br>☑ 불 량 | 로터 코일 단선– 발전기 교환 | |
| (–)다이오드 | (양 : 3 개), (부 : 0 개) | | | | |
| 로터코일 저항 | ∞Ω | 4.1~4.3Ω | | | |

## (4) 로터 코일과 다이오드가 양호할 때

▶ 전기 1. 발전기 점검
자동차 번호 :

| 비번호 | | 감독위원 확 인 | |
|---|---|---|---|

| 측정 항목 | ① 측정(또는 점검) | | ② 판정 및 정비(또는 조치)사항 | | 득점 |
|---|---|---|---|---|---|
| | 측정값 | 규정(정비한계)값 | 판정(□에 '✔'표) | 정비 및 조치할 사항 | |
| (+)다이오드 | (양 : 3 개), (부 : 0 개) | | ☑ 양 호<br>□ 불 량 | 정비 및 조치할 사항 없음 | |
| (–)다이오드 | (양 : 3 개), (부 : 0 개) | | | | |
| 로터코일 저항 | 4.2Ω | 4.1~4.3Ω | | | |

## 2 관계 지식

### (1) 발전기 분해도 & 로터코일 저항 측정법

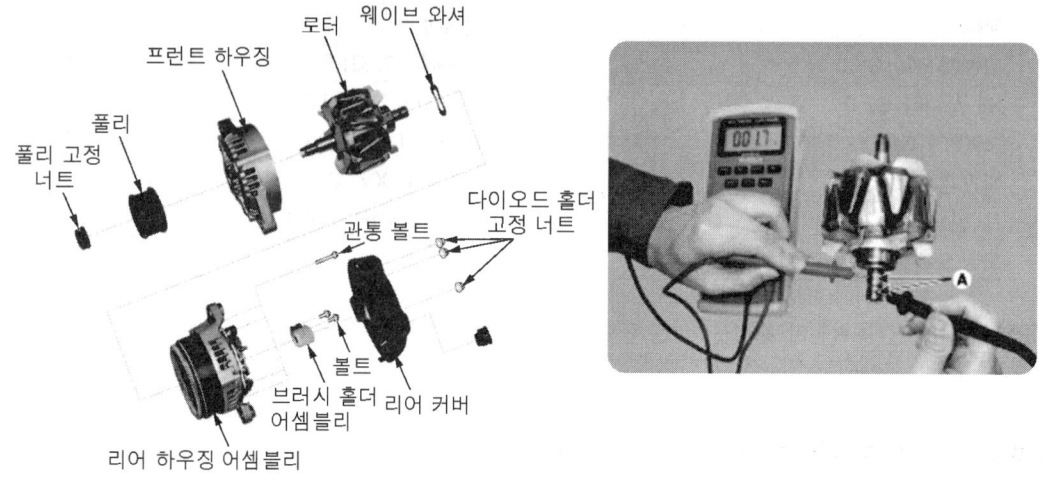

▲ 발전기 분해도 & 로터 코일 저항 측정법

1) 로터 단선(개회로) 점검 - ∞Ω
   ① 멀티 테스터의 메인 셀렉터를 R에 위치시킨다.
   ② 적색과 흑색의 프로브를 접촉시키고 0점을 조정한다.
   ③ 적색과 흑색의 프로브를 슬립링과 슬립링에 접촉시켜 저항을 점검한다.
   ④ 판정 : 규정값(2.6~2.8Ω)보다 너무 높은 경우는 로터 어셈블리를 교환한다.

2) 로터 접지 점검 - 0Ω
   ① 멀티 테스터의 메인 셀렉터를 R에 위치시킨다.
   ② 적색과 흑색 프로브를 접촉시키고 0점을 조정한다.
   ③ 적색 프로브를 슬립에 접촉시키고 흑색 프로브를 로터에 접촉시킨다.
   ④ 판정 : 통전되지 않으면 정상이며, 통전이 되면 로터 어셈블리를 교환한다.

### (2) 다이오드 측정법

1) 다이오드 불량 확인방법 : 테스터 리드의 (+)를 터미널과 몸체에 댔을 때 양쪽으로 도통이면 불량이다.

## 전기 2 — 전조등 광도, 진폭 점검

주어진 자동차에서 전조등 시험기로 전조등을 점검하여 기록표에 기록하시오.

### 시험장에서는

헤드라이트의 광도와 진폭의 측정은 엔진의 시동을 걸고 측정하여야 옳으나 시험장에서는 안전을 위하여 엔진이 정지된 상태에서 측정하는 경우가 많다. 감독위원이 좌측이나 우측을 지정하여 주는 곳을 측정하는데 좌, 우는 운전석에 앉아서 좌측과 우측임을 잊지 말아야 한다. 측정하기 전에 조건(타이어의 공기압, 배터리 성능, 바닥의 수평 상태 등)이 맞는지 확인하고 헤드라이트의 유리를 깨끗한 걸레로 닦아서 측정값이 정확하게 나오도록 하여야 한다. 측정은 변환빔(하향등) 상태에서 측정하여야 하며, 차량은 공회전(단, 광도 측정시 2,000rpm), 공차 상태, 운전자 1인이 승차하여 측정하여야 한다. 보조원이 운전석에 앉아서 라이트를 조작하여 주는 경우도 있으나 대부분은 운전자가 탑승하지 않은 상태에서 측정한다. 근래에 생산된 차량은 헤드라이트 조작이 키 스위치를 넣어야만 가능하도록 되어 있으므로 참고하기 바란다.

1. 시뮬레이터로 측정 준비된 모습

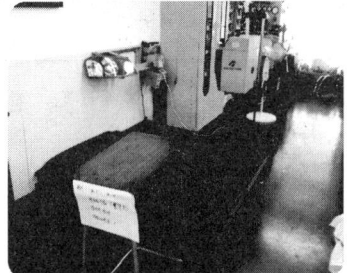

실제 차량으로 전조등 시험을 하는 경우도 있지만 시뮬레이터를 이용한 방법도 있다.

2. 헤드라이트 탈거 모습

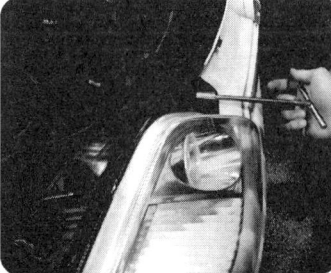

헤드라이트 탈거 모습이다. 모닝 차량이며 T렌치를 사용하고 있다.

3. 광축 조정 나사 모습

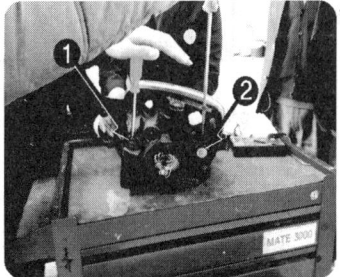

탈착된 헤드라이트에서 ①번은 상하 조정 나사 ②번은 좌우 조정나사이다.

## 1 답안지 작성법

### (1) 광도, 진폭이 불량일 때

▶ 전기 2. 전조등 점검
자동차 번호 :

| 항목 | ① 측정(또는 점검) | | ② 판정 | 득 점 |
|---|---|---|---|---|
| | 측정값 | 기준값 | 판정(□에 '✔') | |
| (□에 '✔')<br>위치 :<br>☑ 좌<br>□ 우<br>설치높이 :<br>☑ ≤ 1.0m<br>□ > 1.0m | 광도<br>1,870cd | 3,000cd 이상 | □ 양 호<br>☑ 불 량 | |
| | 진폭<br>−2.9%(−0.29cm) | −0.5~−2.5% 이내<br>(−0.05~−0.25cm 이내) | □ 양 호<br>☑ 불 량 | |

비 번호 :      감독위원 확 인 :

※ 측정 위치는 감독위원이 지정하는 위치에 □에 '✔' 표시합니다.
※ 자동차 검사기준 및 방법에 의하여 기록 판정합니다.

1) **비번호** : 비번호는 공단직원이 주는 등번호를 수검자가 기록한다.
2) **감독위원 확인** : 감독위원 확인란은 감독위원이 채점한 후에 도장을 찍는 부분으로 수검자는 기록하지 않는다.

3) ① **측정(또는 점검)** : 위치 및 설치 높이는 감독위원이 지정하는 차량과 위치 및 설치 높이에 ✔표시를 하고, 측정값은 수검자가 측정한 광도와 진폭의 값을 기록하고 기준값은 검사기준 값을 암기하여 기록한다.
- 위치 및 설치 높이 : ・위치 – 감독위원이 지정하는 차량의 헤드라이트 위치에 ✔표시를 한다. 운전석에 앉아서 좌, 우 위치이다.
  ・설치 높이 – 점검차량의 전조등 설치 높이에 ✔표시를 한다.
- 측정값 : ・광도 – 수검자가 측정한 광도 값을 기록한다.
  ・진폭 – 수검자가 측정한 변환빔의 진폭 값을 기록한다.
- 기준값 : ・광도 – 수검자가 검사기준의 광도 값을 암기하여 기록한다.
  ・진폭 – 수검자가 검사기준의 진폭 값을 암기하여 기록한다.

4) ② **판정** : 판정 란은 수검자가 측정한 값과 기준값을 비교하여 범위 내에 있으면 양호, 벗어나면 불량에 ✔표시를 한다. 어느 하나라도 불량이면 판정은 불량이다.
- 판정 : ・양호-기준값의 범위에 있을 때  ・불량-기준값을 벗어났을 때

5) **득점** : 득점은 감독위원이 채점을 하고 점수를 기록하는 부분으로 수검자는 기록하지 않는다.
6) **자동차 번호** : 측정하는 자동차의 번호를 수검자가 기록한다.

## (2) 광도가 불량일 때

▶ 전기 2. 전조등 점검
자동차 번호 :

| 항목 | | ① 측정(또는 점검) | | ② 판정 | 득 점 |
|---|---|---|---|---|---|
| | | 측정값 | 기준값 | 판정(□에 '✔') | |
| (□에 '✔')<br>위치 :<br>☑ 좌<br>□ 우<br>설치높이 :<br>☑ ≤ 1.0m<br>□ > 1.0m | 광도 | 2,700cd | 3,000cd 이상 | □ 양 호<br>☑ 불 량 | |
| | 진폭 | −0.12%(−0.12cm) | −0.5~−2.5% 이내<br>(−0.05~−0.25cm 이내) | ☑ 양 호<br>□ 불 량 | |

※ 측정 위치는 감독위원이 지정하는 위치에 □에 '✔' 표시합니다.
※ 자동차 검사기준 및 방법에 의하여 기록 판정합니다.

## (3) 진폭이 불량일 때

▶ 전기 2. 전조등 점검
자동차 번호 :

| 항목 | | ① 측정(또는 점검) | | ② 판정 | 득 점 |
|---|---|---|---|---|---|
| | | 측정값 | 기준값 | 판정(□에 '✔') | |
| (□에 '✔')<br>위치 :<br>☑ 좌<br>□ 우<br>설치높이 :<br>☑ ≤ 1.0m<br>□ > 1.0m | 광도 | 39,900cd | 3,000cd 이상 | ☑ 양 호<br>□ 불 량 | |
| | 진폭 | −2.9%(−0.29cm) | −0.5~−2.5% 이내<br>(−0.05~−0.25cm 이내) | □ 양 호<br>☑ 불 량 | |

※ 측정 위치는 감독위원이 지정하는 위치에 □에 '✔' 표시합니다.
※ 자동차 검사기준 및 방법에 의하여 기록 판정합니다.

## (4) 광도와 진폭이 정상일 때

**▶ 전기 2. 전조등 점검**
자동차 번호 :

| 항목 | ① 측정(또는 점검) | | | ② 판정 | 득 점 |
|---|---|---|---|---|---|
| | | 측정값 | 기준값 | 판정(□에 '✔') | |
| (□에 '✔')<br>위치 :<br>☑ 좌<br>□ 우<br>설치높이 :<br>☑ ≤ 1.0m<br>□ > 1.0m | 광도 | 83,900cd | 3,000cd 이상 | ☑ 양 호<br>□ 불 량 | |
| | 진폭 | -1.4%(-0.14cm) | -0.5~-2.5% 이내<br>(-0.05~-0.25cm 이내) | ☑ 양 호<br>□ 불 량 | |

비 번호 :  　　감독위원 확 인 :

※ 측정 위치는 감독위원이 지정하는 위치에 □에 '✔' 표시합니다.
※ 자동차 검사기준 및 방법에 의하여 기록 판정합니다.

## 2 관계 지식

### (1) 전조등 광도, 진폭 검사 기준값

| 항 목 | 검사 기준 | | 검사 방법 |
|---|---|---|---|
| 등화<br>장치 | · 변환빔의 광도는 3000cd 이상일 것 | | · 좌우측 전조등(변환빔)의 광도와 광도점을 전조등 시험기로 측정하여 광도점의 광도 확인 |
| | · 변환빔의 진폭은 10m 위치에서 다음 수치 이내일 것 | | · 좌우측 전조등(변환빔)의 컷오프선 및 꼭지점의 위치를 전조등 시험기로 측정하여 컷오프선의 적정여부 확인 |
| | 설치 높이 ≤ 1.0m | 설치 높이 > 1.0m | |
| | -0.5 ~ -2.5% | -1.0 ~ -3.0% | |
| | · 컷오프선의 꺽임점(각)이 있는 경우 꺽임점의 연장선은 우측 상향일 것 | | · 변환빔의 컷오프선, 꺽임점(각), 설치상태 및 손상여부 등 안전기준 적합여부를 확인 |

**예** 컷 오프선의 수직위치는 자동차의 변환빔 전조등 설치 높이(발광면의 최하단) 대비 아래 기준에 적합할 것(설치 높이 ≤ 1.0m)

- $-0.5\% = \dfrac{x \times 100}{10}$, $x = \dfrac{-0.5 \times 10}{100} = -0.05cm$ **이내**, $\% = \dfrac{-0.05cm \times 100}{10} = -0.5\%$ **이내**

- $-2.5\% = \dfrac{x \times 100}{10}$, $x = \dfrac{-2.5 \times 10}{100} = -0.25cm$ **이내**, $\% = \dfrac{-0.25cm \times 100}{10} = -2.5\%$ **이내**

- 설치 높이 > 1.0m : -0.1cm ~ -0.3cm 이내

# 전기 3 ETACS 열선 스위치 입력신호(전압) 점검

주어진 자동차에서 열선 스위치 조작시 편의장치(ETACS 또는 ISU) 커넥터에서 스위치 입력신호(전압)를 측정하고 이상여부를 확인하여 기록표에 기록하시오.

## 시험장에서는

에탁스(ETACS : Electronic Time Alam Control System)는 소형이나, 준중형 차량에는 미장착 차량이 많고 중형 이상의 차량에서 채용한 시스템이었으나 요즘은 경차에도 도입하는 추세이다. 실제의 차량을 이용하는 경우도 있지만 대부분이 시뮬레이터를 사용한다. 점검 및 측정하기가 편하게 만들어져 있다. 에탁스 하면 모두 어려워하고 있지만 실상 회로도만 볼 줄 알면 간단하게 해결할 수 있는 문제. 답안지를 받아 들고 차량으로 가면 측정 차량의 앞이나 측면 유리에 "**에탁스 열선 스위치 입력 전압 점검**" 이라는 글씨가 보일 것이다. 운전석에 앉으면 정비 지침서나 에탁스 회로도를 복사한 것이 보일 것이다. 측정한 값을 답안지에 작성하여 제출한다. 현재 차량에서는 BCM(Body Control Module)으로 이름 바꿔써서 사용하고 있음을 참고하기 바란다. BCM이 새로운 시스템이라고 볼 것이 아니라 기존의 ETACS 제어의 기능을 확장 장치로 생각하고 접근하면 결코 어렵지 않은 시스템이 될 것이다.

▲ 열선 스위치 위치-1

▲ 열선 스위치 위치-2

## 1. 답안지 작성법

### (1) 열선 스위치 입력 회로 작동 전압이 불량일 때

▶ 전기 3. 열선 스위치 회로 점검
자동차 번호 :

| 점검 항목 | ① 측정(또는 점검) | | ② 판정 및 정비(또는 조치)사항 | | 득 점 |
|---|---|---|---|---|---|
| | 측정값 | 내용 및 상태 | 판정(□에 '✔'표) | 정비 및 조치할 사항 | |
| 열선 스위치 작동시 전압 | ON : 0V<br>OFF : 0V | 열선 스위치 불량 | □ 양 호<br>☑ 불 량 | 열선 스위치-교환. | |

비번호 :   　　 감독위원 확 인 :

1) **비번호** : 비번호는 공단직원이 주는 등번호를 수검자가 기록한다.
2) **감독위원 확인** : 감독위원 확인란은 감독위원이 채점한 후에 도장을 찍는 부분으로 수검자는 기록하지 않는다.
3) **① 측정(또는 점검)** : 측정값은 수검자가 열선 스위치 작동 전압을 측정한 값을 기록하고, 내용 및 상태는 고장 난 부품의 상태를 기록한다.
   - **측정값** : ON-0V, OFF-0V
   - **내용 및 상태** : 열선 스위치 불량
4) **② 판정** : 판정은 수검자가 측정값과 규정(정비한계)값을 비교하여 범위 내에 있으면 양호, 벗어나면 불량에 ✔표시를 하며, 정비 및 조치할 사항은 고장원인과 정비할 사항을 기록한다.
   - **판정** : · 양호 – 규정(정비한계)값의 범위에 있을 때
      · 불량 – 규정(정비한계)값을 벗어났을 때
   - **정비 및 조치할 사항** : 양호하면 정비 및 조치할 사항 없음으로, 불량일 경우 고장원인 정비방법을 기록한다.

■ 열선 스위치 입력회로 작동 전압 규정값

| 항목 | | 조건 | 전압값 | 비고 |
|---|---|---|---|---|
| 입력 요소 | 발전기 L 단자 | 시동할 때 발전기 L 단자 입력 전압 | 12V | |
| | 열선 스위치 | OFF | 5V | |
| | | ON | 0V | |
| 출력 요소 | 열선 릴레이 | 열선 작동 시작부터 열선 릴레이 OFF될 때까지의 시간 측정 | 20분 | |
| | | 열선 작동 중 열선 스위치 작동할 때 현상 | 뒷유리 성애 제거됨 | |

5) **득점** : 득점은 감독위원이 채점을 하고 점수를 기록하는 부분으로 수검자는 기록하지 않는다.
6) **자동차 번호** : 측정하는 자동차의 번호를 수검자가 기록한다.

■ 일반적인 규정값

| 차종 | 제어시간 | 제어 특성 |
|---|---|---|
| 아반떼 XD / EF쏘나타 / 트라제XG / 싼타페 | 20분 ± 1분 | EF쏘나타는 열선 릴레이를 ETACS가 (+)를 제어한다. |
| 베르나 / 그랜저 XG / 에쿠스 | 15분 ± 1분 | |

## 2  관계 지식

### (1) 타임 차트

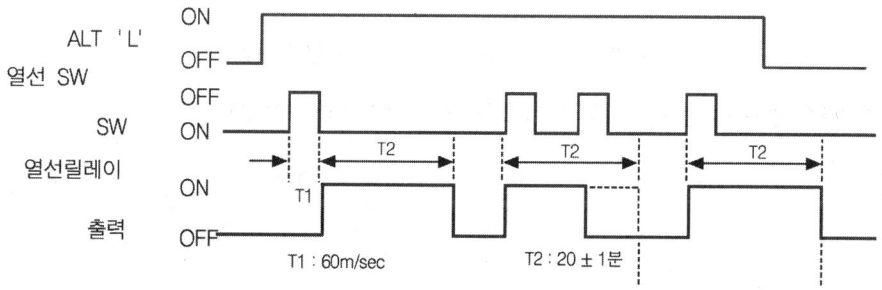

▲열선 스위치 동작 특성

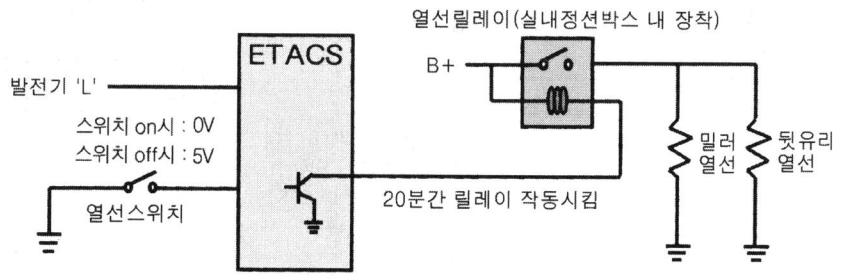

▲열선 스위치 동작 회로도

① 발전기 "L" 단자에서 12V 출력 시 열선 스위치를 누르면 열선 릴레이를 15분간 ON 한다.(열선은 많은 전류가 소모되므로 배터리 방전을 방지하기 위해 시동이 걸린 상태에서만 작동하도록 되어 있다. 따라서 발전기 "L" 단자는 시동여부를 판단하기 위한 신호로 사용한다)
② 열선 작동 중 다시 열선 스위치를 누르면 열선 릴레이는 "OFF" 된다.
③ 열선 작동 중 발전기 "L" 단자가 출력이 없을 경우에도 열선 릴레이는 OFF 된다.
④ 사이드 미러 열선은 뒷유리 열선과 병렬로 연결되어 동일한 조건으로 작동한다.

## (2) 열선 스위치 입력회로 작동 회로도

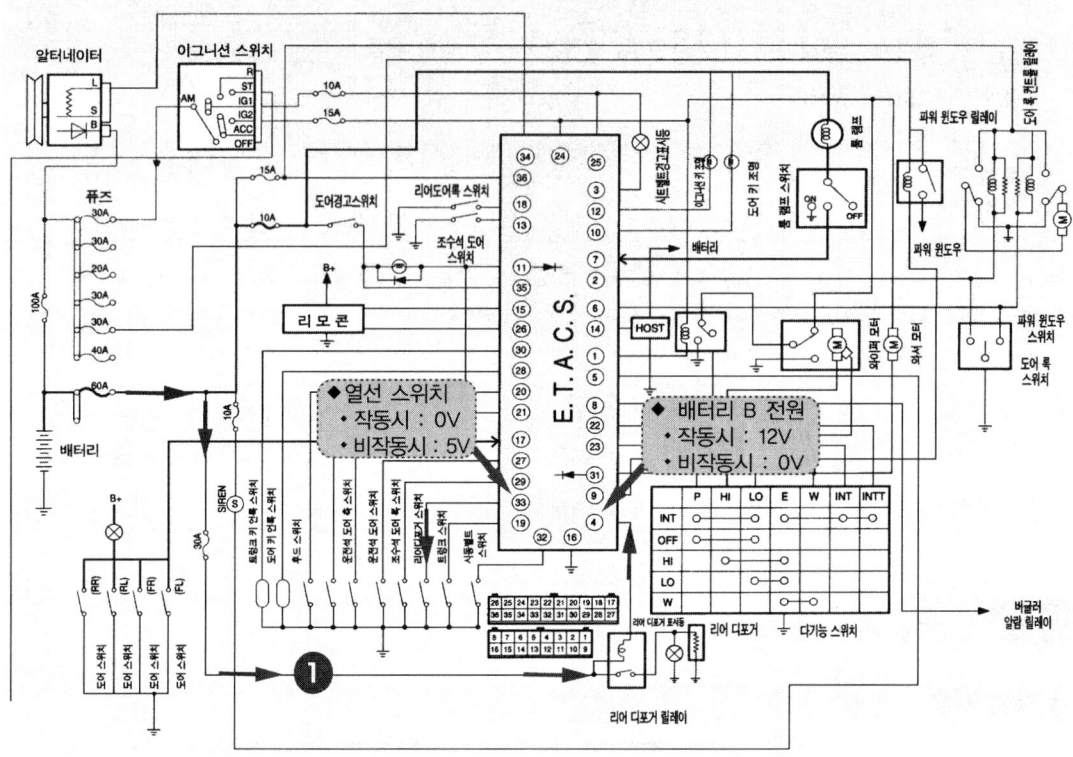

▲에탁스 열선 스위치 입력회로 작동전압 점검

## (3) 열선 스위치 작동 전압 측정 위치-1(스포티지 KM 2.0-2010)

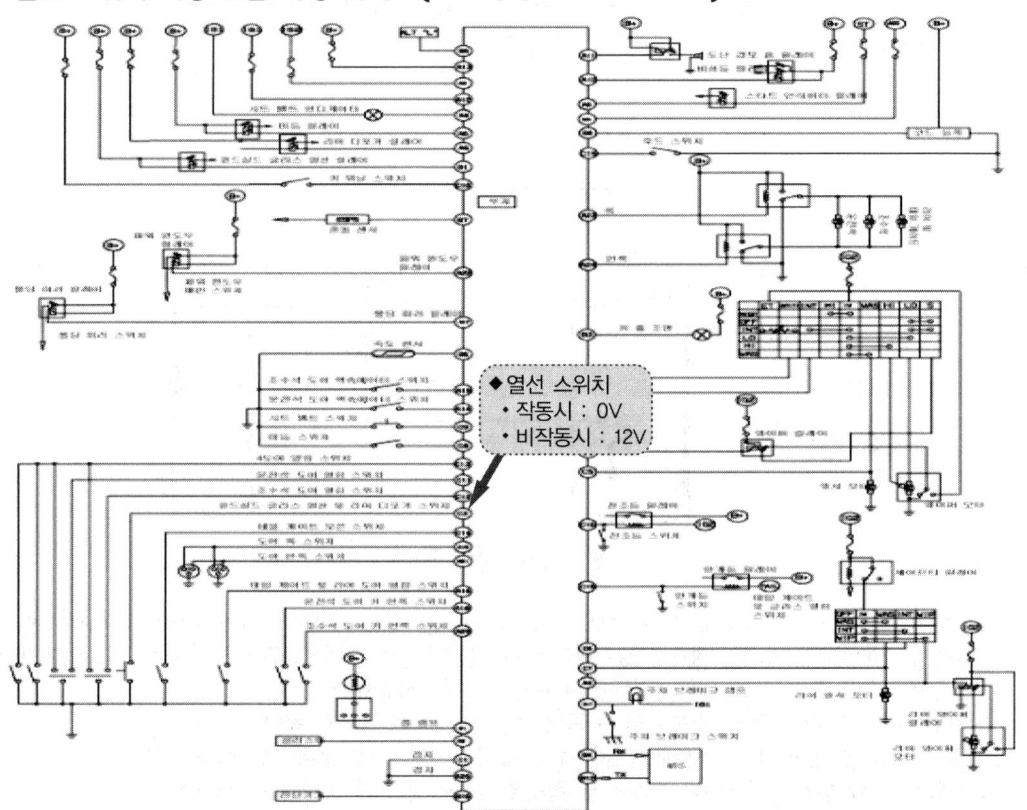

## (4) 열선 스위치 작동 전압 측정 위치-2(스포티지 KM 2.0-2010)

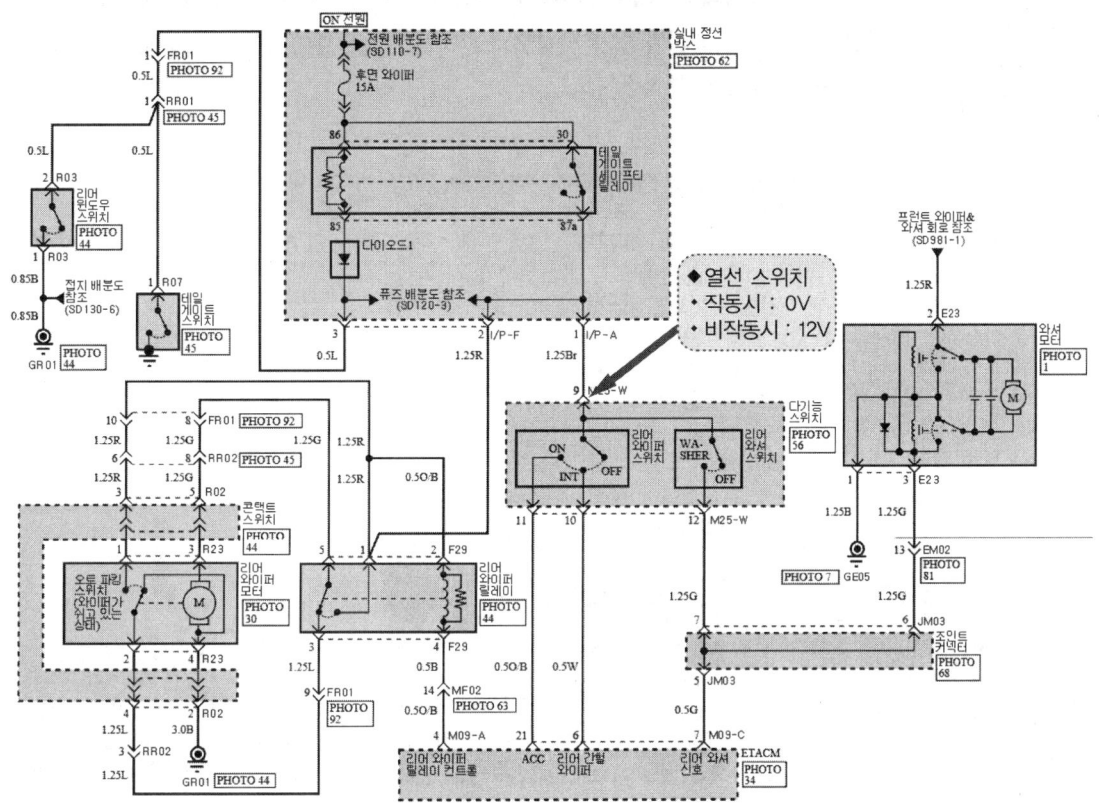

▲ 열선 스위치 작동 전압 측정 위치-2(스포티지 KM 2.0-2010)

## 엔진 1 — 캠축의 휨 점검

**14안 산업기사**

주어진 엔진을 기록표의 측정 항목까지 분해하여 기록표의 요구사항을 측정 및 점검하고 본래 상태로 조립하시오.

### 시험장에서는

① **캠축의 탈거·조립** : 작업대 위나 엔진 스탠드에 분해 조립용 엔진이 준비되어 있다. 먼저 분해하기 전에 준비하여간 걸레로 작업대를 깨끗이 닦는다. 그리고 걸레를 작업대 위에 넓게 펴서 깔고 그 위에 분해한 부품을 올려놓는다. 모든 분해 조립이 그렇지만 부품을 떨어트린다든지 공구를 들고 놓는데 소리가 심하게 난다든지 하면 안전관리에 소홀함이 있는 것처럼 보인다. 캠축 베어링 캡은 흡기와 배기가 표시되어 있어서 바뀌지 않도록 조립한다.

② **캠축의 휨 측정** : 대부분 캠축과 다이얼 게이지가 설치되어 있다. 가서 측정만 하면 된다. 아마 0점 조정하기가 쉽지 않을 것이다. 손만 대면 바늘이 움직이고 …. 그냥 그 상태에서 가리키는 눈금을 0점으로 잡고 측정하는 것이 옳을 것이다. 측정값이 많지는 않다. 좌우로 움직인 값을 더하여 둘로 나누면 휨 값이다. 정비 및 조치사항은 캠축 교환이다. 수정은 불가능하므로 ….

1. 실습 현장에 준비된 모습

엔진 관련 각종 측정을 한곳에 모아 놓아 측정에 편리하게 하였다.

2. 다이얼 게이지가 잘못 설치된 모습

다이얼 게이지의 스핀들이 캠축 저널에 직각으로 되어야 하는데 삐뚤다.

3. 캠축 저널에 다이얼게이지 설치된 모습

캠축을 한 바퀴 돌리면서 움직인 값을 더하여 둘로 나눠준 값이 측정값이다.

## 1  답안지 작성법

동영상

### (1) 캠축 휨이 클 때

▶ 엔진 1. 캠축 점검
  엔진 번호 :

| 측정항목 | ① 측정(또는 점검) | | ② 판정 및 정비(또는 조치)사항 | | 득점 |
|---|---|---|---|---|---|
|  | 측정값 | 규정(정비한계)값 | 판정(□에 '✓'표) | 정비 및 조치할 사항 | |
| 캠축 휨 | 0.15mm | 0.02mm 이하 | □ 양 호<br>☑ 불 량 | 캠 축 불량 – 교환 | |

비번호 / 감독위원 확인

1) **비번호** : 비번호는 공단직원이 주는 등번호를 수검자가 기록한다.
2) **감독위원 확인** : 감독위원 확인란은 감독위원이 채점한 후에 도장을 찍는 부분으로 수검자는 기록하지 않는다.
3) ① **측정(또는 점검)** : 측정값은 수검자가 측정한 값을 기록하고, 규정(정비한계)값은 감독관이 주어진 값이나 또는 정비지침서를 보고 기록한다.(반드시 단위를 기입한다)
   - 측정값 : 0.15mm
   - 규정(정비한계)값 : 0.02mm 이하

■ 차종별 캠축의 휨 규정값(mm)

| 차 종 | 캠축 휨 규정값 | 차 종 | 캠축 휨 규정값 |
|---|---|---|---|
| 엑센트(2014 | 0.02 이하 | 프라이드 | 0.03 이하 |
| 쏘나타 | 0.02 이하 | 세 피 아 | 0.03 이하 |
| 르 망 | 0.03 이하 | 크레도스 | 0.03 이하 |
| 요즘 차량에서는 캠축의 휨에 대한 제원이 없음.(현대 & 기아 자동차) | | | |

4) ② 판정 및 정비(또는 조치)사항 : 판정은 수검자가 측정한 값과 정비한계 값을 비교하여 한계값 범위 내에 있으면 양호, 벗어나면 불량에 ✔표시를 하며, 정비 및 조치할 사항 란에는 고장원인과 정비할 사항을 기록한다.
  - 판정 : ·양호 : 규정(정비한계)값 이하일 때
    ·불량 : 규정(정비한계)값 이상일 때
  - 정비 및 조치할 사항 : 정비 및 조치할 사항 없음
5) 득점 : 득점은 감독위원이 채점을 하고 점수를 기록하는 부분으로 수검자는 기록하지 않는다.
6) 엔진 번호 : 측정하는 엔진 번호를 수검자가 기록한다.

## (2) 캠축의 휨이 없을 때

▶ 엔진 1. 캠축 점검
    엔진 번호 :

| 측정항목 | ① 측정(또는 점검) | | ② 판정 및 정비(또는 조치)사항 | | 득점 |
|---|---|---|---|---|---|
| | 측정값 | 규정(정비한계)값 | 판정(□에 '✔'표) | 정비 및 조치할 사항 | |
| 캠축 휨 | 0.0mm | 0.02mm 이하 | ☑ 양 호<br>□ 불 량 | 정비 및 조치할 사항 없음 | |

## (3) 캠축 휨이 규정값 안에 있을 때

▶ 엔진 1. 캠축 점검
    엔진 번호 :

| 측정항목 | ① 측정(또는 점검) | | ② 판정 및 정비(또는 조치)사항 | | 득점 |
|---|---|---|---|---|---|
| | 측정값 | 규정(정비한계)값 | 판정(□에 '✔'표) | 정비 및 조치할 사항 | |
| 캠축 휨 | 0.01mm | 0.02mm 이하 | ☑ 양 호<br>□ 불 량 | 정비 및 조치할 사항 없음 | |

## 2  관계 지식

### (1) 차종별 제원값 예시(휨 규정값 없음)

■ 캠축관련 제원값(아반떼 XD-2006)

| 항목 | | 규정값(mm) | 한계값(mm) |
|---|---|---|---|
| 캠높이 | 흡기 | 43.85 | 43.35 |
| | 배기 | 44.25 | 43.75 |
| 저널 외경 | | 27.00 | – |
| 베어링 오일간극 | | 0.035~0.072 | – |
| 엔드 플레이 | | 0.1~0.2 | |

■ 캠축관련 제원값(그랜저HG-2017 2.4)

| 항목 | | 규정값(mm) | 한계값(mm) |
|---|---|---|---|
| 캠높이 | 흡기 | 44.2 | – |
| | 배기 | 45.0 | – |
| 저널 외경 | 흡기 | NO. 1 : 31.964~31.978, NO. 2~5 23.954~23.970 | – |
| | 배기 | NO. 1 : 35.984~36.000, NO. 2~5 23.954~23.970 | |
| 베어링 오일간극 | 흡기 | NO. 1 : 0.029~0.057, NO. 2~5 0.037~0.067 | NO 1. 0.090 |
| | 배기 | NO. 1 : 0.004~0.036, NO. 2~5 0.037~0.067 | NO. 2~5 0.120 |
| 엔드 플레이 | | 0.04~0.16 | 0.20 |

## (2) 캠축의 분해 조립 방법

**01 분해 조립 준비 모습**

캠축 베어링 캡의 표기는 "IN 1", "EX 1"로 표시되어 있으며 바뀌면 안된다.

**02 베어링 캡이 분해된 모습**

캠축 베어링 캡을 분해한 후 캠축을 들어낸다.

**03 베어링 캡 조립 모습**

베어링 캡의 화살표가 전면을 향하도록 조립한다.

## 엔진 3 — 가솔린 배기가스 점검

2항의 시동된 엔진에서 공회전 속도를 확인하고 감독위원의 지시에 따라 공회전시 배기가스를 측정하여 기록표에 기록하시오.(단, 시동이 정상적으로 되지 않은 경우 본 항의 작업은 할 수 없음)

### 시험장에서는

이 시험은 시동을 걸어서 측정하여야 하므로 추운 겨울에는 수검자나 감독관이나 고생하는 항목이다. 감독관이 답안지를 주면 수험번호와 자동차 번호를 적고 배기가스 테스터기를 연결한 후 시동을 걸어서 측정을 한 다음 기록표를 기록하는데 이 항목은 검사기준이기 때문에 규정값이 주어지지 않는다. 반드시 규정값을 암기하고 있어야 한다. 배기가스 측정은 엔진의 상태에 따라 측정값이 많이 변하기 때문에 감독관이 바로 옆에서 보면서 채점을 하거나 아니면 측정하는 방법만을 확인하고 테스터기 바늘을 고정시켜 놓고 측정값을 기록하도록 하는 경우도 있다. 일부 수검자는 감독관이 점수를 깎기 위해 잘못한 것만 찾고 있는 사람으로 생각하는 부정적인 생각을 갖고 있는 수검자가 많은데 좀 더 긍정적인 방향으로 생각한다면 내가 잘하는 것을 보고 점수를 주기 위해 있다고 생각을 할 수 있는 것이다. 감독관에게 내 실력을 보여주기 위해서는 능력을 길러야 하지 않을까?

| 1. 배기가스 측정 준비된 모습 | 2. 3개 항목 측정화면 모습 | 3. 6개 항목 측정화면 모습 |
|---|---|---|
| 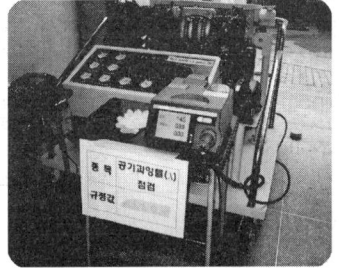 | 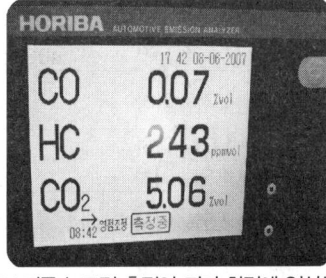 | 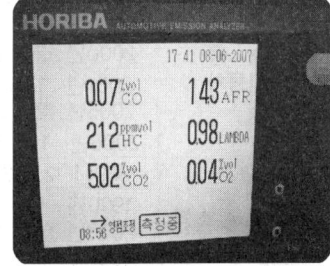 |
| 시험 준비를 수검자가 하여야 한다. 때에 따라서는 준비되어 있다. 웜업된 상태에서 측정 하여야 한다. | M 키를 누르면 측정이 되며 화면에 일산화탄소, 탄화수소, 이산화탄소 측정값이 뜬다. | 화면 변환키를 누르면 측정이 되면서 6개 항목의 측정값이 뜬다. 한 번 더 누르면 3개 항목씩 뜬다. |

## 1. 답안지 작성법

### (1) 배기가스 배출량이 불량일 때

▶ 엔진 3. 배기가스 점검
자동차 번호 :

| 항목 | ① 측정(또는 점검) | | 판정(□에 '✔' 표) | 득 점 |
|---|---|---|---|---|
| | 측정값 | 기준값 | | |
| CO | 2.4% | 1.2% 이하 | □ 양 호 | |
| HC | 830ppm | 220ppm 이하 | ☑ 불 량 | |

비번호 / 감독위원 확인

※ 감독위원이 제시한 자동차등록증(또는 차대번호)를 활용하여 차종 및 연식을 적용합니다.
※ 자동차 검사기준 및 방법에 의하여 기록 판정합니다.
※ CO는 소수점 둘째자리 이하는 버리고 0.1% 단위로 기록 합니다.
※ HC는 소수점 둘째자리 이하는 버리고 1ppm 단위로 기록합니다.

1) **비번호** : 비번호는 공단직원이 주는 등번호를 수검자가 기록한다.
2) **감독위원 확인** : 감독위원 확인란은 감독위원이 채점한 후에 도장을 찍는 부분으로 수검자는 기록하지 않는다.
3) **① 측정(또는 점검)** : 측정값은 수검자가 배기가스의 CO, HC를 측정한 값을 기록하고, 기준값은 운행 차량의 배출 허용 기준값을 기록한다.
 • 측정값 : • CO-2.4%,   • HC-830ppm
 • 규정(정비한계)값 : • CO-1.2% 이하   • HC-220ppm 이하(2005년 11월 08일 등록-NF 쏘나타)

4) ② 판정 : 판정은 수검자가 측정값과 기준값을 비교하여 범위 내에 있으면 양호, 벗어나면 불량에 ✔표시를 한다.
  • 판정 : • 양호-규정(정비한계)값의 범위에 있을 때    • 불량-규정(정비한계)값을 벗어났을 때
5) 득점 : 득점은 감독위원이 채점을 하고 점수를 기록하는 부분으로 수검자는 기록하지 않는다.
7) 자동차 번호 : 측정하는 자동차의 번호를 수검자가 기록한다.

## 2 관계 지식

### (1) 배기가스 배출 허용기준(CO, HC)

| 차 종 | | 제작일자 | 일산화탄소 | 탄화수소 | 공기과잉율 |
|---|---|---|---|---|---|
| 경자동차 | | 1997년 12월 31일 이전 | 4.5% 이하 | 1,200ppm 이하 | 1±0.1 이내 다만, 기화기식 연료공급 장치 부착 자동차는 1±0.15이내 촉매 미부착 자동차는 1±0.20 이내 |
| | | 1998년 1월 1일부터 2000년 12월 31일까지 | 2.5% 이하 | 400ppm 이하 | |
| | | 2001년 1월 1일부터 2003년 12월 31일까지 | 1.2% 이하 | 220ppm 이하 | |
| | | 2004년 1월 1일 이후 | 1.0% 이하 | 150ppm 이하 | |
| 승용 자동차 | | 1987년 12월 31일 이전 | 4.5% 이하 | 1,200ppm 이하 | |
| | | 1988년 1월 1일부터 2000년 12월 31일까지 | 1.2% 이하 | 220ppm 이하(휘발유·알코올자동차) 400ppm 이하(가스자동차) | |
| | | 2001년 1월 1일부터 2005년 12월 31일까지 | 1.2% 이하 | 220ppm 이하 | |
| | | 2006년 1월 1일 이후 | 1.0% 이하 | 120ppm 이하 | |
| 승합·화물·특수 자동차 | 소형 | 1989년 12월 31일 이전 | 4.5% 이하 | 1,200ppm 이하 | |
| | | 1990년 1월 1일부터 2003년 12월 31일까지 | 2.5% 이하 | 400ppm 이하 | |
| | | 2004년 1월 1일 이후 | 1.2% 이하 | 220ppm 이하 | |
| | 중형·대형 | 2003년 12월 31일 이전 | 4.5% 이하 | 1200ppm 이하 | |
| | | 2004년 1월 1일 이후 | 2.5% 이하 | 400ppm 이하 | |

### (2) 현대 자동차 차대번호(VIN : Vehicle Identification Number)의 표기 부호(쏘나타NF -2005)

| K | M | H | E | T | 4 | 1 | B | P | 5 | A | 1 | 2 | 3 | 4 | 5 | 6 |
|---|---|---|---|---|---|---|---|---|---|---|---|---|---|---|---|---|
| ① | ② | ③ | ④ | ⑤ | ⑥ | ⑦ | ⑧ | ⑨ | ⑩ | ⑪ | ⑫ | ⑬ | ⑭ | ⑮ | ⑯ | ⑰ |
| 제작 회사군 | | | 자동차 특성군 | | | | | | 제작 일련 번호군 | | | | | | | |

① K : 국제배정 국적표시 - • K : 한국, • J : 일본, • 1 : 미국.
② M : 제작사를 나타내는 표시 - • M : 현대, • L : 대우, • N : 기아, • P : 쌍용 자동차.
③ H : 자동차 종별 표시 - • H : 승용, 다목적용, • F : 화물9밴), • J : 승합, • C : 특장-승합, 화물.
④ E : 차종 - • E : NF 쏘나타.
⑤ T : 세부차종 - • L : 스탠다드(Standard, L), • T : 디럭스(Deluxe, GL),
  • U : 슈퍼 디럭스(Super Deluxe,GLS), • V : 그랜드 사롱(GDS),
  • W : 슈퍼 그랜드 사롱(HGS).
⑥ 4 : 차체형상 - •4 : 세단 4도어.
⑦ 1 : 안전장치 - • 1 : 운전석/ 동승석-액티브(Active) 시트벨트,
  • 2 : 운전석/ 동승석-패시브(Passive) 시트벨트, •0 : None.
⑧ B : 엔진형식 - • B : 2.0 가솔린, • C : 2.4 가솔린
⑨ P : 운전석 방향 및 변속기 - • P : LHD(왼쪽 운전석), • R : RHD(오른쪽 운전석).
⑩ 5 : 제작년도 - • Y : 2000, • 1 : 2001, • 2 : 2002,… • 5 : 2005,…
  • A : 2010, • B : 2011, • C :2012,… : 2009, A : 2010, B : 2011, C :2012
  D : 2013, E : 2014, F : 2015, G : 2016, H : 2017, H : 2018
⑪ A : 공장 기호 - • C : 전주공장, • U : 울산공장, • M : 인도공장, • Z : 터키공장, • A : 아산공장
⑫~⑰ 123456 : 차량 생산 일련 번호.

## (3) 자동차 등록증(쏘나타NF -2005)

# 자 동 차 등 록 증

제 2005-006260호   최초 등록일 : 2005년 11월 08일

| ① 자동차 등록 번호 | 02소 2885 | ② 차 종 | 중형 승용 | ③ 용도 | 자가용 |
|---|---|---|---|---|---|
| ④ 차 명 | NF 쏘나타(SONSTA) | ⑤ 형식 및 연식 | NF-20GL-A1 | | 2005 |
| ⑥ 차 대 번 호 | KMHET41BP5A123456 | ⑦ 원동기 형식 | G4KA | | |
| ⑧ 사 용 본 거 지 | 경기도 양주시 부흥로 1901 신도 8차 아파트***동 ***호 | | | | |
| 소유자 ⑨ 성명(명칭) | 김광수 | ⑩ 주민(사업자)등록번호 | ***117-******* | | |
| ⑪ 주 소 | 경기도 양주시 부흥로 1901 신도 8차 아파트***동 ***호 | | | | |

자동차 관리법 제8조등의 규정에 의하여 위와 같이 등록하였음을 증명합니다.

-위반하기 쉬운사항-   2015 년 11 월 08 일

※ 위반시 과태료 처분(뒷면 기재 참조)
 o 주소 및 사업장 소재지 변경 15일 이내
 o 정기검사 만료일 전후 15일 이내
 o 책임 보험료 가입 만료일 이전 이내 가입(100만원 이하 과태료)
 o 말소 등록.폐차일로 부터 30일 이내(50만원 이하 과태료)

양 주 시 장

---

### 1. 제원

| ⑫형식승인번호 | A08-1-00064-0005-1201 | | |
|---|---|---|---|
| ⑬길 이 | 4800mm | ⑭너 비 | 1830mm |
| ⑮높 이 | 1475mm | ⑯총 중 량 | 1785kgf |
| ⑰배 기 량 | 1998cc | ⑱정격 출력 | 144/6000ps/rpm |
| ⑲승차 정원 | 5 명 | ⑳최대적재량 | 0kgf |
| ㉑기 통 수 | 4기통 | ㉒연료의종류 | 휘발유(무연)(연비 10.7km/L) |

### 2. 등록 번호판 교부 및 봉인

| ㉓구 분 | ㉔번호판교부일 | ㉕봉인일 | ㉖교부대행자확인 |
|---|---|---|---|
| | | | |
| | | | |
| | | | |

### 2. 저당권 등록

| ㉗구분(설정 또는 말소) | ㉘ 일 자 |
|---|---|
| | |
| | |

※ 기타 저당권 등록의 내용은 자동차 등록원부를 열람확인 하시기 바랍니다.
※ 비고

### 4. 검사 유효기간

| ㉙연 월 일 부 터 | ㉚연 월 일 까 지 | ㉛검 사 시행장소 | ㉜주행 거리 | ㉝검사 책임자확인 |
|---|---|---|---|---|
| 2005-11-08 | 2009-11-07 | 노원검사소 | | |
| 2009-11-08 | 2011-11-07 | 노원검사소 | | |
| 2011-11-08 | 2013-11-07 | 노원검사소 | | |
| 2013-11-08 | 2015-11-07 | 노원검사소 | | |
| 2015-11-08 | 2017-11-07 | 노원검사소 | | |
| 2017-11-08 | 2019-11-07 | 노원검사소 | | |

※ 주의사항 : ㉙항 첫째란에는 신규 등록일을 기재합니다.

## 엔진 4    산소 센서 파형 분석

**14안 산업기사**

주어진 자동차의 엔진에서 산소센서의 파형을 출력·분석하여 그 결과를 기록표에 기록하시오.(측정조건 : 공회전 상태)

### 시험장에서는

산소센서 파형의 측정은 엔진이 정상작동 온도의 시동이 걸려있는 상태에서 측정이 가능하다. 튠업용 엔진이나 실제 차량이 준비되어 있고 그 옆에는 테스터기(하이스캔 프로 또는 Hi-DS 스캐너)가 책상위에 놓여 있을 것이다. 엔진의 시동을 걸고 테스터기를 연결하여 파형을 보고 감독 위원에게 고장 난 부분과 수리방법을 설명한다. 수검자는 반드시 파형을 프린트하여 그것을 답안지에 부착하여야 한다. 시험장에 따라서는 Hi-DS를 준비하여 놓은 곳도 있다. 수검자는 어떠한 측정기가 나오더라도 능수능란하게 측정기기를 다룰 수 있도록 많은 연습을 하여야겠다.

1. 산소 센서 위치 - 아반떼HD    2. 산소 센서 - 아반떼HD(2010)    3. 산소센서 회로도 - 아반떼 HD

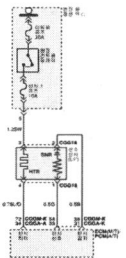

차종마다 위치가 조금씩 다르지만 배기다기관에 설치되어 있으므로 배기라인에서 찾을 수 있다.    센서 출력 단자에 측정 프로브를 연결하여 측정한다.

### 1 답안지 작성법

#### (1) 혼합비가 농후한 파형

▶ 엔진 4. 산소 센서 파형 분석
    자동차 번호 :

| 측정 항목 | 파형 상태 | 득 점 |
|---|---|---|
| 파형 측정 | 전방 센서에서 약간 농후한 혼합기가 유입되기에 출력 전압이 아래위 대칭이 아닌 위쪽(진함)의 진행시간이 길어짐을 알 수 있으나 정상적인 범위임을 알 수 있다. 왜냐하면 후방 산소 센서의 출력값이 약 0.42V를 유지하고 있으므로 정상파형이라 할 수 있다. 만약 농후하거나 희박하면 후방 센서의 파형도 농후 희박한 전압값을 유지한다. | |

| 비번호 | | 감독위원 확 인 | |
|---|---|---|---|

1) **비번호** : 비번호는 공단직원이 주는 등번호를 수검자가 기록한다.
2) **감독위원 확인** : 감독위원 확인란은 감독위원이 채점한 후에 도장을 찍는 부분으로 수검자는 기록하지 않는다.
3) **파형상태** : 파형 상태 란은 수검자가 감독위원의 지시에 따라 스캐너나 튠업 테스터기로 측정한 파형을 프린터로 출력하여 고장 부분 및 각 부분을 출력물에 직접 기록 설명하고 파형의 상태를 결론으로 정리한다.
4) **득점** : 득점은 감독위원이 채점을 하고 점수를 기록하는 부분으로 수검자는 기록하지 않는다.
5) **자동차 번호** : 측정하는 자동차의 번호를 수검자가 기록한다.

## (2) 프린트하여 파형을 분석하여 첨부한 출력물

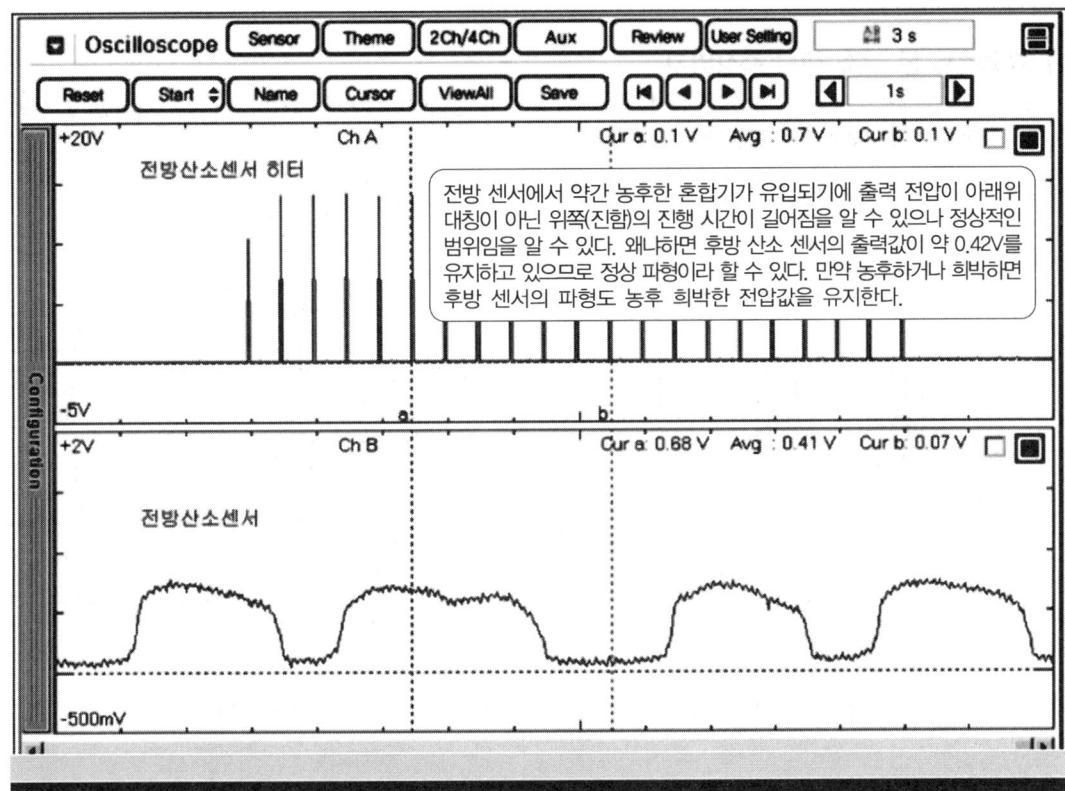

## 2  관계 지식

### (1) 산소 센서 정상 파형의 분석

산소 센서의 출력값은 공연비의 농후·희박에 따라 계속 변화하여 이를 바탕으로 연료량을 제어한다. 산소 센서가 냉간 시 정상으로 작동하기 위해서는 반드시 예열이 필요하며, 따라서 산소 센서 내부에 히터가 설치되어 있다. 이를 통하여 예열시간을 주어 엔진 시동과 동시에 산소 센서의 출력 신호를 이용하여 연료량을 제어할 수 있다.

한 주기 중에서 농후 부분과 희박 부분이 50 : 50 정도를 유지하는 것이 정상적인 파형이며 파형의 꼭대기 부분이 부드럽게 변화되어야 한다. 배기가스의 산소 농도에 따라 약 100~1000mV까지 전압이 주기적인 변화를 가지고 있으면 혼합기가 정상적으로 공급되고 있는 것이다. 후방 센서는 수평을 이룬다.

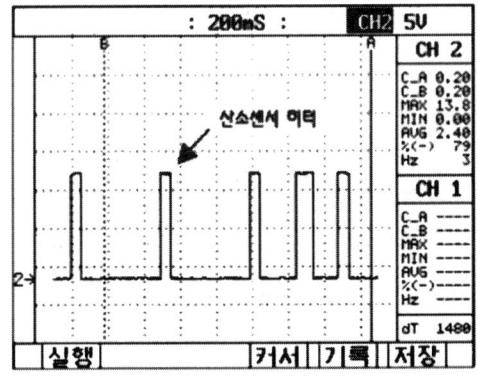
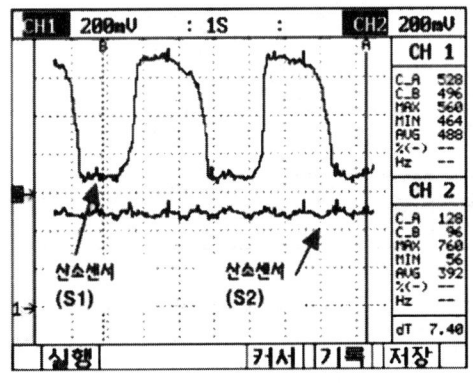

# 3 산소센서 회로도

## (1) 회로에서 본 산소 센서 측정위치

1) 오실로스코프 프로브(+)를 산소 센서 커넥터가 연결된 상태에서 2번에 연결하고 (-)를 접지한 후 시동을 걸어 아이들 상태에서 측정한다.

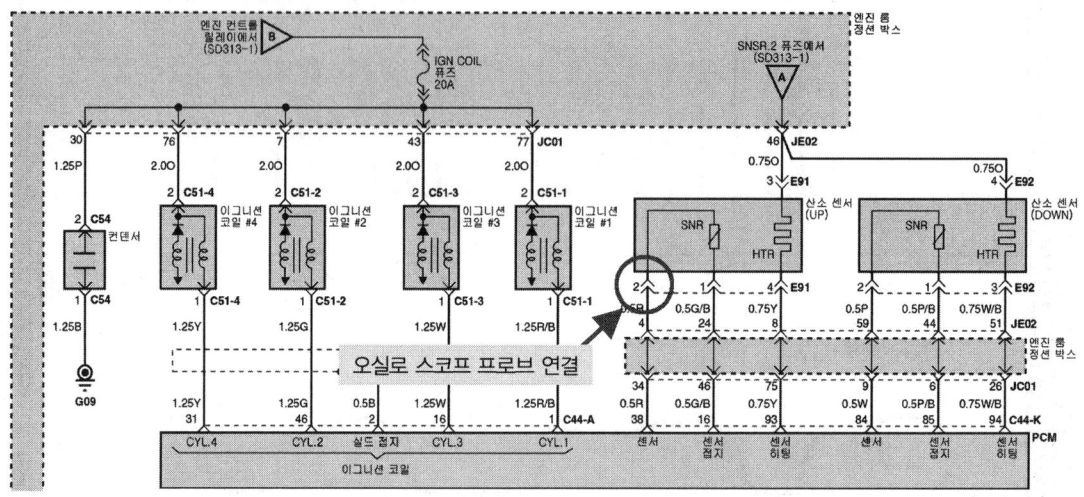

▲ 회로도에서 본 오실로스코프 프로브 연결 위치(NF 쏘나타 2.0-2010)

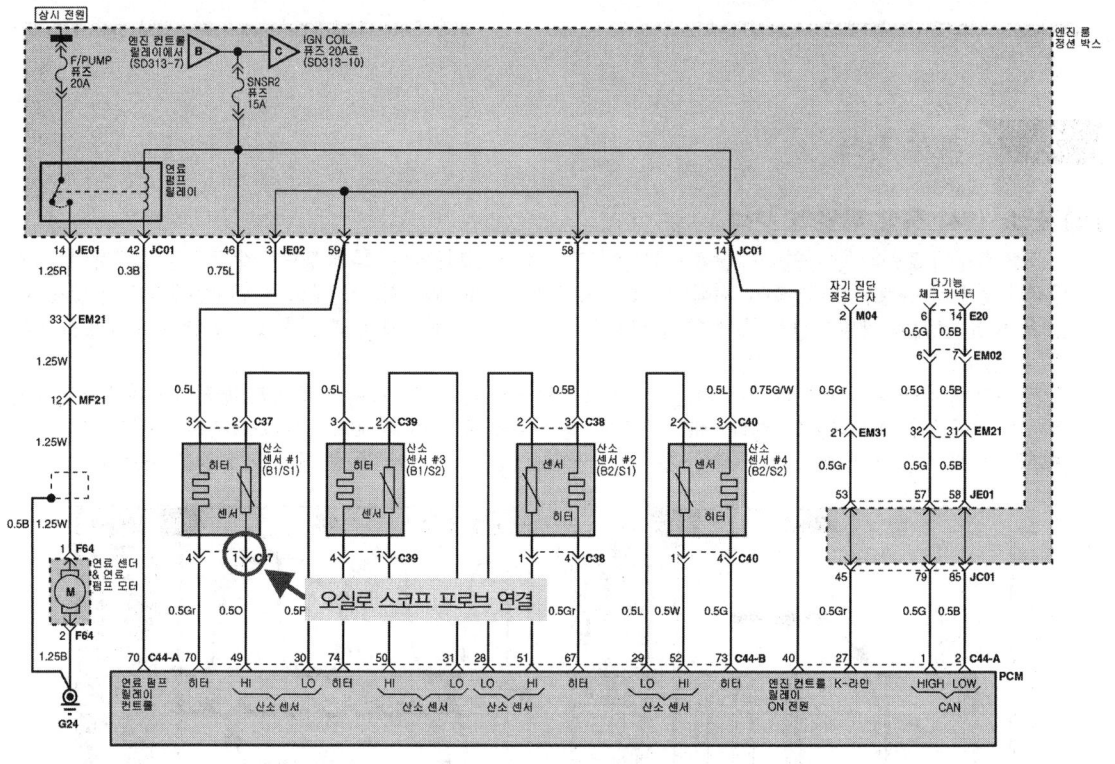

▲ 회로도에서 본 오실로스코프 프로브 연결 위치(그랜저 TG 3.3 - 2010)

## 엔진 5 — 디젤 엔진 연료 압력(고압) 점검

주어진 전자제어 디젤 엔진에서 연료 압력 조절 밸브를 탈거한 후(감독위원에게 확인), 다시 부착하여 시동을 걸고 공회전시 연료 압력을 점검하여 기록표에 기록하시오.

### 시험장에서는

연료 압력이 고압이기에 수검자가 게이지를 설치하기 위하여 사전 작업에 시간이 걸리므로 압력 게이지를 설치하여 놓고 있다. 또는 스캐너로 레일 압력을 측정하는 경우도 있다. 반드시 시동이 걸려 있는 상태에서의 측정이다.

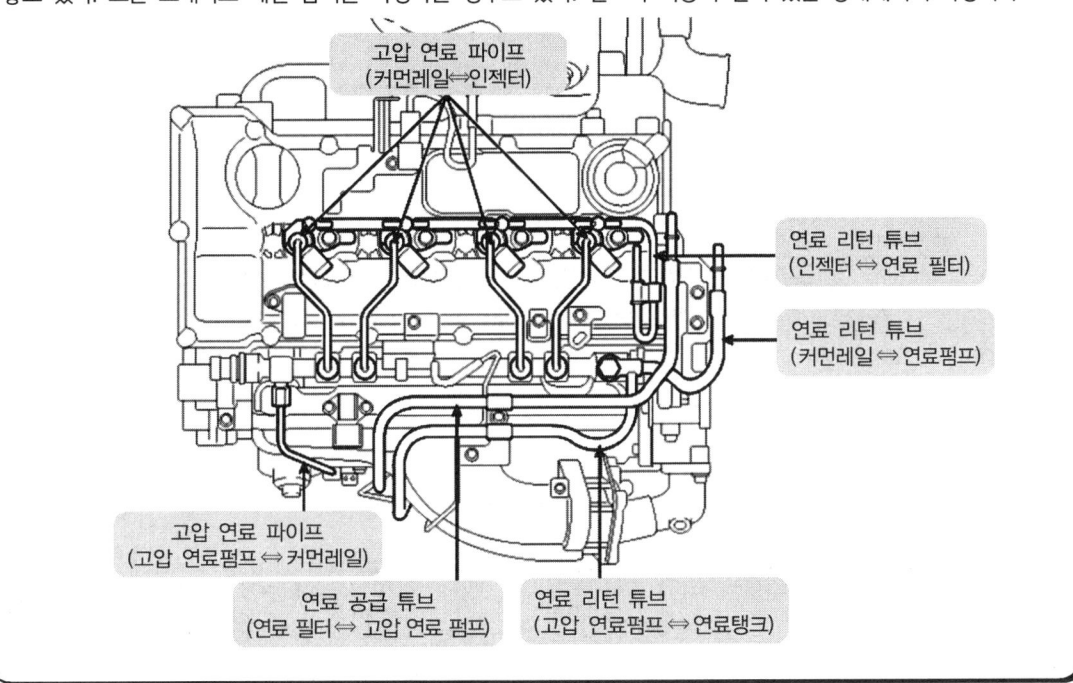

## 1  답안지 작성법

### (1) 연료 압력이 낮을 때

▶ 엔진 5. 전자제어 디젤엔진 점검
자동차 번호:

| 비번호 | | 감독위원 확 인 | |
|---|---|---|---|

| 측정항목 | ① 측정(또는 점검) | | ② 판정 및 정비(또는 조치)사항 | | 득 점 |
|---|---|---|---|---|---|
| | 측정값 | 규정(정비한계)값 | 판정(□에 '✔' 표) | 정비 및 조치할 사항 | |
| 연료 압력 (고압) | 212bar/ 834rpm | 260~280 bar/ 830rpm | □ 양 호 ☑ 불 량 | 연료 압력 조절 밸브가 열린 상태로 고장-교환 | |

1) **비번호** : 비번호는 공단직원이 주는 등번호를 수검자가 기록한다.
2) **감독위원 확인** : 감독위원 확인란은 감독위원이 채점한 후에 도장을 찍는 부분으로 수검자는 기록하지 않는다.
3) **① 측정(또는 점검)** : 측정값은 수검자가 측정한 연료 압력의 값을 기록하고, 규정(정비한계) 값은 감독관이 주어진 값이나 또는 정비지침서를 보고 기록한다.(반드시 단위를 기입한다)
   • 측정값 : 212 bar/834rpm
   • 규정(정비한계)값 : 260~280 bar/830rpm
4) **② 판정 및 정비(또는 조치)사항** : 판정은 수검자가 측정한 값과 규정(정비한계)값을 비교하여 범위 내에 있으면 양호, 벗어나면 불량에 ✔ 표시를 하며, 정비 및 조치할 사항 란에는 고장원인과 정비할 사항을 기록한다.

- 판정 : ・양호 : 규정(한계)값 이내에 있을 때  ・불량 : 규정(한계)값을 벗어났을 때,
- 정비 및 조치할 사항 : 연료 압력 조절 밸브가 열린 상태로 고장 - 교환

5) **득점** : 득점은 감독위원이 채점을 하고 점수를 기록하는 부분으로 수검자는 기록하지 않는다.
6) **자동차 번호** : 측정하는 자동차 번호를 수검자가 기록한다.

■ 차종별 규정값 (현대)

| 차 종 \ 항 목 | 엔진형식 | 배기량(cc) | 연료압력(bar) 고압 | 연료압력(bar) 레일 압력 | 공전속도(rpm) |
|---|---|---|---|---|---|
| 아반떼 XD (2006) | D4FA-디젤1.5 | 1,493 | 1,350 | 270 | 830 |
| 싼타페(2012) | D4EB-디젤2.2 | 2,188 | 1,800 | 220~320 | 790±100 |
| 트라제 XG, 카렌스(2007) | D-2.0 | 1,979 | 1,350 | 220~320 | 750±30 |
| 테라칸, 카니발2(2006) | KJ-2.9 | 2,903 | 1,600 | 1,350/1,700rpm | 800 |

## (2) 연료 압력이 높을 때

▶ 엔진 5. 전자제어 디젤엔진 점검  
자동차 번호 :   비번호 :   감독위원 확인 :

| 측정항목 | ① 측정(또는 점검) 측정값 | ① 측정(또는 점검) 규정(정비한계)값 | ② 판정 및 정비(또는 조치)사항 판정(□에 '✔' 표) | ② 판정 및 정비(또는 조치)사항 정비 및 조치할 사항 | 득 점 |
|---|---|---|---|---|---|
| 연료 압력 (고압) | 320bar/ 834rpm | 260~280 bar/ 830rpm | □ 양 호<br>☑ 불 량 | 연료 압력 조절 밸브 커넥터 탈거 | |

## (3) 연료 압력이 정상일 때

▶ 엔진 5. 전자제어 디젤엔진 점검  
자동차 번호 :   비번호 :   감독위원 확인 :

| 측정항목 | ① 측정(또는 점검) 측정값 | ① 측정(또는 점검) 규정(정비한계)값 | ② 판정 및 정비(또는 조치)사항 판정(□에 '✔' 표) | ② 판정 및 정비(또는 조치)사항 정비 및 조치할 사항 | 득 점 |
|---|---|---|---|---|---|
| 연료 압력 (고압) | 262.2 bar/ 834rpm | 260~280 bar/ 830rpm | ☑ 양 호<br>□ 불 량 | 정비 및 조치사항 없음. | |

## 2  관계 지식

### (1) 연료 압력이 높을 때
- 연료 압력 조절 밸브가 닫힌 상태로 고장
- 연료 압력 조절 밸브 커넥터 탈거
- 연료 압력 조절 밸브 전원, 제어선 단선
- 레일 압력 센서 커넥터 탈거
- 레일 압력 센서 전원, 제어선 단선
- 연료 리턴 파이프의 굴곡, 막힘

### (2) 연료 압력이 낮을 때
- 연료 압력 조절 밸브가 열린 상태로 고장
- 레일 압력 센서 전원, 제어선 단선
- 레일 압력 센서 낮은 전압으로 설정(ECU 고장)
- 레일 압력 센서 커넥터 탈거

## (3) 연료 압력 조절 밸브 위치

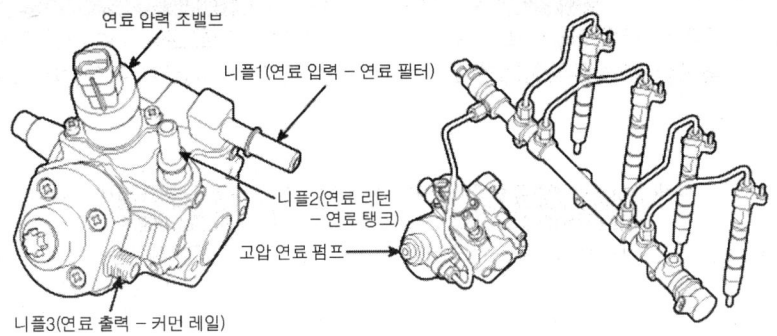

▲ 연료 압력 조절 밸브(쏘렌토 R-2012)

## (4) 연료장치 제원 -싼타페 CM (2010 D 2.0)

| 항 목 | | 제 원 |
|---|---|---|
| 연료 분사 시스템 | 형식 | 커먼 레일 직접 분사 방식 (CRDI ; Common Rail Direct Injection) |
| 연료 리턴 시스템 | 형식 | 리턴 타입 |
| 고압 연료 압력 | 최대 압력 | 1800 bar |
| 연료 탱크 | 용량 | 70 L |
| 연료 필터 | 형식 | 고압 형식(엔진 룸 내 장착) |
| 고압 연료 펌프 | 형식 | 기계식 플런저 펌핑 형식 |
| | 구동 방식 | 타이밍 체인 |
| 저압 연료 펌프 | 형식 | 탱크 내장 전기식 |
| | 구동 방식 | 전기 모터 |

## 섀시 2 — 최소 회전반경 점검

주어진 자동차에서 최소 회전반경을 측정하여 기록표에 기록하고 타이로드 엔드를 탈거한 후(감독위원에게 확인), 다시 부착하여 토(toe)가 규정값이 되도록 조정하시오.

### 시험장에서는

사실상 검사장에서는 시험 항목에 조향장치가 있지만 최소 회전 반경을 측정하지는 않는다. 시험문제가 만들어지면서 최소 회전 반경을 측정하는 방식이 정립이 되었다 하여도 과언은 아니다. 감독관으로부터 답안지를 받아들고 측정 차량에 가면 보조원이 기다리고 있을 것이다. 왜냐하면 혼자서 최소 회전 반경 공식에 대입하기 위한 축거나 조향 각을 측정하기는 어렵기 때문이다. 먼저 줄자를 보조원에게 뒤차축의 중심에 대도록 하고 수검자는 앞차축의 중심에 대서서 축거를 측정하고, 보조원을 운전석에서 핸들을 좌, 또는 우측으로 끝까지 돌리도록 하고 바깥쪽 바퀴의 조향 각을 측정하여 기입하고 계산식에 넣어 산출한 후 답안을 작성한다. r값은 감독관이 주어진다.

**1. 최소회전 반경**
앞바퀴 바깥쪽 바퀴가 그리는 동심원의 반지름을 최소 회전 반경이라 한다.

**2. 축거**
축거가 주어지는 경우도 있지만 직접 줄자로 측정한다. 보조원이 대기하고 있으니 보조원을 불러서 끝을 잡아달라고 하여 측정한다. 앞바퀴 허브 중심과 뒷바퀴 허브 중심간의 거리다.

## 1 답안지 작성법

### (1) 회전반경이 규정값 안에 있을 때

▶ 섀시 2. 최소 회전반경 점검
작업대 번호 :

| 비 번호 | | 감독위원 확 인 | |
|---|---|---|---|

| 점검 항목 | ① 측정(또는 점검) 및 기준값 | | | ② 판정 및 정비(또는 조치)사항 | | 득 점 |
|---|---|---|---|---|---|---|
| | 측정값 | | 기준값 (최소회전반경) | 산출근거 | 판정 (□에 '✔' 표) | |
| 회전방향 (□에 '✔' 표) □ 좌 ☑ 우 | r | 10mm | 12m 이하 | $R = \dfrac{2{,}550}{\sin 30^\circ} + 10$ $= 5{,}110 mm$ | ☑ 양 호 □ 불 량 | |
| | 축거 | 2,550mm | | | | |
| | 조향각도 | 30° | | | | |
| | 최소회전반경 | 5,110mm | | | | |

※ 회전 방향 및 바퀴의 접지면 중심과 킹핀과의 거리(r)는 감독위원이 제시합니다.
※ 자동차검사기준 및 방법에 의하여 기록, 판정합니다.
※ 산출근거에는 단위를 기록하지 않아도 됩니다.

1) **비번호** : 비번호는 공단직원이 주는 등번호를 수검자가 기록한다.
2) **감독위원 확인** : 감독위원 확인란은 감독위원이 채점한 후에 도장을 찍는 부분으로 수검자는 기록하지 않는다.
3) **회전 방향** : 감독위원이 지정하는 우 바퀴에 ✔표시를 한다.
   • □ : 좌   • ☑ : 우
4) **측정값** : 측정값은 수검자가 축거, 조향각도를 측정하고, 최소회전 반경을 산출하여 기록한다. r 값은 감독위원이 제시하여 준다.
   • r : 10 mm   • 축거 : 2,550mm
   • 조향각도 : 30°   • 최소회전 반경 : 5,110mm

5) **기준값** : 법규에 제정된 규정값을 기입한다.
   - 기준값(최소 회전반경) : 12m 이하

■ 차종별 회전반경 기준값

| 차종 | 축거 (mm) | 조향각 내측 | 조향각 외측 | 회전반경 (mm) | 차종 | 축거 (mm) | 조향각 내측 | 조향각 외측 | 회전반경 (mm) |
|---|---|---|---|---|---|---|---|---|---|
| 아토스 | 2,380 | 40°45′ | 34°06′ | 4,470 | 아반떼 | 2,550 | 39°17′ | 32°27′ | 5,100 |
| 엘란트라 | 2,500 | 37° | 30°30′ | 5,100 | 쏘나타Ⅲ | 2,700 | 39°67′ | 32°21′ | - |
| 엑셀 | 2,385 | - | - | 4,830 | 그랜저 | 2,745 | 37° | 30°30′ | 5,700 |

6) **산출근거** : 산출근거 기록은 회전반경 구하는 공식에 측정한 값을 대입하여 계산한 식을 기록한다.
   - $R = \dfrac{2,550}{\sin 30°} + 10 = 5,110 mm$
7) **판정** : 판정은 수검자가 측정한 값을 자동차 성능기준에 관한 규칙 제9조의 성능기준 값과 비교하여 범위 내에 있으면 양호, 벗어나면 불량에 ✔ 표시를 한다.
   - 보기 : · 양호 - 최소 회전 반경 값이 12m 이하일 때  · 불량 - 최소 회전 반경 값이 12m 를 넘을 때
8) **득점** : 득점은 감독위원이 채점을 하고 점수를 기록하는 부분으로 수검자는 기록하지 않는다.
9) **작업대 번호** : 측정하는 작업대 번호를 수검자가 기록한다.

## 2 관계 지식

### (1) 축간거리 측정 방법

축거의 측정은 앞·뒤 차축 중심 사이의 수평거리를 측정하며, 3축 이상의 자동차에 있어서는 앞쪽으로부터 제1·제2축 사이의 거리 등으로 분리하여 측정하여야 하며, 무한궤도형 자동차에 있어서는 무한궤도의 접지부 길이를, 피견인 자동차의 경우에는 연결부(제5륜)의 중심에서 뒤차축 중심까지의 수평거리를 측정한다.

### (2) 최대 조향각 측정 방법

① 자동차 앞바퀴를 잭으로 들고 회전 반경 게이지(turn table)의 중심에 올려놓는다. 이때 자동차를 수평으로 하기 위하여 뒤 바퀴에도 회전 반경 게이지 두께의 받침판을 고인다.
② 앞바퀴를 직진상태로 한다.
③ 자동차 앞쪽을 2~3회 눌러 제자리를 잡을 수 있도록 한다.
④ 앞바퀴 허브 중심에서 뒷바퀴 허브 중심사이의 거리(축거)를 측정한다.
⑤ 회전반경 게이지의 고정 핀을 빼낸다.
⑥ 좌측 또는 우측으로 조향 핸들을 최대로 회전시킨 후 조향 각을 읽는다. 이때 조향 각은 자동차에 따라서 다르나 일반적으로 안쪽이 크고, 바깥쪽은 안쪽보다 작다.

### (3) 측정 조건

① 측정 대상 자동차는 공차상태이어야 한다.
② 측정 대상 자동차는 측정 전에 충분한 길들이기 운전을 하여야 한다.
③ 측정 대상 자동차는 측정 전 조향륜 정렬을 점검하여야 한다.
④ 측정 장소는 평탄 수평하고 건조한 포장도로이어야 한다.

### (4) 최소회전 반경 공식에 대입하여 산출하는 방법

최소 회전 반경을 구하는 공식에 측정한 축거와 바깥쪽 바퀴의 최대 조향각 값을 대입하고 계산하여 구한다.

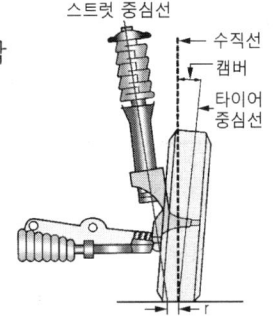

$$R = \dfrac{L}{\sin \alpha} + r$$

R : 최소 회전반경(m)
sinα : 바깥쪽 앞바퀴의 조향각
r : 바퀴 접지면 중심과 킹핀 중심과의 거리

## 섀시 4    제동력 측정

**14안 산업기사**

3항 작업 자동차에서 감독위원의 지시에 따라 전(앞) 또는 후(뒤) 제동력을 측정하여 기록표에 기록하시오.

### 시험장에서는

감독관으로부터 답안지를 받아들고 제동력 테스터기로 가면 A4 용지에 축중이 제시되어 있는 경우가 대부분이다. 또한 도와줄 보조원이 기다리고 있다. 보조원은 대부분 그곳의 학생으로 자격증 취득자이거나 테스터기를 능수능란하게 다룰 수 있는 학생이다. 제동력 측정을 혼자는 할 수 없고 수검자가 운전이 불가능할 경우가 있기 때문에 보조원을 두고 있다. 보조원은 시동을 걸어 놓고 운전석에 앉아서 수검자가 지시를 내려 주기만을 기다리고 있다. 수검자는 테스터기를 세팅하고 보조원에게 차량을 진입하도록 "출발하세요"라고 지시하고 답판 위에 측정축의 바퀴가 오면 "정지"하고 측정 버튼을 누르면 리프트가 하강하면서 롤러가 회전한다. 보조원에게 "브레이크 밟으세요." 하고 지침이 최대로 올랐을 때 푸시 버튼을 눌러 눈금을 읽는다. 주어진 축중과 좌우 측정값을 기록하고 리프트를 올린 후 계산하여 답안지를 작성하여 제출한다.

1. 제동력 측정기가 설치된 실습장 모습    2. 제동력 측정기 답판 위에 진입한 모습    3. 제동력 측정중인 화면

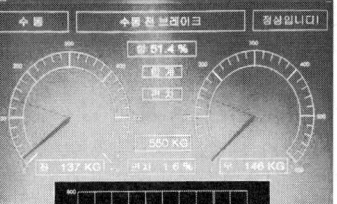

시험 준비 중인 모습이다. 깨끗하게 청소가 되어 있고 주변에 정돈된 모습이 청량한 마음을 준다.    후륜 측정을 하기 위해 제동력 테스터기 답판 위에 뒷바퀴가 올라간 상태이다.    보조원이 브레이크를 밟으면서 제동력의 지침이 올라가고 있는 상태이다.

## 1 답안지 작성법

### (1) 제동력 합과 편차가 불량일 때

▶ 섀시 4. 제동력 점검  
자동차 번호 :

| 비 번호 | | 감독위원 확인 | |
|---|---|---|---|

| ① 측정(또는 점검) | | | | ② 판정 및 정비(또는 조치)사항 | | | 득점 |
|---|---|---|---|---|---|---|---|
| 위 치 | 구분 | 측정값 | 기준값 (□에 '✔' 표) | | 산출근거 | 판정 (□에 '✔' 표) | |
| 제동력 위치 (□에 '✔' 표) ☑ 앞 □ 뒤 | 좌 | 110kg | ☑ 앞 □ 뒤    축중의 | 편차 | 편차 $= \dfrac{200-110}{945} \times 100 = 9.5\%$ | □ 양 호 ☑ 불 량 | |
| | 우 | 200kg | 제동력 편차   8% 이하 | 합 | 합 $= \dfrac{200+110}{945} \times 100 = 32.8\%$ | | |
| | | | 제동력 합   50% 이상 | | | | |

※ 측정 위치는 감독위원이 지정하는 위치에 □에 '✔' 표시합니다.  
※ 자동차 검사기준 및 방법에 의하여 기록 판정합니다.  
※ 측정값의 단위는 시험장비 기준으로 작성합니다.  
※ 산출근거에는 단위를 기록하지 않아도 됩니다.

1) **비번호** : 비번호는 공단직원이 주는 등번호를 수검자가 기록한다.
2) **감독위원 확인** : 감독위원 확인란은 감독위원이 채점한 후에 도장을 찍는 부분으로 수검자는 기록하지 않는다.

3) **위치** : 위치는 감독위원이 지정하는 곳에 ✔ 표시를 한다.
4) **측정값** : 측정값 란은 수검자가 제동력을 측정한 값을 기록한다.
   - 좌 : 110kg
   - 우 : 200kg
5) **기준값** : 기준값은 기준이 되는 축에 ✔ 표시를 하고 검사 기준값을 기록한다.
   - 앞 : ☑
   - 편차 : 8% 이하
   - 제동력 합 : 50% 이상
6) **산출 근거** : 계산공식에 넣어서 산출하는 계산식을 기입한다.

   ※ 계산법 :
   - 좌,우제동력의 편차 = $\dfrac{\text{좌,우제동력의 합}}{\text{해당 축중}} \times 100 = \dfrac{200-110}{945} \times 100 = 9.5\%$
   - 좌,우제동력의 합 = $\dfrac{\text{좌,우제동력의 편차}}{\text{해당 축중}} \times 100 = \dfrac{200+110}{945} \times 100 = 32.8\%$
   - 축중은 GRAUDEUR(2016)가솔린 공차중량(1,575)의 60%(945kg)으로 계산함.

7) **판정** : 판정은 측정한 값과 검사기준 값을 비교하여 범위 안에 들면 양호에, 범위를 벗어나면 불량에 ✔ 표시를 한다.
   - 판정 :
     - 양호 : 측정한 값이 검사기준 값(제동력 합 50% 이상, 편차 8% 이하)의 범위에 있을 때
     - 불량 : 측정한 값이 검사기준 값(제동력 합 50% 이상, 편차 8% 이하)의 범위를 벗어났을 때
8) **득점** : 득점은 감독위원이 채점을 하고 점수를 기록하는 부분으로 수검자는 기록하지 않는다.
9) **자동차 번호** : 측정하는 자동차 번호를 수검자가 기록한다.

■ 현대 차종별 중량 기준값

| 항목 \ 차종 | GRAUDEUR(2016) | | | TUCSON(2016) | | | |
|---|---|---|---|---|---|---|---|
| | 2.4 가솔린 | 2.2 디젤 | 3.0가솔린 | 1.6 T GDI | 2.0 e-VGT | 1.7 e-VGT | 2.0e-VGT |
| 엔진형식-연료 | I4 직분사 | I4-디젤 | V6-가솔린 | I4-가솔린 | I4 | I4 | I4 |
| 배기량(CC) | 2,359 | 2,199 | 2,999 | 1,591 | 1,995 | 1,685 | 1,995 |
| 공차중량(kg) | 1,575 | 1,691~1,700 | 1,590 | 1,510~1,520 | 1,510~1,520 | 1,465~1,475 | 1,565 |
| 최대 출력(HP) | 190 | 202 | 266 | 177 | 186 | 141 | 186 |
| 최대 토크(kg.m) | 24.6 | 45.0 | 31.6 | 27.0 | 41.0 | 34.7 | 41.0 |
| 연비(km/L) M/T | – | – | – | – | 15.1 | – | 14.8 |
| 연비(km/L) A/T | 11.3 | 13.8~14.0 | 10.4 | 11.8~12.1 | 14.0~14.9 | 15.2~15.6 | 12.4~13.1 |
| 축거(mm) | 2,845 | 2,845 | 2,845 | 2,805 | 2,805 | 2,805 | 2,805 |
| 전륜 제동장치 | V디스크 | V디스크 | V디스크 | 디스크 | 디스크 | 디스크 | 디스크 |
| 후륜 제동장치 | 디스크 | 디스크 | 디스크 | 디스크 | 디스크 | 디스크 | 디스크 |

## (2) 제동력 편차는 정상이나 합이 불량일 때

▶ 섀시 4. 제동력 점검

자동차 번호 :

| 비 번호 | | 감독위원 확인 | |
|---|---|---|---|

| ① 측정(또는 점검) | | | | ② 판정 및 정비(또는 조치)사항 | | 득점 |
|---|---|---|---|---|---|---|
| 위 치 | 구분 | 측정값 | 기준값 (□에 '✔' 표) | 산출근거 | 판정 (□에 '✔' 표) | |
| 제동력 위치 (□에 '✔' 표) ☑ 앞 □ 뒤 | 좌 | 190kg | ☑ 앞  축중의 □ 뒤 | 편차 편차 = $\dfrac{200-190}{945} \times 100 = 1.1\%$ | □ 양 호 ☑ 불 량 | |
| | 우 | 200kg | 제동력 편차 8% 이하  제동력 합 50% 이상 | 합 합 = $\dfrac{200+190}{945} \times 100 = 41.3\%$ | | |

※ 측정 위치는 감독위원이 지정하는 위치에 □에 '✔' 표시합니다.
※ 자동차 검사기준 및 방법에 의하여 기록 판정합니다.
※ 측정값의 단위는 시험장비 기준으로 작성합니다.
※ 산출근거에는 단위를 기록하지 않아도 됩니다.

## (3) 제동력 합과 편차가 정상일 때

▶ 섀시 4. 제동력 점검
자동차 번호 :

| 위치 | ① 측정(또는 점검) | | | ② 판정 및 정비(또는 조치)사항 | | | 득점 |
|---|---|---|---|---|---|---|---|
| | 구분 | 측정값 | 기준값 (□에 '✔' 표) | 산출근거 | | 판정 (□에 '✔'표) | |
| 제동력 위치 (□에 '✔'표) ☑ 앞 □ 뒤 | 좌 | 380kg | ☑ 앞 축중의 □ 뒤 | 편차 | 편차 = $\frac{380-370}{945} \times 100 = 1.1\%$ | ☑ 양 호 □ 불 량 | |
| | 우 | 370kg | 제동력 편차  8% 이하 제동력 합  50% 이상 | 합 | 합 = $\frac{380+370}{945} \times 100 = 79.4\%$ | | |

비 번호: 　　　　감독위원 확인:

※ 측정 위치는 감독위원이 지정하는 위치에 □에 '✔' 표시합니다.
※ 자동차 검사기준 및 방법에 의하여 기록 판정합니다.
※ 측정값의 단위는 시험장비 기준으로 작성합니다.
※ 산출근거에는 단위를 기록하지 않아도 됩니다.

## 2  관계 지식

### (1) 제동력 판정 공식

① 앞바퀴 제동력의 총합 = $\frac{앞, 좌우 제동력의 합}{앞축중} \times 100 = 50\%$ 이상 되어야 합격

② 좌우 제동력의 편차 = $\frac{큰쪽 제동력 - 작은쪽 제동력}{당해 축중} \times 100 = 8\%$ 이내면 합격

## 섀시 5. ABS 자기진단

주어진 자동차의 ABS에서 자기진단기(스캐너)를 이용하여 각종 센서 및 시스템의 작동 상태를 점검하고 기록표에 기록하시오.

### 시험장에서는

아마 시험장에서 제일 좋은 차량이 아닐까 싶다. 차 옆에는 테스터기가 학생의 책상 위에 놓여 있고, 차량에는 키가 놓여져 있다. 테스터기를 먼저 설치하고 키를 넣어서 "ON" 위치로 한다. 그 상태에서 진단기(스캐너)로 측정하면 친절하게 고장이 난 부품들의 명칭을 화면에 나타내 줄 것이다. 그리고 고장의 이유는 직접 그 위치에서 확인하여야 한다. 만약 눈으로 확인이 안 되면 단품 점검으로 들어가서 단품에 문제가 있는지 아니면 선로에 문제가 있는지를 점검하여야 한다. 시험이 끝나고 나면 모든 것을 원위치로 한다. 이때 시험위원이 그대로 두고 가라고 하면 더 이상 만지지 말고 답안지를 작성하여 제출한다. 모든 답안지를 제출할 때도 마찬가지이지만 다시 한 번 기록사항을 확인한다. 비 번호는 기록하였는지, 빈공간은 없는지……

1. 앞 휠 스피드 센서 위치    2. 앞 휠 스피드 센서 커넥터 위치    3. 앞 휠 스피드 센서 탈거 모습

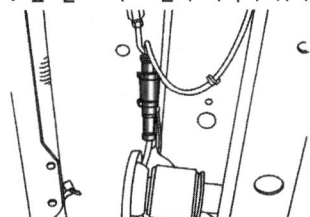
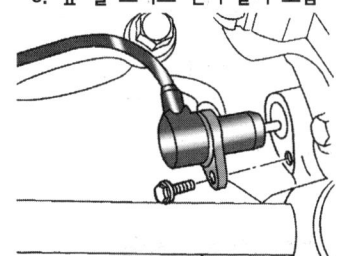

레간자 차량으로 자기진단은 실차에서나 가능하며, 일부 시험장에서는 시뮬레이터로 보고 있는 곳도 있다. 시험장에 속해있는 교육기관의 학생들도 연습을 많이 하였으므로 그동안 만지작거리던 부품들은 반질반질하다. 고장도 현장에서 쉽게 고장 낼 수 있는 부품으로 고장 내는 경우가 대부분이다.

## 1  답안지 작성법

동영상

### (1) 브레이크 스위치 및 뒤 우측 휠 센서 커넥터가 탈거일 때

▶ 섀시 5. ABS 점검
작업대 번호 :

| 점검 항목 | ① 측정(또는 점검) | | ② 판정 및 정비(또는 조치)사항 | 득 점 |
|---|---|---|---|---|
| | 고장 부분 | 내용 및 상태 | 정비 및 조치할 사항 | |
| 자기 진단 | 브레이크 스위치 결함 | 브레이크 스위치<br>– 커넥터 탈거 | 브레이크 스위치 커넥터 연결,<br>과거 기억소거 후, 재점검 | |
| | 뒤 우측 휠 센서 단선/<br>단락 | 뒤 우측 휠 센서<br>– 커넥터 탈거 | 뒤 우측 휠 센서 커넥터 연결,<br>과거 기억소거 후, 재점검 | |

비 번호 :          감독위원 확 인 :

1) **비번호** : 비번호는 공단직원이 주는 등번호를 수검자가 기록한다.
2) **감독위원 확인** : 감독위원 확인란은 감독위원이 채점한 후에 도장을 찍는 부분으로 수검자는 기록하지 않는다.
3) **① 측정(또는 점검)** : 고장부분 란에는 수검자가 스캐너의 자기진단 화면 창에 나타난 이상 부위를 기록하고, 내용 및 상태 란에는 수검자가 점검한 이상 부위의 고장 내용 및 상태를 기록한다.
   • 고장 부분 : 브레이크 스위치 결함, 뒤 우측 휠 센서 단선/ 단락
   • 내용 및 상태 : 브레이크 스위치 – 커넥터 탈거, 뒤 우측 휠 센서 – 커넥터 탈거

4) ② 판정 및 정비(또는 조치)사항 : 정비 및 조치할 사항 란에는 양호하면 정비 및 조치할 사항 없음으로, 불량일 경우 고장원인과 정비방법을 기록한다.
• 정비 및 조치할 사항 : 브레이크 스위치 커넥터 연결, 과거 기억소거 후 재점검, 뒤 우측 휠 센서 커넥터 연결, 과거 기억소거 후 재점검
5) 득점 : 득점은 시험위원이 채점을 하고 점수를 기록하는 부분으로 수검자는 기록하지 않는다.
6) 작업대 번호 : 측정하는 작업대 번호를 수검자가 기록한다.

## 2  관계 지식

### (1) 스캐너를 이용한 자기진단 방법

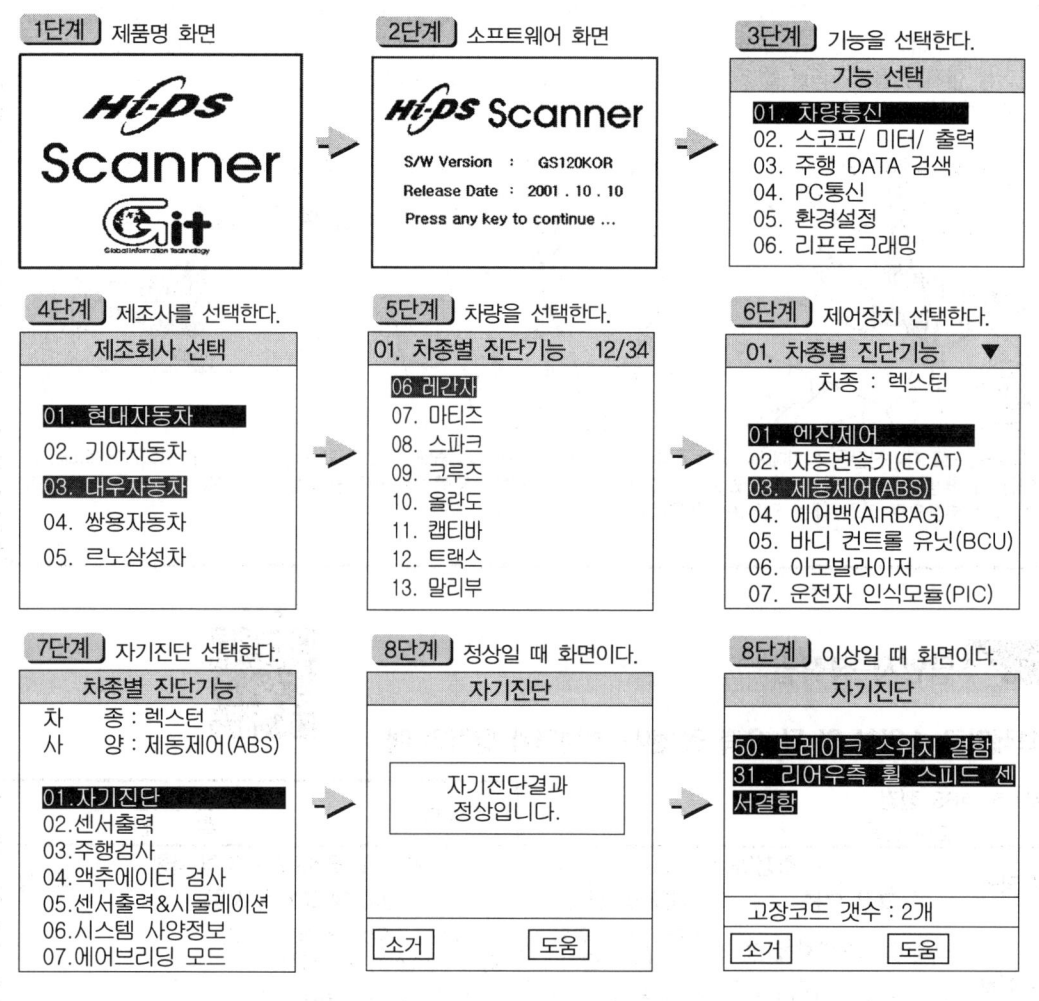

## (2) 자기진단 앞 우측 휠 스피드 센서 결함 고장진단(렉스턴-구형)

| 단계 | 조 치 | 값 | 예 | 아니오 |
|---|---|---|---|---|
| 1 | 브레이크를 밟는다. 제동등이 점등 되는가? | – | 단계2실시 | 단계3실시 |
| 2 | 브레이크 페달에서 발을 뗀다. 제동등이 계속 점등 되는가? | – | 단계8실시 | 단계11실시 |
| 3 | 엔진룸 퓨즈 박스의 퓨즈(EF17)를 점검한다. 퓨즈가 단선 되었는가? | – | 단계4실시 | 단계6실시 |
| 4 | 1. 퓨즈(EF17)를 교환한다.<br>2. 교환된 퓨즈를 재 점검한다.<br>   교환된 퓨즈가 다시 단선 되었는가? | – | 단계5실시 | 단계7실시 |
| 5 | 1. 제동등 회로의 접지 쇼트를 수리한다.<br>2. 신품 퓨즈(EF17)를 장착한다. 수리 작업이 완료되었는가? | – | 시스템 정상 | – |
| 6 | 엔진 퓨즈블록의 커넥터(C102) 단자(C1)와 브레이크 스위치간 회로(황) 및 브레이크 스위치와 스플라이스(S304)간 회로 (연청)의 단선을 수리한다. 브레이크 스위치 결함을 수리한다.<br>수리 작업이 완료 되었는가 | – | 시스템 정상 | – |
| 7 | ABS시스템 및 제동등의 기능을 점검한다. 작동의 상태가 양호한가? | – | 단계9실시 | 단계10실시 |
| 8 | 브레이크 페달의 브레이크 스위치를 점검한다.<br>브레이크 스위치가 불량인가? | – | 시스템 정상 | – |
| 9 | 브레이크 스위치를 교환한다.<br>교환 작업이 완료 되었는가? | – | 시스템 정상 | – |
| 10 | 브레이크 스위치, 제동등 스플라이스(S304)와 EBCM 배선 커넥터 단자(14)간 회로(연청)의 쇼트를 수리한다.<br>수리작업이 완료 되었는가? | 11–14V | 단계13실시 | 단계12실시 |
| 11 | 1. ECBM 배선 커넥터를 분리한다.<br>2. ECBM측의 배선 커넥터핀(14)와 (9)간의 전압을 측정한다.<br>3. 브레이크 페달을 밟는다.<br>   측정값이 규정값을 만족하는가? | 11–14V | 단계13실시 | 단계12실시 |
| 12 | 1. ABS 배선 커넥터와 EBCM 배선 커넥터 단자(14/19)간 연결 상태를 점검한다.<br>2. 커넥터(C107)단자(6)의 연결상태를 점검한다.<br>3. 스플라이그(S304)와 EBCM 배선 커넥터 단자(14)간 회로(연청)의 단선을 점검한다.<br>4. EBCM 배선 커넥터 단자(19)와 접지(G102)간의 배선을 점검한다.<br>5. 발견된 결함 부위를 수리한다.<br>   수리 작업을 완료 했는가? | – | 시스템 정상 | – |
| 13 | ECBM과 커넥터간 연결상태를 점검한다.<br>ECBM 배선 커넥터 단자(14/19)의 접촉 불량이 발견 되었는가? | – | 단계14실시 | 단계15실시 |
| 14 | 필요한 밴선 또는 커넥터를 수리한다.<br>수리작업이 완료 되었는가? | – | 시스템 정상 | – |
| 15 | ABS 어셈블리를 교환한다.<br>교환 작업이 완료 되었는가? | – | 시스템 정상 | – |

## 전기 1 — 시동모터 전압 강하, 전류 소모 점검

**14안 산업기사**

주어진 자동차에서 시동모터를 탈거한 후(감독위원에게 확인), 다시 부착하여 작동상 태를 확인하고 크랭킹 시 전류 소모 및 전압 강하 시험을 하여 기록표에 기록하시오.

### 시험장에서는

감독관이 수검자의 비번호를 부른 후 답안지를 주며 크랭킹 부하시험을 몇 번 차량에서 측정하라고 지시할 것이다. 측정용 차량에는 전압계와 전류계가 준비되어 있다. 요즘에는 훅 미터와 엔진 종합 테스터기인 Hi-DS를 많이 사용하고 있다. 테스터를 설치하고 크랭킹을 하면서 계기 값을 읽는다. 이때 크랭킹은 시험장의 보조원이 할 것이며, 수검자는 보조원에게 "크랭킹을 해 주세요" 하고 측정이 끝나면 "됐습니다." 하여 정지토록 한다. 그리고 답안지를 작성하여 감독관에게 제출한다.

**1. 측정 준비된 시험장 모습**

시험장의 여건에 따라 준비가 다르지만 이곳은 Hi-DS로 준비한 상태이다. 처음하면 테스트 리드를 연결하여야 하는 경우도 있다.

**2. 대전류 프로브 모습**

대전류 프로브는 100A 측정 위치와 1000A 측정 위치가 있다. 크랭킹 전류 소모는 1000A 위치로 한다.

**3. 대전류 프로브 B 단자에 클램핑 모습**

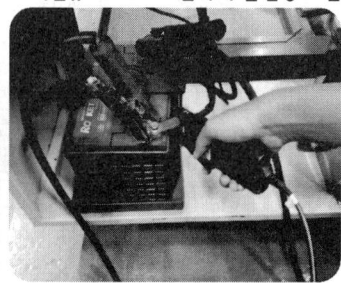

대전류 프로브를 시동 모터 B 단자로 들어가는 케이블에 프로브 화살표 방향이 전류의 흐름 방향으로 걸어서 측정한다.

동영상

## 1 답안지 작성법

### (1) 크랭킹 전류 소모가 규정값 보다 작고, 전압 강하가 클 때

▶ 전기 1. 시동 모터 점검
  자동차 번호 :

| 측정 항목 | ① 측정(또는 점검) | | ② 판정 및 정비(또는 조치)사항 | | 득점 |
|---|---|---|---|---|---|
| | 측정값 | 규정(정비한계)값 | 판정 (□에 '✔' 표) | 정비 및 조치할 사항 | |
| 전압 강하 | 9.3V | 축전지 전압(12V)의 20% 이하(9.6V 이상) | □ 양 호 ☑ 불 량 | 축전지 불량 – 축전지 교환 | |
| 전류 소모 | 90A | 전류소모 규정값 산출근거 기록 축전지 용량의 3배 (50A×3=150A) 이하 | | | |

비번호 ⬜  감독위원 확인 ⬜

1) **비번호** : 비번호는 공단직원이 주는 등번호를 수검자가 기록한다.
2) **감독위원 확인** : 감독위원 확인란은 감독위원이 채점한 후에 도장을 찍는 부분으로 수검자는 기록하지 않는다.
3) **① 측정(또는 점검)** : 측정값은 수검자가 측정한 전압 강하, 전류 소모의 값을 기록하고, 규정(정비한계)값은 일반적인 규정값을 기록한다.
   - 측정값 : ・전압 강하 – 9.3V, ・전류 소모 – 90A
   - 규정(정비한계)값 : ・전압 강하 – 축전지 전압(12V)의 20% 이하(9.6V 이상)
     ・전류 소모 – 축전지 용량의 3배(50A×3=150A) 이하
4) **② 판정** : 판정은 수검자가 측정한 값과 규정(정비한계)값을 비교하여 범위 내에 있으면 양호, 벗어나면 불량에 ✔표시를 하며, 정비 및 조치할 사항은 고장 원인과 정비할 사항을 기록한다.

- 판정 : ・양호 – 규정(정비한계)값의 범위에 있을 때   ・불량 – 규정(정비한계)값을 벗어났을 때
- 정비 및 조치할 사항 : 양호하면 정비 및 조치할 사항 없음으로, 불량일 경우 고장원인 정비방법을 기록한다.

■ 일반적인 규정값

| 항 목 | 전압강하(V) | 소모전류(A) |
|---|---|---|
| 일반적인 규정값 | 축전지 전압(12V)의 20%까지 | 축전지 용량의 3배 이하 |
| 예(12V –45AH) | 9.6V 이상 | 135A |

5) **득점** : 득점은 감독위원이 채점을 하고 점수를 기록하는 부분으로 수검자는 기록하지 않는다.
6) **자동차 번호** : 측정하는 자동차의 번호를 수검자가 기록한다.

## (2) 크랭킹 전류 소모가 규정값 보다 크고, 전압 강하가 클 때

▶ 전기 1. 시동 모터 점검
  자동차 번호 :

| 측정 항목 | ① 측정(또는 점검) | | ② 판정 및 정비(또는 조치)사항 | | 득점 |
|---|---|---|---|---|---|
| | 측정값 | 규정(정비한계)값 | 판정 (□에 '✔' 표) | 정비 및 조치할 사항 | |
| 전압 강하 | 9.3V | 축전지 전압(12V)의 20% 이하(9.6V 이상) | □ 양 호<br>☑ 불 량 | 엔진 본체 저항 많음<br>– 엔진 점검 정비 | |
| 전류 소모 | 180A | 전류소모 규정값 산출근거 기록<br>축전지 용량의 3배 (50A×3=150A) 이하 | | | |

비번호 :    감독위원 확 인 :

## (3) 전압 강하와 전류 소모가 정상일 때

▶ 전기 1. 시동 모터 점검
  자동차 번호 :

| 측정 항목 | ① 측정(또는 점검) | | ② 판정 및 정비(또는 조치)사항 | | 득점 |
|---|---|---|---|---|---|
| | 측정값 | 규정(정비한계)값 | 판정 (□에 '✔' 표) | 정비 및 조치할 사항 | |
| 전압 강하 | 11.8V | 축전지 전압(12V)의 20% 이하(9.6V 이상) | ☑ 양 호<br>□ 불 량 | 정비 및 조치할 사항<br>없음 | |
| 전류 소모 | 90A | 전류소모 규정값 산출근거 기록<br>축전지 용량의 3배 (50A×3=150A) 이하 | | | |

비번호 :    감독위원 확 인 :

## 2  관계 지식

### (1) 크랭킹 전류 소모가 규정값 보다 작고, 전압 강하가 큰 원인
① 축전지 불량 – 충전 후 재점검
② 축전지 터미널 연결 상태 불량 – 축전지 터미널 체결 볼트 꼭 조임.
③ 기동 전동기 불량(링 기어가 물리지 않는 회전, 브러시 마모량 과다, 오버런닝 클러치 불량, 브러시 스프링 장력 감소 등) – 기동 전동기 수리 및 교환

### (2) 크랭킹 전류 소모가 규정값 보다 크고, 전압 강하가 큰 원인
① 전기자 코일 단락 – 전기자 코일 교환
② 계자 코일의 단락 – 계자 코일 교환
③ 전기자 축 휨 – 전기자 코일 교환
④ 전기자 축 베어링 파손 – 베어링 교환
⑤ 엔진 본체의 고장(크랭크축 베어링의 윤활부족 및 소착, 피스톤과 실린더 간극의 마찰저항 증가, 밸브장치의 고장 등) – 정비

## (3) 차종별 배터리 규격(로켓 배터리)

| 제품명 | 전압 | 용량 | 현대 | 기아 | GM 대우 | 삼성/쌍용 |
|---|---|---|---|---|---|---|
| GB40L | 12 | 40 | | 타우너 | 티코,다마스,라보,뉴마티즈 | |
| GB40R | 12 | 40 | | | 마티즈,티코,칼로스(1200cc) | |
| GB40AL | 12 | 40 | 아토스 | 비스토,모닝,타우너 | 다마스,라보 | |
| GB50L | 12 | 50 | 엑센트,아반테,베르나,클릭,라비타 | 캐피탈,리오,세피아Ⅱ,프라이드,아벨라,뉴프라이드GSL | 에스페로,르망,씨에로 | |
| GB50R | 12 | 50 | | | 누비라,라노스,칼로스(1500cc),라세티,젠트라 | |
| GB50P | 12 | 50 | 엘란트라,엑셀,스쿠프 | 프라이드,아벨라,리오,캐피탈,콩코드,쏘울(1600CC) | | |
| GB52S | 12 | 52 | | 세피아/뉴세피아 | | |
| GB60L | 12 | 60 | 아반테(XD,투어링),라비타,엑센트,티뷰론,베르나,클릭,엑셀,엘란트라 | 세피아Ⅱ,슈마,스펙트라,옵티마(리갈),카렌스,캐피탈,크레도스,쎄라토,엑스트랙,뉴프라이드GSL,쏘울(2000CC),포르테 | 에스페로,르망,씨에로,프린스,브로엄 | SM3 |
| GB60R | 12 | 60 | 쏘나타(ⅰ,ⅱ,ⅲ),엘란트라,엑셀,싼타모 | 카스타,스포티지GSL(04.07이전) | 토스카,젠트라,레간자,레조,매그너스,누비라,라노스,칼로스(1.500CC),라세티 | |
| GB70L | 12 | 70 | 아반테(XD,투어링),EF쏘나타,NF쏘나타,그랜저XG,투스카니,트라제(LPG),산타페(LPG),티뷰론,라비타,테라칸(LPG),엑센트,클릭,베르나(디젤) | 카렌스,로체,옵티마(리갈),카니발(LPG,가솔린),크레도스,캐피탈,포텐샤,콩코드,록스타GSL,레토나GSL,세라토,엘란,스포티지(04.08이후),포텐샤 | 프린스,브로엄,스테이츠맨 | SM3,SM5 |
| GB70R | 12 | 70 | 쏘나타(ⅰ,ⅱ,ⅲ),마르샤,갤로퍼GSL,그레이스(LPG),스타렉스(LPG,가솔린),싼타모DSL,리베로(LPG),엘란트라,액셀,스쿠프,그랜저,다이너스티 | 엔터프라이즈,와이드봉고(LPG),카스타,쏘렌토(가솔린) | 매그너스,아카디아,레간자,레조,토스카 | 코란도(가솔린) |
| GB80L | 12 | 80 | 그랜저TG,NF쏘나타/아반테,F쏘나타,그랜저XG,에쿠스(02.09이전),티뷰론,투스카니,싼타페,테라칸,트라제XG,라비타,베르나DSL,I30,제네시스쿠페 | 옵티마(리갈),크레도스,세라토,카렌스,오피러스,엘란,포텐샤,콩코드,록스타(가솔린),엑스트렉,스포티지(04.08이후)카니발(LPG,가솔린),로체,뉴프라이드DSL,쏘울DSL(1600CC),포르테 | 프린스,브로엄,스테이츠맨 | SM5,SM7,QM5 |
| GB80R | 12 | 80 | 쏘나타(ⅰ,ⅱ,ⅲ),그랜저(구형)다이너스티,마르샤,산타모,갤로퍼GSL,그레이스,스타렉스(GSL,LPG),리베로LPG | 엔터프라이즈,카스타,쏘렌토GSL | 아카디아,레간자,매그너스 | 코란도GSL,렉스턴,무쏘(00.07이후) |
| GB88L | 12 | 88 | 에쿠스(02.8이전),그랜저XG | 오피러스,엑스트렉,카렌스(디젤),포텐샤 | | SM7 |
| GB88R | 12 | 88 | 에쿠스(02.8이후),다이너스티,그랜저 | 엔터프라이즈 | 아카디아 | |
| GB95R | 12 | 95 | | | 윈스톰,토스카DSL,라세티웨건DSL | |
| GB 100BR | 12 | 100 | 포터,마이티(3.5T,4T,4.5T),코러스(25인승),카고(5T) | 복사 | | SV110(야무진) |
| GB 120L | 12 | 120 | 코러스(35인승),에어로타운(34인승) | 타이탄(2.0t),코스모스(98.06이후) | | |
| GB 120R | 12 | 120 | 마이티5t | 라이노,코스모스(96.06~98.05) | | 벤츠21t |
| GB 150L | 12 | 150 | 대형버스,트럭(8t이상),코스모스,그랜토,레미콘,특장차,중장비,트레일러,스카니아,트렉터,볼보트럭 | | | |
| GB 200L | 12 | 200 | 고속버스,관광버스,중장비 | | | |
| 58515 | 12 | 85 | | | | 체어맨,체어맨w |
| 60044 | 12 | 100 | 제네시스 | | | 체어맨,체어맨w |
| 61544 | 12 | 115 | | | | 체어맨 |

# 전기 2 ── 전조등 광도, 진폭 점검

주어진 자동차에서 전조등 시험기로 전조등을 점검하여 기록표에 기록하시오.

## 시험장에서는

헤드라이트의 광도와 진폭의 측정은 엔진의 시동을 걸고 측정하여야 옳으나 시험장에서는 안전을 위하여 엔진이 정지된 상태에서 측정하는 경우가 많다. 감독위원이 좌측이나 우측을 지정하여 주는 곳을 측정하는데 좌, 우는 운전석에 앉아서 좌측과 우측임을 잊지 말아야 한다. 측정하기 전에 조건(타이어의 공기압, 배터리 성능, 바닥의 수평 상태 등)이 맞는지 확인하고 헤드라이트의 유리를 깨끗한 걸레로 닦아서 측정값이 정확하게 나오도록 하여야 한다. 측정은 변환빔(하향등) 상태에서 측정하여야 하며, 차량은 공회전(단, 광도 측정 시 2,000rpm), 공차 상태, 운전자 1인이 승차하여 측정하여야 한다.

보조원이 운전석에 앉아서 라이트를 조작하여 주는 경우도 있으나 대부분은 운전자가 탑승하지 않은 상태에서 측정한다. 근래에 생산된 차량은 헤드라이트 조작이 키 스위치를 넣어야지만 가능하도록 되어 있으므로 참고하기 바란다.

1. 시뮬레이터로 측정 준비된 모습
2. 전조등 빔을 중앙에 맞춘다.
3. 측정을 누르면 측정하고 표시한다.

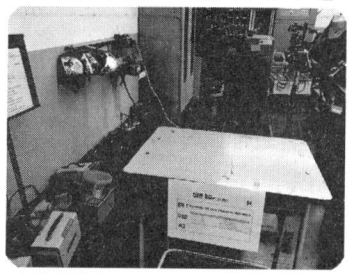
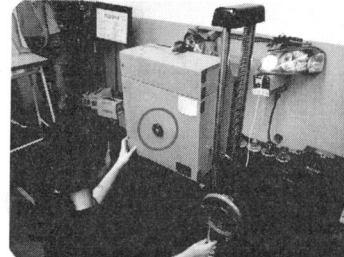

실제 차량으로 전조등을 시험하는 경우도 있지만 시뮬레이터를 이용한 방법도 있다.

시험기는 뒤편에서 전조등 빔의 중앙에 십자가가 맞도록 조정한다.

측정 단자를 누르면 광도와 진폭을 측정하고 값을 화면과 계기판에 표시한다.

## 1 답안지 작성법

### (1) 광도, 진폭이 불량일 때

▶ 전기 2. 전조등 점검
자동차 번호 :

| 항목 | ① 측정(또는 점검) | | | ② 판정 | 득 점 |
|---|---|---|---|---|---|
| | | 측정값 | 기준값 | 판정(□에 '✔') | |
| (□에 '✔')<br>위치 :<br>☑ 좌<br>□ 우<br>설치높이 :<br>☑ ≤ 1.0m<br>□ > 1.0m | 광도 | 2,850cd | 3,000cd 이상 | □ 양 호<br>☑ 불 량 | |
| | 진폭 | -3.1%(-0.31cm) | -0.5~-2.5% 이내<br>(-0.05~-0.25cm 이내) | □ 양 호<br>☑ 불 량 | |

비 번호 : | 감독위원 확인 :

※ 측정 위치는 감독위원이 지정하는 위치에 □에 '✔' 표시합니다.
※ 자동차 검사기준 및 방법에 의하여 기록 판정합니다.

1) **비번호** : 비번호는 공단직원이 주는 등번호를 수검자가 기록한다.
2) **감독위원 확인** : 감독위원 확인란은 감독위원이 채점한 후에 도장을 찍는 부분으로 수검자는 기록하지 않는다.

3) ① **측정(또는 점검)** : 위치 및 설치 높이는 감독위원이 지정하는 차량과 위치 및 설치 높이에 ✔표시를 하고, 측정값은 수검자가 측정한 광도와 진폭의 값을 기록하고 기준값은 검사기준 값을 암기하여 기록한다.
   - 위치 및 설치 높이 : · 위치 – 감독위원이 지정하는 차량의 헤드라이트 위치에 ✔표시를 한다. 운전석에 앉아서 좌, 우 위치이다.
     · 설치 높이 – 점검차량의 전조등 설치 높이에 ✔표시를 한다.
   - 측정값 : · 광도 – 수검자가 측정한 광도 값을 기록한다.
     · 진폭 – 수검자가 측정한 변환빔의 진폭 값을 기록한다.
   - 기준값 : · 광도 – 수검자가 검사기준의 광도 값을 암기하여 기록한다.
     · 진폭 – 수검자가 검사기준의 진폭 값을 암기하여 기록한다.
4) ② **판정** : 판정 란은 수검자가 측정한 값과 기준값을 비교하여 범위 내에 있으면 양호, 벗어나면 불량에 ✔표시를 한다. 어느 하나라도 불량이면 판정은 불량이다.
   - 판정 : · 양호-기준값의 범위에 있을 때
     · 불량-기준값을 벗어났을 때
5) **득점** : 득점은 감독위원이 채점을 하고 점수를 기록하는 부분으로 수검자는 기록하지 않는다.
6) **자동차 번호** : 측정하는 자동차의 번호를 수검자가 기록한다.

## (2) 광도가 불량일 때

▶ 전기 2. 전조등 점검
자동차 번호 :

| 항목 | ① 측정(또는 점검) ||| ② 판정 | 득 점 |
|---|---|---|---|---|---|
| | | 측정값 | 기준값 | 판정(□에 '✔') | |
| (□에 '✔')<br>위치 :<br>☑ 좌<br>□ 우<br>설치높이 :<br>☑ ≤ 1.0m<br>□ > 1.0m | 광도 | 2,950cd | 3,000cd 이상 | □ 양 호<br>☑ 불 량 | |
| | 진폭 | -0.17%(-0.17cm) | -0.5~-2.5% 이내<br>(-0.05~-0.25cm 이내) | ☑ 양 호<br>□ 불 량 | |

비 번호 : 　　　감독위원 확인 :

※ 측정 위치는 감독위원이 지정하는 위치에 □에 '✔' 표시합니다.
※ 자동차 검사기준 및 방법에 의하여 기록 판정합니다.

## (3) 진폭이 불량일 때

▶ 전기 2. 전조등 점검
자동차 번호 :

| 항목 | ① 측정(또는 점검) ||| ② 판정 | 득 점 |
|---|---|---|---|---|---|
| | | 측정값 | 기준값 | 판정(□에 '✔') | |
| (□에 '✔')<br>위치 :<br>☑ 좌<br>□ 우<br>설치높이 :<br>☑ ≤ 1.0m<br>□ > 1.0m | 광도 | 73,600cd | 3,000cd 이상 | ☑ 양 호<br>□ 불 량 | |
| | 진폭 | -2.7%(-0.27cm) | -0.5~-2.5% 이내<br>(-0.05~-0.25cm 이내) | □ 양 호<br>☑ 불 량 | |

비 번호 : 　　　감독위원 확인 :

※ 측정 위치는 감독위원이 지정하는 위치에 □에 '✔' 표시합니다.
※ 자동차 검사기준 및 방법에 의하여 기록 판정합니다.

## (4) 광도와 진폭이 정상일 때

**➡ 전기 2. 전조등 점검**
자동차 번호 :

| | | ① 측정(또는 점검) | | ② 판정 | 득 점 |
|---|---|---|---|---|---|
| 항목 | | 측정값 | 기준값 | 판정(□에 '✔') | |
| (□에 '✔')<br>위치 :<br>☑ 좌<br>□ 우<br>설치높이 :<br>☑ ≤ 1.0m<br>□ > 1.0m | 광도 | 72,600cd | 3,000cd 이상 | ☑ 양 호<br>□ 불 량 | |
| | 진폭 | -1.7%(-0.17cm) | -0.5~-2.5% 이내<br>(-0.05~-0.25cm 이내) | ☑ 양 호<br>□ 불 량 | |

비 번호 :    감독위원 확인 :

※ 측정 위치는 감독위원이 지정하는 위치에 □에 '✔' 표시합니다.
※ 자동차 검사기준 및 방법에 의하여 기록 판정합니다.

## 2 관계 지식

### (1) 검사기준 및 검사방법에 의한 검사기준 - 자동차관리법 시행규칙 제73조 관련

| 항 목 | 검사 기준 | | 검사 방법 |
|---|---|---|---|
| 등화<br>장치 | · 변환빔의 광도는 3000cd 이상일 것 | | · 좌우측 전조등(변환빔)의 광도와 광도점을 전조등 시험기로 측정하여 광도점의 광도 확인 |
| | · 변환빔의 진폭은 10m 위치에서 다음 수치 이내일 것 | | · 좌우측 전조등(변환빔)의 컷오프선 및 꼭지점의 위치를 전조등 시험기로 측정하여 컷오프선의 적정여부 확인 |
| | 설치 높이 ≤ 1.0m | 설치 높이 > 1.0m | |
| | -0.5 ~ -2.5% | -1.0 ~ -3.0% | |
| | · 컷오프선의 꺾임점(각)이 있는 경우 꺾임점의 연장선은 우측 상향일 것 | | · 변환빔의 컷오프선, 꺾임점(각), 설치상태 및 손상 여부 등 안전기준 적합여부를 확인 |

**예** 컷 오프선의 수직위치는 자동차의 변환빔 전조등 설치 높이(발광면의 최하단) 대비 아래 기준에 적합할 것(설치 높이 ≤ 1.0m)

- $-0.5\% = \dfrac{x \times 100}{10}$, $x = \dfrac{-0.5 \times 10}{100} = -0.05cm$ 이내, $\% = \dfrac{-0.05cm \times 100}{10} = -0.5\%$ 이내

- $-2.5\% = \dfrac{x \times 100}{10}$, $x = \dfrac{-2.5 \times 10}{100} = -0.25cm$ 이내, $\% = \dfrac{-0.25cm \times 100}{10} = -2.5\%$ 이내

- 설치 높이 > 1.0m : -0.1cm ~ -0.3cm 이내

## 전기 3. ETACS 와이퍼 간헐시간 스위치 작동신호 점검

주어진 자동차에서 와이퍼 간헐(INT) 시간조정 스위치 조작시 편의장치 (ETACS 또는 ISU) 커넥터에서 스위치 신호(전압)를 측정하고 이상여부를 확인하여 기록표에 기록하시오.

### 시험장에서는

에탁스(ETACS : Electronic Time Alam Control System)는 소형이나, 준중형 차량에는 미장착 차량이 많고 중형 이상의 차량에서 채용한 시스템이었으나 요즘은 경차에도 도입하는 추세이다. 실제의 차량을 이용하는 경우도 있지만 대부분이 시뮬레이터를 사용한다. 점검 및 측정하기가 편하게 만들어져 있다. 에탁스 하면 모두 어려워하고 있지만 실상 회로도만 볼 줄 알면 간단하게 해결할 수 있는 문제다. 답안지를 받아 들고 차량으로 가면 측정 차량의 앞이나 측면 유리에 **"에탁스 와이퍼 간헐시간 스위치 작동신호 점검"** 이라는 글씨가 보일 것이다. 운전석에 앉으면 정비 지침서나 에탁스 회로도를 복사한 것이 보일 것이다. 측정한 값을 답안지에 작성하여 제출한다. 현재 차량에서는 BCM(Body Control Module)으로 이름 바꿔써서 사용하고 있음을 참고하기 바란다. BCM이 새로운 시스템이라고 볼 것이 아니라 기존의 ETACS 제어의 기능을 확장 장치로 생각하고 접근하면 결코 어렵지 않은 시스템이 될 것이다.

▲ 와이퍼 스위치 위치

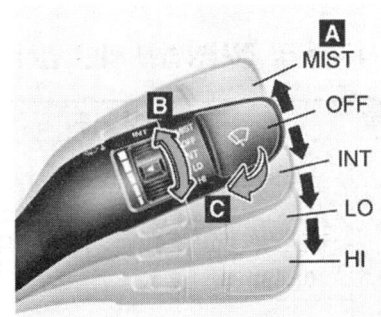

▲ 간헐 위치(INT)

### 1. 답안지 작성법

#### (1) 와이퍼 간헐시간 조정 작동 신호가 불량할 때

▷ 전기 3. 와이퍼 스위치 신호 점검
자동차 번호 :

| 비번호 | | 감독위원 확 인 | |
|---|---|---|---|

| 점검항목 | | ① 측정(또는 점검) 상태 | ② 판정 및 정비(또는 조치)사항 | | 득점 |
|---|---|---|---|---|---|
| | | | 판정(□에 '✔'표) | 정비 및 조치할 사항 | |
| 와이퍼 간헐 시간조정 스위치 위치별 작동신호 | INT S/W ON시(전압) | ON 시 : 0V<br>OFF시 : 0V | □ 양 호<br>☑ 불 량 | 와이퍼 모터 커넥터 탈거- 커넥터 연결 후 재점검 | |
| | INT S/W 위치별 전압 | Fast(빠름)-Slow(느림)<br>전압기록전압 : 0V - 0V | | | |

※ 단, 전압으로 측정이 곤란한 경우 감독위원의 지시에 따라 주기 기록.

1) **비번호** : 비번호는 공단직원이 주는 등번호를 수검자가 기록한다.
2) **감독위원 확인** : 감독위원 확인란은 감독위원이 채점한 후에 도장을 찍는 부분으로 수검자는 기록하지 않는다.
3) ① **측정(또는 점검) 상태** : 측정(또는 점검) 상태는 수검자가 작동신호를 측정한 값을 기록한다.
   • INT S/W ON시(전압) :  • ON시 - 0V   • OFF 시 - 0V
   • INT S/W 위치별 전압 : 0V - 0V

4) ② 판정 및 정비(또는 조치)사항 : 판정은 수검자가 측정한 값과 규정(정비한계)값을 비교하여 범위 내에 있으면 양호, 벗어나면 불량에 ✔표시를 하며, 정비 및 조치할 사항은 고장원인과 정비할 사항을 기록한다.
- 판정 : • 양호 – 규정(정비한계)값의 범위에 있을 때
- • 불량 – 규정(정비한계)값을 벗어났을 때
- 정비 및 조치할 사항 : 양호하면 정비 및 조치할 사항 없음으로, 불량일 경우 고장원인 정비방법을 기록한다.

### ■ 와이퍼 간헐시간 조정 작동전압 규정값

| 항 목 | | 조 건 | 전압값 | 비고 |
|---|---|---|---|---|
| 입력 요소 | 점화 스위치 | ON | 12V | |
| | | OFF | 0V | |
| | 와셔 스위치 | OFF | 12V | |
| | | 와셔 작동시 | 0V | |
| | INT(간헐) 스위치 | OFF | 5V | |
| | | INT 선택 | 0V | |
| 출력 요소 | INT(간헐)가변 볼륨 | FAST(빠름) | 5V | |
| | | SLOW(느림) | 3.8V | |
| | INT(간헐) 릴레이 | 모터를 구동할 때 | 0V | |
| | | 모터 정지할 때 | 12V | |

### ■ 일반적인 규정값

| 차종 | 제어시간 | 특징 |
|---|---|---|
| 현대 전차종 | $T_0$ : 0.6초 / $T_2$ : 1.5±0.7초~ 10.5±3초 | 인트 볼륨 저항 (저속 : 약 50kΩ/ 고속 약 0kΩ) |

5) **득점** : 득점은 감독위원이 채점을 하고 점수를 기록하는 부분으로 수검자는 기록하지 않는다.
6) **자동차 번호** : 측정하는 자동차의 번호를 수검자가 기록한다.

## 2 관계 지식

### (1) 타임 챠트

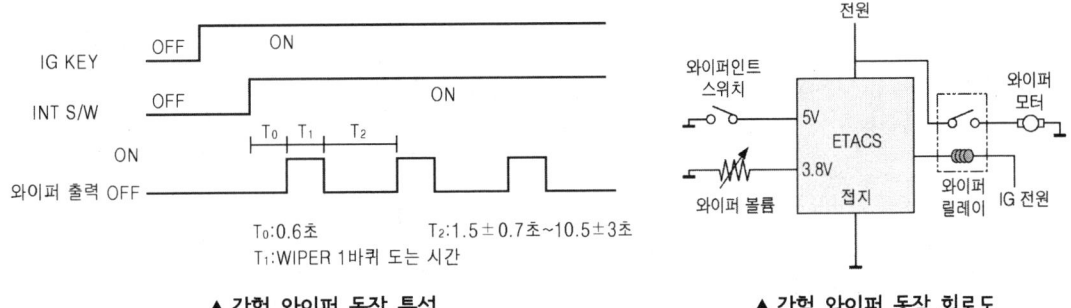

▲ 간헐 와이퍼 동작 특성     ▲ 간헐 와이퍼 동작 회로도

① 점화키 ON시 인트 스위치를 작동시키면 $T_1$후에 와이퍼 릴레이를 ON 한다.
② 간헐 와이퍼 작동 중 와이퍼가 재 작동하는 주기는 인트 볼륨 설정에 따라 $T_3$ 시간만큼 차이가 발생한다.

## (2) 와이퍼 간헐시간 조정 작동 회로도

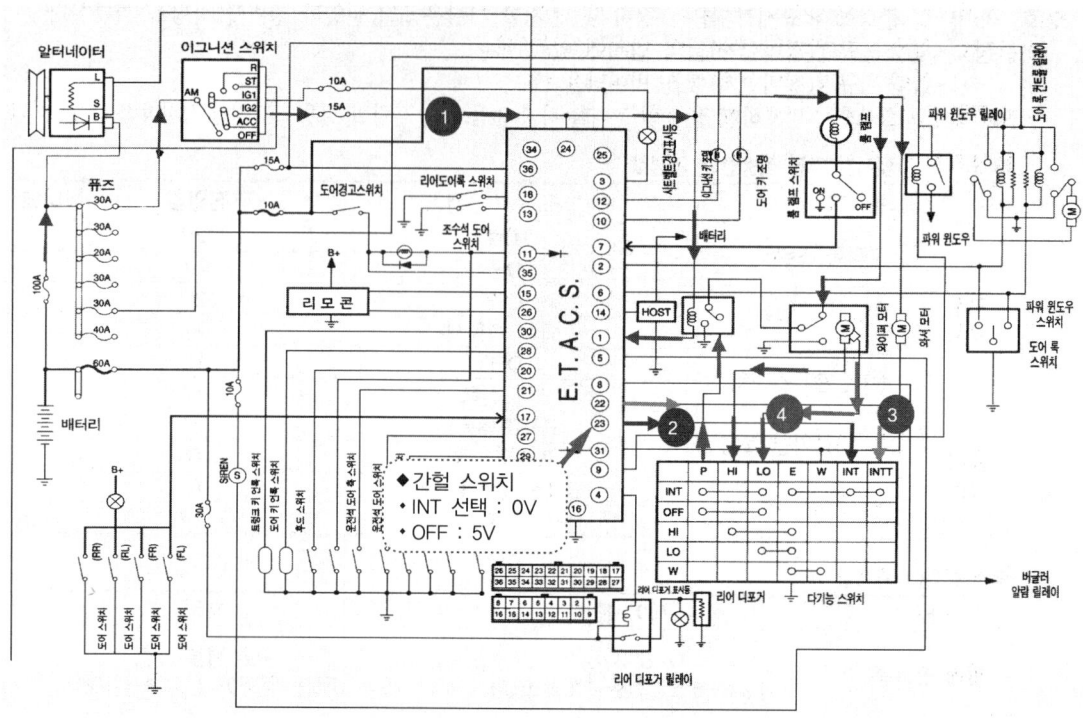

## (3) 간헐 와이퍼 스위치 작동 전압 측정 위치-1 (투싼 JM 2.0 - 2009)

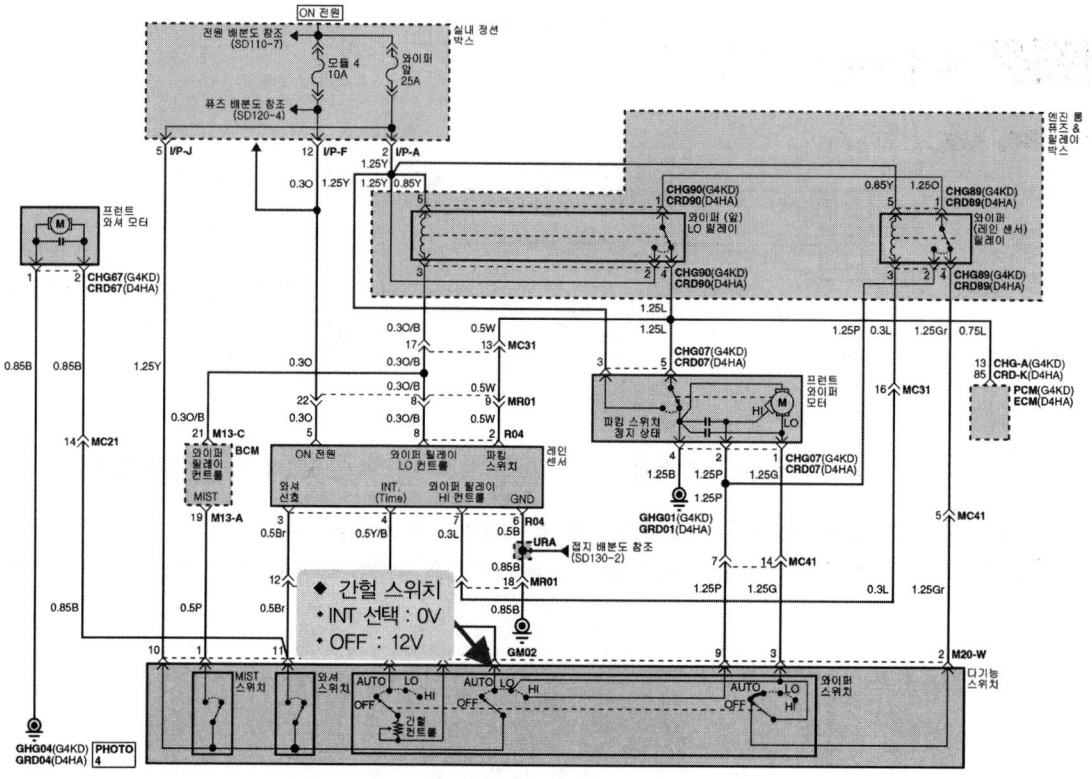

▲ 간헐 와이퍼 스위치 작동 전압 측정 위치-2(투싼 JM 2.0-2009)

## (4) 간헐 와이퍼 스위치 작동 전압 측정 위치-2 (투싼 JM 2.0-2009)

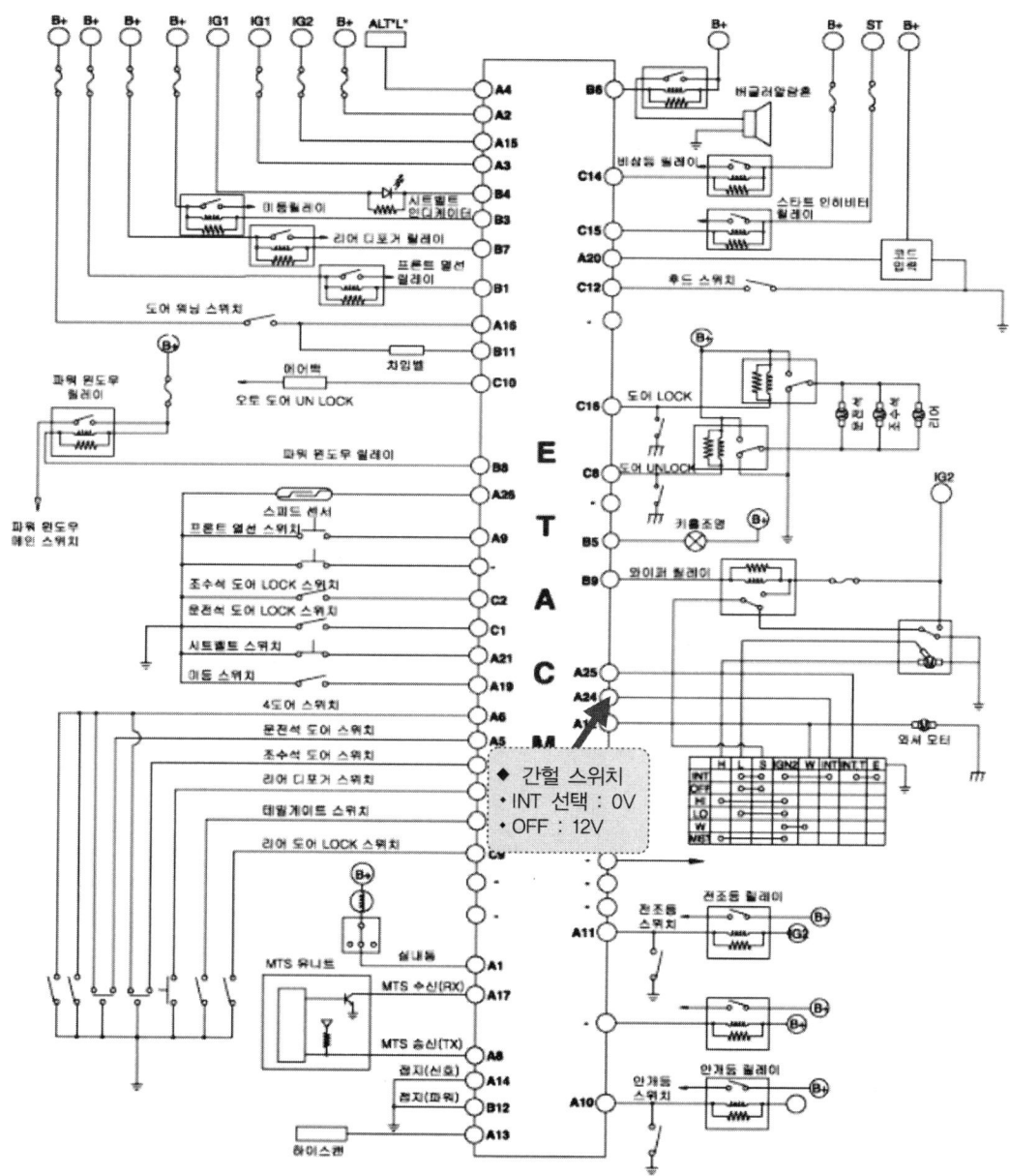

▲ 간헐 와이퍼 스위치 작동 전압 측정 위치-1(투싼 JM 2.0-2009)

제 **2** 장

# 국가기술자격검정
# 실기시험문제

### 1. 자동차정비 산업기사(1~14안)

※ 시험문제의 요구사항에서 [엔진, 섀시, 전기]과제 중
세부항목을 조합하여 출제되며,
일부 내용이 변경될 수 있음

# 국가기술자격검정 실기시험문제

| 자격종목 | 자동차정비 산업기사 | 과제명 | 자동차 정비 작업 |
|---|---|---|---|
| 비번호 | | 시험일시 | | 시험장명 |

※ 시험시간 : 5시간 30분 [엔진 : 140분, 섀시 : 120분, 전기 : 70분]

※ 시험문제 ①~⑭형의 요구사항에서 [엔진, 섀시, 전기]과제 중 세부항목을 조합하여 출제되며, 일부 내용이 변경될 수 있음

### 1. 엔 진

1. 주어진 엔진을 기록표의 측정 항목까지 분해하여 기록표의 요구사항을 측정 및 점검하고 본래 상태로 조립하시오.
2. 주어진 자동차의 전자제어 엔진에서 감독위원의 지시에 따라 1가지 부품을 탈거한 후(감독위원에게 확인), 다시 부착하고 시동에 필요한 관련 부분의 이상개소(시동회로, 점화회로, 연료장치 중 2개소)를 점검 및 수리하여 시동하시오.
3. 2항의 시동된 엔진에서 공회전 속도를 확인하고 감독위원의 지시에 따라 배기가스를 측정하여 기록표에 기록하시오.(단, 시동이 정상적으로 되지 않은 경우 본 항의 작업은 할 수 없음)
4. 주어진 자동차의 엔진에서 맵 센서의 파형을 분석하여 그 결과를 기록표에 기록하시오.(측정조건 : 급가감속 시)
5. 주어진 전자제어 디젤 엔진에서 인젝터를 탈거한 후(감독위원에게 확인), 다시 부착하여 시동을 걸고 공회전시 연료압력을 점검하여 기록표에 기록하시오.

### 2. 섀 시

1. 주어진 자동차에서 전륜 현가장치의 쇽업소버를 탈거한 후(감독위원에게 확인), 다시 부착하여 작동상태를 확인하시오.
2. 주어진 종감속 장치에서 링 기어의 백래시와 런 아웃을 측정하여 기록표에 기록한 후 백래시가 규정값이 되도록 조정하시오.
3. ABS가 설치된 주어진 자동차에서 브레이크 패드를 탈거한 후(감독위원에게 확인), 다시 부착하여 브레이크 작동상태를 점검하시오.
4. 3항의 작업 자동차에서 감독위원의 지시에 따라 전(앞) 또는 후(뒤) 제동력을 측정하여 기록표에 기록하시오.
5. 주어진 자동차의 자동 변속기에서 자기진단기(스캐너)를 이용하여 각종 센서 및 시스템 작동 상태를 점검하고 기록표에 기록하시오.

### 3. 전 기

1. 주어진 자동차에서 시동모터를 탈거한 후(감독위원에게 확인), 다시 부착하여 작동상태를 확인하고 크랭킹시 전류소모 및 전압강하 시험을 하여 기록표에 기록하시오.
2. 주어진 자동차에서 전조등 시험기로 전조등을 점검하여 기록표에 기록하시오.
3. 주어진 자동차에서 감광식 룸램프 기능이 작동시 편의장치(ETACS 또는 ISU) 커넥터에서 작동 전압의 변화를 측정하고 이상여부를 확인하여 기록표에 기록하시오.
4. 주어진 자동차에서 와이퍼 회로를 점검하여 이상 개소(2곳)를 찾아서 수리하시오.

## ◈ 국가기술자격검정 실기시험 결과기록표(1안) ◈

| 자 격 종 목 | 자동차정비 산업기사 | 과 제 명 | 자동차 정비 작업 |
|---|---|---|---|

### 엔 진

**▶ 엔진 1. 크랭크축 점검**
엔진 번호 :

| 비 번호 | | 감독위원 확 인 | |
|---|---|---|---|

| 측정 항목 | ① 측정(또는 점검) | | ② 판정 및 정비(또는 조치)사항 | | 득 점 |
|---|---|---|---|---|---|
| | 측 정 값 | 규정(정비한계)값 | 판정(□에 '✔' 표) | 정비 및 조치할 사항 | |
| 크랭크축 메인저널 오일간극 | | | □ 양 호<br>□ 불 량 | | |

※ 감독위원이 지정하는 부위를 측정한다.

**▶ 엔진 3. 배기가스 점검**
자동차 번호 :

| 비 번호 | | 감독위원 확 인 | |
|---|---|---|---|

| 측정 항목 | ① 측정(또는 점검) | | ② 판정(□에 '✔' 표) | 득 점 |
|---|---|---|---|---|
| | 측 정 값 | 기준값 | | |
| CO | | | □ 양 호<br>□ 불 량 | |
| HC | | | | |

※ 감독위원이 제시한 자동차등록증(또는 차대번호)를 활용하여 차종 및 연식을 적용합니다.
※ 자동차 검사기준 및 방법에 의하여 기록 판정합니다.
※ CO는 소수점 둘째자리 이하는 버리고 0.1% 단위로 기록 합니다.
※ HC는 소수점 둘째자리 이하는 버리고 1ppm 단위로 기록합니다.

**▶ 엔진 4. 맵 센서 파형 분석**
자동차 번호 :

| 비 번호 | | 감독위원 확 인 | |
|---|---|---|---|

| 측정 항목 | 파형 상태 | 득 점 |
|---|---|---|
| 파형 측정 | 요구사항 조건에 맞는 파형을 프린트하여 아래 사항을 분석 후 뒷면에 첨부<br>① 파형에 불량 요소가 있는 경우에는 반드시 표기 및 설명 하여야 함<br>② 파형의 주요 특징에 대하여 표기 및 설명 하여야 함 | |

**▶ 엔진 5. 전자제어 디젤엔진 점검**
자동차 번호 :

| 비 번호 | | 감독위원 확 인 | |
|---|---|---|---|

| 측정 항목 | ① 측정(또는 점검) | | ② 판정 및 정비(또는 조치)사항 | | 득 점 |
|---|---|---|---|---|---|
| | 측 정 값 | 규정(정비한계)값 | 판정(□에 '✔' 표) | 정비 및 조치할 사항 | |
| 연료 압력(고압) | | | □ 양 호<br>□ 불 량 | | |

## 섀 시

### ▶ 섀시 2. 종감속 장치 링 기어 점검
작업대 번호:

| 비 번호 | | 감독위원 확 인 | |

| 점검 항목 | ① 측정(또는 점검) | | ② 판정 및 정비(또는 조치)사항 | | 득 점 |
|---|---|---|---|---|---|
| | 측 정 값 | 규정(정비한계)값 | 판정(□에 '✔'표) | 정비 및 조치할 사항 | |
| 백래시 | | | □ 양 호<br>□ 불 량 | | |
| 런 아웃 | | | | | |

### ▶ 섀시 4. 제동력 점검
자동차 번호:

| 비 번호 | | 감독위원 확 인 | |

| 위 치 | 구분 | 측정값 | 기준값<br>(□에 '✔'표) | 산출근거 | 판정<br>(□에 '✔'표) | 득 점 |
|---|---|---|---|---|---|---|
| 제동력 위치<br>(□에 '✔'표)<br>□ 앞<br>□ 뒤 | 좌 | | □ 앞  축중의 편차<br>□ 뒤 | | □ 양 호<br>□ 불 량 | |
| | 우 | | 제동력 편차<br>제동력 합 | 합 | | |

※ 측정 위치는 감독위원이 지정하는 위치에 □에 '✔'표시합니다.
※ 자동차 검사기준 및 방법에 의하여 기록 판정합니다.
※ 측정값의 단위는 시험장비 기준으로 작성합니다.
※ 산출근거에는 단위를 기록하지 않아도 됩니다.

### ▶ 섀시 5. 자동변속기 점검
작업대 번호:

| 비 번호 | | 감독위원 확 인 | |

| 점검 항목 | ① 점검(또는 측정) | | ② 판정 및 정비(또는 조치)사항 | 득 점 |
|---|---|---|---|---|
| | 고장 부분 | 내용 및 상태 | 정비 및 조치할 사항 | |
| 자기 진단 | | | | |

## 전 기

**▶ 전기 1. 시동모터 점검**
자동차 번호 :

| 비 번호 | | 감독위원 확인 | |
|---|---|---|---|

| 측정 항목 | ① 측정(또는 점검) | | ② 판정 및 정비(또는 조치)사항 | | 득 점 |
|---|---|---|---|---|---|
| | 측정값 | 규정(정비한계)값 | 판정(□에 '✔' 표) | 정비 및 조치할 사항 | |
| 전압 강하 | | | □ 양 호<br>□ 불 량 | | |
| 전류 소모 | | 전류소모 규정값<br>산출근거 기록 | | | |

**▶ 전기 2. 전조등 점검**
자동차 번호 :

| 비 번호 | | 감독위원 확인 | |
|---|---|---|---|

| 항목 | | ① 측정(또는 점검) | | ② 판정 | 득 점 |
|---|---|---|---|---|---|
| | | 측정값 | 기준값 | 판정(□에 '✔' 표) | |
| (□에 '✔' 표)<br>위치 :<br>□ 좌<br>□ 우 | 광도 | | _____이상 | □ 양 호<br>□ 불 량 | |
| 설치높이 :<br>□ ≤ 1.0m<br>□ > 1.0m | 진폭 | | | □ 양 호<br>□ 불 량 | |

※ 측정 위치는 감독위원이 지정하는 위치에 □에 '✔' 표시합니다.
※ 자동차 검사기준 및 방법에 의하여 기록 판정합니다.

**▶ 전기 3. 감광식 룸 램프 점검**
자동차 번호 :

| 비 번호 | | 감독위원 확인 | |
|---|---|---|---|

| 점검 항목 | ① 측정(또는 점검) | | ② 판정 및 정비(또는 조치)사항 | | 득 점 |
|---|---|---|---|---|---|
| | 감광 시간 | 전압(V) 변화 | 판정(□에 '✔' 표) | 정비 및 조치할 사항 | |
| 작동 변화 | | | □ 양 호<br>□ 불 량 | | |

※ 파형상태를 가능한 프린트 출력하여 첨부하도록 합니다.

# 국가기술자격검정 실기시험문제

자동차정비산업기사

| 자 격 종 목 | 자동차정비 산업기사 | 과 제 명 | 자동차 정비 작업 |
|---|---|---|---|
| 비번호 | | 시험일시 | | 시험장명 | |

※ 시험시간 : 5시간 30분 [엔진 : 140분,　섀시 : 120분,　전기 : 70분]

※ 시험문제 ①~⑭형의 요구사항에서 [엔진, 섀시, 전기]과제 중 세부항목을 조합하여 출제되며, 일부 내용이 변경될 수 있음

## 1. 엔 진

1. 주어진 엔진을 기록표의 측정 항목까지 분해하여 기록표의 요구사항을 측정 및 점검하고 본래 상태로 조립하시오.
2. 주어진 자동차의 전자제어 엔진에서 감독위원의 지시에 따라 1가지 부품을 탈거한 후(감독위원에게 확인), 다시 부착하고 시동에 필요한 관련 부분의 이상개소(시동회로, 점화회로, 연료장치 중 2개소)를 점검 및 수리하여 시동하시오.
3. 2항의 시동된 엔진에서 공전속도를 확인하고 감독위원의 지시에 따라 인젝터 파형을 측정 및 분석하여 기록표에 기록하시오.(단, 시동이 정상적으로 되지 않은 경우 본 항의 작업은 할 수 없음)
4. 주어진 자동차의 엔진에서 맵 센서의 파형을 분석하여 그 결과를 기록표에 기록하시오.(측정조건 : 급가감속시)
5. 주어진 전자제어 디젤 엔진에서 연료 압력 센서를 탈거한 후(감독위원에게 확인), 다시 부착하여 시동을 걸고 매연을 측정하여 기록표에 기록하시오.

## 2. 섀 시

1. 주어진 자동차에서 후륜 현가장치의 쇽업소버 스프링을 탈거한 후(감독위원에게 확인), 다시 부착하여 작동상태를 확인하시오.
2. 주어진 자동차에서 최소 회전반경을 측정하여 기록표에 기록하고 타이로드 엔드를 탈거한 후(감독위원에게 확인), 다시 부착하여 토(toe)가 규정값이 되도록 조정하시오.
3. ABS가 설치된 주어진 자동차에서 브레이크 패드를 탈거한 후(감독위원에게 확인), 다시 부착하여 브레이크 작동상태를 점검하시오.
4. 3항의 작업 자동차에서 감독위원의 지시에 따라 전(앞) 후(뒤) 제동력을 측정하여 기록표에 기록하시오.
5. 주어진 자동차의 ABS에서 자기진단기(스캐너)를 이용하여 각종 센서 및 시스템의 작동 상태를 점검하고 기록표에 기록하시오.

## 3. 전 기

1. 주어진 자동차에서 발전기를 탈거한 후(감독위원에게 확인), 다시 부착하여 작동상태를 확인하고 출력 전압 및 출력 전류를 점검하여 기록표에 기록하시오.
2. 주어진 자동차에서 전조등 시험기로 전조등을 점검하여 기록표에 기록하시오.
3. 주어진 자동차에서 도어 센트롤 록킹(도어 중앙 잠금장치) 스위치 조작시 편의장치(ETACS 또는 ISU) 및 운전석 도어모듈(DDM) 커넥터에서 작동 신호를 측정하고 이상여부를 확인하여 기록표에 기록하시오.
4. 주어진 자동차에서 에어컨 작동 회로를 점검하여 이상 개소(2곳)를 찾아서 수리하시오.

## ◈ 국가기술자격검정 실기시험 결과기록표(2안) ◈

| 자 격 종 목 | 자동차정비 산업기사 | 과 제 명 | 자동차 정비 작업 |
|---|---|---|---|

### 엔 진

**➡ 엔진 1. 캠축 점검**
엔진 번호 :

| 비 번호 | | 감독위원 확 인 | |
|---|---|---|---|

| 측정 항목 | ① 측정(또는 점검) | | ② 판정 및 정비(또는 조치)사항 | | 득 점 |
|---|---|---|---|---|---|
| | 측 정 값 | 규정(정비한계)값 | 판정(□에 '✔' 표) | 정비 및 조치할 사항 | |
| 캠축 휨 | | | □ 양 호<br>□ 불 량 | | |

**➡ 엔진 3. 인젝터 파형 점검**
자동차 번호 :

| 비 번호 | | 감독위원 확 인 | |
|---|---|---|---|

| 측정 항목 | ① 측정(또는 점검) | | ② 판정 및 정비(또는 조치)사항 | | 득 점 |
|---|---|---|---|---|---|
| | 측정값 | 규정(정비한계)값 | 판정(□에 '✔' 표) | 정비 및 조치할 사항 | |
| 서지 전압 | | | □ 양 호<br>□ 불 량 | | |
| 분사 시간 | | | | | |

※ 공회전 상태에서 측정하고 기준값은 지침서를 찾아 판정한다.

**➡ 엔진 4. 맵 센서 파형 분석**
자동차 번호 :

| 비 번호 | | 감독위원 확 인 | |
|---|---|---|---|

| 측정 항목 | 파형 상태 | 득 점 |
|---|---|---|
| 파형 측정 | 요구사항 조건에 맞는 파형을 프린트하여 아래 사항을 분석 후 뒷면에 첨부<br>① 파형에 불량 요소가 있는 경우에는 반드시 표기 및 설명 하여야 함<br>② 파형의 주요 특징에 대하여 표기 및 설명 하여야 함 | |

**➡ 엔진 5. 매연 점검**
자동차 번호 :

| 비 번호 | | 감독위원 확 인 | |
|---|---|---|---|

| ① 측정(또는 점검) | | | | | ② 판정 및 정비(또는 조치)사항 | | 득 점 |
|---|---|---|---|---|---|---|---|
| 차종 | 연식 | 기준값 | 측정값 | 측정 | 산출근거(계산) 기록 | 판정<br>(□에 '✔' 표) | |
| | | | | 1회 :<br>2회 :<br>3회 : | | □ 양 호<br>□ 불 량 | |

※ 차종 및 연식은 자동차등록증을 활용하여 기재하고 기준값 적용
※ 자동차 검사기준 및 방법에 의하여 기록 판정합니다.

## 섀 시

■ 섀시 2. 최소 회전반경 점검
  작업대 번호 :

| 비 번호 | | 감독위원 확 인 | |
|---|---|---|---|

| 점검 항목 | ① 측정(또는 점검) 및 기준값 | | ② 판정 및 정비(또는 조치)사항 | | 득 점 |
|---|---|---|---|---|---|
| | 측정값 | 기준값 (최소회전반경) | 산출근거 | 판정 (□에 '✔' 표) | |
| 회전방향 (□에 '✔' 표) □ 좌 □ 우 | r | | | □ 양 호 □ 불 량 | |
| | 축거 | | | | |
| | 조향각도 | | | | |
| | 최소회전반경 | | | | |

※ 회전 방향 및 바퀴의 접지면 중심과 킹핀과의 거리(r)는 감독위원이 제시합니다.
※ 자동차검사기준 및 방법에 의하여 기록, 판정합니다.
※ 산출근거에는 단위를 기록하지 않아도 됩니다.


■ 섀시 4. 제동력 점검
  자동차 번호 :

| 비 번호 | | 감독위원 확 인 | |
|---|---|---|---|

| 위 치 | 구분 | 측정값 | 기준값 (□에 '✔' 표) | 산출근거 | 판정 (□에 '✔' 표) | 득 점 |
|---|---|---|---|---|---|---|
| 제동력 위치 (□에 '✔' 표) □ 앞 □ 뒤 | 좌 | | □ 앞 □ 뒤 축중의 | 편차 | □ 양 호 □ 불 량 | |
| | 우 | | 제동력 편차 | 합 | | |
| | | | 제동력 합 | | | |

※ 측정 위치는 감독위원이 지정하는 위치에 □에 '✔' 표시합니다.
※ 자동차 검사기준 및 방법에 의하여 기록 판정합니다.
※ 측정값의 단위는 시험장비 기준으로 작성합니다.
※ 산출근거에는 단위를 기록하지 않아도 됩니다.


■ 섀시 5. ABS 점검
  작업대 번호 :

| 비 번호 | | 감독위원 확 인 | |
|---|---|---|---|

| 점검 항목 | ① 측정(또는 점검) | | ② 판정 및 정비(또는 조치)사항 | 득 점 |
|---|---|---|---|---|
| | 고장 부분 | 내용 및 상태 | 정비 및 조치할 사항 | |
| 자기 진단 | | | | |
| | | | | |

## 전 기

**➡ 전기 1. 발전기 점검**
자동차 번호 :

| 비 번호 | | 감독위원 확인 | |
|---|---|---|---|

| 측정 항목 | ① 측정(또는 점검) | | ② 판정 및 정비(또는 조치)사항 | | 득 점 |
|---|---|---|---|---|---|
| | 측 정 값 | 규정(정비한계)값 | 판정(□에 '✔'표) | 정비 및 조치할 사항 | |
| 출력 전압 | | | □ 양 호<br>□ 불 량 | | |
| 출력 전류 | | | | | |

**➡ 전기 2. 전조등 점검**
자동차 번호 :

| 비 번호 | | 감독위원 확인 | |
|---|---|---|---|

| 항목 | | ① 측정(또는 점검) | | ② 판정 | 득 점 |
|---|---|---|---|---|---|
| | | 측정값 | 기준값 | 판정(□에 '✔'표) | |
| (□에 '✔'표)<br>위치 :<br>□ 좌<br>□ 우 | 광도 | | _____이상 | □ 양 호<br>□ 불 량 | |
| 설치높이 :<br>□ ≤ 1.0m<br>□ > 1.0m | 진폭 | | | □ 양 호<br>□ 불 량 | |

※ 측정 위치는 감독위원이 지정하는 위치에 □에 '✔' 표시합니다.
※ 자동차 검사기준 및 방법에 의하여 기록 판정합니다.

**➡ 전기 3. 센트럴 도어 록킹 스위치 회로 점검**
자동차 번호 :

| 비 번호 | | 감독위원 확인 | |
|---|---|---|---|

| 측정 항목 | ① 측정(또는 점검) | | | ② 판정 및 정비(또는 조치)사항 | | 득 점 |
|---|---|---|---|---|---|---|
| | | 측정값 | 규정(정비한계)값 | 판정<br>(□에 '✔'표) | 정비 및 조치할 사항 | |
| 도어 중앙<br>잠금 장치<br>신호(전압) | 잠김 | ON : | | □ 양 호<br>□ 불 량 | | |
| | | OFF : | | | | |
| | 풀림 | ON : | | | | |
| | | OFF : | | | | |

 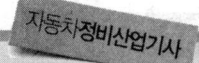

# 국가기술자격검정 실기시험문제

| 자 격 종 목 | 자동차정비 산업기사 | 과 제 명 | 자동차 정비 작업 |
|---|---|---|---|
| 비번호 | | 시험일시 | | 시험장명 | |

※ 시험시간 : 5시간 30분 [엔진 : 140분, 섀시 : 120분, 전기 : 70분]

※ 시험문제 ①~⑭형의 요구사항에서 [엔진, 섀시, 전기]과제 중 세부항목을 조합하여 출제되며, 일부 내용이 변경될 수 있음

## 1. 엔 진

1. 주어진 엔진을 기록표의 측정 항목까지 분해하여 기록표의 요구사항을 측정 및 점검하고 본래 상태로 조립하시오.
2. 주어진 자동차의 전자제어 엔진에서 감독위원의 지시에 따라 1가지 부품을 탈거한 후(감독위원에게 확인), 다시 부착하고 시동에 필요한 관련 부분의 이상개소(시동회로, 점화회로, 연료장치 중 2개소)를 점검 및 수리하여 시동하시오.
3. 2항의 시동된 엔진에서 공전속도를 확인하고 감독위원의 지시에 따라 공회전시 배기가스를 측정하여 기록표에 기록하시오.(단, 시동이 정상적으로 되지 않은 경우 본 항의 작업은 할 수 없음)
4. 주어진 자동차의 엔진에서 산소센서의 파형을 출력·분석하여 그 결과를 기록표에 기록하시오.(측정조건 : 공회전 상태)
5. 주어진 전자제어 디젤엔진에서 연료 압력 조절 밸브를 탈거한 후(감독위원에게 확인) 다시 부착하여 시동을 걸고 공회전시 연료 압력을 점검하여 기록표에 기록하시오.

## 2. 섀 시

1. 주어진 자동차에서 전륜 현가장치의 스트럿 어셈블리(또는 코일 스프링)를 탈거한 후(감독위원에게 확인), 다시 부착하여 작동상태를 확인하시오.
2. 주어진 자동차에서 휠 얼라인먼트 시험기로 캠버와 토(toe) 값을 측정하여 기록표에 기록한 후 타이로드 엔드를 탈거한 후(감독위원에게 확인), 다시 부착하여 토(toe)가 규정값이 되도록 조정하시오.
3. 주어진 자동차에서 브레이크 휠 실린더(또는 캘리퍼)를 탈거한 후(감독위원에게 확인), 다시 부착하여 브레이크 작동상태를 점검하시오.
4. 3항 작업 자동차에서 감독위원의 지시에 따라 전(앞) 또는 후(뒤) 제동력을 측정하여 기록표에 기록하시오.
5. 주어진 자동차의 자동변속기에서 자기진단기(스캐너)를 이용하여 각종 센서 및 시스템의 작동 상태를 점검하고 기록표에 기록하시오.

## 3. 전 기

1. 주어진 자동차에서 시동모터를 탈거한 후(감독위원에게 확인), 다시 부착하여 작동상태를 확인하고 크랭킹 시 전류소모 및 전압강하 시험하여 기록표에 기록하시오.
2. 주어진 자동차에서 전조등 시험기로 전조등을 점검하여 기록표에 기록하시오.
3. 주어진 자동차의 에어컨 회로에서 외기온도 입력 신호값을 점검하여 이상 여부를 확인하여 기록표에 기록하시오.
4. 주어진 자동차에서 전조등 회로를 점검하여 이상 개소(2곳)를 찾아서 수리하시오.

## ◈ 국가기술자격검정 실기시험 결과기록표(3안) ◈

| 자 격 종 목 | 자동차정비 산업기사 | 과 제 명 | 자동차 정비 작업 |
|---|---|---|---|

### 엔 진

▶ 엔진 1. 엔진 크랭크축 점검
  엔진 번호 :

| | 비 번 호 | | 감독위원 확 인 | |

| 측정 항목 | ① 측정(또는 점검) | | ② 판정 및 정비(또는 조치)사항 | | 득 점 |
|---|---|---|---|---|---|
| | 측 정 값 | 규정(정비한계)값 | 판정(□에 '✔' 표) | 정비 및 조치할 사항 | |
| 크랭크축 축방향 유격 | | | □ 양 호<br>□ 불 량 | | |

▶ 엔진 3. 배기가스 점검
  자동차 번호 :

| | 비 번 호 | | 감독위원 확 인 | |

| 측정 항목 | ① 측정(또는 점검) | | ② 판정(□에 '✔' 표) | 득 점 |
|---|---|---|---|---|
| | 측 정 값 | 기준값 | | |
| CO | | | □ 양 호<br>□ 불 량 | |
| HC | | | | |

※ 감독위원이 제시한 자동차등록증(또는 차대번호)를 활용하여 차종 및 연식을 적용합니다.
※ 자동차 검사기준 및 방법에 의하여 기록 판정합니다.
※ CO는 소수점 둘째자리 이하는 버리고 0.1% 단위로 기록 합니다.
※ HC는 소수점 둘째자리 이하는 버리고 1ppm 단위로 기록합니다.

▶ 엔진 4. 산소 센서 파형 분석
  자동차 번호 :

| | 비 번 호 | | 감독위원 확 인 | |

| 측정 항목 | 파형 상태 | 득 점 |
|---|---|---|
| 파형 측정 | 요구사항 조건에 맞는 파형을 프린트하여 아래 사항을 분석 후 뒷면에 첨부<br>① 파형에 불량 요소가 있는 경우에는 반드시 표기 및 설명 하여야 함<br>② 파형의 주요 특징에 대하여 표기 및 설명 하여야 함 | |

▶ 엔진 5. 전자제어 디젤엔진 점검
  자동차 번호 :

| | 비 번 호 | | 감독위원 확 인 | |

| 측정 항목 | ① 측정(또는 점검) | | ② 판정 및 정비(또는 조치)사항 | | 득 점 |
|---|---|---|---|---|---|
| | 측 정 값 | 규정(정비한계)값 | 판정(□에 '✔' 표) | 정비 및 조치할 사항 | |
| 연료 압력(고압) | | | □ 양 호<br>□ 불 량 | | |

## 섀 시

▶ 섀시 2. 휠 얼라인먼트 점검
자동차 번호 :

| 비 번호 | | 감독위원 확 인 | |
|---|---|---|---|

| 점검 항목 | ① 측정(또는 점검) | | ② 판정 및 정비(또는 조치)사항 | | 득 점 |
|---|---|---|---|---|---|
| | 측 정 값 | 규정(정비한계)값 | 판정(□에 '✔'표) | 정비 및 조치할 사항 | |
| 캠버 | | | □ 양 호<br>□ 불 량 | | |
| 토(toe) | | | | | |

▶ 섀시 4. 제동력 점검
자동차 번호 :

| 비 번호 | | 감독위원 확 인 | |
|---|---|---|---|

| 위 치 | 구분 | ① 측정(또는 점검) | | ② 판정 및 정비(또는 조치)사항 | | 득 점 |
|---|---|---|---|---|---|---|
| | | 측정값 | 기준값<br>(□에 '✔'표) | 산출근거 | 판정<br>(□에 '✔'표) | |
| 제동력 위치<br>(□에 '✔'표)<br>□ 앞<br>□ 뒤 | 좌 | | □ 앞<br>□ 뒤 축중의 | 편차 | □ 양 호<br>□ 불 량 | |
| | 우 | | 제동력 편차 | 합 | | |
| | | | 제동력 합 | | | |

※ 측정 위치는 감독위원이 지정하는 위치에 □에 '✔'표시합니다.
※ 자동차 검사기준 및 방법에 의하여 기록 판정합니다.
※ 측정값의 단위는 시험장비 기준으로 작성합니다.
※ 산출근거에는 단위를 기록하지 않아도 됩니다.

▶ 섀시 5. 자동변속기 점검
자동차 번호 :

| 비 번호 | | 감독위원 확 인 | |
|---|---|---|---|

| 점검 항목 | ① 점검(또는 측정) | | ② 판정 및 정비(또는 조치)사항 | 득 점 |
|---|---|---|---|---|
| | 고장 부분 | 내용 및 상태 | 정비 및 조치할 사항 | |
| 자기 진단 | | | | |

## 전 기

**▶ 전기 1. 시동모터 점검**
자동차 번호 :

| 측정 항목 | ① 측정(또는 점검) | | ② 판정 및 정비(또는 조치)사항 | | 득 점 |
|---|---|---|---|---|---|
| | 측정값 | 규정(정비한계)값 | 판정(□에 '✔' 표) | 정비 및 조치할 사항 | |
| 전압 강하 | | | □ 양 호<br>□ 불 량 | | |
| 전류 소모 | | 전류소모 규정값<br>산출근거 기록 | | | |

**▶ 전기 2. 전조등 점검**
자동차 번호 :

| 항목 | | ① 측정(또는 점검) | | ② 판정 | 득 점 |
|---|---|---|---|---|---|
| | | 측정값 | 기준값 | 판정(□에 '✔' 표) | |
| (□에 '✔' 표)<br>위치 :<br>□ 좌<br>□ 우 | 광도 | | _____이상 | □ 양 호<br>□ 불 량 | |
| 설치높이 :<br>□ ≤ 1.0m<br>□ > 1.0m | 진폭 | | | □ 양 호<br>□ 불 량 | |

※ 측정 위치는 감독위원이 지정하는 위치에 □에 '✔' 표시합니다.
※ 자동차 검사기준 및 방법에 의하여 기록 판정합니다.

**▶ 전기 3. 에어컨 외기 온도 입력 신호값 점검**
자동차 번호 :

| 점검 항목 | ① 측정(또는 점검) | | ② 판정 및 정비(또는 조치)사항 | | 득 점 |
|---|---|---|---|---|---|
| | 측 정 값 | 규정(정비한계)값 | 판정(□에 '✔' 표) | 정비 및 조치할 사항 | |
| 외기 온도 입력<br>신호 값 | | | □ 양 호<br>□ 불 량 | | |

# 국가기술자격검정 실기시험문제

| 자격종목 | 자동차정비 산업기사 | 과제명 | 자동차 정비 작업 |
|---|---|---|---|
| 비번호 | | 시험일시 | | 시험장명 | |

※ 시험시간 : 5시간 30분 [엔진 : 140분,  섀시 : 120분,  전기 : 70분]

※ 시험문제 ①~⑭형의 요구사항에서 [엔진, 섀시, 전기]과제 중 세부항목을 조합하여 출제되며, 일부 내용이 변경될 수 있음

## 1. 엔 진

1. 주어진 엔진을 기록표의 측정 항목까지 분해하여 기록표의 요구사항을 측정 및 점검하고 본래 상태로 조립하시오.
2. 주어진 자동차의 전자제어 엔진에서 감독위원의 지시에 따라 1가지 부품을 탈거한 후(감독위원에게 확인), 다시 부착하고 시동에 필요한 관련 부분의 이상개소(시동회로, 점화회로, 연료장치 중 2개소)를 점검 및 수리하여 시동하시오.
3. 2항의 시동된 엔진에서 공회전 상태를 확인하고 감독위원의 지시에 따라 인젝터의 파형을 분석하여 기록표에 기록하시오.(단, 시동이 정상적으로 되지 않은 경우 본 항의 작업은 할 수 없다)
4. 주어진 자동차의 엔진에서 스텝모터(또는 ISA)의 파형을 출력·분석하여 그 결과를 기록표에 기록하시오. (측정조건 : 공회전 상태)
5. 주어진 전자제어 디젤 엔진에서 연료 압력 센서를 탈거한 후(감독위원에게 확인), 다시 부착하여 시동을 걸고 매연을 점검하여 기록표에 기록하시오.

## 2. 섀 시

1. 주어진 전륜구동 자동차에서 드라이브 액슬 축을 탈거하여 액슬 축 부트를 탈거한 후(감독위원에게 확인), 다시 부착하여 작동상태를 확인하시오.
2. 주어진 자동차에서 휠 얼라인먼트 시험기로 셋백(setback)과 토(toe) 값을 측정하여 기록표에 기록하고 타이로드 엔드를 탈거한 후(시험위원에게 확인), 다시 부착하여 토(toe)가 규정값이 되도록 조정하시오.
3. 주어진 자동차에서 브레이크 라이닝 슈(또는 패드)를 탈거한 후(감독위원에게 확인), 다시 부착하여 브레이크 작동상태를 점검하시오.
4. 3항 작업 자동차에서 감독위원의 지시에 따라 전(앞) 또는 후(뒤) 제동력을 측정하여 기록표에 기록하시오.
5. 주어진 자동차의 ABS에서 자기진단기(스캐너)를 이용하여 각종 센서 및 시스템의 작동 상태를 점검하고 기록표에 기록하시오.

## 3. 전 기

1. 주어진 발전기를 분해한 후 정류 다이오드 및 로터 코일의 상태를 점검하여 기록표에 기록하고 다시 본래대로 조립하여 작동상태를 확인하시오.
2. 주어진 자동차에서 전조등 시험기로 전조등을 점검하여 기록표에 기록하시오.
3. 주어진 자동차에서 열선 스위치 조작시 편의장치(ETACS 또는 ISU) 커넥터에서 스위치 입력신호(전압)를 측정하고 이상여부를 확인하여 기록표에 기록하시오.
4. 주어진 자동차에서 파워 윈도우 회로를 점검하여 이상 개소(2곳)를 찾아서 수리하시오.

◆ **국가기술자격검정 실기시험 결과기록표(4안)** ◆

| 자 격 종 목 | 자동차정비 산업기사 | 과 제 명 | 자동차 정비 작업 |
|---|---|---|---|

## 엔 진

### ▶ 엔진 1. 피스톤 링 점검
엔진 번호 :

| 측정 항목 | ① 측정(또는 점검) | | ② 판정 및 정비(또는 조치)사항 | | 득 점 |
|---|---|---|---|---|---|
| | 측 정 값 | 규정(정비한계)값 | 판정(□에 '✔' 표) | 정비 및 조치할 사항 | |
| 피스톤 링 엔드 갭 (이음 간극) | | | □ 양 호<br>□ 불 량 | | |

비 번호: ___  감독위원 확 인: ___

※ 감독위원이 지정하는 부위를 측정한다.

### ▶ 엔진 3. 인젝터 파형 점검
자동차 번호 :

| 측정 항목 | ① 측정(또는 점검) | | ② 판정 및 정비(또는 조치)사항 | | 득 점 |
|---|---|---|---|---|---|
| | 측정값 | 규정(정비한계)값 | 판정(□에 '✔' 표) | 정비 및 조치할 사항 | |
| 서지 전압 | | | □ 양 호<br>□ 불 량 | | |
| 분사 시간 | | | | | |

비 번호: ___  감독위원 확 인: ___

※ 공회전 상태에서 측정하고 기준값은 지침서를 찾아 판정한다.

### ▶ 엔진 4. 스텝 모터(ISA) 파형 분석
자동차 번호 :

| 측정 항목 | 파형 상태 | 득 점 |
|---|---|---|
| 파형 측정 | 요구사항 조건에 맞는 파형을 프린트하여 아래 사항을 분석 후 뒷면에 첨부<br>① 파형에 불량 요소가 있는 경우에는 반드시 표기 및 설명 하여야 함<br>② 파형의 주요 특징에 대하여 표기 및 설명 하여야 함 | |

비 번호: ___  감독위원 확 인: ___

### ▶ 엔진 5. 매연 점검
엔진 번호 :

| ① 측정(또는 점검) | | | | ② 판정 및 정비(또는 조치)사항 | | | 득 점 |
|---|---|---|---|---|---|---|---|
| 차종 | 연식 | 기준값 | 측정값 | 측정 | 산출근거(계산) 기록 | 판정 (□에 '✔' 표) | |
| | | | | 1회 :<br>2회 :<br>3회 : | | □ 양 호<br>□ 불 량 | |

비 번호: ___  감독위원 확 인: ___

※ 차종, 연식 기준값은 자동차등록증을 활용하여 기재하고 기준값 적용
※ 자동차 검사기준 및 방법에 의하여 기록 판정합니다.

# 섀 시

**▶ 섀시 2. 휠 얼라인먼트 점검**
작업대 번호 :

| 비 번호 | | 감독위원 확인 | |

| 점검 항목 | ① 측정(또는 점검) | | ② 판정 및 정비(또는 조치)사항 | | 득 점 |
|---|---|---|---|---|---|
| | 측 정 값 | 규정(정비한계)값 | 판정(□에 '✔' 표) | 정비 및 조치할 사항 | |
| 셋 백 | | | □ 양 호<br>□ 불 량 | | |
| 토(toe) | | | | | |

**▶ 섀시 4. 제동력 점검**
자동차 번호 :

| 비 번호 | | 감독위원 확인 | |

| 위 치 | 구분 | ① 측정(또는 점검) | | | ② 판정 및 정비(또는 조치)사항 | | 득 점 |
|---|---|---|---|---|---|---|---|
| | | 측정값 | 기준값<br>(□에 '✔' 표) | 산출근거 | | 판정<br>(□에 '✔' 표) | |
| 제동력 위치<br>(□에 '✔' 표)<br>□ 앞<br>□ 뒤 | 좌 | | □ 앞<br>□ 뒤 축중의 | 편차 | | □ 양 호<br>□ 불 량 | |
| | 우 | | 제동력 편차 | 합 | | | |
| | | | 제동력 합 | | | | |

※ 측정 위치는 감독위원이 지정하는 위치에 □에 '✔' 표시합니다.
※ 자동차 검사기준 및 방법에 의하여 기록 판정합니다.
※ 측정값의 단위는 시험장비 기준으로 작성합니다.
※ 산출근거에는 단위를 기록하지 않아도 됩니다.

**▶ 섀시 5. ABS 점검**
자동차 번호 :

| 비 번호 | | 감독위원 확인 | |

| 점검 항목 | ① 측정(또는 점검) | | ② 판정 및 정비(또는 조치)사항 | 득 점 |
|---|---|---|---|---|
| | 고장 부분 | 내용 및 상태 | 정비 및 조치할 사항 | |
| 자기 진단 | | | | |

## 전 기

**▶ 전기 1. 발전기 점검**
자동차 번호 :

| 비 번호 | | 감독위원 확인 | |
|---|---|---|---|

| 측정 항목 | ① 측정(또는 점검) | | ② 판정 및 정비(또는 조치)사항 | | 득 점 |
|---|---|---|---|---|---|
| | 측 정 값 | 규정(정비한계)값 | 판정(□에 '✔'표) | 정비 및 조치할 사항 | |
| (+) 다이오드 | (양 :    개), (부 :    개) | | □ 양 호<br>□ 불 량 | | |
| (−) 다이오드 | (양 :    개), (부 :    개) | | | | |
| 로터 코일 저항 | | | | | |

**▶ 전기 2. 전조등 점검**
자동차 번호 :

| 비 번호 | | 감독위원 확인 | |
|---|---|---|---|

| | | ① 측정(또는 점검) | | ② 판정 | 득 점 |
|---|---|---|---|---|---|
| 항목 | | 측정값 | 기준값 | 판정(□에 '✔'표) | |
| (□에 '✔'표)<br>위치 :<br>□ 좌<br>□ 우<br>설치높이 :<br>□ ≤ 1.0m<br>□ > 1.0m | 광도 | | _____이상 | □ 양 호<br>□ 불 량 | |
| | 진폭 | | | □ 양 호<br>□ 불 량 | |

※ 측정 위치는 감독위원이 지정하는 위치에 □에 '✔' 표시합니다.
※ 자동차 검사기준 및 방법에 의하여 기록 판정합니다.

**▶ 전기 3. 열선 스위치 회로 점검**
자동차 번호 :

| 비 번호 | | 감독위원 확인 | |
|---|---|---|---|

| 측정 항목 | ① 측정(또는 점검) | | ② 판정 및 정비(또는 조치)사항 | | 득 점 |
|---|---|---|---|---|---|
| | 측 정 값 | 내용 및 상태 | 판정(□에 '✔'표) | 정비 및 조치할 사항 | |
| 열선 스위치<br>작동시 전압 | ON :<br>OFF : | | □ 양 호<br>□ 불 량 | | |

# 국가기술자격검정 실기시험문제

| 자격종목 | 자동차정비 산업기사 | 과제명 | 자동차 정비 작업 |
|---|---|---|---|
| 비번호 | | 시험일시 | | 시험장명 | |

※ 시험시간 : 5시간 30분 [엔진 : 140분,  섀시 : 120분,  전기 : 70분]

※ 시험문제 ①~⑭형의 요구사항에서 [엔진, 섀시, 전기]과제 중 세부항목을 조합하여 출제되며, 일부 내용이 변경될 수 있음

## 1. 엔 진

1. 주어진 엔진을 기록표의 측정 항목까지 분해하여 기록표의 요구사항을 측정 및 점검하고 본래 상태로 조립하시오.
2. 주어진 자동차의 전자제어 엔진에서 감독위원의 지시에 따라 1가지 부품을 탈거한 후(감독위원에게 확인), 다시 부착하고 시동에 필요한 관련 부분의 이상개소(시동회로, 점화회로, 연료장치 중 2개소)를 점검 및 수리하여 시동하시오.
3. 2항의 시동된 엔진에서 공회전 상태를 확인하고 감독위원의 지시에 따라 배기가스를 측정하고 기록표에 기록하시오.(단, 시동이 정상적으로 되지 않은 경우 본 항의 작업은 할 수 없음)
4. 주어진 자동차의 엔진에서 점화코일의 1차 파형을 측정하고 그 결과를 출력물에 기록·판정하시오.(측정조건 : 공회전 상태)
5. 주어진 전자제어 디젤 엔진에서 연료 압력 센서를 탈거한 후 (감독위원에게 확인), 다시 부착하여 시동을 걸고 인젝터 리턴(백리크)량을 측정하여 기록표에 기록하시오.

## 2. 섀 시

1. 주어진 자동차의 유압 클러치에서 클러치 마스터 실린더를 탈거한 후(감독위원에게 확인), 다시 부착하여 작동상태를 확인하시오.
2. 주어진 자동차에서 휠 얼라인먼트 시험기로 캐스터와 토(toe) 값을 측정하여 기록표에 기록한 후 타이로드 엔드를 교환하여 토(toe)가 규정값이 되도록 조정하시오.
3. 주어진 자동차에서 후륜의 브레이크 휠 실린더를 교환(탈·부착)하고 브레이크 및 허브 베어링의 작동상태를 점검하시오.
4. 3항 작업 자동차에서 감독위원의 지시에 따라 전(앞) 또는 후(뒤) 제동력을 측정하여 기록표에 기록하시오.
5. 주어진 자동차의 자동변속기에서 자기진단기(스캐너)를 이용하여 각종 센서 및 시스템의 작동 상태를 점검하고 기록표에 기록하시오.

## 3. 전 기

1. 주어진 자동차에서 에어컨 벨트와 블로워 모터를 탈거한 후(감독위원에게 확인), 다시 부착하여 작동상태를 확인하고 에어컨의 압력을 측정하여 기록표에 기록하시오.
2. 주어진 자동차에서 전조등 시험기로 전조등을 점검하여 기록표에 기록하시오.
3. 주어진 자동차에서 와이퍼 간헐(INT) 시간조정 스위치 조작시 편의장치 (ETACS 또는 ISU) 커넥터에서 스위치 신호(전압)를 측정하고 이상여부를 확인하여 기록표에 기록하시오.
4. 주어진 자동차에서 미등 및 제동등(브레이크) 회로를 점검하여 이상 개소(2곳)를 찾아서 수리하시오.

## ◈ 국가기술자격검정 실기시험 결과기록표(5안) ◈

| 자 격 종 목 | 자동차정비 산업기사 | 과 제 명 | 자동차 정비 작업 |

### 엔 진

**▶ 엔진 1. 오일펌프 점검**
엔진 번호 :

| 비 번 호 | | 감독위원 확 인 | |

| 측정 항목 | ① 측정(또는 점검) | | ② 판정 및 정비(또는 조치)사항 | | 득 점 |
|---|---|---|---|---|---|
| | 측 정 값 | 규정(정비한계)값 | 판정(□에 '✔'표) | 정비 및 조치할 사항 | |
| 오일 펌프 사이드 간극 | | | □ 양 호<br>□ 불 량 | | |

**▶ 엔진 3. 배기가스 점검**
자동차 번호 :

| 비 번 호 | | 감독위원 확 인 | |

| 측정 항목 | ① 측정(또는 점검) | | ② 판정(□에 '✔'표) | 득 점 |
|---|---|---|---|---|
| | 측 정 값 | 기준값 | | |
| CO | | | □ 양 호<br>□ 불 량 | |
| HC | | | | |

※ 감독위원이 제시한 자동차등록증(또는 차대번호)를 활용하여 차종 및 연식을 적용합니다.
※ 자동차 검사기준 및 방법에 의하여 기록 판정합니다.
※ CO는 소수점 둘째자리 이하는 버리고 0.1% 단위로 기록 합니다.
※ HC는 소수점 둘째자리 이하는 버리고 1ppm 단위로 기록합니다.

**▶ 엔진 4. 점화 코일 1차 파형 분석**
자동차 번호 :

| 비 번 호 | | 감독위원 확 인 | |

| 측정 항목 | 파형 상태 | 득 점 |
|---|---|---|
| 파형 측정 | 요구사항 조건에 맞는 파형을 프린트하여 아래 사항을 분석 후 뒷면에 첨부<br>① 파형에 불량 요소가 있는 경우에는 반드시 표기 및 설명 하여야 함<br>② 파형의 주요 특징에 대하여 표기 및 설명 하여야 함 | |

**▶ 엔진 5. 인젝터 리턴(백리크)량 측정**
엔진 번호 :

| 비 번 호 | | 감독위원 확 인 | |

| 측정 항목 | ① 측정(또는 점검) | | | ② 판정 및 정비(또는 조치)사항 | | 득 점 |
|---|---|---|---|---|---|---|
| | 측 정 값 | | | 규 정<br>(정비한계)값 | 판정<br>(□에 '✔'표) | 정비 및 조치할 사항 | |
| 인젝터 | 1 2 3 4 5 6 | | | | □ 양 호<br>□ 불 량 | | |

※ 실린더 수에 맞게 측정합니다.

## 섀 시

**▶ 섀시 2. 휠 얼라인먼트 점검**
자동차 번호 :

| 비 번호 | | 감독위원 확 인 | |
|---|---|---|---|

| 점검 항목 | ① 측정(또는 점검) | | ② 판정 및 정비(또는 조치)사항 | | 득 점 |
|---|---|---|---|---|---|
| | 측 정 값 | 규정(정비한계)값 | 판정(□에 '✔' 표) | 정비 및 조치할 사항 | |
| 캐스터 | | | ☐ 양 호<br>☐ 불 량 | | |
| 토(toe) | | | | | |

**▶ 섀시 4. 제동력 점검**
자동차 번호 :

| 비 번호 | | 감독위원 확 인 | |
|---|---|---|---|

| 위 치 | ① 측정(또는 점검) | | | ② 판정 및 정비(또는 조치)사항 | | 득 점 |
|---|---|---|---|---|---|---|
| | 구분 | 측정값 | 기준값 (□에 '✔' 표) | 산출근거 | 판정 (□에 '✔' 표) | |
| 제동력 위치 (□에 '✔' 표)<br>☐ 앞<br>☐ 뒤 | 좌 | | ☐ 앞 축중의<br>☐ 뒤 | 편차 | ☐ 양 호<br>☐ 불 량 | |
| | 우 | | 제동력 편차 | 합 | | |
| | | | 제동력 합 | | | |

※ 측정 위치는 감독위원이 지정하는 위치에 □에 '✔' 표시합니다.
※ 자동차 검사기준 및 방법에 의하여 기록 판정합니다.
※ 측정값의 단위는 시험장비 기준으로 작성합니다.
※ 산출근거에는 단위를 기록하지 않아도 됩니다.

**▶ 섀시 5. 자동변속기 점검**
작업대 번호 :

| 비 번호 | | 감독위원 확 인 | |
|---|---|---|---|

| 점검 항목 | ① 점검(또는 측정) | | ② 판정 및 정비(또는 조치)사항 | 득 점 |
|---|---|---|---|---|
| | 고장 부분 | 내용 및 상태 | 정비 및 조치할 사항 | |
| 자기 진단 | | | | |

## 전 기

**▶ 전기 1. 에어컨 압력 점검**
자동차 번호 :

| 비 번호 | | 감독위원 확 인 | |
|---|---|---|---|

| 점검 항목 | ① 측정(또는 점검) | | ② 판정 및 정비(또는 조치)사항 | | 득 점 |
|---|---|---|---|---|---|
| | 측 정 값 | 규정(정비한계)값 | 판정(□에 '✔'표) | 정비 및 조치할 사항 | |
| 저 압 | | | ☐ 양 호<br>☐ 불 량 | | |
| 고 압 | | | | | |

**▶ 전기 2. 전조등 점검**
자동차 번호 :

| 비 번호 | | 감독위원 확 인 | |
|---|---|---|---|

| 항목 | | ① 측정(또는 점검) | | ② 판정 | 득 점 |
|---|---|---|---|---|---|
| | | 측정값 | 기준값 | 판정(□에 '✔'표) | |
| (□에 '✔'표)<br>위치 :<br>☐ 좌<br>☐ 우 | 광도 | | _____이상 | ☐ 양 호<br>☐ 불 량 | |
| 설치높이 :<br>☐ ≤ 1.0m<br>☐ > 1.0m | 진폭 | | | ☐ 양 호<br>☐ 불 량 | |

※ 측정 위치는 감독위원이 지정하는 위치에 □에 '✔' 표시합니다.
※ 자동차 검사기준 및 방법에 의하여 기록 판정합니다.

**▶ 전기 3. 와이퍼 스위치 신호 점검**
자동차 번호 :

| 비 번호 | | 감독위원 확 인 | |
|---|---|---|---|

| 점검 항목 | | ① 측정(또는 점검) 상태 | ② 판정 및 정비(또는 조치)사항 | | 득 점 |
|---|---|---|---|---|---|
| | | | 판정<br>(□에 '✔'표) | 정비 및 조치할 사항 | |
| 와이퍼 간헐<br>시간 조정<br>스위치<br>위치별<br>작동신호 | INT S/W<br>전압 | - ON시 :<br>- OFF시 : | ☐ 양 호<br>☐ 불 량 | | |
| | INT S/W<br>위치별<br>전압 | TFAST(빠름)-SLOW(느림) 전압 기록<br>전압 : _____ - | | | |

※ 단, 전압으로 측정이 곤란한 경우 감독위원의 지시에 따라 주기 기록

# 국가기술자격검정 실기시험문제

자동차정비산업기사

| 자 격 종 목 | 자동차정비 산업기사 | 과 제 명 | 자동차 정비 작업 |
|---|---|---|---|
| 비번호 | | 시험일시 | | 시험장명 | |

※ 시험시간 : 5시간 30분 [엔진 : 140분, 섀시 : 120분, 전기 : 70분]

※ 시험문제 ①~⑭형의 요구사항에서 [엔진, 섀시, 전기]과제 중 세부항목을 조합하여 출제되며, 일부 내용이 변경될 수 있음

## 1. 엔 진

1. 주어진 엔진을 기록표의 측정 항목까지 분해하여 기록표의 요구사항을 측정 및 점검하고 본래 상태로 조립하시오.
2. 주어진 자동차의 전자제어 엔진에서 감독위원의 지시에 따라 1가지 부품을 탈거한 후(감독위원에게 확인) 다시 부착하고 시동에 필요한 관련 부분의 이상개소(시동회로, 점화회로, 연료장치 중 2개소)를 점검 및 수리하여 시동하시오.
3. 2항의 시동된 엔진에서 공회전 상태를 확인하고 감독위원의 지시에 따라 연료 공급 시스템의 연료 압력을 측정하여 기록표에 기록하시오.(단, 시동이 정상적으로 되지 않은 경우 본 항의 작업은 할 수 없음)
4. 주어진 자동차의 엔진에서 점화 코일의 1차 파형을 측정하고 그 결과를 분석하여 출력물에 기록·판정하시오.(측정조건 : 공회전 상태)
5. 주어진 전자제어 디젤 엔진에서 연료 압력 조절 밸브를 탈거한 후(감독위원에게 확인), 다시 부착하여 시동을 걸고 매연을 측정하여 기록표에 기록하시오.

## 2. 섀 시

1. 주어진 자동변속기에서 밸브 보디의 변속조절 솔레노이드 밸브, 오일펌프 및 필터를 탈거한 후(감독위원에게 확인), 다시 부착하고 자기진단기(스캐너)를 이용하여 변속레버의 작동상태를 확인하시오.
2. 주어진 자동차의 브레이크에서 페달 자유간극을 측정하여 기록표에 기록한 후 페달 자유간극과 페달 높이가 규정값이 되도록 조정하시오.
3. 주어진 자동차에서 전륜의 브레이크 캘리퍼를 탈거한 후(감독위원에게 확인), 다시 부착하여 브레이크 작동상태를 점검하시오.
4. 3항의 작업 자동차에서 감독위원의 지시에 따라 전(앞) 또는 후(뒤) 제동력을 측정하여 기록표에 기록하시오.
5. 주어진 자동차의 ABS에서 자기진단기(스캐너)를 이용하여 각종 센서 및 시스템의 작동상태를 점검하고 기록표에 기록하시오.

## 3. 전 기

1. 주어진 기동모터를 분해한 후 전기자 코일과 솔레노이드(풀인, 홀드인) 상태를 점검하여 기록표에 기록하고 본래 상태로 조립하여 작동상태를 확인하시오.
2. 주어진 자동차에서 전조등 시험기로 전조등을 점검하여 기록표에 기록하시오.
3. 주어진 자동차에서 점화 키 홀 조명 기능이 작동시 편의장치(ETACS 또는 ISU) 커넥터에서 출력 신호(전압)를 측정하고 이상여부를 확인하여 기록표에 기록하시오.
4. 주어진 자동차에서 경음기 회로를 점검하여 이상 개소(2곳)를 찾아서 수리하시오.

## ◈ 국가기술자격검정 실기시험 결과기록표(6안) ◈

| 자 격 종 목 | 자동차정비 산업기사 | 과 제 명 | 자동차 정비 작업 |
|---|---|---|---|

### 엔 진

**▶ 엔진 1. 캠축 점검**
엔진 번호 :

| 비 번호 | | 감독위원 확 인 | |
|---|---|---|---|

| 측정 항목 | ① 측정(또는 점검) | | ② 판정 및 정비(또는 조치)사항 | | 득 점 |
|---|---|---|---|---|---|
| | 측 정 값 | 규정(정비한계)값 | 판정(□에 '✔'표) | 정비 및 조치할 사항 | |
| 캠축 양정 | | | □ 양 호<br>□ 불 량 | | |

※ 감독위원이 지정하는 부위를 측정합니다.

**▶ 엔진 3. 연료 공급 시스템 점검**
자동차 번호 :

| 비 번호 | | 감독위원 확 인 | |
|---|---|---|---|

| 측정 항목 | ① 측정(또는 점검) | | ② 판정 및 정비(또는 조치)사항 | | 득 점 |
|---|---|---|---|---|---|
| | 측 정 값 | 규정(정비한계)값 | 판정(□에 '✔'표) | 정비 및 조치할 사항 | |
| 연료 압력 | | | □ 양 호<br>□ 불 량 | | |

※ 공회전 상태에서 측정합니다.

**▶ 엔진 4. 점화 코일 1차 파형 분석**
자동차 번호 :

| 비 번호 | | 감독위원 확 인 | |
|---|---|---|---|

| 측정 항목 | 파형 상태 | 득 점 |
|---|---|---|
| 파형<br>측정 | 요구사항 조건에 맞는 파형을 프린트하여 아래 사항을 분석 후 뒷면에 첨부<br>① 파형에 불량 요소가 있는 경우에는 반드시 표기 및 설명 하여야 함<br>② 파형의 주요 특징에 대하여 표기 및 설명 하여야 함 | |

**▶ 엔진 5. 매연 점검**
엔진 번호 :

| 비 번호 | | 감독위원 확 인 | |
|---|---|---|---|

| ① 측정(또는 점검) | | | | ② 판정 및 정비(또는 조치)사항 | | | 득 점 |
|---|---|---|---|---|---|---|---|
| 차종 | 연식 | 기준값 | 측정값 | 측정 | 산출근거(계산) 기록 | 판정<br>(□에 '✔'표) | |
| | | | | 1회 :<br>2회 :<br>3회 : | | □ 양 호<br>□ 불 량 | |

※ 차종, 연식, 기준값은 자동차등록증을 활용하여 기재하고 기준값 적용
※ 자동차 검사기준 및 방법에 의하여 기록 판정합니다.

## 섀 시

**▶ 섀시 1. 브레이크 페달 점검**
자동차 번호

| 비 번호 | | 감독위원 확 인 | |
|---|---|---|---|

| 점검 항목 | ① 측정(또는 점검) | | ② 판정 및 정비(또는 조치)사항 | | 득 점 |
|---|---|---|---|---|---|
| | 측 정 값 | 규정(정비한계)값 | 판정(□에 '✔' 표) | 정비 및 조치할 사항 | |
| 자유 간극 | | | □ 양 호<br>□ 불 량 | | |
| 페달 높이 | | | | | |

**▶ 섀시 4. 제동력 점검**
자동차 번호 :

| 비 번호 | | 감독위원 확 인 | |
|---|---|---|---|

| ① 측정(또는 점검) | | | | ② 판정 및 정비(또는 조치)사항 | | | 득 점 |
|---|---|---|---|---|---|---|---|
| 위 치 | 구분 | 측정값 | 기준값<br>(□에 '✔' 표) | 산출근거 | | 판정<br>(□에 '✔' 표) | |
| 제동력 위치<br>(□에 '✔' 표)<br>□ 앞<br>□ 뒤 | 좌 | | □ 앞<br>□ 뒤 축중의 | 편차 | | □ 양 호<br>□ 불 량 | |
| | 우 | | 제동력 편차 | 합 | | | |
| | | | 제동력 합 | | | | |

※ 측정 위치는 감독위원이 지정하는 위치에 □에 '✔' 표시합니다.
※ 자동차 검사기준 및 방법에 의하여 기록 판정합니다.
※ 측정값의 단위는 시험장비 기준으로 작성합니다.
※ 산출근거에는 단위를 기록하지 않아도 됩니다.

**▶ 섀시 5. ABS 점검**
작업대 번호 :

| 비 번호 | | 감독위원 확 인 | |
|---|---|---|---|

| 점검 항목 | ① 측정(또는 점검) | | ② 판정 및 정비(또는 조치)사항 | 득 점 |
|---|---|---|---|---|
| | 고장 부분 | 내용 및 상태 | 정비 및 조치할 사항 | |
| 자기 진단 | | | | |

## 전 기

**▶ 전기 1. 기동 모터 점검**
자동차 번호 :

| 비 번호 | | 감독위원 확인 | |

| 측정 항목 | ① 측정(또는 점검) 상태 | ② 판정 및 정비(또는 조치)사항 | | 득 점 |
| --- | --- | --- | --- | --- |
| | | 판정(□에 '✔' 표) | 정비 및 조치할 사항 | |
| 전기자 코일 (단선, 단락, 접지) | | □ 양 호 □ 불 량 | | |
| 솔레 노이드 — 풀인 | | | | |
| 솔레 노이드 — 홀드인 | | | | |

**▶ 전기 2. 전조등 점검**
자동차 번호 :

| 비 번호 | | 감독위원 확인 | |

| 항목 | ① 측정(또는 점검) | | ② 판정 | 득 점 |
| --- | --- | --- | --- | --- |
| | 측정값 | 기준값 | 판정(□에 '✔' 표) | |
| (□에 '✔' 표) 위치 : □ 좌 □ 우 / 설치높이 : □ ≤ 1.0m □ > 1.0m | 광도 | _____이상 | □ 양 호 □ 불 량 | |
| | 진폭 | | □ 양 호 □ 불 량 | |

※ 측정 위치는 감독위원이 지정하는 위치에 □에 '✔' 표시합니다.
※ 자동차 검사기준 및 방법에 의하여 기록 판정합니다.

**▶ 전기 3. 점화 키 홀 조명 출력 점검**
자동차 번호 :

| 비 번호 | | 감독위원 확인 | |

| 측정 항목 | ① 측정(또는 점검) 상태 | ② 판정 및 정비(또는 조치)사항 | | 득 점 |
| --- | --- | --- | --- | --- |
| | | 판정(□에 '✔' 표) | 정비 및 조치할 사항 | |
| 점화 키 홀 조명 출력 신호(전압) | 작동시 : 비작동시 : | □ 양 호 □ 불 량 | | |

# 국가기술자격검정실기시험문제

| 자 격 종 목 | 자동차정비 산업기사 | 과 제 명 | 자동차 정비 작업 |
|---|---|---|---|
| 비번호 | | 시험일시 | | 시험장명 | |

※ 시험시간 : 5시간 30분 [엔진 : 140분,   섀시 : 120분,   전기 : 70분]

※ 시험문제 ①~⑭형의 요구사항에서 [엔진, 섀시, 전기]과제 중 세부항목을 조합하여 출제되며, 일부 내용이 변경될 수 있음

## 1. 엔 진

1. 주어진 엔진을 기록표의 측정 항목까지 분해하여 기록표의 요구사항을 측정 및 점검하고 본래 상태로 조립하시오.
2. 주어진 자동차의 전자제어 엔진에서 감독위원의 지시에 따라 1가지 부품을 탈거한 후(감독위원에게 확인), 다시 부착하고 시동에 필요한 관련 부분의 이상개소(시동회로, 점화회로, 연료장치 중 2개소)를 점검 및 수리하여 시동하시오.
3. 2항의 시동된 엔진에서 공회전 상태를 확인하고 감독위원의 지시에 따라 공회전시 배기가스를 측정하여 기록표에 기록하시오.(단, 시동이 정상적으로 되지 않은 경우 본 항의 작업은 할 수 없음)
4. 주어진 자동차의 엔진에서 흡입공기 유량센서의 파형을 출력·분석하여 그 결과를 기록표에 기록하시오. (측정조건 : 공회전 상태)
5. 주어진 전자제어 디젤 엔진에서 연료 압력 조절 밸브를 탈거한 후(감독위원에게 확인), 다시 부착하여 시동을 걸고 인젝터 리턴(백리크)량을 점검하여 기록표에 기록하시오.

## 2. 섀 시

1. 주어진 엔진에서 클러치 어셈블리를 탈거한 후(감독위원에게 확인), 다시 부착하여 클러치 디스크의 장착 상태를 확인하시오.
2. 주어진 자동차에서 최소 회전반경을 측정하여 기록표에 기록하고 타이로드 엔드를 탈거한 후(감독위원에게 확인), 다시 부착하여 토(toe)가 규정값이 되도록 조정하시오.
3. 주어진 자동차에서 감독위원의 지시에 따라 브레이크 마스터 실린더를 탈거한 후(감독위원에게 확인), 다시 부착하여 브레이크 작동상태를 점검하시오.
4. 3항 작업 자동차에서 감독위원의 지시에 따라 전(앞) 또는 후(뒤) 제동력을 측정하여 기록표에 기록하시오.
5. 주어진 자동차의 자동변속기에서 자기진단기(스캐너)를 이용하여 각종 센서 및 시스템의 작동상태를 점검하고 기록표에 기록하시오.

## 3. 전 기

1. 주어진 발전기를 분해한 후 다이오드 및 브러시 상태를 점검하여 기록표에 기록하고 다시 본래대로 조립하여 작동상태를 확인하시오.
2. 주어진 자동차에서 전조등 시험기로 전조등을 점검하여 기록표에 기록하시오.
3. 주어진 자동차의 에어컨 컴프레서가 작동중일 때 증발기(evaporator) 온도 센서 출력 값을 점검하여 이상여부를 확인하여 기록표에 기록하시오.
4. 주어진 자동차에서 방향지시등 회로를 점검하여 이상 개소(2곳)를 찾아서 수리하시오.

## ◆ 국가기술자격검정 실기시험 결과기록표(7안) ◆

| 자격종목 | 자동차정비 산업기사 | 과제명 | 자동차 정비 작업 |
|---|---|---|---|

### 엔 진

▶ 엔진 1. 실린더 헤드 점검
엔진 번호 :

| 비 번호 | | 감독위원 확인 | |
|---|---|---|---|

| 측정 항목 | ① 측정(또는 점검) | | ② 판정 및 정비(또는 조치)사항 | | 득 점 |
|---|---|---|---|---|---|
| | 측 정 값 | 규정(정비한계)값 | 판정(□에 '✔' 표) | 정비 및 조치할 사항 | |
| 실린더 헤드 변형도 | | | □ 양 호<br>□ 불 량 | | |

▶ 엔진 3. 배기가스 점검
자동차 번호 :

| 비 번호 | | 감독위원 확인 | |
|---|---|---|---|

| 측정 항목 | ① 측정(또는 점검) | | ② 판정(□에 '✔' 표) | 득 점 |
|---|---|---|---|---|
| | 측 정 값 | 기준값 | | |
| CO | | | □ 양 호<br>□ 불 량 | |
| HC | | | | |

※ 감독위원이 제시한 자동차등록증(또는 차대번호)를 활용하여 차종 및 연식을 적용합니다.
※ 자동차 검사기준 및 방법에 의하여 기록 판정합니다.
※ CO는 소수점 둘째자리 이하는 버리고 0.1% 단위로 기록 합니다.
※ HC는 소수점 둘째자리 이하는 버리고 1ppm 단위로 기록합니다.

▶ 엔진 4. 흡입 공기 유량 센서 파형 분석
자동차 번호 :

| 비 번호 | | 감독위원 확인 | |
|---|---|---|---|

| 측정 항목 | 파형 상태 | 득 점 |
|---|---|---|
| 파형 측정 | 요구사항 조건에 맞는 파형을 프린트하여 아래 사항을 분석 후 뒷면에 첨부<br>① 파형에 불량 요소가 있는 경우에는 반드시 표기 및 설명 하여야 함<br>② 파형의 주요 특징에 대하여 표기 및 설명 하여야 함 | |

▶ 엔진 5. 인젝터 리턴(백리크)량 측정
엔진 번호 :

| 비 번호 | | 감독위원 확인 | |
|---|---|---|---|

| 측정 항목 | ① 측정(또는 점검) | | | | | | ② 판정 및 정비(또는 조치)사항 | | 득 점 |
|---|---|---|---|---|---|---|---|---|---|
| | 측 정 값 | | | | | 규 정<br>(정비한계)값 | 판정<br>(□에 '✔' 표) | 정비 및 조치할 사항 | |
| 인젝터 | 1 | 2 | 3 | 4 | 5 | 6 | | □ 양 호<br>□ 불 량 | | |
| | | | | | | | | | |

※ 실린더 수에 맞게 측정합니다.

## 섀 시

▶ 섀시 2. 최소 회전반경 점검
   작업대 번호 :

| 비 번호 | | 감독위원 확 인 | |

| 점검 항목 | ① 측정(또는 점검) 및 기준값 | | ② 판정 및 정비(또는 조치)사항 | | 득 점 |
| | 측정값 | 기준값 (최소회전반경) | 산출근거 | 판정 (□에 '✔' 표) | |
| 회전방향 (□에 '✔' 표) □ 좌 □ 우 | r | | | □ 양 호 □ 불 량 | |
| | 축거 | | | | |
| | 조향각도 | | | | |
| | 최소회전반경 | | | | |

※ 회전 방향 및 바퀴의 접지면 중심과 킹핀과의 거리(r)는 감독위원이 제시합니다.
※ 자동차검사기준 및 방법에 의하여 기록, 판정합니다.
※ 산출근거에는 단위를 기록하지 않아도 됩니다.

▶ 섀시 4. 제동력 점검
   자동차 번호 :

| 비 번호 | | 감독위원 확 인 | |

| 위 치 | ① 측정(또는 점검) | | | | ② 판정 및 정비(또는 조치)사항 | | 득 점 |
| | 구분 | 측정값 | 기준값 (□에 '✔' 표) | | 산출근거 | 판정 (□에 '✔' 표) | |
| 제동력 위치 (□에 '✔' 표) □ 앞 □ 뒤 | 좌 | | □ 앞 □ 뒤 | 축중의 | 편차 | □ 양 호 □ 불 량 | |
| | 우 | | 제동력 편차 | | 합 | | |
| | | | 제동력 합 | | | | |

※ 측정 위치는 감독위원이 지정하는 위치에 □에 '✔' 표시합니다.
※ 자동차 검사기준 및 방법에 의하여 기록 판정합니다.
※ 측정값의 단위는 시험장비 기준으로 작성합니다.
※ 산출근거에는 단위를 기록하지 않아도 됩니다.

▶ 섀시 5. 자동변속기 점검
   작업대 번호 :

| 비 번호 | | 감독위원 확 인 | |

| 점검 항목 | ① 점검(또는 측정) | | ② 판정 및 정비(또는 조치)사항 | 득 점 |
| | 고장 부분 | 내용 및 상태 | 정비 및 조치할 사항 | |
| 자기 진단 | | | | |

## 전 기

### ▶ 전기 1. 발전기 점검
자동차 번호 :

| 비 번호 | | 감독위원 확 인 | |
|---|---|---|---|

| 점검 항목 | ① 측정 (또는 점검) 상태 | ② 판정 및 정비(또는 조치)사항 | | 득 점 |
|---|---|---|---|---|
| | | 판정(□에 '✔'표) | 정비 및 조치할 사항 | |
| 다이오드(+) | (양 :    개)<br>(부 :    개) | □ 양 호<br>□ 불 량 | | |
| 다이오드(−) | (양 :    개)<br>(부 :    개) | | | |
| 다이오드(여자) | (양 :    개)<br>(부 :    개) | | | |
| 브러시 마모 | □ 양 호   □ 불 량 | | | |

### ▶ 전기 2. 전조등 점검
자동차 번호 :

| 비 번호 | | 감독위원 확 인 | |
|---|---|---|---|

| ① 측정(또는 점검) | | | ② 판정 | 득 점 |
|---|---|---|---|---|
| 항목 | 측정값 | 기준값 | 판정(□에 '✔'표) | |
| (□에 '✔'표)<br>위치 :<br>□ 좌<br>□ 우 | 광도 | _____이상 | □ 양 호<br>□ 불 량 | |
| 설치높이 :<br>□ ≤ 1.0m<br>□ > 1.0m | 진폭 | | □ 양 호<br>□ 불 량 | |

※ 측정 위치는 감독위원이 지정하는 위치에 □에 '✔' 표시합니다.
※ 자동차 검사기준 및 방법에 의하여 기록 판정합니다.

### ▶ 전기 3. 에어컨 이배퍼레이터 점검
자동차 번호 :

| 비 번호 | | 감독위원 확 인 | |
|---|---|---|---|

| 측정 항목 | ① 측정(또는 점검) | | ② 판정 및 정비(또는 조치)사항 | | 득 점 |
|---|---|---|---|---|---|
| | 측정값 | 규정(정비한계)값 | 판정(□에 '✔'표) | 정비 및 조치할 사항 | |
| 이배퍼레이터<br>온도센서 출력 값 | | | □ 양 호<br>□ 불 량 | | |

# 국가기술자격검정 실기시험문제

자동차정비산업기사

| 자 격 종 목 | 자동차정비 산업기사 | 과 제 명 | 자동차 정비 작업 |
|---|---|---|---|
| 비번호 | | 시험일시 | | 시험장명 | |

※ 시험시간 : 5시간 30분 [엔진 : 140분, 섀시 : 120분, 전기 : 70분]

※ 시험문제 ①~⑭형의 요구사항에서 [엔진, 섀시, 전기]과제 중 세부항목을 조합하여 출제되며, 일부 내용이 변경될 수 있음

## 1. 엔 진

1. 주어진 엔진을 기록표의 측정 항목까지 분해하여 기록표의 요구사항을 측정 및 점검하고 본래 상태로 조립하시오.
2. 주어진 자동차의 전자제어 엔진에서 감독위원의 지시에 따라 1가지 부품을 탈거한 후(감독위원에게 확인), 다시 부착하고 시동에 필요한 관련 부분의 이상개소(시동회로, 점화회로, 연료장치 중 2개소)를 점검 및 수리하여 시동하시오.
3. 2항의 시동된 엔진에서 증발가스 제어장치의 퍼지 컨트롤 솔레노이드 밸브를 점검하여 기록표에 기록하시오.(단, 시동이 정상적으로 되지 않은 경우 본 항의 작업은 할 수 없음)
4. 주어진 자동차의 엔진에서 점화 코일의 1차 파형을 측정하고 그 결과를 분석하여 출력물에 기록·판정하시오.(측정조건 : 공회전 상태)
5. 주어진 전자제어 디젤 엔진에서 인젝터를 탈거한 후(감독위원에게 확인), 다시 부착하여 시동을 걸고 매연을 측정하여 기록표에 기록하시오.

## 2. 섀 시

1. 주어진 자동차에서 파워 스티어링 오일펌프 및 벨트를 탈거한 후(감독위원에게 확인), 다시 부착하고 에어빼기 작업을 하여 작동상태를 확인하시오.
2. 주어진 종감속 장치에서 링 기어의 백래시와 런 아웃을 측정하여 기록표에 기록한 후 백래시가 규정값이 되도록 조정하시오.
3. 주어진 자동차에서 후륜의 주차 브레이크 레버(또는 브레이크 슈)를 탈거한 후(감독위원에게 확인), 다시 부착하여 브레이크 작동상태를 점검하시오.
4. 3항 작업 자동차에서 감독위원의 지시에 따라 전(앞) 또는 후(뒤) 제동력을 측정하여 기록표에 기록하시오.
5. 주어진 자동차의 ABS에서 자기진단기(스캐너)를 이용하여 각종 센서 및 시스템 작동 상태를 점검하고 기록표에 기록하시오.

## 3. 전 기

1. 주어진 자동차에서 와이퍼 모터를 탈거한 후(감독위원에게 확인), 다시 부착하여 와이퍼 브러시의 작동상태를 확인하고 와이퍼 작동시 소모 전류를 점검하여 기록표에 기록하시오.
2. 주어진 자동차에서 전조등 시험기로 전조등을 점검하여 기록표에 기록하시오.
3. 주어진 자동차의 에어컨 회로에서 외기 온도 입력 신호값을 점검하여 이상 여부를 확인하여 기록표에 기록하시오.
4. 주어진 자동차에서 미등 및 번호등 회로를 점검하여 이상 개소(2곳)를 찾아서 수리하시오.

## ◆ 국가기술자격검정 실기시험 결과기록표(8안) ◆

| 자 격 종 목 | 자동차정비 산업기사 | 과 제 명 | 자동차 정비 작업 |
|---|---|---|---|

### 엔 진

**▶ 엔진 1. 실린더 마모량 점검**
엔진 번호 :

| 비 번호 | | 감독위원 확인 | |
|---|---|---|---|

| 측정 항목 | ① 측정(또는 점검) | | ② 판정 및 정비(또는 조치)사항 | | 득 점 |
|---|---|---|---|---|---|
| | 측 정 값 | 규정(정비한계)값 | 판정(□에 '✔' 표) | 정비 및 조치할 사항 | |
| 실린더 마모량 | | | □ 양 호<br>□ 불 량 | | |

※ 감독위원이 지정하는 부위를 측정한다.

**▶ 엔진 3. 증발가스 제어장치 점검**
자동차 번호 :

| 비 번호 | | 감독위원 확인 | |
|---|---|---|---|

| 측정 항목 | ① 측정(또는 점검) 상태 | | ② 판정 및 정비(또는 조치)사항 | | 득 점 |
|---|---|---|---|---|---|
| | 공급 전압 | 진공유지 또는 진공해제 기록 | 판정(□에 '✔' 표) | 정비 및 조치할 사항 | |
| 퍼지 컨트롤 솔레노이드 밸브 | 작동시 :<br><br>비작동시 : | | □ 양 호<br>□ 불 량 | | |

**▶ 엔진 4. 점화 코일 1차 파형 분석**
자동차 번호 :

| 비 번호 | | 감독위원 확인 | |
|---|---|---|---|

| 측정 항목 | 파형 상태 | 득 점 |
|---|---|---|
| 파형 측정 | 요구사항 조건에 맞는 파형을 프린트하여 아래 사항을 분석 후 뒷면에 첨부<br>① 파형에 불량 요소가 있는 경우에는 반드시 표기 및 설명 하여야 함<br>② 파형의 주요 특징에 대하여 표기 및 설명 하여야 함 | |

**▶ 엔진 5. 매연 점검**
자동차 번호 :

| 비 번호 | | 감독위원 확인 | |
|---|---|---|---|

| ① 측정(또는 점검) | | | | ② 판정 및 정비(또는 조치)사항 | | | 득 점 |
|---|---|---|---|---|---|---|---|
| 차종 | 연식 | 기준값 | 측정값 | 측정 | 산출근거(계산) 기록 | 판정<br>(□에 '✔' 표) | |
| | | | | 1회 :<br>2회 :<br>3회 : | | □ 양 호<br>□ 불 량 | |

※ 차종, 연식, 기준값은 자동차등록증을 활용하여 기재하고 기준값 적용
※ 자동차 검사기준 및 방법에 의하여 기록 판정합니다.

## 섀 시

**▶ 섀시 2. 종감속 장치 링 기어 점검**
작업대 번호 :

| 점검 항목 | ① 측정(또는 점검) | | ② 판정 및 정비(또는 조치)사항 | | 득 점 |
|---|---|---|---|---|---|
| | 측 정 값 | 규정(정비한계)값 | 판정(□에 '✔' 표) | 정비 및 조치할 사항 | |
| 백래시 | | | ☐ 양 호<br>☐ 불 량 | | |
| 런 아웃 | | | | | |

**▶ 섀시 4. 제동력 점검**
자동차 번호 :

| 위 치 | 구분 | 측정값 | 기준값<br>(□에 '✔' 표) | | 산출근거 | 판정<br>(□에 '✔' 표) | 득 점 |
|---|---|---|---|---|---|---|---|
| 제동력 위치<br>(□에 '✔' 표)<br>☐ 앞<br>☐ 뒤 | 좌 | | ☐ 앞<br>☐ 뒤 | 축중의 | 편차 | ☐ 양 호<br>☐ 불 량 | |
| | 우 | | 제동력 편차 | | 합 | | |
| | | | 제동력 합 | | | | |

※ 측정 위치는 감독위원이 지정하는 위치에 □에 '✔' 표시합니다.
※ 자동차 검사기준 및 방법에 의하여 기록 판정합니다.
※ 측정값의 단위는 시험장비 기준으로 작성합니다.
※ 산출근거에는 단위를 기록하지 않아도 됩니다.

**▶ 섀시 5. ABS 점검**
작업대 번호 :

| 점검 항목 | ① 측정(또는 점검) | | ② 판정 및 정비(또는 조치)사항 | 득 점 |
|---|---|---|---|---|
| | 고장 부분 | 내용 및 상태 | 정비 및 조치할 사항 | |
| 자기 진단 | | | | |

## 전 기

### ▶ 전기 1. 와이퍼 모터 소모 전류 점검
자동차 번호 :

| 비 번호 | | 감독위원 확 인 | |
|---|---|---|---|

| 측정 항목 | | ① 측정(또는 점검) | | ② 판정 및 정비(또는 조치)사항 | | 득 점 |
|---|---|---|---|---|---|---|
| | | 측 정 값 | 규정(정비한계)값 | 판정(□에 '✔' 표) | 정비 및 조치할 사항 | |
| 소모 전류 | Low 모드 | | | □ 양 호 □ 불 량 | | |
| | High 모드 | | | | | |

### ▶ 전기 2. 전조등 점검
자동차 번호 :

| 비 번호 | | 감독위원 확 인 | |
|---|---|---|---|

| ① 측정(또는 점검) | | | ② 판정 | 득 점 |
|---|---|---|---|---|
| 항목 | 측정값 | 기준값 | 판정(□에 '✔' 표) | |
| (□에 '✔' 표) 위치 : □ 좌 □ 우 | 광도 | | _____ 이상 | □ 양 호 □ 불 량 | |
| 설치높이 : □ ≤ 1.0m □ > 1.0m | 진폭 | | | □ 양 호 □ 불 량 | |

※ 측정 위치는 감독위원이 지정하는 위치에 □에 '✔' 표시합니다.
※ 자동차 검사기준 및 방법에 의하여 기록 판정합니다.

### ▶ 전기 3. 에어컨 외기 온도 입력 신호값 점검
자동차 번호 :

| 비 번호 | | 감독위원 확 인 | |
|---|---|---|---|

| 점검 항목 | ① 측정(또는 점검) | | ② 판정 및 정비(또는 조치)사항 | | 득 점 |
|---|---|---|---|---|---|
| | 측 정 값 | 규정(정비한계)값 | 판정(□에 '✔' 표) | 정비 및 조치할 사항 | |
| 외기 온도 입력 신호 값 | | | □ 양 호 □ 불 량 | | |

# 국가기술자격검정 실기시험문제

자동차정비산업기사

| 자격종목 | 자동차정비 산업기사 | 과제명 | 자동차 정비 작업 |
|---|---|---|---|
| 비번호 | | 시험일시 | | 시험장명 | |

※ 시험시간 : 5시간 30분 [엔진 : 140분, 섀시 : 120분, 전기 : 70분]

※ 시험문제 ①~⑭형의 요구사항에서 [엔진, 섀시, 전기]과제 중 세부항목을 조합하여 출제되며, 일부 내용이 변경될 수 있음

### 1. 엔 진

1. 주어진 엔진을 기록표의 측정 항목까지 분해하여 기록표의 요구사항을 측정 및 점검하고 본래 상태로 조립하시오.
2. 주어진 자동차의 전자제어 엔진에서 감독위원의 지시에 따라 1가지 부품을 탈거한 후(감독위원에게 확인) 다시 부착하고 시동에 필요한 관련 부분의 이상개소(시동회로, 점화회로, 연료장치 중 2개소)를 점검 및 수리하여 시동하시오.
3. 2항의 시동된 엔진에서 공회전 상태를 확인하고 공회전시 배기가스를 측정하여 기록표에 기록하시오.(단, 시동이 정상적으로 되지 않은 경우 본 항의 작업은 할 수 없음.)
4. 주어진 자동차의 엔진에서 스텝 모터(또는 ISA)의 파형을 출력·분석하여 그 결과를 기록표에 기록하시오.(측정조건 : 공회전 상태)
5. 주어진 전자제어 디젤 엔진에서 연료 압력 센서를 탈거한 후(감독위원에게 확인), 다시 부착하여 시동을 걸고 공전속도를 점검하여 기록표에 기록하시오.

### 2. 섀 시

1. 주어진 자동차에서 파워 스티어링 오일펌프 및 벨트를 탈거한 후(감독위원에게 확인), 다시 부착하고 에어빼기 작업을 하여 작동상태를 확인하시오.
2. 주어진 종감속 장치에서 링 기어의 백래시와 런 아웃을 측정하여 기록표에 기록한 후 백래시가 규정값이 되도록 조정하시오.
3. 주어진 자동차에서 전륜의 브레이크 캘리퍼를 탈거한 후(감독위원에게 확인), 다시 부착하고 브레이크 작동상태를 점검하시오.
4. 3항 작업 자동차에서 감독위원의 지시에 따라 전(앞) 또는 후(뒤) 제동력을 측정하여 기록표에 기록하시오.
5. 주어진 자동차의 자동변속기에서 자기진단기(스캐너)를 이용하여 각종 센서 및 시스템 작동 상태를 점검하고 기록표에 기록하시오.

### 3. 전 기

1. 주어진 자동차에서 다기능(콤비네이션) 스위치를 교환(탈·부착)하여 스위치 작동상태를 확인하고 경음기 음량 상태를 점검하여 기록표에 기록하시오.
2. 주어진 자동차에서 전조등 시험기로 전조등을 점검하여 기록표에 기록하시오.
3. 주어진 자동차에서 도어 센트롤 록킹(도어 중앙 잠금장치) 스위치 조작시 편의장치(ETACS 또는 ISU) 및 운전석 도어 모듈(DDM) 커넥터에서 작동신호를 측정하고 이상여부를 확인하여 기록표에 기록하시오.
4. 주어진 자동차에서 와이퍼 회로를 점검하여 이상 개소(2곳)를 찾아서 수리하시오.

## ◈ 국가기술자격검정 실기시험 결과기록표(9안) ◈

| 자 격 종 목 | 자동차정비 산업기사 | 과 제 명 | 자동차 정비 작업 |
|---|---|---|---|

### 엔 진

▶ **엔진 1. 크랭크축 저널 측정**
자동차 번호:

| 비 번호 | | 감독위원 확 인 | |
|---|---|---|---|

| 측정 항목 | ① 측정(또는 점검) | | ② 판정 및 정비(또는 조치)사항 | | 득 점 |
|---|---|---|---|---|---|
| | 측 정 값 | 규정(정비한계)값 | 판정(□에 '✔' 표) | 정비 및 조치할 사항 | |
| 메인저널 마모량 | | | □ 양 호<br>□ 불 량 | | |

※ 감독위원이 지정하는 부위를 측정합니다.

▶ **엔진 3. 배기가스 점검**
자동차 번호:

| 비 번호 | | 감독위원 확 인 | |
|---|---|---|---|

| 측정 항목 | ① 측정(또는 점검) | | ② 판정(□에 '✔' 표) | 득 점 |
|---|---|---|---|---|
| | 측 정 값 | 기준값 | | |
| CO | | | □ 양 호<br>□ 불 량 | |
| HC | | | | |

※ 감독위원이 제시한 자동차등록증(또는 차대번호)를 활용하여 차종 및 연식을 적용합니다.
※ 자동차 검사기준 및 방법에 의하여 기록 판정합니다.
※ CO는 소수점 둘째자리 이하는 버리고 0.1% 단위로 기록 합니다.
※ HC는 소수점 둘째자리 이하는 버리고 1ppm 단위로 기록합니다.

▶ **엔진 4. 스텝 모터 파형 분석**
자동차 번호:

| 비 번호 | | 감독위원 확 인 | |
|---|---|---|---|

| 측정 항목 | 파형 상태 | 득 점 |
|---|---|---|
| 파형 측정 | 요구사항 조건에 맞는 파형을 프린트하여 아래 사항을 분석 후 뒷면에 첨부<br>① 파형에 불량 요소가 있는 경우에는 반드시 표기 및 설명 하여야 함<br>② 파형의 주요 특징에 대하여 표기 및 설명 하여야 함 | |

▶ **엔진 5. 디젤 엔진 공전속도 점검**
자동차 번호:

| 비 번호 | | 감독위원 확 인 | |
|---|---|---|---|

| 측정 항목 | ① 측정(또는 점검) | | ② 판정 및 정비(또는 조치)사항 | | 득 점 |
|---|---|---|---|---|---|
| | 측 정 값 | 규정(정비한계)값 | 판정(□에 '✔' 표) | 정비 및 조치할 사항 | |
| 공전속도 | | | □ 양 호<br>□ 불 량 | | |

## 섀 시

▶ 섀시 2. 종감속 장치 링 기어 점검
작업대 번호:

| 비 번호 | | 감독위원 확 인 | |
|---|---|---|---|

| 점검 항목 | ① 측정(또는 점검) | | ② 판정 및 정비(또는 조치)사항 | | 득 점 |
|---|---|---|---|---|---|
| | 측 정 값 | 규정(정비한계)값 | 판정(□에 '✔' 표) | 정비 및 조치할 사항 | |
| 백래시 | | | ☐ 양 호<br>☐ 불 량 | | |
| 런 아웃 | | | | | |

▶ 섀시 4. 제동력 점검
자동차 번호:

| 비 번호 | | 감독위원 확 인 | |
|---|---|---|---|

| ① 측정(또는 점검) | | | | ② 판정 및 정비(또는 조치)사항 | | 득 점 |
|---|---|---|---|---|---|---|
| 위 치 | 구분 | 측정값 | 기준값<br>(□에 '✔' 표) | 산출근거 | 판정<br>(□에 '✔' 표) | |
| 제동력 위치<br>(□에 '✔' 표)<br>☐ 앞<br>☐ 뒤 | 좌 | | ☐ 앞<br>☐ 뒤 축중의 | 편차 | ☐ 양 호<br>☐ 불 량 | |
| | 우 | | 제동력 편차 | 합 | | |
| | | | 제동력 합 | | | |

※ 측정 위치는 감독위원이 지정하는 위치에 □에 '✔' 표시합니다.
※ 자동차 검사기준 및 방법에 의하여 기록 판정합니다.
※ 측정값의 단위는 시험장비 기준으로 작성합니다.
※ 산출근거에는 단위를 기록하지 않아도 됩니다.

▶ 섀시 5. 자동변속기 점검
작업대 번호:

| 비 번호 | | 감독위원 확 인 | |
|---|---|---|---|

| 점검 항목 | ① 점검(또는 측정) | | ② 판정 및 정비(또는 조치)사항 | 득 점 |
|---|---|---|---|---|
| | 고장 부분 | 내용 및 상태 | 정비 및 조치할 사항 | |
| 자기 진단 | | | | |

## 전 기

**▶ 전기 1. 경음기 음량 점검**
자동차 번호 :

| 비 번호 | | 감독위원 확 인 | |
|---|---|---|---|

| 측정항목 | ① 측정(또는 점검) | | ② 판정 및 정비(또는 조치)사항 | | 득 점 |
|---|---|---|---|---|---|
| | 측 정 값 | 기준값 | 판정(□에 '✔'표) | 정비 및 조치할 사항 | |
| 경음기 음량 | | \_\_\_\_\_이상<br>\_\_\_\_\_이하 | □ 양 호<br>□ 불 량 | | |

※ 감독위원이 제시한 자동차등록증(또는 차대번호)을 활용하여 차종 및 연식을 적용합니다.
※ 자동차검사기준 및 방법에 의하여 기록, 판정합니다.
※ 암소음은 무시합니다.

**▶ 전기 2. 전조등 점검**
자동차 번호 :

| 비 번호 | | 감독위원 확 인 | |
|---|---|---|---|

| 항목 | ① 측정(또는 점검) | | | ② 판정 | 득 점 |
|---|---|---|---|---|---|
| | | 측정값 | 기준값 | 판정(□에 '✔'표) | |
| (□에 '✔'표)<br>위치 :<br>□ 좌<br>□ 우 | 광도 | | \_\_\_\_\_이상 | □ 양 호<br>□ 불 량 | |
| 설치높이 :<br>□ ≤ 1.0m<br>□ > 1.0m | 진폭 | | | □ 양 호<br>□ 불 량 | |

※ 측정 위치는 감독위원이 지정하는 위치에 □에 '✔' 표시합니다.
※ 자동차 검사기준 및 방법에 의하여 기록 판정합니다.

**▶ 전기 3. 센트럴 도어 록킹 스위치 회로 점검**
자동차 번호 :

| 비 번호 | | 감독위원 확 인 | |
|---|---|---|---|

| 측정 항목 | ① 측정(또는 점검) | | | ② 판정 및 정비(또는 조치)사항 | | 득 점 |
|---|---|---|---|---|---|---|
| | | 측 정 값 | 규정(정비한계)값 | 판정<br>(□에 '✔'표) | 정비 및 조치할 사항 | |
| 도어 중앙<br>잠금 장치<br>신호(전압) | 잠김 | ON :<br>OFF : | | □ 양 호<br>□ 불 량 | | |
| | 풀림 | ON :<br>OFF : | | | | |

# 국가기술자격검정 실기시험문제

자격종목: 자동차정비 산업기사  과제명: 자동차 정비 작업

비번호:   시험일시:   시험장명:

※ 시험시간: 5시간 30분 [엔진: 140분,   섀시: 120분,   전기: 70분]

※ 시험문제 ①~⑭형의 요구사항에서 [엔진, 섀시, 전기]과제 중 세부항목을 조합하여 출제되며, 일부 내용이 변경될 수 있음

## 1. 엔진

1. 주어진 엔진을 기록표의 측정 항목까지 분해하여 기록표의 요구사항을 측정 및 점검하고 본래 상태로 조립하시오.
2. 주어진 자동차의 전자제어 엔진에서 감독위원의 지시에 따라 1가지 부품을 탈거한 후(감독위원에게 확인), 다시 부착하고 시동에 필요한 관련 부분의 이상개소(시동회로, 점화회로, 연료장치 중 2개소)를 점검 및 수리하여 시동하시오.
3. 2항의 시동된 엔진에서 공회전 상태를 확인하고 감독위원의 지시에 따라 연료 공급 시스템의 연료 압력을 측정하여 기록표에 기록하시오.(단, 시동이 정상적으로 되지 않은 경우 본 항의 작업은 할 수 없음)
4. 주어진 자동차의 엔진에서 TDC 센서(또는 캠각 센서)의 파형을 출력하고 출력물에 상태를 분석하여 그 결과를 기록표에 기록하시오.(측정조건: 공회전 상태)
5. 주어진 전자제어 디젤 엔진에서 인젝터를 탈거한 후(감독위원에게 확인), 다시 부착하여 시동을 걸고 매연을 측정하여 기록표에 기록하시오.

## 2. 섀시

1. 주어진 자동차의 전륜에서 허브 및 너클을 탈거한 후(감독위원에게 확인), 다시 부착하여 작동상태를 확인하시오.
2. 주어진 자동차에서 휠 얼라인먼트 시험기(측정전 준비사항이 완료된 상태)로 토(toe) 값을 측정하여 기록표에 기록한 후 타이로드를 이용하여 규정에 맞도록 조정하시오.
3. 주어진 자동차에서 후륜의 브레이크 휠 실린더를 탈거한 후(감독위원에게 확인), 다시 부착하여 브레이크의 작동상태를 점검하시오.
4. 3항 작업 자동차에서 감독위원의 지시에 따라 전(앞) 또는 후(뒤) 제동력을 측정하여 기록표에 기록하시오.
5. 주어진 자동차의 ABS에서 자기진단기(스캐너)를 이용하여 각종 센서 및 시스템 작동 상태를 점검하고 기록표에 기록하시오.

## 3. 전기

1. 주어진 자동차에서 파워 윈도우 레귤레이터를 탈거한 후(감독위원에게 확인), 다시 부착하여 작동 상태를 확인 후 윈도우 모터의 전류 소모시험을 하여 기록표에 기록하시오.
2. 주어진 자동차에서 전조등 시험기로 전조등을 점검하여 기록표에 기록하시오.
3. 주어진 자동차의 편의장치(ETACS 또는 ISU) 커넥터에서 전원 전압을 점검하여 기록표에 기록하시오.
4. 주어진 자동차에서 실내등 및 도어 오픈 경고등 회로를 점검하여 이상 개소(2곳)를 찾아서 수리 후 작동시험하시오.

## ◆ 국가기술자격검정 실기시험 결과기록표(10안) ◆

| 자 격 종 목 | 자동차정비 산업기사 | 과 제 명 | 자동차 정비 작업 |
|---|---|---|---|

### 엔 진

**▶ 엔진 1. 크랭크축 축방향 유격 점검**
엔진 번호 :

| 비 번 호 | | 감독위원 확 인 | |
|---|---|---|---|

| 측정 항목 | ① 측정(또는 점검) | | ② 판정 및 정비(또는 조치)사항 | | 득 점 |
|---|---|---|---|---|---|
| | 측 정 값 | 규정(정비한계)값 | 판정(□에 '✔' 표) | 정비 및 조치할 사항 | |
| 크랭크 축 방향 유격 | | | □ 양 호<br>□ 불 량 | | |

※ 감독위원이 지정하는 부위를 측정한다.

**▶ 엔진 3. 연료 공급 시스템 점검**
자동차 번호 :

| 비 번 호 | | 감독위원 확 인 | |
|---|---|---|---|

| 측정 항목 | ① 측정(또는 점검) | | ② 판정 및 정비(또는 조치)사항 | | 득 점 |
|---|---|---|---|---|---|
| | 측 정 값 | 규정(정비한계)값 | 판정(□에 '✔' 표) | 정비 및 조치할 사항 | |
| 연료 압력 | | | □ 양 호<br>□ 불 량 | | |

※ 공회전 상태에서 측정합니다.

**▶ 엔진 4. TDC(또는 캠각) 센서 파형 분석**
자동차 번호 :

| 비 번 호 | | 감독위원 확 인 | |
|---|---|---|---|

| 측정 항목 | 파형 상태 | 득 점 |
|---|---|---|
| 파형 측정 | 요구사항 조건에 맞는 파형을 프린트하여 아래 사항을 분석 후 뒷면에 첨부<br>① 파형에 불량 요소가 있는 경우에는 반드시 표기 및 설명 하여야 함<br>② 파형의 주요 특징에 대하여 표기 및 설명 하여야 함 | |

**▶ 엔진 5. 매연 점검**
자동차 번호 :

| 비 번 호 | | 감독위원 확 인 | |
|---|---|---|---|

| ① 측정(또는 점검) | | | | ② 판정 및 정비(또는 조치)사항 | | | 득 점 |
|---|---|---|---|---|---|---|---|
| 차종 | 연식 | 기준값 | 측정값 | 측정 | 산출근거(계산) 기록 | 판정<br>(□에 '✔' 표) | |
| | | | | 1회 :<br>2회 :<br>3회 : | | □ 양 호<br>□ 불 량 | |

※ 차종, 연식, 기준값은 자동차등록증을 활용하여 기재하고 기준값 적용
※ 자동차 검사기준 및 방법에 의하여 기록 판정합니다.

## 섀 시

**▶ 섀시 2. 휠 얼라인먼트 점검**
자동차 번호 :

| 비 번호 | | 감독위원 확 인 | |
|---|---|---|---|

| 점검 항목 | ① 측정(또는 점검) | | ② 판정 및 정비(또는 조치)사항 | | 득 점 |
|---|---|---|---|---|---|
| | 측 정 값 | 규정(정비한계)값 | 판정(□에 '✔'표) | 정비 및 조치할 사항 | |
| 토(toe) | | | □ 양 호<br>□ 불 량 | | |

**▶ 섀시 4. 제동력 점검**
자동차 번호 :

| 비 번호 | | 감독위원 확 인 | |
|---|---|---|---|

| ① 측정(또는 점검) | | | | ② 판정 및 정비(또는 조치)사항 | | 득 점 |
|---|---|---|---|---|---|---|
| 위 치 | 구분 | 측정값 | 기준값 (□에 '✔'표) | 산출근거 | 판정 (□에 '✔'표) | |
| 제동력 위치 (□에 '✔'표)<br>□ 앞<br>□ 뒤 | 좌 | | □ 앞 축중의<br>□ 뒤 | 편차 | □ 양 호<br>□ 불 량 | |
| | 우 | | 제동력 편차<br>제동력 합 | 합 | | |

※ 측정 위치는 감독위원이 지정하는 위치에 □에 '✔' 표시합니다.
※ 자동차 검사기준 및 방법에 의하여 기록 판정합니다.
※ 측정값의 단위는 시험장비 기준으로 작성합니다.
※ 산출근거에는 단위를 기록하지 않아도 됩니다.

**▶ 섀시 5. ABS 점검**
작업대 번호 :

| 비 번호 | | 감독위원 확 인 | |
|---|---|---|---|

| 점검 항목 | ① 측정(또는 점검) | | ② 판정 및 정비(또는 조치)사항 | 득 점 |
|---|---|---|---|---|
| | 고장 부분 | 내용 및 상태 | 정비 및 조치할 사항 | |
| 자기 진단 | | | | |

## 전 기

▶ 전기 1. 윈도 모터 점검
자동차 번호 :

| 비 번호 | | 감독위원 확 인 | |

| 점검 항목 | ① 측정(또는 점검) | | ② 판정 및 정비(또는 조치)사항 | | 득 점 |
|---|---|---|---|---|---|
| | 측 정 값 | 규정(정비한계)값 | 판정(□에 '✔'표) | 정비 및 조치할 사항 | |
| 전류 소모 시험 | 올림 : | | □ 양 호 □ 불 량 | | |
| | 내림 : | | | | |

▶ 전기 2. 전조등 점검
자동차 번호 :

| 비 번호 | | 감독위원 확 인 | |

| 항목 | | ① 측정(또는 점검) | | ② 판정 | 득 점 |
|---|---|---|---|---|---|
| | | 측정값 | 기준값 | 판정(□에 '✔'표) | |
| (□에 '✔'표) 위치 : □ 좌 □ 우 | 광도 | | _____ 이상 | □ 양 호 □ 불 량 | |
| 설치높이 : □ ≤ 1.0m □ > 1.0m | 진폭 | | | □ 양 호 □ 불 량 | |

※ 측정 위치는 감독위원이 지정하는 위치에 □에 '✔' 표시합니다.
※ 자동차 검사기준 및 방법에 의하여 기록 판정합니다.

▶ 전기 3. 컨트롤 유닛 회로 점검
자동차 번호 :

| 비 번호 | | 감독위원 확 인 | |

| 점검 항목 | | ① 측정(또는 점검) | | ② 판정 및 정비(또는 조치)사항 | | 득 점 |
|---|---|---|---|---|---|---|
| | | 측 정 값 | 규정(정비한계)값 | 판정(□에 '✔'표) | 정비 및 조치할 사항 | |
| 컨트롤 유닛의 기본 입력 전압 | + | | | □ 양 호 □ 불 량 | | |
| | − | | | | | |
| | IG | | | | | |

# 국가기술자격검정 실기시험문제

| 자 격 종 목 | 자동차정비 산업기사 | 과 제 명 | 자동차 정비 작업 |
|---|---|---|---|
| 비번호 | | 시험일시 | | 시험장명 | |

※ 시험시간 : 5시간 30분 [엔진 : 140분,    섀시 : 120분,    전기 : 70분]

※ 시험문제 ①~⑭형의 요구사항에서 [엔진, 섀시, 전기]과제 중 세부항목을 조합하여 출제되며, 일부 내용이 변경될 수 있음

## 1. 엔 진

1. 주어진 엔진을 기록표의 측정 항목까지 분해하여 기록표의 요구사항을 측정 및 점검하고 본래 상태로 조립하시오.
2. 주어진 자동차의 전자제어 엔진에서 감독위원의 지시에 따라 1가지 부품을 탈거한 후(감독위원에게 확인), 다시 부착하고 시동에 필요한 관련 부분의 이상개소(시동회로, 점화회로, 연료장치 중 2개소)를 점검 및 수리하여 시동하시오.
3. 2항의 시동된 엔진에서 공전속도를 확인하고 감독위원의 지시에 따라 인젝터 파형을 측정 및 분석하여 기록표에 기록하시오.(단, 시동이 정상적으로 되지 않은 경우 본 항의 작업은 할 수 없다.)
4. 주어진 자동차의 엔진에서 흡입공기 유량센서의 파형을 출력·분석하여 기록표에 기록하시오.(측정조건 : 급가·감속시)
5. 주어진 전자제어 디젤 엔진에서 인젝터를 탈거한 후(감독위원에게 확인), 다시 조립하여 시동을 걸고 매연을 측정하여 기록표에 기록하시오.

## 2. 섀 시

1. 주어진 후륜 차량의 종감속 기어 어셈블리에서 사이드 기어의 시임 및 스페이서를 탈거한 후(감독위원에게 확인), 다시 부착하여 링 기어 백래시와 접촉면 상태가 바르게 조정 및 확인하시오.
2. 주어진 자동차에서 휠 얼라인먼트 시험기로 셋백(setback)과 토(toe) 값을 측정하여 기록표에 기록하고 타이로드 엔드를 탈거한 후(시험위원에게 확인) 다시 부착하여 토(toe)가 규정값이 되도록 조정하시오.
3. 주어진 자동차에서 전륜의 브레이크 캘리퍼를 탈거한 후(감독위원에게 확인), 다시 부착하여 브레이크 작동 상태를 점검하시오.
4. 3항 작업 자동차에서 감독위원의 지시에 따라 전(앞) 또는 후(뒤) 제동력을 측정하여 기록표에 기록하시오.
5. 주어진 자동차의 자동변속기에서 자기진단기(스캐너)를 이용하여 각종 센서 및 시스템 작동 상태를 점검하고 기록표에 기록하시오.

## 3. 전 기

1. 자동차에서 에어컨 벨트와 블로워 모터를 탈거한 후(감독위원에게 확인), 다시 부착하여 작동 상태를 확인하고 에어컨의 압력을 측정하여 기록표에 기록하시오.
2. 주어진 자동차에서 전조등 시험기로 전조등을 점검하여 기록표에 기록하시오.
3. 주어진 자동차에서 와이퍼 간헐(INT) 시간조정 스위치 조작시 편의장치(ETACS 또는 ISU) 커넥터에서 스위치 신호(전압)를 측정하고 이상여부를 확인하여 기록표에 기록하시오.
4. 주어진 자동차에서 파워 윈도우 회로를 점검하여 이상 개소(2곳)를 찾아서 수리하시오.

## ◈ 국가기술자격검정 실기시험 결과기록표(11안) ◈

| 자 격 종 목 | 자동차정비 산업기사 | 과 제 명 | 자동차 정비 작업 |
|---|---|---|---|

### 엔 진

**▶ 엔진 1. 크랭크 축 점검**
엔진 번호 :

| 비 번 호 | | 감독위원 확 인 | |
|---|---|---|---|

| 측정 항목 | ① 측정(또는 점검) | | ② 판정 및 정비(또는 조치)사항 | | 득 점 |
|---|---|---|---|---|---|
| | 측 정 값 | 규정(정비한계)값 | 판정(□에 '✔' 표) | 정비 및 조치할 사항 | |
| 핀 저널 오일간극 | | | □ 양 호<br>□ 불 량 | | |

**▶ 엔진 3. 인젝터 파형 점검**
자동차 번호 :

| 비 번 호 | | 감독위원 확 인 | |
|---|---|---|---|

| 측정 항목 | ① 측정(또는 점검) | | ② 판정 및 정비(또는 조치)사항 | | 득 점 |
|---|---|---|---|---|---|
| | 측정값 | 규정(정비한계)값 | 판정(□에 '✔' 표) | 정비 및 조치할 사항 | |
| 서지 전압 | | | □ 양 호<br>□ 불 량 | | |
| 분사 시간 | | | | | |

※ 공회전 상태에서 측정하고 기준값은 지침서를 찾아 판정한다.

**▶ 엔진 4. 흡입공기 유량센서 파형 분석**
자동차 번호 :

| 비 번 호 | | 감독위원 확 인 | |
|---|---|---|---|

| 측정 항목 | 파형 상태 | 득 점 |
|---|---|---|
| 파형 측정 | 요구사항 조건에 맞는 파형을 프린트하여 아래 사항을 분석 후 뒷면에 첨부<br>① 파형에 불량 요소가 있는 경우에는 반드시 표기 및 설명 하여야 함<br>② 파형의 주요 특징에 대하여 표기 및 설명 하여야 함 | |

**▶ 엔진 5. 매연 점검**
엔진 번호 :

| 비 번 호 | | 감독위원 확 인 | |
|---|---|---|---|

| ① 측정(또는 점검) | | | | | ② 판정 및 정비(또는 조치)사항 | | 득 점 |
|---|---|---|---|---|---|---|---|
| 차종 | 연식 | 기준값 | 측정값 | 측정 | 산출근거(계산) 기록 | 판정<br>(□에 '✔' 표) | |
| | | | | 1회 :<br>2회 :<br>3회 : | | □ 양 호<br>□ 불 량 | |

※ 차종, 연식, 기준값은 자동차등록증을 활용하여 기재하고, 기준값 적용.
※ 자동차 검사기준 및 방법에 의하여 기록 판정함

## 섀 시

**▶ 섀시 2. 휠 얼라인먼트 점검**
자동차 번호 :

| 비 번호 | | 감독위원 확 인 | |
|---|---|---|---|

| 점검 항목 | ① 측정(또는 점검) | | ② 판정 및 정비(또는 조치)사항 | | 득 점 |
|---|---|---|---|---|---|
| | 측 정 값 | 규정(정비한계)값 | 판정(□에 '✔'표) | 정비 및 조치할 사항 | |
| 셋 백 | | | □ 양 호<br>□ 불 량 | | |
| 토(toe) | | | | | |

**▶ 섀시 4. 제동력 점검**
자동차 번호 :

| 비 번호 | | 감독위원 확 인 | |
|---|---|---|---|

| 위 치 | 구분 | 측정값 | 기준값<br>(□에 '✔'표) | 산출근거 | 판정<br>(□에 '✔'표) | 득 점 |
|---|---|---|---|---|---|---|
| 제동력 위치<br>(□에 '✔'표)<br>□ 앞<br>□ 뒤 | 좌 | | □ 앞<br>□ 뒤 축중의 | 편차 | □ 양 호<br>□ 불 량 | |
| | 우 | | 제동력 편차 | 합 | | |
| | | | 제동력 합 | | | |

※ 측정 위치는 감독위원이 지정하는 위치에 □에 '✔' 표시합니다.
※ 자동차 검사기준 및 방법에 의하여 기록 판정합니다.
※ 측정값의 단위는 시험장비 기준으로 작성합니다.
※ 산출근거에는 단위를 기록하지 않아도 됩니다.

**▶ 섀시 5. 자동변속기 점검**
작업대 번호 :

| 비 번호 | | 감독위원 확 인 | |
|---|---|---|---|

| 점검 항목 | ① 점검(또는 측정) | | ② 판정 및 정비(또는 조치)사항 | 득 점 |
|---|---|---|---|---|
| | 이상 부위 | 내용 및 상태 | 정비 및 조치할 사항 | |
| 자기 진단 | | | | |
| | | | | |

## 전 기

**▶ 전기 1. 에어컨 압력 점검**
자동차 번호 :

| 비 번호 | | 감독위원 확 인 | |
|---|---|---|---|

| 점검 항목 | ① 측정(또는 점검) | | ② 판정 및 정비(또는 조치)사항 | | 득 점 |
|---|---|---|---|---|---|
| | 측 정 값 | 규정(정비한계)값 | 판정(□에 '✔' 표) | 정비 및 조치할 사항 | |
| 저 압 | | | □ 양 호<br>□ 불 량 | | |
| 고 압 | | | | | |

**▶ 전기 2. 전조등 점검**
자동차 번호 :

| 비 번호 | | 감독위원 확 인 | |
|---|---|---|---|

| ① 측정(또는 점검) | | | | ② 판정 | 득 점 |
|---|---|---|---|---|---|
| 항목 | | 측정값 | 기준값 | 판정(□에 '✔' 표) | |
| (□에 '✔' 표)<br>위치 :<br>□ 좌<br>□ 우 | 광도 | | _____ 이상 | □ 양 호<br>□ 불 량 | |
| 설치높이 :<br>□ ≤ 1.0m<br>□ > 1.0m | 진폭 | | | □ 양 호<br>□ 불 량 | |

※ 측정 위치는 감독위원이 지정하는 위치에 □에 '✔' 표시합니다.
※ 자동차 검사기준 및 방법에 의하여 기록 판정합니다.

**▶ 전기 3. 와이퍼 스위치 신호 점검**
자동차 번호 :

| 비 번호 | | 감독위원 확 인 | |
|---|---|---|---|

| 점검 항목 | | ① 측정(또는 점검) 상태 | ② 판정 및 정비(또는 조치)사항 | | 득 점 |
|---|---|---|---|---|---|
| | | | 판정<br>(□에 '✔' 표) | 정비 및 조치할 사항 | |
| 와이퍼 간헐<br>시간 조정<br>스위치<br>위치별<br>작동신호 | INT S/W<br>전압 | - ON시 :<br>- OFF시 : | □ 양 호<br>□ 불 량 | | |
| | INT S/W<br>위치별<br>전압 | TFAST(빠름)-SLOW(느림) 전압 기록<br>전압 : _____ - _____ | | | |

※ 단, 전압으로 측정이 곤란한 경우 감독위원의 지시에 따라 주기 기록.

# 국가기술자격검정실기시험문제

| 자 격 종 목 | 자동차정비 산업기사 | 과 제 명 | 자동차 정비 작업 |
|---|---|---|---|
| 비번호 | | 시험일시 | | 시험장명 | |

※ 시험시간 : 5시간 30분 [엔진 : 140분,   섀시 : 120분,   전기 : 70분]

※ 시험문제 ①~⑭형의 요구사항에서 [엔진, 섀시, 전기]과제 중 세부항목을 조합하여 출제되며, 일부 내용이 변경될 수 있음

## 1. 엔 진

1. 주어진 엔진을 기록표의 측정 항목까지 분해하여 기록표의 요구사항을 측정 및 점검하고 본래 상태로 조립 하시오.
2. 주어진 자동차의 전자제어 엔진에서 감독위원의 지시에 따라 1가지 부품을 탈거한 후(감독위원에게 확인) 다시 부착하고 시동에 필요한 관련 부분의 이상개소(시동회로, 점화회로, 연료장치 중 2개소)를 점검 및 수리하여 시동하시오.
3. 2항의 시동된 엔진에서 공전속도를 확인하고 감독위원의 지시에 따라 공회전시 배기가스를 측정하여 기록 표에 기록하시오.(단, 시동이 정상적으로 되지 않은 경우 본 항의 작업은 할 수 없음)
4. 주어진 자동차의 엔진에서 점화코일의 1차 파형을 측정하고 그 결과를 분석하여 출력물에 기록·판정하시 오.(측정조건 : 공회전 상태)
5. 주어진 전자제어 디젤 엔진에서 연료압력 조절밸브를 탈거한 후(감독위원에게 확인) 다시 부착하여 시동을 걸고 공회전시 연료 압력을 점검하여 기록표에 기록하시오.

## 2. 섀 시

1. 주어진 자동차에서 후륜 현가장치의 쇽업소버 스프링을 탈거한 후(감독위원에게 확인), 다시 부착하여 작동 상태를 확인하시오.
2. 주어진 자동차에서 휠 얼라인먼트 시험기로 캐스터와 토(toe) 값을 측정하여 기록표에 기록한 후 타이로드 엔드를 교환하여 토(toe)가 규정값이 되도록 조정하시오.
3. ABS가 설치된 주어진 자동차에서 브레이크 패드를 탈거한 후(감독위원에게 확인), 다시 부착하여 브레이 크 작동상태를 점검하시오.
4. 3항의 작업 자동차에서 감독위원의 지시에 따라 전(앞) 또는 후(뒤) 제동력을 측정하여 기록표에 기록하시오.
5. 주어진 자동차의 ABS에서 자기진단기(스캐너)를 이용하여 각종 센서 및 시스템 작동 상태를 점검하고 기 록표에 기록하시오.

## 3. 전 기

1. 주어진 자동차에서 시동모터를 탈거한 후(감독위원에게 확인), 다시 부착하여 작동상태를 확인하고 크랭킹 시 전류소모 및 전압강하 시험을 하여 기록표에 기록하시오.
2. 주어진 자동차에서 전조등 시험기로 전조등을 점검하여 기록표에 기록하시오.
3. 주어진 자동차에서 열선 스위치 조작시 편의장치(ETACS 또는 ISU) 커넥터에서 스위치 입력신호(전압)를 측정하고 이상여부를 확인하여 기록표에 기록하시오.
4. 주어진 자동차에서 전조등 회로를 점검하여 이상 개소(2곳)를 찾아서 수리하시오.

## ◈ 국가기술자격검정 실기시험 결과기록표(12안) ◈

| 자 격 종 목 | 자동차정비 산업기사 | 과 제 명 | 자동차 정비 작업 |
|---|---|---|---|

### 엔 진

▶ 엔진 1. 크랭크축 오일간극 측정
엔진 번호 :

| 비 번호 | | 감독위원 확 인 | |
|---|---|---|---|

| 측정 항목 | ① 측정(또는 점검) | | ② 판정 및 정비(또는 조치)사항 | | 득 점 |
|---|---|---|---|---|---|
| | 측 정 값 | 규정(정비한계)값 | 판정(□에 '✔' 표) | 정비 및 조치할 사항 | |
| 크랭크축 메인저널 오일간극 | | | □ 양 호<br>□ 불 량 | | |

※ 감독위원이 지정하는 부위를 측정한다.

▶ 엔진 3. 배기가스 점검
자동차 번호 :

| 비 번호 | | 감독위원 확 인 | |
|---|---|---|---|

| 측정 항목 | ① 측정(또는 점검) | | ② 판정(□에 '✔' 표) | 득 점 |
|---|---|---|---|---|
| | 측 정 값 | 기준값 | | |
| CO | | | □ 양 호<br>□ 불 량 | |
| HC | | | | |

※ 감독위원이 제시한 자동차등록증(또는 차대번호)를 활용하여 차종 및 연식을 적용합니다.
※ 자동차 검사기준 및 방법에 의하여 기록 판정합니다.
※ CO는 소수점 둘째자리 이하는 버리고 0.1% 단위로 기록 합니다.
※ HC는 소수점 둘째자리 이하는 버리고 1ppm 단위로 기록합니다.

▶ 엔진 4. 점화 코일 1차 파형 분석
자동차 번호 :

| 비 번호 | | 감독위원 확 인 | |
|---|---|---|---|

| 측정 항목 | 파형 상태 | 득 점 |
|---|---|---|
| 파형 측정 | 요구사항 조건에 맞는 파형을 프린트하여 아래 사항을 분석 후 뒷면에 첨부<br>① 파형에 불량 요소가 있는 경우에는 반드시 표기 및 설명 하여야 함<br>② 파형의 주요 특징에 대하여 표기 및 설명 하여야 함 | |

▶ 엔진 5. 전자제어 디젤엔진 점검
자동차 번호 :

| 비 번호 | | 감독위원 확 인 | |
|---|---|---|---|

| 측정 항목 | ① 측정(또는 점검) | | ② 판정 및 정비(또는 조치)사항 | | 득 점 |
|---|---|---|---|---|---|
| | 측 정 값 | 규정(정비한계)값 | 판정(□에 '✔' 표) | 정비 및 조치할 사항 | |
| 연료 압력(고압) | | | □ 양 호<br>□ 불 량 | | |

## 섀 시

**▶ 섀시 2. 휠 얼라인먼트 점검**
자동차 번호:

| 비 번호 | | 감독위원 확 인 | |
|---|---|---|---|

| 점검 항목 | ① 측정(또는 점검) | | ② 판정 및 정비(또는 조치)사항 | | 득 점 |
|---|---|---|---|---|---|
| | 측 정 값 | 규정(정비한계)값 | 판정(□에 '✔'표) | 정비 및 조치할 사항 | |
| 캐스터 | | | □ 양 호<br>□ 불 량 | | |
| 토(toe) | | | | | |

**▶ 섀시 4. 제동력 점검**
자동차 번호:

| 비 번호 | | 감독위원 확 인 | |
|---|---|---|---|

| ① 측정(또는 점검) | | | | ② 판정 및 정비(또는 조치)사항 | | 득 점 |
|---|---|---|---|---|---|---|
| 위 치 | 구분 | 측정값 | 기준값<br>(□에 '✔'표) | 산출근거 | 판정<br>(□에 '✔'표) | |
| 제동력 위치<br>(□에 '✔'표)<br>□ 앞<br>□ 뒤 | 좌 | | □ 앞 축중의<br>□ 뒤 | 편차 | □ 양 호<br>□ 불 량 | |
| | 우 | | 제동력 편차 | 합 | | |
| | | | 제동력 합 | | | |

※ 측정 위치는 감독위원이 지정하는 위치에 □에 '✔' 표시합니다.
※ 자동차 검사기준 및 방법에 의하여 기록 판정합니다.
※ 측정값의 단위는 시험장비 기준으로 작성합니다.
※ 산출근거에는 단위를 기록하지 않아도 됩니다.

**▶ 섀시 5. ABS 점검**
작업대 번호:

| 비 번호 | | 감독위원 확 인 | |
|---|---|---|---|

| 점검 항목 | ① 측정(또는 점검) | | ② 판정 및 정비(또는 조치)사항 | 득 점 |
|---|---|---|---|---|
| | 고장 부분 | 내용 및 상태 | 정비 및 조치할 사항 | |
| 자기 진단 | | | | |

## 전 기

**▶ 전기 1. 시동모터 점검**
자동차 번호 :

| 비 번호 | | 감독위원 확 인 | |
|---|---|---|---|

| 측정 항목 | ① 측정(또는 점검) | | ② 판정 및 정비(또는 조치)사항 | | 득 점 |
|---|---|---|---|---|---|
| | 측정값 | 규정(정비한계)값 | 판정(□에 '✔' 표) | 정비 및 조치할 사항 | |
| 전압 강하 | | | □ 양 호<br>□ 불 량 | | |
| 전류 소모 | | 전류소모 규정값<br>산출근거 기록 | | | |

**▶ 전기 2. 전조등 점검**
자동차 번호 :

| 비 번호 | | 감독위원 확 인 | |
|---|---|---|---|

| 항목 | ① 측정(또는 점검) | | | ② 판정 | 득 점 |
|---|---|---|---|---|---|
| | | 측정값 | 기준값 | 판정(□에 '✔' 표) | |
| (□에 '✔' 표)<br>위치 :<br>□ 좌<br>□ 우 | 광도 | | _____이상 | □ 양 호<br>□ 불 량 | |
| 설치높이 :<br>□ ≤ 1.0m<br>□ > 1.0m | 진폭 | | | □ 양 호<br>□ 불 량 | |

※ 측정 위치는 감독위원이 지정하는 위치에 □에 '✔' 표시합니다.
※ 자동차 검사기준 및 방법에 의하여 기록 판정합니다.

**▶ 전기 3. 열선 스위치 회로 점검**
자동차 번호 :

| 비 번호 | | 감독위원 확 인 | |
|---|---|---|---|

| 측정 항목 | ① 측정(또는 점검) | | ② 판정 및 정비(또는 조치)사항 | | 득 점 |
|---|---|---|---|---|---|
| | 측 정 값 | 내용 및 상태 | 판정(□에 '✔' 표) | 정비 및 조치할 사항 | |
| 열선 스위치<br>작동시 전압 | ON :<br>OFF : | | □ 양 호<br>□ 불 량 | | |

# 국가기술자격검정 실기시험문제

| 자격종목 | 자동차정비 산업기사 | 과제명 | 자동차 정비 작업 |
|---|---|---|---|
| 비번호 | | 시험일시 | | 시험장명 | |

※ 시험시간 : 5시간 30분 [엔진 : 140분, 섀시 : 120분, 전기 : 70분]

※ 시험문제 ①~⑭형의 요구사항에서 [엔진, 섀시, 전기]과제 중 세부항목을 조합하여 출제되며, 일부 내용이 변경될 수 있음

## 1. 엔진

1. 주어진 엔진을 기록표의 측정 항목까지 분해하여 기록표의 요구사항을 측정 및 점검하고 본래 상태로 조립하시오.
2. 주어진 자동차의 전자제어 엔진에서 감독위원의 지시에 따라 1가지 부품을 탈거한 후(감독위원에게 확인) 다시 부착하고 시동에 필요한 관련 부분의 이상개소(시동회로, 점화회로, 연료장치 중 2개소)를 점검 및 수리하여 시동하시오.
3. 2항의 시동된 엔진에서 공전속도를 확인하고 감독위원의 지시에 따라 인젝터 파형을 측정 및 분석하여 기록표에 기록하시오.(단, 시동이 정상적으로 되지 않은 경우 본 항의 작업은 할 수 없음)
4. 주어진 자동차의 엔진에서 맵 센서의 파형을 분석하여 그 결과를 기록표에 기록하시오.(측정조건 : 급가감속 시)
5. 주어진 전자제어 디젤 엔진에서 연료 압력 센서를 탈거한 후(감독위원에게 확인), 다시 부착하여 시동을 걸고 매연을 측정하여 기록표에 기록하시오.

## 2. 섀시

1. 주어진 자동차에서 전륜 현가장치의 스트럿 어셈블리(또는 코일 스프링)를 탈거한 후(감독위원에게 확인), 다시 부착하여 작동상태를 확인하시오.
2. 주어진 자동차의 브레이크에서 페달 자유간극을 측정하여 기록표에 기록한 후 페달 자유간극과 페달 높이가 규정값이 되도록 조정하시오.
3. 주어진 자동차에서 브레이크 휠 실린더(또는 캘리퍼)를 탈거한 후(감독위원에게 확인), 다시 부착하여 브레이크 작동상태를 점검하시오.
4. 3항 작업 자동차에서 감독위원의 지시에 따라 전(앞) 또는 후(뒤) 제동력을 측정하여 기록표에 기록하시오.
5. 주어진 자동차의 자동변속기에서 자기진단기(스캐너)를 이용하여 각종 센서 및 시스템의 작동 상태를 점검하고 기록표에 기록하시오.

## 3. 전기

1. 주어진 발전기를 분해한 후 정류 다이오드 및 로터 코일의 상태를 점검하여 기록표에 기록하고 다시 본래대로 조립하여 작동상태를 확인하시오.
2. 주어진 자동차에서 전조등 시험기로 전조등을 점검하여 기록표에 기록하시오.
3. 주어진 자동차에서 열선 스위치 조작시 편의장치(ETACS 또는 ISU) 커넥터에서 스위치 입력신호(전압)를 측정하고 이상여부를 확인하여 기록표에 기록하시오.
4. 주어진 자동차에서 방향지시등 회로를 점검하여 이상 개소(2곳)를 찾아서 수리하시오.

## ◆ 국가기술자격검정 실기시험 결과기록표(13안) ◆

| 자 격 종 목 | 자동차정비 산업기사 | 과 제 명 | 자동차 정비 작업 |
|---|---|---|---|

### 엔 진

▶ 엔진 1. 엔진 크랭크축 점검
엔진 번호 :

| 비 번호 | | 감독위원 확 인 | |
|---|---|---|---|

| 측정 항목 | ① 측정(또는 점검) | | ② 판정 및 정비(또는 조치)사항 | | 득 점 |
|---|---|---|---|---|---|
| | 측 정 값 | 규정(정비한계)값 | 판정(□에 '✔' 표) | 정비 및 조치할 사항 | |
| 크랭크축 축방향 유격 | | | □ 양 호<br>□ 불 량 | | |

▶ 엔진 3. 인젝터 파형 점검
자동차 번호 :

| 비 번호 | | 감독위원 확 인 | |
|---|---|---|---|

| 측정 항목 | ① 측정(또는 점검) | | ② 판정 및 정비(또는 조치)사항 | | 득 점 |
|---|---|---|---|---|---|
| | 측정값 | 규정(정비한계)값 | 판정(□에 '✔' 표) | 정비 및 조치할 사항 | |
| 서지 전압 | | | □ 양 호<br>□ 불 량 | | |
| 분사 시간 | | | | | |

※ 공회전 상태에서 측정하고 기준값은 지침서를 찾아 판정한다.

▶ 엔진 4. 맵 센서 파형 분석
자동차 번호 :

| 비 번호 | | 감독위원 확 인 | |
|---|---|---|---|

| 측정 항목 | 파형 상태 | 득 점 |
|---|---|---|
| 파형 측정 | 요구사항 조건에 맞는 파형을 프린트하여 아래 사항을 분석 후 뒷면에 첨부<br>① 파형에 불량 요소가 있는 경우에는 반드시 표기 및 설명 하여야 함<br>② 파형의 주요 특징에 대하여 표기 및 설명 하여야 함 | |

▶ 엔진 5. 매연 점검
엔진 번호 :

| 비 번호 | | 감독위원 확 인 | |
|---|---|---|---|

| ① 측정(또는 점검) | | | | ② 판정 및 정비(또는 조치)사항 | | | 득 점 |
|---|---|---|---|---|---|---|---|
| 차종 | 연식 | 기준값 | 측정값 | 측정 | 산출근거(계산) 기록 | 판정<br>(□에 '✔' 표) | |
| | | | | 1회 :<br>2회 :<br>3회 : | | □ 양 호<br>□ 불 량 | |

※ 차종, 연식, 기준값은 자동차등록증을 활용하여 기재하고, 기준값 적용.
※ 자동차 검사기준 및 방법에 의하여 기록 판정함

## 섀시

**▶ 섀시 1. 브레이크 페달 점검**
자동차 번호 :

| 비 번호 | | 감독위원 확 인 | |
|---|---|---|---|

| 점검 항목 | ① 측정(또는 점검) | | ② 판정 및 정비(또는 조치)사항 | | 득 점 |
| | 측 정 값 | 규정(정비한계)값 | 판정(□에 '✔'표) | 정비 및 조치할 사항 | |
|---|---|---|---|---|---|
| 자유 간극 | | | □ 양 호<br>□ 불 량 | | |
| 페달 높이 | | | | | |

**▶ 섀시 4. 제동력 점검**
자동차 번호 :

| 비 번호 | | 감독위원 확 인 | |
|---|---|---|---|

| 위 치 | 구분 | ① 측정(또는 점검) | | | ② 판정 및 정비(또는 조치)사항 | | 득 점 |
| | | 측정값 | 기준값<br>(□에 '✔'표) | 산출근거 | | 판정<br>(□에 '✔'표) | |
|---|---|---|---|---|---|---|---|
| 제동력 위치<br>(□에 '✔'표)<br>□ 앞<br>□ 뒤 | 좌 | | □ 앞  축중의<br>□ 뒤 | 편차 | | □ 양 호<br>□ 불 량 | |
| | 우 | | 제동력 편차 | 합 | | | |
| | | | 제동력 합 | | | | |

※ 측정 위치는 감독위원이 지정하는 위치에 □에 '✔'표시합니다.
※ 자동차 검사기준 및 방법에 의하여 기록 판정합니다.
※ 측정값의 단위는 시험장비 기준으로 작성합니다.
※ 산출근거에는 단위를 기록하지 않아도 됩니다.

**▶ 섀시 5. 자동변속기 점검**
작업대 번호 :

| 비 번호 | | 감독위원 확 인 | |
|---|---|---|---|

| 점검 항목 | ① 점검(또는 측정) | | ② 판정 및 정비(또는 조치)사항 | 득 점 |
| | 고장 부분 | 내용 및 상태 | 정비 및 조치할 사항 | |
|---|---|---|---|---|
| 자기 진단 | | | | |

## 전 기

▶ 전기 1. 발전기 점검
  자동차 번호 :

| 비 번호 | | 감독위원 확 인 | |

| 측정 항목 | ① 측정(또는 점검) | | ② 판정 및 정비(또는 조치)사항 | | 득 점 |
|---|---|---|---|---|---|
| | 측 정 값 | 규정(정비한계)값 | 판정(□에 '✔' 표) | 정비 및 조치할 사항 | |
| (+) 다이오드 | (양 :   개), (부 :   개) | | □ 양 호<br>□ 불 량 | | |
| (-) 다이오드 | (양 :   개), (부 :   개) | | | | |
| 로터 코일 저항 | | | | | |

▶ 전기 2. 전조등 점검
  자동차 번호 :

| 비 번호 | | 감독위원 확 인 | |

| 항목 | | ① 측정(또는 점검) | | ② 판정 | 득 점 |
|---|---|---|---|---|---|
| | | 측정값 | 기준값 | 판정(□에 '✔' 표) | |
| (□에 '✔' 표)<br>위치 :<br>□ 좌<br>□ 우 | 광도 | | _____이상 | □ 양 호<br>□ 불 량 | |
| 설치높이 :<br>□ ≤ 1.0m<br>□ > 1.0m | 진폭 | | | □ 양 호<br>□ 불 량 | |

※ 측정 위치는 감독위원이 지정하는 위치에 □에 '✔' 표시합니다.
※ 자동차 검사기준 및 방법에 의하여 기록 판정합니다.

▶ 전기 3. 열선 스위치 회로 점검
  자동차 번호 :

| 비 번호 | | 감독위원 확 인 | |

| 측정 항목 | ① 측정(또는 점검) | | ② 판정 및 정비(또는 조치)사항 | | 득 점 |
|---|---|---|---|---|---|
| | 측 정 값 | 내용 및 상태 | 판정(□에 '✔' 표) | 정비 및 조치할 사항 | |
| 열선 스위치 작동시 전압 | ON :<br>OFF : | | □ 양 호<br>□ 불 량 | | |

# 국가기술자격검정실기시험문제

자동차정비산업기사

| 자격종목 | 자동차정비 산업기사 | 과제명 | 자동차 정비 작업 |
|---|---|---|---|
| 비번호 | | 시험일시 | | 시험장명 | |

※ 시험시간 : 5시간 30분 [엔진 : 140분,   섀시 : 120분,   전기 : 70분]

※ 시험문제 ①~⑭형의 요구사항에서 [엔진, 섀시, 전기]과제 중 세부항목을 조합하여 출제되며, 일부 내용이 변경될 수 있음

## 1. 엔 진

1. 주어진 엔진을 기록표의 측정 항목까지 분해하여 기록표의 요구사항을 측정 및 점검하고 본래 상태로 조립하시오.
2. 주어진 자동차의 전자제어 엔진에서 감독위원의 지시에 따라 1가지 부품을 탈거한 후(감독위원에게 확인), 다시 부착하고 시동에 필요한 관련 부분의 이상개소(시동회로, 점화회로, 연료장치 중 2개소)를 점검 및 수리하여 시동하시오.
3. 2항의 시동된 엔진에서 공전속도를 확인하고 감독위원의 지시에 따라 공회전시 배기가스를 측정하여 기록표에 기록하시오.(단, 시동이 정상적으로 되지 않은 경우 본 항의 작업은 할 수 없음)
4. 주어진 자동차의 엔진에서 산소센서의 파형을 출력·분석하여 그 결과를 기록표에 기록하시오.(측정조건 : 공회전 상태)
5. 주어진 전자제어 디젤 엔진에서 연료 압력 조절 밸브를 탈거한 후(감독위원에게 확인), 다시 부착하여 시동을 걸고 공회전시 연료 압력을 점검하여 기록표에 기록하시오.

## 2. 섀 시

1. 주어진 전륜구동 자동차에서 드라이브 액슬 축을 탈거하여 액슬 축 부트를 탈거한 후(감독위원에게 확인), 다시 부착하여 작동상태를 확인하시오.
2. 주어진 자동차에서 최소 회전반경을 측정하여 기록표에 기록하고 타이로드 엔드를 탈거한 후(감독위원에게 확인), 다시 부착하여 토(toe)가 규정값이 되도록 조정하시오.
3. 주어진 자동차에서 브레이크 라이닝 슈(또는 패드)를 탈거한 후(감독위원에게 확인), 다시 부착하여 브레이크 작동상태를 점검하시오.
4. 3항 작업 자동차에서 감독위원의 지시에 따라 전(앞) 또는 후(뒤) 제동력을 측정하여 기록표에 기록하시오.
5. 주어진 자동차의 ABS에서 자기진단기(스캐너)를 이용하여 각종 센서 및 시스템의 작동 상태를 점검하고 기록표에 기록하시오.

## 3. 전 기

1. 주어진 자동차에서 시동모터를 탈거한 후(감독위원에게 확인), 다시 부착하여 작동상태를 확인하고 크랭킹시 전류소모 및 전압강하 시험하여 기록표에 기록하시오.
2. 주어진 자동차에서 전조등 시험기로 전조등을 점검하여 기록표에 기록하시오.
3. 주어진 자동차에서 와이퍼 간헐(INT) 시간조정 스위치 조작시 편의장치 (ETACS 또는 ISU) 커넥터에서 스위치 신호(전압)를 측정하고 이상여부를 확인하여 기록표에 기록하시오.
4. 주어진 자동차에서 미등 및 제동등 회로를 점검하여 이상 개소(2곳)를 찾아서 수리하시오.

## ◆ 국가기술자격검정 실기시험 결과기록표(14안) ◆

| 자 격 종 목 | 자동차정비 산업기사 | 과 제 명 | 자동차 정비 작업 |
|---|---|---|---|

### 엔 진

■ 엔진 1. 엔진 캠축 점검
엔진 번호 :

| 비 번 호 | | 감독위원 확 인 | |
|---|---|---|---|

| 측정 항목 | ① 측정(또는 점검) | | ② 판정 및 정비(또는 조치)사항 | | 득 점 |
|---|---|---|---|---|---|
| | 측 정 값 | 규정(정비한계)값 | 판정(□에 '✔'표) | 정비 및 조치할 사항 | |
| 캠축 휨 | | | □ 양 호<br>□ 불 량 | | |

■ 엔진 3. 배기가스 점검
자동차 번호 :

| 비 번 호 | | 감독위원 확 인 | |
|---|---|---|---|

| 측정 항목 | ① 측정(또는 점검) | | ② 판정(□에 '✔'표) | 득 점 |
|---|---|---|---|---|
| | 측 정 값 | 기준값 | | |
| CO | | | □ 양 호<br>□ 불 량 | |
| HC | | | | |

※ 감독위원이 제시한 자동차등록증(또는 차대번호)를 활용하여 차종 및 연식을 적용합니다.
※ 자동차 검사기준 및 방법에 의하여 기록 판정합니다.
※ CO는 소수점 둘째자리 이하는 버리고 0.1% 단위로 기록 합니다.
※ HC는 소수점 둘째자리 이하는 버리고 1ppm 단위로 기록합니다.

■ 엔진 4. 산소 센서 파형 분석
자동차 번호 :

| 비 번 호 | | 감독위원 확 인 | |
|---|---|---|---|

| 측정 항목 | 파형 상태 | 득 점 |
|---|---|---|
| 파형<br>측정 | 요구사항 조건에 맞는 파형을 프린트하여 아래 사항을 분석 후 뒷면에 첨부<br>① 파형에 불량 요소가 있는 경우에는 반드시 표기 및 설명 하여야 함<br>② 파형의 주요 특징에 대하여 표기 및 설명 하여야 함 | |

■ 엔진 5. 전자제어 디젤엔진 점검
자동차 번호 :

| 비 번 호 | | 감독위원 확 인 | |
|---|---|---|---|

| 측정 항목 | ① 측정(또는 점검) | | ② 판정 및 정비(또는 조치)사항 | | 득 점 |
|---|---|---|---|---|---|
| | 측 정 값 | 규정(정비한계)값 | 판정(□에 '✔'표) | 정비 및 조치할 사항 | |
| 연료 압력(고압) | | | □ 양 호<br>□ 불 량 | | |

## 섀시

**▶ 섀시 2. 최소 회전반경 점검**
작업대 번호 :

| 비 번호 | | 감독위원 확 인 | |
|---|---|---|---|

| 점검 항목 | ① 측정(또는 점검) 및 기준값 | | ② 판정 및 정비(또는 조치)사항 | | 득 점 |
|---|---|---|---|---|---|
| | 측정값 | 기준값 (최소회전반경) | 산출근거 | 판정 (□에 '✔' 표) | |
| 회전방향 (□에 '✔' 표) □ 좌 □ 우 | r | | | □ 양 호 □ 불 량 | |
| | 축거 | | | | |
| | 조향각도 | | | | |
| | 최소회전반경 | | | | |

※ 회전 방향 및 바퀴의 접지면 중심과 킹핀과의 거리(r)는 감독위원이 제시합니다.
※ 자동차검사기준 및 방법에 의하여 기록, 판정합니다.
※ 산출근거에는 단위를 기록하지 않아도 됩니다.

**▶ 섀시 4. 제동력 점검**
자동차 번호 :

| 비 번호 | | 감독위원 확 인 | |
|---|---|---|---|

| 위 치 | 구분 | 측정값 | 기준값 (□에 '✔' 표) | 산출근거 | 판정 (□에 '✔' 표) | 득 점 |
|---|---|---|---|---|---|---|
| 제동력 위치 (□에 '✔' 표) □ 앞 □ 뒤 | 좌 | | □ 앞 □ 뒤 축중의 | 편차 | □ 양 호 □ 불 량 | |
| | 우 | | 제동력 편차 | 합 | | |
| | | | 제동력 합 | | | |

※ 측정 위치는 감독위원이 지정하는 위치에 □에 '✔' 표시합니다.
※ 자동차 검사기준 및 방법에 의하여 기록 판정합니다.
※ 측정값의 단위는 시험장비 기준으로 작성합니다.
※ 산출근거에는 단위를 기록하지 않아도 됩니다.

**▶ 섀시 5. ABS 점검**
자동차 번호 :

| 비 번호 | | 감독위원 확 인 | |
|---|---|---|---|

| 점검 항목 | ① 측정(또는 점검) | | ② 판정 및 정비(또는 조치)사항 | 득 점 |
|---|---|---|---|---|
| | 고장 부분 | 내용 및 상태 | 정비 및 조치할 사항 | |
| 자기 진단 | | | | |
| | | | | |

## 전 기

**▶ 전기 1. 시동모터 점검**
자동차 번호 :

| 비 번호 | | 감독위원 확인 | |
|---|---|---|---|

| 측정 항목 | ① 측정(또는 점검) | | ② 판정 및 정비(또는 조치)사항 | | 득 점 |
|---|---|---|---|---|---|
| | 측정값 | 규정(정비한계)값 | 판정(□에 '✔' 표) | 정비 및 조치할 사항 | |
| 전압 강하 | | | □ 양 호<br>□ 불 량 | | |
| 전류 소모 | | 전류소모 규정값<br>산출근거 기록 | | | |

**▶ 전기 2. 전조등 점검**
자동차 번호 :

| 비 번호 | | 감독위원 확인 | |
|---|---|---|---|

| 항목 | | ① 측정(또는 점검) | | ② 판정 | 득 점 |
|---|---|---|---|---|---|
| | | 측정값 | 기준값 | 판정(□에 '✔' 표) | |
| (□에 '✔' 표)<br>위치 :<br>□ 좌<br>□ 우<br>설치높이 :<br>□ ≤ 1.0m<br>□ > 1.0m | 광도 | | _____ 이상 | □ 양 호<br>□ 불 량 | |
| | 진폭 | | | □ 양 호<br>□ 불 량 | |

※ 측정 위치는 감독위원이 지정하는 위치에 □에 '✔' 표시합니다.
※ 자동차 검사기준 및 방법에 의하여 기록 판정합니다.

**▶ 전기 3. 와이퍼 스위치 신호 점검**
자동차 번호 :

| 비 번호 | | 감독위원 확인 | |
|---|---|---|---|

| 점검 항목 | | ① 측정(또는 점검) 상태 | ② 판정 및 정비(또는 조치)사항 | | 득 점 |
|---|---|---|---|---|---|
| | | | 판정<br>(□에 '✔' 표) | 정비 및 조치할<br>사항 | |
| 와이퍼 간헐<br>시간 조정<br>스위치<br>위치별<br>작동신호 | INT S/W<br>전압 | - ON시 :<br>- OFF시 : | □ 양 호<br>□ 불 량 | | |
| | INT S/W<br>위치별<br>전압 | TFAST(빠름)-SLOW(느림) 전압 기록<br><br>전압 : _____ - | | | |

※ 단, 전압으로 측정이 곤란한 경우 감독위원의 지시에 따라 주기 기록.

### 저자약력 및 Q&A

- 김광수 [現] 신한대학교
- 김승수 [現] 북부기술교육원 그린자동차과
- 김형진 [現] 서정대학교 자동차과
- 신현초 [現] 한국폴리텍대학 정수캠퍼스
- 이영춘 [現] 한국폴리텍대학 부산캠퍼스

# 패스 자동차정비 산업기사 실기 답안지작성법

**초판 발행** | 2020년 3월 13일
**제2판5쇄 발행** | 2025년 3월 20일

**지은이** | 김광수, 김승수, 김형진, 신현초, 이영춘
**발행인** | 김길현
**발행처** | (주) 골든벨
**등록** | 제1987-000018호 ⓒ 2020 Golden Bell
**ISBN** | 979-11-5806-427-3
**가격** | 25,000원

### 이 책을 만든 사람들

- 교정 및 교열 | 이상호
- 영상제공 | 카닷TV[자동차정비] 장대호
- 웹매니지먼트 | 안재명, 양대모, 김경희
- 공급관리 | 정복순, 김봉식
- 편집디자인 | 조경미, 박은경, 권정숙
- 제작진행 | 최병석
- 오프마케팅 | 우병춘, 오민석, 이강연
- 회계관리 | 김경아

㉾ 04316 서울특별시 용산구 원효로 245(원효로1가 53-1) 골든벨빌딩 6F
- TEL : 도서 주문 및 발송 02-713-4135 / 회계 경리 02-713-4137
  내용 관련 문의 02-713-7452 / 해외 오퍼 및 광고 02-713-7453
- FAX : 02-718-5510 • http : // www.gbbook.co.kr • E-mail : 7134135@ naver.com

이 책에서 내용의 일부 또는 도해를 다음과 같은 행위자들이 사전 승인없이 인용할 경우에는
저작권법 제93조 「손해배상청구권」에 적용 받습니다.
 ① 단순히 공부할 목적으로 부분 또는 전체를 복제하여 사용하는 학생 또는 복사업자
 ② 공공엔진 및 사설교육엔진(학원, 인정직업학교), 단체 등에서 영리를 목적으로 복제·배포하는 대표, 또는 당해 교육자
 ③ 디스크 복사 및 기타 정보 재생 시스템을 이용하여 사용하는 자

※ 파본은 구입하신 서점에서 교환해 드립니다.